国家水网

王 浩 赵 勇等 著

科 学 出 版 社
北 京

内 容 简 介

《国家水网》以中国自然和人工水网的形成、发展、演变与未来预测为主线，分析和思考水网的生命、资源、安全、生态、环境、经济、景观、文化等功能，论述与之相关的城镇、物产、风俗、传说、历史、歌谣等。专著核心内容包括七个方面：一是国家与水网，论述水网是国家是唯一不可替代的、最根本的基础设施；二是国家历史水网，论述历史上人工水网工程的建设背景、重大作用和实践经验；三是国家现代水网，论述国家现代水网总体格局，不同层级水网工程体系及其建设背景、工程特点和作用功能；四是国家水网的结构与功能，解析水网建设的基本原理与目标，剖析水网的主要类型、结构组成和工程体系，分析国家水网工程演进过程和基本规律；五是国家水网的自然-社会二元水循环特征，基于二元水循环理论，研究水网的科学基础和基本范式；六是国家水网的十大功能，论述水网与生命维持、资源保障、灾害应对、环境保护、生态健康、优美景观、历史文化、经济发展、气候变化、智慧管理的十大关系；七是未来水网，预测、预判未来水网发展与演变。

本书可供水文与水资源专业的科研人员、教学人员参考阅读，也可供关心国家水网建设和水资源保护的读者阅读。

审图号：GS(2023)2414 号

图书在版编目(CIP)数据

国家水网／王浩等著. —北京：科学出版社，2024. 1

国家出版基金项目

ISBN 978-7-03-075140-9

Ⅰ. ①国… Ⅱ. ①王… Ⅲ. ①水资源-研究-中国 Ⅳ. ①TV213. 4

中国国家版本馆 CIP 数据核字（2023）第 044610 号

责任编辑：刘 超 王 倩 杨逢渤 林 剑／责任校对：樊雅琼

责任印制：徐晓晨／封面设计：黄华斌

科学出版社 出版

北京东黄城根北街 16 号

邮政编码：100717

http://www.sciencep.com

北京中科印刷有限公司 印刷

科学出版社发行 各地新华书店经销

*

2024 年 1 月第 一 版 开本：787×1092 1/16

2024 年 1 月第一次印刷 印张：37 1/4 插页：2

字数：880 000

定价：500. 00 元

（如有印装质量问题，我社负责调换）

沁园春·国家水网
（代序）

王　浩

九州泱泱，
飘飘玉带，
熠熠金瓯。
古都江堰起，
沃兴天府；
京杭运系，
帆入皇州。
郑国渠长，
陡河水老，
千载殊功传不休。
纵如是，
苦洪蛟旱魃，
时作仇雠。

最宜水土同筹，
更布网天人两相谋。
令四江流静，
南成陂泽；
三河度远，
北济城畴。
点水成金，
还山若翠，
鹰击鱼翔百业修。
竭心力，
为民安国泰，
践此鸿猷。

前　言

水网是水流依存的物理空间，也是进行水资源开发利用、开展水系统治理的基础载体。建设国家水网重大工程是党中央、国务院作出的重大决策部署，在《中共中央关于制定国民经济和社会发展第十四个五年规划和二〇三五年远景目标的建议》中，明确提出要实施国家水网等重大工程，推进重大引调水、防洪减灾等一批强基础、增功能、利长远的重大项目建设。2021 年 5 月 14 日，习近平总书记在南水北调后续工程高质量发展座谈会上指出，要加快构建国家水网，加强互联互通，加快构建国家水网主骨架和大动脉，为全面建设社会主义现代化国家提供有力的水安全保障。

从历史尺度上看，人类的历史、国家的发展就是不断处理人水关系、优化自然-社会水网格局的历史，当代国家的生存发展和国力强弱主要依赖水网、交通网、能源网、通讯网四大基础设施网络，而水网是唯一没有替代性的基础设施。当前，我国新老水问题交织，水资源短缺、水生态损害、水环境污染十分突出，水旱灾害多发频发。构建国家水网，增强水资源调配能力，保护修复河湖生态环境，防范水灾害风险，是破解我国复杂水问题、实现人与自然和谐共生、推动高质量发展的重要措施，也是未来一个时期治水的核心工作。

现阶段，国家水网基础科学研究滞后于建设实践，对什么是国家水网、如何建国家水网、建设什么样国家水网、国家水网建设效应等关键问题尚不清晰。尤其随着新时期治水思路、京津冀协同发展、长江经济带、黄河流域生态保护和高质量发展、粤港澳大湾区建设等一系列重要理念、重大战略的提出，同时在新的人口政策、产业政策和国土空间管控制度驱动下，亟须以全新的视野审视中国自然和人工水网的形成、发展、演变与未来预测。在“十四五”国家重点研发计划项目“区域水平衡机制与国家水网布局优化研究”(2021YFC3200200)、“国家水网工程布局与关键技术”水利部人才创新团队等支持下，组织开展国家水网基础理论和布局优化研究，撰写《国家水网》专著，不仅是贯彻落实党和国家重大决策的具体行动，更是在国家水网建设这一宏伟事业中深入思考、超前谋划、科学布局，对更加有效的推动国家水网建设、弘扬优秀历史文化具有重要的意义。

本书紧扣高质量发展要求和国家水网建设现实需求，以中国自然和人工水网的形成、发展、演变与未来预测为主线，科学阐述国家水网结构功能、基本特征、建设构想等，从科学哲学的层面思考水网与生命维持、资源保障、灾害应对、环境保护、生态健康、优美景观、历史文化、经济发展、气候变化和智慧管理等十大关系，论述与国家水网相关的城镇、物产、风俗、传说、历史、歌谣等，以及大数据、物联网、5G/6G、人工智能等现代信息技术在水网规划管理中的应用，并展望水网的未来。

全书共分为18章。第1章论述国家与水网的关系，撰写人为王浩、赵勇、朱永楠、马浩。第2章介绍中国十大一级流域及其水网格局，撰写人为赵勇、杨明明、张鹏程、刘蓉、马梦阳、王思聪、邓伟、李恩冲、桂云鹏、李溦、董义阳。第3章介绍国家历史水网工程建设及其借鉴启示，撰写人为张伟兵、王浩、任书杰。第4章介绍国家现代水网总体布局与重大工程，撰写人为赵勇、马浩、朱永楠。第5章提出国家水网建设构想，撰写人为赵勇、王浩、马浩、朱永楠。第6章解析水网结构功能与建设原理，撰写人为何凡、赵勇、何国华、王丽川、路培艺。第7章论述水网的自然-社会二元水循环特征，撰写人为王浩、牛存稳、赵勇、游进军、周祖昊、贾仰文。第8章论述水网的物理化学特性和生命维持作用，撰写人为贾玲、王浩、王旖旎、张立影。第9章论述水网的资源保障功能与效应，撰写人为游进军、王浩、马真臻、贾玲、王婷、林鹏飞、王钰升。第10章论述水网与干旱、洪水、风暴潮等灾害的关系与应对，撰写人为吕娟、王浩、王静、张念强、李娜、屈艳萍、高辉、苏志诚、何秉顺、刘荣华。第11章论述水网的环境保护功能与作用，撰写人为褚俊英、王浩、李孟泽。第12章论述水网的生态维护功能与保护修复，撰写人为胡鹏、杨钦、曾庆慧、刘欢、杨泽凡。第13章论述水网的景观作用和提升措施，撰写人为俞孔坚、李瑾、王浩。第14章论述水网相关的历史文化，撰写人为刘建刚、王浩、赵勇。第15章论述水网的经济作用与价值，撰写人为秦长海、孙华月、曲军霖、康苗业。第16章论述韧性水网与气候变化适应，撰写人为杨明祥、王浩、董宁澎、王贺佳、张利敏、陈靓。第17章论述水网智慧化管理，撰写人为张雪莲、王浩、雷晓辉、薛丽楠、李海辰。第18章提出未来水网发展趋势，撰写人为赵勇、王浩、李海红、姜珊、何国华。全书由王浩、赵勇、姜珊统稿。

国家水网建设是一项浩大复杂的系统工程，可以在更大范围实现水资源空间均衡，发挥超大规模水利工程体系的优势和综合效益，在更高水平上保障国家水安全，支撑全面建设社会主义现代化国家。本书是第一部以国家水网为主题的专著，集成了水文、地理、地质、遥感、人文、历史、经济、民族、宗教、文学、科幻等各学科人员，愿我们集体创作的这本书，能够为国家水网工程规划与建设提供参考借鉴。

作　者

2023年9月

目　录

第 1 章
国家与水网

水是人类社会赖以生存和发展的不可替代的自然资源。有了水和水网才有了生命，有了生命才有了生产生活，有了生产生活才有了经济基础与上层建筑。2017 年，党的十九大报告指出，“加强水利、铁路、公路、水运、航空、管道、电网、信息、物流等基础设施网络建设”，水利网络被摆在九大基础设施网络建设之首。2020 年，《中共中央关于制定国民经济和社会发展第十四个五年规划和二〇三五年远景目标的建议》明确提出实施国家水网等重大工程，明确了国家水网的概念和建设重大引调水工程的任务。本章从国家水网概念的起源、国家水网的形成与发展等各个方面，简要介绍国家水网的基本轮廓。

1.1 水　　网

1.1.1 网

网由若干节点和连接这些节点的系统构成，最早是描述用绳线等结成的像蜘蛛网一样的捕鱼捉鸟的器具（图 1-1），后来逐步演化为各种具有纵横交错关系的组织或系统，既可以表示物理上存在的关系，也可以描述非物理层面的关系。

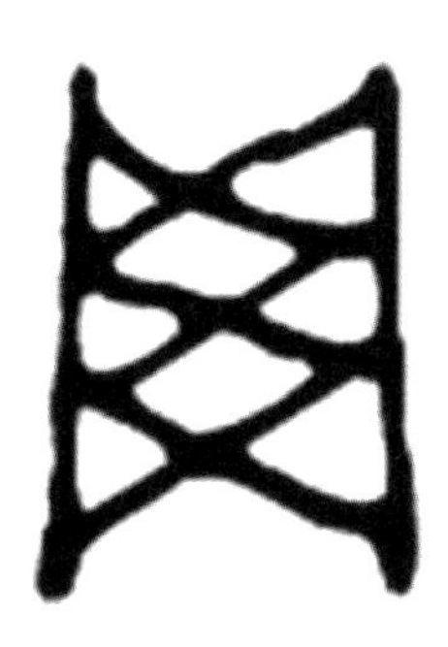

图 1-1　甲骨文的“网” 字

汉语中“网络”一词最早用于电学，《现代汉语词典》（1993 年版）做出这样的解释：“在电的系统中，由若干元件组成的用来使电信号按一定要求传输的电路或这种电路的部分，叫网络。”此后，网络更多用于表示互联网，表达全球互联互通的信息传输网络。网络的概念也在信息网的基础上被更深刻地认识，用于表达各类可以传输媒介基础。作为具有物理基础的网络关系，如交通网（公路网、铁路网、航空网、水运网）、能源网（电网、油气管网等）、通信网（有线网、无线网）已经广泛存在于社会中。网络关系使得问题分析的复杂性大幅提高，路径优化、资源分配、信息传递等实际需要解决的问题，推动了数学优化分析工作的提升，促进了集合论、图论、系统工程学等近现代数学方法的发展。

1.1.2 水网

水网是网络的一种表现形式。与其他基础设施网络相比，水网概念出现相对较晚，尚未形成完整的认识。一方面，作为基础设施中的重要组成部分，灌溉渠系、供排水等人工输水线路早已形成并融入社会生活中，作为基础设施网络已经客观存在，“江南水网”“河网”等描述水系网络的概念早已形成。另一方面，不同于其他基础设施网络完全是由人工建设形成，容易认识和理解，水网概念具有明显的二元特征（王浩和贾仰文，2016）。它既有自然水系格局的网络，也有人工“取供用耗排”的网络体系，在部分时段和系统中两者还难以区分，与其他基础网络具有明显差异。例如，举世闻名的都江堰工程，经过长达千年的开发形成了都江堰灌区水网（图 1-2），而其中的内江四大灌溉渠系已经难以界定是天然河道还是人工渠系，实际是在天然水系基础上经过人为改造形成水系网络。

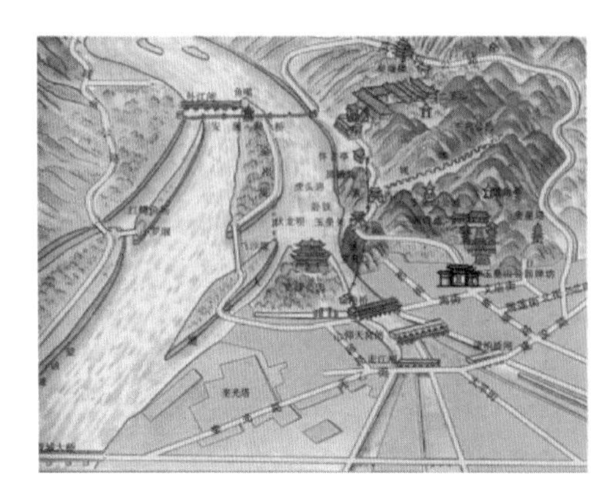
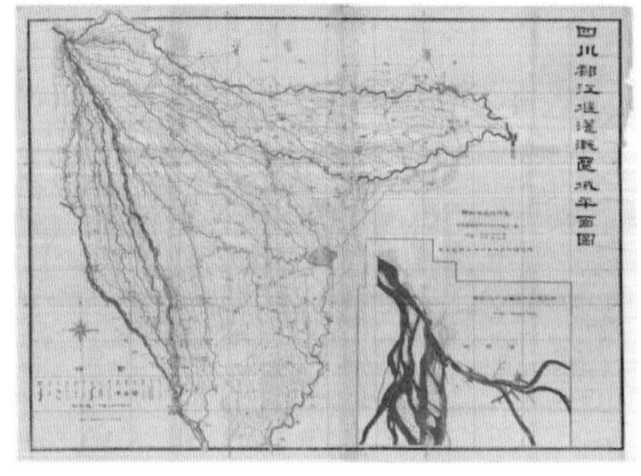

图 1-2　都江堰灌区水网

从功能上分析，虽然天然水系和人工取供用耗排水都形成了网络体系，但又存在明显的差异，甚至是对立统一的关系。在驱动力方面，天然水系以自然的重力势能驱动，即水往低处流的基本原理；而人工水网是通过修建水利工程驱动水随人走，向能产生更高效益的区域流动；在网络流动格局上，天然水网是“百川东到海”，形成水流汇聚的一个过程，而人工水网则是“清水进万家”，推动水流分布耗散以适应社会利用的过程。以自然生态为主的天然水循环和以经济社会为主的社会水循环相结合，形成了复合水网体系。

按《水利水电工程技术术语》（SL 26—2012），水系（河网）是指由流域内的干流、支流与其他经常性或临时性的水道以及湖泊、水库等构成的脉络相通的总体。综合前面的分析，可以认为水系和水网是同一个概念。

从水网的定义可知，构成水网的主要元素包括河流（干流、支流）、湖泊、水库、人工水道、管道等。从形式上看，既包括天然水网，也包括城市、农村不同类型的人工水网。在广大农村区域，人工水网主要是农田灌溉系统，包括灌溉工程设施及排水设施。对于城市而言，水网体系包括雨水管网、自来水管网、排水管网、污水收集管网和再生水分配利用管网等各类不同类型水源的网络。可以看出，人类文明程度越高，水的调控越精细，构成水网的元素就越丰富，决策要求也更复杂。

除了形成机制不同以外，水网与其他网络还存在一些显著的差异，使得水网调控要求也有显著差异。一方面是传输方式不同。电力网、交通网、通信网等沿着网线可实现双向流动，而水网则不然，水是流动的液体，它总体遵循单向流动（高处往低处流或外加压力下的向高处流动），只有极少情况下能实现有限的水源双向或多向流动。另一方面是载体和存储方式不同。不同于其他可以存储的资源，水总是存在于一定的容体内，如水杯、水缸、河道、水库等；容体小、而水多，便往容体外溢流，如洪水泛滥等，存在利弊双重效应。

1.2　自然水网

1.2.1　河流

河流作用是地球表面最活跃的地貌作用之一，是陆地上塑造地貌重要的外动力。水在循环、转化与迁移过程中，会侵蚀地表岩石和土壤，搬运地表松散物质和它侵蚀的物质及水溶解的物质，最后由于流水动能的减弱又使其搬运物质沉积下来。伴随着侵蚀、搬运和沉积，河流形成并发育，同时也塑造了陆地表面格局。对一条河流来说，在正常情况下，其上游多以侵蚀为主，下游以堆积为主，但是河流的侵蚀、搬运和堆积三种作用是经常发生变化的。

河流发育初期，河道落差较大、水流速度快、下切作用强烈，河谷横向剖面呈 V 形。此时河流发育以侵蚀作用为主，多出现在上游。河流发育中期，随着河道落差减小，河流向下侵蚀减弱，向两岸的侵蚀加强，河谷展宽，出现连续河湾。此时河流发育以搬运作用为主，多出现在河流的中游。河流发育成熟期，河道落差进一步缩小，河流不断向两岸侵蚀，河谷更加宽阔，河流输运能力减弱，被搬运的物质沉积下来，河谷横断面呈槽形或 U 形。此时河流发育以堆积作用为主，多出现在河流的下游。

河流依平面形态可分为顺直型河流、弯曲型河流、分汊型河流和游荡型河流；依分布区域可分为山区河流与平原河流。河流地貌依成因可分为侵蚀地貌和堆积地貌。河流的形成演变一方面受流水自身运动规律控制，另一方面受地质构造影响。一般以高处为源头，沿地势向下流动，途中不断接纳汇入支流，一直流入以海洋或湖泊等作为侵蚀基准面的终点，塑造出上游比降陡峻、下游比降趋缓、至终点比降趋平的下凹形河流纵剖面。

1.2.2 河流水网

在自然界中，河流是流向海洋、湖泊或另一条河流的天然水道。由于自然地理、气候和地形的限制，加之日益加剧的人类活动的影响，除了少数河流直接流入地下或在到达另一水体之前完全干涸外，河流总是连接在一起形成网络，呈现出明显不同的特征，构成特定的水网类型。河流水网类型是指特定区域的单个河流线路之间的空间关系，由河流的干流、支流、溪涧和湖泊等构成的脉络相连的系统，是一定岩层构造、沉积物性质等的反映。

由于我国地形多样，岩层构造复杂，因此河流水网类型也多种多样，主要有树枝状水网、格状水网、网状水网、平行状水网、扇状水网、混合状水网等。

树枝状水网是由干流及其各级支流组成，支流与干流以及各级支流都呈锐角相交，排列形式如树枝。树枝状水网是我国河流中最普遍的类型，多发育在岩性均一、地层平展的地区，以黄土高原、四川盆地和华南丘陵的水系较为典型。

格状水网是由支流与干流呈直角相交或近于直角相交的水系组成，在很大程度上受褶皱构造和断裂裂隙控制，如主流发育在向斜轴部，支流顺向斜两翼发育，一般与干流皆呈直角相交。在裂隙发育的水平岩层地区，常发育典型的格状水系，如闽江水系、嘉陵江水系、拉萨河水系和长江三角洲上的河网。

网状水网是指支流相互交织在一起，在人类活动的长期影响下，人工修建的干渠、运河等水道与自然河道相互交错，形成一个个网格，支流以近乎直角的角度合并，河道平直，一般分布在河流中下游平原、三角洲和沿海地区。

平行状水网内的支流倾向于沿着表面的坡度近似平行延伸，支流较为弯曲，干流和支流以锐角汇合，支流连接角度为30°~80°。

扇状水网的河道受地形构造影响，发育成涡轮般的扇形，较短河段内多条支流汇入，河流弯曲度较大，如西南纵谷地区的河流，干流沿断裂带发育，两岸流域狭小，地形陡峻，支流短小平行。海河水网是中国典型的扇形水网，北运河、永定河、大清河、子牙河及南运河等五大支流在天津附近汇合后入海，庞大的支流构成了“扇面”，汇合后的入海河道形成短而粗的“扇柄”。这种水系中，支流汇流时间集中，容易发生洪水灾害。扇形水系还广泛发育在中国许多山前洪积扇及三角洲平原上，不过它们与海河相反，是辐散型的，上游似扇柄，下游分支很多，好似扇面结构。

混合状水网具有多种类型的水网格局，大多数是因为人工修建的渠道影响，导致流域内原类型水网和网状水网同时出现，如海河流域的北三河和大清河，淮河流域的沂沭泗水系等。还有一种情形是因干流流域范围太大，流域内同时包含树枝状水网、平行状水网等多种水网类型，如长江干流、黄河干流和淮河干流等。

不同类型的河流水网，其结构基本构成单元为节点和河链，由节点和河链构建的水网，往往较为复杂，且具有明显的几何学特征和拓扑学特性。从几何学角度讲，河网形状迥异，千姿百态；从拓扑学角度讲，不管何种类型河网都基本具有二叉树状拓扑结构。河网结构特征的描述指标主要有几何参数和拓扑参数，包括河流级别、河流长度、河道比降、河网密度、分支比、长度比、分形维数、河流纵比降、河流弯曲度等。

1.2.3　我国水资源格局

我国大陆地区地域宽广，气候和地形差异极大，河川径流除少数高山区有冰川融雪补给水外，主要来源于大气降水。我国河网密度总的趋势是南方大、北方小，东部大、西部小。境内外流河流主要流向太平洋，其水系分布从北到南依次为松花江水系、辽河水系、海河水系、黄河水系、淮河水系、长江水系、珠江水系；流向印度洋的次之，分别是雅鲁藏布江和怒江；额尔齐斯河是我国唯一流入北冰洋的河流。

我国水资源总量居世界第6位，但人均水资源量仅约2000m^3，不足世界人均占有量的30%。水资源在时间分布上不均匀，降水多集中在夏季，北方地区汛期（6～9月）的径流量约占全年径流量的60%～80%，且越是缺水的地区降水越集中，给水资源开发利用带来了困难。水资源空间分布也极不均衡，其与生产力布局不相匹配是我国的基本水情。北方的松花江、辽河、海河、黄河、淮河和西北诸河6个水资源一级区土地面积约占全国陆地总面积的64%，而灌溉面积约占全国灌溉面积的46%，水资源量仅占全国总量的19%。

总体上来说，我国水资源开发利用程度还不高，南北方差异很大。例如，海河流域开发利用率已超过100%，黄河流域、淮河流域、辽河流域和西北诸河均超过或接近60%；还有部分流域水资源开发利用尚不充分。另外，由于过量取用水和排放水，导致水资源供需矛盾突出，大量挤占生态环境用水，水环境污染问题严重，水资源配置格局与经济社会高质量发展及生态环境保护要求不相适应的矛盾愈加突出。

1.3　自然水网与人类文明

人类文明的起源、进步与发展都得益于水的哺育滋养。自古以来，江河水网与人类的生存和栖息密切相关，人们总是逐水而迁、择水而居。江河水网对于人类的农业生产、城市建设、经济发展和文明进步有着深远的影响。

1.3.1　中华文明依水而存

黄河文明是中华民族的源之所在、根之所系、魂之所附，是中华文明的精神标识和代表象征，黄河流域孕育了丰富多彩的地域文化和民族文化，形成了影响后世的诸子百家思想和儒释道哲学思想，塑造了敬天爱人、勤俭节约、不屈不挠的民族精神，是中华文明当之无愧的源头和主干。早期的黄河流域森林、草地、湖泊广布，气候较今温暖湿润，低温和干旱威胁较轻。因黄土高原和黄土冲积平原土质疏松，加之旱作农业技术较为简单，所以花费劳动少，开垦较易。大量的考古发掘资料证明，中国三千年前的古城遗址，几乎都分布在黄河流域。

长江流域是北纬30度线附近少有的降水丰沛区，兼有丰富的水热资源供应。最新考古成果证明，中华文明是黄河流域和长江流域“多元一体”的，特别是在稻作文明方面长江流域贡献巨大，世界学术界已经公认中国长江中游是人类稻作文明的发祥地，世界稻作文化是由长江流域向环太平洋地区乃至世界播迁的。魏晋以后，中国的经济文化重心逐步南移，长江流域在农业、手工业、文化、艺术、人才教育等诸多方面迎来了千年的辉煌。

珠江文明与黄河文明、长江文明等大江河水系文明，共同构成多元一体的中华民族文化体（安作璋和王克奇，1992）。珠江水系对岭南地区起了长期的统合作用，从珠江三角洲的地貌、气候、土壤、水文、植被等自然条件看，它适宜于发展多种亚热带经济林木和水果，发展多种经营的农业经济，利用便捷的水上交通输入周边的生产资料（如矿铁等），发展手工业。此外，因其海岸线曲折，岛屿众多，并有珠江水系纵横其间，自古以来岭南人就利用这个临海优势发展其海洋经济模式。因此，华夏文明不只是黄土文明，也包含海洋文明，它的重要特征就是两千多年来绵延不绝的、以广州等为主要出发点和落脚点的“海上丝绸之路”。

水决定着生态系统的格局和人类文明的演变，有水则兴，无水则荒。位于我国最大的沙漠塔克拉玛干沙漠最东缘的罗布泊，年降水量只有 20mm，如今是世界上最干旱的地方之一。汉代，那里曾经是我国的第二大内陆湖，并孕育了美丽的楼兰古国。

早在公元前 2 世纪，楼兰地区已建设出农业发达的绿洲和繁华的城镇。汉代丝绸之路的南北两道，就是从楼兰古城分道。作为亚洲腹地的交通枢纽，在东西方文化交流中，楼兰曾起到极其重要的作用（王恬，2003）。然而，由于气候变化及水资源的过度开发利用，最终楼兰城水源枯竭，文明被戈壁沙漠掩埋。

1.3.2 世界文明因水而兴

不论在哪片大陆，古人大多都偏爱依水而居，世界文明因水而兴。有记载的历史始于公元前 5000 年左右苏美尔人，在底格里斯河与幼发拉底河冲积平原上以农耕的方式生活。生生不息的黄河和长江孕育了中华五千年的文明，尼罗河造就了以金字塔为标识的光辉灿烂的古埃及文明，幼发拉底河和底格里斯河见证了古巴比伦王国的兴起，印度河和恒河则成就了与中国、古埃及、古巴比伦比肩齐辉的古印度文明。

古代大河流域均以农业文明为特征，四大文明古国均发源自大河孕育的肥沃的冲积平原上（杜晓东，2014）。每一段文明都有着各自的文化、语言和信仰，却对水有着相似的认识和利用。

苏美尔人掌握了灌溉技术并大力修建水利工程，建立了远古时期较为发达的农业（吕晨辰，2013）。为了存蓄更多的水，公元前 2900 年古埃及人用石砾和石灰混合在尼罗河上修建了一座高 15m 的水坝，这是世界上最古老的水坝（刘顺航和梁欧娃，2019）。勤劳聪慧的古人还创造了“借水行舟”，用船在江河上运输。古代水运的兴起极大地推进了区域间的经济和文化发展。

在过去的 5 个世纪中，世界上先后发生了五次科技革命，如今，人类支配和改造自然的能力迅速提高，各行业现代化进程均在不断加速。与此同时，人类对水的认识和利用也在不断深化，为保障江河沿岸居民生活、工业农业生产用水和航运，世界各国均建设了诸多水闸、水库、水电站、泵站以及引调水工程，人类对自然水系的干预程度越来越大，水网系统复杂性不断提高。水利工程也从防洪、灌溉、供水等基本功能，发展到具备航运、发电、景观、旅游、生态、文化等综合功能。

环境的变迁以及人类社会无序发展也可能导致生态环境的恶化，当人类毫无节制地向大自然索取，并超过环境的承载力时，人类文明就会衰弱甚至灭亡（李粉艳，2019）。当前，世界水资源紧缺的形势十分严峻，进一步完善水资源基础设施网络体系，加强水资源科学管理，是实现水资源可持续发展的基础（王浩和王建华，2012）。

1.4　本书主要内容

国家生存与发展、国力的强盛与衰弱，主要依赖水网、动力网、交通网和通信网四大网络，而水网是唯一没有替代性的、最根本的基础设施。从历史尺度上看，人类的历史、国家的发展也就是不断处理人水关系、优化自然–社会水网格局的历史。

本书以中国自然和人工水网的形成、发展、演变及未来预测为主线，分析和思考水网的生命、资源、安全、生态、环境、经济、景观、文化等功能。全书共分18章，其中第1章简述国家与水网的关系；第2章介绍中国十大流域及其各自特点，精炼论述自然水网现状以及主要河流、湖泊等成因演变、水网格局、治水文化；第3章基于灌溉、航运、供排水等不同功能，梳理历史上人工水网工程建设背景、重大作用和历史经验；第4章从国家、跨一级流域尺度和流域内尺度分层次介绍国家现代水网总体格局；第5章解析水网建设基本原理和目标，重点阐述笔者对国家水网建设的构想；第6章从水网的主要类型、结构、功能与建设原则等方面，阐述水网的结构功能与建设原理；第7章介绍水网的“自然–社会”二元特征、基础理论、科学问题、伴生过程、学科范式、模拟方法及多维均衡调控理论；第8～15章，分别以水和水网的功能属性为切入点，阐述水网与生命维持、资源保障、灾害应对、环境保护、生态健康、优美景观、历史文化及经济发展的支撑和制约作用；第16章论述气候变化对水网的影响及其适应；第17章论述现代信息技术在水网管理中的应用和智慧化管理；第18章则是对未来水网的展望。

全书从国家水网的高度，从千年历史的尺度，审视水网工程格局和形式的革命性变化，提出国家水网骨干工程建设构想，研判国家水网工程的关键科技需求，以科技创新支撑我国高质量发展。

参考文献

安作璋，王克奇．1992．黄河文化与中华文明．文史哲，(4)：3-13.
杜晓东．2014．大河流域与古代文明．新课程学习（中），(10)：124-125.
何传启．2012．第六次科技革命的机遇与对策——从人类文明与世界现代化角度看科技革命．新华月报，(11)：45-48.
李粉艳．2019．人类文明与生态环境的对峙．现代交际，(7)：221-222.
刘顺航，梁欧娃．2019．形形色色的水坝．中学生数理化（八年级物理・人教版），(4)：20.
吕晨辰．2013．浅析生态环境与人类文明兴衰的关系．山西师大学报：社会科学版，(S2)：3.

王浩，贾仰文 . 2016. 变化中的流域“自然-社会”二元水循环理论与研究方法 . 水利学报，47（10）：1219-1226.
王浩，王建华 . 2012. 中国水资源与可持续发展 . 中国科学院院刊，27（3）：352-358.
王恬 . 2003. 古楼兰的文明繁荣与神秘消失 . 中学地理教学参考，（11）：60.

第2章
国家自然水网

我国幅员辽阔，地势西高东低，山地、高原和丘陵约占陆地面积的67%，盆地和平原约占陆地面积的33%。山脉多呈东西和东北—西南走向，主要有阿尔泰山、天山、昆仑山、喀喇昆仑山、喜马拉雅山、阴山、秦岭、南岭、大兴安岭、长白山、太行山、武夷山、台湾山脉和横断山等山脉。受山脉阻隔，依地形地貌及水文特征，形成了长江流域、黄河流域、海河流域、淮河流域、黑龙江流域、辽河流域、珠江流域、东南诸河区、西南诸河区和西北诸河区等10个流域分区。

2.1 长江流域

长江全长为6397km，流域面积达180万km^2，约占我国陆地面积的18.8%，为中国及亚洲第一大河。在世界长河中，长江仅次于非洲的尼罗河和南美洲的亚马孙河，但尼罗河流域地跨非洲9国，亚马孙河流域跨南美洲7国，长江则只在中国境内（石铭鼎等，1989）。

2.1.1 流域概况

长江发源于海拔6000m以上的唐古拉山脉之各拉丹东峰的西南侧，涓涓细流汇聚成一条条溪涧（舒湘汉，2006）。它的干流一路经过青、藏、川、滇、渝、鄂、湘、赣、皖、苏、沪11个省（自治区、直辖市），浩浩荡荡，一路向东；数百条支流延伸至贵州、甘肃、陕西、河南、广西、广东、浙江、福建8个省区，最终于崇明岛以东注入东海。长江流域西以芒康山、宁静山为界与澜沧江水系相邻，北以巴颜喀拉山、秦岭、大别山为界与黄河水系和淮河水系相邻，南以南岭、武夷山、天目山为界与珠江和闽浙水系相邻；地处东经96°33′~122°25′、北纬24°30′~35°45′，东西长3000多千米，南北宽（除江源和长江三角洲地区外）一般1000km左右（中国河湖大典编纂委员会，2010a）。

长江流域是湖泊分布最为集中的地区之一，湖泊面积有1.52万km^2，约占我国湖泊总面积的1/5。江源地区湖泊星罗棋布，以小型湖泊和咸水湖居多，计有两千多个，湖泊面积约有400km^2。其中，较大的湖泊有多尔改错（叶鲁苏湖）、雀莫错（祖尔肯湖）、玛章错钦、苟鲁山克错、雅兴错、尼日阿错改、苟仁错、错江钦等十余个。滇北、黔西高原湖区的湖泊面积约有500km^2，主要湖泊有滇池、泸沽湖、草海、邛海、马湖等（石铭鼎等，

1989)。长江中下游平原的湖泊面积有 1.41 万 km^2，其中面积 100km^2以上的湖泊有鄱阳湖、洞庭湖、太湖、巢湖、华阳河水系湖泊、梁子湖、洪湖、石臼湖、南港湖、西凉湖、长湖、菜子湖等。

第二次全国湿地资源调查结果显示，长江流域湿地总面积达 945.68 万 hm^2，占全国湿地总面积的 17.64%。其中，有国际重要湿地 14 处，分别为大山包湿地、碧塔海湿地、纳帕海湿地、拉什海湿地、尕海湿地、东洞庭湖湿地、南洞庭湖湿地、西洞庭湖湿地、大九湖湿地、洪湖湿地、沉湖湿地、鄱阳湖湿地、上海长江口中华鲟湿地和崇明东滩湿地。在我国 173 处国家重要湿地名录中，长江流域有 34 处国家重要湿地分布，湿地面积有 285.85hm^2，主要湿地有依然错湿地、泸沽湖湿地、草海湿地、丹江口库区湿地、石臼湖湿地、巢湖湿地、崇明岛湿地等（罗小勇等，2011；张阳武，2015）。

长江流域大部分地区属于亚热带季风气候，年平均气温呈东高西低、南高北低的分布趋势。长江流域降水丰富，多年平均降水量约为 1100mm，由东南向西北递减，东南部年降水量可达 1200mm，而西北部不足 500mm，区域差异显著、年内分配不均，雨季早迟不一。长江含沙量不大，而且输沙量年内分布不均。长江干流各水文监测站点年输沙量的 85% ~98% 集中在汛期，特别是 7 ~9 月，可达 57% ~79%（中国河湖大典编纂委员会，2010a）。

长江流域动物资源丰富。流域内有鸟类有 400 余种、两栖类动物有 140 余种、爬行类有 160 余种、兽类有 280 余种、昆虫类有 4500 余种；有淡水鱼类有 378 种，长江特有鱼类有 142 种，国家一级、二级重点保护的水生野生动物有 14 种，其中白鳍豚、中华鲟、扬子鳄、白鲟和胭脂鱼等是我国特有的种类（李卫星等，2015）。

长江流域森林面积约为 3600 万 hm^2，林木蓄积量约占全国总量的 1/4，主要林区分布在川西、滇北、鄂西、湘西和江西等地。在长江流域横断山脉地区和华中地区，种子植物分别有 7954 种和 6390 种，其中中国特有植物分别有 5079 种和 4035 种。此外，长江流域还分布有珍稀濒危植物 154 种、有国家重点保护植物 126 种。长江流域的用材树种同样丰富，根据《中国植物志》记载，我国有用材树种 1100 余种，长江流域约有 540 种（叶俊伟等，2018）。

长江流域是我国重要的矿产资源地，在全国已探明的 130 余种矿产中，长江流域有 110 余种（刘军等，2015）。各类矿产资源中，储量达 80% 以上的有钒、钛、汞、磷、萤石、芒硝、石棉等；储量占 50% 以上的有铜、钨、锑、铋、锰、高岭土、天然气等（中国河湖大典编纂委员会，2010a）。

2.1.2 水网格局

长江水系发达，直接汇入长江的大小支流有约 7000 余条，据《中国河湖大典 · 长江卷》统计，按流域控制面积大小划分，流域面积在 100 ~1000km^2的支流有近 4000 条，流域面积在 1000km^2以上的支流有 483 条，面积在 10 000km^2以上的支流有 49 条，面积在 80 000km^2以上的支流有 8 条，面积达 100 000km^2以上的支流有 4 条。在长江 700 多条一级支流中，雅砻江、岷江、嘉陵江、乌江、沅江、湘江、汉江和赣江是长江的八大支流。

长江自源头至湖北宜昌以上为上游，流域面积为 100.6 万 km^2，长为 4504km，流经青海、西藏、四川、云南、重庆和湖北，可分为江源、通天河、金沙江和川江四段。长江江源以沱沱河正源、南源当曲和北源楚玛尔河共同组成的呈现辫状水系的为正源（柳燕和温显贵，2019）；从沱沱河接纳当曲至青海玉树段，由于河床海拔相比长江中下游要高三四千米，又被称为“通天河”。通天河长为 828km，分为上下两段，自囊极巴陇至楚玛尔河口为通天河上段，楚玛尔河口至巴塘河口为通天河下段。通天河左岸有然池曲、北麓河、色吾曲和德曲等支流，右岸有莫曲、牙哥曲、科欠曲等支流。当通天河自巴塘河口流入四川、西藏交界之处时，便称之为“金沙江”，全长为 2308km。金沙江与澜沧江、怒江在云南境内并驾齐驱，直至石鼓一带，金沙江由东南转向东北，形成了壮观的长江第一湾，接着继续向北，自玉龙雪山和哈巴雪山之间流过。这一路，雅砻江、普渡河、牛栏江等支流相继汇入金沙江，在宜宾市附近岷江汇入金沙江后，便开始称为“长江”（长江万里行编写组，1997）。长江从四川宜宾至湖北宜昌段因河道大部分在原四川省境内，也称为“川江”，其中重庆以上河段为上川江，重庆以下河段为下川江。川江险滩密布、暗礁林立，而且水流湍急。川江自北岸汇入岷江、沱江、嘉陵江三大支流，南岸还有南广河、赤水河、綦江、乌江相继汇入（卫家雄等，2011）。

长江干流宜昌至江西湖口为中游，流域面积为 68 万 km^2，长为 959km，流经湖北、湖南、江西三省。根据河流的自然特征可将长江中游划分为四段：宜昌—枝城河段、枝城—城陵矶河段、城陵矶—武汉河段、武汉—湖口河段，沿程汇集了清江、沮漳河、洞庭湖水系、江汉湖群、汉江、鄂东诸河及鄱阳湖水系等。宜昌—枝城河段，为顺直型河道，是低山丘陵向平原过渡的地带；枝城—城陵矶河段，这段河道因流经古时的荆州地区，古又名“荆江”。藕池口以上称之为上荆江，为微弯分汊型河道，右岸先后有松滋河、虎渡河和藕池河分别流入洞庭湖，在沙市附近有沮漳河汇入；藕池口以下为下荆江，为典型的蜿蜒型河道，历来以“九曲回肠”而著称，“长江万里长，险段在荆州”指的就是这里。自城陵矶以下，长江中下游都属于分叉型河段（卫家雄和华林甫，2011；中国河湖大典编纂委员会，2010a）。万里长江中游两岸，湖泊众多，水系相通，有全国最大的城中湖——东湖，以及名列中国五大淡水湖前茅的洞庭湖和鄱阳湖。

长江干流湖口以下为下游，流域面积为 12 万 km^2，长为 938km，流经江西、安徽、江苏三省及上海市。长江在江西湖口接纳了鄱阳湖水系后，流经安徽省境内段称“楚江”；流入江苏省境内，尤其是镇江、扬州附近时，则为驰名中外的“扬子江”。扬子江一路向东，流经我国的国际大都市——上海，最后一条支流——黄浦江汇入，至此长江便走完了 6300 多千米的行程，注入东海（卫家雄和华林甫，2011）。

2.1.3　治水文化

长江有典籍可考的治水活动可追溯到上古时期的大禹治水。当时的治水思想主要以“疏导”为主，首先找到水患问题的关键，利用“水之就下”的自然规律，因势利导，疏导川流积水。先秦时期，李冰“顺应自然”修筑都江堰，巧妙利用人工鱼嘴分水，让洪水走大江，修筑飞沙堰排沙，同时宣泄过量的洪水，并开凿宝瓶口引水，多个工程组合在一起，协调洪枯，搭配合适比例，达到既引水灌溉，又排沙、防洪的多重功效，让川西平原两千多年旱涝保收，遂成“天府之国”（张细兵，2015）。三国、两晋、南北朝时期，水运成为长江流域的主要交通方式，并在局部地区修筑干支流堤防和海塘。因此，河渠上普遍修建堰埭，渠化河道，具有“兴修塘堰、屯兵垦殖，开破冈渎”的治水特点。

隋唐宋时期，全国经济中心逐渐南移，长江流域沿线城市经济活跃，水利事业兴旺：扩大改建邗沟和江南运河、开发大小塘堰灌区、修筑圩田和围湖造田；但同时也使得水面缩小，蓄洪能力减弱，以致常患水灾。于是“兴筑堤防”“开浚出海河道”是当时防治水患的主要主张。元明清时期，汉江下游及荆江段水患愈演愈烈，引发严重的排涝问题，“堵口、修堤、疏浚练湖、疏浚航道”是当时主要的治水方式。

中华人民共和国成立初期，社会经济百废待兴。“防止水患，兴修水利，以达到大量发展为生产之目的”成为初步的治水思想。直至改革开放时期，治水思路才从注重工程建设逐渐转向注重工程管理和经济效益，成为传统水利向现代水利过渡的一个重要标志。进入21世纪，长江流域水利发展从防御水患灾害阶段逐渐迈向解决水资源、水环境和水生态问题的阶段，形成以“统筹安排水资源合理开发、优化配置、全面节约、有效保护、科学管理”为主要代表的治水方针。党的十八大以来，坚持以系统观念统筹“山水林田湖草沙”一体化治理的思想以及“节水优先、空间均衡、两手发力、系统治理”十六字治水方针，形成了新时代意义的治水文化（谢永刚，2019）。

2.2　黄河流域

黄河是中华民族的母亲河，孕育了古老而伟大的中华文明。黄河发源于青藏高原，流经9个省（自治区），全长为5464km，是我国重要的生态屏障和经济地带。黄河也是全世界泥沙含量最高、治理难度最大、水害严重的河流之一。习近平总书记在2019年黄河流域生态保护和高质量发展座谈会上的重要讲话中强调，保护黄河是事关中华民族伟大复兴的千秋大计。

2.2.1　流域概况

黄河水系是我国第二大水网，属太平洋水网。黄河发源于青藏高原巴颜喀拉山北麓海拔约4500m的约古宗列盆地，覆盖青海、四川、甘肃、宁夏、内蒙古、山西、陕西、河南、山东等9省（自治区），在山东省垦利县注入渤海，全流域呈“几”字形。流域水网面积为79.5万km^2（含内流区面积4.2万km^2），占我国陆地总面积的8.3%，干流全长为5464km。流域总体地势西高东低，大致分为三个阶梯，上游为地形复杂的高原，中游为黄土高原，下游为平原。第一级阶梯位于青藏高原，海拔为3000~5000m，由一系列山脉及高原湖盆组成。第二级阶梯大致以太行山为界，东接海河流域，海拔为1000~2000m，地貌类型多样，由于干旱缺水、风沙大，该区域为黄河流域水土流失最严重的地区，也是黄河干流泥沙主要来源地。第三级阶梯自太行山以东至滨海，地势低平，绝大部分区域为海拔低于100m的华北大平原。

黄河流域属大陆性气候，东南部基本属湿润气候，中部属半干旱气候，西北部为干旱气候。气候、降水、蒸发、光热资源及无霜期等时空分布差异明显。流域内多年平均气温在-4～14℃，多年平均气温总的分布趋势是南高北低，东高西低。大部分地区年降水量在200～650mm，空间分布的总趋势是由东南向西北递减（刘绿柳等，2008）。流域降水量年内分配很不均匀，降水主要集中在夏季（6～8月），占全年的54.1%；冬季（12月～翌年2月）降水最少，占全年的3.1%。该区域蒸发量大，年蒸发量达1100mm，其中上游的甘肃、宁夏和内蒙古中西部地区属国内年蒸发量最大的地区，最大年蒸发量可超过2500mm。1956～2000年多年平均径流量为535亿m^3，人均水资源量为473m^3，为全国平均水平的23%。水资源时空分布不均，流域上游兰州以上是主要产水区，多年平均径流量占全流域60%左右，而中、下游水资源量仅占40%左右（鲍振鑫等，2019）。

黄河流域内大于1km^2的湖泊有138个，总面积为2424km^2。其中，面积大于100km^2的湖泊有4个，大于10km^2的湖泊有17个，小于10km^2的湖泊有117个。黄河流域湿地类型丰富，且以沼泽湿地和河流湿地为主，湿地总面积为3.93万km^2，主要湿地集中在黄河上游。黄河水系是世界上输沙量最大、含沙量最高的河流水网，流域中游的黄土高原地区水土流失面积达45.4万km^2，其中年平均侵蚀模数大于5000t/km^2的面积约为15.6万km^2。流域北部长城内外的风沙区风蚀强烈。严重的水土流失和风沙危害，使脆弱的生态环境持续恶化，阻碍了当地经济社会的发展；而且大量的泥沙输入黄河，淤高下游河床，也是黄河下游水患严重而又难以治理的症结所在。

2.2.2　水网格局

黄河流域支流水网众多，水系面积大于100km^2的支流水网共有220条，其中面积大于1000km^2的支流有76条，约占流域水网总面积的77%；大于1万km^2的支流有11条，约占全河集流面积的46.5%。较大支流是构成黄河流域面积的主体，各支流概况如下。

渭河水网面积为13.48万km^2，为黄河最大支流，年平均水量、沙量约占全流域的17.3%和35%，是向黄河输送水、沙最多的支流。同时，渭河流域亦是黄河流域水网大中城市的聚集地。渭河水网发育，地质构造较复杂，两岸支流呈不对称分布。渭河干流长达818km，南岸水系源于秦岭，流经石山区，多系流程短、比降大、水多沙少的支流；北岸水系发育于黄土高原，源远流长，集水面积大，水土流失严重，是支流水网主要产沙区。较大支流多集中在北岸，其中面积大于1万km^2的大支流有三条，即葫芦河、泾河和北洛河。

湟水水网是黄河上游左岸一大支流水网。湟水发源于大坂山南麓青海省海晏县境，流经西宁市，于甘肃省永靖县上车村汇入黄河，全长达374km，流域面积为3.29km^2，其中约88%的面积属青海省，12%的面积属甘肃省。其支流大通河河道长561km，流域面积为1.51万km^2，约占湟水流域面积的46%。湟水年平均径流量为48.8亿m^3，年平均输沙量为0.20亿t。

洮河发源于甘肃、青海两省交界处的西倾山东麓，由西向东流经甘肃岷县折向北流，至永靖县境内汇入黄河刘家峡库区。流域涉及青海和甘肃两省，大部分位于甘肃省境内。

干流全长达673km，流域面积为2.55km^2。洮河水量较为丰富，多年平均径流量为48.25亿m^3，实测多年平均输沙量为0.27亿t。流域水力资源比较丰富，水能理论蕴藏量为2094MW。

无定河是黄河中游右岸的一条多沙支流水网，发源于陕西省北部白于山北麓定边县，全长达491km，流域面积为3.03万km^2，输沙量仅次于渭河，居各支流第二位，是黄河泥沙特别是粗泥沙的主要来源区之一。无定河流域地处黄土高原北部和毛乌素沙漠边缘，兼有黄土与沙漠两种地貌特征。其中，流域内黄土丘陵沟壑区位于流域中下游，面积为1.04万km^2，约占无定河流域水网面积的34.3%，水土流失严重，年侵蚀量约占流域年输沙量的72.6%，是流域泥沙的主要来源区，侵蚀模数高达1.77万t/km^2。

汾河发源于山西省宁武县管涔山，流经太原和临汾两大盆地，干流长为694km，流域面积为3.95万km^2，是黄河第二大支流水网。汾河流域面积约占山西省面积的25%，全流域年径流总量为18.47亿m^3，多年平均输沙量为0.22亿t。汾河上游水土流失严重，是泥沙的主要来源地。汾河流域是山西省城镇化程度较高、工业集中、农业发达的地区，中游的太原市是山西省政治、经济和文化中心。流域矿产资源丰富，是我国重要的能源重化工基地。

大黑河位于内蒙古河套地区东北隅，是黄河上游末端一条大支流，发源于内蒙古自治区卓资县的坝顶村，流经呼和浩特市近郊，于托克托县城附近注入黄河，干流长为236km，流域面积约为1.77万km^2。大黑河的水沙资源时空分布不均，山区和丘陵区是产水产沙区，平原区是用水用沙区。其水资源量较为贫乏，多年平均径流量为3.77亿m^3，单位面积产流量尚不及黄河流域平均水平的一半，侵蚀模数为1400t/km^2，属轻微水土流失区，但有些丘陵地区仍较严重，侵蚀模数达2000～4000t/km^2。

伊洛河是黄河三门峡以下的最大支流，流经陕西、河南两省，在巩义市神北村注入黄河，流域面积为1.89万km^2。干流的洛河发源于陕西省蓝田县灞源乡，流经陕西省的洛南县和河南省的卢氏、洛宁、宜阳、洛阳、偃师、巩义等县市，河长为447km。干流的伊河发源于河南省栾川县陶湾镇，流经嵩县、伊川县，在洛阳市偃师区顾县镇杨村注入洛河，河长为265km，流域面积为0.60万km^2。伊洛河流域水资源相对丰富，多年平均径流量为28.32亿m^3，多年平均输沙量为0.12亿t。在黄河中游各支流中，伊洛河是水多沙少的支流之一。

沁河发源于山西省沁源县霍山南麓，在河南省武陟县南贾村汇入黄河。干流全长485km，流域面积约为1.35万km^2，多年平均径流量为13.00亿m^3，多年平均实测输沙量为0.05亿t。在黄河中游各支流中，沁河是水多沙少的支流之一。沁河是黄河三门峡至花园口间洪水主要来源区之一，沁河下游防洪与黄河防洪息息相关，因此保证沁河下游的防洪安全对于黄河来说十分重要。

2.2.3 治水文化

黄河是世界闻名的多泥沙水网，治理难度极大。在历史时期，我国的治水文化即是黄河的治水文化。自大禹治水至中华人民共和国成立前的4000多年间，历朝历代为征服黄河付出了巨大的努力，积累了丰富的经验，先后形成了多种治黄方略，其中治河思想较为活跃的有西汉和明清时期。

西汉时期最具代表性的治黄方略为贾让的“治河三策”：上策实施黄河人工改道，中策分疏洪水，下策加固原有大堤。以汉成帝清河郡都尉冯逡、王莽时期的御史韩牧为代表的分疏治河说也具有一定的代表性，他们主张疏浚支网河道，以分泄主河网的洪峰流量，削弱主河网两岸堤防的防洪压力，从而避免堤防溃决灾害。西汉末年大司马史张戎深刻认识到黄河水网的高含沙特性，提出了“以水排沙”治河方略，主张使河水保持较高的流速，利用水流本身挟沙排沙的特性输送主槽内泥沙。另外，东汉初期，王景的“河汴分流、宽堤固河”的治黄方略，在当时也得到了广泛称颂。

明末清初，以潘季驯、靳辅为代表的一批治河专家，发展了张戎与万恭对黄河泥沙运动规律和以水排沙思想的认识，提出了“束水攻沙”的治黄方略，至今仍对黄河治理思想产生较大影响。

近现代水利先驱李仪祉系统研究了历朝历代对黄河的治理，主张对黄河上中下游进行综合治理，提出要进行水土保持的重要治理措施。中华人民共和国成立以来，治黄思想从初期的“宽河固堤”到“蓄水拦沙”，再到三门峡水库运行以后黄河水网下游“上拦下排，两岸分滞，蓄泄兼筹”的防洪工程体系，黄淮海平原的防洪安全得到基本保障，取得了黄河70余年岁岁安澜的伟大成就。

不同历史时期的黄河治理，都与当时的经济社会发展阶段和技术水平相适应，治河方略服务于社会的需要，并受制于当时的生产力水平。从分流与合流治理的争论、水和沙治理并重思想的提出，再到将黄河水网上游、中游、下游、河口作为一个整体系统治理等，黄河水网治理研究重点始终以黄河多沙特性为前提，更多地聚焦于水沙关系的改善。

2.3 海河流域

京津冀所在的海河流域是我国重要的政治、经济、文化中心，也是国家重要粮食生产基地，在国家社会经济发展过程中具有重要战略地。海河是我国七大河流之一，有九河下梢之称，流域东临渤海，西倚太行，南界黄河，北接内蒙古高原，行政区划包括北京、天津两市，河北省绝大部分，山西省东部，山东、河南省北部，辽宁省及内蒙古自治区的一部分。

2.3.1 流域概况

海河流域位于东经112°~120°、北纬35°~43°，流域面积为31.78万km^2，约占我国陆地总面积的3.3%。流域总体地势是西北高东南低，大致分高原、山地及平原三种地貌类型。流域内，北有燕山，西北有军都山，西有五台山、太行山，海拔高度一般在1000m上下，最高的五台山达3058m。山地高原内有张宣、阳蔚、涿怀延、大同、忻定、长治等盆地。平原按成因可分为山前冲积洪积倾斜平原、中部冲积湖积平原和滨海冲积海积平原。

海河流域位于温带东亚季风气候区，流域内年平均气温为1.5～14℃，年平均相对湿度为50%～70%。全流域多年平均降水量为539mm，是我国东部沿海降水较少的地区，流域内降水量呈现明显的空间差异，东部沿海地区降水量最高，西部山区降水量最低。流域年水面蒸发量为850～1300mm，其中平原区为1000～1300mm，山区为850～1000mm。流域四季分明，冬季受极地大陆气团控制，寒冷少雪；春季受蒙古高压影响，气候干燥，风速较大；夏季受海洋性气团影响，降雨量较多，气温高，气候湿润；秋季短促，降雨量较少，气候干燥。

1956～2015年，海河流域多年平均总水资源量为375亿m^3。其中，地表水水资源量为221亿m^3，地下水水资源量为251亿m^3，地表水和地下水的重复量为97亿m^3（卢路等，2011）。海河流域水资源的主要特点是水资源总量少、降水时空分布不均、经常出现连续枯水年和水资源量逐渐衰减，总体上属于资源型缺水地区。人均水资源占有量为305m^3，仅为全国平均水平的1/7，世界平均水平的1/27，远低于人均1000m^3的国际水资源紧缺标准；亩（1亩≈666.7m^2）均水资源量为225m^3，为全国平均水平的1/8（海河志编纂委员会，1999）。在全国各大流域中，海河流域的人均、亩均水资源量最低，是我国水资源短缺最为严重的地区之一。

流域内主要植被类型包括针叶林（云杉、松林、侧柏等）、落叶阔叶林（栎、榆、桦、杨等）及草原（羊草、大针茅、克氏针茅、禾草等）。流域内种植的农作物主要有小麦、玉米、莜麦、花生、棉花等，以及多种果树，如板栗、核桃、葡萄、柿子、枣、苹果等。海河流域矿产资源丰富，种类繁多，煤、石油、天然气、铁、铝、石膏、石墨、海盐等蕴藏量在全国均名列前茅。

2.3.2 水网格局

海河流域水网包括海河、滦河和徒骇马颊河三大水系、七大河系、10条骨干河流。其中，海河水系是主要水系，由北部的蓟运河、潮白河、北运河、永定河和南部的大清河、子牙河、漳卫河组成；滦河水系包括滦河及冀东沿海诸河；徒骇马颊河水系位于流域最南部，为单独入海的平原河道。各河系可分为两种类型：一种是发源于太行山、燕山背风坡，源远流长，山区汇水面积大，水流集中，泥沙相对较多的河流；另一种是发源于太行山、燕山迎风坡，支流分散，源短流急，洪峰高、历时短、突发性强的河流。两种类型河流呈相间分布，清浊分明。

流域整体属于扇状水系，滦河、北三河、永定河、大清河、子牙河、漳卫南运河、黑龙港运东地区诸河等呈扇形散开，交汇于海河干流，在天津入渤海。但海河流域内部水系复杂，平原区和山区水系呈现出不同的水系结构特征。山区水系由于受到人为因素干扰较少，多为树状结构；平原区水系，由于受到人工开挖河道的影响，水系错综复杂，呈现出网状水系结构特征。

海河流域是我国洪、涝、旱、碱灾害严重的地区之一，流域平原地区原有自然河道的排洪能力有限，常常导致平原涝灾。为改善海河流域平原灾害频发的状况和解决农业灌溉的需求，国家投入了大量的人力、物力、财力用于海河治理。特别是1963年洪水过后，按照“上蓄、中疏、下排、适当地滞”的治水方针，掀起了以开挖、扩挖行洪河道为主的流域治理工程。经过几十年的大规模河道治理，流域平原地区水系的自然特性大为改变，为行洪排沥而修建的人工河道达到 31 条，长达 3000km，增强了流域内排泄洪水的能力。人工开挖河道大部分位于北三河、大清河、黑龙港流域的下游，尤其以黑龙港流域下游段的水网较为密集。

随着社会经济发展，为缓解供水压力，流域内还实施了诸多调水工程，改变了流域水系格局，提高了流域内水系连通性。流域内调水工程可分为以下三类：第一，跨流域调水工程，如万家寨引黄入晋、引黄济津、引黄入冀、引黄济淀和引黄入邯等；第二，流域内跨省市调水工程，如引滦入津、河北省四库向北京市应急调水；第三，省市内的引水、调水工程，如北京市的永定河引水渠、京密引水渠、白河堡向十三陵水库补水工程，天津市的南北水系沟通西线调水工程，河北省的引滦入唐、引青济秦、王大引水、引岳济淀等调水工程。

2.3.3　治水文化

海河流域是中华文明的发祥地之一，具有丰富的史前文化，并在元、明、清三代成为全国的政治和文化中心。同时，海河流域也是中国洪、涝、旱、碱灾害严重地区之一，在历史的不同阶段同步推进治水文化的发展。

据《尔雅・释水》记载，著名的“禹播九河”中的九河指太史、复釜、胡苏、徒骇、钩盘、鬲津、马颊、简、洁，关于九河的具体地理位置，历代史书记载不一，难以确指，但可以肯定的是九河位于今海河流域内，具体位置在山东德州与河北沧州之间。大禹带领部下，跋山涉水，走遍黄河中下游，考察山川形势，总结了前人治水的经验教训，决定从以堤为主转变到以疏为主，把洪水疏导出去，这是人类历史上治水思想的重大发展。

在十三世纪末元朝定都北京后，为了使南北相连，南粮北运能够不再绕道洛阳，朝廷先后开凿了三段河道——济州河、会通河和通惠河相继修成，沟通了海河、黄河、淮河、长江和钱塘江五大水系。自此，南北人工运道——京杭大运河全线通航，内河船只从南向北可自杭州直达北京。

为了改善南粮北运的困难状况，元、明、清三朝作过多次努力。清代雍正三年海河流域大水，雍正皇帝派怡亲王允祥主持治水。他们在治河的同时，大力兴办水利营田，希望借此分散用水达到治水的目的。

1963 年 8 月，海河流域大洪水后，毛泽东主席发出了“一定要根治海河”的号召。20 世纪 60 年代中期至 70 年代初，海河流域掀起了以开挖疏浚行洪河道为重点治理海河的高潮，先后开挖和扩大了漳卫新河、子牙新河、独流减河、永定新河、潮白新河等河道。这些入海通道工程的实施，不仅减轻了海河流域的防洪压力，而且改变了海河水系的历史格局。从此，在海河平原上出现了统一水系系统和分流入海系统并存的局面。海河水系的形成，固然与华北地形特点及黄河的自然变迁有关，但更重要的还是社会原因。历代劳动人民改造山河的斗争，对促进海河水系的形成起了重要作用。

2.4 淮河流域

淮河古称淮水，与长江、黄河、济水并称“四渎”，地处我国中东部，流域面积约为27万km^2，全长约为1000km，总落差为200m。淮河流域是我国重要的水系之一，是我国包括南北方分界线在内的众多地理分界线标志之一。

2.4.1 流域概况

淮河流域位于东经111°55′~121°20′，北纬30°55′~36°20′，发源于桐柏山区。淮河西起桐柏山、伏牛山，东至黄海，南以大别山、江淮丘陵、通扬运河和如泰运河南堤与长江流域分界，北以黄河南堤和沂蒙山脉与黄河流域分界。淮河流域的西部、南部和东北部为山丘区，面积约占流域总面积的1/3，其余为平原地带，是黄淮海平原的重要组成部分（中国河湖大典编纂委员会，2010b）。

淮河流域地处中国南北气候过渡带，是中国南北方的自然分界线，中国1月0℃等温线和800mm年均等降水线大致沿秦岭淮河线分布。淮河流域气候温和，年平均气温为11~16℃，气温变化由北向南，由沿海向内陆递增。极端最高气温达44.5℃，极端最低气温达-24.1℃。蒸发量南小北大，年平均水面蒸发量为900~1500mm，无霜期为200~240天（王珂清等，2012）。

淮河流域多年平均降水量约为920mm，其分布状况大致是由南向北递减。降水量年际变化较大，最大年降水量为最小年降水量的3~4倍。降水量的年内分配也极不均匀，汛期（6~9月）降水量占年降水量的50%~80%（王珂清等，2012）。淮河流域多年平均径流量为621亿m^3，其中淮河水系为453亿m^3，沂沭泗水系为168亿m^3。淮河流域平均年径流深约有231mm，其中淮河水系为238mm，沂沭泗水系为215mm。

淮河流域有洪泽湖、南四湖、骆马湖、高邮湖、宝应湖等多个较大的湖泊。其中，洪泽湖面积约为2069km^2，库容达130亿m^3，是淮河流域最大的淡水湖，也是中国第四大淡水湖。洪泽湖原为浅水小湖群，古称富陵湖，两汉以后称破釜塘，隋代称洪泽浦，唐代始名洪泽湖。

2.4.2 水网格局

淮河干流在江苏扬州三江营入长江，淮河下游主要有入江水道、入海水道、苏北灌溉总渠、分淮入沂水道和废黄河等出口。整个淮河水系呈扇形羽状不对称分布，上游河道比降大，中下游比降小，流域内以废黄河为界，分为淮河干流和沂沭泗河两大水系，面积分别约为19万km^2和8万km^2。淮河干流两侧多为湖泊、洼地，支流众多。沂沭泗河水系位于流域东北部，由沂河、沭河、泗河组成，均发源于沂蒙山区，主要流经山东、江苏两省，经新沭河、新沂河东流入海。淮河干流和沂沭泗河水系之间由京杭运河、分淮入沂水道和徐洪河沟通。

淮河干流自西向东，经河南省南部和安徽省中部，在江苏省中部进入洪泽湖，经洪泽湖调蓄后，干流经入江水道至扬州三江营进入长江。洪河口以上为上游，长为360km，地面落差为174m，流域面积约为3.06万km^2；洪河口以下至洪泽湖出口中渡为中游，长为490km，地面落差为16m，面积约为15.8万km^2；中渡以下至三江营为下游入江水道，长约为150km，地面落差约为7m，面积约为0.66万km^2。

淮河支流众多，流域面积大于10 000km^2的一级支流有4条，大于2000km^2的一级支流有16条，大于1000km^2的一级支流有21条。右岸较大的支流有史灌河、淠河、东淝河、池河等；左岸较大的支流有洪汝河、沙颍河、西淝河、涡河、浍河、漴潼河、新汴河、奎濉河等。

沂沭泗河水系位于淮河流域东北部，基本属于江苏、山东两省，由沂河、沭河、泗河组成，三条河均发源于沂蒙山区，流域总面积近8万km^2。泗河流经南四湖，汇集蒙山西部及湖西平原各支流后，经韩庄运河、中运河、骆马湖、新沂河于灌河口燕尾港入海。沂河、沭河自沂蒙山区平行南下，沂河流至山东省临沂市进入中下游平原，在江苏省邳县入骆马湖，由新沂河入海。沂河在刘家道口和江风口还有“分沂入沭”和邳分洪道，分别分沂河洪水入沭河和中运河。沭河在大官庄分新、老沭河，老沭河南流入新沂河，新沭河东流经石梁河水库，至临洪口入海。

2.4.3　治水文化

在12世纪以前，淮河被公认为是条“有利无害”的河流，其流向没有大的变化，出桐柏山后，北面有汝水、颍水、涡水、濉水、汴水等支流汇入，汇合于沂沭泗水，下游河床深阔，泛滥成灾的现象很少发生（吴海涛，2017）。

淮河的灾害主要是来自黄河对淮河的侵犯，由于黄河“善淤、善决、善徙”，不仅多次从北岸决口，也多次从南岸决口，侵夺淮河的河道。

1194年黄河南决，河水一路南侵，霸占淮河河道，第一次夺淮入海，大量泥沙使得淮河下游古道淤积为地上河，淮河入海受阻，黄河水和淮河水在盱眙和淮阴之间的洼地逐渐形成洪泽湖。到了清咸丰元年（1851年），洪泽湖水暴涨，冲毁了洪泽湖大堤南段的溢流坝（礼河坝），沿三河（即里河）入宝应湖、高邮湖，经邵伯湖和里运河进入长江，从此淮河干流由独流入海改变为从长江入海。清咸丰五年（1855年），黄河在铜瓦厢北决，由利津入海，长达662年的黄河夺淮历史结束（吴海涛，2017）。

黄河夺淮后的元明清三代主要定都于北京，政治中心在北方，经济中心在南方的。元代先后挖通了济州河、会通河、通惠河等运河，形成了自北京至杭州的京杭大运河，贯通了中国南北地区。因为京杭大运河巨大的政治经济意义，自元代以来，尤其是明清两朝为保漕运，长期实行抑河南行的治黄方针，加剧了黄河夺淮的局面（吴海涛，2010）。

元代治河采用的方针为保北不保南，为了防止黄河北决影响会通河的运行，在黄河南岸多留出水口，使得黄河水长期在淮河流域泛滥。元至正十一年（1351年），贾鲁治理黄河，兴修两条人工河，后世称之为“贾鲁河”，有一定成效，仍无力根治河患，随着元末战乱，黄河仍在淮河间泛滥（吴海涛，2017）。

在明代的治水实践中，保明祖陵和保漕运是君臣均奉行的指导原则和治水目的，这一原则对黄河治理的理论和实践产生了重大影响。明代的治河方案经历了初期“分流”、中期白昂、刘大夏的“北堤南分”以及明末潘季驯“束堤治河”几个阶段。万历年间，潘季驯加高高家堰以“蓄清刷黄”“刷黄济运”，短期取得有一定的效果，冲刷泥沙的能力得以提高。但潘季驯所筑的高家堰，完全阻断了淮河，截去了整个淮河下游，并在极不适合修筑大水库的平原地区，兴建起了规模越来越大的一座巨型水库——洪泽湖，使其很快成为中国五大淡水湖之一（吴海涛，2017）。

到了清代，清政府对淮河下游灾患的成因非常清楚，尽管统治者不再关注明祖陵的安危，少了这方面的顾忌，但是为了维持京杭大运河航道的畅通，每年在漕运开始前和进行时，均要闭闸蓄水，而此时上游来水量极大，无法宣泄，使得整个淮河中游成为滞洪区，只能任其淹没洪泽湖以西的泗州、颍州等地区。清代中期以后，迫于内忧外患，政治日渐腐败，治河又回复到以保运为最高原则的传统政治思维上来，淮河下游的民生问题再次成为国家利益的牺牲品。到了18世纪末，江南的漕运道路彻底中断，清政府不得不于道光五年（1825年）把江南漕粮改由海道北运。自此以后两淮失去了赖以发展的漕运中枢地位。

1855年（清咸丰五年）黄河在铜瓦厢决口，改由大清河入海，结束了黄河夺淮的历史，各种“导淮”方案随之出现，尽管在入海通道的选择、入海水量的分布等问题上有不同看法，但导淮入海、打通淮河入海通道，成为解决淮河洪涝灾害的共识。然而，由于各种原因，“导淮”却未能真正付诸实施。

中华人民共和国成立后，淮河是第一条全面系统治理的大河，党和国家对淮河治理高度重视，开始实现由“导淮”向“治淮”治理策略的转变。1950年7～8月，毛泽东主席对根治淮河作了四次批示。1950年10月，中央人民政府《关于治理淮河的决定》明确了治理淮河的方针为“蓄泄兼筹，以达根治之目的”。1981年，《国务院治淮会议纪要》确定了以蓄泄兼顾的治淮方针为原则，制定了治淮十年规划。1991年，国务院发布了《关于进一步治理淮河和太湖的决定》。2003年6至7月，淮河发生了自1954年以来的最大洪水，当年10月，国务院召开治淮工作会议，要求将加快淮河治理作为当前和今后一个时期水利建设的重点任务，早日实现淮河长治久安。12月，水利部印发《加快治淮工程建设规划（2003—2007年）》，文件要求除继续坚持“蓄泄兼筹”的方针外，还强调“以人为本”“人与自然和谐相处”。此后，治淮重点工程全面提速。2018年，经国务院批准，实施了《淮河生态经济带发展规划》，对淮河的综合治理提升到生态文明建设的新高度（吴春梅，2020）。

2.5 黑龙江流域

黑龙江是流经蒙古国、中国、俄罗斯和朝鲜的跨境河流，其两个源头分别在蒙古国和中国，上游下半段与中游为中俄界河，下游在俄罗斯境内（本书重点介绍黑龙江流域中国侧和黑龙江最大支流松花江的情况）。早年由于河水中含有大量腐殖质，水色黝黑，犹如蛟龙奔腾，由此得名黑龙江。

2.5.1　流域概况

黑龙江流域面积约为208.33万km^2，其中我国境内流域面积约为90万km^2，流域界线长1.68万km。黑龙江流域的北部由雅布洛诺威岭（外兴安岭）和斯塔诺沃伊山脉与勒拿河流域分开；西界为肯特山脉，西南部在蒙古国内分水界不明显，向东沿着大兴安岭的南支，松花江与辽河之间为不甚明显的松辽分水岭；南面与东南由长白山、老爷岭等将黑龙江流域与图们江流域分开；东部则沿着锡霍特—阿林山脉向北，直至黑龙江口。黑龙江流域包括蒙古国（肯特省、东方省、苏赫巴特尔省、东戈壁省、中央省）、中国（黑龙江省、吉林省、内蒙古自治区、辽宁省）、俄罗斯（阿穆尔州、外贝加尔边疆区、哈巴罗夫斯克边疆区、犹太自治州、滨海边疆区）、朝鲜（两江道）的部分地区，它是东北亚流域面积最大的河流流域（戴长雷等，2015）。

黑龙江流域南部我国境内主要有大兴安岭、小兴安岭、长白山和张广才岭等山脉。大小兴安岭海拔约为1000m，自北向南形成一道屏障环抱松嫩平原。大兴安岭是额尔古纳河和嫩江的分水岭。黑龙江、松花江、乌苏里江汇合的三角地带称为三江平原，海拔在60～80m。流域北部的斯塔诺夫山脉（外兴安岭），是黑龙江与勒拿河的分水岭。分水岭以南是海拔300～500m的黑龙江—结雅平原和结雅—布列亚平原。结雅—布列亚平原南部海拔低于200m。流域下游的大型平原有平均海拔为50m的阿穆尔低地和乌苏里江低地。东部宽阔的锡霍特山脉海拔达2000m，将这些低地与日本海隔开。黑龙江上游，从发源地到结雅河河口长约为900km，大多是山地地貌；黑龙江中游，从结雅河河口到乌苏里江河口，山地与平原区域交替分布（结雅—布列亚平原、小兴安岭、黑龙江中游平原）；黑龙江下游，从乌苏里江河口至阿穆尔河河口，多为中等山地和低山地段，在山区中分布着数量众多的盆地和平原（中国河湖大典编纂委员会，2014a）。

黑龙江全流域地处寒温带和温带气候区，自西向东随着距海洋的距离由远及近，逐渐由半干旱、半湿润到湿润气候，大部地区分属典型的大陆性季风气候。多年平均气温呈西北低东南高的分布趋势，多年平均年降水量由西向东、东南递增，海拉尔河、额尔古纳河流域的年均降水量为350mm左右，黑龙江干流地区为450～650mm，降水主要集中在6～9月，约占全年降水量的70%，其中冬季降雪占年降水量的10%～20%。

额尔古纳河和黑龙江中游地区森林茂密，主要树种有落叶松、樟子松、红松和白桦树等。大兴安岭山地森林覆盖率高达83%，木材蓄积量高，是我国重要的木材生产加工基地。由于流域内森林茂密，林中野生动植物资源十分丰富，有300余种野生动物，10多种野生真菌食品，10余科野生浆果及250余种中草药材。黑龙江中大约有30余种重要经济鱼类，黑河市以下至抚远县有雅罗鱼、唇䱻、鲫鱼、松花江翘嘴红鲌、鲟鱼、大马哈鱼、鲑鱼、鲶鱼、鲢鱼等。

流域内矿产资源极其丰富，矿种齐全、种类繁多，目前已发现的矿产近120种，已探明储量的近60种，流域内的优势矿产有石油、天然气、煤炭、金、铜、铅、锌等，在全国占有重要地位（毛民治，2004）。

2.5.2 水网格局

黑龙江有南北两源，南源为额尔古纳河（额尔古纳河上源为海拉尔河，海拉尔河上源为库都尔河），北源为石勒喀河（石勒喀河上源为鄂嫩河），南北两源在内蒙古自治区额尔古纳市的恩和哈达村汇合后始称黑龙江干流，黑龙江在俄罗斯境内尼古拉耶夫斯克（庙街）附近注入鄂霍次克海的鞑靼海峡。如以石勒喀河为源头，黑龙江全长为4416km；以海拉尔河为源头，黑龙江全长为4344km。黑龙江干流分为三段：自南北两源汇合点内蒙古自治区额尔古纳市的恩和哈达村至结雅河口为上游段，自结雅河口至乌苏里江口为中游段，乌苏里江以下至入海口为下游段。

黑龙江从源头到入海口，沿途接纳百余条支流，其中在我国境内面积大于1万km^2的支流有50余条，主要支流有额尔古纳河、松花江、乌苏里江、石勒喀河、结雅河、布列亚河和阿姆贡河（戴长雷，2014）。黑龙江流域相关湖泊有贝尔湖、呼伦湖、兴凯湖、镜泊湖、五大连池等，相关湿地有扎龙湿地、向海湿地、莫莫格湿地、查干湖湿地、三江平原湿地等（吕军等，2017）。

2.5.3 流域文化

黑龙江流域文明是中西文化、多民族文化的汇合体。黑龙江流域地处边疆，与外部的联系由来已久。尤其是与日本、朝鲜、俄罗斯、蒙古国及其西方各国的联系历史悠久，来往频繁。近代大量俄侨、日侨移民的不断涌入，使得中外文化大碰撞、大融合，推动了黑龙江地区文明的发展，丰富了中华文明。

黑龙江流域文明是整个中华民族文明的重要组成部分。如果说中华民族文明发展史如同一条长河一样奔流不息的话，那么这一长河是多源的，也是由很多支流汇集而成的，黑龙江流域文明就是重要的源头之一。因此，黑龙江流域同黄河、长江流域一样是中华民族文明的摇篮和重要发祥地。在黑龙江流域，昂昂溪、新开流、小南山诸古文化遗址应属于黑龙江流域文明起源过程中具有里程碑意义的界标，而白金堡文化可以说是目前发现的黑龙江流域最早进入文明时代的文化。20世纪八九十年代，黑龙江流域三江平原地区陆续发现了数百处汉魏时期的遗址，在社会上和考古界引起了强烈的震撼。

黑龙江流域文明对整个中华民族文明的发展产生着巨大影响。如果从民族学的角度看，存在着一个极为特殊的现象，那就是黑龙江流域民族对中国历史进程和中华文明的发展发生着巨大的影响，这种影响是南方任何少数民族所不曾有过的。黑龙江流域曾在中国历史上孕育了五个入主中原的少数民族及其政权，这些民族对促进中华的民族融合，推动各民族文化交流和生产力发展，促进华夏文明的繁荣做出了卓越的历史贡献。黑龙江流域的文明历史久远，独具魅力，充满生机和活力，它通过民族融合和文化交流对整个中华民族文明的发展产生着巨大影响，发挥着积极的作用（黄任远，2006）。

2.6　辽河流域

辽河位于我国东北地区的西南部，流经河北、辽宁、内蒙古和吉林4省（自治区），全长约为1345km，是我国七大江河之一。辽河流域历史源远流长，大约在六七千年前，辽河流域已有人类活动，是中华文明的重要发源之一。

2.6.1　流域概况

辽河流域东以长白山脉与西流松花江、鸭绿江流域分界，西接大兴安岭南段，与内蒙古高原的大、小吉林河及公格尔河流域相邻，南部及西部毗邻滦河、大凌河、小凌河流域，南侧濒临渤海，北部与松花江流域接壤（中国河湖大典编纂委员会，2014a）。辽河流域总流域面积约为22.11万km^2，其中平原区面积为9.45万km^2，山丘区面积为12.66万km^2。

辽河流域地势大体为自北向南、自东西两侧向中部倾斜，东西两侧与西南部为低山、中山和丘陵，海拔一般超过500m；北部为松花江流域与辽河流域的分水岭，系近东西向走势的岗丘地形；中部为辽河平原（中国河湖大典编纂委员会，2014a）。辽河平原又可以分为冲积平原和砂坨、砂质平原。冲积平原主要由沿辽河及其支流的冲洪积阶地构成，地势较低；砂坨、砂质平原主要位于西辽河流域，是我国四大沙地之一——科尔沁沙地的主体部分。

辽河流域处于中纬度地带的欧亚大陆的东岸，气候受东亚季风支配，气候类型是温带季风气候型。由于各地地形地势及距海远近等条件的不同，气候特点也不尽相同，总的气候特点可以归纳为：四季分明、季风明显、寒冷期长、雨水集中、雨热同季、日照充足。辽河流域降水量自东南向西北递减，东部山丘区多年平均降水量为800~950mm，西辽河地区仅为300~350mm。降水多集中在7~8月，占全年降水量的50%以上，易以暴雨的形式出现，年际变化也较大，最大和最小多年平均年降水量之比在3倍以上，而且有连续数年多水或少水的交替现象（水利部松辽水利委员会，2011）。气温分布自下游平原向上游山区逐渐递减，多年平均约在4~9℃。相对湿度自东向西减少，多年平均为49%~70%，以春季最小、夏季最大、秋季居中。蒸发量分布与相对湿度相反，由东向西递增，多年平均年蒸发量为560~1320mm。

2.6.2　水网格局

辽河流域水系发达，支流众多。根据统计，流域面积大于1000km^2的一级支流有19条，流域面积大于1万km^2的支流有英金河、西拉木伦河、查干木伦河、教来河、乌力吉木伦河、东辽河、浑河、太子河和绕阳河等9条。

从形状上看，辽河水系呈弓形，有东、西辽河两源，一般以西辽河为正源（韩增林和王利，2000；陆孝平和富增慈，2010）。西辽河上游又有两源，南源为老哈河，北源为西拉木伦河，以老哈河为主源，两源于翁牛特旗与奈曼旗交界处会合，为西辽河干流，自西南向东北向，至科尔沁左翼中旗白音塔拉纳右侧汇入教来河继续东流，在小瓦房汇入北来的乌力吉木伦河后转为东北—西南向，进入辽宁省，到昌图县汇合东辽河。东源东辽河，出自吉林省东南部吉林哈达岭西北麓，流经辽源市，在辽宁省昌图县福德店与西辽河汇合始称辽河。辽河干流继续南流，分别纳入左侧支流招苏台河、清河、柴河、凡河和右侧的秀水河、养息牧河、柳河等支流后，曾在盘山县六间房水文站附近分成两股。一股西行，经台安县、盘锦市双台子区，在盘山县纳绕阳河后入渤海。旧称此段为双台子河，实际为辽河真正的入海口。另一股南行，称外辽河，在三岔河水文站与浑河、太子河汇合后称大辽河，穿过大洼县、大石桥市，于营口市的老边区入渤海，1958 年后外辽河在六间房截断，浑太水系成为单独水系。

辽河流域湖泊较少，多分布在上游西辽河流域的通辽和赤峰两市，且一般面积较小，当地人形象称之为“泡子”。据统计，两市共有 300 个左右的湖泊（泡子）。其中，水面面积大于 $10km^2$ 的湖泊有 5 个，水面面积大于 $100km^2$ 的湖泊仅 1 个，即赤峰市的达里湖。达里湖也称达里淖尔，蒙语为“像大海一样宽阔美丽的湖”，古称“鱼儿泺”“答尔海子”等，位于赤峰市克什克腾旗贡格尔草原西南部，面积约为 $238km^2$，是内蒙古四大内陆湖之一（尤志方和水利部松辽水利委员会，2002）。

历史上辽河流域沼泽湿地遍布，古代有“辽泽”之称（肖忠纯，2010）。清末以来，由于人类活动的影响，目前沼泽湿地仅在上游西辽河流域以及下游辽干流域的三角洲湿地有所分布，其他均属河流和湖泊湿地。辽河流域最著名的湿地当属辽河三角洲湿地，总面积近 60 万 hm^2，地跨辽宁省的盘锦市和营口市，是我国面积最大的芦苇滨海湿地，也是世界第二大芦苇产地，是东亚和澳大利亚鸟类迁徙路线上的重要栖息地和驿站。

2.6.3 治水文化

与其他流域相比，辽河流域开发相对较晚，治理相对滞后。明清以前，流域治理基本是以航运、军事为目的的局部治理以及架桥、整修河道等简单的治河措施。据《金史・河渠志》记述，1192 年时，辽河已可通航至开原县。据《元史・本记》记载，1207 年，辽河上已建立了 7 个水路交通站，1354 年开始辽阳等地设置了水运官员，以加强水运管理。

明清时期，特别是清代康熙朝以后，政府对辽河干流及其支流柳河、绕阳河的治理很重视，不仅提出了一些规划设想，并进行了部分实地查勘测量工作。这段时间提出的工程措施主要是为开展航运和防止洪涝灾情的河道疏导工程与堤防工程，其次是造桥建闸，但数量很少。这些工程措施虽然多为局地措施，对于辽河水患治理效果也有限，但是为后人治河打下了基础。例如，清道光年间，浑河、太子河下游两岸积涝成灾，沿河居民深受其苦，遂从下游向上游逐段伸长筑堤防水，修建的民堤一直被沿用至今。清乾隆年间编修的《满州源流考》，也为后世治河打下资料基础（中国水利史典编委会，2013）。

清末民国初，随着科学技术的发展，更加系统化的治河方案相继提出，但是由于民力、财力以及政府统筹规划等问题，所提出的方案少有实现。例如，英籍工程师秀斯以及清朝地方政府与某些有志之士均曾就辽河下游治理提出较系统的治理方案，实施了部分工程，但最终未能奏效。清朝盛京将军赵尔巽提出了最初的松辽运河设想，但由于工程复杂，计划提出后，并无进展。民国期间，孙中山先生在其著名论作——《建国方略》的实业计划中又一次提出松辽运河设想，但最终未能实现。

伪满洲国对开凿运河作为重要交通航线的方案曾进行过研究，主要有松辽运河、抚顺—营口运河、铁岭—营口运河等。

抗日战争胜利后，国民党政府曾编制了《辽河水系治本工程计划概要》，提出了上游防沙保土工程、中游蓄水库工程、堤防工程、下游分流工程和辽南运河计划等五项治理工程。但是这些工程直至中华人民共和国成立前，无甚进展。

中华人民共和国成立后，政府对辽河的治理非常重视，辽河治理也由此进入新时期。根据水利部的指示，开展了辽河流域规划工作，进行了资料收集，现场查勘、测量、钻探等前期工作。流域水利管理部门与相关水利专家在上述工作的基础上进行规划，通过水利部的审查，又进行了修改补充，于 1958 年提出了《辽河流域规划要点》。之后，全流域有计划地进行了各项水利工程建设，其间根据工程实践又进行了多次修订，并组织编制了多项地区及专项规划，涉及防洪、灌溉、航运和除涝等多项任务。目前，辽河流域已初步形成布局合理、除害兴利效益显著的工程体系。

2.7　珠江流域

珠江作为我国境内第三长河流，是我国入南海的最大水系，是南部诸省的生命水系，千万年来，生生不息，抚育了亿万生命，形成了璀璨的流域文化。

2.7.1　流域概况

珠江发源于云南省曲靖市沾益区马雄山，自西向东流经云南、贵州、广西、广东等省（自治区），全长为 2320km，年径流量约为 3400 亿 m^3，居全国第二位。包含西江、北江、东江和珠江三角洲等广大流域，流域面积约为 45.37 万 km^2，其中我国境内面积约为 44.21 万 km^2。流域多年平均水资源量约为 5200 亿 m^3，约占全国总量的 18.3%。流域内多山地和丘陵地形，平原面积仅占 5.5% 左右。流域西北部为海拔 1000～3000m 的云贵高原，其东部是平均海拔约为 500m 的两广丘陵，流域下游是冲积平原——珠江三角洲。珠江三角洲河网交错、美丽富饶，是流域人口最密集、经济最发达的地区。

珠江流域属于湿热多雨的热带、亚热带气候区，多年平均气温为 14～22℃，多年平均湿度为 71%～82%，多年平均降水量为 1200～2000mm。降水量年内分配不均，4～9 月降水量约占全年降水量的 70%～85%，且西少东多。

珠江流域动植物资源类别丰富。在植物资源中，以常绿阔叶林为主，其次为针阔叶混交林。流域内许多特有、珍稀和濒危植物，如有活化石之称的多歧苏铁、望天树、云南穗花杉、金花茶、董棕等均为国家级保护植物。在动物资源中，珠江流域还有不少珍禽异兽，如贵州的金丝猴、娃娃鱼（大鲵），广西的果子狸、山瑞等。珠江流域矿产资源丰富，品种繁多，主要有煤、铁、硫、锡、钨、铝、磷、锰，还有金、铀、钛等珍贵矿藏。著名的矿区有云南旧锡矿、广西平果大铝矿、广东云浮硫铁矿等。其中，云南素有“有色金属王国之称”。

2.7.2 水网格局

珠江流域主要包括西江、东江、北江和珠江三角洲等部分。其中，西江最长，发源地是云南省曲靖市沾益区乌蒙山余脉的马雄山东麓，从上游往下游分为南盘江、红水河、黔江、浔江及西江等段，在广东省珠海市的磨刀门注入南海，全长约为2214km，是珠江主要水系。西江流经云南、贵州、广西、湖南、广东五个省（自治区），流域面积约为35.31万km^2，约占珠江流域总面积的77.8%。较大的支流有北盘江、柳江、渝江、桂江、贺江。

东江发源于江西省寻乌县大竹岭，上源称寻乌水，由安远水、篛江、新丰江等汇合而成，主流在石龙镇汇入三角洲网河，石龙镇以上河长约为520km，流域面积约为2.70万km^2，较大的支流有定南水、新丰江、西枝江等。

北江发源于江西省信丰县，上源由浈江，由墨江、锦江、武江、滃江、连江等汇合而成，主流在思贤滘与西江相通后汇入珠江三角洲，思贤滘以上河长为468km，流域面积约为4.67万km^2。较大的支流有武水、滃江、连江、滃江、滨江及绥江。

珠江三角洲是复合三角洲，由思贤滘以下的西江三角洲、北江三角洲和石龙以下的东江三角洲以及流溪河、潭江、增江、深圳河等中小流域及香港九龙、澳门等地区水系组成，面积约为2.68万km^2。韩江由梅江、汀江汇合而成，流域面积为3.01万km^2。粤桂沿海诸河，由众多源短坡陡的独流入海中小河流组成，总流域面积为7.14万km^2。国际河流有红河等，红河在中国境内流域面积为7.64万km^2。

珠江流域分布着众多湖泊，其中高原湖泊主要有抚仙湖、星云湖、阳宗海、杞麓湖、异龙湖、大屯海、长桥海等，仅这7个湖泊的水面面积就超过了370km^2，中下游较大的湖泊有肇庆星湖、惠州西湖及惠阳潼湖等。珠江流域的湿地众多，类型分布不均，且分布呈明显的地域性特征。近海与海岸湿地主要分布在广东、广西沿海各地；河口水域则集中分布在珠江的出海口及三角洲的沿海部分；红树林湿地大部分集中分布在珠江口西岸至粤西沿海，以及广西的合浦、北仑河口和钦州湾。河流湿地在流域范围内各地均有分布，湖泊湿地和沼泽湿地相对较少，上游零星分布有高原、山地河流湿地和高原湖泊湿地（珠江水利简史编纂委员会，1990）。

2.7.3 治水文化

珠江水利的发展是随着文化的发展而逐渐开发的，两千多年前就有珠江流域的发展记载。在青铜时代，因上游水系稳定，人类活动频繁。自秦代建立了统一的封建集权制度以来，珠江流域的开发得到了极大发展。秦始皇在统一岭南的过程中，开凿了灵渠，提升了珠江的航运能力；人口的迁移、郡县的设置对后来珠江流域的开发和水利的发展奠定了基础。而在流域中实施垦殖、屯田制度，促进了珠江流域的农田水利发展。汉代为供给驻兵的食粮，招募了大量人口到西南地区垦荒。三国时期，蜀国为安抚西南地区人民，大力推行奖励政策，发展农业，开垦荒地，兴修各种水利措施。唐代王晙任桂州都督时，率领军民兴修水利，拦河筑坝，修建水渠，开垦良田数千顷。元代珠江中上游大规模屯田，南、北盘江两岸“所系民田，募人耕作，岁收其租”，使得水利设施得到了快速发展。明代推行奖励耕种，大兴屯田，移民垦田，大兴水利的政策，促进了水利的发展，涌现了许多水利工程，如交水坝、汤池渠、石屏湖引水工程等。清代在明代的基础上，将兴修水利工程作为地方官员的考绩指标，使得珠江流域的水利得到了进一步的发展（水利部珠江水利委员会，1994；司徒尚纪，2001；珠江水利简史编纂委员会，1990）。

20世纪80年代以来，珠江流域国民经济持续快速增长，但经济发展很不平衡，上游云南、贵州及广西等省（自治区）属我国西部地区，自然条件较差、经济发展缓慢；下游珠江三角洲地区经济发达，是我国探索科学发展模式的试验区、深化改革的先行区、扩大开放的重要国际门户，以及世界先进制造业、现代服务业基地和全国重要的经济中心之一。

2.8　西南诸河

西南诸河位于我国西南部的青藏高原和横断山地，流域总面积约为77万km^2，涉及云南、西藏、青海、新疆等4省（自治区），包括澜沧江、怒江、雅鲁藏布江、伊洛瓦底江、藏南诸河、藏西诸河。西南诸河流域多高山、高原、峡谷，地势陡峻，大部分为青藏高原及滇南丘陵，西南诸河水资源丰富，水能资源蕴藏量巨大，同时区域内拥有丰富的矿产资源以及众多各具特色的自然资源。西南诸河河流众多，大多为国际河流，是我国与南亚、东南亚合作交流的重要纽带。其中，澜沧江、怒江、雅鲁藏布江是最为重要的三条河流。

2.8.1　澜沧江

澜沧江发源于我国青海省唐古拉山北麓，流经西藏自治区、云南省，于云南西双版纳傣族自治州勐腊县出国境进入缅甸，成为缅甸、老挝的界河，被称为湄公河，经缅甸、老挝、泰国、柬埔寨，于越南西贡注入南海，是东南亚最大的国际河流，也是亚洲第三大河、世界第六大河。澜沧江—湄公河干流全长为4880km，流域面积为81万km^2，我国境内澜沧江干流长为2161km，流域面积为16.44万km^2（李丽娟等，2002）。澜沧江水系主干明显，支流众多但多较为短小，落差大，水能资源极为丰富，开发条件优越，全区水能资源理论蕴藏量巨大，居全国首位（袁湘华，2010），可开发容量约为3200万kW，是我国水电开发的“富矿”，也是我国重点开发的十三大水电基地之一（黄光明，2013）。

澜沧江一般分为上、中、下游河段，上游河段自源头至色曲河口，山势一般比较平缓，河谷较宽浅；中游为色曲河口至功果桥，为高山峡谷区，河床比降大，河谷窄深；下游为功果桥以下，两岸山势渐低，河谷宽窄相间呈串珠状河谷，河谷较为开阔。

流域主要的支流包括子曲、麦曲、昂曲、色曲、漾濞江、黑惠江、罗闸河等，流域面积大于1000km^{2}的支流有42条，其中流域面积超过1万km^{2}的支流包括昂曲、子曲、漾濞江等，湖泊包括洱海、布托错青、布托错穷等（中国河湖大典编纂委员会，2014b）。昂曲是澜沧江支流之首，发源于西藏巴青县唐古拉山脉东端南麓，其河长为499km，流域面积为1.68万km^2，流域处于横断山脉，地势北高南低，上游地势平缓，地形起伏小，下游河谷深切，沟壑纵横。子曲是澜沧江上游段右岸较大支流，子曲流域呈现条状，水系呈羽状，流域内山脉绵亘，山高谷深，地形复杂，干流全长为293km，流域面积为1.26万km^2。洱海是云南大理白族自治州境内高原淡水湖泊，洱海主源为弥苴河，自北向南注入洱海，其他注入洱海的河流还有罗时江、永安江、苍山十八溪、海潮河等，出湖泊水流经西洱海注入黑惠江。洱海总集水面积为2565km^2，湖泊南北长而东西窄，略有弯曲。

2.8.2 怒江

怒江是中国西南地区一条重要的国际河流，又称潞江，源出青藏高原的唐古拉山南麓的吉热拍格，干流流经西藏自治区那曲、昌都和林芝三个地区，又流经云南省贡山、福贡、碧江、泸水，在潞西县流入缅甸后总称萨尔温江，最后在缅甸毛淡棉城注入印度洋的安达曼海，干流全长为3673km，我国境内怒江干流全长为2013km。怒江流域总面积约为32.5万km^2，我国境内怒江流域面积为13.6万km^2。流域呈西北向东南逐渐变窄复又展宽的带状，东邻澜沧江、怒山山脉和他念他翁山脉，西接雅鲁藏布江与伊洛瓦底江和念青唐古拉山、伯舒拉岭与高黎贡山，北隔唐古拉山长江水源水系，南及西南部和缅甸交界。怒江流域地势西北高东南低，分上、中、下游三个河段，上游为洛隆县马利镇以上，地处高原，地势高亢，河谷宽阔，河谷高程在4500m以上。中游为马利镇至云南泸水，山高谷深，河道比降大。下游为泸水以下，为中山宽谷区，地势降低。

怒江支流众多，流域面积大于1000km^{2}的支流有37条，其中在西藏境内的有24条，在云南境内的有7条。上游流域主要支流有卡曲、索曲、杰曲；中游支流有德曲、八宿曲和玉曲等，下游流域主要支流有勐波罗河、南汀河和南卡河。怒江支流中流域面积最大的支流为索曲，发源于西藏聂荣县索雄乡唐古拉山南麓，流域面积为1.38万km^2，河长为260km。怒江最长的一级支流为玉曲，发源于西藏洛隆县白达乡瓦合山麓，干流全长402km，流域面积为9190km^2，流域呈狭长形。

2.8.3 雅鲁藏布江

雅鲁藏布江是我国西藏最大的河流，也是世界上海拔最高的河流，发源于西藏西南部喜马拉雅山北麓的杰马央宗冰川，在我国境内总体由西向东流经西藏西南部，经珞渝地区流入印度，改称布拉马普特拉河，流经孟加拉国与恒河汇流，最后流入印度洋的孟加拉湾。雅鲁藏布江流域面积为61.7万km^2，干流全长为2900km，在我国境内河长为2104km，流域面积约为24万km^2。

雅鲁藏布江可分为上、中、下游三个河段，上游河段为雅鲁藏布江自源头至仲巴县里孜段，段内河长约为268km，流域面积为2.66万km^2，约占流域总面积的11%，河谷形态主要为高原宽谷，水流平缓。中游河段为里孜至米林县派镇段，河段长约为1293km，段内集水面积为16.35万km^2，约占流域总面积的68%，中游地区也是西藏自治区政治、经济、文化的中心地带。下游河段为米林县派镇至出境处，河段长约为543km，段内集水面积约为5万km^2，约占总流域的21%。

雅鲁藏布江支流众多，支流流域面积大于1000km^2的有109条，大于2000km^2的有14条，其中多雄藏布、年楚河、拉萨河、尼洋曲和帕隆藏布集水面积超过1000km^2。多雄藏布是雅鲁藏布江左岸支流，也是其第三大支流，发源于西藏萨嘎县境内的却则呀姑扎山，河流总长为303km，流域面积约为1.97万km^2，流域地势西高东低，南北两侧高，中部低，主要支流有美曲藏布、孔弄曲等。其中，美曲藏布是最大的支流，其流域面积为9979km^2，约占多雄藏布流域面积的一半。

雅鲁藏布江水资源十分丰富，流域多年平均降水量为946mm，多年平均径流量为1660亿m^3，径流深的分布趋势也与年降水量分布趋势一致，从下游向上游逐渐减少，在下游地区多年平均径流深为1500～3000mm，中游为200～1000mm，上游为100～200mm。

2.9　东南诸河

东南诸河流域位于中国水资源较为丰沛的东南沿海地区，是中国东南部除长江和珠江以外的独立入海的中小河流的总称（中国河湖大典编纂委员会，2014c），包括浙江、福建、台湾、广东、广西、海南等6省（自治区）河流，总面积约为24.46万km^2。受地质、地形条件的影响，该地区河流源短流急，自成体系，独流入海，以中小河流为主。干流长度超过100km的河流有浙江省的钱塘江、瓯江、飞云江、灵江、曹娥江、甬江、苕溪，福建省的闽江、九龙江、晋江、交溪、岱江、霍童溪、木兰溪，广东省的韩江、榕江、潭江、漠阳江、鉴江、九洲江，广西壮族自治区的南流江、钦江、茅岭江、北仑河，海南省的南渡江、昌化江、万泉河，台湾省的浊水溪、高屏溪、淡水河、大甲溪、曾文溪、大肚溪。东南诸河区内集水面积50km^2以上的河流共744条。其中浙江省有101条，福建省597条。集水面积1000km^2以上的河流有91条，其中浙江省48条、福建省34条、台湾省9条。为便于了解东南诸河，这里选择具有代表性的钱塘江、闽江和台湾水系介绍。

2.9.1　钱塘江

钱塘江为浙江省第一大河，也是我国的名川之一，在历史上，钱塘江有“折江”“浙江”“罗刹江”“之江”“曲江”等名（徐建春，2013；中国海湾志编纂委员会，1998），古籍文献《山海经》《水经注》中均有记载，到了近代才以“钱塘江”统称整条江。浙江省也因钱塘江古名“浙江”而得名。钱塘江是浙江的“母亲河”，其流域面积占浙江省近一半的面积。钱塘江流域地处中国东南沿海，属亚热带季风气候区，季风活动频繁，四季分明，气候温和湿润，雨量充沛。春末夏初，流域处在太平洋副热带高压与北方冷空气交会地区，常常阴雨连绵，俗称“梅雨”；夏秋之交，流域东部常受台风影响，产生大暴雨。

“台风雨”与“梅雨”是本流域暴雨洪水的两大主要成因（叶寿仁和吴志平，2011）。

钱塘江从北源源头至河口，全长有668km，流域面积为5.56万km^2。其中，约86.5%在浙江省境内，占浙江省总面积的47.2%；安徽省境内河长有243km，流域面积为6201km^2；江西省境内流域面积为110km^2；福建省境内流域面积为137km^2，上海市境内流域面积为1030km^2。钱塘江流域内地貌形态分为山地、盆地和平原三大类，大体上是西南部地势高、东北部地势低，除东北角干流入海处为滨海平原外，其余为山地与丘陵，并有盆地错落分布（中国河湖大典编纂委员会，2014c）。钱塘江有新安江和兰江两源，北源新安江和南源兰江分别有支流33条和60条，北、南两源在建德市梅城镇汇合后称为富春江，流经淳安、建德、桐庐、富阳等县市及杭州市区，最后注入杭州湾。

钱塘江是一条独特的河流，具有世界闻名的涌潮，由于涌潮的破坏力极强，为约束江水海潮，在各个时期都在不断修筑海塘以御海潮。据典籍记载，春秋时有范蠡围田筑堤，汉代有华信筑钱塘等，正史记载古海塘修筑则始于唐代（陈伟等，2018）。钱塘江海塘经过发展演变，塘工技术水平不断提高，至明清时期，海塘结构已发展为坚固的鱼鳞石塘（陈吉余，1997；钱宁等，1964）。古海塘是中国东南地带历史最悠久、规模最宏伟、工程最险要、技术最先进的人工挡潮堤坝之一，与万里长城、京杭运河、新疆坎儿井等古代工程齐名，记载着中华民族上下五千年的文化与智慧。钱塘江下游地区历代的海塘建设与整治是水利的重要成就，迄今已经形成了长达280余千米的海塘景观，犹如一道水上长城，屹立于大江南北。回顾历史不同时期钱塘江古海塘建造过程，各种不同类型的海塘构成了钱塘江古海塘的丰富形制，体现着人类文明的进步（陈吉余，2000；王坚梁等，2018）。

2.9.2 闽江

闽江、九龙江和晋江是福建省的三大河流，简称“福建三江”，总流域面积约占福建省面积的三分之二。其中，闽江水系覆盖半个福建，本省发源，本省入海，自成一体。先秦时期福建称“七闽”，秦代置“闽中郡”，汉时设“闽越国”，这条在“闽”地上流淌的大江，故名闽江（施晓宇，2012）。闽江从美丽的武夷山脉中飘然而出，浩浩荡荡，滋润着福建大地，濡湿着福建历史，福建人亲切地称闽江为母亲河。闽江东西长有326km，南北长有318km，干流长达577km，是福建省最具代表性的河流，流域面积在中国主要河流中居第12位，约为6.1万km^2，其中省内流域面积为59 922km^2，约占福建省陆域面积一半，水系河流总长达6107km，多年平均径流量为575.79亿m^3。福建省境内流经福州、三明、永安、邵武、南平、莆田6个市和建宁、宁化、清流等30个县（中国河湖大典编纂委员会，2014c）。

闽江流域分布在武夷山脉和戴云山脉之间，总体地势西北高东南低，呈马鞍形下降之势。闽江干流在两大山脉中穿流，进入闽江下游的丘陵区和福州平原，东流入海。闽江由闽北的建溪、富屯溪、沙溪三大溪流汇成，以沙溪为正源。闽江的源头在福建省建宁县均口镇张家山村，流到福州向东21km外的马尾港注入东海。除了以上组成闽江的主要三大支流外，还有两条重要支流汇入闽江——尤溪和大樟溪。

闽江洪涝灾害集中在4~9月，其中4~6月份梅雨型洪水较为典型，7~9月份台风雨型洪水较为典型。堤坝是闽江两岸先民最早采用的防洪工程措施，闽王王审知治闽二十九年，就曾“修城固堤，大兴水利，筑罗城，砌水门，挖护城河，建夹城，开河通浦，引潮贯市，扩浚西湖，灌益闽、侯两县，复于福清诸县修堤筑坝，建陂凿塘，功于一役而利及百代”。为保障人民生命财产安全，新中国成立以来，政府开始着手治理闽江下游水患。1953～1965年，闽江下游建成了10大防洪堤，堤的总长度达102.87km，大规模的防洪工程体系基本完成。此后，不断维修加固，加高培厚，逐步提高防洪标准，至1999年，福州市主城区的防洪标准由原来的100年一遇提高到200年一遇。

2.9.3　台湾水系

台湾是我国的第一大岛，地处南海和东海的分界处，隔台湾海峡与大陆相望。台湾全岛多雨，年均降水量为2500mm，山区年均降水量达5600mm，最高地区可达6000mm。台湾位置介于全球最大的大陆与最大的海洋之间，北回归线通过其中部地区，属于热带和副热带海洋性气候区。受亚洲季风及岛内高山地形的影响，气候以高温、多雨和强风为特征，三者随季节的变化和区域性差异表现甚为明显。每年5～10月的雨量约占全年雨量的78%，南部地区高达90%左右。台湾全岛降雨受季风和地形的影响很大，一般山区多于平原，东部多于西部，北部又多于南部。

台湾全岛共有河川120余条，以中央山脉为主要分水岭。岛内河川多为东西流向，分别流入台湾海峡和太平洋，且河川含沙量大、河床面积较大，形成台湾河川一大特色便是“河川腹地甚广”。台湾本岛主要河流有19条，长度在100km以上的有6条，分别为浊水溪、高屏溪、淡水河、大甲溪、曾文溪与大肚溪。河川中集水面积与输沙量最大的河流为浊水溪和高屏溪，集水面积分别为3157km^2、3257km^2（中国河湖大典编纂委员会，2014c）。台湾湖泊和水库的分布，受水系影响明显，呈西多东少的特点。

日月潭为台湾第一大天然湖泊，其美是由山与水交融创造出来的，氤氲的水汽与层次分明的山景浑然天成，造就了诗画般的意境，让人流连忘返。日月潭位于台湾中部南投县鱼池乡，古称水里湖、水社湖、龙潭、龙湖，以水里溪支流五城溪为出水口。于1934年在其周围的水社、头社两地分筑土坝而成水库，主要水源由武界坝所引浊水溪溪水，为一离槽水库。全潭以拉鲁岛为界，北半部形如日轮，南半部形若月钩，故名日月潭（戴定忠等，2000）。

台湾全年降水集中在夏季，易受洪水、台风影响。但由于雨量在时间及空间上分配不均，每年10月至翌年4月雨量仅占全年的10%，常呈现干旱现象。受岛屿自然特点影响，台湾水利为其经济发展做出了卓越贡献，参考谢瑞麟先生撰写的《台湾水利之回归与展望》，将其划分为4个时期：①农业复兴期（1945～1955年），积极振兴水利设施，加强灌溉。②粮食增产期（1956～1970年），水利开发（开始建设较大型水利工程，如石门、大埔、明德、白河、曾文等水库）及“轮流灌溉”的实施，使台湾的粮食产量大幅度增长。③加速发展期（1971～1985年），兴办农田水利建设，把重点放在防止洪水灾害及改善排水设施上。除此之外，为开发供水水源，期间兴建有新山、翡翠、宝山、永和山、石门坝、仁义潭、镜面、凤山等水库及澎湖县兴仁、东卫两座水库。同时重点解决经济发展带来的环境污染问题，如水污染及生态环境问题。④稳定成长期（1986 年以来），侧重解决用水资源浪费问题，以及地下水超采问题。

2.10 西北诸河

我国西北地区深居欧亚大陆，远离海洋，干旱少雨，逐渐形成了广袤的荒漠、戈壁。同时依靠高大山系山区降水和冰雪融水为周围荒漠地区提供水源，并在山麓地带、河流两岸、河谷平原地下水溢出地段形成绿洲。西北干旱区内陆河流域以水为纽带构成一个完整的“山地—绿洲—荒漠”水循环系统。

西北内流区水网主要由西北内陆河水系和西藏内陆河水系构成。根据各流域的地理位置和分区习惯，将西北内陆河水系划分为塔里木盆地诸河、东疆及北疆内陆河、额尔齐斯河、青海内陆河、河西走廊内陆河五大片水系。

2.10.1 塔里木盆地诸河

塔里木内流区是塔里木盆地诸河流域的总称，区域内河流众多，水系复杂，包括塔里木河干流、开都河、渭干河、阿克苏河、喀什噶尔河、叶尔羌河、和田河、克里雅河、车尔臣河等，流域总面积约为 102 万 km^2。塔里木盆地诸水系历史上均汇入塔里木河，到达盆地最低点的台特玛湖（或罗布泊）。经过多年风沙积淀和人类对水土资源的开发，多数水系尾闾湖泊被农田渠道分割或者消失在沙漠中。

塔里木盆地周边向心聚流的诸河可分为九大水系，分别为开都河—孔雀河水系、迪那河小河水系、渭干河—库车河水系、阿克苏河水系、喀什噶尔河水系、叶尔羌河水系、和田河水系、克里雅河小河水系、车尔臣河小河水系。目前与塔里木河地表水连接的只有和田河、叶尔羌河、阿克苏河三条源流，另有孔雀河通过库塔干渠向塔里木河下游地区输水，即“四源一干”，构成塔里木河水系。塔里木河干流自新疆阿瓦提县肖夹克开始，沿塔克拉玛干沙漠北缘至尉犁县铁木里克折向东南注入台特玛湖，全长约为 1321km，叶尔羌河一般被认为是塔里木河的源头。塔里木盆地诸河有流域面积在 1000km^2 以上的河流 47 条。

罗布泊历史上为塔里木河的尾闾湖泊，位于新疆维吾尔自治区巴音郭楞蒙古自治州若羌县城东北 110km、塔克拉玛干沙漠东缘、库木塔格沙漠西北端大洼地北部。罗布泊在 1072 年后逐渐干涸，最终成为碱滩。20 世纪 50 年代初，塔里木河、孔雀河和车尔臣河都还有水注入罗布泊，发源于阿尔金山的米兰河、若羌河、瓦石峡河等河流也曾经流入洼地。但从 20 世纪 70 年代开始，因上游水利开发等原因，罗布泊失去水源补给，现罗布泊已经是一个巨大且没有湖表卤水的干盐湖，湖表被盐壳所覆盖。

塔里木河和车尔臣河现在的尾闾湖泊是台特玛湖，又称卡拉布浪海子，位于新疆维吾尔自治区巴音郭楞蒙古自治州若羌县铁干里克乡罗布庄西 2km 的低洼地带。博斯腾湖为中国最大的内陆淡水吞吐湖，属于中生代断陷构造湖泊，位于新疆维吾尔自治区巴音郭楞蒙古自治州博湖县境内，湖区地处欧亚大陆腹地。博斯腾湖可分为源流区和湖区。源流区流入博斯腾湖的河流有开都河、黄水沟河、清水河、曲惠沟和乌什塔拉河等。开都河是唯一常年补水给博斯腾湖的河流，河流在博湖县城西南的宝浪苏木分东、西两支，东之注入大湖，西之注入西南小湖区。博斯腾湖既是开都河的尾闾，又是孔雀河的源头，小湖水通过达吾提闸流入孔雀河，大湖水通过东、西泵站扬水输入孔雀河。

2.10.2　额尔齐斯河

额尔齐斯河属于准噶尔盆地的北部河流，发源于阿尔泰山南麓，源头段自东北流向西南，出山口后折向西北流出国境，在哈萨克斯坦的汉特曼西斯克城附近汇入鄂毕河，最后注入北冰洋，也是我国唯一注入北冰洋的河流。根据《中国主要江河水系要览》记载，额尔齐斯河全长有 2969km，流域面积为 164 万 km^2，大小支流有 70 余条，其中流域面积 1000km^2以上的有 11 条（含干流），干流在我国境内段长 633km，流域面积约为 5.73km^2，地表水资源约有 100 亿 m^3。在我国境内自东向西主要有库额尔齐斯河、克拉额尔齐斯河、克兰河、布尔津河、哈巴河以及毕尔勒克河六大支流，均从右岸汇入。其中，布尔津河发源于阿尔泰山的最高峰友谊峰南坡的冰川群，是额尔齐斯河的最大支流；在中游通过人工河与乌伦古河末端的乌伦古湖有水力连接；而其左岸却无支流汇入，是一个典型的梳状水系。各支流平行排列，其共同特点是上中游坡陡流急、水量丰富，沿河谷地有茂盛的西伯利亚落叶松和云杉及广阔的山地草场；下游坡度较缓，两岸坡地的森林也很茂盛。

2.10.3　青海内陆河

青海内陆河包括两部分：一是柴达木盆地内陆河，二是青海湖水系。柴达木盆地内陆河大部分位于青海省境内。青海内陆河流域面积在 1000km^2以上的河流有 36 条。

柴达木盆地势平坦，水流之间汇入、分出，河道多呈扇状或辫状分流，形成多个辐合向心水系。盆地内较大的水系包括尕斯库勒湖水系、苏干湖水系、马海湖水系、大柴旦湖水系、小柴旦湖水系、库尔雷克湖水系、都兰湖水系、台吉乃尔湖水系、达布逊湖水系、霍布逊湖水系等。其中，格尔木河是柴达木盆地最大的内陆河之一，发源于昆仑山脉阿克坦齐钦山，流经格尔木汇入达布逊湖。

青海湖是我国最大的内陆咸水湖泊，湖水补给来源主要是河水，其次是湖底的泉水和降水。湖周大小河流有 70 余条，呈明显的不对称分布。湖北岸、西北岸和西南岸河流多，流域面积大，支流多；湖东南岸和南岸河流少，流域面积小。

2.10.4　河西走廊内陆河

河西走廊内陆河水系均发源于祁连山（包括党河南山、疏勒南山等）北麓，在流出峪口后，沿祁连山北坡向北经过河西走廊进入巴丹吉林沙漠后消失，或被下游渠道分割。河西走廊内陆河水系流域面积在 1000km^2以上的河流共有 13 条，根据祁连山北麓诸河流汇流情况，一般可分为石羊河、黑河、疏勒河三大水系。

历史上，石羊河流域优越的自然条件，润泽抚育了古凉州人民，促进了当地社会经济的发展。石羊河全长约为250km，干流经武威市凉州区、民勤县汇入尾闾青土湖。目前，石羊河流域是河西走廊水系中水资源开发利用程度最高的流域。

黑河流域可划分为东、中、西三个子水系。其中，西部水系为洪水河、讨赖河水系，归宿于金塔盆地；中部为马营河、丰乐河诸小河水系，归宿于明花、高台盐池；东部子水系包括黑河干流、梨园河，以及东起山丹瓷窑口、西至高台黑大板河的20多条小河流，总面积约为6811km^2。流域中集水面积大于100km^2的河流约有18条，地表径流量大于1000万m^3的河流有24条。上游祁连山山区植被属温带山地森林草原，生长着灌丛和乔木林，垂直带谱极其明显。

疏勒河水系受地形影响下游沿走廊向西顺流而下，过敦煌，进入库木塔格沙漠后消失。历史上疏勒河曾成为罗布泊水源地一部分，现已无地表水联系，并难以流出甘肃省。

参考文献

鲍振鑫，严小林，王国庆，等．2019. 1956—2016年黄河流域河川径流演变规律．水资源与水工程学报，30（5）：52-57.

长江万里行编写组．1997. 长江万里行．上海：上海人民出版社．

陈吉余．1997. 钱塘江河口治理的成就与展望．地理研究，(2)：53-57.

陈吉余．2000. 海塘：中国海岸变迁和海塘工程．北京：人民出版社．

陈伟，倪舒娴，袁森．2018. 钱塘江海塘建设的历史沿革．浙江建筑，35（9）：1-6.

戴长雷．2014. 黑龙江（阿穆尔河）流域水势研究．哈尔滨：黑龙江教育出版社．

戴长雷，王思聪，李治军，等．2015. 黑龙江流域水文地理研究综述．地理学报，70：1823-1834.

海河志编纂委员会．1999. 海河志·第3卷．北京：中国水利水电出版社．

韩增林，王利．2000. 奔腾到海大辽河：辽河与辽河流域．沈阳：辽海出版社．

黄光明．2013. 澜沧江流域水电开发环境保护实践．昆明：中国大坝协会、中国水力发电工程学会．水电2013大会——中国大坝协会2013学术年会暨第三届堆石坝国际研讨会．

黄任远．2006. 黑龙江流域文明研究．哈尔滨：黑龙江人民出版社．

李丽娟，李海滨，王娟．2002. 澜沧江水文与水环境特征及其时空分异．地理科学，(1)：49-56.

李卫星，冯天瑜，钮新强，等．2015. 长江文明之旅：长江流域的珍奇生物．武汉：长江出版社．

刘军，侯全亮，靳怀堵，等．2015. 中华水文化专题丛书 水与流域文化．北京：中国水利水电出版社．

刘绿柳，刘兆飞，徐宗学．2008. 21世纪黄河流域上中游地区气候变化趋势分析．气候变化研究进展，(3)：167-172.

柳燕，温显贵．2019. 长江文明之旅丛书 山高水长 三江源之旅．武汉：长江出版社．

卢路，于赢东，刘家宏，等．2011. 海河流域的水文特性分析．海河水利，(6)：1-4.

陆孝平，富曾慈．2010. 中国主要江河水系要览．北京：中国水利水电出版社．

罗小勇，李斐，张季，等．2011. 长江流域水生态环境现状及保护修复对策．人民长江，(2)：45-47.

吕军，汪雪格，李昱，等．2017. 松花江流域河湖水系变化及优化调控．北京：中国水利水电出版社．

毛民治．2004. 松花江志·第1卷．长春：吉林人民出版社．

钱宁，谢汉祥，周志德，等．1964. 钱塘江河口沙坎的近代过程．地理学报，30（2）：124-142.

施晓宇．2012. 闽江 母亲的河．福州：海峡文艺出版社．

石铭鼎，栾临滨，等 . 1989. 长江 . 上海：上海教育出版社 .
舒湘汉 . 2006. 再说长江 . 沈阳：辽宁美术出版社 .
水利部珠江水利委员会 . 1994. 珠江志 · 第 2 卷 . 广州：广东科技出版社 .
司徒尚纪 . 2001. 珠江传 . 保定：河北大学出版社 .
王坚梁，杨天福，王雅芬 . 2018. 浅析钱塘江海塘修建历史和技术沿革 . 遗产与保护研究，（3）：141-145.
王珂清，曾燕，谢志清，等 . 2012. 1961—2008 年淮河流域气温和降水变化趋势 . 气象科学，32：671-677.
卫家雄，华林甫 . 2011. 长江史话 . 北京：社会科学文献出版社 .
吴春梅 . 2020. 从“导淮”到“治淮”——我国治理淮河的历史进程及其启示 . 光明日报，15.
吴海涛 . 2010. 元明清时期淮河流域人地关系的演变 . 安徽史学，（4）：102-106.
吴海涛 . 2017. 淮河流域环境变迁史 . 合肥：黄山书社 .
肖忠纯 . 2010. 古代“辽泽”地理范围的历史变迁 . 中国边疆史地研究，（1）：106-114.
谢永刚 . 2019. 新中国 70 年治水的成就、方针、策略演变及未来取向 . 当代经济研究，（9）：14-23.
徐建春 . 2013. 钱塘江风光 . 杭州：杭州出版社 .
叶俊伟，张云飞，王晓娟，等 . 2018. 长江流域林木资源的重要性及种质资源保护 . 生物多样性，26（4）：406-413.
叶寿仁，吴志平 . 2011. 东南诸河区水资源综合规划概要 . 中国水利，23：121-123.
尤志方，水利部松辽水利委员会 . 2002. 辽河志 · 第 3 卷 . 长春：吉林人民出版社 .
袁湘华 . 2010. 加快澜沧江西藏段水电开发的思考 . 水力发电，36（11）：1-4.
张细兵 . 2015. 中国古代治水理念对现代治水的启示 . 人民长江，46：29-33.
张阳武 . 2015. 长江流域湿地资源现状及其保护对策探讨 . 林业资源管理，（3）：39-43.
中国海湾志编纂委员会 . 1998. 中国海湾志（第十四分册）. 北京：海洋出版社出版 .
《中国台湾水利》编委会 . 2000. 中国台湾水利 . 北京：中国水利水电出版社 .
中国河湖大典编纂委员会 . 2010a. 中国河湖大典 · 长江卷（上）. 北京：中国水利水电出版社 .
中国河湖大典编纂委员会 . 2010b. 中国河湖大典 · 淮河卷 . 北京：中国水利水电出版社 .
中国河湖大典编纂委员会 . 2014a. 中国河湖大典 · 黑龙江、辽河卷 . 北京：中国水利水电出版社 .
中国河湖大典编纂委员会 . 2014b. 中国河湖大典 · 西南诸河卷 . 北京：中国水利水电出版社 .
中国河湖大典编纂委员会 . 2014c. 中国河湖大典 · 东南诸河、台湾卷 . 北京：中国水利水电出版社 .
中国水利史典编委会 . 2013. 中国水利史典 . 北京：中国水利水电出版社 .
珠江水利简史编纂委员会 . 1990. 珠江水利简史 . 北京：水利电力出版社 .

第 3 章
国家历史水网

水与人类有着密切的关系。中华民族发展史上，历代国土开发和人口增长，都伴随着水资源的开发利用和与水旱灾害的斗争。兴修水利是治国安邦、发展生产和开拓疆土的重要措施。历史上人类水利活动主要通过修建各类工程，如引水、排水和防洪工程等，对自然界的水体循环进行干扰和调控，以实现政治、经济、军事等方面的目的。这类工程与现代水网工程相比，虽然含义和规模有所不同，但实质基本一致。相对于现代的国家水网，这里将这类工程称为国家历史水网工程，以其为核心，连通自然河湖水系和人工渠系所形成的水循环网络体系，称为国家历史水网。

我国水利事业历史悠久，历代水网工程不仅数量众多，分布广泛，类型多样，而且很多工程延续使用，至今仍在发挥作用。据不完全统计，自春秋至清末修建的各类水利工程有 8000 余项（冀朝鼎，1981）。另据 2010 年水利部组织开展的水利文化遗产调查，目前全国仍在使用的古代水利工程有近 600 处①。这些工程从西部高原到东部平原，从北方高寒地区到南方湿润地区，各地都有分布。由于各地自然条件的不同，各类工程形态各异，各具特色，如平原区的大型灌区、丘陵山区的梯田和塘堰工程、西北干旱地区的绿洲和地下井渠工程、南方沿江滨湖地区的圩垸工程，以及沿海地区的拒咸蓄淡工程等。在不同的历史发展阶段，由于水利活动的空间和内容不同，这些工程形成的水网呈现出种类不一、功能多样的特点。既有服务于农业生产活动，以提高水旱灾害防御能力为目标的灌溉排水网和防洪水网；也有服务于军事、政治或经济目的，以扩大交通运输为目标的水运网络，以及服务于城市建设的城市水网。本章首先就国家历史水网的总体情况进行概要介绍。

3.1 国家历史水网概述

水对于人类有着重要意义。足够的水供应、安全的水运行、舒适的水环境，是人类生存和社会发展对水提出的必然需求。我国幅员辽阔，地质、地貌和水文气象条件复杂，自然河湖水系形态多样，给不同地区的人们提供了千变万化的生存和发展条件。汉代史学家司马迁在《史记·河渠书》中写道：“甚哉，水之为利害也！”南北朝时地理学家郦道元在《水经注·序》中写道：“天下之多者水也，浮天载地，高下无所不至，万物无所不润。及其气流届石，精薄肤寸，不崇朝而泽合灵宇者，神莫与并矣。是以达者不能测其渊

① 据 2010 ~ 2011 年中国水利水电科学研究院组织开展的在用古代水利工程与水利遗产调查资料。

冲，而尽其鸿深也。”更是深刻道出了历史上人类与水的密切关系。历代为促进农业生产，扩大交通运输，加快物资流转，推动经济发展和社会进步，兴建了大大小小数量众多的水利工程，形成了以某一区域政治或经济中心为核心，辐射整个区域乃至全国的水网络体系。

3.1.1　基本特征

与国家水网相比，历史水网最鲜明的特性就是长期性（或阶段性），具体体现在四个方面。一是发展的阶段性。我国水利事业历史悠久，各时期水网建设的情况不同，呈现出明显的阶段性。二是空间的变化性。历代水网工程的规划布局与建设，与王朝政治、经济中心密切相关。随着政治、经济中心的转移，水网布局也随之发生变化。三是历史继承性（或延续性）。历史上修建的一些水网工程，后世在使用中，会顺应区域自然与社会环境，不断进行维修和管理，延续数百年甚至上千年，至今仍在发挥工程效益。四是类型和功能的多样性。从类型上看，国家历史水网有灌排水网、运河水网、城市水网、防洪水网等。从功能上看，这些水网大多发挥有灌溉、水运、城市供水与排水、防洪、维系生态及美化人居环境等多种功能。

此外，在隋唐及以前，我国政治经济活动重心一直位于黄河流域。受黄土高原水土流失和水量洪枯变化剧烈的影响，黄河含沙量大，形成下游河道“善淤、善决、善徙”的特点，历史上改道频繁。特别是南宋建炎二年（1128年）黄河决口南泛，此后的700余年间，黄河在黄淮海平原屡屡改徙，形成下游水系混乱局面，许多河流淤浅断流，湖泊堙废，对黄河下游河道水沙的调节、交通运输、农田灌溉、小气候变化，都产生极不利的影响（邹逸麟，1997）。这对历代水网，特别是东部平原地区的水网建设产生了深远影响，这也是历史水网的一个显著特点。

3.1.2　发展历程

根据考古学家的发掘和研究，我国境内旧石器时代和新石器时代的遗址遍布全国各地区。全国几乎每条江河、每个湖泊、每处宜牧草原，都有先民活动的遗迹。由于这些遗迹都分布在江河湖泊等水源附近，史学家将原始社会人类分布看作是水源分布的共生相。而有关水利活动的历史，至迟可追溯到七千多年前。据考证，中国早期的水利设施在新石器时代已经出现。江苏的草鞋山遗址，浙江的马家浜遗址、河姆渡遗址和良渚遗址，河南的裴李岗遗址，湖北的屈家岭遗址，山西的陶寺遗址等，都发现了早期人类主动取水或排水的遗迹（郑连第，2004）。

传说中的大禹治水，约出现在公元前2200年。有关水利的文字记载，始于公元前1600～前1100年商代实行的井田制。商代的甲骨卜辞中，不仅出现了井田的符号，也有甽的符号，意指田边的水沟。说明最晚在商代，我国已经出现了农田灌溉渠道（《中国水利史稿》编写组，1979）。这也是最早的见诸文字记载的水网。公元前1000年前后，西周已有更多的水利记载，如《周礼·稻人》中有“以潴蓄水，以防止水”的记述，说明当时已有蓄水、灌溉、排水、防洪等多项水利活动，水网内容和形式得到进一步丰富和发展。

自春秋至清末，我国大致经历了三个统一时期和三个分裂时期（葛剑雄，1994）。三个统一时期分别为：秦汉、隋唐、元明清；三个分裂时期分别为：春秋战国、三国至南北朝、五代辽宋夏金。总体来看，统一时期的水网建设多以经济建设为中心，且贯通多个流域水系。都城所在地以及边防要地，多是水利建设的重点区域。相对来看，分裂时期的水网建设，多是服从于战争的物资运输或战略储备需要，贯通的流域水系范围相对有限。水利建设的重点区域多是天然河湖水系条件相对发达的区域。据此，历史水网建设大体经历了六个时期。

第一个时期是春秋战国时期。这一时期周王室衰微，各诸侯群雄纷争。出于对水利在社会发展中重要性的认识，各诸侯争相兴建水利工程，为称雄争霸进行战略物资准备。例如，春秋时期的吴国，为了北上与中原诸侯争霸，开凿了沟通长江和淮河的邗沟；战国七雄中的魏国，为了加强在中原腹地的势力，开凿了沟通黄河和淮河的鸿沟。秦国更是相继修建了大型灌溉工程都江堰、郑国渠。

第二个时期是秦汉时期。社会的大统一促进了水利事业的大发展，特别是王朝政治经济中心所在的关中地区，得到了大力发展。灌溉水网建设方面，西汉在郑国渠的基础上新修白渠，合称郑白渠，成为“衣食京师，亿万之口”的大型灌溉水网区，关中地区也成为全国最富庶的地区。防洪水网方面，东汉永平十三年（公元 70 年），王景主持治理黄河、汴河，黄河自千乘入海（今山东利津），此后河行新道维持了 900 多年未发生大改道，汴渠成为东通江淮的主要水道。运河水网方面，随着灵渠、关中漕渠的开通以及汴渠的整修，西汉时期自首都长安出发，东至杭州，南至岭南，沟通黄河、淮河、长江、珠江的全国水运网络体系初步形成。

第三个时期是三国魏晋南北朝时期。由于政治上的长期分裂，黄河、海河流域政权频繁更迭，战争连年不断，水利建设多服务于军事战争。东汉末年，曹操北征，在黄、海、滦各水系相继开凿了睢阳渠、白沟、平虏渠、泉州渠、新河、利漕渠等一系列运河，将华北平原上的淇水、漳水、滹沱河、潞河、泃河等天然河道联系起来，形成了贯通华北平原南北的水运交通网络，这一范围大致相当于今日的蓟运河、潮白河水系，极大促进了海河水系的初步形成。此后，曹魏在江淮间大兴水利屯田，淮、颍流域陂塘水利建设出现一个高潮。在江淮以南，社会较为安定，自然条件相对较好，这一时期随着中原人口的大量南迁，带去了先进的农业生产技术，江南水利迅速发展，特别是长江下游至太湖和钱塘江流域兴建了诸多塘堰灌溉工程，如练湖、赤山塘等。城市水网建设方面，吴、东晋、宋、齐、梁、陈相继建都建康（今南京），促进了城市水利的大发展。

第四个时期是隋唐时期。这是中国历史上的第二个大统一时期，随着全国经济中心的南移，长江流域和东南沿海得到大规模开发，并修通了以都城为中心的全国性的水运网络体系，全国人口发展到近 1 亿。灌溉水网建设方面，隋及唐前期，黄河中下游地区的引泾、引黄、引洛、引汾、引涞以至引丹、引沁等灌区，都有进一步的发展。黄河上游的河套、宁夏、河西走廊、新疆、青海等灌区规模也有扩大。东南沿海兴建了御咸蓄淡引水灌溉工程——它山堰，出现了新的区域性水网。运河水网建设方面，隋代在前代开凿的分散、间断的区间性运河基础上，利用地形和河湖水源的有利自然环境，有计划地兴建了以广通渠、通济渠、山阳渎、永济渠和江南运河为骨干的首尾相接的运河，形成了以洛阳为中心，东至江浙，北达涿郡（今北京一带）的全国性运河网。“自是天下利于转输”“运漕商旅，往来不绝”，对于巩固统一，促进南北经济文化交流，发挥了重要作用。城市水网建设方面，都城长安、洛阳在两汉基础上进一步完善了水路交通和城市供排水系统，是城市水利建设史上的一个高潮时期。

第五个时期是五代辽宋夏金时期。这一时期国家处于分裂割据和民族政权并立的状况，经济中心格局发生大变动，从黄河流域转移至长江流域。这些对水利事业发展都带来影响。灌溉水网建设方面，随着人口的大量南迁，江南成为新的经济中心，长江中下游及太湖流域的沿江滨湖地区，圩垸水利工程得到大规模发展，形成较为完善的圩区水网工程体系。至北宋熙宁年间（1068～1077年），王安石变法，颁布《农田水利约束》的法令，“自是四方争言农田水利，古陂废堰，悉务兴复”，全国掀起了水利建设的高潮，促进了全国灌溉水网的建设与发展。此外，北宋出于边防需要，在今天津到保定一带蓄水为塘泊，阻止辽兵南下，兼有少量灌溉、排水功能。运河水网建设方面，宋代定都东京，除汴渠、御河（相当于隋代永济渠）外，又有广济渠通山东，蔡河（惠民河）通东南、西南。防洪水网方面，这一时期黄河几乎每年都有决溢。北宋时期，围绕北流还是东流，开始了长达70年的争论，史称回河之争。70年间，黄河东流两次共16年，北流三次共54年，每次河道流向都不尽相同，但最终仍是恢复北流，这是历史上用人力大规模改变黄河下游河道的尝试。城市水网建设方面，北宋都城开封、南宋都城杭州的城市水路交通和供排水系统都得到大力发展，而且兴建有湖泊和城河，为都城创造出灵动的园林景观。

第六个时期是元明清时期，这是中国历史上的第三个大统一时期。水网工程建设以沟通南北的京杭大运河最为著称。元代，随着跨越山东南部丘陵的会通河和北京通惠河的相继开通，航船可以跨越海河、黄河、淮河、长江和钱塘江五大水系，由杭州直抵北京，并在后此五百年的时间里成为我国南北交通的大动脉。灌溉水网建设方面，两湖平原和珠江三角洲等地的灌溉事业得到大规模开发，促进了新的经济区的形成。边疆水利也得到较大发展，著名的如元代云南的滇池灌溉，清代宁夏和内蒙古的河套灌溉，新疆的坎儿井，以及台湾的八堡圳等。防洪水网建设方面，元明清时期以保证漕运为主，为避黄行运，明清时期先后开挖了南阳新河、泇河和中运河，与黄河隔离，仅在清口一处与黄河交叉。城市水网建设方面，随着北京成为全国政治中心，其城市水网得到大力发展。

3.1.3　空间布局

从空间上看，历代水网工程的发展过程与历代政治、经济重心的转移，以及军事活动有着密切关系。政治中心的每一次转移，都会造成水网工程发展区域的一次大变化。而水网工程空间上的变化，又直接促成经济中心的转移或拓展，产生新的经济中心。例如，秦代定都咸阳，郑国渠的兴建使关中平原成为当时的主要经济区。汉唐时期河西走廊、宁夏、内蒙古河套等地的水利发展，与当时的军事活动关系密切。总体来看，历代国家水网集中分布区域，主要有黄河流域的渭河平原和河套平原；长江流域的成都平原、两湖平原、太湖平原，以及南襄盆地和汉中盆地；海河流域的河北平原；淮河流域的黄淮平原；珠江流域的珠江三角洲平原，以及东南沿海地区的山东丘陵和浙闽丘陵等。这些地区也是我国历史上最为主要的经济区（冀朝鼎，1981）。此外，以隋唐大运河和京杭大运河为代表的全国运河水网，将全国主要经济中心城市或军事战略要地与都城串联起来，形成线状的水网，这是国家历史水网在空间上的又一种表现形态。

3.1.3.1 黄河流域

黄河是中华民族的母亲河，也是中华民族文明的主要发祥地。历史上黄河流域水网建设主要集中在上游的河套平原和中游的渭河平原。

河套平原是黄河上游的冲积平原，位于内蒙古自治区和宁夏回族自治区境内。汉代以后由于很少受黄河水患的干扰，成为黄河上游得天独厚的地方，有“黄河百害，唯富一套”的说法。河套平原面积约为2.5万km^2，海拔在1000m左右。广义的河套包括三个平原。一是西套平原，又称宁夏平原、银川平原，位于宁夏回族自治区中部黄河两岸，为断层陷落后经黄河冲积而成。以青铜峡为界分成南、北两部，以北为银（川）吴（忠）平原，以南为卫（中卫）宁（中宁）平原。自汉代就开始水利屯田，灌溉农业发达，有秦渠、汉渠、唐徕渠、惠农渠等，向来有“塞上江南”之称。二是前套平原，又称土默川平原、呼和浩特平原，在内蒙古自治区大青山以南，为河套平原的东部。三是后套平原，在内蒙古自治区西南部，面积约为1万km^2，由黄河及其支流乌加河冲积而成。自清代以来，开辟沟渠，引黄灌溉，为内蒙古自治区的主要农业区。狭义的河套平原则仅指后套平原而言。河套地区土地肥沃，有灌溉之利，向为内蒙古、宁夏地区的主要农业区。

渭河平原又称关中平原或关中盆地，是我国历史上两个最强盛的朝代汉、唐的都城所在地。位于陕西省中部，东起潼关，西至宝鸡，南接秦岭，北抵陕北高原，东西长约为300km，宽为30~80km，西部狭窄，东部开阔，形如牛角，为断层陷落地带经渭河及其支流冲积而成，地势平坦，平均海拔在500m。渭河、泾河、洛河、灞河、浐河、沣河等河流贯其间，土地肥沃、农产富饶，为发展农田水利提供了良好基础，号称“八百里秦川”。战国时秦国修建的郑国渠为秦统一六国奠定了物质基础。此后还陆续开凿了六辅渠、白渠、漕渠、成国渠、龙首渠、升原渠等渠道，加上一些河流沿岸直接引水灌溉，有力促进了关中地区的农业发展。西汉司马迁《史记·货殖列传》盛赞关中“膏壤沃野千里”，至今仍是陕西省农业最发达的地区。

3.1.3.2 长江流域

长江是中国第一大河，也是世界著名的大河。长江流域历史文化悠久，和黄河流域同为中华民族的发祥地。唐宋以后迄今，长江流域更是成为全国经济中心。历史上，长江流域水网建设主要集中在上游的成都平原、中游的两湖平原以及下游的太湖平原。

成都平原又称川西平原，位于四川盆地西北部，由岷江、沱江及其支流冲积成的一系列冲积扇互相连接而成。西北起都江堰市，南至新津，东止于龙泉山麓。面积约为6000km^2，是西南地区最大的平原。海拔约为600m，地势自西北向东南微倾。成都平原气候温暖，土地肥沃，人口稠密，耕作精细，自古为我国重要农耕区，有赖于大自然的赐予和先人在岷江上所修建的都江堰使这里得享“天府之国”的美誉。都江堰为秦国李冰于公元前256年至公元前251年所建，经历代不间断的改建、扩建，技术和管理日臻成熟和完善。直至今日，灌溉土地已超过1000万亩，是全国最大的灌区，也是全世界迄今为止，年代最久、唯一留存、以无坝引水自流灌溉为特征的宏大水利工程，也是全国重点文物保护单位、世界文化遗产。

两湖平原是长江中下游平原的一部分，面积约为5万km^2，海拔为50m左右。古时为云梦泽，后由长江及其支流冲积而成今日的平原，故又称云梦平原。其中北部位于湖北省中南部，又称江汉平原；南部位于湖南省北部，又称洞庭湖平原。平原内水网纵横，湖泊密布，土壤肥沃，气候温润，农业资源丰富。历史上主要采取垸田的开发方式，垸田的兴筑是以两湖平原上湖泊水系的演变为前提的；反过来，又促进了湖泊水系的演变（黎沛虹和李可可，2004）。明清时期，两湖地区垸田盛极一时，使这一地区人口快速增长，经济迅速繁荣，从一个地旷人稀的地区一跃而成“国家之粮仓”，成为明清两代南方地区极其重要的经济中心。明中后期流传开来的“湖广熟，天下足”的谚语，便是两湖地区经济地位的生动体现。

长江口呈喇叭状，河口南北两侧发育着高大的自然堤，并不断向海伸展，沿喇叭口扩大，使天然堤后形成海岸上南北两大当潟湖洼地。其中江南洼地以太湖为中心，即太湖平原（曾昭璇，1985）。太湖平原地势低平，湖群广布，水质良好，水温适中，宜于水产养殖，历史上是著名的“鱼米之乡”，亦是历代人们向往的如诗似画的“江南水乡”的代表，有“天下苏杭”的美誉。太湖平原水利事业历史悠久，大规模的水利开发始于公元10世纪塘浦圩田的快速发展。南宋时期的谚语“苏常熟，天下足”或“苏湖熟，天下足”，即是以太湖平原为代表说明宋代江南富裕的程度。

3.1.3.3 海河流域

海河流域地处华北平原北部，属于半湿润地区，适宜于农业生产，历史上是我国重要的农业经济地区之一，水利事业较为发达。特别是12世纪北京成为全国政治中心以后，水利建设更是受到特别重视。历史上的水利建设主要集中在平原地区。

早在战国时期，这里就出现大型引水灌溉工程——引漳十二渠。它可以灌溉当时魏国的重要都会邺（今河北临漳县一带）附近的大片土地，并可引漳水的泥沙淤灌，改良盐碱地，使这些土地“成为膏腴，则亩收一钟”。之后，还有现在房涞涿灌区的前身——督亢地区的水利。三国时期，海河流域曾开展较大规模的灌溉工程和水运建设，著名的有戾陵堰、车箱渠、白沟。元明清时期，为满足京师粮食需求，改变南粮北运的局面，曾开展畿辅水利营田建设，但受限于水资源条件，成效并不理想。

3.1.3.4 淮河流域

淮河是我国南北方的一条自然气候分界线，古代它与黄河、长江、济水齐名，并称为“四渎”，在当代被列为我国七大江河之一。淮河流域气候温和，土地肥沃，物产丰富，交通便利，自古以来就是我国南北政治、经济交往的要冲之地，为兵家所必争，社会经济发展也经常受到战争影响。但历代王朝只要有可能，都不惜投入巨大的人力物力进行开发，力图发挥这一地区作为重要经济区的作用。历史上的水利建设主要集中在流域内的黄淮平原。

黄淮平原由黄河、淮河及其支流冲积而成，地势从西北向东南倾斜，地面起伏小，海拔多在100m以下，土壤肥沃、地下水丰富。早在春秋时期，这一地区就兴建了大型蓄水灌溉工程——芍陂，灌溉安徽寿县一带万顷良田，成为当时楚国的重要产粮区。寿县也曾一度成为楚国的都城。汉晋时期，汝水流域陂塘水利事业发达，形成以鸿隙陂为中心的陂渠串联的灌溉水网。隋唐以来，随着灌溉事业的进一步发达，黄淮地区成为当时最主要的经济地区之一。

金元以后，随着黄河南侵夺淮，破坏了淮河流域河道排水系统，造成水旱灾害频繁，严重影响了淮河流域经济的发展。

3.1.3.5 珠江流域

珠江流域是明清以后发展起来的我国南方重要的农业经济区。流域内降水丰沛，但时空分布不均，水旱灾害严重，洪、涝、潮问题突出。历史上的水利建设以防洪与排涝为主，主要集中在珠江三角洲平原。

珠江三角洲平原是东南沿海河口最大的平原，由东江、西江、北江三条大河汇流堆积而成，总面积达11 100km^2。三角洲河口海岸曲折，岛屿罗列，三角洲内河汊密布，是我国著名的河网地区。平原内基堤纵横，自然条件优越。土地利用方式除种植水稻外，还有“桑基鱼塘”“庶基鱼塘”“果基鱼塘”等，统称“三基鱼塘”。当地人民因地制宜，多种经营，地尽其利，增加收益，形成水陆间的人工生态系统。珠江三角洲水利开发的历史，最早可追溯至公元10世纪末开始的修堤筑围（赵绍祺和杨智维，2011），其中最著名的是桑园围。据历史记载，清光绪年间桑园围堤“周环百有余里，围内居民数十万户，农桑田地一千数百顷”，是珠江三角洲最大的基围工程，被誉为“粤东粮命最大之区”“近省第一沃壤”“广属中基围最大之区”。

3.1.3.6 东南沿海地区

我国东南沿海地区在地形上以丘陵、平原为主。历代劳动人民利用丘陵地区地理特点，兴修了许多富有创造性的水利工程。其中以山东丘陵和浙闽丘陵的水利建设最为突出。

山东丘陵，因位于太行山之东而得名，又因地处古齐、鲁国而称齐鲁山地。整个丘陵地被华北大平原包围，是一片孤立分布的丘陵地。元代修建会通河，流经这一丘陵地带。为克服地形高差问题，通过建造数十座闸、堰等渠系建筑物使船只逐级顺利航行，这种由低处向高处过船的技术，对扩展人工航运有很重要的意义。

浙闽丘陵包括浙江和福建两省的低山、丘陵，地形破碎，多河谷盆地和河口平原。盆地和平原内为主要农耕区，历史上水利建设较为发达。浙东一带利用沿江海的丘陵“山-原-海”的台阶地形特点兴修水利，最有名的是鉴湖。它从汉代起，通过建造湖堤、斗门、闸、堰、涵管等一系列工程，把这里众多的小湖泊联系起来，用以蓄水，既可排涝又可御咸蓄淡，进行灌溉，使鉴湖附近万顷土地享有灌溉之利，受益八百多年。福建沿海地区最著名的是北宋修建的木兰陂，工程具有“排、蓄、引、挡、灌”等功能，效益显著，至今仍在发挥作用。

3.1.3.7　超级水网工程的线性分布

上述区域多是面状的历史水网区域。除此之外，古代人民为扩大活动空间，满足政治、经济、军事，以及社会文化交流等方面的需求，历代或利用天然河湖水系开挖水运通道，或克服地形高差和水源不足的困难开挖人工运河，在全国范围内形成以都城为终点的沟通各大水系的全国水运网络系统，这就是中国大运河。历代最为重要的全国性大运河有两条：一条是隋唐时期以长安为中心，北至涿郡，南达杭州的大运河，也称为“隋唐大运河”；一条是元明清时期以北京为中心，南至杭州的大运河，通常称为“京杭大运河”，或“南北大运河”。这两条大运河是历史上两项最为重要的水网工程，因其在政治、经济、科技、文化等领域的深远影响，是其他水利工程所无法比拟的，对中华文明的历史进程产生了深远影响，我们将其称为超级水网工程。这两项超级水网工程将当时的都城与全国重要经济中心，或军事中心串联起来，形成了线状的水网。

3.1.4　类型与功能

从水网工程的类型来看，历代修建的水网工程主要有四大类：灌溉水网工程、运河水网工程、城市水网工程、防洪水网工程。其中以灌溉水网工程数量最多，运河水网工程对水网格局影响最大。各类水网工程在发挥灌溉、防洪、水运、城市供排水等既有工程功能的同时，与人类社会活动相互交织、相依相存中不断发展，是社会进步和文明发展的前提和重要组成部分。

3.1.4.1　灌溉水网工程

人类社会发展灌溉，最初很可能开始于水稻等亲水作物的种植与栽培。据考古发现，距今六千多年的苏州草鞋山遗址中，就发现以蓄水井（坑）和水塘为水源的灌溉系统(郑连第，2004)。战国时期开凿的都江堰和郑国渠工程，以及三国时期曹魏在淮河流域的屯田水利，直至后来的宁夏引黄、内蒙古河套引黄等工程都是历史上有影响的大型灌溉工程。这些工程的兴建大多是因地制宜，因势利导，根据不同的自然条件兴建，类型多样，所形成的历史水网多是区域性的。主要有以下6种类型（《中国河湖大典》编纂委员会，2014)：一是平原地区的渠系灌溉工程。引水口多建在河流出山峡入平原处，如漳河上的引漳十二渠、岷江上的都江堰、泾水上的郑国渠、黄河上的宁夏灌区和湿水（今永定河）上的戾陵堰等都是这样。北方多沙河流上的这类工程往往水沙并引，实行淤灌。二是丘陵地区的渠塘结合灌溉工程。渠道上通连多处蓄水陂塘，即俗称“长藤结瓜”。此类工程多分布在汉水中游和淮河上游，如南阳地区引湍河的六门堨、宜城引蛮水的长渠及木渠、淮河支流汝水上的鸿隙陂等。三是山丘区的塘堰灌溉工程。多分布在南方，零星见于北方山西等地，如安徽寿县的芍陂，今江苏洪泽湖一带的白水塘、扬州的陈公塘、丹阳的练湖、南京的赤山湖、浙江宁波的东钱湖、绍兴的鉴湖等。四是东南沿海地区的御咸蓄淡灌溉工程。古代在河流入海口处筑堰坝阻挡咸潮入侵，蓄积淡水引灌农田。例如，浙江绍兴的三江闸、宁波的它山堰以及福建莆田的木兰陂等。五是沿江滨湖地区的圩垸工程。唐代开始迅速在长江下游、太湖流域发展，元明清时期逐步推广至长江中游的江汉平原、洞庭湖平原，以及珠江三角洲地区。六是井及地下渠道工程。多在西北地区发展，新疆坎儿井是最为典型的代表。

原始灌溉工程的出现始于原始农业。同时，灌溉工程的兴建和发展，促进了农业的发展，并引起人口增加和聚集，逐渐形成大大小小的城镇和经济区，促进了经济发展和社会进步。一方面，人口的增加和集中，以及生产技术的提高，对水的需求越来越高，由此形成满足区域生活和生产活动的灌溉水网。另一方面，城镇和经济区的发展与区间灌溉水网也会产生矛盾，如为防止洪水泛滥，需要在河湖之滨修筑堤防，使生活和生产得到安全保障，这于灌溉自然是不利的。历史上平原低洼地区的防洪排涝与灌溉之间的矛盾，始终是水利开发中的一大难题。

3.1.4.2 运河水网工程

《尚书·禹贡》记载，传说大禹治水时在今黄河流域已有天然河流上的水运交通。在《史记·河渠书》中，司马迁系统描述了春秋战国时期开凿运河的盛况。至隋代已形成以都城长安为中心，横亘东西、纵贯南北的全国性大运河。元代进一步裁弯取直，形成纵向贯通海河、黄河、淮河、长江、钱塘江五大水系的南北大运河。历代运河工程的兴建以京杭运河、隋唐运河和灵渠最为著名。这三条运河几乎将我国的大江大河水系都联系了起来，特别隋唐运河和京杭运河，与多个流域水系平面相交，改变了一些河流的自然流动线路，是对自然水系影响比较大的人工水网。

历代运河的开凿和建设，促进了人口的流动，产品的交流，生产经验、技术和文化的传播，促进了相关河湖水系沿岸的经济社会发展，商埠和城镇的形成以及经济区的新生或扩大，同时也对与之相关的河湖水系带来一定的影响，甚至截断或打乱天然水系，改变了来水和排水条件，带来了一系列的后果，甚至是负面的影响。

3.1.4.3 城市水网工程

原始社会末期，随着生产的发展，出现了剩余产品，就有了私有财产和交换，这种交换的场所就是“市”。“市”要选在用水和行船都方便的地方，必须靠近河、湖、泉、井等水源；河湖的洪水泛滥又会给市造成灾害，还要有简单的防范洪水的措施。随着商业发展而形成的“市”，后来又和统治阶级的各级行政中心相结合，于是就形成了人口密集、财富集中、文化发达的城市，提出了较高的用水、防洪和交通要求，这是城市水利的开始。

《管子》一书对春秋战国时期建城理论有系统的论述，其中城市水利理论占有重要地位。可以归纳为选择城市的位置要高低适度，既便于取水，又方便防洪，随有利的地形条件和水利条件而建，不必拘泥于一定的模式；建城不仅要在肥沃的土地上，还应当便于布置水利工程，既注意供水，又注意排水、排污，有利于改善环境；在选择好的城址上，要建城墙，墙外建郭，郭外还有土坎，地高则挖沟引水和排水，地低就要做堤防挡水；城市的防洪、引水、排水是十分重大的事情，当政者都要过问。这些理论成为古代城市水利建设的基本原则和指导思想，并在城市水利建设中得以贯彻实施。

城市水利建设的功能方面，最基本的自然是居民用水、手工业用水、防火和航运，如三国时雁门郡治广武城（今山西代县西南）、唐代枋州中部县（今陕西黄陵县）、袁州宜春城都曾建有数里长的专门的供水渠道和相应的建筑物。再者，古代城市水利工程兼有美化城市环境、城市供水、农田灌溉等多重效益。中国古都西安、洛阳、开封、南京和北京，都兴修了大量的水利工程来改善城市环境，不少中小城市也兴修了相应的工程。此外，古代征战攻守，城占有极重要的地位。护城河和城墙体系是城市最有效的防洪排涝工程。在黄淮海平原，有很多城市在一般的城墙和护城河之外又筑一道防洪堤，实际也是一道土城，堤外同样有沟渠环绕，使城市形成双重防洪体系。

3.1.4.4　防洪水网工程

受气候和地理条件影响，我国洪涝灾害频发，这就需要通过河道治理和防洪设施来防治。历史上主要采取修筑堤防、开挖减水河和预留滞洪区等手段来解决。

上古时期的大禹治水已有"堙"与"疏"两种不同的治水手段。前者是以土挡水，应为初期的堤防。后世历代重视堤防建设，将其作为防洪的最为主要的手段。但堤防也隐藏着更大的洪水风险，历史上曾发生过多次堤防决口或河流改道，留下了痛苦的教训。

开挖减水河分流来防御河道洪水泛滥，也是历代防洪常用的办法。大禹治水采用"疏"的办法，取得了成功。所谓"禹疏九河"，就是开挖了多道减水河把洪水导入大海。上古时代的例证是历史上一个真实存在的反映。减水河即减河，也称分洪道，四千年前即为我们祖先所采用。如果用一条减河把原来全河的大部分水量都排入另一河道，就是现在所称的新河了。

古代大江大河附近常连有一些天然的湖泊、沼泽和洼地，在洪水来临时自然地或人为地把多余的水量暂时存入其中，洪水过后河水再回归下游河道，当时称"水猥"，即今天的滞洪区，这与河湖水系自然调蓄是一个道理。但由于人口的增加，许多湖泊、沼泽和洼地被挤占，调蓄能力减弱，洪水的威胁自然就加大了。

历代防洪工程的建设，常直接受政治经济情况的制约。由于战争攻守的需要，一些江河通过修建水利工程形成人为决口的事实。北宋和金代治理黄河，由于政治中心位于北方，防洪工程建设北重于南。明清防洪，以保证漕运为主，黄河、淮河防洪工程建设也都以此为前提。

我国多沙河流的流域范围为世界之最，人口增多和社会发展对历代水系影响很大。上游水土流失，造成流域内土地贫瘠，环境恶化；下游河道淤积、游荡、泛滥，修筑堤防使河槽淤积上升，久之成为地上河，是两千年来国计民生中的重大问题。此外，历史上人类频繁的活动，对河湖水系的自然形态和水情持续发生变化，有些变化很大，呈现特殊的防洪形势，对后世水网建设影响很大。例如，黄河下游河道，从早期的多支分流演变成为今日无支流的河道；淮河则从一条独流入海的有潮河流演变成为下游没有干流的河道。

3.2　中国大运河与国家水网建设

我国主要河流水系大多自西向东流，水系间为同向的分水岭，南北方向缺少沟通，给以水路为骨干的古代交通带来困难。在漫长的中华民族发展史上，为扩大活动空间，满足政治、经济、军事及社会文化交流等方面的需求，历代或利用天然河湖水系开挖水运通道，或克服地形高差和水源不足的困难开挖人工运河，在全国范围内形成以都城为终点的沟通各大水系的全国水运网络系统，这就是中国大运河，简称“大运河”。总体来看，中国大运河演变过程复杂，经历了多次扩建和改建，其中以隋代和元代两次大规模的改建和扩建最为关键，最后形成了以京杭运河为骨干的南北大运河。它是历史上国家水网的最为重要的组成部分（《中国河湖大典》编纂委员会，2014）。

中国大运河的主体工程建设主要集中在三个时期。

一是春秋战国时期（公元前 5 世纪至前 3 世纪），各诸侯国出于战争和运输的需要，竞相开凿运河，不过规模不大，时兴时废，没有形成统一的体系，多为区间运河，但为后来全国水运网络体系的形成奠定了基础。这一时期开凿的运河以邗沟、鸿沟等最为著名。

二是隋炀帝时期（7 世纪初），为了连通首都与南方经济中心的联系，同时满足对北方的军事运输需要，隋代政府统一规划了全国水道，先后开凿了通济渠、永济渠，并重修了江南运河，疏通了浙东运河，将此前区间运河连接起来，完成了中国大运河的第一次大贯通，并在唐宋时期得到进一步维系和发展，创造了领先世界近 400 年的船闸工程技术。因此，这一时期的运河又称为隋唐大运河。

三是元代（13 世纪后期），元朝定都北京，元世祖忽必烈下令开凿了会通河、通惠河等河道，将大运河改造成为沟通海河、黄河、淮河、长江和钱塘江五大水系的南北交通干线。这是中国大运河的第二次大贯通。明清两朝维系了这一基本格局，并进行了多次大规模的维护和修缮，直至清末漕运停止。因此，这一时期的运河又称京杭运河，或元明清大运河（姜师立，2018）。

在世界水运史上，中国大运河在建设、运输、科技、管理等方面，都创造了诸多世界之最，并对中国政治、经济、社会和文化都产生了深远影响。中国大运河和万里长城，像写在中华大地上的“人”字，一动一静，是中华民族精神的象征。

3.2.1 早期运河与区域水网的形成

古代早期运河最早在江淮流域开凿。我国历史上第一条有确切年代记载的运河，是今自扬州至淮安的邗沟，即今江苏省江北运河的前身。《水经注・淮水》记录邗沟（当时也称韩江、中渎水）经行时说：“中渎水自广陵北出武广湖东、陆阳湖西，二湖东西相直五里，水出其间，下注樊梁湖。旧道东北出，至博支、射阳二湖，西北出夹邪，乃至山阳矣。”即从今扬州北上，经沿途众多湖泊直到今淮安市入淮河（图 3-1）。

在黄淮地区，公元前 482 年，在今山东鱼台到定陶开运河叫菏水，沟通济水和泗水，从而淮河和黄河间也实现了通航。邗沟建成一百多年后，联系黄河和淮河的另一条重要运河鸿沟（西汉又称浪汤渠，东汉改道东移，称作汴渠）也应运而生。公元前四世纪，魏惠王九年（公元前 361 年）迁都大梁（今河南开封），次年即开始分段开挖鸿沟，至魏惠王三十一年（公元前 339 年）完成。它的经行是由大梁引黄河水，向东折而南，与淮河北面的支流丹水、睢水、濊水、颍水相沟通，构成了贯通黄淮之间的水运交通网，特别是向东

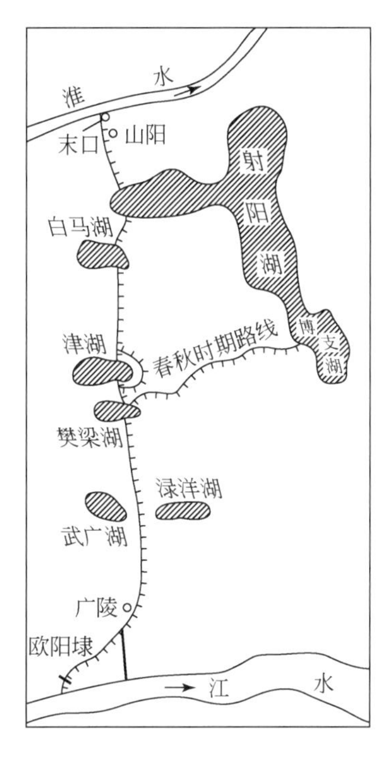

图 3-1　东晋时邗沟水道示意图
资料来源：姚汉源，1987

的一支古汴水，是隋代以前黄河和淮河间最重要的水上通道，为该地区社会经济发展提供了很大的方便，促进了沿河城市的繁荣。

在珠江流域，早期最重要的运河是灵渠，又名陡河、湘桂运河，位于今广西壮族自治区兴安县境内，开凿于公元前 214 年的秦始皇时期。它虽然只有 37km，但沟通了长江水系的湘江和珠江水系的漓江，成为当时联系岭南的唯一水路。由于跨越南岭，灵渠成为我国第一条实质意义上的越岭运河，受到古今中外各方人士的一致关注和赞扬。唐代人鱼孟威在《桂州重修灵渠记》中对其历史作用有过精辟的概括："所用导三江，贯五岭，济师徒，引馈运。推俎豆以化猿饮，演坟典以移鴃舌。蕃禹贡，荡尧化也。"

到公元前 3 世纪，全国水运从中原开始，经由鸿沟、古汴水，通泗水、淮河，经邗沟通长江，再由长江通过支流湘江过灵渠，由漓江、西江通广州，形成黄河、淮河、长江和珠江四大水系南北沟通的大水网。

汉代以后，魏晋南北朝约 400 年间，由于政治分裂，运河的开凿缺乏长期规划，大多仓促完成，又缺乏维护，交通运输作用有限。这一时期较为重要的运河主要是曹操在华北平原开凿的运河。东汉建安九年（204 年），曹操自黄河向北开白沟，后又开平虏渠、泉州渠连通海河各支流，大致相当于后来的南运河和北运河南段。又向东开新河通滦河。平虏渠、泉州渠、新河三条运河大致平行于渤海岸，由内河行运可以避免海上行船的风险。建安十八年（213 年），曹操又开利漕渠，自邺城（今河北省临漳县邺镇）至馆陶南通白沟。魏景初二年（238 年），司马懿开鲁口渠，在今河北省饶阳县附近沟通滹沱河和泒水。

这样，到公元3世纪，自海、滦河水系可以经黄河、汴河通泗水、淮河，经邗沟至长江，过江后由江南各河至杭州一带，已形成了早期沟通滦河、海河、黄河、淮河、长江各大流域直至杭州通钱塘江的水运网。

此后自隋代始，开始规划和建设全国运河网，我国运河建设出现了划时代的进步。

3.2.2 隋唐大运河与贯通全国的水运网络的形成

隋代对全国运河进行了统一规划和大规模建设，并经唐宋时期的改进，一条横亘东西、纵贯南北的全国性大运河得以形成。随着全国水运网的形成，漕运较此前有了大幅度的发展，运河的经济效益和社会效益得以充分发挥。运河成为国家交通运输的生命线，漕运成为社会经济发展的命脉。

3.2.2.1 全国运河网的规划布局

隋定都长安和洛阳，为沟通首都和南方富庶地区的联系，加强中央对地方的控制，巩固政权的稳定和统一，隋王朝对全国运河进行了全面规划，并进行了大规模建设。特别是隋炀帝即位后，从大业元年至六年（605～610年），在从涿郡到余杭约2700km长的线路上，在前代开凿的分散、间断的区间性运河基础上，利用地形和河湖水源的有利自然环境，有计划地兴建了以通济渠、山阳渎、永济渠、江南运河为骨干的四条首尾相接的运河，形成了全国性的运河网。自此，我国运河建设进入一个新时代。

隋代运河规划与建设始于隋文帝。隋代建都长安，但关中平原是一块面积有限的狭长平原，所产粮食和物资无法满足大一统帝国首都的需要。为此，隋文帝即位后，开始关中水运的建设。开皇四年（584年），隋文帝命宇文恺修建广通渠①。这是隋王朝建立后兴建的第一项运河工程，也是隋代规划的全国运河网中最西的一段运河。开皇七年（587年），为统一江南，隋文帝在古邗沟的基础上，开凿山阳渎。山阳渎南起江都（今扬州），北至山阳（今淮安），沟通了长江和淮河。

隋炀帝即位后，下令兴建东都洛阳，开始营建以洛阳为中心的运河网。隋炀帝首先着手开凿的是洛阳与江南富庶地区的水运路线。大业元年（605年），隋炀帝在汉代汴渠的基础上，兴建通济渠。通济渠两岸筑有御道，并栽植柳树。通济渠横贯中原地区，开凿过程中充分利用了水源和地形的有利条件。淮河北侧支流，水流顺地势自西北向东南流，满足了开挖人工渠道所需要的比降和流向。同时，这一区间由黄淮诸河流淤积而成，淤积平原易于开挖，保证了施工的顺利进行。“应是天教开汴水，一千余里地无山”，唐代诗人皮日休的这句诗句形象反映了通济渠经行河段的地形状况。通济渠兴建的同时，隋炀帝还对山阳渎进行了大规模疏浚，可通行庞大的龙舟和漕船。自此，自洛阳经通济渠至泗州，循淮河而下至山阳，再经邗沟至扬州，入长江后至江南，形成了一条沟通中原与南方富庶地区的水运大动脉。

---

① 《隋书》卷二十四，志第十九《食货》，中华书局点校本。

大业四年（608年）正月，隋炀帝又开永济渠[1]。永济渠沿途借用卫河、清水、淇水、白沟等众多天然河道，在历史上第一次沟通了黄河与海河。永济渠位于黄河以北，是我国古代北方运河系统的骨干运河。永济渠开通后，从洛阳出发，循永济渠可抵达北方军事重镇蓟城（今北京），便于东北用兵，控制北方局势。

隋大业六年（610年），隋炀帝重开江南运河[2]。江南运河流经地方，地势平坦，湖泊较多，水源和渠道比较稳定。隋以后，除局部整修外，其线路基本没有大的变动。江南运河沟通了长江和钱塘江水系。

至此，在公元7世纪初，我国古代运河形成了以洛阳为中心，西通关中盆地，北抵河北平原，南至江南地区，沟通海河、黄河、淮河、长江和钱塘江五大水系，长达2700多千米的庞大运河系统。这一庞大的运河网贯通各大江河，布局合理，线路绵长，覆盖了主要的经济发达地区，为东部地区经济文化繁荣提供了极大的交通便利。

3.2.2.2　全国运河网的补苴和改良

隋代全国运河网的开通，给后世带来了极大便利。唐代诗人皮日休在《汴河铭》中如是说："在隋之民不胜其害也，在唐之民不胜其利也。"并由此造就了唐代社会经济的发达和文化的繁荣。唐代，中央政府对运河维护十分重视。至北宋，中央政府考虑水运便利的因素，建都汴京（今开封）。为更紧密地把北方的军事政治重心与南方的经济重心联系起来，北宋王朝重点对汴渠和淮扬运河开展了治理，其中尤以对汴渠用力为多。南宋建都临安（今杭州），浙东运河成为王朝的骨干运输线路，中央政府对其进行直接管理，浙东运河开始纳入全国运河网的水运系统中。

（1）汴渠

北宋，在以首都汴京为中心的运河网中，有四条主要的人工运道——汴河（或称汴渠）、惠民河、广济河、金水河，合称为"漕运四渠"（图3-2），其中以汴河最为重要。宋人言及汴河的作用时说："汴水横亘中国，首承大河，漕引江湖，利尽南海，半天下之财富，并山泽之百货，悉由此路而进。"

汴渠基本沿袭了隋代的通济渠，经行路线大致从孟州河阴县（今河南荥泽县西）南开始，引黄河水，东流至东京（今开封）城下。再往东，分为两支：一支向东通齐鲁漕运；一支向东南由泗水入淮河，通江淮漕运。北宋汴渠四通八达，造就了首都东京的繁荣。著名古画《清明上河图》描绘的就是当年东京沿汴河一带的繁荣景象。

（2）淮扬运河

淮扬运河即古邗沟，宋人也称楚扬运河、楚州运河。淮扬运河主要靠长江江潮济运，自六朝以来，就建有闸门和堰埭控制，以接纳江水且防止运河水走泄。唐代李翱《南来录》记载："自淮阴至邵伯三百有五十里，逆流。自邵伯至江九十里，自润州至杭州八百里。渠有高下，水皆不流。"所谓"不流"，即是由于一系列闸坝控制，著名的如伊娄埭、邵伯埭等。

---

① 《隋书》卷三《炀帝纪上》，中华书局点校本。

② 《资治通鉴》卷181，隋大业六年。

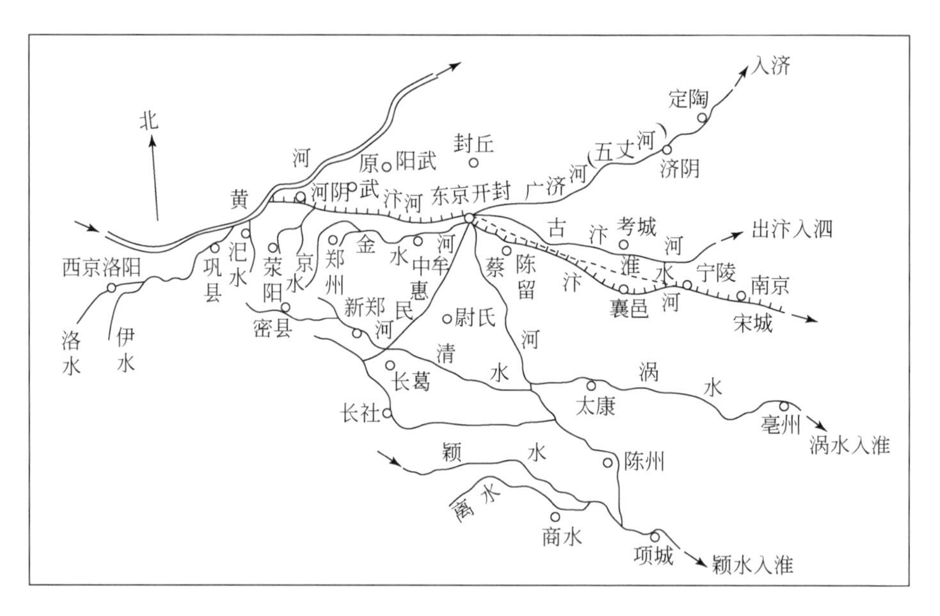

图3-2 宋汴京附近水道示意图
资料来源：姚汉源，1998

宋代，淮扬运河先后三次增开新河，来改善通航条件。第一次是宋太宗雍熙年间（984～987年），淮南转运使乔维岳开通了沙河运河，自末口至淮阴磨盘口，长40里①，避开了淮河山阳湾之险。在修建沙河运河中，创建了我国也是世界上最早的船闸，比西方船闸的出现早约400年②。第二次是宋仁宗庆历年间（1041～1048年），江淮发运使许元自淮阴继续向西开新河，称洪泽运河，避开了淮阴东北磨盘口之险。第三次是宋神宗元丰六年（1083年），再向西开凿龟山运河，自洪泽镇起，至盱眙龟山镇止。这样，淮扬运河口基本与汴渠口相对，船只出汴渠穿淮河便可进入淮扬运河（图3-3）。

（3）浙东运河

浙东运河始建于春秋越国的山阴故水道。西晋时，会稽内史贺循主持疏浚开凿了西陵运河，西起西陵（今萧山西兴镇），东抵曹娥江。五代吴越国时改称西兴运河。南宋定都临安（今杭州），浙东运河成为南宋王朝的生命线。加之南宋政府重视对外贸易，明州（今宁波）是当时重要的对外贸易港口。为加强都城与浙东富庶地区的联系，南宋政府对浙东运河实行准军事化的管理，各段运河有军队专事维护、疏浚。据《嘉泰会稽志》卷十二记载，当时浙东运河在萧山县和上虞县境内可通行二百石③船只，而山阴县和姚江可通行五百石船只。浙东运河的航运条件和繁荣程度达到历史极盛。

① 宋代1里约530m。
② 《宋史》卷96《河渠志·东南诸水上》。
③ 宋代1石约60kg。

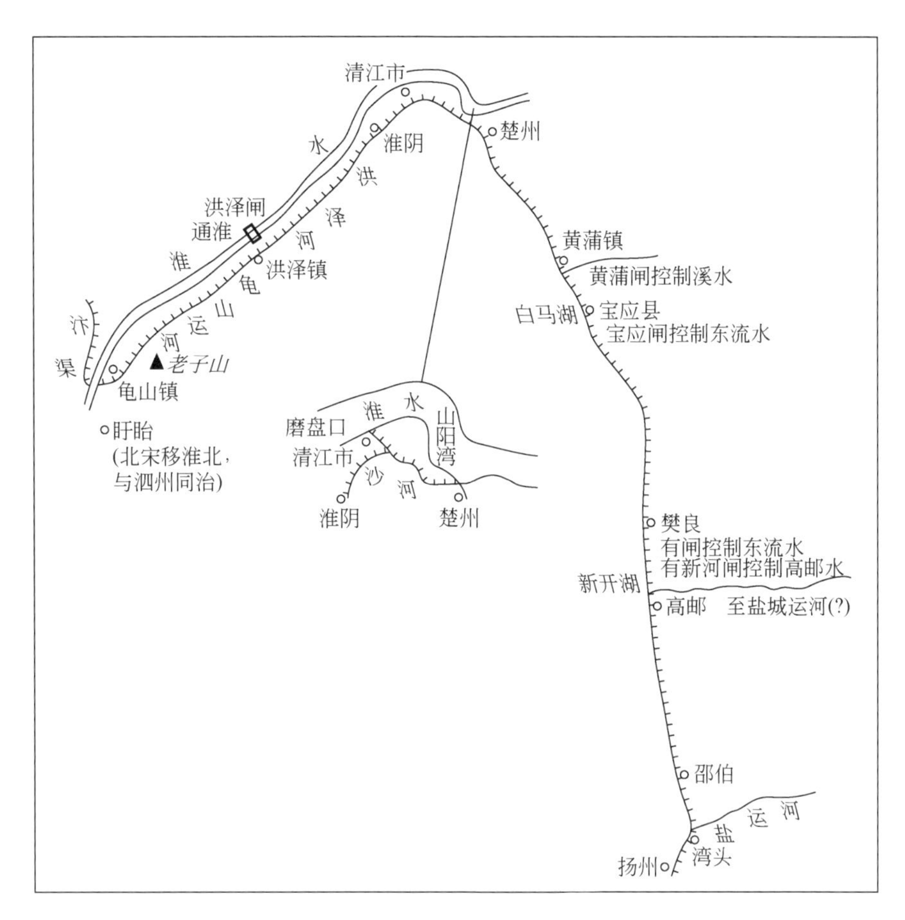

图3-3　宋代淮扬运河示意图

资料来源：姚汉源，1998

3.2.3　京杭大运河与南北水网格局的形成

元明清建都北京，随着政治中心的北移，骨干运河的布局发生重大变化。经过元代对山东段运河的裁弯取直，并重新设计北京段运河，京杭运河最终“弃弓走弦”，实现了南北方向上的全线贯通。江南漕船从杭州出发，向北越过长江、淮河、黄河，可以一直通到北京。京杭运河也因此成为大一统帝国贯穿南北经济大动脉的骨干运道。

3.2.3.1　京杭大运河的全线贯通

元初，便开始对京杭运河重新规划与设计，目的想从根本上把隋唐宋时期“弓”形的大运河改为南北直线，不再绕道中原，而是直接从淮北穿过山东，进入华北平原，抵达大都。于是，从元世祖中统年间（1260～1264年）起，陆续对各段运河进行了疏通，其中最困难的有两段：一段是山东卫河临清以南、济宁以北，与汶、泗相交接河段；另一段是大都至通州段。这两段虽然里程不长，但却是京杭运河全线中地势最高的两段，也是京杭运河全线施工难度最大的两段。从京杭运河沿线地势剖面图来看，山东段运河地势最高，位于汶上县的南旺河高接近40m，是京杭运河的最高点；其次是通惠河段，河底高约30m（图3-4）。这两段的艰难，主要是水源补给困难。

（1）济州河与会通河

京杭运河山东段需跨越山东地垒，这是京杭运河地形高差最大的一段运河。建设距离长、起伏大的越岭运河，需要克服地形抬升和水资源缺乏的困难。该段运河工程分两次施工完成。首先进行的是济州河的开挖。济州河于至元十九年（1282年）开工，次年完工，从今山东济宁到山东东平安山。为了保证航运通畅，顺利翻越山脊，济州河还沿河置闸，截蓄水流。济州河的开通，证实了跨流域调水配水规划的合理，为后来运河最终实现御、汶、泗贯通和顺利穿越水资源贫乏地区跨出了关键一步（周魁一，2002）。

济州河开通后，泗水与御河间还有一段没有贯通。元人杨文郁记载当时这段只能依靠陆路转运的情景："自东阿至临清二百里，舍舟而陆，车输至御河，徒民一万三千二百户，除租庸调。奈道经茌平，其间苦地势卑下，遇夏秋霖潦，牛偾輹脱，艰阻万状。"① 济州河以北运河的续建成为当务之急。至元二十六年（1289年）正月，会通河开工，至六月完工，南接济州河，北至临清合与御河。

会通河与济州河相接，解决了京杭运河中船队翻越坡岭的问题。后来会通河与济州河归于一河，通称会通河，这是京杭运河中最为关键的一段工程。查尔斯·辛格在《技术史》中评价会通河段的开通说："在1283年竣工的那一段运河越过了山东的山岭，是最早的'越岭'运河……在分开两条河的分水岭顶峰修运河需要大胆的想象力和在顶峰提供充足水源的相当的施工技巧。"

（2）通惠河

随着济州河和会通河的开通，南方漕船可以直到通州。通州到大都虽只有五十里路程，但由于水路不通，陆路转运十分艰难。至元二十九年（1292年），郭守敬就任都水监，负责通惠河的设计与施工。

通惠河于至元二十九年（1292年）开工，至元三十年（1293年）竣工。元世祖忽必烈对工程高度重视，亲自主持开工仪式，命"丞相以下皆亲操畚锸"到开河工地。通惠河开通后，漕船可直驶入大都城内的积水潭，实现了京杭运河的全线通航。当时积水潭中船舶汇集盛况空前，元世祖亲临积水潭，见到"舳舻蔽水"的景象，龙颜大悦，即赐名为通惠河。

通惠河修建过程中，同样需要克服水源不足和地形高差的问题。郭守敬在实地考察和精细勘测的基础上，选定了一条理想的引水路线：从白浮村起，开一条渠道引白浮泉先向西行，然后大体沿着50m等高线转而南下，避开了河谷低地，并在沿途拦截沙河、清河上源及西山山麓诸泉之水，注入今昆明湖。通惠河开通后，为了确保漕运水道的畅通，修建了24个闸门，实现了节水行舟。

元代的大运河，北起大都，南迄杭州，中间包括通惠河、御河、会通河、济州河、淮

---

① （元）杨文郁，开会通河功成之碑，引自：明，王琼《漕河图志》（卷5），姚汉源、谭徐明整编，北京，水利电力出版社，1990年，220页。

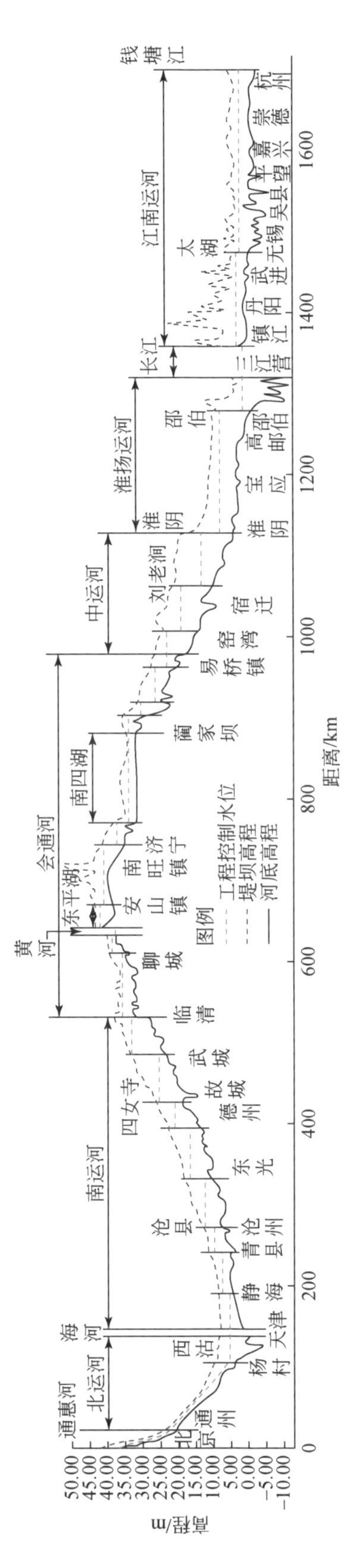

图3-4　京杭运河纵断面图

扬运河、江南运河等河段，并利用了潞河、洸水、泗水、黄河等天然河道，全长约2000km，成为贯通南北的一条大动脉，奠定了明清京杭运河的基础（邹宝山等，1990）（图3-5）。略带遗憾的是，终元一代，山东会通河的水源及黄河侵淤问题始终未能得以彻底解决，这也使得终元一代，京杭运河的工程效益难以充分发挥，海运仍是南北运输的主要方式。当时漕运量每年300万石，经过京杭运河的不及十分之一，仅有30万石左右。

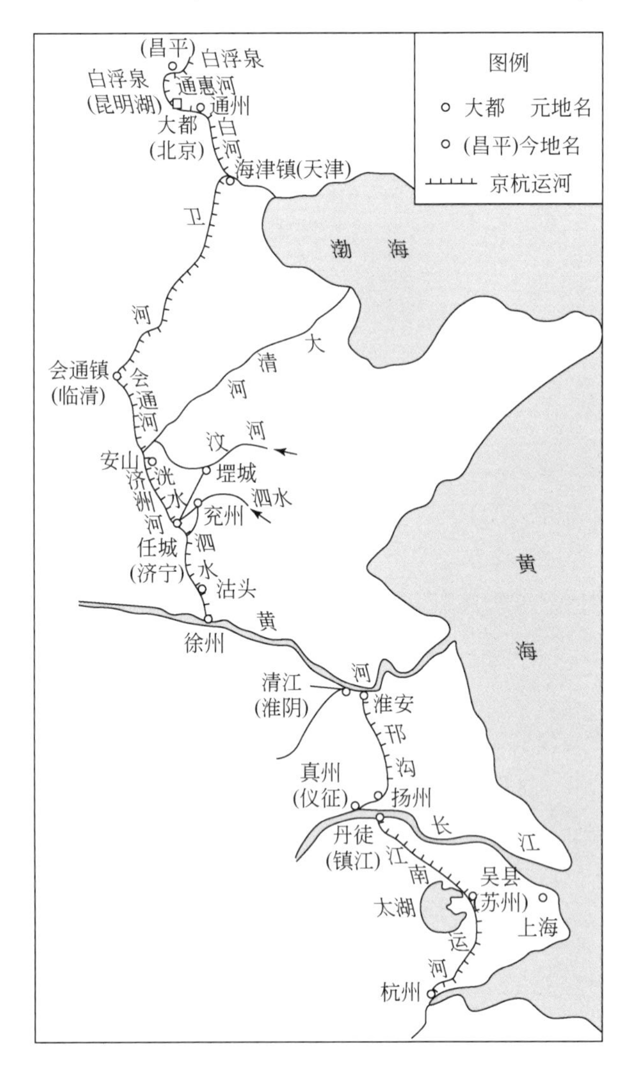

图3-5 元代大运河行经路线示意图

资料来源：邹宝山等，1990

3.2.3.2 黄河对运河的干扰及避黄行运的尝试

明清定都北京，京杭运河成为国家沟通南北的交通命脉。明永乐年间（1403～1424年），首先初步解决了山东段运河的水源问题，漕运渐趋稳步发展。这一时期，黄河屡屡溃决，对运河构成严重威胁。为避开黄河对运河的侵扰，自明代嘉靖年间（1522～1566

年）起，先后开凿了南阳新河、泇河和中运河，最终实现了运河对黄河的脱离。

自元代至明代嘉靖时，京杭运河均是在徐州与黄河相交，徐州至淮阴利用黄河河道行运。这一航路要经过徐州洪、吕梁洪两段险滩。两洪经常因为黄河的决口而水道淤塞或中断。此外，黄河经常由河南向北泛滥，冲断会通河运道。从明嘉靖初期起，就有人提出改运河路线，实现黄河和运河的分离，直至清康熙中期，靳辅开中运河，才最终实现运河对黄河的脱离。其中兴建的重要工程有三项，分别为明代开凿的南阳新河和泇河，清代开凿的中运河。

南阳新河最早于明嘉靖六年（1527 年）提出，即将南阳以南至留城的运河，由昭阳湖西改到昭阳湖东，避开黄河洪水的冲淤，以昭阳湖作为滞蓄洪流的地方。次年工程开工，但工程刚进行了一半，因遇天旱受人攻击，被迫停工。直到嘉靖四十五年（1566 年），由朱衡主持继续实施，第二年新河凿成，称为南阳新河（图 3-6）。南阳新河的开凿，使山东运河的河道同黄河的河道完全分开，成功遏止了黄河侵淤的威胁。

隆庆三年（1569 年），鉴于南阳新河的优越性及徐州附近茶城淤阻的危害，都御史翁大立提出再开泇河，使运河自夏镇以南避开徐州段黄河，直接通邳州。这一方案由于潘季驯等人的反对，直到万历三十三年（1605 年）才得以完成。这条新河，上接南阳新河，下从骆马湖旁直插入黄河，使运河在徐州至邳州之间脱离黄河（图 3-7）。泇运河的开通，避开了黄河决口的隐患及徐州、吕梁险段，成为京杭运河中段（鲁南、苏北段）的主航道。

泇河运道完成后，邳县直河口以南至清口的运道仍需要借黄河行运。从康熙二十五年（1686 年）开始，由靳辅主持，在明代泇河工程基础上，自张庄运口经骆马湖口开渠，经宿迁、桃源到清河仲家庄入黄河。工程于康熙二十七年（1688 年）正月竣工，称为中河。京杭运河运道至此全部脱离黄河，仅在清口一地存在黄运交汇关系。

3. 2. 4　大运河的历史功绩及付出的代价

具有两千多年历史的中国大运河，在华夏大地上，留下时间和空间不可磨灭的印迹，其中不少区段至今仍是繁忙的水道，南水北调东线 90% 利用了原京杭运河河道。但同时，历代运河的开凿以服务于政治、经济和军事目标的漕运为目的，运河开通后，特别是贯通全国的隋唐大运河和京杭大运河形成后，对自然环境特别是水系状况造成严重影响，付出了沉重代价。

3. 2. 4. 1　大运河的历史功绩

历代运河的开发，涉及社会诸多领域，关乎国家政治统一、经济发展和文化繁荣。

政治上，中国历史上秦、隋、元三次大统一，都把建设大运河作为优先规划和实施的大事，历朝历代都把维护运河的通航作为要务。唐代，大运河对维系唐王朝政权有着重要意义。唐德宗初年，受藩镇割据影响，漕运中断，帝国中枢岌岌可危。因粮食匮乏，守卫

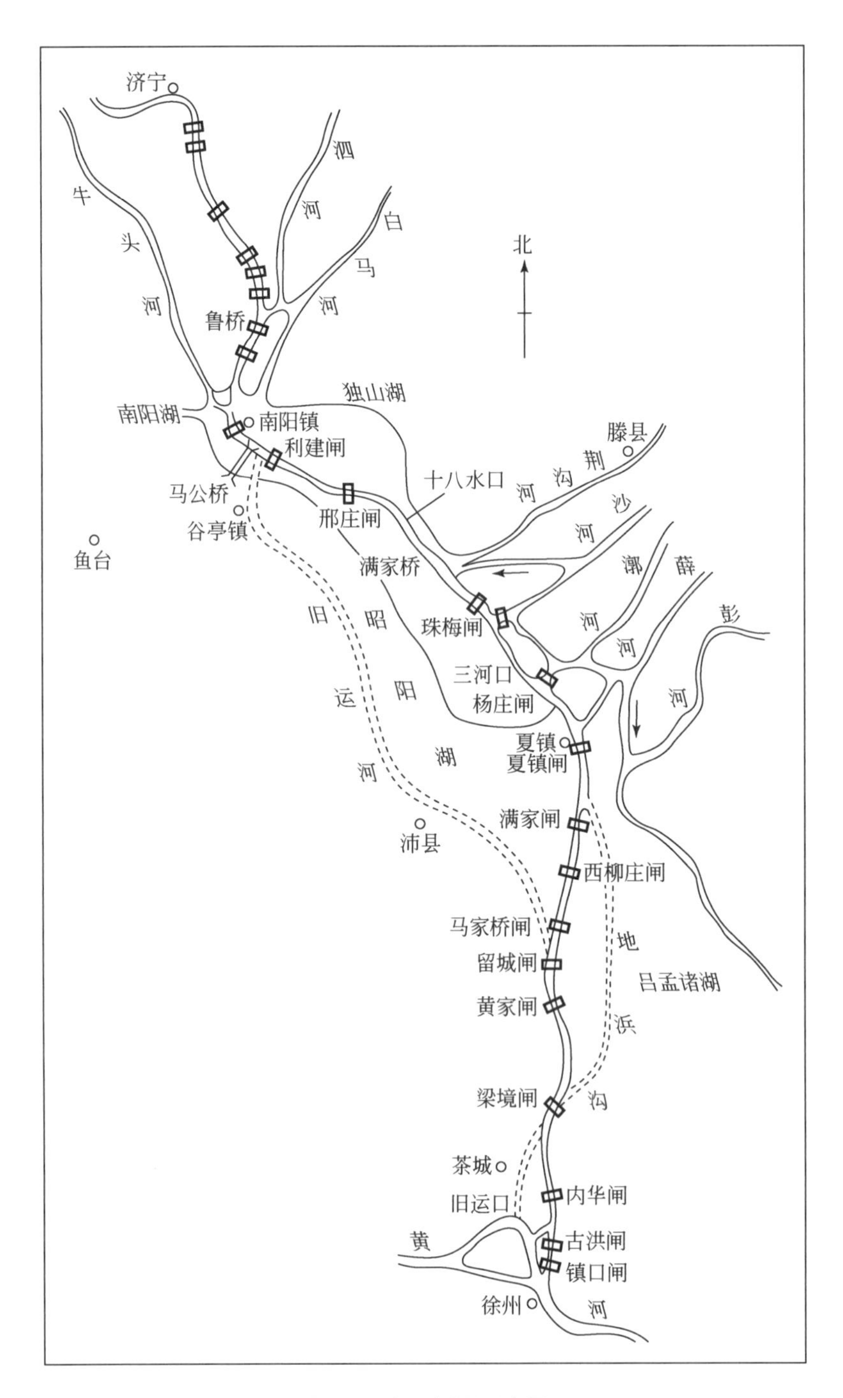

图3-6　南阳新河示意图

资料来源：姚汉源，1998

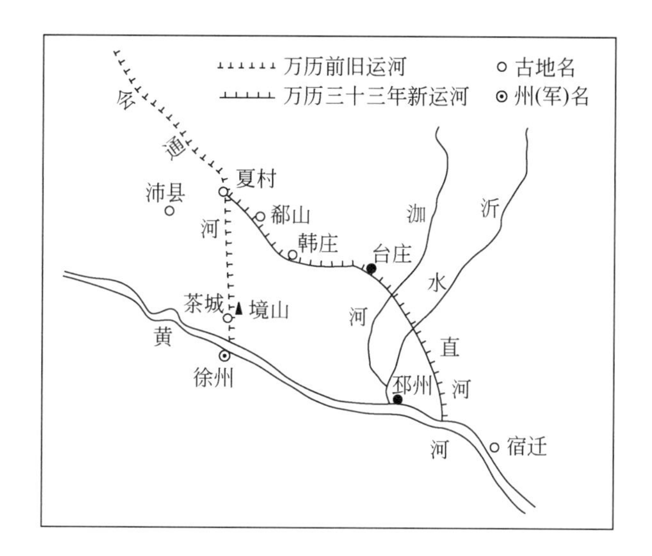

图3-7 泇河示意图
资料来源：郭涛，2013

长安城的禁军哗变，包围皇宫。在这危急时刻，远在润州的韩滉自江淮运去大米三万斛[①]，危机得以解除。清代康熙帝将治河、漕运以三藩列为国家三件大事[②]。每年400万石粮食通过运河北运，维持了王朝的统治。

经济上，《旧唐书·崔融传》记载：“天下诸津，舟航所聚，旁通巴汉，前指闽越，七泽十薮，三江五湖，控引河洛，兼包淮海。私舸巨舰，千舳万艘，交贸往返，昧旦永日。”描绘出大运河水运网在国家经济上的不可或缺。明代八大钞关，七处在运河上，运河水运的关税占92.7%，其余的7.3%是长江的税收。虽然古代中国是农业社会，商品经济不发达，但运河在商品流动当中却占有重要地位。历代运河的开通，都促进了一大批运河沿岸城市的兴起与繁荣，特别是在一些水陆交汇点先后兴起了一批工商业城镇，如唐宋时期的汴州、宋州、楚州、扬州、润州、常州、苏州、杭州等就是当时最著名的运河城市（董文虎等，2008）。

文化上，大运河的开通，也促进了中外文化之间的交流。唐宋时期有大量的国外使者和学者来中国朝圣或求学，他们多自运河来去，承载着经济文化交流的重任。他们中有些生动地记到了运河及其沿岸的繁华，其中包括唐代日本僧人圆仁和宋代日本僧人成寻流传至今的作品。元朝意大利马可·波罗写下的游记最精华的部分应是对运河的记载。运河所经名城荟萃，人才辈出，是我国历史面貌的重要见证。

3.2.4.2 大运河对自然河湖的影响

京杭运河是一条与多条水系相通的大的人工水道。它从南到北，一定程度上促成了江

---

① 唐代1斛为60kg。

② （北宋）司马光：《资治通鉴》卷232“唐纪”。

河间的水量交换，截断许多东西向中小河流的自然流动。但因其开发是以漕运为目的，尽管有沟通五大水系之誉，但由于历史的局限性，五大水系仅限于沟通，缺乏多方面深刻的水网有机联系。京杭运河形成后对地理环境的影响是局部的，而对天然河湖水系的局部结构调整、部分湖泊发育的影响十分突出。

大运河的开凿对黄淮海平原的水系结构产生了很大影响。今天的淮河成为七大江河中唯一一条下游无干流的河流，很大程度上就是受运河的影响。历史上，淮河是一条独流入海的有潮河流。据记载，宋代淮河水流顺畅，黄海的潮汐可以溯流顶托至今当时未成湖的今洪泽湖一带。那时，沂河和沭河两水系是泗河的支流，泗河水系在淮阳直接入淮河，是淮河的最大支流。1128 年，东京（今开封）留守杜充为阻挡金兵决黄河堤放河水南泛，侵夺了淮河下游河道。元明清三代，特别是明清时期，以治黄保运为中心，大筑黄河两岸系统堤防，把黄河河槽固定在开封、商丘、砀山、萧县至徐州入泗水一线上，由清口（今淮安境内）入淮河，经涟水，至云梯关入海。此期间，黄河、淮河与运河在清口相交，并以清口作为出水口，“蓄清刷黄”“束水攻沙”，以期刷深其下游黄河河槽，使运河不受倒灌之害，黄淮河水顺畅入海。为此目的，多次加高高家堰，成为绵亘数十里的大堤，抬高水位，形成洪泽湖，用来调蓄淮河来水，但未获预期效果。黄河下游仍在增高，河水仍无出路。此后，分泄洪泽湖水直接入运河，入长江，是导淮入江的开始。1851 年三河礼坝冲决未堵，淮河改道南下入长江，即现在的入江水道。1855 年黄河在河南省兰考县铜瓦厢改道，北流山东夺大清河入渤海，形成新的河道，即现在的黄河河道，淮河流域基本摆脱了黄河的干扰。但 700 余年来，黄河携带的大量泥沙已淤塞了淮河的入海干道，形成的废黄河成为新的分水岭，将沂、沭、泗水系从淮河流域中分离了出去。由于特定地理和人为因素，淮河成为世界独有的下游没有入海口的大河，洪泽湖则演变成为全河水量调蓄的枢纽，同时也是我国五大淡水湖之一。

此外，历史时期，为保证京杭运河淮河以北至都城的运道畅通，元、明、清三代在通惠河、北运河、南运河、会通河各段开挖了不少引水、减水工程，对运河沿线地区的水系结构影响较大，其中最为突出的是筐儿港、青龙湾减河和遏汶入洸引水工程。前者将海河水系与蓟运河水系沟通，减少潮、白二河洪水时期对运道的干扰；后者则将原属于大清河水系的汶水，与原属于淮水支流沂水水系的泗水重新归属，同归泗水入淮，以解决运道水源不足的问题（邹宝山等，1990）。

大运河对自然河湖水系的影响还体现在对湖泊发育的影响方面。历史上，在黄河现道以南的沿运地带，分布着形态各异、面积大小不等的湖泊（邹宝山等，1990）。这些天然湖泊是哺育京杭运河形成发展的主要水源。然而，在人工作用之下，京杭运河对沿运地带湖泊发育的反馈作用也是相当明显的。有些湖泊在京杭运河未形成以前面积较小、呈碟状形态，京杭运河开凿之后则面积逐渐加大，有的湖泊在京杭运河改造之下变成规则的人工水库形态。受京杭运河影响最为明显的湖泊除上述的洪泽湖外，还有南四湖、里运河以西地区的白马湖、高邮湖、邵伯湖等。

据历史文献记载，南四湖原系泗水流经的一片洼地，受黄河改道影响，隋朝该已形成沼泽湖泊。元代京杭运河开凿后，南四湖受人工干扰，逐渐由小到大，形成现在的局面。元代京杭运河济宁至徐州运道是利用泗水河道作为运道的，为了维持运河水量，在泗水河道上建闸27地。以东的水流在东岸停蓄，逐渐形成昭阳湖、独山湖。明代，黄河不断泛滥，黄强泗弱，泗水出路受阻. 使昭阳湖、独山湖不断扩大。明代嘉靖年间，为避黄保运，开挖了南阳新河，使运道脱离泗水，由昭阳湖西移至湖东，东部沙河等山水引入独山湖，薛河水引入吕孟湖。明万历三十二年（1604年），开迦河（今韩庄运河），运河再次东移。至此，赤山、微山、吕孟、张庄四湖湖面迅速扩大，合称为微山湖。随着运河开发，为蓄湖东山水济运，昭阳湖成为运河水柜。这时，南阳、独山、昭阳、微山等湖相连，至此南四湖初步形成。

里运河西侧的白马湖、高邮湖、邵伯湖，是距今6000年左右全新世海侵潟湖演变的遗迹。里运河的前身吴越邗沟及隋唐时期山阳渎，就是利用这一地区的湖荡贯通开凿的，其中主要运道是利用湖荡的水面借水行舟。北宋景德末年（1007年），为保证运道水源稳定和避免湖浪对漕运的影响，开始在运道两侧筑堤分割湖运关系。天圣三年（1025年），在高邮北新开湖增筑长堤二百里，并用大块石料修10座滚水堰。绍熙五年（1194年），扬州至淮阴段运河筑堤360里。元、明、清三代沿用宋代办法，对运道河堤继续完善加固加高。筑堤隔湖在客观上阻滞了湖水的下泄，限制了湖泊向堤东地区的发育。公元1194年黄河南徙夺泗入淮，淮河入海故道壅塞，改由高家堰东趋南下，运西湖泊的面积扩大，至清雍正二年（1724年），运西湖泊有“高邮西北多巨湖，累累相连如串珠；三十六湖水所潴，尤其大者有五湖”之称。

筑堤隔湖目的是保证航运的稳定，客观上也促进了湖泊发育，但对运东地区自然环境和人类的生产生活带来了极为不利的影响。高邮湖常年水位要高出运东地区2～3m，历史时期该地区是江苏省水灾最为严重的地区，每隔3～5年就发生一次大水灾。明万历二十三年（1595年），高家堰再决，高邮决运河堤，里下河一片汪洋。万历时漕抚吴桂芳感慨道“淮、扬二郡，洪潦奔冲，灾民号泣，所在凄然。河流泛滥，盐（城）、淮（安）、高（邮）、宝（应）不复收拾矣”。中华人民共和国成立后，对淮河进行全面治理，修筑了北起淮阴，南止瓜洲，长197km的里运河东堤，成为里下河地区的重要屏障。此后里运河东堤多次加固培高，现在里运河大堤实际上变成了里下河地区的一条地貌界线，运东地区为湖积平原，运西则为冲积平原。

3.3　历史灌溉水网建设

早在新石器时代，我国就已出现原始的灌溉工程。历代灌溉工程的空间发展和工程形式，随着人类活动范围的扩大和技术进步而不断发展，大致经历了5个发展阶段。春秋以前的灌溉工程，基本上都处于沟洫时期，主要是利用天然降雨和地面自然径流进行灌溉，其实质是与井田制相适应的灌溉排水形式。春秋以后，特别是战国至西汉约500年间，随着社会制度的变革及生产力发展，是引水工程大发展的时期。山西晋水上的智伯渠、河北漳水上的引漳十二渠、四川岷江上的都江堰、陕西泾河上的郑国渠，以及黄河河套地区的引黄灌溉等大型引水灌溉工程都出现在这一时期。东汉至唐初，随着人们对水资源的认识和利用能力的提高，进入以陂塘为主的蓄水工程大发展时期。汝南陂塘、淮河流域陂塘以及江南的鉴湖、陈公塘、练湖、东钱湖等一大批水库蓄水灌溉工程纷纷兴建。唐宋时期，随着长江中下游沿江滨湖低洼地区的开发，以塘、浦、圩垸为主要形式的湖区水利得到大发展。元明清时期，边疆和偏远地区灌溉工程得以兴建并得到快速发展，云南的滇池水利、新疆伊犁和吐鲁番坎儿井、珠江三角洲的基围工程、东北辽河的排灌水利工程等，都先后发展于这一时期。传统灌溉工程技术日渐成熟，门类基本齐全。到清后期，基本上每个省区、每条水系都兴建了灌溉工程。

古代灌溉工程的规划布局及历史发展，与特定时期的社会历史条件和特定区域的自然地理条件密切相关。灌溉工程兴建和发展，需要一定的水利资源。而社会政治经济的需要，则是灌溉工程发展的促发条件。在两者同时具备的情况下，必会产生一个灌溉水网区。当水利资源条件比较优越，灌区一旦形成后，离开了促发条件，灌区照样能继续发展。反之，当水利资源条件较差，离开促发条件后，灌区就会衰落下去。南方许多灌区的发展属于前一种情况，北方一些灌区的停滞甚至湮没多属于后一种情况。一个新的灌溉水网区的出现或发展，必然伴随区域社会经济的发展甚至经济重心的转移。中国古代以农立国，唐宋时期经济重心南移的过程就是南方多个灌溉水网区不断发展的过程。

3.3.1 引水灌溉工程与平原地区水网建设

引水灌溉是直接从河湖中引水灌溉农田，包括有坝取水和无坝取水两种。有坝取水需在江河上建拦河坝壅高水位，自流引水入渠实现灌田；无坝取水无须建坝壅水，而是根据水流情况和水源与田地间的高程关系，选择取水口位置和引水线路，建设伸向河中的鱼嘴实现引水灌田。由于历史上施工能力的限制，有坝取水一般在较小的河流上选用；无坝取水则使用范围较广，技术水平相对较高，渠首的形式也有较多的变化。都江堰、郑国渠、宁夏引黄灌区，以及内蒙古河套灌区，都是这类工程的典型代表。

3.3.1.1 都江堰与成都平原水网

都江堰工程位于四川省都江堰市境内岷江干流上，渠道广泛分布于成都平原及附近丘陵区，具有灌溉、防洪、航运及城市水环境多种功能，至今仍在发挥作用。工程始建于公元前256年，距今已有2200余年的历史，是现存世界上历史最长的无坝引水工程，也是我国古代水利建设最具代表性的大型灌溉工程。都江堰之名最早出现于宋代，先后有金堤、都安堰、湔堰、侍郎堰、楗尾堰等称谓。

战国末期，秦灭蜀后，为消除岷江水患，秦昭王末年（约前256～前251）蜀郡太守李冰主持修建了都江堰工程。当时主要的工程设施是“凿离堆，辟沫水之害，穿二江成都之中。”① 即开凿引水口（今宝瓶口）、疏浚岷江与成都间的水路。岷江和沱江分别绕成都平原的西缘和东缘东南流，平原腹地并无大江大河。都江堰的兴建沟通了岷江与沱江，同时将岷江水引入成都平原腹地，形成以成都为中心与岷江上中游地区联系的水路交通网，打开了成都平原与长江的通道。由于都江堰提供了稳定且充足的水源保障，自汉代以来，成都平原就是西南重要的农业经济区，号称“天府之国”。

---

① 《史记·河渠书》，中国书店，1990年，第2页。

从战国到汉晋，都江堰经历了逐步完善的过程。至迟到唐代，渠首枢纽工程基本稳定下来。渠首枢纽工程由分水导流工程（鱼嘴、金刚堤）、节制工程（飞沙堰和人字堤）和进水口（宝瓶口）构成。都江堰工程技术体现了因地制宜、因势利导的特点。鱼嘴布置在岷江江心洲的顶端，自此岷江分为内江和外江。内江是人工引水渠道，通过飞沙堰、人字堤和宝瓶口控制引水量并排走大部分沙石。内江在宝瓶口以下约 1000m 处分为蒲阳河和走马河，两条干渠分出的大大小小的河堰涵盖成都平原十四县。外江为岷江水道，俗称金马河，汛期以行洪为主。右侧河岸有多处分水鱼嘴，是外江干渠沙沟河和黑石河的引水口，外江灌区包括今都江堰、崇庆、新津三县市。

古代都江堰灌区基本覆盖成都平原，灌溉面积最高达 300 万亩，通航水道纵横平原东南西北，是成都平原行洪的主要通道。干渠进入成都后，渠系不断完善，并构成了成都的城市园林水系。灌溉和舟楫之利使成都自汉代以来便成为全国经济繁荣的重要商业都市之一。成书于东晋的《华阳国志》描述成都平原时说："沃野千里，号为陆海。旱则引水浸润，雨则堵塞水门。故记曰：水旱从人，不知饥馑，时无荒年，天下谓之天府也。"表明成都平原因都江堰的兴建成为重要的经济区。

现代都江堰依然保留了无坝引水的基本格局（图 3-8）。20 世纪 70 年代以来，都江堰

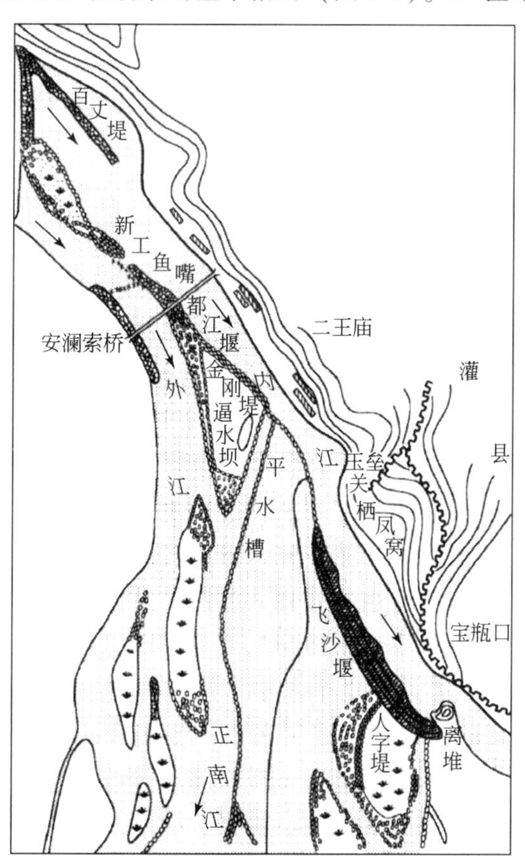

图 3-8　都江堰渠首枢纽平面布置图（1931 年）

资料来源：《中国河湖大典》编纂委员会，2014

渠首和灌区工程多次改造，增加50余处分水枢纽；在丘陵地区兴建了黑龙滩、三岔、鲁班、继光等10座大中型水库和300余座小型水库，由直灌区演变为蓄引结合的灌区。灌区也从平原扩展到川中丘陵区，由历史上的300万亩发展到现今的1000万亩，成为全国灌溉面积最大的灌区。

时至今日，走进都江堰灌区，包括建筑物集中的渠首，只见青山、流水、庙宇、索桥和由当地材料构成的建筑物等融为一体，不见其宏伟和崇高，但浑然是一幅景自天成的山水画卷。漫步在成都平原，河渠纵横，绿无际涯，竹林农舍，阡陌交通，那种勃发的生机，悠然和谐的繁华，无以言表。

3.3.1.2 郑国渠与关中平原水网

郑国渠是关中地区的大型灌溉工程，兴建于公元前246年。因始建主持人郑国的名字而得名。似乎是一件偶然事件，其实韩国的“疲秦”之计只不过是一种外因而已。修建郑国渠的根本原因在于它是一项政治工程，是秦为了实现统一准备物质条件的需要。当然，这一工程的建成，改变了关中社会经济发展的自然条件，使这一地区出现了更好的发展条件。

郑国渠自仲山西麓瓠口（在今泾阳西北25km）引泾水向东开渠与北山平行，注洛水（图3-9）。郑国渠的水源——泾水，含沙量大，对工程的使用和维护非常不利。它的成功在于充分利用了当地自然条件的优势，扬弃了劣势，使之有利于人类和社会的发展。黄土高原有水则为膏腴，无水则为斥卤，这是黄河等多沙河流的特性，是我国水利的诸特色之一。只有处置好水沙，才能“化斥卤为膏腴”。《史记·河渠书》记载：“渠就，用注填阏之水，溉泽卤之地四万余顷，收皆亩一钟。”《汉书·沟洫志》记载：“举臿为云，决渠为

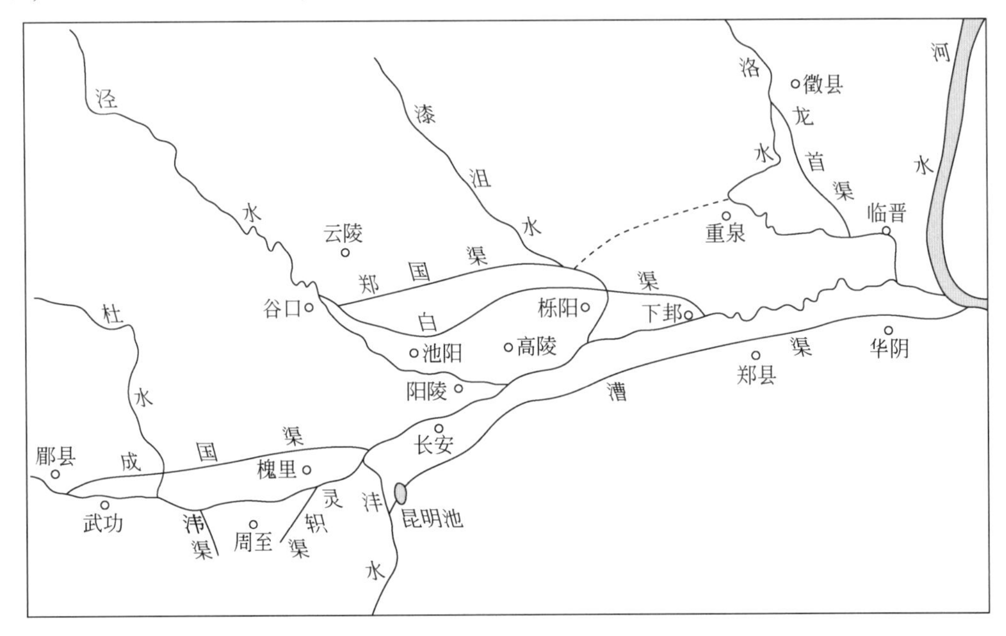

图3-9 郑国渠行经路线示意图

雨。泾水一石，其泥数斗，且溉且粪，长我禾黍，衣食京师，亿万之口。”历史证明，郑国渠的建成，不仅解决了灌溉用水问题，还用含有较高肥分的泥沙的泾水，提高了灌区土地的肥力。这种利用高含沙量河水进行灌溉农田的方式，就是“淤灌”，是我国古代北方地区主要灌溉方式。

郑国渠所滋养的关中地区支撑了我国历史上汉唐两个朝代的都城——长安，茫茫黄土之上，绿满际涯，麦谷飘香，滋生了世界景仰的中华文化，灌溉事业居功厥伟。西汉时期，郑国渠与白渠合称为郑白渠，是近代泾惠渠灌区的前身。中华人民共和国成立后，对泾惠渠灌区进行了扩建和改建，使之成为陕西省主要的粮棉生产基地。2016年，郑国渠成功申报世界灌溉工程遗产，成为陕西省第一处世界灌溉工程遗产。

3.3.1.3　引黄灌区与河套平原水网

黄河干流流经宁夏和内蒙古，两岸台地开阔平坦，但“土地斥卤，不生五谷”，引水灌溉，则成沃壤。据可靠文献记载，宁夏引黄灌溉始于汉武帝北防匈奴，因大兴屯田而相应开发。现在宁夏灌区中的汉渠、汉延渠各长百里①以上，灌田数十万亩，都可能为当时所肇始（图3-10）。后经北魏、唐、西夏、元、明各代增开扩展，至明嘉靖年间，已有大小干渠18条，灌溉农田156万亩。其中以唐徕渠和汉延渠灌溉面积最大，二者合计118万亩。清代，又开大清渠、惠农渠、昌润渠，灌溉农田约60万亩。其与唐徕渠、汉延渠一起，合称河西五大渠，相当于现在的青铜峡河西灌区。

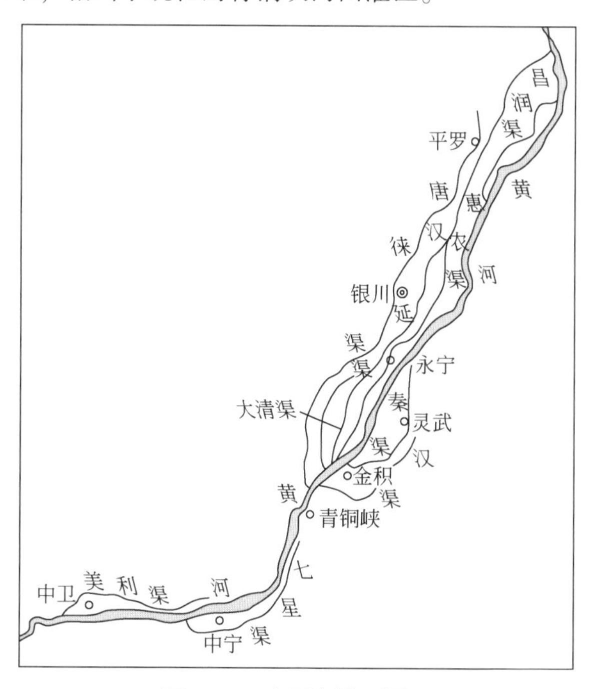

图3-10　宁夏古灌区渠系

资料来源：郑连第，2004

① 1里=500m。

宁夏引黄相沿2000多年不衰，除有黄河的方便引水条件外，主要还靠兴修水利的实践，在特定的自然条件下，创造、发展了一套适合当地特点的技术成就和管理经验。渠首一般在黄河河面截取一定宽度垒石筑引水长琊（堤坝），导河水入渠，进水正闸前渠道一般很长，最长者可达十余里，其间设数量不等的跳（溢流坝）和闸（泄水闸），将引入的多余水量泄归黄河，以保证入进水闸水量不至于引起渠道泛滥。其长琊、跳和进水闸与都江堰的鱼嘴、飞沙堰和宝瓶口相对应，形态虽相去甚远，但作用却有异曲同工之妙。为保证灌区内地下水水位不致因引水灌溉而升高，使土地盐碱化，还建设了一套完整的排水系统，能灌能排，体现了全套工程的科学性与合理性。工程所用草土建筑物和刻字水则都是成功的技术和设施。宁夏引黄灌区的“岁修制度”和灌水时的“封俵制度”也是古代水利科学宝库中的重要组成部分。由于干渠很长，支渠多且长短不一，为保证灌溉的均衡需合理分配水量，放水时，先闭上游斗口，逼水至末梢，由下而上地开闭支渠口，至最上游为止，叫作封；为保证长短支渠的灌水时间，较长的渠道按预定时间先行开口，叫作俵。这种科学的灌水方式至今仍发挥效益。

古代的内蒙古河套灌区是引黄灌溉的又一大成就。其地理条件与宁夏大致相像，水利开发在汉、唐时皆已进行，因文献缺略，无法知其详情，可查证的历史则在清代。自康熙年间始，黄河河道与北面分支五加河间，东西长500余里，南北宽145～200里不等，为黄河冲积平地，适于垦殖和修渠灌溉。清代中期以后，内地移民日益增多，自道光年间起，先后开成了八条干渠，其中最长的是永济渠，长160里（图3-11）。八条渠道共灌田7000余顷。八大渠之西，还有黄土拉亥和杨家河两条大渠，加起来总共是十条。开渠的移民在修渠实践中，涌现出一批开渠的组织者和技术专家，其中的王同春最为著名，八大渠中的丰济、沙河和义和三渠都是他亲手所开，独创许多技术措施和管理办法，为当时水利界所重视。

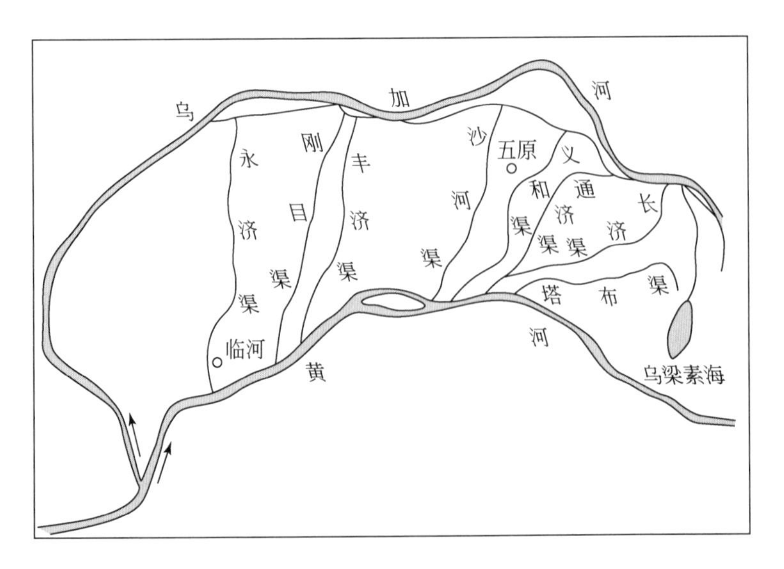

图3-11 清代后套八大渠分布示意图

资料来源：郑连第，2004

3.3.2 蓄水灌溉工程与丘陵盆地水网建设

古代蓄水灌溉工程包括陂塘灌溉工程和陂渠串联灌溉工程两类，多兴建于南方丘陵山区。陂塘是人工筑堤形成的蓄水工程，陂渠串联则是由渠道将多座陂塘互相串联起来的灌溉系统，亦即“长藤结瓜”工程，有时也称渠塘结合工程。

“长藤结瓜”工程起源于西汉，汉晋时期得到快速发展。陂塘与输水渠配套之后，成为具有集水、蓄水和输水的水网工程，满足小流域用水需求和水量的调节功能。同时，利用陂塘取水灌溉，可以对天然来水进行调节，减少来水丰枯对取水的影响，因此被广泛采用。芍陂、长渠、六门陂是古代蓄水灌溉工程的典型代表。

3.3.2.1 芍陂与淮南丘陵水网

芍陂是我国见诸文献记载最早的大型灌溉蓄水工程，位于今安徽省寿县境内，始建于春秋时期，由楚国令尹孙叔敖创建。隋唐后因陂址在安丰县（治所在今寿县南）境内，故又名安丰塘（图3-12）。历史文献中，还有“龙泉之陂”“勺陂”“期斯塘”等称谓。《淮南子·人间训》：“孙叔敖决期斯之水，而灌雩娄之野。”北魏时人对芍陂的记载比较完整，“（芍陂）陂水上承涧水……又东北迳百芍亭，东积而为湖，谓之芍陂。陂周百二十许里，在寿春县南八十里，言楚相孙叔敖所造。陂有五门，吐纳川流。西北为香门陂，陂水迳孙叔敖祠下，谓之芍陂渎，又北分为二水。”① 这一记载明确指出了芍陂的工程特点：

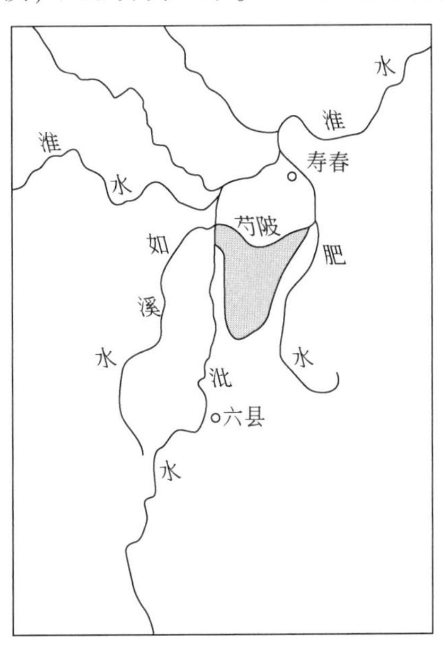

图3-12 芍陂水系示意图

资料来源：郑连第，2004

① 《水经注·肥水》，巴蜀书社影印本，第510～511页。

一是水源为涧水，即肥水的支流；二是主要工程有拦蓄河水的堤堰和5处斗门；三是芍陂与香门陂之间为芍陂渎串连，实现区间水量的调度。记载显示出北魏时芍陂已经有构成陂塘水利的基本工程要素。后世屡废屡建，清末时有斗门28个。时至今日，芍陂作为淠史杭灌区的重要调节水库，仍在发挥着灌溉效益，蓄水约7300万 m^3，灌溉面积60余万亩。芍陂于1988年列为全国重点文物保护单位，2015年列入世界灌溉工程遗产名录。

3.3.2.2 长渠与襄樊盆地丘陵水网

长渠位于湖北省襄阳市，是引汉水支流蛮河形成的灌溉工程。蛮河流域在春秋战国时属楚国，秦将白起伐楚时在今南漳县武安镇筑堰，开渠分水灌城，后发展成为灌溉渠道，因而长渠又名白起渠。民国年间，时任国民革命军第三十三集团军总司令张自忠（字荩忱）将军曾两度主持复修长渠，为纪念张自忠将军，长渠曾更名为荩忱渠。

长渠是陂渠串联式灌溉工程。据《水经注》记载，长渠渠道东注为土门陂和新陂，入城北积为熨斗陂，东北出积为臭陂，臭陂以下有朱湖陂，都可灌田。朱湖陂以下入木里沟。木里沟又称木渠，是长渠北部引蛮河的又一渠道，与汉江相通。两大渠系互相串联，支渠分堰众多（图3-13）。宋元时期，是长渠、木渠发展最为兴盛的时期，先后经历了四次大的维修和七次局部修治，使灌溉效益有了保障，灌溉面积近万顷，长、木二渠所在的襄宜平原也成为著名粮仓。20世纪50年代，对长渠进行了全面修复，形成引、蓄、堤相结合的灌区，灌溉面积达30万余亩。如今的长渠已成为世界灌溉工程遗产、国家水情教育中心、湖北省重点文物保护单位。

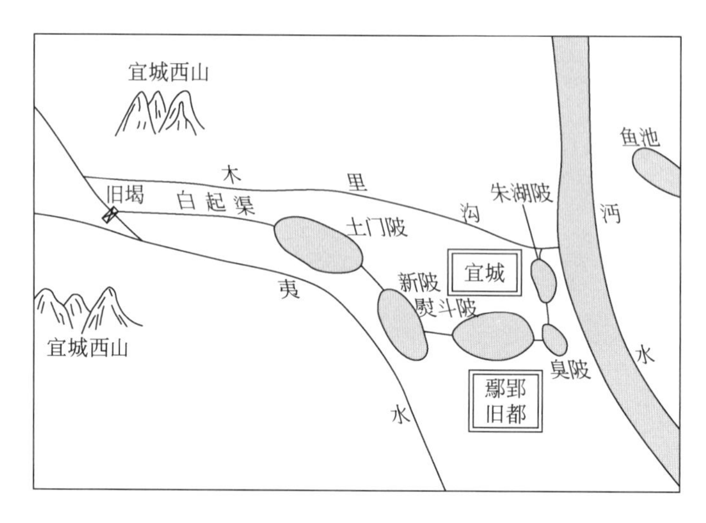

图3-13 古长渠陂渠串联示意图

资料来源：郑连第，2004

3.3.2.3 六门堨与南阳盆地丘陵水网

汉水支流湍水上的六门堨，是“长藤结瓜”工程的又一典型代表。六门堨所在南阳盆地，东、北、西三面地势较高，南面较低，边缘山地溪涧汇于盆地中央，形成唐白河水系及灌溉渠系，也称为南阳灌区，是两汉时期重要的粮食产区。南阳灌区中最著名的灌溉工程是西汉兴建的六门堨和钳卢陂。六门堨为南阳郡守召信臣创建，因有六座石闸而得名。当时可灌溉穰县（今河南邓县）、新野等地五千余顷①土地。《水经·湍水注》中描述六门陂“下结二十九陂，诸陂散流，咸入朝水”。此后时荒时修，明代后期，由于水土流失加剧，六门堨逐渐废弃，现仅存遗迹。钳卢陂也在邓县境内，灌区有万顷之称，至明代废，今亦略见遗迹。相传当时召信臣还创建了不少陂渠，这些陂渠往往相互联结，形成一个灌溉水网（图3-14）。

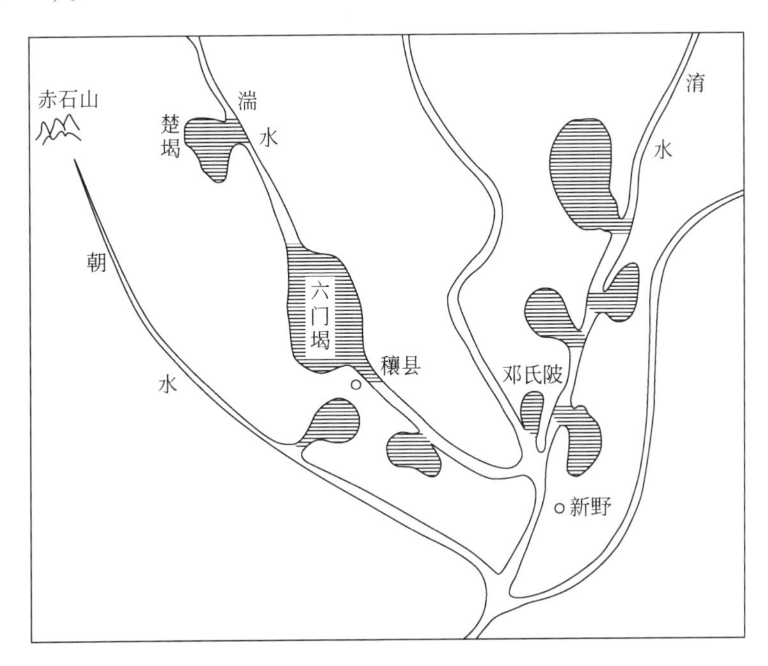

图3-14　唐白河流域长藤结瓜工程分布示意图
资料来源：郑连第，2004

陂渠串联工程是古人根据浅丘区自然条件而创造出的一种新的灌溉方式。这一工程具有以下三个特点：一是尽可能利用一切水源，调节天然来水在时间和空间分布上的不平衡。二是充分发挥各陂塘的调蓄作用，不仅提高整个渠系的灌溉能力，解决集水面积、陂塘容积和灌溉面积之间不平衡的问题，而且联合蓄水，增强灌区的防洪能力。三是最大限度提高自流灌溉控制高程，扩大自流灌溉面积。同时，陂渠串联也为发展灌区之间的水运交通创造了良好条件。总之，这种水利工程形式，由于将几条相邻水系相连的陂塘结为一体，有助于解决小流域间的水资源不平衡问题。直到现代，这一传统的水利形式仍在发挥作用（郭涛，2013）。

---

①　1顷≈6.67hm^2。

3.3.3 圩垸工程与沿江滨湖地区水网建设

圩垸是排除积涝而兼有灌溉、通航的水利工程型式，主要分布在江河中下游及三角洲地区的滨江滨湖滨海低洼地区。圩垸工程最早出现在唐朝时的宣州地区，即今安徽省长江南岸的低洼地区（《中国水利史稿》编写组，1989），在长江下游和太湖流域称圩田或围田。后来发展到湖南、湖北，特别是洞庭湖地区，称为垸田、圩垸；发展到珠江下游地区则称为堤围或基围。

3.3.3.1 塘浦圩田与太湖水网

太湖古称震泽，太湖圩田称为塘浦，有自己的独特之处。即以大河为骨干，五六里挖一纵浦，八九里开一横塘，在塘浦的两旁，将挖出的土就地修筑堤岸，形成棋盘式的塘浦圩田（图3-15）。北宋范仲淹曾对太湖圩田进行过形象的描述："且如五代群雄争霸之时，本国岁饥，则乞籴于邻国，故各兴农利，自至丰足。江南旧有圩田，每一圩方数十里，如大城，中有河渠，外有门闸。旱则开闸引江水之利，潦则闭闸拒江水之害。旱潦不及，为农美利。"①

图3-15 圩田工程示意图②

① 《范文正公集·答手诏条陈十事》，引自《皇朝文鉴》卷43，四部丛刊，第521页。
② 引自：（清）鄂尔泰，张延五等撰《授时重考》，中华书局，1956年版。

太湖塘浦起源很早，《越绝书·吴地传》的记载表明，春秋末期在苏州、常州一带已开始筑堤围湖，广种水田。唐代后期，由于北方战乱，政府开始重视经营江南地区，出现了“当今赋出于天下，江南居十九”的说法。五代吴越时期，是太湖塘浦圩田系统的全盛时期。据北宋郏亶记述，当时的太湖圩田棋布，纵浦横塘交错，门堰泾沥相间。纵浦既可以将多余的水排入江湖，遇到天旱又可以引用湖水灌溉。横塘则有利于潴蓄积水，建筑门堰方便控制排灌，调节水量；还可利用泾沥（通水壕沟）通港引水入横塘。

3.3.3.2　垸田建设与两湖水网

长江中游湖区垸田主要集中分布在洞庭湖区、长江荆江段和汉水下游沿岸。垸田的历史可追溯至北宋中期，明清时大量发展，“湖广熟，天下足”的美誉与此关系重大。

明代沔阳人童承叙《河防志》记述了明代两湖垸田的发展情况，“民田必因地高下修堤障之，大者轮广数十里，小者十余里，谓之曰垸，如是百余区。”[①] 华容人陈士元也记述了当地垸田的历史：宋代华容居民尚少，多是水上人家。明正统中工部员外郎王士华筑堤垸四十七里，围成四十八垸。其后逐步增加，多至百余区。最大的安津、蔡田、官垸延绵十余里，小的仅百亩而已。各垸有管理机构，设有垸长和小甲。至清代，华容垸田达到四五百区之多。光绪年间湖广总督张之洞说，乾隆年间整个洞庭湖区的湖滩淤地都已围成垸田，滨湖堤垸的分布好像鱼鳞一样。20 世纪 40 年代统计，湖南境内圩垸共 990 余处，堤线长 12 800 余里；湖区水陆面积 1500 万亩，圩垸田占 500 万亩。

3.3.3.3　基围建设与珠江三角洲水网

珠江三角洲的堤围主要分布在珠江三角洲和韩江三角洲的滨江滨海地区，最早记载见于北宋，明清以来得到迅速发展。起初，堤围多是一家一族兴办的分散的私家小围，后来按地形和水道系统逐渐合并成巩固的公围。开始是在滨河地区兴建，之后逐渐沿西、北、东三江向上游扩展和向滨海地区推进。围堤也由最初的土堤逐渐改为石堤，提高了防洪能力。堤围上的闸门和涵洞（当地称为窦）的修建也逐渐考究，多选用大方料石和松木、紫荆木修筑。明清时期，一些堤围挖塘养鱼，塘堤植桑养蚕，蚕粪饲鱼，鱼粪肥桑，如此循环不已，综合效益大为提高。据光绪《广州府志·江防》记载，至清代光绪年间，三水县、南海县、顺德县各有堤围 35 处、76 处、91 处。近代粗略统计，两流域 20 余县堤围长 2800 余里，围田约 900 万亩，其中最著名的是佛山市西南的桑园围。

桑园围位于西北二江之间，地跨南海、顺德二区，始建于北宋大观年间（1107～1110年），因围堤上多种桑树而得名。最初全围只有北、东、西三面有堤，为开口围的形式。明洪武二十九年（1396 年），堵塞了原有的开口水港，并在此后陆续筑堤。至明代后期全围遂为堤防封闭，堤防建筑也由土堤改为石堤，并在堤上建设涵闸，使内水与外水沟通。乾隆年间，全围共有涵闸 16 座。近代，全围堤防共长 60 多千米，保护农田 1800 余顷。围内分作 14 堡，各围之间有子堤相隔，子堤上也建有闸涵，按地势将全围分成若干区，便于排涝和管理（图 3-16）。桑园围还建立有一套自己的管理办法，全围成立

---

① 引自：（清）顾炎武，《天下郡国利病书》卷 74，上海古籍出版社，2012 年版。

总局，由首事负责全围事务，各段堤防有基主，各有专责。管理法规主要针对围堤修守，清代嘉庆至道光间就曾三次修订。围堤关系全围安全，由全围十四堡摊派粮款维修；子堤由各堡分别负责管理和维修，另有管理章程。2020 年，桑园围成功入选世界灌溉工程遗产名录。

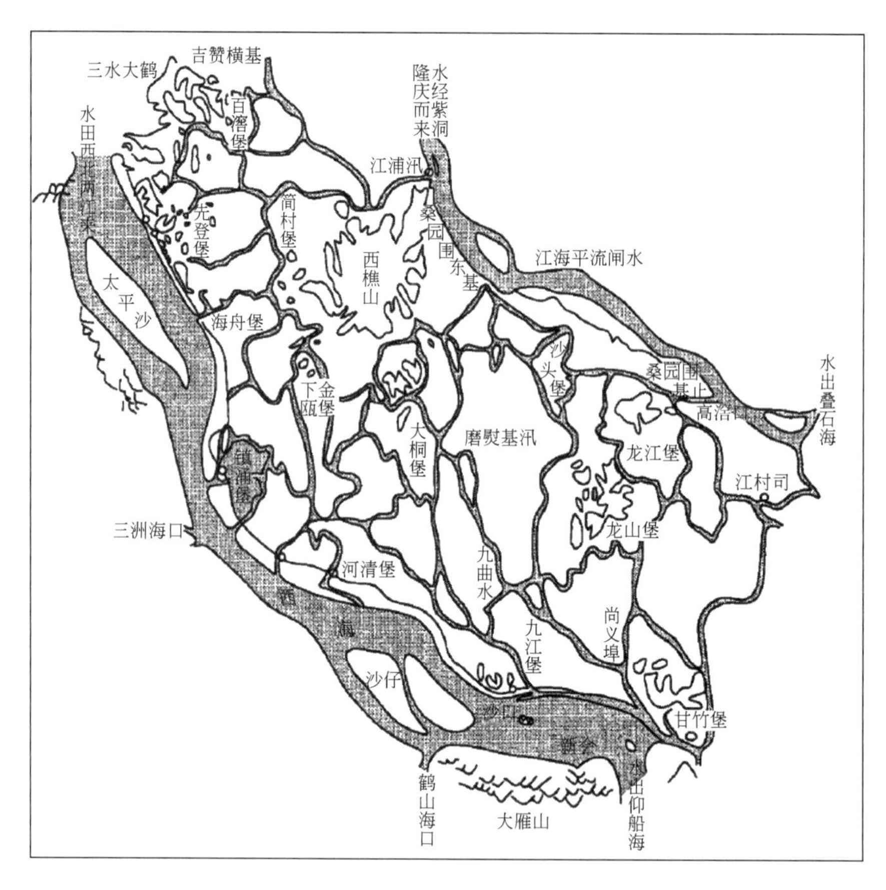

图 3-16　清代桑园围示意图

资料来源：郑连第，2004

圩垸的建设，开辟了大量旱涝保收的农田，促进了社会经济的发展，但也产生了负面作用。由于大量的蓄水容积被挤占，湖泊对洪水的调节作用下降，排水通道被堵塞，一遇洪涝，水利则化为水害。例如，1825～1949 年，洞庭湖水面从 6000km^2 缩小至 4300km^2，由于调蓄能力降低，洪涝灾害显著增加。据统计，明代以前洞庭湖区水灾平均 83 年发生一次，明后期至清末平均 20 年一次，到 20 世纪 40 年代，平均每 5 年一次。因此，历史上的太湖、洞庭湖、鄱阳湖及长江、珠江下游的圩区，都有围水为田和废田还湖的斗争，都把开通排水道作为战略性的大事来兴办。由此来看，水利的开发应与除害的建设相应进行，要统一规划，这也是水利建设中需要重视的重要问题。

3.3.4 拒咸蓄淡工程与沿海地区水网建设

我国东南浙闽沿海地区，多为山丘地形，河溪沿岸狭小平原是人口稠密的农业发达地区。这里降水虽多，但因河溪短促，集流快，无缓解和调蓄的条件，河水迅速排泄入海，仍不免有旱涝之虞。而海上咸潮沿河溪上溯，深入内地，使土地斥卤，危害农作物生长，人畜汲引，尽食咸苦。唐宋以来，随着东南沿海地区的开发，当地人民因地制宜，创造了拒咸蓄淡的水利开发形式：一方面在河口筑坝，与海岸的塘堤相连，挡海潮于外，使咸水不能沿河上溯为害；另一方面又蓄积淡水于河道，开渠引水灌溉农田。千余年来，所建这类工程，单项规模虽小，但数量甚多，其中不乏知名的重点保护文物。浙江鄞县它山堰和福建莆田木兰陂就是其中的代表性工程。

3.3.4.1 它山堰与鄞西平原水网

它山堰是唐代农田水利工程的杰出代表，位于今浙江省宁波市鄞州区，由唐代郧县（今鄞州区）县令王元暐于唐代大和七年（公元833年）主持修建。它“引四明之水，灌七乡之田”，发挥拒咸蓄淡、灌溉、供水和排水泄洪等综合效益，现为全国重点文物保护单位、世界灌溉工程遗产。

宁波自唐宋以来成为文明富庶之区，这与它山堰的兴建有着密切关系。宁波境内的主要河流为奉化江，是浙江八大水系之一的甬江主源，因流经奉化而得名。奉化江的主要支流鄞江是浙江宁绍平原的主要水源。鄞江发源于四明山，流域面积为348km^2。它山堰未兴建以前，鄞江上游诸溪来水尽泻江中。由于甬江比降较小，稍遇天旱，海潮可沿甬江上溯到章溪，“来则沟浍皆盈，出则河港俱涸，田不可稼，人渴于饮”。由于海水倒灌使耕田卤化，城市用水发生困难。它山堰的兴建，成功地阻止了海水倒灌，保障了鄞江水质。

它山堰灌溉工程由拦河坝、引水渠和泄水闸组成（图3-17）。设计者在鄞江上游出山处的四明山与它山之间，用条石砌筑一座上下各36级的拦河滚水坝。堰顶长四十二丈，用80块半条石板砌筑而成。堰身中空，用大木梁作支架。平时可以挡住下游咸潮上溯，拦蓄上游溪水，经上游左岸引水渠（南塘河）灌溉鄞西平原数千顷农田。引水渠下游进入宁波市，蓄为日、月二湖，供城市用水。由于引水渠首无闸门控制，为防止洪水涌入城市，在南塘河右岸建行春、积渎、乌金3座泄水闸，分别距渠首7.5km、9km和17.5km，这样的间距有利于排泄进入渠道的区间洪水，是灌区主要的水量节制工程。入渠水量过大可自行泄洪入江中（图3-18）。它山堰灌区支渠数即分水堰初期数量不详，据《至正四明续志》记载，元代时有30多处。这样，由堰、渠道、闸门组成了完整的灌排系统。

3.3.4.2 木兰陂与莆田平原水网

福建省莆田县是古代水利发达地区，工程较多，技术水平和工程效益都很显著，其中木兰陂是突出的代表。

木兰陂位于木兰溪上，现为全国重点文物保护单位、世界灌溉工程遗产。北宋治平四年（1067年），钱四娘主持创建木兰陂，不久即被洪水冲毁，钱氏殉身。接着林从世在下

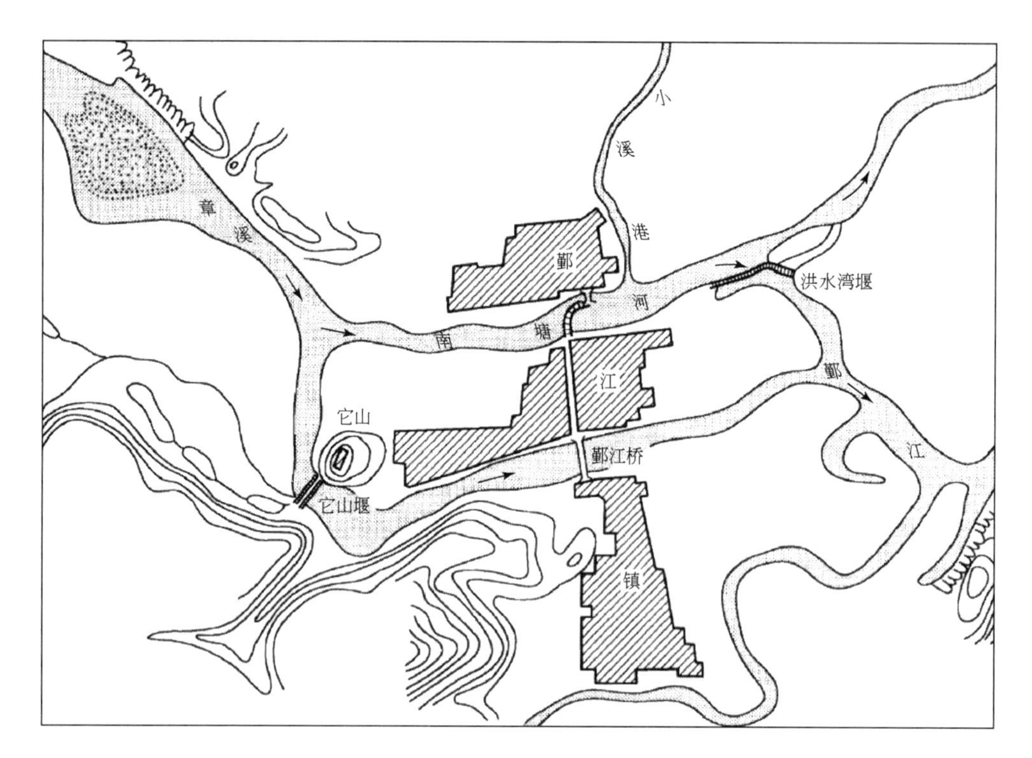

图3-17 它山堰渠首示意图

资料来源：郭涛，2013

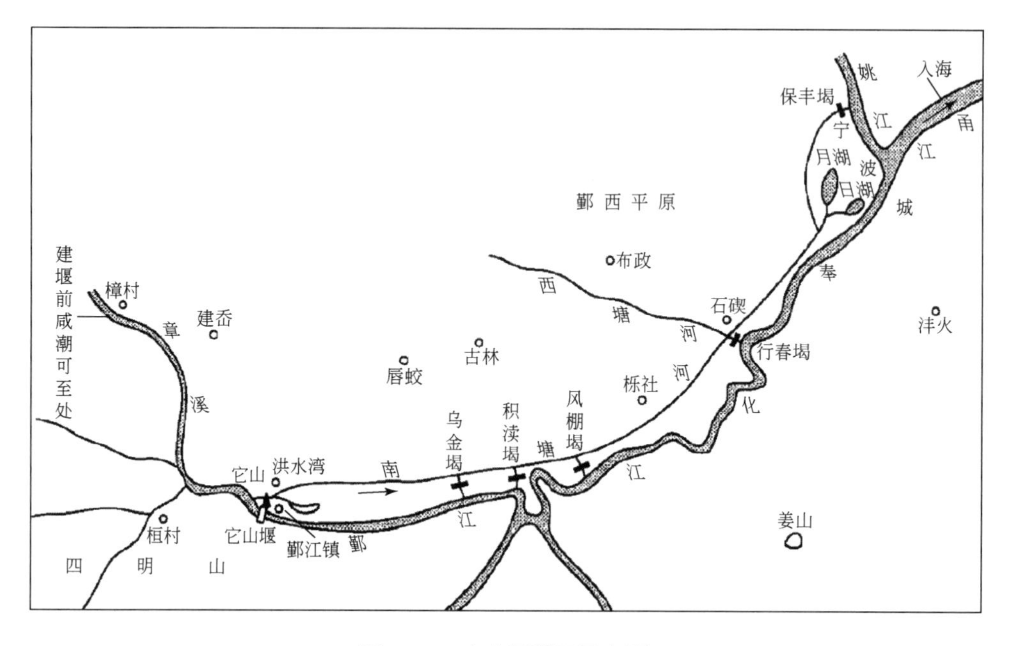

图3-18 它山堰灌区示意图

资料来源：郭涛，2013

游河口附近重建，又被海潮冲毁。熙宁八年（1075年）侯官人李宏在僧人冯智日协助下，在前两次坝址中间的木兰山下建陂，元丰六年（1083年）完工投入使用。木兰陂代替了唐代以来县内多处塘泊，下游防御海潮，上游拦截永春、德化、仙游三县来水灌田。

木兰溪发源于福建省德化县，自莆田县入海，全长100多千米。木兰溪以北的平原称为“北洋”，以南的称为“南洋”，合称南北洋平原，又称莆田平原，或兴化平原，为福建省四大平原之一。木兰陂修建前，兴化湾的海潮可沿木兰溪上溯至陂首上游3km的樟树村，南岸南洋平原上围垦的大片农田，仅靠少数水塘蓄水灌溉，易涝易旱。李宏建陂，施工中采用古代沿海桥工使用的“筏形基础”，建陂堰长35丈（约110m），高2丈5尺（约7.9m），设闸32孔，可以挡咸潮，可以蓄溪水，也可以根据需要开闸放水。木兰陂有两个取水口，分别供应南洋、北洋两个灌区，灌田号称万顷（图3-19）。今日木兰陂两岸渠道总长达300km，配套建筑物有350余处，灌溉面积达20万亩，成为沿海少有的农业区。

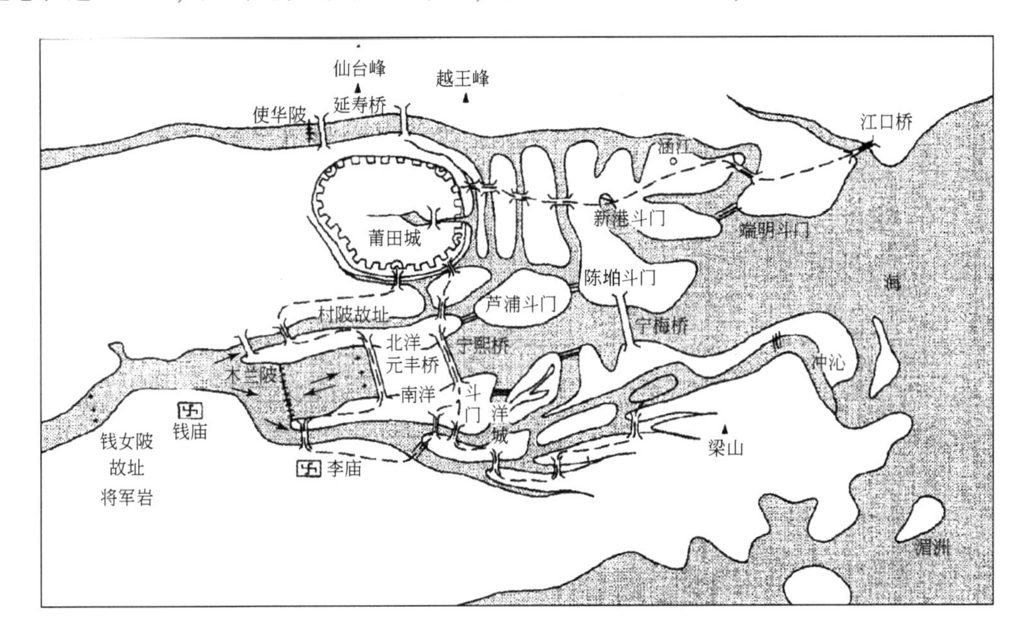

图3-19 木兰坡灌区示意图

资料来源：郑连第，2004

3.3.4.3 三江闸与萧绍平原水网

三江闸因位于绍兴城东北的老三江（西小江、曹娥江、钱塘江）交汇的三江口得名（图3-20），明嘉靖十六年（1537年）绍兴知府汤绍恩主持修建，是中国古代规模最大的拒咸蓄淡工程。

萧绍平原靠山面海，东西狭长且地形起伏不大，南高北低，水系发达，自然水系大都是南北流向、都是山区型河流，平原区河段受潮水涨落影响非常大。浦阳江北行期间是萧绍平原最大的自然水系，几乎所有水系最终都汇入西小江至三江口入海。萧绍运河自萧山西兴至会稽曹娥堰，东西沟通钱塘江和曹娥江，横贯萧绍平原，与各自然河流平交，是区域水网的东西骨干。

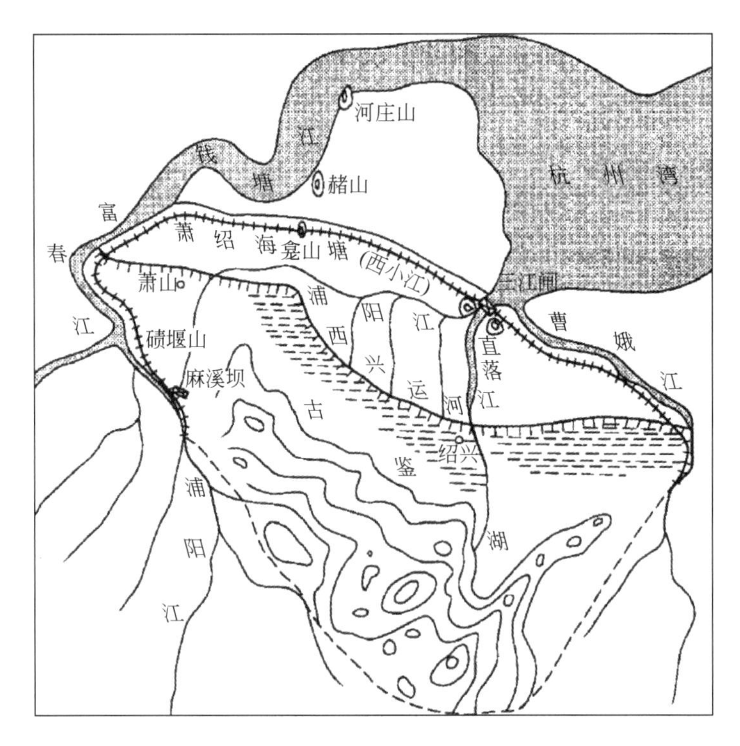

图3-20　三江闸位置示意图

资料来源：郑连第，2004

浦阳江的改道，造成萧绍平原水利格局大变，促成了三江闸的修建。15世纪以前，浦阳江主流由西小江至三江口入海，此后不断在自然与人工双重影响下逐渐在分流碛堰西行，最终改道西入钱塘江（杭州湾上游）（图3-21）。浦阳江的改道，一定程度上减轻了萧绍平原洪水灾害，但却产生了更大的不利影响。西小江由原来的受径流规律控制为主变为完全受三江口潮汐规律控制，造成萧绍平原严重的蓄泄矛盾。西小江虽然不再是浦阳江洪水经行通道，但仍是萧绍平原排涝的主要水道，也有灌溉供水的要求。西小江作为排水干道，由于河床淤塞及海潮涨落的干扰，没有关键工程的控制，区域涝水很难顺利排泄；同时由于缺少径流抵冲，咸水内灌甚至能到达绍兴城，造成淡水供给不足和农田盐渍，萧绍平原水环境严重恶化。

为此，15世纪以前萧绍平原北部海塘及西小江及两侧支流上修建了许多水闸来控制，虽取得一些效益，但由于没有一个占据要津的大型枢纽工程，平原的水旱问题并未解决。

嘉靖十四年（1535年），汤绍恩任绍兴知府，他在勘察绍兴水利后，根据萧绍平原地形形势及水系特点，认为在三江口建闸可以控制内水与外海联系的咽喉，总揽萧绍水利全局，于是勘察地质，在此处选定闸址。嘉靖十五年（1536年）七月动工，次年（1537年）三月建成，闸共28孔，全长100多米，各孔自东南向西北依次以“角”至“轸”命名，“以应天之经宿”，因此又名“应宿闸”。闸两侧依山，下为岩基，闸墩用大条石砌筑，闸旁修堤塘400丈与海塘相接，闸内河道上设多处闸门节制各河水位，与闸联合运用。闸旁设水则，根据绍兴城内水则即可知闸旁水则读数。三江闸上纵横交错的河网中可

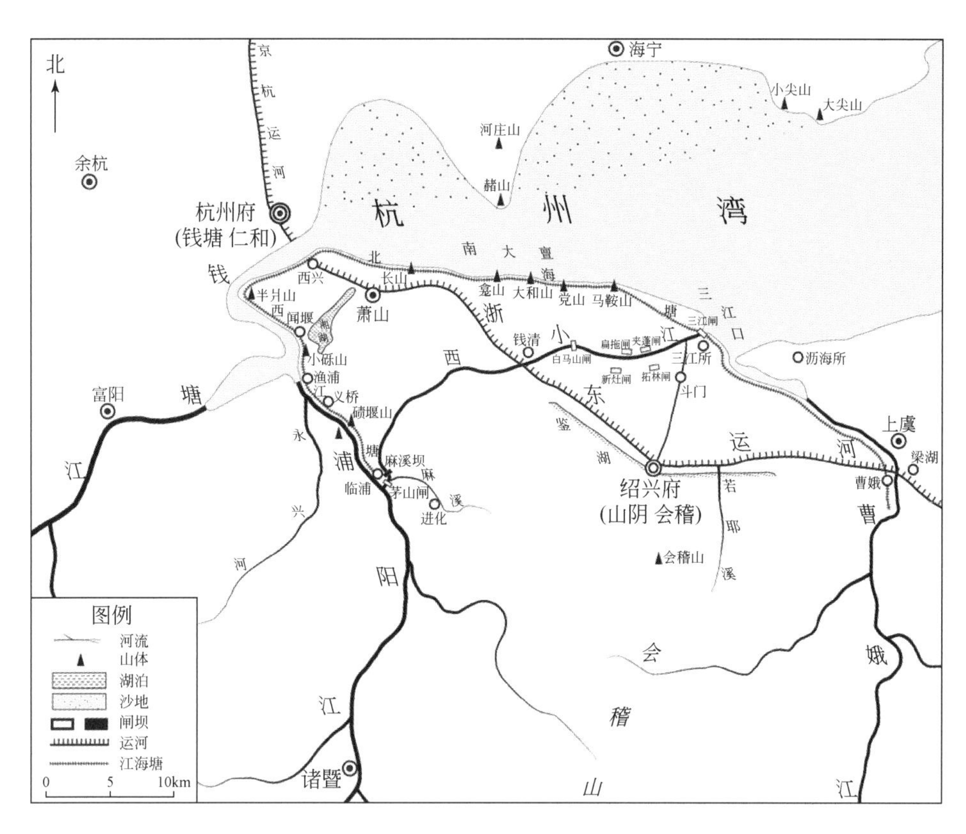

图3-21　明代浦阳江改道示意图

资料来源：陈涛，2021

蓄水2亿m^3，使萧山、绍兴一带农田80余万亩不受旱、涝、潮灾的威胁。

三江闸是在浦阳江改道、钱清堰废弃，萧绍平原水环境恶化的背景下，为解决海潮影响下萧绍平原水利突出的蓄泄矛盾而兴建的。三江闸建成之后，将萧绍平原水系重新整合，形成以西小江和浙东运河为骨干的统一水网，通过位于不同位置的水则碑对水位实行定量控制，从而实现对整个区域水量蓄泄的定量控制，综合发挥挡潮、排涝、蓄水、航运等功能（图3-22）。

后代对三江闸多次重修改建。近代实测该闸平均泄量为280m^3/s，可使萧、绍两地三天降水110mm不成灾。闭闸蓄水可满足灌溉和航运的需要。三江闸建成后，闸外滩涂淤涨。1979年在三江闸外另建新三江闸一座，代替老闸。2007年新海口又建成了曹娥江大闸。老三江闸作为文物保留于原址，现为浙江省重点文物保护单位。

3.3.5　井渠工程与地下水网建设：以坎儿井为例

新疆的吐鲁番和哈密一带，气候干燥，降水量小，蒸发量大，可用作灌溉的水源唯有夏季天山积雪融水深入戈壁而形成的地下潜流。修建坎儿井便是适应当地特殊的地理条件，利用地下潜流，防止蒸发损失，进行自流灌溉的地下暗渠工程。

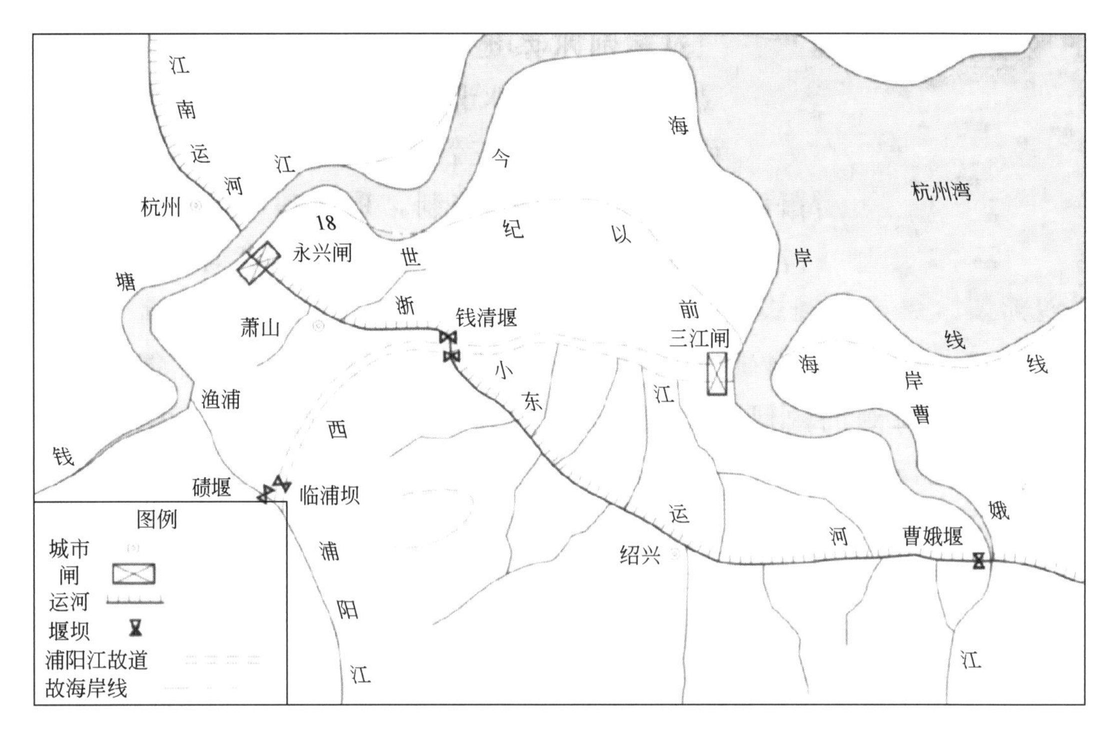

图3-22 三江闸修建后萧绍平原水系及控制工程示意图

资料来源：谭徐明等，2012

坎儿井一般顺地面坡度布置，由竖井、暗渠（包括集水端和输水端）、出水口、明渠和涝坝（蓄水池）组成，巧妙地利用地形坡度与流水坡度的交叉，不耗费任何动力和资源，将地下水引出地面进行灌溉，既维持了生态环境系统，又满足了人畜饮水需求。暗渠的首段是集水部，中间是输水部分，暗渠的坡降小于地面坡降，以便将水在适当的地方引出地面。出地面后有一段明渠和附属工程，与明渠相接处称龙口。明渠引水入涝坝，即蓄水池，以调节灌溉水量。规模大的坎儿井每条可灌田 800 ~ 1000 亩；中等的可灌 300 ~ 500 亩；小的可灌数十亩。

坎儿井的施工分为两步：第一步是寻找水源，先打一眼竖井，称定位井，发现有潜流后才开始正式施工。第二步是在定位井的下游再开挖竖井，作为水平暗渠定位和施工出渣、通风和维修的孔道。暗渠的长度从数千米至二三十千米不等（图 3-23）。

清代以前，坎儿井在新疆并不多。清道光二十五年（1845 年），林则徐在新疆提倡和推广并增建坎儿井约百处，因而坎儿井又有“林公井”之称。据 20 世纪 50 年代初期调查，新疆吐鲁番、鄯善、托克逊、哈密等四地共有坎儿井 1317 道；灌溉面积约 100 万亩。据新疆维吾尔自治区坎儿井研究会普查成果，2009 年仍在出水的坎儿井有 422 条，灌溉面积达 13.75 万亩。新疆坎儿井集中分布在吐鲁番市和哈密市，在乌鲁木齐市、皮山县、阿图什市、喀什市、库车县、奇台县、木垒县也有少量分布。

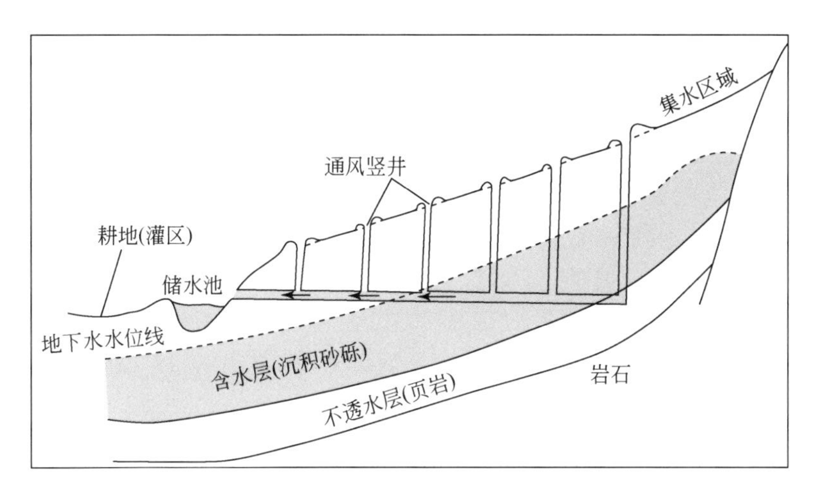

图3-23　坎儿井结构示意图
资料来源：郑连第，2004

3.4　历史城市水网建设

人类文明的发祥地一般都在大河两岸的冲积平原。原始社会早期，人类靠渔猎游牧为生，逐水草而居。部族定居以后，生活用水日渐增多，产生了供水工程。在城市的形成过程中，城市防洪和水运同时在发展。人类社会日益完善，对城市环境的要求也随之提升。古代城市水网建设主要包括城市供排水、城市防洪、城市水运，以及美化环境等内容。

古代解决城市水网建设的工程措施主要是通过修建引水工程与城内蓄水工程来解决。我国许多著名的大城市水源问题都是通过大型的引水工程解决的。汉代长安的昆明池、魏晋洛阳的千金堨、唐宋杭州的西湖、元明清北京的昆明湖都是当时重要的城市水利工程。在都城建设中，城市水利是同步创立和完善的。

历代王朝都十分讲究建都条件。据《管子・乘马》："凡立国都，非于大山之下，必于广川之上；高毋近阜，而水用足；下毋近水，而沟防省；因天材，就地利，故城郭不必中规矩，道路不必中准绳。"《管子・度地》又云："故圣人之处国者，必于不倾之地，而择地形之肥饶者。"其中，城市供排水和防洪是古都选址和建设的重要条件，多数都城都建于河岸二级台地或山麓较高处。这里以七大古都为例，就历史城市水网建设的基本情况简述如下。

3.4.1　昆明池与汉唐长安城市水网建设

长安即今西安，位于关中平原中部。历史上曾是西周、秦、西汉、隋、唐5个统一王朝及东汉（献帝）、新莽、西晋（愍帝）、前赵、前秦、后秦、西魏、北周等王朝的都城，有"十三朝古都"之称。此外也是赤眉、绿林、大齐（黄巢）、大顺（李自成）等农民起义政权的都城。作为都城历时1077年，其中作为统一王朝的都城有700余年，是我国七大古都中建都最早、历时最长的都城。

西汉和隋唐是长安城最为辉煌的时期。作为大一统王朝的都城，长安城除朝廷和驻扎的军队外，还分布有大量的手工业作坊和商业区。城内和近郊还有大面积的园林、宫殿。要维持这样一个庞大的都城日常生活的正常运转，需要可靠的水源及供水设施。

西汉初期，长安城最先利用的城市水源是渭水支流沉水。到汉武帝时，长安空前繁荣，人口约30万，未经调节的沉水水源已不能满足城市的用水需要。于是，元狩三年（公元前120年）在城西南修建了昆明池。池周长四十里，“周以金堤，树以柳杞”，是在洼地上用堤防围起的一座人工水库（图3-24）。昆明池修建的起因是为攻打昆明国做准备，为军队提供操练水军的场所，建成后实际成为调蓄城市用水的大型水库。昆明池以洨

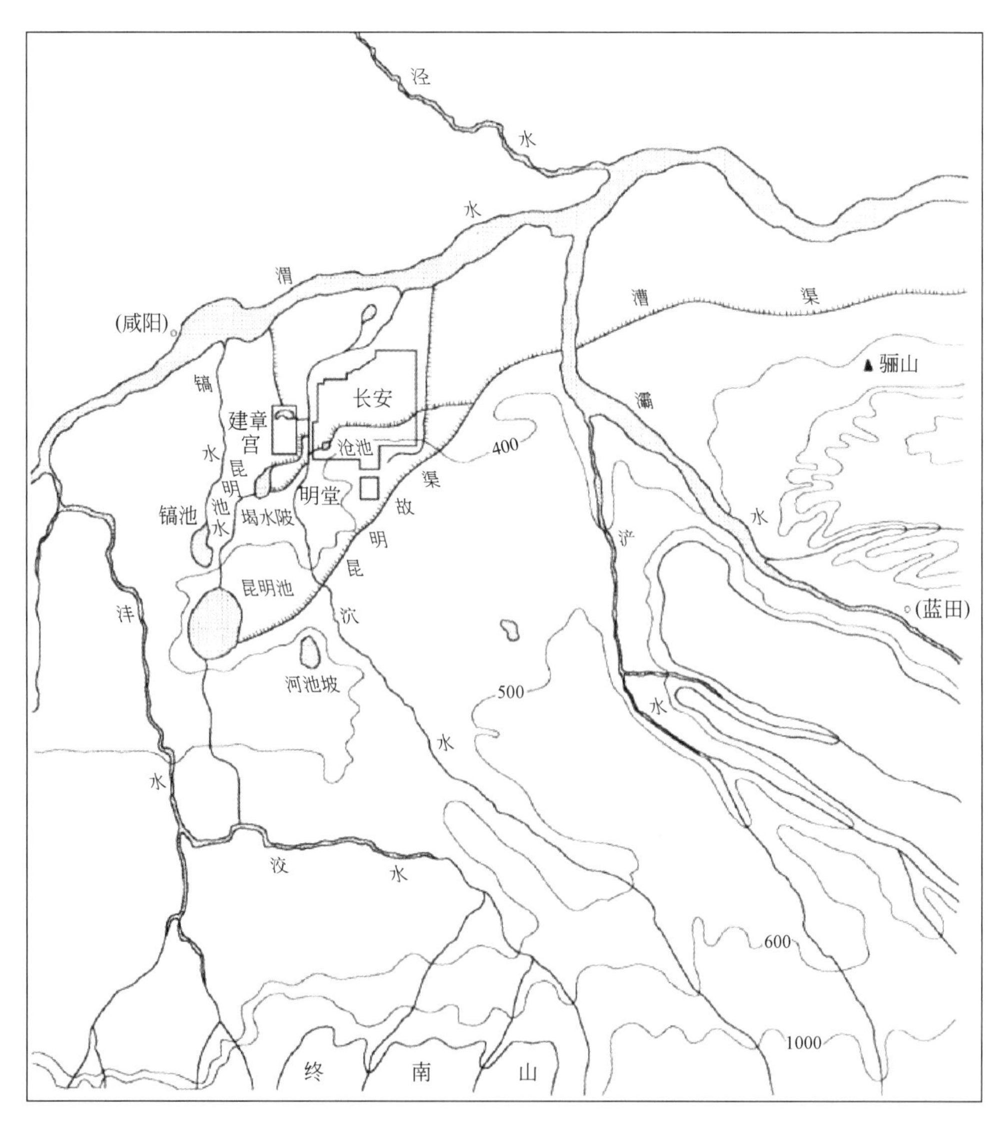

图3-24 西汉长安及其城周水系图

资料来源：郑连第，2004

水为源，在洨水上作石堨，就是砌石溢流坝。平时在堨前引水入昆明池；洪水季节，由堨顶溢流，由洨水故道排入沣水，以堨顶高程控制入池流量，防止池水位超高溃堤。昆明池通过两条渠道向下游供水：北出的一条叫昆明池水，下游又蓄积为堨水陂，是又一级调节水库，其作用是加大蓄水量和向长安城各用水部门分配水量。堨水陂下流与泬水汇合，后分为两支：一支向北流入建章宫，宫内有太液池，其尾水排入渭水；另一支东北流，“飞渠引水入城”，“飞渠”就是渡槽，可能是为适应城内用水高程而设。水入城后入沧池，沧池是未央宫的园林水体，再后流出城注槽渠。显然，这是向城内供水的专用水道。昆明池向东出的一条水道叫昆明故渠，也叫漕渠，是汉武帝元光六年（公元前 129 年）开凿的一条运河，目的是把潼关以东广大地区的粮食运到长安。

上述工程的实施，使长安城成了一个水利化的城市，许多文献记述了这些真实的图景。从汉代班固的《西都赋》和张衡的《西京赋》描写中，可见一斑。“西郊则有上囿禁苑，林麓薮泽，陂池连乎蜀汉。缭以周墙，四百余里。离官别馆，三十六所，神池灵沼，往往而在。”西郊已成为水体遍布的园林区。这里“前开唐中，弥望广橡；顾临太液，沧池漭沆……长风激于别岛，起洪涛而扬波”。句中唐中、太液都是园林中的湖池，广橡、漭沆都是水面广大的意思，可见水量丰富。“东郊则有通沟大漕，溃渭洞河，汎舟山东，控引淮湖，与海通波。”通沟大漕就是漕渠，它可以通过渭河和黄河，沟通山东和江淮流域的交通。这幅水运畅通的景象充分说明漕渠的供水解决得很好。

汉长安城以昆明池为中心的长安城市水利工程，保障了宫廷和城市其他用水，使城市水运通畅，灌溉了城市郊区的大量农田，形成了城西和城南宫殿园池风景区。这个城市水利系统是一整套复杂的水利工程的组合，包括坝、闸、渠道和堤防等，使蓄、引、排巧妙结合，实现了水资源的综合利用。

经过东汉和三国两晋南北朝，隋代重新统一中国，在汉长安城东南建大兴城作为都城。唐代完善成一座规模宏大的长安城，其位置大致相当于今西安市区。当时，城周长为 36km，面积约为 84km^2，是后来明清西安城的 10 倍。据估算，唐长安城总人口达 100 万人以上。这样规模的城市，每日都要消耗大量水资源，因此建城初期就构建了较为完善的水利网络体系。

唐代长安城水网体系分成三个部分。一是城市供水水网。隋唐长安城主要入城水道有龙首、永安、清明三条渠道，分别自城东浐水，城西南、城南的洨水和潏水引水，全面利用了城市附近的地面水资源，没有修建水库。除此之外，城外还有两条渠道对城市供水有重要作用：一条叫漕渠，隋开皇四年（公元 584 年）开凿，又称广通渠，它分潏水北入禁苑；另一条叫黄渠，引义峪水至长安城东南角的曲江池，曲江池有支分水渠供给城市东南部的用水。各渠道在城内屈曲回转，流经城内大部分坊巷和皇城宫苑。

二是城市水运网络。以漕渠为骨干，取水于渭水，渠首建兴成堰，是无坝取水工程，东下黄河经三门峡与隋南北运河的通济渠和永济渠相连接，是隋唐长安城的主要对外交通线（图 3-25）。漕渠把来自全国各地的货物运到长安，进入各停泊港和专业码头，再转入城内。例如，在城内西市有专门的木材码头，木材自西城外的漕渠运来卸货，又根据需要向宫苑运送木材，能装能卸。天宝年间，还修建一项更大的工程，开凿成了广运潭，是一个粮货的综合港，建在漕渠经长安东九里的长乐坡，正位于禁苑的东墙之外。自潼关以东所有来船都经漕渠进广运潭停泊，所以停船数目很多。南北东西，粮帛珍玩，连亘数里，是唐代极盛时期经济繁荣的见证。当时潭侧建造各种装卸码头，成为长安内外交通的枢纽，是全国各地的朝贡、漕粮的终点站。

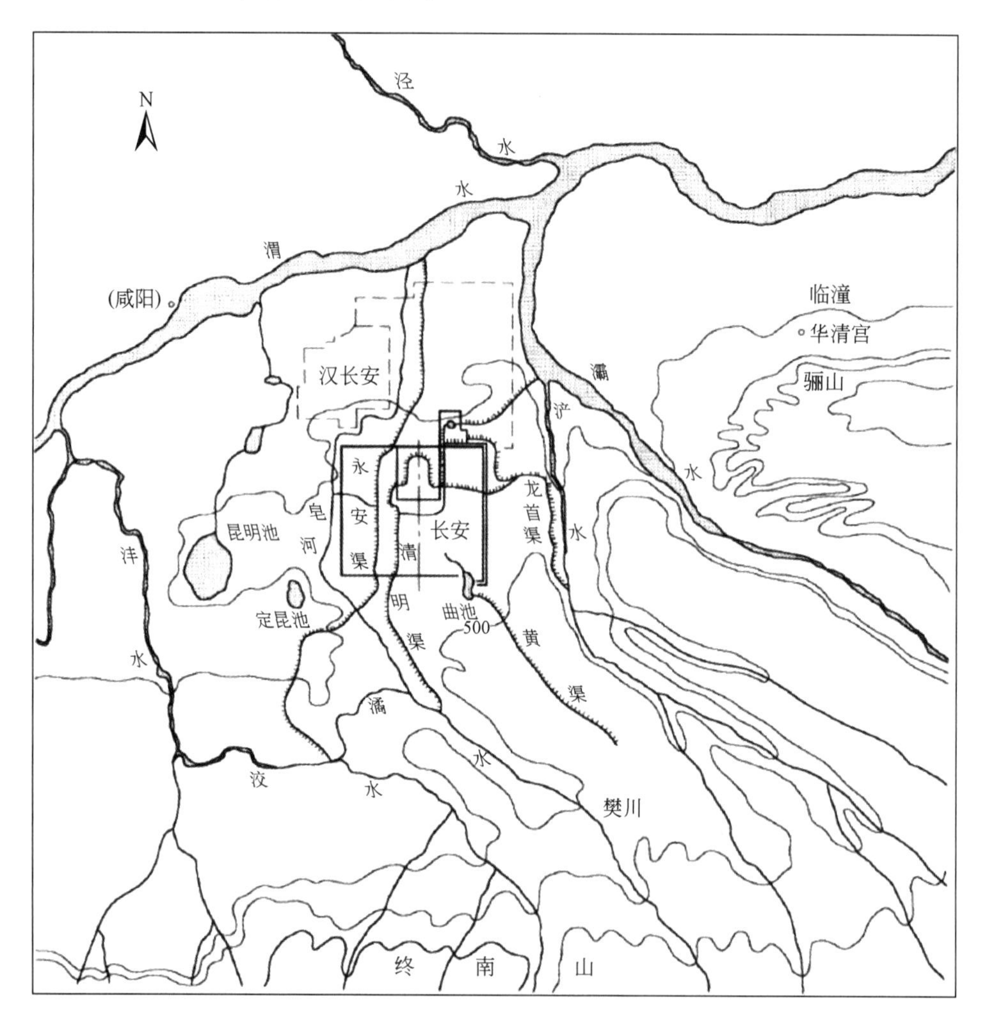

图 3-25 唐代长安及城周水系示意图

三是城市水资源的综合利用，特别是对改善大城市环境的特殊利用。当时长安城占地面积很大，城内南北有 11 条大街，东西有 14 条大街，纵横切割成 100 多个坊。各街两侧都有水沟，主干街道上的沟上口宽为 3.3m，深为 1.7～2.1m，两壁呈 76°坡，这些水沟纵横交错，构成了遍布全城的水网，既有输水作用，又使全城处于优美清新的环境之中。据文献记载，“长安御沟谓之杨沟，植高杨于其上。”城内皇家园林、宫苑也都有大大小小的池沼湖泊点缀其间，各坊内很多私人园林也有水体分布。城东南的曲江池是全城最大的水体，也是著名的风景区。隋唐长安城的供水是我国历史上规模最大和最成功的典型之一，它巧妙地把各用水部门联系起来，也是综合利用的代表。

3.4.2 千金堨与汉魏隋唐洛阳城市水网建设

洛阳位居河南省西部的伊洛盆地，东周、东汉、曹魏、西晋、北魏、隋、唐、五代后梁、后唐均建都于此，建都历史长达900余年，素有“九朝古都”之称。洛阳能够长时间作为全国的政治中心，这与洛阳城市水源工程——千金堨以及洛河、黄河四通八达的城市水网直接相关。

东汉洛阳城在今河南省洛阳市东15km，洛水东岸。建武五年（公元29年），王梁受命开凿运河，引谷水（洛水支流）东注洛阳城下，再东至今偃师附近入洛水。河道开成后水不通流，于建武二十四年（公元48年），张纯在王梁挖渠的基础上重新规划设计，引洛水为源获得成功，这条运河叫阳渠。阳渠经洛阳向东重新注洛水入黄河，再由鸿沟或古汴水与淮河相通，再经邗沟，可通长江，成为沟通都城与全国主要地区交通联系的骨干水道。阳渠的主要工程就是千金堨，它以谷水为源（图3-26）。

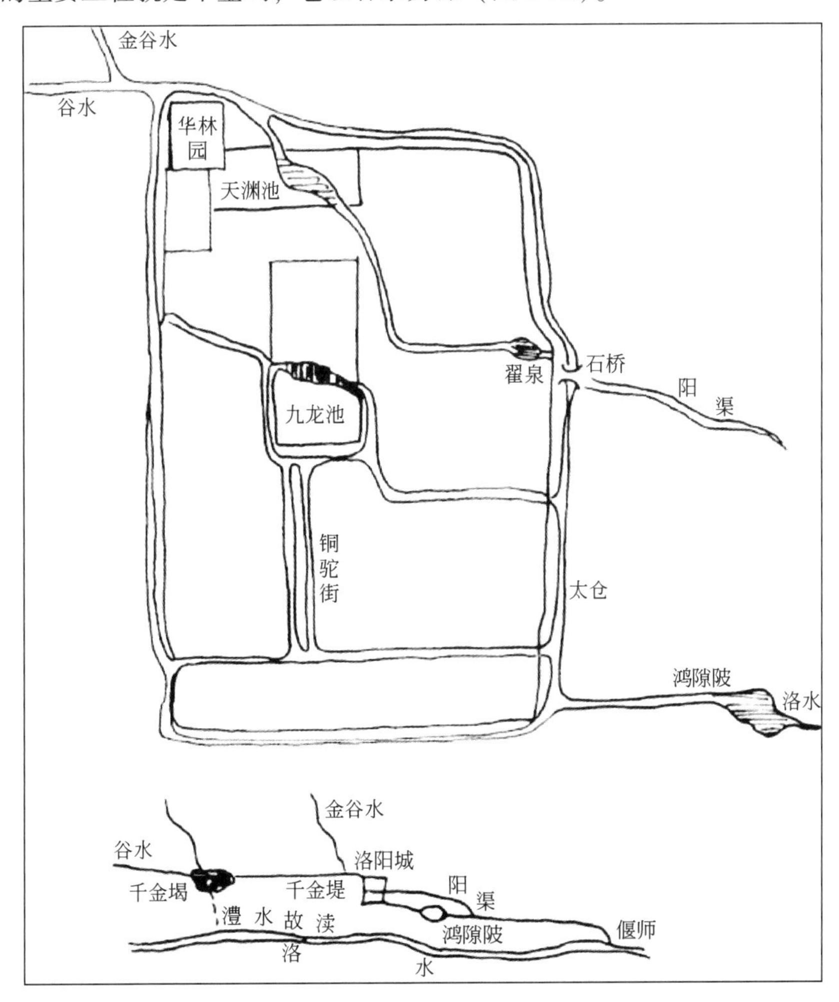

图3-26 汉魏时期的洛阳城水网体系推想图

资料来源：郭涛，2013

千金堨位于洛阳城西十里许的谷水上，是一座拦河滚水坝，始建于东汉，曹魏太和五年（公元231年）重建。西晋泰始七年（公元271年）重修，将千金堨拦水坝加高一丈四尺，进一步增大了蓄水能力，在堨上游形成一座小型水库，以调节向洛阳城的供水量。千金堨旁开有五条引水渠道，称作五龙渠，又叫千金渠，是洛阳城市的供水干渠。五龙渠西又开有二渠，称为代龙渠，是五龙渠的备用渠道。谷水过千金堨，至洛阳城西北角向东向南分为两股，环城而流。在城东建春门外汇合为阳渠，东流至偃师，南入洛水。环绕城周的水道既是护城河，又是城区供排水的干渠，由北、西两面分三条渠道入城：一条自北穿城墙入华林园，然后汇流于天渊池，出天渊池，在城南流注为南池，而后出城注入护城河；一条自西入城，至宫城外又分为两支，其一由宫城西墙下的石涵洞入城，蓄为九龙池，其二由宫墙外南下，至西南角折而向东，至宫城南门又折而南，再支分为二。入城的三条水道，分支回转，几遍全城，形成一个水脉通畅的水网。

隋唐以洛阳为东都，城址在汉魏洛阳城的西南，位于今洛阳市所在的洛河两岸，为不规则的四边形，规模宏大，是洛阳城市历史上规模最大的时期。

隋唐洛阳城市供水以洛河为主要水源。洛河以南，地势较高，共有五条渠道自洛河上游和伊河上引水入城，都在城内流归洛河。洛河以北，地势较低，从城内洛河直接分引北出，或从支流谷水和瀍水引水注城内（图3-27）。这些引水渠道的渠首多采用无坝取水，只有其中的漕渠（与汉漕渠无关）在城中洛河上作堰，引水北流，水量充沛，是城市的运输干道，也是著名的通济渠的上段。漕渠在皇城以东，水面开阔，为一大湖，就是有名的

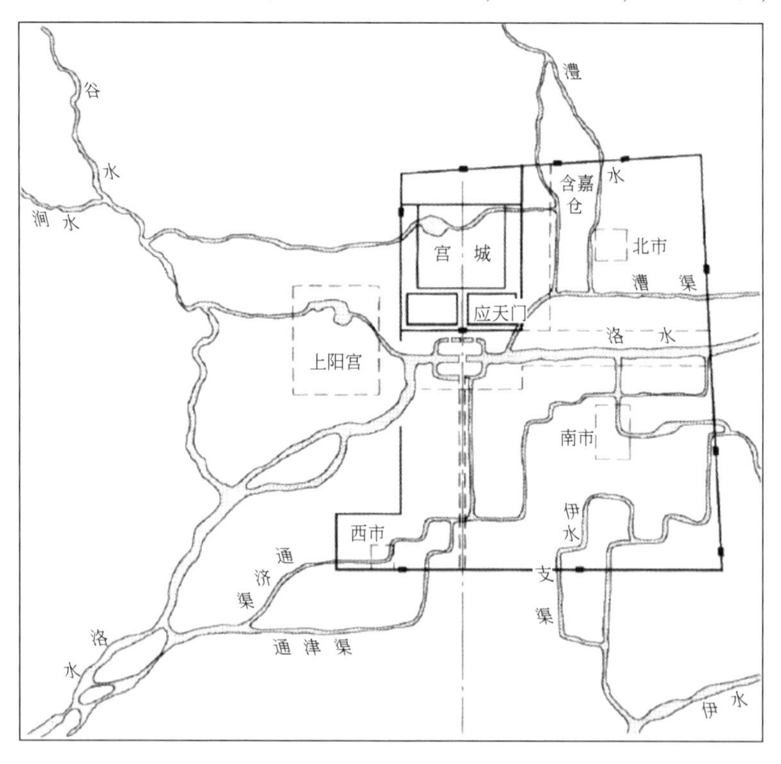

图3-27 隋唐洛阳城及城周水系图

资料来源：郑连第，2004

人工运河港——洛漕新潭。它与长安的广运潭一样，停泊由南北运河而来的各地粮船货船。粮船可向北溯写口渠和泄城渠至全国最大的粮仓——含嘉仓。此外，原入洛河的瀍水被漕渠截断，也作为漕渠的一个水源。谷水自西北来，分支注入宫城和上阳宫，后入洛水。洛河是这些水利工程的总出总汇，它横贯全城，为防止河道变迁影响城市建设，沿岸建造了许多堤防和整治建筑物。

同其他城市一样，隋唐洛阳城也利用城内水道和引水的方便条件，修建了不少风景水体，主要位于宫苑之中。例如，洛河南岸的魏王池，就是在洛河上筑堤“壅水北流，余水停成此池，下与洛河潜通”“水鸟翔泳，荷芰翻覆，为都城之胜地”。

3.4.3　漳渠堰与曹魏时代的邺都水网建设

邺城位于今河北省临漳县西南的邺镇附近，始建于公元前7世纪的春秋齐桓公，公元前5世纪战国初，魏文侯曾在此建都。东汉建安九年（公元204年）曹操任冀州牧占据邺，邺城成为黄河流域实际上的政治中心。至曹魏黄初二年（公元221年）曹丕移都洛阳，邺城作为当时中国北方的政治中心共17年，至咸熙二年（公元265年）司马氏灭魏，又作了44年的陪都。此后又作为后赵、前燕、东魏和北齐的都城，是上述时期我国北方地位显赫的城市。据建筑学家考证，邺城的城市规划十分杰出，曾对古代其他城市的建设有着重大影响，其水利规划和实践，也是十分完备和突出。

邺城地处平原，城市水源主要靠引漳河水供给。曹操在邺城西北10里漳水作堰，名漳渠堰，引水自城西入铜雀台下，伏流入城，进城后的渠道称长明沟。渠水进城时城墙下有专门建筑物——水门，上装有铁窗根（类似拦污栅的进水通道），为我国古代引水入城的常用建筑。渠水至文昌殿前止车门下，分为南北二支，夹道而流。清澈的水流，过街穿巷，高桥飞架，时有石闸节控。宽阔的大街，有葱郁的树木洒下的荫凉，有淙淙的流水散发的湿润。《魏都赋》云：“石杠飞梁，出控漳渠，疏通沟以滨路，罗青槐以荫涂。”曹操还在邺城西开了一个玄武池，接白沟和漳水，原意是一座船舶码头，是邺城的吞吐港站。后来，以池为中心，修起了一座大型园林——玄武苑，苑内有鱼梁、钓台、竹林、葡萄园。此外，城西还有灵芝园，城东有芳林园，都是王室贵族官僚宴游作乐的场所。这水木交映的风景区加上城周郊纵横交错的河流、渠道构成了古邺城突出的城市特色（图3-28）。

曹魏时期，大力发展了邺城的水运交通。建安九年（公元204年）春正月，曹操为攻打邺城运输粮秣所需，“遏淇水入白沟，以通粮运”。建安十一年（公元206年），曹操又开平虏渠、泉州渠、新河，都是白沟水运航路的延伸。建安十八年（公元213年）又开利漕渠，凿渠引漳水入白沟以通漕，引漳水处在斥章县（今曲周东南），注白沟处在今馆陶西南。此后邺城水运可由漳水经利漕渠进入白沟，向北可达河北平原北端，向南可由黄抵达江淮，邺城成为黄河下游大平原上水运交通的枢纽。另外，在邺城南面，有一条河叫洹水（今称安阳河），自西向东流，当流经城南时，人工开了一条支河，叫洹水支津。这条河又分为两支，南支通白沟，北支直北通邺城东侧至东北角，转向西与引漳的一条渠道汇合。这两条分支都能行船，并与白沟相接，邺城的水运就由此线沟通更大的范围，是城市

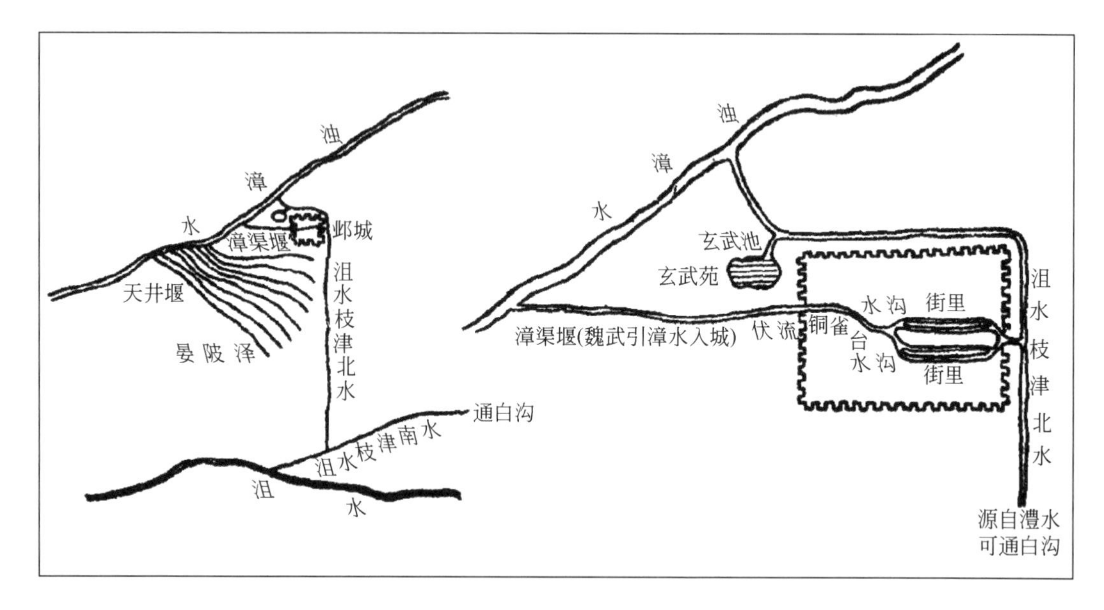

图3-28 曹魏时期邺城水利示意图

航运的专线，加强了邺城的经济和政治地位。

此外，曹魏时期，为发展邺地的农业生产，还修复和改建了战国时期兴建的引漳灌溉工程，就是在漳水上做了12个滚水坝，形成十二梯级。每一级相距三百步，每堰上游开一道引水渠，渠首有闸门控制，总称漳水十二渠，这是古代常用的多渠首引水。引漳灌溉给邺城带来了繁荣和兴旺，左思在《魏都赋》中形象地描写道："磴流十二，同源异口。畜为屯云，泄为行雨。水澍（滋润）粳稌，陆莳（种植）稷黍。黝黝桑柘，油油麻纻。均田画畴，蕃庐错列。姜芋充茂，桃李荫翳。家安其所，而服美自悦。"是当时邺城优美的生存环境的写照。

3.4.4 秦淮河与六朝南京城市水网建设

南京位于江苏省西南部，濒临长江，古称金陵，是六朝古都、十朝都会。三国吴，东晋，南朝宋、齐、梁、陈等南方政权以此为都城，称建业或建康；五代时的南唐，称其为江宁；明初建都，南京第一次成为全国的都城，称南京或应天府。它建在秦淮河畔，历代依靠这条河连接长江，沟通南北的水上运输（图3-29）。

三国时，孙吴定都于此，称建业，揭开了南京的都城建设序幕。开挖护城河并与秦淮河相连、沟通京师与太湖流域的航运通道是都城基础设施建设的两项重要内容。赤乌元年（公元238年）12月，孙权派左台御史郗俭监凿城西南，自秦淮河北抵仓城，名运渎。运渎与潮沟西线连成一体，是都城西边的护城河。开挖运渎的初衷是为了通过秦淮河将粮食等物资水运到国家仓库（今鼓楼岗），以供应建业城的需要。运渎是建业城西南的一条人工河流，它与潮沟西线一起，和都城东侧的青溪遥遥相望，构成建业城东西两翼的军事防线和水上通道。运渎古河道今已不复存在。

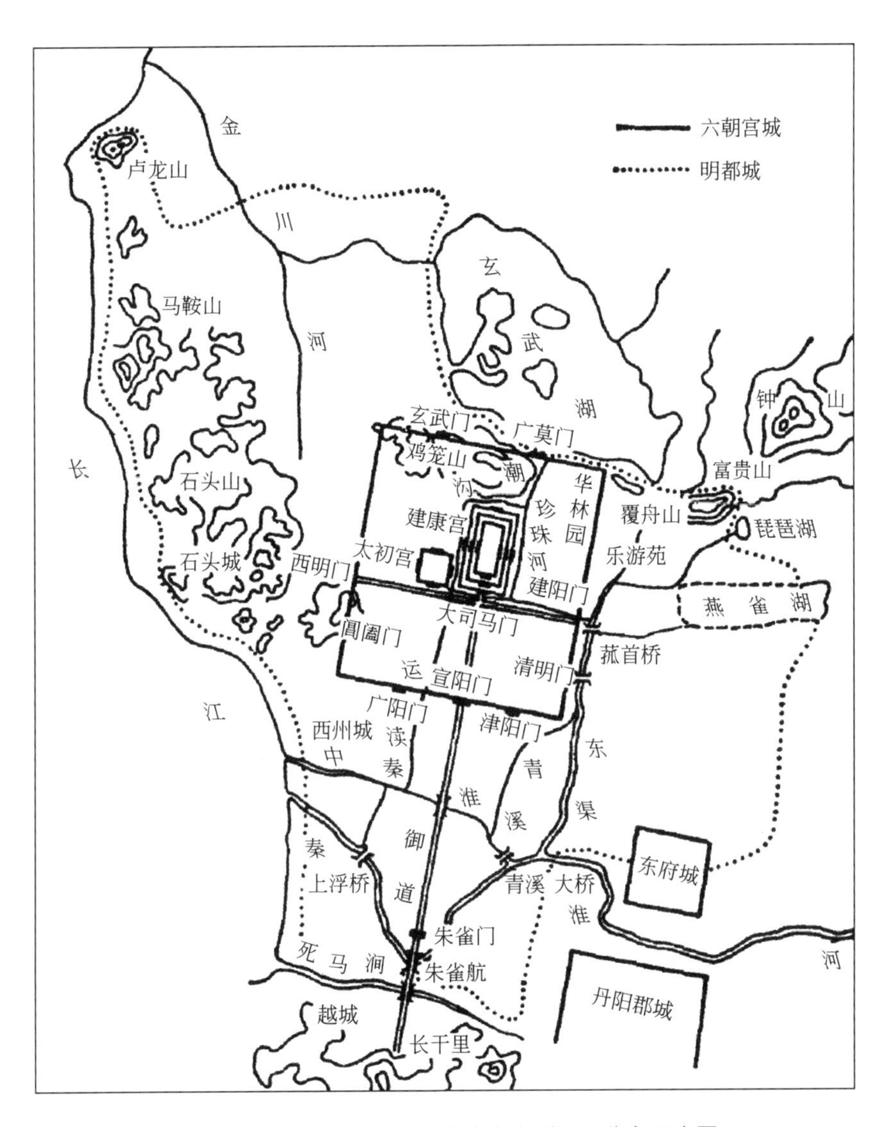

图3-29 六朝时代的建业或建康水利工程分布示意图

资料来源：郑连第，1985

青溪原是一条天然河流，发源于钟山，下流蓄为前湖（燕雀湖）和琵琶湖，西行南折，入秦淮河。赤乌四年（公元241年）11月，孙权下诏对青溪自然河道拓长拓宽浚深。因渠道流经建业城之东，所以又称东渠。东渠始于玄武湖东南角，与城北堑潮沟相通，以泄玄武湖水。沿途有多处河湾，故称“九曲青溪”。

孙吴还在城内开凿了另一条渠道——潮沟。潮沟引后湖的水环绕宫殿，再东入青溪专供宫殿用水和交通用的水道。那时，后湖下游有金川河与长江相通，长江的潮汛可以通过后湖上涌入潮沟，用闸坝控制，则宫中用水就有了可靠的保证，潮沟的名字就因此而得。城内还曾开过城北渠，大约就是后来的珍珠河，它也有着潮沟一样的作用。

至赤乌八年（公元245年）前，经过东吴政权对都城水系的调整，以青溪、运渎、潮沟、后湖、秦淮河等水道和水体为主体，形成古都护城河——内环水系网络，不仅解决了宫廷供水，更使舟船往来有路，居民用水有源，周围的农业生产也受其利。

东吴在进行都城内环水系建设的同时，于赤乌二年（公元239年），派校尉陈勋率三万士兵在城东南筑赤山塘；赤乌五年（公元242年），于句容河（江宁方山南）筑方山埭；赤乌八年（公元245年），在完成都城护城河工程之后，在赤山塘作屯田。当年秋天，发屯田兵士三万，开凿连接秦淮河和江南运河的一支新运河。这条河只有四五十里长，但却越过一条分水岭，也是一条跨流域的水利工程，称为破岗渎。运河地势是两端低中间高，水源不丰，又容易走失，为保存河内有限的水源，在河上设了14个堰埭，就是用横断运河的坝把水拦住。破岗渎把秦淮河与江南运河相连，就是把建业同广大太湖流域相连，更加强了这座城市在政治、经济和军事上的重要地位。建业上游秦淮河两源相交处的方山埭，就成为城市的门户。

孙吴政权经过约50年的经营，初步形成了以建业为中心、沟通三吴的江南水网体系。都城从此不仅拥有漕运之便，还通过一系列防洪、关津、埭坝等设施，使得建业城的河道具备防卫、灌溉、景观等多种功能，为后世的东晋、南朝（宋、齐、梁、陈）的城市水环境奠定了基础。

3.4.5 西湖工程与唐宋杭州城市水网建设

杭州位于长江三角洲南翼，杭州湾西端，钱塘江下游，为我国历史文化名城之一。秦时置钱塘县，隋为杭州治，五代时为吴越国都，南宋自1138年起定都于此，升杭州为临安府，称行在所（皇帝所在）。作为南宋都城的临安，壮丽富庶不亚于北宋都城东京。13世纪末意大利旅行家马可·波罗来到这里时，仍然认为它是“世界最名贵富丽之城”。唐宋以来杭州城的繁荣与富庶，与城内的西湖工程密不可分。

杭州西湖，又名钱塘湖，位于浙江省杭州市西，古代为兼有城市供水、灌溉、济运、水产和旅游等综合效益的水库。西湖为古海湾淤积形成的泻湖，杭州城建在淤积成的陆地上，地下水咸苦，不宜饮用。唐代宗时（公元762～779年），杭州刺史李泌在杭州城内作六井，开始引西湖水供居民饮用。这六井自北而南为小方井、白龟池、方井、金牛池、相国井和西井，位于今杭州城西部靠近西湖地带。湖水自暗管引入城中，注入人工修砌的6个大小不等的地下蓄水池。西湖水源来源于环湖诸山的集水，也有湖下的泉水，水质优良，水量丰沛。西湖作为城市供水的水库，是十分理想的水源。

唐穆宗时（公元821～824年）白居易组织修筑了湖堤、水闸、渠道、管道和溢洪道，增加了蓄水量，完善了供水和防洪工程，形成人工水库。西湖以江南运河为灌溉干渠，与下游一些湖泊联合使用，灌溉钱塘（今杭州）、盐官（今海宁）一带土地千余顷，并有科学的管理制度。

五代时吴越国在杭州建都，大力开发西湖水利。到了北宋，西湖已成为综合利用的大型水利工程。这时杭州城的水利大致有三部分：一是西湖，包括湖堤和取水渠首。二是城内河渠，当时主要有：①茅山河，在城东出保安水门接龙山河入钱塘江；②盐桥河，南北向、居中、是城内河渠的干线；③清湖河，西湖所引水量除供六井外都归此河。这些河都可以通船，出水门后与城外河渠相连。三是西湖东北杭州城外诸河渠，主要有上塘河与下塘河，就是江南运河。此外，由于钱塘江潮水多泥沙，西湖还是运河重要水源。因此，苏轼还组织力量对湖进行了一次全面整治，除了浚湖、造闸堰和整治六井之外，还特别改善了对运河的供水，除西湖水源外，还利用宽阔的引水河道沉沙处理钱塘江水，作为运河的补充水源。

这时的杭州水运，除通过江南运河北通长江、淮河、黄河、海河诸流域外，还可以南入钱塘江口，向西南沿钱塘江干流沟通全流域，向东南入浙东运河，联系萧山、绍兴、宁波各处，向海外可以去日本和其他海外港口，水上交通条件十分便利。

南宋建都杭州，使城市空前繁荣，人口超过50万，供水需求压力陡增。为应对这一局面，南宋政府对西湖水源工程进一步整治扩建，改造引水管路，扩大引水量和引水范围，保证城内外居民的用水需求。同时，增设一沉沙池，大大改善了供水水质。当时称这个沉沙池为“海子”。水进入海子后，水面扩大，流速减小，水中沙泥及杂物迅速沉底，澄清的水再放入给水渠道。沉淀的泥沙与污物由专用排污排沙渠道泄走，即所谓“凿别沟以疏其恶”，并设有节制闸门控制。海子口的沉沙池，类似于现代城市供水系统中的净化设施。它在700年以前出现，是我国古代城市供水工程成就的重要标志。这类水质净化工程不仅在取水口设置，在引水渠道上也有。

西湖是举世闻名的风景区，除了天然条件之外，主要还是在于人工保护和开发。西湖是天然潟湖，水源主要来自运河和地表径流的汇集。受来水丰枯的影响，湖区很易向沼泽化演变，西湖的维持主要依赖水利工程手段。自隋以来，人们全力保护和改善它的蓄泄条件，终于造成了具有广阔水面，与秀丽青山相互辉映的湖光山色。五代时湖区寺庙渐多，北宋更是修建了许多园林建筑，南宋时达到极盛，西湖成为首屈一指的风景名胜(图3-30)。

3.4.6　汴河与北宋开封城市水网建设

开封古称汴梁、汴京，位于黄河中下游的豫东大平原上。它曾经是战国时期魏国，五代十国时期后梁、后晋、后汉、后周，北宋及金朝后期的国都，号称“七朝都会”。北宋时期，开封称东京，是历史上规模最大、最为繁荣的时期。

东京城有三重城墙：中心为皇城，是皇宫的所在，周回九里十八步①；第二重为里城，周长二十里五十步，其范围与清代开封城基本相同；第三重为外城，周长四十余里，相当于现在开封四周的土城遗址。北宋末年，东京城内拥有住户26万，加上城市驻军，人口约150万人。

东京地处平原，不像长安、洛阳那样只依靠一条运河与全国联系，可以多开运河通向四面八方，成为全国运河网的中心。这个运河网的主干河渠有4条，称为汴京四渠(图3-31)：一是汴河，就是隋炀帝所开通济渠，是隋、唐、宋南北运河中最主要的一段。它取水于郑州西北的黄河，自汴京西城水门入城，从东城水门流出，在城内流经商业中心

---

① 1步≈1.5m。

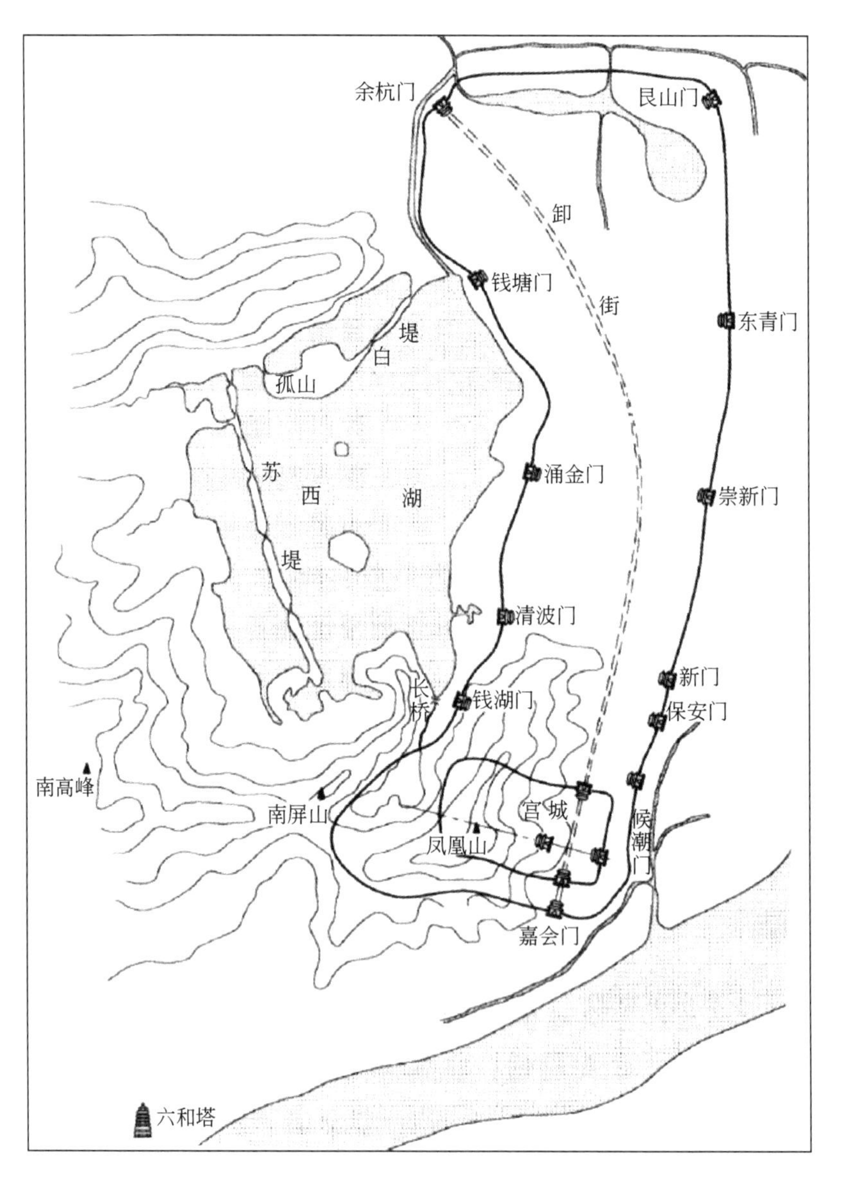

图 3-30　南宋临安城水系分布示意图

资料来源：郑连第，2004

的相国寺前。每年有大量漕粮自江淮流域运来，是城市需求的主要供应线。运河沿岸，有装卸繁忙的码头和五十余处仓库。我国历史上著名的长卷画《清明上河图》所绘就是汴河出城前后的景象。运河向西溯流可入黄河，再向西溯渭河可与关中联系；向北还可转入御河（即隋代所开永济渠）沟通河北各地。汴河以黄河为水源，多泥沙，淤积严重，河道需经常疏浚，但河床仍在不断升高，给航运和城市防洪带来很多困难，为此东京城区和郊区做了相应的工程，并建立了严格的管理制度。二是蔡河，分东西两支。东支直下东南，连接淮河北岸各支流，其中以颍水和涡水最为通畅，也是联系南方各地的重要水上通道。西支又叫惠民河，可通溧水和洧水，沟通今河南西部。三是五丈河，又名广济渠，与东京城

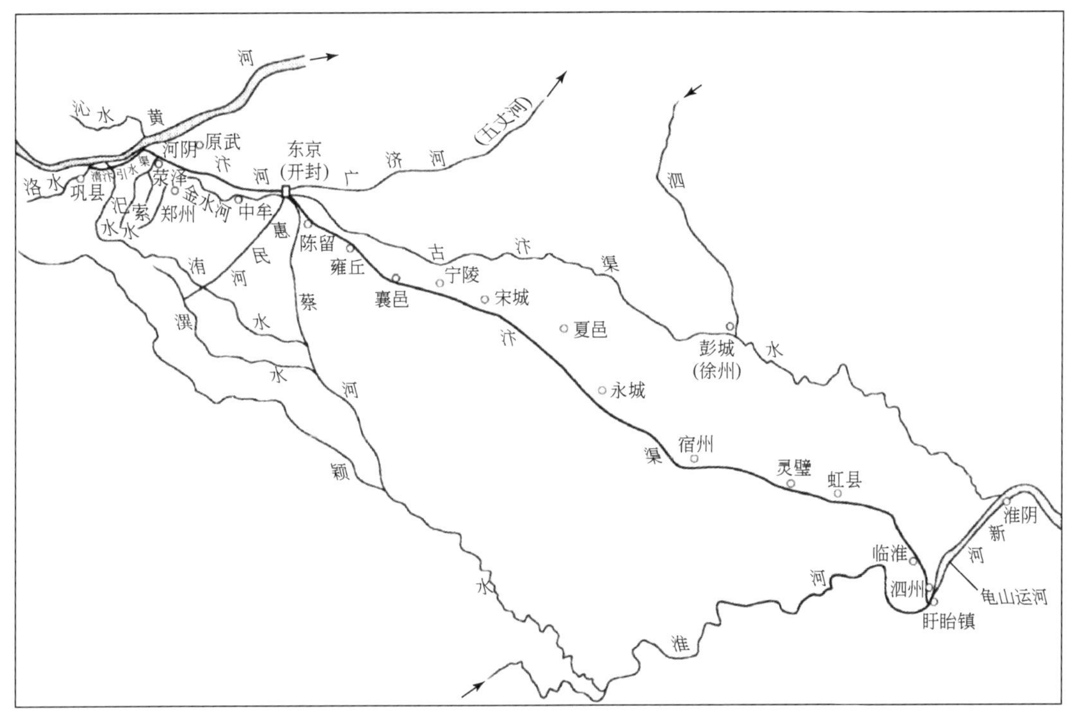

图 3-31　北宋东京汴京四渠示意图

资料来源：郑连第，2004

濠相通，以各河注入城濠的水量为源，东通山东，入巨野泽，是联系山东的通道。四是金水河，发源于荥阳，积山丘集水东流，凿渠引水入城，专门供应城内园林和生活用水。入城前以渡槽与汴水相交，不与汴水的浊流相混，其尾水注护城河接济五丈河的用水。入城的金水河，分支入皇城，注入皇家庭院池沼。其中有一条由承天门凿渠架筒车以水力推动提水，南上扬至晋王府，说明这条河有相当的水量，可推动水力机械运行。

东京城地势平坦，众水所汇，城内还修建有完善的排水系统，下接郊区的排水系统一起排入涡河，或由白沟向东排出。每年春天进行疏浚沟渠，并制定有严格的管理制度，以达到“雨潦暴集，无所壅遏”的程度。城外的护城河又叫护龙河，阔十余丈，城濠内外，皆植杨柳，又有城墙高耸，气势非常。此外，东京城还利用城中四通八达的水道，修建了许多园林池沼，如方池、园池、迎祥池、莲花池、凝碧池、曲江池等。其中，以金明池的规模最大，它坐落在西城外，周回九里多，与汴河互相灌注，原为演习水战的地方，后来在池区建筑殿阁楼桥，形成一个颇具规模的风景区。

3.4.7　昆明湖与元明清北京城市水网建设

元、明、清三代都建都北京，城市供水和航运需水对北京的水源工程提出了很高的要求。由于北京地区的永定河含沙量大，且危及北京安全，不能直接利用，元代郭守敬提出了利用西山泉水作为水源，以瓮山泊（今昆明湖）作为调蓄水库的建议。经过元、明、清三代的建设，昆明湖成为北京城重要且可靠的水源工程。

瓮山泊是玉泉山麓诸泉水汇集的地方，金代人描述它是“泓澄百顷，鉴形万象”，已有相当大的水面。元代的工程重点是引诸泉水入湖，并修有少量湖堤，以增大湖区蓄水量和供水能力。在白浮瓮山河进入瓮山泊前，在青龙桥下设有水闸节制。明代将该闸改为湖区向北的排洪闸。明代多次疏浚湖区和修筑堤岸，并增建水闸，以便更好地控制湖区的蓄泄和向北京城供水的能力。由于北京城人口急剧增加，园林建筑大量兴起，又由于通惠河航运的需要，城市供水矛盾日益突出，不得不大规模扩建昆明湖水源工程。其中扩建工程最大的一次，是清代乾隆十四至十五年（1749～1750年）。扩湖工程的主要内容是将元、明两代由龙王庙至排云殿西的东岸长堤，向东移到今知春亭一线；将控制湖水南引的响水一闸，南移至今绣漪桥下；又建西堤，以防止汛期湖水泛滥。这些工程经多次修补，一直保留到现在。经过这次扩建，湖区周长达到30余里，水面扩大为原湖的二三倍，扩建后正式命名为昆明湖（图3-32）。据民国初年测定，水面总面积为130hm^2。

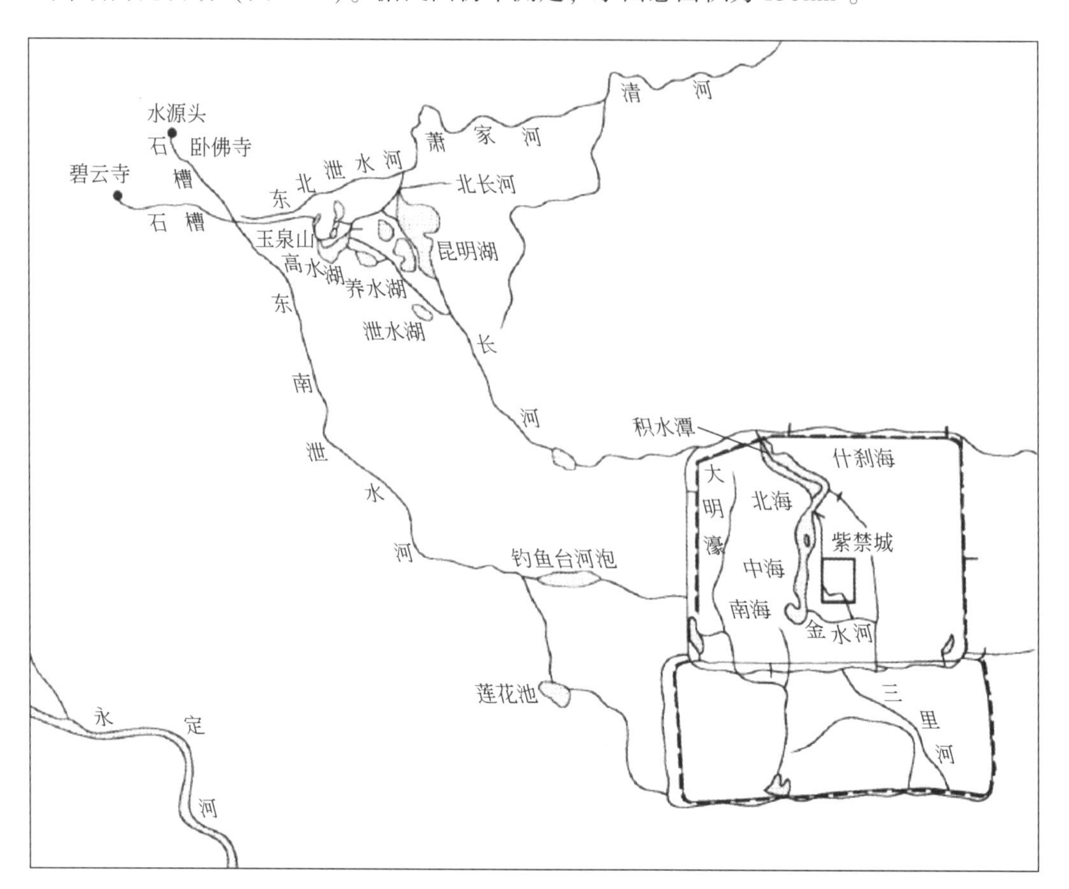

图3-32　清代北京昆明湖水源工程示意图

昆明湖水通过南长河由德胜门水关入积水潭，然后分3支进入皇城：东岸引出一支循御河（即元代通惠河）入前三门护城河；南岸引出一支入太液池（今北、中、南三海）；第三支由太液池东岸入紫禁城筒子河（即护城河），在筒子河西北段引出一支经水关入紫禁城（今故宫），穿流于城内，于南城下出，再注入筒子河，称为内金水河。在内城护城河上两城门间都设闸节制河水，不使走泄，成为九门九闸的形式。北京城内的众多园林也都有相当面积的水体，并有水流相通，还有闸门控制（图3-33），这些水都来自于昆明湖。可以说，北京由于修建了昆明湖蓄水工程，不仅保证了城市供水的需要，而且使城市环境变得更舒适、更美丽。

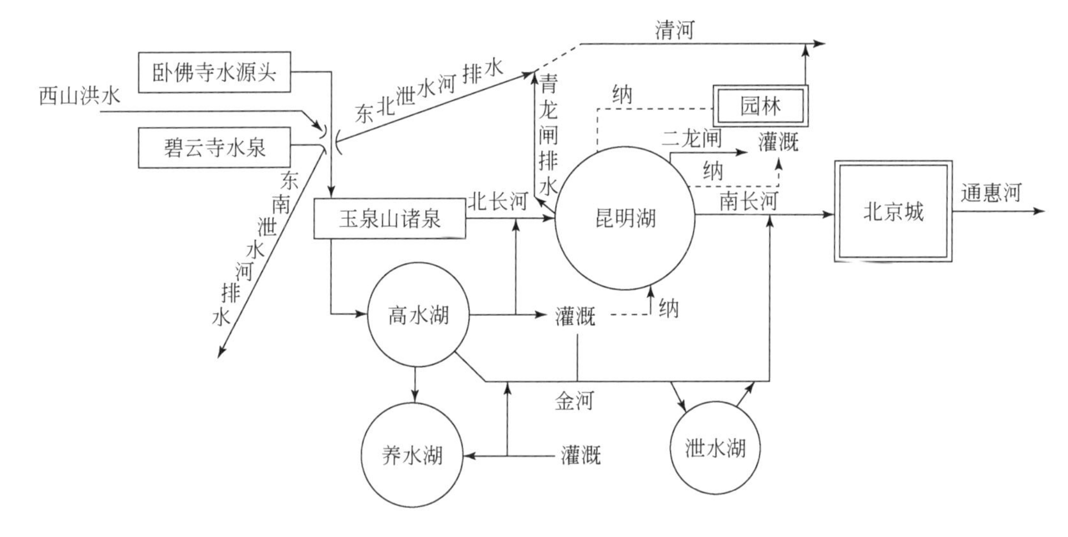

图3-33　昆明湖水源工程蓄泄关系示意图

资料来源：郭涛，2013

3.5　国家历史水网的启示与借鉴

数千年来，中华民族为了自身发展和社会进步，以河湖水系为伴，通过艰苦努力，因地制宜，因时制宜，修建了各具特色的水网工程，并带有鲜明的中华传统哲学和文化烙印，成就了一个水利大国。其中有许多方面值得当代水网建设参考借鉴。

第一，水网建设必须尊重区域自然地理条件，因地制宜。我国国土广袤，自然环境复杂多样，水土资源分布不平衡。历代水网建设最初多是河湖水系条件相对较好的平原低洼地区，随着社会发展和人口增多，水网工程开始向丘陵山区和高原地区扩展。但这种开发需要根据区域的自然地理条件，因地制宜，切不可盲目照搬。战国时期《慎子》一书中，在论及水利建设时就指出："法非从天下，非从地出，发于人间，合乎人心而已。治水者，茨防决塞，九州四海相似如一。学之于水，不学之禹也"，强调水利建设要从实际出发，根据不同地区的实际情况，采取适宜的方法去治理。明代《农政全书》也指出，"今欲修沟洫，非谓一一如古也。但各因水势地势之宜，纵横曲直，随其所向，自高而下，自小而大，自近而远，盈科而进，委之於海"。同样认为，要因地因水制宜，从实际出发来采取措施。说明古代的水利建设，不是死板地学前人而不加变通的，只有从实际出发，因地因水制宜才是最正确的方法。反之，因不尊重区域的自然地理条件，水利建设失败的例子也不少见。例如，历史上对京杭运河淮河以北运道的建设，一直处于不断地治理中。究其原因，固然与黄河的泛滥决溢有关，但水源、地形、气候等不利因素也是至关重要的原因。特别是京津地区的运道，水源匮乏、地形差异大，对发展水运极为不利。元代统治阶级出于漕运需要，不惜耗费巨资，用工 285 万人，历时一年开凿了白浮堰引水工程，甚至由有着京杭大运河总规划师之称的著名科学家郭守敬亲自设计施工，但最终因受自然条件的制约，最终难逃失败的结果。

第二，从历代水网发展进程来看，政治、经济、军事形势对水网建设格局影响明显。和平与统一时期，是全国性水网建设的重要时期，贯通全国的水网不仅将政治中心与经济中心联系在一起，而且也是全国主要的交通要道。分裂时期的水网建设，多与军事形势有关，军事战略要地往往成为水网建设的重要区域，如魏晋南北朝时期的江淮地区。此外，人类不合理的社会经济活动，也会对水网建设带来不利影响，进而对水网布局及区域社会发展带来不利影响。这方面的典型例子如绍兴平原的水网建设。平原内的鉴湖，位于绍兴市会稽山北麓，建成于东汉永和五年（公元 140 年）。当年人们在近山低地周围兴建堤防，积蓄若耶溪来水，形成水库。水库北面是地形较低的农田，可以引水灌田，再北则是大海，有利于农田排水。丰富的水源和适宜的地形，使鉴湖成为一座"堤塘周回三百一十里，都溉田九千余顷"的大型蓄水灌溉工程，并兼有防洪和向绍兴城及运河供水的综合水利工程。绍兴平原也成为当时著名的水网区，一直到北宋年间，鉴湖都是当地社会经济发展的重要保障。但是，北宋中期至南宋初期，为增加土地资源，在江南一带普遍出现了围垦水面的做法。到南宋初年，鉴湖的水利功用已丧失殆尽。鉴湖废毁后，平原失去了对水资源的调蓄，不仅水旱灾害频发，而且对区域水网结构产生影响。鉴湖被围垦后，绍兴平原逐渐进行水利调整。北部平原形成了几个新的蓄水湖泊，部分代替了鉴湖的功用。明代嘉靖年间又对绍兴水利进行了重大的改造：导浦阳江北出钱塘江，减少了本地的来水，同时修建了三江闸，提高了对江河的调蓄能力。经过四百余年的努力，绍兴水利才进入一个新阶段（周魁一，2002）。

第三，历史水网建设与区域环境之间呈现出与区域自然和社会环境共生共存、和谐发展的态势。自然环境方面，表现出在人与自然和谐的前提下，使工程付出的环境代价、自然资源和人力代价最小，而获得的效益最大。所谓"道法自然"，减少对环境的干扰，不仅是低影响开发模式的典范，而且塑造出优美的水利景观。例如，都江堰、宁夏引黄古灌区、郑国渠等的传统无坝引水型式，以及丽水通济堰、它山堰、汉中三堰等的低坝引水枢纽型式，在发挥工程既有功能的同时，将对自然环境的影响降低到最低程度。再如，唐宋时期太湖塘浦圩田通过系统的排水网络，优化沿湖滩涂的生境，发展了圩田农业，兼有航运之利，造就了"苏湖熟、天下足"的繁盛。社会环境方面，历代水网建设表现出随社会条件的变化而变化的特点，使之能够持续发挥工程效益。例如，郑国渠的引水渠口，历史上曾多次上移，其原因就是由于引水河床的不断下切，为实现自流引水，历代的引水渠口不断上移；安徽寿县的芍陂，各时期随着人口的增加，以及区域耕地面积的扩大，塘堤、水门、渠系等蓄水灌溉工程体系不断改进完善，在保证工程功能的同时，区域水资源人工调控能力也得以不断提高。城市水网建设与社会的关系更为直接明显，城市水网工程在满足城市供排水等工程功能的同时，也利用自然河湖美化城市环境。例如，汉唐时期长安的昆明池、唐宋时期杭州的西湖、元明清时期北京的昆明湖等，通过美化环境，使之成为著名的风景名胜。

第四，历史水网工程大多是系统工程，工程构成简洁，建筑物构造简单，其功能主要靠各建筑物间相互关联自动实现和调整，各个组成部分形成一个内在的科学联系的整体，任何一个单体建筑物离开整体都会毫无作为，符合我国传统哲学从整体出发注重治本的思路。不仅如此，工程整体与其上下游、左右岸无论是从外在表象，还是内在规律，都表现出有机、平顺地连接，把人类活动的影响融入大自然之中，达成"天人合一"，从人类简单地适应自然转变为能动地与自然和谐，充分发挥工程的综合功能效益。例如，都江堰渠首工程，与周围的青山、流水、庙宇、索桥和由当地材料构成的建筑物等融为一体，不见其宏伟和崇高，浑然是一幅景自天成的山水画卷。闻名遐迩的鱼嘴、飞沙堰和宝瓶口，平淡而充实，简洁而深奥，与人们意识中的大型工程的景象少有共同之处。再如，灵渠因其工程精巧和完整而得名，与周围的桂林山水一脉相连，充满"甲天下"的余韵，这里只见自然生态，少见人工雕琢。无论在"三七分水"的渠首枢纽，还是巧激六十里的渠道，融于自然，宛如天成；青山有影，清流盈渠，林木有疏密，禾稼有高低，清流一脉，伴随着一方的和谐。

第五，延续使用至今的水网工程大多布局基本合理，经过历代不断维修和改进，经历了从简单到逐渐完善的过程，并持续发挥效益，为区域经济社会发展提供重要支撑。例如，都江堰修建初期的主要工程是开凿引水口（即宝瓶口）和疏浚岷江与成都间的水路；汉晋时期的主要工程演变为导流堤和宝瓶口；到唐代，渠首工程逐渐趋于完善，形成包括分水堰、导流堤、宝瓶口于一体的较为完善的工程体系，实现了对区域水量的总体控制。再如，郑国渠修建初期工程结构也比较简单，主要工程包括引水口、渠道和简单的渠系工程；汉代，郑国渠衍生了六辅渠和白渠两条支渠；到唐代，郑白渠渠系经过多次续建，工程设施逐步完善，灌区成为长安京畿地区的粮食生产和加工基地。再如，杭州西湖在唐代宗时是以城内六井的供水为主的；到了唐穆宗时，白居易全面增修，其城市供水和农田水利并重；北宋时，又形成供水、灌溉、航运、造酒及风景观赏等多种目的的综合利用；之后，由于自然条件的演变，供水作用逐渐减弱，在不断的整修扩建中，风景建设日益加强，逐步由唐代的自然景观，转化为举世闻名的风景游览胜地。这类演变，为今天合理利用城市水源和古代水利工程遗存来建设现代化城市，提供了良好先例。

第六，统一的中央集中管理是国家水网建设和持续运行的有力保障，特别是全国性水网建设和重要经济区的水网建设，多由中央政府集中组织开展。全国性的大规模的水网建设，如隋唐大运河和京杭大运河的开凿，只有在中央政府统一领导、统一规划、统一组织和主持下，才可能集中全国力量，完成相当规模的工程建设。我国古代经历了三次大一统与和平时期，即秦汉、隋唐、元明清，这三个时期也是历史水网建设发展的三个重要时期。秦汉时期关中平原水网、成都平原水网，以及灵渠的建设与发展；隋代全国性运河网的贯通，以及隋唐时期长安、洛阳城市水利建设；及至元明清时期，沟通全国五大水系的京杭运河的全线贯通，以及北京城的水利建设，无不是得益于统一的中央政府。反过来，历代中央政府负责建设和管理的这些水网工程，也是发展和维护历代重要经济区的主要手段措施。以致早在 20 世纪 30 年代，著名经济史学者冀朝鼎就提出"基本经济区"的概念，指出在古代中国，存在一些农业生产条件与运输设施非常优越的地区，历代统治者只要控制了这些地区，就有可能征服与统一全中国。在这些地区中，治水活动不仅是发展和维护基本经济区的一种主要手段，而且也是政治斗争的一种经济武器。此外，重要经济区的水网，多实行政府主导、民间参与的管理体制。这种官民结合的管理制度在中国传统社会结构和文化土壤中产生，由士大夫担任的地方官员具有兴修水利、造福百姓的职责意识和文化传统。在王朝更迭的历史长河中，只要基层社会组织结构未发生巨变，这一管理模式就会延续有效，从而保证了工程的持续运行。

总之，与现代水利工程建设追求工程规模大型化、结构型式标准化、建筑材料单一化、管理模式简单化等特点相比，中国古代水网工程呈现出农业文明发展水平下的、具有鲜明东方文化烙印的治水智慧与科技特征，具体表现在适宜自然条件的工程规划设计、顺应区域环境友好的工程结构型式、适应社会发展需求的工程演变和发展，以及官民协同有效的管理体系等，共同维护了历史水网的长久持续发挥作用。

历史水网是中华文明体系的重要组成部分。水网的发展与中华民族历史的发展进程相依相存，呈现出水进则人进，人进则产业进、经济进、国家进，进而文明进的链条逻辑关系。历代运河的开通，促进了一批运河沿岸城市的兴起与繁荣，特别是一些水路交汇点先后兴起了一批工商业城镇，如唐宋时期的汴州（今开封）、楚州（今淮安）、扬州、润州、常州、苏州、杭州等，都是当时著名的运河城市。水网发展也是文明进展的重要有机组成部分和前提，同时也是区域内诸多古城、古镇、古村落的防洪排涝、灌溉、水运等功能效益的安全保障。延续数百年甚至上千年的历史水网是人与自然和谐共生的生态工程的经典范例。在当前大力倡导生态文明建设、加快构建国家水网、弘扬传承优秀文化传统的形势下，充分挖掘历史水网建设中的有益经验，加强国家水网的西部战略通道，对于解决西部地区地多与水少、人少、经济不发达的矛盾，推进区域生态文明建设，也有着重要的文化和现实意义。

参考文献

查尔斯·辛格，等. 2004. 技术史（第3卷）. 王前，孙希忠，译. 上海：上海科技教育出版社.
陈桥驿. 1991. 中国七大古都. 北京：中国青年出版社.
董文虎，等. 2008. 京杭大运河的历史与未来. 北京：社会科学文献出版社.
葛剑雄. 1994. 统一与分裂 中国历史的启示. 北京：生活·读书·新知三联书店.
郭涛. 2013. 中国古代水利科学技术史. 北京：中国建筑工业出版社.
郭文韬，曹隆恭. 1986. 中国传统农业与现代农业. 北京：中国农业科技出版社.
华觉明，冯立升. 2017. 中国三十大发明. 郑州：大象出版社.
冀朝鼎. 1981. 中国历史上的基本经济区与水利事业的发展. 朱诗鳌，译. 北京：中国社会科学出版社.
姜师立. 2018. 中国大运河百问. 北京：电子工业出版社.
黎沛虹，李可可. 2004. 长江治水. 武汉：湖北教育出版社.
李约瑟. 1977. 中国之科学与文明（第十册）. 张一麐，沈百先，译. 台北：商务印书馆.
谭徐明，等. 2012. 中国大运河遗产构成及价值评估. 北京：中国水利水电出版社.
姚汉源. 1987. 中国水利史纲要. 北京：中国水利电力出版社.
姚汉源. 1998. 京杭运河史. 北京：中国水利水电出版社.

曾昭璇 . 1985. 中国的地形 . 广州：广东科技出版社 .
张伟兵，耿庆斋 . 2021. 大运河 . 北京：中国水利水电出版社 .
张轸 . 1985. 中华古国古都 . 长沙：湖南科学技术出版社 .
赵绍祺，杨智维 . 2011. 珠江三角洲堤围水利与农业发展史 . 广州：广东人民出版社 .
郑连第 . 1985. 古代城市水利 . 北京：水利电力出版社 .
郑连第 . 2004. 中国水利百科全书 · 水利史分册 . 北京：中国水利水电出版社 .
《中国河湖大典》编纂委员会 . 2014. 中国河湖大典 · 综合卷 . 北京：中国水利水电出版社 .
《中国水利史稿》编写组 . 1979. 中国水利史稿（上）. 北京：水利电力出版社 .
《中国水利史稿》编写组 . 1985. 中国水利史稿（中）. 北京：水利电力出版社 .
《中国水利史稿》编写组 . 1989. 中国水利史稿（下）. 北京：水利电力出版社 .
周魁一，等 . 1990. 二十五史河渠志注释 . 北京：中国书店 .
周魁一 . 2002. 中国科学技术史（水利卷）. 北京：科学出版社 .
邹宝山，等 . 1990. 京杭运河治理与开发 . 北京：水利电力出版社 .
邹逸麟 . 1997. 黄淮海平原历史地理 . 合肥：安徽教育出版社 .

第4章
国家现代水网重大工程

我国水土资源禀赋、生产能力和消费规模不匹配、不平衡。为了更充分地利用水资源，人类从古时的逐水而居到挖水渠、开凿运河，再到如今的修大坝、建调水工程，水利工程如雨后春笋般涌现。中华人民共和国成立以后，特别是改革开放以来，在通盘考虑国土空间开发保护新格局的视角下，我国各地区构建了以自然河湖为基础，引调排水工程为通道，调蓄工程为节点的工程综合体，系统优化我国水流网络系统，强化水资源调配、河湖生态保护修复、防范水灾害风险等各类工程，大幅提升了国家水安全保障能力。本章将系统梳理我国现代的重大水网工程，从国家、跨一级流域尺度和流域内尺度分层次进行介绍。

4.1 “四横三纵”国家水网格局

长江、淮河、黄河、海河与南水北调东线、中线和西线共同构成了“四横三纵、南北互济”的国家水网主骨架，实现水资源南北调配、东西互济优化配置，缓解北方水资源短缺和生态环境恶化状况，促进经济、社会的可持续发展。

早在1952年，毛泽东主席视察黄河时就提出了南水北调的宏伟设想——“南方水多，北方水少，如有可能，借点水来也是可以的”。这是着眼于中华民族永续发展而提出的高瞻远瞩的战略构想。2014年，南水北调东线、中线一期工程建成通水，并产生了巨大的社会效益。西线调水的工程难度大，目前仍处于方案比选、论证的阶段。

4.1.1 南水北调东线工程

南水北调东线工程从长江下游取水，沿京杭大运河方向调往北方的大型调水工程，用于解决苏北、鲁北、胶东半岛以及京津冀地区的缺水问题。工程任务包括调水、防洪排涝和航运，线路涉及江苏、山东、河北、天津4省市以及长江区、淮河区、黄河区、海河区4大一级流域。东线工程打通了长江调水通道，构建起了长江水、黄河水和当地水联合调度、多水源优化配置的总体格局，大大增强了干旱年份受水区水资源的保障能力。

4.1.1.1 工程规划与建设历程

1973年，水电部成立南水北调规划组开展规划工作。1977年，《南水北调近期工程规划报告》提出，规划东线主要以农业供水为主，解决粮食安全问题，并使京杭大运河成为南北水运交通大动脉。1981年，国务院召开治淮会议，要求东线工程先调水到南四湖。1990年，水利部组织编制完成了《南水北调东线工程修订规划报告》，重点是补充城市用水，供水范围增加了北京市和胶东地区的重要城市。

2000～2002年，水利部部署开展南水北调工程总体规划工作。2001年12月，淮河水利委员会规划设计研究院作为技术牵头单位编制完成了《南水北调东线工程规划（2001年修订)》，提出2030年以前按照三期工程分步实施。其中，第一期工程主要向江苏和山东两省供水，规划抽江水规模500m^3/s、入东平湖100m^3/s、过黄河50m^3/s、送山东半岛50m^3/s，规划静态总投资383亿元，其中主体工程260亿元，治污工程123亿元。第二期工程计划将供水范围扩大至河北、天津，抽江水规模扩大到600m^3/s，总投资224亿元，其中主体工程124亿元，治污工程100亿元。第三期工程计划增加北调水量以满足2030年国民经济发展水平对水资源的需求，规划抽江规模扩大到800m^3/s，过黄河规模扩大到200m^3/s，到天津扩大到100m^3/s，向胶东地区供水扩大到90m^3/s，主体工程投资116亿元。

2002年12月，东线一期工程开工。2010年12月，东线济南以东段、南四湖至东平湖段、鲁北段三大工程开工。2013年3月，一期工程主体工程完工，同年11月通水运行。

2019年11月，南水北调东线一期北延应急供水工程在山东省临清市开工，2021年3月主体工程完工。北延应急供水工程是推进华北地区地下水超采综合治理的重要工程，利用南水北调东线一期工程的供水潜力，每年可增加向京津冀地区供水4.9亿m^3。

随着经济社会发展，东线后续工程规划也在不断调整，2019年12月编制完成的《南水北调东线二期工程规划报告》提出二期工程多年平均抽江规模为870m^3/s，过黄河流量为300m^3/s，向山东半岛调水规模为125m^3/s。

4.1.1.2 工程布局及调水线路

东线一期工程任务是补充山东、江苏、安徽等输水沿线地区的城市生活、工业和环境用水，兼顾农业、航运和其他用水，工程多年平均抽江水量87.7亿m^3（比现状增加38亿m^3），受水区干线分水口门净增供水量36亿m^3，其中江苏省19.3亿m^3，山东省13.5亿m^3，安徽省3.2亿m^3。

工程从扬州附近长江干流取水，从长江至东平湖沿线利用洪泽湖、骆马湖、南四湖、东平湖作为4个调蓄湖泊，在湖泊间形成4段输水工程。主干线全长为1466.5km，其中长江至东平湖长为1045.4km，黄河以北为173.5km，胶东输水干线为239.8km，穿黄河段为7.9km。长江与洪泽湖以及其他湖泊之间的水位差大约都在10m左右。东平湖以南共设13个梯级，一期工程共设泵站枢纽2处，泵站35座，抽水扬程为65m（图4-1）。自东平湖向鲁北、天津、胶东输水段采用自流输水。调水工程终点是黄河以北的德州市大屯水库和胶东地区的威海市米山水库。在全面实施东线治污控制单元工程基础上，规划水平年输水干线水质基本达到地表水Ⅲ类标准。

4.1.1.3 工程效益

东线一期工程为苏北、山东半岛和鲁北地区城市受水区开辟了新的水源，有效地提高

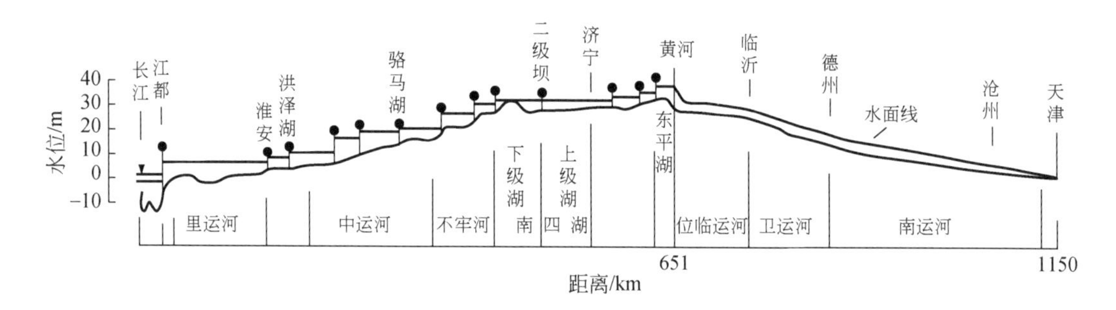

图 4-1 南水北调东线工程输水线路纵向剖面图

资料来源：耿雷华等，2010

了受水区供水安全。2011～2017 年东线工程共完成 8 次抗旱任务，2014 年南四湖遭遇大旱，水位降至2003 年以来最低，工程向南四湖实施生态应急调水，入湖水量达 8000 万 m^3，工程彻底改变了南四湖、东平湖无法补源的历史。2016 年，烟台、威海、青岛和潍坊 4 市遭遇旱情，南水北调东线工程结合当地引黄灌区和水库等调蓄工程，最大限度调引长江水，保障了胶东地区供水安全。

南水北调东线工程通水后，根据国家规定受水区逐步关停超采地下水设施，由南水北调水源替换超采的地下水，从根本上遏制地下水超采，华北地区地下水超采综合治理取得明显成效。

按照先节水后调水、先治污后通水、先环保后用水的“三先三后”原则，东线一期工程强力推进沿线治污，安排实施了 496 项治污工程，一期工程通水后，水质断面达标率由规划时的 3% 提高到 100% 。曾经被称为“酱油湖”的南四湖跻身全国水质优良湖泊行列；淮安市的里运河、宿迁市的中运河、徐州市的大运河和济南的小清河等输水河道被打造成了城市景观河道，沿线水质和人居环境得到极大的改善。

东线工程同时还在通航、防洪等方面发挥着显著的效益。历史上京杭大运河通航只能到达济宁以南，而且因南四湖干旱缺水造成断航的事件时有发生。南水北调东线工程实施后，京杭大运河通航位置可达东平湖，通航里程增加了 60.5km。调水工程可维持湖泊、河道水位稳定，给持续性航运提供了关键保障。东线工程的建设过程，也是水利设施整体改善的过程。多座兼具防洪、排涝功能的综合型泵站是东线工程的一大特色。2006 年以来，东线工程参与里下河、宝应湖、徐州湖西等地区 7 次排涝，累计抽排涝水 4.66 亿 m^3。

4.1.2 南水北调中线工程

南水北调中线工程是从长江最大的支流汉江调水到黄淮海平原中西部的大型跨流域调水工程，涉及长江区、淮河区、黄河区、海河区 4 大一级流域，是解决我国北方地区严重缺水问题、支撑北方缺水地区可持续发展的战略性基础设施，具有十分重大的历史和现实意义。

4.1.2.1　工程规划与建设历程

华北平原是我国重要的工农业生产基地，但水资源十分短缺，是我国水资源最为匮乏的地区，仅靠节水和污水回用已不能解决问题。水资源继续衰减和生态环境持续恶化将造成无法弥补的严重后果。

为缓解华北平原水资源供需矛盾，自 20 世纪 50 年代起，长江水利委员会与有关省市、部门就南水北调中线工程进行了大量的前期研究工作。1987 年长江水利委员会提出《南水北调中线工程规划报告》，并于 1991 年进行了修订，1992 年提出的《南水北调中线工程可行性研究报告》于 1994 年通过水利部审查，并上报国家计划委员会①建议兴建。1995 ~ 1998 年，水利部和国家计划委员会分别组织专家对南水北调工程进行了论证和审查，同时对多个方案进行了补充研究。2001 年 9 月，水利部主持审查《南水北调中线工程规划（2001 年修订）》。2002 年 12 月，国务院批复《南水北调工程总体规划》，规划提出南水北调中线工程从长江最大的支流汉江中上游的丹江口水库引水，沿线修建明渠输水至河南、河北、北京、天津 4 个省（直辖市）。工程分二期实施，一期工程年均调水量为 95 亿 m^3，其中河南、河北、北京、天津分水量分别为 38 亿 m^3、35 亿 m^3、12 亿 m^3 和 10 亿 m^3。二期工程计划在一期工程的基础上进一步扩大引水规模，年均调水量扩大为 130 亿 m^3，工程预计 2030 年完成。

南水北调中线一期工程于 2003 年 12 月开工，2014 年 12 月全线通水。工程通水后，沿线共有 24 座大中型城市用上了南水，收益人口达 8500 万。截至 2022 年 7 月 22 日，中线一期工程已累计输水 500 亿 m^3。

4.1.2.2　工程布局及调水线路

南水北调中线一期工程包括丹江口水利枢纽大坝加高工程、移民安置工程、汉江中下游补偿工程、输水总干渠以及天津干渠工程。南水北调中线工程水源地位于丹江口水库，为提高丹江口水库调节能力、增强供水保障、保证中线干渠全程自流，水库于 2005 年 9 月启动丹江口水利枢纽大坝加高工程，2009 年 6 月完工。加高后，坝顶高程由 162m 增加到 176.6m，正常蓄水位由 157m 抬高到 170m；相应库容由 174.5 亿 m^3 增至 290.5 亿 m^3，总库容由 210 亿 m^3 增至 339 亿 m^3；水库多年平均面积由略多于 700km^2 增至 1022.75km^2。

中线工程输水总干渠从丹江口水库陶岔闸引水，经长江流域与淮河流域的分水岭方城垭口后继续北上，在河南省郑州市附近以隧洞方式穿过黄河，继续沿京广铁路西侧北上至北京、天津（图 4-2）。总干渠从陶岔渠首闸至北京市房山区惠南庄泵站，最终抵达中线工程终点团城湖，全长约为 1432km，其中陶岔渠首至北京团城湖长约为 1277km，包括黄河以南 478km、穿黄段 19km、黄河以北 780km；天津干线长约为 155km。总干渠陶岔闸后设计水位为 147.38m，终点北京团城湖设计水位为 48.57m，总水头为 98.81m，总干渠渠道纵坡设计为 1/16 000 ~ 1/30 000，干渠全程采用自流输水。总干渠以明渠为主，长约为 1105km，明渠与河流的交叉工程全部采用立交布置，北京、天津干线采用管涵。中线工程

① 现为国家发展和改革委员会。

是一项复杂的巨系统工程，全线横跨长江、淮河、黄河、海河四大水系的700余条大小河流，需兴建干渠、交叉建筑物、分流建筑物、调蓄水库及桥梁、涵洞等各类建筑物1796座。

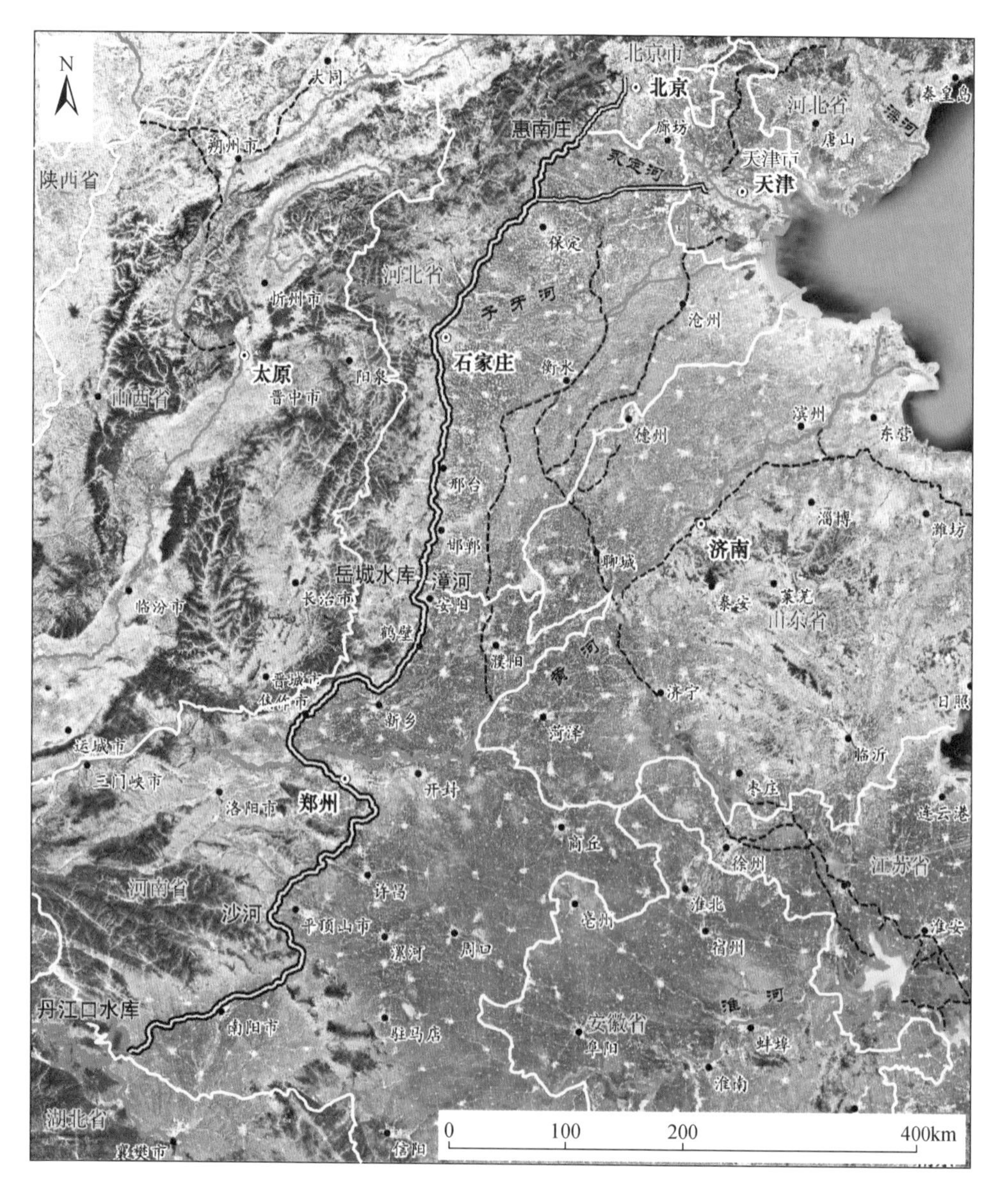

图4-2 南水北调中线干线工程示意图

4.1.2.3 工程效益

中线工程改变了黄淮海平原受水区供水格局，保障了工程沿线城市生产生活用水，直接受益人口超过5800万，产生了巨大的经济社会效益。中线工程通水后，北京城区供水中“南水”占比超过七成，供水范围基本覆盖城六区及大兴、门头沟、通州等地区；天津全市 14 个行政区的市民用上了南水，形成了引滦引江双水源保障的新供水格局；河北省 500 多万人告别了高氟水、苦咸水；郑州市中心城区自来水八成以上为南水，极大的减轻了地下水开采压力。

中线工程显著改善了受水区生态环境。中线工程向河南、河北、天津、北京等省（直辖市）30 条河流生态补水，沿线河流水量明显增加、水质明显改善。白洋淀上游干涸 36 年的瀑河水库重现水波荡漾，滏阳河等天然河道得以恢复，受水河湖周围地下水水位得到不同程度回升。

中线工程对养蓄地下水也有重要作用，最为显著的标志是北京市地下水水位的回升。北京平原区地下水水位从 2016 年起止跌回升，生态补水区域周边地下水水位回升更为显著。根据规划，南水北调中线水将置换受水区绝大部分浅层和深层地下水超采量，区域有望于 2030 年实现地下水采补平衡，地下水位逐渐回升。地下水开采需用机井提水，耗能量巨大，中线工程的实施有助于减少区域地下水开采的能耗，为碳减排做出贡献。

4.1.3　南水北调西线工程

南水北调西线工程涉及长江区、黄河区两大一级流域，工程规划从长江上游干支流调水入黄河上游，以补充黄河流域与邻近西北内陆河地区水资源不足，是保障黄河及西部地区经济社会可持续发展的战略性水资源配置工程。

该工程的研究工作开始于 1952 年，历经初步研究、超前期规划、规划、项目建议书等 4 个阶段，历时已近 70 年。在长期研究的基础上，按照“下移、自流、分期、集中”的思路，逐步形成了从海拔 3500m 左右的通天河、雅砻江、大渡河干支流调水 170 亿 m^3 的总体工程方案。2001 年，黄河水利委员会编制的《南水北调西线工程规划纲要及第一期工程规划》报告经水利部审查通过。2002 年 12 月国务院批复《南水北调工程总体规划》中提到，南水北调工程将分东、中、西路实施，先期实施东线和中线一期工程，西线工程先继续做好前期工作。西线工作目前仍处在项目建议书阶段。

1952～1986 年，为西线工程初步研究阶段。黄河水利委员会组织侦查队，进行大范围调水线路比选，研究的调水河流有怒江、澜沧江、长江干支流，范围约为 115 万 km^2。供水范围除黄河外，还研究了东至内蒙古乌兰浩特、西抵新疆喀什的广大地区。

1987～1995 年，为超前研究阶段。该阶段主要研究了从长江上游调水到黄河上游的方案，比选了 40 个坝址约 200 个方案。1996 年 6 月《南水北调西线工程规划研究综合报告》完成，推荐从通天河、雅砻江、大渡河调水 195 亿 m^3。

1996～2000 年，该阶段提出了南水北调西线工程总体布局。规划总调水量为 170 亿 m^3，包括长江上游通天河调水 80 亿 m^3、雅砻江调水 65 亿 m^3、大渡河调水 25 亿 m^3。工程规划分三期实施，一期调水 40 亿 m^3、二期调水 50 亿 m^3、三期调水 80 亿 m^3。

根据该规划，南水北调工程西线主要解决青海、甘肃、宁夏、内蒙古、陕西、山西等 6 省（自治区）的黄河上中游地区缺水问题。一期工程在大渡河支流阿柯河、麻尔曲、杜柯河和雅砻江支流泥曲、达曲等 5 条支流上分别建引水枢纽，联合调水到黄河支流贾曲，年调水40亿m^3。二期工程在雅砻江干流阿达建引水枢纽，引水到黄河支流贾曲，累计年调水量为90亿m^3。三期工程在通天河上游侧坊建引水枢纽，输水到德格县浪多乡汇入雅砻江，顺流而下汇入阿达引水枢纽，布设与雅砻江调水的平行线路调水入黄河贾曲，累计年调水量为170亿m^3。各坝址调水比例在59.4%~69.2%，平均调水比例达67%，调水比例偏高。

2001年，西线第一期工程进入项目建议书编制阶段。2008年底黄河水利委员会完成《南水北调西线第一期工程项目建议书》编制，建议书将第一、二期工程水源合并后作为西线第一期工程。合并后的一期工程从雅砻江、大渡河干支流7条河流调水80亿m^3，经长隧洞进入黄河干流。输水线路为明流自流输水，由雅砻江、大渡河干支流7座水源水库和9段输水隧洞组成。输水线路全长为325.6km，其中，隧洞段总长为321.1km，最大坝高为194m，隧洞自然分段最长为72.4km，最大洞径为10.5m，最大埋深为1150m。雅砻江至杜柯河段采用单洞形式，单洞段长为153.9km；杜柯河至黄河段采用双洞形式，双洞段长为167.2km。工程静态总投资为1584亿元（王伟等，2014）。西线一期工程80亿m^3调水量的配置既考虑向重点城市、重要工业园区、石羊河流域、黑山峡生态灌区和“三滩”生态治理区供水，也可弥补国民经济用水挤占的河道内生态环境用水（景来红，2016）。

2020年，有关专家提出南水北调西线工程优化方案，将调水断面向下游移动，即金沙江叶巴滩—雅砻江两河口—大渡河双江口—岷江—洮河自流方案。该方案从金沙江水电梯级电站叶巴滩坝下引水，联合雅砻江干流两河口水库、大渡河干流双江口水库调水，线路绕经岷江、白龙江入洮河，全程自流，涉及西藏、四川、青海三省（自治区）。方案调水断面分别为金沙江叶巴滩、雅砻江两河口、大渡河双江口，较西线一、二期工程下移了255~395km，高程由3500m左右降低至2500m左右（张金良等，2020）。

方案由3座在建水源水库、7段输水隧洞及5座跨沟建筑物组成。输水线路全长为825km，其中隧洞段长823km。隧洞最大埋深为2020m，平均埋深为570m。调水断面多年平均径流量为635亿m^3，年调水量为170亿m^3，断面调水比例为27%。其中，叶巴滩调水70亿m^3、两河口调水60亿m^3、双江口调水40亿m^3。金沙江叶巴滩、雅砻江两河口、大渡河双江口均为在建或规划枢纽，坝高分别为217m、295m和314m。

4.2 国家水网骨干工程

本节介绍我国主要跨一级流域调水工程，包括引汉济渭、滇中引水、引江济淮、景电调水、引黄入冀补淀、引黄入晋、引黄济青、引松供水、引绰济辽、额尔齐斯河调水工程、引黄济石工程及浙赣粤运河，共包含12项调水工程。其中除引黄入冀补淀全程、引绰济辽全程及引松供水干线工程自流外，其余调水工程均需要提水。

4.2.1 引汉济渭工程

引汉济渭是横跨长江和黄河流域的国家重大调水工程。该工程从长江支流汉江流域调水至黄河最大的支流渭河流域关中地区，主要用于缓解关中地区水资源供需矛盾，促进陕西省内水资源优化配置和关中地区经济社会可持续发展（中国电建集团北京勘测设计研究院有限公司，2019）。

渭河流域多年平均降水量为 600mm，汛期降水占全年 60% 以上。降水分布规律为南多北少、西多东少，属资源型缺水区。其中，渭河中下游关中段是陕西省经济最发达、人口最集中的地区，主要包括西安、宝鸡、咸阳、渭南、杨凌五市一区。随着西部大开发战略的深入实施、关中平原城市群发展和西安国际化大都市建设的逐步推进，西安城市群建设已进入高速发展时期，区域供水量连年增加。自 20 世纪 80 年代起，有关单位先后研究过多种区外调水措施，主要包括黄河古贤水库、引洮入渭、国家南水北调西线工程，以及本省境内的引汉济渭。多年论证认为，汉江与渭河仅一岭之隔，从陕南汉江干流调水至渭河流域，引汉济渭工程实施难度较小、水量有保证、配套工程简单、有水库进行调蓄，工程优势明显。

引汉济渭分一期工程（调水工程）和二期工程（输配水工程），其中一期工程于 2013 年全面开工建设，工程包括位于汉江干流的黄金峡水利枢纽、支流子午河上的三河口水利枢纽以及秦岭输水隧洞（图 4-3）。工程通过黄金峡泵站从黄金峡水库抽水入秦岭隧洞送至陕西关中，当水量不能满足关中需求时，由三河口水库放水补充，当水量大于关中需求时，由三河口泵站抽水入三河口水库存蓄。在完成调水任务前提下，黄金峡电站和三河口电站兼顾发电。引汉济渭一期工程设计流量为 $70m^3/s$，规划 2025 年平均调水量为 10 亿 m^3，2030 年多年平均调水量为 15 亿 m^3。二期工程为输配水干线工程，于 2021 年 6 月开工，主要包括秦岭隧洞出口新建的黄池沟分水闸，以及南干线、北干线、鄠邑支线、周至支线、杨武支线、富平支线、华州支线等 21 条支线。

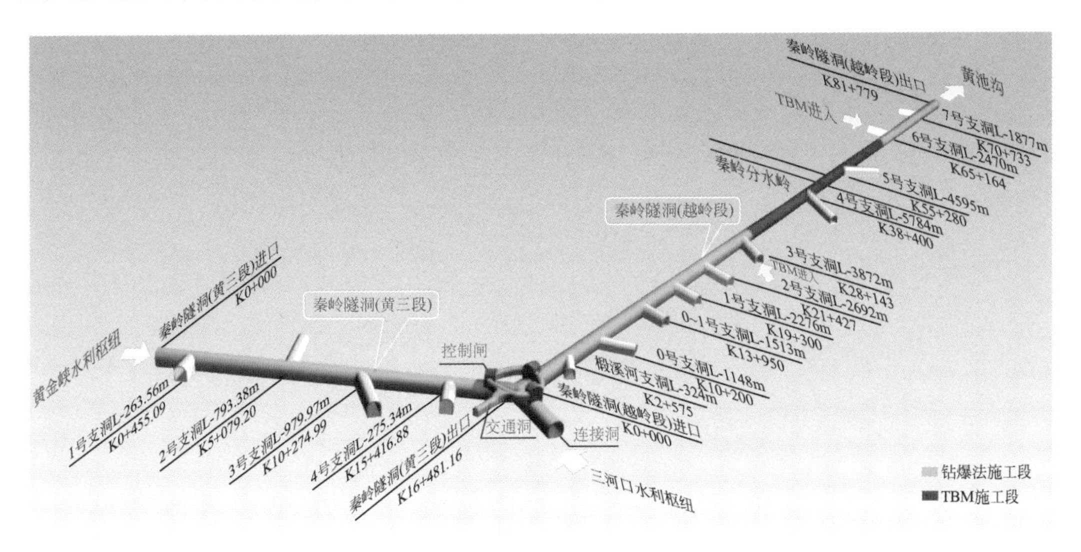

图 4-3　秦岭输水隧洞工程布置示意图

资料来源：杜小洲，2020

4.2.2 滇中引水工程

滇中引水工程是链接长江流域和珠江流域的跨流域引水工程，工程从长江流域上游金沙江取水，沿途经过西南诸河流域，主要向长江流域和珠江流域的相关缺水地区供水。滇中引水工程于2017年8月正式开工，预计2025年建成通水。

滇中地区是云南省政治、经济、文化中心，地处长江、珠江、澜沧江和红河四大流域分水岭，水资源短缺，特别是滇池流域，人均水资源量仅有116m^3，是长江流域著名的干旱缺水地区之一。为改善滇中地区水资源短缺的现状，20世纪50年云南便提出了滇中引水的初步设想，2014年，滇中引水工程被列入国家172项节水供水重大水利工程。

滇中引水工程由水源工程和输水总干渠工程组成。工程水源地位于云南省丽江市玉龙县石鼓镇，工程自石鼓镇上游金沙江右岸引水，经引水渠沉沙后，通过隧洞和涵管输水至位于冲江河右岸竹园村上游的地下泵站，再提水至香炉山隧洞进口。泵站最大提水净扬程为219.16m，泵站引水流量为135m^3/s，单机流量为13.5m^3/s。输水总干渠工程自丽江石鼓镇向南至大理州，经楚雄州、昆明市、玉溪市至红河州，干渠总长为663.23km，其中隧洞长度占92.03%。滇中引水工程受水区包括丽江、昆明、大理、楚雄、玉溪及红河等市州的35个县（区），渠首设计流量为135m^3/s，多年平均引水量为34.03亿m^3。

4.2.3 引江济淮工程

引江济淮工程涉及长江流域和淮河流域两大一级流域，是将长江水跨流域调往淮河流域的调水工程，以城乡供水、发展航运为主，兼有农业灌溉补水、改善巢湖及淮河水生态环境等任务，工程于2016年12月开工，主体工程于2022年底完工。

安徽省长江、淮河分水岭横跨安徽省西部、中部及东部，涉及合肥、长丰、六安、淮南、滁州等地，该地区地势较高，水资源供给不足。20世纪五六十年代，安徽省就开始对引江济淮线路进行研究，曾提出江淮沟通的多种调水方案。1978年江淮大旱，区域水资源问题引起了安徽省和社会各界高度重视。1990年，国务院相关批示指出，引江济淮基本可行，应抓紧进行可行性研究。1992年安徽省上报了《引江济淮工程项目建议书》。经过一系列的前期论证和调水试验，2014年，引江济淮工程被列入国家172项重大水利工程，2015年2月《引江济淮工程项目建议书》通过了国家发展和改革委员会审查（长江水资源保护科学研究所，2016）。

引江济淮工程共涉及安徽省及河南省14个地级市，主体工程位于安徽省境内。安徽段输水河道总长为587.4km，其中，利用现有河湖255.9km，疏浚扩挖204.9km，新开明渠88.7km，压力管道37.9km。输水规模为：引江处300m^3/s，江淮分水岭290m^3/s，瓦埠湖280m^3/s，西淝河线85m^3/s。其中，长江至巢湖段满足Ⅲ级通航要求，江淮沟通段满足Ⅱ级通航要求，江水北送安徽段满足现状通航要求（安徽省水利水电勘测设计院等，2017）。

工程将新建枞阳引江枢纽、庐江节制枢纽、兆河节制枢纽、白山节制枢纽、派河口泵站枢纽、蜀山泵站枢纽、东淝闸枢纽7座大型水利枢纽建筑物，改扩建凤凰颈引江枢纽，建设江水北送段的4座梯级泵站。引江济淮工程共设置梯级泵站15.18万kW（8座），其中，淮河以南三级12.02万kW（4座），淮河以北四级3.16万kW（4座）。

引江济淮工程由提水工程和输水工程组成。淮河以南的骨干提水工程共设三级，一级提水泵站为引江口门泵站，包括枞阳泵站和凤凰颈泵站，枞阳泵站设计引江流量为150m³/s，提水扬程为6.38m，凤凰颈泵站设计流量为150m³/s；二级提水泵站为派河口泵站，设计流量为295m³/s，提水扬程为4.8m；三级提水泵站为蜀山泵站，设计流量为290m³/s，提水扬程为12.7m。淮河以北的骨干提水工程在龙德（西淝河龙凤新河口上游）增设一级梯级，其余基本利用现有拦河闸作为控制，西淝河输水线路安徽境内共设4级泵站，总提水扬程为14.73m。输水工程包括引江济巢、江淮沟通、江水北送三段。

引江济淮工程集供水、航运、生态等效益于一体，对安徽、河南及中原地区供水安全、粮食安全、流域生态安全有重要作用，对缓解淮河中游干旱缺水、构建江淮水运大动脉、改善巢湖及淮河水环境等具有重要意义。

4.2.4　景电调水工程

景电调水工程即甘肃省景泰川电力提灌工程，工程从黄河提水并调入河西干旱缺水地区，涉及黄河流域和西北诸河流域两大一级流域。

景泰川位于甘肃省18个干旱县之一的景泰县境内，东临黄河，北靠腾格里沙漠。地势高出黄河水位250～450m。水低地高，无法自流灌溉。多年平均降水量仅为186mm，多年平均蒸发量高达3333mm，蒸发量为降水量的18倍。常年的干旱与风沙对当地生产、生活造成极大影响。

为改善人民生活条件，保障农业生产，1969年10月景电调水工程开工。景电调水工程由景电一期工程、景电二期工程、景电二期延伸向民勤调水工程三部分组成。其中，一期工程是一个独立的供水系统，设计流量为10.6m³/s，加大流量为12m³/s，年提水量为1.48亿m³。工程建有泵站13座，装机容量为6.7万kW，总扬程为472m。

二期工程和民勤调水工程共用一个提水系统。景电二期工程横跨黄河及内陆河（石羊河）两大流域，主要承担景泰与古浪两县灌区用水任务。二期工程于1984年7月开工，1987年10月上水。设计流量为18m³/s，加大流量为21m³/s，年提水量为2.66亿m³。建有泵站30座，装机容量为19.3万kW，总扬程为713m，设计灌溉面积52.1万亩（王身璋，1984）。民勤调水工程，为景电二期工向武威市民勤县延伸，线路长120.4km，设计流量为6m³/s，年调水量为6100万m³，规划恢复灌溉面积15.2万亩（孟金红，2019）。景电工程自2001年开始向民勤跨流域调水，为石羊河流域生态保护发挥了重要的作用。

4.2.5　引黄入冀补淀工程

引黄入冀补淀工程是连通黄河、海河两大一级流域的重大调水工程，对白洋淀、雄安新区、河北省东南部等供水具有重要意义。工程于2015年12月开工，2018年12月完工。

华北地区近几十年来水资源紧缺，其中尤以河北省最为典型。衡水、邢台、邯郸、沧州、保定、石家庄六市缺水最为严重，区域人均水资源量仅为160m^3，为全国平均值的1/15。随着经济社会的快速发展，水资源供需矛盾更加突出，地下水超采严重，造成地面沉降、咸淡水界面下移、河道断流、湿地萎缩等环境危害。华北地区最大淡水湖泊白洋淀，由于上游水利工程的修建、流域内用水量逐渐增加等原因，上游入淀水量大幅减少，自20世纪80年代以来，白洋淀曾发生多次干淀，流域水资源供需矛盾日益尖锐，拯救白洋淀已刻不容缓（曹娜等，2017）。

2014年，引黄入冀补淀工程被列入国务院确定的172项重大水利工程。工程自河南省濮阳市渠村引黄闸引水，经河南、河北两省濮阳、邯郸、邢台、衡水、沧州、保定等22县市区，全线基本利用已有线路，全程自流入白洋淀（徐宝同和徐嘉，2019）。线路总长为482km，河南省境内有84km、河北省境内有398km。渠首设计引水流量为100m^3/s，豫冀界设计流量为61.4m^3/s，入白洋淀设计流量为30m^3/s。南水北调东、中线工程通水前，引黄入冀补淀工程渠首年最大引黄水量为9亿m^3，多年平均引水量为7.1亿m^3；南水北调东、中线工程通水后，工程规划冬季四月（11月至次年2月）引水，年平均引黄水量为6.2亿m^3，白洋淀生态补水量为1.1亿m^3（张畅，2019）。引黄入冀补淀工程主要向沿线地区提供农业灌溉用水，并为白洋淀进行生态补水，对改善区域主要河流和白洋淀水生态环境状况、缓解地下水超采现状、恢复物种多样性具有重要意义。

4.2.6　引黄入晋工程

引黄入晋工程从黄河调水至山西中北部，是涉及黄河流域和海河流域两大一级流域的大型跨流域调水工程。引黄入晋又称万家寨引黄工程，其一期工程于1993年5月开工，2003年10月开始向太原市供水，二期工程于2009年2月开工，2011年9月建成通水。

山西省的水资源情况有3个显著特点：水资源严重短缺，人均水资源量为438m^3，相当于全国人均水平的17%，世界人均水平的4%；河湖污染形势严峻，至21世纪初，山西省几乎所有河道都受到了不同程度的污染，受污染河流长度超过3700km，水库也受到不同程度的污染；作为能源重化工基地，山西省用水及耗水量十分巨大，很多地区长期过度开采地下水资源，引起地下水位下降、地面下沉等一系列问题（李珠等，2007）。

1958年，毛泽东主席首肯引黄入晋济京的设想。为解决太原、朔州和大同三大城市工业和城市生活用水紧缺问题，2002年国务院将引黄一期工程列入国家重点工程。工程从万家寨水库取水，输水线路由4部分组成，包括总干线、南干线、南干线连接段及北干线，线路全长约452km。其中总干线、南干线及连接段为一期工程，可实现向太原供水3.2亿m^3，北干线工程属二期工程，可实现向朔州、大同引水5.6亿m^3，并将太原供水规模扩大至6.4亿m^3。

引黄入晋工程总干线从万家寨水库取水后经3级泵站提水，通过隧洞、渡槽向东输水至偏关县下土寨分水闸，长为44.4km，年设计引水量为12亿m^3，相应引水流量为48m^3/s。工程于土寨分水闸开始分成南、北两条干线。南干线北起下土寨分水闸，向南穿管涔山入汾河，长为 101.7km，年引水量为 6.4 亿 m^3，相应引水流量为 25.8m^3/s（李珠等，2007）。南干线连接段首先沿汾河自流至汾河一库，再通过管线连接到太原呼延水厂，长为 139.4km。北干线从下土寨分水闸向东，穿过吕梁山后经平鲁、朔州、山阴、怀仁至大同，长 166.9km，年引水量为 5.6 亿 m^3，相应引水流量为 22.2m^3/s。

引黄入晋工程分两期实施，一期工程于 1993 年 5 月开工，1997 年 9 月主体工程开工，2003 年 10 月一期工程试运行，开始向太原供水。二期工程于 2009 年 2 月开工，2011 年 9 月建成通水。为缓解官厅水库水量不足的问题，2017 年引黄入晋工程开始通过桑干河向北京供水，为桑干河和永定河流域生态保护提供水资源保障。

4.2.7　引黄济青工程

引黄济青工程位于山东省，是将黄河水引向青岛市的水利工程，涉及黄河流域和淮河流域两大水资源一级区。工程于 1986 年 4 月开工，1989 年 11 月建成通水。

青岛全市共有大小河流 224 条，均为季风区雨源型河流，多为独立入海的山溪性小河。20 世纪 80 年代以前，青岛城市供水主要依赖大沽河、白沙河水系。大沽河径流季节性较强，汛期河水暴涨、流量剧增，枯水期径流变小、甚至干涸断流。降水量不足、地下水资源濒临枯竭、城市规模却逐渐扩大，使青岛成了典型的资源型缺水城市。近代以来青岛至少经历过两次比较严重的水荒，一次是 1945～1948 年，另一次是 1981 年（景毅，2021）。

1982 年，城乡建设部①会同山东省有关单位在青岛联合召开青岛市水资源讨论会，正式提出了引黄济青的设想。1985 年，国务院正式批准跨流域调引黄河水的方案。引黄济青工程引水水源位于滨州市博兴县的打渔张引黄闸，工程途经博兴、广饶、寿光、潍坊市寒亭区、昌邑、高密、平度、胶州、即墨共 9 个县（市、区）。输水干渠利用新建的打渔张引黄闸及引黄济青工程重建的打渔张一干渠进水闸引水，黄河水经沉沙池沉沙后，进入引黄济青渠首闸，经宋庄、王耨、亭口、棘洪滩四级泵站提水入棘洪滩水库调蓄，再经暗涵、隧洞输水至青岛市白沙水厂，干渠全长为 253km（高汉山和金帮琳，2012）。打渔张引黄闸设计流量为 120m^3/s，渠首闸设计流量为 38.5m^3/s，渠尾棘洪滩入库泵站设计流量 23.0m^3/s，在保证率 95% 的情况下，工程设计向青岛市日供水 30 万 m^3（魏文政和李照，2020）。工程共设置打渔张、宋庄、王耨、亭口、棘洪滩 5 座泵站，总装机为 2.41 万 kW，总扬程为 38.01～45.02m。

2003 年，引黄济青工程成为当时开工建设的山东省胶东调水工程的重要组成部分。为解决引黄济青工程老化、输水能力降低等问题，2014 年底山东省政府启动实施引黄济青改扩建工程。南水北调东线一期工程通水后，引黄济青工程与南水北调东线工程胶东地区输水工程连接，为青岛市提供了可靠的水资源保障。

① 现为住房和城乡建设部。

4.2.8 引松供水工程

引松供水工程位于吉林省境内，工程从西流松花江上的丰满水库引水至吉林省中部地区，是跨越松花江和辽河两大一级流域的跨流域调水工程。其一期工程于2013年启动，2021年12月全线通水，二期配套工程于2018年12月启动。

吉林省省会长春市位于吉林省中部，长春与老工业区四平市、辽源市已经发展形成了吉林省中部城市群，人口较为密集，工业、农业、第三产业发达，是全省的经济中心，也是国家振兴东北老工业基地的重点地区。吉林省中部地区同时也是东北黑土地带核心区域、全国商品粮的重要基地。随着经济、社会、人口的快速发展，缺水已经严重制约了当地发展——水资源人均占有量为382m^3，亩均占有量为155m^3，分别占全国平均水平的18%和11%，区域用水矛盾突出，即使在节水、治污和产业结构调整的基础上，也仍需要实施大型调水工程（张绰，2020）。

2009年4月，吉林引松供水工程项目建议书获得国家发改委批复。2011年11月，可研报告获得国家发改委批复。引松供水工程从丰满水库取水，主体包括：1条总干线，总干线末端的冯家岭分水枢纽，长春干线、四平干线、辽源干线3条干线，四平和辽源干线首端的两座提水泵站，干线末端3座调节水库，12条支线，支线末端的7座调节（检修）水库。输水总干线、长春干线、四平干线和辽源干线，合计全长263.0km。两座提水泵站的总净扬程为138.0m，输水支线全长为371.5km。引松供水工程向长春市、四平市、辽源市及所属的九台市、德惠市、农安县、公主岭市、梨树市、伊通县、东辽县、长春双阳区等11个市（县、区）的城区和沿线26个乡镇供水，以保障沿线生活、农业及生态用水，工程设计多年平均引水量为8.97亿m^3，年最大引水量为10.36亿m^3，设计引水流量为38.0m^3/s（齐文彪，2010）。

4.2.9 引绰济辽工程

引绰济辽工程位于内蒙古自治区兴安盟和通辽市境内，工程从嫩江右岸一级支流绰尔河向西辽河流域及通辽市调水，跨越了松花江流域和辽河流域两个一级流域。工程于2019年11月开工，预计2023年完工。

内蒙古自治区兴安盟是典型的老少边贫地区，基础条件十分薄弱，经济发展非常缓慢。全盟6个旗县市中有5个国家级、1个自治区级贫困县。通辽市位于科尔沁沙地腹地，水资源短缺从根本上制约了兴安盟及通辽市区域经济的发展。1994年，《松花江、辽河流域水资源综合开发利用规划》提出引绰济辽工程。2012～2013年国务院先后批复了《辽河流域综合规划》及《松花江流域综合规划》，规划将引绰济辽工程列为重要的水资源配置工程。2014年，引绰济辽工程被列入国务院确定的172项重大水利工程。

引淖济辽工程由水源工程和输水工程组成。水源工程为新建的文得根水库，位于绰尔河中游，是绰尔河流域的骨干性控制工程。输水工程的线路走向近南北，采用隧洞和管道输水，输水线路全长为390.3km，全线自流。起点为文得根水库，自北向南穿越洮儿河、霍林河等河流，最终到达西辽河干流的通辽市。工程多年平均调水量为4.54亿m^3，设计输水流量为18.58m^3/s，兴安盟分水比例为34%，通辽地区分水比例为66%。工程受水范围为通辽、兴安盟盟府所在地科尔沁区、乌兰浩特市等，主要任务为向沿线城市和工业园区供水，同时结合灌溉、发电等综合利用，对受水区社会经济发展和生态环境改善具有十分重要的意义。

4.2.10 额尔齐斯河调水工程

额尔齐斯河调水工程于新疆维吾尔自治区北部，工程以额尔齐斯河为水源，是西北诸河流域的重大调水工程。工程包括引额济克工程及额济乌工程，其中引额济克工程于1997年开工建设，2000年8月完工，二额济乌工程于2001年9月开工建设，工程仍在建设中。

天山北麓的乌鲁木齐经济带是国家确定的西北三大经济开发区之一，北疆铁路是欧亚大陆桥的纽带，克拉玛依是我国重要的石油工业城市，都处于蓬勃发展的阶段，区域发展对水资源的需求不断增长。新疆北部地区位于内陆干旱区，区域年降水量仅为300mm，水资源短缺已成为当地经济社会发展、生态环境改善和人民生活水平提高的主要制约因素。要解决这一问题，除了进一步调整产业结构和合理利用当地水资源外，必须增加新的水源。综合水资源情况等各方面条件研究，从额尔齐斯河调水是唯一的可行方案。

1992年，新疆水利部门启动调水前期工作。1996年10月，自治区党委、人民政府确定组建新疆额尔齐斯河流域开发工程建设管理局。调水工程水源区额尔齐斯河是我国西北边疆的一条重要国际河流。我国境内流域面积为5.27万km^2，地表水资源量为118.6亿m^3/年，流经富蕴、福海、阿勒泰、布尔津、哈巴河五县市，我国境内河长为633km。引额济克工程是将额尔齐斯河水引往克拉玛依油田区的一项远距离供水工程，以城市工业用水为主，同时兼顾沿线农业灌溉。设计年供水量为8.4亿m^3，沿途使用4.4亿m^3，向克拉玛依输水4亿m^3。引额济乌工程自额尔齐斯河调水工程总干渠顶山分水闸向南延伸向乌鲁木齐方向供水，全长为379.7km。1997年，国务院批准引额济克工程开工，同年工程正式开工建设。2000年引额济克主体工程竣工。2001年9月引额济乌一期工程开工建设。额尔齐斯河调水工程的快速推进，充分体现了国家对新疆经济建设和国际河流水资源开发利用的关心和支持，为新疆经济发展及生态保障提供水资源保障。

4.2.11 引黄济石工程

引黄济石工程是指将黄河之水调往石羊河流域的调水构想，工程将连接黄河流域和西北诸河流域两大一级流域。2018年1月，甘肃省曾提出《支持建设甘肃省武威市引黄济石精准扶贫生态移民供水工程》的建议。目前该方案仍在前期规划阶段。

石羊河流域位于甘肃省河西地区东部，乌鞘岭以西、祁连山以北，与巴丹吉林沙漠、腾格里沙漠南缘相接壤，荒漠化严重。沙化面积和荒漠草原枯死面积逐年扩大，沙漠每年以3~4m的速度向绿洲推进。近50年流域人口剧增，工农业发展迅速，中游地区污染严重，亟须外调水以缓解当地水资源压力。

甘肃省相关部门已提出两套跨流域调水方案。其一为“引大济石”方案，从黄河二级支流大通河引水，包括两个备选方案；其二为“引黄济石”方案，从黄河干流提水，包括3个备选方案。方案比选认为，引黄济石中线方案为向石羊河流域调水的最佳方案。

“引大济石”方案包括“引大济西”及“引大入秦东二干延长”两个备选方案。“引大济西”方案设计在青海省门源县境内的大通河纳子峡修建水库，经三级泵站取大通河干流及支流莱斯图河、二道沟、硫磺沟水，穿过分水岭到石羊河流域的西大河，年引水量为2.5亿m^3，设计流量为16.6m^3/s，线路总长为39.4km，其中明渠为7.66km，包括隧洞4座。共设三级泵站，净扬程为272.21m，总扬程为280.3m，估算总投资为16.5亿元。“引大入秦东二干延长”方案设计从引大入秦东二干渠尾部新建延长段，穿越分水岭，将大通河水引至景电二期总干分水闸附近，汇入景电二期工程向民勤调水的干渠，通过自流输水，最终到红崖山水库。东二干延长段线路总长为127km，估算总投资为12.6亿元。

“引黄济石”方案包括北线、南线及中线3个方案，方案设计年提水量均为5.5亿m^3。北线方案设计从宁夏中卫县长流水沟附近黄河干流取水，经长流水沟、团不拉水、田家刺疙瘩设5级泵站提水，总扬程约为308m。然后经腾格里沙漠腹地至民勤县红崖山水库下游入跃进总干渠，渠线总长为235km。线路在腾格里沙漠腹地行进，暗渠段地质条件较差。南线方案设计从景泰县五佛寺附近设第一泵站取水，提水线路基本与景电二期线路平行，设11级泵站将水提至景电二期总分水闸附近，再新修与景电二期延长向民勤调水线路平行的渠道将水送至红崖山水库。渠线总长为237.0km，设计总扬程为600m。中线方案设计从景泰县五佛寺附近设第一泵站取水，设7级泵站提水，沿白墩子滩东缘由南向北行进，在白墩子火车站附近穿越包兰铁路和包兰公路，在郭家窑火车站附近穿越甘塘—武威铁路，在内蒙古阿拉善左旗詹家房子附近经过腾格里沙漠，将水送至红崖山水库。渠线长为212km，其中隧洞为10.0km，暗渠为128.1km，明渠为69.8km，总扬程为345m。

引黄济石中线方案的调水终点是民勤红崖山水库。为解决与民勤毗邻的金昌市水资源短缺的问题，方案拟将一部分水量送入金昌市，即修建“引黄济石”延长段。延长段设计从红崖山水库北部绕过红崖山，在低窝铺北设一泵站，在馒头山脚设二泵站，在金川区赵家沟南面设三泵站，最后将水引至金川区宁远堡乡白碱滩附近，并设日调蓄池。线路总长为68.8km，含泵站3座，总扬程为186m。

4.2.12 浙赣粤运河工程

浙赣粤运河工程是连接长江流域、东南诸河和珠江流域的大型水利工程，工程将是国家“四纵四横两网”高等级航道网布局规划的重要组成部分，目前仍处于建议、规划阶段。

2020年11月，江西省提出着重打造世纪水运工程，即浙赣粤运河工程。浙赣粤运河由赣粤运河、浙赣运河组成，总长为1988km。其中，赣粤运河规划全长约为1228km，规划投资匡算约为1500亿元；浙赣运河规划全长约为760km，规划投资匡算约为1700亿元。

浙赣运河设计东起浙江省杭州市，西至江西省信江褚溪河口，完工后将沟通钱塘江水系与信江水系。运河大体线路为：经钱塘江、兰江、衢江，在浙江省衢州市双港口至江西省玉山县段跨越分水岭，经信江过上饶、鹰潭等县市注入鄱阳湖后入赣江。赣粤运河北连鄱阳湖、南接珠江三水河口，经鄱阳湖、上溯赣江流域、越分水岭至北江流域，汇入珠江出海，全长约1317km。浙赣粤运河可高效连接长江三角洲、粤港澳大湾区等城市群，对完善国家航道网布局、形成内河水运新格局具有重要意义。

4.3　国家水网典型工程

本节介绍其他未跨一级流域的大型调水工程，共包含18项，其中已建或在建工程16项。已建工程中，有9项基本全程自流，包括京密引水渠、永定河引水渠、引滦入津、辽西北供水工程、引洮供水工程、引大济湟、鄂北水资源配置工程、浙东引水工程和郁江调水工程。自流是大规模调水的首选方式，对能耗、可持续性和经济性等有很大帮助。当然，对于确实不具备全程自流条件的，局部提水也是非常必要的措施。

已建或在建的工程中，以城市供水为主的有京密引水渠、永定河引水渠、引滦入津、引碧入连、引大济湟、福清闽江调水、福建平潭及闽江口水资源配置工程、珠江三角洲水资源配置工程、郁江调水工程、引大入秦工程等10项，以促进缺水地区产业发展为主的有辽西北供水工程、引洮供水工程、鄂北水资源配置工程、引呼济嫩工程、宁夏扬黄工程等5项，以改善生态环境为主要目标的调水工程有引江济太工程、浙东引水工程、引哈济党工程等3项。由于生活、生产、生态密切相关，这些调水工程普遍发挥多方面功能。

4.3.1　京密引水渠

京密引水渠北起密云水库，流经密云、怀柔、顺义、昌平和海淀5个区，在海淀区罗道庄与永定河引水渠汇合，全长为110km，是北京市重要的供水大动脉，也是海河流域重要的水利工程。自1961年建成通水至今，京密引水渠为北京的工业、农业、生活用水提供了保障，为北京的生态环境和国民经济发展起了重要作用。

京密引水渠建成以后经历了4个不同阶段的输供水任务：1961～1988年，以农业灌溉为主。为密云、怀柔、顺义、昌平、海淀、朝阳、通县130万亩农田灌溉供水，截至1988年累计供水86.21亿m^3。1989～2000年，官厅水库退出饮用水源，京密引水渠开始冬季输水，实现全年供水，为北方地区冬季采用明渠长距离输水提供了经验。2001年，京密引水渠下段完成技术改造并开始退出农业供水，主要以供首都工业和生活用水为主。南水北调水进京后，京密引水渠又承担南水北调反向输水调蓄的重任。

为进一步增强北京市供水安全保障能力，密云水库调蓄工程于2016年4月启动，工程通过京密引水渠反向加压将南水北调来水调入密云水库，增加密云水库蓄水量。工程总体布置为，由团城湖取水，通过京密引水渠反向输水，分别在屯佃闸、柳林倒虹吸、埝头倒虹吸、兴寿倒虹吸、史山节制闸和西台上跌水节制闸附近新建6级泵站提升输水至怀柔水库，输水流量为20m^3/s，渠道总长为73km。经怀柔水库调节，部分水量回补水源地，剩余10m^3/s的来水通过在怀柔水库进水闸旁新建的郭家坞提升泵站提升，经8.0km渠道反向输水至北台上倒虹吸处，再经新建的雁栖泵站加压，沿新建的22km管道输水至白河电站调节池，再由新建的溪翁庄泵站加压后通过白河发电洞将水送入密云水库。输水线路全长为103km，总扬程为132.85m。

4.3.2 永定河引水渠

永定河引水渠兴建于1956年，引水渠水源为官厅水库，是海河流域永定河水系上历史最久的大型水库。水库位于北京市的西北方向，库区主体跨越河北省张家口市怀来县和北京市延庆区。官厅水库控制流域面积为4.7万km^2，主要入库支流有洋河、桑干河和妫水河。桑干河与洋河在怀来县汇合后称为永定河。

官厅水库的建成为修建永定河引水工程创造了条件。1954年5月，《永定河引水工程计划任务书》提出引水工程的主要服务目标是：以近期发展的石景山工业区为主要供水对象；解决一部分生活用水、河湖用水和稀释河道污水用水；利用稀释后的污水发展灌溉；为规划中的京津运河准备水源。同年，多部门联合进行永定河引水工程设计。永定河引水工程以三家店为渠首，建拦河闸、进水闸各一座。渠线自三家店经模式口、西黄村向东，利用一段南旱河，经玉渊潭至西便门汇入护城河。为了给城内河湖供水，另设一条从双槐树至紫竹院湖的支渠（双紫支渠），与长河相接，再经长河进入北护城河。1957年4月，永定河引水工程全部建成，引水渠最大引水能力为$50m^3/s$。

4.3.3 引滦入津工程

引滦入津工程是海河流域内连接滦河和海河两大水系的引水工程，工程通过河北省潘家口水库与大黑汀水库联合调度，将滦河水调入天津于桥水库，作为城市供水水源。工程线路长为234km，设计调水规模为在保证率75%时每年向天津市供水10亿m^3，是我国当时线路最长、规模最大的城市引水工程。

海河流域降水量年内分配不均、年际变化大，随着区域社会经济的发展，水资源量在平、枯水年份不能满足流域工、农业生产及城市建设的发展，枯水期海河上游近乎断流。为保证地处海河流域下游的天津市用水，自1965年起天津市开始由北京密云水库取水，经潮白河、北运河入津。后来在连年干旱条件下，北京用水也日趋紧张，密云水库蓄水不足。1972年以后，不得不4次千里迢迢引黄河水救急。为寻求天津市的稳定水源，保障全市工、农业发展用水和生活用水，当时计划从两方面着手，即国家南水北调和引滦入津。南水北调工程规模大、投资多，只能顺应国家整体建设规划逐步实现。而引滦入津有水质好、水量充沛、规模小、短期可行的优势，是当时缓解天津市供水紧张状况的最佳选择（王葳，1984）。

1973年国务院决定兴建潘家口水库、大黑汀水库及引滦入津等工程，以解决天津、唐山两市的用水问题。引滦入津工程的线路方案是：由潘家口水库放水，沿滦河入大黑汀水库调节，将大黑汀水库电站的尾水经分水枢纽送入引滦入津线路，以隧洞穿过滦河、黎河的分水岭，经黎河进入于桥水库，再经调蓄后南下入州河，循州河南下，从九王庄出州河，再沿明渠经12座倒虹吸、3级提升泵站，进入新引河，最后经北运河入海河。其中，在尔王庄水库另分一路，经暗渠泵房入暗渠，再经宜兴埠泵站加压，用钢管送入水厂。工程输水线路全长为223km，其中整治河道108km，开挖明渠64km，修建倒虹吸12座，涵洞5座、水闸7座（杨世斗，1983）。1981年，国务院批准在潘家口水库年可分配水量的19.5亿m^3中，分配给天津市10亿m^3。由于汛期和冰冻期不输水，于桥以上按7个月输水时间考虑，设计流量为$60m^3/s$；于桥以下按9个月输水时间考虑，设计流量为$50m^3/s$；尔王庄以下分两路，$20m^3/s$入水厂，$30m^3/s$入海河。工程于1982年5月全线开工，1983年8月完成通水。

4.3.4 引碧入连工程

引碧入连工程位于辽河流域，是为解决大连市缺水问题而建设的城市供水工程，取水河流为辽宁省普兰店市碧流河干流。

20世纪70年代大连水荒迫在眉睫，引碧入连工程前后共建设了3期，时间跨度为1981年12月~1997年10月共17年，总投资33.98亿元。1984年3月，引碧入连供水工程（即一期工程）全线通水，长达半个世纪的大连水荒基本结束。20世纪80年代中期又建设了第二期引碧入连应急工程。80年代后期，预计大连市2000年的需水量为120万m^3/d，故计划建设第三期工程。其可行性研究工作始于1989年，1997年全线通水（李虹，1997）。

工程线路为从碧流河水库开始，依次经过取水首部、输水管道（10.5km）、两级泵站、输水隧洞（9.7km）、输水明渠、大沙河河道（8.5km）、刘大水库、输水暗渠（42km）等进入洼子店水库，最后由洼子店水库向大连市供水。线路全长150km（曲家廉，1984）。一期工程设计日输水能力为38万m^3。由于在输水明渠以下需要经8.5km河道入新金县刘大水库，会有一定的水量损失，故从刘大水库向洼子店水库供水规模设计为36万m^3/d。

4.3.5 辽西北供水工程

辽西北供水工程地处辽河流域，是从鸭绿江水系调水至辽河流域西北地区的大型调水工程。

辽宁省是东北地区严重缺水的一个省份，主要缺水区位于辽宁省中部和西部。辽中地区尽管有丰富的地下水资源，但区域降水量较少，缺少地下水补给，一些城市已经有地下水超采区。同时，受气候等因素影响，辽宁省多年来年降水量连续低于700mm，水资源量不足全国平均水平的1/3，水资源供应紧张已成为限制工农业发展的主要因素。一些河流的开发程度已达到了70%，但依旧无法有效缓解当地水资源供需矛盾。

辽西北供水工程从秋皮河输水至浑江凤鸣水库，并与地处上游的桓仁水库联合调度，将桓仁水库水量输送到清河水库和大凌河上的白石水库，同时解决沿线地区未来经济发展的用水量需求，计划多年平均供水14.2亿m^3（沈宇，2012）。工程分两期建设：一期为干线输水工程，二期为支线配水工程。干线全长为598.4km，其中隧洞长为289.4km，管线长为308.0km。干线设有总调度中心1处、备调中心1处、管理处12处、配水站6个、电站3座、分水口5个、溢流稳压构筑物9处、检修井28处（赵大鹏，2020）。干线由水源工程和输水工程两部分组成，“秋皮河水库—凤鸣水库”为水源工程，“桓仁水库—清河分水池—彰武界—白石水库”为输水工程。工程总投资300亿元，于2012年开工。

4.3.6 引洮供水工程

甘肃引洮供水工程位于黄河流域，是从洮河引水至陇中地区的大型调水工程，主要用于解决甘肃陇中地区城镇工业用水、农村人畜饮水及生态环境用水。

甘肃省陇中地区土地广阔、河流稀少、水源匮乏，区域年均降水量约300～450mm，而年蒸发量极大。引洮工程自20世纪30年代提出，曾于1958年开工建设，但由于当时技术水平和经济条件有限，工程于1961年停建。引洮工程前期工作于80年代重新启动，2006年国务院审议通过了引洮项目的可行性报告。

引洮供水工程包括九甸峡水利枢纽和供水工程两部分。工程系统由总干渠、干渠、支渠、城乡供水专用管线、调蓄工程及田间配套等工程组成。输水渠网系统包括总干渠、16条分干渠、111条分支渠以及多条城乡供水专用管线。总干渠设计引水流量为32m^3/s，加大流量为36m^3/s，工程全部建成后每年可向陇中地区调水5.5亿m^3。项目分两期实施，一期建设九甸峡水利枢纽和引洮供水一期工程。2006年正式开工建设。2008年，九甸峡水利枢纽基本建成并投产发电。2014年12月引洮供水一期工程建成通水。总投资50.16亿元，年调水量为2.19亿m^3。

4.3.7 引大济湟工程

引大济湟工程位于黄河流域上游，将水资源较丰富但利用率较低的大通河之水引入青海东部经济、文化、政治核心区湟水流域的大型调水工程。

湟水发源于青海省海晏县，其干流流经青海省人口最密集的地区，水资源本底条件难以支撑区域社会经济发展。大通河是湟水最大的支流，水量丰沛，但山高谷深、人烟稀少，水资源利用率低。为了缓解湟水干流地区水资源严重匮乏的困境，早在20世纪50年代，青海省就提出了引大济湟的设想。经过几十年的勘察、论证和比选，最终形成了引大济湟方案：在大通河上游修建石头峡水库，再通过调水总干渠（主要是隧洞）穿越达坂山进入湟水上游的黑泉水库，通过黑泉水库和北干渠、西干渠将水输送至湟水干流和两岸地区。

整个工程由石头峡水库、调水总干渠、黑泉水库（已建成）、湟水北干渠、西干渠等工程组成。规划静态总投资50.34亿元。工程分三期：一期由黑泉水库和湟水北干渠扶贫灌溉一期工程（北干一期）组成；二期工程由石头峡水库、调水总干渠和北干二期组成；三期工程为湟水西干渠。整体建成后，可实现调水7.5亿m^3，新增湟水流域“旱改水”农田110万亩，为青海东部城市群300万人饮水安全以及流域工业、农牧业和生态用水提供可靠水源。2006年10月引大济湟各项工程陆续开工。2015年6月总干渠隧洞全线贯通。2016年11月，西干渠正式开工。2022年9月，引大济湟总干渠工程正式投运。

4.3.8　鄂北水资源配置工程

鄂北水资源配置工程位于长江流域，主要目的是将丹江口水库的湖北用水份额调往鄂北干旱地区，年均引水量为7.7亿m^3，总投资180亿元。

位于湖北省北部的鄂北地区，主要包括襄阳市、十堰市、随州市，是湖北省人口密集区和重要的粮食产区，但区域干旱问题极其严重。2012年7月，湖北省首次提出鄂北地区水资源配置工程的构想，2013年8月工程获水利部和湖北省政府联合批复。

鄂北调水工程以丹江口水库清泉沟隧洞为起点，全线自流横穿鄂北岗地向东南方向输水，沿途经过襄阳市的老河口市、襄州区、枣阳市和随州市的随县、曾都区、广水市，终点为孝感市大悟县王家冲水库。工程设有24处分水口，利用受水区36座水库联合调度，年均引水7.7亿m^3。输水线路总长为269.7km，渠首设计引水流量为38m^3/s。起点水位为152.0m，终点水位为100.4m。2014年5月，鄂北水资源配置工程被列入国家重点推进、优先实施的172项全局性、战略性节水供水重大水利工程。2015年10月全面开工，2021年1月全线通水。

4.3.9　引江济太工程

引江济太即引长江水至太湖的跨流域调水工程，位于长江流域，主要用于保障太湖流域供水安全、改善流域水环境。

太湖流域地处长江三角洲核心区域，是我国经济最发达的地区之一。太湖流域多年平均降雨量为1180mm，多年平均水资源量为177亿m^3，近10年流域实际用水量约为350亿m^3，本地水资源总量已远不能满足用水需求。与此同时，流域水体污染十分严重，水质型缺水形势严峻。1991年，太湖流域遭受严重洪涝灾害后，治太十一项骨干工程启动，包括望虞河、太浦河、环湖大堤、南排等。2001年，温家宝同志在国务院太湖水污染防治工作会议上提出了“以动治静、以清释污、以丰补枯、改善水质”的要求。同年，太湖流域管理局组织编制了《太湖流域引江济太试验工程实施方案》。2002年1月，太湖流域管理局组织江苏、浙江、上海三省市的水利部门开始实施引江济太，正式启用望虞河泵站。

引江济太调水工程主要包括望虞河、太浦河，以及常熟水利枢纽、望亭水利枢纽和太浦闸。工程通过长江口的常熟水利枢纽和太湖口的望亭立交水利枢纽调度，经望虞河将长江水引入太湖，并通过太浦河向上海等下游地区供水，通过环太湖口门向苏州、无锡、杭嘉湖等周边区域供水。同时，流域内其它诸多水利工程协同调度，以加快水体流动、缩短太湖换水周期、缓解地区用水紧张状况、改善太湖水环境。

4.3.10　福清闽江调水工程

闽江调水工程是指从闽江福州段调水到福清市的远距离调水工程，位于东南诸河区。闽江调水工程是福建省重点建设项目，是福清市委、市政府为彻底扭转缺水局面、突破经济发展瓶颈而实施的一项跨世纪大型工程，也是福清有史以来投资规模最大的“天字第一号”水利工程。

福清位于福建东南沿海，区内河溪屈指可数，水量不多且单独入海。福清人均水资源量仅为全国平均水平的1/3，福建省平均水平的1/4。20世纪90年代以后，经济飞速发展导致水资源需求量成倍增长，缺水问题日益凸显。为此，福清市闽江调水工程应运而生。福清市闽江调水工程以福建省最大的独流入海河流闽江为水源，设泵站提水，然后通过隧洞、管道等输水至福清市各主要受水区。工程由干线和3条支线等组成，设计引水流量为10m^3/s，加压后可达15m^3/s，总投资为7.7亿元。闽江调水工程于1992年底启动筹建，1994年12月动工，一期工程于2003年7月建成通水。2017年9月，因为用水需求发生变化，又投入9.7亿元启动支线改扩建工程。

4.3.11 福建省平潭及闽江口水资源配置（一闸三线）工程

福建平潭及闽江口水资源配置（一闸三线）工程位于东南诸河区，工程主要任务为以大樟溪莒口拦河闸为核心，向平潭综合实验区、福清市、长乐市、福州南港片等地供水，促进社会经济可持续发展和生态环境改善。

闽江口地区主要包括平潭、福清、长乐及福州南港片，是福建经济发展的重点地区，在海峡西岸经济区发展布局中处于重要位置。2011年，国务院正式批复了《海峡西岸经济区发展规划》，平潭积极探索两岸合作新模式，在区域社会经济跨越式发展的同时，水资源短缺问题逐渐显露。为解决区域供水短缺问题，福建省启动平潭及闽江口水资源配置工程，2014年，平潭及闽江口水资源配置工程被列入全国172项节水供水重大水利工程之一，于2018年全线开工，总投资为65.3亿元。

平潭及闽江口水资源配置工程主要水源为大樟溪，补充水源为闽江干流，可以概括为一闸三线4个部分，工程引水线路全长为178.2km。其中，一闸是指大樟溪莒口闸，是整个工程的中心；三线是指闽江竹岐至大樟溪补水线，大樟溪至福清、平潭供水线，以及大樟溪至福州、长乐供水线。大樟溪至福清、平潭工程的终点为福清东张水库和平潭三十六脚湖水库。大樟溪至福州、长乐输水工程途经三溪口水库，终点为福州城门水厂、长乐炎山泵站、闽侯南通水厂和青口水厂。工程设计最大供水规模为32.0m^3/s，年平均供水量为8.70亿m^3。其中，从大樟溪引水6.53亿m^3，从闽江竹岐引水2.17亿m^3。大樟溪至福清、平潭线路多年平均供水量为4.41亿m^3，大樟溪至福州、长乐线路多年平均供水量为4.28亿m^3。

4.3.12 珠三角水资源配置工程

珠江三角洲水资源配置工程是从珠江三角洲网河区西部的西江水系向东引水至珠江三角洲东部，为广州市南沙区、深圳市和东莞市的缺水地区供水的大型调水工程。

珠江三角洲地区水资源丰富，但水资源供需极不平衡，广州、深圳、东莞所处的东部地区人口密集，人均水资源量约为370m^3，较为紧缺。同时，区内各地水源单一，广州南沙新区主要依靠过境沙湾水道取水，深圳市和东莞市从东江取水占总供水量的近90%，抗风险能力较低。水资源开发利用程度高，城市生活、生产用水挤占河道生态用水，水环境质量较差，一旦出现连续干旱或突发性水环境污染事件，供水安全将面临严重威胁。为解决珠江三角洲东部地区缺水问题，实现珠江三角洲地区东、西部水资源的优化配置，珠江三角洲水资源配置工程被列为国家172项重大水利工程之一。2016年9月，国家发展和改革委员会批复了该项目。2019年5月，工程进入全面开工、全线建设阶段。

珠江三角洲水资源配置工程从西江水系向珠江三角洲东部地区引水，工程取水点位于九江大桥下游约4.2km处，受水区为广州市南沙新区、深圳市和东莞市，解决城市生活、生产缺水问题，提高供水保证程度，并为佛山市顺德区、广州市番禺区和香港特别行政区等提供应急备用供水条件。工程按2040年总调水规模一次性建成，设计取水规模为80m^3/s，多年平均供水量为17.87亿m^3，总投资约为354亿元，输线路全长为113km。

4.3.13 浙东引水工程

浙东引水工程位于东南诸河区，工程跨越钱塘江流域、曹娥江流域、甬江流域和舟山本岛，是解决浙东“萧绍宁舟”地区水资源短缺问题的重大水资源战略配置工程。

萧绍宁平原主要城市包括萧山、绍兴、宁波，域内有曹娥江、甬江等水系。该地区经济社会发达，在浙江省的经济发展中具有重要地位，是长江三角洲经济区的重要组成部分。由于大量人口和生产力要素聚集、污染物排放强度和总量大、河湖水系复杂、水源补给不足、自净能力差等，河网水环境问题突出，水环境治理与水资源保护任务十分艰巨。为改善区域水问题，浙东引水工程于2004年开始建设，2006年被列入浙江省“五大百亿”工程和“水资源保障百亿工程”。该工程2014年6月，萧山枢纽至慈溪段全线进入常态化运行。2016年，曹娥江至宁波引水工程结合姚江上游西排工程开工。

浙东引水工程的任务是引钱塘江水向萧绍宁平原及舟山市提供工业、农业和生活用水，并兼顾改善萧绍宁河网的水环境。工程包括萧山枢纽、萧山枢纽至曹娥江引水、曹娥江大闸枢纽、曹娥江至慈溪引水、曹娥江至宁波引水、舟山大陆引水二期和新昌钦寸水库等7项工程，以及沿线相关河道和已建水利工程等，可将钱塘江、曹娥江、甬江、萧绍宁河网、舟山群岛等供水水源融为一体。该引水系统浙东引水工程是国内少见的利用平原河网重力输水的引水工程，调度模式独特。引水干线总长为294km，多年平均引水量为8.9亿m^3（陈彩明，2016）。

4.3.14 郁江调水工程

郁江调水工程位于珠江流域，由郁江向钦江和大风江补水，为钦州市及钦江沿线乡镇提供生产、生活及生态用水，工程总投资6.21亿元。

钦州市位于广西南部，北部湾北岸，境内钦江、茅岭江、大风江等独流入海河流。钦州市水资源总量较大，但年内变化较大，80%以上的水量均集中在4~9月，加之境内河流独流入海、源短流急，水资源开发条件差。调水之前，钦江沿岸及主城区生产生活用水已严重挤占生态环境用水。为满足钦州特别是中国（广西）自由贸易试验区钦州港片远期经济发展需要，郁江调水工程于2007年3月开始建设。

郁江调水工程水源地位于郁江右岸支流沙坪河，通水线路经沙坪镇、旧州镇将西津水库之水经至旧州江自流至钦江，再通过大雾坪支流以及新开挖的明渠引水，自流至那庆河、大风江直至东场镇挡潮闸提水入金窝水库，经金窝水库调节后向钦州港区和工业园区供水（刘国瑞，2010）。工程线路全长约为100km，渠首引水流量为20m^3/s，其中向钦州市区输水12m^3/s，向大风江输水8m^3/s。郁江至旧州江修建一引水隧洞，长为10.58km，布置3个施工支洞。洞内水流为无压流，断面为城门洞形，洞内净空尺寸3m×4.4m（宽×高），隧洞纵坡降为1/1200。该工程因施工条件变化大、工程地质复杂等原因一度停工，2018年1月全面复工，2020年10月工程正式通水。

4.3.15 引呼济嫩工程

引呼济嫩工程位于黑龙江流域，目前处于前期论证阶段，工程拟从黑龙江支流呼玛河调水到黑龙江支流松花江的北源嫩江，缓解松花江流域的缺水问题。

随着社会经济和城市化水平的快速发展，松花江流域对水资源的需求不断攀升，加之东北老工业基地振兴及国家粮食安全战略的实施，流域内水资源配置能力不足、水资源保障问题日趋凸显，因此，需从黑龙江支流呼玛河调水来保证松花江流域的用水保障（高明，2014）。引呼济嫩工程拟从黑龙江右岸的一级支流呼玛河引水，呼玛河发源于大兴安岭的伊勒呼里山北麓，干流河道总长为542km，流域面积为3.12万km^2。工程初步规划将呼玛河水引至东北三省大城市水源工程的水源地尼尔基水库，为松辽地区水资源优化配置创造有利条件。

4.3.16 引哈济党工程

引哈济党工程地处西北诸河区，目前处于论证阶段，设计工程位于甘肃省河西走廊地区最西端的酒泉市境内，涉及敦煌、肃北、阿克塞三县（市）及苏干湖、党河两水系。

敦煌、肃北、阿克塞地区位于河西走廊西端，被沙漠戈壁包围，是丝绸之路上的重要节点。区域内的水系——疏勒河与党河是该地区生存与发展的生命线。早在20世纪50年代，酒泉地区就提出了从大哈尔腾河引水补充党河的设想。改革开放以来，特别是西部大开发战略实施以来，随着经济社会的快速发展，区域水资源供需矛盾逐渐加剧。为缓解敦煌地区生活、生产与生态用水之间的矛盾，遏制绿洲生态萎缩、构筑西北地区生态屏障，2003年，酒泉市启动“引哈济党”调水工程前期工作，《引哈济党工程项目建议书》于2013年通过国家发展和改革委员会审查，2014年，该工程被国务院列为“十三五”期间重点推进的172项重大水利工程之一。

引哈济党工程拟从苏干湖水系的大哈尔腾河中游取水，向西北方向绕行党河南山后向北经过阿克塞县城，输水至党河水库。主要受水区为敦煌盆地，收水点为阿克塞调蓄池和党河水库。输水线路总长为207.1km，全程无压输水，设计年引水量为0.9亿m^3，最大引水流量为10.0m³/s，年调水天数为130天。

4.3.17　宁夏扬黄工程

宁夏扬黄工程是黄河宁夏段为水源的黄河流域内部大型提调水工程，包括宁夏同心扬水工程、宁夏固海扬黄灌溉工程、陕甘宁盐环定扬黄工程和宁夏扶贫扬黄灌溉工程，工程主体均位于宁夏回族自治区。其中，宁夏同心扬水工程引水量为5m³/s，于1975年开工；宁夏固海扬黄灌溉工程引水量为20m³/s，于1978年开工；陕甘宁盐环定扬黄工程引水量为11m³/s，于1988年开工；宁夏扶贫扬黄灌溉工程引水量为37.5m³/s，于1998年开工。

4.3.17.1　宁夏同心扬水工程

同心扬水工程位于宁夏回族自治区中南部的同心县，属清水河流域，区域土质肥沃、地形平坦、日照时间长、光热条件好，是发展农牧业生产的理想地区。然而，由于区域降水少，地下水资源贫乏，河水矿化度高，人畜饮水需到百里以外的黄河拉水，农业生产则只能靠天吃饭，群众生活非常艰苦，有名的喊叫水乡就在这里。为彻底改变同心县用水问题，1975年，水电部批准建设同心扬水工程于，1979年，工程正式投入使用。工程由中卫七星渠取水，流量为5m³/s。渠线经金鸡沟、龙湾至同心县城，沿途送水至中宁县长山头机械化农场、同心县和海原县沿清水河两岸的川台地。工程共设泵站6座，干渠总长为97km，总扬程为253m，总装机为1.39万kW。工程建设建筑物175座，干渠全部用混凝土砌护。主体工程共用资金2916万元（陆孝平和王洪琛，1983）。

4.3.17.2　宁夏固海扬黄灌溉工程

固海扬黄灌溉工程位于宁夏回族自治区南部，位于宁夏南部山区的中宁县、同心县、海原县及固原市由于干旱缺水，农业生产基础脆弱，经济和社会发展缓慢。为解决人畜饮水和农业灌溉问题，固海扬黄灌溉工程于1978年6月开工，1986年底竣工。

固海扬黄灌溉工程渠首位于中宁县泉眼山北麓黄河干流右岸，直接从黄河提水。渠首设计流量为20m³/s，经11级扬水到固原市七营，主干渠全长为150.42km，总扬程为382.47m。共建泵站17座，安装抽水机组107台，总装机容量为7.8万kW。东支干渠由主干渠5泵站前池分流5.8m³/s，经两级提水到同心县五家团庄入盘河水库灌区，全长为50.86km。固海提灌工程竣工通水后与同心扬水工程合并，灌溉面积合计达50万亩，解决了30万人、15万头牲畜的饮水困难，灌区生态环境明显改善。

4.3.17.3　陕甘宁盐环定扬黄工程

陕甘宁盐环定扬黄工程位于陕西、甘肃、宁夏三省区，以解决宁夏盐池县和同心县、陕西定边县、甘肃环县的人畜饮水为主，同时服务于防治地方病、改善生态环境、发展农业灌溉等，是国家“八五”重点建设的电力扬水工程。

盐环定扬黄工程于1988年7月开工，1992年陆续建成投入运行，投资3.03亿元。工程建有泵站12座，装机容量为6.59万kW，输水干渠总长为123.8km，年引水量为1.37

亿 m^3，设计流量为 $11m^3/s$，宁夏分配流量为 $7m^3/s$，陕西和甘肃各 $2m^3/s$（陶东，2018）。为提高设备运行效率，消除老化设备安全隐患，2016 年 9 月，宁夏回族自治区发展和改革委员会启动实施盐环定扬黄工程更新改造项目，2018 年初主体工程基本完工。改造后工程供水范围已扩大至陕甘宁三省区的定边、环县、盐池、同心、利通、红寺堡、太阳山七县区，为区域人饮、工业、农业及生态提供水源。

4.3.17.4 宁夏扶贫扬黄灌溉工程

宁夏扶贫扬黄灌溉工程位于宁夏回族自治区中南部，主要涉及中卫、吴忠、固原三市的九县（区），是国家“八七”扶贫攻坚计划的组成部分。

宁夏扶贫扬黄灌溉工程主要包括水利骨干、供电、通信、农业、移民等五项工程，其中水利骨干工程包括水源工程、红寺堡扬水工程及固海扩灌扬水工程，工程设计每年从黄河引水 5.17 亿 m^3，引水流量为 $37.5m^3/s$，新建扬水泵站 39 座，总装机容量为 19.97 万 kW，干渠总长为 315km、支干渠长为 289km（王瑞清，2009）。工程于 1994 年 9 月开始筹建，1998 年 3 月开工，2003 年 10 月全线通水，红寺堡和固海扩灌两片灌区开发土地 68.7 万亩。为减轻宁夏南部山区人口压力，搬迁安置移民 30 万人（焦青青等，2009）。

4.3.18 引大入秦工程

引大入秦工程位于黄河流域，是将湟水支流大通河水调往秦王川盆地的一项自流调水工程。

引大入秦工程水源为黄河二级、湟水一级大支流大通河，受水区主要是位于兰州市以北 60km 的秦王川盆地以及后来设立于秦王川盆地的兰州新区。秦王川盆地位于甘肃省兰州市永登县，是兰州、白银两市的交接处，区域地势平坦但干旱缺水。为改善兰州、白银两地农业生产及生态用水的矛盾，1976 年引大入秦工程被列入国家“五五”计划，引大入秦工程包括渠首引水枢纽、干渠，以及支渠及斗渠等一系列配套工程，建有 9 座调蓄水库，38 座渡槽，3 座倒虹吸工程，干支渠总长为 1020.21km，设计引水流量为 $32m^3/s$，加大引水流量为 $36m^3/s$，年引水量为 4.43 亿 m^3（陈晓东和陈居乾，2018）。1976 年引大入秦工程开工，但受资金和技术限制，1981 年甘肃省政府决定工程缓建。1987 年工程全面复工，1994 年总干渠建成通水，2001 年主体工程全面建成，2012 年完成全部项目建设任务。2015 年工程通过甘肃省政府竣工验收，供水范围覆盖兰州、白银、景泰、皋兰、永登、天祝和兰州新区，受益区人口达 200 多万。

参考文献

安徽省水利水电勘测设计院，等. 2017. 引江济淮工程（安徽段）水土保持方案变更报告书.

曹娜，王瑞玲，娄广艳，等. 2017. 引黄入冀补淀工程地下水环境影响研究. 人民黄河，9（11）：118-121.

长江水资源保护科学研究所. 2016. 引江济淮工程环境影响报告书.

陈彩明. 2016. 浙东引水工程运行存在的问题及对策建议. 广东水利水电，（12）：52-55.

陈晓东，陈居乾. 2018. 引大入秦工程长大隧洞及大型跨河建筑物设计与技术创新. 甘肃水利水电技术，54（10）：3-54.
杜小洲. 2020. 引汉济渭秦岭输水隧洞关键技术问题及其研究进展. 人民黄河，42（11）：138-142.
高汉山，金帮琳. 2012. 引黄济青调水工程改扩建分析. 东北水利水电，30（10）：15-16.
高明. 2014. 松花江流域跨流域调水方案初探. 科技创新与应用，（13）：154.
耿雷华，刘恒，姜蓓蕾，等. 2010. 南水北调东线工程运行风险分析. 水利水运工程学报，（1）：16-22.
焦青青，刘建林，马斌，等. 2009. 宁夏扶贫扬黄灌溉工程运行管理方式分析. 人民黄河，31（2）：61-62.
景来红. 2016. 南水北调西线一期工程调水配置及作用研究. 人民黄河，38（10）：122-125.
景毅. 2021. 通水31年 引黄济青润桑梓. 科学大观园，（1）：38-41.
李虹. 1997. 大连市引碧入连供水工程. 给水排水，（2）：18-22.
李珠，刘元珍，闫旭，等. 2007. 引黄入晋——万家寨引黄工程综述及高新技术应用. 工程力学，（S2）：21-32.
刘国瑞. 2010. 郁江调水工程引水隧洞进水塔事故闸门设计. 水利水电工程设计，29（1）：25-27.
陆孝平，王洪琛. 1983. 宁夏同心扬水工程效益分析. 中国水利，（4）：43-44.
孟金红. 2019. 景电二期向民勤调水工程运行管理的思考. 甘肃科技，35（17）：111-112+77.
齐文彪. 2010. 吉林省中部城市引松供水工程设计关键技术研究. 长春工程学院学报（自然科学版），11（3）：93-96.
曲家廉. 1984. 利用城乡力量兴建引碧入连供水工程. 水利水电技术，（10）：23-26.
沈宇. 2012. 辽西北供水工程对桓龙湖景区影响及解决方案. 科技资讯，（28）：138.
陶东. 2018. 陕甘宁盐环定扬黄工程节水型灌区建设关键问题思考. 南京：2018中国水资源高效利用与节水技术论坛论文集.
王瑞清. 2009. 宁夏扶贫扬黄工程水土保持监测探索——以风力侵蚀为主的红寺堡灌区为例. 宁夏农林科技，（4）：14-17.
王葳. 1984. 引滦入津工程简介. 土木工程学报，（1）：8-11.
王伟，陈友平，杨应军. 2014. 南水北调西线一期工程施工总体布置规划. 河南水利与南水北调，（19）：49-50.
魏文政，李照. 2020. 引黄济青改扩建渠道衬砌工程施工质量控制要点. 中国水利，（16）：42-43.
吴浩云，周丹平，何佳，等. 2008. 引江济太工程综合效益的评估及方法探讨. 湖泊科学，（5）：639-647.
徐宝同，徐嘉. 2019. 引黄入冀补淀工程高效利用探讨. 海河水利，（4）：38-40.
杨世斗. 1983. 引滦入津工程简介. 海河水利，（4）：5-9.
张畅. 2019. 引黄入冀补淀工程主要工程地质问题及探讨. 三峡大学学报（自然科学版），41（S1）：167-169.
张绰. 2020. 吉林省中部城市引松供水工程环境保护工程探讨. 陕西水利，（7）：97-99.
张金良，马新忠，景来红，等. 2020. 南水北调西线工程方案优化. 南水北调与水利科技（中英文），18（5）：109-114.
赵大鹏. 2020. LXB供水工程水力过渡过程分析及运行安全评估. 沈阳：沈阳农业大学.
中国电建集团北京勘测设计研究院有限公司. 2019. 陕西省引汉济渭二期工程环境影响报告书. 北京：中国电建集团北京勘测设计研究院有限公司.

第 5 章
国家水网建设构想

5.1 中国“双 T” 形水网经济格局建设构想

水是人类社会赖以生存和发展不可替代的资源，是生态系统最活跃的控制性因素。浩瀚海洋、江河湖泊和人工河渠形成的水网系统，为物质循环、能量流动和信息传递提供了便利条件，并对人类经济、社会、政治等发展产生了深远影响。纵观人类发展历史，水网一定程度上决定了国家或区域的经济社会发展格局，塑造并形成了密切联系的水域生态经济带，本书将其界定为水网经济带。水网经济带不同于一般的区域板块式经济圈，而是打破行政区划体系，形成一种伴随水资源流动的带状结构，并能够以水网为依托辐射和带动周边区域发展，维系沿线地区的生态环境，孕育水域文明。典型案例有莱茵河、多瑙河、密西西比河、尼罗河等流域经济带，国内长江经济带的形成与发展也同样如此。依托货运量全球内河第一的长江黄金水道，长江流域发挥水运量大、成本低、节能节地的优势，形成了我国国土空间开发最重要的东西轴线，而三峡工程的建设则进一步支撑了长江经济带发展。

由于自然河流都有其分水岭，为扩大活动空间，满足政治、经济、军事以及社会文化交流等方面的需求，依托天然河湖开挖人工水系通道，成为不同区域历史发展共同的选择。从国外看，20 世纪中期美国集中修建了中央河谷工程、加利福尼亚水道工程、科罗拉多-大汤普森工程、阿肯色河调水工程、中部亚利桑那工程等一批跨流域水网工程，显著促进了美国中西部等缺水地区开发和经济社会发展。以色列水资源自然禀赋较差，但通过建设覆盖全国的水网系统，建立了国家水安全保障的新路径。从国内看，历史上京杭大运河构建了以都城为终点的沟通各大水系的水网系统，统一和巩固了国家政权，极大地促进了经济与社会发展，改变了政治中心与经济重心，并由此形成了南北交融的经济带和文化带。部分重大水利工程建设也显著改变了区域发展格局，如都江堰将成都平原打造成水旱从人、沃野千里的“天府之国”。在充分吸收前人研究和实践经验的基础上，本书基于中国现代水网经济带发展演变过程分析，探讨未来一个时期中国水网经济带基本格局，剖析其构建基础和支撑条件。

5.1.1　中国水网经济带发展演变

中华人民共和国成立以来，随着国内外环境的变化和经济社会发展，我国共经历了三次大的国土开发和经济布局转移。第一个阶段是 20 世纪 50 年代，我国首次进行大规模生产力布局的战略转移，将发展的重点由沿海迁移到内地，当时的 156 项重大工程及配套重点项目主要分布在东北、华北、西北与华中地区。第二个阶段是 20 世纪 60 年代至 70 年代，我国发展重点继续向内陆地区转移，即“三线”建设。第三个阶段 20 世纪 80 年代以来，我国走上改革开放的道路。为了融入海洋运输贸易世界经济，扩大走向世界的通道，我国开辟了改革开放的窗口，1980 年深圳、珠海、汕头和厦门 4 个沿海城市被列为经济特区，1984 年国家进一步开放沿海大连、秦皇岛、天津、烟台、青岛、连云港、南通、上海、宁波、温州、福州、广州、湛江、北海 14 个港口城市，1988 年设立海南省并划定为经济特区，由此形成了由北到南连成一线的中国对外开放的前沿地带。20 世纪 90 年代以后，我国对外开放的步伐逐步由沿海向沿江延伸，1992 年党中央、国务院决定开放长江沿岸的芜湖、九江、岳阳、武汉和重庆 5 个城市。依托长江黄金水道和沿江开放政策，带动了整个长江流域经济的迅速发展，形成了面积约 205 万 km^2，人口和生产总值均超过全国 40% 的长江经济带，横跨我国东中西三大区域，已发展成为我国综合实力最强、战略支撑作用最大的区域之一。由此确立了以东部沿海地带和横贯东西的长江经济带为主轴的“江-海”T 字形水网经济格局。这种发展格局使我国生产力布局与水土资源、交通运输、城市依托和国内外市场实现了良好的空间组合，成为我国经济增长最主要的引擎。

进入 21 世纪，在中国发展的战略棋盘中，东西部不均衡越发突出，实施西部大开发、促进地区协调发展成为我国一项战略任务。随后，我国提出了中部崛起战略，旨在促进中部地区经济社会快速发展。在西部开发、中部崛起等历史进程中，济南、郑州、西安等黄河流域的中心城市快速发展，逐步形成了以黄河中下游为轴线的东西向经济发展核心区，但是由于水资源匮乏和航运功能缺乏等物理纽带联系不足，黄河沿岸城市发展滞后于长江经济带，一体化的经济体尚没有形成整体规模。随着 2019 年黄河流域生态保护和高质量发展重大国家战略的提出，依托良好的发展基础，把黄河流域打造为贯通东西的生态经济带，促进南北方均衡发展，将是未来一个时期中国经济发展格局的重要举措。因此，“T”字形水网经济发展格局正逐步转向为以东部沿海地带和横贯东中西的长江沿岸与黄河沿线为主轴的“江-河-海”Π 字形经济发展格局（图 5-1），由此形成了新时期的国家江河战略。

在世界经济政治格局深刻调整的大背景下，在全球百年未有之大变局当中，国家大力推进高质量发展，并提出要逐步形成以国内大循环为主体、国内国际双循环相互促进的新发展格局的重大战略部署。粮食安全、城镇集群、重大战略区、能源基地建设、生态系统保护、人居环境改善等对经济社会发展格局提出新的要求，如何完善国家水网布局，构建面向 2050 年甚至更长远一个时期的中国水网经济格局，向第二个百年奋斗目标进军，具有十分重要的战略意义。

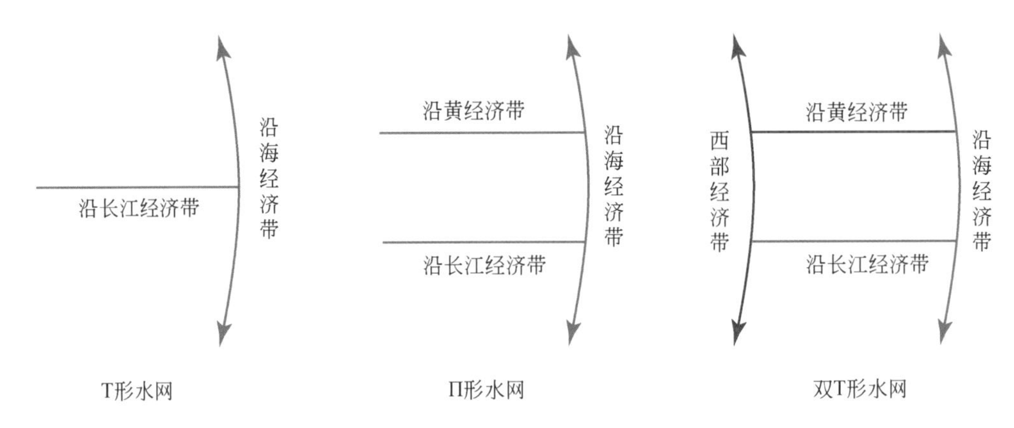

图5-1 中国水网经济发展演变过程

5.1.2 “双T”形水网经济格局总体构想

5.1.2.1 “双T”形水网经济带基本布局

从20世纪80年代T字形水网经济格局到构建Π字形水网经济发展格局，以及党的十八大以后提出的“一带一路”倡议，实践充分表明，国家经济发展布局必须层次鲜明，突出主轴才能集中力量，形成内在动力，促进区域发展崛起。我国现状经济发展格局仍然存在黄河沿线经济带不突出和西部发展不均衡的问题，为此，本书提出“双T”形水网经济格局构想，构建以“黄河生态经济带-西部经济带”为核心的北方水网经济格局“NT”（North T，NT），与“东部沿海经济带-长江经济带”为核心的南方水网经济格局“ST”（South T，ST），形成互联、互通、互济和协同经济格局，构建新时期“沿海-沿江-沿黄-西部调水沿线”的南北“双T”（Double T，DT）发展架构。

“双T”形水网经济格局构想是在现状Π字形水网经济格局的基础上，通过构建西部调水工程等水网基础设施，优化经济社会发展布局，增强黄河沿线生态经济带，打造西南西北水网联通经济带，并借助“一带一路”倡议的推动，形成“统筹国内国际”“协调东中西和南北方”的国家经济社会发展新格局，构建面向2050年以及更长远一个时期经济社会发展的主体架构，促进国家高效、强劲、持续、稳定的发展。

5.1.2.2 “NT”水网经济带构建基础

构建中国“双T”形水网经济格局，关键在于完善“NT”水网经济格局，需要充分利用区域良好的经济、人文、交通和水网设施四大基础条件。

一是经济基础条件良好。现有经济发展程度不仅是未来经济发展的重要基础，也体现着该区域历史、人文、自然、社会等整体情况。总体而言，沿海和河口地区经济基础最强，长江沿线黄金水道连接优势明显。北方地区有大规模平原土地的优势，经济积聚性强，形成了京津冀城市群、以郑州为中心城市的中原城市群、以西安为中心城市的关中平原城市群、兰州-西宁城市群和呼包鄂榆城市群，山东半岛城市群、山西中部城市群和宁夏沿黄城市群也在快速发展，兰州-西宁-河西走廊地区在“一带一路”倡议带动下也具有较好的发展条件。另外，随着西部大开发战略的推进实施，我国西部地区与沿海发达地区的发展差距明显缩小，西部地区经济占全国的份额由 2000 年的 17.1% 上升到 2020 年的 20.7%，经济增长速度远高于东部、中部和东北地区。因此，现状经济基础是支撑建设“NT”水网经济格局的重要条件。

二是人文基础条件优越。一定规模人口是经济中心形成的必要条件，我国人口密集区主要位于东部沿海、黄淮海平原、四川盆地、关中平原等地，是“NT”形水网经济构建的重要基础。此外，经济带具备良好的人文条件，黄河是中华民族的母亲河，具有深厚的历史文化积淀，上游多民族融合与农牧交错文化，中下游众多历朝古都、历史文化名城，有中原文化、晋商文化、齐鲁文化等，兼有革命圣地红色文化。黄河以西的河西走廊，历来是沟通中原、西域以及欧洲的一条重要通道，推动着东西方文化交流，并诞生了武威、张掖、酒泉、敦煌等历史文化名城，并形成了悠久文化传承。

三是交通变革提供新动能。近代以来，由于沿海地带水路运输的突出优势和融入世界贸易体系的前沿优势，我国经济和人口的空间分布呈现出倒 T 字形的沿海分布，这也是我国改革开放以来沿江、沿海率先发展的主要因素。随着经济发展、产业升级、生态保护和科技进步等因素影响，加上交通方式的多样化和迅捷化逐步对冲海运和内陆航运的优势，进一步拓展发展空间成为必然选择。1978 年以来，我国铁路、公路、水运、民航等各类运输方式的货物周转量中，水运所占比例平均值为 50%，但是 2008 年以来，陆路运输的重要性逐步加强，促进了各种资源和产业在更大国土空间上的优化配置，拓展了传统的沿江沿海倒 T 字形格局。随着“一带一路”倡议不断深化和拓展，陇海-兰新沿线迎来前所未有的发展机遇；以四川盆地为核心的西南地区，正在逐步形成向西北连通的通道，均是我国“NT”形水网经济布局建设完善的重要基础条件。

四是国家水网建设破解资源制约。黄河沿线经济带和西北地区经济发展的最大制约因素在于水资源，国家水网建设是突破这一制约的重大支撑。《中共中央关于制定国民经济和社会发展第十四个五年规划和二〇三五年远景目标的建议》明确提出“实施国家水网”。2021 年 5 月 14 日习近平总书记在南水北调后续工程高质量发展座谈会上发表重要讲话，指出需要“加快构建国家水网主骨架和大动脉”。以南水北调工程为主骨架推动国家水网建设，对提高我国水土资源匹配性、促进我国南北、东西经济协调发展、支撑构建“NT”形水网经济格局将发挥重要作用，并重塑我国经济地理格局。特别是在新发展阶段和新发展理念指导下以及构建全国统一大市场和国内大循环等总体要求下，国家水网规划需要主动适应和支撑国家经济社会发展战略布局。

5.1.2.3　“NT”形水网经济带建设三大主轴

我国“NT”形水网发展构建主要取决于黄河几字弯-中下游城市群、河西走廊、西南川渝经济圈三大主轴，以三大主轴经济带动区域协同发展，并打通三大区域之间的连接通道。

一是黄河几字弯-中下游城市群。黄河几字弯地区是西北地区经济发展的桥头堡，是西部大开发、黄河流域生态保护和高质量发展、东数西算、西电东送、宁夏沿黄经济带建设、呼包鄂榆和天水-关中城市群等多个国家重大战略的交叉融合区。同时，以郑州为核心的中原城市群与以西安为核心的关中平原城市群、以济南-青岛为核心的山东半岛城市群沿渭河、黄河布局，与黄河几字弯地区联系紧密、横贯东西，共同构成了“NT”形水网经济格局的重要横向轴线。依托黄河流域生态保护和高质量发展战略，实现黄河上中下游协调发展，打造黄河几字弯生态经济带，推动高质量区域经济布局，将在很大程度上破解南北经济发展差距扩大的趋势，推动我国经济社会高质量发展。

二是西北河西走廊经济带。河西走廊既是我国重要的生态安全屏障，也是我国交通、能源、物流战略大通道，以及丝绸之路经济带重要路段和节点，在推进西部大开发形成新格局中具有十分重要的作用。与我国东部和西南地区相比，河西走廊拥有开阔平坦的发展空间，有充足的阳光资源，以及孕育成熟的绿洲农业和城市群带状分布资源，这些优越条件是区域产业链、价值链扩展的现实依托。缺水是河西走廊发展的最大短板，是人口和经济社会发展的刚性约束。西部水网工程建设将彻底打开河西走廊经济发展的“天花板”，形成以“银川-兰州-西宁”省会间线式发展轴，构建以其为弓，以河西走廊为箭，西向发力的区域化发展格局，以人力资源、工业基础等比较优势，打造河西走廊经济带，形成连接东西部、面向中亚和西亚等的出口工业基地。

三是西南成渝经济圈。成渝城市群产业基础良好，工业门类齐全，是我国经济第四增长极。重庆经过开埠、陪都、三线建设、计划单列市、直辖市等重大发展建设，目前已经形成以电子、汽车、装备、化工、材料、消费品和能源等为主导的多点支撑产业体系，拥有全部 41 个工业大类中的 39 个，而四川拥有全部 41 个工业大类的工业体系。2011 年，“渝新欧”国际铁路联运大通道正式运行，从重庆出发，经西安、兰州、乌鲁木齐，进入哈萨克斯坦，再经俄罗斯、白俄罗斯、波兰至德国的杜伊斯堡，打破了中国传统以东部沿海城市为重点的对外贸易格局，加快实现了亚欧铁路一体化建设，搭建起了与沿途国家的经济联系和文化交往桥梁。2017 年，由重庆联合贵州、广西、甘肃打造的南向通道铁海联运班列常态化运营，有力地推动中国加快形成“陆海内外联动、东西双向互济”的对外开放新格局。未来，西南成渝经济圈将以陆海新通道为依托，带动人流、物流、资金流的加快集聚与扩散，进一步提升在“NT”形水网经济格局中的贡献。

5.1.3 基于“双 T”形水网经济带的国土空间新格局

“双 T”形水网经济格局既是我国经济社会发展的自然趋势，也是进一步推动高质量发展的战略构想，以“双 T”架构为核心布局国家水网和交通等基础设施，将在区域协调发展、产业转型升级、“一带一路”建设和促进文化繁荣等方面产生重要作用。

一是支撑完善黄河生态经济带，促进我国南北方均衡发展。由于受到传统动能、过剩产能等因素影响，近年来我国东北、华北和部分西北等地区经济增长缓慢，北方经济占全国的份额不断减少（图 5-2），从 1983 年的 46.4% 下降到 2021 年 35.3%，年均降幅达到 0.3%。整体来看，北方经济发展多依赖于相对丰裕的资源禀赋以及与其相关的重化工业，而这些重化工业发展高度依赖投资拉动，但近些年来投资增速明显下滑，使得北方地区经济缺乏韧性和活力。北方地区特别是黄河生态经济带的优势在于矿产、土地、光照等资源，且地势平缓开阔、易于陆路交通，但水资源不足使得能源矿产特色产业的经济社会带动作用没有得到充分发挥。在完善国家水网的基础上，支撑构建“NT”形水网经济带，可以充分发挥北方地区资源禀赋条件，建立与能源、土地、生态环境、技术资金相协调的产业格局，形成产业集群布局体系，将资源优势转化为产业优势，促进区域协同发展与辐射带动作用，推动黄河几字弯–黄河沿线带、河西走廊、黄淮海平原等地区高质量发展。

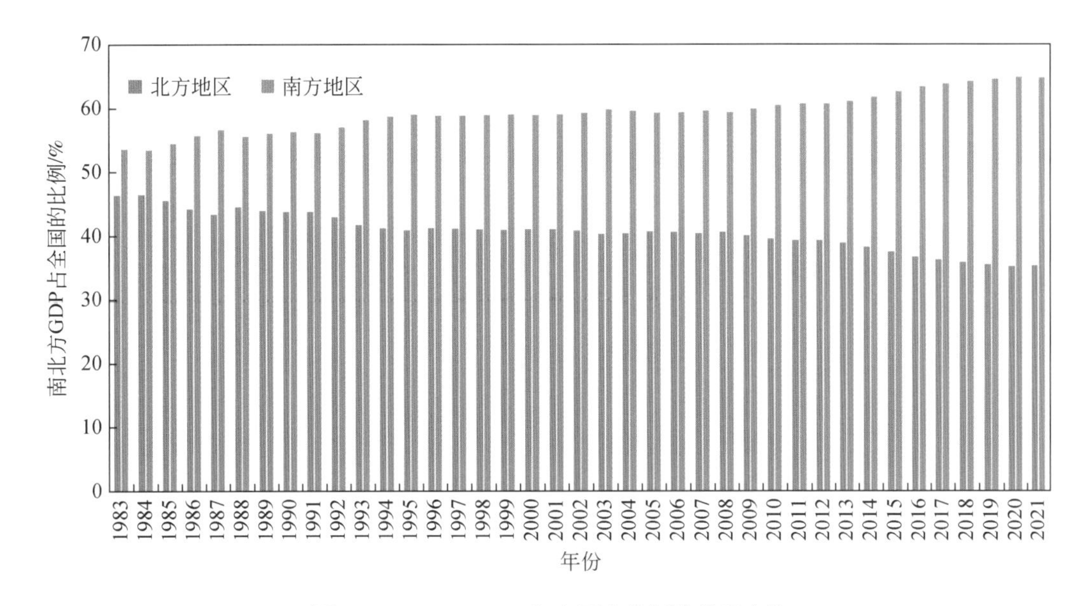

图 5-2　1983 ~ 2021 年中国南北经济差距变化

二是带动西部崛起，促进我国东西部协调发展。水资源短缺是制约西部地区经济社会发展最主要的因素，区域新增产业用水必须依靠存量节水和水权转化才能得到保障。通过完善水网格局，建设“双 T”形水网经济带，可以重构中国经济地理格局。“胡焕庸线”是东南和西北不平衡发展的“分水岭”，其东南部 43% 的陆地面积生活着 94% 的人口，集中了 91% 的耕地和 96% 的国内生产总值。根据土地平整度和土壤条件统计，黄河上中游宁蒙沿黄地带、河西走廊、东疆和南疆高程 1700m 以下约有 15 亿亩土地，扣除现有耕地、林地、水域、建设用地、裸岩等面积，有超过 2 亿亩土地可作为我国战略后备耕地。“双 T”形水网经济带能够极大地挖掘“胡焕庸线”以西土地潜力，破解人口、资源、环境和发展压力的水资源约束，并在现代科技和节水观念的引领下，促进农业现代化和工业快速发展，带动河西走廊和成渝城市群发展，构建我国能源产业基地，创造全新的经济增长点，进而推动西部地区跨越式发展，可形成一条横贯南北的优质经济带，辐射带动西北和西南边疆地区，分担东部地区发展压力，促进我国东西部协调发展。

三是创造新的发展空间，促进高质量发展。“双 T”形水网经济带建设能够促进我国水土资源更加匹配，带动经济的协同发展，创造无限的发展空间。通过西部调水，可以形成从黄河几字弯到河西走廊、再到广大边疆的超大规模绿洲，实现与胡焕庸线以东区域连接。未来绿洲和城市建设将创造巨大的市场规模，带动一系列上下游产业的发展，这将为众多勘探、设计、施工、服务行业以及技术创新带来巨大的市场机会和收益。随着西部超大规模绿洲的兴起、耕地的开发和工业的发展，并在现代科技和节水观念的引领下，钢铁、能源、电力、煤炭化工、建材、旅游等现有产业基础作用将充分发挥，未来装备制造、高新技术、食品、生态旅游、文化等产业发展潜力巨大，能够创造全新的经济增长点，武威、金昌、张掖、酒泉、嘉峪关、玉门、敦煌、和田、哈密等沿线城市人口将大规模增加，崛起若干个新的中心城市，推动我国西部地区跨越式发展。在全球信息化和物流现代化的支撑下，向东可以覆盖国内市场，联系着亚太经济圈，向西可以开发中亚、西亚，以至欧洲和非洲市场，将成为“世界上最长、最有发展潜力的经济文化大走廊”，极大地提高西北地区的经济地位和对外开放水平，促进欧亚大陆东西联动，保障国家均衡、强劲、持续的发展。

四是促进民族和文化大融合，提升边疆地区生产生活水平。中华人民共和国成立 70 多年来，边疆地区经济有了很大的发展，人民生活水平有了很大的提高，但由于历史原因和客观条件，贫困现象仍较为突出，与东部地区相比仍然差距甚远，成为边疆稳定的主要问题。“双 T”形水网经济可以作为一个现实的抓手，在其建设和后期的发展过程中，增加可利用土地，推动城市化建设，大大增加少数民族的发展和就业机会，大幅度提高收入和生活水平，起到在物质上和文化上促进民族团结、共同发展的纽带作用，成为稳定边疆的定海神针。此外，西北和西南地区资源富集，市场潜力大，对我国地缘政治经济格局的平衡起着战略性作用。产业的不断聚集和市场的不断扩大，将极大地扩展我国战略纵深，优化地缘政治经济格局。因此，“双 T”形水网经济既能消除由于东西部经济发展的巨大差距而带来的诸多国内政治、经济、民族及社会问题，又能防范因国际政治经济局势的突变而潜伏的地缘安全隐患，对我国经济发展、政治稳定、国家安全具有重要的战略意义。

5.1.4 西部调水是“双 T”形水网经济带建设的重要基础

5.1.4.1 以西部调水带动“双 T”形水网经济带建设

“双 T”形水网经济带布局构想核心是增强黄河沿线经济带，打造西南西北联通的新水网经济带，形成面向 2050 年及更长远的中国北方“NT”形水网经济格局，而制约“NT”水网构建的关键是区域水网系统不发达和水资源条件不支撑。

黄河流域和西北诸河是全国十大水资源一级区中最缺水的区域。黄河流域大部分处于干旱、半干旱和半湿润气候区，多年平均降水量为 447mm，仅为全国平均水平的 70%，人均水资源量只有 408m^3，远低于全国人均的 2000m^3 和世界人均的 7350m^3，也低于国际公认的人均 500m^3 极度缺水线。新疆、青海、甘肃、宁夏、陕西和内蒙古西北 6 省（自治区），陆地面积占全国的 36%，但是水资源不到全国的 6%，水资源严重短缺，社会经济用水挤占生态环境用水问题突出，严重威胁社会经济的可持续发展。

水资源是人口聚集、产业发展和生态保护的基础条件。我国北方尤其是西北地区土地资源丰富，光热条件适宜，矿产和能源资源富集，东连亚太经济圈，西邻欧洲经济圈，是丝绸之路经济带的关键区域，极具发展潜力。尽管 20 世纪末开启的西部大开发拉开了“西部崛起”的序幕，由于受到水资源短缺的严重制约，西北地区经济发展水平与两端的经济圈仍存在巨大的落差，已经成为我国经济社会发展最不平衡、最不充分的区域。水资源已经成为西北地区崛起的“牛鼻子”，解决西北地区的水资源问题，直接关系着西部国土的稳定和长治久安，关系到“西部崛起”战略的实施成效，保障国家均衡、强劲、持续发展的关键。

完善西部水网，实施西部调水工程是打开“NT”水网经济带的钥匙，是构建“双T”形水网经济格局的基础条件。依托西部调水工程，在政府引导和市场机制作用下，人流、物流和信息流将沿着调水线路转移、集中和流动，并可辐射带动广阔的周边地区，打破行政体制壁垒，产生新的经济增长极。发达国家和中国经济发展路径表明，从沿海起步先行，溯内河向纵深腹地梯度发展，是现代化进程中的共同经历。在中国南方“ST”形水网经济格局已经稳固、南北方发展差距逐渐拉大和东西部不平衡仍然显著的时代背景下，亟须以完善和构建中国北方“NT”形水网经济带为目标，规划布局西部调水工程。

5.1.4.2　新时期西部调水工程实施建议

西部调水工程方案研究由来已久，早在1952年，毛泽东主席视察黄河时就指出：“南方水多，北方水少，如有可能，借点水来也是可以的”，第一次明确提出了“南水北调”的伟大设想。此后，相关部门、个人和社会团体开展了大量的西部调水研究，提出一系列从西南地区主要河流调水的方案，代表性的有黄河水利委员会的南水北调西线方案、原长江水利流域委员会主任林一山的远景调水设想、中国科学院陈传友的藏水北调、青海99课题组西线调水99方案、张世禧的西藏大隧道、郭开的大西线调水（朔天运河）方案等。

2002年国务院批复的《南水北调工程总体规划》，明确南水北调西线工程分三期实施，形成了从海拔3500m左右的通天河、雅砻江、大渡河干支流调水170亿m^3的总体工程布局。但是由于调水比例高、发电影响大、线路海拔高、生态环境影响大、施工困难，以及与水源区发展需求竞争，南水北调西线工程始终没有实施。2016年提出沿青藏高原全程自流输水到北方广大干旱缺水地区的西部调水构想，由于其思路创新、目标明确、顺应我国自然地理条件等特点，引发了全社会广泛的讨论和深入的思考。西部调水事关战略全局、事关长远发展、事关人民福祉，需要充分吸收各方案优点和南水北调东中线一期工程规划建设经验教训，结合南水北调西线工程特点进行规划设计，为此提出以下六点建议。

一是要以支撑国家水网经济格局构建为战略目标。西部调水线路海拔高、覆盖范围广，能够沟通西南诸河以及长江、黄河和西北诸河，辐射影响淮河、海河等流域，具有南水北调中线和东线工程难以比拟的战略优势。西部调水工程应着眼于广大的北方缺水地区，以支撑构建国家水网经济格局为战略目标，在紧密服务国家重大发展战略上、在国土开发利用保护的大格局上做好全局谋划和整体布局，明确战略目标，不能局限于一城、一地、一域。

二是实施主动的水资源空间布局。水资源对于我国北方尤其是西北地区制约作用越来越突出，导致东西部和南北方发展越来越不均衡。拓展发展空间，关键制约在于缺水，亟须改变“被动补水”为“主动的水资源布局”，从整体布局国家水网的高度，解决水资源制约问题，从而改善自然、经济和人文发展空间，优化我国经济地理格局。因此，急需从拓展生存和发展空间的战略高度谋划西部调水，支撑西部大开发和国内国际双循环等战略布局，对于增大国家战略纵深、优化国家发展格局、保障国家生态安全、粮食安全等都将具有重大的战略意义。

三是遵循长江大保护的战略任务。西部调水要统筹处理好水源区和受水区协同发展，不能以损害长江上游河流生态健康为代价来修复黄河和北方生态，控制长江上源河流的调水比例，尤其是避免对河流枯水年、枯水期和枯水时段的生态影响。西部调水不能以大规模损害已建水电效益为代价调水，金沙江、大渡河水电开发程度已经达到80%以上，雅砻江达到70%，这些河流大规模调水不仅对水电效益影响大，还可能影响西电东送的电力保障。西部调水也不能以损害长江流域发展需求为代价，在长江经济带发展、西部大开发等带动下，西南地区经济社会快速发展，已经成为我国经济发展的重要增长极。在此背景下，贵州、云南、四川、重庆等省市规划建设了一大批水资源开发利用工程，西部调水必须统筹考虑水源区用水需求及其叠加影响。

四是统筹开发利用西南地区主要河流。我国西南诸河水资源开发利用率不到2%，而长江流域水资源开发利用率已经达到21%。因此，西部调水应统筹考虑西南地区主要河流开发利用现状，实现增量发展，而不仅仅是长江上源各条河流。在公平、合理、适度开发利用的原则下，通过构建国家水网，更好地服务生态保护和高质量发展用水需求，还能够有效减缓下游地区旱涝灾害。

五是要强化顶层设计、规划先行。西部调水工程实施难度大，必须做好顶层设计，明确整体布局、谋定而后动。需要衔接好一期工程与后续工程，不能因眼前利益和短期利益而损失长远利益和整体利益，导致后续规划建设难以实施。西部调水规划应尊重客观规律，充分利用我国自然地理条件，尽可能降低输水线路高程，实现全程自流输水。

六是坚持分期分段、先通后畅建设实施。考虑到西部调水战略目标的宏大和具体建设的困难，在实施层面建议采取分期分段、先通后畅的模式。由于依托西部调水的经济水网格局构建也是一个长期过程，遵循“分期分段”的理念，可以始终保障水资源供需动态平衡。在“分期分段”的基础上，坚持“先通后畅”原则，优先规划建设需求紧迫性最强的区段，优先实现长江与黄河联通，优先支撑成都平原经济社会高质量发展水资源需求，然后逐步提高输水能力，完善整个系统。

5.2 新西部调水工程建设构想

新西部调水方案的初步构想研究始于2016年，整体形成于2017年，巧妙利用我国自然地理特点，沿我国“一、二级阶梯”过渡带进行设计，是着眼于大生态、大格局、大战略的全新思路。

新西部调水方案是指将我国西南地区（青藏高原东南部）丰沛的水资源调往广大西北地区的大型跨流域调水工程。沿途串联起了雅鲁藏布江、怒江、澜沧江、金沙江、雅砻江、大渡河、岷江、白龙江、渭河、洮河、黄河、石羊河、黑河、疏勒河、党河、车尔臣河、和田河、叶尔羌河、喀什噶尔河等，供水范围涉及四川盆地、关中平原、华北平原、鄂尔多斯高原、内蒙古高原、河西走廊、吐哈盆地、塔里木盆地等，工程涉及的地区包括西藏、云南、四川、甘肃、青海、新疆、内蒙古、宁夏、陕西、河北、北京等11个省（自治区、直辖市），工程辐射影响我国十大一级流域中的7个，包括西南诸河区、长江区、黄河区、西北诸河区、海河区和淮河区。该构想规模宏大、立意高远，具有较高的可行性和多方面、多层次的重要意义。

5.2.1　宏伟的调水工程

5.2.1.1　调水路线

(1) 主体线路

新西部调水方案是从水资源丰沛的青藏高原南部各大水系引水到水资源匮乏的广大北方地区的调水工程，是一条沿青藏高原边缘全程自流进入新疆的调水环线，全程为5710km。新西部调水方案取水起点为雅鲁藏布江“大拐弯”附近（高程2668m），沿途取支流易贡藏布和帕隆藏布之水，通过隧洞工程输水，自流550km进入怒江（高程2380m）；然后，于三江并流处穿越横断山脉，经累计长70km的隧洞进入澜沧江（高程2311m），再经总长43km的隧洞进入金沙江（高程2278m）；过金沙江以后，以隧洞和水库相结合的方式沿青藏高原东部边缘向北，依次经过雅砻江（高程2159m）、大渡河（高程2046m）、岷江（高程1940m）、白龙江（高程1854m）和渭河（高程1788m）；从刘家峡水库穿越黄河（高程1735m），绕过乌鞘岭进入河西走廊，以明渠方式沿祁连山北坡经武威、金昌、张掖、酒泉、嘉峪关到达玉门（高程1499m）；接着沿阿尔金山、昆仑山的山前平原，穿过库姆塔格沙漠和塔克拉玛干沙漠南缘到达和田、喀什（高程1220m）（表5-1和图5-3）。

表5-1　新西部调水工程分段里程表

路线	长度/km	重要节点	长度/km	明渠/km	隧洞/km	高程/m
雅鲁藏布江—黄河	2365	雅鲁藏布江	0	0	0	2668
		怒江（入）	550	0	550	2380
		怒江（出）	0	0	0	2355
		澜沧江（入）	70	0	70	2326
		澜沧江（出）	0	0	0	2311
		金沙江（入）	43	0	43	2293
		金沙江（出）	0	0	0	2278
		雅砻江	386	0	386	2159
		大渡河	362	0	362	2046
雅鲁藏布江—黄河	2365	岷江	342	0	342	1940
		渭河	488	0	488	1788
		黄河	124	0	124	1735
黄河—敦煌	1209	景泰	216	0	216	1648
		玉门	993	993	0	1499
敦煌—喀什	2136	喀什	2136	2136	0	1220
合计	5710	—	—	3129	2581	—

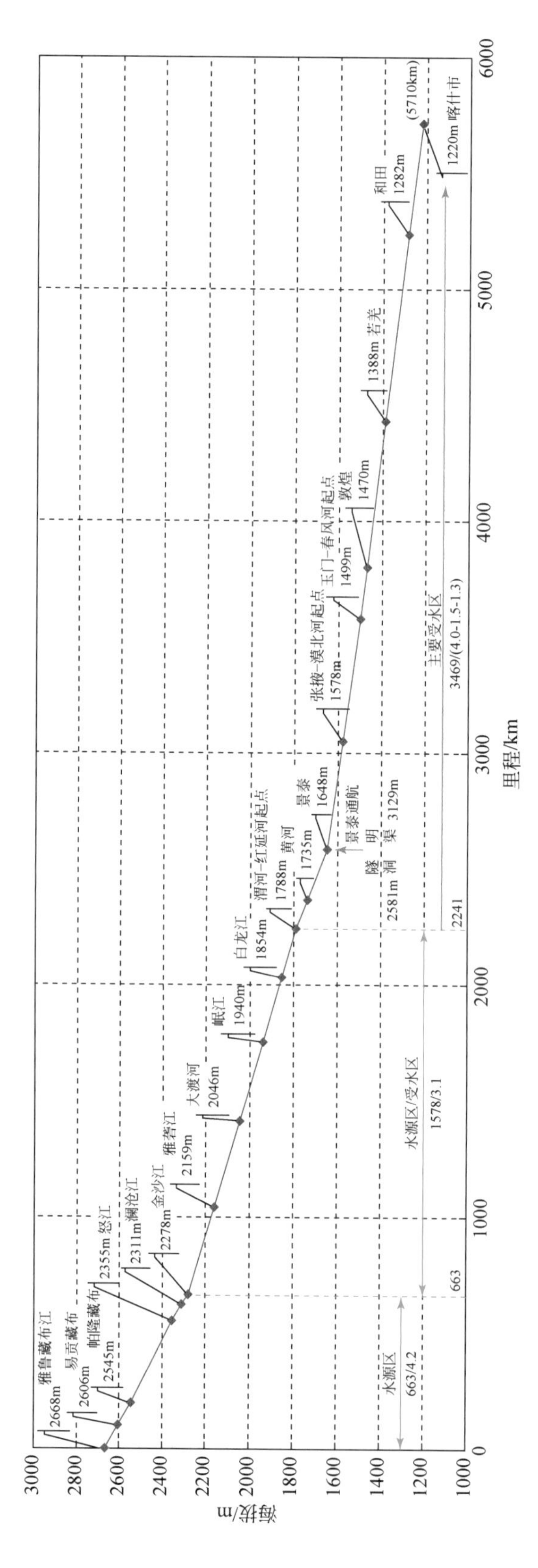

图5-3 新西部调水工程输水干线高程剖面图

新西部调水工程全程落差为1398m，平均坡降为万分之2.5，通过人工塑造河床，均匀控制坡降，可实现全程自流输水。在黄河以南，为了提高流速，缩小输水工程规模，雅鲁藏布江至金沙江设计坡降为万分之4.2，金沙江至黄河段坡降为万分之3.1；黄河至景泰隧洞段坡降为万分之4，明渠段坡降万分之1.5；到达新疆后坡降减少为万分之1.3，大于南水北调中线工程输水坡降。

(2) 主要支线

为惠及更多地区，新西部调水工程设计了三条支线：通向延安方向的红延河，通向内蒙古、北京方向的漠北河，通向吐哈盆地的春风河。三条支线均是基于地理特点的最优选择，在保证坡降的前提下，保持高水位优势，能够将水源自流输送到我国北方绝大部分干旱平原地区。

红延河从甘肃省定西市陇西县境内开始（高程1788m），向东北穿过六盘山到达固原（高程1650m），接着向北延伸至同心县，再沿白于山北坡至榆林市定边县境内，最后进入延河（高程1440m），总里程511km，平均坡降万分之6.8，可自流惠及六盘山、白于山以北和黄河几字弯内的绝大部分区域。

漠北河从内蒙古阿拉善右旗境内开始（高程1578m），经巴丹吉林沙漠向狼山、阴山北坡延伸（高程1330m），共925km，平均坡降大于万分之2.1，能够自流惠及沿线北侧的所有地区，建立起我国北方的绿色屏障。也有能力继续延伸至锡林郭勒盟正镶白旗（高程1200m），甚至可以进一步延伸供水到西辽河流域，保障生态环境治理和经济社会发展用水。

春风河从玉门市境内开始（高程1499m），绕北山西侧延伸至吐哈盆地（高程1180m），全程坡降大于万分之2.7，可自流惠及吐哈盆地全域，也可根据需求继续向北疆延伸供水。

(3) 选择空间与推荐路线

新西部调水工程首次明确提出调水经洮河入黄河刘家峡水库的方案。刘家峡水库正常水位为1735m，既可以控制青藏高原绝大部分径流量，避免无水可调或调水比例过高的问题；又能够自流覆盖黄淮海平原、鄂尔多斯高原、河西走廊、南疆和吐哈盆地甚至西辽河平原等我国北方绝大部分平原地区。并以此为关键节点，提出向西南延伸自流调水覆盖区域，这一区域的调水海拔越高可调水量就越少，隧洞工程的单洞距离越长，工程实施的难度就越大，尤其是严重影响进一步向西南三江调水的可行性，由此逐步优化形成推荐的新西部调水工程线路。

5.2.1.2 调水规模

(1) 调水区主要河流

青藏高原孕育了大渡河、雅砻江、金沙江、澜沧江、怒江和雅鲁藏布江等多条世界著名江河，被誉为“亚洲水塔”，然而，水量充沛的“亚洲水塔”却难以惠及青藏高原北坡的我国西北干旱地区。“五江一河”在调水区基本上呈西北—东南向分布，其中澜沧江、金沙江、雅砻江和大渡河属太平洋水系，雅鲁藏布江和怒江属印度洋水系。金沙江、雅砻江和大渡河为长江之上源河系，雅鲁藏布江、怒江和澜沧江为出境河流。

大渡河发源于青海省境内的果洛山南麓，分东西两源，东源足木足河，西源绰斯甲河，两源于四川省马尔康双河口汇合后始称大渡河，于乐山城南注入岷江，全长约为1050km，流域面积为7.68万km^2，年径流总量为500亿m^3。

雅砻江是金沙江最大支流，发源于巴颜喀拉山南麓，经青海流入四川，于攀枝花市三堆子入金沙江，全长为1571km，流域面积为13.6万km^2。雅砻江流域属川西高原气候区，地下水和融雪径流补给量大，径流年际变化不大，年径流总量为591亿m^3。

金沙江发源于唐古拉山脉中段各拉丹冬雪山的姜根迪如峰的南侧冰川，位于青藏高原、云贵高原和四川盆地的西部边缘，干流流经青海、西藏、四川、云南四省区，金沙江源头至宜宾干流全长约为3481km，总落差为5142m，分别占长江全长的55.5%和干流总落差的95%，流域面积为47.3万km^2，年径流总量约为1553亿m^3。

澜沧江发源于青海省南部唐古拉山北麓，流经西藏，在西双版纳傣族自治州南腊河出国境，称为湄公河，于西贡附近流入南海，流域面积为16.4万km^2，年径流总量为742亿m^3。流域北部宽约为220km，南部仅为20km，干流长约为2153km，天然落差约为4583m，出国界处高程仅400～500m。

怒江发源于西藏北部唐古拉山脉热格帕峰南麓，从云南省潞西县出国境，称为萨尔温江，在缅甸毛淡棉附近流入印度洋的安达曼海。我国境内流域面积约为13.6万km^2，年径流总量为709亿m^3，干流长约为2013km，天然落差约为4840m。

雅鲁藏布江是世界上海拔最高的大河，发源于喜马拉雅山北麓的杰马央宗冰川，经西藏巴昔卡进入印度，称为布拉马普特拉河，在孟加拉国与恒河相汇，流入印度洋的孟加拉湾。雅鲁藏布江全长为2506km，流域面积为23.9万km^2，年径流总量为1654亿m^3。雅鲁藏布江流域地域辽阔，地形复杂，海拔差异大，平均海拔为4500m，其中米林县的派镇至墨脱县的里冬桥之间的大拐弯段，河长为213km，落差达2190m。

（2）适宜调水规模

根据调水区相关水文站资料，新西部调水工程方案“五江一河”等取水点多年平均年径流总量约为2562亿m^3，水量十分充沛。但适宜的调水规模受到调水区来水量、调水工程规模、受水区需求等因素影响，同时还要考虑水源区的社会经济发展、河流下游用水需求、河道自身生态用水、生态环境保护、出境河流影响等因素。初步设计调水规模为600亿m^3，占大渡河、雅砻江、金沙江、澜沧江、怒江和雅鲁藏布江“五江一河”取水点多年平均年径流总量的23.4%。

调水区“五江一河”年际径流变化较小，年变差系数一般为0.18～0.27，这是调水区降水和河流径流补给特点决定的，有利于保障西部调水工程的调水保证率。但是“五江一河”年内径流过程极不均匀，6～9月径流量占年径流量的60%以上，其中雅鲁藏布江和怒江甚至超过70%，11月至次年4月径流量一般仅为年径流量的20%。为了应对这一特点，未来需要增强取水河流的调蓄能力，实现取洪补枯、保障枯季引调水量的目标。

5.2.1.3 工程设计

（1）工程选择

黄河以南，新西部调水工程方案处于青藏高原东部边缘，地质条件复杂，地形起伏、河谷众多、河道深切，主要采用隧洞输水，并借用部分自然河道，避免影响长期运行安全的问题。隧洞与构造、断裂大角度相交，对稳定有利，抗震性能好；隧洞深埋地下，避开了地表的冻害、岩体的物理风化作用及滑坡、泥石流等不良地质现象的影响；隧洞工程有利于冬季保温输水，可延长引水期；避开大量地表交叉建筑物，工程较为单一，运行管理较为简单。

过黄河以后，地形相对平缓，主要采用明渠输水，实现供水、通航、旅游、文化等多重服务功能的有机结合。跨越河、沟主要以水库工程为主，辅助考虑渡槽、倒虹吸等方式。

在总体线路选择的基础上，借助高分辨率遥感手段和高清影像信息，进行输水工程设计与比选，确定每个河段是明渠输水还是隧洞输水，并确定需要建设水库的位置和规模。

（2）隧洞工程

新西部调水工程方案水源充足，隧洞工程是调水规模的控制因素。根据输水线路设计，新西部调水工程方案需要修建隧洞 2581km，可以分为 308 段平行施工，平均每段长度为 8.4km。其中，单段隧洞最长的为 35km，1 段 25km 的隧洞，12 段 16～20km 的隧洞，53 段 11～15km 的隧洞，187 段 6～10km 的隧洞，小于 5km 的隧洞 54 段。

隧洞工程可以采用圆形、城门洞形或马蹄形等结构，未来设计时可根据输水量、不同河段工程地质和地形条件等确定输水隧洞的形式、尺寸和数量。初步分析的圆形输水隧洞规模和建设条数如表 5-2 所示。

表 5-2　调水 600 亿 m^3 情境下圆形隧洞条数分析结果

直径/m	13.8	15	16.6
单洞面积/m^2	150	177	216
需要隧洞数量/条	5	4	3

注：水力坡度按照 0.0002～0.0003 设计，洞内为无压流，需要留出洞顶适当净空

新西部调水工程方案隧洞规模和单洞长度均小于当前国内已建工程最大规模。目前世界上最大泄洪洞为金沙江白鹤滩水电站泄洪洞，开挖洞径达到 20m。世界规模最大的引水发电隧洞为雅砻江锦屏二级水电站，4 条引水隧洞平均长约为 16.6km，开挖洞径 13m，已于 2013 年建成。黄河小浪底水库的泄洪、发电和排沙洞主要集中分布在左坝肩，由 16 条隧洞并列组成的洞群，最大洞径为 14.5m。在长距离输水隧洞方面，辽宁大伙房输水隧洞长为 85.3km，洞径为 8.03m，是迄今为止世界上已建成的最长输水隧洞。南水北调中线穿黄隧洞单洞长为 4.25km，隧洞采用双层衬砌，外衬为预制钢筋混凝土管片，内径为 7.9m，内衬为现浇预应力钢筋混凝土，成洞内径为 7.0m。引汉济渭秦岭输水隧洞为明流洞，全长为 81.58km，工程采用钻爆法和两台全断面掘进机法施工，钻爆法施工横断面为马蹄形，断面尺寸为 7.0m×7.0m，岩石隧道掘进机（tunnel boring machine，TBM）法施工断面为圆形，断面直径为 7.16m/8.03m。

从隧洞长度、开挖洞径等来看，新西部调水工程方案隧洞工程量可谓巨大，其中，深埋、大洞径、长距离输水隧洞是未来勘测、设计和施工的重点与难点。初步设计隧洞工程

以TBM掘进施工为主，钻爆法为辅，单个工作面掘进长度一般控制在20～30km以内，合理布置施工斜支洞和通风竖井，便于运行管理和危机处理。

目前全国在建各种类隧洞工程（水利、水电、公路、铁路、地铁）数量达2000条以上。以2015年为例，全国新开通运营公路隧道1602座，新开通运营铁路隧道1316座，水利水电工程各类隧洞开挖近200km以上，22个城市97条地铁线路隧道总长度超过3000km；使用各类、盾构机600台以上，多臂凿岩台车、锚杆台车、锚喷台车等不计其数。已有工程案例分析表明，只要摸清工程地质条件，合理设计隧洞路线，科学选择施工方案，广泛采用新技术、新材料、新方法、新工艺，新西部调水工程方案隧洞工程建设和运行管理在技术上完全可行。

（3）明渠工程

新西部调水工程干渠总长度为5686km，其中明渠长度为3105km，主要集中在黄河以北地形地质条件较为合适河段。初步规划新西部调水工程每年向新疆供水不低于200亿m^3，据此测算黄河至新疆段明渠工程断面规模。根据《内河通航标准》（GB50139—2014），新西部调水工程从甘肃白银到玉门约1000km的长度范围内，河道断面完全能够达到宽度135m、水深4m一级航道的基本标准，即可以双侧通行载重约3000t的大型货船。干线采用明渠，干线以下采用管道，减少低效的水面蒸发。根据明渠水面面积和区域水面蒸发能力，估算水面蒸发损失不超过8亿m^3。

（4）水库工程

新西部调水工程规划建设大坝21座，其中坝高100m以上大坝8座，最大坝高为280m（金沙江），5座坝高200～250m大坝（怒江、大渡河、玉曲、澜沧江、雅砻江），两座坝高100～200m大坝，其余13座坝高均低于100m。

新西部调水工程穿越的怒江、澜沧江、金沙江、雅砻江、大渡河、岷江等主要河流都已经有详细的梯级水库建设规划，并且开展了大量的前期研究和建设工作，后续规划和建设可以结合已建或拟建的水库大坝开展工作，减小对现有规划的影响。

新西部调水工程拟建的大坝工程均低于经过主要河流已建的最大坝高，不存在大坝建设的技术障碍。世界上已建在建大坝中，有74座大坝坝高大于或等于200m，其中，中国16座，占21.6%。新西部调水工程穿越的怒江、澜沧江、金沙江、雅砻江和大渡河流域是世界上超级高坝的最密集区，有世界第一高土石坝双江口水电站，位于大渡河流域，目前处于在建阶段，最大坝高为314m，库容为29.0亿m^3。世界第一高拱坝锦屏一级水电站，位于雅砻江流域，已于2013年建成，坝高为305m，库容为77.6亿m^3。雅砻江两河口水电站最大坝高为295m，库容为65.6亿m^3。澜沧江糯扎渡电站心墙堆石坝最大坝高为261.5m，居同类坝型世界第三，库容为237.0亿m^3。水布垭水电站土石坝最大坝高为233m，库容为45.8亿m^3。澜沧江小湾水电站混凝土拱坝坝高为292m，库容为150亿m^3。白鹤滩水电站混凝土拱坝坝高为289m，库容为206亿m^3。金沙江溪洛渡水电站混凝土拱坝最大坝高为285.5m，库容为128亿m^3。

5.2.1.4 地质分析

新西部调水工程隧洞段地质问题涉及青藏高原地质、区域地质构造、岩浆岩、活动断裂及地震、高温地层、深埋隧洞的岩爆和变形等。依据中国地质调查局“青藏高原基础地质调查成果集成和综合系列成果”（1∶150 万）、中国地质调查局专报《滇藏铁路沿线地壳稳定性及重大工程地质问题》、1∶25 万地质图及地质报告等资料，进行隧洞工程相关构造、地质、岩浆岩、地质灾害等分析。

隧洞工程主要位于青藏高原区，主要构造单元为华北、塔里木、扬子和印度板块包围，构造-岩石状况十分复杂，给工程设计、施工及未来运行维护带来一定的难度。自雅鲁藏布江依次经过高喜马拉雅基底杂岩带、朗杰学增生楔、拉达克—冈底斯—下察隅岩浆弧带、隆格尔—工布江达复合岛弧带、昂龙岗日—班戈—腾冲岩浆弧带、左贡地块、北澜沧江蛇绿混杂岩带、开心岭—杂多—竹卡陆缘弧带、碧罗雪山—崇山变质地块、昌都—兰坪中生代双向弧后前陆盆地、治多—江达—维西陆缘弧带、西金乌兰湖—金沙江—哀牢山结合带、中咱—中甸地块、义敦—沙鲁里岛弧带、甘孜—理塘蛇绿混杂岩带、盐源—丽江边缘坳陷带、雅江残余盆地、康滇基底杂岩带、扬子西缘被动陆缘盆地、可可西里—松潘前陆盆地、摩天岭地块、勉县—略阳结合带、西倾山地块、兴海—泽库弧后前陆盆地、中祁连—湟源地块、玉石沟—野牛沟—清水沟结合带、走廊南山岛弧带、肃南—天柱蛇绿混杂岩带和阿拉善路块。

（1）雅鲁藏布江—怒江段

雅鲁藏布江—怒江河段以隧洞输水为主，自南迦巴瓦峰西北坡规划 33 条输水隧洞，依次穿越高喜马拉雅基底杂岩带、朗杰学增生楔、拉达克—冈底斯—下察隅岩浆弧带、隆格尔—工布江达复合岛弧带、昂龙岗日—班戈—腾冲岩浆弧带、左贡地块。输水隧洞主要处于高喜马拉雅基底杂岩带。

高喜马拉雅基底杂岩带介于藏南拆离系与主中央断层之间，以大面积出露前寒武纪结晶岩系和浅变质岩为特征，输水隧洞工程还通过少量中-新生界分布，并超覆在前寒武纪变质岩之上。本段隧洞群穿越的都是构造控制地层，岩层接触面多，混杂岩层和破碎带较多，施工难度很大。

岩浆岩活动频繁，主要有泛非期的片麻状花岗闪长岩、片麻状黑云母钾长花岗岩等，新近纪的淡色花岗岩类广泛发育，主要有电气石二云二长花岗岩、含电气石白云母二长花岗岩等。新近纪的超镁铁岩类普遍，主要有尖晶石橄榄方辉岩、尖晶石橄榄二辉岩、苦橄玄武岩和玻基辉橄岩。

（2）怒江—雅砻江段隧洞群

怒江—雅砻江段隧洞群 16 条隧洞串联，横穿横断山脉，穿越的地层是构造最复杂的地段，存在超硬岩石、破碎带、断裂带、地震带、高温地层、滇藏煤系地层等隧洞工程不利区段，涉及超埋深、超长隧洞工程问题。

工程依次通过昂龙岗日—班戈—腾冲岩浆弧带、左贡地块、北澜沧江蛇绿混杂岩带、开心岭—杂多—竹卡陆缘弧带、碧罗雪山—崇山变质地块、昌都—兰坪中生代双向弧后前陆盆地、治多—江达—维西陆缘弧带、西金乌兰湖—金沙江—哀牢山结合带、中咱—中甸地块、义敦—沙鲁里岛弧带、甘孜—理塘蛇绿混杂岩带、盐源—丽江边缘坳陷带、雅江残余盆地。岩浆岩活动频繁区域在怒江到金沙江之间，主要是花岗岩和花岗闪长岩。

（3）雅砻江—大渡河段隧洞群

雅砻江—大渡河段隧洞群由 18 条隧洞串成，横穿横断山脉后，沿康定杂岩体西缘北上，穿过鲜水河断裂带，到大渡河。

工程依次通过昂龙岗日—班戈—腾冲岩浆弧带、左贡地块、北澜沧江蛇绿混杂岩带、开心岭—杂多—竹卡陆缘弧带、碧罗雪山—崇山变质地块、昌都—兰坪中生代双向弧后前陆盆地、治多—江达—维西陆缘弧带、西金乌兰湖—金沙江—哀牢山结合带、中咱—中甸地块、义敦—沙鲁里岛弧带、甘孜—理塘蛇绿混杂岩带、盐源—丽江边缘坳陷带、雅江残余盆地。隧洞穿越的地层是构造较为复杂的地段，存在超硬岩石、破碎带、断裂带、地震带、高温地层、煤系地层等隧洞工程不利区段。

(4) 大渡河—白龙江段隧洞群

该隧洞群主要穿越可可西里—松潘前陆盆地、摩天岭地块、勉县—略阳结合带、西倾山地块。地层较为复杂，主要是前寒武和古生代地层。

该区域处于羌塘—三江造山系的东北，在三叠纪的印支岛弧造山完成后定型，以前陆盆地中的浅海—海陆交互沉积和碎屑沉积岩为主。整个沉积盖层与基地构造形迹不同，基地主要为韧性变形的流变褶皱、韧性剪切带和脆性变形的断层，而盖层多以不同位态的压扁褶皱及相关的逆断层、平移断层，伴随这些大的构造体系，岩层广泛发育有节理、劈理、线理等小型构造，隧洞工程施工应需对此有超前方案。

(5) 白龙江—景泰县喜泉镇段隧洞群

本段隧洞群主要通过西倾山地块、兴海—泽库弧后前陆盆地、中祁连—湟源地块、玉石沟—野牛沟—清水沟结合带、走廊南山岛弧带、肃南—天柱蛇绿混杂岩带和阿拉善路块。主要是碳酸盐岩-碎屑岩组合沉积建造、陆相的河湖及洪积碎屑岩系，部分地层含煤层。

5.2.1.5　调水目标

新西部调水工程战略目标做增量做加法，实施主动的水资源布局，解决广大北方地区水土资源不匹配的问题，为我国北方地区提供充分优质的水资源，用以保障城市和产业用水，改善生态环境，发展现代农牧业，打通“丝绸之路经济带”绿色通道，进而带动形成经济通道、文化通道和民族融合大通道，实现真正意义的“西部崛起、东西并举”，促进多民族融合，拓展我国生存和发展空间，为未来经济长期强劲增长奠定基础。

基于水源条件分析和施工能力判断，新西部调水工程每年调水 600 亿 m^3 是完全可以实现的，但相对于广阔的西北干旱国土空间，仍然不足以撼动干旱缺水的总体局势，必须抓住重点，科学布局，稳步推进，精准有效地服务于最有价值的“线”与“点”战略目标。因此，新西部调水工程实施的主要目标为：①保障北方地区城市和产业用水，置换解决黄淮海流域因水资源短缺产生的水生态问题；②打通绿洲生态廊道；③建设一个生态牧区（漠北牧区）；④建设两个超级灌区（红延灌区、河西灌区）；⑤服务三个多民族融合发展区（和田、喀什和哈密）；⑥兼顾发电、航运、防洪、旅游、文化等功能。

1）保障城镇发展和产业用水。新西部调水工程串联西南诸河、长江流域、黄河流域和西北诸河，能够与南水北调中线和东线工程一起构建国家统一水网格局，可实现流域间水资源相互调剂与统一配置。依托这一自然-社会水网，新西部调水工程受益区域能够辐射广大的西部地区和黄淮海流域，置换被挤占的生态用水，保障经济社会发展用水需求。

2）打通绿洲生态廊道。建设从黄河上中游到河西走廊再到南疆喀什和东疆吐哈盆地总长约 5000km 的绿洲长廊，打通贯穿我国东、中、西部的绿洲通道，进而带动打造经济通道、文化通道和民族融合大通道，以线带面，逐步推进区域绿洲建设。

3）建设漠北生态牧区。我国狼山、阴山以北以及锡林郭勒盟，主要属于内陆水系，地势和缓倾向内蒙古高原，降水量在 100 ~ 400mm。通过漠北河适当补水，可大规模建设生态牧区，打造我国优质牧业基地，建设我国北方重要的生态屏障。

4）创建两个超级灌区。规划在红延河和河西走廊地区建设两个超级灌区，合计发展近亿亩节水、高效、规模化灌溉面积，保障国家粮食安全。河西走廊土地广阔，光热充足，气候温和，地理位置接近东部、连接西部，灌溉农业历史悠久，适宜发展大型灌区。红延河高位优势显著，可自流覆盖“黄河几字弯”广大干旱缺水地区，包括宁夏南部、陕西北部以及鄂尔多斯高原，这一区域地域辽阔，地形平坦且土地集中连片，降水量在 200 ~ 400mm，具有较好的开发条件。

5）服务三个多民族融合发展区。在打通河西走廊至喀什、哈密绿洲通道基础上，以哈密、和田、喀什三个城市为中心，大规模扩大原有绿洲面积，和田河、叶尔羌河和喀什噶尔河绿洲相向融合发展，逐步建设一体化绿洲区。

5.2.1.6　绿洲建设

新西部调水工程绿洲空间选择主要取决于地形、气候、水分、土壤等四大控制性因素，基于四大要素，选择确定了坡度、起伏度、海拔高度、坡向、积温、日照时数、降雨量、土壤厚度、土壤种类九项指标进行后备绿洲适宜性评价，并按照从高到低的顺序，将其分为极度适宜、较高适宜、中度适宜、低度适宜、不适宜和极不适宜七种类型。在剔除现有耕地、建筑用地、高中覆盖度林地、高中覆盖度草地、水库湖泊、河渠、滩地、冰川等不宜作为灌区开发利用的土地，即可得到新西部调水工程后备绿洲空间适宜性评价结果，如表 5-3 所示。

表 5-3　新西部调水工程受水区后备灌区评价结果　（单位：万亩）

类型	红延河	河西走廊	南疆及东疆	漠北河	科尔沁沙地	合计
极度适宜	275	9	55	4	11	355
较高适宜	7 371	2 835	1 048	7 228	4 282	22 764
中度适宜	16 494	13 435	12 321	14 272	1 589	58 112
低度适宜	352	6 105	17 705	2 001	0	26 163
不适宜	0	0	12	0	0	12
极不适宜	0	0	4	0	0	4
合计	24 493	22 384	31 146	23 505	5 882	107 410

根据调水目标，新西部调水工程受水区可以分布五大区域，分别为红延河、河西走廊、南疆及东疆、漠北河和科尔沁沙地受水区。需要说明的是，评价中考虑的水资源主要是本底降水资源，新西部调水工程实施后受水区水资源可以大幅度改善。另外，河西走廊

和新疆未利用土地的土壤类型主要为漠土和初育土，这种土壤不能直接耕种，若能保证长期灌溉，能够逐渐改造培养成类似于河套灌区的适宜耕作土壤。

5.2.1.7 水量分配

基于新西部调水工程方案规划目标和服务能力，结合受水区域土地资源开发利用潜力和水资源紧缺程度，初步分配黄河上中游及其供水区 200 亿 m^3，河西走廊及其延伸供水区域 200 亿 m^3，南疆和东疆分配 200 亿 m^3。

（1）黄河流域及其供水区

黄河上中游以及黄淮海平原供水区地域广阔、资源丰富、人口众多，在我国经济建设、能源安全、粮食安全、生态安全和社会稳定等方面都具有重要的战略地位。但现状流域严重缺水，地下水大量超采，河湖生态用水被大规模挤占，河流健康受到严重威胁。

新西部调水工程向黄河流域补水具有居高临下的特点，自上而下流经干流调控工程体系，可覆盖黄河流域主要城市、大中型灌区、生态脆弱带和能源富集区，在保障经济社会用水的同时，还能为改善黄河生态环境提供水资源条件，助力全河调水调沙，塑造协调的水沙关系，逐步改善宁蒙河段、禹潼河段和黄河下游河道的淤积状态，彻底缓解河道内外缺水，遏制河道淤积抬升，减轻洪水威胁，维持黄河健康生命。

通过黄河，新西部调水工程还可向海河和淮河流域自流供水，与南水北调中线和东线工程共同作用，能够彻底扭转海河和淮河平原水资源超载的问题，维护河湖生态健康，保障经济社会用水。尤其是通水初期，西北地区社会水循环系统还没有完善之前，可以充分向海河和淮河流域补水，弥补过去 40 年地下水累计超采的历史欠账。

（2）河西走廊及延伸区域

河西走廊东起乌鞘岭，西至玉门关，长约为 1000km，自东向西有石羊河、黑河和疏勒河三大内陆河，主要城市有武威、金昌、张掖、酒泉、玉门、敦煌等。河西走廊地区水资源总量为 74.8 亿 m^3，主要来源于南部祁连山区的降水和冰雪融水，其中冰雪消融补给河川径流水量约占地表径流量 14%。现状河西走廊用水总量为 77.1 亿 m^3，水资源开发利用率已经达到 103%，石羊河流域开发利用率甚至高达 154%，黑河流域为 95%，疏勒河流域为 76%，造成河道断流、尾闾湖泊萎缩、植被退化、土地沙漠化等问题。但河西走廊土地资源丰富，日照时间较长，光照资源丰富，对农作物的生长发育十分有利，是西北地区最主要的商品粮基地和经济作物集中产区。

新西部调水工程拟向河西走廊及其延伸供水区补水 200 亿 m^3，用于城市发展用水、绿洲空间开发和大型灌区建设，能够支撑开垦约 6000 万亩灌溉农田和现代牧场，将形成从乌鞘岭到玉门关长 1000km 的绿洲带，成为城市和现代工业聚集的区域。

（3）南疆和东疆受水区

新疆属于内陆干旱及半干旱地区，蒸发强烈，多年平均降水量仅为 154mm，是地球上同纬度降水最少的地区，多年平均水资源总量为 889 亿 m^3，其中 222 亿 m^3 水量流出国境。新疆是农业大省，也是主要农产品、石油、天然气等资源净输出区。由于水资源大量消耗和粗放利用，新疆湖泊面积从 20 世纪 50 年代的 9700km^2 下降到目前不到 5000km^2，哈密盆地、吐鲁番盆地、天山北坡经济带、塔城盆地等地区地下水累计超采达 200 亿 m^3，导致地下水位持续下降、土地沙化、荒漠化加剧等生态问题。初步设计新西部调水工程拟向新疆调水200亿m^3，通过后备耕地开发和大型灌区建设，发展节水高效农业，带动城市化和工业化发展。

（4）长江流域等受水区

新西部调水工程受水区并不仅仅局限于北方干旱地区，河流经过的任何流域都可以视需求适当补水。都江堰的修建使得成都平原从此“水旱从人，不知饥馑”，不仅支撑了川中丘陵区社会经济、城镇生活、环保和旅游的发展，也保障了成都平原的安全。但进入21世纪以来，经济社会用水逐渐增加，都江堰已经发展成为具有灌溉、供水、防洪、发电等多功能综合性水利工程，内江鱼嘴断面水资源利用率已经高达80%。随着成渝经济区规划逐步实施、天府新区的强力推进，新西部调水工程向岷江流域补水，有利于促进“天府之国”经济社会发展，保护流域河湖生态环境。

5.2.1.8 投资估算

新西部调水方案主体工程包括水库、隧洞和明渠三部分，总长为5686km，投资估算暂不考虑受水区供水渠系、生态灌区、城市建设等配套工程费用。

在参考南水北调中线、引汉济渭、滇中引水、新疆北部供水二期等跨流域调水工程，充分调研大直径、深埋、长引水隧洞和我国西南地区不同高坝建设投资的基础上，采用类比的方法，估算新西部调水方案主体工程。其中水库部分以不同坝高类比，分3座250～280m、5座100～250m和13座100m考虑，分别选取锦屏一级、杨房沟等电站投资额类比，并采用叶巴滩、两河口、大岗山等水电站进行综合分析印证。隧洞工程主要参考锦屏一级、滇中引水工程等输水隧洞工程，开挖施工方法主要参考国产TBM全断面掘进机，部分洞段采用钻爆法施工，并且考虑了工程中尚有诸多不确定因素；明渠部分主要参考南水北调中线投资额，并考虑价格变化以及地理位置和移民安置等投入差异。

初步估算新西部调水方案主体工程投资约4.0万亿元，其中隧洞工程投资为2.4万亿元，明渠工程为0.9万亿元，水库工程及其附属工程为0.5万亿元，前期工作、不可预知等费用0.2万亿元。

5.2.1.9 建设实施

新西部调水工程系统复杂，工程巨大，涉及因素众多，需要抽调全国勘测、规划、设计和管理方面的精干力量，集中开展规划论证和工程设计，并广泛征求和吸收社会各界意见。参考国内水利水电工程施工经验，估算主体工程一期工程建设实施需要10～12年。

遵循水土平衡的原则，建设采取分期分段、先通后畅、先易后难、由近及远的方式推进，逐步发挥西部调水工程效益。尤其是黄河以南需要并行修建多条隧洞，建议采取全线平行施工、分步分期通水的方式推进实施，逐渐发挥效益。第一步长江黄河连通：率先打通两条从大渡河到黄河刘家峡水库的输水隧洞，实现一期通水，借用一段时期长江上游主要河流水量，积累技术能力，评估生态影响；第二步怒江水源接续：修建多条并行隧洞并向两头延伸，目的地方向通向甘肃、内蒙古和新疆，水源地方向回溯至雅砻江、金沙江、澜沧江和怒江；第三步全线规模通水：建设红延河、漠北河、春风河等支线工程，完善绿洲区配套工程，打通雅鲁藏布江到怒江河段，全面发挥工程效益。

新西部调水工程巨大，实施周期较长，整体顶层设计具有极端的重要性，不能走一步看一步。只有在整体设计的基础上，分段分期实施才能保证全线输水水位的顺利衔接，避免前后矛盾、难以衔接的风险。

5.2.1.10 方案特点

新西部调水工程顺应我国自然地理条件，顺势而为，巧妙地沿青藏高原边缘全程自流输水到北方干旱缺水地区，具有以下特点。

一是干支流全部全程自流。新西部调水工程顺应自然，始终遵循着水向低处流的规律，巧妙地沿我国地形一、二级阶梯过渡带进行设计，通过人工塑造河床，均匀控制坡降，干流和三条支流均像自然河流一样全程自流，保障低成本运行和持续稳定地发挥作用。

二是抓住刘家峡水库关键高程节点。这是以前方案均未明确提出的设计构想，刘家峡水库正常水位1735m，以此为节点，既可以控制青藏高原绝大部分径流量，避免无水可调或调水比例过高的问题；又能够自流覆盖黄淮海平原、鄂尔多斯高原、河西走廊、南疆和吐哈盆地甚至西辽河平原等我国北方绝大部分平原地区。

三是沿青藏高原低处规划设计。提出沿我国地形一、二级阶梯过渡带进行设计，而不是高海拔翻越青藏高原。水源区河道高程低，河流汇水面积大，不会出现未来无水可调的情况，并为水资源统一配置、灵活调水提供了实施空间，同时可有效避免高原施工与后期运行管理的难题，避免对青藏高原和三江源等生态脆弱区影响。同时又是处于第二阶梯的制高点，受水区河道高程高，可实现自流覆盖全部第二和第三阶梯广大受水区域。

四是向河西走廊等西部地区调水。明确提出经刘家峡水库向西部延伸，开辟了向西部调水的新路径，可自流覆盖河西走廊和新疆几乎全部平原地区，新西部调水工程干流覆盖河西走廊和塔里木盆地，红延河覆盖宁夏南部、鄂尔多斯高原和陕西北部，漠北河覆盖狼山和阴山以北，也可以根据需要向北疆供水，破解“西部崛起”的水资源制约，支撑“一带一路”建设。

五是整体生态环境影响基本可控。新西部调水工程高程较低，有效避免了对青藏高原和三江源等生态脆弱区影响；新西部调水工程取水比例不高，有效避免了对取水河流的生态影响；黄河以南主要采用隧洞输水，有效避免了对地表环境影响；通过合理选择绿洲区，科学调控水盐分布，坚持绿色发展，能够将受水区不利影响控制到最低。

六是单体工程均在可控范围之内。虽然最终调水规模每年可达600亿m^3，超过黄河的多年平均径流量，超过南水北调中线工程调水规模的6倍，从整个系统来看，新西部调水工程的确前所未有的巨大。但是从局部来看，新西部调水工程又可化整为零，由隧洞、水库、明渠、渡槽、倒虹吸等一个个小的工程“积木”串联组成，而每一个“积木”都控制在当前科学技术实施能力之内。

七是水源河流借补调控空间大。新西部调水工程水源丰富，包括大渡河、雅砻江、金沙江、澜沧江、怒江和雅鲁藏布江等多条江河，由于引水线路处于一、二级阶梯过渡带，汇水面积大，能够有效降低取水比例，避免对水源河流生态影响，各水源之间可实现有效借补，丰枯调剂，保障可调水量。

八是实现水网服务功能多样化。提出西部调水工程既是调水大通道，也是航运、交通、发电、旅游和文化大通道，可实现供水、防洪、生态治理等多重功能相结合，实现一条输水渠道、多种使用功能，发挥多重效益，大幅度提升沿线地区国土资源经济价值和生态价值，支撑保障国家安全。

九是与国家水网整体格局相协调。新西部调水工程环绕中华水塔，串联起西南诸河、长江流域、黄河流域和西北诸河，与南水北调中线和东线工程一起构建“四横三纵”国家统一的大水网调控格局，辐射全国 70% 以上国土空间，奠定中华水系的整体格局，将成为关乎国运的大国重器。

十是分期分段实施逐步发挥效益。新西部调水工程构想最终调水规模每年达到 600 亿 m^3，能够大幅度改善我国北方干旱缺水情况，大规模拓展我国生存与发展的空间，但具体实施明确提出要分期分段、先通后畅，逐步发挥效益。先打通一期工程 1 ~2 条隧洞，配套工程和受水区需求提升了，再扩大规模，始终保持供给需求的动态平衡，保障发展用水需求，又避免工程浪费的问题。

5.2.2　面临的主要挑战

新西部调水工程方案工程巨大、系统复杂，将是人类历史上最为庞大的水利基础设施，规划建设和运行管理将面临出境河流开发、复杂工程地质、生态环境保护、建设移民搬迁、水电开发影响、保障稳定供水、冬季冰期输水、长期盐分累积和气候效应以及运行管理成本等一系列挑战，初步研究认为，基于现有方案设计与技术能力判断，均有科学的应对措施。

5.2.2.1　出境河流开发利用

新西部调水工程水源为大渡河、雅砻江、金沙江、澜沧江、怒江和雅鲁藏布江等江河，其中包括雅鲁藏布江、怒江和澜沧江 3 条出境河流，但取水比例不高，对下游国家水资源开发利用影响极为有限，还有利于减轻下游洪水灾害。

我国作为出境河流上游国家，现状水资源开发利用率极低。雅鲁藏布江、怒江和澜沧江水资源总量为 3105 亿 m^3，占全国 10.5%，但水资源开发利用量不到 60 亿 m^3。雅鲁藏布江出境水量为 1654 亿 m^3，开发利用率仅为 1%；怒江出境水量为 709 亿 m^3，开发利用率也只有 1%；澜沧江出境水量为 742 亿 m^3，开发利用率仅仅只有 3%。下游国家为了支撑经济社会发展，水资源开发利用程度远远超过我们国家，例如，下游印度提出的“内河联网计划”，按照这一计划，印度将修建 37 条引水主干渠道、32 座拦河大坝和数百个蓄水库，进行全国水量统一调配，其中，将水资源从丰富的布拉马普特拉河等调到南部地区是该计划的重要内容。河流上下游、左右岸都有开发利用管辖区域水资源的基本权利，我国作为河流上游国，同下游地区一样享有水资源开发利用的权利，理应维护我国在出境河流开发利用中的正当权益，当然也一样应遵循公平、合理、适度的开发利用原则。

出境河流下游地区水资源极其丰沛，调水的影响十分有限。雅鲁藏布江出国境后为布拉马普特拉河，流经印度和孟加拉国，受西南季风（每年6~9月）和孟加拉湾气旋的影响，是世界上降雨量最多的地区，流域多年平均降雨量高达2650mm，流域水资源量为6180亿m^3。流域内印度梅加拉亚邦的乞拉朋齐有世界“雨极”之称，多年平均雨量甚至高达11 615mm。怒江下游为萨尔温江，流经缅甸和泰国入安达曼海，降水量从上游到下游呈递增趋势，入海口冲积平原年降水量达4800mm，多年平均流域入海水量为2520亿m^3。萨尔温江流域主要是山区，入海口冲积平原不足流域总面积的5%，下游缅甸经济社会用水主要集中在伊洛瓦底江流域。澜沧江下游为湄公河，流经老挝、缅甸、泰国、柬埔寨和越南入太平洋，正常年降雨量从泰国东北部的1000mm以下递增到老挝南部、柬埔寨和越南的山区边缘的4000mm以上，多年平均入海水量为4750亿m^3。

科学管控中华水系，趋利避害，同样有利于下游国家民众。构建完善中华水系，不仅可以更好地服务中华民族的生态建设、生产生活和粮食安全，还能够有效减缓下游旱涝灾害。受夏季季风的影响，雅鲁藏布江、怒江和澜沧江三条出境河流下游地区降雨集中，洪水灾害问题突出，这是下游地区和国家无法独自面对的挑战。据文献统计，布拉马普特拉河流域印度部分每年受洪水影响的面积约为2500万亩，受影响人口达325万人，受破坏耕地超过400万亩，孟加拉国部分平均每年受洪水淹没的土地超过5000万亩。现状流域洪涝灾害预警与应对能力远远满足不了科学调控的需求，例如，2000年4月发生的易贡藏布大滑坡，最终堰塞湖溃决导致河水最大流量达12.4万m^3/s，对我国相关地区产生了重大影响，对下游印度也带来了重大损失。

流域上下游是一个命运共同体，我们与周边国家“同饮一江水”，有责任、有义务为我国人民和下游国家人民的共同福祉而努力。新西部调水工程主要取用汛期洪水，可以避免对下游地区经济社会用水、水力发电和河流生态造成明显影响，通过增强旱涝风险预警与丰枯调剂能力，还有利于减轻下游地区洪水灾害。我国作为负责任的大国，应该合理管控出境河流，妥善解决出境河流权益分配问题，达到共同开发、共同受益的目的。

5.2.2.2 工程地质风险应对

新西部调水工程宏观上处于我国地形第一阶梯和第二阶梯的过渡带，是我国地质条件最复杂的地区，地质风险是决定工程成败的关键因素，需要优化输水线路和工程方式，创新突破工程施工和运行管理技术，尽可能地降低地质风险。

工程地质是新西部调水工程规划建设和运行管理面临的重大挑战。由于受到印度板块和欧亚板块的对撞、挤压，导致川滇地区整个山系和河流都是向东然后转而向东南，在其边缘地带产生了剧烈的变形、断裂，较大的断裂有雅鲁藏布江深断裂、澜沧江、怒江断裂带、鲜水河断裂带、龙门山断裂带等。青藏高原区至今仍然是地球上构造运动活跃的区域之一，经历了多次特提斯古大洋板块俯冲和区域构造运动，产生多起强烈的构造岩石变形以及多种类型的地块、结合带、变质带、岩浆侵入带和混杂岩带，岩浆活动频繁，地震、地热活动强烈。

新西部调水工程输水工程潜在的地质风险分析。新西部调水工程规划建设和运行管理面临的地质问题有崩塌、滑坡、泥石流、活断层、高地温、岩爆、涌沙、涌水等。①崩塌、滑坡和泥石流灾害主要与水系、河谷类型、地貌特征、岩石类型有关，降雨和融雪是诱发因素之一，但对隧道工程影响很小。②高温岩层主要分布在德钦澜沧江、波密等地，强烈的水热活动和高温岩层会给隧道施工机械和人员带来重大影响，导致掌子面发生潮解、喷射的稳固混凝土脱落、不能固结等问题，增加施工难度和成本。③隧洞穿越多处中生代煤系地层，一些非煤系地层区也存在大量的瓦斯、硫化氢等可燃气体，危害隧洞施工人员的健康、甚至生命安全。④岩爆危害，由于隧洞施工导致处于较高地应力的岩体应变能突然释放，对工程施工安全危害极大。这些地质因素会对新西部调水工程引水隧道的施工及运行管理造成一定的困难，为避免某些不良地质因素的影响，需要在勘察和规划设计阶段，做好基础地质工作，趋利避害。

优化输水线路，选择工程地质条件相对良好的区域。为了适应输水沿线地质条件，通过优化调整输水线路，动中取静，找到相对比较安全的、构造运动相对不那么强的地方。新西部调水工程沿线地震动峰值加速度值基本处于0.2g以下，但是仍有两处穿越0.3g和一处穿越0.4g区域。比较来看，首都北京绝大部分地区地震动峰值加速度处于0.2g区域，我国已建的大渡河大岗山拱坝，坝高210m，设计地震动峰值加速度达到0.56g，工程沿线不同地震动峰值加速度河段所占比例如图5-4所示。

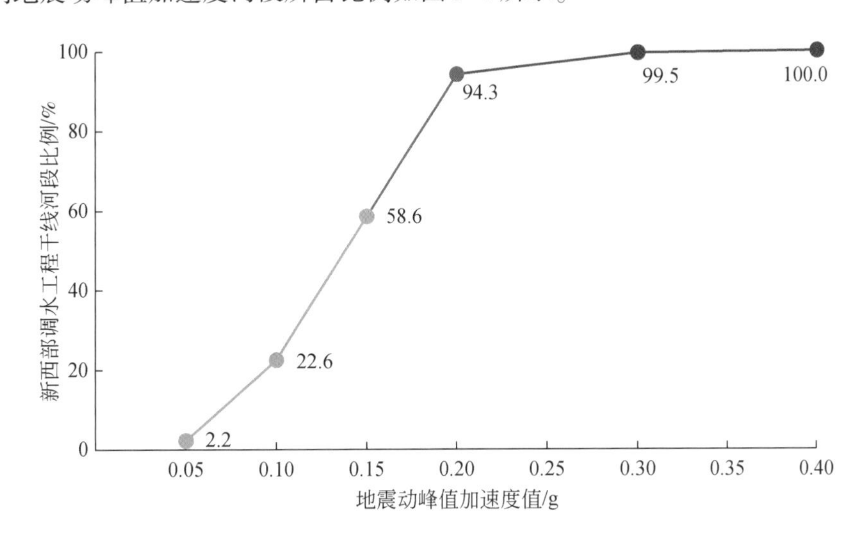

图5-4　新西部调水工程沿线不同地震动峰值加速度河段所占比例

优化输水方式，采用抗地质风险最强的隧洞工程输水。在黄河以南地质条件复杂区域，新西部调水工程主要采用隧洞工程输水。隧洞本身就是最有效的应对地质风险措施，还可以避开地表冻害、岩体滑坡、泥石流等不良地质现象的影响。在难以避免的地质灾害高危区、煤系地层区等，选择有利于打通风隧道、辅助隧道的地段通过，合理缩短隧道，科学布设支洞。此外，穿越活断层区也有可以借鉴的工程案例，如滇中调水，也有隧洞经过三条全新世以来活动过的断层，可以采用防水且有弹性的高强度材料柔性连接，既有利于降低施工困难，也便于后期维护管理。

我国积累了丰富的应对地质问题的施工经验和技术储备。新西部调水工程穿越的怒江、澜沧江、金沙江、雅砻江和大渡河等流域是我国水利水电工程最密集区域，沿线山区修建了大量的铁路和公路隧道工程，积累了丰富的应对工程地质问题的技术储备。基于对输水线路上已有大坝和隧洞工程的建设和运行情况分析，这种方式能够有效应对地质风险，并减少对沿线地表环境的影响。如汶川地震震中有4座超过100m的大坝，分别为距离震中12km的沙牌碾压混凝土拱坝（坝高132m）、距离震中17km的紫坪铺面板堆石坝（坝高156m）、宝珠寺混凝土重力坝（坝高132m）、碧口心墙堆石坝（坝高105m），地震对厂房、闸门等大坝附属建筑物有一定影响，大坝坝体影响很小，而大坝地下隧洞工程几乎毫发无损。由此可以充分证明，只要抗震设计合理、施工质量保证、运行管理到位，新西部调水工程的抗震安全是可以保证的。再比如，位于青藏高原的拉林铁路巴玉隧道是一座世界级的岩爆隧道，13km多的区段，94%都是岩爆区，在建设过程中，探索实施了注射高压水、水压爆破、涨壳式预应力中空锚杆、多功能防护台车等多种方法应对岩爆风险。

为了尽可能地降低地质风险，后续规划还需要根据地质条件，细化局部河段输水线路、工程方式和抗震设计，同时需要在新西部调水工程建设和运行过程中，加强地质环境监测分析。

5.2.2.3 生态环境保护风险

生态文明建设是中华民族永续发展的千年大计，跨流域调水工程既要改善受水区生态环境，也要保护水源区和输水区生态环境。虽然新西部调水工程调水规模巨大，但从国家全局和百年、千年尺度来看，仍然是小开发、大保护的历史性战略举措。由于新西部调水工程方案巧妙的线路选择和设计，保证了在显著改善北方生态环境的同时，对自然环境的影响很小。为了减缓工程对水源区、输水区和受水区的可能影响，除了优化工程方案外，还要采取工程和非工程措施，将不利影响控制到最低限度。

在水源区，由于新西部调水工程调水海拔在2668m以下，避开了青藏高原区、三江源区等生态脆弱区，而且水源区降水量基本都在900mm以上，调水对陆生生态系统影响很小。可能的生态影响主要表现在调水和水库建设改变河流径流总量、水流流态、水域空间、水体温度、营养物质来源等。但总体来看影响还是有限的，一是调水河流下游地区雨量极其丰富，调水比例不高，并且主要取用汛期洪水，可以保障调水河流维持在适宜生态流量以上；二是金沙江、雅砻江、澜沧江等主要河流已经兴建了梯级水库，并且采取栖息地保护、建造过鱼设施、人工增殖放流等保护措施，水库大坝建设对水生生态系统的影响是有限的、可控的。水源区具有独特的生态环境系统，受人类活动影响较小，后续工作需要开展大范围生物本底调查，并根据规划任务，采取栖息地保护等措施减缓不利影响。

在输水区，新西部调水工程要穿越11处国家级自然保护区，其中黄河以南主要以隧洞形式穿越8处，分别是雅鲁藏布大峡谷、白马雪山、察隅慈巴沟、贡嘎山、蜂桶寨、卧龙、九寨沟和雪宝顶国家级自然保护区。线路设计基本避开了自然保护区的核心区和缓冲区，主要以隧洞的方式穿越，基本不会干扰地表生态系统。黄河以北以明渠形式穿越3处保护区，分别是敦煌阳关、敦煌西湖和罗布泊野骆驼国家级自然保护区，考虑建设野生动物绿色高效通道等措施，保障动物迁移安全。跨河交通采用地下模式，避免交通污染，提高航运能力。未来工程建设需要确保不在国家级自然保护区的核心区进行施工活动，科学合理地安排施工组织过程，并且采取措施降低对保护性植物和野生动物的影响，还可利用人工方式营造新的生境条件。

在受水区，新西部调水工程生态影响主要是正面改善的作用，可能的生态影响主要表现为绿洲区建设和气候变化对原有干旱地带性荒漠生态的影响，以及潜在的生物入侵等问题。从宏观尺度来看，即使新西部调水工程调水600亿m^3到北方干旱地区，也仅能够支撑建设不到20万km^2的生态绿洲，依然无法彻底改变西北地区干旱缺水的现实，原有的干旱地带性荒漠生态仍然无法彻底改变。另外，调出区与黄河流域上游鱼类同属于华西区，裂腹鱼是其共有的优势鱼类，从南水北调的实践证明，水生生物生存与环境条件紧密相关，不会随调水侵入受水区。由新西部调水工程而兴的北方地区，必须充分考虑北方干旱生态的保护，合理选择绿洲区建设，更加积极地在“一张白纸”上走科学治污、绿色发展的可持续发展之路，尊重自然、顺应自然、保护自然，实现生态效益、社会效益、经济效益相统一。

5.2.2.4 工程建设移民搬迁

新西部调水工程建设移民数量有限，主要是黄河以南水库建设淹没区和黄河以北明渠开挖移民搬迁人口。依据高分辨率遥感影像和较大居民点的统计资料，初步分析新西部调水工程经过和影响的居民点312个，估算总人口不足6万人，其中，1000人以上的居民地有11个，如表5-4所示。

表5-4 新西部调水工程建设移民搬迁人口统计表

区间	居民点规模及数量						合计/人
	<50人	50～100人	100～200人	200～500人	500～1000人	>1000人	
雅鲁藏布江—怒江	2	5	1	1	0	0	540
怒江—金沙江	0	4	3	4	4	3	7 500
金沙江—雅砻江	51	18	8	1	1	2	6 885
雅砻江—大渡河	4	6	7	7	0	1	4 010
大渡河—岷江	41	8	5	10	2	3	17 100
岷江—白龙江	2	4	2	3	0	0	1 050
白龙江—渭河	5	2	3	3	1	0	1 700
渭河—黄河	0	3	9	18	4	2	9 600
黄河—张掖	2	1	12	16	1	0	5 490
张掖—敦煌	0	0	2	6	0	0	1 700
敦煌—喀什	0	0	2	7	0	0	1 900
合计							57 475

新西部调水工程移民人口均处于西部欠发达地区，也是少数民族聚集的区域。工程建设需要本着共同富裕的原则做好移民安置工作，由过去安置型移民、开发型移民走向投资型移民的道路，采取兴建基础设施、对口帮扶、资金补助、土地资本入股等多种形式的移

民扶持措施，确保移民人口的生产生活条件，同时带动区域经济社会的发展。

5.2.2.5 流域水能开发影响

雅鲁藏布江、怒江、澜沧江、金沙江、雅砻江、大渡河、岷江、白龙江、黄河等主要河流是我国水电富矿，已经规划和建设了一系列梯级水库。雅鲁藏布江干流和五大支流的天然水能蕴藏量高达9000多万kW；怒江规划两库十三级梯级开发方案，总装机容量为2132万kW；澜沧江规划按“一库七级”开发，总装机容量为629万kW；金沙江上游规划“一库十三级”开发，总装机容量为1400万kW；雅砻江拟定二十三级开发方案，总装机容量为2844万kW；大渡河干流规划总装机容量为2340万kW。

能源可以升级替代，水资源却无法替代，水量开发一定要优先于水能利用。新西部调水工程的设计尽可能借用规划水库，减小对已有流域规划的影响，在减少水源河流发电效益的同时，保障输水沿线河流和受水区发电效益，控制整体发电效益的损失。另外，还可以采取措施进一步提升综合效益，比如可以沿途修建抽水蓄能电站，增加电网的调峰能力，对沿途风电和光伏基地进行调峰，增加风电和光伏的消纳，缓解我国大量弃风弃光的现象。

5.2.2.6 保障持续稳定供水

新西部调水工程一旦建设完成，来自青藏高原的水资源将源源不断地输送到北方干旱地区，能够支撑大面积现代灌区建设和大规模城市与产业发展用水。鉴于受水区自然降水稀少的本底条件和长距离供水的现实，必须确保绿洲区供水的绝对安全，保障未来绿洲区健康、稳定、可持续的发展。为此，除了高标准规划建设和管理输水工程的基础上，还应在受水区规划设计充足的水量调蓄空间。

第一，要充分利用黄河和西北内陆河已建和规划的水库进行调节和反调节。比如可充分利用黄河干流水库，新西部调水工程穿越的刘家峡水库库容达57亿m^3，上游龙羊峡水库库容达240亿m^3，包括其他已建和规划的水库，都需要充分利用起来，与新西部调水工程联合调蓄，统一调度，保障新西部调水工程受水区供水安全。

第二，要在受水区规划建设大型调蓄水库。例如在河西走廊，初步规划了位于玉门、阿拉善右旗、黑河正义峡和景泰的大型调蓄空间，调蓄能力超过400亿m^3。在红延河、漠北河和春风河也同样规划设计了调蓄水库。

第三，在受水区建设星罗棋布的小型调蓄水库塘坝，并补充受水区域地下水，保持适宜埋深的地下水位，人工提取很方便，无效蒸发几乎没有，大型植物根系能够吸收利用，可作为应急调蓄水源。

第四，利用现有和新发展的湖泊湿地进行调蓄。包括石羊河的白亭海、黑河的东西居延海以及罗布泊等。

5.2.2.7 冬季冰期安全输水

新西部调水工程北方明渠段面临冰期输水问题，如果冰块堆积，堵塞和聚集形成冰坝、冰盖和冰塞，会导致河道阻力增加，致使上游水位上涨，并可能造成冰期洪水、建筑物破坏、供水不畅等危害，需要从工程设计和运行调度两方面综合应对。

在工程设计方面，需要优化渠道断面结构形式，形成利于冰期水位调控、冰盖稳定，利于融冰期冰盖平稳消融，利于边坡冻融条件稳定的渠道断面。初步考虑可以采用上部宽浅式梯形、下部窄深式矩形或弧形断面，上下部用水平马道连接的渠中渠断面。在冰期输水流量小时用下部窄深断面过流，可以用小流量变幅实现较大的水位变幅；结冰盖前将水位升高至上部宽浅断面后，又可以实现水位变动平缓从而利于冰盖稳定形成。形成后的冰盖稳定在水平马道上，利于保持平衡且不会因为渠道断面过窄导致的冰推力增大。融冰季节，缓慢升高水位淹没冰盖使之缓慢融化，避免武开河造成的冰塞冰坝。

在运行调度方面，为保证明渠冬季输水能力，采用冰盖下输水，需要控制水流条件，使冰盖可以平稳形成及消融。根据结冰期和融冰期温度条件，可以考虑从水源和控制闸两方面进行联合调控。入冬季节水温接近0℃时，取水库表层低温水体，配合控制闸抬高水位降低流速以便快速形成冰盖，待一定厚度和强度的均匀冰盖形成后，适当降低水位并利用冰盖及冰盖与渠水间空气层保温。开春季节温度回升至0℃时，取水库深层高温水体，配合控制闸加大流量，淹没冰盖使冰盖快速大面积消融。提高冰盖生消速率，防止大面积流凌发生，保障渠道输水安全。

5.2.2.8 盐分持续累积灾害

土壤盐碱化是我国西北干旱区农田灌溉面临的普遍问题。新西部调水工程每年从西南地区引水600亿m^3到西北干旱区，是否会带来难以承受的盐碱问题，长期盐分累积会不会带来生态灾难，这是新西部调水工程规划和未来运行将要面临的重要生态风险。

西北地区土壤盐渍化是自然条件和人类活动共同作用的结果。我国盐渍化土地超过16亿亩，其中以新疆最为突出，是我国盐渍化土壤面积最大、盐分组成类型最多的省区，主要分布在天山南麓平原区、塔里木河中级平原区、喀什河三角洲区、叶尔羌河三角洲区、昆仑山山前平原区，占全国盐碱土面积的22%。综合分析新疆等我国西北内陆地区土壤盐渍化产生的主要原因，可以归结为干旱的气候条件、土壤母质含盐量高、地质、地势和地貌、地下水埋深等自然因素以及农业灌溉的快速扩张、不合理的灌排系统和土地利用不当等人类活动共同作用的结果。

采取综合措施应对土壤盐渍化。根据新西部调水工程方案构想，结合我国西南地区“五江一河”水体矿化度情况，每年调水600亿m^3，预计要引入到受水区1000万t左右矿物质。综合来看，盐分主要有五个去向：一是植被生理耗盐；二是土壤储盐；三是地下水积盐；四是盐荒地积盐；五是尾闾湖泊排盐。参考内蒙古河套灌区，灌区总土地面积为1678万亩，引黄灌溉面积为861万亩，年均引水量约为45亿m^3，引盐量约为160万t，通过合理调控水盐分布，灌区总体上处于向脱盐方向转变的良性循环状态。相较于内蒙古河套灌区，新西部调水工程绿洲单位面积引盐比例较小，如果绿洲规划合理、灌排设计科学，再辅以农业、生物和化学等措施，全面综合应对，可以避免土壤盐碱化问题。

选择合理新西部调水工程绿洲区。西北内陆地区都有一个共同的特点，山区是径流形成区，出山口以后是径流散失利用区，尾闾湖泊则是河流的盐分积累区。新西部调水工程绿洲需要科学规划人与自然的空间分布，把最低洼的地方留给盐分，在适宜的地区建设绿洲。因此，需要根据土壤透气性、保水保肥能力、自然降水情况、地下水流动性、地质条件等影响土壤盐渍化因素，划定非积盐区、容易积盐区和盐分积累区，优先在非积盐区建设绿洲，避开容易积盐区，盐分积累区留给自然尾闾。

完善新西部调水工程绿洲灌排系统。有灌有排是防止绿洲盐碱化的关键措施，以往绿洲建设过程中往往“重灌轻排”，使得绿洲盐分大量积累。新西部调水工程绿洲需要同步建设完整的排水系统，每一处新建绿洲都将寻找一个或多个低洼地区作为尾闾，接纳农业以及未来城市生活和工业退水，使土壤层盐分迅速排出灌区，加速土壤脱盐的速度。同时，加强渠系防渗，降低灌溉水渗漏量，有效控制地下水位，避免因地下水位上升引起土壤盐碱化。

推广利用先进灌溉耕作技术。全面推广采用微润灌溉、滴灌、膜下灌溉、低压管道灌溉等节水灌溉技术，避免大水漫灌，既减少单位面积灌水量，充分满足农作物的生长需求，又能有效减少田间渗漏损失，降低土地盐碱化。在无盐碱化或盐碱化程度较轻地区采取节水滴灌技术，达到节水高产目的；在中度盐碱化灌区采取控制灌溉定额的措施，延缓地下水位上升，达到控制盐碱化加重目的；在重度盐碱化区采用大水洗盐措施，可以将多余盐分通过淋洗排出绿洲。同时，合理耕作和轮作倒茬也能够改善土壤表面状态和耕层构造，从而达到改善土质、通气性、透水性和调节温度的效果，抑制土壤表层结盐。

创新研究采用生物抗盐措施。由于水资源紧缺，大水洗盐的方式已不可持续，新西部调水工程绿洲应因地制宜地实施“农经草”三元结构，种植经济价值高的耐盐植物，有效降低土壤盐渍化。新疆等我国西北地区拥有丰富的盐生植物资源，有研究表明，在盐碱地上种植盐地碱蓬、盐角草、野榆钱菠菜、红叶藜、高碱蓬等盐生植物，每年可从土壤中带走大量盐分，连续种植 3 年就可以大幅“淡化”土地，即可达到耕种标准。“吃盐植物”的应用推广，能够彻底改变高盐碱土壤不能直接农业利用的历史。

5.2.2.9 长期气候变化影响

新西部调水工程受水区主要包括内蒙古、宁夏、陕西、甘肃和新疆等我国西北地区，这一区域处于青藏高原北部和东北部，属温带、暖温带干旱和半干旱气候区，区域年平均气温约为 7℃，平均年降水总量不足 300mm。由于青藏高原隆升，高原进入冰冻圈，低中层西风被迫分成南北两支绕流，导致环流进行重大调整，寒冷的蒙古高压和高原季风稳定发生，西风急流加强，致使中国西北地区急剧干旱化和沙漠化，大型沙漠由此形成。

绿洲具有降温增湿的气候调整作用。绿洲是我国西北地区人类生存和发展的核心空间，主要受来源于降水和冰川融雪等径流补给，绿洲地表植被形态、温度、湿度等在空间上分布不均，能够在较小尺度上引起大气的响应，并影响大气的运动过程，形成一些特殊的气候特征。在全球变化和人类生产生活的影响下，我国西北西部地区气候正经历着由暖干向暖湿转变的过程。有监测研究表明，近 50 年来，随着南疆塔里木、叶尔羌等地绿洲面积不断扩张，导致绿洲土壤湿度增大、植被覆盖度增大、水汽压增大，使得平均气温以每 10 年 0.01℃的趋势下降，降水量以每 10 年 4mm 的趋势增加，绿洲区逐渐呈现出降温、增湿的“冷岛效应”。黑河、疏勒河和石羊河等河西走廊绿洲区由于防风固沙林带的建设，对风速有着明显的阻滞作用，使得平均风速以每 10 年 0.1m/s 的趋势降低，且发生强风的日数逐年减少。同时，防风林还抑制了土壤蒸发和植物蒸腾，调节温湿度的变化，进而增大绿洲的“冷岛效应”，为人类创造一个相对凉爽、湿润、适宜的生存环境。

初步定量模拟了新西部调水工程的气候效应。新西部调水工程的建设，将为我国西北地区输送巨量的水资源，研究假定西部调水形成大面积灌溉绿洲，利用CMIP5中的全球气候模式MPI-ESM-MR输出结果作为区域气候模式RegCM4的初始场和边界场，研究在2021～2050年两种典型浓度路径情景下（RCP45和RCP85）西北部地区调水灌溉对区域气温、降水以及能量收支的影响。结果表明，大面积调水灌溉对全年的气温和降水均产生了影响，其影响在夏季尤为显著。具体来说，蒸散发在夏季显著增加（潜热通量增加35～45W/m^2），显热通量降低，导致地表平均温度降低了近2℃。夏季降水增加主要在研究区及周边天山、祁连山和昆仑山等山脉附近，低空环流异常变化和对流上升运动增强为夏季降水的变化（增加0.5～1mm/d）提供了动力条件，增加了研究区及周边高山地区的对流性降水潜力。此外，大面积调水灌溉使得该地区产生了复杂的大气环流变化，气象要素在600～925hPa的垂直梯度发生了明显改变。

气候变化的生态水文效应分析。随着水汽通量的增加，将引起地带性植被的演化。我国西北干旱区的山区是径流形成区，降雨量随着海拔的降低而减少，山区森林分布的下限取决于降水量，新西部调水工程实施后受水区水汽通量显著增加，降水相应增加，从而使得森林分布向下发展。由于受水区降水增加，地带性植被发生变化，荒漠植被盖度将增加，典型荒漠将向草原化荒漠演替，荒漠植被就会出现草原植被的成分，成为草原化荒漠，部分流动沙丘也能够固定化。

5.2.2.10　建设运行成本管控

工程建设能力已经不是新西部调水工程的制约因素，但经济可行性是衡量新西部调水工程是否可行的关键问题。建设如此史无前例的庞大基础设施，国家财力能够支撑吗？

从整个系统来看，新西部调水工程是前所未有的巨大，全程5710km，接近我国第一大河6300km的长江；年输水600亿m^3，超过黄河的年径流量。但从局部来看，新西部调水工程又是一个小工程，是由隧洞、水库、明渠等工程“积木”串联或并联组成，每一个“积木”都是现有工程技术能力可以实现的。通过以下三组数据对比就可以看出，新西部调水工程完全在国家基础设施建设能力之内，也完全在国家经济社会建设承受范围之内。

1）2017年全国GDP为82.7万亿元，新西部调水工程总投资约占全国年GDP的4.8%。假如新西部调水工程建设期为十年，则分摊到每年只有4000亿元，不足全国年GDP的千分之五。随着经济社会发展，新西部调水工程投资占国家GDP的比例还会进一步降低。

2）“十二五”时期，我国水利建设总投资超过2万亿元；“十三五”时期，在建的重大农业节水工程、重大引调水工程、重点水源工程、江河湖泊治理骨干工程等投资规模已经超万亿元。

3）据报道，“十二五”期间，中国铁路投入3.58万亿元，建成30 000km铁路。《“十三五”现代综合交通运输体系发展规划》提出交通运输总投资规模达到15万亿元，其中铁路投资3.5万亿元，公路投资7.8万亿元，民航投资0.65万亿元，水运投资0.5万亿元。

新西部调水工程作为战略性基础设施，其意义远超水利工程本身，效益也不仅仅是经济方面，还包括生态修复效益、粮食安全效益、民族融合效益、边疆稳定效益、地缘政治效益等。选择与新西部调水工程最为类似的南水北调中线案例开展水价比较分析。

根据21世纪初编制的南水北调中线规划，工程总投资1366.9亿元，其中贷款683.5亿元，其他投资来源为中央拨款以及南水北调基金。经过10余年建设，2014年12月，南水北调中线工程正式通水，实际投资约为2156亿元，据此测算，平均水价为1.5元/m^3，北京市水价为2.6元/m^3。供水价格测算中包括固定资产折旧、工程维护费、运行管理费、财务费用、净资产利润等因素。在南水北调中线工程成本费用测算中，折旧费、财务费用和净资产利润占比高达75%，而工程维护费和运行管理费只占全部成本25.2%，仅为0.38元/m^3。根据2015年印发的《关于南水北调中线一期主体工程运行初期供水价格政策的通知》，干线工程河南省南阳段口门综合水价实际执行为0.18元/m^3，河南省黄河南段（除南阳外）为0.34元/m^3，河南省黄河北段为0.58元/m^3，河北省为0.97元/m^3，天津市为2.16元/m^3，北京市为2.33元/m^3。

新西部调水工程运行水价是多少？未来受水区人民能否承受得起呢？京杭大运河的建设形成了中国南北水运的大动脉，郑国渠的建设奠定了秦国统一全国的经济基础，都江堰的建设成就了天府之国，现状全国9.5亿亩农田有效灌溉面积保障了国家粮食的基本安全。所有这些都是事关国家安全和民生福祉的战略工程，都不是以经济盈利作为建设目标，也都不是将成本回收作为建设的依据。因此，考虑新西部调水工程新开发的绿洲价值、社会公益性质和长远效益，其运行成本不应包含工程折旧，不应承担财务费用，不应计提资本金利润，仅包括工程维护费和运行管理费。

根据《水利建设项目经济评价规范（SL 72—2013)》，大型混凝土输水工程折旧期为50年，工程维护费和运行管理费分别为固定资产原值（不包括占地淹没补偿费用）的1.0%~1.5%和0.5%，考虑新西部调水工程规模效应，工程维护费设定取值1.5%、1.0%和0.5%三种方案，则调水成本约为0.7~1.3元/m^3。参考泾惠渠灌区、青铜峡灌区、河套灌区等西北地区自流灌区运行成本，支渠以下均低于0.2元/m^3，若按0.2元/m^3取值，则新西部调水工程用户端综合成本约为0.9~1.5元/m^3。考虑未来受水区城市生活和工业水价将七八倍、甚至十倍于农业水价，将共同分担供水成本，预计农业水价将低于0.5元/m^3，未来规模化开发的高附加值的现代节水农业，完全能够承受这一价格。如果考虑航运、发电等附带效益进一步分摊供水成本，水价还会进一步降低。

可以看出，新西部调水工程建设成本和运行水价完全是在经济社会承受范围之内，不会给国家带来财务负担，也不会给受水区人民带来水价负担。

5.2.3 民族的千秋伟业

新西部调水工程能够重塑我国西北地区生态空间格局，保障国家粮食安全，将成为我国经济发展、文化融合的大动脉，是生态工程、民生工程、文化工程、战略工程，更是造福民族、助力实现中华民族伟大复兴中国梦的千秋伟业。

5.2.3.1　新增近 20 万 km^2 绿洲，重塑西北地区生态格局

新西部调水工程建设，将形成从黄河流域到吐哈盆地和南疆喀什的超大规模绿洲。我国西北地区绝大部分区域降水量小于 200mm，在广袤的国土空间中，只有河套灌区、石羊河灌区、黑河灌区、疏勒河灌区、和田灌区、叶尔羌河灌区、哈密石城子灌区、吐鲁番煤窑沟灌区等零星分布的灌溉绿洲。来自青藏高原的年均 600 亿 m^3 的丰沛水源将显著改变西北地区的干旱缺水状态，为广袤的土地带来勃勃生机。根据黑河、石羊河、疏勒河、塔里木河流域等水分与绿洲面积关系分析，新西部调水工程预期可以创造一个接近 20 万 km^2 的生态绿洲，形成从黄河上中游到甘肃河西走廊再到新疆喀什和吐哈盆地长度达到 5000km 的绿洲长廊。新西部调水工程将在河西走廊、吐哈盆地、塔里木河盆地等绿洲区大面积建设水库、湖泊、坑塘等水资源调蓄工程，引调水量和灌溉退水也将逐步充盈石羊河、黑河、疏勒河和塔里木河流域下游白亭海、居延海和罗布泊等尾闾湖泊，广袤的西北荒漠国土将变成“塞上江南”，逐步成为人类宜居环境，使得西北地区具备承载超亿人口生存与发展的生态空间。

新西部调水工程建设，将治理修复西北地区生态环境，保障北方乃至全国生态安全。调水进入西北地区，河西走廊、东疆和南疆等地大面积戈壁、沙地将被改造成生态绿洲，将与原有流域绿洲一起，共同构成稳定的生态屏障，能够有效控制巴丹吉林、腾格里、乌兰布和、库姆塔格、塔克拉玛干等沙漠的扩张，甚至可以将沙漠大面积改造成人工绿洲。新西部调水工程长期运行，每年向我国北方地区输入 600 亿 m^3 的水资源，水分循环通量不断增加，湿度与降水量不断提高，效益累积，对于改善西北地区干旱气候，恢复更大的、曾经水草丰美的“自然环境”将有难以估量的作用，将对中国北方水土资源涵养以及整体气候改善产生深远影响。随着地理环境和大气循环条件的改善，来自北部的湿润气流南下至青藏高原北部，对涵养中华水塔，尤其是改善三江源地区的水文条件和生态环境有重要的作用。因此，新西部调水工程将成为保障我国北方乃至全国生态安全的重要屏障，成为世界上最大的生态治理与修复工程。

5.2.3.2　发展亿亩现代农牧灌溉绿洲，全面支撑国家粮食安全

新西部调水工程建设，将发展近两亿亩绿色高效灌溉良田和牧场，带动农业现代化发展。河西走廊、东疆和南疆等地土地丰富，光热充足，气候温和，有利于开展大规模农业机械化种植，较大的昼夜温差也有利于农业病虫害的防治。按照因地制宜，宜农则农，宜林则林，宜牧则牧的原则规划灌溉绿洲，全面推广采用世界上最先进的种植模式和最节水的种植技术，并充分考虑参考新疆和河西走廊等气候条件。按照亩均灌溉用水 $300m^3$ 估算，扣除城市生活和工业用水，新西部调水工程将形成 1.7 亿～2 亿亩灌溉农田和牧场，将成为中国最大最集中的粮食主产区和畜牧生产区，成为我国发展绿色农业、设施农业、实现农业现代化的先行区和示范区，为我国粮食安全提供高标准保障也可为我国经济的可持续发展创造广阔的空间，为科技创新带来新的需求和动力。

新西部调水工程建设，将置换东部过度利用和受污染土地，缓解城镇建设用地压力。为保障粮食安全，国家实施了最严格的耕地保护政策，由此也带来了高密度城市化诱发的

各类矛盾，在土地匮乏、地域狭窄、经济高速发展的东部地区尤为尖锐。即便如此，我国耕地面积仍然以平均每年100万亩的速度减少，而长期机械化、浅层化、单一耕作及过量施用化肥等种植方式，导致我国大部分粮食主产区出现了影响作物生长的土壤物理障碍，作物产量降低。更为严重的是大面积土壤污染问题，根据《全国土壤污染状况调查公报(2016年)》，全国调查耕地点位超标率达到19.4%，其中轻微、轻度、中度和重度污染点位比例分别为13.7%、2.8%、1.8%和1.1%。新西部调水工程将在西北地区增加约2亿亩高标准灌溉农田，完全可以把占全国2.9%、超过5000万亩中度和重度污染的耕地全部置换出来，保障食物安全，休养过度利用的贫瘠耕地，实现土地持续利用。置换出来的中东部地区土地，可以适度增加城市建设用地，合理提高人均城市建设用地面积，降低城市密度以适应城市人口的增加、不断提高的居民收入水平和日益现代化的城市生活方式，缓解新型城镇化发展的土地制约因素，为保持稳定的中高速增长新常态创造条件。

5.2.3.3 形成国家统一水网格局，有效缓解洪旱灾害问题

新西部调水工程建设，将奠定国家水网统一格局，能够有效缓解中华大地的干旱问题。新西部调水工程沿我国第一阶梯和第二阶梯边缘设计，环绕中华水塔，串联起西南诸河、长江流域、黄河流域和西北诸河，辐射海河流域、淮河甚至辽河流域，影响全国70%以上国土面积，将与南水北调中线和东线工程一起构建“四横三纵”国家统一的大水网调控格局，将成为奠定国家水网最浓墨重彩的一笔，是留给后世子孙的重大基础设施。新西部调水工程在西南地区串联了雅鲁藏布江、易贡藏布、帕隆藏布、怒江和澜沧江，串联了金沙江、雅砻江、大渡河、岷江、白龙江等长江上源河流，串联了渭河、洮河、黄河、湟水河、庄浪河等黄河流域上游河流，在西部内流区串联了石羊河、黑河、疏勒河、若羌河、车尔臣河、克里雅河、和田河、叶尔羌河等，为整体管控中华水系提供了基础条件，可视各流域丰枯情况随机补水。新西部调水工程不仅仅能够应对干旱灾害，还能够加强旱涝风险预警与丰枯调剂能力，可以有效减缓河流洪涝风险。未来任何一条河流发生洪水，就以最大输水能力调取这条河流水量，既可以减小对河流生态的影响，又能够降低流域洪水灾害。

新西部调水工程建设，将全面辐射东部地区，系统修复因缺水导致的生态环境问题。新西部调水工程可向黄河补水，自上而下流经干流水沙调控工程体系，河道外供水可结合黄河干流龙羊峡、刘家峡、黑山峡、万家寨、碛口、古贤、三门峡、小浪底等骨干水库，进行全河调水调沙，塑造协调的水沙关系，逐步改善宁蒙河段、禹潼河段、黄河下游河道和渭河的淤积状态，对缓解黄河河道内缺水，遏制河道淤积抬升、减轻洪水威胁及维持黄河健康生命具有重要作用。海河流域尤其是京津冀地区，人口密集、城市集中，经济社会发展长期依靠超采地下水和挤占河道内生态环境用水来满足需求，1980年以来京津冀地区地下水累计超采量达1600亿m^3，形成了3.3万km^2浅层地下水和4.8万km^2深层地下水超采区。通过黄河，新西部调水工程还可向海河和淮河流域自流供水，与南水北调中线和东线工程共同作用，能够彻底扭转黄淮海平原水资源超载的问题，维护河湖生态健康，保障经济社会用水。尤其是通水初期，西北地区社会水循环系统还没有完善之前，可以充分向海河和淮河流域补水，弥补过去40年地下水累计超采的历史欠账。新西部调水工程还可

视需求向岷江等长江上源河流补水，支撑成渝经济区和天府新区等经济社会用水需求，保护流域河湖生态环境。

5.2.3.4　成为未来经济增长引擎，重构中国经济地理格局

新西部调水工程建设，是对供给侧结构性改革战略的一项实践，将成为未来中国经济增长引擎。新西部调水工程与未来绿洲建设将创造巨大的市场规模，考虑主体工程和配套渠系、近 20 万 km^2 绿洲、近 2 亿亩灌区和牧场，以及未来道路、工厂、城市等建设需求，将形成一个规模巨大市场，带动一系列上下游产业的发展。这将为众多勘探、设计、施工、服务行业，以及技术创新带来巨大的市场机会和收益。随着超大规模绿洲的兴起、耕地的开发、工业的发展、内陆航运大通道的建设，并在现代科技和节水观念的引领下，钢铁、能源、电力、煤炭化工、建材、旅游等现有产业基础作用将充分发挥，未来装备制造、高新技术、食品、生态旅游、文化等产业发展潜力巨大，能够创造全新的经济增长点，吸纳超亿人口，武威、金昌、张掖、酒泉、嘉峪关、玉门、敦煌、和田、喀什、哈密、吐鲁番等沿线城市人口将大规模增加，崛起若干个新的中心城市，推动我国西部地区跨越式发展。在全球信息化和物流现代化的支撑下，向东可以覆盖国内市场，联系着亚太经济圈，向西可以开拓中亚、西亚，以至欧洲和非洲市场，将成为“世界上最长、最有发展潜力的经济文化大走廊”，极大地提高西北地区的经济地位和对外开放水平，促进欧亚大陆东西联动，保障国家均衡、强劲、持续的发展。新西部调水工程真正意义上创造性地落实了习近平总书记提出的“供给侧结构性改革”的战略方针，为稳定经济增长、促进产业发展提供广阔的空间，为东部地区的创新、发展与繁荣提供新的动力，将成为打开未来中国发展的钥匙。

新西部调水工程建设，将改善自然、经济和人文发展空间布局，重构中国地理格局。新西部调水工程建设将突破我国一直难以逾越的三条自然地理、经济地理和人文地理“分界线”。第一条线是从黑龙江漠河到云南腾冲的“胡焕庸线”，其东南部 43% 的陆地生活着 94% 的人口，集中了 91% 的耕地和 96% 的国内生产总值。新西部调水工程能够极大地挖掘“胡焕庸线”以西土地潜力，促进我国西部和东部的均衡发展，预计“胡焕庸线”以西地区耕地面积占比将由现状的 9% 提高到 17% 以上，支撑的人口由现状的不足 6% 增加到 10% 左右，将大大优化我国人口和经济格局，改变人口和经济聚集于东部地区的局面，为东部地区受挤压的发展空间找到新的出路，为我国的均衡发展和持续繁荣奠定基础，为中华民族的未来发展获得更多的内生动力。第二条线是“玉门阳关线”，这一线是中国古代陆路通往西域和欧洲的交通咽喉之地，自古“春风不度玉门关”“西出阳关无故人”，新西部调水工程调水入疆，可实现从黄河流域到河西走廊再到东疆、南疆和北疆地理空间、绿洲空间、人文空间、经济空间的紧密联通。第三条线是从和田地区策勒县到昌吉州奇台回族自治县的“策勒奇台线”，这条线将新疆分为面积大致相当的西北和东南两部分，西北区域地表水资源占全疆的 93%，而东南部仅占 7%，新西部调水工程向东疆和南疆供水，带动相对落后的南疆脱贫致富，促进新疆西北和东南更加均衡发展。

5.2.3.5　促进民族和文化大融合，保障西部地区长治久安

新西部调水工程建设，将带动边疆地区经济社会发展，消除民族地区的致贫风险。中

华人民共和国成立70多年来，我国西北地区经济社会有了很大的发展，人民生活水平有了很大的提高，但由于历史原因和客观条件，西北地区与东部地区相比仍然差距甚远。建设新西部调水工程，增加可利用土地，推动城市化建设，能够大大增加发展和就业机会，大幅度提高收入和生活水平，为边疆的社会稳定和长治久安奠定坚实基础。

水进，人进，文化进，新西部调水工程能够成为民族融合的大通道。边疆的长治久安需要多民族融合发展，中华人民共和国成立以来，为了开发边疆、建设边疆，大量内地人口移居新疆，组建了生产建设兵团，不仅促进了新疆发展，客观上对于新疆的稳定起到了重大作用。新西部调水工程能够成为文化的大通道，将中华文明腹地与边疆地区连成一体。新西部调水工程能够形成千万人口的经济圈和城市带，吸引内地人才和劳动力到新疆发展，彻底改变我国第一阶段改革开放引发的人口大规模向东南迁移的发展路径。这一人口流动的新局面，将极大地推动我国西部各民族的文化融合，促进民族团结，增强中华民族的凝聚力，维护西北国土的长治久安。

5.2.3.6 提升民族自信心凝聚力，助力中华民族伟大复兴

新西部调水工程的实施，将增强民族的自信心和凝聚力，将成为我国持续繁荣的支撑和保障，是我国实现“再崛起、再腾飞、再发展”的有效举措。随着西北水资源的逐渐增加和生态环境的逐步改善，经济文化发展水平的逐步提高，创业就业机会的逐渐增加，将带动西北地区的绿色大发展，加速西北地区成为中亚的经济文化中心，能够有力支撑“一带一路”倡议，为我国在制造业、基础设施建设等领域积累的产业能力提供新的成长空间，构建我国梯度发展新格局，夺取新时代中国特色社会主义事业伟大胜利，助力实现中华民族伟大复兴的中国梦。

5.3 黄河几字弯水网建设构想

5.3.1 研究背景

规划建设南水北调西线事关黄河流域生态保护和高质量发展重大国家战略建设实施，事关我国北方经济社会发展战略全局和民生改善。但西线工程从提出到现在历时已近70年，仍然处于规划论证阶段，亟须系统完善、加快推进。

几字弯区是黄河经由甘肃、宁夏、内蒙古、陕西四省（自治区）所形成的“几”字形区域，区域面积和人口分别占黄河流域的46%和44%，具有区域经济核心区、能源矿产富集区、生态屏障区、革命老区、少数民族聚集区、民族文化主要发祥区等“六区合一”的特殊战略地位。但几字弯区自然生态环境脆弱，经济社会发展相对滞后，现状人均可支配收入仅为东部地区的61%。水资源是制约几字弯区生态保护和高质量发展的主要因素，区域多年平均降水量为432mm，人均水资源量只有338m^3，长期受到水资源供给“天花板”的严重制约，经济社会发展和生态保护修复均受到严重影响。

构建黄河几字弯水网是支撑区域高质量发展和完善南水北调西线工程规划方案的重要

举措。几字弯区是南水北调西线规划受水区，也是黄河重大国家战略实施的核心区，科学布局几字弯水网，系统破解水资源短缺制约，实现水资源供给与城市发展、乡村振兴、能源开发、生态保护等目标任务协调匹配，对于推进南水北调后续工程高质量发展、贯彻落实黄河重大国家战略具有重大意义。近年来，为降低调水比例，减轻对青藏高原江河源区生态环境的影响，优化调整原高线调水方案，降低调水工程线路高程，经洮河入黄河刘家峡水库的方案已经纳入规划论证比选，为构建黄河几字弯水网创造了极为有利的条件。

本书所述的黄河几字弯水网就是基于南水北调西线工程入洮河的方案，充分利用洮河与几字弯区高程差，以隧洞形式穿越六盘山区，沿着几字弯区分水岭输水到中部白于山高地，形成几字弯“水脊”，实现全程自流覆盖几字弯的主要区域，并以此为轴线，东、北、南自流辐射三大发展带，形成“一轴三带十片”的黄河几字弯水网总体格局，系统破解南水北调西线工程规划论证尚未系统回答的外调水源如何用、怎么配的问题。

几字弯区是南水北调西线规划的主要受水区，但现有规划均是直接从黄河干流取水利用，存在区域水低、人高、地高的问题，水资源开发利用困难。本书所述的几字弯水网可以避免大规模从黄河干流提水的高成本问题，还可以与南水北调西线工程入黄河干流主体方案“整体衔接”；可实现“高水高用”“专线专用”，提高外调水源配置效率；可通过引汉济渭工程与南水北调中线工程“丰枯互济”，协同提高两大工程的供水保障率。

几字弯水网可以打通南水北调西线“渭河通道”，与黄河、渭河可支撑形成南水北调西线“三线配水”的优化格局，既可以大规模向渭河干流生态补水，推动下游河道回归自然侵蚀面，又可以缓解洮河承接南水北调西线增调水量的河道输水压力，是现有南水北调西线工程规划方案的重大完善和受水区规划布局的空白补充。

5.3.2 黄河几字弯区的战略地位

5.3.2.1 黄河重大国家战略主要承载区

黄河几字弯区是黄河流经甘肃、宁夏、内蒙古、陕西四省（自治区）所形成的“几”字形区域，考虑黄河干流分界作用，本书所述的几字弯主要指黄河几字弯的内部区域，由西南部洮河、南部渭河、北部和东部黄河四面合围，包括内蒙古乌海和鄂尔多斯，陕西西安、铜川、宝鸡、咸阳、渭南、延安和榆林，甘肃白银、定西、天水、平凉和庆阳，宁夏银川、石嘴山、吴忠、固原和中卫，共计19个地市，不包括外部的内蒙古呼和浩特、山西大同和朔州等地。几字弯区是黄河流域人口、生产力布局的主要载体，区域总面积36.66万km^2，人口为5241万人，2020年国内生产总值为3.3万亿元，分别占黄河流域的46%、44%和54%。几字弯区是黄河重大国家战略实施的核心区和主战场，由于历史、自然条件等原因影响，在全国范围内经济社会发展相对滞后，居民生活生产水平相对较低，也是打赢脱贫攻坚战的重要区域，因此，几字弯区生态保护和高质量发展水平直接决定了黄河重大国家战略的建设水平。

5.3.2.2 西部经济社会发展的重要桥头堡

黄河几字弯区分布有宁夏沿黄城市群、呼包鄂榆城市群和关中平原城市群，拥有两个省会城市（西安、银川）、1个省域副中心城市（延安），以及鄂尔多斯（内蒙古地区生产总值排名第1）、榆林（陕西地区生产总值排名第2）、庆阳（甘肃地区生产总值排名第2）、天水（甘肃地区生产总值排名第3）等区域性中心城市，以占陕、甘、宁、内蒙古四省（区）20%的土地面积承载了55%的人口，创造了59%的GDP，是西北地区经济发展的桥头堡，表5-5列出了黄河几字弯区主要城市的主导产业布局情况。2020年，黄河几字弯区共有西安、榆林等8个市的地区生产总值超过1000亿元，其中西安GDP已超过万亿元。几字弯区的地区生产总值年均增速较快，是西部地区经济增长的重要引擎。

表5-5 黄河几字弯区主要城市主导产业

省份	城市	主导产业
陕西	西安	电子信息制造、汽车制造、航空航天、高端装备制造、新材料新能源、生物医药
	榆林	高端煤化工、镁铝产业、现代农业、新能源、文化旅游业、农产品精深加工业
	宝鸡	航空航天业、新能源产业、电子信息、生物医药、智能制造
	咸阳	电子信息、建材工业、装备制造、医药、纺织服装、食品工业、能化工业
	渭南	有色冶金、能源、化工、食品、装备制造、非金属矿物制品业
	延安	能源化工、现代绿色产业、红色旅游产业
	铜川	煤炭工业、建材工业
甘肃	庆阳	现代化农业、能源化工、文化旅游业
	天水	电子信息产业、电工电气产业、医药食品产业、先进机械制造产业
	白银	食品加工、生物医药、新材料、装备制造、轻纺产业
	平凉	煤炭分质转化利用、农副产品、绿色建材、智能制造、文旅康养
	定西	农副产品
宁夏	银川	新能源、新材料、高端装备制造、现代纺织
	吴忠	装备制造、新材料、生物医药、能源化工、现代农业
	石嘴山	高端装备制造、新材料、精细化工、羊绒亚麻等
	中卫	云计算和大数据产业、文化旅游产业、交通物流产业
	固原	现代纺织及服装加工、草畜产业、林业、生态农业、旅游业
内蒙古	鄂尔多斯	清洁能源、新材料、能源化工、装备制造
	乌海	农牧业、生态科技产业、文化旅游业、现代服务业

注：根据各省（自治区）和各市“十四五”规划整理

5.3.2.3 能源矿产资源的世界级富集区

黄河几字弯区是世界级能源矿产富集区，也是我国能源矿产最重要的生产基地。几字弯区拥有全国66%的煤炭资源、12%的原油储量、90%的煤层气储量。国家五大综合能源基地的鄂尔多斯盆地基地、全国14个亿吨级大型煤炭基地中的4个（宁东、神东、陕北、黄陇）分布在该地区，黄河几字弯清洁能源基地是国家九大清洁能源基地之一。几字弯区也是油气资源的富集区，且未动用储量规模大、可采储量采出程度低，未来具备进一步上产的潜力。长庆油田于2020年成为我国首个年产6000万吨级别的特大型油气田。几字弯区还是我国重要的矿产资源生产基地，钠盐保有量占全国70%，铀、铝、钼、稀土、铌矿储量占中国一半以上。

5.3.2.4 我国北方重要的生态屏障带

黄河几字弯区作为黄河流域和“两屏三带”中黄土高原生态屏障所在区域，对于维护关中平原和华北平原，乃至全国生态安全具有重要意义。由于秦岭、太行山等山脉的阻隔作用，塔克拉玛干、巴丹吉林、腾格里等地区风沙经过分选，逐次降落在几字弯区的黄土高原，有效保障了富饶的中原地区不受大规模风沙侵蚀。但由于该区域大部分位于干旱、半干旱地带，沟壑纵横，地形破碎，生态敏感区和脆弱区面积大、类型多、程度深，是全国水土流失最严重的地区，生态系统不稳定。目前黄土高原约2137万hm^2水土流失面积亟待治理，尤其是786万hm^2的多沙粗沙区和粗泥沙集中来源区对下游构成严重威胁。可以说，黄土高原生态健康直接维系着黄河的健康。

5.3.3 水资源是几字弯区发展的最大制约

5.3.3.1 地处干旱半干旱，自产水资源量少

黄河几字弯区处于中纬度地带，大部分处于干旱、半干旱区，多年平均降水量为432.0mm，降水空间分布不均，呈西北少，东南多的趋势，其水系空间分布是最为直接的反映。该地区多年平均地表水资源量为130.5亿m^3，地下水资源量为122.4亿m^3，水资源总量为174.9亿m^3。其中，乌海、石嘴山、吴忠等市水资源总量不足5亿m^3。该地区人均水资源量为337.8m^3，为全国平均值的17%，其中银川、乌海、吴忠等市不到全国平均值的10%；水资源折合地表径流深仅为44.7mm，仅为全国平均水平的1/5，其中白银、吴忠、中卫不到全国平均水平的1/20，黄河几字弯区多年平均降水量及水资源总量分别见图5-5和图5-6。

5.3.3.2 黄河流域水资源开发利用已至极限

黄河流域水资源开发利用率已经接近80%，远超国际公认的40%阈值。为了满足用水需求，黄河流域大量开采地下水，20世纪80年代黄河流域年均地下水开采量约为90亿m^3，2000年增加到145亿m^3，近年来维持在120亿m^3左右，仍较80年代增加了近30亿m^3，部分地区地下水超采严重。水资源过度开发利用还导致干流生态水量严重衰减，黄河干流利津站1919~1959年多年平均实测径流量为463.6亿m^3，2000~2016年仅有156.6亿m^3，减少了66.2%。黄河流域湿地萎缩明显，根据1980~2016年的卫星遥感信息分析，黄河流域湖泊面积由1980年的2702km^2减少到2016年的2364km^2，降幅达到了13%。在此情况下，黄河自身水资源难以支撑几字弯区跨越式发展。

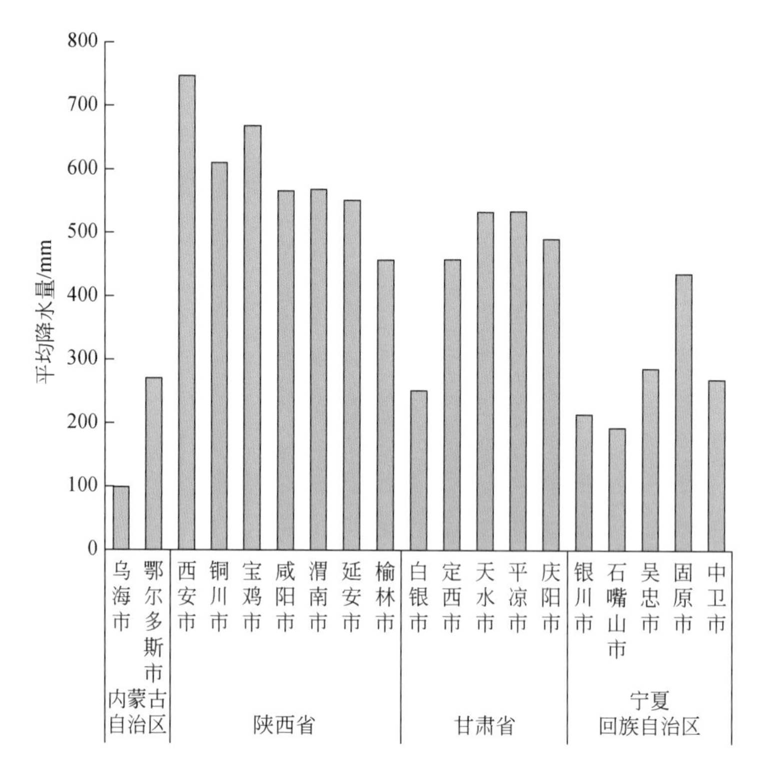

图5-5　黄河几字弯区1956～2016年多年平均降水量

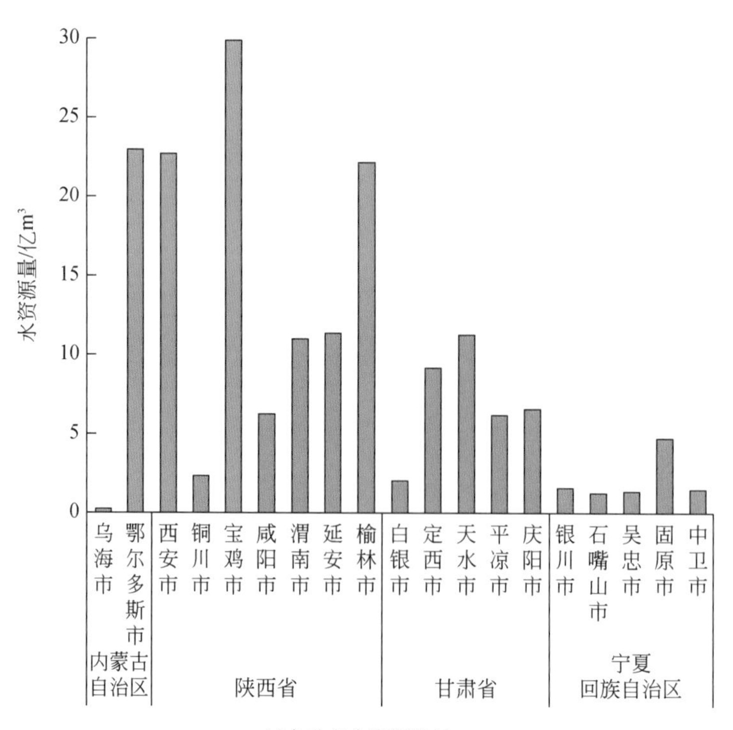

(a)各地市水资源总量

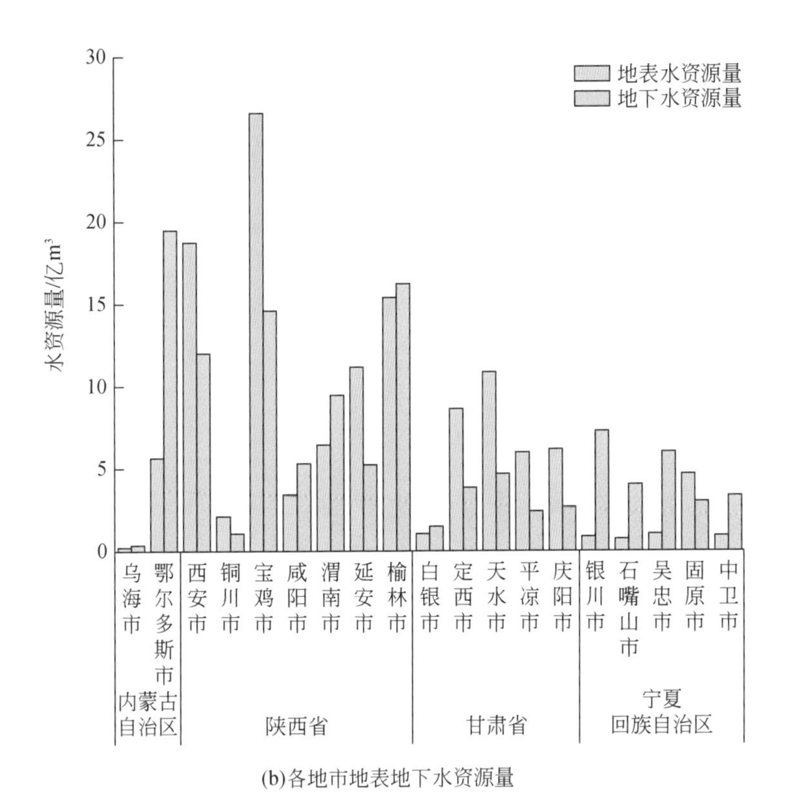

(b)各地市地表地下水资源量

图5-6　黄河几字弯区1956~2016年多年平均水资源量

5.3.3.3　水资源紧缺问题已经高度凸显

2010~2020年，黄河几字弯区年均用水量为169.8亿 m^3，其中农业用水量为122.73亿 m^3、工业供水量为20.9亿 m^3、生活供水量为18.5亿 m^3、生态供水量为7.6亿 m^3；年均供水量为169.8亿 m^3，其中地表水供水量为116.1亿 m^3、地下水供水量为47.4亿 m^3，其他水源供水量6.3亿 m^3（图5-7）。在大规模节水型社会建设和水资源供给“天花板”的共同作用下，几字弯区用水总量呈年际变化下降趋势，其中农业用水量与工业用水量都呈下降趋势（图5-8），受人口数量增加，生活用水量持续上升，此外生态环境用水量也呈缓慢上升趋势。

在自产水资源量低和黄河流域水资源开发利用已近极限的情况下，几字弯区经济社会发展和生态保护修复均受到严重的水资源制约：一是鄂尔多斯、榆林、石嘴山等地重点能源基地发展长期面临水资源约束，能源潜力难以充分释放；二是关中城市群水资源承载力不足，人口、城市和产业发展均受到严重制约；三是农业用水不足，宝鸡峡等大中型灌区灌溉定额普遍偏低，长期处于亏缺灌溉甚至撂荒状态；四是生态严重受损，渭河、延河、无定河、窟野河、石川河等主要支流生态水量严重不足，渭河华县站2000以来入黄水量较1919~1959年减少了38%。需要指出的是，最近20年来，我国西北地区出现暖湿化现象，降水偏多，但这只是百年、千年尺度干旱化趋势的周期性震荡，是一个不可持续的现象。

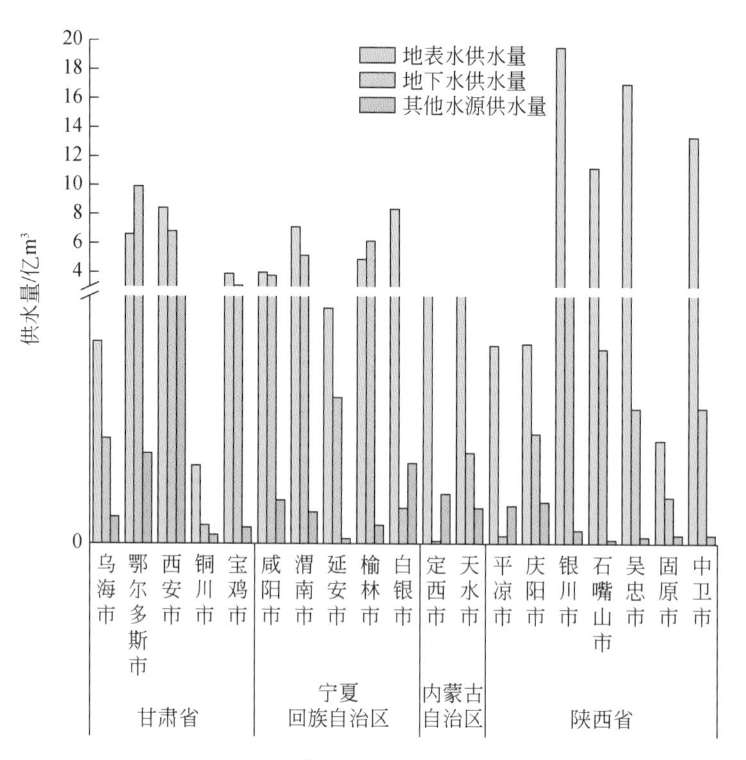

(a)各地市供水总量

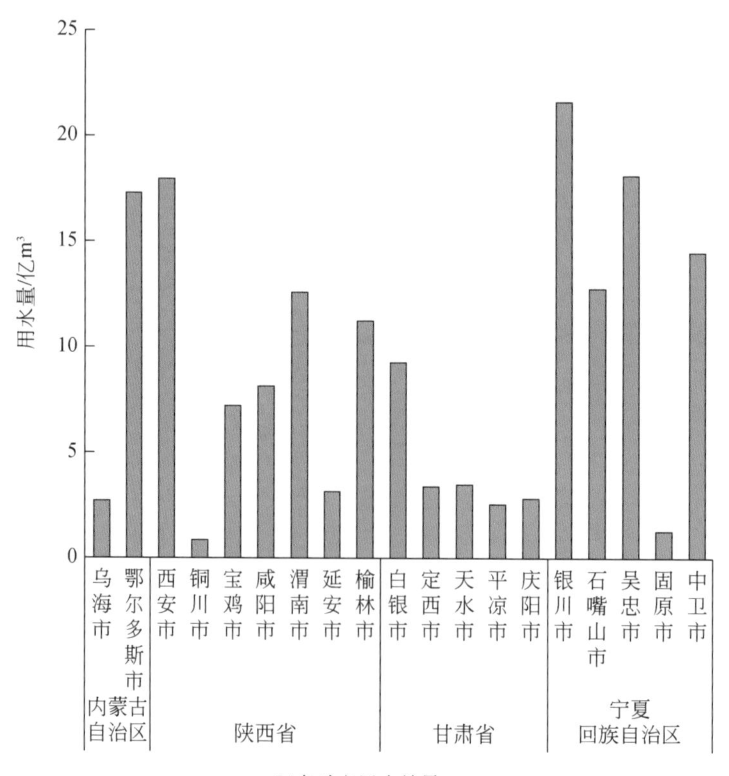

(b)各地市用水总量

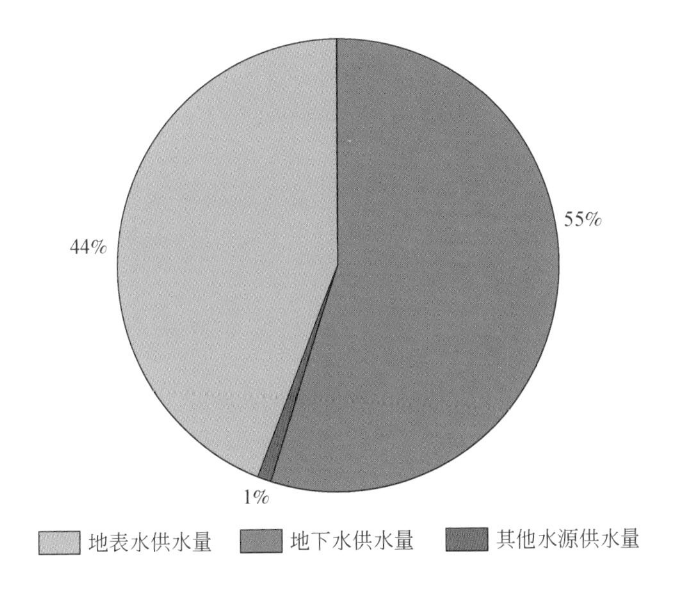

(c)几字弯区分水源供水量饼状图

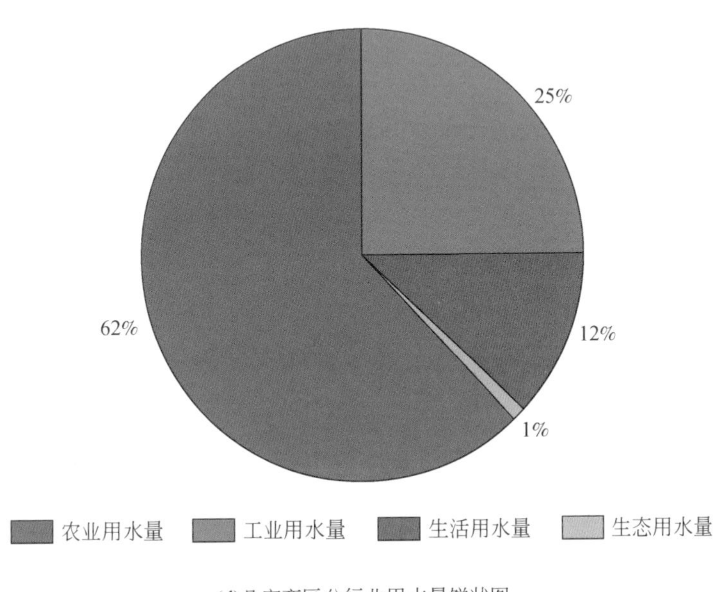

(d)几字弯区分行业用水量饼状图

图5-7　黄河几字弯区2020年供用水量图

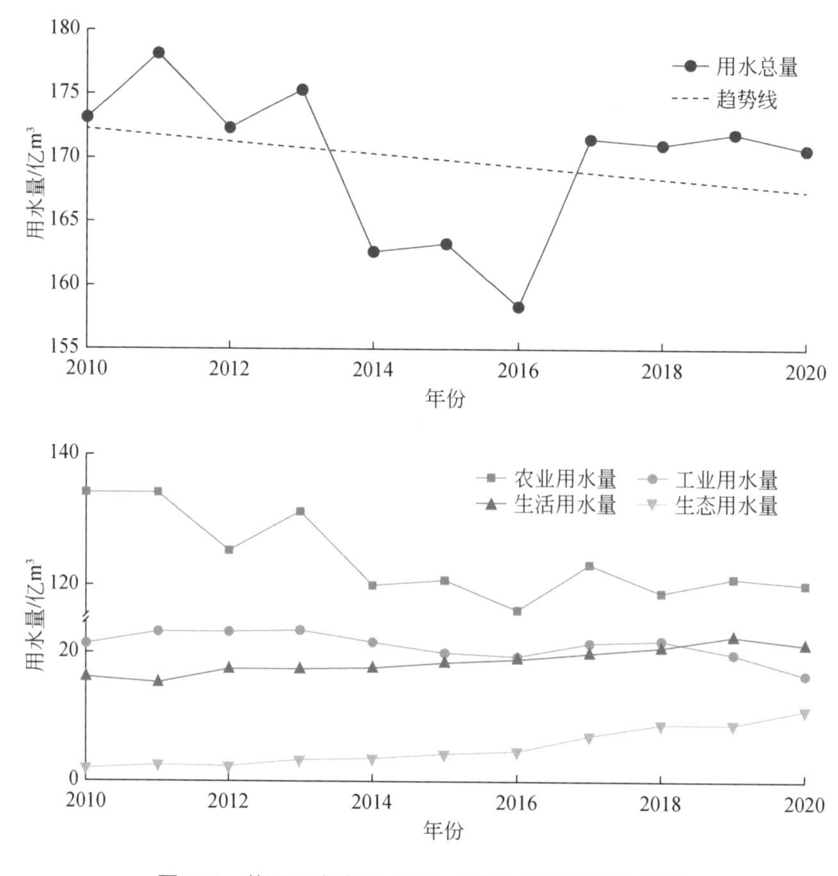

图5-8 黄河几字弯区2010～2020年用水量变化图

5.3.4 黄河几字弯水网的主要构想

5.3.4.1 水网工程总体布局

近年来，为降低调水比例，减轻对江河源区生态环境影响，降低调水高程，经洮河入黄河刘家峡水库的方案已经纳入南水北调西线工程规划方案比选论证。黄河几字弯水网构建的总体布局就是基于西部调水工程入洮河的方案，充分利用洮河与黄河几字弯区高程差，以隧洞形式穿越六盘山区，沿分水岭全程自流引入到几字弯中部白于山高地，形成人工“水脊”，并以此为轴线，东、北、南自流辐射三大发展带，形成“一轴三带十片”的黄河几字弯水网（图5-9）。

一轴为洮河（西部调水）—渭河—白于山自流引水主轴线。

三带为依托主轴线，按照区域位置和功能定位，黄河几字弯水网可以分为三个功能带。

一是南部关中城市群提升带。利用渭河、泾河、北洛河等自然河流或者新建供水管线补水，利用渭河可以向天水、宝鸡、咸阳、西安、渭南全线自流补水，利用泾河可以向平

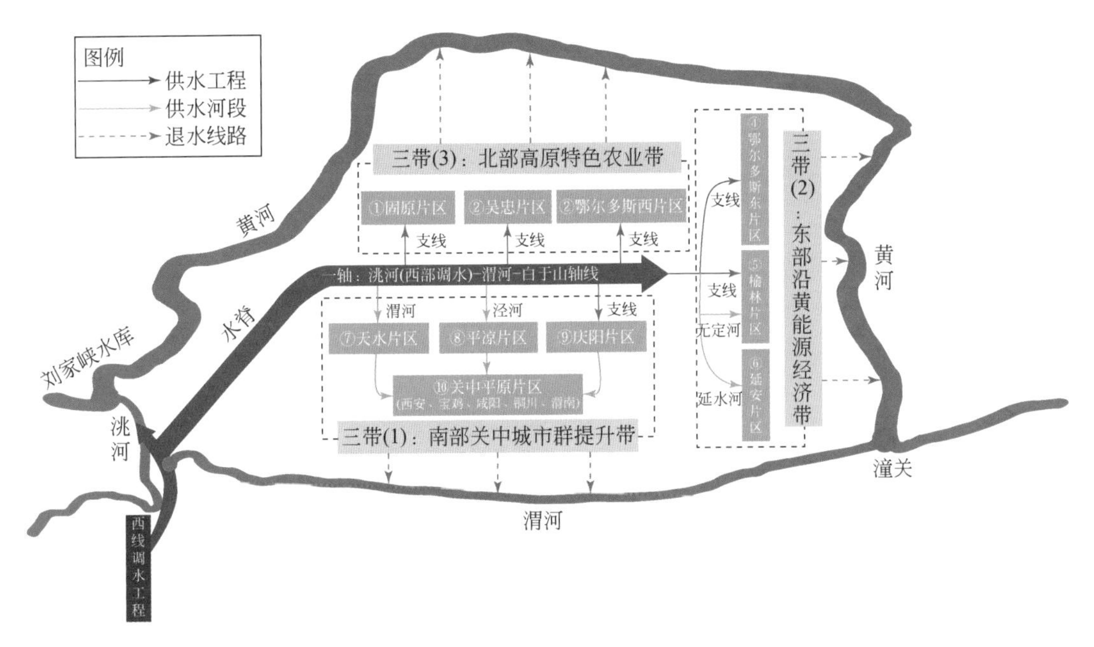

图 5-9　黄河几字弯水网总体格局概化图

凉市和庆阳市几乎所有区县补水，利用北洛河可以从上而下向吴起、志丹、甘泉、富县、洛川、黄陵、白水、澄县等 10 余个县市自流供水。借助水系连通优势，支撑关中城市群构建起水资源保障稳定、水生态健康和谐、水管理协同创新的一体化水网，全面提升生态保护修复和经济社会高质量发展水平。

二是东部沿黄能源经济带。以管线自流为主，向东部沿黄地区的榆林、延安、鄂尔多斯等重要能源基地供水，也可通过向无定河水系上游补水，支撑米脂、绥德、子长、横山、安塞等县域河川经济发展。全面释放东部沿黄地区经济发展潜力，构建起经济繁荣、环境优美、民生富裕的国家能源基地。

三是北部高原生态农牧带。可以管线或利用已有沟道等方式，向同心、定边、盐池、鄂托克前旗鄂托克旗等县旗自流补水，也可以根据国家和区域粮食安全大局，在确有需要的情况下，适时向几字弯北部的毛乌素沙地-陕北风沙滩一带供水，开发当地后备耕地，并适当进行生态补水，发展高原生态特色农业，构建高产高效、生态安全的粮经产业区。

十片为几字弯水网覆盖范围可分为南部的天水片区、关中平原片区、平凉片区、庆阳片区；东部的鄂尔多斯东片区、榆林片区、延安片区，北部的固原片区、吴忠片区、鄂尔多斯西片区（主要包括鄂托克旗、鄂托克前旗）。

5.3.4.2　水网干线工程方案

水网干线即洮河（西部调水）—渭河—白于山自流引水主轴线，如图 5-9 所示，全长为 545km，以隧洞、管道输水方式为主，其中隧洞长为 390km，管道长为 155km。干线工程沿线地形剖面图如图 5-10 所示，隧洞埋深较浅，便于分段施工。

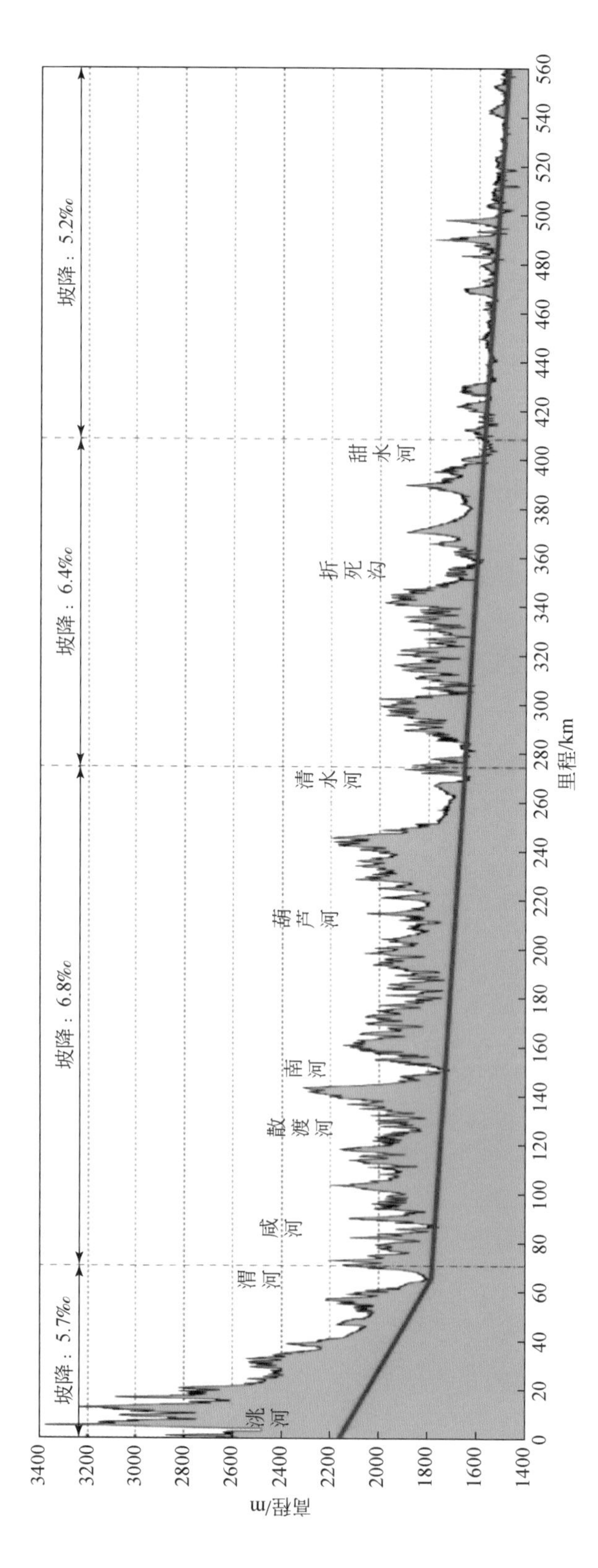

图 5-10 黄河几字弯水网主干线地形剖面图

(1) 起点至渭河

几字弯水网调水起点可以与任何西部调水入洮河的方案相衔接，举例如下。

起点方案1为从洮河九甸峡水利枢纽取水，取水高程为2162m，至渭河分水口，终点高程为1785m，落差为377m，全部采取隧洞输水，隧洞长度为66km，平均坡降为5.7‰。

起点方案2也可与其他西部调水方案相衔接，直接以过渭河点位为起点，该点高程为1800m。

同时建议尽可能加大至渭河输水工程能力，甚至将渭河作为南水北调西线工程的战略输水通道，即可以大规模向渭河干流生态补水，又可以缓解洮河承接南水北调西线增调水量的河道输水压力。

(2) 渭河分水口

渭河分水口在陇西县以西的渭河干流。预计水位为1785m，可直接向渭河干流补水。

(3) 渭河至清水河（固原）

渭河至清水河线路长205km，全部为隧洞，水位从1785m降低至1645m，落差为140m，平均坡降为6.8‰。沿途经过咸河、散渡河、南河、葫芦河、清水河等，均可向这些河流补水。

(4) 清水河至甜水河

该段线路中间设两座水库，分别位于清水河（固原境内）和折死沟（吴忠境内，清水河支流），其余线路全为隧洞，隧洞总长为119km，水位从1645m降低至1560m，落差85m，平均坡降为6.4‰。沿途经过折死沟、甜水河等，可以向这些河流补水。该段终点为隧洞和管道的分界处。

(5) 甜水河至管道终点

该段线路长为155km，考虑到损耗、管理以及冬季供水等因素，建议该段以管道输水为主，水位从1560m降低至1480m，落差为80m，平均坡降5.2‰。

5.3.4.3 水网工程支线方案

水网工程支线总体可以分为两类，即沿自然河流补水线和管道供水专线，初步设计有九大沿河补水线和4条主要供水支线，支撑南部关中城市群提升带、东部沿黄能源经济带和北部高原生态农业带供水需求。其中南部关中城市群提升带包括渭河干流补水线、散渡河—南河—葫芦等补水线，以及泾河补水线；东部沿黄能源经济带包括延安支线、北洛河支线、鄂尔多斯东支线；北部高原生态农牧带包括清水河补水线、折死沟补水线、甜水河补水线、宁东支线，以及鄂尔多斯西支线。13条支线全部全程自流，可以实现主要城市、能源基地和河流水系的全覆盖。

(1) 渭河干流补水线

水网工程通过渭河分水口向渭河干流补水，补充位于渭河沿岸及关中平原的天水、宝鸡、咸阳、西安、渭南等相关市县用水需求。

(2) 散渡河—南河—葫芦河等补水线

水网工程通过散渡河—南河—葫芦河等自然河流，补充通渭县、静宁县、庄浪县、秦安县、张家川县、清水县以及西吉县、会宁县等用水需求。

(3) 泾河支线

水网工程通过清水河分水口向泾河补水，为平凉市、泾川县、长武县、彬县等泾河流域市县供水。

(4) 庆阳支线

东川是苦咸水河流，无法直接补水，水网工程采用管道输水或者沿塬上输水，补充庆阳市董志塬以及各县市用水。

(5) 延安支线

水网工程向延河等河流补水，供水至延安市、安塞县、延长县等市县。

(6) 北洛河支线

水网工程向北洛河补水，服务吴起县、志丹县、甘泉县、富县、洛川县、黄陵县等，包括下游其他可以惠及的各市县。

(7) 无定河支线

水网工程向无定河补水，服务无定河流域的榆林市、米脂县、绥德县、靖边县、横山县、子洲县等市县。

(8) 鄂尔多斯东支线

水网工程主要向鄂尔多斯市、伊金霍洛旗、乌审旗等供水。

(9) 清水河补水线

水网工程通过清水河分水口向流域补水，主要服务固原市和同心县等市县。

(10) 折死沟补水线

水网工程通过折死沟分水口可补充清水河流域和同心县。

(11) 甜水河补水线

水网工程通过甜水河分水口补充甜水河流域，主要为吴忠市。

(12) 宁东支线

水网工程支撑该支线以西的大面积土地开发，包括吴忠市和鄂尔多斯部分地区。

(13) 鄂尔多斯西支线

水网工程可向定边、盐池、鄂托克前旗、鄂托克旗供水，也可服务清水河流域和同心县，支撑支线两侧大量平整土地的农牧业开发等。

5.3.4.4 适宜调水规模分析

黄河几字弯区需水增量主要来自四个方面。一是城镇发展用水需求。2020年区域主要地市城镇化率介于40%～60%，未来预期将达到70%以上，随着城镇生活水平提高，生活用水需求也将有所增长；二是能源开发用水需求。黄河几字弯内主要包括神东、宁东、陕北、黄陇四大能源基地，虽然国家实施碳达峰碳中和行动，但是未来一个时期，煤炭、煤电和煤化工等产业尤其是能源产业链延长，高附加值产业发展带来的用水需求将持续增加；三是生态保护修复需水。主要包括控制地下水超采，保障黄河几字弯内渭河、泾河、北洛河、无定河等主要河流基本生态需水，维护红碱淖等主要湖泊湿地健康生态需水，以及改善人居环境带来的用水需求；四是后备耕地开发需水。为了保障国家粮食安全，基于黄河几字弯内后备耕地的适宜性评价，区域集中连片、具有经济开发价值的耕地资源面积约1400万亩，远期视国家粮食安全需要，同时要按照最节水种植模式和灌溉方式确定用水需求。

在需水预测的基础上，黄河几字弯水网调水规模主要考虑三个方面需求。一是优先保障生活和工业用水增量；二是置换被生活和工业挤占的生态和农业用水，还水于河湖，还水于地下；三是解决水源置换后仍然存在的重大生态问题，如地下水局部超采和红碱淖的生态补给等。基于黄河几字弯区未来经济社会发展水平和用水定额预测，初步估算各行业需调水量，城镇生活为7亿m^3，其中存量为5亿m^3，增量为2亿m^3；能源工业为16亿m^3，其中存量和增量各为8亿m^3；生态补水为2亿m^3。

黄河几字弯水网工程规模可以按照供水目标的层级分期实施，第一层级为生活用水，需调水量为7亿m^3；第二层级为生活加上工业发展用水，需调水量为23亿m^3；第三层级为生活、工业加上生态用水，需调水量为25亿m^3，如图5-11所示。

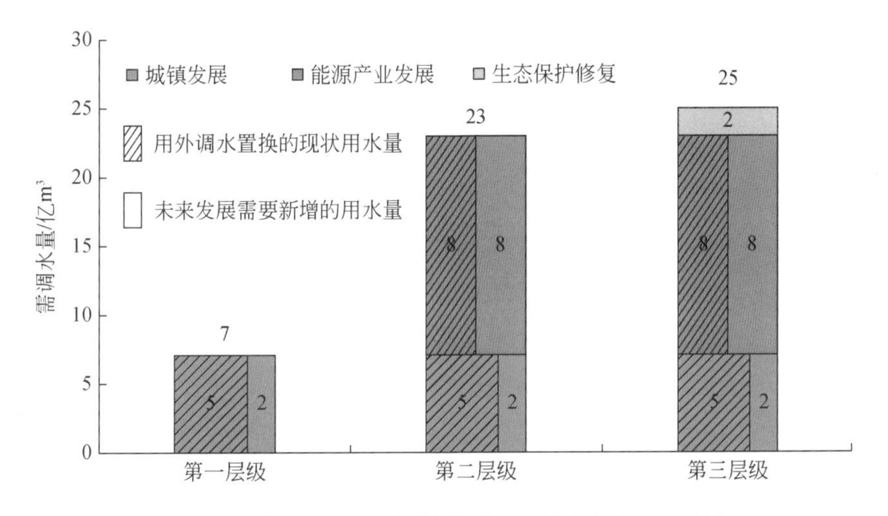

图5-11　满足不同发展层级的黄河几字弯需调水量分析

综上，考虑需求紧迫程度和经济承受能力，建议几字弯水网近期主要考虑生活、工业和生态用水需求，调水规模为25亿m^3。

5.3.4.5　工程投资初步估算

黄河几字弯水网干线工程主要包括隧洞、管道两大部分（渡槽等建筑物用扩大系数的办法包含在渠道工程量之内），考虑25亿m^3调水规模，按照单体建筑物造价对水网干线工程投资进行匡算，配套工程费用暂不考虑。

（1）隧洞造价

隧洞全长为390km，根据初步规划，按照25亿m^3调水规模估算，工程输水流量为80m^3/s，过流面积为31m^2。按照工程施工要求，预计总洞挖方量为1803万m^3，处理挖方（填方）也为1803万m^3。考虑黄土高原区挖方料处置环境保护要求，挖填方及隧洞支护、衬砌等处置费用综合按照3000元/m^3，对应的隧洞造价约为541亿元（静态投资），约合1.4亿元/km。

（2）管道造价

管道全长为155km，按照25亿m^3调水规模估算，参照南水北调中线工程北京段等管道投资。根据流量等比例折算工程单价，再考虑几字弯地形条件复杂性，按照单价0.6亿元/km匡算，管道总造价为93亿元（静态投资）。

综上，如果黄河几字弯水网干线工程调水规模为25亿m^3，干线工程造价约为634亿元（静态投资）。

5.3.4.6 工程实施初步构想

考虑到黄河几字弯区经济社会需水的紧迫性和西部调水规划实施的长期性，建议分二期规划实施：

第一期，率先建设实施以洮河为水源的工程体系，暂时借用洮河水量，保障近期黄河几字弯区生活和工业需求。

第二期，对接西部调水工程，以西部调水的水源置换洮河水量，建设完成最终规模。

5.3.5 对南水北调西线工程的完善作用

调水入黄河干流仍然是南水北调西线工程的主要目标，黄河几字弯水网主要是解决黄河干流难以保障的黄河几字弯区域用水需求，是对南水北调西线工程规划方案的重大完善与优化，也是对西线受水区规划布局的空白补充，主要体现在以下几个方面。

5.3.5.1 可以实现“高水高用”，解决水低、地高、人高用水困难的问题

黄河几字弯区是南水北调西线规划的主要受水区，但现有规划主要是调水入黄河，然后再从黄河干流取水利用，由于水低、地高、人高，黄河和区域自然河流只能覆盖沿河两岸的低处，广大的几字弯腹地难以保障。设计的黄河几字弯水网位于区域的制高点，人工“水脊”位于地理最高处，可为经济社会系统全程自流补水，避免了取用水困难、提水成本高、难以大规模持续利用等问题。黄河几字弯水网可与区域渭河、泾河、北洛河、马莲河、葫芦河、皇甫川、窟野河、秃尾河和无定河、延河、清水河等自然河流连通补水，构建黄河几字弯区统一水网格局，有利于维护区域河湖生态健康，实现区域丰枯互补、水量互济，系统破解黄河几字弯区水资源短缺制约。

5.3.5.2 可以实现“专线专用”，避免西线工程多水源混合运行管理难题

现状南水北调西线规划主要是调水入黄河干流，外调水与黄河水混合，导致两种水源的水权界定、水价制定、监管监控等十分困难，运行管理极有可能面临极大的挑战，甚至可能导致难以克服的困境。黄河几字弯水网不与黄河水源直接混合，专线专用，目标和用户明确，权限明晰，可避免水权、取用、计量、监管、水价等一系列运行管理难题，有利于调水工程管理运行。

5.3.5.3 可以打通“渭河通道”，系统破解渭河流域缺水和水沙协调问题

渭河自西向东横贯关中平原，但如同黄河全流域一样，深受缺水和洪涝灾害影响，黄

河几字弯水网可打通南水北调西线工程的渭河输水通道，一方面可从上游向渭河直接补水，既能够保障经济社会用水，支撑以国家中心城市西安为核心的关中平原城市群发展；又可满足河湖生态需水要求，再现“八水绕长安”盛景，全面提升水生态环境质量。另一方面，三门峡水库建设导致渭河侵蚀基面（潼关高程）抬高5m，其后经过多次反复改建，降低三门峡运行水位，但潼关高程仍居高不下，使得渭河变成人造悬河，下游河床平均高出堤外2～4m，在华县一带形成“二华夹槽”凹地，支流泥沙倒灌淤堵、排涝不畅，洪水甚至危及西安。将渭河作为南水北调西线“输水通道”，通过刷深黄河潼关高程，改变渭河下游河道演变和河床冲淤现状，使得渭河回归自然河流侵蚀面，根除回水倒灌洪涝灾害之虞。

5.3.5.4　可以形成“三线配水”，优化南水北调西线潼关以上输配格局

黄河几字弯水网可从上游与渭河干流短距离连通，将渭河与黄河共同作为南水北调西线的战略输水通道，由此，在黄河几字弯区南水北调西线工程可形成黄河、渭河和黄河几字弯水网三线配水的优化配置格局。三条输水配置线路可实现高低处、上下线布局，各自具有特定功能，形成连通互补的整体水网格局，协调保障几字弯区水资源安全。另外，洮河流域多年平均河川径流量48.2亿m^3，南水北调西线大规模调水必然增加河道输水流量，将渭河作为南水北调西线“输水通道”，可以缓解洮河河道输水压力。

5.3.5.5　可以与南水北调中线工程“丰枯互济”，协同提高供水保障率

南水北调中线已经成为华北地区经济社会发展和生态安全的生命线，直接影响水资源优化配置、人民群众饮水安全、河湖生态环境复苏、南北经济循环畅通。黄河几字弯水网和中线可通过引汉济渭工程产生直接水力联系，实现水资源时空互补互济。当丹江口水库来水不足，北调水量难以保障时，适当减少引汉济渭工程取水量，由黄河几字弯水网增加供给，从而保障南水北调中线调水量，反之亦然。通过实现与中线工程“互补互济”，大幅度提高中线受水区和黄河几字弯区供水安全保障程度。

5.3.5.6　可以与西线入黄河干流方案“整体衔接”，共同协调流域水沙关系

在潼关以上，黄河几字弯水网工程方案与南水北调西线入黄河方案可以实现区域水沙关系协同治理。南水北调西线入黄河方案从上游刘家峡水库补水，结合大柳树等重大枢纽工程调控，塑造协调的水沙关系，促进改变宁蒙河段的二悬河，减少河道的游荡性，逐步遏制和改善宁蒙河段、禹潼河段淤积抬升。并通过未来古贤、碛口等建设和联合调度，刷深潼关高程4m以上，目标恢复到三门峡修建以前的原始状态，还可以促进三门峡水库起死回生，重新焕发生机。

黄河几字弯水网工程方案与南水北调西线入黄河方案在潼关汇合，共同促进黄河中下游水资源保障和水沙协调提供新动力。在黄河中游水土流失综合治理、水库拦沙、河道调水调沙等作用下，南水北调西线工程向黄河、黄河几字弯水网工程和渭河进行补水，可预留出必要的河道输沙和生态用水，大规模提升调水调沙潜力，大幅度刷深下游河道主河槽，增加中水河槽的平滩流量，目标提高到8000m^3/s以上，相当于从根本上加高堤防3～

4m，确保下游河道安澜。

5.3.6 黄河几字弯水网的战略效益

5.3.6.1 构筑国家持续发展腹地经济区，打造黄河国家战略新引擎

黄河几字弯区是多个重大战略的交叉融合区。随着黄河流域生态保护和高质量发展、东数西算、西电东送、宁夏沿黄经济带建设、呼包鄂榆和天水-关中城市群建设等多个国家重大战略和工程的相继实施，黄河几字弯区的发展力度不断增强、政策环境更加优越，正处于发挥优势、实现跨越式发展的难得机遇期。一旦水网工程得以实施，黄河几字弯区水资源制约这一最大发展短板将会得以弥补，市场规模将得到巨大拓展，有望成为未来我国经济重要增长点。

一是结合黄河流域生态保护和高质量发展战略，创新打造极具潜力和活力的黄河几字弯区城市群。黄河几字弯区西安、银川、鄂尔多斯、榆林、延安、庆阳在西部地区发展过程中具有重要的辐射作用，大水网建设将会直接带动这些城市一系列上下游产业的发展，为服务行业以及技术创新带来市场机会和收益，推动区域高质量、跨越式发展。二是结合国际国内产业结构调整机遇，承接国际和东部发达地区产业转移，通过找准定位，错位发展，变能源优势为产业优势和经济优势，促进产业结构优化升级。三是结合国家东数西算等重大产业布局，打造创新经济驱动模式，为区域打造创新业态提供直接动力。

5.3.6.2 逐步释放能源矿产潜力，长期稳定保障国家能源资源安全

从全国来看，2001～2019年我国能源消费量平均每年增长11.2%，一次能源生产量平均每年增长8.9%，能源消费增速明显高于生产增速。在国内能源需求和国际环境不确定性呈双升态势，以及石油和天然气对外依存度分别高达70%和45%的情况下，稳定并提升我国能源自给率极为迫切。黄河几字弯区连接中亚诸国油气通道，发展和提高这一地区保障能力是国家能源安全的重中之重。作为我国能源的主要输出区，该区域以不足全国6%的陆地面积支撑了超过50%的能源调出量。除满足本地区能源需要外，黄河几字弯区长期以来保障了京津冀、山东半岛、长江三角洲、珠江三角洲、中原、长江中游等城市群及周边地区的能源需求。由于黄河几字弯区丰富的能源、矿产储量，该区域已经成为保障我国能源产品增量供给的重要基地。

目前黄河几字弯区能源开发的主要限制性因素为水量短缺，区域新增能源基地用水必须依靠存量节水和水权转化才能得到保障。此外，水资源短缺造成水环境的先天缺陷使得水体纳污能力极为有限，容易进一步造成水体污染、水土流失、湿地萎缩、生物多样性减少，使原本脆弱的水生态环境进一步恶化。在优化几字弯区能源产业结构，提高附加值，延长产业链，降低碳排放的基础上，大力研发和推广利用先进节水工艺和设备的基础上，通过建设黄河几字弯水网，增加可供水量，将极大提高能源基地供水保障能力，释放能源矿产潜力，提升我国能源安全保障水平。

5.3.6.3 增强生态系统稳定性，打造秀美宜居的生态环境

黄河几字弯区范围内生态敏感区和脆弱区面积大、类型多、程度深。由于水资源过度开发利用，出现了部分湖泊湿地萎缩和河道生态流量不足等生态问题。例如黄河最大支流渭河，历史曾有航运、灌溉、供水、泄洪、景观、娱乐等多种功能。由于近年来渭河两岸用水量的增加，加之20世纪90年代以来渭河流域进入干旱少雨枯水期，其灌溉、供水和泄洪、纳污等主要功能逐渐衰减丧失。必要的基流和自净能力的水量被生活、农灌所挤占，无法满足河道内的生态用水，致使河道萎缩，部分河段丧失河流功能。位于陕北神木县的红碱淖是我国最大、最年轻的沙漠淡水湖，也是我国北方重要的鸟类过冬基地。然而，由于近年来入湖水量的减少，红碱淖的水面面积从1969年的67km^{2}下降到2016年的31km^2，减幅超过一半，与此同时湖区水位则下降了5～6m。水位的下降使得湖区盐碱地大量出现，导致湖区水体的pH上升，候鸟生存环境几乎丧失。

由于水资源紧缺的条件约束，黄河几字弯区域经济社会用水和生态环境用水存在强烈的竞争关系，完善黄河几字弯水网可以显著提升区域生态保护治理能力。一是通过置换被生活和工业挤占的生态用水，还水于河并同时促进污水资源化利用等方式进行生态补水，渭河、延河、无定河、窟野河、石川河等主要河湖水量将会明显增加，保障基本河湖生态需水，水体水质也会得到普遍提升，河湖生态活力将得到大幅增加；二是城市发展过程中，蓝绿空间建设、人居环境改善均需要水的支撑，通过几字弯水网建设，可以在一定程度上解决这部分需求；三是可以通过水源置换等多种方式，还可支撑地下水超采治理，并为红碱淖等重要生态对象提供水量补充。最后，如果后备耕地进行开发，随着灌溉绿洲的建设，新建绿洲将与原有流域绿洲一起，共同构成稳定的生态屏障，能够有效控制库布齐沙漠和毛乌素沙地的扩张，减少区域风沙侵蚀，进一步降低入黄泥沙含量。

5.3.6.4 巩固和改善人民生活生产水平，助力乡村振兴提速升级

黄河几字弯是老（革命老区集中）、少（少数民族地区）、穷（欠发达地区）地区，是乡村振兴战略实施的重点地区和难点地区，让黄河几字弯区人民过上富裕幸福生活，具有特殊的政治意义。提升黄河几字弯区水安全保障能力是区域乡村振兴战略顺利实施的关键。从用水安全看，黄河几字弯区农村居民的生活用水定额为58L/人·日，仅为全国平均水平的2/3。部分农村地区饮用水水质不达标，地方病现象普遍存在。为了解决生活缺水问题，“十二五”期间宁夏甚至举全区之力进行了35万人的生态移民工程。从产业发展来看，第二产业是助推黄河几字弯区乡村振兴和经济跨越式发展的主体，但由于水资源短缺，工业发展难以向更高阶段迈进。此外，与东部地区相比，第三产业规模小、层次低、缺少相对竞争优势，在全国范围内难以形成长效收益。

通过水网建设实现城乡水利基础设施升级，提升水安全保障水平，是黄河几字弯区实现乡村振兴和区域协调发展的关键。黄河几字弯水网建设将最大程度解决区域农村引水安全问题，缓解生活和产业缺水，不仅为农业稳产增产、农民稳步增收、农村稳定安宁提供有力的水利支撑和保障。随着能源、矿产等经济潜力逐步发挥和产业的发展，并在现代科技和节水观念的引领下，现有产业基础作用将充分发挥，增强区域发展造血能力，改善老

少边穷地区居民生产生活水平。

5.3.6.5 提升后备土地资源利用潜力，打造现代农牧业发展新基地

中国是世界上粮食生产与消费最多的国家，2020 年全国粮食产量和消费量分别占全球总量的25%和24.4%。尽管从2004 年起我国粮食产量已实现17 年连增，但受人口规模增加和饮食结构升级等因素影响，现阶段我国粮食供需仍处于紧平衡状态，粮食自给率从2004 年的95%，下降至2012 年的88.38%，并进一步下降到2020 年的85%。此外，随着我国居民收入水平的提升，对肉蛋奶的消费需求持续上涨，过去30 年我国人均肉类消费量增加了30kg，年均增速达到2.94%。参考日本、韩国、新加坡等华人聚居地区饮食结构变化特征，未来我国肉蛋奶的消费还将保持一定幅度增长。

耕地是保障粮食和肉蛋奶供给安全的资源基础，也是保障粮食安全的战略资源。《中国国土资源公报》显示，截至2020 年底，中国耕地面积为1.35 亿 hm^2，人均耕地占有量约0.15hm^2，不足世界人均水平的45%。2013 ~2019 年中国耕地总面积从13 500 万 hm^2减少到11 900 万 hm^2，短短7 年减少了1600 万 hm^2。伴随着农业结构调整、生态退耕、自然灾害和城市化建设等影响，耕地资源逐年减少与人口增长对粮食需求日益增大之间的矛盾越来越突出，严重影响国家粮食安全。

黄河几字弯区处于35°~40°N 农作物黄金种植带，土地丰富、光热充足、气候温和，具备建设大规模国家农场和优质牧场的先天条件，只要解决了水的问题，就可作为我国农牧业资源高质量开发的重要基地。通过选取地形地貌、光热、降水、土壤四大类影响因素共计9 个指标构建指标体系，对黄河几字弯区每平方公里的土地开发适宜性进行分析。结果表明：扣除城市和现有耕地等已经开发利用的土地，黄河几字弯区具有较大开发潜力的集中连片的高等级耕地后备资源面积约1400 万亩，适度开发利用将有利于提升我国粮食安全保障程度，助力实现“中国人要把饭碗端在自己手里，而且要装自己的粮食”的战略目标。按照最节水的种植模式和灌溉方式，开发这些后备耕地资源需水约29 亿 m^3（图5-12），未来可视国家食品安全和多样性需要，根据宜农则农，宜牧则牧的原则，进一步调整增加黄河几字弯水网调水规模。

5.3.7 与相关水网工程的协同关系

5.3.7.1 黑山峡水利枢纽

黑山峡水利枢纽位于黄河干流黑山峡出口以上2km 处、宁夏中卫市境内，正常蓄水位为1350m，总库容为110 亿 m^3，在南水北调西线工程实施后，可作为西线工程的反调节水库。黑山峡水利枢纽建成后，可使宁蒙陕灌区500 万亩面积中的310 万亩实现自流引水灌溉，其余灌区仍需扬水灌溉。总体上，黄河几字弯水网与黑山峡水利枢纽可以形成互补作用，一方面黑山峡水利枢纽可以覆盖黄河几字弯外侧内蒙古阿拉善盟阿拉善左旗、宁夏石嘴山市、银川，甘肃武威市、白银市等几字弯水网无法覆盖的地方；另一方面，在黄河几字弯区内部，黑山峡水利枢纽可以保障海拔较低的宁夏吴忠、中卫、固原，以及内蒙古鄂

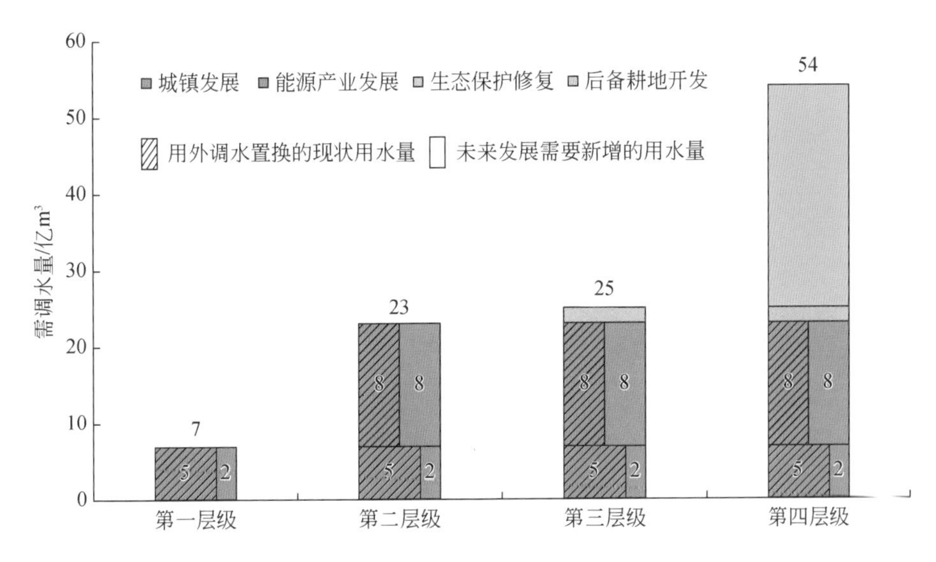

图5-12　满足不同发展层级的黄河几字弯区需调水量分析

尔多斯市的鄂托克旗、鄂托克前旗等区域。黄河几字弯水网工程则可以保障榆林、延安、天水、庆阳、西安、宝鸡、渭南等黄河几字弯南部、东部和北部海拔较高的区域，实现区域水安全协同安全保障。

5.3.7.2　引汉济渭工程

引汉济渭工程从陕南地区汉江上游引水，穿越秦岭输水到渭河流域，向陕西关中地区的主要城市和工业园区供水。工程由黄金峡水利枢纽、三河口水利枢纽和秦岭输水隧洞三部分组成，规划2020年配水5亿m^3、2025年配水10亿m^3、2030年配水15亿m^3。引汉济渭主要向西安、宝鸡、咸阳、渭南、杨凌等5个大中城市，以及长安、户县、临潼、周至、兴平、武功县、泾阳、三原、高陵、阎良、华县等11个县级城市供水，直接进入城镇供水管网系统。几字弯水网则可以从高海拔1780m处直接向渭河干流补水，基本覆盖渭河水系，保障渭河流域生态健康和高质量发展用水需求。

5.3.7.3　白龙江引水工程

白龙江引水工程规划从甘肃省嘉陵江支流白龙江上游引水，向甘肃省陇东南天水、平凉、庆阳3市20县（区）以及陕西省延安市4县（区）共24县（区）供水。白龙江引水工程由水源工程和1条输水总干线、9条输水干线三部分组成。其中，水源工程代古寺水库位于白龙江干流迭部县境内，总干线全长约为489.5km，沿线布设9条干线，规划年引水量为9.6亿m^3，工程总投资约为598.68亿元。黄河几字弯水网工程与白龙江引水工程在陇东南、陕北受水区有一定重叠，也可以起到互补作用。

5.3.7.4　引洮供水工程

引洮供水工程是以九甸峡水利枢纽工程为龙头的大型调水工程，从黄河上游水量最大的一级支流——洮河调水到中部干旱缺水地区。引洮供水工程分两期建设，一期工程向兰州、白银、定西、天水四市的榆中、会宁、安定、通渭、陇西、渭源、临洮、秦州、麦积九县区供水，规划年调水量2.19亿m^3，于2014年底建成试通水。引洮供水二期工程覆盖白银、定西、天水、平凉四市的会宁、通渭、安定区、甘谷、武山、秦安、静宁、陇西八县区，规划年调水量3.31亿m^3，2021年底，二期骨干工程正式通水。未来，黄河几字弯水网经洮河取用南水北调西线水源，需要与引洮供水工程相衔接。

5.3.8 水网构建的生态风险与应对

黄河几字弯水网具有巨大生态效益，但在特定情况下，如果开发利用方式不当，有可能带来次生盐渍化、河流侵蚀等生态风险。这些生态风险是完全可以防范的，比如，可以通过做好灌区排水设施防止次生盐渍化，还可探索通过二次混合或利用新能源淡化技术，使灌溉排水重复利用或者用作生态补水；而针对补水带来的土壤侵蚀问题，在输水或者补水过程中注意优化调度，科学控制流量流速，在重点河段适当布设一定的水土保持措施，完全可将侵蚀强度控制在可接受范围内。

第6章

水网的结构功能与建设原理

水网是指以自然水系为基础，通过建设引调水工程、水系连通工程、供水渠系工程、控制性调蓄工程等水利工程设施形成的具有水资源配置、防洪减灾等多种功能的网络系统。理论上，江河、湖泊、水库、渠道、运河都是水网的一部分，水通过水网这个物理载体流动到各个地方。为了让水能够更加按照人类社会的需求流动，需要建设输排水通道等加强水网各部分之间的联系，建设水库枢纽等来加强对水流的控制能力。人类社会发展至今，水网已经演变成了天然江河水系与各类水利设施有机结合而成的综合体，发挥着防洪、供水、发电、航运、生态环境等各类功能。

6.1　水网的主要类型

水网是人类在改造自然的漫长进程中所创造的复杂自然-社会二元系统，天然具有多种外在形式和结构特征。按照不同的研究视角和尺度，水网可以被划为多个类型。而从水网规划建设实践来看，主要是基于边界特征和承载对象采用两种方式进行划分：第一种是按边界特征将水网分为流域水网和区域水网，第二种则是按承载对象将水网分为城市水网和农村（灌区）水网。而国家水网理论上也属于按边界特征划分的一种特殊水网。

6.1.1　流域水网和区域水网

6.1.1.1　流域水网

流域水网和区域水网分别将流域和区域作为水网划分边界。相对而言，流域水网更侧重于强调水网的自然属性。流域是陆地水循环的基本单元，流域内的物质和能量流动及其生态系统具有整体性，上下游、左右岸关系密切。因此，实行以流域为单元进行水网规划建设，更有利于在保障流域生态安全的基础上更好地发挥水网综合效益。例如我国在2012年、2013年先后编制完成的长江、黄河、淮河、海河、珠江、松花江、太湖、辽河流域综合规划，就是以流域水网为单元，对流域防洪减灾、水资源综合利用、水资源与水生态环境保护、流域综合管理进行统筹规划。

总体来看，流域水网的空间特征主要由流域水系形状所决定。而流域水系形状与一定的地质构造条件和地貌条件有密切关系。我国水系形状主要有辫状、扇状、羽状、放射状、向心状、树枝状、梳状等几种形态。

1）辫状水系指发育在三角洲、冲积-洪积扇以及山前倾斜平原上，由许多汊流构成的、形似发辫的水系，长江上游沱沱河、伊犁河、雅鲁藏布江上游河段均属辫状水系。

2）扇状水系是指支流从不同方向共同汇入干流，形成以干流和支流组成的扇骨状的水系，这种水系的汇流时间较为集中，易造成洪涝灾害，海河水系（图6-1）、叶尔羌河水系均属扇状水系。

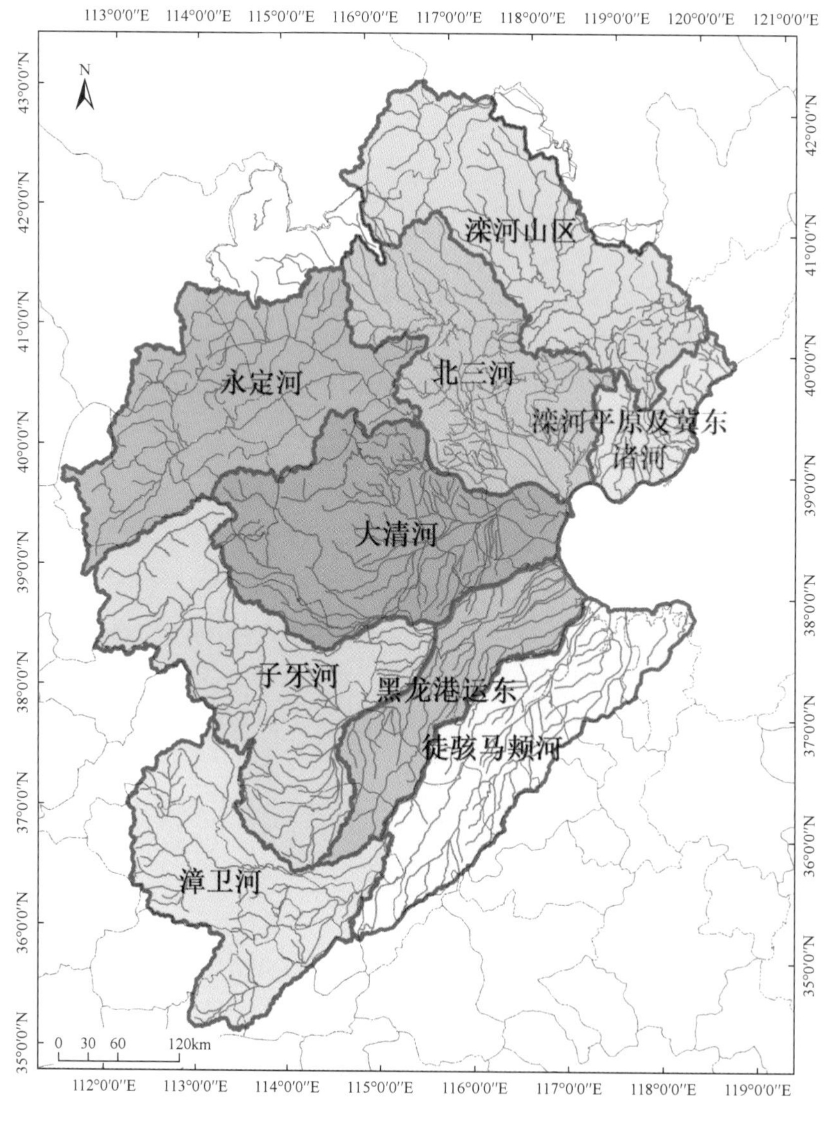

图6-1 海河水系

3）羽状水系是指干流两侧的支流分布较均匀，近似羽毛状排列的水系。这种水系汇流时间长，暴雨过后洪水过程缓慢。淮河水系即属羽状水系。

4）放射状水系是指在穹隆构造上或火山锥上发育的河流，形成顺着坡向四周呈放射状外流的水系。这种水系形态多出现在中部高四周低的地形形态中，其中拥有相对较高海拔山地的岛屿，是放射状水系常见的区域。海南岛五指山附近水系为典型的放射状外流的水系。

5）向心状水系是指水系中的河流是从四周流向中心，向中心汇聚，这种水系形态多出现在四周高，中间低的盆地中，如我国的四川盆地。

6）树枝状水系是水系发育中最普遍的一种类型，干流和支流以及支流与支流间呈锐角相交，排列如树枝状的水系。我国的长江、珠江和辽河等均为树枝状水系。

7）梳状水系是指支流集中于一侧，另一侧支流少的水系，如额尔齐斯河水系。

6.1.1.2　区域水网

与流域水网相对，区域水网更侧重于强调水网的社会属性。现阶段，我国水资源综合利用、水资源与水生态环境保护等工作更加侧重于以行政区划为单元开展。因此，区域水网工程在实践中往往更为常见，例如山东现代水网、山西省大水网、河北省现代水网等均是如此。

（1）山东省现代水网工程

2011年，山东省提出以工程建设为基础支撑，以水系连通为主要举措，以综合治理为重要手段，以多网功能融合为显著特征，以现代管理为有效保障，着力打造集防洪、供水、生态等多功能于一体的现代水网，加快推进山东水利现代化进程，为建设经济文化强省提供更加可靠的水利支撑和保障。山东省现代水网工程的主要构想是，依托南水北调、胶东调水“T”形骨干工程，连通“两湖六库、七纵九横、三区一带”，形成跨流域调水大动脉、防洪调度大通道和水系生态大格局。在此基础上，延伸打造区域和市县现代水网，全面提升水利基础设施支撑能力，以水资源可持续利用支撑保障经济社会可持续发展。

（2）山西省大水网

山西省提出以六大主要河流和区域性供水体系为主骨架，通过必要的连通工程，构建以黄河干流为自北向南的取水水源、汾河干流为纵贯南北的输水通道、大中型蓄水工程及泉水为水源节点、桑干河等天然河流及提调输水线路为东西向水道的水网框架，形成“两纵十横，六河连通；纵贯南北，横跨东西；多源互补，丰枯调剂；保障应急，促进发展”的山西大水网。

大水网中的“两纵”，第一纵是黄河北干流线，北起忻州偏关县，经万家寨水利枢纽，南至运城市垣曲县，全长965km，向境内供水；第二纵是汾河—涑水河线，以汾河为主干，通过黄河古贤供水工程将汾河与涑水河连通，形成815km的水道。“十横”是指横跨东西的太原市和朔同盆地、忻定盆地、运城涑水河等十大供水体系，供水区总面积可达7.66万km^2，占有山西全省总面积的49%，受益人口2400万。同时，通过相关调水工程的建设，实现黄河干流、汾河、沁河、桑干河、滹沱河、漳河等六大主要河流的连通。

（3）河北省现代水网

河北省提出以水资源配置和生态修复为现代水网布局主线，以河湖水系连通工程、重要枢纽工程建设和水质改善为重点。针对海河南系水资源短缺、地下水超采、河湖萎缩、水体污染、循环不畅等问题，以南水北调工程和引黄工程建设为重点，恢复、维系、增强河湖水系连通性，修复河湖生态系统及其功能，提高水资源调配能力和水旱灾害防御能力。针对海河北系、滦河及坝上地区水资源分布不均、湿地萎缩等问题，要开源节流并举，有条件的地方加快水库枢纽工程建设和河湖水系连通工程建设，以及谋划跨流域调水工程，支撑经济社会可持续发展。

河北现代水网是依托境内自然河湖水系、调蓄工程、引排水工程和跨流域调水工程而构建的综合网络体系。在现有工程体系基础上，依托南水北调中线、东线和引黄入冀补淀骨干工程，连通七大水系，构建“三纵七横、功能融合”的现代水网格局，实现“多源互补、丰枯调剂，蓄泄兼筹、引排得当，循环通畅、生态良好，统一调度、保障发展”（图6-2）。

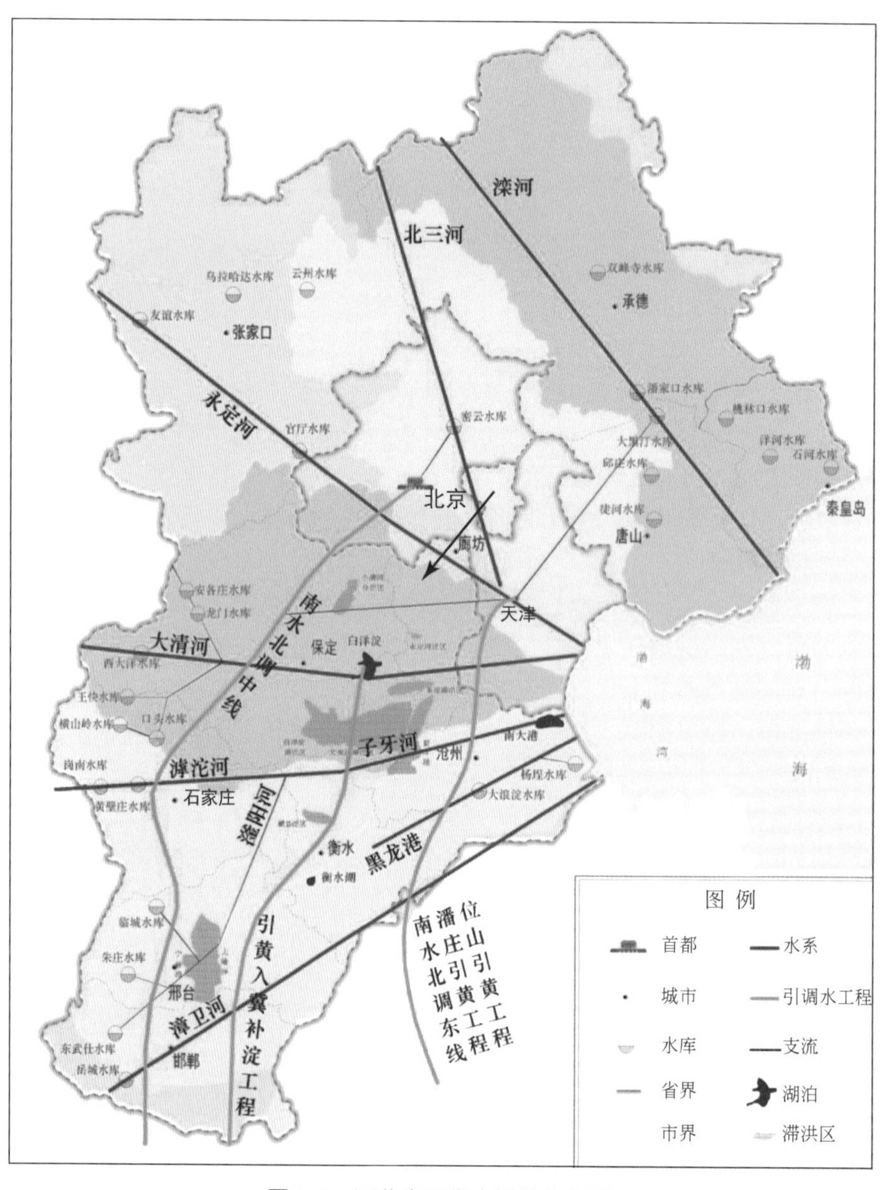

图6-2 河北省现代水网总体布局

“三纵七横”中的“三纵”是指南水北调中线、引黄入冀补淀和南水北调东线（位山引黄入冀和潘庄引黄）；“三纵七横”中的“七横”是指漳卫河、子牙河、黑龙港、大清河、永定河、北三河、滦河等七个具有较强水资源配置能力的天然河系，以及南水北调配套工程、其他区域内引水工程等。其中，永定河、北三河、滦河分别通过北京市和天津市与南水北调工程沟通，间接使全省水资源省域范围合理配置具备了条件。

6.1.2 城市水网与灌区（农村）水网

6.1.2.1 城市水网

作为人类社会文明聚集区，城市总是与自然河湖水系相傍相依。城市从自然河湖中取水且向其中排水，因水系变得灵动秀美。在城市与自然河湖水系的相处过程中，人类通过其智慧与行为，不断对自然河流水系进行改造，以优化和改善生活生产条件，促进城市的发展，包括筑堤修坝以防治洪水，占填洪泛区和河道以扩大生产生活空间，修建各类景观设施以满足人的亲水需求，甚至是进行军事化改造以防御外敌，因此流经城市的河流多是经过改造甚至改道的河流，很难保留其天然的原始形态。近些年来，为改善城区人居生态环境，我国许多城市大规模开挖人工河湖，营建水体景观，深度改变了区域水网天然形态（王建华等，2019），实现了城市空间与水网的高度融合，例如成都千年水网、苏州生态水网。

(1) 成都千年水网

成都市属长江流域岷江、沱江两大水系，青衣江水系的玉溪河归入岷江水系。市境内岷江流域面积占全市总面积70.4%，沱江流域面积占29.6%。岷江是成都市最主要的河流，岷江干流经紫坪铺水库调节流至都江堰后，被鱼嘴分为内江和外江。内江指由宝瓶口进入成都平原的水系，分为蒲阳河、柏条河、走马河、江安河。外江即岷江正流，外江自外江闸引水分出沙沟河、黑石河，与内江四条水系合称都江堰六大干渠水系。流经中心城区的河流主要有府河、南河（上游为清水河，府河、南河现已统称锦江）和沙河，其水源均来自都江堰内江水系，西郊还有浣花溪、干河、磨底河、西郊河、饮马河，皆为锦江支流。

除青白江、毗河外，成都市域范围内的内江水系在锦江下游汇合后，通过黄龙溪断面出境，于彭山县江口镇汇入岷江干流，在成都平原形成以都江堰为顶点、彭山江口为汇流交点的不封闭纺锤形密集河网，历来兼具供水、排水功能，使成都平原成为“水旱从人，不知饥馑”的“天府之国”。

成都中心城区水系由6条主河道、76条支渠组成，水网纵横交织。在此基础上，成都市根据经济发展圈层格局的总体特点，因地制宜，突出重点，构建了三个圈层的规划布局。一圈层着力梯度蓄水、增加水面，打造亲水滨水空间；二圈层着力生态修复、河湖连通，筑牢城市防洪屏障；三圈层着力蓄水屯水、水源保护，提供充沛优质水量，促使全市水系更加完善，水景更加优美，水韵更加悠长。现阶段，成都正致力于形成“六河、百渠、十湖、八湿地”的水网体系，再现“六河贯都、百水润城”的古都魅力。

(2) 苏州生态水网

苏州河湖资源丰富，境内河道纵横，湖泊众多，河湖相连，形成“一江、百湖、万河”的独特水网水系格局。全市拥有长江和太湖岸线300多公里，面积50亩以上湖泊380个，各级河道21 022条。其中，列入江苏省保护名录的湖泊94个，列入江苏省骨干河道名录的河流93条。

苏州北靠长江，西倚太湖，形成其河流水系和水资源系统的基本格局，承上启下是苏州市的典型区位特征，在流域整体格局中，苏州位处长江、太湖下游，承接上游来水的同时无独立入海通道，每年超过一半的出境水量进入上海。长江干流沿苏州北边界，呈西北东南走向，与苏州境内若干通江骨干河道垂直相交，完成水质水量交换。太湖位于苏州西部，常水位时总面积为2338km^2，其中约四分之三的湖面面积位于苏州界内，苏州市内的河网湖泊是承接太湖排涝的主要通道。苏州境内的流域性河道包括望虞河、太浦河，均呈东西向分布，分别在境内北部、南部穿过；主要区域交往河道苏南运河在苏州西侧纵贯南北；其余境内骨干河道有张家港、十一圩港、常浒河、白茆塘、七浦塘、杨林塘、浏河、吴淞江等。太湖为全市最大湖泊，其他较大的湖泊有阳澄湖、澄湖、淀山湖、独墅湖、元荡、金鸡湖等。

6.1.2.2 灌区（农村）水网

灌区一般是指有可靠水源和引、输、配水渠道系统，以及相应排水沟道的灌溉面积。灌区是一个半人工的生态系统，它依靠自然环境提供的光、热、土壤资源，加上人为选择作物和安排作物种植比例等人工调控手段而组成的一个具有很强的社会性质的开放式生态系统。灌区水网常常可以划分为引水、运输、调蓄、控制系统等几部分，使河水以自流方式较为均匀地覆盖整个灌区，引水常常是灌区水利的枢纽工程，据此，我国的传统灌区大体可以划分为陂塘灌区和堰坝灌区（图6-3），前者可以追溯到春秋时期安徽的芍陂灌区，后者典型的有四川都江堰灌区（郭巍等，2021）。

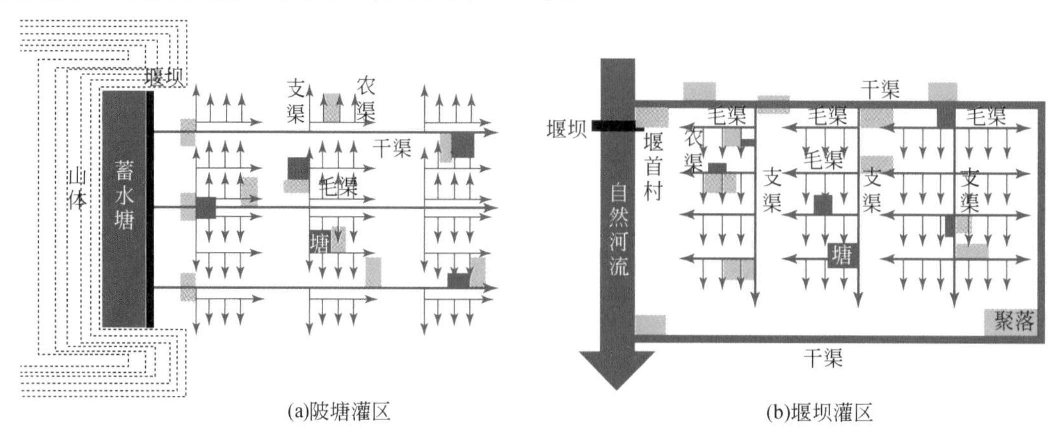

图6-3 典型灌区模式图

摘自人居视角下我国传统灌区研究，冯心愉绘

资料来源：郭巍等，2021

（1）芍陂灌区

芍陂现名安丰塘，位于淮河中游南岸、安徽省寿县城南35km处，距今已有2600年历史，比都江堰还早300年，是中国最早的大型蓄水灌溉工程。目前周长为24.6km，面积为34km^2，蓄水量最高达1亿m^3。灌溉面积约为4.5万hm^2，被联合国大坝委员会名誉主席托兰先生誉为“天下第一塘”。1988年1月，芍陂被确定为全国重点文物保护单位。2015年10月，芍陂被列入“世界灌溉工程遗产”名录，成为安徽省首个世界灌溉工程遗产。

从春秋到清末，芍陂及灌区的发展几起几落，总体来说战乱时期工程失修，灌区就会萎缩，相对和平时期灌区就会得到发展。历史上有两次较大改建：一次是在隋朝，将原来的环塘5个水门增建为36门，相应的灌排渠系也更加完善；另一次是在清康熙年间，由于湖区围垦严重，环塘水门由36门减少为28门：由于清末失修，20世纪20年代末，芍陂的灌溉面积仅为0.5万hm^2，抗日战争前，经过疏浚培修，灌溉面积增至1.4万hm^2，此后因战争失修，灌溉面积又萎缩至0.5万hm^2。中华人民共和国成立后，芍陂纳入淠史杭灌区进行了系统整治，成为淠史杭灌区重要的反调节水库。目前，蓄水陂塘面积为34km^2，环塘水门22座，有分水闸、节制闸、退水闸等渠系配套工程数百座，渠系总长度为678.3km（安徽省寿县人民政府，2017）。

（2）川西都江堰灌区

都江堰灌区位于四川省成都平原和龙泉山以东丘陵地区。其渠首就是历史悠久、闻名中外的都江堰工程，坐落在灌县城西的岷江出山口，距今已2000余年。都江堰灌区在西汉时灌溉面积近50万亩，宋代时发展到150万亩，清代时为200余万亩，民国时为271.95万亩。目前灌溉面积已扩展到1076万亩。都江堰水系灌溉范围目前包括四川盆地中西部地区7市（地）37区（市）县，范围内一条主河道，五条干渠，支、斗、农、毛各级渠道总计2497条。

主河道指岷江由鱼嘴分水堤分成内江和外江，外江在精华灌区部分为金马河，是水系的主河道。内江再继续分成干渠等。干渠延续了古代干河水系体系，流经成都进锦江后入岷江下游，常年河流充盈，河面宽30～50m。支渠基本为现代改造新建，从河干上游分出又流回干河下游，多条支渠垂直于干河，渠道宽5～10m。斗渠由支渠分出若干，引水入农渠，在下游流回支渠，渠道宽3～5m。农渠由斗渠分出，雍水入田内毛渠实现对庄稼灌溉，流经林盘供居民用水。农渠宽1～3m，纵向间距80m，之间为农田单元，城镇开发区农渠基本填埋。毛渠指由农渠分出引水送到每块田地里去的小渠。

6.1.3　国家水网

顾名思义，国家水网就是以整个国家为视角的水网。建设国家水网工程就是在通盘考虑国土空间开发保护新格局的视角下，通过完善水利基础设施网络，系统优化我国水流网络系统，从而强化水资源调配、河湖生态保护修复、防范水灾害风险等各类功能，提升国家水安全保障能力。从这个意义上讲，国家水网也属于按边界特征所提出的水网概念。事实上，我国在很长一段时期并未将国家水网作为一个独立概念而广泛使用。2020年10月，

《中共中央关于制定国民经济和社会发展第十四个五年规划和二〇三五年远景目标的建议》首次提出要建设国家水网工程。自此之后，国家水网开始作为独立概念被决策层和学界广泛接受，围绕国家水网的理论研究、规划实践等工作也随之迅速展开。

国家水网包括“纲、目、结”三大要素。其中，“纲”主要是指大江大河大湖自然水系、重大引调水工程和骨干输排水通道，这是国家水网的主骨架和大动脉。我国通过规划建设南水北调东、中、西线工程打破了地理单元的局限性，形成长江、淮河、黄河、海河四大流域相互连接的国家水网主骨架，构建了“四横三纵，南北调配，东西互济”的水资源新格局。“目”主要是指大江大河的重要支流、区域性河湖水系连通工程和供水渠道，如汉江、永定河、引黄入冀补淀、滇中引水等。“结”主要是指具有控制性地位、具有控制性功能的水资源调蓄工程，如长江的三峡水利枢纽，黄河的小浪底水利枢纽等。

在国家水网中，包括了各种流域水网和区域水网、城市水网和灌区水网。国家水网和其余各类水网就是整体和局部的关系。一方面，整体与局部相互依赖，互为存在和发展的前提，整体由局部组成，离开了局部，整体就不能存在。因此，必须各级水网有效衔接、各尽其能，才能实现国家水网“系统完备，效益最优”。另一方面，整体对局部起支配、统率、决定作用，协调各局部向着统一的方向发展。因此，必须有国家水网科学的总体布局，才能实现各级水网的科学建设。

6.2 水网的结构组成

水网是由自然河湖水系网和人工取-供-用-排水网耦合而成，分别承载着自然水循环和社会水循环的基本过程，二者主要通过取水点和排水点相联结，是一个耦合嵌套的二元复合系统。从水循环角度看，水网大体可以分为水源结构、调蓄结构、传输结构、水质处理加工供水和排水结构。不同类型的水网实质上就是上述各类结构的有机组合。

6.2.1 水源结构

6.2.1.1 地表水和地下水水源

地表水和地下水是水网的主要水源，这部分水资源主要通过降水产汇流机制生成。降水落到流域面上后，先向土壤内下渗，一部分水以壤中流形式汇入沟渠，形成上层壤中流；一部分水继续下渗，补给地下水；还有一部分以土壤水形式保持在土壤内，其中一部分消耗于蒸发（图6-4）。当土壤含水量达到饱和或降水强度大于入渗强度时，降水扣除入渗后还有剩余，余水开始流动充填坑洼，继而形成坡面流，汇入河槽和壤中流一起形成出口流量过程。整个径流形成过程往往涉及大气降水、土壤下渗、壤中流、地下水、蒸发、填洼、坡面流和河槽汇流，是气象因素和流域自然地理条件综合作用的过程。用一个数学模式描述这一复杂过程非常困难。为此必须对径流形成过程进行某些概化，分为产流阶段和汇流阶段。产流是降水和扣除损失后产生径流的过程，汇流是指径流经坡面漫流和河槽汇流形成流域出口流量的过程。实际上这两个阶段不能截然分开，而是交替进行。

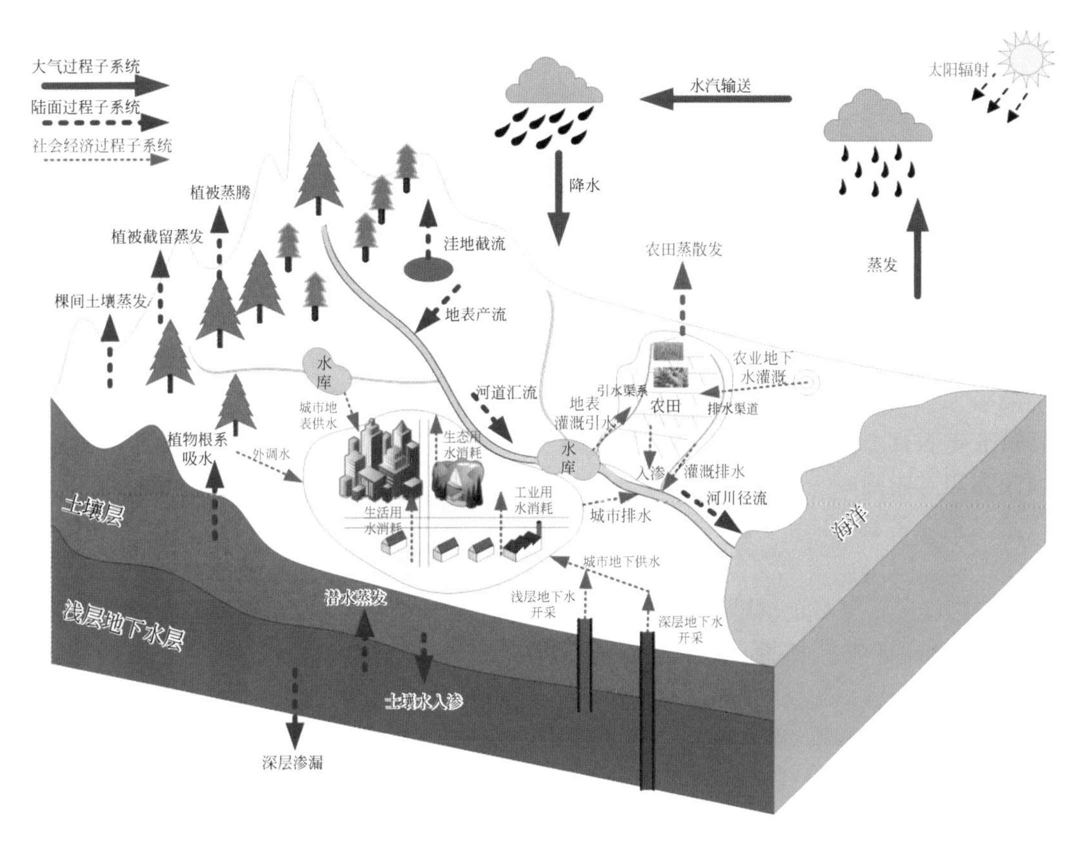

图6-4　降雨径流过程

此外，冰雪融水也是我国河流的重要水源。冰雪融水补给主要指在流域内的高山地区，永久积雪或冰川融水的补给。我国的冰川主要分布在我国的西北地区和青藏地区，包括天山、昆仑山脉、喜马拉雅山脉、唐古拉山脉、巴颜克拉山、冈底斯山、祁连山等山脉。我国西北内陆地区一些内陆河，主要靠天山、昆仑山、祁连山等山地冰川融水补给的，在某些特殊地区（我国新疆塔里木盆地），甚至成为水量的唯一源泉。

6.2.1.2　非常规水源

非常规水源是指区别于传统意义上的地表水、地下水的（常规）水资源，主要有雨水、再生水（经过再生处理的污水和废水）、海水、空中水、矿井水、苦咸水等，这些水源的特点是经过处理后可以再生利用。各种非常规水源的开发利用具有各自的特点和优势，可以在一定程度上替代常规水资源，加速和改善天然水资源的循环过程，使有限的水资源发挥出更大的效用。非常规水源的开发利用方式主要有再生水利用、雨水利用、海水淡化和海水直接利用、人工增雨、矿井水利用、苦咸水利用等。

6.2.2 调蓄结构

6.2.2.1 森林草原调蓄

由于林木根系的作用，森林土壤形成涵水能力很强的孔隙，当森林土壤的根系空间达1m深时，每公顷森林可贮水500～2000m^3，所以森林又被称为“绿色水库”，在水源涵养方面具有特殊的意义。草原同样可以吸收和阻截降水，延缓地表径流的流速，渗入土壤中的水分通过无数微小通道下渗转变为地下水，起到涵养水分的作用。草原土壤的含水量较裸地高出20%以上。大雨状态下中高盖度草原可减少地表径流量47%～60%，减少泥土冲刷量75%，生长两年的牧草拦蓄地表径流能力超过50%，高于生长3～8年的森林。相关研究表明，黄河水量的80%、长江水量的30%、东北河流50%的水量均来源于草原。

6.2.2.2 湖泊湿地调蓄

湖泊湿地处于地表洼地，是天然的洪水蓄滞空间。吞吐型湖泊能有效降低洪峰流量，延缓洪水过程，减轻下游防洪压力。如果湖泊被大面积围垦和侵占，将增加流域防洪压力，不得不被动修建高标准堤防予以应对，影响生命共同体质量。尾闾型湖泊则是流域洪水的最终受纳地。根据《第一次全国水利普查公报》，全国常年水面面积1km^2及以上湖泊有2865个，水面总面积为7.80万km^2（不含跨国界湖泊境外面积）。其中，淡水湖有1594个，咸水湖有945个，盐湖有166个，其他湖泊有160个。湖泊空间分布最广的两个区域分别是青藏高原区和东部平原区。其中青藏高原区多以内陆湖为主，多为咸水湖和盐湖，面积占全国一半以上；东部平原区湖泊多与河流相通，湖盆浅平，面积占全国的1/4左右。

6.2.2.3 人造工程调蓄

由于河川径流具有多变性和不重复性，在年与年、季与季以及地区之间来水都不同，且变化很大。大多数用水部门（如灌溉、发电、供水、航运等）都要求比较固定的用水数量和时间，它们的要求经常不能与天然来水情况完全相适应。人们为了解决径流在时间上和空间上的重新分配问题，充分开发利用水资源，使之适应用水部门的要求，需要建设相应的调蓄工程。

最为常见的人工调蓄工程就是水库。水库的兴利作用就是进行径流调节，蓄洪补枯，使天然来水能在时间上和空间上较好地满足用水部门的要求。目前，全国已建成各类水库9.8万多座，总库容达到了8983亿m^3。其中，最大的三峡水库库容达到393亿m^3。此外，城镇自来水厂和污水厂的调蓄池也属于人工调蓄工程。

6.2.3　传输结构

6.2.3.1　江河自流传输

江河对于流域生态系统，相当于人体的血液系统，在重力的作用下自流输水到各单元，同时利用其本身的水空间和水容量，受纳洪水及人类产生的污水。根据《第一次全国水利普查公报》，我国共有流域面积 50km^{2}及以上河流 45 203 条，总长度为 150.85 万 km。其中，流域面积 100km^2 及以上河流 22 909 条，总长度为 111.46 万 km；流域面积 1000km^2 及以上河流 2221 条，总长度为 38.65 万 km；流域面积 10000km^2 及以上河流 228 条，总长度为 13.25 万 km。

6.2.3.2　人工控制传输

除了江河自流传输外，还有人工建设的输水工程。人工输水工程通常由取水、输水两大部分建筑物组成，类型多样。其中，取水建筑物分为无坝自流取水建筑物、无坝扬水取水建筑物、有坝表层自流取水建筑物、有坝深水自流取水建筑物、有坝深水扬水取水建筑物；输水建筑物分为明流输水建筑物和压力输水建筑物两大类。明流输水建筑物又分为渠道、水槽、隧洞、水管、渡槽、倒虹吸管几种；压力输水建筑物又分为压力隧洞、压力管道两种。调水工程就是典型的人工输水工程。随着南水北调东中线一期工程以及引滦入津、引江济太等一大批重大调水工程的实施，全国已建在建大中型调水工程达 166 项，调水规模超过 1300 亿 m^3。

6.2.4　水质处理加工、供水和排水结构

从水循环的全过程看，水质处理加工、供水和排水系统均属于水网的延伸结构。

在将原水供给各用水户使用前，需要按照一定标准进行水质处理。其中最常见的水质处理加工结构就是自来水厂。自来水厂指具有一定生产设备，能完成自来水整个生产过程，水质符合一般生产用水和生活用水要求，并可作为厂（公司）内部一级核算的生产单位。原水在自来水场经过沉淀、消毒、过滤等工艺流程的处理，最后通过供水管网输送到各个用户。各用水户产生的污水进入污水（再生水）处理厂，一部分再生循环利用，一部分则排入江河水体。

从空间结构看，供水工程是从点散到条幅状，再到面上所谓枝形结构，开枝散叶。为了增加供水可靠性。城市里还有串联各枝形结构的环形结构。而排水工程则和供水工程正相反，是从面汇集到点上。

6.3　水网的主要功能

随着人类对水资源开发利用方式的增多，水网的功能属性也在不断演进。现阶段，水

网在经济社会、生态环境等方面发挥着八大主要功能。

6.3.1 水资源供给功能

水网最重要功能就是为人类的生活生产提供水资源。四大古代文明均发源于大江大河两岸，几乎所有城市都建在河流沿岸。但由于我国水资源禀赋特征，水资源分布极为不均，水土资源不相匹配，形成水资源南多北少的特点。中国北方地区尤其是黄河、淮河、海河地区长期受到干旱缺水的困扰，水资源与社会经济及生态之间的矛盾越来越突出。通过水网互联互通实现水资源南北调配，为国家重要经济区、城市群、粮食主产区和能源基地等提供水源保障。

以北京市为例，北京市供水水源在南水未调水之前主要依靠密云水库、官厅水库和超采地下水进行补水，水量供应已近极限。南水北调来水使得供水格局变为密云水库、官厅水库和南水多源补水，增加了北京市可调配水源，城区的用水安全系数提升至1.2，人均水资源量提升至150m^3。如今，北京城区日供水量的70%以上均来自南水北调中线（图6-5）。

图6-5 南水北调中线干渠

摄影：视觉中国

6.3.2 行洪排涝功能

洪涝灾害具有双重属性，既有自然属性，又有社会经济属性。其影响是综合的，既会破坏农业生产以及其他产业的正常发展，还会危及人的生命财产安全，影响国家的长治久安。由于我国降水时间分布不均，具有明显雨热同期特征，气温高的月份是全年降雨比较多和集中的月份，大部分地区汛期4个月降水占全年60%～80%；夏秋多冬春少，有利的是水热充足，利于农作物的生长，所以我国几大平原地区土地承载能力远超过世界其他地区；不利是降水集中，易造成洪涝，难调蓄利用，需要修建大量水利工程控制汛期洪水，防止洪涝灾害。同时还要留住部分汛期洪水，在非汛期使用。

长江流域的洪水主要由暴雨形成，流域内除青藏高原基本无暴雨外，其他150万km^2的区域均可能发生暴雨洪水。长江流域由于持续性强降水较多，2020年汛期，中下游流域降水量为498.5mm，洪涝灾情较重，上游灾害相对较轻。三峡工程的建设有效削减了长江40%洪水流量，减轻了洪涝灾害损失。

6.3.3　营养物质供给功能

平原地区的第四系沉积物及营养盐大都来自于山体的风化、侵蚀、搬运和沉积过程，其中主要动力是水。除了泥沙等物质外，还通过水网为河流生态系统及农田提供营养物质。

例如黄河自从汛期结束后，黄河上游的水库开始蓄水拦沙，导致下游河水的透明度逐渐升高，客观上为藻类的光合作用提供了有利条件。另外，中上游沿岸各省区排放的生活污水、农业退水等都含有大量的有机质，分解后会形成氮、磷等营养元素，为藻类的繁殖提供了必要的物质基础。黄河流经多个地质矿带，冲刷大量泥沙等物质的同时也富含各类营养元素，为黄河沿岸农田灌溉提供营养物质。

水网工程使得沿线用水水质明显改善。河北沧州是典型高氟水地区，资料显示，从1965年运河断流到1997年水厂正式供水的30年间，当地居民长期饮用高氟地下水，在这一时期出生的孩子近90%长了氟斑牙，生活在这一时期的成年人35%患有不同程度的氟骨病。当地政府尝试药物除氟、浅井与深井水混合饮用、活性炭吸附、反渗透等各种改水降氟办法，但处理水质的效果还不是很理想。真正改变是发生在2017年6月，沧州市南水北调配套工程全部建成通水，9座水厂全部按期切换成长江水源，沧州市彻底告别高氟水。

6.3.4　能量供给功能

河流上游区是流域的隆起部分，具有高位势能，使其附着在上面的物质与水流也具有了相应的势能，通过水电工程可将水流的势能转变为电能供经济社会利用，但也为滑坡、泥石流等地质灾害提供了孕育环境与条件。

我国地势西高东低，呈阶梯状分布，许多河流在流经阶梯交界处时落差大，水流湍急，水能蕴藏巨大。我国水能资源蕴藏量达6.8亿kW，居世界第一位，其中长江水系、雅鲁藏布江、黄河中上游和珠江水系尤其丰富，已开发的水电站，大多分布在长江、黄河和珠江的上游。2021年9月2日，世界在建规模最大的水电站——白鹤滩水电站的泄洪洞工程启动试验性泄洪，全部机组将于2022年7月投产发电，多年平均发电量624.43亿kW·h。电站全部建成投产后，将成为仅次于三峡工程的世界第二大水电站（图6-6）。

图6-6 白鹤滩水电站
摄影：视觉中国

6.3.5 运输通道功能

水网工程的建设为航运提供了便利条件，实现了多流域、区域之间的互联互通，使得各流域、区域的航运能力得到加强，通航条件得到改善，港口功能布局得到优化。例如素有“黄金水道”之称的长江是横贯我国东西的水运大动脉，其货运量位居全球内河第一，长江通道是我国国土空间开发最重要的东西轴线，在区域发展总体格局中具有重要战略地位。长江干线航道上起云南水富港，下至长江入海口，全长为2838km。长江沿线港口基本形成了以国家主要港口为骨干、地区重要港口为基础辐射全流域的总体格局。作为水网工程布局最重要的南水北调工程通水，延伸了通航里程，改善了航运条件。东线工程以京杭大运河为基础，承担了地区基础物资和大宗货物运输的重要职能，南四湖至东平湖段南水北调工程与航运相结合，打通了两段湖的水上通道，新增通航里程62km；京杭运河的韩庄运河段航道由三级航道提升到二级航道，大大提高了通航能力。尤其是苏北灌溉总渠，货运量约为4.9亿t。这一货运量相当于8条京沪高速、两条莱茵河、3个三峡船闸。

6.3.6 生态产出功能

河流是地球上重要的水生生态系统，同时是天然的生态廊道，为海洋和陆域尾闾湖泊提供水分和养分，具有十分重要的生态功能。河承载水，而水为所有水生生物提供生存和栖息空间。水在3.98℃时候的密度最大，“冰轻水重”使得漂浮的冰层覆盖于水体表面，阻止水体热量散失，同时较高温度的水体下沉，保证了底部水体具有较好的越冬环境。水无色透明，对可见光的吸收比较小，使深水植物也能发生光合作用，从而维护着湖泊和海洋深处的水生态系统。这些重要特性，使得水为众多水生生物提供了良好的生存和栖息空间，依靠捕食水生生物为生的鸟类等，同样依赖于水体形成的地表环境生存。

此外，水网还是流域主要的行洪通道，洪水过程对河流及两岸滩涂湿地生态具有重要影响。近年来的生态补水专项调度，也为北方河流注入了源源不断的南来之水。截至2021年8月，南水北调中线工程累计向北方48条河流生态补水达59亿m^3，为地下水水位回升河水域面积扩大提供了可靠保障。

6.3.7　环境服务功能

河流具有侵蚀、搬运及沉积的作用，是流域环境和地貌重塑的最重要自然力。同时，河流、湖泊也是人类的重要环境要素和景观资源，是满足人类自然归属感、休闲旅游养生的重要载体。另外，水本身具有自净作用和环境容量，水网又成为人类污染排放的主要接纳体。例如济南市“五库联通”工程，改变了市区南部河道和孟家等小水库靠降水补水的局面，有效维持了河道生态基流，保障了济南市泉水四季喷涌，彰显了济南泉城城市名片形象。

6.3.8　文化孕育功能

水因其广泛性与特殊性，产出具有丰富的精神与文化功能，水本身就是文化创作的源泉。水的文化功能不仅指在兴利除害方面的水利智慧和经验，也包括在音乐、戏曲、文学等方面与水有关的艺术作品，甚至能塑造一个地方的人文气质和文化特征。

6.4　水网建设基本原则

6.4.1　核心目标：维护健康的水循环

水循环是联系地球系统“地圈-生物圈-大气圈”的纽带，是全球变化过程中的核心过程。受自然变化和人类活动的影响，现代环境下水循环过程表现出明显的“自然-社会”二元属性（图6-7）。国家水网建设的首要原则是维护健康的水循环，尽可能地减少对自然水循环过程的干扰，同时充分发挥社会水循环资源、环境、生态、社会、经济等五大属性，对水循环系统进行综合调控。维护健康的水循环的具体过程包括三个方面：①厘清自然-社会二元水循环复杂关系；②分析人类活动对健康水循环的动态影响；③提出综合调控措施。

(1) 厘清关系

现价环境下自然-社会二元水循环具有以下三组显著关系。

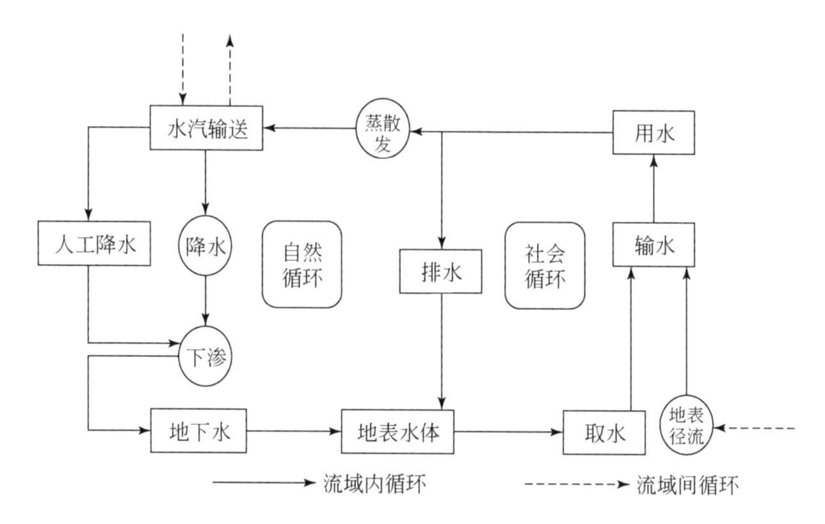

图6-7 自然–社会二元水循环基本过程及相互关系

1）通量上此消彼长。“自然–社会”二元水循环的形成，一方面使得水循环服务功能由自然的生态和环境范畴拓展到社会和经济范畴，但同时也由于社会水循环与自然水循环之间通量此消彼长的动态依存关系，使得水资源的开发利用一定程度上影响了自然水系统的健康状态。例如在我国海河流域，水资源开发利用率已经接近100%，远超过40%的合理开发阈值，即高强度的人类活动已经超过自然水循环一次性径流通量，使得流域内河流、湖泊、湿地生态功能严重退化。但水网工程一定程度上会改善自然水循环状态，例如2014年南水北调工程通水以来，通过人工水网的生态补水，海河流域自然水系统功能逐渐恢复，地下水位逐渐抬升，这是水网工程维护健康水循环的一个生动案例。

2）过程上深度耦合。自然水循环和社会水循环的耦合是全过程的，突出表现在取、排水两端。即便是在水循环强度相对较低的缺水地区，随着社会水循环系统的成长发育，制水、输配水和用水环节的效率不断提高，无效和低效的渗漏损耗不断减少，同时水资源的重复利用和再生回用程度不断提高，以径流形式的退水和排水量不断减少，水分更多由蒸腾蒸发过程回归到自然水循环过程，两者耦合特征开始发生变化。

3）功能上竞争融合。随着社会水循环程度的加深，水循环功能由原有的资源、环境和生态功能拓展生发，添加了社会和经济服务功能。这主要是因为水是人类生存和生活的基础，包括人畜饮用、洗浴、美化环境、休闲娱乐等，水循环便有了社会属性特征；其次，水是大部分生产生活的原材料或辅助材料，水在参与经济生产循环过程中，便开始具有重要的经济属性。

（2）分析影响

随着经济社会的发展，自然水循环的演变逐渐从受自然因素影响开始到受自然–人工综合影响，其中自然因素包括全球太阳辐射、地理条件、温度场、风场等，人工因素包括温室气体排放、下垫面和赋存条件变化、人工取用水等。事实上，自从人类社会出现以来，自然水循环过程的一元驱动结构就被改变，天然水循环系统的运动规律和平衡状态发生变化，并随着文明进步、经济增长和社会发展，人类对自然水循环的干预逐步加强，极大地改变了自然水循环的原始特性。特别是从20世纪80年代以来，温室气体排放显著增加，直接影响了流域水循环的降水输入和蒸散发输出，这也逐渐成为人类影响自然水循环的一个方面。此外，大规模的农业活动、城市化及配套设施建设，水利工程的修建等，改变了原有的径流路线，引起水的分布和水分运动状态的改变。工业生产排放的污染物则影响了水汽的输送和凝结过程。在新技术的支持下，人类甚至已经开始对土壤水进行调控和利用，人工驱动力已经成为水循环不可忽视的动力因子，在许多人类活动密集区，甚至超出了自然作用的影响。因此，水网工程建设的基础是要研判变化环境下健康水平衡演化规律，评估人类活动对健康水平衡的影响，科学评估水网工程对水系统状态和水生态环境的复杂扰动。

（3）综合调控

综合调控是在分析水资源承载压力特征，考虑生态保护和高质量发展的基础上，综合解析健康水平衡的调控机制，提出集合对策，综合调控的关键是要充分考虑以下三种平衡。

1）自然生态环境用水与经济社会用水的平衡。在统一的自然水循环的系统框架下，为实现天然生态环境服务功能与人工的经济社会服务功能的协调，需要合理确定经济社会的取耗水量，其底线是基本的生态环境需水量。

2）经济社会需水与可供水量的平衡。在经济发展的某个阶段，区域取水量会不断增加，但水资源再生能力和可供水量是有限的。因此必须通过高效用水、节约集约用水等措施强化需水管理，降低用水损耗，减少区域用水需求和取水量，在此基础上再考虑水网工程建设，实现需水与供水之间的平衡。

3）自然环境容量与排污量之间的平衡。水的特殊溶解和运移特征，使其成为许多行业进行溶解、洗涤的常用介质。但当进入自然系统的污染物超过自然环境的容纳能力，则必然产生水体污染。因此，需要将经济社会排污量控制在环境容量范围之内。

6.4.2　基本准则：确有需要、生态安全和可以持续

社会经济发展需要水资源支撑，水资源的有效供给要求有足够的水利工程作保障。国家水网的建设必须坚持在确有所需的基础上进行合理规划，坚持工程建设与生态保护并重，坚持加强科学管理，改进和完善水利工程的规划和设计、管理技术，改变和调整开发利用自然资源的技术手段，使水利工程在满足人们对水的种种需求的同时，还能兼顾生态系统健康性的需求，实现水利工程与生态环境的协调健康发展，维护生态系统的健康与完整，保障工程可持续的发挥长远效益。因此国家水网建设必须遵守以下三个方面准则：①“确有需要”是前提基础；②“生态安全”是控制条件；③“可以持续”是重要保障。

“确有需要”是前提基础。论证清楚各地各单元的真实需求是规划布局各项水利工程的基础，针对重大调配水工程，“确有需要”在供需两端都有特定的要求。在需水端，需要深入分析受水区水资源利用现状和节水水平，评估区域极限节水潜力，预测合理的用水需求，研究是否可以通过深度节水、非常规水源利用、水资源科学调配等区域内部措施保

障经济社会发展和生态环境用水，只有在深度节水等措施无法支撑的条件下，才考虑新的水资源优化配置工程；在供给端，则是本地区或本流域水源充分挖潜后的“确有需要”，这里包括了常规水源和非常规水源的开发利用。国家水网的建设既要满足水资源供给与空间开发相匹配，又要考虑到我国各地区生态和自然资源分布差异较大，经济社会发展侧重点也有所不同，匹配不意味着均等，“确有所需”就是既要做到合理的需求、刚性的需求予以保证，又要做到不合理的需求予以遏制。

“生态安全”是控制条件。水系是自然要素流动的重要骨架，自古以来人类社会经济和城镇的发展也与大江大河关系密切，河流水系是社会经济发展的重要依托，通过以水为主线，优化生态、生产、生活空间格局。国家水网的建设要坚持山水林田湖草生命共同体，把治水与治山治林治田治草结合起来，促进生态系统各要素和谐共生，不能单打独斗、顾此失彼。要经过严格的环境影响评价，既要有规划环评，也要有项目环评，两道关控制，确保工程规划与建设的生态安全，对生态有影响的项目需要调整优化，生态代价大的项目坚决不能上马。

“可以持续”是重要保障。重大调水工程投资大，影响深远，风险众多，必须确保工程水价和运行管理体系可以持续，发挥长远效益。同时在项目的规划论证和建设运行过程中，还要充分发挥民主决策的作用，听取各方的意见，不断优化完善工程规划和建设实施方案，实现工程效益的最大化和工程影响的最小化。除此之外，只有建立综合化的水利工程管理机制，围绕水利工程运行和持续开展建立管理制度，优化配置管理人员，才能提高水利工程管理有效性，解决水利工程建设中的问题，达到高质量开展水利工程管理目标。可持续的工程建设管理为国家水网经济效益和生态效益的全面提升，人类的生存环境与自然环境能够和谐、健康、有序发展提供前提条件。

6.4.3 发展方向：安全化、高效化、生态化和智能化

当前，需坚持“节水优先、空间均衡、系统治理、两手发力”的治水思路，立足流域整体和水资源空间均衡配置，加快构建国家水网，这是实现高质量发展的必然举措。国家水网工程是庞大的系统工程、事关国家长远发展的战略工程，需超前谋划，解决国家水网工程的规划问题，指导工程科学建设；系统统筹，解决国家水网工程建设和运行管理的体制机制问题与国家水网工程生态安全问题，推进工程顺利实施。因此，应坚持安全化、高效化、生态化和智能化原则，确保工程可持续运行。

(1) 安全化

坚持国家水网工程建设和运行管理的良性机制。坚持系统治理，统筹水源区和受水区，兼顾流域上下游、左右岸、干支流、地上地下之间的关系，系统构建国家水网，全面提升水资源统筹调配能力、水旱灾害防御能力、河湖生态保护能力、水资源战略储备能力、水安全风险防控能力，统筹解决新老水问题。坚持两手发力，发挥政府与市场各自优势，在水价形成和水费收缴机制、投融资机制、建设运营体制机制、补偿机制等体制机制上持续创新，保障国家水网工程的顺利建设和良性运营。

(2) 高效化

坚持传统观念，科学把握国家水网的功能定位。国家水网是以自然河湖水系为基础，引调排水工程为通道、调蓄工程为节点、智慧化调控为手段，集水资源调配、流域防洪减灾、水生态保护等功能为一体的综合体系，具有系统化、协同化、绿色化、智能化的特征。

(3) 生态化

以国家水网工程建设促进国家生态文明建设。坚持生态优先、绿色发展，确保生态环境可持续是国家水网建设的前提，加强长江、黄河等大江大河的水源涵养，加大生态保护力度和生态水量保障，坚持抓好跨流域调水工程输水沿线区与受水区的污染防治和生态环境保护工作。建立调水工程的科学生态观，以水源区的生态安全为前提，充分遵循水资源的生态环境属性，消减调水对生态的不利影响、提高调水工程生态效益、降低调水工程生态风险，全方位全过程推行国家水网工程的绿色规划、绿色设计、绿色建设、绿色运行，以最小的生态影响实现最大的工程效益。

(4) 智能化

主要体现在水网调度运行的智能化，现代化水平。要推进国家水网智能化改造，充分运用物联网、大数据、人工智能、区块链等新一代信息技术，加快智慧水利建设。一是加强水安全监测体系建设，优化水文等监测站网体系布局，完善大江大河及其重要支流、中小河流、中小型水库等监测体系，提升水安全智能监测感知能力。二是完善水利信息化基础设施，推进水利工程和新型基础设施建设相融合，加快水利工程智慧化、国家水网智能化，建设国家水网大数据中心和调度中心，加强数字流域建设。三是推进涉水业务智能应用，提升信息整合共享和业务智能管理水平。

智能化是国家水网重要发展方向。面向国家水网中的江河湖库和重大水利工程，可构建以在线精准监测为基础，以网络协同共享为纽带，以数字孪生和智能分析为核心，以智慧调度和自动控制为目标的国家水网工程智能化体系。具体而言，国家水网的数字孪生总体上可按“一网、三中心、N节点”（1+3+N）进行建设。“一网”指利用新技术建设工程物联网、智能控制网和智慧调度网三网协同的水网智能化网络，实现涉水数据的采集、汇聚、处理和工程控制与综合调度，给水网装上能感知的“眼睛”。“三中心”即国家水网工程大数据中心、智慧调度控制中心、智能化创新中心，给水网装上会思考的“大脑”。“N节点”是指通过水库枢纽工程、引调水工程、河道（堤防）工程、蓄滞洪区等水利工程的智能化改造和建设，构建监测感知全面化、分析计算智能化、调度控制自动化、协同共享常态化的国家水网工程智能化控制节点，给水网装上能自动化运行的“手脚”。实现预报、预警、预演、预案功能，提升水利数字化、智能化、精细化管理水平（图6-8）。

图6-8 国家水网工程智能化基础设施体系
资料来源：刘辉，2021

参考文献

安徽省寿县人民政府. 2017. 安徽省寿县芍陂（安丰塘）及灌区农业系统简介——世界灌溉工程遗产和中国重要农业文化遗产. 安徽农业大学学报：社会科学版，26（1）：2-3.

郭巍，吴迪，侯晓蕾. 2021. 人居视角下我国传统灌区研究. 中国园林，37（10）：11-15.

刘辉. 2021. 国家水网工程智能化建设的思考. 中国水利，(20)：9-10.

王建华，赵红莉，冶运涛. 2019. 城市智能水网系统解析与关键支撑技术. 水利水电技术，50（8）：37-44.

第7章

水网的自然-社会二元水循环

人类活动改变自然河湖水系基本格局，形成自然-社会二元水循环模式，二元水循环理论是认识水网、研究水网、管理水网的科学基础和基本范式。

7.1 水网的自然-社会二元特征

水网的形成发展是伴随着水循环过程而不断形成和发展的。在太阳辐射和地心引力等自然驱动力的作用下，地球上各种形态的水通过蒸发蒸腾、水汽输送、凝结降水、植被截留、地表填洼、土壤入渗、地表径流、地下径流、湖泊海洋蓄积等环节，不断地发生相态转换和周而复始运动的过程，称为水循环（或水文循环）。水循环是地球上一个重要的自然过程，因此又称自然水循环。它将大气圈、水圈、岩石圈和生物圈相互联系起来，并在它们之间进行水分、能量和物质的交换，是自然地理环境中最主要的物质循环。与人类最直接相关的是发生在陆地的水循环，而发生在陆地一个集水流域的水循环，称为流域水循环。流域尺度的水循环是陆地水循环的基本形式，除了大气过程在流域上空有输入输出外，陆地水循环的地表过程、土壤过程和地下过程基本上都以流域为基本单元。

水是人类生存和经济社会发展的重要基础资源。人类的历史就是以“兴水利、除水患”为主线的适水发展的历史，这一点在中国表现得尤为典型。人类从纯粹的躲避洪水到主动防御洪水，从开发地表水到今天的大规模开采地下水、跨流域长距离调水和深度影响土壤水，人类经济社会的发展过程也是人类对自然水循环的逐渐介入过程，大体可分为四个阶段：采食经济阶段、农耕经济阶段、大规模农田灌溉及工业化起步阶段、大规模工业化和城市化阶段。这些阶段的发展伴随着人类活动改造自然能力的增加，随着人类活动的加剧，如土地利用的改变、水利工程的兴建和城市化的发展，相应地人类河道外取水通量逐渐增加，河道内径流量逐渐出现亏缺甚至断流，打破了流域自然水循环系统原有的规律和平衡，极大地改变了降水、蒸发、入渗、产流、汇流等水循环各个过程，使原有的流域水循环系统由单一的受自然主导的循环过程转变成受自然和社会共同影响、共同作用的新的水循环系统，发挥单一生态功能的流域自然水循环格局就被打破，形成了自然-社会二元水循环系统。这种水循环系统称为流域自然-社会（或天然-人工）二元水循环系统（王浩等，2003）。由于人工驱动项的作用，二元模式下的水资源演变过程与一元模式相比发生了系统变化，循环结构、循环路径和循环属性发生了不断改变。

现代水网是由天然江河湖泊和人工引水供水连通工程组成，两者是密不可分的。自然河湖水系形成了水网的空间布局基础，蓄引提调连通工程构成了水资源时空再调配的人工渠系网络，自然水系和人工渠系共同组成水网格局，从而保障水资源的空间均衡配置。通过对现代水网结构进行分析，现代水网具有自然-社会二元化结构。

1）由自然+人工二元构成，包括自然的江河湖泊水网和人工配/供/排/回用网。前者包括自然水系以及自然水系中建设的水库、闸门、泵站和堤防，还有深浅层地下水；后者包括以人工修建的输排水网络、泵站、闸门、城市供水厂、污水处理厂和用水器具等。

2）包括水流+水基二元要件，水流要素包括量、质、流、域；水基要素包括河床、湖盆、蓄水层、渠道、管道、岸堤等。

3）具有生态环境+经济社会二元功能，生态环境功能指能提供适宜的水文水动力和水环境条件，既让水生动物栖息、水生植物生存，又使水生动植物保持多样性；经济社会功能指既能提供适量优质的生活用水，又能以水景观和水文化给人创造美好舒适的生活环境，同时可以为发展产业经济提供支撑。

7.2 水网二元水循环基础理论

水网有两大类：一类是由于地势起伏，冲刷形成的自然水网，这种水网，一般为自然的流动，满足曼宁公式，水动力学方程；另一类是由人类修建的各种渠道或管道，这类又分两种，一种是仍然为自流的河道、排水沟等，如京杭大运河、南水北调中线工程；另一种是社会水网或城市输配水管网等，辅助以泵站、闸坝、水厂等，采用动能，改变水体原有的自然流向，如淮河闸坝水网，南水北调东线工程。

这些不同的水网，呈现出明显的二元特性，自然水网，在驱动力、循环结构、循环参数上，功能上与其他水网不同。一是自然水网通常发挥生态、景观作用，而人工水网发挥的作用更加复杂，包括防洪、航运、供水；然后是修建渠系农业灌溉；然后是发电；再者是提水；最后是景观。二是从单一功能到多功能，先是河道整治防洪，主要是修堤防，然后是航运；用水运来替代陆运，解决交通不方便的问题；然后是蓄水，农业灌溉供水；然后是修建渠系农业灌溉；然后是发电；再者是提水；最后是景观。三是人工干预自然的程度越来越大，伴随着生产力的发展，海河流域的人工水网通量已经超过了自然水网通量。四是由单一水源到多样化水源，过去光是地表水，后来是地表地下水联合利用，后来海水淡化利用，非常规水利用，跨流域调水利用。五是从水的直接利用到加工利用，以前是直接利用原水，或者河水或者井水或者池塘里的水，现在利用自来水、再生水。六是水网的驱动力发生了变化。过去是自然重力，水往低处流，现在有了机械力和电力水往高处流，水向人聚集、生产力聚集和有需求的地方流动。

自然水循环与社会水循环相互影响并进行系统结构的耦合，形成相互嵌套的复杂系统。随着人类开发利用水资源强度的加大，流域水循环系统不再是由降水-坡面-河道-地下等基本路径组成的自然水循环结构，而是形成了由自然主循环与区域取水-给水-用水-排水—污水处理—再生利用社会侧支循环耦合而成的自然-社会二元水循环结构。尽管自然水循环与社会水循环的相互影响有积极的（如古代都江堰工程），但社会水循环的急剧增强往往对自然水循环的健康维持和用水安全带来消极影响，使二元水循环复杂系统的脆弱性增大、恢复力减弱。因此，需要研究水网系统的驱动力、结构耦合和关键参数，也包括系统状态变量的阈值和恢复力。

7.3 水网二元水循环科学问题

二元水循环研究面临三个方面的科学问题。

7.3.1 自然水网与人工水网的多过程耦合互馈机制

一是自然水网与人工水网之间的相互关联和作用，人类活动和“取水-给水-用水-排水-污水处理-再生利用”社会水循环过程对“降水-蒸发-产流-汇流-入海”等自然水循环过程的作用机制；二是自然水网和人工水网影响下的二元水循环过程对水环境的作用与影响机制，重点包括流域面源污染与自然循环耦合演变机制，点源污染与社会循环的耦合演变机制，以及流域水环境与二元水循环的耦合演变机制；三是自然水循环在人类社会驱动下演变后造成水资源量与质的影响，对社会水循环取用水过程形成反馈与制约。

7.3.2 基于二元水网的流域水循环演化机理

一是人类活动影响下的流域水循环分项过程与系统演化机理，二是伴随流域水循环系统演化的水资源演变机理，包括流域水资源的时空变异特性以及水资源数量与构成的演变规律。

7.3.3 基于二元水网的水资源量-质-效转化机理

在自然水网和人工水网的双重作用下，流域的水资源时空分布，以及水质净化作用带来的水质变化、效率提高等机理复杂。一是在二元水循环的全过程中水资源的数量、质量和效率效用转化的机理及经济效用与生态效用的统一度量，二是如何基于水循环的全过程实现从用水低效向高效的转化。

7.4 水网二元水循环伴生过程

伴随水网的运行，会产生河流水质净化、水生态问题。自然水循环的功能非常单一，就是生态功能，养育着陆地植被生态系统、河流湖泊湿地水生生态系统。水分在循环过程中要同时支撑自然生态环境系统和社会经济系统。

7.4.1 水网系统伴生的水化学过程

根据污染物的产生和流域水循环规律，流域水环境和水循环之间的耦合关系主要体现在：①水体运动是污染物迁移的直接驱动力，污染物的迁移转化以水体流动为基础；②水循环的各个环节中，表现出的不同的环境问题，对于地表水体，流域水系格局对于水环境过程的影响，以及河流中污染物迁移过程及其环境效应为流域水环境的主要问题，而对于农业，蒸散发（evapo transpiration，ET）对于变化环境的影响和调控与作物水肥利用模式相互作用，农业污染物、城市化水环境效应以及工业城市污染排放产生以及入河又为地表水体污染物迁移、汇集模拟提供源汇项，此外，非饱和带污染物迁移的多过程耦合对于地下水水质又具有特别的意义。

流域水环境模型中，流域水循环为各种环境影响因子（污染物）运动迁移的直接驱动力，而污染物在随水流发生运动的同时其物理化学性质的变化也对流域水环境产生影响。

7.4.2 水网系统伴生的水生态过程

流域缺水及其关联的生态环境恶化已是现实，如何从可持续发展的高度和与水循环相关的生态景观过程与格局出发，确定有利于地下水补给、控制地面沉降、防止海水入侵的地下水位、河道生态需水等多维调控阈值，确定适当的生态修复目标都是水生态耦合机制建立所需要考虑的问题。

水生态系统是流域中的生物群落及其生存的环境组成的有组织的功能复合体。水生态是一个涉及水文水动力、水质和生物的复杂系统。模型中，水循环和水环境的变化过程以及演变规律为水生态的格局、水生态系统演变提供动力学机理，在流域水循环、水环境成果对于流域生态作用机理认知的基础上，模拟生态需水量以及生态水系统要素循环过程。

7.4.3 三大系统耦合关系

流域水环境、生态系统与水循环三大系统之间互相作用，关系密切。水循环为水环境系统和生态系统提供水分条件，水环境系统与生态系统之间有复杂的物质交换与转化，生态系统的演化造成水循环系统下垫面等外部环境的变化。在三大系统错综复杂的关系中，水是最为活跃的因素，水循环系统的演化对其他两大系统的演化起到至关重要的驱动作用。

在全球气候变化和高强度人类活动影响下，流域水循环发生深刻演变。在社会经济高速发展期，流域水循环的二元演化对水环境总体造成的影响是不利的。地表地下水文情势的变化，造成水环境容量呈减少趋势，加之污染排放量的迅速增加，污染种类的复杂化，致使水环境恶化越来越严重。

流域水循环系统的二元演化造成的另一个后果是人工生态系统（如农田、水土保持等）和自然生态系统（如自然林草植被、河湖湿地）的二元分异日益显著。随着社会水循环通量的增加，与之关系密切的人工生态系统获得更多的水分条件，而自然生态系统的水分条件随彼长而此消，全球气候变化作用下更是加剧了凸显了这种关系。

7.5 水网二元水循环学科范式

水网存在于流域和区域之中，水网的学科范式与流域水循环的学科范式基本一致。水文学主要从研究自然水循环逐步发展起来，主要包括水文测验、水文预报和水文计算（通常简称“测报算”）等三个方面内容。而水资源学主要从研究社会水循环发展起来。从1896年美国地质调查局（United States Geological Survey，USGS）成立水资源处，到给排水专业形成，水资源从取水—给水—用水—排水—污水处理—再生回用六大过程研究社会水循环。然而，我们不能仅用水文学、水资源学的方法研究流域水循环，因为现实的流域已找不到纯粹的自然水循环，也找不到纯粹的社会水循环。从这两个视角观察都会产生越来越大的误差，用这套方法得出的结论不能有效指导实践。

7.5.1 水文系列非平稳性变化

由于人类活动影响，水网的循环各基本环节均发生了非平稳性变化，改变了水文系列的一致性。首先是大气过程：由于大量温室气体排放，地表温度升高，水循环动力增强，降水和蒸发的动力条件发生变化，干旱、洪涝等极值天气过程发生频率越来越大，水循环原有的一致性被打破。其次是地表过程：产汇流关系的一致性也发生了变化。产流过程，由于城市化进程加快，人类活动改变了土地覆被和土地利用格局，修建了大量水利工程，地表产流的一致性被打破，产流系数下降；汇流过程，由于大量水库人工放水、塘坝拦水、橡胶坝阻水等，汇流的规律呈现出明显的“自然-社会”二元水循环特性，打破了原有的在重力条件下水往低处流的客观规律。最后是土壤和地下过程，一致性也发生了变化：一方面，由于大量取用地下水，地下水位下降，包气带加厚，降水下渗补给地下水的水量减少，地下水的资源量减少；另一方面，抽取地下水后，地下水循环的补径排关系发生变化，不再是自然状态下的水循环，人工的抽排变成极大的主力，补给下降，抽排加强，地下水径流场的一致性也打破了。

7.5.2 一元水循环静态学科范式

无论是水文学还是水资源学，其学科范式都是实测—还原（到自然状态）—建模—调控的一元静态范式。这种范式的核心思想是将受人类干扰的实测数据，基于用水统计数据还原到没有人类干扰的天然状态，然后进行建模与调控，实质上是将水循环系统看成是还原论的线性叠加系统。而水循环本身属于典型的非线性系统，自然、社会两大循环系统之间呈现复杂的非线性互动关系，在人类活动干扰大的流域，由于社会水循环通量很大，极大地改变了原有水循环的演化机理，采用简单线性叠加的方式计算还原流量，将导致还原后的误差很大，基于这样的结果也难以指导实践。

7.5.3 二元水循环动态学科范式

二元水循环的学科范式是实测—分离—耦合（自然-社会）—建模—调控二元动态范式，即从过去研究纯自然水循环的方法，到用集总式或半分布式的水资源模型刻画灌区、工业、城市等社会水循环系统，并与分布式水文模型刻画的自然水循环系统进行耦合，解决人类活动影响下自然水循环与社会水循环的相互影响及反馈问题。分离-耦合是认识自然-社会二元水循环原理与过程的基本视角。

（1）流域水循环过程的分离

所谓“分离”，就是要将自然-社会二元复合循环中的循环驱动力、循环过程、服务功能、次生效应等分解成为自然和社会的二元化过程。流域水循环包括自然水循环的降水—蒸发—产流—汇流过程和社会水循环的取水—用水—耗水—排水过程，本书中，将各个过程分离开来进行研究，而流域水文模型是对各个过程研究的有效工具。随着计算机技术、3S技术等的发展，考虑水文变量空间分异性的分布式流域水文模型成为模拟流域水文过程特别是自然水循环的最有力的手段。人工取用水过程主要受水资源配置和水资源调度影响。由于水资源调配属于规划层面的内容，为满足一定规划时段和规划范围需求，一般采用集总式的水资源配置模型来实现对流域水资源调配过程的模拟，主要包括流域/区域水资源的供需平衡模拟和基于配置方案的水资源调度模拟。

（2）流域水循环过程的耦合

所谓“耦合”就是无论是在机理识别、规律认知、过程作用以及整体调控的各个环节，都要保持自然与社会二元因子在驱动力、结构过程、功能响应之间的动态依存和相互作用的关系。流域分布式水文模型和集总式水资源调配模型的耦合是实现二元水循环过程研究的关键。分布式流域水文模型不仅考虑水文气象因素信息的空间分异特征，同时也可以考虑流域下垫面空间变异，因此只要在分布式流域水文模型的输入信息中加入下垫面变化内容，就可以模拟人类活动引起的流域下垫面变化所带来的流域水循环和水资源演变效应。模型耦合最主要的问题是分布式信息和集总式信息的匹配和融合。供用水信息本身具有时空分布特性，而仅仅是在统计和规划信息都是面向一定的时段和区域的，因此统计信息和规划信息都是一定时空域上的积分信息。在保留集总式调配模型的各项供用水调配规则的基础上，采用将调配模型输出的集总式供用水信息分别在时间域和空间域进行二维离散化，使其转化成为能够与分布式的水文过程信息兼容的有效信息，然后在统一的GIS平台上，实现流域水文模拟和水资源配置的耦合，开展流域二元水循环的研究。

农业和城市是经济社会用水的两大基本单元，二者水循环特点存在显著差异，因此其模拟和描述的方法也有所不同，其中农业与自然水循环过程在取水、输水、配水、用水、退水全过程系统耦合，可以作为附加项在自然水循环过程中考虑，模拟的关键是对经济社会用水时空过程的还原；对于城市水循环，由于水分基本上都在管道内流动，其水量水质演变的过程模拟主体是基于供水系统水力模拟扩展的“取-净-供-用-排”的全系统状态仿真。基于此，需要有针对性地研发面向不同对象的社会水循环模拟方法与模型。

7.6 水网二元水循环模拟方法

水网系统的数值模拟，基于对流域自然-社会二元水循环过程耦合的基础上，对水网的水动力、水化学和水生态演变过程，进行精细化模拟，支撑水网的多维临界调控。通过开展不同尺度自然-社会二元水循环模拟理论和方法研究，流域水循环及其伴生生态与环境过程耦合模拟模型研究，基于数据同化的水循环过程关键参数智能优选技术研究，高性能计算平台和大数据技术支撑下的水网工程模拟、仿真技术和系统平台研究等，为国家水网的精准化和科学化管理能力的形成提供理论和技术支撑。根据二元水循环系统的认知模式，流域二元水循环过程的模拟包括分离与耦合两大基本步骤，即首先对自然水循环过程和人工水循环过程分别进行模拟，然后根据两大过程之间的动态依存关系将两个模拟过程耦合起来，以实现对二元水循环过程的分项和整体认知。

7.6.1 自然-社会水循环过程的分离

流域二元水循环过程分离为自然水循环过程和人工水循环过程，其中人工水循环过程分离为受人类直接控制的水循环过程和受人类间接控制的水循环过程，各个水循环子过程还可以进一步分离为更小的子过程直至单个的微观水循环环节。整个二元水循环系统可以采用微分的形式描述如下：

$$
\begin{cases}
\left\{\dfrac{\partial W_N}{\partial t},\dfrac{\partial W_{A_D}}{\partial t},\dfrac{\partial W_{A_I}}{\partial t}\right\}=\psi_S^t(W_{Nin},W_{A_Din},W_{A_Iin},R_z,S,R)\\
\left\{\dfrac{\partial W_N}{\partial x},\dfrac{\partial W_{A_D}}{\partial x},\dfrac{\partial W_{A_I}}{\partial x}\right\}=\psi_S^x(W_{Nin},W_{A_Din},W_{A_Iin},R_z,S,R)\\
\left\{\dfrac{\partial W_N}{\partial y},\dfrac{\partial W_{A_D}}{\partial y},\dfrac{\partial W_{A_I}}{\partial y}\right\}=\psi_S^y(W_{Nin},W_{A_Din},W_{A_Iin},R_z,S,R)\\
\left\{\dfrac{\partial W_N}{\partial z},\dfrac{\partial W_{A_D}}{\partial z},\dfrac{\partial W_{A_I}}{\partial z}\right\}=\psi_S^z(W_{Nin},W_{A_Din},W_{A_Iin},R_z,S,R)
\end{cases}
\tag{7-1}
$$

式中，W 表示“自然-人工”二元水循环系统的状态；W_N 表示自然水循环系统的状态；W_A 表示人工水循环系统的状态；W_{Nin}是自然水循环系统的初始状态；W_{Ain}是社会水循环系统的初始状态；下角 D、I 分别表示生产、生活；Ψ_S 是与二元水循环系统的环境有关的函数；W_{in}是二元水循环系统的初始状态；R_z 表示所有自然和人工要素关联的集合；S 是二元水循环系统所处环境的状态；R 是环境向系统的输入、输出；t 为时间维度，x、y、z 为空间维度。

对于单个的微观水循环环节，该方程组具有不同的表现形式。比如对于蒸发过程，可以用彭曼（Penman）公式或者彭曼-蒙蒂斯（Penman-Monteith）公式描述；对于下渗过程，可以用 Green-Ampt 方程描述；对于浅层地下水运动过程，可以用 BOUSINESSQ 方程进行二维数值计算；对于坡面汇流、河道汇流和渠道输水过程，可以采用运动波或者动力波方程计算；对于蓄滞洪区的运用，可以采用二维或者三维非恒定流方程。

按照数值解的步骤，对式（7-1）的求解，首先需要把方程组在时间上和空间上进行四维离散化处理，根据模拟精度的需要，可以在时间上离散为月、天或者小时等，在水平方向上离散成不同尺度的计算单元，在垂直方向上把土壤和透水岩层离散成若干层。如果采用的时空尺度比较小，不至于使各变量之间的动力学关系失效，并且模拟的结果不至于失真很多，即具有物理机制的分布式模型，否则就是半分布式或者集总式模型。

分布式水文模型作为最有前景的流域水循环模拟方式，既能够考虑各项水文气象因素信息的时空变异特征，也可以考虑流域下垫面时空变异特性。因此既可以用来模拟自然水循环过程，又可以用来模拟受人类间接控制的水循环过程。并且，从理论上来说，分布式水文模型还可以模拟受人类直接控制的人工水循环过程。比如水从渠首进入渠道以后在渠道里面的输送过程，农田里的水分蒸发、渗透过程，蓄滞洪区洪水扩散演进过程等，但前提条件是相应模型时空尺度的参数、边界条件和初始条件已知，比如模拟时段内水库的泄洪量、引水渠首过流量、泵站的抽水流量，渠系的布置、城市管网布置、渠道蒸发渗漏系数、工业生活耗水率等。但这类资料受人为干扰太大，不确定性和随意性强，目前还没有统一的数据采集和管理系统。

相对来说，自然水循环系统和受人类间接控制的人工水循环系统的参数、边界条件和初始条件比较容易确定，比如水文气象要素由遍布全流域的站网观测，有流域或者地区、省、国家有关水行政主管部门统一数据库系统管理；下垫面参数有先进的卫星遥感技术，通过 GIS 技术处理和管理；土壤、水文地质参数有相关部门实地的勘探结果，且不容易随时间推移而改变。

因此，在目前的条件下，对于受人工直接控制的水循环过程，要期望做到完全分布式模拟，还有待研究的进展。比较可行的方式是，采用分块集总式的水资源配置模型和分布式水文模型耦合，实现对自然–社会二元水循环系统的耦合模拟。由于水资源配置模型能较好地描述人工水循环系统中水源、用水户、排水区之间水力联系，采用该模型实现对流域水资源调配过程的模拟，主要包括流域水资源的供需平衡模拟和基于配置方案的水资源调度模拟。而对于自然水循环过程以及人工水循环系统中水分的消耗过程、水库泄水以后的河道演进过程仍然采用分布式水文模型模拟。

7.6.2 自然–社会水循环过程的耦合

流域分布式水文模型和集总式水资源调配模型的耦合是实现二元水循环过程整体模拟的关键。从数学上来讲，保持式（7-1）中各方程之间变量的交换，联立求解方程组，就是耦合。实现分布式水文模型和集总式水资源配置模型耦合最主要的问题在于分布式（小尺度）信息和集总式（大尺度）信息的匹配和融合。

分布式水文模型产出的信息时空尺度相对较小，时间尺度一般是日、小时甚至分钟，空间单元是子流域、等高带、网格等，面积大小一般是几十、几、零点几平方公里。而集总式的水资源配置模型的时空尺度相对较大，时间尺度一般是月或者旬，空间尺度是流域分区套行政分区，面积几百甚至几千平方公里。因此，从分布式水文模型产出的小尺度信息积分到集总式水资源配置模型的时空尺度上比较容易，而将集总式水资源配置模型产出的大尺度信息输入到分布式水文模型中，则需要将集总式（大尺度）信息在时间域和空间域进行二维离散化，使其转化成为能够与分布式的水文过程信息兼容的有效信息，然后在统一的 GIS 平台上，实现流域水文模拟模型和水资源配置模型的耦合模拟。我们将这种流域分布式水文模型和流域集总式水资源配置模型组成的耦合模型称为“流域二元水循环模拟模型”。

7.6.3　水网水动力水质模拟方法

水网水动力水质模拟，主要基于对流域自然–社会二元水循环过程耦合模拟的基础上，对水网的水动力和水化学进行精细化模拟，其基本方程包括河网水动力模型方程、河网水质模型方程和河网汊点方程。

（1）河网水动力模型方程

应用圣维南方程组刻画水体在河流水体流动的形态，其基本方程为

连续方程：
$$B\frac{\partial z}{\partial t}+\frac{\partial Q}{\partial s}=q \tag{7-2}$$

动量方程：
$$g\frac{\partial z}{\partial s}+\frac{\partial}{\partial t}\left(\frac{Q}{A}\right)+\frac{Q}{A}\frac{\partial}{\partial s}\left(\frac{Q}{A}\right)+g\frac{|Q|Q}{AC^2R}=0 \tag{7-3}$$

式中，s 为河长，t 为时间；A 为过水断面积；B 为蓄存宽度；Q 为流量；z 为水位；q 为旁侧入流流量；C 为谢才系数；R 为水力半径；g 为重力加速度。

（2）河网水质模型方程

基于均衡域的离散方程，仍然符合一维水质控制方程的表达形式，其基本方程为

$$\frac{\partial C}{\partial t}+u\frac{\partial C}{\partial x}=\frac{\partial}{\partial x}\left(E\frac{\partial C}{\partial x}\right)+\sum S_i \tag{7-4}$$

式中，t 为时间；C 为污染物浓度；u 为纵向流速；E 为弥散系数；S_i 为污染物源汇项；x 为纵向距离。

在考虑多个水质变量的综合水质模型中，方程的时变项、迁移项和扩散项基本相同。因此，在考虑多个水质变量之间的相互关系时，各个变量之间的物理、化学和生物的影响关系反映在源汇项中。

（3）河网汊点方程

河网问题虽然也是一维问题，但由于在分汊点处要考虑水流的衔接情况，增加了问题的复杂性。在河网水力模型方程中，汊点方程的建立基于两个假定：①汊点处各个汊道断面的水位相等，即 $z_i = z_j = \cdots = \bar{z}$。其中，$i$，$j$ 表示通过汊点各个汊道断面的编号，$\bar{z}$ 为汊点处的平均水位。②汊点处的蓄水量为零，流进汊点的流量等于流出汊点的流量，即 $\sum Q_i = 0$。

在河网水质模型方程中，认为流入交叉口水体中的污染物在交叉口充分混合，水质达到均匀状态，所有交叉口出流断面的污染物浓度相等。在汊点方程中，不考虑汊点的蓄水量，并且汊点处水流平缓，不存在水位突变。

7.7 水网二元水循环多维均衡调控

全国水网是在节水优先的前提下，以资源环境承载能力为约束，以保障经济社会合理用水需求和生态环境健康稳定为目标，以水资源五维属性（资源属性、环境属性、生态属性、社会属性和经济属性）的功能有序发挥为表征，以自然河湖水系为基础、蓄引提调连通工程为框架，形成的在空间上具有显著网络形态、在功能上具有“七水融合”（水资源、水环境、水生态、水安全、水经济、水文化和水景观）作用的国家水资源配置网络体系。

7.7.1 水网布局合理性诊断

自然水网和人工水网的布局、比重应该维持在一个合理的水平，特别是人工水网过多易对水循环的健康维持构成威胁，自然水网过多不利于合理开发，同时对安全保障也带来一定的挑战，需要布局合理，才能更好地发挥作用，持续为健康的二元水循环提供基础。需要从以下指标角度诊断现状水网布局存在的主要问题及原因，评判现状水资源供给与需求的空间均衡水平。①水资源利用水平是否节约高效；②经济社会发展规模与水资源水环境承载力是否相适应；③水利工程布局是否合理和优化；④人工水网建设规模是否合理；⑤水资源开发利用强度是否过高；⑥水生态环境状况是否遭到破坏。

7.7.2 水网多维均衡调控

水网多维均衡调控是在节水优先的前提下，以资源环境承载能力为约束，以保障经济社会合理用水需求和生态环境健康稳定为目标，以水资源五维属性（资源属性、环境属性、生态属性、社会属性和经济属性）的功能有序发挥为表征，以自然河湖水系为基础、蓄引提调连通工程为框架，形成的在空间上具有显著网络形态、在功能上具有“七水融合”作用的国家水资源配置网络体系。

自然水网的调控，通过调控实现水循环对生态保护的支撑作用。水循环对自然生态环境系统的支撑包含5个方面：①水在循环过程中不断运动和转化，使全球水资源得到更新；②水循环维持了全球海陆间水体的动态平衡；③水在循环过程中进行能量交换，对地表太阳辐射能进行吸收、转化和传输，缓解不同纬度间热量收支不平衡的矛盾，调节全球气候，形成鲜明的气候带；④水循环过程中形成了侵蚀、搬运、堆积等作用，不断塑造地表形态，维持生态群落的栖息地稳定；⑤水是生命体的重要组成成分，也是生命体代谢过程中不可缺失的物质组成，对维系生命有不可替代的作用。

人工水网通过调控实现水循环对高质量发展的支撑作用。水循环对人类社会经济系统的支撑，主要包括3个方面：①水在循环过程中支撑着人类的日常生活；②水在循环过程中支撑人类生产活动，包括第一产业、第二产业和第三产业；③水在循环过程中支撑市政环境、人工生态环境系统用水。

总之，通过对自然水网和人工水网的调控，充分“均衡”地发挥水的五维属性，实现流域生态保护和高质量发展。自然水循环是汇流、集中的过程，环节过程简单；社会水循环是耗散、分散、分配、扩散的过程，其环节多，过程复杂。随着人类社会经济活动发展，社会水循环日益强大，使得水循环的功能属性也发生了深刻变化，即在自然水循环中，水仅仅有生态属性，但流域二元水循环中，又增加了环境、经济、社会与资源属性，强调了用水的效率（经济属性）、用水的公平（社会属性）、水的有限性（资源属性）和水质与水生陆生生态系统的健康（环境属性），水网多维均衡调控的核心就是全面实现水的五维属性。

水网多维均衡调控要基于社会、经济、资源、环境和生态五维协调，要遵循公平、高效与可持续原则，在促进经济社会发展的同时，保持健康的自然水网和良好的生态环境，即上游地区用水形成的循环不影响下游水域的水体功能，人工水网的开发不损害水的自然循环规律（减少冲击），社会物质流循环中不切断、不损害植物营养素的自然循环，不产生营养素物质的流失，不积累于自然水系而损害水环境，维系或恢复全流域乃至河口海洋的良好水环境。

7.7.3　水网系统安全保障

水网安全保障的科学内涵是对二元水循环过程影响下的水网系统进行有效、健康的调控，因此指导水网系统调控活动的水管理决策环节将直接制约国家水安全保障能力水平，科学完备的水管理决策能力，也是推动国家水安全保障能力提升的核心驱动力。

强大的流域水循环及其伴生过程调控能力是水网安全保障最终实现的直观方法，水管理者通过工程和非工程手段改变水循环路径、通量和赋存位置，改变水网的流向、流速和动力过程，调节水质、水量和水生态过程，实现水灾害防控、供水保障和生态维护等水安全保障目标。由于人类目前对于大气水和土壤水等非径流性水分调控的能力、程度和范围还相当有限，因此以径流性水资源为基本对象、依托自然–社会二元水循环物理网络系统是当前水安全保障有效调控的主要特征，即以水利工程和基础设施建设为主要手段，通过工程建设和运行改变天然水流运动的时空分布，实现水循环调控，达到水安全保障目标。

灵敏感知是水安全保障的指针和晴雨表，提高灵敏感知有助于提高水网调控水平。有了灵敏感知，自然–社会二元水循环的各个过程状态及未来演变趋势可被水管理者通过技术手段所全面掌握，是应对当前水安全问题所呈现的破坏突发性和成因系统性态势的重要策略。

7.7.4　国家水网的建设手段

目前我国水安全领域仍面临水资源短缺、水生态损害、水环境污染、水灾害严重等新老水问题，国家水网建设还未能全面实现“空间均衡”的要求，难以全面应对水资源禀赋与经济社会布局不相适应、水资源配置格局与水资源需求不相适应的两大突出问题。因此，亟须按照空间均衡要求，从资源天然禀赋和现状配置格局两个角度，深挖我国水网建设在“空间均衡”方面存在问题的特征本质、时空规律、衡量标准和解决途径，从供需两侧分析现状水资源供需问题，重点分析水资源短缺状况，测算水资源供需余缺水量，明确重点河流关键断面生态需水过程，开展水网二元水循环的多维临界均衡调控。

现代水网建设宜结合总体布局基础上分步推进，逐步形成互联互通、系统完善、安全可靠的现代水网。

1）全国水资源调配格局的现代水网规划。针对国家水网建设还未能全面实现“空间均衡”的要求，难以全面应对水资源禀赋与经济社会布局不相适应、水资源配置格局与水资源需求不相适应的问题，科学编制规划。

2）推进龙头和节点水库和水网系统建设。推进水网系统建设，在现代水网总框架下，不断完善骨干水源配套干支输配水工程，推进河库水系连通工程建设，逐步构建区域水网主网。推进次网建设，稳步推进农村饮水安全巩固提升工程和大中型灌区续建配套和节水改造工程建设，完善区域水网次网。

3）自然-社会二元水循环与水工程监测网络体系建设。在水源和“河-库”互联互通建设形成区域水网的同时，加强区域水网监控体系建设，健全水库、监测断面等各类各级监测监控站点，提升水资源监控能力，提高监测预警的完备性和全面性。

4）主要江河湖泊的现代水网调度系统建设。充分利用地理信息系统和水利大数据等技术，依托“水利云”，逐步实现水网调配和调度、生态流量控制的智能化和自动化，形成完整可控的现代水网监测预警和调控体系。

参考文献

王浩，陈敏建，秦大庸，等. 2003. 西北地区水资源合理配置和承载能力研究. 郑州：黄河水利出版社.

第8章
水网与生命维持

以自然生态为主的天然水循环和以经济社会为主的社会水循环相结合，形成了复杂的水网体系，这是人类社会可持续发展的基本条件。对于国家而言，水网体系以自然河湖为基础，引调排水工程为通道，调蓄工程为节点，智慧调控为手段，是事关国家长远发展的战略工程；对于生命体而言，水不仅是人类生命的第一要素，是自然界的重要组成物质，更是生命水网最活跃的要素。我们都知道，生命最基本的单位是细胞，而细胞内外都是水。细胞需要不断从外界输入氧和其他营养物质，同时代谢产生的二氧化碳和其他产物也要不断运走，这些活动都必须在水溶液中进行，从而维持生命存在。水溶液在毛细血管、淋巴管等流动，就构成了生命的水网。在生命水网体系中，水在生命体内循环运行，在不同类型、不同年龄人体、动植物体以及微生物中的吸收、消耗、调节和变化，发挥着维持生命的作用。

8.1 人体中的水

水，是人体重要的组成部分，分布在皮肤、肌肉、内脏以及骨骼等所有组织细胞中，是人体生命活动的重要物质之一。人体的很多生理作用，如消化、呼吸、分泌、排泄等都必须在水溶液的状态下才能正常进行。水对人来说，仅次于空气，比碳水化合物、蛋白质、维生素、矿物质和脂肪五大类营养物质更为重要和不可或缺（李金玉和李凤苏，2000）。水是人体正常代谢所必需的物质，正常情况下身体每天要通过皮肤、内脏、肺以及肾脏排出1500ml左右的水，以保证毒素从体内排出。为满足人体对水的需求量，正常人每天需要补充1500～2500ml水，以弥补自身流失的水分。

8.1.1 人体水网的分布特征

人，可以说是水“做”的。水是构成人体的重要成分。人体内含有的水分总称为体液。成人全身体液总量占体重的60%～70%。年龄越小体内水分比例越高，胎儿体内水约占90%，新生儿体内水分约占80%，少年约占65%，老年人占45%～50%（杭志宏，1997）。

按照人体水所存在的部位，划分为两大“水域”，即细胞内液和细胞外液。存在于细胞内的称为细胞内液，就像天然水网中的地下水，是机体细胞总体所含的体液，包括细胞质基质、核液、细胞器基质的细胞液，约占体重的40%；存在于细胞外的称为细胞外液，就像天然水网中的地表水，包括组织液、血浆、淋巴液、脑脊液和关节滑液等，约占体重的20%。此外，体内的水分有相当大的部分是以结合水的形式存在，就像天然水网中的土壤水，这些结合水与蛋白质、黏多糖和磷等相结合，分布于体液中，发挥着复杂的生理功能。各种组织器官中含自由水与结合水的比例不同，因而坚实程度各异，如心脏主要含结合水，故它的形态坚实不变，而血液含自由水较多，则能流动循环。

与水资源的时空分布特征类似，水在人体内的时间分布特征体现在，随着年龄的增长，体内水分百分比逐渐降低；而水在人体内的空间分布特征体现在，在不同组织和器官中的水分含量也不同，如眼球中的含水量达95%以上，是人体内含水量最高的器官，血液、淋巴、脑脊液含水量在90%以上，肌肉、神经、内脏、细胞、结缔组织等含水量在60%～80%，脂肪组织和骨骼含水量在30%以下。

8.1.2 水在人体内部的交换

细胞内液和细胞外液两大“水域”由细胞膜将其隔开，就像地面隔开的地表水和地下水，存在着相互转换的关系。

正常情况下，细胞外液和细胞内液渗透压相等，正常血浆渗透压为280～310mOsm/L。渗透压的稳定是维持细胞内、外液平衡的基本保证。人体在疾病状态下，可能会出现水电解质紊乱及酸碱失衡，从而导致细胞内液和外液的渗透压变化，如得不到及时纠正，会引起严重后果，甚至危及生命。这就如同地下水的超采，从本质上破坏了地下水及其赋存介质天然状态下固有的生成-赋存-运动之间的平衡关系，造成地面沉降、地面塌陷、海水入侵、荒漠化及地下水污染等环境地质问题。

细胞外液的本质其实是一种盐溶液，类似于海水，其间存在复杂的转换关系。细胞外液间的转换，如同地表水各种物质形态、赋存状态等的转换，例如冰川融化、降水蒸发，水赋存于河流、湖泊、沼泽等。

8.1.3 人体水网的循环路径

水，进入胃脏就成为胃液，进入细胞就成为细胞液，进入血管就成为血液。水对于机体健康的绝对作用，是通过血液循环来实现的，如同河流在天然水网中不可替代的作用一样。血液穿行在全身的各个角落，为所有的细胞提供营养物质的同时带走废弃物质，其废弃物中的二氧化碳气体成分，通过呼吸系统排出体外，而液体成分随着血液流经肾脏过滤，滤除的部分以尿液的形式排出体外，透过的清洁血液重新返回利用。

水在人体消化、吸收、循环和排泄过程中加速营养物质的运送。人体水网不仅维持了基本的生命活动，而且维持了生命活动能够健康地进行，即肌体的循环、同化、排泄、调节体温四个机能，生理功能（调节）只有依赖水的循环才得以完成。水网的循环是永无止境的运动现象，是大自然的法则。人类的生命现象，正是人体水网循环法则的具体体现。

8.1.4　水对人体生命的作用

水对人体生命的作用通过人体水网的循环得以体现，主要包括以下几方面。

1）维持细胞形态。体内的水有相当一部分以结合水的形式存在，水与蛋白质、氨基多糖和磷脂等相结合，构成细胞原生质的特殊形态，从而使组织器官具有一定的弹性硬度和形态结构。

2）调节体温。水的蒸发热值大，每毫升水的蒸发热约为579.5kcal，故人体只需蒸发少量的水，即可散发大量的热，用以维持人体体温的恒定。

3）溶解、运输营养。水具有很强的流动性，同时又是各种无机盐类化学物质最好的溶剂，甚至一些脂肪和蛋白质也能在适当的条件下分散于水中构成乳浊液或胶溶液。体内各种营养物质的吸收、转运和代谢废物的排出必须溶于水后才能进行。

4）润滑作用。水对人体的各种器官、关节、肌肉、韧带、组织，都能起到缓冲、润滑和保护的作用。人体关节囊内、体腔内的水如关节滑液、胸膜液、腹膜液等可以减少关节和器官间的摩擦力（张海震，2008），眼泪可防止眼球干燥，唾液有利于吞咽及咽部湿润。

5）参与体内的生化反应。水是各种化学物质在体内正常代谢的保证，如摄入体内的碳水化合物、脂肪和蛋白质三大生热营养素只有在水的帮助下，利用氧气，才能代谢分解，放出热能维持体温。人体内所有聚合和解聚合作用都伴有水的结合或释放。

6）提供人体微量元素。水中还含有许多矿物质，特别是氟、碘。水中氟量不足时可致龋齿，氟量过多时可致氟骨病、氟斑牙。水中缺碘，致使儿童患克汀病，成人患甲状腺肿大。

水是世界上最廉价的具有治疗能力的奇药。充足的水分不仅利于身体毒素的排出，而且还会促进体内一些微元素的循环。当水分足够时，可以保持皮肤嫩滑有光泽。感冒时，多喝开水能帮助发汗、退热、调节体温，稀释血液里细菌产生的霉素，有利于加速霉素的排出。相反，冠心病病人由于出汗、活动、夜尿增多、进水量过少等原因可致血液浓缩、循环阻力增高、心肌供血不足，导致心绞痛而诱发急性心肌梗死。

8.1.5　水在人体内的调节

水在人体的调节是一个复杂的系统，从宏观上说，水进出人体受神经和激素的调节，从微观上说，水进出细胞受细胞上的水通道、各离子通道和离子浓度的影响。一天中成人大概需水1500～2500ml（何伟雄，2015），其中绝大部分通过饮水和摄取食物获得，剩余靠体内营养物质氧化而产生（约300ml）。水的摄取主要依赖于神经调节，下丘脑的渴感中枢接收到刺激后，人会感到口渴而主动摄入水分。正常状况下，水的摄取量与人通过排泄、排汗及呼吸所输出的水量基本相当。肾每日约排出800～1000ml，皮肤约排出500ml，呼吸道约排出350ml，肠道约排出100～150ml。水的排出主要依赖于激素和肾脏的调节。

在自然界中，过多的降水会引发洪涝，而蒸发量远大于降水量又会导致干旱。人体和自然界一样，对水的需求是适度的，过多或过少的水都会引发一系列问题。

例如在高温下剧烈运动、大量出汗的情况下，人体内的水分大量减少，随着水流失的还有电解质如钠离子。当失水量达体重的2%～3%时，渴感中枢兴奋，一方面刺激抗利尿激素释放，肾小管重吸收增加，减少尿液排出，另一方面饮水增多，使细胞外液容量恢复。当失水量达体重的4%～6%时，会出现吞咽困难、声音嘶哑的情况。此时有效循环容量不足，细胞内失水，人往往出现乏力、烦躁等反应。当失水量进一步增加到7%～14%时，脑细胞受累，将会出现如谵妄、幻觉等一系列神经系统症状。

当过多的水在体内潴留导致循环血量增加，或进入细胞内导致细胞内水过多时，同样会引发病理表现，称之为水过多和水中毒（何伟雄，2015；胡廷章，1996）。例如右心衰竭或肝硬化的患者，毛细血管静水压升高，总容量过多，有效循环容量减少，体液积聚在组织间隙。急性肾衰竭少尿期或急性肾小球肾炎的患者，肾血流量降低，肾小球过滤率降低，如患者开怀畅饮，也会导致体内水潴留。水过多和水中毒的患者往往有突出的精神神经表现，如头疼、呕吐、精神失常、共济失调、血压增高等。

8.2 动物体中的水

动物对水的需要比对其它营养物质更重要。一个饥饿动物，失掉几乎全部脂肪、半数以上蛋白质、40%的体重仍能生存，但失掉体重1%～2%的水，就会寻找水源和表现饮水行为，随后食欲减退、尿量减少；继续失水达体重8%～10%，则会出现口渴严重、食欲丧失、消化功能减弱等，更甚者引起代谢紊乱；失水达体重20%，可使动物致死。实验证明：缺乏有机养分的动物，可维持生命100天，如同时缺乏水，仅能维持5～10天。所以水是动物十分重要的营养物质。

8.2.1 动物体水网的循环路径

水在动物体内的循环过程与人体水网的循环路径极为类似，却也有特例。如干旱环境中的动物——被人们称为“沙漠之舟”的骆驼。

骆驼可以在没有水的条件下生存三周，没有食物可以生存一个月之久。以前一直以为，骆驼的驼峰是用来储水的，所以骆驼在沙漠里不会渴死。然而生物学家称，骆驼并没有储水器官，驼峰里是脂肪，用来存储能量的。骆驼之所以如此耐渴是因为它具备超强的储水机制和节水机构。骆驼鼻子构造异常特别，鼻腔内布满弯曲的微小气道。当骆驼大量消耗水分时，其分泌物变得干燥，形成硬膜。骆驼呼气时，这种硬膜能吸收来自肺部的水分；当它吸气时，贮藏在硬膜中的水分又被送至肺部，循环不已。

那么，骆驼是怎么节约用水的呢？

1）提高体温，减少体温冷却。当天气炎热、没有水喝时，骆驼通过慢速代谢使体温升高6～7摄氏度，与外界的温差变小，冷却体温需要消耗的水自然也少了；

2）浓缩尿液，减少排放。肾脏的再吸收作用可以高度浓缩尿液减少排放，使得骆驼即使一直暴露于沙漠的炎阳下，每天至多失去正常体重2%的水分，而人类则至少7%；

3）特殊的血红蛋白，具有极高的亲水性。骆驼脱水时还可维持红细胞的含水量，忍受较高的渗透压，椭圆形的红血球更容易在黏稠的血液中移动，因此它们可以脱水 30% 还行动自如，而人类达到 12% 就会休克。

8.2.2　水在动物生命活动中的作用

水在动物生命活动中的作用与对人体的影响相差无几。动物受其生长环境的影响，尤其水生动物更加离不开水。就最常见的鱼类而言，俗话说："鱼儿离不开水"。鱼是终生与水为伴的水生动物，鱼通过不停地用口吞水，获取水中所含的氧，维持生命活动。水质的清浊，酸碱度的高低，浮游生物的多少，对鱼的生长、摄食、栖息和繁殖等生理活动，都有十分重要的影响。

此外，水还可以维持生命机体在水中的支撑，避免压力过大，暴体而亡。水更是影响两栖动物的繁殖和发育。

8.2.3　动物体内的水分变化规律

一般动物体含水量占体重 50% 左右；随年龄、营养状况、品种不同而有差异，但变化不大（杨凤，1993）。幼畜含水量高，肥畜含水量低；随着年龄增长，含水量下降；动物越肥，含水量越少。在正常情况下，动物的需水量与采食的干物质量呈一定比例关系。对于保水能力差和喜欢在潮湿环境生活的动物，需水量要多一些。动物生理状况不同需水量不同。高产奶牛、高产母鸡、重役马需水量比同类的低产动物多。在适宜环境中，猪每摄入 1kg 干物质，需饮水 2～2.5kg，牛为 3～5kg，犊牛为 6～8kg。妊娠也增加对水的需要，产多羔母羊需水比产单羔母羊多。

8.3　植物体中的水

根据生命起源的现代观点，最初的植物起源于水中，后来才从水生逐渐进化为陆生。可见水是植物的先天环境条件，没有水就没有生命，也就没有植物。植物的一切生命活动，都只有在一定的细胞水分状态下才能进行，否则，植物正常生命活动就会受阻，甚至停止。在农业生产上，水也是决定收成有无的重要因素之一，农谚说："有收无收在于水"，就是这个道理。

8.3.1　植物体水网的循环路径

陆生植物一方面必须不断地从土壤中吸收水分，以保持正常含水量，但另一方面它的地上部分（尤其是叶子）又不可避免地要向外散失水分。所以，植物体内水分实际上是始终处于水分吸收和排出的动态平衡之中，形成"土壤植物大气连续系统"间的水分流动。这就构成了植物水分代谢的主要内容，即植物从环境中吸水，水分在植物体内运输和分配，水分从植物体内向环境排出。在农业生产上，农作物常常面临着水分吸收与散失（蒸腾）的矛盾，并直接影响着作物的产量。

根系是植物吸水的主要器官，根尖的根毛区是吸水的主要区域，植物主要通过根毛细胞吸收土壤中的水分和无机盐，沿根内导管运输到茎内导管，被茎吸收一部分，再通过叶内导管运输到植株各处。根系有主动吸水和被动吸水两种方式，其吸水动力有根压和蒸拉力两种。植物失水的方式有吐水和蒸腾两种。植物主要通过叶片蒸散失水分，叶片蒸腾又包括角质蒸腾和气孔蒸腾两种形式，气孔蒸腾是植物叶片蒸腾的主要形式。植物根系越发达，抗旱能力越强。

作物需水因作物种类不同而异，同一作物在不同的生育期需水要求不同。合理灌溉就是要用最少量的水取得最好的生产效果。

8.3.2 水对植物生命的作用

水是植物生长发育过程中不可缺少的重要环境条件，植物体一切正常生命活动都需要在水分相当充足的状态下才能进行，否则，植物的正常生命活动就会受阻甚至停顿。

1）水是细胞的主要成分。植物细胞原生质含水量一般在80%以上，这样才可使原生质保持溶胶状态，以保证各种生理生化过程的进行。如果含水量减少，原生质由溶胶趋于凝胶状态，细胞生命活动也随之减弱。

2）水是光合作用的原料。植物从种子萌发、长大、到开花结果，整个生长发育过程中时刻都需要水。没有水种子不能萌发，没有养料植物不能生长发育，但植物所需的养料，必须首先溶解在水里，才能被植物吸收利用。

3）水是植物吸收和运输物质的介质。植物体内绝大多数生化过程都是在水介质中进行的。而绝大部分物质只有溶解在水中才能被植物所吸收。同样植物体内的矿物质及有机物质也必须以水溶液状态才能通过输导组织运送到植物体各个部分。

4）水能保持植物体的固体形态。水分可使细胞保持一定的紧张度，使植物枝叶挺立，便于充分接受阳光和进行气体交换，同时也可使花朵开放，利于传粉。

5）水能维持植物体的正常体温。水分子具有很高的汽化热和比热，因此，在环境温度波动的情况下，植物体内大量的水分可维持体温相对稳定。在烈日暴晒下，通过蒸腾散失水分以降低体温，使植物不易受高温伤害；而在寒冷的情况下，水较高的比热，可保持体温不致骤然下降。

8.3.3 水对植物的生态作用

水对植物的重要性除上述生理作用外，还有生态作用（王宝山，2016），即通过水的理化特性，调节植物周围的环境，包括水对可见光的通透性和水对植物生存环境的调节。

1）水对可见光的通透性。水对红光有微弱的吸收，对陆生植物来说，阳光可通过无色的表皮细胞到达叶肉细胞叶绿体进行光合作用。对于水生植物，短波的蓝光、绿光可透过水层，使分布于海水深处的含有藻红素的红藻也可以正常进行光合作用。

2）水对植物生存环境的调节。水分可以增加大气湿度、改善土壤及土壤表面大气的温度、影响肥料的分解和利用等。在作物栽培中，利用水来调节田间小气候是农业生产中行之有效的措施。例如，冬季越冬作物可灌水保温抗寒，水稻栽培中利用灌水或烤田调节土壤通气或促进肥料释放等。

8.3.4　植物体内水分的利用

水是植物体进行代谢的介质，土壤中的营养物质必先溶解于水中才能被根吸收。植物体内各种营养物质的运输也必须溶解于水中才能进行。

1）光合作用。没有水就不能进行光合作用。光合作用中所生成的氧来自水分子，叶绿体吸收光能后，将水和二氧化碳合成了碳水化合物。水分使植物细胞及组织维持紧张状态由于细胞吸水膨胀而产生膨压，因细胞膨压的出现而使整片叶子伸展在阳光下，便于充分接受阳光和气体交换，使光合作用顺利进行。

2）呼吸作用。植物有氧呼吸的第二阶段需要水的参与，且水中还溶解少量的氧气，适量增加水可以加强呼吸作用。但如果水过量，植物接触不到空气，而水中溶氧有限，植物就会进行无氧呼吸，产生酒精。如果长时间浸在水中，植物往往出现“烂苗”，即酒精中毒。

3）蒸腾作用。植物体内的水分以气态方式从表面向外界散失的过程。蒸腾作用产生的蒸腾拉力是植物吸收和运输水分的主要动力，有助于根部吸收的无机离子以及根中合成的有机物转运到植物体的各部分，满足生命活动需要。由于水具有高汽化热，蒸腾作用可带走大量热量防止叶温过高，降低植物体的温度。

8.3.5　合理灌溉的生理基础

作物对水分的需要，因作物种类有很大差异，如水稻的需水量较多，小麦较少，玉米最少。同一作物在不同的生育期对水分的需要量也不同（潘瑞炽，2008）。例如小麦，以其对水分的需要来划分整个生长发育阶段可分为 5 个时期。

1）从种子萌发到分蘖前期。植株主要进行营养生长，根系发育很快，叶面积较小，耗水量不大。

2）从分蘖期到抽穗期。小穗分化，茎、叶、穗迅速发育，叶面积增大，耗水量最多。植株代谢旺盛，如果缺水，小穗分化不良或畸形发展，茎的生长受阻，结果植株矮小，产量降低。特别是孕穗期，是小麦的第一个水分临界期，即植物对水分不足特别敏感的时期。

3）从抽穗到开始灌浆。叶面积增长基本结束，主要进行受精和种子胚胎生长。如果水分不足，上部叶片因蒸腾强烈，开始从下部叶片和花器官夺取水分，会引起籽粒数减少，导致减产。

4）从开始灌浆到乳熟末期。营养物质从母体各部运到籽粒，与水分状况关系密切。如果缺水，有机物运输变慢，造成灌浆困难，导致粒瘪小，产量降低。同时，水分不足也影响旗叶的光合速率和缩短旗叶的寿命，减少有机物的制造。这是小麦的第二个水分临界期。

5）从乳熟末期到完熟期。营养物质向籽粒的运输过程已经结束，种子失去大部分水分，逐渐变成风干状态。植株逐渐枯萎，已不需供给水分。尤其是进入蜡熟期，根系开始死亡，如灌水反而有害，这样会使小麦贪青晚熟，或从老茎基部再生出新芽，消耗养分，降低产量。

灌溉可满足作物的“生理需水”，即改善作物的栽培环境，间接地对作物发生影响。合理灌溉可使植物生长加快，叶面积增大，增加光合面积；使根系活动增强，增加对水分和矿物质的吸收，从而加快光合速率，改善光合作用的“午休”现象；使茎、叶输导组织发达，提高水分和同化物的运输速率，改善光合产物的分配利用，提高产量。

8.4 微生物中的水

水是生命存在的先决条件，通过生物体水网的循环，才有了生命特征。对于微生物而言，水同样具有重大意义。水是微生物自身生存需要依赖的物质基础，新陈代谢不可缺少的物质，自身生存环境的平衡维持，与微生物间进行物质交换必不可少的媒介。

8.4.1 微生物中水的分类

水分是微生物细胞的主要组成成分，大约占鲜重的70%～90%。不同种类微生物细胞含水量不同。同种微生物处于发育的不同时期或不同的环境其水分含量也有差异，幼龄菌含水量较多，衰老和休眠体含水量较少。微生物所含水分以自由水（游离水）和束缚水（结合水）两种状态存在，两者的生理作用不同。结合水不具有一般水的特性，不能渗透，包括单分子层水和多分子层水。游离水则与之相反，具有一般水的特性，能流动，容易从细胞中排出，并能作为溶剂，帮助水溶性物质进出细胞，包括毛细管水和截留水。微生物细胞游离态的水同结合态的比例为4∶1。

微生物细胞中的结合态水约束于原生质的胶体系统之中，成为细胞物质的组成成分，是微生物细胞生活的必要条件。游离水是细胞吸收营养物质和排出代谢产物的溶剂及生化反应的介质；一定量的水分又是维持细胞渗透压的必要条件，由于水的比热高又是热的良导体，能有效地调节细胞内的温度。微生物如果缺乏水分，则会影响代谢作用的进行。

（1）束缚水

束缚水，又称为结合水或构成水，指细胞内被胶体颗粒或大分子吸附或存在于大分子结构空间，不能自由移动，具有较低的蒸气压，在远离0℃以下的温度下结冰，不起溶剂作用，并对生理过程而言，几乎为无效水，不参与代谢，不能被微生物所利用。

1）单分子层水。位于第一水分子层中，与非水组分中的强极性基团（如羧基、氨基等）以氢键的形式相结合，其氢键键能大，结合最为牢固，蒸发能力很弱，在蒸发、冻结、转移等过程中均可忽略。有时候，个别单分子层水的分子可以脱离氢键的键能而进入外面多分子层水里。此外，单分子层水不能被微生物利用，也不能作为介质进行生化反应。

2）多分子层水。多分子层水又称为半结合水，位于单分子层水的几个水分子层，与非水物质结合的氢键强度仅次于单分子层水的氢键强度，其蒸发能力较弱。

（2）自由水

自由水又称体相水、游离水，指在生物体内活细胞内可以自由流动的水，是良好的溶剂和运输工具。自由水在总水量占的比重越大，其原生质的黏度也就越小，且呈溶胶状态，代谢也旺盛，能够被微生物所利用。

1）毛细血管水。动植物体中毛细管保留的水，位于细胞间隙之中，只能在毛细血管内流动，可以在压力的情况下排出体外。

2）截留水。食品中被生物膜或者凝胶大分子交联网络所截留下的那部分水，主要存在于水分丰富的细胞或凝胶块中，它只能在截留的区域内流动，单个水分子可通过生物膜或大分子网络而向体外蒸发。截留水与食品的风味、硬度和韧性感官品质有关，应尽量防止其流失。

8.4.2　水活性在微生物生长繁殖中的作用

微生物的生长繁殖需要的水活性一般较高。随着水活性的增大，微生物的生长速度也不断的加快，当达到微生物生长的最大速率后，其生长随着水活性值的增加而略有下降。

水活性，又称水分活度、水活度，指在密闭空间中，某一种食品的平衡蒸气压与相同温度下纯水的饱和蒸气压的比值。纯水的水活性等于 1.0。水活性所量度的是食物中的自由水分子，而这些水分子是微生物生殖和存活的必需品。大部分生鲜食品的水活性是 0.99，而可以抑止多数细菌增长的水活性大约是 0.91。

此外，各类微生物生长都需要一定的水活性。在食品中，微生物赖以生存的水主要是自由水，随着自由水含量的逐渐增加，其水活性也随之增加。因此，水活性大的食品比水活性小的食品更易受到微生物的感染，稳定性也越差。只有当食品的水活性大于某一临界值时，特定的微生物才能在其生长。一般情况下，细菌的水活性大于 0.9，酵母菌的水活性大于 0.87，霉菌的水活性大于 0.8，但对于一般的耐渗透压的微生物除外。

8.4.3　控制水分以防止微生物的生长繁殖

水活度是预防或限制微生物生长的主要因素，在一些情况下，水活度是负责食品稳定性，调节微生物反应和确定食品中遇到的微生物类型的主要参数。减少食物中的水活性可防止营养微生物细胞的生长，孢子的萌发以及霉菌和细菌的毒素产生。水活性的降低能够增加微生物的滞后阶段并降低生长速率，故抑制微生物繁殖的方法有以下几方面。

1）控制食品的储存环境的湿度，采用干燥和加盐或糖结合水分子。

2）控制食品加工过程中的微生物的污染。

3）对于含水分较多的食品或者果蔬可采取一定的加工手段进行储存，比如盐腌。

4）掌握微生物生长繁殖的微环境。

5）对于含水量较多和容易受微生物感染而腐败变质的食品要定期进行微生物检测和水分含量的测定。

参考文献

葛均波，徐永健. 2013. 内科学. 第八版. 北京：人民卫生出版社.
杭志宏. 1997. 人体内水的代谢及其合理补给. 榆林高专学报，(4)：20-22.
何伟雄. 2015. 人体内的水与健康. 教育教学论坛，(41)：104-105.
胡廷章. 1996. 人体中的水. 生物学通报，(12)：17-18.
李金玉，李凤苏. 2000. 水的生理作用与饮用方法. 职业与健康，(6)：84-85.
潘瑞炽. 2008. 植物生理学. 第六版. 北京：高等教育出版社.
王宝山. 2016. 植物生理学. 第二版. 北京：科学出版社.
杨凤. 1993. 动物营养学. 北京：中国农业出版社.
张海震. 2008. 从新版《中国居民膳食指南（2007）》看水的重要性. 中国食物与营养，(4)：51-53.

第9章

水网与资源保障

9.1 资源保障的基本要求

9.1.1 资源稀缺性和供求关系

“资源”是一个广泛应用的概念，但并没有严格公认的定义。《辞海》中对“资源”的解释是“资财之源，一般指天然的财源”。资源可以有广义和狭义之分，广义的资源指人类生存发展和享受所需要的一切物质的和非物质的要素，狭义的资源仅指自然资源。

一般意义上的资源主要是指自然资源，联合国出版的文献中对自然资源的含义解释为：“人在其自然环境中发现的各种成分，只要它能以任何方式为人类提供福利的都属于自然资源。”自然资源按照其利用限度分为可再生资源和不可再生（或耗竭性）资源。无论哪种自然资源，都具有以下几个特点：①有限性，是自然资源最本质的特征。有限性有两重特点，一方面是指任何资源在数量上是有限的，另一方面是指资源的效用替代品也是有限的。②区域性，是指资源在地域上分布的不平衡，存在数量或质量上的显著地域差异并有其特殊分布规律。③整体性，是指每个地区的自然资源要素彼此存在有机的联系，一种资源的消长会影响其他资源。④多用性，是指自然资源都有多种效用。

随着人类对自然的开发利用，在资源定义的基础上，考虑能源作为满足人类生产、生活的消耗需求，广义上也可认为其属于资源范畴。1992年出版的《能源百科全书》对能源的定义为：“能源是可以直接或经转换提供人类所需的光、热、动力等任一形式能量的载能体资源。”能源按其来源分类主要分为三类：①来自地外天体辐射（主要为太阳辐射）：除包括直接辐射能外，还包括由辐射能间接转化的风能、水能、生物能和矿物能源等。②地球自身蕴含的能量：包括地球内部的热能，原子核能等。③地球与其他天体相互作用产生的能量，如潮汐能。从能源的来源可以看出，无论是地外输入的能源还是地球本身存在的能源，其能量载体均为自然环境中的成分，因此，受其载体性质的影响，能源同样具有自然资源的特点，即有限性、区域性、整体性及多用性。

资源的有限性和区域性特征就决定了资源的稀缺性。资源配置的经济学基础就在于其稀缺性，资源的整体性和多用性则促进了资源保障中的优化配置需求。相对于需求而言资源总是具有稀缺性，从而要求人们对有限的、相对稀缺的资源进行合理配置，以便用最少的资源耗费，生产出最适用的商品和劳务，获取最佳的效益。在有限的资源条件下，只考虑产出效益不考虑经济成本，需求会无节制膨胀，总是会产生资源的不足的矛盾，提高能力、增加效益是缓解矛盾的关键。随着社会发展、生产能力提高、需求增加，资源开发能力也逐步增强，利用效率也会逐步提高。因此，如何保障资源供给成为社会发展的关键问题，一是解决不同需求的供给问题，二是针对相对稀缺的资源在各种不同用途上加以比较作出分配。

9.1.2 资源保障的经济学原理

资源保障实际就是如何将有限的资源合理分配给不同用户。资源配置是经济学研究的核心，保罗·萨缪尔森（2013）指出：经济学研究就是解决社会如何利用稀缺的资源生产有价值的商品，并将他们在不同的个体之间进行分配。根据供需关系资源保障需要满足双向调控准则，即从需求控制和供给保障两方面来推动，也就是通常说的节流和开源。开源节流都有成本代价，每个用户都有自身竞争环境下的开源节流的经济性控制。

单一用户的节流和开源之间的经济平衡关系，可以依据经济学原理来分析。资源保障的经济基础是资源利用效益高于供给成本，可以通过市场机制反映。资源的市场供求原理指通过市场价格和供求关系的变化，以及经济主体之间的竞争，协调供给和需求之间的联系、产品和生产要素的流动与分配，使资源向高效率的用户流动。在资源获取的成本低于产出效益时，资源需求增加，反之则资源需求下降。生产效率指投入和产出的比率，如果投入的少，产出的多即为高效率，反之则是低效率。不同用户均对同一个市场资源有需求时，资源会优先流向效率更高的用户，体现了资源配置的经济学原理。

资源保障还需要从社会保障和公平性角度考虑，这也是经济学原则的体现。社会保障是指国家和社会通过立法对国民收入进行分配和再分配，对社会成员特别是生活有特殊困难的人们的基本生活权利给予保障的社会安全制度（尚晓援，2001）。早在19世纪马克思就指出了社会与经济之间的关系，认为社会产品在分配给个人消费之前，需要满足社会保障的需求。马克思政治经济学关于社会再生产和社会产品分配的原理是社会保障的理论基础。第二次世界大战后主要资本主义国家实行的凯恩斯主义主张国家干预经济发展，并且扩大公共福利支出和公共基础建设，从而提高人们的待遇，缓解矛盾，成为战后西方国家制定经济政策和重建社会保障的理论基础。公平与效率是社会保障与市场机制对于资源保障的不同目标，在市场中体现效率，在社会保障中体现公平，二者共同驱动资源保障的分配方向。

在分配机制上，资源保障包括计划配置和市场配置两种方式。计划配置是决策部门根据社会需要和可能，以计划配额、行政命令来统管资源和分配资源。市场配置是依靠市场运行机制进行资源配置，在竞争中实现生产要素的流动。实际中，两种方式也是以某一种方式为主结合起来发挥作用。无论哪种配置方式，实际都需要尊重经济性原理，否则都会带来低效的资源配置（薛绍斌，2007）。

9.1.3 复杂系统资源配置保障

简单的资源配置模式主要基于数量和价格的供需关系分析。但是否独立的用户自身考虑促进的资源配置保障是最优的呢？实践证明并非如此。实际上，资源配置面临资源数量与品质分布差异、用户对资源数量与品质的差异性需求、用户优先级以及时间要求等复杂环境和要求。因此，从大的系统来说，应该以提高资源利用的整体效益为目标，结合行业用户的经济性准则，解决不同行业用户之间的竞争矛盾。这一过程中需要考虑复杂配置关系下的目标和配置保障原则。

复杂系统资源保障需要解决供需两侧的配置途径，一方面是准确的信息促进公平高效的资源配置，另一方面是畅通的渠道使得资源能够从供给侧达到需求侧。这两方面问题不能解决就会带来资源保障失效。真实复杂系统中普遍存在着大量个体竞争有限资源的情形，信息不准确和渠道不畅通形成各种低效资源配置，如羊群行为、恐慌、踩踏事件、公地悲剧、生产过剩等。有效的资源配置有助于提高系统资源利用率，科学决策具有重要理论价值和现实意义。资源的供给可以有不同的方式，配置渠道是满足供需两侧供求关系的必要条件，构建这些资源配置传输的渠道以及必要的存储能力所需要的投入实际也是资源供给的成本。资源配置决策需要结合投入、产出的边际效应，给出不同配置渠道及其合理规模的选择，按照经济性原则选择更高效的路径。

实际中资源分布与需求总是存在时间和空间上的差异，资源保障依赖于需求和供给之间的配置渠道，渠道之间的交叉重叠可以促进资源在供给侧和需求侧之间的多重选择，实际也就形成了资源配置网络。基于复杂的供需配置关系，形成了多生产者、多消费者体系的复杂系统资源保障问题，也就对应需要解决从系统角度出发，分析不同区域类型的需求控制、不同来源的资源开发、不同渠道的资源供给等供需相关的边际成本、边际效益均衡关系，从系统角度寻求经济效益最大化与社会保障需求之间的结合。

9.2 水资源配置保障要求

9.2.1 水资源保障需求和发展

水资源概念随人类社会出现而出现，水资源开发利用随人类社会进步而发展。水资源作为资源要素、生态要素和水电能源以及内河航运的载体，决定了其供给保障经济社会发展、支撑调节生态系统健康稳定、环境净化以及提高能源输出保障、增加航运能力等多方面的功能。其他资源的安全保障更多的是从资源的稀缺性要素出发解决合理分配问题，而水资源在资源稀缺性的基础上，还伴随其开发利用对生态环境的负面影响。水资源、经济社会、生态环境形成了复合系统，水资源的空间格局主导着环境生态演变，因而必须通过合理的适应与调控措施保持各系统之间的良性平衡和动态演进，使复合系统可以实现结构协同、功能协同、时空协同，达到整体协调的状态、良性组合与发展。因此，水资源保障是指通过合理调控水资源、经济社会、生态环境复合系统，更好地发挥水资源的经济社会供给保障、生态支撑调节及环境承载等功能，使该复合系统对外界环境有良好的适应力，保障系统的可持续发展与良好状态。

水资源配置是解决水资源开发利用和资源保障的决策分析手段，也逐步经历了从简单到复杂、由点到线再到系统整体分析的过程。影响水资源开发利用的效果的因素主要有三个：一是源的天然禀赋，二是人类社会对水的需求，三是人类社会对水的开发利用能力。水资源开发利用能力是联系前面二者的纽带，包括水资源利用的各种工程和非工程的措施，体现了人类的科技进步水平。水资源禀赋在特定地区可以认为是一个不变的量，而社会对水的需求和对水资源的控制能力随着社会的进步发展而变化，包括由于经济活动的增加、科学技术的增强，对水资源的需求和调控能力都会增强。因此，水资源开发利用也就形成了一个从小到大，从简单到复杂，从靠天吃饭到简单工程利用，再到区域流域级综合规模开发，从单一供水发展到供水、防洪、发电、航运等多目标综合利用。

电力开发作为能源战略的中心，是国民经济建设和社会发展的重要条件。水能资源是水资源开发的重要组成部分。从水资源的属性分析，水能是以水资源作为载体的可再生能源，通过水力发电输出，具有可替代性。但相对于其他河道外供水目标，水能资源利用的是水的重力势能，并不消耗和污染水资源本身，因而具备和其他供水目标完全结合的特点。能源开发角度看，水能资源借由势能及动能转化为电能，在利用过程中没有污染，是一种清洁能源。受水资源时空分布的影响水能资源也呈现分布不均衡的特点，同时受需求、经济技术条件等影响，一定时期内只有满足要求的水能资源具备开发利用的条件。我国的水能资源有约70%分布在西南地区。水网建设提高了水资源调控的空间均衡性，实际上增加了水能资源开发的可行条件。

能源特征是水资源的要素之一，水能资源开发也是水资源配置的重要目标，需要与其他目标同步考虑。我国水能资源配置大致经历了下面几个阶段：第一阶段以解决城市和工业供电为主，解决社会发展的基本动力；第二阶段是以解决农村用电为主，提高民生保障；第三阶段是通过水能资源开发促进区域经济发展的阶段，带动区域的经济水平提升；第四阶段是水能资源开发作为产业发展的阶段，强调水能资源开发的经济效益；第五阶段是清洁可再生能源发展阶段，目标体现在可持续发展，通过资源集约型使用，减少CO_2排放，实现资源的循环利用和实现经济、社会、生态综合效益。

除了上述资源、能源保障的功能，内河水运航道还是综合交通运输体系的重要组成部分。历史上的内河航运是最为重要的大宗运输方式，随着公路、铁路、航空等交通方式的飞速发展，内河航运地位日益降低。但内河航运依然具有运量大、成本低、占地少、污染小、能源消耗低等优势，是丰富立体交通体系的重要一环，对促进资源节约型、环境友好型社会建设和助力“碳达峰、碳中和”具有重要意义。因此，水资源保障和水网建设也需要考虑完善综合交通体系中的内河航运体系建设需求，将重点水系作为需要考虑的目标或约束条件。

随着用水规模增大带来各种水问题，维护良好水环境和水生态的也成了水资源开发利用的目标，水资源配置从单纯的利用进化到利用保护并重的模式。对水资源配置过程的分析工具也就经历了从简单到复杂，从定性到定量，再到集成分析的阶段，分析工具逐步发展到适应复杂决策的要求，如图9-1所示。

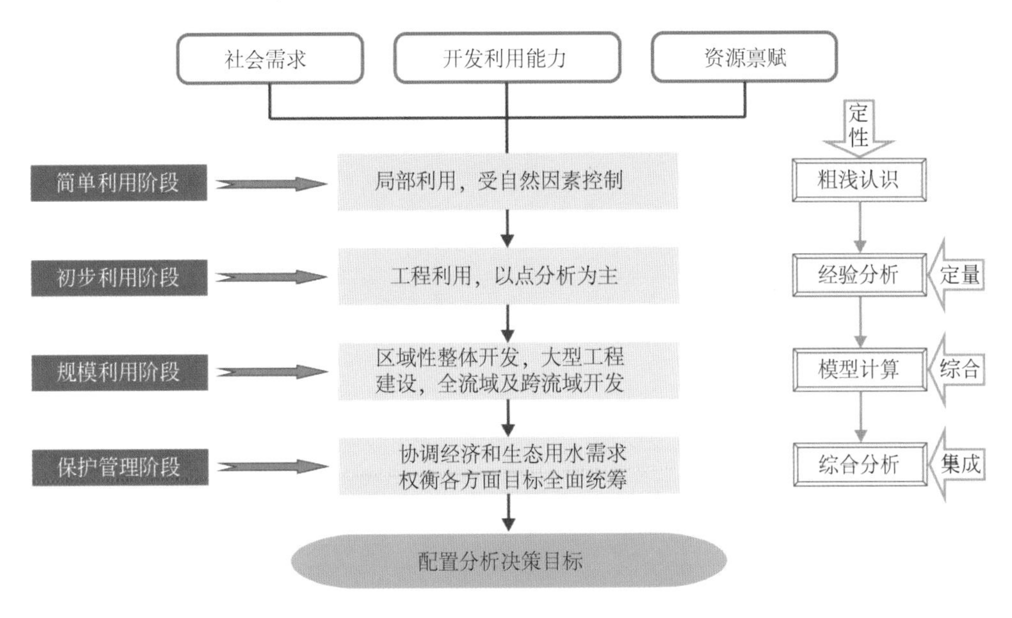

图9-1　水资源配置决策分析发展历程

在水资源配置决策过程中需要解决三个层次的水量分配。第一层为时间层面水量分配，主要决定于天然来水状况、用户需水过程以及供水工程的调节能力，通过供水工程尤其是蓄水工程的调节实现从天然来水过程到用户用水需求过程的调节；第二层为空间层面分配，实现区域间水量分配，该层次分配在时间分配之下完成，主要受供水条件、用水权限影响；第三层为用户间水量分配，主要是指同一区域内不同类型用水户的水量分配，分配计算主要受供水方式、用户优先级和水质状况影响。通过上述分配解决需求与供给矛盾。

在水资源配置分析过程中，水源用户配置关系十分重要（图9-2），既反映了水资源分配工程、水源条件等约束条件，也集中体现了水资源配置决策的经济性与高效性。同一流域或区域存在多类用水户和不同水源，存在多种可能的供水方式。水资源宏观决策的一个重要目标就是要实现不同水源通过水利设施合理配置到用户，使得水源得到有效充分的利用。不同的水源可以配置给不同的用户，水源和用户的配置具有交叉关系，如何解决多水源多用户配置关系涉及水源和用户的优先序、工程条件等多类因素，是水资源配置决策的核心。综合来说，水资源配置不是简单的水量分配，而是从流域和区域整体出发，在分析区域水资源及其供需特点基础上，寻求需求与供给、发展与保护等多类平衡关系的合理协调。

9.2.2　水网的产生和功能特征

和其他资源保障一样，水资源保障也经历了从简单到复杂的过程。随着人类社会水资源开发利用需求的增加、能力的增加，水资源开发中的水源范围从最初的地表水量分配为主，发展到地表水、地下水联合调度配置再到对常规水源和非常规水源的统一调配，从一

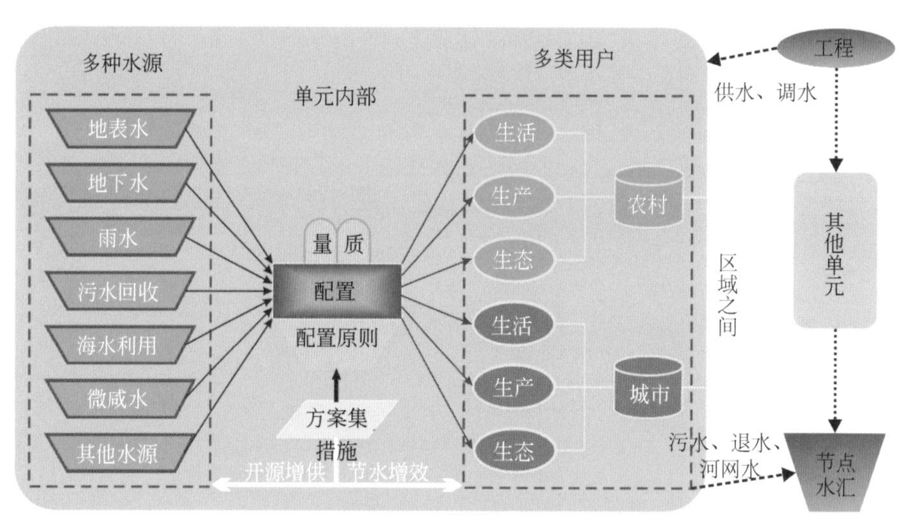

图 9-2　区域多水源多用户水配置关系

次性水资源到再生性水资源的配置。与此同时，供水工程条件与调度决策不断丰富，包括实施重大引调水、重点水源等工程建设，加大非常规水源利用等，水资源配置过程越来越复杂，水资源配置形式从单点供给、线状输送到网状配置。水资源时空分布与经济社会发展用水需求往往不相适应，通过修建水利工程并利用水网进行水资源时空调配，是满足人类社会在特定地区和时间对一定水量和水质的需求的有效途径。对不同用水需求的保障供给促进了水网的产生。

由于资源开发利用形式逐步升级，从简单利用到复杂系统资源保障手段、配置决策分析工具发展过程，随着开发能力增强问题的产生，决策需求从量开发逐步发展到保证率提高、质的保障、区域行业公平到可持续利用，配置方式从点到线到面形成了网络体系。

随着对水与经济需求关系、社会经济与生态环境关系、生态保护与高质量发展关系认识的不断加深，水资源配置过程越来越复杂。社会发展科技进步推动水资源开发利用方式越来越丰富，人类活动影响自然水循环的形式也越来越多样化，不同类型的水利工程、不同的水源与各类用水户形成了复杂的配置关系。水资源的供-用-耗-排过程与自然水系形成了多层交叉的水量传输运移和交换关系，实际上形成了立体水网，通过健全网络体系推动水利工程建设与复杂系统调配决策能力提升是新时期的要求。由于水资源配置的供给端水源和需求端用户的多种来源和不同分布，水资源保障也是经历了从简单到复杂、由点到线再到系统整体统筹的过程，最终出现水资源保障的网络体系。

水网是国家基础设施的重要组成部分。世界上许多国家开始注重水网的规划和建设，从 20 世纪 40 年代开始多个国家建成了国家层面的水网工程体系，包括以色列的国家水网、巴基斯坦西水东调工程、美国加州地区的北水南调工程、澳大利亚东南部依托雪山调水工程建成的东南部供水体系，形成了局部的国家水网。可以看出，较为完善的大规模水网一般是在缺水地区和人口密集区域先期建成，总体是以解决供水保障为主。

水网在我国具有更大的必要性。一是我国自然地理格局带来的水源流动单向性和时空分布不均衡特征。我国西高东低的地理格局使得河流总体自西向东流动，同时受季风气候影响雨热同期使得汛期非汛期丰枯差异显著，总体呈南多北少格局，因此水资源时空调配的需求强烈。二是水资源与经济社会分布的不匹配性。我国水资源格局与人口土地布局不相匹配，呈现人口经济与水资源在东西和南北两个方向分布的不均衡。三是我国水能资源丰富，水电兼具产能与储能等多重作用，在我国仍有较大的开发潜力，而水网建设可以增强水能开发与水资源其他配置要素的结合，进一步提高水能开发的经济性，结合供水、航运等功能提高水资源利用的重复效应，减少不同属性之间的竞争关系。因此，我国的国家水网主要是在自然水系格局构建水资源的二次调配通道，提高资源保障能力。考虑水资源功能的可替代效应，水网建设的重点是解决供水保障，兼顾洪涝防治、水能开发、水运建设等任务，协调水与经济社会发展的匹配性问题。

水网增加了水资源配置保障复杂性。水网具有资源配置保障的一般性作用，从区域到行业再到用水户不同层次的网络实现不同层次的资源配置保障等，实现资源利用效益优化和保障社会公平。同时，与其他资源网络有明显的不同，使得对于水网的资源保障分析与其他网络相比具有差异性，主要包括以下几方面。

一是水网的二元结构特征。自然水系构成了水网的基本框架，而人工构建的工程网络起到补充和辅助作用，其他资源保障网络一般是整体性的人工构建。

二是水网供排蓄共存的功能特征。不同于其他网络主要解决资源输送分配，水网不仅要解决水分配，还要解决水排放，满足蓄水、蓄能等功能。在量的基础上还需要解决质的问题，在分配传输的基础上要解决存蓄的问题，对于航运目标还需要解决水位问题，对于生态保护目标还要解决水温、流速、流态等问题。

三是单向为主的流动特征。水网总体在自然动力上的存在单向性，自然水系完全依托重力自流，人工网总体以自流为主，局部存在动力提升，形成了有限的多向性以及成本差异。而其他网络一般可以实现双向传输，并无显著差异。

四是水网具有资源开发和控制的双重效应。水资源不仅仅需要支撑经济利用，同时还要保障生态安全。生态安全的保障实际是通过资源利用的限制来实现，需要通过水网来均衡资源开发实现均衡，而不是仅仅从资源本身配置的经济性出发。

五是水网面临资源多和少的双重调控要求。由于水资源的可再生性和随机性特征，水网在保障资源分配、水质安全的同时，兼有防洪安全的功能，不仅仅要解决资源不足的问题，还要解决多了成灾害的问题。解决这些问题也有层次性，大区域的防洪和城市的洪涝排放、灌区的排涝对水网的基础设施也存在不同的要求，也可以引出城市农村水网要求的一些差异。由于洪水的存在，调蓄工程对于水网极端重要来说明，利弊转换都在于资源配置网络的存储功能，所以调蓄工程才是水网能合理运转的核心。这点对于其他网络也没有可比性。

虽然水网与其他资源保障网络不同，也具有多样性的功能，但保障水资源供给和实现时空均衡调控仍然是水网最重要的作用。

9.2.3 水资源保障的决策机制

按照解决稀缺性理论，水资源保障决策实际就是水资源配置问题。水资源配置决策随着水资源开发利用手段的增加而日趋复杂，是一个多目标多层次群决策。水资源配置决策的多目标特性来源于水资源的多维属性。水首先具有自然属性，同时具备为所在生态系统中承担功能的生态属性和环境属性，在人类社会对水资源进行开发利用之后之外增加了社会属性和经济属性。在人类大规模经济活动前水循环以自然属性为主，保持着自身运移转化规律和伴生的水生态效应，在水循环过程中发挥着生态服务功能。在人类大规模经济活动后在自然属性之外增加了社会属性和与社会属性伴生的经济属性和环境属性。因此，在自然与社会用水驱动形成的二元水循环结构中，水资源具有自然、社会、经济、生态和环境五维属性（图9-3）。水资源保障必须考虑到对水资源这五维属性下的总体调控需求。

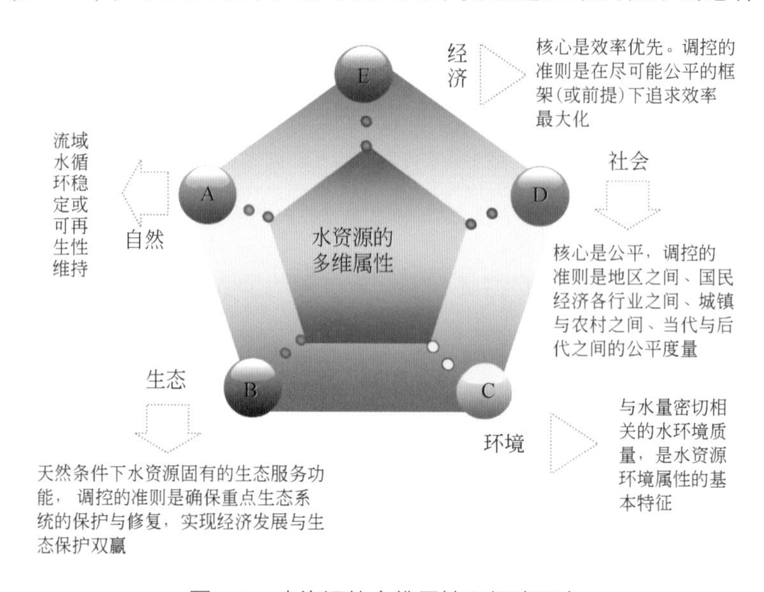

图9-3　水资源的多维属性和保障需求

水平衡决策机制确保水循环稳定健康。其以流域水量平衡为条件界定满足流域水循环稳定健康的经济和生态总可耗水量，通过用水、耗水的总量控制，确保人工消耗水量不超过允许径流耗水量。

经济决策机制追求经济效益最大化。水资源配置涉及供需两侧调控，需求侧包括结构调整、水价调整、行业节水等规模控制和效率提升的措施，供给侧包括不同类别的水源开发增加供给能力。通过经济机制，可以促进水量在不同行业之间的流转，单位用水能产生高附加值的地区和行业可以通过竞争获取更多水量，促进高效用水，在保障供水需求基本目标的同时，寻求其他可替代目标的效益最大化，包括水能开发、航运保障等效益。

社会决策机制的核心是公平。公平性一方面体现在用户之间的均衡，协调生存与发展的矛盾，另一方面体现地区之间、行业之间、城乡之间、代际之间等多方面的差异性。社会决策机制使不同用户之间的水量分配差距尽量减小。行业上需要保障弱势群体，如效益较低但重要的农业用水；区域上保障不同区域基本需求和发展需求。

生态决策机制核心是维持流域水资源可持续利用。在实现经济用水高效和公平的同时，考虑水循环系统本身的健康和对相关生态与环境的支撑，根据流域自然状况确定水循环生态服务功能的基本要求。保证水循环过程的稳定健康，使流域水资源配置格局和供水模式与生态系统相匹配，提高流域生态服务功能。

环境决策机制的核心是关注水环境质量对社会的综合效益。根据水量调配过程分析河流的自净能力，确定入河污染物限制，从环境需求提出资源配置要求。同时，还需要在配置决策中量化水污染损失，对比用水形成的效益和污染治理的成本，确定污染负荷排放以及污水处理再利用的阈值指标。

9.3 水网的资源保障效应

9.3.1 水网组成结构

与其他基础设施网络相比，严格的水网概念出现相对较晚，未形成系统完整的认识。一方面，作为基础设施中的重要组成部分，灌溉渠系、供排水等人工输水线路早已形成并融入社会生活中，作为基础设施网络已经客观存在。如“江南水网”“河网”等描述水系网络的词语早已形成，但缺乏严格的定义。另一方面，不同于其他基础设施网完全由人工建设形成，容易认识理解，水网具有明显的二元特征，既有自然形成的水系网络格局，也有人工取用耗排的工程网络体系，一些地区二者还难以区分，与其他基础网络具有明显差异。例如，举世闻名的都江堰工程，经过长达千年的开发形成了成都平原水网，其中内江水系已经难以界定是天然河道还是人工渠系，实际是在天然水系基础上经过人为改造形成水系网络。

按《水利水电工程技术术语标准》(SL26—2012)，水系（河网）是指由流域内的干、支流与其他经常性或临时性的水道以及湖泊、水库等构成的脉络相通的总体。综合前面的分析，可以认为水系、水网是一个概念。从上述定义可知，组成水网的主要元素包括河流(干、支流)、湖泊、水库、渠道、管道等。从形式上看，既包括天然水系，也包括城市、农村等不同类型的人工水系，也即水网具有二元属性。按照二元水循环的结构特征，解析水网的结构，提出不同水网的结构特征。

第一个层次是水网的二元结构组成。按类型划分，水网分为自然水网和人工网，二者功能、格局都存在明显差异，相辅相成。自然河湖水系形成了水网的空间布局基础，蓄引提调连通工程构成了水流时空再调节的调控渠道。在驱动力方面，天然水系以自然的重力势能驱动，实现水往低处流的总体格局；而人工水网是以经济势能为动力，驱动水随人走，向产生更高经济效益的区域流动；在流动格局上，天然水网是“百川东到海”，形成水流汇聚的一个过程，而人工水网则是“清水进万家”，推动水流耗散分布，适应于社会利用的过程。

第二个层次是空间单元结构组成。在空间上，城市和农村存在较为明显的差异，具有不同保障要求。考虑城乡不同单元的目标从整体水网到城市、农村水网的划分，形成不同类型的水网。在农村区域，人工水网主要是灌溉系统，包括灌溉工程设施及其排水设施。对于城市而言，水网体系包括雨水管网，自来水管网，排水污水收集管网，再生水分配利用管网等各类调控不同类型水源的网络。

第三个层次是功能环节组成，包括自然流动、供给、调蓄、利用、排放过程等划分过程。其中的利用过程还包括水能开发和航运保障。虽然水能开发和航运保障过程不消耗水资源本身，可以与其他效用结合，但存过程性要求，因此会对满足其他用户的需求过程带来影响。尤其是在枯水期等水资源条件紧张的时候，也会存在用水竞争，需在合适的原则和安全保障范围内寻求最大效益。排放过程，是水网区别于其他资源保障网络的特点，要保障用水之后的废污水、退水的排放，在农村和城市单元存在不同的要求。

从分层次的水网结构功能剖析可以看出，水网的组成元素与其实现的功能密不可分。文明程度越高，社会生产力越发达，对水的调控越精细，构成水网的元素也越丰富，决策要求也就更复杂。

9.3.2 全链条水网水量过程

9.3.2.1 二元水循环结构

按照二元水循环结构，水网包含水的供用耗排全过程。水网的组成元素在水量过程中各自具有不同作用，各类要素形成自然水流、供水、排水、调水等不同层别的网络，共同组成立体的全链条水量过程。自然水网承载天然水循环过程，保证水量的自然流动，维持自然水系的畅通、空间格局，实现防洪功能、生态功能。人工水网承载人工侧支循环的水资源开发利用和排放全过程，在生态、防洪以及环境等功能上作为自然水网的补充，起到解决局部区域的洪涝排放，对水资源开发利用过中一些破坏进行修复以及水质改善维持的作用。

水网的资源保障作用主要通过人工水网实现，包括取水、囤蓄、输水、供水、净水、用水、耗水、退排水、污水处理排放与再利用等环节。

9.3.2.2 农村水网过程

按照国土空间规划的“三区三线”，农业空间和生态空间占据国土面积的绝大部分。从水网功能和构建格局分析，可以统称为农村水网，其主要功能是维持自然水系的空间架构，以满足自然水系为主的防洪骨干通道、保障粮食安全及骨干输配水大通道支撑国家水网目标，同时以区域水网满足农村居民的生活生产用水安全保障和人居环境要求的水系格局。

针对农村水网，其主要功能是加强灌溉供水管网建设和农村供排水网络建设，使集中的取水水源能通过水网输送到具有需求的区域分散用户。具体的工程包括构建农村供水安全网络，通过农村水源保护和供水保障工程建设，实施小型农村供水工程标准化建设改造，建立供水网络保障供水安全。在农业灌区，通过改善灌区水源条件，推进灌区续建配套与现代化改造，完善灌排工程体系，形成高效智能、灌排通畅、经济生态兼容的现代灌溉水网体系，提高粮食生产的资源保障。也包括围绕美丽乡村建设行动建设生态自然的农村水系格局，确保地下水合理开发等，促进农村生态的微循环水网。其中农业灌区本身范围较大，又形成了次一级相对较为系统完整的水网结构，其中包含水资源的取水、输水、用水、排放的全过程，如图9-4所示。

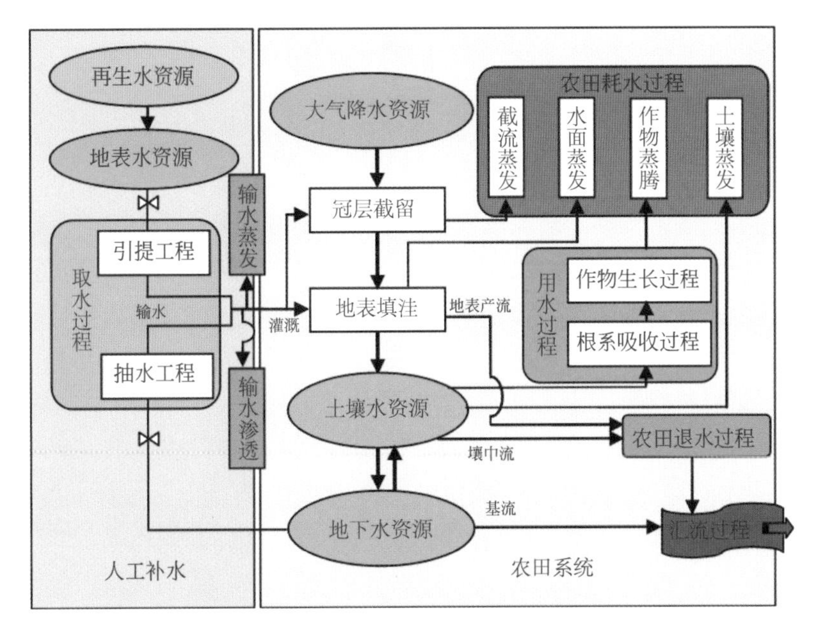

图9-4　农业灌区水网体系

农村水网具有显著的区域特征。大中型灌区所在区域与自然水网具有密切的联系，灌区水网也承载了供水、生态等其他功能。偏远山区和人口稀少地区一般是建立局部微型供排水体系，形成了相对独立的水网体系。城市近郊区通过城市供水管网向农村延伸实现农村供水工程与城市管网互联互通，一定程度上也进入到了城市水网过程。

9.3.2.3　城市水网过程

城市和农村共同构成了人工水网体系。城市也是人类活动和社会财富集聚度最高的区域，在大空间上呈现点状分布，但内部形成了相对独立的复杂水网体系。城市水系统是支撑城市社会经济系统运行的重要基础设施，由众多的基础设施支撑形成了局部的城市水循环过程，包括给水、用水、排水、回用等系统。

城市以“原水输配—用户用耗水—再生处理回用”为主线的社会水循环过程为主导，并对“降水—产流—汇流”为主线的天然水循环过程及通量产生显著影响；伴随着城市社会水循环过程，污染物高强度排放，对城市及周边区域水体的水质产生严重影响，危及到人类与水生生态系统健康。

作为城市水安全保障基础设施，城市水网包括高强度的供水管网、排水管网和污水处理再利用网络体系。供水需要解决高保障程度的供水安全，包括对高层建筑的二次加压供水，具备供水应急能力。需要结合空间利用构建发达的排水管网和污水处理系统，促进非传统水源利用得到充分发展，提高水资源利用效率。在保障洪涝防治、供水安全的同时，还需要注重生态系统的恢复、修复与建设，使城市生态系统协调与美好。

随着生态文明建设的推进，城市水网功能也逐步延伸转变：从粗放的保障供给向精细化的供需调控转变；从供水端保障为主向供排净治并重转变；从分片管控向区域资源共享、流域统筹管理转变；从常规供水为主向多源并举、污水资源化利用转变；从防洪排涝向雨洪利用管控转变。

9.3.3 资源约束与空间均衡

水资源对维护整体生态稳定起到决定性作用，并且具有地域特性。水资源开发要满足不破坏生态的资源约束条件，水资源利用必须不破坏环境。资源约束通过水源开发利用的调控实现，保证生态环境的必要用水需求，满足水循环的稳定性和可再生性。通过水网的连通关系，让各个流域的水量开发控制在合理强度范围内，同时又能满足不同区域的合理用水需求，实现水资源和经济社会的均衡协调布局关系。

水资源保障还需要考虑资源和需求时空分布和过程的差异性，实现二者精确匹配保障供给，也就是空间均衡。空间均衡是水资源安全保障的基本条件，是应对水资源安全供给侧和需求侧空间错位的根本措施。满足水资源承载能力的开发利用是空间均衡的基本出发点和度量标准。

空间均衡谋求经济社会发展与水资源的再次平衡，保障供水和保护生态环境二者不可偏废。受水区的强化节水和调出区的生态环境底线是空间均衡的两个基本条件。对缺水地区而言，必须先节水再调水，只有确为发展所需，又无法通过节水挖潜解决，才能作为谋求调水的前提。调出区必然是水资源相对丰沛的区域，应遵循有余度、有潜力、能实现的原则，科学核定调出水量和调度方式，力求做到对调出区的经济社会发展、生态环境保护少影响、零影响。

9.3.4 水源调控与安全冗余

水源开发是水资源配置保障的第一个环节，重点是在资源约束条件范围内解决有水可用的问题。水资源配置保障的核心理念是实现资源、环境和生态的综合承载能力与经济社会发展相协调，保持区域经济发展与环境保护的平衡。因此，按照水资源保障决策机制中的水平衡决策机制，水源开发要满足资源约束要求。对于水源开发的区域，引水调水会影响生态，但是也会给受水区生态带来改善。水源开发区域和接受供水的区域都需要分析资源约束，前提是开发强度要符合水资源承载能力。

通过水网解决资源与需求的时空分布不均的问题，包括多资源、多用户在随机性来水对应不均匀用水过程匹配的配置。同时按照承载能力要求控制自然水系的开发强度，形成常规条件下的水源合理配置，以及应急条件的安全保障。通过工程开发能力、网络配置能力、囤蓄能力、动态调度决策能力的提升，实现水源的高效开发和对用户的有效供给，提供安全、经济、可靠的整体保障。

除了常规的供水安全保障，水源调控还应具备应对突发应急状况的能力。对于大城市用户应有多水源保障，并且建立战略后备水源。要按照高质量发展要求确保民生，提供高供水保证率和可靠性的水源供给和工程调节能力，对应提出水源开发要求。在工程层面具有安全冗余，可以满足应对管网事故、突发污染、自然灾害等不同情境下的应急供水能力。农业灌区不仅要满足总量平衡，还要具备农业高峰需求的工程供给能力，满足短时间内灌溉高峰供水要求。

水网在优先保证供水的基础上，应尽可能结合生态、航运等河道内用水需求加大水能利用效率高。一方面是提高常规水电工程开发强度，考虑能源的长远需求和水电开发的一次性投入，结合电力市场供需关系，在满足长远经济性条件下合理规划装机规模，尽可能利用洪水资源，以水电清洁可再生能源替代部分不可再生污染型能源；另一方面在经济条件允许且有富余供水或确有需求的情况下，借助水网的水系连通关系和供水保障的提水要求，加快抽水蓄能核心技术研发，提高不同蓄能水头差的调蓄技术，合理布局发展抽水蓄能电站，发挥调压调相作用，保证电网电压稳定，解决电力系统日益突出的调峰问题，并作为事故备用措施，保障电力系统安全稳定运行，最大可能发挥水网综合效益。在航运方面，应考虑内河航运重点，针对长江、珠江以及长江三角洲、珠江三角洲等内河水运发达区域，在水网规划建设中考虑不同等级的航运通道贯通需求，与其他交通通道共同构建立体综合交通体系。

9.3.5 效率提升与用户保障

在用户层面，是要通过水网解决节水优先前提下的用户需求保障的问题。用户保障的形式是通过水网的传输、供给工程实现从点到面的耗散方式分配。通过水网调配得到的水资源可利用量是区域动态的资源约束，根据效率提升和层次性需求，按经济性原则从供需双侧调控保障用户需求。

效率提升是对需求侧的控制，动态适应区域的水资源承载能力。一方面是通过产业结构调整实现水量利用效率的综合提升，另一方面是加强不同行业的节水，同样的水量产生更高的效益。同时，加大非常规水源利用，在不突破承载力的条件下增加供给能力。用水效率的合理性应对标国际国内同类地区先进用水水平，确定具有先进性和可行性的节水措施。对于需要调入水源的区域，节水的边际成本不应高于增加供水的边际成本。

效率提升是合理开发利用的前提，在此基础上通过配置调度实现对用户的保障。针对不同用户的优先级，按照水量水质要求，遵循公平、高效的原则，通过各层次的水网保障合理的用户需求。对于城市、灌区等不同用户，在满足水质要求条件下，按照有利于系统水量损失最小、供水成本最低的原则确定供水优先序。

9.3.6 水质改善与持续利用

用水必然产生废污水排放，不及时处理在水循环过程中会造成河流污染，降低下游地区的可利用水量，影响环境质量。水资源利用后的排放处理和再利用是水网的重要环节，也是水资源保障区别于其他资源保障的不同点。

按照水环境决策机制，应从水环境保护目标、水功能区达标提出废污水处理、再生水利用的控制要求，提出维持改善水质的排水处理，保障资源品质和可用性。这一过程具有动态性，需要分析用水耗水变化下污染排放和河流自净处理之间的动态平衡，明确各类污染物排放与削减目标，并反馈用水控制要求。

水污染和治理的动态平衡的主要影响因素是河流水体自净能力、污水排放量和处理能力。水资源配置中需要考虑水污染与水量配置之间的关系，将污染控制与水资源开发利用进行统筹分析，降低环境风险，实现水资源持续利用。

9.3.7 常规和应急双态调控

水网的资源保障效应既体现在常规状态，也体现在应急状态。常态调控的总体目标是“增效益、保公平、可持续”，应急调控的总体目标是“降风险、保重点、回常态”。常态下通过水网工程体系进行多源多渠道的调蓄控制，满足丰枯互济、蓄泄兼筹、区域用户协调，保障多维目标下的水量供给，实现效率和公平兼顾的均衡调控，追求长期效益最大化。应急状况下通过水网工程体系调配保障关键需求、降低风险，在最低限度影响其他利益相关方的前提下恢复常态。

双态调控包括水量、水质和水生态等多类目标。水量常态调控目标是满足长时间尺度效应下的区域用户用水均衡，基于二元水循环全过程保障经济维和社会维的基本用水权益、用水公平并尽可能提高效益。水质和水生态常态目标是提高河流水质状况和水生态流量保障程度，需要与水量调控需求结合，通过水网工程体系进行水量调配，增加河道枯季径流、优化关键断面水量过程，提高水功能区水质达标率、改善关键断面生态流量状况。应急调控的重点是分析风险因子，识别重点用户保障需求、极限供水需求、分级保障要求，针对极端事件和突发事件下的供水安全提出重点保障、降低风险的途径方案，依托工程建立应急调度临界条件、控制阈值和回归常态方式，做好预报预案。

水量配置、防洪抗旱等兴利除害措施都依赖于水利工程的调配，常态和应急需要以不同方式考虑工程的运行调度，通过水网形成以流域整体目标为导向、水利工程联合调度为手段的双态调控模式。常态调控需要更多关注水资源时空分布不均、与发展布局不匹配等问题，在节水的前提下通过工程解决水量时间空间的分配，实现资源约束下的均衡，重点是推进工程和工程群的多目标联合优化调度。应急调控需要考虑产生安全保障的破坏因素，通过分析提前划定用户保障的优先级和关键保障要求等，设定各类工程启动应急调度的临界条件和调度方案，满足突发事件的应急处置并逐步回归常规调度状态。如：水量应急调控要安排好各类重要用户的应用备用水源储备与水网通道路径，解决工程应急协调供水关系；突发水污染应急调控需要依托水网工程构建分层次多级防控体系，建立蓄、封、堵、引、排、冲等不同的应急措施和联合调度控制行动预案。

9.4 水网调控的综合决策

9.4.1 水网调控的目标原则

水网调控本质是多目标决策问题，需要考虑包括资源、环境、社会、经济和生态在内的多方面调控价值。因此，按照五维决策准则，需要以水资源综合利用效益最高作为水网调控的目标，通过水网调配实现从低效到高效的水资源利用。调控的总体目标是实现可持续的高质量发展，寻求水资源开发利用的综合效益最大化和社会保障公平之间的合理均衡。

水资源的生态服务价值、环境价值、资源价值、经济价值均有独立的计算方法和技术，综合这些计算方法，同时考虑社会保障和公平性因素，通过分析目标之间的服务价值对比和转换关系，提出综合的多维调控目标价值衡量。

根据上述分析，水网调控的总体目标函数可以采用下式表达：

$$\text{Obj Max Vop} = f\{\text{Ecm}[U,T], \text{Eco}[U,T], \text{Evn}[U,T], \text{Wsu}, \text{Sco}\} \tag{9-1}$$

其中 Ecm、Eco、Evn 分别表示调控的经济效益、生态效益和环境效益；U 表示水网中相对独立的分析区域或单元；T 是分析的时间范围；Wsu 和 Sco 分别表示水循环健康稳定状况和社会公平性保障。综合目标是根据各维相互关系和效益转换对比进行汇总。实现上述总体目标必须遵从一些基本的原则。

一是可持续性维持原则，确保对水循环稳定健康的维持，包括水资源开发不超过承载能力，污水排放不超过水体的自净能力。

二是经济性原则，促进效益提升。在规划层面要分析投入产出的经济关系，通过等边际成本判断水资源供需调控的平衡，在调度层面要促进水资源向效益更高的用户流动。

三是公平性原则，确保必要的用户需求，根据社会总体发展需要保障效益低的用户需求，减小区域间、用户间的、城乡间的用水差异，实现社会的均衡发展。

四是整体性原则，不同目标应进行综合分析，兼顾系统整体和局部指标的均衡性，得出综合效益评价，促进社会净福利最大。

9.4.2 综合模拟和模型方法

由于水循环及其调控的复杂过程，需要在水循环和水资源供给保障的基本特征要求上满足水网调控的原则。复杂的水网调控决策必须在二元水循环模拟过程中解决水资源保障的各类具体需求，落实符合目标要求的保障条件，提高效率。

首先是实现自然水循环过程的模拟，要充分考虑来水的随机性特征和社会水循环用水的稳定性过程需求，将二者结合协调平衡，解决水的总量和过程的保障。其次是水环境过程的模拟。水质要满足用户需求，不同类别的用户有相应满足条件的水源供给，也即分质供水。最后是合理的用户供水保证率模拟。考虑来水条件不可能完全满足所有需求，不同用户破坏损失不同，要根据用户优先级和来水条件满足需求，优先保证刚性需求。

上述过程既涉及水循环及其利用的模拟，又涉及对供水排水的控制，以及效益的评估。实现这一过程的定量方法，就是二元水循环视角下的水资源合理配置理论方法和定量模型。

在模拟过程中需要考虑模拟范围内的各类元素和相互关联过程，通过系统概化可以识别系统主要过程和影响因素，建立从实际系统到数学描述的映射关系，进而实现系统模拟。该过程包括对实际水资源过程中各类元素的选取和整合形成概化元素，如计算单元及其用水户的划分，系统节点、连线的定义等。最终通过概化元素建立反映系统水量转换的总体框架，该框架包括各种水量转换传输关系描述，由此描绘的系统网络图可以对研究区域作整体性描述。

在模拟过程的数学模型构建中，需要根据水网层次建立分层模拟的关系。从水源运动转化过程可以看出，不同类别的水源通过不同的水力关系传输，可以按照水源的运动定义网络层，相应水力关系就是建立该类水源运动层的基础。不同网络层的水源通过单元、节点等对象可以完成水源属性的转换，这些对象成为能调蓄和转化水量的枢纽，对不同水源的平衡关系有重要影响。

基于概化水资源系统框架定义，分层水网将系统水量运动和转化划分为水平和垂直两个方向，通过数学描述关系离散物理过程不可分割的不同水源运动轨迹，例如对本地地表水、跨区供水、地下水、退水排水、再生水利用等不同类型的水源分别模拟，建立对可行的用户供给关系。并按照物理基础建立各层网络之间的转化关系。通过对各层网络水量过程的描述和过程模拟，综合描述不同类别水源和系统总体水量的状态。

在模拟过程描述的基础上还需要构建数学模型进行量化分析。数学模型可以采用数学优化方法和规则控制模拟两种方式构建。无论哪种方式建模，都需要遵循以水源运移转化的宏观物理机制，满足各类水量平衡约束条件和不同类型单元的供用耗排水特征，可以耦合天然循环和人工供用耗排侧支循环过程。模型应具备一定可验证性和可控性，可以满足不同的方案设置和结果分析，同时有可扩展能力和可操作性，适应于不同区域和目标的应用。

水资源配置模型作为定量分析手段，一般可分为优化模型和模拟模型。优化模型具有导向性，通过目标函数反映用户期望方向，以约束条件反映计算边界和各类动态依存关系。模拟模型指对系统过程深入分析，模仿实际系统的各种效应，对系统输入给出预定规则下的响应过程，通过用户对参数的控制可以查看系统不同状况下的结果。

优化模型通过目标函数反映所追求目标或量化衡量决策质量优劣。水资源保障调控分析中，可以将供水量最大、缺水量（率）最小或者供水的净效益最大为基本目标函数，同时考虑供水均衡性、用户公平性等目标函数。约束条件为系统必须遵守强制性要求（硬约束）或者决策希望满足的条件（软约束），软约束也可以通过罚函数转化为目标函数。单一目标或者多个目标合并考虑时可以构建单目标优化模型，多个目标独立并行时可以构建多目标模型。

模拟模型通过模拟提供包括决策规则在内的指定输入下的系统的响应，以对系统进行观察和分析。遵循水量平衡原则，给出预定的水文特性、水利工程组合以及决策条件下系统各种水量的时空分配和运移转化过程。水量配置计算在完整的模拟框架下完成。

9.4.3 调控模式和方案分析

水网调控决策分析要从水资源所具有的自然、社会、经济和生态等属性出发，分析调控对区域发展质量的影响。从水资源保障的多维决策机制出发，主要应判别调控决策在以下方面的影响：①系统水资源状况，包括系统水量转化过程、水量消耗及类型、入海水量等；②水资源开发与利用合理性，包括工程利用效率与供水结构，用水户供需平衡状况，缺水程度与性质，缺水的时空分布和用户分布，各类用户需水的保障程度；③水资源开发利用与生态环境的协调程度，包括流域水循环稳定程度、河流功能是否可以维持、地下水是否持续减少、水质是否恶化；④水资源的其他利益状况，比如水力发电、航运、旅游景观等非耗水型用户的经济效益和社会影响。针对上述要求，调控模式应符合以下要求。

1）流域水量平衡方面，应控制用水消耗，提出用水总量和效率控制要求。以流域可消耗水量为基准，通过对流域自然 ET 和人工 ET 的划分，分析不同类型用水区域的允许消耗水量和控制断面下泄水量，控制取水总量，向提高水循环利用率和提高非常规水源的方向转变。

2）在水资源供需方面，应开源与节流并举，引导区域经济社会发展适应水资源条件。从依靠工程措施的外延型扩大供水规模为主，转变到依靠管理措施，提高用水效率的内涵性挖潜为主。农业从单纯扩大灌溉面积满足粮食需求到调整农林牧供水结构的转变，实现从传统的灌溉农业到设施化现代节水农业的转变；城市与工业供水方面，应实现从单纯扩大供水规模，到调整产业结构和加强水资源需求管理的转变。针对强化节水后必要的需求增长提供高质量的供水保障。

3）水能开发和航运开发方面，考虑水能和水运的可替代性，在优先保障供水尤其是生活供水功能的同时，考虑水能、水运目标结合，增加综合效益。

4）水生态维持改善方面，避免不可逆破坏，尽可能满足适宜需求。从以经济供水为主转变为经济生态兼顾。优先保障最低生态需水，适度保障维持地下水适宜水位、维持河道生态基流、维持湖泊湿地适宜水面面积、保持河道泥沙冲淤平衡、维持城市水环境景观等生态环境的用水需求。通过水网调控尽可能满足生态用水节律，提高水资源的生态服务价值。

5）水环境保护治理方面，守住环境底线，促进量质一体化调控。将水环境作为水循环的伴生过程进行统一模拟分析，通过对流域水循环过程和控制断面水量水质过程的分析，提出污染物产生量、污染源入河控制量、污染物传输过程削减量与末端治理等全过程的控制性指标。

6）洪涝应对方面，确保水系空间，增强水系通达能力，强化微观水网疏导能力。流域防洪仍然要以自然水系格局为主，确保必要的行洪空间，主动适应洪水规律调整生产力布局全面降低洪灾风险。在城市和灌区加强排水能力，加强对高密度人类活动区的保护。

7）水治理投资方面，应均衡投入产出效益比，提出与经济社会发展速度适应的投资，权衡必要的保障需求，提出各类决策的实施时序与组合。

水网对水资源的保障作用涉及多类因素，是大尺度多目标竞争协调关系条件下的决策。因此，不同决策层、不同区域、不同部门和群体不同的决策偏好下都会反映到调控决策要求中，成为多目标多层次群决策。不同决策信息的来源包括经济社会的发展约束与增长需求、生态环境保护需求、区域发展的政策约束、水治理的投资来源等多个方面。

由于各类目标相互关联，实际分析中尚难以通过解析方式直接建立相互关联的总体目标函数表达。因此，需要采用系统分析的方法，对各项目标分解分析，再根据效益转换关系进行叠加。分析一般是针对不同的方案集提出调控结果，进行方案对比分析优劣，同时按照方案之间的效益转换关系建立不同目标的综合效益目标汇总，通过综合评价提出较优的方案。

在资源、经济、社会、生态、环境五维决策机制中，流域水循环稳定和可再生性维持、生态系统修复是保障和支撑经济社会发展的前提，是方案设置首先需要考虑的因素，在此基础上再考虑经济社会发展、社会稳定、环境友好等因素，因此调控具有层次性。第一层次是水循环系统的再生性维持，包括各类水量平衡的合理性，涉及资源维和生态维；第二层次是经济社会发展模式，包括经济规模、产业结构、粮食安全、环境质量等表征经济社会发展质量的因素，涉及经济维、社会维、环境维；第三层次水资源保障能力和治理水平，包括水源的开发囤蓄传输处理的能力以及用户用水效率，涉及资源维、经济维。

随着水网规模和复杂性的增加，其服务功能增多、目标间的关联性增强，且存在区域差异。因此，水网调控目标和方案应因地制宜，可以根据实际需求选择供水、灌溉、防洪、排涝、发电、航运、生态环境保护、观光旅游等不同目标组合，提出适应需求的调控方案分析。

9.4.4 调控决策的发展方向

9.4.4.1 水网调控智能化改进

水网调控决策是一个大系统复杂决策问题，有待进一步深入研究。电网建设在我国相对比较早，已经形成全国整体的电网，在世界范围内也具有领先水平。因此，在分析水网与电网异同的基础上，可借鉴电网的层次架构和管理运行模式研究水网调控决策的方向。我国电网的发展，经历了从中压电网、高压电网到超高压电网，再到特高压电网的发展历程。随着电网电压等级的提高，网络规模也不断扩大，已经形成了六个跨省的大型区域电网，即东北电网、华北电网、华中电网、华东电网、西北电网和南方电网。为了实现更大范围的能源资源优化配置，在六大区域电网的基础上展开了全国联网工作。1989 年投运的 ±500kV 葛沪直流工程，实现了华中与华东电网的互联，拉开了跨大区联网的序幕，逐步形成国家电网。目前智能电网建设也逐步深入到广大人民群众生活中，取得了突出成就。

作为国家基础设施建设，电网从分散的局部网逐步推进国家电网的过程可为国家水网建设和运行提供参考。国家水网也必将从基础设施建设逐步向高效智能调控和科学管理转变。一方面，电力资源具有资源的稀缺性、可调配性以及时空分布的不均匀性，与水资源有相似性。另一方面，水资源具有典型的量质双重属性、非线性和不确定性、调配时滞性、水量过多和水质超标的灾害性等，与电力资源存在显著差异。这些因素和属性对于理解和构建水网都起着十分重要的作用。

对比电网的发展历程和现状，信息化、智能化程度低已成为现代水网建设最突出的短板，实现水网的智能化调控是未来水网调控发展的重点方向。

智能水网是将各类水流调控基础设施组成的水物理网、数据采集汇集与应用分发的水信息网、调控决策人群与体制机制组成的水管理网融合，形成“三网合一、一网多能”的新一代水利基础网络体系，在基础设施上具有连通性、系统化特征，在信息获取上具有可测控、智慧化特征，在管理决策上具有安全性、高效化特征。智能水网建设通过将涉水工作的物理基础、信息体系和决策系统整合，构建防洪减灾、供水保障、生态维持、环境进化、发电航运等水利主要职能统筹的综合载体，提升水安全保障能力和水资源利用效能，更好发挥其资源保障作用。

要推进国家水网智能化改造。充分运用物联网、大数据、人工智能、区块链等新一代信息技术，加快智慧水利建设。一是加强水安全监测体系建设，优化水文等监测站网体系布局，完善大江大河及其重要支流、中小河流、中小型水库等监测体系，提升水安全智能监测感知能力。二是完善水利信息化基础设施，推进水利工程和新型基础设施建设相融合，加快水利工程智慧化、国家水网智能化，建设国家水网大数据中心和调度中心，加强数字流域建设。三是推进涉水业务智能应用，提升信息整合共享和业务智能管理水平。

9.4.4.2　水能水运资源的综合开发

水能资源作为一种清洁的可再生资源，以水资源作为能量载体，在利用的过程中还可多次循环重复利用，在世界范围内都具有非常高的环境效益和经济价值。在世界范围内，水能资源分布广泛，但是全世界不到 30% 的水能资源得到了利用开发，尚未开发利用的水能资源大部分位于发展中国家。

我国范围内蕴藏的水能资源量居世界第一位，理论蕴藏量 6 万亿 kW · h/a，是考虑技术经济可行性条件下我国现有能源中唯一可以大规模开发的可再生能源。同时，抽水蓄能是目前最广泛实用的大规模储能技术之一。随着我国能源体系逐步向清洁低碳、安全高效的方向转型，抽水蓄能作为解决风能和太阳能发展瓶颈、促进风光电能消纳的大规模储能设备，目前具有良好的竞争优势，需要在水网建设中重点考虑。

受地形影响，水能资源分布对于水资源更为不均衡约 70% 分布在西南三省一市和西藏自治区，其次是黄河和珠江的上游。在水网建设中应加大对水能资源利用的考虑，同时兼顾水能开发和水网建设中的环境问题。

在水运方面，水网建设应结合国家立体交通体系的总体规划部署，以高等级内河航道建设为中心，加强必要的内河水运体系连通和能力提升。以长江、珠江水系为中心，通过湘桂运河通道、赣粤运河通道、平陆运河通道连通长江、珠江等高等级航运水系，构建贯穿区域内河水运体系。逐步提升淮河、黄河下游、海河下游与京杭大运河水系的连通功能，将水量配置与内河航运功能尽可能结合，构建以高等级航道为主干、连通其他航道的内河航道体系。

参 考 文 献

保罗 · 萨缪尔森. 2013. 经济学 . 北京：商务印书馆 .
曹寅白，甘泓，汪林，等. 2012. 海河流域水循环多维临界整体调控阈值与模式研究. 北京：科学出版社.
尚晓援 . 2001. “社会福利”与“社会保障”再认识 . 中国社会科学，(3)：113-121.
王浩，秦大庸，王建华. 2002. 流域水资源规划的系统观与方法论. 水利学报. 33 (8)：1-6.
王浩，游进军. 2016. 中国水资源配置 30 年. 水利学报，47 (3)：265-271，282.
王建华，赵红莉，冶运涛. 2018. 智能水网工程：驱动中国水治理现代化的引擎. 水利学报，49 (9)，

1148-1157.
薛绍斌. 2007. 论“资源配置”与我国社会主义市场经济体制的抉择. 党史博采（理论），(5)：33-34.
游进军，甘泓，王忠静. 分层水资源网络及其应用. 水利学报，2007，38（7）：724-731.
游进军，甘泓. 2013. 水资源系统模拟技术与方法. 北京：中国水利水电出版社.
游进军，蒋云钟，杨朝晖，等. 2022. 水资源配置安全保障战略研究. 北京：科学出版社.

第10章
水网与灾害应对

10.1 水旱灾害形成的自然与社会背景

10.1.1 季风气候和地形地貌是独特的自然背景

我国幅员辽阔，气候多变，地形地貌复杂多样，南北方、东西部差异都很大，成为水旱灾害形成的独特自然背景。

（1）气候特点

我国地处中纬度地区，位于欧亚大陆的东部、太平洋的西岸，加上青藏高原的影响，季风气候异常明显。我国气候冬干夏湿，降雨主要集中在夏季，这时来自太平洋的东南季风和来自印度洋的西南季风水汽充沛，气候湿热多雨，雨热同期，水稻可以种植到黑龙江。冬天，从西伯利亚和蒙古高原吹来的偏北气流，水汽不足，从西北向东南逐渐减弱，导致气候寒冷干燥。受季风影响，降雨量时空分布不均，一年中有明显的汛期和枯水期，年际分布也不稳定，相当一部分地区非旱即涝，旱涝交替。

随着季风的进退，我国雨带的出现和雨量的大小具有较明显的季节变化，暴雨通常是诱发洪水灾害的直接因素。一般，6月以前雨季在华南地区形成；6月中旬至7月中旬，降雨区北移至长江中下游，江淮地区梅雨季节开始，大范围连续性降水是这一时期的主要特征；7月中旬以后，降雨区北上至淮河以北，华北地区进入“七下八上”的雨季盛期，暴雨频繁发生；8月下旬以后，降水区南撤，逐渐减弱。另外，我国夏季还常受到热带气旋影响，所挟带的狂风和暴雨，也往往会造成江河洪水暴涨和沿海风暴潮。

（2）地形地貌

我国地形地貌复杂，地势多起伏，对水旱灾害的发展过程有深刻的影响。由于我国地势西高东低，自西向东按高程呈三级阶梯分布。最高的一级阶梯是青藏高原，海拔为4000m以上，为世界上海拔最高的高原，素有“世界屋脊”之称，南缘为喜马拉雅山，珠穆朗玛峰为世界第一高峰，是来自印度洋暖湿气流的巨大屏障，这一地区降水稀少；第二级阶梯在青藏高原以北和以东，海拔在1000～2000m，高原与盆地相间分布，主要有黄土高原、云贵高原、内蒙古高原以及四川盆地、塔里木盆地、准噶尔盆地等大高原和大盆地组成，年降水量较第一级阶梯显著增多；第三级阶梯是由海拔1000m以下的丘陵和200m

以下的平原组成，包括东北平原、华北平原、长江中下游平原、珠江三角洲等，这一区域季风活动频繁、受水旱灾害影响较大。

我国山脉与山间的高原、盆地、平原等纵横交错，形成的网格状地貌组合，影响了水汽输送，使我国降水分布具有大尺度带状的特点。东西走向的山脉，如天山山脉阻挡了来自西北大陆的水汽，秦岭则是我国南方和北方气候不同特点的分界；南北走向的山脉，如横断山脉阻挡了来自孟加拉湾的水汽东扩，西侧降水更丰富；东北至西南走向的山脉，如太行山拦阻了来自东南方海洋的水汽，降水量较多，且易形成暴雨中心。

（3）河流发育

河流发育受我国地形地貌和季风的影响较大。在我国西北干旱地区和青藏高原内部，海洋水汽不易到达，干燥少雨，但受高山冰雪融水补给等因素影响，形成一些内陆河流，如著名的塔里木河、伊犁河等。而在三大阶梯之间的交接地带，则发育了我国众多的外流河，长江、黄河、澜沧江、雅鲁藏布江等一些大江大河发源于第一级阶梯的青藏高原东部、南部边缘，其中位于我国青海省南部玉树、果洛等地的三江源地区是长江、黄河和澜沧江（国外称湄公河）的源头汇水区，有“中华水塔”美誉，长江总水量的25%，黄河总水量的49%和澜沧江总水量的15%都来自这一地区；在大兴安岭—冀晋山地—豫西山地—云贵高原一线的第二级阶梯东缘，发源有黑龙江、辽河、海河、淮河、珠江等著名的河流；鸭绿江、沂沭河、钱塘江、闽江、珠江支流东江和北江等次一级河流发源于长白山—山东丘陵—东南沿海山地一带的第三级阶梯，但这些河流流域降水量丰沛，洪水发生频繁。受我国地形西高东低的影响，外流河大都自西向东流，与季风和雨区的东西向移动基本一致，因此往往同一流域上下游洪水叠加造成洪峰流量大。

据统计，我国流域面积在100km^{2}以上的河流有5万多条，按照河流水系划分，分为长江、黄河、淮河、海河、松花江、辽河、珠江等七大江河干流及其支流，以及主要分布在西北地区的内陆河流、东南沿海地区的独流入海河流和分布在边境地区的跨国界河流，构成了我国河流水系的基本框架。

10.1.2 人多地少和人水争地是关键的社会问题

我国人口众多且分布不均，东部沿海地区多，西部内陆地区少，中国地理学家胡焕庸在1935年提出的一条划分我国人口密度的对比线，即著名的胡焕庸线，与400mm等降水量线基本吻合，是中国半干旱区与半湿润区的分界线，同时也与地形地貌、社会经济文化的分割线均存在某种程度的重合。据统计，目前约43%的国土、94%的人口和96%的GDP分布在胡焕庸线的东南侧，包括我国第三级阶梯海拔1000m以下的丘陵和200m以下的平原，这些地带夏季风活动频繁、降水量丰沛、经济发达、人口密集，是我国重要的工农业基地，由于人多地少和人水争地，一方面水资源储备不足，另一方面洪水没有出路，是受水旱灾害威胁最大的地区。

在我国受洪水威胁的防洪区内，有长江中下游的长三角地区，受珠江水系影响的粤港澳大湾区等，这些地区经济高度发达，洪涝灾害也高发，严重制约了社会经济发展。特别是我国七大江河中下游和沿海平原，土地肥沃，集中了全国约1/2的人口、1/3的耕地和

3/4 的 GDP。当前，我国城镇化率越来越高，由改革开放以前的 17.9% 发展到 60.6%，经济社会发展侵占了河道、湖泊、湿地等大量的蓄洪空间，导致江湖对洪水的调蓄能力削弱，洪水的威胁更加突出。近年来，很多地方倡导沟域经济，以山区自然沟道为单元，挖掘生态产业资源，旨在推动美丽乡村建设、提高农民收入。

10.2　水网与干旱灾害应对

10.2.1　历史典型干旱灾害事件

我国的季风气候和三级阶梯地形地貌，导致降水不均且变率较大，干旱和洪涝灾害频发，而干旱发生更为频繁，影响更为深远。

从公元900 年后的1000 多年来，发生持续时间在3 年以上干旱区域覆盖4 个省区以上的重大干旱事件共有 989 ~ 991 年（北宋）、1209 ~ 1211 年（南宋）、1370 ~ 1372 年（元末）、1483 ~ 1485 年（明）、1585 ~ 1590（明）、1637 ~ 1646 年（明末）、1784 ~ 1787 年（清）和 1876 ~ 1878 年（清）、1928 ~ 1932 年（民国）、1942 年等 10 余起。中华人民共和国以来，我国的重大干旱年份有 1959 ~ 1961 年、1972 年、1978 年、1997 年、2000 ~ 2001 年、2003 年、2006 年、2009 ~ 2010 年、2019 年、2002 年等。

10.2.1.1　典型干旱灾害事件

（1）明崇祯末（1637 ~ 1646 年）全国大旱

1637 ~ 1646 年大旱遍及全国，1637 年干旱始于陕西北部，主要出现在华北和西北地区，1638 年开始向南扩大到苏、皖等省，1646 年终于湖南，旱区覆盖黄河、海河、淮河和长江流域的 15 个省区，重旱区出现在黄河、海河流域，多数地区持续4 ~ 8 年。据文献记载估计，明崇祯大旱自然变异非常明显，1637 年、1639 年、1640 年和 1641 年华北地区年降水量不足 400mm，5 ~ 9 月降水量不足 300mm，比常年偏少 3 ~ 5 成。其中，1640 年和 1641 年旱情尤其严重，年降水不足 300mm，5 ~ 9 月降水 200mm 左右，禾苗尽枯、庄稼绝收，山西汾水、漳河枯竭，河北九河俱干，白洋淀干涸。

由于旱情严重，多数地区在 1640 年和 1641 年出现了淀竭、河涸现象。各地干旱的持续年数大都在 4 ~ 9 年。在干旱初期，即 1637 年，仅少数地区有庄稼受旱和人畜饥馑的现象。1638 年，旱区向南扩大到苏、皖等省，大部分地区有庄稼受旱、人畜饥馑的现象，个别地区有人相食的记载。到了干旱的第四、第五年，即 1640 年和 1641 年，旱情加重，禾苗干枯、庄稼绝收，山西汾水、漳河都枯竭了，河北九河俱干，白洋淀涸，淀竭、河涸现象遍及各地，人相食的现象频频发生。陕、晋、冀、鲁、豫严重的干旱还伴随着蝗虫灾害和严重的疫灾，使灾害更趋严重。河南“大旱蝗遍及全省，禾草皆枯，洛水深不盈尺，草木兽皮虫蝇皆食尽，人多饥死，饿殍载道，地大荒”；甘肃大片旱区人相食；山西“绝粜罢市，木皮石面食尽，父子夫妇相剖啖，十亡八九”。干旱第六、第七年，即 1642 年和 1643 年，各地旱情才略有缓和，灾情相对减轻。

明崇祯（1628～1943 年）年间，明朝外有清兵临境，内有连年旱灾，导致了经济全面崩溃，并激发了社会动荡。陕西关中地区暴发了李自成、张献忠农民起义，1644 年起义军攻入北京，明朝灭亡。

（2）清光绪初年（1876～1878 年）“丁戊奇荒”

光绪初年，中国北方发生了一场严重的大旱灾。从光绪二年（1876）到光绪六年（1880），大灾几乎遍及北方晋、豫、陕、冀、鲁等五省，并波及苏、皖等省的北部，受灾面积达 77.7 万 km^2。由于此次大灾以光绪丁丑、戊寅两年的灾情最烈，故论者习称之“丁戊奇荒”；其中又因晋、豫二省受灾最严重，又常被人称为“晋豫奇荒”。

1876 年旱区主要在长江干流一线以北地区。华北受灾地区旱情较重。北京、天津及河北“自春到夏亢旱异常，黍麦枯萎，麦无收，秋禾未种，饥民遍野，并伴有疠疫及蝗灾；山西全省重灾，亢旱歉收，灾民生计艰难；山东全省春旱严重，胶东地区春夏大旱，部分麦田颗粒无收，粮价日增，民食艰难；河南全省春夏连旱，灾情严重，通许饥民死而填沟壑者居十之二三，宜阳灾民断炊，牲畜杀绝，吃树皮杂草，太康、正阳等地大旱，池塘沟港无水”。陕西大部地区夏秋大旱，歉收，冬麦多未下种，播复枯萎。辽宁锦州、绥中、义县、兴城等地春夏连旱；黑龙江三姓（现为依兰县）和珲春等地二麦抽穗之际，未雨亢旱，收成仅止三分。内蒙古鄂尔多斯春夏连旱，部分禾苗枯黄。安徽定远、亳州、宿县等多处大旱，涡阳自春徂夏旱魃为灾，赤地如焚；江苏南北部多处夏旱严重，浙江萧山夏大旱，河底涸露。云南北部大理等地夏旱；四川大部干旱，金堂、乐山、简阳夏旱，苗槁。

1877 年为极重干旱年，旱区主要分布在华北、西北、内蒙古、华东和西南五个地区。该年是南北方大面积干旱而以北方为最严重的干旱年份。山西入春后，雨泽愆期，自夏徂秋，天干地燥，赤地千里，禾苗枯槁，受灾八十二州县，饥民达五百余万，饿殍盈途，晋中二十五个州县均有人相食记载，为百年未有之奇灾；河南全省特大旱年，春久旱荒，夏秋又大旱无禾，三季未收，秋冬大饥，受灾八十余州县，饥民五六百万人，草根树皮剥掘殆尽，新安、修武、获嘉、辉县、新乡、林县、武陟、郑州、汝南等地均有“人相食”记载；北京夏旱蝗；天津被旱歉收三分；河北武安春夏亢旱，滦县、唐县、获鹿（现为石家庄市鹿泉区）等地夏大旱，无极等地夏秋亢旱，新乐等地秋冬大旱，全省各季都有旱情，不少州县禾稼俱伤，秋禾不登，大旱无禾，井径、元氏、定县有人相食的记载；山东中西部大面积干旱，临朐、德平、济宁春旱，邹县、郓城春夏旱，冠县、莘县秋旱，寿张等地夏秋旱，旱无麦，秋歉收。内蒙古包头春夏旱，伊盟（现鄂尔多斯市）夏秋旱，乌盟（乌兰察布盟）、巴盟（现巴彦淖尔市）旱情较重，禾苗枯黄，鄂尔多斯受灾，清水河全县无收。西北陕西、甘肃、宁夏大部，青海东部旱情较重，甘肃临泽四月旱，灵台夏六月旱，夏麦、秋禾歉收；陕西全省极旱，咸阳等地历冬经春及夏不雨，赤地千里，民失种，大饥，人相食，灾情为百年未有。西南的云南、四川灾情也较严重，四川众多州县夏秋大旱，赤地千里，道殍相望，饥死者沿街塞路；云南上年雨泽稀少，入春后久不得雨，豆麦歉收。该年苏、皖、鄂、湘部分地区亦出现旱情。”

1878 年全国为偏重干旱年份。旱区主要分布在华北、西北、内蒙古及华东和华南的部分地区。“京师春旱严重，昌平自春徂夏不雨；河北邯郸春旱甚，大名春夏旱，民有饿死者，青县（现沧州市）、望都（现保定市望都县）大旱民饥，草根树皮刮掘殆尽；山西全省经上年奇旱后，冬春间仍无雨泽，春荒极重，临汾、乡宁、曲沃等州县大旱，人相食，忻州岢岚春饥民沿途死无归，豫西春夏大旱，豫北、豫东上年旱后又接春旱，麦尽枯，灾民流亡载道，许州、偃师、博爱等九州县人相食，偃师连续十八个月少雨，伊、洛河断流，五谷不登；山东北部旱，德州五月大旱，阳谷春旱，野有饿殍。陕西全省旱，西安、宝鸡、渭南等10个州县发生重旱，其中兰田、泾阳、陕县等地六月中旬后亢旱弥月，禾苗枯槁，人食树皮槐叶殆尽，人至相食；宁夏固原、青铜峡等地出现重旱；青海湟中旱灾；甘肃南部秋冬不雨。内蒙古包头、乌盟等地干旱，禾苗枯黄，收成无望”。东北黑龙江西部，西南川、滇和华东苏、浙等部分地区也出现旱象。

（3）1928年、1929年大旱

这次大旱的重旱区主要分布在甘肃、宁夏、陕西、山西及河南西部、青海东部、四川北部和湖北西部及湖南中部地区，广西、安徽部分地区也出现重旱。

据史料记载，1928年干旱，山西晋南自春到秋无雨，夏秋庄稼歉收，粮价飞涨，民众断粮。河南省自春至夏少雨，夏歉收，秋枯槁，旱后又蝗，收成大减。甘肃全省被灾，夏禾枯死，秋田不能播种，灾民多达250多万人，哀鸿遍野，积尸梗道，人相食。1929年由于连旱，灾情更加严重。山西临县李家湾村树皮草根剥完；祁县荣河夏秋俱无收，昔阳、平遥、介休、绛州赤地遍野。陕西全省88县，夏秋颗粒无收，饥饿死亡250万人，饥殍载道。河南灵宝、卢氏、陕县、洛阳、宜阳、延津、封丘等县收成锐减。甘肃58个县大旱，入春后，树皮革根食之以尽，十室九空，年底灾民456万人，死亡230万人，其中死于饥饿140万人，死于病疫60万人，死于匪害30万人。

1928年、1929年大旱期间，在南方旱区，1928年2月~10月除个别月外，降水量均低于常年降水，春、夏、秋连旱也比较严重，1929年降水基本恢复正常，未出现连年旱的情况。

（4）1942年大旱

1942年为全国极重干旱年份。旱区主要分布在东北地区北部和西南部、华北地区大部、西北地区东部、内蒙古中东部，以及华东、西南和华南部分地区。东北黑龙江北部轻旱；吉林双辽、长岭、公主岭和四平等地发生较重旱情；辽宁锦州、鞍山、铁岭等一线以西发生夏旱。华北天津春旱；北京春夏旱，旱情较重；冀东春缺雨，青苗枯槁，冀中南平原区旱情重；山西中南部灾情较重，运城、晋城冬无雪，春无雨，旱蝗并灾，长治四月至六月无雨，收成大歉，饥者众；河南全省旱灾极重，豫西、豫东春夏大旱，豫北、豫南春夏秋大旱，二麦歉收或无收，秋禾无望，该年饿死300万人，流亡300万人，濒于死亡边缘等待救济者达1500万人；山东大部受旱，临朐、淄川和泰安春夏旱，德州春夏秋旱，聊城150天少雨，小麦大部绝收。西北甘肃57个县受旱，东南部旱情较重，天水、定西和平凉等地区夏秋收大歉，民饥；宁夏中南部固原等十余县受旱；陕西全省旱，以西部宝鸡、咸阳和汉中地区春季旱荒较重。内蒙古巴彦淖尔盟发生卡脖旱，哲里木盟（现为通辽市）秋旱，嫩江科右中旗春夏秋旱。华东江苏中北部和皖北夏大旱，禾苗枯死，皖南和湖北大部出现旱象，湖北郧阳、襄阳、枣阳、南漳、光化各县旱灾严重，西南川东、筠连、长寿入夏后炎旱四十余日，低田龟裂，秋收欠；贵州大部受旱，铜仁六月至九月和遵义八月至九月亢阳，禾枯萎。华南广西北部、禾苗孕穗时遇旱，福建东南部亦发生旱象。

（5）1959～1961 年大旱

1959～1961 年，在我国历史上称为“三年困难时期”，这三年里，发生了局地洪水和大范围干旱。其中，干旱的持续时间最长，造成的损失也最大，使农业生产大幅度下降，市场供应十分紧张，人民生活十分困难。

1959 年 6 月以前，干旱主要发生在黄河以北地区。上半年 6 个月，河北和东北三省总降水量比常年同期偏少 2～4 成。春播期间，辽宁省西部、辽东半岛大部分地区连续 40～50 天没有降雨，严重影响播种和出苗。吉林省西部和南部长白山一带因旱小河断流，松花江水源濒临枯竭，丰满水库发电缺水。夏秋两季，干旱带向南移动，黄河中下游和长江中下游主要农业区旱情重。其中 7 月、8 月两月许多地区的降水量不到常年同期的 1/4，发生了几十年少有的伏旱。河南、山东、安徽、江苏、河北、湖南、陕西、四川、山西等地为旱情最重的地区，淮河、长江出现历史上最低水位。8 月下旬开始，黄河中下游、长江下游和东南沿海先后降雨，但河南、湖北、四川、陕西等省旱情仍持续。9 月中下旬至 11 月，华南广大地区又发生严重秋旱，部分地区直到 12 月中旬才缓解。

在 1959 年大范围重旱的基础上，1960 年继又发生春夏连旱，受旱范围广，持续时间长，灾情更为严重。河北、河南、山东、陕西、内蒙古、甘肃、四川、云南、贵州、广东、广西、福建等省（自治区）遭遇春夏两季连旱。江苏、安徽、浙江、湖北、湖南、江西等省的部分地区发生夏旱。干旱持续了 6～7 个月，其中河北省许多河流因旱断流，永定河河北段及潴龙河断流 5 个多月，子牙河及滏阳河衡水以下河道，从 1959 年 11 月开始，共断流 9 个月。山东省旱情最严重期间，境内的汶河、潍河等 8 条主要河流全部断流，全省成灾面积占受灾面积的一半。

1961 年，全国大部分地区降水仍比常年偏少，对农业生产的影响可谓雪上加霜。入春后，华北、西北东部和东北西部风多雨少，山东、河南、河北、山西、陕西、内蒙古、辽宁等省（自治区）先后发生了不同程度的春旱。江淮地区的梅雨期开始于 6 月初，6 月中旬就结束，历时短、结束也早。6 月中旬开始到 8 月底大部分地区降水量比常年同期偏少 4 成以上。淮河及各支流月平均流量比往年平均流量明显偏少。

总体来看，1959～1961 年连续 3 年受旱，对国民经济造成十分严重的影响。

（6）1972 年华北大旱

1972 年是全国大范围、长时间严重干旱少雨的一年，重旱区主要在海滦河、黄河流域。除黑龙江、新疆外，北方大部分地区春季干旱少雨，入夏后又持续干旱，形成春夏连旱。旱情严重的海滦河流域，年降水量比多年平均值偏少 20%～40%；黄河流域年降水量偏少 22%，春季偏少 2～5 成，汛期偏少 3～5 成。在受旱省份中，尤以河北、山西两省受旱最重。河北省 1972 年降水量仅为 351mm，较常年偏少 34%；春夏季较常年偏少 43%，连续无雨日数一般超过 50 天，最多长达 3 个月无雨。山西省年降水量为 354mm，较常年偏少 31%，春夏秋季连旱。北京市和内蒙古自治区的旱情也十分严重。北京市年降水量为 431mm，较常年偏少 29%，其中春季偏少 8 成。该年海滦河山区天然年径流量为 98.4 亿 m^3，比常年减少 56%，是 1949 年以来径流量最少的一年。山西省全省天然径流量为 64 亿 m^3，为多年均值的 56%，属特枯水年。由于来水减少，小水库和塘坝大部分干涸，一些大型水库，如永定河官厅水库、滹沱河岗南水库不得不挖掘死库容，使水库长期在死水位以下运行。严重干旱造成浅层地下水位普遍下降，一般井水位下降3～5m，衡水地区1972年6月地下水位最大下降6.9m，引起机泵出力下降和环境地质问题。济南以下黄河断流20天，河道断流长达310km，入海流量减少39%，是黄河下游现代自认连续断流的第一年。

据统计，1972年全国农作物受旱面积为4.6亿亩，占全国播种面积的20.8%，成灾面积为2.04亿亩，占播种面积的9.2%，损失粮食1367万t。其中，重灾区的黄河流域，受旱面积为6555万亩，受灾人口为1750万，因旱粮食损失229.3万t，分别占同地区播种面积、农业人口、正常产量的31.2%、28.6%和11.4%；海滦河流域受旱面积为6120万亩，受灾人口为1372万，因旱粮食损失303万t，分别占同地区播种面积、农业人口、正常产量的34.8%、19.0%和11.1%。

河北省受旱面积为4048万亩，其中减产30%～50%的有1685万亩，减产50%～80%的有698万亩，绝收面积有114万亩。全省因旱粮食损失192.3万t，减产率为14%，其中夏粮38.4万t，秋粮153.9万t，棉花减产6421万kg。全省受灾人口共计1178万，山区有100万人吃水困难，有些牲畜渴死。山西省受旱面积为3195万亩，全省93个县中有81个县成灾，其中重灾县46个。天津市受旱面积为388.9万亩，成灾面积为298.2万亩，全市粮食总产量较1971年减产34.7%。

（7）1978年江淮大旱

1978年，我国遭受了大范围的严重干旱，长江中下游、淮河流域大部发生严重的夏伏旱，北方大部分地区发生严重的春夏连旱。

入春后，北方大部分地区降水偏少，旱象露头。4月持续少雨，气温偏高，风大风多，旱情迅速发展。至4月底，全国16个省（直辖市）受旱面积已达40 600万亩，其中小麦等夏粮作物受旱17 900万亩，黄淮海地区小麦受旱面积约占全国总数的80%，不少地区土壤含水量降到10%以下。5月冬麦区的降水缓解了部分地区旱情，西北地区旱情基本解除。河南的安阳、新乡，冀南、鲁西持续时间较长。河北、山西等省的部分地区遭遇春夏连旱，旱情严重。南方部分地区春季降水偏少，苏、皖、鄂、川、云、贵等省出现旱象。淮河流域大部和长江中下游部分地区，夏季高温少雨，干旱持续3～5个月，形成夏秋连旱。

豫北以及晋、陕、宁、鲁等省（自治区）的大部地区，年降水量较常年偏少2～4成，其中，冀南、豫北只有300～400mm降水，比常年偏少3～4成，江淮之间大部一般有450～700mm，也比常年减少3～5成。皖、苏、沪、浙、赣、湘、豫、陕、川九省（直辖市）的部分雨量站年降水量为近30年的最小值。长江中下游大部地区夏季降水量只有100～300mm，比常年同期偏少3～7成，其中鄂东北、皖北、苏南、沪以及浙北地区降水量不到200mm，比常年同期偏少6～7成。

1978年1～10月，长江中下游和淮河的水量为有水文记载以来40～50年的最低值。很多大中型水库蓄水降到死水位以下，大部分塘堰干涸，河溪断流。长江大通站来水量比常年同期少4成左右，南京站水位也长期低于常年1m左右。淮河来水总量为27亿m^3，是有水文记录近60年以来最少的一年。1978年淮河蚌埠闸上来水量，只有多年均值的7%，其中5、9、10、11月蚌埠闸上没有来水，全年关闸控制的时间长达200多天。该年淮河洪泽湖入湖水量为30.4亿m^3，约为正常年的1/10，沂沭泗等入骆马湖水量为26.6亿m^3，比正常年少6成。骆马湖、微山湖一度在死水位以下，而洪泽湖长期在死水位以下。

1978年大旱造成全国受旱面积60 253万亩，成灾面积26 954万亩。重旱区主要在长江中下游、淮河流域大部和冀南。其中长江中下游地区旱情最重。苏、皖、赣、鄂、湘、川等受旱面积为22 900万亩，成灾10 100万亩，受旱和成灾均占全国的38%。江苏省3月中旬至5月中旬全省出现严重的春旱，又遇夏秋连旱，全省受旱面积最大时达4000万亩。安徽省受旱面积为5500万亩，成灾3062万亩，粮食年总产量比上年减产近25亿kg，比计划减产49亿kg。湖北省受旱面积最多时达3200万亩，成灾1924万亩，失收700万亩。

北方的冀、晋、鲁、豫、陕五省受旱面积达22 900万亩，成灾11300万亩，分别占全国总数的38%和42%。其中河南受旱7590万亩，成灾3813万亩，粮食减产5亿kg。

（8）2000～2001年全国大旱

2000年为特大干旱年，我国大部地区降水偏少，发生了1949年以来最为严重的全国性干旱。2001年，全国大范围地区降水量偏少，气温偏高，继2000年后再次发生了严重干旱。

2000年的春旱和夏旱波及北方大部和南方部分地区。2～7月，北方大部、长江流域沿江地区及四川盆地、广西南部等地降水总量比常年同期偏少2～5成，部分地区偏少5～7成，其中内蒙古、辽宁、吉林、河北、山西、山东、甘肃、安徽、湖北、四川等省区的部分地区降水总量是1949年以来同期最小值。全国大部分地区气温较常年同期偏高。高温少雨造成全国主要江河来水量明显偏少，特别是黄河以北地区大部分河流汛期来水总量比多年平均值少5～9成，辽河、黄河中下游汛期来水总量为历史同期最小值。

2000年，全国农作物因旱受灾面积达6.08亿亩，其中成灾面积为4.02亿亩，绝收面积为1.20亿亩，因旱损失粮食599.6亿kg，占当年粮食总产量的12.3%，经济作物损失511亿元，受灾面积、成灾面积、绝收面积和旱灾损失都是1949年以来最大的。新疆、天津、山西、山东、河南等省（自治区、直辖市）因干旱少雨发生了较大面积、高密度的蝗灾。

旱灾对牧业生产也造成巨大损失。内蒙古、河北、吉林、黑龙江、甘肃、青海、宁夏、新疆八省区牧区草场受旱面积一度达到11.70亿亩，占可利用草场面积的65%以上，其中未返青面积达4.96亿亩，返青后枯死面积达3.07亿亩。由于草场载畜能力下降，有4903万头（只）牲畜受到影响，膘情较正常年份下降3～4成，因缺草、缺料死亡90.2万头（只）。

旱情严重期间，全国有2770万农村人口和1700多万头大牲畜发生临时饮水困难。山西省一度有430万人、67万头大牲畜饮水困难，其中300多万人、50万头大牲畜靠异地拉运水维持生存。甘肃省一度有252万人、130多万头大牲畜饮水困难，其中环县罗山乡部分群众拉水往返路程达80km，每立方米水卖到80多元。河北省一度有300多万人饮水困难，仅太行山区就有38万人外出拉水为生，争水、抢水引发的纠纷频频发生。全国有620座城镇（含县城）缺水，影响城镇人口2635万人。天津、烟台、威海、长春、承德、大连等大中城市发生供水危机，不得不采取非常规的节水、限水或远距离调水等应急措施。

2001年旱情主要集中在春夏。就地区而言，主要集中在北方地区和长江流域部分地区。干旱的成因主要为当年发生拉尼娜事件，严重旱情出现在夏粮产量形成和秋粮播种出苗的关键时期。

2001年入春以来全国大部分地区降水持续偏少，北方地区的春旱发展迅猛。5月中旬，华北、东北大部及西北、黄淮局部地区出现旱情，西南地区四川和重庆局部地区连续120多天无降水，旱情尤为严重，1170万亩夏粮因旱灾严重减产，1725万亩水稻和旱地作物因缺水缺墒无法插秧和播种。夏季，长江中下游及江淮大部分地区总降水量比常年同期偏少3～7成，全国旱情持续发展。黑龙江全省作物受旱面积超过6750万亩。四川省发生严重的夏伏旱，受旱面积达3900万亩，占作物播种面积的53%。湖南作物受旱面积发展到1575万亩。湖北有17个市、州普遍受旱，面积达2000多万亩。北方地区发生严重夏伏旱，致使江河来水明显偏枯，多条河流来水之少创历史纪录。辽河干流福德店水文站发生5次断流，断流135天，使该年成为历史上断流时间最长的年份。松花江哈尔滨站2001年7月6日水位为有水文记录以来的最低值。黄河流域2001年汛期来水量为有实测资料以来的最枯值。8月上旬和中旬，长江流域和北方大部分地区连续出现较大范围的降雨过程，旱情逐渐解除。

2001年全国农作物因旱受灾面积为57 858万亩，其中成灾35 547万亩，绝收9645万亩，因旱灾损失粮食5480万t，经济作物损失538亿元，受灾面积是中华人民共和国成立以来的第三位，仅次于1978和2000年，成灾面积和因旱造成的损失，仅次于2000年。

（9）2006年川渝大旱

2006年夏伏期间，重庆大部分地区降水量均比常年平均降水量偏少6～9成，各地日平均气温较常年同期偏高2～3℃，而蒸发量偏多6成到1.8倍；各地35℃以上的高温天数普遍为43～62天，潼南等17个区县40℃以上的酷暑天气达到10～21天，綦江县（2006年8月15日）极端气温达44.5℃，刷新了重庆市53年以来的日极端气温纪录。四川省2006年平均降水量为807mm，较常年偏少16%，其中8月份降水较常年同期偏少54%；夏伏期间，共91个县（市）高温日数创有气象记录以来历史同期极值，有50个站突破历史同期最长高温持续记录。

由于持续干旱，两省（市）境内大江大河水位均低于常年同期水位，中小型河流断流或干涸，水利工程蓄水急剧减少。重庆市近2/3的溪河断流，275座水库水位降至死水位，472座水库、3.38万口山坪塘、近万眼机电井干涸，旱情最严重时期，全市可用水源不足3亿m^3。四川省大旱期间共有14.69万条溪河断流、因旱有1100座小型水库蓄水在死库容以下、10.41万口塘堰干涸。全省水利工程蓄水比往年同期偏少24%，小型水利工程干涸达到61.2%。

重庆市夏旱始于5月中旬，伏旱在7月初露头，夏旱连伏旱，大部分地区总旱天数超过60天，东北部地区超过90天，巫溪县则近100天；夏伏旱覆盖其所辖的40个区县，除秀山、酉阳、石柱为严重干旱外，其余37个区县为特大干旱，影响人口突破2100万人。四川省整个旱期历时半年，从3月上旬一直持续到9月上旬，大部分旱区春旱40～66天、夏旱40~57天、伏旱45~65天；春、夏、伏旱波及21个市州，影响范围达35.8万km^2，其中夏伏旱扩大到盆地中东部、西北部以及盆地南部、川西北高原的139个县（市），影响人口突破4700万人。

川渝特大干旱对两省（市）农业、工业、林业、旅游、人畜饮水、水力电力以及人民生活等方面造成了严重的危害和损失。据测算，旱灾造成两省（市）损失粮食974.7万吨，经济林木枯死465万亩，森林过火面积1.3万亩，造成直接经济损失235.2亿元，企业减少产值115亿元，因旱造成1537.24万人、1632.49万头大牲畜发生临时饮水困难。

重庆市农作物受灾面积为1989.9万亩，成灾面积为1324.2万亩，绝收面积为561.75万亩，因旱损失粮食291.8万t，水果、蔬菜减产30%以上，经济林木枯死335万亩，森林过火面积为1.3万亩，造成直接经济损失超过90.71亿元，其中农、林、牧、渔业经济损失达66.35亿元，因高温、限电、限水等造成企业减少产值45亿元。四川省作物受灾面积达3673.9万亩，成灾面积为2280.5万亩，绝收面积为466.9万亩，因旱造成粮食损失682.9万吨，经济林木枯死130万亩，农业直接经济损失124.5亿元，林业损失近20亿元，工业损失近70亿元。此外，受干旱影响，因坝体干裂等原因重庆市新增病险水库369座，四川省有942座水库大坝出现裂缝。

特大干旱共造成两省（市）1537.24万人、1632.49万头大牲畜临时饮水困难，分别占全国相应值的43.0%和55.6%，有282万群众近1个月时间靠政府送水维持基本生活用水。重庆市1081个乡镇（街道）中有2/3出现供水困难，区县级政府所在地7处，人畜饮水困难数突破800万，占农村总人口的40%左右。四川省因旱有716.85万人、883.71万头牲畜饮水困难。

（10）2009~2010年西南大旱

2009年入秋后，我国西南大部降雨和来水持续偏少，10月份云南省中北部旱象露头，11月份波及全省；12月份，贵州、广西两省区旱情开始显现；2010年2月份，云南、贵州、广西、四川和重庆等五省（自治区、直辖市）旱情日渐严重，并进一步发展加剧；4月初，西南地区旱情发展到高峰，其中云南大部、贵州西部和南部、广西西北部旱情十分严重，达到特大干旱等级，五省（自治区、直辖市）耕地受旱面积达到1.01亿亩，占全国同期耕地受旱面积的84%，有2088万人、1368万头大牲畜因旱饮水困难，分别占全国的80%和74%。

严重干旱造成西南五省（自治区、直辖市）直接经济总损失769亿元，约占西南五省（自治区、直辖市）GDP总数的2%，其中农业直接经济损失333亿元，林业直接经济损失67亿元，工业直接经济损失280亿元，第三产业直接经济损失10亿元，水力发电减少发电量187亿kW·h、直接经济损失49亿元，交通水运直接经济损失18亿元，其他经济损失12亿元。云南省、贵州省直接经济损失分别为478.5亿元、139.6亿元，占全省地区生产总值的7.8%、3.5%，达到特大旱灾等级。广西壮族自治区直接经济损失为106.8亿元，占全省生产总值的1.4%，为严重旱灾等级。四川省、重庆市直接经济损失分别为23.8亿元、20.4亿元，占全省GDP的0.2%、0.4%，为中度旱灾等级。

（11）2019年长江中下游大旱

2019年8月至12月上旬，长江中下游地区及太湖流域及东南诸河区降雨较常年同期少5成以上，库塘蓄水不断消耗，导致长江中下游地区大部、太湖流域及东南诸河区部分地区发生夏伏旱并持续发展为夏秋冬连旱，受旱范围不断扩大，受旱程度持续加剧。旱情主要集中在湖北、江西、安徽、福建、湖南、重庆六省（直辖市）。

湖北省梅雨期间降雨偏少且分布不均，导致随州、襄阳等地旱象露头。梅雨期过后，全省出现历史少见的晴热少雨天气，旱情迅速蔓延，全省除潜江外其他16个市（州）均出现旱情，鄂东、鄂中部分县（区、市）达到重旱或特旱级别，高峰时（8月下旬）共有722.13千公顷农田受旱，其中轻旱面积为462.93千公顷、重旱面积为202.93千公顷、干枯面积为56.27千公顷，18.4万人、2.5万头大牲畜饮水受影响。

江西省7月中旬至年底平均降雨量较常年同期少6成以上，创1961年有气象记录以来同期新低；全省平均无雨日数约为129天，较常年偏多19天，创同期新高；江西省五大河流（赣江、抚河、信江、饶河、修河）控制站水位比多年同期均值偏低，五大河流及鄱阳湖流域27条河44水文站出现有记录以来新低水位，鄱阳湖星子站比有记录以来提前59天进入枯水期。

8月初，江西北部旱情露头，之后快速发展蔓延；9月下旬至12月中旬，全省11市98县（市、区）不同程度受灾，受旱区域几乎遍及全省各地，涉及群众饮水、工农业生产、生态用水各方面。

安徽省2019年降雨严重偏少，尤其是8月中旬至11月中旬，全省平均降雨量仅为80mm、较常年同期少7成，大别山区、江淮东部、沿江江南部分地区少8成以上；大别山区南麓、沿江江南和皖南山区、江淮之间东部连续无有效降雨日66~75天。降雨偏少导致安徽省大、中型水库蓄水总量较常年同期少2~5成，淮河以南小型水库及塘坝蓄水较常年同期少5成以上，有1783座小型水库、841条（段）河道干涸。7月下旬始，安徽淮北部分地区出现旱情并向南发展，7月底扩展到沿淮及江淮之间北部，8月初扩展到长江流域的山丘区，旱情高峰时，受旱面积达333.33千公顷。受201909号台风“利奇马”降雨影响，8月中旬旱情一度解除；9月开始，淮河以南地区出现严重干旱，达到25年一遇至30年一遇，局部30年一遇至50年一遇，淮河以南有45.59万人饮水发生困难。

10月上中旬，湖北、福建、湖南、重庆等省（直辖市）出现降雨过程，加之水稻等作物陆续收割，农业旱情大幅缓解，但江西大部、安徽南部降雨持续偏少，其他四省（直辖市）一些以小溪河、小塘坝、小水库为主要水源的农村小型供水工程水源仍然不足，群众饮水困难情况持续发展。2019年12月中旬至2020年1月上旬，南方旱区多次出现较强降水过程，旱区大部耕地土壤墒情得到明显改善，已断流的部分小河小溪恢复来水，湖泊、水库、山塘蓄水有所增加，再加上旱区各地新建的抗旱应急水源工程发挥重要作用，旱情逐步缓解。

（12）2022年长江流域夏秋连旱

2022年7~10月，长江流域发生了1961年有完整记录以来最严重的气象水文干旱。旱情持续时间长、程度重，给秋粮生产和农村饮水带来严重困难，上海、南昌和武汉等重要城市供水安全一度受到严重威胁，对流域生态以及发电、航运等造成较大影响。

7月，长江上游旱情开始露头，并迅速向中下游发展蔓延。8月中旬旱情迅猛发展，并于8月25日达到旱情高峰，流域耕地受旱面积达6632万亩，有81万人、92万头大牲畜因旱发生临时饮水困难，主要分布在四川、重庆、湖北、湖南、安徽、江西、河南、贵州、江苏和陕西等10省（直辖市）。8月26日至9月上旬，西南、江淮等地出现强降雨过程，四川、陕西、河南、江苏等省旱情解除，安徽、贵州、重庆、湖北等省（直辖市）旱情明显缓解。至10月底，随着秋粮作物陆续收割、群众生活用水通过应急供水措施得以基本保障，流域干旱基本解除，但流域来水、蓄水仍呈偏少态势。

10.2.1.2 重大干旱灾害影响

中华人民共和国成立前，重大干旱灾害不仅给社会经济造成极大的影响，甚至引起了社会动荡和历史变革。具体表现为以下四方面。一是人口的大量非正常死亡，包括死于饥饿、疫病等。清光绪初年大旱，据不完全统计，受灾地区饿死者至少300万人，1928～1932年西北旱灾使陕西全省饥饿死亡250万人，甘肃省死亡230万人，其中死于饥饿140万人，死于病疫60万人，1942年大旱仅河南省饿死、病死的就有数百万人。二是旱灾引发了社会的动荡。如，物价疯狂涨，崇祯十二年大旱期间每石米值银一两，崇祯十三年以后，每石米价格上涨到银三、四、五两不等。道德和人性沦丧，光绪初年大旱期间，社会上出现了“刳肉市鬻，人相食者”，“狡黠之徒杀人而食，鬻人肉于市。案败露，东门外泰山庙查出人肠半甕之多。”甚至在一些地区普遍流传有“光绪三年人吃人”的俗语。再如农民暴动，光绪四年三月，朔州爆发了以熊六为首的农民起义，两三千人的农民军在当地杀富济贫，开仓放粮；四月，北部口外大青山，王活厮等人聚集饥民、游勇在东公旗地等处暴动。三是旱灾还会引发各种次生灾害。例如1640年山西汾水断流，临汾夏季甚至“风霾不息”，即持续性沙尘暴，海河流域各河断流。1641年，陕、晋、冀、鲁、豫等地严重的干旱还伴随着蝗虫灾害和严重的疫灾，河南“大旱蝗遍及全省……”。清光绪初年旱灾结束后，又“疫复大作，厉虐淹缠，连及富室”，大量土地荒芜。根据1985年河南民政厅整理的《历代自然灾害资料汇编》记载，在清代的193次旱灾中，次生蝗灾109次；在民国期间的35次旱灾中，次生蝗灾29次。四是连续数年的大旱，导致经济的全面崩溃，社会矛盾激化，甚至导致朝代更迭。明末崇祯大旱导致大范围的饥荒和疫灾，加上沉重的赋役，民不聊生，农民揭竿而起，陕西关中爆发了李自成、张献忠农民起义，很快席卷大半个中国。

中华人民共和国成立后，水利事业蓬勃发展，抵御旱灾的能力不断提高，水利工程和非工程措施在应对干旱灾害中发挥了重要的作用。“旱死人”以及社会动荡等现象已经一去不返，旱灾的主要影响主要是对农业、人饮、工业、牧业、生活和生态造成损失。根据《中国水旱灾害公报》统计，1950～2021年全国年均因旱受灾面积为$1.98\times10^7hm^2$，年均因旱粮食损失161.42亿kg（图10-1、图10-2）。由于旱灾防御体系建设发挥了巨大作用，2001以来，年均因旱受灾面积下降为$1.58\times10^7hm^2$，但由于农业生产对干旱的敏感性不断加强，同时严重干旱灾害时有发生，对粮食生产造成了较大的影响，例如2000～2001两年连旱、2006年川渝大旱、2010年西南五省大旱。

在因旱饮水困难方面，2001～2021年年均因旱饮水困难人口为1782万人，近10年下降为966万人，近5年下降为538万人，虽然整体呈现明显减少趋势，但年均仍在500万人以上（图10-3）。同时，当遭遇严重干旱灾害时，因旱饮水困难情况也会非常突出。此

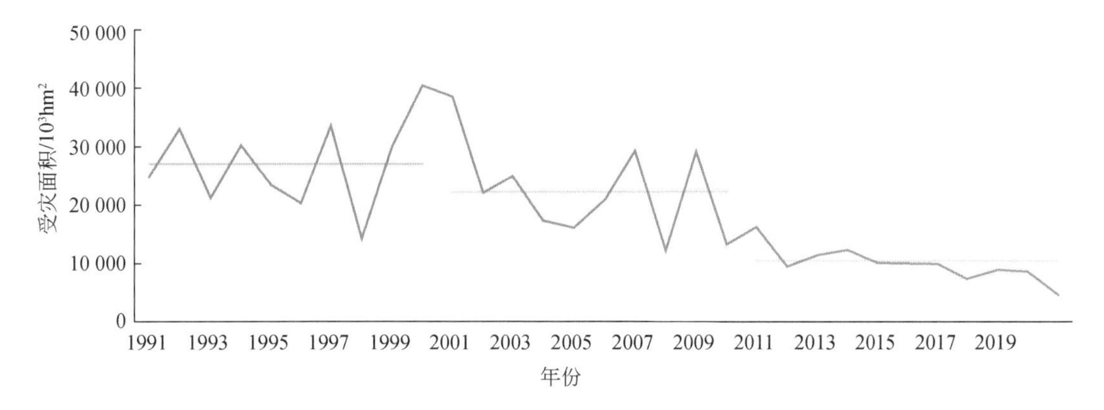

图 10-1　全国作物因旱受灾面积情况

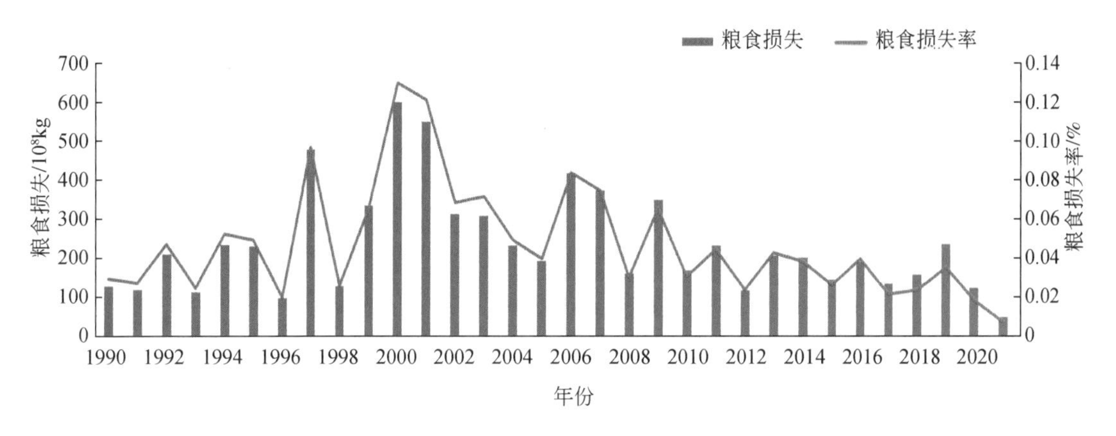

图 10-2　全国因旱粮食损失情况

外，自中华人民共和国成立以来，我国还未发生过历史上的极端干旱，因此在全球气候变化和人类活动影响的背景下，干旱灾害仍是影响我国粮食安全和饮水安全的主要因素。

图 10-3　全国历年因旱饮水困难情况

此外，干旱灾害还会带来广泛且严重的间接损失，主要表现在农、牧业减产；城市（城镇）临时性供水不足；工业原料不足，产值下降；农村副业生产量减少，交易量受到影响；水力发电量下降，对煤、油等燃料的需求大幅度上升；水运运输量锐减，甚至停航；地下水补给量减少，地下含水层趋于枯竭；渔业资源损失；树木枯死，草地森林火险高；河道断流、水环境恶化、土壤沙化、地下水位下降、地面沉降、海水入侵等一系列生态环境问题。

10.2.2 自然水网与干旱灾害应对

10.2.2.1 珠三角网河区

珠江三角洲网河区是指西江、北江思贤滘以下，东江石龙以下，直到三角洲各入海口之间地区，面积为9750km^2，主要水道有102条，河长为1700km。以狮子洋水道为界，珠江三角洲又可分为西、北江三角洲和东江三角洲，两片三角洲网河相对自成体系。西、北江三角洲面积为8370km^2，约占珠江三角洲面积的85.8%，是珠江三角洲的主要组成部分，其河网纵横交错，水流相互灌注，密不可分，是世界上范围最大、最为复杂的网河区域之一。东江三角洲位于狮子洋水道以东区域，以石龙为顶点，通过狮子洋与西、北江三角洲相通，相对自成体系，其面积为1380km^2，约占珠江三角洲的14.2%，以东江北干流和东江南支流（东莞水道）为上下边线，其间河网纵横交错，最后在大盛、麻涌、漳澎、泗盛围等4个口门注入狮子洋水道。珠江三角洲网河区包括广州、佛山、中山、江门、深圳、珠海和东莞等市，是广东省政治、经济、文化的中心地带，亦是珠江流域人口最稠密、工农业生产最发达、经济最繁荣的地区。

10.2.2.2 江南鱼米之乡

江南鱼米之乡是指中国长江三峡以东的中下游沿岸带状平原。西起巫山东麓，东到黄海、东海滨，北接桐柏山、大别山南麓及黄淮平原，南至江南丘陵及钱塘江、杭州湾以北沿江平原，东西长约为1000km，南北宽100~400km，总面积约为20万km^2，主要由江汉平原、洞庭湖平原、鄱阳湖平原、苏皖沿江平原、里下河平原及长江三角洲平原等6块平原组成。

江南鱼米之乡地形的显著特点是地势低平，河渠纵横，湖泊星布，一般海拔在5~100m，但海拔大部在50m以下。中部和沿江沿海地区为泛滥平原和滨海平原。汉江三角洲地势亦自西北向东南微倾，湖泊成群挤集于东南前缘。洞庭湖平原大部海拔在50m以下，地势北高南低。鄱阳湖平原地势低平，大部海拔在50m以下，水网稠密，地表覆盖为红土及河流冲积物。三角洲以北即为里下河平原。平原为周高中低的碟形洼地。洼地北缘为黄河故道；南缘为三角洲长江北岸部分；西缘是洪泽湖和运西大堤；东缘则是苏北滨海平原。

10.2.2.3 太湖下游塘浦圩田

太湖平原河网密布，湖漾众多，且中部低洼四周高起，形成一个以太湖为中心的碟形洼地，拥有水高田低的独特地势。该片区地势低洼，集水量大，且地下水位高，雨季极易内涝。为排除水患，太湖流域先民开挖土方、竹木围篱，创造了位位相接、棋盘化的水利系统——塘浦圩田。它将浚河、筑堤、建闸等水利工程措施统一，自然河道与人工河道紧密联系在一起，形成了防洪、排涝、灌溉、航运、抗旱为一体的半人工水网，催生了“鱼米之乡”“吴越文化”。

古代先民依托太湖周边湖漾滩涂众多的地理条件，在太湖沿岸开挖塘浦，用挖出的土构筑堤岸，兼有防洪和抗旱的作用。战国末年的吴越争霸背景下的军事屯垦带动了河渠体系形成，特有田制——圩田随之同步发展。堤内的滩涂淤地自然发展成农田，圩内通过坑塘湖漾层层调蓄防洪防涝，横塘纵浦和各斗门控制引水灌溉，除此之外，沿湖还有一定数量的骨干河道可以用于宣泄主流洪峰，各溇港渎浦之间由规模不一的横塘相连，便于水量调度、水系互通，这些纵横交错的灌排渠系和堤岸有利于圩内分级控制。至迟10世纪时太湖溇港工程体系已经形成，并为区域农业发展奠定基础。

以太湖岸线为参照物，与太湖岸线平行的河都属“塘”，大的直接称“塘”，例公式塘（俗称大塘）、横古塘（俗称南塘）、织里塘（俗称中塘）、圆通塘（横路、横草路、横路港俗称北塘）。小的直接称“港”或“河”，例横港、南港、南横港等。也有另类名称，例张港横塘、店埭港、李家河、小清河等。

在塘浦圩田中与太湖岸线垂直的（通太湖的）或垂直走向的（不直接通太湖的）河都属“浦”。大的有南太湖的伍浦、新浦、石桥浦、汤溇、吴溇等36溇；有叶港、陆家港、庙港、戗港等72港；有潘奇港、陈思港、韭溪港、练聚港等吴江18港；有杨渎港、宿渎港、官渎港、杭渎港等湖州36港。小的有大家港、双石港、李家港、白象港、大船港、虹呈港、长渠港、雨字港、扎网港等。在南太湖地区被人们理解为纵向的，相当于地理学上的“经”的走向。以纵浦为“经”，横塘为“纬”，织就了一张水网，一张“容水”的网，一张“流水”的网，即塘浦圩田，水网中的网格就是“滤水”“净水”的圩田。

太湖沿岸河湖滩地的水流被整理成层级分明、相互联通的二级水网和三级水网，即圩田之间的人工河道和圩田内部的灌溉河渠。每一个单位圩田作为水文流域单元，其内部的水位由闸门控制，形成一个排水单元，控制太湖流域来水和去水的平衡。圩田格局正是以流域中的运河和自然河道为基础，以圩田单元内外的河道、沟渠为骨干，充分利用太湖流域中间高四周低的地貌特征，因势利导地创造出科学治水和治田的半人工水系。“塘”和“浦”是圩内横贯东西和纵穿南北的排灌沟渠。每当雨季来临，由纵浦担负起宣泄雨水的功能，遇到天旱，便可引水灌溉。而横塘的作用则是储蓄积水，通过斗门涵闸控制灌溉，调节水量，发挥河网水系的调蓄、行洪功能。

太湖南岸现今仍保留“五里七里一纵溇，七里十里一横塘”的水网格局，以溇为代表的圩田体系串联贯通重要横塘，一方面在梅雨季节进行调蓄疏泄，一方面在农业灌溉时进行调配补给，对优化水资源的分配具有重要的意义。

10.2.3　人工水网与干旱灾害应对

在应对干旱灾害过程中，涉及的人工水网主要有以蓄水（包括水库、塘坝、水窖等）、引水（包括有坝引水、无坝引水）、提水（包括机电排灌站和机电井）为主的水源工程，以调水为主的水资源调配工程，以农业灌溉为目的的灌区工程，以应急抗旱为用途的应急备用水源工程，以提高农业用水效率为目的的节水灌溉工程等。

在我国，不同的水利工程通常是特定自然环境的产物，如南方多蓄水工程，北方多引水工程，山区多蓄水工程，平原多提水工程，南方多水库塘坝，北方多机电井等。虽然不同区域水利工程类型不尽相同，但在同一区域中，常常需要蓄、引、提、调等多措并举。

中华人民共和国成立以来，我国水利建设成就举世瞩目，初步形成了以蓄水工程、引水工程、提水工程、调水工程等为主，大、中、小、微有机结合的抗旱常规工程体系，使得我国城乡供水基本得到有效保障。截至 2020 年，全国共建成水库 98 566 座，总库容为 9306 亿 m^3，其中大型水库 774 座、中型水库 4098 座、小型水库 9.37 万座；建成机电井 517.3 万眼。全国耕地灌溉面积 75 687 千公顷，占全国耕地面积的 51.3%。万亩以上灌区 7713 处，有效灌溉面积 33 638 千公顷。全国工程节水灌溉面积达到 37 796 千公顷，灌溉面积的节水灌溉覆盖率为 53.96%。我国农村已建设 931 万处供水工程，其集中供水率为 88%，自来水普及率为 83%，基本上实现了农村全覆盖，结束了我国农村严重缺乏饮用水的历史；南水北调东中线一期工程建成通水，甘肃引洮一期、云南牛栏江调水工程等一批区域性水资源配置工程建成发挥效益，严重缺水地区水资源调控能力大幅提升；同时，为解决城市因旱缺水问题，进行了引黄济淀济津、引江济太、珠江压咸补淡、引察济向等水量应急调度。

经过几十年的建设和努力，我国的抗旱能力有很大提高，大部分地区已具备抗御中等干旱的能力，即遇中等干旱年份工农业生产和生态不受大的影响，可以基本保证城乡供水安全。

10.2.3.1 向天空要水

正如诗中所说“黄河之水天上来”，大气降水是地球上水资源的最根本来源，古代，人们对雨的形成无法认知，对造福与危害人类的大自然的千变万化茫然无知，故在灾害面前束手无策。后来我们慢慢了解了水分循环的过程和原理，也逐渐探索将天然降水蓄存起来，形成不同规模的供水工程，这些工程就是蓄水工程。常见的蓄水工程按蓄水量从大到小分别有水库、塘坝和水窖。在利用河川或山丘区径流作灌溉水源时，壅高水位，可在适当地段筑拦河坝以构成水库；还可修筑塘坝等拦截地面径流；也可修建水窖集雨蓄水。通过建设蓄水工程，可以达到调节径流、以丰补歉、发展灌溉、增加供水等目的，从而提高抗旱减灾能力。在早期，通过水库（水库群）调度解决较大范围旱区供水、启用塘坝解决农业灌溉。一些干旱地区，家庭将有限的降水存在自家水窖中，形成稳定的水源。

（1）水库（水库群）调度

中华人民共和国成立以来，我国建成了大量的水库工程，在抗御干旱灾害中发挥了巨大作用。近年来，国家通过大型水库及水库群的联合水量调度，应对大范围干旱灾害，取得了显著的成效。

2017 年，精细调度丹江口水库及汉江上游水库群，为汉江中下游用水和 2017～2018 年度南水北调中线一期工程供水提供了水量保障。调度三门峡、小浪底、陆浑等黄河骨干水库，拦蓄洪水 332 亿 m^3，为 2017 年冬 2018 年春沿黄地区用水提供保障；向胶东地区应急供水 3.49 亿 m^3，保障了生态供水。

2018 年，调度黄河干流八大水库增蓄水量 104.00 亿 m^3，为 2018 年冬 2019 年春沿黄工农业用水、引黄调水和生态用水提供保障。调度岳城水库，累计下泄水量为 1.45 亿 m^3，为衡水市供水 0.50 亿 m^3，同时通过四女寺枢纽向南运河、漳卫新河下泄水量 1411.34 万 m^3。黑龙江省调度大顶子山航电枢纽和莲花电站，加大下泄流量，为松花江中下游地区补水抗旱提供保障。江西省调度万安、柘林、廖坊等大中型水库，保障赣江、修河、抚河沿线群众生活、工业生产及农田灌溉用水需求。

2019 年，调度龙羊峡、刘家峡、小浪底等黄河干流大型水库及沿黄地区引水涵闸，尽力多为沿黄地区提供抗旱用水，山东、河南、山西、河北四省引黄水量（渠首）分别为 84.50 亿 m^3、36.36 亿 m^3、12.01 亿 m^3、13.66 亿 m^3。为保障长江中下游地区用水安全，调度长江上游水库群以及三峡、丹江口等骨干水利工程适时为下游旱区补水，长江流域 40 座控制性水库累计供水或向水库下游补水约 540 亿 m^3，三峡水库为长江中下游累计补水 124 天。

（2）应急备用水源工程

目前，全国农村仍有众多人口饮用水不安全，每当发生严重旱情的时候，广大农村都会出现群众生活用水短缺，需要动用大量人力、物力给群众拉水送水或者实施跨流域调水，这些应急措施不但投入大、成本高，而且难以满足广大群众的用水需要。另外，一些城市的供水水源单一，缺少应有的备用水源，难以应对特大干旱、咸潮、水污染等引发的供水危机。解决群众因旱饮水困难是我国全面建成小康社会的一个重大问题，历来受到党中央、国务院的高度重视和社会各界的广泛关注。因此，抗旱应急备用水源建设是今后一个时期抗旱工作的首要任务。

全国许多城市都非常重视应急水源工程建设。北京市目前已建成日供 33 万 m^3 的怀柔应急备用水源。天津市建成蓟州区等应急地下水源，目前已投入使用。大连市实施了引碧入连、引英入连应急供水工程。长春市完成了引松入长一、二期工程，城市供水能力大大提高。哈尔滨市建成松花江应急供水工程，从松花江取水的最低水位降低了 1m。舟山市建成海底大陆引水工程，从大陆向海岛日引水 8.6 万 m^3。2001 年国家安排国债资金 12.4 亿元，支持北方 10 省（区、市）的 16 个城市开展应急水源工程建设，这些应急工程在确保城市供水安全中发挥了巨大作用。

农村人（畜）应急备用水源工程主要以机井、小型引提水工程、蓄水池（塘坝）、小水井、水窖（柜）和小微型工程等为主。

乡镇应急备用水源工程主要包括机电井、小型水库等；对沿海城镇、海岛、矿区和水资源严重短缺地区，还有非常规水源应急工程。

城镇应急备用水源工程，除了考虑应对特大干旱灾害外，还常常需要考虑应对水污染事件、工程破坏等突发供水危机事件，主要包括中小型水库、机电井、应急调水、非常规水源等。

（3）人工增雨

高空的云是否下雨，不仅仅取决于云中水汽的含量，同时还决定于云中供水汽凝结的凝结核的多少。即使云中水汽含量特别大，若没有或仅有少量的凝结核，水汽是不会充分凝结的，也不能充分地下降。即使有的小水滴能够下降，也终会因太少太小，而在降落过程中蒸发掉。基于这一点，人们就想出了一个办法，即根据云的性质、高度、厚度、浓度、范围等情况，分别向云体播撒干冰、丙烷等制冷剂，碘化银、碘化铅、间苯三酚、四聚乙醛、硫化亚铁等结晶剂，食盐、尿素、氯化钙等吸湿剂和水雾等，以改变云滴的大小、分布和性质，干扰中气流，改变浮力平衡，加速其生长过程，达到降水目的。人工增雨的方法多种多样，有高射炮、火箭、气球播撒催化剂法，飞机播撒催化剂法，还有地面烧烟法。

通过人工增雨将云水资源转化为可供利用的水资源，不仅可养墒保墒，增加蓄水，还可补充地下水，实现主动防御干旱，是缓解水资源供需紧张矛盾的具有长远和实际意义的一种有效途径。人工增雨通过一定的科技手段对局部大气中云的微物理过程施加人工催化影响，使之朝着人们希望的方向发展，达到趋利避害的目的。

10.2.3.2 向河湖要水

引水工程是指从河道等地表水体自流引水的工程（不包括从蓄水、提水工程中引水的工程）。根据河流水量、水位和灌区高程的不同，可分为无坝引水和有坝引水两类。当灌区附近河流水位、流量均能满足灌溉要求时，即可选择适宜的位置作为取水口修建进水闸引水自流灌溉，形成无坝引水，主要用于防沙要求不高、水源水位能满足要求的情况。当河流水源虽较丰富，但水位较低时，可在河道上修建壅水建筑物（坝或闸）抬高水位，自流引水灌溉，形成有坝引水的方式。

提水工程指利用机电提水设备从河道、湖泊等地表水提水的工程（不包括从蓄水、引水工程中提水的工程）。提水灌溉是指利用人力、畜力、机电动力或水力、风力等拖动提水机具提水浇灌作物的灌溉方式，又称抽水灌溉、扬水灌溉。

我国自古以来就不断利用自然水资源条件来实现引水灌溉，一些著名的引水工程沿用至今。

（1）芍陂

芍陂是我国创建最早的大型陂塘蓄水灌溉工程，位于今安徽寿县城南 60 里（1 里 = 500m），又称安丰塘，创建于春秋楚庄王时期，距今 2600 多年，至今依然发挥着十分重要的水利灌溉作用，在促进寿县地区社会发展、经济繁荣和抵御自然灾害方面发挥着不可替代的作用，是淮河流域乃至中国水利灌溉工程的典范。

Ⅰ. 自然资源条件

芍陂地处大别山北麓余脉丘陵地区小山岗的北面、淮河中游的正阳关至寿县段以南，介于淠河与东淝河之间，东倚长岗与瓦埠湖相望，西与淠河相邻，塘底高程为26.6 ~ 27.8m。

淮河地区属于我国自然地理南北过渡地带，处于长江中下游和黄河下游之间，属于典型的不对称羽状水系，且支流众多。而这些支流又多集中在中游地区。淮河南岸多山地丘陵，支流少而短促，这些支流多发源于大别山区，山地海拔高度一般在 300m 以上，大别山在湖北、河南交界处进入安徽境内，分别位于淮南地区的西、南、东三面，如天柱山、潜山、都岗岭、龙穴山、小华山等。

水文气象方面，淮河流域处于我国南北气候过渡带，位于亚热带北缘半湿润季风气候区，四季分明，雨量充沛，年降雨量淮河以北一般为700~900mm，淮河以南在800~1500mm，6~9月占全年总降水量的60%，由于降水量分布不均匀，夏秋季节暴雨频发，注入下流容易引发洪涝灾害，雨季过后又极易发生旱灾，因此，要满足防洪和灌溉的双重需求，水利工程的调蓄作用就十分重要。

Ⅱ. 水源利用

芍陂初建时主要利用上游淠水和山溪水作为主要水源。淠水，早期文献中也叫沘水。《汉书·地理志》最早记载“沘山，沘水所出，北至寿春入芍陂”。淠水大致自六安城北鲍兴集从淠河主津分出，经木场铺至两河口（此段即如溪水），汇涧水达贤姑墩入陂。涧水，主要指六安城以东的山溪水的总汇，从西往东依次是望城岗、小华山、何家岗、元武墩、龙穴山，这些山溪水呈扇面形由南向北，向北方寿县洼地汇集成芍陂，再汇入淮河。因受雨量影响，山溪水入陂水量小于淠水。清代光绪年间，淠水湮塞，只有山溪水成为芍陂的主要水源。1953年，寿县人民政府组织疏浚渠道18km，恢复了淠源河的引水功能，1958年，淠史杭灌区开始兴建，1962年，淠东干渠建成通水，取代淠源河成为安丰塘引水渠道。目前，芍陂是淠史杭灌区的反调节水库，水域面积为34km^2，陂塘大堤为26km，灌溉寿县67万余亩农田。

Ⅲ. 修建价值

作为一项陂塘蓄水灌溉工程，芍陂充分利用了地形地势和当地水源条件，选址科学、设计巧妙、布局合理，完美体现了尊重自然、顺应自然、融入自然的建造理念。芍陂周围东南西三面地势较高、北面地势低洼，由于地处南北气候过渡带，且降水量分布不均匀，夏秋雨季极易因暴雨引发洪涝灾害，雨季过后又经常发生大面积旱灾。芍陂创建顺应自然法则，因势利导，将淠河和南部大别山的山溪水汇集起来，利用地势落差围埂筑塘，蓄积大量来水，调节径流，解决了季节性雨水不均的问题，两千多年来持续为淮南地区的农田灌溉提供水源，达到了变水患为水利的效果，是我国淮南历史上重要的灌溉工程，今天更是成为淠史杭灌区人工水网重要的一环。

（2）红旗渠

红旗渠，位于河南安阳林州市，是20世纪60年代林县（今林州市）人民在极其艰难的条件下，从太行山腰修建的引漳入林的工程，被人称之为“人工天河”。

中华人民共和国成立前，林县因山多地少，缺水、生产技术落后等因素的影响，导致各类严重的自然灾害屡见不鲜，是个难以“靠山吃山靠水吃水”的贫困县。据史料记载，从公元1436年算起，截至1949年10月，共计514年，在此期间，林县境内发生较为严重的自然灾害超过100次，全县因干旱绝产现象发生30余次，且存在连续数年全县遭遇干旱的现象。

1959年，林县境内也出现了史无前例的旱灾，境内4条主要河流全部断流，鱼虾绝代，只剩砂石，已投入使用的各处水利工程都无水可用，群众无水喝，耕地无水可灌溉，危机迫在眉睫。为解决这一系列问题，当时的林县政府不得不考虑从辖区外引水救灾的问题。经过专家讨论与多次实地调研，林县政府将山西省境内的浊漳河列为最佳取水地，并且制定出严谨、合理的实施方案。

1962年2月，经河南、山西两省政府协商批准，再由国家中央政府相关部门核定，“引漳入林”工程正式动工。

1960年3月6日至7日，林县人民政府通过相关会议，将“引漳入林”工程重新命名为“红旗渠工程”，目的在于号召人民群众“举着红旗勇往直前”。

1965年4月5日，红旗渠总干渠正式通水。1966年4月红旗渠的三条干渠全部通水。1969年，与总干渠相配套的各干渠、支渠、斗渠完成施工；同年7月，总工程全面完工。至此，历经10年努力，红旗渠水利工程系统建设目标得以实现，除了有效解决全县群众的生活用水的问题外，还能有效为境内54万亩耕地提供灌溉用水。

红旗渠工程建成并投入使用后，林县凭借红旗渠、南谷洞水库以及其他引水蓄水工程所带来的资源，逐步摆脱“十年九旱”“常年人畜吃水难”等困难。据相关资料记载，红旗渠可有效为3.6万hm^2的耕地提供灌溉用水，其中有3.48万hm^2的灌溉面积属于自流灌溉。自红旗渠工程建成并投入使用到20世纪末，该工程总引水量高达80亿m^3，年均引水2.8亿m^3，有效保障境内67万人以及3.7万头牲口的吃水问题；同时有效改善了自然环境，粮食产量也得到明显提高。除此之外，红旗渠有效推动了林县境内的林牧业、矿产业以及交通运输业等产业的发展。因此，红旗渠又被当地人民称为“生命渠”“幸福渠”。

截至2015年4月，红旗渠通水50年来，共引水125亿m^3，农业供水69.7亿m^3，灌溉农田4700余万亩次，增产粮食17.05亿kg，发电7.71kW・h，直接经济效益约27亿元，有力促进了林州经济社会的健康快速发展。

(3) 都江堰

都江堰水利工程体系是由渠首枢纽、灌区各级引水渠道、塘堰和农田等所构成的工程体系。渠首枢纽主要由鱼嘴分水堤、飞沙堰溢洪道、宝瓶口进水口三大部分和百丈堤、人字堤等附属工程构成，是都江堰水利工程的引水枢纽，充分利用了岷江河道地形和河势，科学地解决了江水分流、排沙、控制进水流量和泄洪等问题，以最少的工程设施取得了最大的效益。

都江堰水利工程创建之前，蜀国都城屡次遭遇洪水袭击，成都平原中部分布着很多天然河流和塘泊洼地，这些河流和塘泊是互不沟通且季节性的水体。都江堰修建的目标是沟通成都平原与岷江的水路，使成都平原的灌溉和水运交通既有稳定的水源支持，又有通畅的洪水通道。由于都江堰水利工程的修建，优良的水利条件为成都平原的发展提升优质的生态环境，营造了成都街区市坊的整体格局，形成了发达的水运和旱涝保收的天府之国，是成都成为西南政治和经济中心的保障。

都江堰通过无坝引水的模式，为成都平原发展成为西南地区的经济核心提供了重要的水源保障。战国末年，都江堰的创建为岷江水利的发展打下良好的根基。西汉以来，都江堰发展迅速，渠首工程逐步完善，灌溉呈扇形辐射整个成都平原，主要灌溉成都平原三郡(蜀郡、广汉郡和犍为郡)；以农业为主要经济发展方式得到迅速发展，奠定成都平原在中国西南政治文化经济的中心地位。三国至后唐五代十国，成都五次成为割据政权的中心，与动乱的中原相比，富庶的成都平原充满勃勃生机，灌区发展到12个县，由此，成都平原享有“天府之国”的美誉。两宋时期，辽金入侵，作为宋代战略后方的成都平原，大批蜀货或水运南下岷江经长江转运东南，或陆运北出剑门越秦岭到达西北，成都平原上都江堰河渠水系几乎都是通航水道；都江堰灌区灌溉成都府及蜀、彭、绵、汉、邛五州，共有20县约43户人，灌溉面积超过10万hm^2。元、明、清时期，分别在宋末元初和明末清初发生两次战争，使富庶的成都平原变成荒无人烟的废墟，都江堰堤崩岸毁，河渠淤塞；元、明、清政权巩固后，重视修复都江堰，灌溉面积没有扩大。民国时期，曾三次大修都江堰，鱼嘴西移约10m，采用水泥浆条石结构取得成功，渠首工程沿用至今。抗日战争期间，都江堰灌区为抗日前线军需提供了支撑。这一时期，都江堰灌区灌溉面积基本稳定，灌溉成都平原14个县的282万亩农田。1949年至今，随着灌区灌溉面积不断增加，都江堰水利工程进行了大规模改造，为增加内江引水量，1974年建成临时引水闸，灌溉面积扩大至400万亩。1992年修建工业引水闸，辅助工程百丈堤、二王庙顺埂、人字堤溢洪道等，随后又修建内江仰天窝闸群、走江闸、蒲柏闸、工业引水暗渠、外江沙黑河闸、小罗堰闸、漏沙堰等设施，随着引水规模的增加，灌溉面积已发展到了现在的7市38个县1065万亩。

（4）宁夏引黄古灌区

宁夏平原地区，地处干旱半干旱气候区，多年平均降水量为180～220mm、蒸发量为1000～1550mm，历史上属游牧文化与农耕文化交错带、多民族聚居区，历史时期战略地位突出，持续的引黄灌溉和屯田农业开发为区域稳定和社会经济发展奠定基础。

宁夏引黄灌溉最早可追溯至秦代，至汉代有明确文献记载。秦始皇三十二年（公元前215）蒙恬攻取宁夏平原，于河套置44县，迁数万人至此垦殖守边，拉开宁夏灌溉农业发展的序幕。汉武帝时期（公元前2世纪）称朔方郡，是防卫匈奴的边关重镇，多次迁他地贫民至此屯垦，穿渠引河溉田得到普遍发展，在《史记》《汉书》等历史文献中有明确记载。此后历朝均修浚旧渠、不断开挖新渠，灌区范围持续扩大。

近代，随着西方水利工程科技的广泛应用，灌区工程体系进一步发展完善，一些传统的工程结构材料被更新。民国时期灌溉渠系经系统修复并新开云亭等渠，至1936年，引黄干渠达到37条，灌溉面积恢复至180多万亩。

中华人民共和国成立后，1968年青铜峡水利枢纽建成，2004年沙坡头水利枢纽竣工，将宁夏引黄灌溉渠系进行了整合与优化，进一步扩展了灌溉范围、提高了灌溉保证率。

宁夏引黄灌区工程体系包括引黄灌溉渠系、排水沟系、闸坝涵等各类控制工程。历史上的引黄灌渠渠首基本都采用无坝引水型式，当代修建青铜峡和沙坡头水利枢纽之后，部分无坝引水古渠首废弃，转由水库引水，但渠系基本仍保留历史格局。

目前宁夏引黄灌区范围为8600km^2，引黄干渠为25条，总长为2454km，总引水能力为750m^3/s，其中古渠道有14条，长为1224km；灌区内排水干沟有34条，总长为1000km，排水面积为600万亩，总排水能力为650m^3/s。渠上有各类控制性水利工程9265座，其中干渠直开斗口5293座、干渠桥梁1865座、泵站474座、涵洞586座和其他各类建筑物1047座，总灌溉面积达到828万亩。秦渠、汉渠、唐徕渠等渠道仍沿用以朝代命名的渠名，见证着宁夏引黄灌溉的历史和发展。

10.2.3.3 向丰水区要水

调水是指将水资源从一个地方（多为水资源量较丰富的地区）向另一个地方（多为

水资源量相对较少或水量紧缺的地区）调动，以满足区域或流域经济、社会、环境等的持续和发展对水资源量的基本需求，解决由于区域内水量分配不均或其他原因引起的非人力因素无法解决的区域局部缺水问题及由于缺水而引发的其他方面的问题。调水工程是为了从某一个或若干个水源取水并沿着河槽、渠道、隧洞或管道等方式送给用水户而兴建的工程，真正将不同河流连起来，形成一张纵横交错的人工水网。调水工程是一种工程技术手段，它可解决水资源与土地、劳动力等资源空间配置不匹配的问题，实现水与各种资源之间的最佳配置，从而有效促进各种资源的开发利用，支撑经济发展。

根据水文地理标准（河系之间的水流再分配性质），可将调水工程分成局域（地区）调水工程、流域内调水工程和跨流域调水工程三类。根据兴利调水的主要目标，可将跨流域调水工程分为五类：第一类是以航运为主的跨流域通水工程，如京杭大运河；第二类是以灌溉为主的跨流域灌溉工程，如甘肃省引大入秦工程等；第三类是以供水为主的跨流域供水工程，如广东省的东深供水工程、河北省的引滦济津工程和山东省引黄济青工程等；第四类是以水电开发为主的跨流域水电开发工程，如云南省的以礼河梯级水电站开发工程等；第五类是跨流域综合开发利用工程，如美国中央河谷工程和加州水利工程等。

（1）南水北调中线调水工程

南水北调中线工程是从加坝扩容后的丹江口水库陶岔渠首闸引水，沿线开挖渠道，经唐白河流域西部过长江流域与淮河流域的分水岭方城垭口，沿黄淮海平原西部边缘，在郑州以西李村附近穿过黄河，沿京广铁路西侧北上，可基本自流到北京、天津。输水干线全长1432km（其中天津输水干线156km）。规划分两期建设，先期实施中线一期工程，多年平均年调水量95亿m^3，向华北平原北京、天津在内的19个大中城市及100多个县（县级市）提供生活、工业用水，兼顾农业用水。南水北调中线工程是实现我国南北方水资源优化配置、促进经济社会可持续发展、保障和改善民生的重大战略性基础设施，对于缓解京津冀地区供水危机、维持社会稳定、支撑经济发展、改善生态环境等都具有显著的效益。

2014年12月12日南水北调中线工程全面通水。之后的几年，南水北调中线工程供水量连年上升，效益逐步发挥，改变了黄淮海平原受水区供水格局，极大地缓解了水资源供需矛盾。中线工程已经成为沿线20余座大中型城市的主力水源，保障了沿线城市生产生活用水，直接受益人口超过5859万，产生巨大的经济社会效益。北京城区供水中“南水”占比超过七成，受益人口达1100万人，全市人均水资源量由原来的100m^3提升至160m^3以上，供水范围基本覆盖城六区及大兴、门头沟、通州等地区；天津全市14个行政区的市民用上了南水，一横一纵、引滦引江双水源保障的新供水格局形成；河北省500多万人告别了高氟水、苦咸水；郑州市中心城区自来水八成以上为南水，减轻了地下水开采压力。南水北调中线工程还显著改善了受水区生态环境。南水北调中线工程向河南、河北、天津、北京等省（直辖市）30条河流生态补水，沿线河流水量明显增加、水质明显改善，白洋淀上游干涸36年的瀑河水库重现水波荡漾，滏阳河等天然河道得以恢复，受水河湖周围地下水水位得到不同程度回升，提升了受水区人民群众的幸福感和获得感。

（2）引黄济津

天津是我国的直辖市之一，在经济社会中占有重要地位。但自20世纪70年代以来，随着海河下游干旱缺水的影响，天津接连出现用水危机，严重威胁了全市经济社会发展和供水安全，应急调水解决了天津市的用水危机。

Ⅰ. 2000～2004 年 4 次引黄济津

2000 年、2002 年、2003 年和 2004 年，天津市 4 次实施引黄济津应急调水，输水线路均采用 20 世纪 90 年代初期建设的引黄入卫工程，即从黄河位山闸引水，经三干渠到临清市穿黄进入河北省清凉江、清南连渠，然后在沧州进入南运河，由九宣闸进入天津，输水渠道全长 580km，涉及鲁、冀、津三省市，4 个地区，16 个县（区），沿渠有分水口门 1386 处，跨渠桥梁多处。这 4 次引黄济津应急调水共计从黄河位山闸引水 31.34 亿 m^3，天津九宣闸收水 15.17 亿 m^3，平均收水率为 48.4%，详见表 10-1。

Ⅱ. 2010～2011 年度引黄济津

2010 年汛期，海河流域降水量总体偏少，潘家口水库上游 7～9 月来水量比多年同期偏少八成。据预测，天津市全年供水缺口达 3.37 亿 m^3，自有水源无法满足城市用水需求，急需实施引黄济津调水。考虑到 2000 年以来的几次调水采用的位山闸引黄线路，沿途引黄灌溉量大，无法满足天津市和河北省的引黄需求。因此，2010 年引黄济津调水采用山东省德州市的潘庄引黄闸线路。

表 10-1　2000～2004 年引黄济津调水收放水情况

实施时间（年.月.日）	位山闸放水量/亿 m^3	天津市收水量/亿 m^3	位山闸		刘口站		总历时/天
			最大流量/(m^3/s)	日期（年.月.日）	最大流量/(m^3/s)	日期（年.月.日）	
2000.10.13～2001.2.2	8.71	4.08	118	2001.1.9	93.8	2000.10.24	113
2002.10.31～2003.1.23	6.03	2.58	119	2002.11.2	90.6	2002.11.28	85
2003.9.12～2004.1.6	9.26	5.15	123	2003.12.2	105	2003.11.9	117
2004.10.9～2005.1.25	9.03	4.35	141	2004.11.1	101	2004.11.8	109

潘庄线路主要是利用原有渠道，从山东省德州市境内的潘庄闸引黄河水，经潘庄总干渠入马颊河，再经沙杨河、头屯干渠、六五河，通过倒虹吸穿越漳卫新河后进入南运河，最后到达天津九宣闸。线路总长为 392km，其中山东段为 151km，河北段为 224km，两省边界段为 40km。

该线路是 20 世纪 80 年代初两次引黄济津调水所用的，曾经发挥了巨大作用，与位山闸线路对比，具有几个明显的优势：①位山线路取水口闸底高程高于黄河河底 3m，引水需要黄河小浪底水库大流量放水才能抬高黄河水位；而潘庄线路取水口闸底高程低于黄河河底 1.8m，黄河低水位时也能引水，引水保证率大大提高；②位山线路使用多年，泥沙淤积严重，不仅占用大量耕地，还造成一定程度的生态环境恶化；③潘庄线路干渠沿线地势低洼，可利用引黄泥沙造地压碱，潘庄线路比位山线路短近 50km，节省输水时间，减少沿途输水损失；④两条线路配合，尤其是南水北调东线工程通水后，既能作为天津、山东、河北的应急引黄输水渠道，又可作为沿线农业灌溉和生态补水渠道。

为建立引黄济津应急输水长效运行机制，水利部由海河水利委员会牵头，黄河水利委员会协助，组织山东、河北、天津三省市签订引黄济津供水协议。为此，海河水利委员会组织起草了《引黄济津潘庄线路应急输水协议》。2010 年 5 月 28 日，海河水利委员会、黄河水利委员会及天津、河北、山东三省市圆满完成了输水协议的签署。引黄济津潘庄线路应急输水工程于 2010 年 5 月底开工。施工中，工程所在地海河南系汛期降雨量大，持续时间长，对施工影响较大。

潘庄线路应急调水于 2010 年 10 月 24 日启动，10 月 30 日 16 时到达天津市九宣闸，11 月 2 日，九宣闸水质为Ⅲ类，达到供水要求。2011 年 4 月 11 日，调水结束，共历时 172 天。潘庄引黄渠首闸累计放水 11.84 亿 m^3，其中潘庄灌区春灌用水 2.67 亿 m^3，引黄济津用水 9.17 亿 m^3，天津市九宣闸累计收水 4.20 亿 m^3，为缓解天津市水资源紧缺，保障天津城市供水安全做出了重要贡献。

这次应急调水，建立了新的运行机制，明确了输水调度管理职责及水费计收办法，强化了责权利统一，确保了实施调水后输水调度工作规范化、制度化。

（3）引滦入津

天津由于经济迅速发展，人口剧增，用水量急剧加大，而主水源海河上游却由于修建水库、灌溉农田等，流到天津的水量大幅度减少，造成天津供水严重不足，曾从北京密云水库调水。1981 年 8 月，为了保障北京用水，密云水库不能再向天津调水，天津面临水源断绝，不得不准备分批停产，甚至紧急疏散人口。在引滦入津工程未通水前，天津曾六度引黄河水解燃眉之急。由于长期超采地下水，造成地面沉降严重、海水入侵、湿地萎缩等一系列生态危机。

引滦入津工程包括坐落在滦河干流上的潘家口水库、大黑汀水库和引滦入津输水工程。

潘家口水库位于河北省迁西县境内，1975 年 3 月动工，1979 年 12 月正式蓄水，1981 年首台机组并网发电。该工程由水利部天津勘测设计院设计，解放军基建工程兵某部施工。潘家口水库主水坝为混凝土重力坝，防洪标准为千年一遇，控制流域面积 33 700km^2，总库容为 26.3 亿 m^3，其中兴利库容为 19.5 亿 m^3。主要作用是调蓄滦河水量，是跨流域调水的水量储备空间。大黑汀水库在潘家口水库以下 30km 处，主要作用是承接潘家口水库来水，抬高水头，实现跨流域供水。大黑汀水库总库容为 3.37 亿 m^3。

引滦入津输水工程自大黑汀水库开始到天津市，全长为 234km，跨越河北、天津 4 个县市，主要工程有引水隧洞，河道治理、泵站建设、明渠施工、倒虹吸工程、水闸建设、桥梁建设、水库工程、水厂工程等。1981 年工程开始建设，1983 年 7 月建成。

截至 2018 年 8 月 31 日，引滦枢纽工程累计向津唐地区供水 409 亿 m^3，极大地缓解了城乡用水矛盾，成为天津、唐山两市经济社会科学发展的“生命线”。

（4）引江济太

引江济太补水工程是指从长江调水补给太湖。太湖流域水资源开发利用率高、流域内用水需求大、水污染情况严重，引发了多次供水危机，引江济太补水工程在保障供水安全方面发挥了巨大的作用。如 2003 年黄浦江污染事故后应急补水，2007 年无锡因旱城市供水不足调水、2010 年世博会供水保障等。本书以缓解 2007 年无锡供水危机为例，来说明引江济太补水工程的重要性及发挥的作用。

2007 年 4 月以后，太湖流域高温少雨，梅梁湖等湖湾出现大规模蓝藻现象，无锡市太湖饮用水水源地受到严重威胁。5月16日，梅梁湖水质变黑；22日，小湾里水厂停止供水；28日，贡湖水厂水源地水质严重恶化，水源恶臭，水质发黑，溶解氧下降到0mg/L，氨氮指标上升到5mg/L，居民自来水臭味严重。为应对太湖蓝藻暴发造成的无锡市供水危机，太湖流域管理局从5月6日起紧急启用常熟水利枢纽泵站从长江实施应急调水。5月30日，根据时任水利部部长陈雷的要求，太湖流域管理局与江苏省人民政府防汛抗旱指挥部、无锡市人民政府紧急会商，及时采取措施，最大限度地加大望虞河引江入湖水量，长江引水量已从160m^3/s增加到220m^3/s，入太湖水量已从100m^3/s增加到150m^3/s。同时，严格控制环湖口门运行，适时减少太浦闸泄量。通过引江济太，直接受水的太湖贡湖水域水质明显好转，承担着无锡市20%居民供水的锡东水厂水质稳定。

在2007年引江济太应急调水中，太湖水位总体呈上涨趋势，调水期间太湖水位维持在3.00～3.20m，再加以梅梁湖泵站的引流作用，加快了贡湖和梅梁湖等水域的水体流动。由于长江清水大量进入贡湖，有效抑制了贡湖等湖湾蓝藻生长，贡湖湾锡东水厂的叶绿素a质量浓度由调水前的53μg/L逐步降低到10.5μg/L，贡湖湾蓝藻暴发现象得到明显抑制。数据表明，长江水质指标COD_{Mn}、TN、NH_3-N均优于太湖平均值，TP虽然略高于太湖平均值，但优于太湖西北部湖区和北部湖湾区（梅梁湖、竺山湖）水质指标，引江济太调水措施总体有利于太湖整体水质改善。与其他入太湖河流水质对比表明，望虞河引江入湖水质总体优于其他入太湖河流，为改善太湖水环境提供了重要的优质水源。

（5）引察济向

向海自然保护区即向海湿地，位于吉林省西部通榆县境内，跨洮儿河与霍林河局部区域，总面积为1054.67km^2，南北长45km，东西宽42km，西与内蒙古科尔沁右翼中旗接壤，北与吉林省洮南市相邻。保护区自1998年嫩江流域大洪水过后，洮儿河与霍林河连续干旱，造成向海湿地严重萎缩。

Ⅰ. 向海湿地干旱原因

受区域气候影响，由于连续干旱缺水，加之本地区蒸发严重，湿地水量枯竭，面积锐减，导致许多以湿地为栖息地的动植物和微生物消亡，生物多样性迅速丧失。受人类活动的影响，如湿地上游用水量增加，致使来水量减少，湿地面积逐渐萎缩，恢复能力下降；又如过度放牧、围垦造成湿地生态系统片段化，并破坏土壤植被，致使土地沙化严重。受环境影响，湿地功能逐渐下降，湿地拦蓄能力降低，蓄水量减少，水质富营养化使生态系统结构变坏，土壤盐碱化程度日益严重。

2004年春夏季，吉林省西部出现1961年以来最严重干旱，向海湿地多数湖泡见底、沼泽干涸，芦苇枯矮，地面龟裂，鸟类、禽类数量明显减少，沙化、碱化严重，湿地生态系统遭到严重破坏。截至2004年6月20日，保护区内最大的湖泡——向海水库的蓄水位只有163.20m（死水位为164.5m），相应库容2850万m^3，仅为总库容的13%。为缓解向海湿地严重缺水状况，抢救鹤类等动植物赖以生存的湿地生态环境，恢复湿地生物多样性，实现对向海湿地的抢救性保护，为向海湿地应急补水是十分必要和紧迫。

Ⅱ. 补水的实施

补水起点为内蒙古自治区科尔沁右前旗察尔森水库，通过洮儿河河道至吉林省洮南县瓦房镇龙华吐分洪闸，经引洮干渠至通榆县向海水库。线路全长为192km，其中从察尔森水库至龙华吐分洪闸河道长为87km，龙华吐分洪闸至向海水库渠道长为105km。

此次调水从2004年6月25日开始，至8月18日结束，历时50余天，察尔森水库为生态应急补水放流6600万m^3，龙华吐水文监测断面过水8300万m^3，达到预定目标。此次调水的成功，缓解了向海湿地严重缺水的现状，为恢复湿地生物多样性，实现对向海湿地的抢救性保护起到了重要作用。

(6) 云南牛栏江–滇池补水

I. 补水原因

滇池是中国六大淡水湖泊之一，地处云南省中部，流域面积为2920km^2，湖容为15.6亿m^3，被誉为高原明珠，是昆明人民赖以生存和发展的母亲湖。然而滇池流域资源性缺水现象较为严重，多年平均水资源量只有5.4亿m^3，地区人均水资源量不足300m^3，处于极度缺水状态。

基于滇池水质逐年恶化，流域生态环境遭到严重破坏，人民群众饮水用水安全得不到保障的现实情况，云南省自“九五”规划以来，狠抓滇池水污染治理，取得了初步成效。然而滇池生态系统的良性恢复，有赖于建立自身吐故纳新的循环系统，只有加快水体循环和交换，才能恢复滇池流域良性水生生态，最终实现滇池水环境改善。为此，云南省委、省政府在研究滇中引水的同时，就提出了滇池补水问题，随后水利部门先后多次组织专家进行踏勘、调研、论证，最终确定了牛栏江德泽补水方案。

Ⅱ. 工程概况

牛栏江–滇池补水工程于2008年12月30日开工建设，经过5年艰苦不懈努力，建成了库容4.48亿m^3的德泽水库，攻克了总装机达9万kW、最大扬程233m的干河提水泵站设计施工等难题，在被称为“水利工程禁区”的喀斯特地貌区打通了隧洞比例高达90%、全长115.85km的输水线路，2012年11月30日，输水线路全线贯通。于2013年12月28日建成投入运行，正式补水滇池。

Ⅲ. 补水成效

截至2018年底，工程累计向滇池补充水质标准为Ⅲ类以上的优质清水28亿m^3。通过向滇池补充稳定优质水源，配合昆明市已经实施的环湖截污等综合治理措施，滇池水体污染指数明显下降，滇池水环境得到显著改善，生态补水效益明显。同时，牛栏江水通过盘龙江河道汇入滇池，清澈的上游来水极大程度上净化了盘龙江，对昆明市的市容建设与生态环境改善都产生了积极作用，社会反映良好。补水工程为昆明市提供了可靠的应急备用水源，极大提升了城市抗击供水危机的能力。2014年和2015年，工程共向昆明城市供水6400万m^3，截至2018年底累计为昆明提供生活供水1.15亿m^3，缓解了昆明城市供水压力，结束了滇池作为昆明市生活水源地的历史。为云龙水库、松华坝水库等昆明城市主要供水水源的闭库休养创造了必要条件，圆满完成年度蓄水目标任务。

10.2.3.4 向大地要水

(1) 机电井

机电井就是以电机为动力，带动离心泵或轴流泵，将地下水提取到地面或指定地方的一套设施。在我国，机电井的发展主要经历了20世纪50、60年代的初步开发阶段、70年代的大规模建设阶段和 80 ~ 90 年代的巩固发展阶段。机电井发展了农业灌溉，促进了农业高产稳产；改善和开辟了缺水草场，发展了牧区水利；解决了部分地区人畜饮水困难。

近年来，机电井仍然是部分农村抗旱的主要措施之一，在解决农业灌溉和农村因旱饮水困难等方面起到了重要作用。旱前，修缮原有老井，提高供水能力；旱情严重时结合水文地形条件打新井，开辟新水源，解决临时性供水困难。例如，2019 年通过新开辟水源（打井、提水、调水等）解决 26.73 万人临时饮水困难。2018 年，全国累计开动机电井 467.87 万眼用于解决旱区群众生活用水；江西省夏伏旱期间，启动抗旱井 1.5 万眼，结合其他抗旱措施，解决了 19.40 万人、1.40 万头大牲畜饮水困难。2020 年，海南省通过应急调水、抢打机井取水、移动水车定时送水等应急措施，保证群众饮水安全；山西省旱情较重期间，共启用机电井 14.6 万眼，为抗旱工作提供水源保障。

（2）坎儿井

坎儿井是在新疆干旱地区特有的自然环境、水资源条件下，在新疆社会发展的历史阶段产生的水利工程，至今仍作为当地农村人畜饮水安全工程的水源，被当地人民誉为“生命之泉”。

坎儿井是在第四系地层中，自流引取地下水的一项古老水利工程设施。我国坎儿井主要分布在新疆，据统计，新疆大约有 1600 多条坎儿井，分布在吐鲁番哈密盆地，南疆的皮山、库车和北疆的奇台、阜康等地，其中以吐鲁番哈密盆地最多最集中，约 97% 以上的坎儿井分布在吐鲁番哈密地区。

历史上坎儿井一直是吐鲁番哈密地区农业和生活的主要水源，但受当时人口和社会经济发展水平所限，发展速度缓慢。直至 19 世纪中叶，清朝道光年间，吐鲁番地区的坎儿井在林则徐的倡导下有较大发展，林则徐也因此深受当地人感戴，坎儿井也被称为“林公井”、渠为“林公渠”。

1949 年以前，吐鲁番地区的工农业生产用水及人畜饮水，主要靠泉水和坎儿井水。1949 年底，吐鲁番地区有可使用的坎儿井 1084 条，年出水量为 $5.081\times10^8\text{m}^3$，总流量为 $16.11\text{m}^3/\text{s}$，灌溉土地 45.59 万亩。1957 年发展到最高峰共有 1237 条，年出水量增加到 $5.626\times10^8\text{m}^3$，总流量增加到 $17.86\text{m}^3/\text{s}$，可灌溉土地 32.14 万亩。

随着人口的增长，工农业生产的不断发展，泉水、坎儿井水、河水也已不能满足经济和社会发展的需要。从 1968 年开始，直至 20 世纪 70 年代，新疆逐步掀起了一个群众性打井运动，至 1985 年吐鲁番地区共打井 3431 眼，年抽水量为 $1.756\times10^8\text{m}^3$，机电井为吐鲁番地区抗旱保丰收，建设旱涝保收高产稳产农田，促进农业生产不断发展起到了十分重要的作用。在此期间还建成中小型水库 10 座，总库容为 $0.62\times10^8\text{m}^3$，灌溉面积增加到 99.69 万亩。地表水、地下水资源亦出现了重组和重新配置，致使到 1987 年吐鲁番地区坎儿井减少到了 800 条，年出水量降为 $2.912\times10^8\text{m}^3$。特别是 1990 年以后开展了农田水利基本建设“天山杯”竞赛活动，农田水利工作也以小型农田水利建设为主，重点抓了渠道防渗和坎儿井涝坝防渗建设，还引进推广了滴灌、低压管道输水等先进节水灌溉技术。到目前已修建各类渠首 14 座，干、支、斗、农四级渠道 6110km，累计防渗 4774km，防渗率达 80%，其中干、支、斗三级渠道 3531km，累计防渗 2743km，防渗率 77.7%，高新节水灌溉总面积约 4.75 万亩。总灌溉面积也相应增加至目前的 118.56 万亩，地表水、地下水间的转化关系进一步调整，坎儿井数量进一步减少。

目前坎儿井日益衰减、干涸以至消亡的状况已引起社会的广泛关注。

2002 年 10 月至 2004 年 7 月，新疆坎儿井研究会对全疆的坎儿井进行了普查，统计数据显示，全疆共有坎儿井 1784 条，现有坎儿井暗渠总长度为 5272km（包括有水、干涸、消失的坎儿井），竖井总数 172 367 眼。其中有水坎儿井为 614 条，总流量为 9.5861m^3/s，年出水量为 $3.012\times10^8m^3$，总控灌溉面积为 1.15 万 km^2（17.25 万亩）。已干涸坎儿井为 1170 条，其中通过维修，可以恢复 207 条，不可恢复的坎儿井有 702 条。与 1957 年（吐鲁番 1237 条），1943 年（哈密 495 条）坎儿井最多时相比，干涸坎儿井 1170 条，减少的总水量为 14.00m^3/s，其中有 261 条坎儿井已填平，无从查找。

最新调查结果，截至 2009 年 12 月底，吐鲁番地区有水坎儿井仅存 242 条，平均每年减少约 27 条；哈密地区有水坎儿井余 161 条。

（3）诸暨桔槔井灌

Ⅰ. 区域概况

诸暨桔槔井灌工程位于浙江省诸暨市赵家镇，地处会稽山走马岗主峰下冲积小盆地，地下水资源丰富、埋深浅，自宋代以来，赵家镇先民在特有的自然环境下凿井架设桔槔提水灌溉，至今仍在使用这种方式，是中国古代桔槔井灌的活化石，也是因地制宜向大地要水解决农业灌溉问题的典型水利工程，2015 年被列入第二批世界灌溉工程遗产名录。

诸暨井灌工程的分布主要涉及泉畈、赵家两村，位于 120°27′E ~ 120°28′E、29°44′N ~ 29°45′N。遗产核心区位于泉畈村，距离诸暨市城区 20km。诸暨井灌工程遗产属钱塘江支流浦阳江的二级支流黄檀溪流域。赵家镇地处诸暨东部会稽山脉与诸中盆地的过渡带，隶属丘陵地形。遗产区整体属于黄檀溪出山口的河谷盆地地貌，地势相对平缓，土壤层厚，适宜农业种植。会稽山余脉在此没入盆地，仅存部分残丘，风化剥蚀作用强烈，海拔较低，为 30 ~ 60m。井灌遗产核心区位于泉畈村东，农田海拔 40 ~ 50m。遗产区属亚热带季风性气候，湿温多雨，四季分明。多年平均气温为 16.4℃，多年平均降水量为 1462mm，降水量年际变化较大，年内分配不均匀，多年平均蒸发量为 800 ~ 1000mm。区域土壤以砂壤土为主。地下水资源丰富、埋深浅，枯水期地下水埋深在 1 ~ 3m，雨季则在 1m 以内。区域内黄檀溪等山溪小河，但是水流湍急，丰枯水位变幅极大，难以提供稳定的地表水资源，因此地下水就成了区域农业和生活用水的主要来源。

Ⅱ. 工程体系

桔槔是最古老的提水机械之一，早在公元前 15 世纪前就已在古巴比伦和埃及等地广泛应用。中国在公元前 4 世纪已经用于提水灌溉，同时期的哲学著作《庄子》记载桔槔汲取井水的工作原理："凿木为机，后重前轻，挈水若抽，数如泆汤，其名为槔"，称"有械于此，一日浸百畦，用力甚寡而见功多"。以桔槔位置提水机具的井灌工程是中国古代长江以北的北方平原地区常用的灌溉方式。

诸暨赵家镇的居民是 12 世纪至 14 世纪时来自北方的移民。以何、赵两姓为主的家族在新的土地定居下来后，发现井灌更适应这里水稻灌溉的需要。据赵氏宗祠 1809 年的"兰台古社碑"记载，当时赵家镇的水稻主要依靠井水灌溉，在大旱之年，周边稻谷无收，而井灌区却依然丰收。古代诸暨人把用桔槔提水的井灌，称作"拗井"。"拗"是指用桔槔提水的过程。据统计20世纪30年代是赵家镇有拗井8000多口，1985年有3633口，灌溉面积为6600亩。在近30多年的城镇化进程中许多古井被填埋，数量剧减。赵家镇泉畈村是目前拗井保存最为集中的区域，核心区还有古井118眼，灌溉面积400亩。泉畈村的村民不仅是以对先祖的崇敬，而选择了对“拗井”的坚守，更是因为在山洪频发山谷区，拗井免于洪水冲毁威胁，且便于为一家一户提供随时的灌溉需求而被保留下来。

诸暨赵家镇井灌工程体系包括桔槔井灌工程群。井、桔槔、田间渠道包围的农田，即构成一个独立而完善的井灌农业单元，这种田在当地称作“汲水田”。遗产核心区泉畈村共有118个桔槔提水井灌单元，灌溉面积共400亩。井一般深为2～5m，井口直径为1～2m，上窄下宽，底径一般为1.5～2.5m。井壁由卵石干砌而成，部分粉砂壤田里，井底部用松木支撑，井壁外周用碎砂石做成反滤层。提水的桔槔由拗桩、拗杆、拗秤和配重石头构成，汲水的水桶为特制，通过木轴与拗杆下端联在一起，称作拗桶。本地人将这种用桔槔提水灌溉的井称作“拗井”，“拗”字形象地体现了井灌提水过程。提水时人站在井口竹梁（木板）上，向下拉动拗杆将拗桶浸入井水中，向上提水时借助拗秤的杠杆作用，比较省力。井口的出水方向放置草辫，保护拗桶不被磕坏。有的井旁还建有简易小屋，以供避雨、休憩和存放农具，称作“雨厂”。

诸暨井灌工程及设施由农民自行修建、维护和使用，也归农民所有。大多数井灌工程均归一户农民所有，也有少数井被两户以上农民共同所有和使用。诸暨井灌遗产中，两口井位置非常邻近的情况也较为常见。这种情形下二井井壁间隔很近，渗流漏斗也大体重合，二井之间可以直接水量交换，被称作“串过井”。由于在其中一口井提水灌溉，会对另一口井的水位和水量有影响，因此在灌溉两家农户往往协商，一般是分别提水灌溉半日半夜，以保证井提水灌溉时水量充足，提高灌溉效率。由两户或以上农民所有的井需要灌溉多家农田，则几家协商轮流提水灌溉，每户若干小时，保证每户的农田都能有水灌溉，这种井称作“轮时井”。目前诸暨的井灌工程遗产中，井灌、桔槔等灌溉工程设施仍由农户所有和使用。近年来地方政府为保护文化遗产，对古井、桔槔的维修进行部分资金补贴。

Ⅲ. 成效

诸暨井灌工程千百年来为赵家、泉畈等村的农业发展、人口繁衍发挥了基础支撑作用。工程效益主要包括灌溉效益、生活供水效益以及生态环境效益。

诸暨赵家镇一带的泉畈、赵家、花明泉等村的农田历史上全部都是井水提灌，面积约为数千亩。1985年调查统计，当时共有3633口井，提水灌溉总面积为6600亩。此后在城镇化进程中耕地面积大大萎缩，古井大多被填埋、桔槔拆除，灌溉效益剧减。泉畈村是目前井灌工程遗产保存最为集中的区域，核心区有古井118眼，灌溉面积为400亩。井灌保障了泉畈等村农业丰收和农村经济的发展。据赵家镇光绪年间（1875～1908年）的《宣德郎何君星齐墓志铭》中记载，当时家“有汲水田十余亩”，即能“勤俭颇可为家”，能够支撑“四年之间三经凶丧、两议婚娶”，可见历史上灌溉效益对农民生活的巨大支撑。如今泉畈、赵家等村农田大多改种经济价值较高的樱桃、蔬菜等，樱桃采摘已经成为农民经济收入的重要来源。

赵家镇一带地下水丰富、水质好，泉畈、赵家等村生活用水也以井水为主，家家户户有井，用水时使用大多使用一端带钩的竹竿和水桶提水，以供饮用、洗涤、洒扫等。目前虽已通自来水，但村民仍习惯从井中提水作为生活用水。遗产区的泉畈、赵家古井为生活用水的供水人口共7700多人。

井水提灌有利于地下水循环，促进地表水与地下水交换，对区域生态环境有利。

10.2.3.5 向海洋要水

全球水的总储量为13.83亿km^3，海水约占97.47%，淡水仅占2.53%。在我国，大陆海岸线长达18000多千米，沿海遍布城市、港口和岛屿，有利用海水的较好条件，随着可利用淡水资源的日益紧缺，如何有效利用海水资源开辟新水源将具有非常大的潜力。

海水淡化指将含盐量为3500mg/L的海水淡化至500mg/L以下的饮用水，是沿海地区适当利用海水资源的一种常见方式。我国研究海水淡化技术起始于1958年，起步技术为电渗析；1965年开始研究反渗透技术；1975年在天津和大连分别开始研究大中型蒸馏技术。经过几十年的发展，我国已经成为世界上少数几个掌握海水淡化先进技术的国家之一。据不完全统计，截至2006年6月底，我国已建成投产的海水淡化装置总数为41套，合计产水能力12万m^3/d。海水淡化工程的不断壮大，将对缓解我国尤其是一些沿海城市的干旱缺水现状将发挥重要的作用。2003年，浙江省舟山市遭遇了50年一遇的严重干旱灾害，出现了夏、秋、冬连旱。位于舟山群岛北部沿海的嵊泗列岛，由于陆地面积小，淡水资源贫乏，蓄供水工程少，缺水更为严重。为增加供水水源，确保群众生活用水供给，嵊泗县及时启用已建成的嵊山海水淡化厂和泗礁海水淡化厂，增加应急抗旱供水水源。海水淡化设施的启用，不仅有效减少了因旱从大陆运水的数量，节省了抗旱支出，而且为确保旱期应急供水，维护经济社会稳定发挥了巨大作用。

10.3 水网与洪涝灾害应对

10.3.1 历史典型洪涝灾害事件

10.3.1.1 长江1954年、1998年洪水

(1) 1954年洪水

长江中下游沿岸区域是我国经济社会发展的重要区域，两岸平原地区一般低于江河洪水位数米甚至数十米，一旦发生堤防溃决、洪水漫溢，中下游地区汪洋一片，损失惨重，洪水风险极高。1954年洪水是长江流域最为典型的流域性大洪水，其暴雨洪水特点主要表现在三方面：一是汛期天气异常，降水历时长、雨日多、覆盖面广；二是高洪水位创历史记录，长江干流上自枝城至镇江均超过历年有记录的最高水位，中下游各站在警戒水位以上的持续时间为69~135天，几乎延续半年，历史罕见；三是上中下游洪水遭遇严重，洪水集中来量大大超过河道安全泄量，超额洪水量特大。整个洪水过程中，除荆江大堤、武汉市堤及少数圩垸未溃决外，其他均被洪水淹没，溃口水量达1023亿m^3。根据调查，该

场洪水当时对中下游地区共计造成淹没面积达51 762.25km^2，受淹农田4755万亩，受灾人口1888.4万人，被淹房屋428万间，死亡3万余人，受灾县市123个，涉及湖北、湖南、江西、安徽、江苏等五省（洪庆余，1998）。

（2）1998年洪水

1998年6～8月，长江全流域面平均雨量达670mm，比多年均值偏多37.5%，比1954年小36mm。中下游干流沙市至螺山、武穴至九江共359km河段水位超过历史最高纪录，汉口、大通、南京水位高居历史第二位，鄱阳湖水系的信江、抚河、修水及洞庭湖水系澧水均发生了超过历史纪录的大洪水，长江其他支流也发生了不同量级的洪水，致使长江中下游地区遭受严重洪涝灾害。据统计，湖北、湖南、江西、安徽四省溃决堤垸总数达1975座，淹没耕地达358.6万亩，受灾人口达231.6万人，死亡人口达1562人。其中万亩以上堤垸溃垸57个，约占溃垸总数的3%，溃淹耕地面积为184.7万亩，约占总溃淹耕地的51.5%，受灾人口94.7万人，约占溃垸受灾人口的41%。千亩至万亩堤垸溃垸达414个，约占溃垸总数的21%，耕地面积770km^2，约占总溃淹耕地的32%，人口86.9万人，约占溃垸受灾人口的38%（吕娟等，2012）。

10.3.1.2　黄河1958年、1982年洪水

（1）1958年洪水

1958年7月，黄河三门峡至花园口干流区间和伊、洛河流域出现持续性暴雨。降雨自14日开始至18日结束，5天时间内共出现4次降雨过程。降水量200mm以上面积达1.12万km^2。洪水主要来自三门峡—小浪底区间和伊洛河，其次来自三门峡以上、沁河和漭河等。花园口洪峰流量为22 300m^3/s，7日洪量为60.97亿m^3，是中华人民共和国成立以来黄河下游发生的最大洪水，也是黄河下游的设防洪水。此次洪水具有暴雨强度大、中心多、持续时间长，洪水峰高量大等特点。

经过黄河下游两岸军民的全力抢险，没有发生决堤洪水灾害。兰考东坝头以下，普遍漫滩偎堤。经东平湖自然滞洪，湖内最高水位达44.81m，个别堤段洪水位高于湖堤堤顶0.1m，黄河堤防和东平湖围堤都呈现出十分险恶的局面（水利部黄河水利委员会，2020）。

（2）1982年洪水

1982年7月底8月初三门峡—花园口区间降大暴雨，7月29日暴雨中心石涡最大24小时雨量达734.3mm，5日降雨200mm以上笼罩面积超过44 000km^2。洪水主要由伊洛河、沁河及三门峡—花园口区间干流来水组成。花园口站发生洪峰流量15 300m^3/s的洪水，两岸大堤出现漏洞3个、陷坑27个、管涌83处、裂缝26段、渗水87段、脱坡8段等险情。由于河床连年淤积抬高，花园口—孙口河段水位普遍较1958年洪水位高1m左右。河南开封、山东菏泽等局部河段高出1958年洪水位2m，对黄河堤防威胁极大。此次洪水期间运用东平湖老湖进行分洪，控制泺口流量不超过8000m^3/s，确保了津浦铁路济南老铁桥的安全（水利部黄河水利委员会，2006）。

10.3.1.3 淮河1975年、1991年洪水

(1) 1975年洪水

1975年8月上旬，3号台风“尼娜”在福建省登陆，后深入内陆到达河南省境内，停滞少动，造成连续三天特大暴雨。暴雨从8月4日持续到8日，历时5天，其中5~7三日降雨量超过600mm的面积达8200km²。暴雨中心在汝河上游林庄，24小时降雨量达1060.3mm，暴雨强度之大为我国有记录以来首位。淮河支流汝河、沙颍河水系发生我国历史上罕见的特大暴雨洪水。由于来水过大，老王坡、泥河洼等蓄滞洪区漫决，沙河、洪汝河洪水漫溢决口，板桥、石漫滩两座大型水库8日失事垮坝。板桥水库距京广铁路45km，垮坝最大流量达78 800m³/s，形成一个高5~9m、宽12~15m的洪峰，冲毁铁路102km，中断行车达18天之久。据统计，此次洪水最大积水面积达1.2万km²。河南省29个县市、1700万亩农田被淹、1100万人口受灾，两座大型、两座中型及44座小型水库失事。

(2) 1991年洪水

1991年5月中旬至7月中旬，江淮地区发生了3次大面积暴雨。6月中旬，流域中南部普降暴雨，累积降雨量200~400mm，蚌埠暴雨中心1小时雨量达101mm，为200年一遇。6月下旬至7月上旬、中旬，淮河水系再降大到暴雨，淮南累计降雨量达300mm，大别山区、淮河下游及里下河地区累积降雨量达400mm，暴雨中心点吴店站累积降雨量为1125mm。洪泽湖蒋坝最高水位达14.06m，三河闸最大泄量达8450m³/s，入江水道金湖最高水位11.69m，超过历史最高纪录0.50m。据统计，1991年淮河全流域受灾面积达5.5万km²，其中79%为涝灾，成灾面积为6024万亩，受灾人口达5423万人，死亡500多人，倒塌房屋196万间，直接经济损失达340亿元。京沪、淮南、淮阜铁路多次中断，大部分公路干线被淹没，数千家工厂被洪水围困，处于停产、半停产状态，造成的间接损失及影响十分严重。

10.3.1.4 海河1963年、1996年洪水

(1) 1963年洪水

“63·8”洪水是海河流域有记录以来最大的洪水。其中漳卫南运河、子牙河、大清河均发生了特大洪水。1963年8月上旬，海河流域处于较深的低槽控制之下，冷暖气流在这一地区不断交绥，由于受太行山地形的影响，造成了强烈的辐合作用，加之西南低涡接踵北上叠加，更加强和维持了这一过程，形成了本次罕见暴雨。此次暴雨分布大致与太行山平行，形成一条南北长520km，东西宽120km，雨量超过400mm的雨带（水利部海河水利委员会，2020）。大清河新镇站最大3日洪量、6日洪量均接近于100年一遇，15日洪量相当于50年一遇，30日洪量介于30~50年一遇；子牙河献县站最大30日洪量超过300年一遇，洪水总量296亿m³（水利部海河水利委员会，2013）。

据调查，“63·8”洪水淹没面积达50 681.45km²，淹没农田6146万亩，倒塌房屋1450余万间，冲毁铁路75km，受灾人口2200多万人，特重灾区人口约1200万人，死亡5030人，伤4.27万余人，直接经济损失估计达60余亿元（当年价）。水利工程也受到严

重破坏。刘家台、东川口、马河、佐村、乱木5座中型水库失事，330座小型水库垮坝，62%灌溉工程被冲坏（水利部海河水利委员会，2013，2020）。

（2）1996年洪水

1996年8月2～5日，河北省普降暴雨。由于暴雨强度大，时间集中，造成了中南部太行山区山洪暴发，河水猛涨。滹沱河、滏阳河和漳河流域发生了1963年以来的最大洪水。洪水使部分河道控制水文站及大型水库的入库流量出现历史最大值，9座大型水库溢洪，300余座中小型水库溢流，宁晋泊、大陆泽、献县泛区和东淀4个蓄滞洪区被迫启动滞洪。

据统计，该次洪水造成河北省91个县（市）、1030个乡镇、15 900个村庄受灾，受灾人口1691万，被洪水围困人员181.88万，损坏房屋131万间，倒塌房屋77.4万间，因灾死亡596人，直接经济总损失456.3亿元。

10.3.1.5　松花江1998年洪水

1998年洪水是松花江流域有记录以来最大的流域性特大洪水，洪水来自嫩江干支流。1998年6月中旬至8月中旬，受东北低涡长时间影响，嫩江流域连续出现中到大雨，6月至9月降雨量为643mm，比历年同期均值373mm偏多72%，最大点降雨量（雅鲁河扎兰屯站）达1044.2mm。嫩江干流和右岸支流均发生大洪水或特大洪水，并直接造成下游松花江干流发生特大洪水。松花江干流下游下岱吉、哈尔滨、通河、依兰等水文站洪峰流量均突破历史最高纪录，列历史实测第一位，佳木斯水文站的洪峰流量列历史实测第二位。哈尔滨站实测最高水位达120.89m，为有历史记录以来的最高水位，相应洪峰流量为16 600m^3/s，还原后洪峰流量为23 500m^3/s，洪水重现期300年一遇。

1998年松花江大洪水使黑龙江省、吉林省的西部地区，内蒙古自治区的东部地区遭受了严重的洪涝灾害。受灾县、市88个、受灾人口达911.5万人，被洪水围困143.73万人，紧急转移人口254.78万人，倒塌房屋91.84万间，死亡46人。农作物受灾面积达492.81万hm^2，成灾面积为383.86万hm^2。嫩江堤防大小决口共计86处，决口总长度10.6km。工业、交通、水利工程等损失也比较大，直接经济损失达480亿元，使得1998年成为中华人民共和国成立以来洪灾损失最重的年份（水利部松辽水利委员会，2006a）。

10.3.1.6　辽河1951年洪水

辽河中下游地区西、北、东三面环山，呈“喇叭形”逐渐抬升地形，有利于经过的气旋发展和加深，另外该地区处于副高边缘，海洋暖湿气流补给充分，又经常是台风必经之地，容易形成大暴雨造成的洪水，洪水风险极高，辽河流域中下游地区经济社会发达，人口密集，洪灾一旦产生，损失惨重。1951年洪水为辽河中下游特大洪水，其暴雨洪水特点主要表现在两个方面，一是降雨量较大，雨区面积集中。暴雨发生在8月13～15日，历时3天，降雨集中在14日1～13时和15日22时～16日10时两个时段。暴雨区位于东、西辽河下游控制站三江口、郑家屯—铁岭区间，中心在辽宁省的西丰，8月14日100mm以上笼罩面积达26 000km^2；13～15日3天雨量150mm以上笼罩面积达23 300km^2，通江口—铁岭区间8608km^2面积上平均雨深达279mm。二是多条河流发水，洪峰流量大。辽河发生了近百年来最大洪水，支流清河开原站集水面积仅4668km^2，洪峰流量达12 300m^3/s，汇入辽河干流以后铁岭站洪峰流量达14 200m^3/s，洪水重现期为120年一遇，辽河干流铁岭段洪水主要来自清河，清河下游开原的洪峰流量占铁岭洪峰流量的87%。东辽河洪峰流量为3190m^3/s，洪水重现期较低，为15年一遇，东辽河洪水主要发生在二龙山水库以上地区。

由于暴雨区内南城子、清河、柴河、榛子岭4座大型水库及22座中小型水库尚未兴建，且辽河大堤防洪标准很低，洪水一过铁岭就发生了决堤。辽河干流及主要支流漫堤决口419处，仅辽河干流巨流河以上就决口42处。整个洪水过程中，辽河中下游地区几乎全部受淹。根据调查，此次洪水波及33个市县，洪水冲毁了沈山、长大铁路干线，使铁路中断停运达40余天。当地工农业生产及人民的生命财产遭受严重损失，受灾耕地达18.4万hm^2，受灾人口87.6万人，死亡3123人，房屋倒塌13.8万间，损失粮食43万吨。直接经济损失6亿元（当年价）（水利部松辽水利委员会，2006b）。

10.3.1.7 太湖1999年、2016年洪水

（1）1999年洪水

太湖流域1999年洪水为梅雨型洪水。梅雨期长达43天，比常年长约23天，梅雨量达668.5mm，为常年的3倍。受持续强降水影响，7月8日太湖达到最高水位4.97m，涨幅达2.00m，涨洪历时31天；流域南部河网水位普遍超过或接近当年历史最高水位。1999年受灾最严重的是杭嘉湖地区，受淹历时长达7~10天、受淹水深达0.5~1.5m（欧炎伦等，2001）。全流域受灾人口达746万人，49个县（市、区）不同程度进水受淹，倒塌房屋3.8万间，死亡8人；受淹农田1031万亩，粮食减产超过9.1亿kg（不包括上海市）；17 552家工矿企业停产，公路中断341条次；损坏江堤、圩堤8138km。全流域当年洪涝灾害直接经济损失达141.25亿元（当年价）（水利部太湖流域管理局，2006）。

（2）2016年洪水

太湖流域2016年洪水为梅雨型洪水。当年梅雨期为31天，梅雨量达426.8mm，较常年梅雨量偏多76.7%。降水主要集中在6月19~28日、7月1~4日，过程降水量分别为208.9mm、130.7mm。流域北部的湖西区和武澄锡虞区较大，分别达到638.2mm、557.0mm。受降雨持续偏多影响，太湖水位从4月4日开始上涨，至7月8日涨至年最高水位4.88m，流域北部河网水位超过或接近历史最高水位。2016年太湖流域大汛无大灾，无一人死亡；但局部地区农业损失严重、圩区半高地受淹。洪灾主要发生在流域上游的宜兴、溧阳、金坛及长兴一带，共计67.14万人受灾，直接经济损失71.16亿元，其中农林牧渔业直接经济损失41.01亿元。由于溧阳、金坛地区农业圩区标准较低，部分河道发生漫溢，部分圩区和半高地受淹，宜兴城区1/3面积积水，长兴滨湖乡镇受灾较重（水利部太湖流域管理局，2020）。

10.3.1.8 珠江1915年、1994年洪水

（1）1915年洪水

1915年7月，珠江流域发生流域性的大洪水，西江高要站的洪峰流量为54 500m^3/s，

北江石角站的洪峰流量为22 000m³/s。根据水文资料计算，西江、北江这次洪水重现期均为200年一遇。西江、北江洪水相遇，再加上东江也同时发生洪水，造成珠江三角洲遭遇200年一遇的特大洪水，北江大堤溃决，广州市被洪水淹没七天，珠江三角洲农作物受灾面积达648万亩，绝收面积达450万亩，受灾民众达378万人，死伤十余万人。位于西江上的梧州市，洪水淹到三层楼房，郊区几十万平方千米农田汪洋一片。这次洪灾损失，据珠江水利委员会按1981年水平计算，损失高达100亿元，其中仅广州市就损失30亿元。

（2）1994年洪水

1994年6月，西江、北江洪峰几乎同时在思贤滘相遭遇，珠江三角洲河网区大多测站出现历史实测最高洪潮水位，给珠江三角洲带来严重灾害。西江干流梧州站洪峰流量为49 200m³/s，近50年一遇。北江石角站洪峰流量达18 200m³/s，相当于50年一遇。由于河道行洪不畅和受阻壅水，西、北江三角洲的容桂、沙湾等水道部分河段水位出现超100年、200年一遇的纪录。这次洪水灾害主要集中在广西和广东两省区，造成珠江流域109个县（市）、1389个乡镇、近1800万人受灾，276.30万人被洪水围困，紧急转移181.17万人，有139个城镇受淹，死亡455人，损坏房屋114.4万间，其中倒塌68万间；工矿企业停产15 920家；农作物受灾面积1716.6万亩，其中成灾1006.9万亩，绝收518.6万亩，直接经济损失282.44亿元（水利部珠江水利委员会，2020）。

10.3.1.9　2007年济南“7.18”特大暴雨灾害

2007年7月18日15时~19日2时，受北方冷空气和强盛的西南暖湿气流的共同影响，山东省济南市自北向南发生了一场强降雨过程，市区1小时最大降雨量达151.0mm，为1951年有气象记录以来的最大值。此次特大暴雨造成市区道路毁坏1.4万平方米，140多家工商企业进水受淹，其中近一万平方米的地下商城，在不到20分钟的时间内积水深达1.5m，全市33.3万人受灾，因灾死亡37人，失踪4人，倒塌房屋2000多间，市区内受损车辆802辆，直接经济损失13.20亿元。

根据中国水利水电科学研究院有关专家调查，此次洪灾发生不是由某一单纯的原因造成，它是天气、地形及人文等多方面因素的综合，包括暴雨强度大，范围广，区域集中；济南市区东、南、西三面环山，北面为黄河，南北向道路坡度大、东西向坡度较小，雨水不能及时汇入河道，在南北路上行洪，且铁路线以北大部分地区为低洼易涝区等特殊地形特点；降雨时间特殊，正好为市民下班高峰期；市区内唯一的排洪河道小清河排洪能力不足；城市局部区域规划不合理，排水沟与道路混杂；防汛应急预案失效；降雨预报偏小，预警失效；市民灾害意识不强，道路行洪后，行人对水流的危害估计不足，仍在深水、急水中涉险前进等八方面原因（中国水利水电科学研究，2013）。

10.3.1.10　2010年广州“5.7”特大暴雨灾害

2010年5月6~7日，广州市遭遇特大暴雨袭击。全市平均降雨量为107.7mm，市区平均降雨量为128.45mm，中心城区和北部地区均超过特大暴雨标准。五山雨量站1小时最大雨量和3小时连续降雨量分别为99.1mm和199.5mm，均超过广州市历史上1小时最大雨量（90.5mm）和3小时最强降雨（141.5mm）纪录，远远超过广州市5年一遇的排水标准（降雨强度为69mm/h）。广州市自有预警信号以来首次发布全市性暴雨红色预警信号。受暴雨影响，广州市越秀、海珠、荔湾、天河、白云、黄埔、花都和萝岗8个区（县）、102个镇（街）、3.22万人受灾，农作物受灾面积达1.712×10^4 hm^2，因灾死亡6人，中心城区118处地段出现内涝水浸，其中44处水浸情况较为严重。全市直接经济损失5.44亿元。此次暴雨导致广州城“水浸车”车险报案超过1.8万例，超过0.85万辆水浸车向各保险公司申请赔付（李娜等，2010）。

10.3.1.11 2012年北京“7.21”特大暴雨灾害

2012年7月21日10：00至22日6：00时，受冷空气和西南暖湿气流共同影响，北京市经历一次历史罕见的强降雨过程。主要呈现3个特点：①累积雨量大。全市平均降雨量达170mm，城区平均为215mm，全市最大降雨出现在房山河北镇，气象观测数据为460mm，水文观测数据为541mm，城区最大降雨出现在石景山区模式口，达328mm（气象站观测值）。②强降雨历时长。1h雨量普遍达40~80mm，持续时间3~4h，最大雨强出现在平谷挂甲峪，达100.3mm（21日20：00~21：00）。③强降雨范围广。这次强降雨范围覆盖面积大，除西北部的延庆外，北京各地均出现了100mm以上的大暴雨，占全市总面积86%以上。从区域分布来看，本次降雨过程房山区最大，平均降雨达301mm，半数以上站点超过百年一遇，延庆降雨较小，为69mm。受降雨影响，各河道均有不同程度涨水，拒马河张坊站洪峰流量达2500m^3/s，漫水河洪峰流量达1100m^3/s，为1963年以来最大值，仅次于1956年和1963年，列第3位；北运河榆林庄站出现历史最大洪水，洪峰流量达790m^3/s。

此次特大暴雨洪涝灾害造成全市大面积受灾，受灾人口约为77.76万人，死亡78人，紧急转移安置9.59万人；倒塌房屋7828间、严重损坏房屋4.4万间、一般损坏房屋12.19万间；农作物受灾面积5.75万hm^2。直接经济损失159.86亿元。

10.3.1.12 2016年武汉暴雨洪涝灾害

2016年6月1日至7月6日15时，武汉、江夏、新洲、黄陂累积雨量分别为932.6mm、1087.2mm、887mm和833.9mm，比1998年6至8月总降水量分别多64.6mm、70.2mm、549mm和533mm。暴雨内涝导致多处路段被淹，梅苑小区站、中南路站、武昌火车站等多个地铁口因为进水而封闭，内涝点超过200多个（汪晖，2017）。此次暴雨洪涝灾害造成全市12个区75.7万人受灾，共转移安置灾民167 897人次，农作物受损97 404hm^2，其中绝收32 160hm^2。倒塌房屋2357户5848间，严重损坏房屋370户982间，一般性房屋损坏130户393间。直接经济损失22.65亿元。

10.3.1.13 2021年郑州“7·20”特大暴雨灾害

郑州“7·20”特大暴雨全市平均降水量为452.6mm，小时降雨量最大达201.9mm（郑州气象观测站），24小时最大雨量达672mm（郑州市二七区侯寨），根据《河南省暴雨统计参数图集》（2005年）中的参数测算的1000年一遇1小时点雨量和24小时点雨量分别为161.9mm和340.2mm，因此可以说此次特大暴雨的最大小时降雨和最大24小时降雨的重现期均是远超千年一遇的。

“7·20”特大暴雨造成了郑州 143 座水库 103 个超汛限水位运行，常庄水库水位暴涨，最高达到 129. 39m，超警戒线 1. 9m，背水坡处多处出现管涌险情。城市内排洪河道贾鲁河水位暴涨，多个区域断电断水断网，道路损毁、交通中断、地下空间被淹，多处出现重大险情。此次灾害造成了 292 人遇难，地下空间溺亡 39 人，189 人因洪水泥石流遇难。全市受灾人口达 188. 49 万人，市政道路损毁 2730 处，干线公路损毁 1190 处，农村道路损毁 6415 处，受灾农村 1126 个，倒塌房屋 5. 28 万间，农作物受损 167. 24 万亩、绝收 43. 49 万亩，40 万辆车因灾受损。直接经济损失 532 亿元（2021 年 8 月 2 日数据）。

10. 3. 2　自然水网与洪涝灾害应对

流域水网中有两类直接或间接在洪涝灾害应对中发挥重要作用的斑块，一类是自然斑块，即山水林田湖草，它的任务是水土保持水源涵养和缓解极值性，坦化洪峰、增加枯季水量。另一类是农田斑块，通过加高田埂、深耕，增加了土壤的含水量和地下水的蓄水量，保水保土。下文以黄河上游、太湖水网及长江湖泊水网为例，介绍自然水网在应对洪涝灾害中的作用。

10. 3. 2. 1　保水固沙之黄河上游

黄河治理的关键在于治沙，黄河泥沙主要来源于黄河上中游的黄土高原。由于黄土高原特殊的土壤结构、暴雨集中的特性和不合理的开发利用，使该区域水土流失极为严重，黄河多年平均输沙量达 16 亿 t，是我国水土流失面积最大、强度最大的地区。

黄土高原地区是我国保水固沙工作的重点区域，我国对此开展了大规模的水土保持工作，并取得了显著成效。截至 1997 年底，水土保持措施初步治理面积便达到 16. 6 万 km^2，至 20 世纪 70 年代黄土高原水保措施年减少入黄泥沙 3 亿 t 左右。1996 年以来，黄河水沙发生了显著变化，实测径流量、输沙量显著减少，如黄河中游龙门、华县、河津、状头等断面的输沙量只有多年均值的 1/3（图 10-4、图 10-5）。

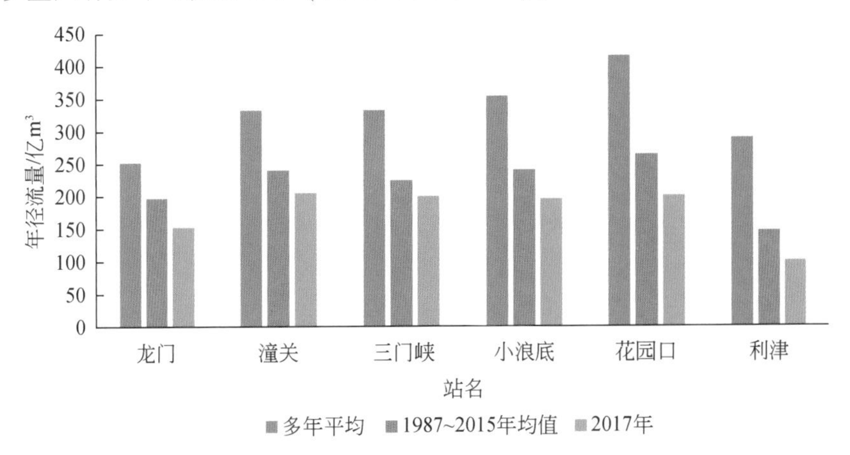

图 10-4　黄河干流重要控制水文站实测年径流量对比

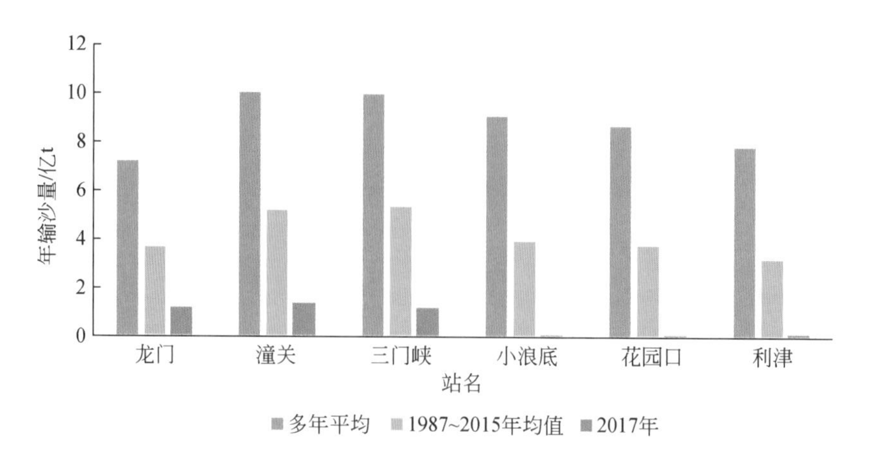

图 10-5 黄河干流重要控制水文站实测年输沙量对比

针对黄河上游的保水固沙以小流域为单元，采取因地制宜，多措施并举，综合利用工程、生物和蓄水保土耕作等方法（周承京，2011）。

（1）工程措施

采取在小流域内修建防止水土流失，保护和合理利用水土资源工程的各项措施。典型如：①治坡工程，通过建设梯田、台地、水平沟、鱼鳞坑等调控坡面径流，就地拦蓄，减少坡面的水土流失。②治沟工程，采用淤地坝、拦沙坝、谷坊、沟头防护等，就地拦蓄泥沙。随着建坝后泥沙的淤积，侵蚀面被抬高，防止了沟道的进一步下切和沟岸的坍塌，稳定沟坡，减少沟道侵蚀。对泥沙的就地拦蓄，还使荒沟变为高产稳定的基本农田，增加良田面积。③小型水利工程，如水池、水窖、排水系统和灌溉系统等。

（2）生物措施

采取在水土流失区域造林、种草和封山育林、育草等办法，增加植被覆盖率，维护和提高土地生产力的一种水土保持措施。

（3）蓄水保土耕作措施

通过增加植被覆盖或增强土壤有机质抗蚀力等方法，改变坡面微小地形，以保土蓄水，改良土壤，提高农业生产，主要措施如等高耕作、等高带状间作、沟垄耕作少耕、免耕等。

10.3.2.2 星罗棋布之太湖水网

（1）河湖水系蓄水

太湖水系湖泊众多，水面面积大于 0.5km^2 以上的大小湖泊 189 个，水面总面积为 3159.0km^2，蓄水量为 57.68 亿 m^3，湖泊率为 8.6%。面积大于 10km^2 的湖泊有 10 个，分别为太湖、隔湖、阳澄湖、洮湖、淀山湖、澄湖、宜兴三氿、昆承湖、元荡和独墅湖，合计面积为 2861.5km^2，占湖泊总面积的 90.6%；蓄水容积为 51.2 亿 m^3，占全部湖泊总蓄水容积的 88.8%。其中，太湖最大，湖泊面积为 2427.8km^2，水域面积为 2338.1km^2，湖岸线全长为 393.2km，是流域内 50 余条河流的汇聚和排泄通道。

太湖流域内已形成以太湖为中心，纵横交错，星罗棋布的河网水系。流域内河道总长约为12万km，分布密度达3.25km/km²，是全国河道最密的地区。太湖水系主要包括上游水系、下游水系，其他则为沿江和沿海水系。其中上游水系集水面积为1.9万km²，主要为汇入太湖的苕溪和荆溪两大水系；下游水系主要为黄浦江水系，是太湖水系的主要外排通道，并且黄浦江水系广大的蓄水面和槽蓄容积，为吸纳太湖流域洪水提供了条件。

太湖流域内分布的大量湖泊和河网水系，除作为流域洪水的排泄通道外，对流域内的洪水进行存蓄和消纳也发挥重要作用。如太湖平均年出湖径流量为75亿m³，蓄水量为44亿m³，又如上海黄浦江水系，在常水位下的河湖槽蓄容量达7.28亿m³，洪水期间的槽蓄容量将更大。在太湖流域发生的主要历史洪水中，本地水系也滞留了流域内约45%的洪水，如1991年大洪水期间，自6月11日至7月15日，流域内滞留洪水约49.5亿m³，占洪水总量的40%；1999年长江洪水期间，这一比例达到47%，2016年为45%。

（2）圩区建设情况

太湖流域中部平原属于地势低洼的地区。受暴雨或天文潮高水位的影响，这些低洼区域的河道水位会出现上涨，对低洼区域形成淹没或倒灌。为了开发洼地，人们经过长期开发，在洼地周围筑堤挡水，形成圩区，保证了洪水期间的正常生活、生产安全。

太湖流域的圩区根据地形特点，存在多种形式。一种是人们沿低洼地区周边修筑堤坝，将洼地与外界围隔开来，称为圩子。被围的洼地内的河道水面通过闸门和泵站与圩外河道进行水量交换。另外一种圩子的周边主要为山脊线，只在低洼沿河的一面修筑圩堤，在高处与山脊线相联形成的圩区，这种圩区一般分布在太湖流域的西部山丘区，斗内的高差一般较大，与圩区类似，在低洼的一边也有泵站和水闸控制斗内水量与外河的交换。另外一种是沿一个区域周边的所有河道口门处建闸及泵站形成封闭的包围区域，这些闸和泵站控制着所包围的区域与外界河网的水量交换，称为大包围。大包围的面积比一般圩子的面积要大得多，大包围范围内一般还包围有圩子。圩区的闸泵一般根据圩外河道水位高低进行调度。当圩外河道水位较低时，圩内水系通过自排的方式排出。洪水期间，当圩外河道水位高于圩内时，连接处的闸门关闭，通过泵排的方式将圩内涝水排出。

流域内已建成圩区4944座，总面积达1.56万km²，占流域面积的42%，总排涝能力已超过1.4万m³/s。其中江苏省圩区2215座，圩区面积0.56万km²；浙江省圩区2682座，圩区面积0.53万km²；上海市圩区47座，圩区面积0.47万km²。

10.3.2.3　云梦大泽之长江湖泊

自然形成的湖泊水系如武汉周边的湖泊调蓄，低洼区域存蓄洪水，对长江洪水进行吞吐调节。

（1）江汉湖群

据《左传》、《国语·楚语》、司马相如《子虚赋》等的记载，“云梦”为先秦时期楚王的狩猎区，大致范围东面在大别山麓和幕阜山麓至江滨一带，西面在现宜昌、宜都以东，北面大致在今随州市、钟祥、京山一带的大洪山区，南面在现长江边缘（邹逸麟，2013）。这一区域内地势低下，河道纵横交错，湖泊星罗棋布，云梦泽湖泊为当时最大的湖泊。

历史上长江出三峡后便以漫流的形式进入古云梦泽中。自先秦时期，受长江和汉江泥沙的填充、淤积影响，云梦泽逐渐演变为平原湖沼形态的地貌，后期淤积逐步加重，至唐宋时期，云梦泽已不复存在，形成了现状星罗棋布的江汉湖群。到了中华人民共和国成立初期，该区域内有大小湖泊1066个，受泥沙淤积和围湖垦殖的进一步影响，湖泊数量和面积再次减少。目前，仅剩大约300余个，其中面积大于100km^{2}的湖泊有洪湖、长湖、斧头湖、西凉湖等4个，总面积为924km^2，面积在10～100km^{2}的湖泊有441个，总面积为1706km^2。

云梦泽虽然已经消失，但淤积形成的湖群区域地势低平，并且仍然存在一定数量的湖泊。因此，在现在长江防洪体系中，将这一区域作为长江高水位时的分蓄洪区。其中，长江南岸如上百里洲分蓄洪区、涴市扩大分洪区、荆江分蓄洪区、虎西备蓄区，长江北岸如人民大垸分蓄洪区、洪湖分蓄洪区、杜家台分度蓄洪区，以及武汉周边的西凉湖、东西湖、武湖、涨渡湖蓄洪区等，总计蓄洪容积约达392亿m^3。洪湖分蓄洪区为最大的蓄洪区，东西向平均距离为105km，南北向最大宽度为35km，面积达2783km^2，区域内包括了洪湖在内的多个湖泊，平均地面高程仅为25.5m，分洪区设计分蓄洪水位32.5m，设计蓄洪量达可达160亿m^3。

（2）洞庭湖

洞庭湖原为古云梦泽的一部分，至战国后期，由于泥沙的沉积，云梦泽分为南北两部，长江以北成为沼泽地带，并发展为江汉湖群，长江以南仍保持为浩瀚的湖泊状态，后因湖中的君山（原名洞庭山）而得名。

先秦之后，随着云梦泽的逐渐解体，江湖关系转变，进一步导致了洞庭湖的形成和演变。自汉晋以来，人们对湖区的垦殖活动也逐步加强，自然植被受到破坏，长江的含沙量开始增高，荆江河床淤积抬高，同时受西北—东南方向新构造掀斜运动的影响，荆江主泓道逐渐向南摆动。东晋永和年间，荆江南岸形成景口、沦口二股分流汇合成沦水进入洞庭湖。洞庭湖由于承纳两口分泄之江水江沙，湖泊的淤积过程开始加速，形成大小不一的湖群。至唐宋时期，荆江统一河床逐步形成，至明代嘉靖年间，荆江大堤逐步形成，江湖的边界条件发生明显变化。此时仅有长江南周岸虎渡、调弦两口分汇江流，受荆江高水位的影响，洞庭湖水位也不断抬升，湖面不断扩大，全盛时（1825年）天然湖泊面积达6000km^2，至1860年和1870年，藕池和松滋两口被冲开，形成当今四口分流的分沙局面。

洞庭湖在演变过程中，除受泥沙淤积外，还受人们围堤造垸的影响，据统计，至1999年，有万亩以上堤垸37个，其中10万亩以上的15个，这使洞庭湖近年的面积明显缩小（表10-2）。至1978年，湖面仅为2691km^2，库容为186亿m^3。目前，据测算，洞庭湖面积仅约为2579.21km^2，容积178亿m^3。

表10-2 洞庭湖湖泊面积变化表 （单位：km^2）

年份	1825	1949	1954	1958	1971	1978
水面高程34.8m（岳阳）	6000	4350	3915	3141	2820	2691

10.3.3 人工水网与洪涝灾害应对

10.3.3.1 人工水网与洪水灾害应对

(1) 第一道防线——水库“调洪蓄洪”

水库一般是在山沟或河流的狭口处，通过建造拦河坝形成的人工湖泊，用于调节自然水资源的分配，是水利建设中最主要、最常见的工程措施之一。按其所在位置和形成条件，水库通常分为山谷水库、平原水库和地下水库三种类型。水库在功能上一般具有防洪、蓄水灌溉、供水、发电、养鱼等综合作用。

用于防洪时，水库主要是利用其库容拦蓄洪水，削减洪峰或错峰，以达到减免下游洪水灾害的目的。水库根据下游防洪需要及统一的防洪规划，可以合理调蓄入库洪水，降低出库洪峰流量，拦蓄下游成灾水量，错开下游洪水高峰，使下游防护区控制点的河道水位(或流量)，保持在保证水位（或河道安全泄量）以下，以保证防洪安全。受单个水库防洪库容的限制，通常由多个水库组成的水库（群）联合调蓄洪水，通过与堤防、分洪工程、防洪非工程措施等配合组成防洪系统，通过统一的防洪调度共同承担其下游的防洪任务。

我国主要水库的建造时间较早，可以追溯到公元前3000年，但受技术水平的限制，早期的水库一般较小，随着近代水工建筑技术的发展，兴建了一批高坝，形成了一批巨大的水库。截至2017年，我国已建各类水库98 795座，总库容达到9035亿m^3，在我国的防洪事务中发挥了重要作用（吕娟等，2019）。

Ⅰ. 三峡水库

三峡水库是三峡工程建成后蓄水形成的人工湖泊，总面积为1084km^2，范围涉及湖北省和重庆市的21个县级行政区。三峡工程由拦江大坝和水库、发电站、通航建筑物等部分组成。拦江大坝位于中国湖北省宜昌市三斗坪镇境内，距下游葛洲坝水利枢纽工程38km，控制长江流域约100万km^2的流域面积。

三峡水库大坝总长为3035m，坝顶高程为185m，水库正常蓄水位为175m，总库容达393亿m^3，形成长达600km的水库，水库防洪库容为221.5亿m^3。通过水库可调洪削减洪峰流量达2.7万~3.3万m^3/s，能有效控制长江上游洪水，保护长江中下游荆江地区1500万人口、2300万亩土地，在长江中下游防洪中起关键性骨干作用。

三峡水库发电站安装了32台单机容量为70万kW的水电机组，装机总量为2250万kW；年发电量为847亿kW·h。

三峡水库通航设施包括双线5级船闸1座，可通过万吨级船队；垂直升船机1座，可快速通过3000吨级轮船；年单向通航能力5000万吨。

三峡工程建设的首要目的是防洪，在建设过程采用“一级开发、一次建成、分期蓄水、连续移民”的政策。自2003年6月首次下闸蓄水至今，在长江多年防洪中发挥了重要作用。2010年7月，三峡工程经受住流量为7万m^3/秒的特大洪峰考验。洪峰规模超过1998年洪峰，是长江有水文记录以来的第三大洪峰，同年10月份，三峡水库也首次达到了175m的正常蓄水位。随着三峡工程的逐步建设完成，在2014年、2020年等多场编号洪水中发挥调峰、削峰作用。

Ⅱ. 飞来峡水库

飞来峡水库是珠江支流北江中下游上的一座综合利用大（一）型径流式年调节水库，功能以防洪为主，兼有航运、发电、养殖、供水、旅游和改善生态环境等。水库坝址位于清远市清新区飞来峡镇，控制流域面积为34 097km^2，占北江流域面积的73%，总库容为19亿m^3，总装机容量为14万kW，年平均发电量为5.54亿kW·h，是北江流域综合治理和开发利用的关键性工程。

水利枢纽工程由拦河坝、船闸、厂房和变电站组成。拦河坝包括混凝土溢流坝和挡水坝、土坝及副坝等，最大坝高为52.3m，主副坝坝顶总长为2883m，坝顶公路宽为8m；溢流坝共设16个溢流孔；船闸可通过500吨级组合船队。厂房为河床式，安装4台容量3.5万kW贯流式水轮发电机组。

1992年，国务院批准兴建飞来峡水库，1993年下半年，广东省飞来峡水利工程建设总指挥部成立，由广东省水利厅负责工程建设与管理。飞来峡水库于1994年10月正式动工兴建，1999年5月第一台机组发电，2000年10月工程竣工验收。飞来峡水库建库以来，在防洪方面与北江大堤组成北江防洪体系，为下游提供了可靠的防洪安全保障；在航运方面，工程除结合发电调节下泄流量改善下游通航条件外，还在库区形成干、支流渠化河道116km，使通航标准大大提高。在发电方面，对缓和广东省电力供需矛盾有一定的作用。在旅游方面，水库有70.3km^2的人工湖水面，可建设各类景色秀丽的水上俱乐部及度假村等。

（2）第二道防线——河道堤防“行洪挡洪”

江河堤防是指在江河两侧边缘修筑的挡水建筑物，是我国江河防洪的主要工程。在江河上修建的堤防又因所处位置的不同分为干堤和支堤，干堤是干流河道上的堤防，支堤是支流河道上的堤防。为了减小临水堤防决口的淹没范围，在某些堤防的危险堤段的背水侧还修建了第二道堤防，称为月堤、备塘或备用堤。当临水堤防与第二道堤防之间面积较大时，也有在二者之间修建隔堤的，如黄河大堤历史上修建的格堤。

我国在大江大河堤防上修筑堤防具有较长的历史，一般就地取材，采取黏土或砌石修筑，形成了我国主要江河堤防的雏形，但整体上工程质量不高，易于冲毁，防洪标准低。随着现代技术发展和江河防洪需求，我国在主要江河上修建了堤防，并不断加高加固，基本形成了以堤防为主的防洪工程体系，防洪标准达到较高水平。截至2017年底，全国5级及以上江河堤防30.6万km，达标堤防21.0万km，堤防达标率为68.6%。

Ⅰ. 荆江大堤

长江重点堤防，位于长江中游荆江河段北岸，上起湖北省江陵县枣林岗，下至监利县城南，全长为182.35km，是保障江汉平原1100万亩耕地，1000余万人口和武汉、荆州市等大中城市防洪安全的主要屏障。

荆江大堤为1级堤防，相应穿堤建筑物亦为1级。荆江大堤直接挡水堤段长为74.7km；其余堤段长为107.65km，堤外有上下人民大垸、青安二圣洲、柳林洲、谢古垸、众志垸等民垸掩护，因此中小洪水年份不挡水。

荆江大堤始建于东晋时期（345 年），自江陵万城附近至荆州城，形成数公里长的护城堤，始称金堤。以后逐步向东发展，五代后梁（907 ~ 910 年）修筑寸金堤，北宋修筑沙市堤（1075 年）、培修黄潭堤（1158 年），南宋（1165 ~ 1173 年）延长寸金堤与沙市堤衔接，明朝（1368 ~ 1644 年）将金堤、寸金堤、黄潭堤、文村堤、周公堤等沿江数段堤防陆续连成整体，1542 年堵塞郝穴，至此初步形成万城堤。1918 年以前荆江大堤称万城堤，上起堆金台下至拖茅埠，长为 124km。1918 年改名“荆江大堤”。1951 年上段从堆金台延伸至枣林岗，增长 8. 35km。1954 年大水，汛后下段从拖茅埠延伸至监利城南，共增长 58. 35km，至此该堤全长发展为 182. 35km。

1949 年以前，荆江大堤存在堤身隐患严重（堤身低矮单薄、填土质量差、有白蚁洞穴），堤基渗漏险情多，河道崩岸频发等问题，汛期险象环生。据史料，1559 ~ 1949 年，大堤溃口 36 次，尤以 1788 年、1931 年、1935 年的灾情最重。1935 年 7 月洪水，沙市最高水位达到 43. 97m，德胜寺、麻布拐等处发生溃口，死伤人员数以万计。1949 年沙市最高水位达到 44. 49m，发生较大险情数百处。1954 年大水，沙市最高水位达到 44. 67m，高水位持续时间较长，发生险情 5000 处，其中堤后较大翻砂鼓水 100 余处。荆江大堤有 65km 长的堤段紧临河泓，其中沙市、郝穴、监利三大河湾有 34. 6km 堤岸迎流顶冲，堤外无滩或窄滩，崩岸尤为严重，据统计，20 世纪 50 ~ 60 年代，共发生崩塌险情 147 处。

针对堤身隐患、堤基渗漏、河道崩岸等险情，自 1950 年后对该堤防进行了多次大规模的加固整治建设，特别是经过除险加固一期工程（1974 年开始实施）、二期工程（1984 年开始实施）和综合整治工程（2013 年开始实施）的建设，堤防防洪能力大大提高。目前，荆江大堤堤顶高程超设计洪水位 2. 0m，堤顶面宽 8 ~ 12m，堤身高 10 ~ 12m（最高 16m），险段堤脚设有 30 ~ 50m 平台；隐患堤段设有垂直防渗墙；堤后有盖重和填塘固基（其中，大堤背水面沼泽洼地填塘固基填土宽 100 ~ 200m，厚 3 ~ 4m；17 处重点渊塘采取河道泥沙吹填，与附近地面齐平，填宽 200 ~ 400m）；对迎流顶冲堤段，采取抛石护岸，水下按 1∶2. 5 坡比抛护，平枯水位做护脚平台。

1998 年洪水期间，沙市水位高达 45. 22m，虽然超过分洪水位 0. 22m，但堤防未出现重大问题，因此未启用荆江分洪区分洪，避免了分洪损失。

荆江大堤已基本达到除险加固设计标准，考虑三峡水库防洪作用，堤防防洪能力达到 100 年一遇。

Ⅱ. 黄河大堤

黄河大堤是黄河下游的重要防洪工程。黄河桃花峪以下至入海口为黄河下游。现状河床高出背河地面 4 ~ 6m，比两岸平原高出更多，是举世闻名的“地上悬河”。因此，从桃花峪至河口，除南岸东平湖至济南区间为低山丘陵外，主要靠堤防挡水。黄河大堤保护了下游防洪保护区 12 万 km^2，保护人口 9064 万，耕地 1. 1 亿亩。

黄河大堤的修建最早可追溯至春秋中期，《管子・度地篇》中曾指出：修堤的时间以春天的三月最好，因为这时土料较干，易于坚实。而其他季节，夏季农忙劳力紧；秋季多雨土料湿；冬季土料冻结修堤不实。至秦汉时期黄河下游堤防逐渐完备，后期逐步发展。到了明代堤防工程的施工、管理和防守技术都达到了较高的水平，把堤防分为遥堤、缕堤、格堤、月堤四类，按照各堤的特点，因地制宜地修建。现行黄河大堤河南兰考县东坝头和封丘县鹅湾以上是在明清时代的老堤基础上加修起来的，有500多年的历史；以下是1855年黄河铜瓦厢决口改道以后，在民埝基础上陆续修筑的，也有130多年的历史。

现状临黄堤左、右岸共约有1371.2km，左岸临黄堤计长747.0km，右岸临黄堤计长624.2km。

i 右岸临黄堤

右岸临黄堤计长624.248km，自上而下为：孟津堤，自孟津牛庄至和家庙，长7.600km。自河南郑州市的邙山脚下，经中牟、开封、兰考及山东东明、菏泽、鄄城、郓城至梁山段，长340.183km。东平湖河段梁山至东平青龙山的10段河湖两用堤及山口隔堤，计长19.325km。从济南市郊区宋家庄经历城、章丘、邹平、高青、博兴至垦利区二十一户，长257.140km。

ii 左岸临黄堤

左岸临黄堤计长746.979km，自上而下为：自河南孟州中曹坡，经温县、武陟、原阳至封丘鹅湾，长171.051km。贯孟堤，自封丘鹅湾至吴堂，长9.320km。太行堤，自长垣大车集至苏东庄，长22.000km。自河南长垣县大车集经濮阳、范县至台前张庄，长194.485km。自山东阳谷陶城铺经东阿、齐河、济阳、惠民、滨州至利津四段，长350.123km。

为防止河道“溃决”和部分“冲决”等问题，保证大堤安全，1949年后，针对黄河大堤多次进行防渗加固、加高帮宽，对险工段进行改建加固等，并建设防浪林、对堤顶进行硬化，修建防汛道路等，形成了黄河大堤“标准堤防”。目前，针对黄河大堤全线已完成了四次这种加高培厚建设，防洪标准达到200年一遇以上，花园口站可防御22 000m^3/s的洪水。艾山以下大堤为防御11 000m^3/s洪水。

(3) 第三道防线——蓄滞洪区“蓄洪滞洪”

蓄滞洪区是江河防洪体系中的重要组成部分，是保障防洪安全、减轻灾害的有效措施。我国江河的洪水季节性强、峰高量大，中下游河道泄洪能力相对不足，仅靠河道、水库和堤防等防洪工程难以确保重点地区防洪安全。为此，在沿江河低洼地区和湖泊等地开辟了蓄滞洪区，用于分蓄江河超额洪水，以缓解水库、河道蓄泄不足的矛盾，确保流域防洪安全。

按照蓄滞洪区在防洪体系中的地位和作用、运用概率、调度权限以及所处地理位置等因素，蓄滞洪区分为国家蓄滞洪区和地方蓄滞洪区。国家蓄滞洪区是指列入国务院或者国务院水行政主管部门批准的防洪规划或者防御洪水方案，在大江大河防洪体系中作用重要，直接影响干流洪水安排，关系流域全局防洪安全；或者位置重要，涉及省际关系，省际矛盾突出，需要国家进行协调和调度，运用后国家予以补偿的蓄滞洪区。国家蓄滞洪区又分为重要蓄滞洪区、一般蓄滞洪区和蓄滞洪保留区。根据《全国蓄滞洪区建设与管理规划》，我国在长江、黄河、淮河、海河、松花江、珠江等主要江河规划建设了98处国家蓄滞洪区，涉及北京、天津、河北、江苏、安徽、江西、山东、河南、湖北、湖南、吉林、黑龙江和广东等13个省（直辖市），其中93处集中分布于长江、淮河和海河流域，5处分布于黄河、珠江、松花江流域；列为重要蓄滞洪区有33处，一般蓄滞洪区45处，蓄滞洪保留区20处。其中较为典型的几处蓄滞洪区基本情况如下。

Ⅰ. 长江流域——荆江分洪区

荆江分洪区地处长江的荆江河段，位于湖北省公安县境内，东北濒临长江，南抵安乡河，与湖南省安乡县接壤，西靠虎渡河。南北长为 70km，东西平均宽为 13km，狭颈处为 2.7km，区内地势北高南低，地面高程为 34.00 ~ 39.00m（冻结吴淞高程）。荆江分洪区始建于 1952 年，总面积为 921.34km^2，设计蓄洪水位（黄金口）为 42.00m，设计蓄洪容量为 54 亿 m^3，分洪流量为 7700m^3/s。

荆江分洪区是中华人民共和国成立后在长江流域修建的第一个大型水利工程，主要用于缓解长江上游巨大洪峰来量与荆江河槽安全泄量不及的矛盾，减轻洪水对荆江两岸和两湖人民生命财产的威胁，确保荆江大堤、江汉平原和武汉市的安全。随着三峡工程的投入运行，长江中下游防洪能力有了较大的提高，特别是荆江河段防洪形势有了根本性的改善。但遇上长江流域发生类似 1860 年、1870 年的特大洪水，三峡工程即使发挥最大防洪效益，也只能控制枝城泄量不大于 80 000m^3/s，而荆江河段仅有 60 000m^3/s 的过洪能力，此种情况下必须运用荆江分蓄洪区才能基本保证荆江河段的安全行洪。尽管荆江分洪区运用概率减少，但它仍然是保障荆江河段防洪安全的重要措施，是长江流域的重要防洪工程。

荆江分洪区建成后，在 1954 年长江全流域特大洪水时曾运用过一次，从 7 月 22 日至 8 月 1 日荆江分洪区三次采取开启北闸进洪和在腊林州扒口分泄措施，共分、蓄、泄超额洪水 122.6 亿 m^3，有效降低沙市站水位 0.96m，确保了荆江大堤、江汉平原和武汉市的安全，减轻了洪水入洞庭湖区的压力。

1998 年 8 月，长江再次发生了自 1954 年以来的全流域特大洪水，荆江分洪区准备运用。洪水期间荆江河段多次超出 1954 年最高水位，8 月 6 日 13 时，湖北省防汛抗旱指挥部正式下达《关于做好荆江分洪区运用准备的命令》，位于滞洪区内几十万群众和一万多头役畜，在省防指规定的时间内转移到了安全地带。从省防指分洪运用准备命令的正式下达，到正式通知转移群众返迁安居，荆江分洪区处于运用准备状态近一个月的时间。1998 年的分洪大转移为国家科学调度长江洪水、确保长江防洪的全面胜利做出了贡献。

1954 年分洪运用和 1998 年准备运用，都对区内造成了巨大的经济损失。据 1954 年灾后不完全统计，分洪后损失总额为 105 909 万元，其中农业损失 30 180 万元；工业损失 5990 万元；商业损失 1357 万元；交通、邮电损失 3045 万元；文化、教育、卫生损失 3204 万元；水利、分洪设施损失 9428 万元；电力损失 561 万元；党政机关损失 2685 万元；农户损失 49 459 万元；户均损失 10149 元；人均损失 2404 元；亩均损失 1952 万元。1998 年分洪转移损失高达 120 048.45 万元，其中群众家庭财产损失 12 847.16 万元；集体财产损失 3964.84 万元；农业生产损失 52 440.89 万元；工业生产损失 33 674.68 万元；商贸损失 7874.74 万元；其他损失 9246.14 万元。

Ⅱ. 海河流域——白洋淀蓄滞洪区

白洋淀蓄滞洪区是大清河流域中游缓洪滞洪的大型平原天然洼淀，承纳大清河南支潴龙河、孝义河、唐河、府河、漕河、瀑河、萍河的洪水，以及白沟引河行洪能力（500m^3/s）以内的大清河北支低标准洪沥水。白洋淀以上流域面积 31 199km^2，其中南支面积 21 045km^2，北支面积 10 154km^2。

白洋淀全淀由大小 143 个淀泊组成，淀内有纯水村 39 个，人口达 9.6 万人，淀底高程一般为4.0～5.0m，村基高程为8.0～9.0m。白洋淀汛限水位为6.5～6.8m，警戒水位为7.5m，防洪保证水位为9.0m，汛后蓄水位为7.3～7.5m，设计滞洪水位十方院9.0m时，淹没面积为366km^2，相应蓄水量为10.7亿m^3，白洋淀水位超过9.0m时，周边堤防先后分洪，分洪后最大淹没面积为1191km^2，相应滞洪量为27.74亿m^3。

白洋淀在大清河流域防洪体系中起着重要的作用，通过蓄滞上游洪沥水，削峰、错峰缓泄，减轻洪水对下游地区的威胁。遇超标准洪水时，利用周边洼淀分洪，加大蓄滞洪能力，以减轻下游洪水压力。它直接保护着天津市和津浦铁路、京九铁路、华北油田及清南地区的防洪安全。

据资料统计，1949～1964年，破四门堤分洪10次，新安北堤决口分洪7次，而障水埝和淀南新堤则多次决口分洪。1954年海河流域发生了全流域的连续降雨，特别是大清河水系，8月10日洪峰流量达到1930m^3/s，为下游河道安全泄量的1.93倍，进入白洋淀的洪水总量达67亿m^3，白洋淀玉皇庙堤、旧四门堤、新四门堤、新安北堤相继破堤进水，淀内水位持续上涨的情况下、在白洋淀下口白草洼榕花树处扒开大清河右堤、在文安县王村附近扒开赵王河千里堤，8月16日白洋淀最高滞洪水位达到9.81m，才停止上涨，此时相应滞洪水量为33.85亿m^3。1956年洪水，白洋淀再次滞水，最高水位达9.8m，滞洪量为33.80亿m^3。1963年8月1日～10日强降雨，白洋淀滞洪区淹没面积达到1500km^2，最高洪水位达到11.58m，相应滞蓄水量为37.87亿m^3。

Ⅲ. 淮河流域——蒙洼蓄滞洪区

蒙洼蓄洪区地处淮河流域的淮河水系，位于安徽省阜阳市阜南县东南部，淮河干流中游北岸，南临淮河，北倚蒙河分洪道，四面环水，东西长为40km，南北宽为2～10km，呈西南—东北走向的狭长地带。蓄洪区始建于1951年，建成于1953年，总面积为180.4km^2。设计蓄洪水位为27.80m，相应容积为7.5亿m^3。以淮河干流王家坝水文站为蓄洪代表站，其警戒水位为27.50m，保证水位为29.30m。

现状工程情况下，在设计蓄洪水位下，水深最大可达7.8m；除庄台、保庄圩外，将全部被水淹没。其中，淹没水深1～3m的面积为29km^2，大于3m的面积为142.14km^2，一般地区淹没水深为2～7m。考虑临淮岗工程运用，库区设计洪水位29.10m，淹没水深将达4～9m。

自1953年建成以来，蒙洼蓄洪区已在13个年份15次分蓄洪水，分别为1954年、1956年、1960年、1968年、1969年、1971年、1975年、1982年、1983年、1991年、2003年、2007年、2020年，平均不足4年一次。1954年7月6日，王家坝闸第一次开闸蓄洪，最大进洪流量为1650m^3/s，蓄洪11.18亿m^3。1968年7月16日，王家坝最高水位达30.35m，创历史最高纪录，蓄洪量11.0亿m^3。1954年、1968年大水，堤防发生决口、溃破达26处之多。2003年两次共蓄洪5.61亿m^3，2007年蓄洪5.61亿m^3。

蓄滞洪区启用后，造成了多个方面的损失，包括农业损失，工业企业、交通运输业损失，道路、供电、电信、医院等公共设施损失，以及堤防、庄台、防护工程、排灌设施、田间工程等水毁损失。根据统计，2003年蓄洪造成蒙洼蓄洪区18万亩农作物绝收，农业直接经济损失1.49亿元；2007年蓄洪导致蒙洼18万亩农作物绝收，直接经济损失1.82亿元，部分树林淹毁，道路、通信、电力、水利等基础设施都有不同程度损坏。

10.3.3.2　人工水网与内涝灾害应对

（1）第一道防线——海绵城市“吸洪净洪”

海绵城市建设措施属于“吸洪净洪”的城市斑块。作为城市应对内涝灾害的第一道防线，通过建设海绵城市，进行源头控制，实现对城市涝水的水量和水质治理，体现尊重自然、顺应自然、人与自然和谐共处的理念。

海绵城市建设的核心是低影响开发（LID），各类低影响开发技术包含若干不同形式的低影响开发设施，包括生物滞留设施、绿色屋顶、透水铺装、植草沟、下沉式绿地、渗管/渠、渗透塘、渗井、湿塘、雨水湿地、蓄水池、雨水罐、调节塘、调节池、植被缓冲带、初期雨水弃流设施、人工土壤渗滤等 20 余种（住房和城乡建设部，2014）。这些设施及其雨水系统应与传统的城市雨水管渠排水系统、超标雨水径流排放系统有效衔接，相互依存，使更多的雨水滞留在当地，缓解内涝问题的同时还作为生活、工业、浇灌等用水，提高雨洪资源利用率。

据研究，几项常用措施如生物滞留设施可以显著减少径流总量 47% ~97%，削减径流峰值 3.1% ~84%（Chapman and Horner，2010；DeBusk and Wynn，2011）；绿色屋顶可在不同天气情况下贮存 29% ~100% 的降雨量（Ahiablame et al.，2012，Carpenter and Kaluvakolanu，2010），平均贮存率约为 63%（Dietz，2007）；透水铺装可以削减 23% ~93% 的地表径流总量（刘保莉，2009；王雯雯等，2012）；植草沟可以减少 9% ~96.3% 的径流总量（Jia et al.，2015；宋贞，2014）。另外，不同 LID 措施组合比单个 LID 措施对于径流峰值的削减效果更加显著，但随着降雨重现期增大，效果会越不明显（王琼珊等，2014；李娜等，2018）。

海绵城市建设是一项集城市规划、排水、除涝、景观、水利等跨部门、跨专业的工程，应以系统思维、从城市所在大流域出发，对城市新老水问题进行综合治理，以利于常态化地、可持续地发展。有研究表明，以流域为整体，实施雨洪综合调蓄管理措施明显优于传统的各子流域分散管理方式。如在面积约 185km^2 典型流域（美国黑莓溪流域），通过蓄滞渗排设施的优化分析，流域尺度所需的雨洪蓄滞容积较子流域分散蓄滞方式可减少 24.7% ~60.3%（王虹等，2015），这也意味着城市在应对和利用同样量级的暴雨洪水时，从流域角度进行规划布局，能以更少的投入实现相同的控制径流和雨洪利用效果。同时，海绵城市建设规划还需要充分考虑我国不同区域城市的地形、地貌等自然特性，降雨、温度、日照等气象特性，内涝灾害的水文响应和形成机理，以及景观、生态等需求开展综合规划。

（2）第二道防线——排水系统“集雨排水”

城市传统的排水管网系统、接纳雨水的内河、排水沟道、排水泵站设施等以及城市外部承接市政排水系统排出涝水的河湖承泄区和排涝沟渠、涵闸、泵站等共同组成了城市应对内涝灾害的第二道防线。

按照我国最新发布的《室外排水设计标准》（GB 50014—2021），超大城市和特大城市中心城区的雨水管渠设计重现期应达到 3 ~5 年一遇，中心城区的重要地区 5 ~10 年一遇，地下通道、下沉式广场和下穿立交道路等应达到 30 ~50 年一遇；非中心城区应达到 2

~3 年一遇，其下穿立交道路不应小于 10 年一遇水平。大城市、中等城市和小城市相应标准要求逐级有所降低。雨水管渠排水设计标准要求在设计标准内的暴雨，地面不产生积水。雨水管渠设计时暴雨历时一般采用 5min、10min、15min、20min、30min、45min、60min、90min、120min、150min、180min 等短历时。

内涝防治的设计重现期超大城市应达到 100 年一遇，特大城市 50 ~ 100 年一遇，大城市 30 ~ 50 年一遇，中等和小城市 20 ~ 30 年一遇。内涝防治标准要求在设计标准内的暴雨，居民住宅和工商业建筑物的底层不进水，城市道路中一条车道的积水深度不超过 15cm。内涝防治设计重现期下的最大允许退水时间（即雨停后地面积水的最大允许排干时间）中心城区为 1 ~ 3h，非中心城区 1.5 ~ 4h，中心城区的重要地区 0.5 ~ 2h，交通枢纽为 0.5h。

水利行业的《治涝标准》（SL 723—2016）对城市外部承泄区（城郊接合部）的治涝标准进行了规定，即特别重要城市（常住人口≥150 万人或当量经济规模≥300 万人），设计暴雨重现期应≥20 年，重要城市（20≤常住人口<150 万人或 40≤当量经济规模<300 万人）介于 20 ~ 10 年一遇，其余一般城市则应达到 10 年一遇。设计暴雨历时和涝水排除时间可采用 24h 降雨 24h 排除。

目前各城市根据自身地域特点和管理需求，对于积水、内涝的定义和标准的具体规定不尽相同，如表 10-3 所示。

表 10-3 我国典型城市的积水/内涝标准对比

城市	定义		积水深度	积水时间（雨停后）	积水范围	备注	来源
北京	内涝较低风险		<27cm	/	/		北京市水务局
	内涝中等风险		27 ~ 40cm				
	内涝较高风险		40 ~ 60cm	/	/		
	内涝高风险		≥60cm				
上海	市政道路积水		路边≥15cm 或道路中心有水	≥1h	≥50m²		《上海市防汛工作手册》
	街坊积水		≥10cm	≥0.5h	≥100m²		
广州	积水	主次干道	≤20cm	≤1h		轻微影响交通	《广州市防洪防涝系统建设标准指引（暂行）》
		居住区、工商业区	/	/	≤1 万 m²	不进水	
	内涝	主次干道	>20cm	>1h		交通阻塞	
		居住区、工商业区	/	/	>1 万 m²	少量进水	
	严重内涝	主次干道	>40cm	>2h		交通瘫痪	
		居住区、工商业区	/	/	>1km²	大量进水	
深圳	内涝		>15cm（下凹桥区>27cm）	>0.5h	>1000m²	需同时满足时为内涝，否则为可接受的积水	深圳市水务局

(3) 第三道防线——超标雨水系统“调蓄雨洪”

超标雨水系统是指城市应对超过雨水管渠系统设计标准的雨水径流蓄滞系统，一般包括多功能调蓄水体、行泄通道、调蓄池、深隧等自然或人工构建的空间或设施，是城市应对内涝灾害的第三道防线。

北京市西郊雨洪调蓄工程是我国城市较为典型的大型雨洪调蓄工程之一，是北京市城区“西蓄、东排、南北分洪”防洪排涝格局中“西蓄”的重要设施（图 10-6）。该工程主

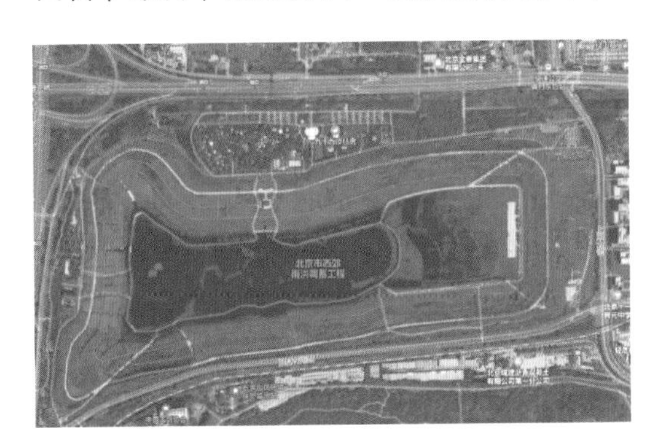

图 10-6 北京市西郊雨洪调蓄工程位置图

要用于拦蓄永引渠山区及西郊砂石坑周边地区 27km^{2}的洪水，确保 100 年一遇洪水不进入中心城区，设计蓄滞洪量 700 万 m^2。同时工程兼具回补地下水、形成生态景观等综合功能（邹广迅和杨连生，2019）。

10.4 水网与风暴潮灾害应对

10.4.1 历史风暴潮灾害事件

10.4.1.1 9216 号台风

9216 风暴潮灾害是由 9216 号台风所产生的风暴潮与天文大潮共同作用而引发的。该台风在 1992 年 8 月 30 日 6 时在福建长乐县登陆后，其中心强度迅速减弱，至 31 日 2 时强度已低于台风强度（中心气压 978hPa，最大风速 25m/s），但六级以上大风影响范围则南北纵跨近 2000km。此台风登陆后，向西北偏北方向运行，于 31 日 20 时减弱为低气压，然后缓慢北上，至 9 月 1 日其中心到达苏北后又转向东北。此次风暴产生的风暴潮事件，使南起福建、北至辽宁共 15 个验潮站的最高水位都打破了当时有历史记录的最高水位。由于这次风暴潮所达到的最高水位在沿海各省多数测站都达到了创纪录的高潮，故致灾的主要原因是：①异常潮位使海水漫堤和巨浪冲毁海堤，使海水倒灌，结果造成了农田、房屋、虾池、鱼塘、油井、城镇、工厂等等被淹；②巨浪打坏船只、水上建筑物、涵、闸、桥、人工岛等，并造成人员伤亡。

1992年8月30日第16号台风在台湾花莲沿海登陆，登陆时中心最大风力为12级。8月31日台风在福建省长乐县（现长乐市）再次登陆，登陆时中心最大风力8级。这个台风虽然强度偏弱，但影响范围很大，带来的降雨强度也很大，沿海出现特大海潮，造成严重的灾难。在台风的影响下，福建、上海、江苏、浙江、山东、河北、辽宁等沿海地区出现6～9级大风，并普遍降暴雨和大暴雨，局部地区出现特大暴雨。据福建、上海、江苏、浙江、山东、河北、辽宁等受灾省市不完全统计，死亡231人，伤590人，受淹、倒伏农作物2500多万亩，冲毁桥梁700多座，损失船只2000多条，损坏房屋28万多间，损毁各类水利工程设施3000多处，经济损失达75亿元人民币。

1992年8月30日，9216号台风在台湾花莲附近沿海登陆，登陆时中心气压975hPa，近中心最大风速35m/s（风力12级）；31日台风在福建长乐再次登陆，登陆时中心附近最大风力为8级。该台风虽然强度不大，但影响范围大，外围风力比中心附近的风力还大，带来的降雨势头猛。在台风影响下，福建、浙江、江苏、上海、山东、河北、天津、辽宁等沿海地区出现6～9级大风，部分地区风力达10～12级，并普遍出现暴雨或大暴雨，局部还降了特大暴雨，如浙江乐清狒头站过程降雨量达741mm，其中24小时降雨量最大为406mm，12小时降雨量为271mm。

台风又遇上了天文大潮期，台风增水和大潮汛的共同作用，造成沿海地区潮位普遍超过当地警戒潮位，部分地区出现中华人民共和国成立以来最高或次高潮位，浙江鳌江、瑞安、温州等站高潮位，分别超过历史最高潮位0.33m、0.28m和0.24m。据统计，南起福建、北至辽宁共15个验潮站的最高水位都打破了当时有历史记录的最高水位。

台风造成了浙江、福建、江苏、上海、山东、河北、天津、辽宁等省市严重的灾害损失，据不完全统计，灾害造成231人死亡，591人受伤，45人失踪；受淹、倒伏的农作物达2500多万亩，倒塌房屋9万多间，损坏房屋28万多间，沉损船只2000多条，冲毁桥梁700多座，毁坏公路900多千米，损坏水利工程设施3000多处。

10.4.1.2 2006年强热带风暴“碧利斯”

“碧利斯”强热带风暴为2006年第4号热带风暴，于7月11日2时，风暴中心进入中央气象台48h警戒线，中央气象台将其升格为强热带风暴。“碧利斯”没有达到台风强度，但却对菲律宾群岛、台湾岛、中国南方的福建、江西、湖南、广东等地造成相当严重的灾情，导致2006年中国南方水灾，造成超过672人死亡，直接经济损失约44亿美元。

“碧利斯”于2006年7月13日22时20分在宜兰附近登陆，但由于其雨带集中在外围，台湾地区蒙受的损失相对轻微。造成4人死亡，农业损失超过一亿元新台币。

广东省743万人受灾，洪涝面积29.62万hm^2，成灾面积18.95万hm^2，倒塌房屋7.89万间，死亡113人，失踪76人，直接经济损失143.30亿元（其中水利设施17.42亿元）。京广铁路多处因内涝和泥石流而中断，导致最少274班列车延误或需要改道。

湖南省受灾最为严重，东南部地区发生特大暴雨，引发山洪，造成郴州、衡阳、永州、株洲、娄底、益阳等6个市33个县（市、区）549个乡（镇）729万多人受灾，全省因灾死亡346人，失踪89人，直接经济损失超过78亿元。

广西壮族自治区共有1617.78万人次受灾，因灾紧急转移安置人口92.48万人，死亡

76人，失踪4人；倒塌房屋79 062间，损坏房屋90 715间；农作物受灾面积548.45千公顷，绝收面积80.62千公顷；直接经济损失47.69亿元。

福建省在“碧利斯”第二次登陆时，造成43人死亡和超过30亿人民币的损失，仅在厦门一处，台风“碧利斯”就造成倒塌受损房屋248间，损坏堤防17处945米，损坏护岸113处，冲毁塘坝33座，直接经济损失达7813万元。

“碧利斯”还对其他地区造成严重影响。江西省因“碧利斯”带来的强降雨使多条河流水位上涨，大型水库水位超汛限，多处房屋倒塌、农作物被淹，造成直接经济损失近4亿元；浙江省因强风和大雨造成约6.93亿元的财物损失；香港特别行政区发生强降雨，在2006年7月16日2时至3时期间，香港天文台总部录得115.1mm雨量，是香港天文台成立以来录得的最高一小时雨量纪录，在暴雨影响下，大屿山东涌道发生山体滑坡，使东涌道交通中断了12小时。

10.4.1.3　2013年强台风“菲特”

2013年10月7日1时，“菲特”台风在福建省福鼎市沙埕镇沿海登陆，登陆时中心附近最大风力达到14级，登陆后强度减弱较快，当日3时降为台风，4时降为强热带风暴，9时在福建省建瓯市境内减弱为热带低压。

“菲特”台风登陆强度大，影响范围广，是1949年以来10月份登陆我国大陆部分的最强台风；台风带来了长时间、大强度的降雨，台风、浪潮增水等，造成了受影响区域严重灾害。浙江、福建、上海、江苏4省（直辖市）131县（市、区）受灾，受灾人口1169.54万人，因灾死亡11人、失踪1人，紧急转移安置151.52万人，农作物受灾面积804.46千公顷，倒塌房屋0.58万间，直接经济损失624.51亿元。

在上海市，“菲特”台风造成了历史上罕见的台风、本地暴雨、上游洪水和天文高潮“四碰头”局面，全市12.4万人受灾，紧急转移安置近7549人，倒塌房屋27间，死亡2人，直接经济损失约9.53亿元。强降雨使中心城区道路积水97条段，市郊道路积水1080条段，下立交积水109处，居民小区积水900余处，居民和商铺进水10万余户，地下车库进水100余处。1100余株树木倒伏。农作物受灾40.93万亩，成灾12.74万亩，绝收2.62万亩。由于潮位超过堤防设防能力，黄浦江闵行段和青浦、松江等西部地区部分江河堤防出现漫堤、局部墙体垮塌等险情，其中青浦损毁堤防206处8.3km；黄浦江苏州河一线堤防渗漏108处3.15km，漫溢55处8.7km等；台风共造成水利设施直接经济损失1.48亿元。

10.4.1.4　2019年“利奇马”台风

2019年第9号风暴“利奇马”于8月10日1时在浙江省温岭市城南镇沿海登陆，登陆时强度大，中心附近最大风力达到16级（风速52m/s），登录后纵穿浙江、江苏两省并移入黄海海面，于8月11日20时在山东省青岛市黄岛区沿海再次登陆，登陆时中心附近最大风力有9级（风速23m/s），随后移入渤海海面，并不断减弱。“利奇马”强风使沿海增水明显，在浙江省海门站最大增水达到312cm，超200的站有4个，分别位于河北省黄骅站（233cm），山东省潍坊站（250cm），浙江省澉浦站（228cm）和健跳站（219cm），其他有17个站超过100cm。“利奇马”水汽含量丰富，登陆后为浙江、上海带来非常大的风雨影响。浙江全省降雨面雨量达159.8mm，其中台州市面雨量高达313.5mm。单站过程雨量温州乐清福溪水库高达763.5mm，台州三门上鲍高达730.5mm，单站雨量超过500.0mm的测站多达42个，多地降雨打破了历史极值纪录。

受“利奇马”强风、风暴增水和降雨的影响，造成了我国东部浙江、上海、江苏、山东、北京、天津、河北、辽宁等多地严重影响，形成巨大损失（图10-7）。至2019年8月14日10时，“利奇马”台风共造成我国1402.4万人受灾，57人死亡（其中，浙江45人，安徽5人，山东5人，江苏1人，台湾1人），14人失踪（浙江3人，安徽4人，山东7人），209.7万人紧急转移安置；直接经济损失合计102.88亿元，其中，辽宁省1.26亿元，河北省3.34亿元，天津市0.01亿元，山东省21.63亿元，江苏省0.37亿元，上海市0.03亿元，浙江省76.22亿元，福建省0.02亿元。

10.4.2 风暴潮灾害应对

10.4.2.1 海堤工程——挡潮防御

海堤是沿海地区抗御风暴潮灾害的重要工程措施。我国大陆海岸线总长约为1.94万km，已建海堤从2005年1.37万km增加到2015年的1.45万km，建设进度较为缓慢，且达标海堤长度仅为6181.8km，达标率仅42.5%。尤其是海河流域，2018年按照《海河流域防洪规划》中期评估的海堤工程建设完成率仅7.8%。根据《全国海堤建设方案》，规划到2027年左右，全国海堤长度达到1.5万km，已建海堤达标率提高到57.1%，使受台风风暴潮威胁严重的重要城市、重要经济开发区域的防潮安全得到基本保障。因此，风暴潮防御亟需根据防潮标准要求，推进海塘、挡潮闸等工程的达标建设，严格按照防护工程质量要求进行加高加固和保护维修。

10.4.2.2 预测预报——先知先觉

通过气象、海洋、水文等部门的协作和信息共享，利用专业分析模型、遥感分析技术、大数据分析等多种技术手段，结合当前开展的空天地一体化监测体系建设，着力提高对风暴潮灾害的精准化、定量化预测预报水平，为风暴潮灾害的可靠精准预报与全方位及时预警、人员资产转移安置、抢险部署等提供基础的技术支撑。

10.4.2.3 应急预案——有备无患

具备完善的应急预案是从容应对风暴潮灾害的前提。应根据区域防潮形势变化和经济社会发展需求，动态修订现有防风暴潮应急预案。基于多情景和海量方案的风暴潮灾害桌面预演方案，形成防风暴潮应急预案实时修正和动态调整机制，完善各种情景下的人员撤离转移路线、安置地点，抢险方案等，并进行定期演练，增强各级组织管理人员和民众的防灾减灾意识。

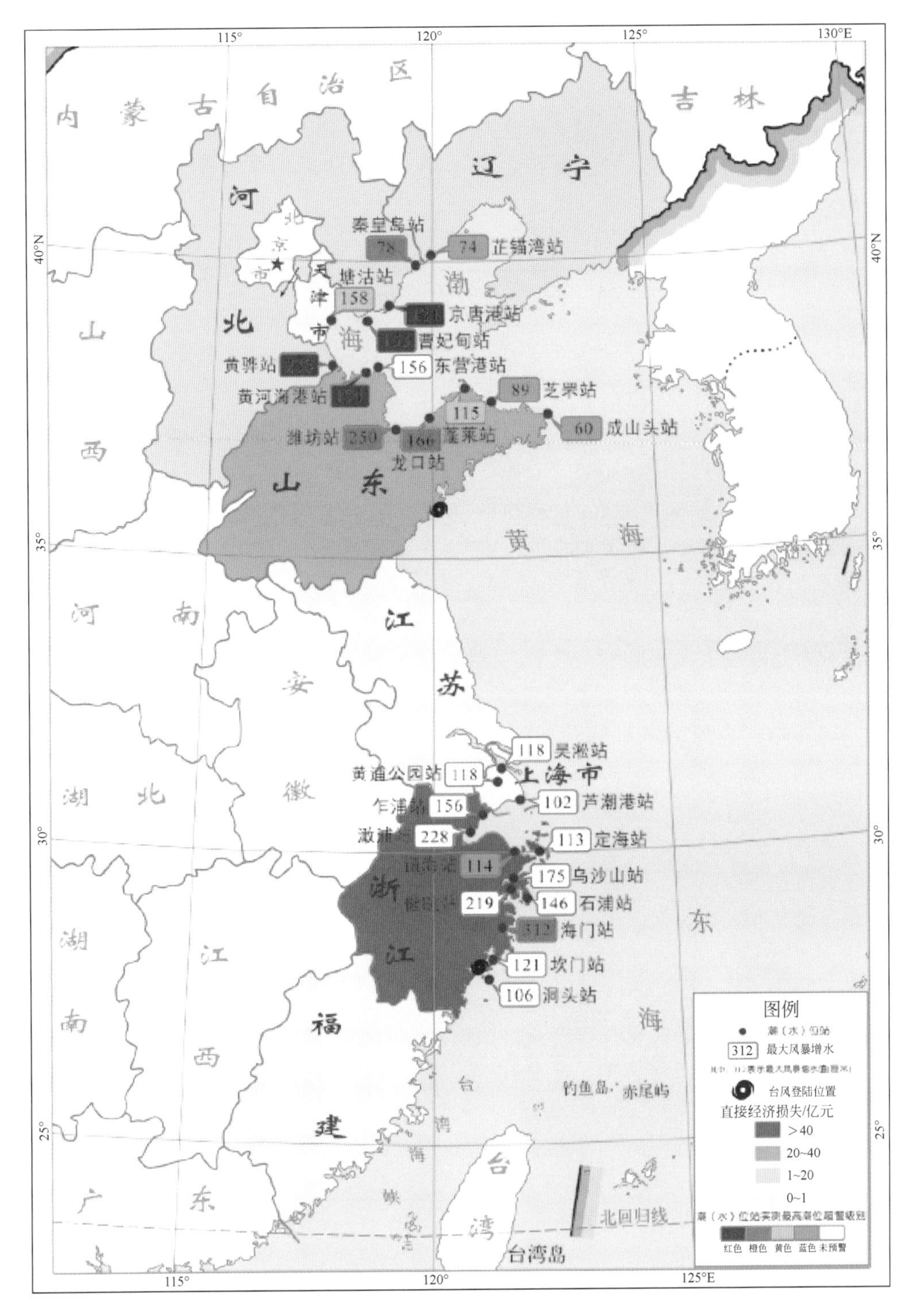

图 10-7　“利奇马” 台风风暴潮过程部分潮（水）位站最大风暴增水和直接经济损失

资料来源：自然资源部海洋预警监测司，2020

10.4.2.4 风险区划——超前规划

开展风暴潮灾害的风险区划，对不同量级风暴潮灾害以及其与所在区域洪水、暴雨内涝等组合影响下的影响范围、淹没水深、历时等进行分析评估，根据现有标准规范，对造成的风险等级进行划分。同时，推动区划成果在国土空间规划和综合防灾规划中的应用，提高区域应对风暴潮灾害的韧性水平。

10.5 水网与山洪灾害应对

10.5.1 山洪灾害特点

山洪是山丘区由局部地区短历时强降雨引发的急涨急落的溪河洪水，往往发生在 $200km^2$ 以内的流域。由山洪造成的生命财产损失和环境破坏便是山洪灾害，具有突发性强、致人伤亡严重、分布广泛等特点。

10.5.1.1 最致命的杀手

山洪灾害是洪涝灾害中的第一杀手。据世界气象组织（WMO）的统计，130 个国家中将山洪作为最“致命”的灾害排第一或第二位的国家有 105 个。从全世界自然灾害统计来看，洪涝灾害死亡人数约占自然灾害的 70%，其中山洪灾害死亡人数又占洪涝灾害的 70%。在我国，也是如此。

从 2332（部）件正史、地方志、故宫清代水利档案、明实录和清实录、现代水利志等文献中采集了公元前 586 年至 1949 年中 3043 条有关历史山洪灾害的记录，有历史记录的山洪灾害共 6521 县次。

中华人民共和国成立后，山洪灾害的资料较为丰富。据统计，1950 ~ 1990 年，我国山洪灾害死亡人数 15.2 万人，年均死亡人数 3707 人；1991 ~ 2000 年，年死亡 1900 ~ 3700 人；2001 ~ 2010 年，年均死亡 1079 人；2011 ~ 2019 年，年均死亡 351 人，山洪灾害因灾死亡人数占洪涝灾害死亡人数的 60% ~ 75%。因山洪灾害造成的死亡人数占全国洪涝灾害死亡人数的比例大致呈逐年递增趋势。自 2010 年以来，我国群死群伤特大山洪灾害仍时有发生，死亡 10 人以上大型山洪灾害事件超过 40 次，如 2010 年 8 月 8 日甘肃舟曲白龙江左岸的三眼峪、罗家峪发生特大山洪泥石流，宽 500m、长 5km 的区域被夷为平地，造成 1501 人死亡，264 人失踪。

近年来，外来流动人员成为山洪灾害防御薄弱环节。农家乐、自驾游、背包游等旅游行业兴起和日益增多的在建工程，均加速了人员流动，部分旅游、出行、徒步、务工、溯溪的外来人员遭遇山洪事件，发生人员伤亡。2012 年 6 月 27 日四川凉山州宁南县白鹤滩镇矮子沟地区 6 小时降雨量 74mm，中国长江三峡集团公司白鹤滩水电站前期工程施工区矮子沟处发生山洪泥石流，致使中国水利水电第四工程局施工人员及家属死亡 14 人，失踪 26 人。2016 年 5 月 7 日，福建省泰宁县发生山洪灾害，中国华电集团所属池潭水电厂扩建工程项目部办公楼和工地宿舍被埋，32 人死亡。2019 年全年因山洪灾害死亡的外来人员 50 人，占全年死亡总数的 14%。如“7.21”江西靖远县吕阳洞山洪灾害（非正规景区、295 人受困，死亡 4 人，均为游客）、“8.4”湖北恩施鹤峰县燕子镇躲避峡山洪灾害（非正规景区、死亡 13 人，均为游客）、“8.20”四川阿坝州汶川县三江镇山洪泥石流灾害（死亡 14 人均为游客，当日汶川县旅游人员多达 4.5 万人）。

10.5.1.2　星星点点，层出不穷

对全国而言，山洪灾害分布范围广、发生频繁的特点，具有广泛性特点，“星星点点，面上开花”是对山洪灾害的形象描述，这对山洪灾害防御造成了极大困难。中华人民共和国成立后我国共发生历史山洪事件 53 235 场次，平均每县 25 场，平均每年山洪灾害事件 500 余场次，广西、甘肃、河南、湖南历史上发生山洪灾害较多，河南省南阳市方城县是记录山洪灾害次数最多的县，共发生 717 次。对同一个流域或同一村庄，山洪灾害往往是由超常降雨引发，高强度的暴雨极其引发灾害的发生频率是极低的，如吉林温德河流域，中华人民共和国成立后共发生过 5 次较大的山洪灾害。从全国 5 万余场历史山洪灾害统计结果看，山洪灾害发生 10 年以上发生一次山洪灾害的县次占 70% 以上。在灾害调查时，受访的老年人常言道：“一辈子也没有遇到过这么大的水”。

10.5.1.3　让人猝不及防

局地强对流天气等小尺度天气系统是造成山洪灾害的主要天气系统。强对流天气系统形成的局部短历时降雨具有突发性，特殊的小流域地形地貌条件是快速聚集形成突发洪水。从降雨到山洪灾害形成，一般只有几个小时，甚至不到 1 小时。全国山丘区 53 万个小流域汇流时间（10min30mm）小于等于 1 小时约占 51%，小于等于 2 小时约占 96%。2005 年 6 月，黑龙江沙兰河上游突降暴雨，洪水约 1.5 小时便到达沙兰镇导致山洪灾害发生；2012 年 5 月，甘肃省岷县局部遭遇强降雨，约 40 分钟后便发生山洪灾害；2015 年 5 月，四川雷波县强降雨仅 20 分钟后便形成山洪灾害等。

10.5.2　历史典型山洪灾害事件

10.5.2.1　迄今为止最严重的山洪灾害

2010 年 8 月 7 日 22 时左右，甘肃省甘南藏族自治州舟曲县城东北部山区突降特大暴雨，在 40 分钟内降雨量达到 97mm，引发白龙江左岸的三眼峪、罗家峪发生特大山洪泥石流灾害，泥石流长约 5km，平均宽度 300m，平均厚度 5m，总体积 750 万 m^3，流经区域被夷为平地，造成 1508 人遇难，257 人失踪，受灾人口达到 26 000 多人。

10.5.2.2　最令人痛心的山洪灾害

2005 年 6 月 10 日黑龙江省牡丹江市宁安市的沙兰镇和五个自然村屯遇特大暴雨和山洪袭击（图 10-8、图 10-9）。沙兰镇所在小流域面积为 115km^2，流域内降雨从 12：50 开

始至15：00结束，平均降雨强度为41mm/h，点最大降雨强度为120mm/h；流域平均降雨量123.2mm，是本流域多年平均6月份降雨总量的1.34倍；洪水在14：15分开始袭击沙兰镇，15：20分达到最高水位，16：00时洪水已基本退去，推算形成这次洪水的暴雨重现期为200年一遇，估算洪峰流量为850m^3/s，估算洪水总量为900万m^3。山洪导致沙兰镇因灾死亡117人，其中小学生105人（全部为沙兰镇中心小学学生），村民12人；严重受灾户982户，受灾居民4164人，倒塌房屋324间，损坏房屋1152间。

图10-8 沙兰镇中心小学全景

资料来源：黑龙江省水文局杨广云提供

图10-9 沙兰镇中心小学教室被淹情况

摄影：程晓陶

10.5.2.3 牺牲在扶贫路上

2019年6月16日夜至17日凌晨，广西壮族自治区百色市凌云县普降大雨，局部区域出现大暴雨，甚至特大暴雨，在凌云县九民村附近发生严重的山洪灾害，造成包括百色市委宣传部干部、驻村第一书记黄文秀在内的14人死亡失踪。事后，习近平总书记对黄文秀同志的先进事迹作出重要指示，党中央决定，追授黄文秀同志“全国优秀共产党员”称号。

降雨从6月16日晚9时开始，持续直到17日凌晨5时，凌云县有27个站点降雨超50mm，其中伶站瑶族乡九民村所在流域（面积15.1km^2）出现特大暴雨，6小时降雨量达389.2mm，24小时降雨量达419.8mm，双双突破了凌云县有气象记录以来也是百色市有气象记录以来的历史极值。受强降雨影响，部分山洪沟道出现大幅上涨，伶站瑶族乡九民村弄孟屯上游垭口断面（黄文秀遇难处、流域面积15.1km^2）洪峰流量为125m^3/s，洪水冲上国道212线，水深约1.5m。6月17日凌晨1：30左右，9辆过往车辆被漫路洪水冲翻冲走。

10.5.3　山洪灾害防治

10.5.3.1　以人为本，以防为主，以避为上的防治思路

山洪突发性强，来势猛，陡涨陡落，过程历时短，成灾范围相对较小且分散，易造成人员伤亡。由于山洪灾害有上述特性，山洪灾害防治以最大限度减少人员伤亡为首要目标，以人为本、以防为主、以避为上、防治结合、急用先建、试点先行，以调查评价、监测预警系统、群测群防体系等非工程措施为主，非工程措施与工程措施相结合。多年来的实践表明，该防治思路符合我国的基本国情，费省效宏，行之有效。

10.5.3.2　综合施策的防治措施

（1）山洪调查评价——建立山洪大数据

山洪调查评价的目的是查清我国山洪灾害的区域分布、灾害程度、主要诱因等，划定防治区沿河村落的危险区，确定预警指标和阈值。调查评价范围覆盖全国29个省、自治区、直辖市和新疆生产建设兵团755万km^{2}土地面积、2138个县区级单位，涉及157万个村庄、9亿人口、15万个企事业单位。通过调查评价，我国首次构建了覆盖全国的小流域精细划分和属性分析技术体系，基本查清了山丘区53万个小流域的基本特征和暴雨特性，分析了小流域暴雨洪水规律，填补了我国山丘区小流域洪水灾害预报预警技术空白。划分了51万个危险区，调查了5.3万场历史山洪灾害、25万座涉水工程和57万个监测预警设施设备。分析评价了近17万个沿河村落的现状防洪能力，确定了临界雨量和预警指标。形成了全国统一的山洪灾害调查评价成果数据库。

（2）监测预警系统——装上防御千里眼

通过山洪灾害防治项目，我国建立了世界上最大规模的山丘区实时雨水情监测网络，搭建了纵贯中央、省、地市、县、乡的监测预警平台。基本建成了山洪灾害自动监测网络，建设自动雨量、水位站7.7万个，加上共享气象水文部门站点5.5万个，全国自动监测站点达13.2万个，实现了对暴雨、山洪的及时准确监测；与山洪灾害防治项目建设之初相比，全国自动监测站点数量是2006年（6000站）的22倍，最小采集频率为5分钟，总信息量增加了100余倍，基本能满足局部地区短时强降雨的实时监测需求，实现全国雨

水情信息的共享。同时，我国还建立了以国家级和省级山洪灾害气象风险预警为先导，实现了实时监测预警和群测群防互为补充的递进式预警体系。初步建立了全国和部分省的气象预警系统，建成了全国 1 个国家级、7 个流域机构、30 个省级、305 个地市级和 2076 个县的山洪灾害监测预警（或监测预警信息管理）平台，实现了雨水情自动监测、实时监视、预警信息生成和发布、责任人和预案管理、统计查询等功能，实现了省、市、县、乡四级视频会商，有效提高了基层防汛部门对暴雨山洪的监测预警水平，提高了预警信息发布的时效性、针对性、准确性。

（3）群测群防体系——筑牢最基层防线

基层乡村既是山洪灾害的受灾主体，同时也是山洪灾害防御的第一道防线。因此，必须持之以恒加强基层山洪灾害防御能力建设，建立和完善群测群防体系。近年来，我国初步实现了将山洪灾害防御纳入政府管理范围，推动了全民参与山洪灾害防御，全面构建了责任制体系和组织动员机制。明确了各级防御部门的山洪灾害防御主体责任，实现了政府主导，水利、气象、应急、自然资源、文旅部门的协同配合，建立了覆盖山洪灾害防治区县、乡、村、组、户 5 级责任制体系，编制或修订完善了县、乡、村山洪灾害防御预案 28 万件，配备了大量预警设施设备 119 万套。增强了基层干部群众主动防灾避险意识，提高了自防自救互救能力。

（4）山洪沟防洪治理——保护沿河居民安全

除了上述非工程措施之外，还要结合工程治理，实现非工程和工程措施的有效结合。

护、撇、滞、消结合，因势利导。治理山洪沟时，要顺应山洪沟的河势和自然特性进行治理，综合考虑流域内山洪的流量、流速、壅高、跌落、漫溢、岸坡冲刷及河床淘刷等因素，处理好上下游、左右岸的关系，防止洪水风险转移和次生灾害发生。首先是修建护岸工程，保村护镇，约束水流，避免主流改道直接冲击村庄，其次可以采用小型滞洪区等措施，消减洪水能量；重点河段以及对城镇河段有影响的河道出口，清淤疏浚，畅通山洪出路，清除“卡脖子”河段。如果地形条件适宜，可利用撇洪渠将洪水撇向城镇或重要基础设施下游，切实减轻山洪对城镇的正面冲击，解决“穿城而过”的沟道过流不足的问题。

点状防护、不转移风险。为实现山洪沟沿线城镇、集中居民点和重要基础设施有效的防洪保护，同时不形成洪水廊道、转移洪水风险，还要与流域的防洪标准体系相适应、相协调，需要根据山洪沟沿线设施分布合理布置工程措施，形成岸坡防护措施的点状布局。

有限防淹、局部防冲。山洪的特点是陡涨陡落、历时较短、流速大、冲击力强，但山洪沟流域面积小、影响人口较少，在实际的山洪沟治理中，不可能采取太高的防洪标准，一般多为 10 年一遇，建筑物等级为 5 级，而近年来发生的山洪灾害洪水重现期多远超山洪沟治理工程的设防标准。因此，在考虑山洪灾害的特点的基础上，规范提出山洪沟治理应在有限防淹的条件下，重点考虑岸坡的防冲能力。统筹考虑跌水、陡坡等消能防冲措施，使上游河段水流消能充分，防止对下游河道产生冲刷破坏。

应对超标准洪水、形成综合防御体系。山洪沟防洪标准一般为 10～20 年一遇，超标准洪水是常态。为了应对超过山洪沟防洪治理标准以上的洪水，在山洪沟所在流域配备相应的非工程措施尤其必要。山洪沟治理工程措施与非工程措施相结合，主要体现在以下三个方面：①工程措施防御标准内洪水、非工程措施防御超标准洪水。设计标准内洪水由工程措施进行防御，当发生超标准洪水时，采取新的预警指标，通过非工程措施系统进行防御。②工程措施防御溪沟洪水、非工程措施防御坡面洪水。③工程措施防御重点部位、非工程措施防御全流域。在全流域务必实现监测预警系统和群测群防体系全覆盖，根据实际情况，部分区域可适当加密。

统筹兼顾、人水和谐。此在治理过程中，确保在一定量级洪水山洪沟防洪安全前提下，应注意与城乡景观、生态环境协调，为新农村建设、美丽乡村建设等增光添彩。治理时，尽量维持河道的自然形态，避免大挖大填、裁弯取直，兼顾维护各类生物适宜栖息环境和生态景观完整性的功能；岸坡防护设计除应考虑传统的技术要求外，还要兼顾生物栖息地加强和改善生态环境的需求，有条件时可引入一些有较大的孔隙率和较强的透水性的结构形式，保持生态协调性和连通性。

10.5.3.3　举世瞩目的成就

山洪灾害防治十余年来，发挥了很好的防灾减灾效益。截至 2020 年底，防御体系累计发布预警短信 2.53 亿条，启动预警广播 330.6 万次，发布山洪灾害气象预警 991 期（中央电视台播出 259 期），转移人员 3036.8 万人次。根据《中国气候变化蓝皮书（2022）》，1961 ~ 2021 年，中国极端强降水事件呈增多趋势。而与极端强降雨增加形成鲜明对比的是，2011 ~ 2022 年因山洪灾害死亡年均约 307 人，较项目实施前的 2000 ~ 2010 年平均死亡 1178 人大幅减少七成以上（图 10-10），尤其是 2022 年因山洪灾害死亡失踪 119 人，为 2000 年有统计资料以来最少，山洪灾害防御成效显著。

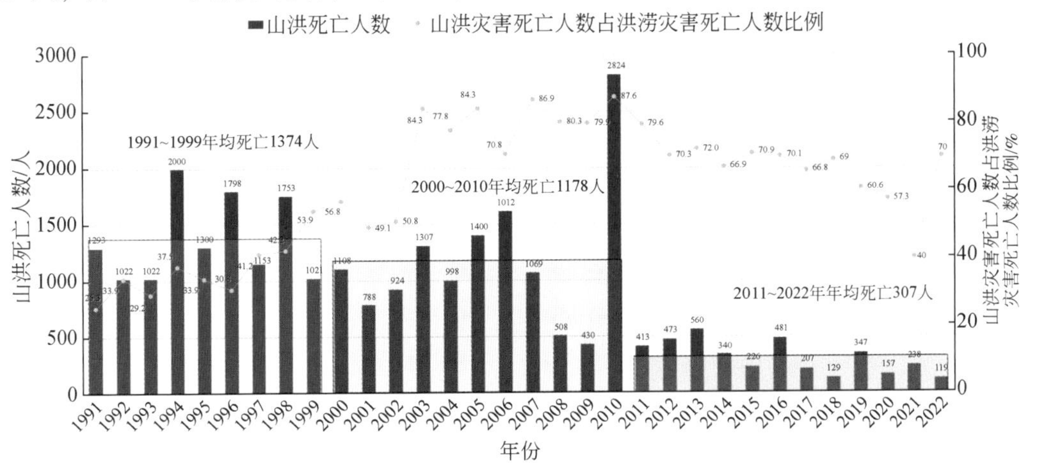

图 10-10　1991 ~ 2022 年山洪死亡人数及占比图

例如，2013 年 5 月 15 日，广西桂林市恭城县普降暴雨，山洪引发泥石流，造成倒房 77 户 174 间。恭城县水利局提前通过山洪灾害无线预警广播系统反复发布语音预警，共发送预警信息 427 条次，提前转移群众 10 020 人，有效避免了人员伤亡。2014 年 6 月 18 日至 19 日，甘肃省定西市岷县突降暴雨，省防指通过通知、短信、广播电视发出预警，紧急转移 3517 户 12 321 人，未造成人员伤亡，灾害损失降到了最低程度。2014 年 6 月 29

日，四川省阿坝州小金、金川、壤塘三县强降雨引发山洪泥石流灾害，阿坝州利用山洪灾害监测预警系统发出预警信息，紧急转移安置群众8640人，避免2331人伤亡，成功实现大灾之中人员“零死亡”。2015年6月18日4时至13时，湖南省绥宁县普降暴雨、局地特大暴雨，其中武阳镇大溪站6小时降雨达252mm，重现期为500年。资水支流蓼水河红岩水文站洪峰水位106.6m，相应流量1780m^3/s，超历史实测记录，造成全县20.5万人受灾，损毁倒塌房屋4100间。绥宁县利用山洪灾害监测预警系统和群测群防体系向有关乡镇、村组责任人发布预警600多次，及时转移群众3.6万人，成功解救群众315人，实现人员零伤亡。2016年7月17日，湖南省古丈县默戎镇5个小时降雨量达到203mm，1小时最大降雨量达105mm，强降雨期间，古丈县防指通过山洪灾害监测预警系统发布预警广播626站次，预警短信1188条，多次电话通知有关部门和默戎镇防汛责任人加强巡查防守。12时5分，默戎镇龙鼻村后山约1万m^{3}泥石流倾泻而下，冲毁房屋5栋14间。灾害发生前，村干部组织龙鼻村500多人都已及时转移，无一人伤亡，被媒体称为“默戎奇迹”。2019年8月10日台风“利奇马”登陆期间，浙江省宁波市山洪灾害监测预警平台实时跟踪雷达监测、短历时的降雨预报，10分钟做一次分析，提前一到三个小时对可能发生山洪灾害的区域进行预报预警，共发布了15次山洪灾害预警。凌晨5时，宁波市鄞州区东吴镇三塘村山洪预警员陈满标在收到区里的山洪预警平台发布的强降雨的预警信息后，启动相关预案，马上通知村干部组织危险区域的147名村民紧急转移，6时发生山体滑坡，由于及时预警并转移危险区群众，本次灾害过程中无人员伤亡。

深入基层的山洪灾害预警设施设备，成为基层群防群控、组织动员的“神器”。2020年新型冠状病毒感染疫情发生以来，湖北、福建、江西、陕西、广西等地市县水利部门在地方政府统一领导下，协助村组社区积极开展新型冠状病毒感染的肺炎疫情防控工作。利用延伸到乡镇的山洪灾害视频会商系统，实现快速精准指挥和远程调度；利用数量众多、分布范围广的简易预警设备，积极将中央有关政策，疫情防控科普知识与应对措施等内容传达进村到组、入户到人。湖北省孝感市大悟县和安陆市利用山洪灾害监测预警平台和无线预警广播联动播报的方式，直接面向村民播放防疫知识和市县防疫工作安排。宜昌市枝江水利和湖泊局利用分布在各村组的138个预警广播，以纯朴的乡音、通俗的语言，“大嗓门”把疫情动态、防控知识不间断地送到村民耳朵里，让群防群控下沉到社区，同时也进一步动员广大群众加入到疫情防控工作中来。

参考文献

洪庆余．1998. 中国江河防洪丛书：长江卷．北京：中国水利水电出版社．

李娜，韩松，王艳艳．2010. 由广州市特大暴雨洪灾谈城市雨洪灾害防治．中国防汛抗旱，20（5）：57-58.

李娜，孟雨婷，王静，等．2018. 低影响开发措施的内涝削减效果研究——以济南市海绵试点区为例．水利学报，49（12）：1489-1502.

刘保莉．2009. 雨洪管理的低影响开发策略研究及在厦门岛实施的可行性分析．厦门：厦门大学．

吕娟，李娜，苏志诚，等．2012. 水多水少话祸福——认识洪涝与干旱灾害．北京：科学普及出版社．

吕娟，凌永玉，姚力玮．2019. 新中国成立70年防洪抗旱减灾成效分析．中国水利水电科学研究院学报，

17（4）：242-251.
欧炎伦，吴浩云，林荷娟，等．2001. 1999年太湖流域洪水．北京：中国水利水电出版社．
水利部海河水利委员会．2013. 海河流域综合规划（2012—2030年）．天津：水利部海河水利委员会．
水利部海河水利委员会．2020. 海河流域大洪水应对措施．天津：水利部海河水利委员会．
水利部黄河水利委员会．2006. 黄河流域防洪规划．郑州：水利部黄河水利委员会．
水利部黄河水利委员会．2020. 黄河流域大洪水应对措施．郑州：水利部黄河水利委员会．
水利部松辽水利委员会．2006a. 松花江流域防洪规划．长春：水利部松辽水利委员会．
水利部松辽水利委员会．2006b. 辽河流域防洪规划．长春：水利部松辽水利委员会．
水利部太湖流域管理局．2006. 太湖流域防洪规划．上海：水利部太湖流域管理局．
水利部太湖流域管理局．2020. 太湖流域大洪水应对措施．上海：水利部太湖流域管理局．
水利部珠江水利委员会．2020. 珠江流域大洪水应对措施．广州：水利部珠江水利委员会．
宋贞．2014. 低影响开发模式下的城市分流制雨水系统设计研究．重庆：重庆大学．
汪晖．2017. 武汉城市内涝问题研究及探讨．给水排水，53（S1）：117-119.
王虹，李昌志，程晓陶．2015. 流域城市化进程中雨洪综合管理量化关系分析．水利学报，46（3）：271-279.
王琼珊，刘晓梅，赵冬泉．2014. 低影响开发措施比选及适建区域分析．中国给水排水，3：96-100.
王雯雯，赵智杰，秦华鹏．2012. 基于SWMM的低冲击开发模式水文效应模拟评估．北京大学学报（自然科学版），（2）：303-309.
中国水利水电科学研究院．2013. 2011年水利重大课题：城市防洪工作现状、问题 及其对策．北京：中国水利水电科学研究院．
周承京．20111. 黄河治沙措施．内蒙古水利，6：32-33.
住房城乡建设部．2014. 海绵城市建设技术指南——低影响开发雨水系统构建（试行）．北京：住房和城乡建设部．
自然资源部海洋预警监测司．2020. 2019中国海洋灾害公报．北京：自然资源部海洋预警监测司．
邹广迅，杨连生．2019. 城市水体生态修复综合施策研究——以北京市西郊雨洪调蓄工程为例．中国水利，（22）：47-49，53.
邹逸麟．2013. 中国历史地理概述．上海：上海教育出版社．
Ahiablame L M, Engel B A, Chaubey I. 2012. Effectiveness of low impact development practices: literature review and suggestions for future research. Water, Air, & Soil Pollution, 223（7）: 4253-4273.
Carpenter D D, Kaluvakolanu P. 2010. Effect of roof surface type on storm-water runoff from full-scale roofs in a temperate climate. Journal of Irrigation and Drainage Engineering, 137（3）: 164-169.
Chapman C, Horner R R. 2010. Performance assessment of a street- drainage bioretention system. Water Environment Research, 82（2）: 109-119.
DeBusk K M, Wynn T M. 2011. Storm-water bioretention for runoff quality and quantity mitigation. Journal of Environmental Engineering, 137（9）: 800-808.
Dietz M E. 2007. Low impact development practices: A review of current research and recommendations for future directions. Water, Air, & Soil Pollution, 186（4-4）: 354-363.
Jia H, Wang X, Ti C, et al. 2015. Field monitoring of a LID-BMP treatment train system in China. Environmental Monitoring and Assessment, 187（6）: 4-18.

第 11 章
水网与环境保护

水网的建设离不开环境保护，正所谓“污染在水里，根子在岸上”，水网的水环境保护，其根本是对人类活动的规范。为推动水网水环境质量持续改善，实现自然水循环和社会水循环过程的环境保护及流域尺度水循环过程的环境保护尤为重要。新一轮科技革命和产业变革正在兴起，社会生产由自动化、信息化时代开始转入数字时代和人工智能时期，水网的水环境保护将不断进行技术上的创新和信息化的变革。

11.1 自然水循环过程的环境保护

自然水循环过程的环境保护具体包括对河流、湖泊、地下水及海洋等方面的水污染防治和环境保护。近些年来，自然水循环过程的环境保护呈现如下四个特点：一是河流水环境保护，从污染加重到水质恢复；二是湖库水环境保护，从富营养化到生态健康；三是地下水环境保护，从超采控制到污染防控；四是海洋水环境保护，从排污控制到修复扩容。在此过程中，自然水循环的环境保护凸显两大难点：一是湖泊由于地势相对较低、水体流动慢、易富营养化，湖泊水环境保护摆脱发达国家“先污染、后治理”路线有相当的难度；二是地下水具有很强的隐蔽性，并且有水流速度慢、自净能力差等特点，一旦受到污染就很难恢复，进而对人类身体的健康与生态系统带来威胁，其水环境保护也是一个挑战。

11.1.1 河流水环境保护：从污染加重到水质恢复

随着我国社会经济的快速发展，污废水排放量日益增大，河湖水环境质量不断下降，至近十年来才有所改善。我国河流水质优良断面比例（Ⅰ～Ⅲ类水）从 1997 年的 56.4% 提到 2020 年的 83.4%，如图 11-1 所示。监测数据显示，2020 年，我国地表水 1940 个水质断面中，Ⅰ～Ⅲ类比例为 83.4%，劣Ⅴ类比例为 0.6%。其中，2020 年监测的 598 个地级及以上城市地表水集中式饮用水水源水质全年达标的占 97.7%。长江、黄河、珠江、松花江、淮河、海河、辽河等七大流域及浙闽片河流、西北诸河和西南诸河水质达到Ⅰ～Ⅲ类断面比例为 87.4%，劣Ⅴ类断面比例为 0.2%。因此，总体上看西北诸河、浙闽片河流、长江流域、西南诸河和珠江流域水质为优，黄河、松花江和淮河流域水质良好，但辽河和海河流域为轻度污染。

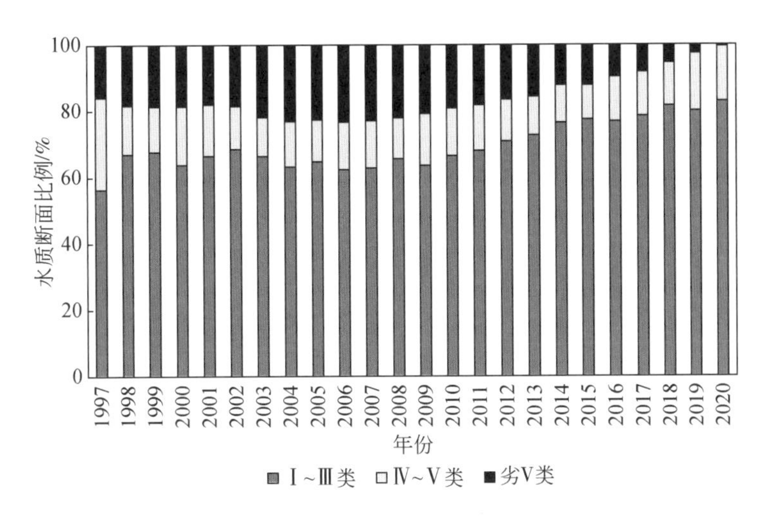

图 11-1　我国河流水体水质演变（1997～2020 年）

11.1.2　湖库水环境保护：从富营养化到生态健康

我国是一个湖泊众多的国家，天然湖泊中面积超过 1km^2 的湖泊有 2800 多个，总面积达 8 万多平方千米。此外，还有大量的小型湖泊和许多人工湖或水库。它们形态各异，或狭长曲折，或宽阔近圆，有的幽静、有的深邃、有的旖旎，是我国一类美丽的自然景观，也是湿地生态系统的重要组成部分。随着我国社会经济的快速发展，对湖泊（水库）的资源开发的速度和频率都大大增加，影响了其自然调节进程，湖泊（水库）水污染问题日益突出。

20 世纪 80 年代以来，以太湖、滇池、巢湖为代表的我国湖库水质迅速恶化，我国成为世界湖泊富营养化的“重灾区”。随着我国湖泊（水库）水污染治理的不断强化，其富营养化趋势得到遏制，生态环境部 2020 年开展的 112 个湖泊（水库）水质监测的统计结果如图 11-2 所示。我国湖泊（水库）Ⅰ～Ⅲ类水体比例从 2009 年的 58.4% 提升到 2020 年的 76.8%，劣Ⅴ类水体从 14% 降低到 5.4%，主要污染指标现为总磷、化学需氧量、高锰酸盐指数。2020 年在开展富营养化监测的 110 个重要湖泊（水库）中，贫营养状态和中营养状态的分别占 9.1% 和 61.8%，轻度、中度富营养状态的分别占 23.6% 和 4.5%，重度富营养状态的占 0.9%，总磷是引起我国湖泊（水库）富营养化的主要限制性因子。

2002 年以来，综合采用工程、技术和管理等措施，通过源头控制污染物、强化污水处理、底泥疏浚等组合手段，我国不断推进湖泊（水库）水体富营养化到生态系统健康的转变。生态环境部的数据显示，2020 年太湖、巢湖的水质已转变为轻度污染，主要污染指标为总磷，全湖为轻度富营养化状态；滇池总体为轻度污染，主要污染指标为化学需氧量和总磷，为中度富营养状态，其中草海为轻度污染，外海为中度污染。

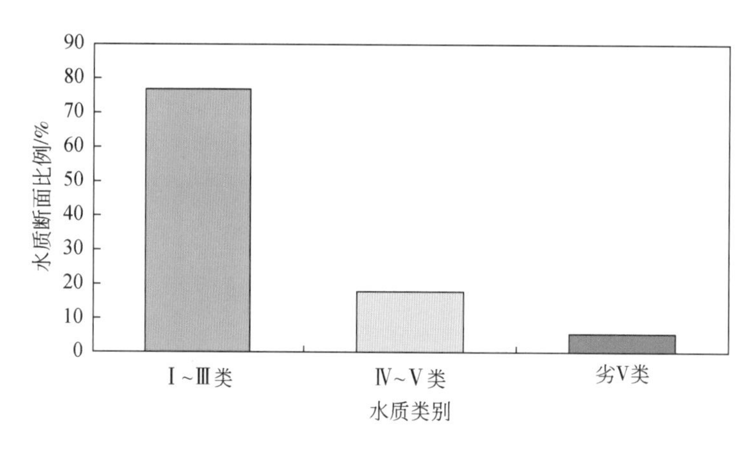

图 11-2 我国 2020 年湖泊（水库）不同水质类别所占比例

11.1.3 地下水环境保护：从超采控制到污染防控

作为水网的重要组成部分，地下水是城市饮用水、农业灌溉、工业发展的重要水源，水网建设离不开地下水的保护。由于资源特性和管理等多方面原因，我国地下水供水量呈现先增加后减少的趋势，从 1980 年的 748 亿 m^3 提高到 2001 年的 1096 亿 m^3，之后略下降到 2020 年的 892.5 亿 m^3。其中，地下水供水量占总供水量比例最大的是海河流域，其供水比例为 63%。总体来看，北方地区地下水供水量占总供水量比例较高，南方地区比例较低。当前，我国每年超采地下水资源 170 亿 m^3，超采区面积超过 30 万 km^2。地下水的超采带来河道断流、湖泊萎缩、地面沉陷等问题。2016 年以来河北、甘肃等省（自治区、直辖市）发布了《关于公布地下水超采区、禁采区和限采区范围的通知》，我国在 21 个地下水超采区实施了禁采、限采措施，开展华北地区地下水超采综合治理，采取“一减、一增”治理措施，南水北调受水区 6 省市城区累计压减地下水开采量约 19 亿 m^3。

当前，我国地下水污染形势尤为严峻。2020 年，自然资源部门在平原盆地、岩溶山区、丘陵区基岩中的 10 171 个地下水水质监测点，监测结果显示Ⅰ～Ⅲ类仅占 13.6%，Ⅳ类占 68.8%，Ⅴ类占 17.6%。水利部门 10 242 个浅层地下水监测点，Ⅰ～Ⅲ类水质的点位占 22.7%，Ⅳ类占 33.7%，Ⅴ类占 43.6%，主要超标指标为锰、总硬度和溶解性总固体。2020 年监测的 304 个地级及以上城市地下水集中式饮用水水源水质全年达标的仅为 88.2%，主要超标指标为锰、铁和氨氮。

为落实《中共中央 国务院关于全面加强生态环境保护坚决打好污染防治攻坚战的意见》中提出的“深化地下水污染防治”要求，2019 年，生态环境部、自然资源部、住房和城乡建设部、水利部和农业农村部五个部委发布了《关于印发地下水污染防治实施方案的通知》，确立了 2020 年、2025 年和 2035 年我国地下水污染防治的目标，要求围绕实现近期目标“一保、二建、三协同、四落实”：“一保”，即确保地下水型饮用水源环境安全；“二建”，即建立地下水污染防治法规标准体系、全国地下水环境监测体系；“三协同”，即协同地表水与地下水、土壤与地下水、区域与场地污染防治；“四落实”，即落实《水污染防治计划》确定的四项重点任务，开展调查评估、防渗改造、修复试点、封井回填工作。随着治理力度的不断加强，我国地下水污染加剧趋势将得到遏制。

11.1.4　海洋水环境保护：从排污控制到修复扩容

海洋是水网的重要组成部分，与陆地的河湖水系息息相通。我国海洋水环境保护，从传统的入海排污口严格排查与规范化管控，转变为以改善近岸海域环境质量为核心，实现陆海统筹、流域区域联动，加强源头防控、深化氮磷减排与污染治理，开展近岸海域生态保护、沿海生态缓冲带建设、美丽海湾建设，逐步扩大环境容量，改善近岸海域水质，从而维护海洋生态安全。

依据 2020 年《中国生态环境状况公报》，我国一类水质海域面积所占比例为 96.8%，劣四类水质海域面积为 30 070km^2，主要超标指标为无机碳和活性磷酸盐。近岸海域水质总体稳中向好，水质优良（Ⅰ、Ⅱ类）的海域面积比例为 77.4%，劣Ⅳ类为 9.4%，主要污染指标为无机氮和活性磷酸盐。其中，辽宁、河北、山东、广西和海南近岸海域水质为优，天津近岸海域水质一般，江苏和浙江近岸水质较差，上海近岸海域水质极差。因此，在对排污入海等行为进行严格的审查评估的基础上，坚持科学发展观，推行清洁生产，发展高新技术，实现从排污控制到绿色发展尤为重要。

11.2　社会水循环的环境保护

随着人类社会高强度活动的快速发展，水网的水循环过程由自然一元水循环过程向“自然-人工”二元水循环过程过渡。自然水循环通量与社会水循环通量此消彼长，过程上深度耦合，功能上竞争融合。

人类社会水循环的取水、用水、排水等活动对水网的服务功能带来深远的影响。当前，我国社会经济发展出现新形势、新格局和新特点，如城市化进程不断推进，经济增长由高速增长转向高质量发展，经济发展方式、经济结构、增长动力在发生变化，人口总量增长势头明显减弱，群众提高生活水平和改善生活质量的愿望更加强烈等，都将对社会水循环的环境保护带来新的影响。总体上，对社会水循环的取水、用水、耗水和排水过程进行全方位的管控，实现污染负荷削减、营养物质回收利用、清水入河是水网流域水环境保护的关键所在。随着我国不断推进城市群发展战略及乡村振兴战略，基于城市与农村两大单元的水网建设，将成为社会水循环水环境保护的重点和关键所在。

11.2.1　城市水网环境保护：源-厂-网-河-湖一体化

城市单元水网的水环境保护的重点为“1+4+3+1”。其中，第一个“1”为城市水源地的保护，“4”为城市四套管网的污染防治，“3”为城市三大水处理厂的提质增效，第二个“1”为城市河湖生态建设。坚持系统治理，实现源-厂-网-河-湖一体化，对促进城市水网的环境保护尤为重要。

（1）城市水源地：水源保护

城市水源地是水网自然水循环体系的重要组成部分，水源的保护是城市水网环境保护的重要内容。2010 年 6 月以来，我国《全国城市饮用水水源地环境保护规划》等相关规划实施，我国集中式饮水水源地的环境质量、水源地环境管理和水质安全保障水平都有了较大提升。但就目前的情况来看，我国城市集中式生活饮用水水源地源水质仍需进一步提高。2019 年，我国监测的地级及以上的集中式生活饮用水水源地中，全年水质均达标的点位有 830 个，占 92%。其中，地表水全年均达标的有 565 个，占 95. 8%，主要超标的指标为总磷、硫酸盐和高锰酸盐指数；地下水全年均达标的有 265 个，占 84. 9%，主要超标指标为锰、铁和硫酸盐。

（2）城市管网体系：降低污染风险

城市管网体系是水网社会水循环体系的重要组成部分，我国城市管网体系具体包括自来水管网、分质供水管网、排水管网以及再生水管网体系，降低输配水系统污染风险是水网环境保护的重要内容。

1）自来水管网：合格的饮用水通过城市供水管网和小区的二次供水设施，源源不断地输送到各家各户。减少自来水管道腐蚀、提升自来水管网尤其是管道内衬的稳定性是减少“黄水”“红水”的重要举措。

2）分质供水管网：将自来水进行深度处理、加工和净化，在原有的自来水管网基础上增设独立的优质供水管道，将水输送至用户进行直接饮用。随着分质供水管网的不断建设，应减少污染带来的水质隐患。2021 年，我国《健康直饮水水质标准》发布，并于当年 4 月 10 日实施。该标准定义了健康直饮水，明确了水质标准。加强分质管网的水质监管，减少二次污染是重要发展趋势。

3）排水管网：排水管网主要包括污水管网、雨水管网及雨污合流管网。当前，排水管网面临着雨污混接现象突出、污溢流污染严重、管道淤积严重、管道老化破损导致渗漏等突出问题。通过排水管道排查消除隐患、加快旧管网改造、推进新技术采用已成为重要发展趋势。

4）再生水管网：经处理后的污废水或雨水，达到一定的水质指标后，通过再生水管网输送可以满足某种使用要求。我国再生水管网建设远远滞后于城市基础设施发展需要，将再生水管网建设和改造纳入城市基础设施范围，实现与自来水管网同步进行已成为重要发展趋势。

（3）城市水处理厂：提质增效

近几十年来，我国在水处理方面取得了巨大成就，水处理设施经历了“从无到有”的跨越式发展，形成了自来水净水厂、污水处理厂与再生水厂“三足鼎立”的特征。一是自来水厂提质增效是提高供水安全的重要内容，主要包括工艺改造、水质检测能力建设、智慧管控系统建设等方面；二是污水处理厂包括集中污水处理厂和分布式污水处理厂。1984 年，我国第一座大型城市污水处理厂在天津建成并投入运行。当前，污水处理厂污染物削减功能不断强化，且污水处理过程中的节能设计以及资源回收日益得到重视。例如，中国工程院曲久辉院士提出“中国污水处理概念厂”，具有如下四个突出的特点：①出水水质满足水环境变化和水资源可持续循环利用的需要；②污水处理厂能源自给率大幅提高，实现零能耗；③物质合理循环，减少对外部化学品的依赖和消耗；④具有感官舒适、建筑和谐、环境互通、社区友好的特点。总体上，我国的污水处理厂技术和管理模式亟待创新和变革。三是随着城市缺水、水污染问题的突出，2021 年十部委联合下发《关于推进污水资源化利用的指导意见》，污水资源化利用已成为重要发展趋势，再生水厂将不断建设和发展，污水资源化利用政策体系和市场机制将日益得到建立。

(4) 城市河湖：生态建设

城市依水而建、缘水而兴、因水而美，城市河湖水体的生态建设尤为重要，是推进河湖健康管理、建设水生态文明的重要举措。推进流域综合治理，采用原位生态修复、污(淤) 泥资源化利用、生态补水等组合技术，进行生态建设、保护和恢复，从而削减污染物、提升水量水质，已成为城市河湖健康的重要发展趋势。

11.2.2 农村水网环境保护：有机农业与美丽乡村

随着城镇化进程的不断推进，工业和城市污染逐步向农业农村转移，农业快速集约化发展过程中污染负荷增大，并有超越工业点源污染的趋势，从而对水网的水质带来风险。2018 年，中共中央、国务院印发了《乡村振兴战略规划（2018—2022 年)》，标志着我国乡村振兴战略开始全面推进实施。其中，改善农村人居环境、建设美丽宜居乡村，已成为该战略实施的重要任务。农村单元的水网建设是其中的重要抓手，事关广大农民根本福祉和生态文明和谐。从农村单元水网的环境保护看，重点是农业面源污染全过程的治理，主要包括农业灌溉退水、农村生活散排水、农业垃圾与废弃物污染控制等。转变发展方式、推进科技进步、创新体制机制已成为建设现代有机农业、美丽乡村的重要举措，是实现农村单元水网的环境保护，提升农业可持续发展的有力支撑。

(1) 有机农业：产业生态化

我国农业用水所占比例大，2020 年农业用水量为 3612.4 亿 m^3，占全国用水总量的 62.1%。农业灌溉退水所导致面源污染日益严重，加剧了土壤和水体污染的风险。化肥、农药等农业投入品过量使用是导致面源污染的主要原因，此外还受到畜禽粪便、农田残膜和农作物秸秆等废弃物处置不合理等因素的影响。农业化肥农药过量使用，被雨水和农田灌水淋溶到地下水及河湖中，使得水网污染风险增大，并导致水体富营养化。

我国是化肥农药生产和使用大国，但利用率不高，化肥和农药的有效利用率分别仅为 33% 和 36.6%。化肥施用强度从 1980 年的 86.7kg/hm^2 增大到 2014 年峰值的 363kg/hm^2，之后缓慢下降到 2018 年的 340kg/hm^2，仍高于发达国家的化肥施用安全标准上限（225kg/hm^2)。依据我国农业部[①] 2015 年《关于打好农业面源污染防控攻坚战的实施意见》，实施

① 现为农业农村部。

化肥零增长行动、实施农药零增长行动、推进养殖污染防治、着力解决农田残膜污染、深入开展秸秆资源化利用、实施耕地重金属污染治等已成为打好农业面源污染防治攻坚战的重点任务。总体上，农业生产模式的绿色转变、实现产业生态化是根本，是水网建设过程中农业污染防控的关键，在此过程中亟须发展一系列新技术。例如，水肥一体化技术已在我国得到推广应用，并逐步从设施向大田发展，从经济作物向粮食作物，从小肥料向大肥料发展。该技术将灌溉与施肥融为一体，将可溶性固体肥料或液体肥料配兑而成的肥液与灌溉水一起搅拌均匀，准确地输送到作物根部土壤，节水效率可达40%左右，肥料利用率可提高20%左右，粮食可增产20%～50%，具有良好的污染减排效应，有利于提高农业综合生产能力（图11-3）。

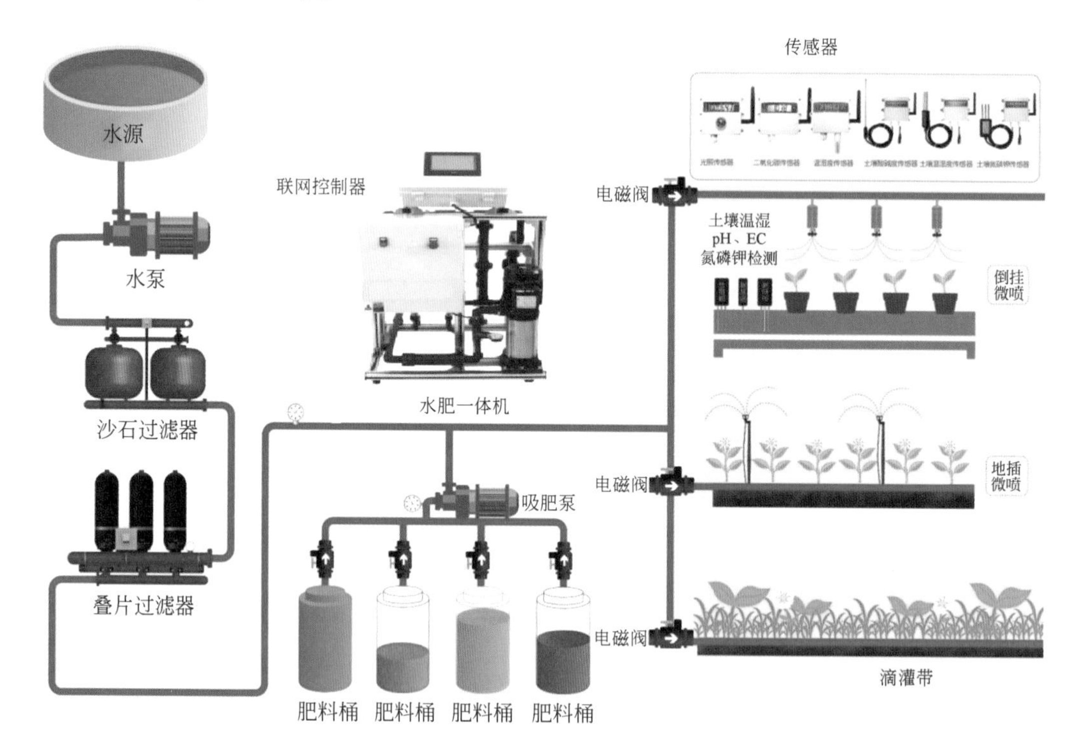

图11-3 水肥一体化示意图

（2）美丽乡村：绿色生活

相对于城市单元而言，农村人口居住相对分散，生活污水的排放也比较分散，水质水量变化大、管理水平低，农村生活污水处理尚在探索阶段。根据生态环境部和农业农村部的调查统计，截至2020年6月我国农村生活污水治理率仅为25.5%。农村生活污水包括洗涤、淋浴、做饭、粪便等产生的污水，通常含有有机物、氮、磷及细菌、病菌、寄生虫卵等。随着农村居民生活水平的不断提高，农村生活用水量大幅度上升，相应地生活污水量及污染物明显增加，如得不到有效治理，将出现污水横流等问题，从而对水网的水质带来威胁。

农村生活污水的处理是农村人居环境提升的重要组成部分，应采用成熟可靠，且适合农村污水的水量和水质特点的技术。当前，我国农村生活污水处理技术主要包括生物处理（如化粪池等）、生态处理（如人工湿地、土壤渗滤等）及其组合处理技术，如采用多级生物接触氧化反应器处理农村生活污水，案例如图 11-4 所示。2019 年，住房和城乡建设部为推进农村生活污染治理工作，加强农村生活污水处理技术指导，组织编制了东北、华北、东南、中南、西南、西北等六大地区《农村生活污水处理技术指南（试行）》，对不同地区的农村生活污水特征与排放要求、排水系统、农村生活污水处理技术、农村生活污水处理技术选择、农村生活污水处理设施的管理等进行了规范化要求，并给出了工程实例。此外，一些省份也颁布了本省（区、市）的技术指南，对当地生活污水处理技术进行指导和规范。

图 11-4　采用多级生物接触氧化反应器处理农村生活污水案例

总体上，我国农村生活经济水平和自然条件差异仍较大，当前已形成化粪池、厌氧生物膜、生物接触氧化、土地处理、人工湿地、氧化塘等技术及其组合，以促进农村水网的水环境保护。未来一段时间如何提高处理技术的适应性、提高处理效果、强化设施的运行维护是面临的重要挑战，分散化、小型化是农村生活污水处理技术的发展趋势。对于便于统一收集污水的村落，通过技术经济对比和环境影响评价后，可采用集中污水处理的方式。强调绿色、生态的农村生活污水、垃圾资源化利用技术是未来的重要发展方向，在考虑污染物的转化和消减的同时，还体现了能源资源的利用和回收，如图 11-5 所示。如 2021 年辽宁省生态环境厅印发《辽宁省农村生活污水资源化治理实施方案》，进一步提高农村治理水平，加快改善农村人居环境。

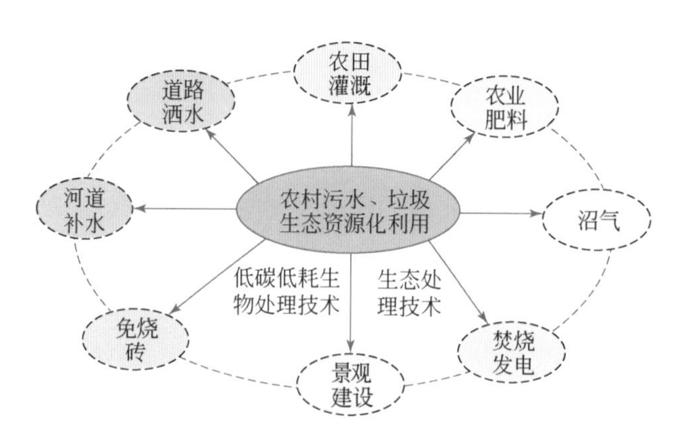

图 11-5　农村生活污染资源化技术

11.3　流域尺度的环境保护

流域尺度的水环境保护主要体现在如下四个方面：一是二元化协同，实现自然与社会互馈协调；二是全过程控制，即源头、过程与末端全链条治理；三是全要素综合，实现“山-水-林-田-湖-草-沙-城”一体化保护和修复；四是全流域统筹，实现以水定陆的精细化倒逼。

11.3.1　二元化协同：自然与社会互馈协调

从水网流域“自然-社会”二元水循环的视角看，自然与社会水循环的水环境保护应实现两者之间的互馈，主要体现在如下方面：一是在社会水循环的用水环节，要尽可能减少从自然水循环里取水量，实现高效用水、多效用水、循环用水、再生用水，最大限度地减少污废的排放，从根本上起到水环境保护的作用。二是社会水循环的排水过程，要实现污染物的净化并推进物质的循环利用，尽可能少地向自然水循环过程排放污染负荷。

随着未来我国人口的变化、城市化的推进及国民经济的高质量发展，国家水网的建设规模将不断扩大。在这种背景下，自然水循环之间及自然水循环和社会水循环间的连接路径、连接结构、交互通量都将发生变化，应防止此过程中新的污染扩散和转移，从而提升自然水循环和社会水循环之间的衔接性和协调性，确保水网的水质满足目标要求。

11.3.2　全过程控制：源头、过程与末端全链条治理

以水网流域所面临的突出水环境问题为导向，由传统以“末端治理”为主的思路，转变为“源头减排、过程阻断和末端治理”全链条治理的思路。综合考虑传统技术与新兴技术的技术效果和经济特征，建立水网水污染防治技术数据库、适用性技术清单、进行优选计算、给出推荐方案，从而重构经济发展模式、建立多尺度构筑反馈系统，高效实现水网

的水环境保护，如图 11-6 所示。

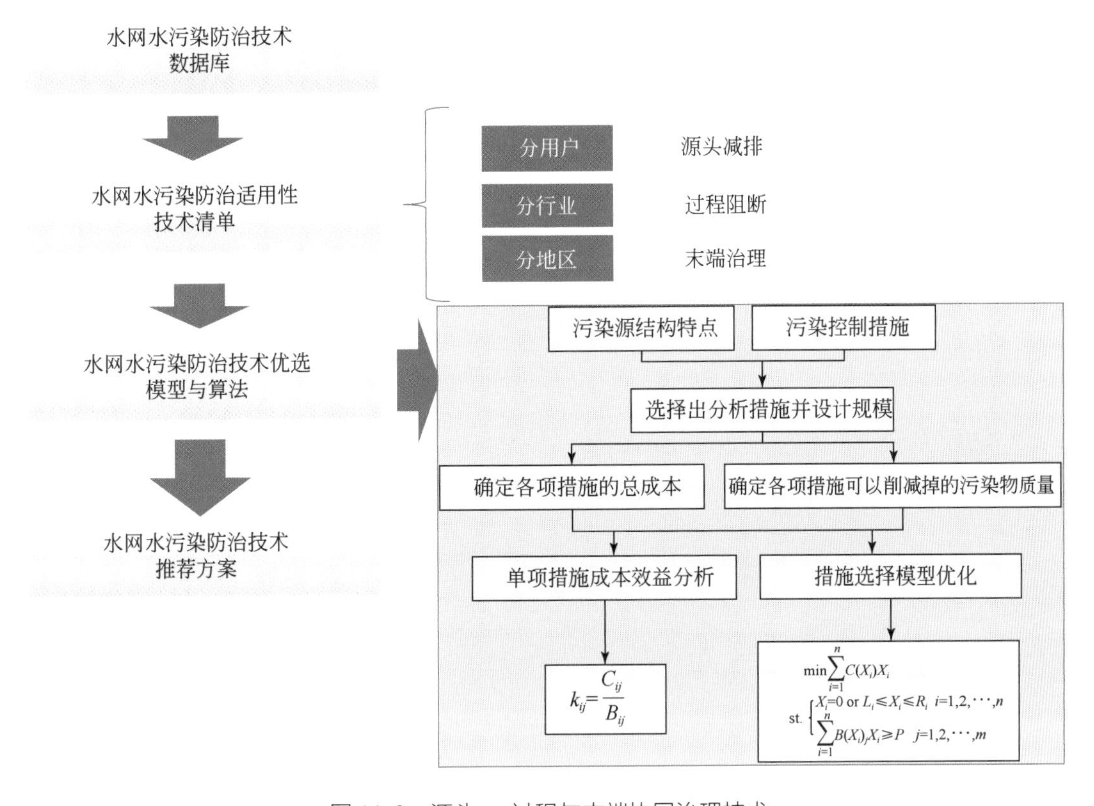

图 11-6　源头、过程与末端协同治理技术

（1）源头减排：全面控源

源头减排主要通过产业结构调整、清洁生产改造、低影响开发（LID）等技术采用，实现陆域源头污染负荷的削减。在点源方面，通过产业结构调整、清洁生产技术采用、构筑循环用水等方式减少生活、生产过程中污染物的排放，如对排污企业进行“关、停、转”整改等、加大排污企业执法监管和奖惩力度等；在城市面源方面，主要措施包括加强道路清扫、减少城市垃圾的堆放及在汇水区采取 LID 措施有效减低面源污染的产生量，如绿色屋顶、雨水花园、植草沟、生物滤池等；在农业面源方面，采用节水、节肥、节药技术，降低农药化肥的源头使用量，提高肥料利用率；加强对养殖业控制，减少畜禽粪便污染；实行农村生活垃圾的集中堆放，减少农村废弃物的随意处置。

（2）过程阻断：多重防线

过程阻断通过采取有效措施，切断陆域污染物的迁移转化路径，阻断污染物进入水体。进行流域陆域污染负荷过程阻断的基本原理为建立“四道防线”，形成分流-截污调蓄-处理-回用主要环节之间的相互作用关系（图 11-7）。其中，第一道防线为通过雨污水管网的建设，进行雨污分流。第二道防线为通过建设沿河截污系统对入河污染物进行拦截、调蓄，一是对于初期雨水污染严重的地区，设置初雨调蓄池，实现初雨截流与净化处理；二是对于雨污合流溢流污染严重地区，应建设调蓄与处理设施，减轻溢流污染；三是设置生物缓冲带对面源污染负荷进行拦截。第三道防线为进行污水的高效处理，包括污水处理厂的新建、扩建或提标改造等。第四道防线为开展污水回用，对污水厂尾水实施深度处理（如采用膜技术等）进行回用，如补充河道增加水环境流量。

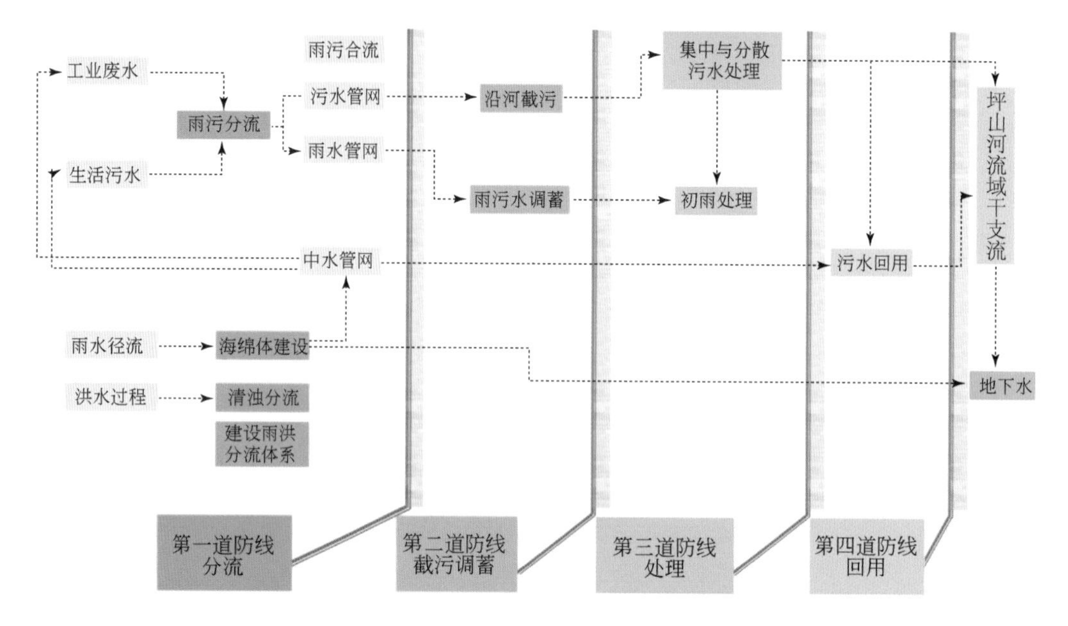

图 11-7　陆域污染负荷分流–截污调蓄–处理–回用的系统原理

（3）末端治理：水岸同治

末端治理是指在末端通过采取河道水处理、原位生态净化、生态调度等途径进行河湖水体的净化和生态修复。通常采利用的修复技术包括河道曝气、生物浮岛、底泥清淤与资源化利用、沉水植物构建、水生动物投放、沿河截污纳管、入河排污口生态处理、生物滤池、生态岸带修复以及人工湿地建设等。

11.3.3　全要素综合："山–水–林–田–湖–草–沙–城"一体化保护

坚持生态优先、绿色发展理念，人的命脉在田，田的命脉在水，水的命脉在山，山的命脉在土，土的命脉在林和草，"山–水–林–田–湖–草"是生命共同体。应以系统思维，实行多要素的协同治理。2016 年，我国河北京津冀水源涵养区、江西赣南、陕西黄土高原、甘肃祁连山、青海祁连山列入山水林田湖草生态保护修复工程试点。2017 年，吉林长白山、福建闽江流域、山东泰山、广西左右江流域、四川华蓥山、云南抚仙湖列入试点。此外，2018 年国务院批复了河北雄安新区、山西汾河中上游、内蒙古乌梁素海流域、黑龙江小兴安岭–三江平原等 14 个试点。截至 2019 年 7 月，我国实施的 25 个试点工程涉及 24 个省（自治区、直辖市），累计投资 360 亿元，主要围绕"山水林田湖草"基本内涵和特征，探索符合自身发展特色的生态治理行动路径。例如，泰山区域为解决生态环境突出问题，通过划定具有特定功能的生态片区，建设山水林田湖草生态保护修复工程，打造“山青、水碧、林郁、田沃、湖美、草绿”的生命共同体，增强了泰山大生态带调节区域气候的能力，促使泰山的世界自然与文化双遗产更加富有魅力，推动了资源枯竭型城市的转型发展。

2020 年，自然资源部办公厅、财政部办公厅、生态环境部办公厅联合印发《山水林田湖草生态保护修复工程指南（试行）》，全面指导和规范各地山水林田湖草生态保护修复工程实施，推动山水林田湖草一体化保护和修复，提高生态系统的自我恢复能力，增强生态系统稳定性，促进生态系统质量的整体改善。未来一个时期，采用基于自然的解决方案，综合运用科学、法律、政策、经济和公众参与等手段，采取工程、技术和生物等措施，对山水林田湖草等各类自然生态要素进行保护和修复，全面提升我国生态安全保障水平，促进生态系统的良性循环和永续利用是重要发展趋势。在此过程中，共同生命体的链条将可能进一步延长到“山-水-林-田-湖-草-沙-城”（图 11-8），从而实现国土空间格局优化，提高“社会-经济-自然”复合生态系统的弹性和韧性，推动全面建设社会主义现代化国家的新征程。

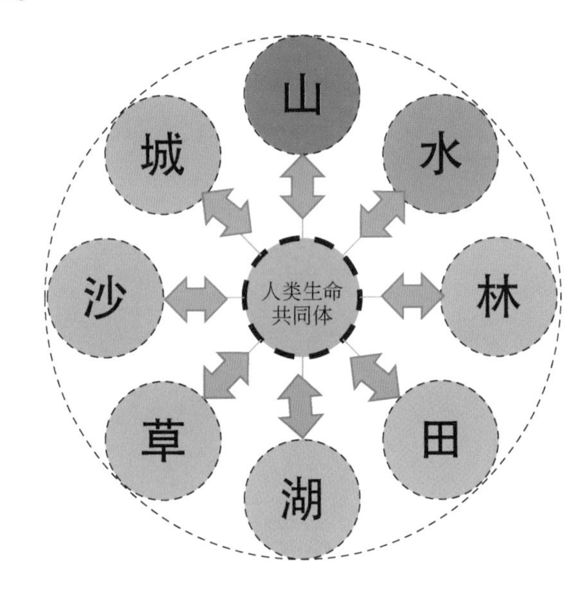

图 11-8　“山-水-林-田-湖-草-沙-城”一体化保护

11.3.4　全流域统筹：“以水定陆”精细化倒逼

水网的污染问题出现在水里，其根源在岸上。应以水网的完整流域为单元，进行水污染问题诊断，主要包括如下六大步骤：一是确定水体的服务功能；二是识别水体的水质目标，识别主要污染物阈值要求；三是计算水体的纳污能力；四是确定陆域主要污染物应削减的入水体量（包括点源、面源等）；五是合理分解排污区域和控制单元；六是进一步分解排污口、排污企业，实行最严格的取水、用水、耗水与排水管控，从而最大限度减少对水网流域水循环过程的干扰，如图 11-9 所示。

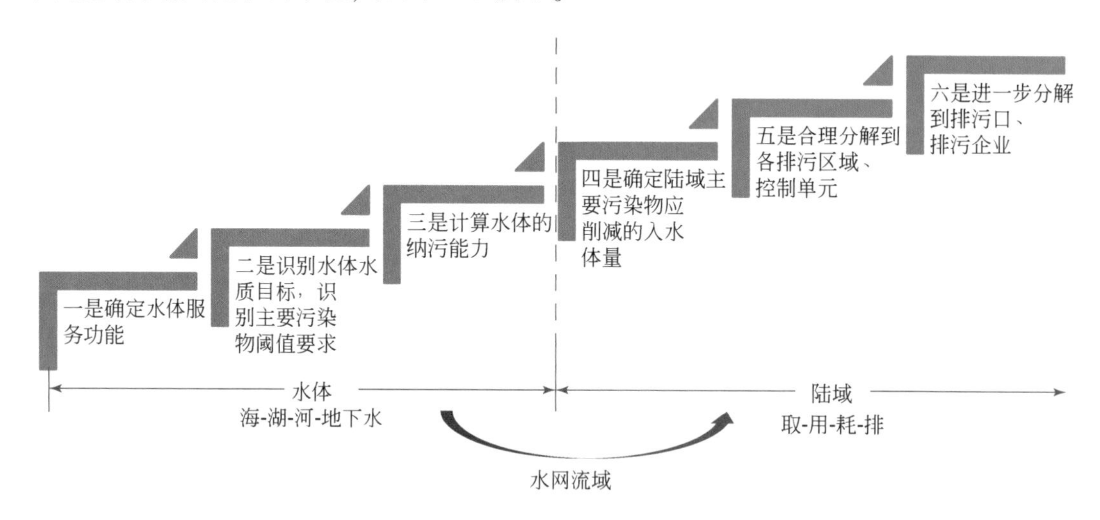

图 11-9　以水定陆、陆海统筹的技术路线

在实践中，全流域统筹理念日益得到贯彻和实施。例如，2017 年国家海洋局印发《关于开展“湾长制”试点工作的指导意见》，提出河北、山东、江苏、浙江、海南为我国首批启动“湾长制”试点地区。其中，浙江省是其中唯一在全省范围内全域推进湾（滩）长制工作的地区，如浙江宁波坚持“陆海统筹、河海兼顾、上下联动、协同共治”探索“美丽海湾”的现代化生态治理之路。“湾长制”试点主要以主体功能区规划为基础，以逐级压实地方党委政府海洋生态环境保护主体责任为核心，以构建长效管理机制为主线，以改善海洋生态环境质量、维护海洋生态安全为目标，加快建立健全陆海统筹、河海兼顾、上下联动、协同共治的治理新模式。通过逐级设立“湾长”或“滩长”，构建专门议事和协调运行机制，做好与“河长制”的衔接，建立分工明确、层次明晰、统筹协调的管理运行机制。

11.4　未来的展望

科技孕育新突破，当今世界工业化已进入后期阶段，新一轮科技革命和产业变革正在兴起，由自动化、信息化，开始转入数字时代和人工智能时期。面向水网的水污染治理，应以水网为核心，以完整流域为单元，以提升河湖水质安全为目标，建立集“立体感知、动态模拟、问题诊断、综合调控”一体化的治理技术体系，从而保障水网的水安全，为高效发挥水网的综合性功能提供支撑。从未来技术发展重点看，面向水网的水环境综合治理技术创新包括立体感知溯源技术、节能高效处理技术及智能控制调度技术。综合评估这些技术的适用性、经济性以及稳定性，系统提出面向水网的水环境保护关键技术，建立具有中国特色的水网水环境保护最佳适用性技术清单，可为国家水网的水环境保护提供重要的技术支撑。

11.4.1　立体感知溯源技术变革

(1) 流域立体智能感知技术

随着现代科技的发展，构建立体化、全天候的污染物排放以及水量-水质-水生态同步监测体系，对于水网流域的水污染防治尤为重要。利用高空高分辨率卫星雷达、低空的无人机、地面的无人船、移动终端，建立空天地一体化监测体系，从而对排污企业、雨污水排水管网、污水处理厂、河流断面以及湖泊水体进行动态监测和实时信息传输，主要包括雨量监测、河流主要断面水动力学水质监测、路面积水与污染监测、农田退水监测、排污企业排污口监测、水下地形地貌测绘、水文测量以及湖库富营养化监测等。建立“自然-社会”二元驱动的水循环多要素、多数据源一体化监测体系，发展“天-空-陆-水”多平台多传感器立体协同监测技术（图11-10），实现多手段独立监测转变为多手段协同监测、各要素分离监测转变为多要素联合监测已成为重要发展趋势，从而推动水网立体智能感知技术不断迈向信息化和现代化。

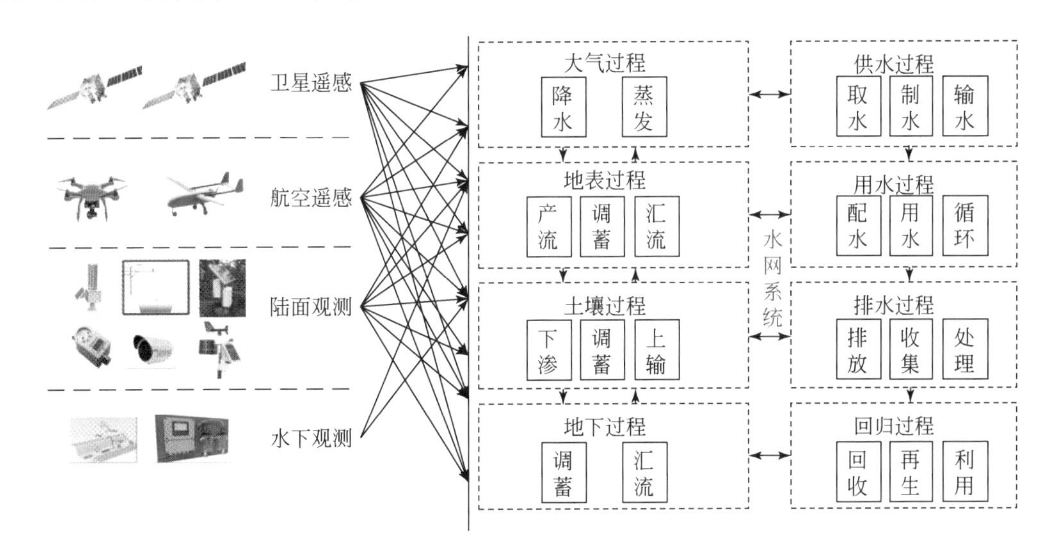

图11-10　水网流域立体智能感知技术

(2) 污染物溯源技术

水网的连通和建设，使得污染物来源更加复杂和多变，未来一个时期污染溯源新技术的需求尤为迫切。例如，清华大学将基于指纹原理开发的荧光光谱技术应用于水质污染溯源，能够在15～30min识别污染类型并发出警报。水质指纹是指水样的荧光强度以等高线的方式投影在以激发光波长和发射光波长为横纵坐标的平面上获得的谱图，也称为三维荧光光谱。由于水体中的天然有机物有特征荧光，在不同的生活污水中得到不同的光谱图，可作为水体污染类型的判断依据。再如，同位素分析、微生物技术也具有溯源功能，为水网的环境管理提供了有力的技术支持。未来新技术将与传统水质监测技术不断融合，使得污染溯源更为精准和可靠，在水网的水环境保护中发挥更大的作用。

11.4.2 低碳高效处理技术变革

(1) 生态型下沉式污水处理技术变革

我国目前大型污水处理厂数量比例在10%左右，远超过发达国家水平（如德国仅占3.5%）。随着污水处理技术的不断变革，污水处理厂逐渐从地上走到了地下。例如，青岛建成了我国北方第一座全地下式污水处理厂，这座双层污水处理厂在表面上看是一个功能齐全的休闲运动公园，而在地下部分采用箱体结构，曝气池、沉淀池等一应俱全。再如，深圳市坪山河流域南布水质净化站，处理规模2万m^3/d，为全地下式设计，让出更多的空间给城市和市民，让市民更亲近湿地，更好地在湿地中休闲观景，被誉为“坪山阳台”。

地下式污水处理厂有降低长距离运输能耗、减少管网系统建设与运行投资、适应性和灵活性强、技术易于更新换代、生态化等优势，但也面临确保出水水质安全监管困难、技术成熟度还有待于提高等缺点，需要健全相应的法律法规、技术标准和技术服务体系。当前，国投信开水环境投资有限公司牵头制定的住房和城乡建设部和生态环境部《城镇地下式污水处理厂工程技术指南》，已于2020年1月份在全国正式实施。当前，“生态型下沉式再生水厂集约构建与资源化利用”技术已入选国家发展和改革委员会、科学技术部、工业和信息化部、自然资源部《绿色技术推广目录》。从发展趋势看，生态型、下沉式水质净化站通过与城市公共绿地、公园等公共设施合理衔接，可有效避免大型污水处理厂对周边居民及环境的影响，同时新工艺的采用使得占地面积较传统工艺大幅减少，用地选址较为简单。总体上看，传统的集中处理，与生态型分散式地下式水质净化站的有机结合，将成为未来污水处理厂布局和建设的重要趋势，高效、节能、环保且运行简单、易于控制的技术将不断得到推广和应用。

(2) 水处理纳米新材料技术变革

面向新一代科技革命和产业革命发展，纳米技术作为一种新兴技术开始出现。纳米材料物质颗粒接近原子大小，在三维空间中至少有一维处于纳米尺度范围（1～100nm）或由纳米粒子作为基本单元构成。与传统材料相比，纳米材料声、光、电、磁、热性能都有所不同，具有特殊的表面与界面效应、体系效应、宏观量子隧道效应及量子尺寸效应等。作为21世纪最有前途的材料，纳米材料当前已在饮用水处理、工业水处理、医药废水处理、垃圾渗滤液处理以及海洋污染治理等多个领域得到应用，在未来，纳米新材料技术的发展趋势包括纳米光催化技术、纳米还原技术、纳滤膜技术、纳米吸附技术、纳米生物复合技术以及磁性纳米技术等。作为高新技术，纳米技术未来将通过研究和试验发展更加成熟，其水处理的稳定性和经济性明显提升，纳米技术的产业化应用将成为重要发展趋势。

11.4.3 智能控制调度技术变革

(1) 水网污染传输智能过程控制技术

水网的水环境保护过程中，对污染传输过程进行自动化、智能化的控制尤为必要。例如，针对城镇面源污染传输过程，中国水利水电科学研究院、中国建筑有限公司联合研发的“水质闸门+在线水质仪表”精准截污技术（图 11-11），保证旱季污水不入河，雨季后期洁净雨水进入河道。该技术在深圳市坪山河流域的应用表明，通过该技术可有效减少汛期城镇面源污染，保障枯季的河流生态水量需求。此外，对于合流制溢流污染的控制，可在城市雨水管与污水管的交界处设置智能雨污分流井，将雨水和污水被自动分流到各自的管道，也就是雨水通过雨水管网直接排入河道，污水则通过污水管网收集后送至污水处理厂进行处理，防止合流污水溢流入河造成污染。

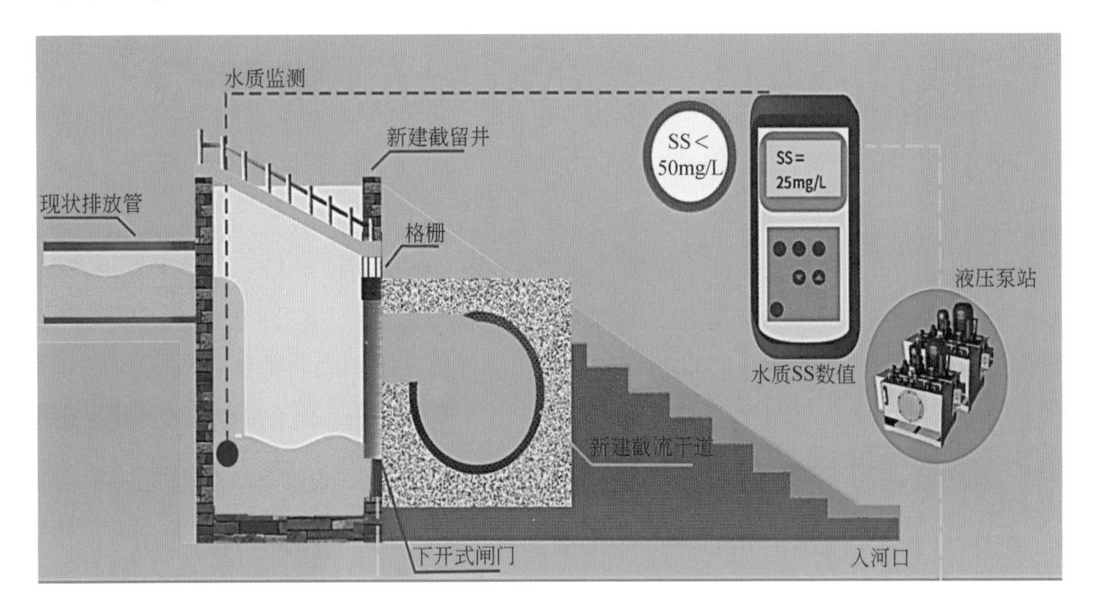

图 11-11 智能精准截污技术在坪山河流域的应用
资料来源：坪山河干流综合整治及水质提升工程设计报告

(2) 水网污染预警、应急与调度一体化技术

在水网实施水环境保护过程中，对污染进行预警、应急与调度尤为重要，从而最大化降低污染的社会经济和生态环境影响。借助移动互联网、物联网、大数据、云计算等现代技术，建立水网一体化预警调度系统平台，实现信息推送、统一发布、数据可视、风险评估、决策分析、指挥调度等多种功能。该系统平台具有两大特点：一方面可进行突发水污染事件的预警与应急，提高水污染突发事件应急防范能力；另一方面可为常态的污染监控和水环境提升提供技术支撑，从而确保水网的供水、输配水、用水与排水的安全。

综上所述，国家水网的建设离不开水环境的保护，为推动水网水环境质量持续改善，从流域水循环的视角，实现自然水循环的环境保护、社会水循环的环境保护，最终实现流域尺度的水环境提升尤为重要。随着科学技术的不断变革，采用高效率、低经济成本的水环境保护新技术是重要发展趋势。随着新时期我国社会经济发展由高速增长阶段转向高质量发展阶段，水网的水环境保护将面临新的更大挑战，推进水网的水安全保障、维护水网健康已成为水网建设的基石，应进一步完善政策、不断创新，从而激发内生动力，从量变到质变，实现绿色低碳高质量发展。

第 12 章
水网与生态健康

12.1 水网的生态功能

在陆地生态系统中，水网既为流域提供产水汇集、水体净化及流动的空间，也为人类的生产生活和动植物的生长繁殖提供重要保障（吴雷等，2018）。按照水网的主要生态功能和作用机制，可以将水网的生态功能归纳为地表环境塑造、生物栖息、物质能量输移、净化水体、生命信号传递以及支撑人工绿洲和绿地六大功能（董亚洁和梅亚东，2007）。

12.1.1 地表环境塑造

水网中的地表流水在陆地上是塑造地貌最重要的外动力，在地表流水流动的过程中，对地表岩石和土壤进行侵蚀，对地表松散物质和它侵蚀的物质以及水溶解的物质进行搬运，最后由于流水动能的减弱又使其搬运物质沉积下来，对地表环境塑造具有侵蚀作用、搬运作用和堆积作用（冉启华等，2008）。通常来说，河流上游多以侵蚀作用为主，下游以堆积作用为主，但是河流的侵蚀、搬运和堆积三种作用是经常发生变化的。如果海平面下降，下游地段也可能转化为以侵蚀为主；如果河流水量减少，泥沙增多，在河流上游段也可能出现堆积作用为主。在河流内同一河段也可能会出现侵蚀、搬运和堆积同时进行的情况，流水将凹岸侵蚀下来的物质同时搬运到凸岸堆积，这就是三种作用同时进行的情形。

（1）河套平原

河套平原位于中国内蒙古自治区和宁夏回族自治区境内，是黄河沿岸的冲积平原，地处“几”字形的黄河湾（图 12-1）。河套平原由贺兰山以东的西套平原（又称银川平原），内蒙古狼山、大青山以南的后套平原和前套平原（又称土默川平原）组成，面积约为 2.5 万 km^2，海拔高度为 900 ~ 1200m，地势由西向东微倾，西北部第四纪沉积层厚达千米以上。河套平原地形的成因通常包括内力作用与外力作用两方面，内力作用是地壳断裂下陷导致的，外力作用是依靠黄河带来的泥沙沉积形成（图 12-2），地势平坦，土质较好，有黄河灌溉之利，为宁夏与内蒙古重要农业区和商品粮生产基地。

图12-1　内蒙古地区河套平原
摄影：视觉中国

图12-2　河套平原

(2) 黄土高原

黄土高原位于中国中部偏北，为中国四大高原之一，主要由陕甘晋高原（图12-3）、山西高原（图12-4）、陇中高原、鄂尔多斯高原和河套平原组成，总面积为63.5万km^2。据调查，黄土高原地区在远古时期是一片汪洋，受其周边特殊的地理环境和特别条件影响下，加之长期风与水的搬运与堆积作用，导致风尘和湖水相互容存、相互侵占，驱使原有湖区地势越抬越高，而湖水变得越来越少。在大约800万年前，湖水干涸，黄土被抬出地面，逐渐形成了如今的高原。

图12-3 陕甘晋地区黄土高原
摄影：视觉中国

图12-4 山西地区黄土高原
摄影：视觉中国

（3）黄河三角洲

黄河三角洲是黄河入海口携带泥沙在渤海凹陷处沉积形成的冲积平原。一般以垦利宁海为顶点，北起套尔河口，南至支脉沟口的扇形地带，面积约为0.54万km^2，其中有0.52万km^2在山东省东营市境内。由于黄河含沙量高，年输沙量大，受水海域浅，巨量的黄河泥沙在河口附近大量淤积，使河道不断向海内延伸，河口侵蚀基准面不断抬高，河床逐年上升，河道比降变缓，泄洪排沙能力逐年降低，当淤积发生到一定程度时则发生尾闾改道，另寻他径入海。黄河入海流路按照“淤积-延伸-抬高-摆动-改道”的规律不断演变，使黄河三角洲陆地面积不断扩大，海岸线不断向海推进，历经 150 余年，逐渐淤积形成近代黄河三角洲（图 12-5）。

图 12-5　黄河三角洲航拍
摄影：视觉中国

12.1.2　生物栖息

水网为水生生物提供着赖以生存的最基本条件，是水生生物活动、觅食、栖息和繁殖等行为的重要场所，构成水网的各种水域类型均承担着不同的生物栖息功能（田世民等，2010）。河流与滩地是天然生态廊道，其上下游、深渊-浅滩、上中下层不同水动力条件为不同类型水生生物提供了重要的生存和繁殖生境，同时也为湖泊提供水分和养分；湖泊和水库具有流速较缓、深浅不一等特性，为不同类型的水生生物提供了差别化生境，此外在一定程度上对人类活动还存在阻隔作用，例如形成湖心岛等独立区域，成为鸟类的绝佳繁殖和栖息场所；湿地蕴藏着大量的生物资源，生物多样性丰富，是重要物种基因库，在改良物种和濒临灭绝物种保护方面均具有显著作用。

（1）黑龙江扎龙国家级自然保护区

黑龙江扎龙国家级自然保护区是我国以鹤类等大型水禽为主的珍稀水禽分布区，是世界上最大的丹顶鹤繁殖地（图 12-6）。位于黑龙江省西部、齐齐哈尔市东南部松嫩平原、乌裕尔河下游湖沼苇草地带，地理坐标为 123°47′E～124°37′E，46°52′N～47°32′N，边界平面呈东北至西南不规则橄榄形，南北长为 80.6km，东西宽为 58.0km，总面积为 21 万 hm^2，属湿地生态系统类型的自然保护区。保护区内拥有世界闻名的扎龙湿地，扎龙湿地面积为亚洲第一、世界第四，也是世界面积最大的芦苇湿地，主要保护对象为丹顶鹤等珍禽及湿地生态系统，是中国北方同纬度地区中保留最完整、最原始、最开阔的湿地生态系统，1992 年被列入“国际重要湿地名录”。

图 12-6 扎龙自然保护区

摄影：视觉中国

(2) 江苏盐城国家级自然保护区

盐城国家级自然保护区位于江苏省盐城市，于 1983 年建立，1992 年晋升为国家级自然保护区，地处我国东部沿海地区中部，包括东台、大丰、射阳、滨海、响水 5 个县（市）的沿海滩涂，海岸线长达 586km，总面积为 45.3 万 hm^2，是我国最大的沿海滩涂湿地类型的自然保护区。主要生境包括从通吕运河口到新沂河口长达 300km 的永久性海滩、淡水到微咸水水塘、沼泽地、沼泽草地、大片芦苇和潮间泥滩，并有许多河道、潮湾和一些鱼塘、养虾池和盐场。由于南面长江三角洲泥沙的沉积，泥滩以每年 100～200m 的速度向外扩展，海岸则不断被围塘开垦为农田。盐城国家级自然保护区是珍禽丹顶鹤等水鸟的重要越冬地和候鸟的重要驿站，丹顶鹤越冬数量多达 600 只左右，是我国最大的丹顶鹤越冬地（图 12-7）。

(3) 江西鄱阳湖国家级自然保护区

江西鄱阳湖国家级自然保护区位于江西省北部，成立于 1983 年，原名为“江西省鄱阳湖候鸟保护区”，1988 年晋升为国家级自然保护区，并更名为“江西鄱阳湖国家级自然保护区”。该区域受亚热带季风气候影响，地貌环境复杂多样，水位季节变化强烈：丰水期水位升高，湖水漫滩，形成开阔水面，呈现湖泊状态；枯水期水位下降，湖水落槽，水面趋于狭窄，裸露出来的湖滩地草木丛生，植被茂密。无论是丰水期还是枯水期，呈现出的开阔的水面或者湖滩地均为给水预留的水域空间，这种复杂多样的水域空间生态系统为生物栖息提供了优越的环境，适宜于水生植物和底栖动物的生长，有助于鱼类洄游繁殖和候鸟栖息越冬（图 12-8）。

(4) 四川九寨沟国家级自然保护区

四川九寨沟国家级自然保护区位于四川省西北部岷山山脉南段的阿坝藏族羌族自治

图 12-7　盐城自然保护区
摄影：视觉中国

图 12-8　鄱阳湖候鸟栖息
摄影：视觉中国

州九寨沟县漳扎镇境内，地处岷山南段弓杆岭的东北侧。距离成都市约为 400km，系长江水系嘉陵江上游白水江源头的一条大支沟。九寨沟自然保护区地势南高北低，山谷深切，高差巨大。北缘九寨沟口海拔仅为 2000m，中部峰岭均在 4000m 以上，南缘达 4500m 以上，主沟长超过 30km。九寨沟自然保护区是世界自然遗产、国家重点风景名胜区、国家地质公园、世界生物圈保护区网络，是中国第一个以保护自然风景为主要目的自然保护区（图 12-9）。

图 12-9 九寨沟五彩池
摄影：视觉中国

(5) 青海三江源国家级自然保护区

青海三江源国家级自然保护区位于青藏高原腹地，青海省南部，地理位置位于89°24′E～102°23′E，31°39′N～36°16′N，总面积为3950万 hm^2（图12-10）。青海三江源国家级自然保护区属湿地类型的自然保护区，由于其独特的地理位置和环境，区域内的动植物资源十分丰富，种类繁多，其中植物多以青藏高原特有种和经济植物为主，野生动物以青藏类为主，有少量中亚型以及广布种成分。青海三江源国家级自然保护区主要保护对象是国家重点保护的藏羚羊、雪豹、兰科植物等。

图 12-10 三江源黄河源头
摄影：视觉中国

（6）云南西双版纳国家级自然保护区

云南西双版纳国家级自然保护区位于中国云南南部的西双版纳傣族自治州境内，由地域上互不相连的勐养、勐仑、勐腊、尚勇、曼稿 5 个子保护区组成，总面积为 24.25 万 hm^2，占全州总面积的 12.68%，是以保护热带森林生态系统和珍稀野生动植物为主要目的一个大型综合性自然保护区，是中国热带森林生态系统保存比较完整，生物资源极为丰富、面积最大的热带原始林区（图 12-11）。野生珍稀动植物荟萃，珍稀、濒危物种多，还是我国亚洲象种群数量最多和较为集中的地区。

图 12-11　西双版纳自然保护区
摄影：视觉中国

12.1.3　物质能量输移

生态系统物质、能量和信息的传递依赖于相应的连通廊道，而由于水的流动性，水网是生态系统物理能量输移的重要通道（顾炉华等，2018）。通常意义上的水网输移通道的连通性是一个时空四维系统，其中空间上包括纵向连通性、横向连通性和垂向连通性三个维度，时间上包括时间动态性的维度。纵向连通性是指水网中物质、能量、生物等在纵向上的迁移连通程度，即从源头到河口方向上连通程度；横向连通性是指主河道与河道两侧的滩涂区、河岸带之间的连通程度，涨水时河水漫过滩涂区，将河流中的营养物质带入河岸带，为生物栖息地的形成提供条件，水位回落时，水流将滩涂区和河岸带的物质带入河道中，促进了植物种子的传播和水生生物的回归；垂向连通性是指地表水与地下水之间的连通程度，通常表现在地表水借助水力梯度的作用，形成上升流和下降流两种形式与地下水进行交换的过程。

(1) 钱塘江河口物质能量输移

钱塘江河口地处我国东南沿海浙江省会杭州，为我国第一大强潮河口，以汹涌壮观的钱塘江大潮而闻名于世。其上游由两个源头合汇而成，分别为发源于黄山南麓的安徽休宁六股尖东坡的北源新安江，以及发源于安徽休宁青芝棣尖北坡的南源兰江，两源于浙江建德梅城汇合后成富春江，下行至富春江水电站，即为进入受潮汐影响的河口区。以富春江水电站至闻家堰为河长75km的近口段，再下至海盐县澉浦的长山闸为河长122km的河口段，再以下至芦潮港镇海外游山的湾口断面为长达85km的杭州湾。从北源源头至杭州湾最终入海口，钱塘江全长为668km，总流域面积为55 558km^2。钱塘江河口是典型的强潮河口，具有不同于一般河口的潮流和径流特性，由此导致该河口的物质输移具有鲜明的特色（图12-12）。钱塘江河口潮强流急、涌潮汹涌、洪水暴涨暴落、河床急冲骤淤，盐水入侵、污染物迁移和泥沙输移等各类物质输移及相应的能量变化问题十分突出，对河口水环境、水生态和饮用水源质量以及河口工程安全有显著的影响。

图12-12　钱塘江大潮

摄影：视觉中国

(2) 黄河下游漫滩水沙交换

黄河下游漫滩发生洪水的概率不大，但对河道的冲淤演变却具有不可忽视的甚至是决定性的影响。据统计，1950～1999年黄河下游（花园口—利津）洪水期漫滩滩地泥沙淤积量为37亿t，约占洪水期来沙量的79%，主槽泥沙冲刷量为23亿t。洪水漫滩时滩地大量淤积对维持下游滩槽同步抬升、遏制二级悬河的发展有着重要作用。同时，漫滩洪水导致主槽显著冲刷，对增大主槽过洪能力、减缓主槽抬升幅度也具有重要意义（图12-13）。近20年来黄河下游来水来沙显著减少也使漫滩洪水明显减少，从而造成河槽淤积萎缩严重，二级悬河不断发展。所以，在上游来水来沙丰富且又可利用水库调节的情况下，应尽量塑造漫滩洪水，使河道产生淤滩刷槽的作用，从而增大主槽过洪能力。

图 12-13　黄河下游河槽冲刷

摄影：视觉中国

(3) 广东沿岸环流物质输移

广东省沿岸，包括珠江口以东的粤东地区、珠江口地区和粤西地区以及琼州海峡(图 12-14)。沿岸环流动力状况作为一个背景场，对该海域物质输运和扩散、海水运动以及海洋生物地球化学过程具有重要影响，并决定着该海域对污染物的净化能力。其中，西南流占据主导地位，西南流大于东北流，粤西沿岸流大于粤东沿岸流；粤西沿岸流只有在夏季西南季风较大的时候才会有东北向流，其他月份都是西南向流；琼州海峡的广东沿岸海流受季风影响不大，余流基本上都是西向流。因此，粤西沿岸的物质的扩散以西向扩散为主，只有夏季季风较大时物质向东扩散，且扩散速度较小，琼州海峡的物质扩散终年向西。粤西沿岸的物质的扩散特征是冬季扩散范围大，夏季扩散范围小。

图 12-14　珠江口西岸

摄影：视觉中国

12.1.4 净化水体

水网的净化功能通常表现在水流中的污染物、悬浮物及富营养物被吸附、降解、沉淀、消减、稀释和排除，使水体得到净化的过程（马超等，2021）。河流本身具有自净作用和环境容量，是人类污染排放的主要接纳体。湖泊作为水流的汇聚地，同时也成为水体中各种污染物的汇聚地，具备较强的自净能力，包括通过泥沙的下沉，吸附污染物沉积到底泥，或者通过微生物的降解和食物链循环，将污染物转变为生物质和无害物质等。湿地被誉为“地球之肾”，顾名思义是一个“天然净化器”，由于湿地中存在丰富的植物和微生物，相较河流、湖泊等具备更加强大的净化能力，通过植物吸收和微生物降解作用，可以容纳来自周围地区的过量营养物并使湿地的植被及其生态系统获益，使区域水体保持良好的水质状态并维持健康的生态服务功能，从而维持整个流域的水质清洁和生态平衡。

（1）白洋淀水体净化

白洋淀地处华北平原东部，是华北地区最大的草型淡水湖泊，堪称“华北之肾”（图12-15）。多年来，由于白洋淀区域降水量减少、上游水土流失、水库对径流的拦截、接纳城市和工业排放的污水以及农业面源污染等因素，使得淀内蓄水量减少，水生态环境受到严重威胁。据调查，白洋淀现已有80%的水域处于富营养化状态，13%的水域处于重度富营养化状态，7%的水域呈极度富营养化状态。白洋淀水体富营养化的治理已成为迫切需要解决的问题。沉水植物是湖泊生态系统的初级生产者之一，它们不仅能够对水体和底泥中的氮、磷和难降解有机污染物进行吸收、转化，合成自身物质，对富营养化的水体起到净化作用；而且还能调节水生态系统的物质循环速度，增加水体生物多样性，控制藻类生长，从而有效提高水质，改善生态环境。因此，沉水植物的生态修复是控制水体富营养化的重要环节。

图12-15　白洋淀

摄影：视觉中国

（2）太湖流域湖泊水体净化

太湖流域地处长江三角洲，是我国社会经济最发达的地区之一，流域内城镇化程度高，工农业发达，人口密集（图 12-16）。太湖流域内湖泊分布较密集，面积在 5km^{2}以上的湖泊有 25 个，面积小于 5km^{2}的湖泊有 164 个。这些湖泊历史上具有典型的浅水草型湖泊特点，沉水植物分布广泛，改革开放前大多数湖泊沉水植物覆盖度可达到 85%以上。由于高强度的环湖开发、大面积的围网养殖、流域内超量的工农业污水入湖等，使得太湖流域湖泊普遍出现富营养现象，引发了沉水植物消失、水质恶化、蓝藻水华频发、影响饮用水水源供应等一系列问题。因此，运用生态治理手段，对于降低水体富营养水平，抑制蓝藻暴发来说，是较低成本、持续效果较长的方法。

图 12-16　无锡太湖
摄影：视觉中国

12.1.5　生命信号传递

水网的生命信号传递功能通常表现在水流承担着鱼类的洄游作用，即鱼类因生理要求、遗传和外界环境因素等影响，引起周期性的定向往返移动（胡望斌等，2008）。研究并掌握鱼类洄游规律，对于探测渔业资源量及其群体组成的生命信号变化状况，预报汛期、渔场，制订鱼类繁殖保护条例，提高渔业生产和资源保护管理的效果及放流增殖等具有重要意义。此外，水网的健康分布对鱼类的洄游，特别是对幼鱼的洄游起到更加重要的作用，主要因为幼鱼缺乏必要的运动能力，不能与强大的水流做斗争，因而只能完全被水流所“挟持”，随着水流而移动，在很大程度上受水流所左右。

（1）中华鲟洄游

长江口是我国最大的河口，受长江径流、台湾暖流、浙江沿岸流、苏北沿岸流和黄海冷水团等水系相互消长的影响，生态环境复杂多变，营养物质丰富，饵料生物丰盛，是众多渔业生物产卵、育幼和索饵的重要场所。由于长江口丰富的饵料生物和独特的水文环境，成为了中华鲟幼鱼重要的索饵场，为中华鲟幼鱼在河口快速生长提供了物质基础（图 12-17）。随流洄游至长江口的中华鲟幼鱼，将集中聚集在长江口水域长达数月时间，主要栖息于长江口的潮间带和浅滩，随潮水漂流，进行入海前的索饵育肥和生理调节。成年后的中华鲟将沿长江逆流而上，洄游近 2000km，也是鲟鱼类中最长的洄游距离，充分体现出水网生命信号传递的功能。

图 12-17　中华鲟
摄影：视觉中国

（2）大马哈鱼洄游

黑龙江是中国四大河流之一、世界十大河之一，有南北两源，以南源额尔古纳河为河源，全长为 4440km，在俄罗斯的尼古拉耶夫斯克（庙街）注入鄂霍次克海峡（图 12-18）。黑龙江鱼类丰富，是我国冷水性鱼类的自然分布区和鱼产区，大量鱼类在海中发育，以避免遭受夏季河中出现的水位急速变化的损害。其中，大马哈鱼广泛分布于北太平洋，可沿黑龙江、图们江、绥芬河等水系溯河洄游，到特定地点后进行产卵繁殖，待幼鱼长大后，约于 7 月随江水归入大海。

12.1.6　支撑人工绿洲和绿地

绿洲是一种存在于干旱地区的特有景观，是一个具有完整生态系统的巨大生命有机体，其生态系统主要围绕着该地区水资源存储地区开展（岳东霞等，2011）。由此可见，水网的空间分布是制约绿洲发展的主要因素，且由于干旱区典型的气候特征，蒸发量大，降水量少，日照时间长等，使得绿洲往往是伴水而生。因此绿洲是水源充足且适宜人类居住的地方，并可将其分为三类、未受人类干扰或者干扰很小的部分成为天然绿洲，依靠人类活动而存在的部分称为人工绿洲，二者的结合成为天然–人工绿洲。天然绿洲多分布在拥有温度环境适宜，水资源丰富，鲜为人知，但可以达到动植物生存生长条件的地方；人

图 12-18　黑龙江干流
摄影：视觉中国

工绿洲多是在现有河流的中上游的天然绿洲或者山体环绕的荒漠基础上大型土建、人工雕琢而成的，这些设施的建造依托于水网将绿洲分割成无数有规则的集合形状，将人工绿洲建造成整齐划一、网格式布局的人造景观式绿洲，旨在为人类提供更加方便的生活。

（1）民勤人工绿洲

民勤绿洲位于甘肃省河西走廊东端民勤县，在地质上属于阿拉善台块的边缘凹陷，是石羊河延伸到腾格里沙漠腹地出现的非地带性景观，一般是指石羊河下游红崖山水库以下冲积成的狭长而平坦的绿洲带（图 12-19）。20 世纪 50 年代以后，该地区开展了大规模的水利建设，修建了红崖山平原水库和跃进总干渠，人工渠道替代了天然河流，水利枢纽和

图 12-19　腾格里沙漠的绿洲带
摄影：视觉中国

灌区内的各种渠道，形成状若蛛网的人工渠系，将大量河水分配到农田，较快地发展了绿洲经济。目前，民勤绿洲面积约为1100km²，约占全县总面积的7.1%。另外，有天然荒漠草地3199.8km²。自从1958年建成红崖山水库和跃进渠以来，民勤水系进入了人工水系时期民勤绿洲已经完全成为了一个人工绿洲（图12-20）。

图12-20　民勤县人工绿洲修复情况

（2）月牙泉人工绿洲

月牙泉位于甘肃省敦煌市月牙泉风景区，南北长近100m，东西宽约25m，泉水东深西浅，最深处约5m，弯曲如新月，被誉为“塞外风光之一绝”，是敦煌的“三大奇迹”之一，成为中国乃至世界人民向往的旅游胜地（图12-21）。20世纪70年代中期，当地垦

图12-21　月牙泉

摄影：视觉中国

荒造田抽水灌溉及周边植被破坏、水土流失，导致敦煌地下水位急剧下降，从而使月牙泉水位急剧下降。从 2000 年开始，敦煌市采取应急措施，在月牙泉周边回灌河水补充月牙泉水位，使月牙泉暂时免于枯竭。在经过几年的应急治理之后，“沙漠绿洲”敦煌市著名的景点月牙泉水位严重下降的趋势得到初步遏制，并已经有所回升。至 2010 年 10 月，月牙泉水位稳定，平均水深维持在 1.7m 左右（图 12-22）。

图 12-22　月牙泉人工绿洲

摄影：视觉中国

12.2　水网建设的生态影响

12.2.1　拦河工程建设的影响

良好的连通性可以促进河流生态系统的物质与能量循环，为水生生物及鸟类等营造良好的生存环境。天然河流通过季节性的洪泛，不仅有助于周边土壤、地貌的发育，还有利于种群的繁殖扩大及生物多样性水平的维护。河流连通的受阻或中断则会影响生态系统的进程，人类高强度开发的河流系统易于出现栖息地片段化，其树状网络的连接易地被人工建筑物诸如大坝和涵洞之类的共同基础设施所断开，这些阻隔物阻碍了河流生物群的洄游，繁殖，栖息和扩散。而且，在栖息地碎片中分离的种群会更容易受到随机扰动，并存在近亲繁殖的风险，一旦消失就很难重新建群。更有研究表明，在极端的情况下，河流受阻已经引起了动物种群数量的显著下降甚至灭绝。河流连通受阻已经成为人水关系不和谐的重要表现，成为影响区域经济社会可持续发展、河流健康的关键制约因素，因而揭示河流连通性对于水生态过程的影响机理对于河流的健康管理尤为重要（夏军等，2012）。

为了更有效的利用水资源，我国在流域河流中建设了为数众多人工构筑物，如水库、闸坝、道桥等。这些建筑物对于河流的纵向连通性产生了巨大的阻隔，易造成末端河流消失、河网主干化明显、栖息地破碎等现象。由拦河工程建筑物带来的连通受阻是目前许多高强度开发河流所面临的最直接的问题，也是河流管理中解决上下游用水冲突和协调必须考虑的首要问题之一，其主要体现在对河流水质、水量和水生生物的影响（图 12-23）。

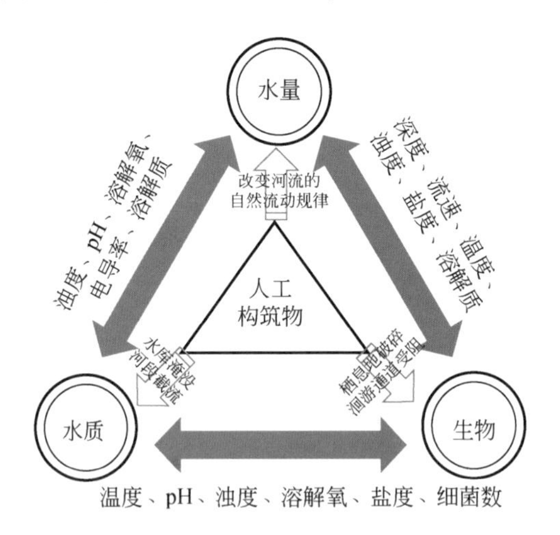

图 12-23　拦河建筑物对水量、水质、生物的影响及其相互作用

（1）纵向连通性对水量的影响

河流纵向连通性的改变对水量影响主要是由于人类通过修建水库、闸坝等改变了河流的自然流动规律，改变了自然河流本身所服从的季节流量模式，形成了一种人为的流量变化模式（图 12-24）。在水利工程的干扰下，整个流域的水文情势受到极大的影响。薛联青等（2017）以塔里木河干流为研究区，运用改进的 RVA 法来评价水利工程对其生态水文情势的影响，结果表明水库建设运行对塔里木河干流径流影响较大：多数月份的月均流量减少；年内低流量的次数增加；部分站点流量逆转次数增加。Guyassa 等（2017）研究了埃塞俄比亚北部高原的拦沙坝对径流的影响，通过安装三角堰、自动传感器分别测量径流排放与径流深度，结果表明由于自然地理环境的不同，河流连通性对水量影响的后果也存在较大的差异，与未处理的沟渠相比，安装了拦沙坝的沟渠会出现径流滞后现象，且峰值流量及径流量总体均呈减少状态。由于自然地理环境的不同，河流连通性对水量影响的后果也存在较大的差异，如在中国干旱区和半干旱区，由于河流连通性受阻将直接导致河道断流、生态流量亏缺，水量影响成为最基本的问题；而在水资源丰沛的西南大江大河源区，水电梯级开发导致的河流连通性变化对水量影响相对较小，研究者则更多地关注除水量影响之外的生物、信息连通等问题。

（2）纵向连通性对水质的影响

在河流上构筑人工建筑物后，河水被拦蓄形成水面面积广阔的水库，相比于自然河流，暴晒于太阳下的水面面积大大增加，蒸发量将会增大，河流的盐度就会增加。另外，从坝区水库上部泄水口的出水的温度常年比天然河水高，因由泄水口注入天然河流中的水会改变原有的水温，而物质在水中的溶解度与水温息息相关，这会对水中的溶解氧以及悬

图 12-24　大坝导致的连通性阻隔

摄影：视觉中国

移物质的数量产生一定的影响，同时还会影响河流中的相关化学反应。此外，由于水库的形成，若水流连通性不佳，流速缓慢则极易产生水体富营养化问题，如 Zubala 和 Patro（2016）对黄土农业区的水质进行了检测，结果发现建立闸坝使得流入水库的水含磷浓度提高，同时化学需氧量、生物需氧量、铁离子也达到高值。在此情况下，若在汛期开闸泄洪，就会进一步污染下游健康的水体，影响整个生态系统。可见，人工建筑物带来的河流纵向连通性的改变会对河流的水质产生显著影响，影响的大小主要受制于人为活动方式（闸坝调度的时空特性等），同时与当地的自然环境状况（水温、地形、坡度、流速等）密切相关。

（3）纵向连通性对水生生物的影响

河流水系纵向连通对于维持生态系统的完整性和水生生物多样性具有重要意义。人类开发程度较高的河流，由于短时限高强度的人类活动干扰，河流的连通模式和格局发生转变会快速影响关键生态过程，最终影响生物群落和种群数量以及食物网结构与功能。研究发现，河流连通受阻会对栖息地生物的生存以及群落结构的抵抗力产生严重影响，栖息地的破碎会削弱物种在不同生境间的迁移能力，从而降低生物多样性。刘玉年等（2008）采用多种生物指数法分析淮河流域的闸、坝等水利设施对水生态环境的影响，结果发现所调查评价的河流中有 64% 处在不健康或亚健康状态。其中，闸、坝上游 49% 的河段的生态多样性略有增加，11% 的河段水生生物生活习性有明显变化；对于闸坝下游河段，40% 的河段的生态多样性有明显降低。由于连通性的变化，迁徙种受到的影响更为显著，Yi 等（2010）研究了长江大坝建设引起的河湖关系变化及对迁徙鱼的影响，发现障碍物威胁该地区的一些鱼类，尤其是迁徙鱼类，河湖的连通度决定了迁徙鱼类的生长繁殖，其产量与分流水量正相关，水库管理特别要注重产卵季节应满足生态需求。故而人工建筑物使得河流的纵向连通性大大下降，不仅截断了鱼类的洄游通道，使栖息地破碎化，同时改变了原有的水文规律和生态水文格局，影响了河流的物流、能流和信息流，进一步对生物产生巨大的影响。

12.2.2 堤防建设的影响

随着社会经济的不断发展，除了拦河建筑物的大规模兴建对河流纵向连通性产生的影响，河湖的堤防建设对水网的横向连通性也带来了严重阻隔，以松花江地区为例，堤防建设对水系横向连通性的影响主要体现在对湖泡和湿地两方面。

（1）横向连通性对湖泡的影响

经初步调查统计，松花江流域的湖泡面积大多数在 10 ~ 50km²，少数湖泡面积大于100km²。流域内的湖泡主要为吞吐型淡水湖和闭流类微咸水湖。松花江流域内湖泡主要分布在松嫩平原，成因多与近期地壳沉陷、地势低洼、排水不畅和河流的摆动等因素有关，湖水依赖湖面降水和地表径流补给，主要入湖河流为乌裕尔河、霍林河等一些小的河流以及周围的沼泽湿地。从 20 世纪 80 年代至 2015 年，湖泡的总面积从38 万 hm²减少到 33 万 hm²，总体上呈下降趋势，2000 年嫩江流域的湖泡面积略微升高是因为 1998 年大水年湖泡积水所致。但是随后由于降水量的减少，乌裕尔河和霍林河上游水利工程的建设导致下游水量减少，导致松嫩平原的湖泡补水量减少，一些湖泡几度出现干湖的现象。随着北部引嫩、南部引嫩、哈达山引水、吉林西部河湖连通等一些河湖连通工程的建设，给这些湖泡补水，湖泡得以恢复。但是一些小的湖泡由于没有河湖连通工程，气温升高蒸发量增大，围垦造田等导致湖泡萎缩甚至干涸，例如河神滩泡、茂兴湖都已开垦成耕地，平安泡变成了盐碱地，湖泡几乎消亡（罗遵兰等，2015）。

（2）横向连通性对湿地的影响

松花江流域是我国湿地集中分布的地区之一，流域地形起伏，水系发达，湖泊泡沼众多，湿地资源十分丰富。流域内有大布苏湖等内陆盐沼湿地，扎龙湿地、莫莫格湿地、月亮泡水库等淡水沼泽湿地。其中，扎龙湿地和向海湿地已列入国际重要湿地名录。作为松花江流域生态环境的重要屏障，湿地发挥着涵养水源、净化水质、保护生物多样性了、调节区域气候等多项重要功能。

由于全球气候变化及人类活动的影响，流域内湿地出现不同程度的退化、萎缩，松嫩平原、三江平原等平原区湿地大范围被开垦，部分湿地由于水源短缺退化为草地。松花江整个流域的湿地面积呈减少趋势，从 20 世纪 80 年代的 429 万 hm²减少到 2015 年的 269 万 hm²，减少了 160 万 hm²，减少 37%。其中 1980 ~ 2000 年减少面积为 49 万 hm²；2000 ~ 2015 年减少面积为 111 万 hm²。1998 年大水导致 2000 年湿地面积较 1980 年减少的较少（杨钦等，2022）。

嫩江、松花江上游江源区湿地由于人类活动干扰程度相对较低，保护较好，湿地连通状况基本维持历史状态。流域中下游区域多已建设堤防，由于堤防建设、水库蓄水导致上游来水量下降等，堤内湿地与河流连通性差；堤外河道两侧洪泛湿地河流连通性较好。而流域内远离河道的湿地主要依靠地表径流、灌区退水等补给水量。目前，仅扎龙、向海、莫莫格、查干湖等重要湿地建设有补水工程。而那些没有建设保护区、面积较小的湿地面临着水源补给不足的风险，湿地萎缩、退化甚至消亡，对生态环境的影响极大。

12.2.3　超量取水与调水的影响

12.2.3.1　超量取水的影响

有关数据表明，自改革开放以来，为了不断满足本地区工业，农业及生活用水迅速增长的需求，地下水就已经开始出现超采状况。以河北省为例，人均水资源不足 300m^3，仅为全国平均水平 1/7，其本身属于资源型缺水省份即全省境内水资源含地下水和地表水等，均需求大于供给，且由于需求还在不断增长中，水资源缺口逐年扩大。为了解决水资源短缺的问题，几十年开采下来，国内 1/3 超采量和超采区面积，已知有 25 个地下水漏斗区，其中有 7 个漏斗面积超过 1000km^2，最大的一个达 8000km^2，面积约为 12 个北京市区面积。当前，整个华北地区已经成为世界上最大的“漏斗区”，地下水资源衰减，污染问题严重。

（1）形成区域漏斗区

漏斗区是水文环境中的一种塌陷现象，它主要是由于地下水的含有量变少，而地下水本身是地表的一种支撑而出现，因此对其的开采速度需要保持平衡。但在实际的开采工作中，人们为了谋取经济利益，无节制地开采地下水资源，造成了区域内水资源的大量流失。由于缺少了地下水的直接支撑，地表变得十分薄弱，便开始呈现出漏斗状的地质状况。这一状况的出现标志着地下水的超采状况十分严重，形成了程度较高的地面沉降。由于地下水的区域一般集中在同一个点，而这一点的地下水急剧减少，之后所出现的塌陷状况便呈现出较为明显的漏斗状。因此人们在对地下水开采的过程中忽略了地下水的补给能力，使得地下水的整体含量迅速减少，难以满足实际需求，将会直接导致地面塌陷状况出现。

（2）地下水资源衰减

地下水资源的衰减是超采地下水诸多危害中常见的一种，且影响较大，致使供水资源不能满足实际需求，甚至出现严重缺水现象。地下水主要由多种不同来源的水资源汇聚形成，包括地表水的汇集和渗透、降雨和融雪以及生活用水排放等。由于地下水较为干净，因而能够被人们广泛利用。在地下水开采过程中，若干旱区域长时间降水量较少，地下水开采量大于补给量，会导致地下水资源出现严重衰减。而且地下水使用呈现多元化趋势，已由日常生活用水等基础用水向工业用水及工程建设用水扩展，虽然产生了明显的经济效益，但因用水量巨大，将会使水资源衰减愈发严重。如不能及时进行用水规划调整，将会导致出现更加严重的问题。

（3）地下水资源污染严重

超采地下水除了引起地面塌陷和水资源衰减外，还会导致地下水资源污染，引起水文环境的严重恶化。近年来，我国地下水除了满足人们的生活需要外，还被广泛应用于化工、建筑等行业。这些行业在生产排污过程中携带了大量有毒化工物质，因监测水平低，净化能力弱，导致工业污水汇入地下水资源，地下水污染严重。尤其是化学工业导致的水质污染，给地下水资源造成了持久甚至不可修复的危害，直接影响人民身体健康。因此必须高度关注地下水资源的污染，并采取针对性措施，切实改善地下水资源污染问题。

12.2.3.2 跨流域调水的影响

南水北调中线工程是世界上最大的水利工程之一，它的修建运行，是实现中国水资源的“南北兼顾”和中国的经济、社会、生态建设等“南北两利”的伟大工程。同时，南水北调中线工程和其他水利工程一样，在产生效益的同时，也对水源区生态产生一定影响。其影响有利有弊，而有些负面影响是可以通过治理来消除或减轻的。

(1) 对丹江口大坝上游生态影响

Ⅰ. 对生态布局的影响

生态是指有机体在自然界的分布状态、生理特性和生活习性。南水北调中线工程的修建，对丹江口大坝上游生态布局产生有益的影响为：坝顶高程从现在的162m加高至176.6m，设计蓄水位由157m提高到170m，将使水源区的湿地增加305km^2，增加有效调节库容88亿m^3，增加防洪库容33亿m^3。丹江口水库集水面积和水容量的增加会改善丹江口水库鱼类和浮游生物的生存环境，使鱼类和浮游生物的数量增加。丹江口水利枢纽的续建工程中升船机的扩建及蓄水位的提高，可使丹江大坝上游的航线得到有效的改善。

南水北调中线工程的修建，对丹江口大坝上游生态产生直接的不良影响就是使原有的生态布局发生了一定的改变。生态布局的改变主要表现在以下方面：一是居住人口数量发生变化，其中二期工程移民主要涉及湖北、河南两省的6个县市区，动迁移民70.2万人，水源区的外迁移民使原有人口的数量减少；二是后靠移民安置使水源区的居民分布状况发生变化；三是库区的淹没使300多km^{2}中的植被受到破坏。

Ⅱ. 对人类生活影响

人类是地表生态系统的主导者，南水北调中线工程会对水源区人们的生活资源和生产环境产生较大的影响。主要表现在以下两个方面：一是耕地的减少使人们赖以生存的基础被削弱，直接影响了经济的发展。丹江口水库库区新增淹没耕地157.57万亩，加之水源区高标准的生态环境保护要求，在水源区的大部分地区实行退耕还林，使原本并不富余的粮食缺口增大，导致在该区域农业生产中已经形成的茶叶、柑橘、花生、西瓜、小辣椒、黄姜、烟叶、棉花等重要经济作物种植面积减少，同时畜牧养殖、库内网箱养殖将限量发展，规模大幅度减少。上述影响，使水源区每年经济损失达10多亿元。二是工业生产短期内受到较大影响和限制。首先治理工业企业污染，需要投入大量治理资金，造成工业企业生产投资成本增加，工业效益下降。其次关停一部分污染较严重的企业，将增加数万下岗职工。三是将搬迁一部分工业企业，而恢复重建这部分企业需要3~5年时间和数亿元的资金投入，这将给搬迁工业企业造成较大的经济损失，同时将导致地方财政收入大幅度减少。

Ⅲ. 对水源区生态链的影响

南水北调中线工程运用后，丹江口大坝泄洪次数减少和量值减小、日常下泄流量也将进一步减小，使得进入汉江河流中的有机物就不能有效、及时地输送到下游，这会对汉江河流的生态链产生阻断作用。

(2) 对丹江口大坝下游生态影响

Ⅰ. 对人类生活影响

南水北调中线工程的修建，一方面使丹江口水库大坝加高 15m，总库容量增加 116 亿 m^3，水库拦蓄上游洪水能力增强，使汉江中下游地区发生洪涝灾害的频率同调水前比将会大大降低，使下游人们免受洪涝灾害的安全感有所增加，对生态环境的稳定也起到了有益的作用。另一方面，南水北调中线工程投入运行后，汉江中下游多年平均径流量将减少 1/3，将会给汉江两岸居民的生活饮用水、工农业生产用水和航运带来较大影响。

Ⅱ. 对动植物的影响

丹江口大坝泄水对下游水生物会产生不利影响，受影响的水生物主要是鱼类和浮游生物。对鱼类的影响有两方面：一是对鱼类生存的空间和温度环境的影响。汉江中下游的鱼类资源丰富，是天然淡水渔业的主要产区，由于大坝下泄洪峰水量和含沙量的减小，河道造床能量降低，河道缩窄，使鱼类生存空间缩小，此外大坝泄水使坝下游水温与天然状况下的水温差异增大，还会影响鱼类的产卵。二是对鱼类生存的食源环境影响。丹江口大坝下泄水体中的悬移质和悬浮物的减少，会使浮游生物进一步减少，从而影响坝下游鱼类的食源。

南水北调中线工程运用后，对坝下游植物影响主要体现在对农作物的影响上。其影响主要有以下几个方面：一是清水下泄，引起汉江河床进一步下切导致汉江干流水位下降，使农业灌溉引水条件趋于恶化，由此将直接影响整个灌区农业生产及农业生态环境。二是河床下切引起田间地下水位降低，田间地下水位降低使田间持水量减小，对于干旱地区将不利于农作物的生长，对于低洼地区将有利于农作物的生长。三是冲泄质的进一步减少，意味着水中的肥分下降，影响灌溉质量从而影响农作物的生长。四是水温的变化对灌溉农作物有一定的影响例如夏季水温较低不利于水稻生长。

Ⅲ. 对下游的影响

汉江中下游平原大部分为湿地，大多数湿地由湖泊和沼泽地所形成，湿地形成历史久远，古代的云梦泽就处于汉江下游地区，大量的泥炭使湿地非常肥沃。汉江中下游湿地中生长着许多鱼类、贝类、两栖动物、雁鸭、哺乳动物和水生植物等，并形成了独特的生态系统，湿地的健康与否与汉江水位变化有着密切的关系。

水库对洪峰的调蓄使大坝下游洪峰流量减小，引起大坝下游区域的间歇浅层地下水位发生较大的变化。其变化的特点是：间歇浅层地下水位的最高值降低；形成新的间歇浅层地下水位最高值出现的频率降低；间歇浅层地下水位的年平均值增加。因此，大坝泄水将使原天然状态下的间歇浅层地下水位最高值与泄水后所形成的间歇浅层地下水位的最高值之间的湿地区域退化或消亡，但又使中水位以下的湿地区域得到了充分的滋润和发展。

12.2.4　河道疏浚与航运的影响

12.2.4.1　河道疏浚对河流生态的影响

(1) 底泥疏浚和倾倒的影响

底泥疏浚直接挖除了底栖生物，破坏了鱼类的食物链，使鱼类失去食物来源。资料显示，大多数底栖生物生活在表层30cm的沉积物中，若疏浚深度在7～13cm，底栖生物可能会在15d后得到恢复；若疏浚深度达到20cm，疏浚后60d才会开始恢复；倘若底泥被完全挖除，可能要2～3年才能重建底栖生物群落，不利于水生态的自我修复。

较大面积的疏浚还会减少水生维管束植物的分布和生物量，造成河道水体的有机物成分向藻类转移，将有利于藻类生物量的发展。对水生植物而言，在2m深的水中，疏挖底泥1m，1年以后水生植物的60%恢复生长；疏挖底泥的深度达到1.4～1.8m时，水生植物将难以恢复。

疏浚底泥的倾倒会使外来沉积物在倾倒区内增加，造成表层沉积物环境极不稳定，改变表层沉积物环境的物理状况、化学组成等。疏浚底泥的倾倒对底栖生物的影响主要表现为直接掩埋底栖生物使其致死，或者倾倒过程的动力作用使弱小底栖生物受到惊吓造成死亡。因此，疏浚底泥倾倒期间会导致倾倒区底栖生物的生物量在短期内下降。

（2）悬浮物超标

河道疏浚会引起底沙悬扬，在转移疏浚物时会在水中洒落泥沙，这些不仅造成局部水域的浑浊，在底泥受污染时还会增加水体二次污染的风险，从而对水域生态产生不利影响。

研究发现，悬浮固体含量增多对浮游桡足类生物的存活和繁殖有明显的抑制作用，原因是过量的悬浮固体使其食物过滤系统和消化器官受到堵塞。水体浊度变化对鱼类产卵场有不利影响，但疏浚结束后，产卵场的水深、流速、流量一般会有所改善，水体浊度也将得到改善。

（3）污染物释放和迁移

河床底质中含有细粒泥沙、黏土和胶体成分，在水中由于化学作用（离解），这些成分表面一般都带有阴离子电荷或阳离子电荷，同时细粒的表面积很大，可以吸附大量离子，使得泥沙成为污染物的载体。当河流受污染后，河床底质中会含有各种重金属（如铅、汞等）和有机污染物，如二噁英、多氯联苯、病原微生物等。这些污染物在疏浚过程中释放出来，会造成水体中存在有毒（害）物质，通过水生生物的新陈代谢，这些有毒（害）物质将在生物体内积累，从而对生物本身及食物链上一级生物产生毒害作用，严重影响河流生态。

12.2.4.2 航运对水生生物的影响

航运枢纽对水生生态影响的研究是生态环境保护领域的重要课题，国内外许多学者开展了相关方面的研究。以西江内河航运枢纽中心工程建设为例，探讨其对水生生物的影响。

（1）对水生生物生境的影响

航运疏通后，航运枢纽生境由江河流水型变为库塘缓流型，呈现湖泊化演化趋势，库区水生生物赖以生存的水质、水位、流速和水温等外界环境条件发生了不同程度的改变，其中库区水位平均增加7.15倍，流速降低约50%以上，而水质和水温基本稳定。

（2）对水生生物种类、数量和生物量的影响

航运疏通后，浮游植物种类、数量、密度以及生物量等指标变化不大，说明枢纽工程

建设对浮游植物类生物影响较小。浮游动物的种类不变数量、密度和生物量明显增加，其中数量增加1.37倍，平均密度增加7.11倍，平均生物量增加3.14倍，说明枢纽工程建设对浮游动物的影响总体以偏利为主，浮游动物生物量和生产力增加为鱼类生长、库区水生生态系统稳定提供物质基础。底栖生物的数量基本稳定，但物种组成变化明显，平均密度和平均生物量锐减，减幅分别为87.59%和96.79%，说明枢纽工程建设对底栖生物影响较大。库区鱼类种类基本稳定，但是鱼类种类组成、生态类群发生较大变化，库区的鱼类捕捞量（不考虑养殖）明显减少，减少比例约为60%，说明枢纽工程建设对库区鱼类特别是土著鱼类的不利影响显著。

目前，工程库区水生生物种类和数量基本稳定，但物种组成变化明显，库塘缓流水型生物逐步替代江河流水型生物成为优势种群。枢纽工程建设对底栖生物和鱼类影响较大，而对浮游藻类和浮游动物影响小或以偏利为主。

（3）对鱼类繁殖与生长的影响

航运枢纽工程建设对鱼类的不利影响主要体现在重要生境（鱼类产卵场、越冬场和索饵场）的占用、破坏以及洄游阻隔。

航运枢纽工程建设后，因库区水文条件改变导致库区产卵场产卵功能完全丧失或基本丧失（仅适宜少量小型鱼类产卵），库尾一处产卵场因水文条件变化不大，还能基本维持原有产卵功能，但丧失了漂性鱼类产卵功能。在库区支流发现新增产卵场一处，主要为库区原急流型鱼类上溯至此产卵，说明鱼类对枢纽工程影响具有一定的自我调节和适应能力。总体而言，枢纽工程建设对急流型、洄游型鱼类产卵影响较大，但对能适应库区生境繁殖的库塘型鱼类影响不大。

航运开始实施后，在库区增加了适宜鱼类越冬的生境，未发现对原有的越冬场有明显不利影响。枢纽工程实施后，库区水域面积明显增加，陆域营养物入库数量以及浮游生物量与生产力的增加，丰富了库区鱼类饵料来源，并增加了饵料数量，对鱼类索饵是有利的。

12.2.5　清水下泄的影响

冲积性弯曲河道一般具有主流低水傍岸，高水居中，弯道凹岸冲刷、凸岸淤积等变化特点（李海鹏等，2020）。对于长江中下游河段，大埠街以上河床主要以砂卵石或砂卵石-沙质过渡河床为主，以下主要以沙质河床为主。随着三峡枢纽蓄水运用，库区泥沙落淤清水下泄，使得下游沙质弯道河段原有的凸岸边滩淤积，凹岸深槽冲深的演变规律发生较大变化，部分弯道表现为凸冲凹淤等特点。如调关水道、莱家铺水道、尺八口水道、碾子湾水道和马家咀水道等，部分水道如调关水道和莱家铺水道蓄水后凸岸边滩逐步冲刷，凹岸侧甚至已淤出心滩，严重影响河道的滩槽稳定，进一步对河道航运、行洪等安全造成威胁。

由于三峡水库清水下泄，宜昌河段河床侵蚀下切速度加快，崩岸频率大大提高，且出现了多处新的崩岸险情。

（1）案例一：白洋沙湾——向家坝岸坡崩岸

岸坡段由于深泓逼岸、迎流顶冲，历史和近期崩岸险情十分突出，虽经治理但未得到彻底治理，险情仍有发展加重的趋势。其中，沙湾段岸坡崩岸剧烈，岸坡近直立，2009 年共连续形成了 6 个弧形崩岸，控制长度约 500m，崩岸后形成最大垂直坎高 9m，最大崩宽 18m，虽经 2010 年抛石护岸，但目前崩岸仍有继续加重的趋势。向家坝段岸坡崩岸剧烈，2009 年近 500m 岸坡崩岸严重，经后期加固处理，但目前所见护坡局部损毁严重，且见有新近崩岸现象，崩岸砍高 1 ~2m。

（2）案例二：艾家油库岸坡崩岸

艾家油库上游约 1100m 段见有多个圆弧滑塌型塌岸，单个滑体控制长度 20 ~40m，后缘砍高 4 ~6m，塌岸宽度 10 ~15m；见有侵蚀（掏蚀）塌岸，后缘塌岸砍高 3 ~5m，坡脚见有掏蚀洞，塌岸宽度 10 ~20m。继续崩岸，将严重毁坏农田（Ⅰ级阶地）和威胁工矿企业、居民的房屋安全。

12.3 水网的生态保护与修复

12.3.1 源头：山丘区水源涵养与水文过程坦化

12.3.1.1 青山绿水——源自大自然的馈赠

水作为生命之源，始终贯穿于人类文明发展的历史进程。在地球上海洋面积约占总面积的 71%，但是海水并不能直接为人类所用，能被人类利用的淡水资源占水资源总量的不到 3%，而淡水资源中冰川占比近乎达到 70%，因此对人类而言淡水资源是十分珍贵的。

林木茂盛的植被对水资源的涵养与净化具有极其重要的意义。一方面，植被可以起到涵养水源的作用。在丰水季，植被可以留存大量的水分，极大降低下游发生洪水的可能性，同时还为河流提供了源源不断的水源，使其在枯水季来临之时，让流域内的生态得以维持。另一方面，植被还可以起到净化水体的作用。植被用其强大的根系将土壤紧紧锁住，形成了一个巨大的净水网，雨水经过层层净化，汇入河道之中，成为了优质的水源，让人类及其他动物得以生存和延续。

比较黄河流域和长江流域的自然本底条件及生态环境状况可以发现，由于黄河流域自然环境相对恶劣，生态系统更加脆弱，加之气候因素，降水也更加稀少，导致缺乏植被，水土流失较为严重，大量的泥沙致使下游河床不断抬升，黄河下游段也就变成了“地上悬河”。而在长江流域，丰沛的降水滋润了两岸的土地，植被类型十分丰富，山丘多被丛林覆盖，水源得到了充分的涵养，形成了一幅山清水秀的自然景象。这就解释了为何黄河和长江之间存在如此大的差异，所以说“绿水青山”就是大自然对人类最好的馈赠。

12.3.1.2 固本清源——水源涵养的几大法宝

水是生命之源，土是生存之本，水源涵养是指养护水资源的举措，水源涵养的手段简单来说就是固本清源，一般可以通过营造水源涵养林、修建沟道治理工程和建推动梯田经济发展等方法达到控制土壤沙化、降低水土流失的目的。

(1) 营造水源涵养林

植树种草，封山育林，建立水源涵养林缓冲带。水源涵养林缓冲带首要的功能是涵养水分，即通过林冠层、枯枝落叶层及土壤层截持和储存降水，发挥其巨大的水源涵养能力，净化河流水质，提升空气质量，改善生态环境。进而筑成生态环保绿色长廊，结合河道仿生建设、岸坡景观绿化带、生态清洁小流域等专项工程，形成河流水生植物带、岸边灌草带、山坡乔灌木带绿色防护屏障。

(2) 修建沟道治理工程

修建淤地坝，防治水土流失。淤地坝是在水土流失地区的修建的以拦泥淤地为主，兼顾滞洪的沟道治理工程。以我国黄土高原地区为例，该地区水土流失严重，淤地坝是黄土高原地区人民群众在长期同水土流失的斗争中，创造的一种行之有效的水土保持工程方案。淤地坝的建设最早可追溯到明代万历年间山西汾西一带，在黄土高原地区得到了广泛的推广。

(3) 推动梯田经济发展

大力发展坡耕地改梯田建设。梯田在涵养水源、治理水土流失方面具有重要作用，一层层梯田对蓄水保土、增加作物产量作用十分显著。由于自然条件限制，坡耕地成为群众赖以生存的耕地资源，但坡耕地严重的水土流失，不仅无法起到蓄水保水的作用，反而会破坏耕地资源、恶化生态环境、淤积江河湖库，威胁国家的粮食安全、生态安全和防洪安全。通过修筑梯田，可以让跑水、跑肥、跑土的“三跑田”变成保水、保肥、保土的“三保田”（图 12-25）。

图 12-25　元阳哈尼梯田

12.3.2 汇流：生态清洁小流域与地下水水位管控

12.3.2.1 生态清洁小流域

（1）概念的提出

近年来，随着全球经济的发展和人类生活水平的不断提高，人类对环境的要求有了新的转变，从以往的向环境要资源转变为向环境要环境的发展理念。因此，小流域综合治理也将人与环境协调发展、与自然和谐相处作为其进一步发展的指导思想，在传统小流域治理的基础上，将小流域内的水生态环境、村落环境及景观建设纳入小流域综合治理之中，对小流域综合治理提出了新的要求。即以小流域为单元，根据系统论、景观生态学、水土保持学、生态经济学和可持续发展等理论，结合流域地形地貌特点、土地利用方式和水土流失的不同形式，以流域内水资源、土地资源、生物资源承载力为基础，以调整人为活动为重点，坚持生态优先的原则，将流域从山顶到河谷依次划分为生态修复区、生态治理区、生态保护区进行管理（图12-26）。通过实施各项遵循自然、生态法则及与当地景观相协调的治理措施，建立生态环境良性循环的流域生态系统，使流域内水土资源得到有效保护、合理配置和高效利用，沟道基本保持自然状态，人类活动对自然的扰动在生态系统承载之内，最终实现生态系统良性循环，人与自然和谐，人口、资源、环境协调发展。

图12-26 生态清洁小流域“三道防线”

（2）探索与实践

早在2000年，北京市就针对水资源短缺、水生态损害、水污染问题凸显的严峻形势，确立了以水源保护为中心，构筑“生态修复、生态治理、生态保护”三道防线，采取21项措施，实施污水、垃圾、厕所、沟道、面源污染“五同步”治理，以小流域为单元建设生态清洁小流域。

建立养山机制，构筑生态修复第一道防线。在山高坡陡人烟稀少地区、泥石流易发区，主要通过减少人为活动和人为干扰，实行全面封禁，禁止人为开垦、盲目割灌和放牧等生产活动，实施生态移民，适度开展生态旅游，合理利用自然资源，依法加强水土保持监督管理，充分依靠大自然的力量修复生态，发挥植被特别是灌草植被的生态功能，实现自然保水。

加大污染控制，构筑生态治理第二道防线。在山麓坡角等农业种植区及人类活动频繁地区，主要通过调整农业种植结构，发展与水源保护相适应的生态农业、观光农业、休闲农业。依法规范开发建设活动，严格执行水土保持“三同时”制度，控制水土流失，减少面源污染。加强农村水务基础设施建设，改善生产生活条件，同时因地制宜在村镇及旅游景点等人类活动和聚集区建设小型污水处理及垃圾处理设施。

维护河库健康生命，构筑生态保护第三道防线。以河道两侧及水库周边为重点，进行生态保护性治理，溯源治污，防止污水直接入河入库。把还清水质作为主要目标，通过适当的生物和工程措施，恢复和建设河道及水库周边湿地生态系统，净化水质。

从 2005 年开始，水利部明确提出控制面源污染是我国水土保持工作的重要任务，并以密云水库等 10 座水库（水源区）为试点，开展了以面源污染防治为重点的生态清洁小流域建设。2007 年，水利部明确指出经济发达地区、城市周边和重要水源区为生态清洁小流域建设的重点，又在全国 30 个省（自治区、直辖市）的 81 个县（市、区）开展了生态清洁小流域治理试点工程建设，从此拉开了全国生态清洁小流域建设的序幕。

生态清洁小流域建设得到了专家学者和全社会的高度认可，并以立法形式写入 2010 年 12 月 25 日新修订的《中华人民共和国水土保持法》。现在，生态清洁小流域建设已经上升为国家策略，中央 1 号文件从 2011 年起，连续几年提出要大力加强生态清洁小流域建设。2018 年，生态清洁小流域建设纳入了《乡村振兴战略规划（2018—2022 年）》之中。

(3) 建设措施与技术体系

小流域“三道防线”治理措施配置，是以水源保护为中心，以“三道防线”为主线，根据流域地貌特点、土地利用特点、植被盖度以及水环境状况，并将新农村建设纳入小流域综合治理中，对其治理措施进行合理规划与布局。

在立体配置方面，根据小流域的地貌特征和水土流失规律，由分水岭至沟底，分层设置防治体系；在水平配置方面，以居民点为中心，以道路为骨架，建立近、中、远环状结构配置模式。

针对生态修复区、生态治理区、生态保护区内水土流失、水环境状况、水土资源开发利用情况以及人类活动的特点，结合生态清洁小流域建设目标，对不同的功能区采取不同的预防保护与治理措施。总结北京市近年来开展的水资源保护、小流域综合治理的实践与经验，按分区布局、分区治理的原则，将生态清洁小流域建设技术措施体系归纳如下：

生态修复区是“三道防线”划分中的第一道防线，位于远山、中山及人烟稀少地区，对应地貌部位为坡上及山顶，土地利用类型以林地为主，植被盖度大于 30%，坡度大于 25°，土壤侵蚀以溅蚀和面蚀为主。该区以实行全面封禁，禁止人为开垦、盲目割灌和放牧，建立养山机制为主，以达到加强林草植被保护，防止人为破坏，发挥植被生态功能，改善生态环境，涵养保护水源的目的。主要措施有设置封禁标牌、拦护设施两项。

生态治理区位于山麓、坡脚等农业种植区及人类活动频繁地区，对应地貌部位是坡中、坡下及滩地，土地利用类型以耕地和建设用地为主，植被盖度一般小于等于10%，坡度一般小于等于25°，土壤侵蚀以面蚀和沟蚀为主。该区应以加强水利、水保基础设施建设为主，因地制宜地在村镇及旅游景点等人类活动和聚居区加强农村污水处理、生活垃圾集中管理和环境美化工程建设；调整农业种植结构，发展与水源保护相适应的生态农业、观光农业、休闲农业；控制化肥农药的使用，达到减少面源污染、控制和减少污染物排放、改善生产条件和人居环境的目的。主要措施有梯田整修、砌筑树盘、水保造林、水保种草、土地整治、节水灌溉、砌筑谷坊、拦沙坝、挡土墙、护坡措施、排水工程、村庄美化、垃圾处置、污水处理、农路建设15项。

生态保护区位于河（沟）道两侧及湖库周边，对应地貌部位为河（沟）道及滩地，土地利用类型有水域、未利用地和草地，植被盖度一般小于等于30%，坡度一般小于等于8°，土壤侵蚀以沟蚀和重力侵蚀为主。该区应以封河（沟）育草，禁止河（沟）道采砂，加强河（沟）道管理和维护，防止污水和垃圾进入，清理行洪障碍物为主，目的是确保河（沟）道清洁，控制侵蚀，改善水质，美化环境，维护湖库及河流健康安全。

12.3.2.2 地下水水位管控

(1) 地下水超采

地下水作为水资源的重要组成部分，是人类不可缺少的自然资源，是保障饮水安全、经济安全、粮食安全和生态安全不可或缺的要素。地下水的开发利用支持和保障了我国经济社会的快速发展，地下水资源在缓解日趋紧张的区域水资源供需矛盾中的重要意义也日益凸显，特别是在人口密集、水资源供需矛盾突出的北方城市，地下水的作用尤为重要。然而，地下水的开发使其天然均衡状态发生改变，并且引起了一些地区的生态环境和地质环境状况发生改变，这些变化引发了一系列生态环境地质问题，如生态环境问题（包括土地沙漠化、湿地的退化和消失），地面变形和破坏（包括地面沉降、地裂缝和地面塌陷），水质问题（包括海咸水入侵、地下水污染）等，从而对经济社会发展产生了不同程度的危害。

(2) 地下水管理的重要性

日趋严重的地下水超采和污染问题，引起了党中央、国务院的高度重视。习近平总书记强调“节水优先、空间均衡、系统治理、两手发力”，地下水管理也要与时俱进，统筹地表水与地下水，兼顾地下水取用水总量和水位管理，实施科学管理。2011年中央1号文件《中共中央 国务院关于加快水利改革发展的决定》(中发〔2011〕1号）第十九条提出，要严格地下水管理和保护，尽快核定并公布禁采和限采范围，逐步削减地下水超采量，实现采补平衡。2012年《国务院关于实行最严格水资源管理制度的意见》（国发〔2012〕3号）中进一步强调了严格地下水管理和保护，要加强地下水动态监测，实行地下水取用水总量控制和水位控制，加强地下水超采区管理，依法规范机井建设审批管理。《中共中央关于全面深化改革若干重大问题的决定》明确要求对水土资源超载区域实行限制性措施，调整严重污染和地下水严重超采区耕地用途。根据 2011 年中央一号文件的精神，水利部编制了《全国水利发展“十二五”规划》，这是“十二五”国家重点专项规划之一，也是今后一个时期加快水利改革发展的重要依据。此外，水利部先后组织开展了《全国地下水利用与保护规划》《全国水资源保护规划》《全国地面沉降防止规划（2011—2020）》编制工作，并会同有关部门编制完成《全国地下水污染防治规划（2011—2020 年）》，以上重大决定和国家规划的相继提出，进一步体现出国家对于地下水管理工作的重视。

对地下水资源实施有效的管理措施，已成为刻不容缓的工作。我国地下水管理工作虽然取得了一定进展，但仍面临着可持续开发利用、饮水安全、生态环境保护等多重挑战，与新时期水资源管理工作的总体要求存在一定差距。目前中央提出以“三条红线”为核心的最严格水资源管理制度，但作为水资源管理中较为重要的地下水管理工作则相对滞后，地下水管理工作的科学化管理、量化管理需要进一步进行研究。

（3）地下水水位管控指标

长期大规模开采地下水会导致地下水位下降、动储量持续减少直至含水层疏干。随着地下水开采，自上而下先后会出现三类问题。第一类属于地表生态安全问题，先是由于地下水埋深过浅造成地表盐渍化，需要降低地下水位，随着地下水位持续下降盐渍化会自然消失，但会出现更大范围的生态安全问题。第二类属于地下水水源涵养问题，即地下水的采补平衡问题，地下水补给有不同的来源，有降雨入渗补给、河流湖泊等地表水体入渗补给，也有灌溉回归水入渗补给。第三类是地下水超采治理问题，即地下水补给出现问题，突破地下水采补平衡之后持续开采，不断加深超采程度，水源涵养补给能力不断减弱，直至完全丧失地下水和地表水的水力联系，成为严重超采，今天的华北平原就是典型的例子。

地下水管控指标来自于地下水管理需求，针对上述分析的各类地下水问题设立指标。

1）总体思路与管控指标。针对地下水含水层管理分为地下水位（潜水埋深）控制和开采水量控制，地下水位是观测地下水状态的最重要指标。在正常状态下，地下水位管控几乎是唯一选择，按技术内涵分为围绕潜水蒸发能力的生态安全地下水水位指标、围绕入渗补给能力的采补平衡地下水位指标，开采水量在服从管控水位前提下进行合理安排。采补平衡水位遭到破坏的状态，水量管控凸显重要。严重超采的情况下，从理性上讲，应该停止开采地下水，视为禁采区（图 12-27）。

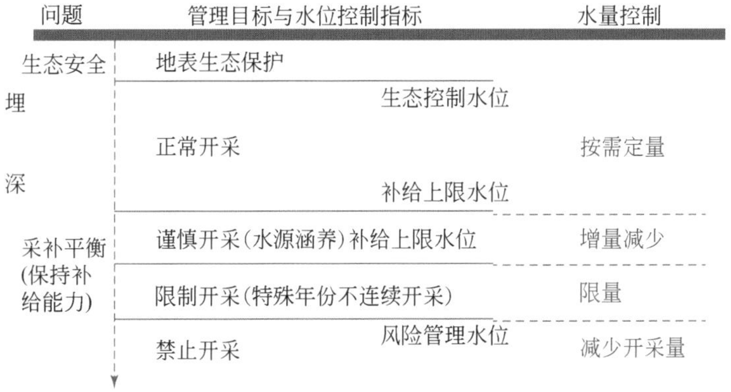

问题　管理目标与水位控制指标　水量控制
生态安全　地表生态保护
埋
生态控制水位
正常开采　按需定量
深
补给上限水位
采补平衡(保持补给能力)
谨慎开采(水源涵养)补给上限水位　增量减少
限制开采(特殊年份不连续开采)　限量
风险管理水位
禁止开采　减少开采量

图 12-27　地下水管理目标与控制指标

2）地下水位控制与水量控制指标。针对不同管理目标确定的地下水控制水位。针对生态安全问题，以生态安全控制水位保护地表生态安全。针对采补平衡问题，采取补给上限水位、补给下限水位和风险管理水位。上限水位以上为正常开采，按需进行水量管理；下限水位以下为限制开采量直至禁采；上下限之间为水源涵养，谨慎开采并控制水量；从实用角度，以风险管理水位作为超采的缓冲带，应减少开采量直至禁采。

3）开采能力管控指标。一是井群密度指标，即开采井的分布密度，以井距表达，以最小井距控制井群，将井井之间的干扰效应尽量控制到最低，可通过地下水动力学计算得到。二是单井最大出力，以控制单井出水量。

12.3.3 聚集：河湖生态保护与修复

河流、湖泊、湿地、水库等是主要的水体聚集区，也是水生态保护与修复的重中之重。河湖生态保护与修复的目标是维持水体中生物要素与非生物要素的稳定。其中，生物要素指鱼类、水鸟、浮游生物、底栖生物等生物群落；而非生物要素指生物群落赖以生存的环境，统称为生境，包括河床形态、水流速度、水深、水质等。

然而，由于人类对河湖水域空间的侵占和水资源的开发利用，我国河湖生态健康状况逐步恶化，主要体现在三个方面：一是物理结构的破坏，包括湖泊和湿地面积萎缩、河湖连通性差、滨岸带扰动强度过大等；二是水文和水质条件的改变，包括河流径流过程变异、生态用水被挤占以及水污染问题等；三是水生生物的锐减，尤其是珍稀敏感生物。

具体到全国不同地区，东北地区水生态问题主要体现在农垦开发造成的河流生态流量不足及沼泽湿地面积退化；华北地区河湖主要由于缺水和水污染加剧导致河流生境萎缩和生态系统恶化；淮河和太湖流域突出的水生态问题主要是由于水污染、水体流动性差导致生态系统失衡和功能丧失；南方部分河流由于高强度的水电开发导致河流生境阻隔及鱼类资源衰减问题严重。

针对上述问题，河湖生态保护与修复措施如下。

(1) 措施一：水体污染治理

水体污染包括“外源”污染和“内源”污染两部分（图12-28）。其中“外源”污染指进入河流、湖泊等水体的污染物，是水生态保护的基础。“内源”污染是指底泥中的污染物向外释放，造成水体污染及底泥污染导致的底栖生态系统破坏的现象。目前，“内源”污染在湖泊及城市河流中更为常见，已成为水体污染的重要来源，严重时可引起水体黑臭及富营养化，甚至威胁人类健康。因此，只有生态系统中的各组成部分充分发挥各自作用，才能实现良性循环，实现真正意义上的生态修复。

(2) 措施二：河湖水系连通

恢复河流–湖泊–湿地之间水力联系。河湖水系连通是修复被人为阻隔的河与湖的连通，其根本目的是为水生生物提供多样化的生境和育肥场所，保护生物的多样性。通过闸坝建设、河道清淤、疏通等措施恢复通江湖泊的水力联系，维护河湖水生态系统。

(3) 措施三：水利工程调控

从河湖水生态系统保护与修复来看，水利工程所调控的水文过程及河湖地貌过程等物

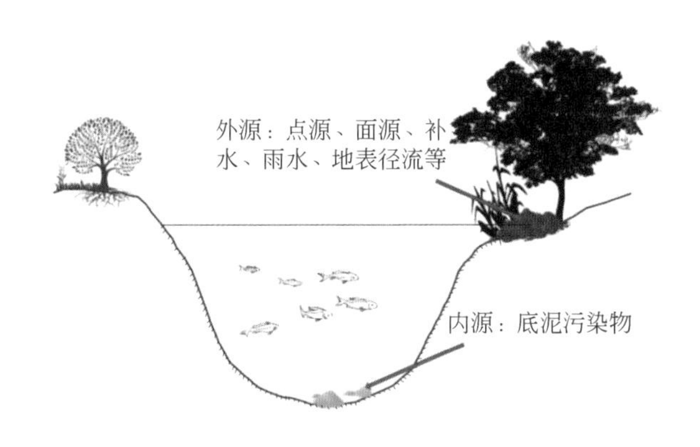

图 12-28　“外源” 污染与“内源” 污染示意图

理过程，既是影响水生态系统结构与功能的决定性过程，也是退化生态系统修复的先导过程，是解决河湖生态环境问题的物理基础。

(4) 措施四：栖息地修复

主要针对鱼类栖息繁殖重要河段开展保护与修复，提出包括洄游通道保护、天然生境保留河段、生境替代保护、“三场” 保护与修复、河流连通性恢复措施及增殖放流、人工鱼巢建设等要求。以保护天然湿地资源，满足重要湿地生态用水，修复受损的河滨、湖滨、河口湿地为目标，针对不同区域湿地特征，采取不同的保护与修复措施。主要包括湿地封育保护、退耕还湿、湿地补水、生物栖息地恢复与重建等工程。

12.3.4　耗散：生态灌区与蓝色城市

12.3.4.1　生态灌区

(1) 灌区是什么

灌区是指单一水源或多水源联合调度且水源有保障，有统一的管理主体，由灌溉排水工程系统控制的区域（图 12-29）。“灌区” 需同时具备三个条件：一是具有单一水源或多水源联合调度且水源有保障。灌区如果具有多种水源类型，则多种水源类型应能够进行联合调度、相互补充。二是具有统一的管理主体。统一的管理主体既可以是专门的管理机构，如灌区管理局等，也可以是村委会、乡水管所、用水者协会等群管组织，也可以是企业或个人等。三是由灌溉排水工程系统控制。要求灌区内有相应的灌溉排水系统，对于无灌溉工程设施，主要依靠天然降雨种植水稻、莲藕、席草等水生作物的区域，不能作为灌区。

根据我国水利行业的标准规定，控制面积在 20 000hm^2（30 万亩）以上的灌区为大型灌区，控制面积在 0.0667 ~20 000hm^2（1 ~30 万亩）之间的灌区为中型灌区，控制面积在 667hm^2（1 万亩）以下的为小型灌区。

(2) 我国灌区概况

自 1998 年启动实施全国大中型灌区续建配套与节水改造以来，大中型灌区续建配套

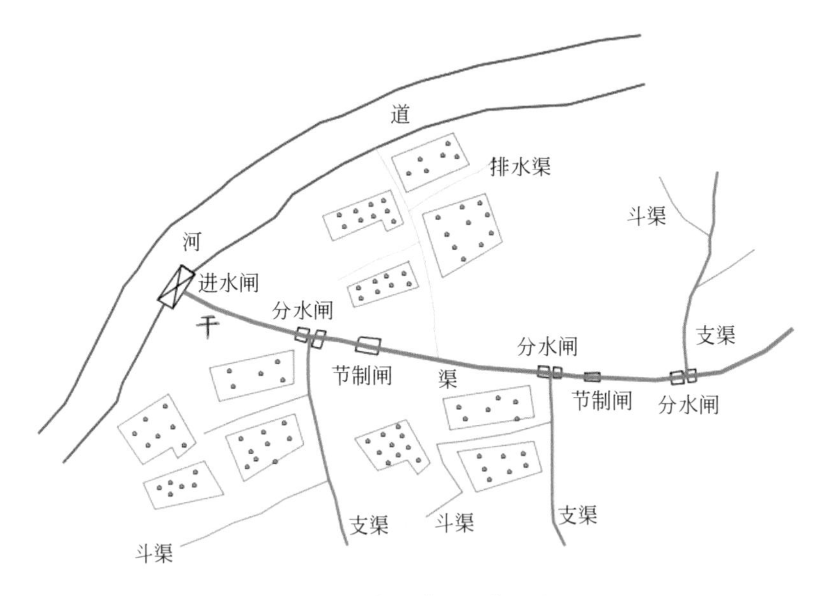

图 12-29 典型灌区系统示意图

与节水改造不断推进。都江堰、泾惠渠、河套灌区、青铜峡等一批古老灌溉工程，重新焕发活力；淠史杭、景电、昌马、引大入秦等一大批新的大中小型灌区，陆续兴建。

截至2020年底，完成260处30万亩以上大型灌区改造，全国已建成大型灌区459处，中型灌区7300多处；共有以灌溉为主的规模以上泵站9.2万座，灌溉机电井496万眼，固定灌溉排水泵站43.4万处，除涝面积达3.57亿亩；节水灌溉面积达5.67亿亩，其中喷灌、微灌、管道输水灌溉等高效节水面积达到3.5亿亩，全国农田灌溉水有效利用系数达到0.565。

(3) 灌区水生态问题

伴随着灌区的大面积建设，灌区水生态问题也日益突显，显现出以下几方面问题。一是灌溉水利用率低下，可供水量明显减少。由于受传统灌溉方式和灌溉基础设施的完善程度及技术水平的影响，我国大型灌区目前的水资源利用不充分，灌溉水超出实际需水量的1倍左右，有的地方甚至超出2倍以上，与发达国家相比差距很大。二是生物多样性破坏，生态链失衡。由于灌区加强防洪功能和灌溉系统建设，需要利用混凝土等硬质化材料进行系统建设，生态环境遭到破坏，水系、土壤和生物之间的联系性分离，生态恢复功能减弱，使得生物的多样性遭到破坏。三是点源（面源）污染物过量排放，灌区内部及邻近水体污染严。灌区内大量废（污）水任意排放，灌溉回归水中携带的大量残留的氮、磷等污染物进入地表和地下水，使得灌区内地表水和地下水中的氮、磷普遍超标。四是不合理的灌排模式引起灌区土壤质量退化，生产力降低。因污水灌溉被重金属污染的耕地面积逐年扩大，污染严重的已被弃耕，全国主要农产品中农药残留超标严重。五是上中游灌区过量取水，引起流域尾闾生态系统退化。流域上游灌溉过量用水会使河道下游流量减少，泥沙淤积，甚至断流，河流尾闾湖泊、湿地、林地、草原萎缩，土地荒漠化。

(4) 灌区修复措施

要改善灌区农业生态系统的环境问题，目前主要从改变灌溉、耕作方式，完善生态系统的结构、组成入手来完成。主要措施包括以下几个方面：一是推广节水灌溉技术，提高水资源利用效率。研究和事实表明，先进的节水技术如喷灌、滴灌和微灌相对传统灌溉方式，在取得同等效果前提下可不同程度地节约水资源。二是改变传统的灌溉、耕作方式，减少农田非点源污染。不同的灌溉、耕作方式和施肥量对非点源污染的影响按以下顺序递减：传统的耕作方式+大量使用化肥>传统的耕作方式+喷灌+均衡施肥>免耕、少耕的耕作方式+喷灌、滴灌+少施化肥。三是合理使用农药、化肥。仅上述这些措施还不能从根本上解决灌区农业生态系统产生的环境问题，灌区还需制定出合理使用农药、化肥的规范或标准，从而实现一个良性的可持续的生态农业生产。

(5) 生态灌区

按照水生态文明建设工作的目标，要从根本上消除灌区存在的生态与环境问题，必须由“重视工程建设和灌区的经济效益”这一传统灌区建设指导思想向“经济效益和生态环境并重”这一现代灌区建设指导思想转变。这里现代灌区就是指生态型灌区，也叫生态型灌区、生态文明灌区，是对节水型灌区概念的继承和发扬，不仅要求灌区具有较高的水资源利用效率，而且对灌区生态系统、面源污染控制、灌排工程设施、灌区管理水平等诸多方面有较高的标准。

生态灌区既要求其发挥维持灌区生态系统健康、不对外界环境产生负面影响的功能，又要求其具有较高的经济社会功能，因此，生态灌区的属性特征应包含以下几个方面。一是拥有完善的灌排工程体系。灌溉与排水是灌区基本功能之一，生态灌区必须具备完善的灌排工程体系，既可以合理配置水资源，又能防止洪涝灾害，避免土壤盐渍化。二是具备较高的资源利用效率。这里的资源不仅指水、土壤资源，还包括化肥、农药等。提高资源的使用效率不仅可以缓解资源紧张，而且可以减少污染物的输入，从源头抑制灌区生态环境的恶化。三是保持健康的生态系统。生态灌区应重视生态环境，力求将灌区的生态环境维持或恢复到良好的状态，同时也要对系统外部发挥较好的生态功能。四是保有发达的生产力水平。进行生态灌区建设是要通过科学规划管理、技术资金投入等一系列措施，使灌区的生产力水平维持在较高状态，既能满足经济社会发展的需求，又不对区域生态环境造成明显负面影响。五是建设现代化的管理体系。如果说灌区的水土资源、工程状况是灌区的“硬件”，那么灌区管理则是“软件”，很大程度上决定着上述物质条件能够发挥多大作用，生态灌区建设必须充分提高灌区管理水平，发挥现代化管理的优势。

12.3.4.2　蓝色城市

(1) 城市水如何循环

近百年来，气候变化和高强度人类活动对城市生态系统产生了深远的影响，其中城市水循环是受气候变化和人类活动影响最直接和最重要的领域之一（图12-30）。

城市化地区的不透水面面积增加成为影响城市水文过程的重要因素，其不仅阻碍地表水下渗，还切断城市区域地表水与地下水之间的水文联系。其水文效应影响主要表现在以下几个方面：一是城市化对城市地区水循环过程的影响，包括城市下垫面条件改变造成的

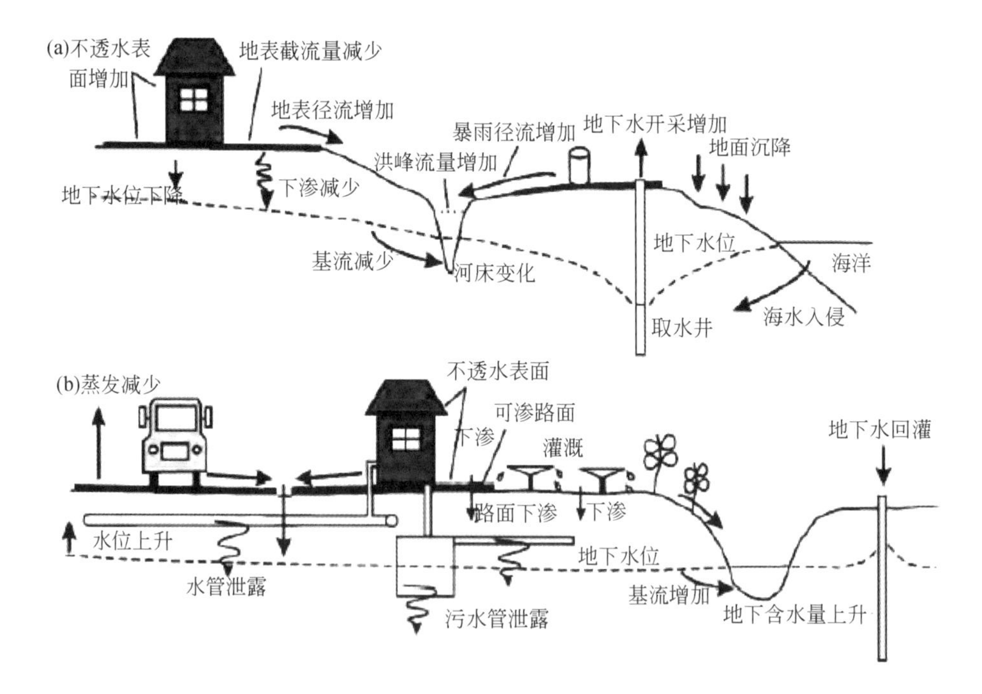

图 12-30 城市化对基流和地下水补给的影响示意

蒸散发、降水、径流特征变化；二是城市化对洪涝灾害的影响；三是城市化对水环境生态系统的影响，包括城市化对地表水质、地下水质和城市生态系统的影响及对水土保持的影响；四是城市化对水资源的影响，主要为用水需求量的增加以及由于污染而造成水资源短缺。

（2）城市供用水情况

据统计，2020 年全国供水总量和用水总量均为 5812.9 亿 m^3，其中，地表水源供水量为 4792.3 亿 m^3，地下水源供水量为 892.5 亿 m^3，其他水源供水量为 128.1 亿 m^3。进一步比较分析水资源与社会经济的关系可得，全国人均综合用水量为 $412m^3/a$；城镇人均生活用水量（含公共用水）为 207L/d；农村居民人均生活用水量为 100L/d；万元国内生产总值用水量为 $57.2m^3$；万元工业增加值用水量为 $32.9m^3$；耕地实际灌溉亩均用水量为 $356m^3$。

（3）节水型城市

节水型城市指一个城市通过对用水和节水的科学预测和规划，调整用水结构，加强用水管理，合理配置、开发、利用水资源，形成科学的用水体系，使其社会、经济活动所需用的水量控制在本地区自然界提供的或者当代科学技术水平能达到或可得到的水资源的量的范围内，并使水资源得到有效的保护。

从“十五”以来，水利部就在中央水利工作方针指导下，进行了现代水利、可持续发展水利的实践。2000 年，水利部提出了水权和水市场的理论框架；2001 年，正式提出了节水型社会建设，并提出了明晰水权、确定水资源宏观控制体系和微观定额指标体系等节水型社会建设的理论雏形；与此同时，水利部从 2001 年部署开展了节水型社会建设工作；

2002 年，新《水法》颁布实施，建设节水型社会以法律的形式被确定；2003 年，张掖等节水型社会建设试点的实践经验直接推动了节水型社会建设理论的发展，以汪恕诚部长《建设节水型社会工作要点》的论述为代表，节水型社会建设理论体系框架基本形成。截至 2023 年，全国共有 145 个城市创建成为节水型城市。

（4）城市水生态污染

随着城市化进程对生态环境影响显著增加，城市土地利用变化改变了城市流域水生态系统的物理、化学与生物特性，引发城市河流综合征。例如，城市化发展导致植被覆盖减少，对污染物的消解和拦截作用降低，从而导致沉淀物和污染物增多；城市发展改变了流域河网的形态，造成河流缩窄变短、湖泊河网衰退消亡，引起河流生态退化。因此，城市化与生态环境之间响应关系的研究引起国内外学者的广泛关注。

城市水生态污染主要表现在以下三个方面：一是城市化对河流生态的影响。城市化发展导致城市工业废水和生活污水增多，加之城市土地利用改变，导致城市河流水系减少，河道淤积或消失等问题，降低了河流蓄水排涝和纳污自净能力，使得河流污染负荷加大，河流水质不断恶化。二是城市化对河网水系的影响。城市化导致城市河道结构简单化和渠道化，加之城市给排水管网建设改变了自然状态下的水循环路线，在一定程度上影响了城市水循环过程及水生态系统。三是城市化对水土流失的影响。城市化过程中强烈的人类活动使得地表植被和自然地形遭到严重破坏，由此产生的水土流失问题日益严重，不仅造成城市生态区土层变薄，土壤功能下降，同时土壤侵蚀产生大量的泥沙淤积于城市排洪渠、下水道、河道等排洪设施中，大大降低了这些设施的排洪泄洪能力。

（5）如何构建蓝色城市

构建蓝色城市需要节水型城市和海绵城市相结合，重点关注以下几个方面的保护与修复。

一是全面建设“渗–滞–蓄–净–用–排”六位一体的海绵城市。针对城市内不同区域地形坡度、土壤类型、土地利用情况，对区域措施进行适宜性分析，筛选低影响开发的设施。优先“净、蓄、滞”措施，合理选用“渗”、“排”措施，优化“用”措施。海绵城市措施选取分为三种区域，分别为适宜建设区、有条件建设区、限制建设区。对于适宜建设区范围内可采用包括“渗、蓄、滞、净”等所有海绵城市建设的低影响开发措施，在措施选取上不受地形、环境等限制，可达到最大效率利用；有条件建设区内一般存在土壤下渗能力较差或具有一定的下渗污染风险等，在海绵城市措施选取上尽量不考虑“渗”的措施，着重考虑“蓄、滞、净”等措施；限制建设区内限制条件较多，如地形坡度较大、生态涵养问题、点源污染等，对于这些区域尽量考虑“净”处理。

二是大力加强城市河湖的黑臭水体治理。城市河湖的治理与修复方法不同于传统的污水处理方法，不仅要考虑到处理效果，还要考虑治水技术与生态景观的协调性、以及技术的经济适用性。目前常用的工程措施主要分为物理、化学、生物–生态措施三类。物理方法包括底泥疏浚、引水调水和曝气充氧等；化学方法包括絮凝沉淀、化学除藻和重金属化学固定等；生物方法包括微生物强化技术、人工湿地、生态浮岛和生物膜法。

三是建立健全城市污水处理厂系统。污水处理不仅可以提升水资源的循环利用率，缓解淡水资源严重短缺的压力，还可以减少污水对其他洁净水资源和土地资源的污染。虽然我国已经建成多座污水处理厂，但由于污水管网建设不合理导致大多数污水处理厂运行呈现低负荷状态。随着我国城市经济不断发展，污水处理将会朝着更好的趋势发展，主要有以下发展趋势：首先，污水处理厂管理将会采取TOT模式、供排水一体化模式、BOT模式、托管运营模式等管理模式，同时也将不断扩宽投资与融资渠道，实行多元化投资；其次，污水处理厂规模不断扩大，使得城市污水处理厂呈现大型化发展趋势；再次，为了不断适应与满足城市污水处理需要，不断更新污水处理设备、工艺及技术，提高污水处理厂经济效益与生态效益。

四是坚决贯彻地下水超采红线管控制度。地下水作为水资源的重要组成部分，是人类不可缺少的一种自然资源，对人类的生活、工农业生产和城市建设都起着重大的作用。近几十年，水资源供需矛盾日趋突出，部分地区逐步增大地下水开采量，危及水资源安全，引发社会问题。同时，由于不合理开发地下水导致出现了地面沉降、土地沙化、湿地退化、海（咸）水入侵、水质恶化等生态环境和地质问题。对于城市而言，要全面实施国家节水行动，降低工业企业水耗，创建节水型载体，加强城市雨水利用，严守地下水开发利用红线管控制度。

（6）如何保护城市水生态

只有加强河流健康体系以及法律制度的建设，扩大宣传教育才可以更好地解决城市水生态问题。一是构建河流健康评价体系。健康的河流能满足人类社会的合理要求，能保持河流系统的自我维持与更新。二是制定水资源配置和保障方案。确定和保障生态需水量是生态系统保护的重要内容之一，各市应结合流域和地区水资源规划来进行水资源的配置，提出水生生态系统修复的生态需水量和保障措施，避免水生态环境的恶化。三是加强法律和制度建设。各级政府应积极制定水生态保护方面的政策和法规，建立由政府主导、部门协作、全社会参与的有效制度和计划。此外，各级政府需加强实施取水许可制度、排污和入河排污口管理制度以及水功能区管理制度。四是推行清洁生产，加强节水型社会建设。水生态系统保护需要减轻社会经济系统对水生态系统的压力和胁迫。各地政府需根据当地节水、污染治理与排放现状，收集相关资料，提出工业结构调整和空间布局的合理方案，加强节水型社会的建立，进一步控制污染。五是加强宣传教育。通过新闻报道、公益广告、公众教育、文艺创作等多种渠道，大力开展形式多样的水态保护及修复的宣传教育活动，提高全民意识，让公众都积极参与到水生态保护及修复的工作中。六是农村河湖治理的非工程措施。农村河流分布相对广泛，各农村地区的差异也较大，因此，一些适合在城市开展的措施在农村不一定可行，需结合农村流域的现状和农村自然经济等条件来提出合理的非工程措施。

12.4　水网的健康监测与评价

12.4.1　水量维度

关于生态流量的量化指标有很多，包括生态基流、生态环境需水量、敏感生态需水、生态环境下泄水量等。欧美国家将生态流量过程分为极端低流量、基础流量、脉冲流量、小洪水、大洪水等。鉴于目前我国生态流量的保障还面临较大的体制机制与社会经济制约，现阶段可做适当简化，主要考虑生态基流、敏感生态需水、汛期漫滩流量3种组分。其中，汛期漫滩流量也可以看作是一种特殊形式的敏感生态需水，保证率要求相对较低，可暂不作为重点。因此，选择“生态基流达标率”和“敏感生态需水达标率”两项指标，在明晰生态基流和敏感期生态需水阈值的基础上确定其达标状况，综合评估我国整体及不同地区的生态流量达标情况。

（1）生态基流达标率

全国31个省（直辖市、自治区）生态基流达标现状如图12-31所示。整体来看，全国整体生态基流达标率为62.2%，处于良好水平，但生态基流受人类活动干扰作用较强。其中，我国北方地区生态基流现状达标情况最差，主要包括北京、天津、河北、内蒙古、新疆等地，生态基流达标率不足35%，生态基流被人类活动挤占现象严重；山西、辽宁、吉林、上海、江苏、安徽、河南、湖北、重庆、陕西等地生态基流达标率基本在50%左右，在31个省（直辖市、自治区）中处于中等水平；黑龙江、山东、云南、贵州、广东等地生态基流达标率在70%左右，处于较好的水平；甘肃、宁夏、青海、西藏、四川、湖南、江西、浙江、福建、广西、海南等地生态基流达标率超过80%，这些地区一方面自然本底条件较好，另一方面人类活动较不剧烈或者大众生态保护意识较高。

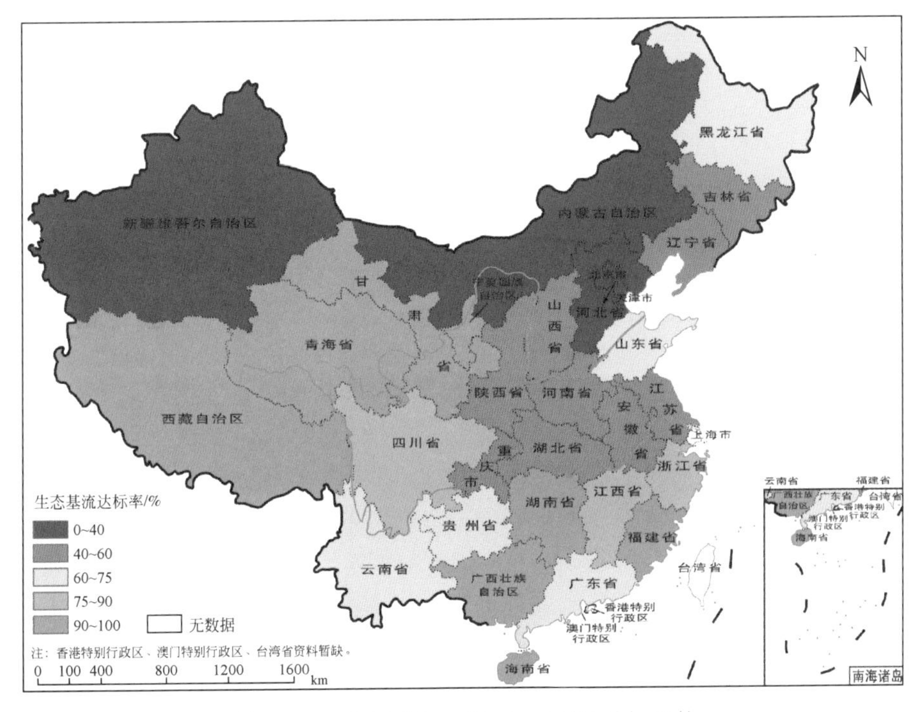

图12-31 全国省级行政区生态基流达标现状

全国十大水资源一级区生态基流达标现状如图12-32所示。从结果看，海河区生态基流现状达标率最低，仅为27.7%，其次是辽河区（31.6%）。长江区、珠江区为丰水地区，其达标率虽然较高，但逐日达标情况明显偏低，说明长江区、珠江区虽然生态基流整体保障情况较好，但年内丰枯变化更加显著，极端低流量事情发生频率较高。

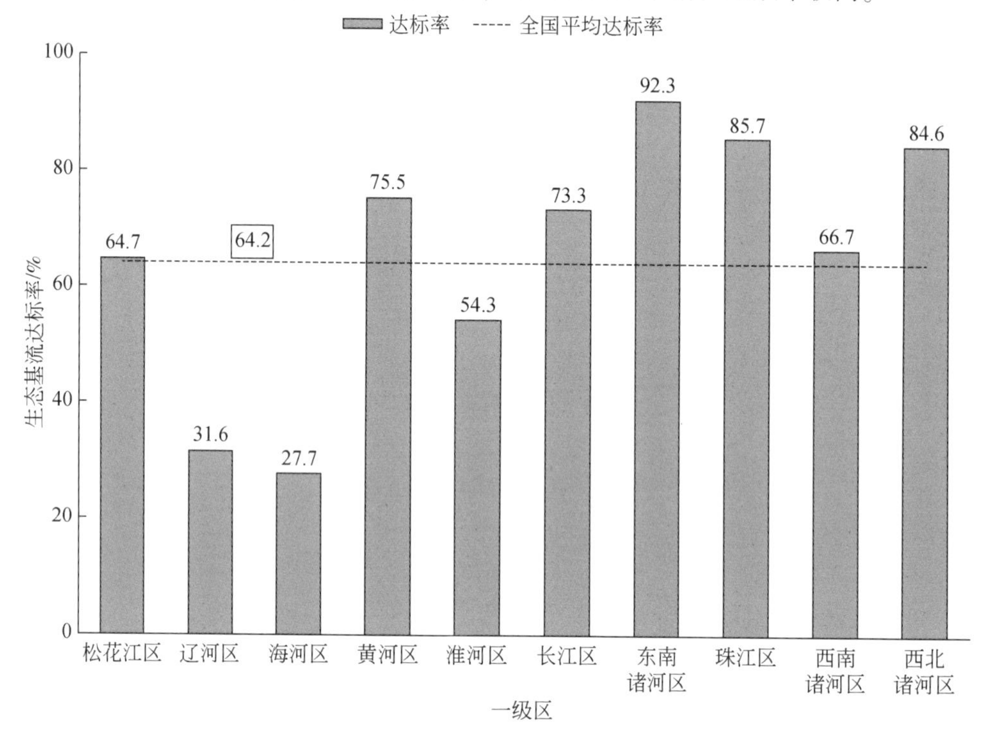

图 12-32　全国各水资源一级区生态基流现状达标情况

（2）敏感生态需水达标率

具有特殊生态保护对象的河流，除生态基流之外，还应确定敏感生态需水目标。所谓特殊生态保护对象主要包括以下四类：①具有重要保护意义的河流湿地（如公布的各级河流湿地保护区）及以河水为主要补给源的河谷林；②河流直接连通的湖泊；③河口；④土著、特有、珍稀濒危等重要水生生物或者重要经济鱼类栖息地、“三场”分布区（如水产种质资源保护区、水功能区划中的重要生境类保护区和渔业用水区）等。目前，我国共有 57 个国际重要湿地、173 个国家重要湿地、158 个涉水国家级自然保护区，另有 535 个国家级水产种质资源保护区，其中河流型 346 个、湖泊型 130 个，以及全国重要江河湖泊水功能区划中 142 个重要生境类保护区、225 个渔业用水区。确定敏感生态保护对象后，再根据河流断面与敏感保护区的关系，选择敏感保护区内部或上、下游控制性/代表性断面作为需要制定敏感生态需水目标的控制断面。

对全国 250 个重点河流的敏感生态需水达标情况进行评价，评价年份为 2006 ~ 2018 年，各站点年达标率分布如图 12-33 所示。全国敏感生态需水整体达标率为 51%，有近一半的待评估河流断面敏感生态需水难以保障。各省级行政区 2018 年敏感生态需水达标评价结果如图 12-34 所示。26 个参评的省（自治区、直辖市）中，现状达标率超过 90% 的省级行政区有 2 个，分别为宁夏回族自治区和青海省；现状达标率介于 75% ~ 90% 的省级

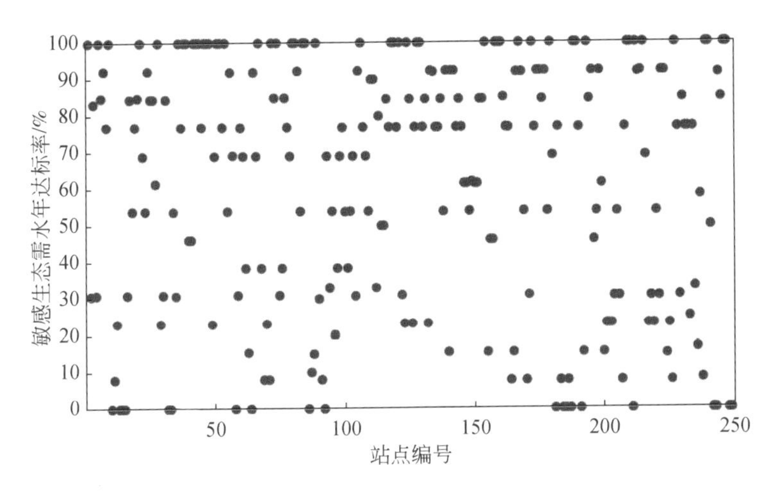

图 12-33　250 个重点河段敏感生态需水现状年达标率分布图

行政区有 3 个，分别为甘肃省、黑龙江省、云南省；现状达标率介于 60% ~75% 的省级行政区有 7 个，分别为北京市、福建省、河南省、湖北省、内蒙古自治区、浙江省、河北省；现状达标率介于 40% ~60% 的省级行政区有 12 个，分别为吉林省、山东省、广东省、四川省、贵州省、广西壮族自治区、山西省、辽宁省、湖南省、江西省、陕西省和重庆市；现状达标率低于 40% 的省级行政区有 2 个，分别为安徽省和天津市。

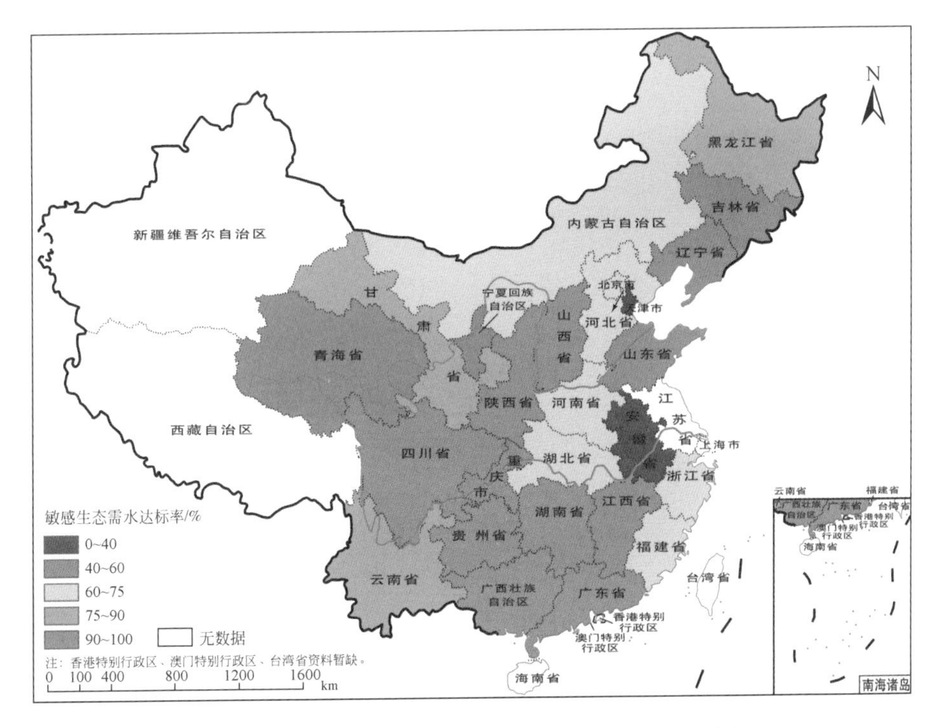

图 12-34　2018 年省级行政区敏感生态需水达标率对比图

全国水资源一级区敏感生态需水现状评价结果如图12-35。黄河区、长江区和珠江区评价结果相对较好，现状达标率超过55%；松花江区和东南诸河区现状达标率为50%左右，与全国平均达标率基本持平；海河区、淮河区敏感生态需水达标情况较差，达标率30%左右；辽河区现状达标率最低，仅为22%。

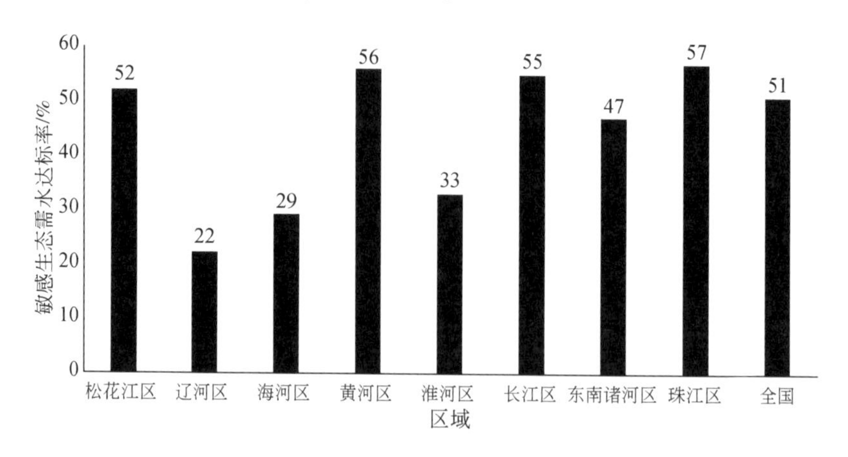

图12-35 水资源一级区敏感生态需水现状达标率对比图

12.4.2 水质维度

12.4.2.1 水功能区水质达标率

（1）水功能区全因子达标评价方法

采用全指标评价的方式，某水功能区全年测次的80%以上达标，即为该水功能区达标。水功能区达标率=达标的水功能区数量/区域内水功能区总数量。其中，水功能区全因子达标评价项目为《地表水环境质量标准》（GB 3838—2002）中除水温、总氮、粪大肠菌群以外的21个基本项目。

（2）水功能区水质达标情况时空变化分析

2008～2018年全国水功能区水质评价结果如图12-36。水功能区水质达标个数从2008年的3219个增加到2018年的6779个；水质达标率也逐步增高，从2008年的42.9%增长到2018年的66.4%，全国水功能区水质呈现整体好转趋势。

31个参与评价的省级行政区中，广西、新疆和江西的达标率均高于90%，云南、四川、海南等10个省份的达标率均高于70%，陕西、安徽、河南等8个省份的达标率均高于50%；河北、内蒙古、辽宁等10个省份的达标率均低于50%，其中上海、重庆和天津的达标率低于30%，分别为25%、20.1%、8.5%（图12-37）。

12.4.2.2 饮用水水源地水质达标情况

（1）饮用水水源地水质达标方法

采用全指标评价的方式，某饮用水水源地全年测次的80%以上达标，即为该饮用水水

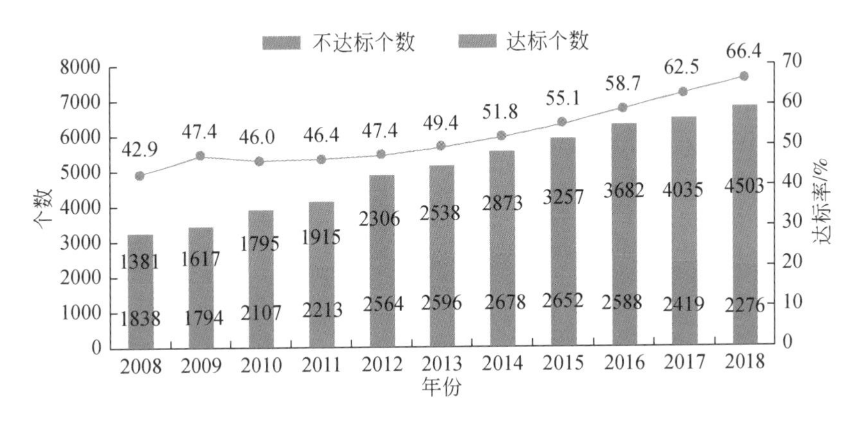

图 12-36　2008 ~ 2018 年水功能区水质达标情况

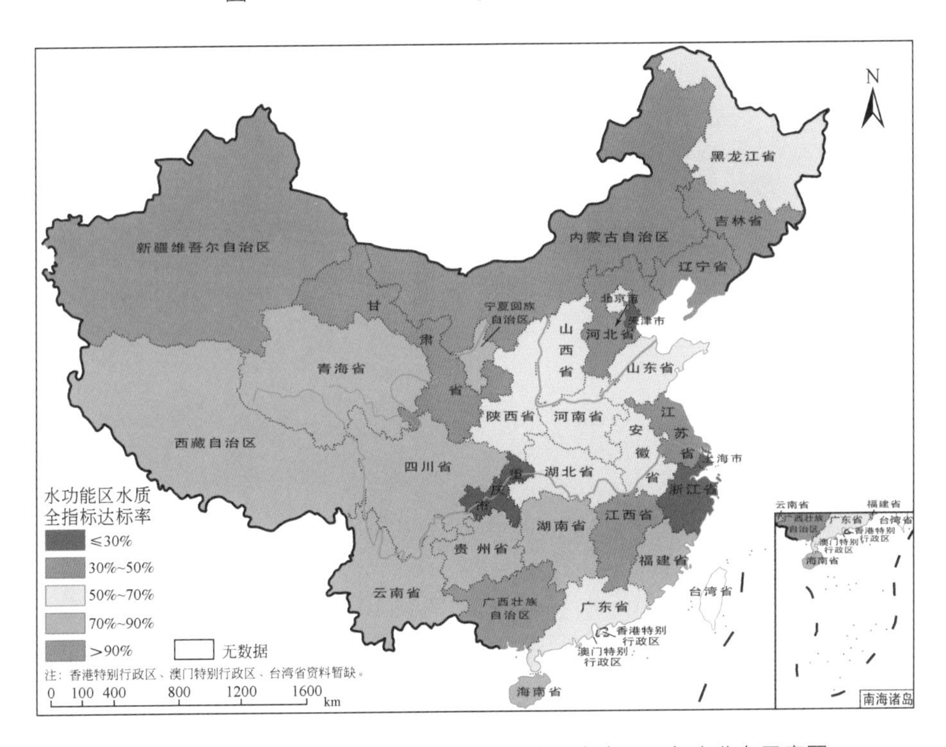

图 12-37　2018 年水功能区水质全指标达标率全国及各省分布示意图

源地达标。饮用水水源地达标率 = 达标的饮用水水源地数量/区域内饮用水水源地总数量。其中全指标项目评价与水功能区评价相同。

(2) 饮用水水源地水质达标情况时空变化分析

从 2008 ~ 2018 年，全国饮用水水源地评价个数基本上呈逐年上升趋势，从 2008 年的 554 个增加到 2018 年的 1045 个；且水质合格率在 80% 以上的饮用水源地占比呈逐年增高趋势，从 2008 年的 56.1% 增长到 2018 年的 83.5%，全国饮用水水源地水质呈现整体向好的趋势。具体见图 12-38 和图 12-39。

2018 年，全国十大一级区中，西南诸河区合格率 80% 以上的集中式饮用水水源地比

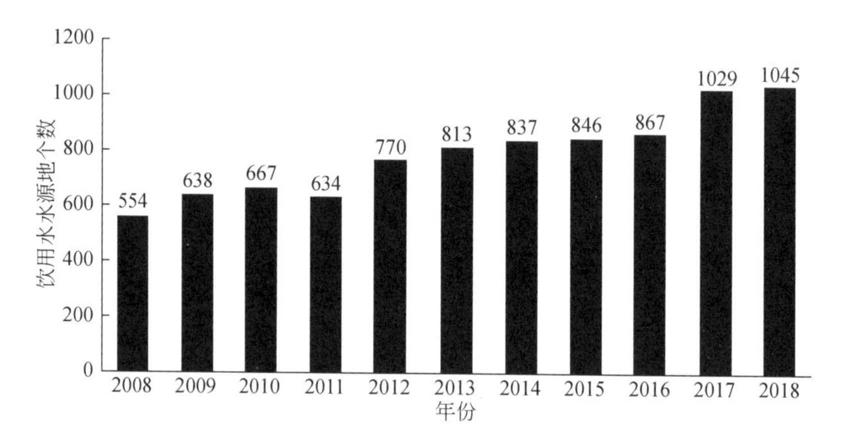

图 12-38　2008～2018 年饮用水水源地个数

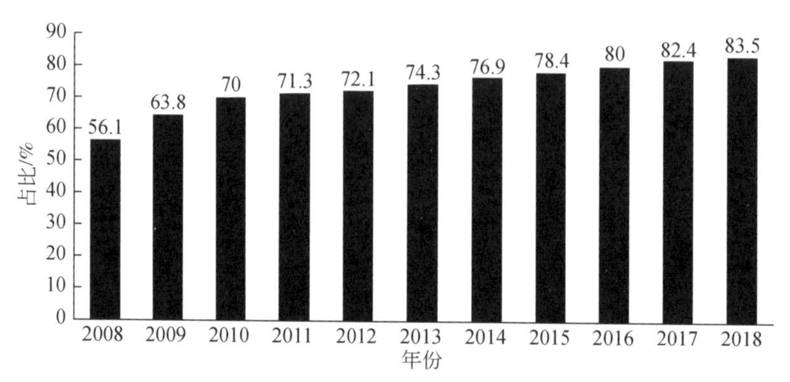

图 12-39　2008～2018 年合格率大于 80% 饮用水水源地占比变化

例最高，为 100%；松花江区比例最低，为 62.5%。各水资源一级区合格率 80% 以上的集中式饮用水水源地比例如图 12-40 所示。

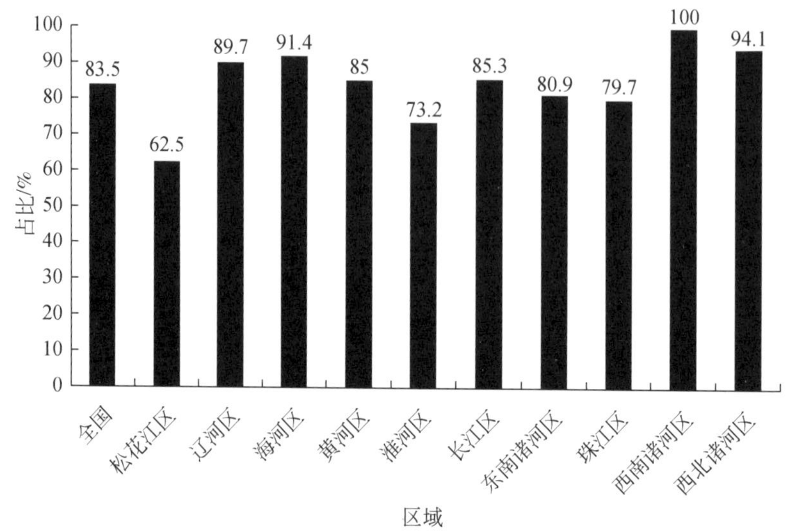

图 12-40　全国及十大一级流域 2018 年现状对比情况

31 个参评的省级行政区中，甘肃、贵州、海南等 16 个省（自治区、直辖市）的饮用水水源地水质达标率均为 100%，山东、四川、河南等 6 个省（自治区、直辖市）的达标率均在 90% 以上，安徽、北京、黑龙江等 6 个省份的达标率均在 80% 以上，内蒙古、广东和重庆的达标率均低于 80%，分别为 75%、72.4% 和 71.4%，具体见图 12-41。

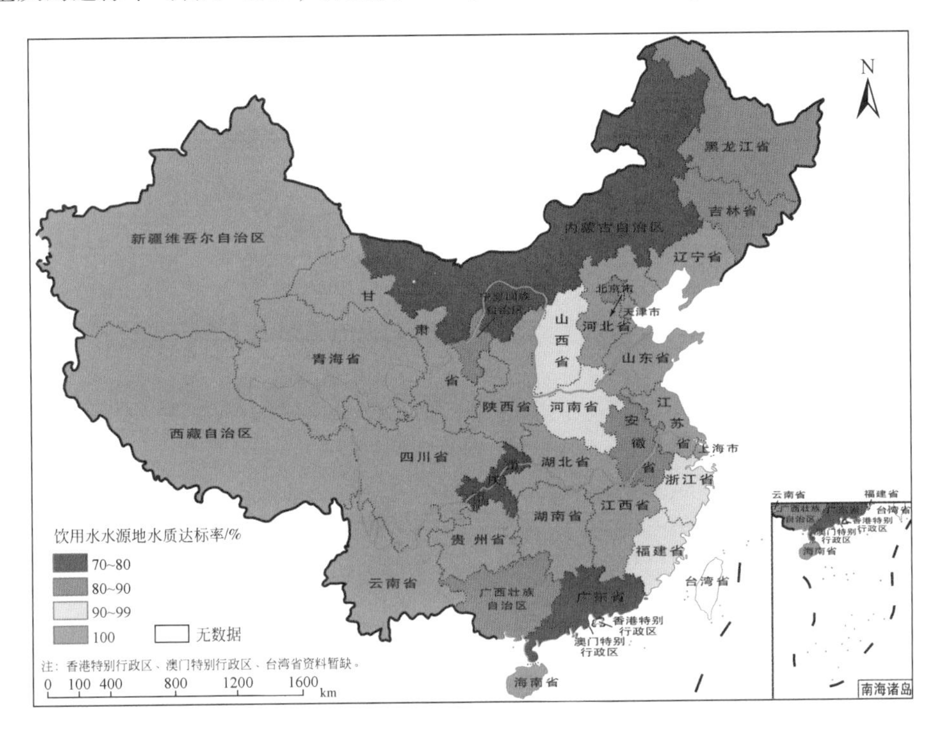

图 12-41　2018 年饮用水水源地水质达标率全国及各省（自治区、直辖市）分布示意图

12.4.3　水域维度

（1）水域空间变化率

在水域空间变化率方面，1980～2018 年全国（港、澳、台除外）及 31 个省级行政区水域空间变化率情况如图 12-42 所示。全国总体水域空间变化率为-4.5%，31 个省级行政区中有 25 个省级行政区的变化率高于全国均值，有 6 个省级行政区的变化率低于全国均值。其中，上海市、云南省、湖北省的增长率位列前三位，变化率分别为 49.56%、25.65% 和 22.57%；黑龙江省、吉林省和山西省的水域空间面积减少最多，变化率分别为-38.08%、-19.24% 和-13.52%。

2018 年相较 1980 年，全国十大水资源一级区的水域空间变化率如图 12-43 所示。全国有 7 个水资源一级区的变化率呈现增加趋势，其中东南诸河区和海河区的增加趋势最为明显，分别增加了 26.70% 和 9.28%；黄河区、辽河区和松花江区呈现下降趋势，其中松花江区水域空间面积减少的幅度最为剧烈，达到了-31.10%。

（2）水域空间保留率

在水域空间保留率方面，1980～2018 年全国（港、澳、台除外）及 31 个省级行政区

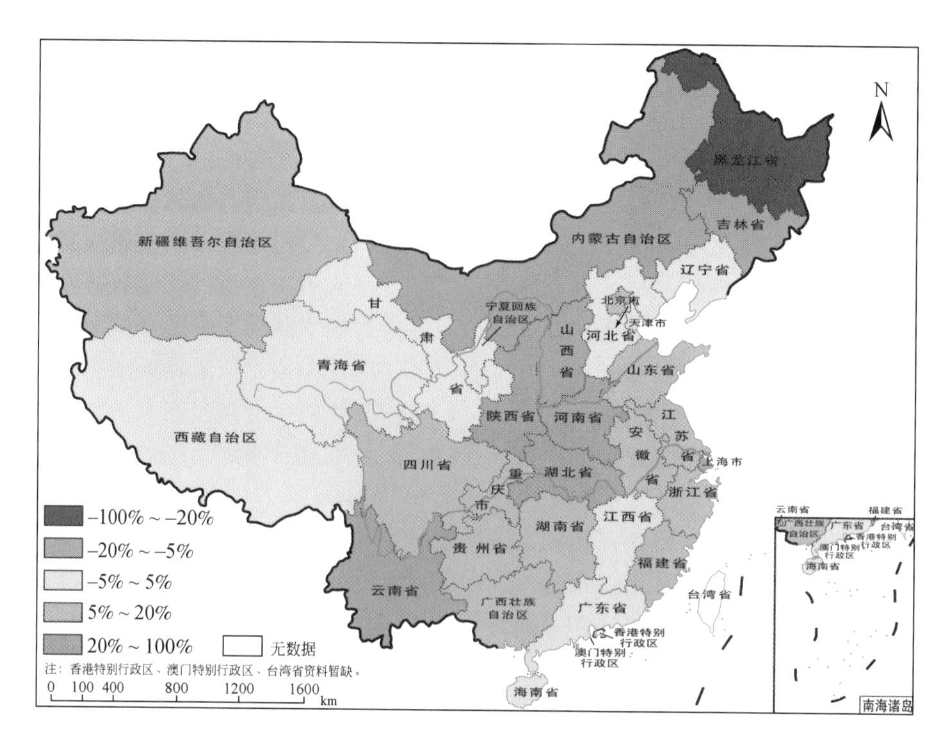

图 12-42　1980～2018 年全国 31 个省级行政区水域空间变化率

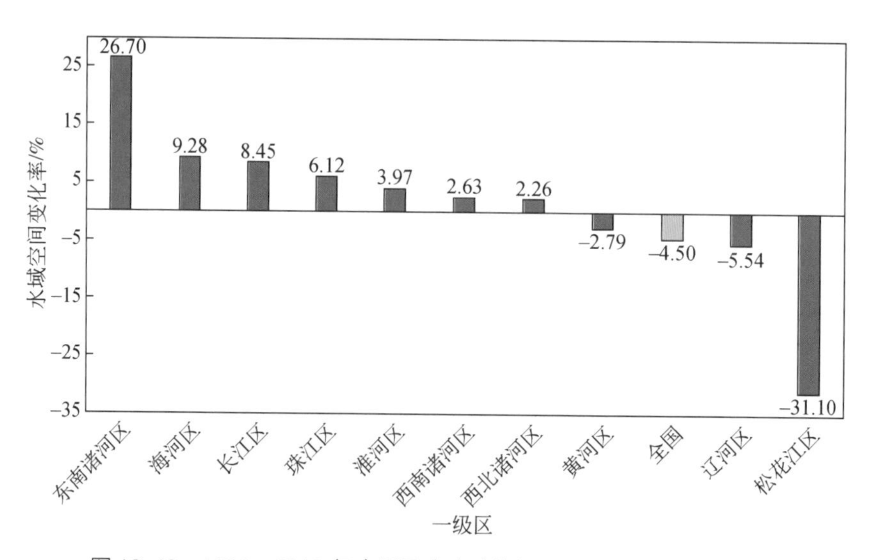

图 12-43　1980～2018 年全国及十大水资源一级区水域空间变化率

水域空间保留率情况如图 12-44 所示。全国总体水域空间保留率均值为 79.21%，即有约有五分之一的天然水域空间被其他的土地利用类型侵占。在省级行政区中，有 18 个省级行政区的保留率高于全国均值，有 13 个省级行政区的保留率低于全国均值。其中，西藏自治区、贵州省和四川省的保留率位列前三位，保留率分别为 98.32%、97.20% 和

96.17%；黑龙江省、天津市和宁夏回族自治区的水域空间保留率最少，分别为 43.48%、58.81% 和 63.28%。

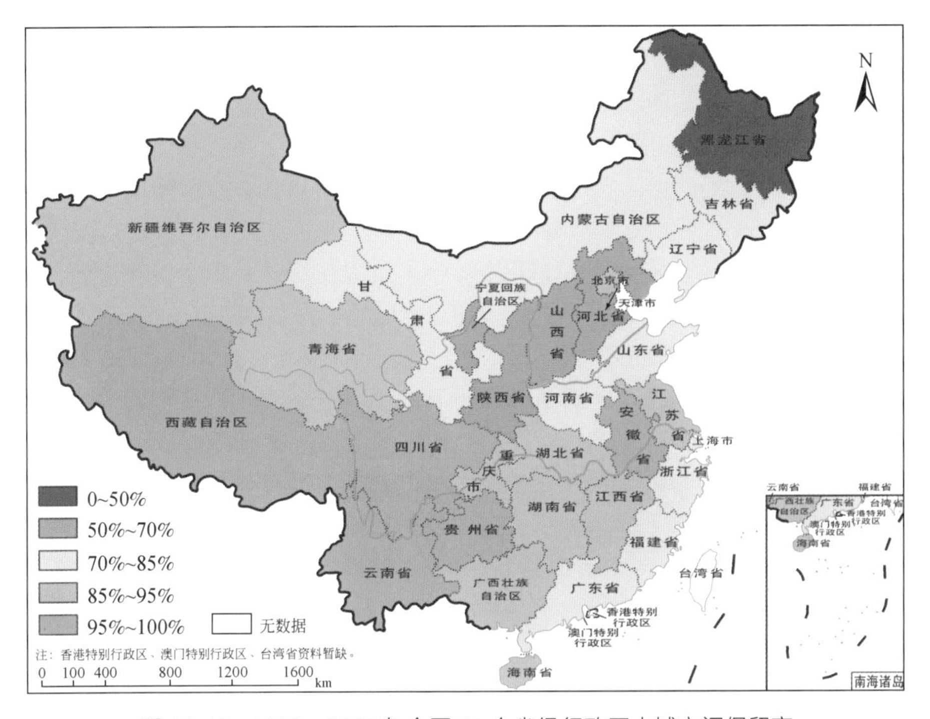

图 12-44　1980～2018 年全国 31 个省级行政区水域空间保留率

2018 年相较 1980 年，全国十大水资源一级区的水域空间保留率如图 12-45 所示。在各水资源一级区中，西南诸河区的保留率最高，达到 97.5%，同时西北诸河区和长江区的保留率也维持在 90% 以上；而松花江区的保留率最低，仅为 54.48%，即相较于 1980 年，

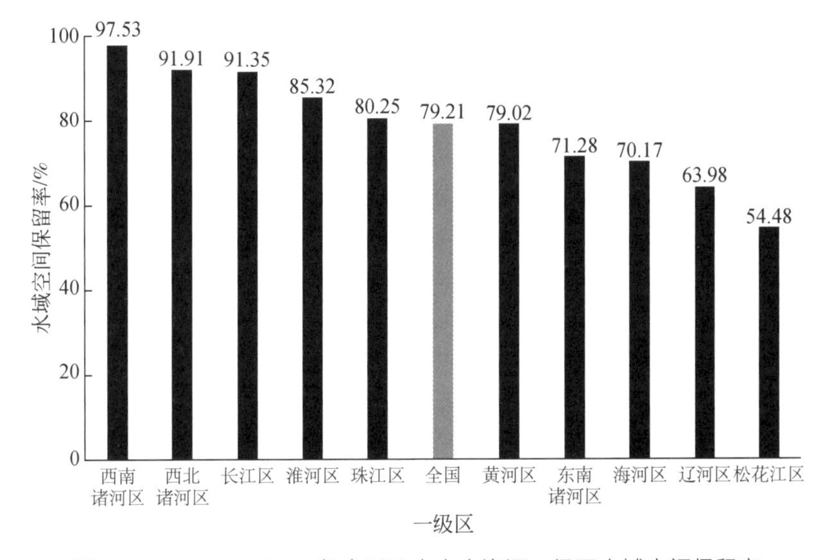

图 12-45　1980～2018 年全国及十大水资源一级区水域空间保留率

有将近一半的天然水域空间被侵占。被侵占的区域主要集中在三江平原地区和松嫩平原地区，这主要是因为近几十年松花江流域作为国家的重要粮食基地，大量的河湖、滩地、沼泽湿地区域被开发为耕地导致的。

(3) 水域空间保护率

目前我国共有湿地总面积5080.62万hm^2，其中已被保护管理的湿地面积为2270.20万hm^2，保护率为44.68%，未保护湿地面积占比为55.32%，现阶段湿地保护率较低，未到50.00%。已被保护的湿地中，共有11种保护管理形式，其中以自然保护区为管理形式的占比最高，达31.65%；其次为水源保护区和湿地公园，占比分别为3.90%和1.20%；其余类型中森林公园和风景名胜区占比超过0.50%，以海洋公园为保护管理形式的湿地面积最小。我国五大类湿地五大类中，沼泽湿地面积为2172.40万hm^2，占比最大，达42.76%；湖泊湿地与河流湿地面积居中；人工湿地、近海与海岸湿地面积较小，其中近海与海岸湿地面积为578.86万hm^2，占比最低，仅11.39%。33种湿地型中，沼泽湿地类中的沼泽化草甸面积最大，为691.91万hm^2；河流湿地中的喀斯特溶洞湿地面积仅为94.61hm^2，为最稀有的湿地类型。

2018年全国（港、澳、台除外）及31个省级行政区水域空间保护率情况如图12-46所示。31个省级行政区中有11个省级行政区的保护率高于全国均值，有20个省级行政区的保护率低于全国均值。其中，仅重庆、西藏、山西、青海和宁夏湿地保护率在60%以上，湿地保护工作完成较好；湿地保护率中等的省级行政区最多，共19个，其中甘肃、

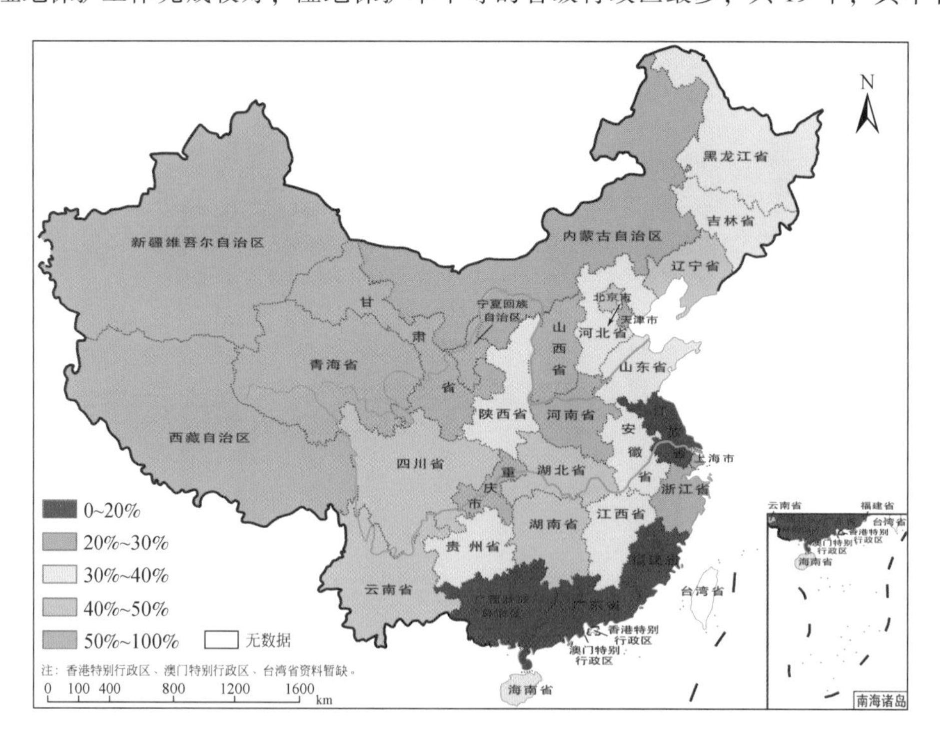

图12-46 2018年全国及31个省级行政区水域空间保护率

新疆、河南、北京、四川湿地保护率高于全国平均水平，湿地保护属于中等偏上，其余 14 个省（市、区）湿地保护率低于全国平均水平，湿地保护属于中等偏下；湿地保护较差的省级行政区有 9 个，保护率均在 30% 以下，除内蒙古自治区外，其余均分布在沿海地区，湿地保护工作需重视。

2018 年全国十大水资源一级区的水域空间保护率情况如图 12-47 所示。我国十大流域湿地保护率在 17.92% ~62.92%，从空间上看，西部、中部流域区湿地保护率高于东部、东北部、东南部流域区，东南部流域区湿地保护率最低。从湿地保护率来看，超过全国湿地保护平均水平的有黄河流域、西北诸河流域、长江流域与西南诸河流域 4 个流域，其中黄河流域湿地保护率最高，为 62.92%；其余 6 个流域中辽河流域与松花江流域保护率超过 35%，淮河流域、海河流域、东南诸河流域及珠江流域保护率均低于 30%，其中珠江流域湿地保护率最低，仅为 17.92%。从已保护湿地面积来看，拥有已保护湿地面积最多的三个流域分别为西北诸河区（886.92 万 hm^2）、长江流域（433.29 万 hm^2）、松花江流域（323.33 万 hm^2），拥有已保护湿地面积最少的三个流域分别为东南诸河区（36.13 万 hm^2）、海河流域（41.81 万 hm^2）、珠江流域（51.30 万 hm^2）。

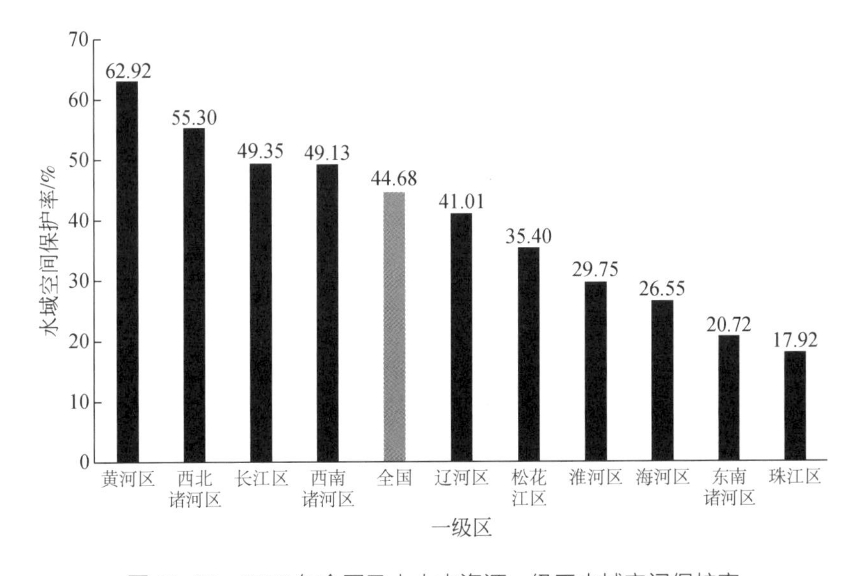

图 12-47　2018 年全国及十大水资源一级区水域空间保护率

（4）水域空间聚合度

在水域空间聚合度方面，2018 年全国（港、澳、台除外）及 31 个省级行政区水域空间聚合度情况如图 12-48 所示。其中，上海市、江苏省、西藏自治区和黑龙江省的聚合度高，分别达到了 97.04、92.34、91.68 和 91.39；贵州省、山西省和广西壮族自治区聚合度低，分别为 67.88、69.07 和 73.49。

2018 年全国十大水资源一级区的水域空间聚合度如图 12-49 所示。在各水资源一级区中，松花江区的聚合度最高，达到 91.36，其次为西南诸河区和淮河区，聚合度指数依次为 87.22 和 86.68；相反，珠江区、海河区和东南诸河区聚合度较低，分别为 79.17、

81.37 和 82.46。

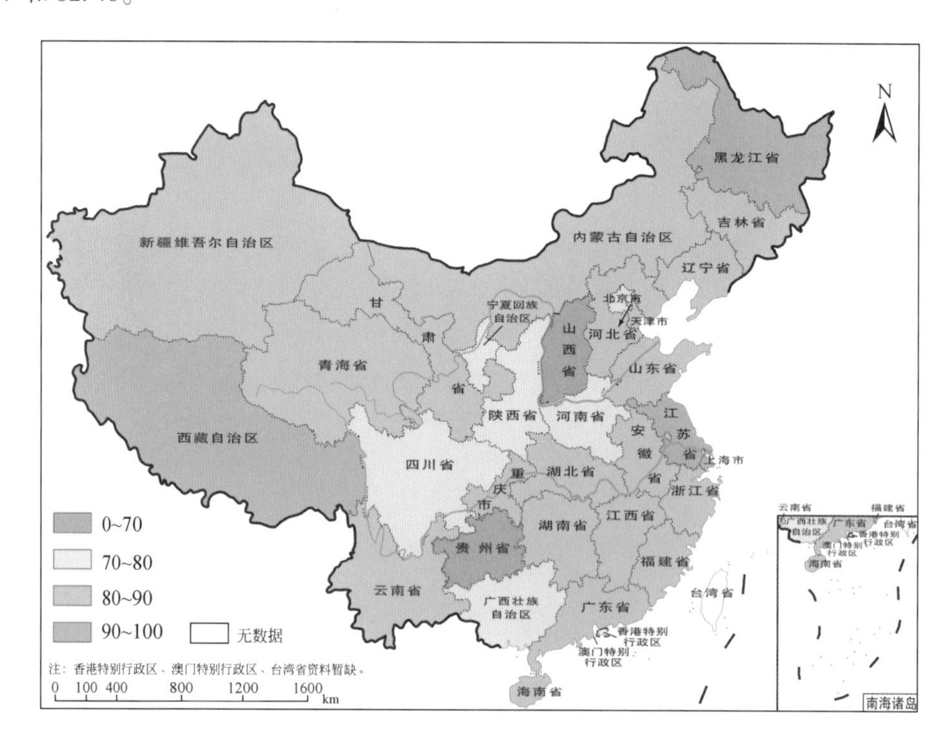

图 12-48　2018 年全国 31 个省级行政区水域空间聚合度

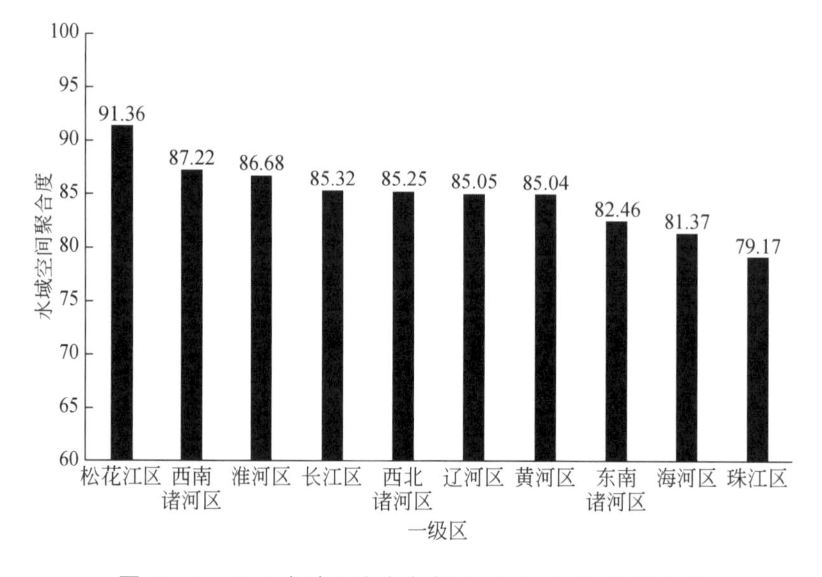

图 12-49　2018 年全国十大水资源一级区水域空间聚合度

（5）最大斑块指数

在水域空间最大斑块指数方面，2018 年全国（港、澳、台除外）及 31 个省级行政区水域空间最大斑块指数情况如图 12-50 所示。其中，上海市、重庆市、和江西省的最大斑块指数高，分别达到了 91. 81 、68. 18 和 65. 79；陕西省和西藏自治区的最大斑块指数低，分别为 3. 56 和 4. 03。

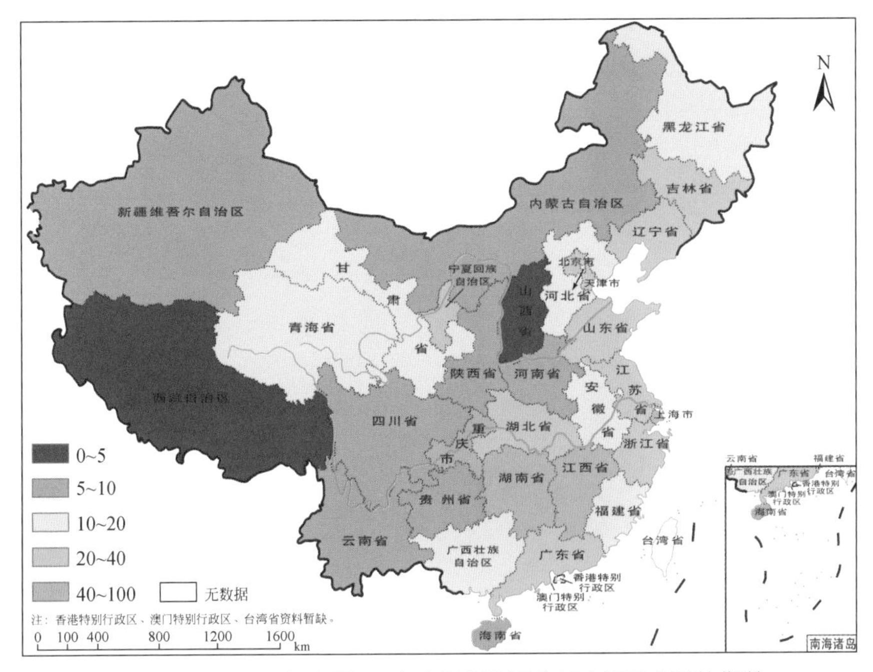

图 12-50　2018 年全国 31 个省级行政区水域空间最大斑块指数

2018 年全国十大水资源一级区水域空间最大斑块指数如图 12-51 所示。在各水资源一级区中，长江区的最大斑块指数最高，达到 54. 16，其次为淮河区和珠江区，最大斑块指数依次为 46. 93 和 33. 15；相反，西北诸河区最大斑块指数最低，仅为 4. 85。

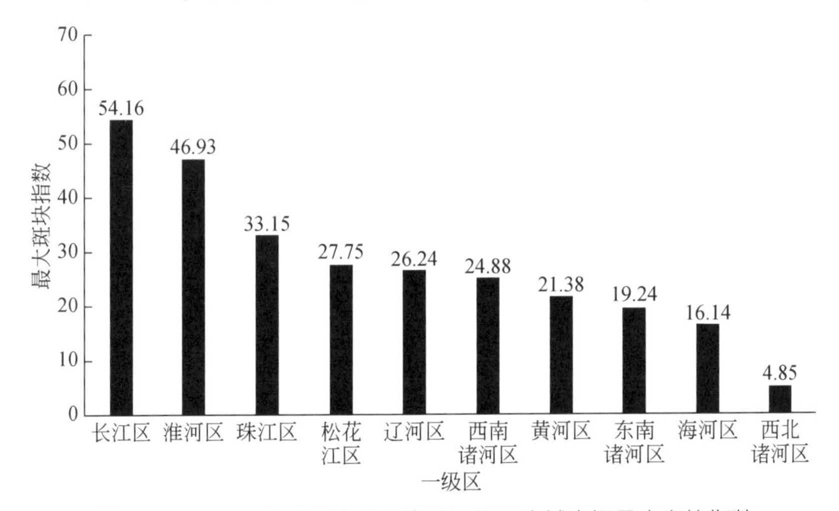

图 12-51　2018 年全国十大水资源一级区水域空间最大斑块指数

2018 年相较于 1980 年水域空间最大斑块指数的下降情况如图 12-52 所示，可以直接反映水域空间连通性的变化规律。结果显示，十大一级区中，海河区和松花江区最大斑块指数下降率排在前两位，分别为 52.52% 和 33.78%；长江区和西北诸河区的下降率最低，仅为 8.31% 和 5.07%。下降率最显著的两个水资源区的最大斑块变化情况如图 12-53 所示。海河区由于人类活动的剧烈影响，2018 年较 1980 年的最大连通水域斑块发生了本质的变化，原有的以白洋淀为中心、大清河为主要水系组成的最大连通水域斑块的连通性遭到严重破坏，导致以子牙河为主要水系的水域斑块成为了最大连通水域斑块。松花江流域则主要是因为大量的农垦开发，使原本连通的水域面积（如三江平原、扎龙湿地等区域）遭到阻隔，破坏了原有的连通关系，使最大水域斑块大幅度下降。

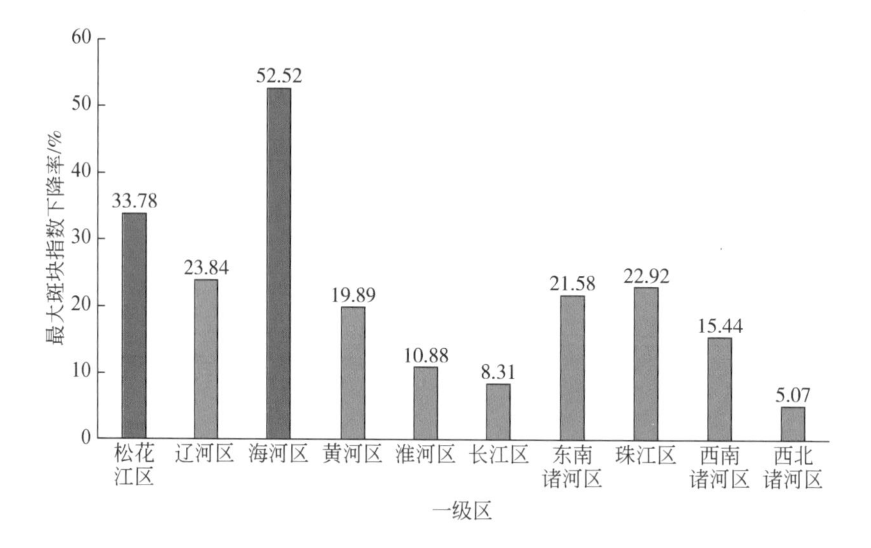

图 12-52　2018 年较 1980 年全国十大水资源一级区最大斑块指数下降率

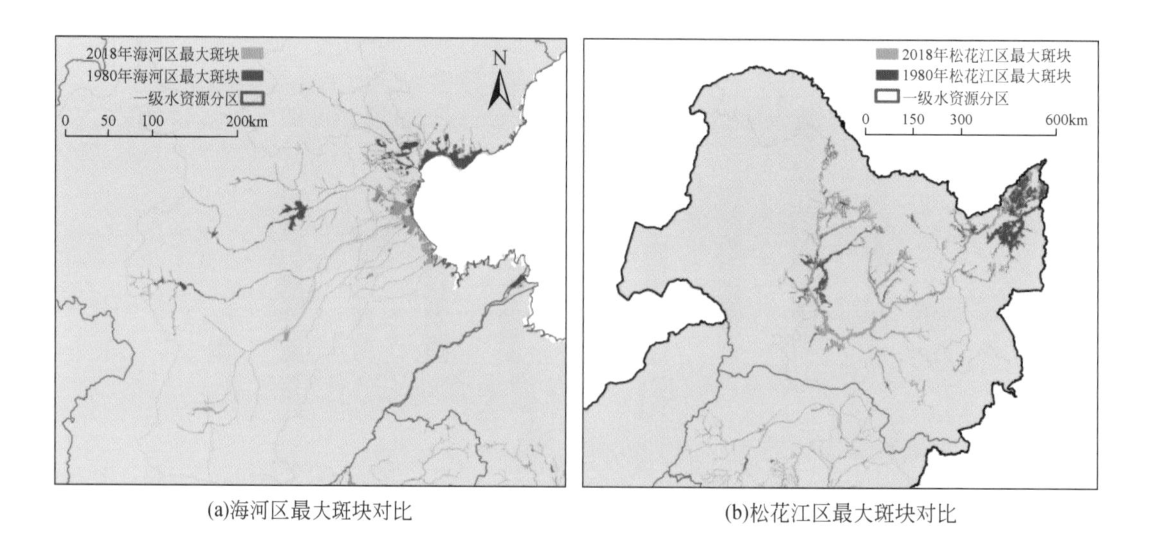

(a)海河区最大斑块对比

(b)松花江区最大斑块对比

图 12-53　1980 年和 2018 年典型流域最大斑块空间分布对比

12.4.4　水流维度

12.4.4.1　区域整体连通性

全国区域整体连通性现状评价结果为 1.85，评价等级为劣。31 个省级行政区的整体连通性结果如图 12-54 所示，评价结果为优的有 5 个（占比 16.1%），分别为青海省、黑龙江省、西藏自治区、内蒙古自治区和新疆维吾尔自治区；评价结果为中的有 2 个（占比 6.5%），分别是甘肃省、陕西省；评价结果为差的有 4 个（占比 12.9%），分别是吉林省、天津市、河北省、山西省；评价结果为劣的有 20 个（占比 64.5%），分别是辽宁省、北京市、山东省、河南省、江苏省、安徽省、上海市、浙江省、福建省、湖北省、江西省、重庆市、湖南省、广东省、四川省、贵州省、海南省、云南省、宁夏回族自治区、广西壮族自治区。

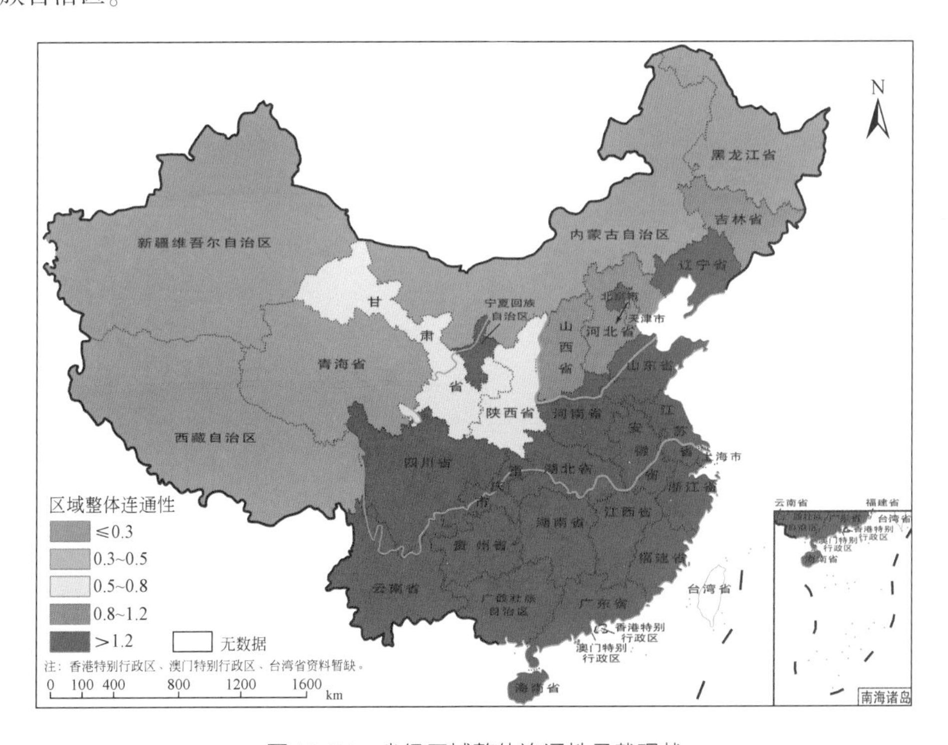

图 12-54　省级区域整体连通性承载现状

十大一级区区域整体连通性承载现状评价结果如图 12-55。全国整体评价结果为 1.85，评价等级为劣。其中，西北诸河区区域整体连通性最好，达到优的标准。松花江区、西南诸河区其次，评价结果为良。黄河区区域整体连通性较好，评价结果为中。辽河区和海河区区域整体连通性评价结果为差。其余四个区区域整体连通性评价结果为劣，分别是淮河区、长江区、珠江区和东南诸河区。

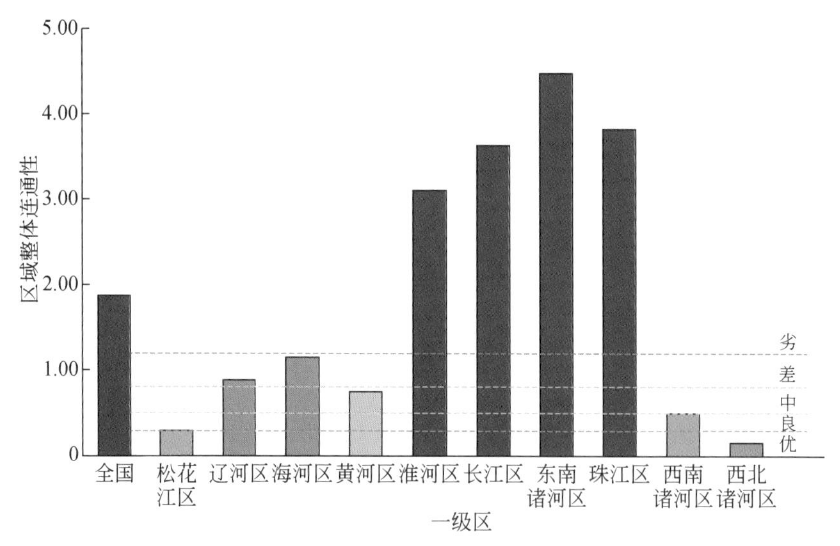

图 12-55　各省级行政区主要河流纵向连通性承载现状

12.4.4.2　主要河流连通性

(1) 不同年代主要河流纵向连通性评价结果

1960 年全国河流纵向连通性指数平均为 0.05，整体评价结果为优（图 12-56）。215 条评价河流中，评价结果为优的有 203 条，占比 94.4%；评价结果为良的有 6 条，占比

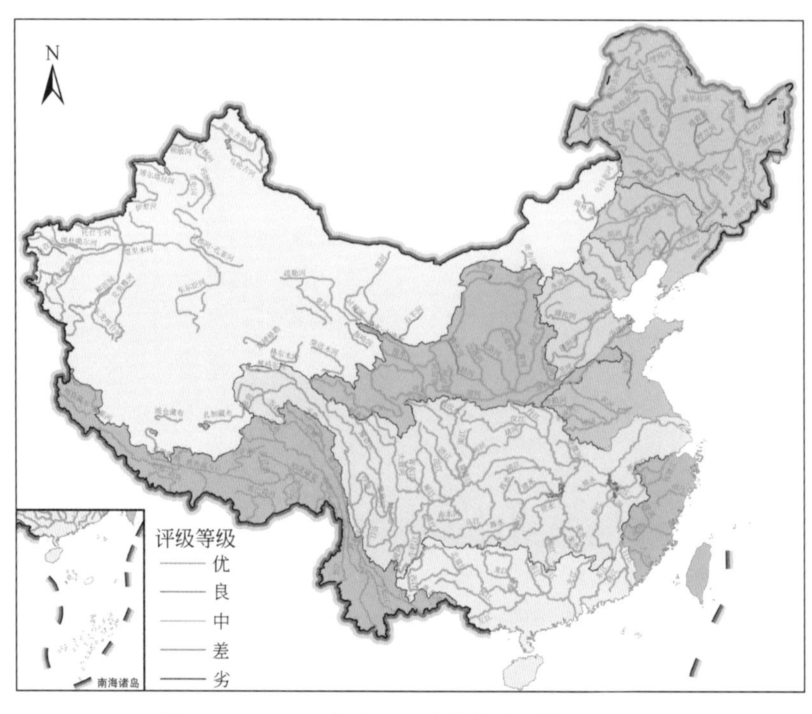

图 12-56　1960 年全国河流纵向连通性评价结果

2. 8%；评价结果为中的有 5 条，占比 2. 3%；评价结果为差的有 1 条，占比 0. 5%，位于西北诸河区，没有评价结果为劣的河流。

1980 年全国河流纵向连通性指数平均为 0. 18，整体评价结果为优（图 12-57）。215 条评价河流中，评价结果为优的有 173 条，占比 80. 5%；评价结果为良的有 23 条，占比 10. 7%；评价结果为中的有 12 条，占比 5. 6%；评价结果为差的有 5 条，占比 2. 3%；评价结果为劣的有两条，占比 0. 9%，分别位于长江区和西北诸河区。

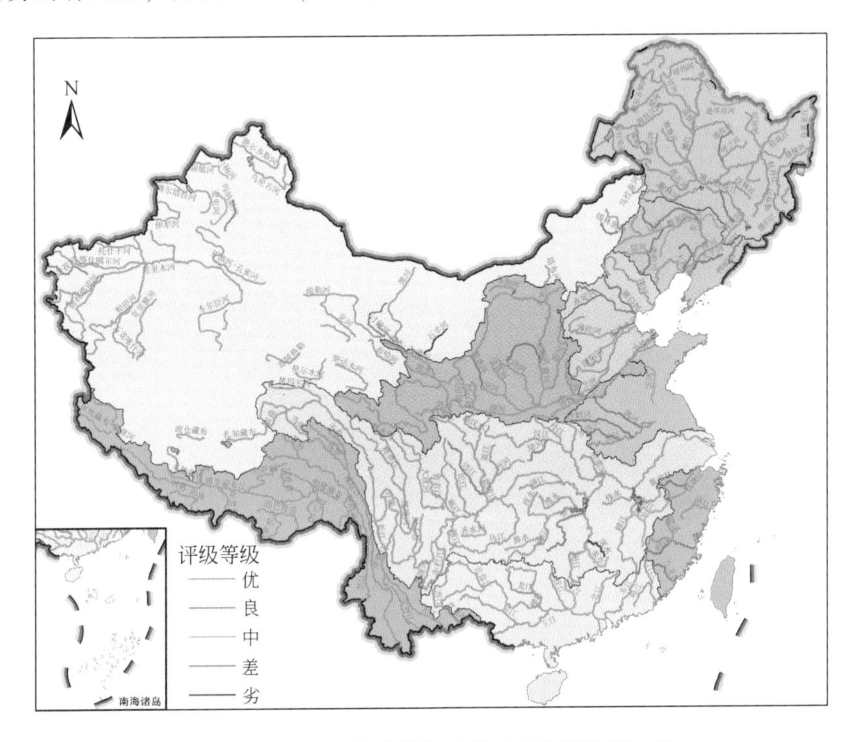

图 12-57　1980 年全国河流纵向连通性评价结果

2000 年全国河流纵向连通性指数平均为 0. 40，整体评价结果为良（图 12-58）。215 条评价河流中，评价结果为优的有 134 条，占比 62. 3%；评价结果为良的有 32 条，占比 14. 9%；评价结果为中的有 25 条，占比 11. 6%；评价结果为差的有 11 条，占比 5. 1%；评价结果为劣的有 13 条，占比 6. 0%。

2018 年全国河流纵向连通性指数平均为 1. 03，整体评价结果为差（图 12-59）。215 条评价河流中，评价结果为优的有 81 条，占比 37. 7%；评价结果为良的有 22 条，占比 10. 2%；评价结果为中的有 35 条，占比 16. 3%；评价结果为差的有 27 条，占比 12. 6%；评价结果为劣的有 50 条，占比 23. 3%。

（2）分省区主要河流纵向连通性承载现状

聚焦分省市主要河流纵向连通性承载现状，全国整体评价结果为 0. 74，评价等级为中。由于海南省没有流域面积大于 10 000km^{2}的河流流经，因此 31 个参评的省（自治区、直辖市）中只有 30 个有评价结果（图 12-60）。评价结果为优的有 4 个（占比 13. 3%），分别是黑龙江省、上海市、西藏自治区和新疆维吾尔自治区；评价结果为良的有 3 个（占

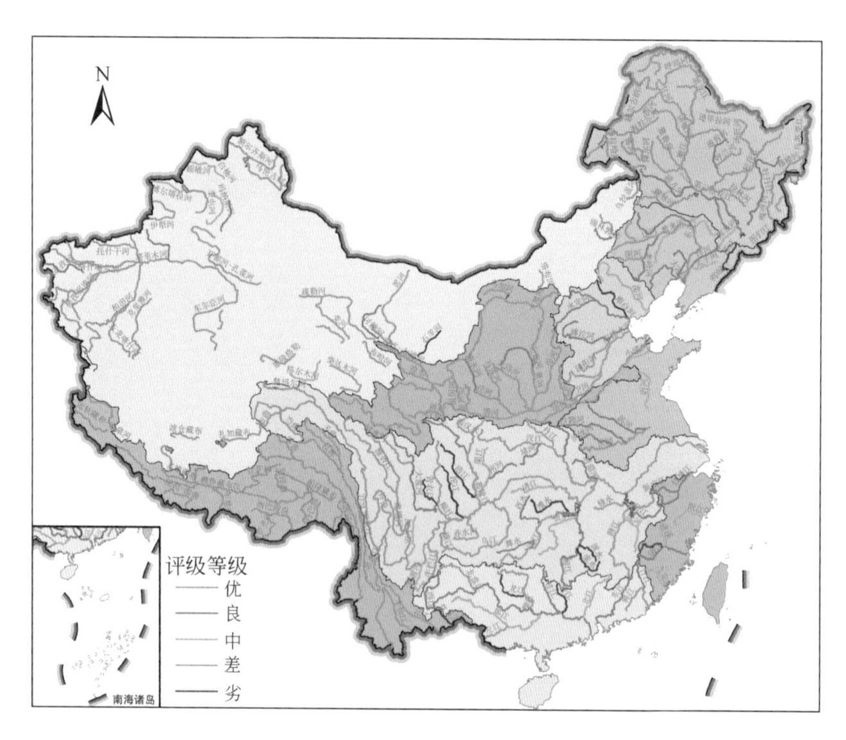

图 12-58　2000 年全国河流纵向连通性评价结果

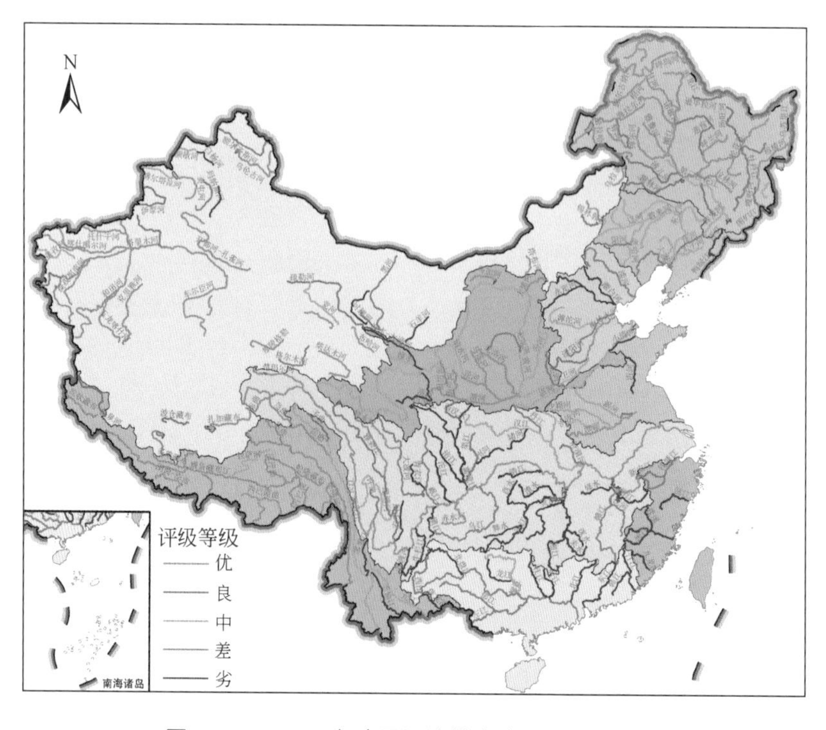

图 12-59　2018 年全国河流纵向连通性评价结果

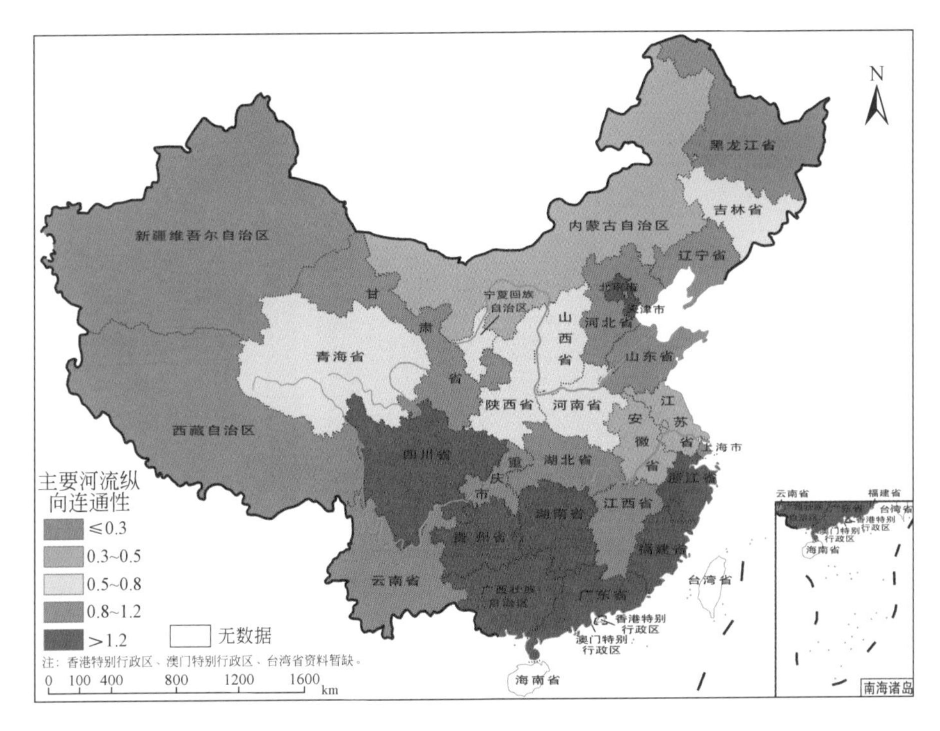

图12-60 各省级行政区主要河流纵向连通性承载现状

比10%），分别是内蒙古自治区、江苏省和安徽省；评价结果为中的有6个（占比20%），分别是山西省、吉林省、河南省、陕西省、青海省和宁夏回族自治区；评价结果为差的有8个（占比26.7%），分别是河北省、辽宁省、江西省、山东省、湖北省、重庆市、云南省和甘肃省；评价结果为劣的有9个（占比30%），分别是北京市、天津市、浙江省、福建省、湖南省、广东省、广西壮族自治区、四川省和贵州省。

十大水资源一级区主要河流纵向连通性评价结果如图12-61。全国整体评价结果为0.74，评价等级为中。其中，松花江区主要河流纵向连通性最好，达到优的标准。西南诸河区和西北诸河区其次，评价结果为良。淮河区、黄河区和辽河区主要河流纵向连通性评价结果为中。海河区和长江区主要河流纵向连通性较差，接近劣的标准。主要河流纵向连通性最差的是东南诸河区和珠江区，评价结果为劣。

12.4.5 水生生物维度

选择鱼类作为水生生物多样性表征，分析渔业产量占历史产量百分比探讨水生生物数量稳定状况，结果如图12-62所示。十大一级区中，渔业产量占历史产量百分比最高的四个一级区分别为西北诸河区、西南诸河区、珠江区和东南诸河区，渔业产量占历史产量百分比分别为33%、31%、31%和31%。其次是长江区，渔业产量占历史产量百分比为19%。据《中国渔业统计年鉴》，20世纪50年代初长江流域捕捞产量为43万t，50年代末至60年代约为38万多t，70年代捕捞产量约为23万t，80年代初下降至20万t，90年

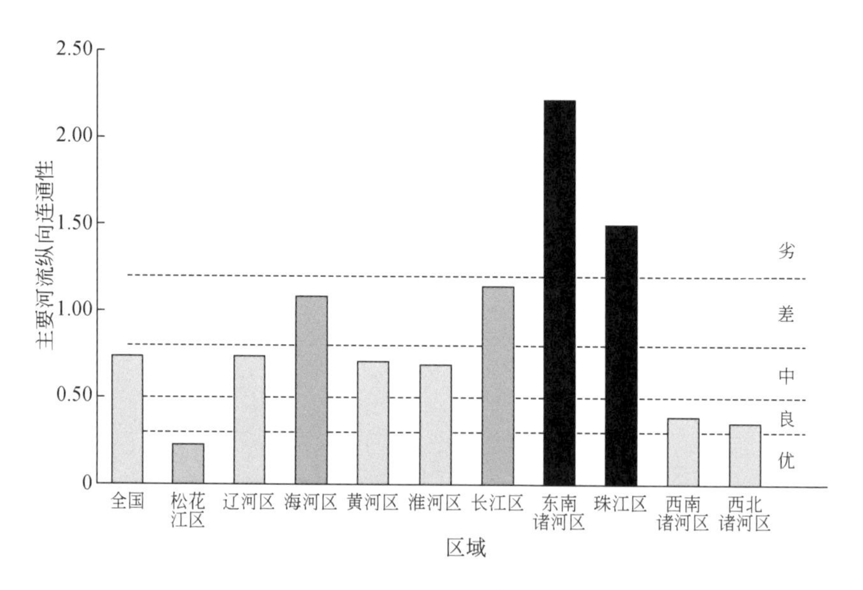

图 12-61 十大一级区主要河流纵向连通性承载现状

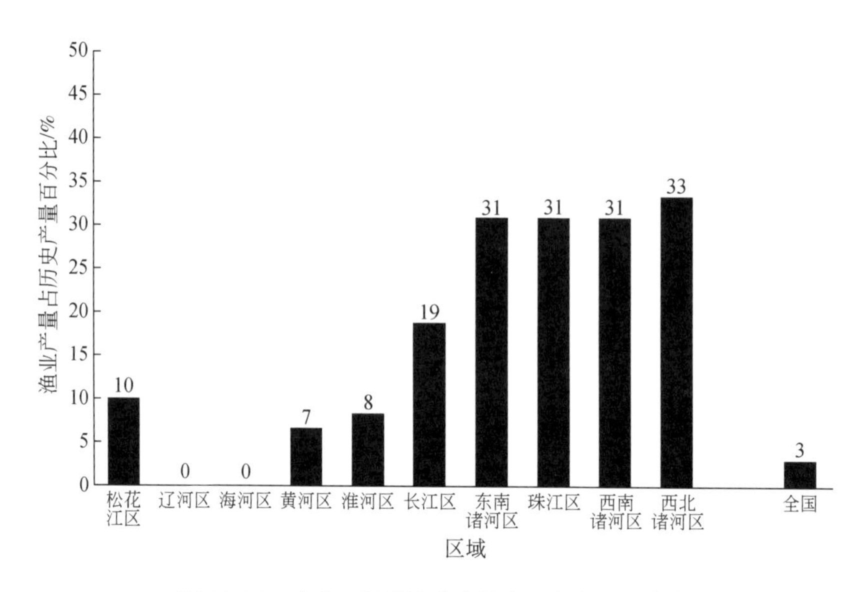

图 12-62 十大一级区渔业产量占历史产量百分比

代下降至 10 万 t。21 世纪初，长江主要渔业水域捕捞产量下降至不足 10 万 t。长江渔业资源总体仍呈持续衰退趋势。松花江区、黄河区和淮河区的渔业产量均不到历史产量的 10%。此外，辽河区和海河区渔业产量占历史产量百分比几乎为 0。

（1）旗舰物种的资源变化

鲟类是一群古老鱼类，是淡水鱼类中个体最大，寿命最长的鱼类之一。世界现存约有 28 种，我国有 8 种，主要分布在长江流域、黑龙江流域和新疆的跨境河流。其中，达氏鳇、史氏鲟主要分布于黑龙江水系，白鲟、中华鲟主要分布于长江水系及河口近海区，长江鲟则为长江上游特有鱼类。西伯利亚鲟、小体鲟和裸腹鲟则主要分布于新疆。这些物种因生活史周期较长、生长缓慢、繁殖力低等特点，对水域环境变化十分敏感，种群资源极易受到威胁，常常是分布水域的旗舰物种。其中白鲟已宣告功能性灭绝；长江鲟在 21 世纪初已停止自然繁殖活动，野生种群基本绝迹，人工保种的野生个体仅存几十尾，物种延续面临严峻挑战；近年来，中华鲟繁殖群体数量逐渐减少，2018 年已不足 20 尾。2003 年以后，中华鲟产卵时间明显推迟，产卵次数由每年两次减少为每年一次。更为严重的是，中华鲟自然繁殖呈不连续趋势。2013、2015、2017 和 2018 年没有野外繁殖（图 12-63）。黑龙江鲟鳇的天然捕捞量已由 1987 年的最高产量的 452t 下降为 2010 年的 44t，降幅达 90. 3%（图 12-64）。

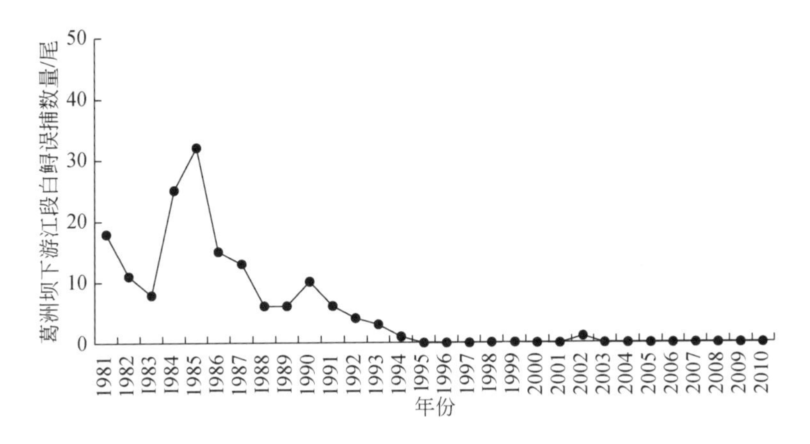

图 12-63　长江白鲟历年误捕数量

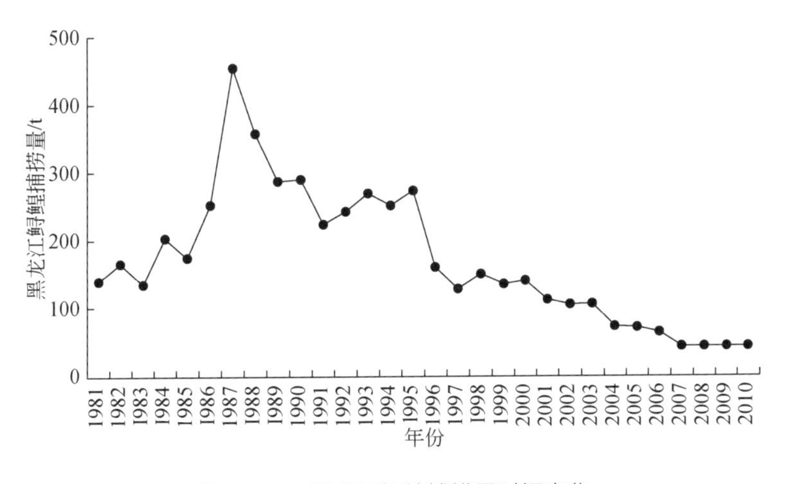

图 12-64　黑龙江鲟鳇捕捞量时间变化

(2) 天然渔业捕捞产量

长期以来，长江、珠江、黄河等重点流域作为我国淡水天然渔业的主要产区，为人们提供了丰富的动物蛋白。随着人类活动的加强，各流域天然渔业捕捞产量持续降低。近年来，长江渔业资源年均捕捞产量不足 10 万 t，仅占我国水产品总产量的 0.15%（图 12-65）。黄河流域的北方铜鱼、黄河雅罗鱼等常见经济鱼类分布范围急剧缩小，甚至成为濒危物种。

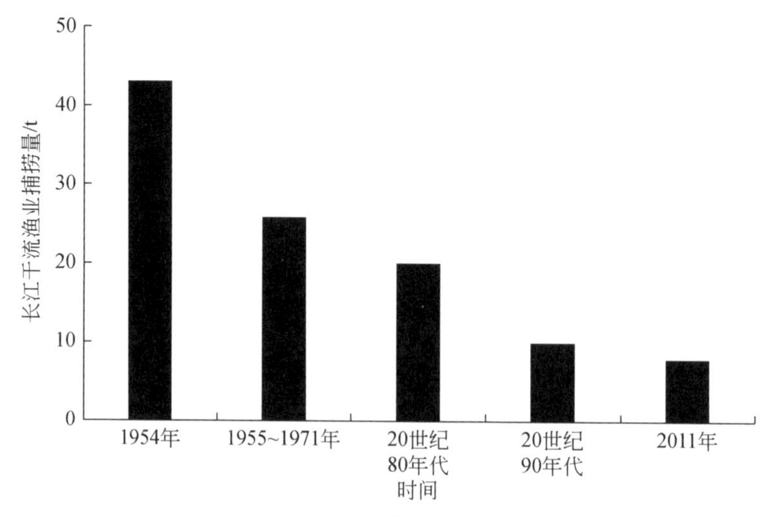

图 12-65 长江干流天然渔业捕捞量时间变化

我国大麻哈鱼的集中产区在乌苏里江下游及黑龙江中游下段抚远县境内。历史上的大麻哈鱼产卵场目前大多数已多年不见鱼，大麻哈鱼的产卵场面积已锐减。黑龙江上游原大麻哈鱼主要产卵河流——呼玛河、逊别拉河已基本绝迹。黑龙江萝北江段 1999 年产大麻哈鱼 5 尾，2000 年没有产量；乌苏里江的饶河、虎林也已多年无产量上报。黑龙江大麻哈鱼的种群资源衰退明显，黑龙江大麻哈鱼的天然捕捞量已由 1976 年的 2100t 下降为 2000 年的 67t，降幅达 96.8%（图 12-66）。

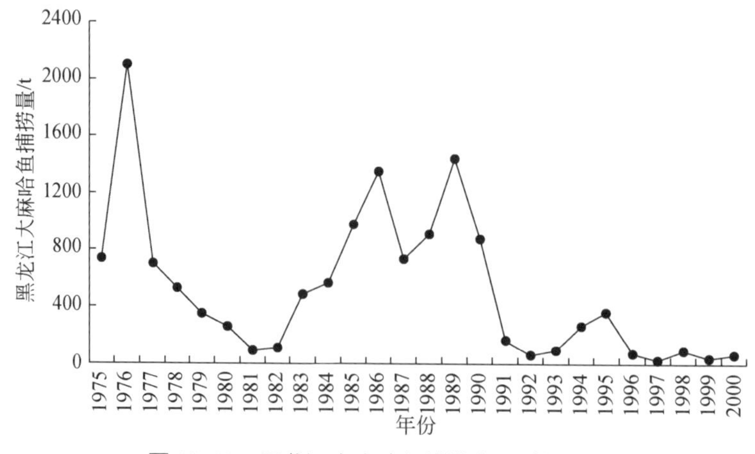

图 12-66 黑龙江大麻哈鱼捕捞产量时间变化

参考文献

董雅洁，梅亚东. 2007. "大东湖"生态水网构建工程对湖泊生态系统服务功能的影响. 环境科学与管理，(12)：38-41.

顾炉华，赖建武，程扬，等. 2018. 水情变化对平原河网水质输移影响模拟研究：以苏州吴中河网为例. 环境工程，36（1）：25-31.

胡望斌，韩德举，高勇，等. 2008. 鱼类洄游通道恢复——国外的经验及中国的对策. 长江流域资源与环境，(6)：898-903.

李海鹏，毛鹤崴，张文娟. 2020. 冲击性河流自然发育特征与治理研究. 科技创新与应用，(24)：48-50.

刘玉年，夏军，程绪水，等. 2008. 淮河流域典型闸坝断面的生态综合评价. 解放军理工大学学报（自然科学版），9（6）：693-697.

罗遵兰，赵志平，孙光，等. 2015. 松花江流域湿地生态系统健康评价. 水土保持研究，22（1）：105-109，114，2.

马超，于博，宾零陵，等. 2021. 城市河网连通循环净化系统构建及其关键技术. 水资源与水工程学报，32（4）：7-14.

冉启华，傅旭东，王光谦. 2008. 水力驱动作用下的地貌演变数值模拟：Ⅰ. 模型建立. 应用基础与工程科学学报，(3)：305-317.

田世民，王兆印，徐梦珍，等. 2010. 底栖动物与水生栖息地面积耦合机制研究. 人民黄河，32（11）：19-20，22，152.

吴雷，许有鹏，徐羽，等. 2018. 平原水网地区快速城市化对河流水系的影响. 地理学报，73（1）：104-114.

夏军，高扬，左其亭，等. 2012. 河湖水系连通特征及其利弊. 地理科学进展，31（1）：26-31.

薛联青，张卉，张洛晨，等. 2017. 基于改进RVA法的水利工程对塔里木河生态水文情势影响评估. 河海大学学报（自然科学版），45（3）：189-196.

杨钦，胡鹏，王建华，等. 2022. 近40年我国水域空间演变规律解析与保护对策建议. 中国水利，(7)：48-52.

岳东霞，杜军，巩杰，等. 2011. 民勤绿洲农田生态系统服务价值变化及其影响因子的回归分析. 生态学报，31（9）：2567-2575.

Guyassa E, Frankl A, Zenebe A, et al. 2017. Effects of check dams on runoff characteristics along gully reaches, the case of Northern Ethiopia. Journal of Hydrology, 545（2）：299-309.

Yi Y J, Yang Z F, Zhang S H. 2010. Ecological influence of dam construction and river-lake connectivity on migration fish habitat in the Yangtze River basin, China. Procedia Environmental Sciences, 2：1942-1954.

Zubala T, Patro M. 2016. Potential possibilities of water retention in agricultural loess catchments. Journal of Water and Land Development, 30（1）：141-149.

第 13 章
水网与优美景观

水网之优美，或是亿万年大自然之鬼斧神工，或是人与自然共同写下的生存艺术。它时而穿越峡谷、击打险滩；时而倾泻而下、洋洋洒洒；时而水平如镜、浮光掠影；时而大浪淘沙、汹涌澎湃。从岭南到塞北，从西域到江南，它或温婉细腻，或绮丽苍茫，或辽阔无垠。它是生命之源，有滋润万物之仁；它是城乡活力之血脉、也是人文历史之纽带，是人类繁荣的基础，也是审美以启智的源泉。

13.1 自然水景观

自然水网，不因水而独美，而以“山水林田湖草”生命共同体而美丽丰盈。正如古人的浪漫想象，浩瀚的天空便是万物的父亲，生机勃勃的大地便是人类和生命万物的母亲。高山、丘陵、平原、深谷和洼地构成大地母亲的躯体，天地交融而有雷鸣闪电，有云雨霜雪，这便是水。它流淌在大地之上，而成为美丽的水网，便是大地母亲的血脉。水网恣意纵横，携带着丰富的营养、生命、能量和信息，滋润了森林、草原、田园和一切生命与文化。它跌落高山而成为激流和飞瀑，激情豪放；它滞留于河湖湿地，而情意绵绵，孕育着生命的丰饶；它流经田园和城市，更显示其万般风情，用生命和母爱，哺育人类并使文明繁衍。

13.1.1 河流峡谷

河流峡谷是水网在地球上留下的最美雕刻，山之雄伟险峻，水之灵动百态在此演绎了地质之美、生境之美和文明之美。

（1）三江并流：北半球自然景观的百科全书

三江并流是指发源于青藏高原南部的怒江、澜沧江、金沙江，在滇西北并肩奔流近170km而不交汇之奇景。大陆板块的碰撞引发了横断山脉急剧地挤压、隆升、切割使得纵贯南北的江河与高山在此交替展布。由西向东，高黎贡山、碧罗雪山、云岭、沙鲁里山四山并列、紧束三江。三江并流区域面积约170万hm^2，是中国面积最大的世界自然遗产。它以丰富的地质地貌和景观类型著称，雪山林海、冰川草甸、高山湖泊、丹霞地貌、峡谷险滩在这里共同书写了北半球自然景观的百科全书。怒江两岸危崖耸立，江水自由奔腾、咆哮怒吼，最终注入安达曼海；澜沧江畔地形起伏，河道狭窄，密林夹岸，流经六国注入南海，被誉为“东方多瑙河”（图 13-1，图 13-2）；金沙江为长江上游，两岸山高谷深，坡陡流急，奔向东海。

图 13-1　澜沧江大拐弯
摄影：俞孔坚

图 13-2　西藏芒康盐井
摄影：俞孔坚

三江并流地区未受第四纪冰期影响，被誉为“世界生物基因库”。它以不到 0.4% 的中国国土面积，为全国 20% 以上的高等植物和 25% 的动物种类提供栖息环境。滇金丝猴、黑颈鹤、孟加拉虎、雪豹等 77 种国家级保护动物和红豆杉、桫椤等 34 种国家级保护植物在此栖息生长。这里是茶马古道的始发地，也是纳西族、藏族、傈僳族、独龙族、怒族等少数民族世代居住的“香格里拉”。

（2）雅鲁藏布大峡谷：地球上最后的秘境

“雅鲁藏布”藏语意为“高山流下的雪水”，它是西藏的母亲河，发源于青藏高原杰马央宗冰川，是世界海拔最高的河流（图13-3）。雅鲁藏布大峡谷位于雅鲁藏布江大拐弯处，隶属有“西藏江南”美称的墨脱县、米林县、林芝市和波密县，是世界最长、最深、海拔最高的大峡谷。雅鲁藏布大峡谷精巧地开辟了青藏高原与印度洋水汽交流的窗口，形成了地球上最完整的山地垂直生态系统带谱，从高山冰雪带到河谷亚热带季风雨林带，成为全球的“天然生物博物馆”和“山地生物物种基因库”。

图13-3　墨脱境内雅鲁藏布江峡谷

摄影：俞孔坚

大峡谷区域内有六大冰川，是我国最大的海洋性冰川群。圣洁神秘的雪山、冰川互相交融，形成了“菜花金黄映雪山，葱茏林海舞银蛇”的白色世界。云雾缭绕中的南迦巴瓦峰在此若隐若现，仿佛期待着“日照金山”的美景降临人间。大峡谷区域生活着十几个少数民族，由于地形阻隔而长期相互封闭，他们仍然保留着独特的生活方式。丰饶的自然和独特的人文在雅鲁藏布大峡谷自由生长，被誉为“地球上最后的秘境”（图13-4）。

（3）金沙江虎跳峡：万里长江第一峡

湍急的金沙江流经石鼓镇后急转北流，闯进玉龙雪山和哈巴雪山，从此劈山削岩，在峡谷最窄处，相传猛虎踏江心石便可跃江，因此得名“虎跳峡”。虎跳峡以“险”闻名天下，在30km长的峡谷中跌落200多米，拥有21处险滩，7处高坎，10条飞瀑，金沙江在此势不可挡，被称为“万里长江第一峡谷”。

峡谷全长约为17km，分为上虎跳、中虎跳、下虎跳，跨越香格里拉和丽江。上虎跳以“峡口”和“虎跳石”为焦点，徒步穿过斜坎陡壁，一道湍流映入眼帘，青黑色的虎跳石横卧江中，激起千层浪。中虎跳以“满天星”和“一线天”最为知名，这里江水浩

图 13-4　雅鲁藏布江峡谷两岸的高山瀑布

摄影：俞孔坚

荡，遇到岩石拐弯处，则鸣声阵阵，飞浪滔滔，更有飞泉瀑布倾泻而下。下虎跳江面逐渐开阔，江水平静安然。若对深峡呼喊，则不闻江水争鸣，只余回音阵阵。

1986年，长江漂流队胜利完成了无动力全程漂流。他们过漩涡、战激流、闯险滩，用热血和智慧战胜虎跳峡之险，书写了特殊时代的爱国壮举。

(4) 长江三峡：雄奇险绝，梦想之门

长江三峡，被誉为“长江之精气”，是自西向东连绵192km的瞿塘峡、巫峡和西陵峡的总称。从重庆白帝城到宜昌南津关，长江三峡铺开景色各异的诗画长卷。瞿塘峡，雄伟磅礴，距离最短，峡谷最窄，形成扼巴蜀咽喉的夔门，是中国最重要的标志性景观之一，也是面值十元人民币画面取景地。杜甫赞曰“众水会涪万，瞿塘争一门。”巫峡，秀丽诗意，巫山十二峰层峦叠嶂，神秘莫测，正如郦道元记载的渔民歌谣“巴东三峡巫峡长，猿鸣三声泪沾裳。”西陵峡则怪石林立、滩多水急，宽窄不一，其中三峡大坝便选址于航道最宽的三斗坪。

作为长江之咽喉，三峡潜藏着巨大的势能和控扼长江下游平原的巨大力量，一直启发着历代伟人治国平天下的想象，近一个世纪以来，一直撩拨着大国振兴的梦想。从1919年孙中山先生的《建国方略》，到1956年毛泽东畅想“高峡出平湖”，建设三峡大坝一直是中国近现代国家领导人的重大战略思考，直到2019年三峡水利枢纽工程全部完工，三峡大坝终于建成，实现了百年梦想。三峡之美也从雄险之峻化为安澜之优美。随着峡谷水位上升，航道加宽，水流趋缓，乘坐游轮成了是游览三峡最美好的方式，跨过一座座史诗般的长江大桥，可观高峡出平湖，群山碧连天的奇景。

长江三峡不仅是地理奇观，也是中华文明的代表，三峡东端是楚文化的根，西南端是巴文化的源，西端的成都平原是蜀文化的本。从峡江纤夫到三峡工程，中华民族艰苦创业、勇于拼搏的精神延续至今（图13-5）。

图13-5 长江三峡之瞿塘峡

摄影：俞孔坚

(5) 晋陕大峡谷：黄河急转会长城

黄河晋陕大峡谷长为725km，是黄河干流最长的连续峡谷。在河套地区黄河从东西向急转为南北走向，形成了“几”字形路径。从内蒙古河口镇至山西禹门口，滔滔河水向东灌入黄土高原，泥沙俱下。晋陕大峡谷以全黄河 15% 的流域面积产生了 56% 来沙量，黄河之“黄”在此成就。苍凉雄浑的峡谷辉映滚滚黄河，李白曾赞叹“黄河西来决昆仑，咆哮万里触龙门。”

晋陕大峡谷从老牛湾开端，这里是山西和内蒙古的交接点，也是黄河与长城握手之处(图 13-6)。长城与黄河交汇后顺河东岸南下，进入陕西境内。随着引黄入晋工程和万家寨水电站的建设，蓄水后的河湾变得平静清澈，落日余晖下的黄河、峡谷、长城、村庄描绘出传奇的晋陕风情。

图 13-6　晋陕大峡谷

摄影：视觉中国

13.1.2　湖泊

湖泊使流动的水网得以在此聚合、休憩、调节旱涝、滋养生命。我国的自然湖泊众多，其中面积 1km² 之上的便有 2800 多个。它们或位于高原深山，或位于江河沿岸。由于城市的扩张和人口的增长，仍保留天然之美的湖泊日渐稀少。它们是水网中最纯净的风景，也滋育了人类的文明。

(1) 青海湖：内陆咸沼，日月宝镜

青海湖，古称西海，传说中是文成公主扔出的日月宝镜，亦是西王母的瑶池。它是中国最大的内陆咸水湖，总面积为 4952km²，藏语称为“错温布”，其意为蓝色或青色的湖(图 13-7)。青海湖是构造断陷湖，曾与黄河水系相连，13 万年前由于新构造运动，注入黄河的倒淌河被堵塞倒流至青海湖，出现了尕海、耳海，后又分离出海晏湖、沙岛湖等子湖。

目前青海湖呈椭圆形，周长 300 余公里，其间分布着鸟岛、海心山、鸬鹚岛和沙岛四大岛屿，是鸟类的重要栖息地。青海湖最重要的补给来源是河水，其次是湖底的泉水和降水。湖周大小河流有 70 余条，其中布哈河、沙柳河、乌哈阿兰河和哈尔盖河入湖径流量

图 13-7 青海湖油菜花田
摄影：视觉中国

占比达 86%，也是鱼类回游产卵和鸟类较集中地区。

青海湖环湖皆景，其中以黑马河到鸟岛一段最为迷人。早春，来自印度洋的暖流涌来，滋润着紫花地丁、锦鸡儿悄然绽放，侨居南亚诸岛的斑头雁、鱼鸥、棕颈鸥来此衔草运枝、孕育后代。八月，万亩油菜花在湖畔盛开，在夏日的阳光光里肆意绽放。繁华过尽的十月，平静的草原上，黑马河正是观看日出的最佳地点。冬时的青海湖则洗尽铅华、朴素洁白。

除了茂盛的牧草和艳丽的野花，青海湖也孕育了藏、汉、蒙古、土族的灿烂文化。无垠自然为伴，我们可在此共唱拉伊山歌，同观安多藏戏，跳锅庄，舞安昭。人文之璀璨与大地之丰美在此交融，铺洒在历史与雪花之上。

（2）喀纳斯湖：人间净土，童话世界

“喀纳斯”，蒙古语意为“美丽而神秘的湖”。它深藏在北疆阿尔泰的高山密林之中，属于喀纳斯河流域范围。湖面海拔为 1374m，面积为 45.73km^2，湖深可达 188.5m，是中国最深的冰碛堰塞湖（图 13-8）。喀纳斯湖蓄水量达 53.8 亿 m^3，湖水来北部自奎屯、友谊峰等冰川融水和区域降水，喀纳斯河是它最主要的排水通道。喀纳斯河则发源于友谊峰的南坡喀纳斯冰川，是中国唯一的北冰洋水系。

高山、湖泊、河流、森林、草原、牧场和图瓦人聚落在喀纳斯河流域绽放了一道道美景。而千米枯木长堤、湖中“水怪”、“变色湖”、“云海佛光”四大奇观更为它增添了神秘色彩。除了自驾、骑马、漂流，徒步更能探究其神秘之美。无数山友称“徒步风光就能完全治愈行走之累”。从贾登峪出发，途经卧龙湾可远望如巨龙静卧般的绿色沙洲。北行至月亮湾，登上海拔 1500m 的侧碛平台可俯瞰绸缎般反“S”形的蓝色河湾，而上下河湾内发育的两个小沙滩，传说是成吉思汗留下的脚印。再往北三公里是神仙湾，它是山涧低缓处的一处浅滩，湖面常有云雾缭绕如临仙境。湖东岸的禾木乡则是中国仅存的三个图瓦人村落，古朴的木屋被松树和白桦林包裹，蒸腾着阵阵水汽，更胜北欧的童话世界。

在喀纳斯湖，六个月都是冬季。白雪往往将其描摹成一幅写意水墨画。回归原始的喀纳斯最显纯净之美，愿车速和脚步再慢一点，不要打扰了人间的净土。

图 13-8　喀纳斯湖

摄影：刘卓

(3) 纳木措：高原圣域，人间瑶池

纳木措位于西藏自治区中部，是世界上海拔最高的大型湖泊，湖面海拔为 4718m。纳木措为藏语，蒙古语也叫“腾格里海”，均为“天湖”之意。它也是中国第三大咸水湖，面积为 1920km^2（图 13-9）。纳木措是念青唐古拉山大型断陷洼地中发育的构造湖，由于山脉的阻隔成为内流湖，湖水的来源主要是高山融冰化雪的补给和天然降雨。

湖的南侧是念青唐古拉山，终年积雪的主峰直入云霄犹如山神下凡，北侧和西侧则是广阔的高原丘陵和湖滨平原。平原上丰美的蒿草、苔藓是牛羊的美餐，牧民们会在冬季到来之前把牛羊赶到这里，躲过风雪严寒。

每年 6～9 月份是纳木错最美时节，湖中有被称为门神的迎宾石、祈福万物的合掌石、供人自省的善恶洞和圣地扎西寺。湖中兀立着五个岛屿，传说是五方佛的化身，另外还有五个半岛从不同方位凸入水中，其中的圣象天门被誉为西藏美景的终结者。

夜晚的蓝色圣湖是海拔最高的自然天文台，似乎全宇宙的星星都已收入囊中。站在湖边仰望星空，便似“手可摘星辰”。有人曾穿越半个世界去寻找世间最美的星空，殊不知西藏纳木措拥有最美的宇宙。

(4) 长白山天池：群峰环壁，圣水灵镜

长白山天池，位于中朝边境的延边朝鲜族自治州，犹如一块玉璧镶嵌在长白山群峰中，传说是中太白金星的宝镜落到人间。它是中国最大的火山湖，湖面略呈椭圆形，面积

图 13-9 纳木措
摄影：刘卓

约为 9.82km^2，水面海拔为 2189m，最大水深为 373m（图 13-10）。天池孤悬天际没有入水口，仅在天豁峰和龙门峰之处有一狭道，池水倾泻而出形成高差 68m 的长白瀑布，“疑似龙池喷瑞雪，如同天际挂飞流。”此处正是松花江的正源。

图 13-10 长白山天池
摄影：视觉中国

神秘的天池白云环绕，由火山喷发物堆积而成的环状山岭佑护着一池碧水。环状山岭由16座群峰组成，千姿百态，嶙峋峭奇，以白云峰最高，海拔为2691m。天池上空流云集雾、变幻莫测，需要有运气才能一睹神颜。七八月的天池有时天朗气清，长白杜鹃、高山菊、高山罂粟、小山菊竞相开放，茵茵芳草环抱波光岚影。然而，天池也会骤然发怒，狂风呼啸、飞沙走石，卷起一米多高的飞浪。每至冬日，雪凝群峰间，如白虹入天汉，湖面白皙胜雪。极度的严寒却阻挡不了探险的脚步，人们怀揣期待，静候冰面“破镜重圆”之奇景。

天池的水也被称为“圣水”，是东北山林民族的“文明之源”。“万物有灵、敬畏天地”的信仰也随着时光沉淀至今。

13.1.3 沼泽湿地

水与湿地同生命、共依存。湿地是水网中调节水量、维持水质的重要保障，是地球上最丰产的生境。从高原到海滨，多样的湿地为多样的生物提供生境，尽显着蓬勃的生机。

(1) 若尔盖湿地：高原碧宝，长征遗迹

若尔盖，藏语念作“若尕”，意为牦牛喜欢的地方。它位于四川阿坝州若尔盖县，地处黄河、长江的上游，是世界上最大的高原泥滩沼泽。这里是国家一级保护动物“黑颈鹤之乡”，也是青藏高原高寒湿地生态系统的典型代表。1998年，湿地由国务院被批准建立国家级自然保护区，2008年被列入“国家重要湿地”保护名录。

若尔盖湿地原为青藏高原隆升过程中一个断裂下陷的盆地，嘎曲、墨曲和热曲在此汇入黄河（图13-11），3000km^{2}的沼泽湿地为长江黄河提供了充足的水源。黄河30%的水分都出自“若尔盖蓄水池”，湿地犹如高原上的绿宝石，深入其中更觉广袤无垠。夏日若尔盖大草原绿野如茵，帐篷点点，牧歌悠悠，牛羊如散落在草原上的珍珠；花湖梦幻妖娆，五彩缤纷的野花如云霞委地。秋日里绚烂的红叶好似从山顶向河谷倾泻，随后芦苇遍地金黄，湿地恢复平和静谧。“黄河九曲第一弯”为此中绝景。黄河之水如仙女的飘带在此轻拂而过便转身飘回青海，S形的河道在夕阳下金光夺目，有着“落霞与孤鹜齐飞，秋水共长天一色”之神韵。

在我们感叹草原湿地的灵动和美丽时，更不能忘却茫茫沼泽下掩埋着红军长征过草地时一万多名将士的忠骨。正是前辈在长征路上的牺牲和付出，换来了我辈自豪的壮美山河。

(2) 巴音布鲁克：冰雪融汇，天鹅之恋

巴音布鲁克，蒙古语意为“富饶的泉水”，位于新疆巴音郭楞蒙古自治州静和县，2013年被列入世界自然遗产名录（图13-12）。它地处天山南麓，是典型的高位山间断陷盆地，由大小珠勒图斯两个高位山间盆地和丘陵草场组成，平均海拔为2500m，总面积约为2.3万km^2。天山山脉的冰雪融水形成了大小河流汇入开都河中，加之降雨和地下水补给，孕育了大量的沼泽湿地和湖泊。由于严寒和冻土，这里不利于乔木生长，而湿润的环境却成为了湿生植物与禾草成长的天堂。湿地里的苔草、水麦冬、水毛茛和草原上的针茅和羊芽茁壮生长，造就了天山南麓最肥美的夏季牧场。这里河漫滩平坦宽阔，草地上常有

图 13-11 若尔盖湿地
摄影：视觉中国

泉水涌出，由小及大汇成河流。河流舒展开柔美的身躯，蜿蜒迂回于盆地之间，流向河谷地带，晚霞照耀下犹如金色的飘带与禾草草甸缱绻缠绵。

图 13-12 巴音布鲁克
摄影：视觉中国

这里也是中国最著名的“天鹅湖”，以大天鹅、小天鹅和疣鼻天鹅为代表，是世界最大的野生天鹅繁殖地。春天上万只天鹅从印度和非洲南部启程，在此寻觅心仪的伴侣，建设新房，哺育幼雏。成群的天鹅时而飞过羊群盘旋在远方的山谷，时而踊跹于水面，颀长的颈项画出柔美的弧线。巴克布鲁克湿地草原上，鸟类与人类的感情犹如蒙古长调般悠悠展开，各守天时，相互依存。似乎世间所有的信任和美好都集合在此，无法带走，只能留恋。

（3）三江平原湿地：黑土绿野，白鹳之乡

三江平原湿地是中国唯一保持着原始风貌的淡水湿地。它由黑龙江、乌苏里江和松花江以浩浩荡荡之势汇流、冲积而成。三江平原西起小兴安岭东南端，东至乌苏里江，横跨佳木斯、鹤岗、双鸭山市等 6 个地级市，境内有 52 个国家农垦农场，总面积超过 5 万 km^2，被誉为“中国黑土湿地之王”和国家粮食安全的“压舱石”。

三江平原湿地由多个国家级自然保护区组成。其中三江自然保护区是三江平原原始沼泽的核心和缩影（图 13-13）。它地处黑龙江与乌苏里江汇流的三角地带。区内沼泽与森林交错分布，湖泡里荷花竞相绽放，小叶樟、沼柳和苔草在风中沙沙作响。丹顶鹤则引吭高歌，雌雄对鸣。金雕搏击长空，狍子成群奔走，为湿地带来勃勃生机。兴凯湖国家自然保护区位于密山市中俄边境，是三江平原最大的水鸟栖息地，每年迁徙的候鸟超过 200 万只。这里几乎容纳了三江平原所有的重要物种，随处可见千鹤齐鸣，万鸟起飞。洪河自然保护区位于佳木斯市农垦总局建三江分局境内。这里保留了中国面积最大的原始沼泽区，1993 开始实施筑巢招引工程，成功吸引了 200 多对东方白鹳来此繁育，成为名副其实的“东方白鹳之乡”。

图 13-13　三江平原湿地

摄影：视觉中国

（4）黄河三角洲湿地：生长陆地，沧海桑田

黄河三角洲湿地位于黄河入海口东营市，面积达 $5450km^2$。黄河具有典型的快速变化和独特的沉积动力过程，直到公元 1855 年，黄河在铜瓦厢决口后改道北流至东营入海才奠定了现代黄河三角洲的生态基础。随着陆–海–河的相互作用，黄河三角洲湿地每天都在

不停发育长大，被称为“中国最年轻的陆地”（图 13-14）。

图 13-14　黄河三角洲湿地

摄影：俞孔坚

黄河水少沙多，大量泥沙在河口淤积，塑造出了河流、河口、潮间带滩涂、沼泽、湿草甸等多种湿地类型，构成了我国最大的沿海植物群落。初夏时节芦苇生机盎然，可乘一叶扁舟顺河而下，见野鸭觅食、鸥鹭飞舞；或在高处目送金色的水流在碧蓝的海面铺展开来，渐行渐远，“奔流到海不复回”。深秋的黄河口则是紫红色的，盐地碱蓬如红火的地毯般在苇荡的尽头铺陈开来。林海莽莽、“黄龙”入海，芦荻更似寒冬飞雪。很多专家学者感慨黄河三角洲湿地是“黄河送给渤海湾的礼物”，更是长途迁飞的涉禽中途补充能量的天堂。2018 年东营成为全球首批“国际湿地城市”之一，河流、湿地、海洋与城市相生相伴，不论沧海桑田时空变幻，永远诉说着自然的浪漫。

（5）扎龙湿地：苍苍蒹葭，丹鹤故乡

扎龙湿地位于黑龙江齐齐哈尔市扎龙乡，总面积为 21 万 hm^2，是世界上最大的芦苇湿地（图 13-15）。1987 年扎龙湿地晋升为国家级自然保护区，1992 年被列入国际重要湿地名录。它是世界上最大的丹顶鹤繁殖地，是我国的“丹顶鹤故乡”。

湿地由乌裕尔河尾闾湖的逐步萎缩演化而形成。如今已河道纵横，沼泽和浅水湖星罗棋布。初春的扎龙湿地水天一色，风吹新绿，水清鱼游。6～9 月则是观赏丹顶鹤最好的时节，每年都有 6 种鹤类在此繁殖停歇，丹砂为冠，霜翎如雪。游客常可见“晴空一鹤排云上”“翱翔一万里，来去几千年”。更有游客乘船漫游芦苇荡，静候白鹤飞过头顶，不断收获“鸿运当头”的吉祥寓意。

丹顶鹤的幸福栖居离不开鹤类保护工程师的热爱和辛劳。那首催人泪下的《丹顶鹤的故事》的女主人公徐秀娟就在此跟随父亲养鹤。守鹤天使的生命虽永远定格在如花似锦地 22 岁，而养鹤世家的故事仍在继续，保护和拯救这些生灵的事业需要我们世代传承。

图 13-15　扎龙湿地
摄影：视觉中国

（6）辽河三角洲湿地：盐蒿织锦，鹤蟹奔忙

辽河三角洲地跨盘锦市与营口市，由辽河、大凌河、小凌河等诸多河流冲击而成，总面积近 60 万 hm^2（图 13-16）。这里的苇海绵延千里，如巨大的翡翠镶嵌在渤海湾内。翅碱蓬群落如浩瀚苇海里的红地毯，描绘出独特的红海滩奇景。

图 13-16　辽河三角洲湿地
摄影：刘卓

翅碱蓬俗称“盐蒿”，近看如翡翠珊瑚，是生长在潮间带的盐生植物。它不惧风浪，是三角洲的迎潮先锋。它那耀眼的红色是反射太阳光波中紫光波所致。春季碱蓬草透着绿意，晶莹剔透，进入七八月份则忽然铆足了劲，让火焰般的红在海滩燃烧蔓延，好似流云落脚下，亦如朝霞织梦锦。此时，常有小河蟹依附其上挥舞大螯，转眼间便钻进松软的泥土里。9～10月是观赏红海滩的绝佳时期，此时碱蓬草会结出细沙般的果实，等待大自然的采集。碱蓬不仅是辽河三角洲的颜值担当，更是不计回报的守护者。它用粗壮的根系加速了滨海土壤的脱盐过程，沉淀浮尘泥沙。它献出茎叶养育了虾蟹和鹤群。脱落的枯枝或为黑嘴鸥提供了筑巢材料，或肥沃了脚下的土壤。在这里，盘锦因大米、文蛤和中华绒螯蟹让游人流连忘返，更因三角洲之瑰丽风情让人魂牵梦萦。

(7) 中国黄（渤）海湿地：水肥滩嫩，候鸟天堂

中国黄（渤）海候鸟栖息地（一期）是中国第一个湿地类世界自然遗产（图13-17）。它有着世界上最大的潮间带滩涂，核心区面积为1886km^2，缓冲区面积为800km^2，是东亚-澳大利亚候鸟迁徙路线上的关键枢纽。该区域为23种具有国际重要性的鸟类提供栖息地，支撑了17种世界自然保护联盟濒危物种红色名录物种的生存。

图13-17 中国黄（渤）海湿地

摄影：视觉中国

它包含五个保护区，共同书写了勃勃生机的自然之美。江苏大丰国家级自然保护区滩涂平坦宽阔、河道蜿蜒、獐跃鸟鸣。这里是世界上占地面积最大的麋鹿自然保护区也是东方白鹳、丹顶鹤等珍稀鸟类的家园。江苏盐城国家级自然保护区是我国最大的沿海滩涂类型的自然保护区，每年都吸引了约200多种候鸟来此栖息，其中黑脸琵鹭的数量可占全球10%。江苏盐城条子泥市级自然保护区则是粉沙淤泥质潮间带滩涂。全球超过50%勺嘴鹬会来到此地，觅食、换羽。这里也是生态的淡水及海水养殖区，在黄海之滨描绘了一幅鱼欢虾跃、水鸟飞翔的生态画卷。江苏东台高泥湿地保护地块属于淤泥质近海与海岸湿地，它为小青脚鹬、黑嘴鸥等珍稀濒危鸟类提供了重要的栖息地，同时鱼类贝类资源丰富，是

典型的海上牧场。江苏东台条子泥湿地保护小区内的条形沙洲纵横错落，是野鸭们的天堂。秋季这里总能迎来大批野生珍禽，飞舞成最美丽和谐的自然风景。

中国黄（渤）海候鸟栖息地是中国的世界自然遗产从陆地走向海洋的开始，让世界见证了中国滨海及河口湿地之美，更向世界展示了中国生态文明的建设成果和保护全球生物多样性的大国担当。

（8）东寨港红树林：海岛卫士，水下村庄

海口东寨港以拥有中国面积最大的红树林而闻名，是全国首个红树林自然保护区，也是我国首批列入《国际重要湿地名录》的7个湿地保护区之一（图13-18）。它位于海口市美兰区，保护区总面积33.37km^2，分布有红树林植物19科35种，占全国红树林植物种类的97%，其中海南海桑和尖叶卤蕨为海南特有。保护区内栖息的鸟类有204种，其中包括黑脸琵鹭、褐翅鸦鹃、黑嘴鸥等珍稀物种。这里既是越冬鸟类的重要栖息地，也是重要的物种基因宝库。

图13-18　海口东寨港红树林

摄影：俞孔坚

在500年前，东寨港还是一片美丽的田园，然而1605年琼州大地震导致百余平方公里陆陷成海，不计其数的官房、民舍、田地被淹没，正是如今的“海底村庄”。东寨河则变成一片汪洋，缩短成如今的南洋河。原本汇入东寨河的珠溪河、演丰东河、演丰西河等支流直接入海。随着“桑田”逐渐下沉变成了“沧海”，沿岸的陆地也经历着陆地—半草地—草地—红树林沼泽区—浅滩的演变过程，形成了如今壮观的红林港湾。

这片红树林如今已成为海口生态旅游明星，游客可漫步木栈道近距离观察红树林生态系统，体验红树林作为“海防卫士”“净化能手”“绿色氧吧”和“鹭鸟家园”，发挥着巨大的生态系统服务功能。游客也可乘坐游船探秘海上森林。船桨划开水面的平静，随处可见招潮蟹舞动大螯、弹涂鱼跳跃嬉戏、常有鸥鹭振翅，蹁跹起舞。

13.1.4 瀑布

瀑布集水之声、形、色、美之大成。它们或磅礴壮丽，或飘洒柔美，都是水网最具动感和激情的表达。

（1）德天瀑布：姊妹双瀑，跨国情缘

德天瀑布横跨中越边境，源于广西归春河。它与越南板约瀑布携手而立，雨季甚至融为一体，是亚洲第一大跨国瀑布（图 13-19）。德天瀑布所在地层属于中泥盆统白云质灰岩，是典型的熔岩瀑布。归春河水对河底不断冲刷侵蚀，在流经浦汤岛时，陡崖开裂，河水瞬间爆发冲破高崖，跌宕而下。德天瀑布成为了婉约的归春河最激情的表达。

图 13-19 德天瀑布

每年的 7 ~ 11 月是德天瀑布的黄金游赏期，由于降雨丰沛，瀑布宽度可达 208m，分上、中、下三级，飞流曲折、气势雄浑。坐于竹筏之上，人们可仰望瀑布从 70m 之上倾泻而下，水花撞击坚石，飞珠溅玉，炎炎夏日，顿感清凉畅爽。沿栈道而行，可在三级观景台观赏瀑布，远近高低，五彩缤纷、风采各异。探索者不难发现有许多支流暗藏在树林和悬崖中，薄雾迷蒙，如见伊人，在水一方。

（2）壶口瀑布：千里黄河一壶收

壶口瀑布位于陕西省延安市和山西省临汾市交界处，是世界上最大的金黄色瀑布（图 13-20）。壶口瀑布为晋陕大峡谷的重要组成，300m 宽的黄河水被束口为 20 ~ 30m 宽度，$1000m^3/s$ 的河水从 20m 高崖倾泻，形成了“千里黄河一壶收”的气度。

由于特殊的气候和地质条件，壶口瀑布展现了一系列奇观。黄河奔腾怒吼，瀑布撞击岩石，巨响回荡山谷，如晴天惊雷。雨季洪峰高、历时短，黄河流经黄土丘陵沟壑区，水沙俱下，壶口瀑布如黄金长链，排山倒海。夏季，水雾自激流中腾空而起，如烟起水底。升腾的水雾折射阳光，时而似长龙戏水，时而似彩桥飞渡，扑朔迷离。壶口瀑布还是黄河全段唯一有冰封的节点。隆冬时节，两岸冰凌倒挂、晶莹剔透，滚滚黄河则呼啸而过，一静一动，顿感自然之力气象万千。

（3）黄果树瀑布：中华第一瀑，飞练挂遥峰

黄果树瀑布位于贵州省安顺市，因本地广泛分布黄桷树而得名（图 13-21）。瀑布高为 77.8m，宽为 101m，徐霞客称之“高峻数倍者有之，而从无此阔而大者”。瀑布以雄奇壮阔的气势，绵密多样的瀑布群而享誉中外，有“中华第一瀑布”的美誉。

图 13-20　壶口瀑布
摄影：视觉中国

图 13-21　黄果树瀑布
摄影：视觉中国

黄果树瀑布是侵蚀裂点型瀑布。数十万年前，白水河上游下渗侵蚀形成众多地下河和溶洞，随后演变成地下裂点。随着河水不断侵蚀、溶蚀、侧蚀，溶洞逐渐塌陷，大瀑布呈现眼前。

人们可在高台与河畔正视大瀑布，只见飞花倾泻而下，跌入犀牛潭，"白水如棉，不用弓弹花自散"。走过吊桥，近观飞瀑，则"捣珠崩玉，飞沫反涌"。游人还可穿过瀑布进入水帘洞，这里长达 134m，包括六个洞窗，五个洞厅，三个洞泉和六个通道。从不同的洞窗窥探，可见犀牛潭上漂浮的水雾在阳光下映射出各类彩虹，如“雪映川霞”，气象万千。正如徐霞客赞其“珠帘钩不卷，飞练挂遥峰”。

(4) 镜泊湖瀑布：三面溢水，冰瀑奇观

镜泊湖瀑布又名吊水楼瀑布，位于牡丹江市镜泊湖的北侧，形如“尼亚加拉大瀑布”，是世界上最大的玄武岩瀑布（图 13-22）。8000 年前由于地壳运动频繁，火山频发，阻塞了牡丹江的去路，形成了镜泊湖，进而江水下跌形成瀑布。

图 13-22　镜泊湖瀑布

摄影：视觉中国

夏季丰水期瀑布宽度可从 70m 扩展至 300m。此时的瀑布水量大，雾气多，水声如雷，响彻云霄，可赏“三面溢水”奇观。枯水期，瀑量渐稀或消失，人们可在熔岩床上发现深浅不一、光滑圆润的溶洞。冬季的镜泊湖则是另一番景象，瀑布从两侧向中央逐渐冻结，最终形成高达 20m，厚达 2m，宽数百米的冰瀑奇观。冰瀑造型各异，颜色多彩，似佛塔，似利刃，似水晶，似莲花，置身其中，只感觉冰清玉洁，全然忘我。

(5) 九寨沟诺日朗瀑布：珠帘群瀑，蓝冰绝景

诺日朗，藏语为“男神”，象征高大雄伟，相传诺日朗瀑布是藏族姑娘若依果的纺织台跌落山崖后形成的（图 13-23）。瀑布宽为 320m，落差为 24.5m，顶部平整如台，在九寨沟瀑布群中最为壮观。九寨沟地区新构造运动强烈，发育了大规模喀斯特作用的钙华沉积，形成了美丽典雅的湖群、溪流和瀑群。诺日朗瀑布处于树正群海沟、则查洼沟和日则沟三支主沟交界处，是我国最宽的钙华瀑布。也是九寨沟美景之精华。

诺日朗瀑布是 1986 版《西游记》片尾主题曲的取景地之一，四季有景，日夜变换。初春时山谷里万物复苏，生机勃勃，瀑布掩映在新绿中，剔透空灵；盛夏时水量浩大，垂流之下，激起万朵水花；金秋时，山谷万紫千红，瀑布细流密布，飘然而下；进入冬季，阳光下飞瀑凝结成悠悠的蓝色冰晶，形成九寨沟六绝之一的蓝冰。

图 13-23　九寨沟诺日朗瀑布
摄影：视觉中国

13.1.5　泉

泉是地下水网冲破地表形成的景观，经过天然岩石、砂土的过滤，与间隙之间涌出，或清冽甜爽、或温润甘醇、也或沸腾喷薄。泉之美在变换多样之动态、疗愈健康之内涵。

（1）五大连池：火山连璧，冷泉如玉

五大连池，位于黑龙江省西北部，是小兴安岭向松嫩平原过渡的地带，因火山喷发，熔岩阻塞白河河道而形成五个相互连接的湖泊得名（图 13-24）。五个火山堰塞湖如珍珠般串联成链，包括"睡莲香沁梦幽幽"的莲花湖、雾气缭绕的燕山湖、一面熔岩台地一面绿色田园的白龙湖、水草丰美鸟蹁跹的鹤鸣湖和无风起浪惊涛拍岸的如意湖。其中白龙湖面积最大，也是观赏朝阳和晚霞最美之地，霞光映染着波光粼粼的湖面，无边的麦芒上十四座火山锥拔地而起。

五大连池以蕴藏着丰富的地下水和矿泉水闻名，这里的碳酸矿泉水可与法国希维矿泉水和俄罗斯北纳尔赞矿泉媲美，被称为世界三大冷泉之一。据初步勘探，五大连池有药泉山、焦得布、火烧山等九处矿泉群以及 300 多天然露头泉，既有铁硅质、美钙型重碳酸低温冷矿泉也有硅酸矿泉、氡矿泉。水中自然生长了鲤鱼、鲫鱼、三花五罗等 36 种矿泉鱼，肉质鲜美、有益健康。

五大连池是中国首个火山自然保护区。奇异壮美的火山群、碧波荡漾的连池、喷涌如玉的矿泉，让这里成为难得的科学行旅、休假疗养的胜地。

（2）鸣沙山月牙泉：荒原奇水，梦幻蜃楼

鸣沙山月牙泉位于甘肃省敦煌市南部，古称"沙井""药泉"，因形似一弯新月得名（图 13-25）。月牙泉东西长约为 242m，形成于党河洪积扇与西水沟洪积扇之间的低洼风蚀沙丘之间，是地下水的天然露头。

泉因被鸣沙山环抱，形成了沙水共生、山泉相依的奇景，被誉为"沙漠第一泉"。月

图 13-24　五大连池
摄影：视觉中国

图 13-25　鸣沙山月牙泉
摄影：刘卓

牙泉和鸣沙山犹如大漠戈壁中的一对情人，“山以灵而故鸣，水以神而益秀”。从山顶鸟瞰，一湾清泉辉映着错落有致的月泉阁建筑群，丝路余韵在此铺陈开来。漫步泉畔，则感星草含芒、铁鱼鼓浪，是苍茫大漠中的碧水柔情。

泉畔古柳和胡杨见证着山泉变迁、枯荣交替。千百年来尽管狂沙呼啸、沙山环泉，而泉水仍清澈甘洌、不浊不涸。然而，自 20 世纪 60 年代开始，由于党河水库的修建、地下水补排失衡、气温升高和沙丘移动等因素，月牙湖的水位一度逐年下降。为拯救危机中的月牙泉，2008 年政府启动了月牙湖综合补水工程，自汉朝流芳至今的敦煌八景之一“月泉晓彻”得以重现。

13.1.6　潮

江河之潮是水网、海洋和天体引力共同造就的力量之美。钱塘江大潮被誉为“天下第一潮”，它既为天文之潮、地形之潮、更是人文之潮。

钱塘潮，自东海进入杭州湾，止于富春江水电站下游，溯江而上、奔流百里。传说中钱塘潮是冤臣伍子胥和文种死后发怒兴涛作浪（图 13-26）。潮汐理论则告诉我们，钱塘潮的形成得益于天时和地利。中秋之后是观潮的最佳时期，是因为在春分和秋分日，地球、月亮、太阳三个天体在同一平面之内，适逢朔、望日，三个天体更接近一直线，这时海水受到的引潮力最大，加之秋季江水充盈和东南季风推波助澜，潮水的能量达到鼎盛。钱塘江是典型的喇叭形河口，入海处宽达 100km，上溯到盐官镇只有 2～3km。澉浦以西沙坎急剧升高，潮流被狭槽紧束，出现高峰，潮高可达 8～9m，海潮奔腾搏击，形成了“天下第一潮的奇观”。

图 13-26　钱塘江大潮

摄影：视觉中国

潮水翻江倒海，变幻无穷。在海宁丁桥镇，由于江中有沙洲，潮波分成东潮和南潮，交叉相拥，形成异常壮观的交叉潮。在盐官镇则可观素练横江的一线潮。在海宁老盐仓由于丁坝阻拦潮水，潮水被反弹折回，形成风驰电掣、惊天动地的回头潮等。

观赏钱江秋涛，早在汉代已成风，唐宋更胜，相传农历八月十八是潮神的生日，唐代时曾盛行弄潮戏，宋代曾经在此校阅水师，后逐渐成为观潮节流传至今。苏东坡曾赞叹“八月十八潮，壮观天下无”。范仲淹《观潮次韵》里更是生动描绘了潮水“涌若蛟龙斗，奔如雨雹惊”的壮观场面。然而潮水无情，涌上岸边年年夺命，人称“鬼王潮”。

13.2 人工水景观

从逐水而居，到崇水敬水；从用水治水，到节水管水。我国的水网滋养了广袤的田园，孕育了水乡聚落，激活了城市界面，繁盛了城市文化。更有人崇拜自然水网之美，以自然为师，移天缩地于园景之中。人工水景千千万，而能经久不衰流传其美者，必然以人水和谐为前提，将人类的欲望恰当地溶解于水之中，形成与自然相融相生的“深邃之形”，从而使人类之文明因水而兴、因水而荣、因水而美。

13.2.1 水田与水产景观

水网是农业生产的“命脉”，不同的地理环境提供的水资源千差万别，而智慧的人类总能创造出既适应气候，又可维持农耕生产的水利用方式，创造绚丽多彩的水田与水产景观。

13.2.1.1 稻作梯田

中国是一个多山的国家，崎岖的山地、绵延的丘陵和广袤的高原占据了国土面积的三分之二。山区的先民们为了生存和发展，开垦田亩、蓄水种植，西汉《氾胜之书》就已经出现了有关梯田的记载。梯田分为旱梯田与水梯田，水梯田即稻作梯田，截至2015年底，就有7处稻作梯田被列为中国重要农业文化遗产（China-NIAHS）。稻作梯田分布于秦岭—淮河以南的亚热带、热带丘陵和山地，这里气候温暖、雨水丰沛、森林密布、山脉起伏，形成了集中的梯田地理构成环境。“森林-村落-梯田-水网”是稻作梯田的共同特征。人们巧妙地借用自然的力量，获取生产所需的水和养分，孕育了独特的稻作文化。这是人们千百年来的生存智慧，亦是山、水、人相融相生的绝佳范例。

（1）哈尼稻作梯田系统：雕刻山水，雨雾云海

哈尼梯田坐落于云南省红河边的哀牢山山麓（图13-27）。曾经生活在青藏高原的哈尼族逐水草而居，在约1200年前迁居至此。

红河河谷海拔低、气温高，大量水汽蒸发升至高海拔地区，形成雨雾和云海。山上的森林吸收并涵养了这些水分，花岗岩形成的天然隔水层使水分难以下渗，变为大量山泉汩汩流出。人们在森林下方建造村寨，又不断向下开辟梯田，山泉不仅供人们饮用、浣衣，还将一层一层向下流淌，最终灌满这片一望无垠的梯田。梯田中的水又将汇入河谷，从而开始新的一轮旅程。稻作生产衍生出哈尼族独一无二的稻作文化，如历法、祭祀、传统建筑等。

当重重云雾消散了，一片片、一层层的梯田便显现出来，如形状各异、长短不一的明镜片，镶嵌在河谷山麓中，映照着天光云影，闪烁着熠熠光辉。

（2）中国南方山地稻作梯田系统：天光云影，田随水生

南方山地稻作梯田系统由江西崇义客家梯田系统、福建尤溪联合梯田、湖南新化紫鹊界梯田和广西龙胜龙脊梯田组成（图13-28）。南方稻作梯田依靠有效的自然重力灌溉系

图13-27　哈尼元阳梯田千层梯田景观
摄影：俞孔坚

统，收获最大的耕作效益。以紫鹊界梯田为例，其灌溉体系分为蓄水工程、灌排渠系与控制设施三部分。田块随溪水而生。名叫“毛圳”的输水渠，如同毛细血管，引溪水以灌溉田块，又有竹筒作为小渡槽，防止溪水冲刷田埂，将水送向更远的水田。随着山势的起伏，蓄满水的梯田映衬天光云影，如金丝银带层层相叠。

图13-28　广西龙脊梯田
摄影：俞孔坚

崇义、尤溪、新化、龙胜四处梯田虽同为一大系统，却也各有特色。崇义梯田与客家宗族相融相生；尤溪联合梯田是唯一由东南沿海汉民族创造的梯田农耕系统；新化紫鹊界梯田历史最为悠久，形成了苗、瑶、汉多民族融合的梅山文化；龙胜龙脊梯田则由壮、瑶二族开垦，是充满着少数民族风情的诗意家园。

13.2.1.2　基塘景观

桑基鱼塘系统早在公元9世纪就已出现在太湖流域一带，在南宋时因士民南迁，珠江三角洲一带也逐渐形成桑基鱼塘农业景观。“基种桑，塘养鱼，桑叶饲蚕，蚕粪饲鱼，两利俱全，十倍禾稼”，桑基鱼塘作为一种高效、经济的土地利用方式，在平原河网地区得到广泛采用，并在此基础上衍生出蔗基鱼塘、果基鱼塘等模式，如西溪湿地的“柿基鱼塘”。桑基鱼塘系统打破了低洼积水地不事农耕的固有印象，集中展现了人类借助自然力量来繁衍生息的智慧，也正因为如此，浙江湖州桑基鱼塘系统于2017年被列入全球重要农业文化遗产名录，珠三角桑园于2020年被列入世界灌溉工程遗产名录，为未来的可持续发展和美好生活继续提供真正的解决方案。

（1）浙江湖州桑基鱼塘系统：横塘纵浦，十倍禾稼

湖州，因濒临太湖而得名。这里湖荡棋布，洪涝频繁，年降水量为761～1780mm，相对湿度在80%以上，并非理想中的农耕之所。春秋战国时期，吴越两国劝课农桑，人们利用竹木透水围篱，开挖溇港，此后逐渐形成了“五里七里一纵浦，七里十里一横塘”的“塘浦-溇港”系统，被誉为可与“都江堰”“郑国渠”媲美的古代水利工程（图13-29）。

图13-29　湖州桑基鱼塘俯瞰

资料来源：中国农业展览馆

溇港系统为发展农耕奠定了基础。智慧的先人们植桑、养蚕、蓄鱼，逐步演变成了“塘基种桑、桑叶喂蚕、蚕沙养鱼、鱼粪肥塘、塘泥壅桑”的桑基鱼塘系统。这不仅实现了对生态环境的“零”污染，还带来了“两利俱全，十倍禾稼”的经济效益，将湖州滋

养为江南鱼米之乡、丝绸之府。

纵横穿梭的河道与大片的桑基鱼塘，既像血管与细胞相互依存，在大地上蓬勃生长；又如丝线与玉珠紧密相连，构成江南独特的水乡风光。清代阮元有诗云："交流四水抱城斜，散作千溪遍万家。深处种菱浅种稻，不深不浅种荷花。"就描述了这种水利、农业与聚落和谐共生的美丽景观。桑基鱼塘系统是一种永续高质量发展的农业模式，是人类冲破局限、与自然共生的生动实践。

(2) 杭州西溪湿地：耕渔栉比，丰饶江南

在杭州市的西南丘陵两侧，地质构造湖盆演化为了西湖，而回陷区则发展为了西溪湿地（图 13-30）。西溪湿地兼得丘陵河谷与水网平原两种地貌，入可犁耕稻作，出可抵御外侮，进而孕育了以良渚为代表的早期文明。西溪的地理环境和土质虽适宜耕作，但也易受内涝和渍水灾害。自东汉至清光绪时期，人们不断兴修水利、筑坝浚湖，"沟塍鳞次，耕渔栉比，兼饶梅竹茶笋"。西溪逐渐演变为大面积河港湖漾水网及狭窄塘基共同构成的洲渚相间的次生湿地景观。人们以鱼塘为主，基面种植桑、柿、竹等，形成了桑基鱼塘、柿基鱼塘、竹基鱼塘交错之景。

图 13-30　杭州西溪湿地鸟瞰

摄影：视觉中国

2003 年，西溪湿地综合保护工程启动，对留存千年的 1000 多个"三基"鱼塘进行保护，其中百年以上的古柿树 4000 多株，南宋发展至今的柿基鱼塘成为西溪湿地风物一绝。湿地内还建设了特色鱼类种质资源保护和繁育基地等项目，耕渔之乐流传至今。如今的西溪湿地秋芦飞雪钓月画船、火柿染霜倒映流霞、鹭影婀娜畅游莲滩、曲水荡舟寻觅红梅。西溪湿地，"居民咸乐耕渔之业，而梅竹茶笋之利倍于他处。故西溪之胜，不独在山水间也"。西溪重新成为与西湖、西泠齐名的一颗明珠，书写了农业生产、生态保护和文化美学多方共赢的典范。

(3) 珠江三角洲桑基鱼塘：鱼群熙攘，红荔飘香

珠江三角洲是由西江、东江和北江入海沉积形成的复合三角洲，与太湖流域一样是典型的平原河网地带（图 13-31）。南宋时，躲避战乱的南迁移民增加。由于适宜耕作的土地已被当地居民占有，移民只能开垦洼地。好在来自江南的移民早已有了预防水害、开垦沼泽的经验，他们围垦沙田、修建堤围，其中最著名的便是横跨顺德、南海两县的桑园围。桑园围是开口围，设倒流港，可防御海潮和江水，围内河涌通航、湖塘调蓄，保卫着千顷良田。

图 13-31　珠江三角洲桑基鱼塘

摄影：视觉中国

明代以前，珠三角围田仍以稻作、果木为主，直到明嘉靖年间，广州独口通商，以丝绸为主要商品的出口经济便在珠三角蓬勃发展起来。太湖流域的白桑一年只可养蚕二到四次，而“广州桑”每年至少可采七次桑叶。粤纱不仅产量高，质量亦上乘，更有“金陵苏杭皆不及”的美誉。到了清朝，人们纷纷“弃田筑塘，废稻树桑”，形成以顺德为中心的桑基鱼塘景观。

改革开放后，珠三角传统蚕区开始发展经济效益更高的第二第三产业，桑基鱼塘逐渐淡出人们的视野，但南海西樵仍保留着一万多亩桑基鱼塘原始景观，桑树葱葱，鱼群熙攘；绿水悠悠，红荔飘香。“锹田种桑满村南，绿蕉红苹杂橙柑。果熟教郎贩运去，桑叶教侬勤饲蚕”，直到今日桑园围仍守护着一方田野，桑渔之美仍滋养着这一份乡愁。

13.2.1.3　垛田景观

垛田因土成垛，因垛得名，是传承百年的农业智慧。垛田多分布在中国南方。因水多地少，洪涝频发，先民沿湖或河网用开挖沟渠的淤泥堆积成垛状的高田。耕作只能靠人，来去只能行船。2014 年江苏泰州兴化垛田被联合国粮农组织评定为全球重要农业文化遗产，向世界宣告了中国传统农业水景观之美。

兴化地处江苏中部，地势低洼如平原“锅底”，农田经常被冲毁，农民深受其害。宋元时期，兴化人开始选择沼泽地势略高处用淤泥堆积成1m以上的田垛，大不过数亩，小仅有几分，如海洋上漂浮着千万岛屿，形成特有的“村落–垛田–水利”系统。由于垛田土质疏松、罱泥积肥营养丰富，加上光照足、通风好，产出的瓜果蔬菜皆为上品。20世纪50年代兴化便有“垛田油菜，全国挂帅”的美称。水下，由于清淤带来了水质环境的改善，成为优质淡水鱼虾的产出地。垛外则种植水杉等耐湿植物，葱郁茂密，从而形成了林–田–水耦合的农业生产体系。

垛田不仅产出丰饶且景观优美、四季各异。春来“河有万湾多碧水，田无一处不黄花”；盛夏十里莲塘；金秋绵绵瓜瓞；隆冬初雪则“白垛黑水”，如水墨晕染（图13-32）。动态的季节性生产景观尽显清雅秀丽。在这里，人与水找到了和谐的平衡，农业智慧成就了最美的生存艺术。

图13-32　兴化垛田景观

摄影：视觉中国

13.2.2　水乡聚落景观

水网滋养了繁华的城市，也孕育了无数乡村聚落。不同的水网造就了不同的聚落形式和景观之美。其中最具代表性的是以江南古镇为代表的平原水乡与徽州古村落为代表的山地水乡。

平原水乡之“平原”，最为典型的是太湖平原。这里滋养了无数的生灵和灿烂文化，周庄、西塘、同里、乌镇等江南古镇如珍珠一般镶嵌于太湖周边。因为地势平坦、水网密布，古镇沿水而建，形成独有的河街水巷景观。

山地水乡则以徽州地区最为典型、山溪为自然地理基础，黄山山脉、天目—白际山脉与五龙山脉环绕其外，新安江、阊江、乐安江、青弋江流经其里，形成山高谷深，河系发达的地理环境。徽州古村落因山借势，顺应水湾，发展出以水口伴随风水林为特色的景观，形成了各自相对独立、封闭的聚落形态。

(1) 周庄：诗意江南，湖泊水乡

湖泊型低地古镇位于太湖东岸，它们的发展与娄江、东江、吴淞江和太湖东部湖泊的兴衰紧密相连，具有“小而巧”的灵韵。周庄便是这类古镇的代表（图 13-33）。

图 13-33 周庄双桥
摄影：俞孔坚

周庄位于江苏省昆山市，为澄湖、白蚬湖、淀山湖、南湖所怀抱。东江将周庄与外界隔离开来，形成一座遗世独立的岛屿，可谓“镇为泽国，四面环水”。镇内南北市河、油车漾河、中市河和后港河两纵两横贯通，以致“咫尺往来，皆须舟楫”。

隋唐时期的周庄是一个小小的村落，称“贞丰里”，如今镇口的古牌坊上还书写着“贞丰泽国”四个大字。宋元祐元年，里人周迪功郎在此捐田建寺，百姓感其恩德，遂改称周庄。

这里保存着完好的明清古建筑群落，仅 4.7hm^2 的土地上坐落着近百座古宅院第，60 多座砖雕门楼，17 座古桥，9 条传统街巷，以及过街骑楼和水墙门。明代古宅张厅的后花园中，清澈的箸泾贴墙而来，穿阁而去，水榭前又拓宽一丈见方的水池供船交会、调头，正可谓“轿从门前进，船自家中过”，形成了江南民居的独特韵味。还有因画家陈逸飞先生的著作而闻名世界的双桥，由世德桥和永安桥相连组成。世德桥为石拱桥，永安桥为石梁桥，两桥一横一竖，桥洞一圆一方，截然不同的结构和形式却组成了最和谐的画面，又称为“钥匙桥”。江南诗意在周庄的一砖一瓦、一草一木中传承生长，展现着传颂千年的水乡文化。

(2) 乌镇：商贸巨镇，港汊水乡

河川型低地古镇，地处江南古运河及其支流附近，它们受到的自然变迁的冲击较小，同时运河带来的商业繁荣，让河川型古镇相较湖泊型古镇规模更大、街市更繁华，乌镇便是此类古镇的代表。

乌镇位于浙江省桐乡市，历史上为两省、三府、七县接壤之地，发源于天目山的苕、霅二溪汇入车溪（今市河），自西南向东北流入乌镇，再汇入烂溪，最终流向太湖，京杭大运河则从乌镇西侧经过（图 13-34）。正所谓“乌青当三江五湖之冲，众流交汇，泽国之下游也。”天然泽国的环境使乌镇在唐朝末年前一直是军事重镇，以戍守为主要职能。

图 13-34　乌镇临水步道
摄影：刘卓

宋时，浙江成为京畿之地，乌镇凭借优越的地理位置和发达的水上交通，逐渐由军事重镇转变为商业巨镇。“市河通贾舶，而列肆贾区夹处两岸”，乌镇因水成市，贾商云集，屋宇林立，从而改变了传统市镇的格局。乌镇沿车溪生长，形成“十”字形格局，交汇处称“中市”，除居住功能外，还是为集会开展的核心区域。乌镇整体呈现高度混合的状态，全镇以居住为主，商业、行政、教育等场所点缀于其中，建筑空间亦为“上宅下店”“前店后宅”等模式；同时，权贵、士大夫、平民共同居住在市井之中，形成阶层混合的独特景象。

（3）徽州：水口关阑，藏风聚气

徽州是一个历史地理概念，自宋朝形成“一府六邑”格局，曾下辖今安徽省黄山市歙县、黟县、休宁、祁门、绩溪以及江西省上饶市婺源县。

徽州水系不同于江南水网，流量小、落差大、水流急，人们为了更好地利用水资源，便把守住水道转折之处，将团状的村庄藏于河湾，形成内向生长的徽州古村落。水流的出入口即为“水口”：“地之门户，当一万众水所总出处也”。水口处，人们障空补缺、引水补基，前有朝阳山，后有倚龙山，溪水似玉带，林木聚风水，造就了良好的生态环境和宜居的微气候。

“山-水-树”一体的水口景观是徽州人安身立命的理想居所，更是“中国乡村最古老的公共花园”（图 13-35）。山水如画，草木如诗，徽州人将自然、生活与信仰熔铸于水口之中。以婺源虹关村为例，村民建通津桥、龙门碣，蓄水为湖，培植名木，水口园林与周围的自然环境相融，开展外向的空间成为村民聚集、游憩和交往的场所。又如黟县宏村，先于宗祠“乐叙堂”前开挖月沼供给生活用水，后因人口增加，明朝万历年间又修建新的水口——南湖。南湖环抱宏村，山脉、绿树、牌坊、祠堂和书院倒映湖中。更有丰乐溪畔千年古村西溪南，村头的百年水口林茂密葱郁，伴随着小桥流水、民居古亭，洗尽城市喧嚣，望山得水归自然。

图 13-35　婺源严田水口

摄影：俞孔坚

13.2.3　休憩山水景观

城市的水网记录了文明的发展阶段，彰显了城市独特的人文气质。江河湖泊是其中最重要的载体，为城市提供了稳定的水源、肥沃的土壤、运输的通道和休憩的自由。休憩山水景观是水网之于城市最慷慨的馈赠，也是城市记忆与文明最生动的表达。

13.2.3.1　城市湖泊风景

城市拥湖而美、因湖而兴。与城市交融的湖泊胜景如京城什刹海、济南大明湖、南京玄武湖、杭州西湖、武汉东湖等等不胜枚举。在不断扩张的钢筋混凝土丛林中，在匆忙而繁琐的生活里，湖泊让浪漫得以生长，让诗意得以流传，让红尘得以安放。

（1）北京什刹海：皇城规矩，浪漫有加

什刹海毗邻北京中轴线，水面面积为 34hm^2，由前海、后海、西海（也称积水潭）组成。

什刹海水系早为永定河故道，后开挖为高粱河，元代时作为京杭大运河漕运的终点码头和调蓄水库，因此后海周边一度成为京城最繁华的市区。明清时期，什刹海曾为太液池（北海及中、南海）的水源。清末民初，西海和后海水路断开，水面减少，水质恶化，之后更是污泥充塞，衰败不已。中华人民共和国成立后什刹海得以全面治理，通过废田环湖、清淤护岸、植树造景等一系列工程，《帝京景物略》中所描绘的“西湖春、秦淮夏、洞庭秋”之什刹海神韵得以重现。

如今的什刹海是北京内城规矩营城下浪漫的例外，也是面积最大、风貌保存最完整的历史文化街区（图13-36）。西海是其中最秀丽野趣之地，其间杨柳拂岸、芦苇香蒲葱郁，常有鸳鸯水中嬉戏。后海是北京最负盛名的闲散之地，作家三毛称之为“帝都中心唯一的一片亲民水域”。杨柳榆槐间若隐若现的王府故居，四合院的砖石门楣，藏匿于胡同里的小吃，喧嚣的酒楼商肆正肆意地铺陈着历史的遗韵和青春的野性。前海则少了商业栖息，多了生活韵味。遛鸟、钓鱼、滑冰、游泳，还有踏着黄包车兴致勃勃地给中外游客介绍皇城秘史的老炮都成为了最接地气儿的风景。荷花市场的喧嚣流淌至今，仍可感《天咫偶闻》所记盛夏之时的荷花市场“玻璃十顷，卷卷溶溶，菡萏一枝，飘香冉冉”之景。位于前海和后海之间的银锭桥则是北京最早的桥，天朗气清之时可遥望西山倩影，被誉为“燕京小八景”之一。

图13-36　北京什刹海
摄影：俞孔坚

（2）杭州西湖：淡妆浓抹，媲美西子

约一万年前，西湖还是一隅小小的海湾，而后海平面回落，江潮泥沙淤积，西湖成为一个潟湖。东汉时期，当地长官华信筑起海防大塘，将西湖从大海中抽离，以防海潮袭击，西湖自此开始了人为干预的演化历程。

自杭州成为大运河起点后，人口迅速增加，西湖作为城市的水利和生活功能的承载者，发挥着不可或缺的作用。但随着时间推移，西湖泥沙沉积增加，面积变小，功能难以为继。唐代李泌始凿六井，解决了市民饮用淡水的问题；唐代白居易“重修六井，始筑堤捍钱塘湖，钟泻其水，溉田千亩”，奠定了西湖“三面云山一面城”的格局。至北宋时，苏轼募民开湖，葑草淤泥筑苏堤，并建石塔三座以防菱藕滥植。明代杨孟英“拆毁田荡三千四百八十一亩”，“西湖始复宋唐之旧”。以至于中华人民共和国成立后，西湖仍持续开展荒山绿化、清除淤泥等治理行动。

西湖“淤塞–整治”的历史循环，不仅孕育了“两堤三岛”的景观格局，描绘了浓淡相宜的湖光山色，还造就了冠绝古今的美学思想。古往今来，数不尽的文人在此留下丹青墨宝，诗词歌赋。西湖十景流传千年，春来“花满苏堤柳满烟”，夏有“红衣绿扇映清波”，秋是“一色湖光万顷秋”，冬则“白堤一痕青花墨”。西湖是自然与人类共同的作品，是世界文化景观的杰出典范（图 13-37）。

图 13-37　杭州西湖白堤

摄影：视觉中国

（3）武汉东湖：水城相融，红尘绿梦

武汉，地处长江、汉水交界，雨量充沛，坐拥中国第二大“城中湖”——东湖。早在一万多年前的全新世初期，长江多次泛滥，泥沙淤积为自然堤拦截水流，遂壅塞形成了东湖。其南部断续分布着洪山、珞珈山、喻家山等构造剥蚀残丘，东部与西部为岗状平原，西北部以水道与长江相连。

东湖面积为 33km^2，汇水面积为 128km^2，湖中 120 多个岛渚星罗棋布，112km 湖岸线蜿蜒曲折，环湖 34 座山丘绵延起伏。“一围烟浪六十里，几队寒鸦千百雏。野木迢迢遮去雁，渔舟点点映飞鸟。”东湖自然天成、不作矫饰的湖光山色引来了众多文人贤士，孕育了众多的高校院所、高新技术产业基地，尽显东湖“秀外慧中”的气质。

东湖更是把动人心弦的美景融入了当代生活。水城相融之间，铸就几多红尘绿梦（图 13-38）。2015 年，总长 101.98km 的东湖绿道启动建设，串联起山、林、泽、园、岛、堤、田、湾八种自然风貌。市民游客可享长堤上杉影婆娑，湖光阁里恬静清幽。东湖绿道因此被纳入联合国人居署“改善中国城市公共空间示范项目”，成为中国绿色生态城市建设的标杆。

图 13-38　武汉东湖
摄影：俞孔坚

13. 2. 3. 2　城市滨河风景

拥有一条穿城而过河流是一个城市最大的幸运。河流能为城市提供淡水，滋养灌溉城郊的农田，还能调节气候环境，提供航运、发电之便利。河流也直接影响了城市的选址和布局。管仲曾总结了城市选址要义，“凡立国，非大山之下，必广川之上，高勿近埠而用水足，下毋近水而沟房省。”正如西安与渭河，开封与黄河，北京与永定河。

放眼全国，大江大河犹如藤蔓串联了上百个城市，也如母亲般滋养了城市里的人民。长江自宜宾、泸州、重庆、武汉滚滚东流至上海，定义了每个城市不同的繁华盛景。黄河从兰州穿城而过谱写了杨柳依依芳草香的丝路画卷，而后九曲十八弯，途经银川、延安、郑州直到东营，为每个城市留下了最壮美的风景。珠江的三大支流北江、西江与绥江在三水汇合后与广州城交相辉映。更有海河串联了津门的异国风情，黄浦江见证了“十里洋场”的繁华古今，湘江之畔，橘子洲头，绽放了长沙数不尽的湖湘风情。河畔的风景承载了城市的时空变迁，书写了城市的人文历史。它如城市的磁石，让美景聚集，让人流聚集，成为城市的标志，成为繁华的血脉，镌刻不朽的深情。城市滨水之美浩瀚如繁星，愿在此记录几处，作为美的指引。

(1) 上海·黄浦江：十里洋场，古今辉映

黄浦江是长江入海前的最后一条支流，它作为上海的母亲河将城市分成了浦东和浦西（图 13-39）。农业时代，黄浦江渔业兴盛，后因通航便利在沿岸建起了粮仓、船厂、码头。外滩 52 栋风格各异的银行、商会、报社、酒店在此云集，一时之间浦西“十里洋场”构成了上海最美天际线和万国建筑博览带。外滩也一跃成为全国乃至远东的金融中心。此时的黄浦江成为了上海城市与乡村的边缘线，“宁要浦西一张床，不要浦东一间房”成为两岸的真实写照。改革开放和现代化建设给浦东注入了活力，与外滩对望的浦东陆家嘴一跃成为新时代的金融中心。东方明珠、金茂大厦、上海中心大厦、环球金融中心拔地而起，构成了上海跳动的天际线和魔幻的灯光秀场。外滩和陆家嘴正如黄浦江的双翼，新与

旧、西方与东方、传统与现代在此交相辉映。

图 13-39　上海 · 黄浦江

摄影：视觉中国

如今的黄浦江通过退二进三和滨水公共空间的统一规划，沿江 45km 绿道已逐步全线贯通，城市记忆被创意地保留下来，成为全球城市生活的美好舞台。不管在江边骑行漫步，还是在江上乘船夜游，记忆的画面如电影般交叠更替，诉说着百年历史和中国奇迹。

（2）广州 · 珠江：千年港城，时光轴卷

千里珠江流经广州城时曾遇到江中石岛，石岛被江水冲刷打磨，日积月累如珍珠般圆润光滑，世人称其为“海珠石”，“珠江”之名也由此而来（图 13-40）。公元前 214 年，秦平岭南，建番禺城，为广州建城之始。此处扼三江之要，通江达海，东方港城千年长盛不衰。沿珠江自西向东，如同广州发展历史的卷轴缓缓展开，记录着最动人的花城故事。

图 13-40　广州 · 珠江

摄影：俞孔坚

自珠江隧道出发向东而行，第一站是沙面岛，清代这里曾为英法租界，如今古树参天，银行、公馆、教堂等各类欧式建筑掩映其间，是老广州记忆的桃花源。跨过人民桥，西式建筑和榕树让江岸诗意满满。建于 1937 年的爱群大厦是当年广州楼宇之冠。海珠广场联动着老城的中轴线，广州解放纪念像伫立中心，歌颂着“珠海丹心”。东山湖公园柳堤如盖，紫荆绚烂。二沙岛碧草如茵，星海音乐厅、广东美术馆是现代艺术的自由舞台。海心沙与小蛮腰隔江相望，这里是 2010 年亚运会开幕式的举办地，以珠江为舞台，城市为背景，向世界唱响了岭南文化的一江欢歌。从华南大桥至琶洲北涌，国际大都市的风貌跃然眼前。2.6km 的碧道恰似珠江的彩带，水道、慢步道、慢跑道、自行车道和有轨电车道五道合一。绿荫下的铜板墙镌刻了广交会的发展历史，草毯屋顶联系了会场和滨江，商贸文化融入野花树影、碧水晴岚之间。晚风中夜游珠江更别具一番风情，好似在绚丽璀璨中悠然穿梭古今。

(3) 天津 · 海河：古典浪漫，港城繁华

海河因随海水涨落而得名。从金刚桥三岔河口到大沽口入海，73km 的海河干流于天津市穿城而过。三岔河口是子牙河与北运河的交汇处，曾是漕粮北运的咽喉。1860 年天津开埠后，英国、法国、意大利、德国等九国先后在海河开设码头划定租界，天津城逐步扩张了 8 倍之多。各国列强在海河畔开洋行、盖洋楼、开办仓储，发展进出口贸易。天津成了北方最大的进出口贸易港，名副其实的北方的经济中心。这些记忆被一段一段被刻进了海河风光里，如今成为沿河独具风情的万国风景线。

海河宽不过百米，尺度适宜。漫步海河，步移景异，意式风情街、古文化街、火车站广场、世纪大钟、滨河绿带和现代都市相依相融，承载了古典的浪漫和港城的生机。乘船而游可见一桥一景，金刚桥犹如横跨江面的彩虹，永乐桥与天津之眼摩天轮合二为一，是世界上独有的桥上瞰景摩天轮；金汤铁桥上记录着解放军胜利会师的喜悦；解放桥可灵活开合，依然有游客专程来等待“万国桥下开大船”之景。海河之夜往往不静不喧，粼粼波光细碎了两岸灯火，温柔了津门岁月（图 13-41）。

图 13-41　天津 · 海河

资料来源：林同棪国际公司

13.2.4　园林水景

“石令人古，水令人远。园林水石，最不可无。”理水是中国古典园林中不可或缺的一项技艺。园林的选址、造景和呈现的意趣无不和周边水网休戚相关。而造园活动也进一步改变着城市水网的分配和走向。水网的利用和呈现方式在江南园林、皇家园林和岭南园林中各有意境，也因气候和地域文化的差异，既有异曲同工之妙也形成了鲜明的对比。

(1) 江南园林水景：何必丝竹，山水清音

江南园林的主人多为士大夫阶层，水必为园林创造最高雅的意境，或“卧石听泉”、“曲水流觞”或“清池涵月，洗出千家烟雨”。加之江南湖荡水网密布，温润的气候也孕育了细腻柔和的水乡文化，奠定了典雅秀丽的水景风格。理水之法也不尽相同，譬如在花木中隐藏小型水闸，调蓄园内池水；在水下凿井，增加池水与地下水的交换，改善水体质量；岸边假山随水叠下，层层有景，旱季不至于难堪，雨季也不显局促。本小节以拙政园为例，探索“一勺则江湖万里”之意境。

拙政园为苏州现存面积最大的古典园林，占地约为5.2hm^2，其中水面占三分之一，以“理水”见长（图13-42）。拙政园建于明代正德初年，初代园主王献臣受到文徵明鼎力相助，于大弘寺遗址处建园。“居多隙地，有积水恒其中，稍加浚治，环以林木”。园中水源实则来自外河道、地下水和雨水。活水清流，久旱不枯，暴雨不涝。水源去头藏尾，峰回路转无穷尽。园中亭台楼榭依水势而建，形成平远、深远、高远之景致。驳岸则采用石条、石块或片石砌筑，加之树木山丘环绕，尽显“池广林茂”之归隐悠游之意。

图13-42　拙政园水景

摄影：视觉中国

后拙政园屡易其主，几度荒废，几度繁华，形成了如今东疏西密，绿水环绕的三园。中园聚水，是全园的精华所在。一池三山，水随山转，更有香远益清、荷风四面，花繁树

茂。西南处的小飞虹让水面更显悠远。小沧浪下碧水涓流，恰似源头深渊不尽。东园为归田园居，建筑多为新建，小桥流水，古木参天，疏朗明快。西园原为“补园”，以散为主，桥段弯曲、水面迂回、布局紧凑，有清风明月与我同坐之清幽恬静。拙政园水景聚散有法，宽之以辽阔见长，窄处以迂回取胜，虽由人作，宛自天开。

（2）北方皇家园林水景：移天缩地　君怀天下

北方皇家园林以皇权天授为旨意，愿在园林中体现山水广袤、君临天下之意境。由于南宋时期政治文化中心南移，“江南园林之朴雅作风，已随花石而北矣”。清代皇家园林直接由江南匠师造景，在燕京大地留下胜似江南的园林水景，其中颐和园便是保存最完整的行宫御园，被誉为“皇家园林博物馆”。

颐和园坐落北京西郊，始建于清朝乾隆时期，原名清漪园，后被英法联军焚毁，光绪年间重建，改称颐和园。颐和园以杭州西湖为蓝本，集采江南园林之大成而建造。清代初期，皇室相继修扩建圆明园、静宜园、静明园等御苑，皇家园林需水量大增。乾隆十四年，疏浚瓮山泊，“芟苇茭之丛杂，浚沙泥之隘塞”，湖面东进，赐名昆明湖；并整合玉泉山泉水、汇集沿途湖水流向昆明湖。自此，颐和园的水系基础就已形成。昆明湖在青龙桥处通向清河以泄洪；开设新东堤泄水口灌溉农田；以二龙闸向圆明园提供主要水源；以长河连接城区，保障京城用水。昆明湖疏浚后，湖体与万寿山紧密结合、相映成辉，“湖因岸近影全入”。西堤桃柳成行，将湖体分为三处大小不同、形态各异的水面，水面上又各有一岛，造就了中国“一池三山”仙苑式园林。昆明湖碧波渺渺，其中十七拱桥连着南湖岛与万寿山遥相呼应，远处玉泉山和玉峰塔影排闼而来；西湖中的治镜阁曾为琼楼玉宇，被英法联军焚掠后仅剩土城基址；养水湖中的藻鉴堂湖山静照，是品茗吟诗的胜地。万寿山后湖则极富山林野趣，寂静幽邃，与昆明湖形成极强烈的空间对比。颐和园虽地处燕京，然其水清且涟漪，万顷烟波共绘江南（图 13-43）。

图 13-43　颐和园昆明湖万寿山

摄影：视觉中国

(3) 岭南园林水景：清新疏朗　世俗之乐

岭南园林的园主多为仕商合流阶层，继承了南越宫苑疏朗淡薄的景观风格，加之珠江三角洲气候和海潮的催化，其水景更强调凭栏静坐的亲水性和宴请应酬的世俗性。造园者常以生活的惬意舒适优先，常在园内开辟方塘，或“流水周于舍下”，水景既用来避暑又可玩乐垂钓。园内水景甚至与周边桑基鱼塘串联成片，描绘出珠江三角洲独有的田园式园林水景。顺德清晖园为此中翘楚，尽得岭南园林造园精髓。

清晖园始建于明代，原为礼部尚书黄士俊私人住宅，后被清代进士龙应时购得，取父母之恩如日光和煦之寓意，起名清晖园。龙氏家族世代书香门第，长年累月精心修葺，逐渐形成了如今集岭南风光与江南风情于一体的特色园林。其水景如流淌的乡愁，拨开了江南的内敛含蓄，透露出博采众长的岭南大气（图 13-44）。

图 13-44　清晖园

摄影：视觉中国

清晖园内水景与顺德河涌串联成为网。因气候炎热，园中前疏后密，便于通风采光。南部为宽阔的方塘，可调节气温也可垂钓游乐。四周有狭长的水池与方塘相连，交会处或跌落成瀑或喷涌成泉，高地错落，虚实相生。园中建筑、凉亭、船厅多以滨水游廊相连，修篁夹道、阴凉舒适。水岸栽有江南枸骨、紫薇，又植上百种岭南花卉果木衬托着精致的砖雕木刻，岭南与江南兼容并蓄。历经 400 年岁月洗礼，清晖园的面积从 3000 多 km^2 扩大至 2.2 万 km^2，新的建筑风格，新的园林景致与故园协调统一。时光荏苒，依然清晖浩荡。

13.3　水景观修复

城市中的水网是城市得以生存的血脉，也是城市美的起源。和谐的城市与水网的关系应该呈现为镶嵌在城市基底上连续、健康的自然系统，使“山水林田湖草”生命共同体在红尘世界中铺展开来，包括绵延的生态海岸、充满活力的河流廊道、生机勃勃的城市湖泊与湿地。然而工业文明和消费主义正以前所未有的机械和化学力摧毁着自然格局，毒化着自然过程和生命万物，让水网失去了自净和自我修复能力。罔顾自然规律的人们在洪涛巨震和污水浊气中挣扎，水景之美更是无从谈起。只有在继承过往文明成果的基础上从与自然的矛盾冲突中不断反思，修复被破坏的海岸、河道、湿地、湖泊等水网自然过程和景观，以人水和谐的审美观和价值观为基础，重修水网之美，才能使我们走向新的文明——生态文明。

13.3.1　海岸带景观态修复

(1) 秦皇岛滨海景观带生态修复：弹性海岸，人鸟共栖

这是一条位于秦皇岛北戴河区与海港区之间的海岸带，绵延 6.4km。由于新河河水在赤土山桥处入海，形成大面积的滩涂地，营养丰富，吸引了大量的鸟类来此栖息，是秦皇岛市著名观鸟点（图 13-45）。然而，由于过度地开发建设，这里的生态环境遭到了破坏，沙丘面积扩大，植被退化，海滩荒芜，满目疮痍。

图 13-45　秦皇岛滨海景观带生态修复
摄影：俞孔坚

利用雨水的滞蓄过程的方法，海滩的潮间带湿地系统能够得以修复。一个已经受到侵蚀、退化和人类开发活动干扰的海滩蜕变成了广受人们和鸟类欢迎的场所。水泥防浪堤被砸掉，以抛石护堤代替，生物可以在这里栖息，使得原本冰冷的岸线变得生机蓬勃。凹凸不平的雨水湿地，随着海潮的涨落时隐时现，印证着大海生命的呼吸，形成壮美的大地艺术景观。弹性的栈道让人们在海滩上漫步嬉戏、观鸟观潮有了停留之地。这里成为了城市最受欢迎的海岸线之一。生态修复重塑了人与自然可持续的和谐关系，让海陆相融，人鸟共栖。

(2) 三亚红树林生态公园：潮汐为友，城市绿洲

这是三亚城市中心的一块约 1.4hm^2 的咸淡水交汇湿地，由于城市的建设，河道硬化，

植被破坏，与1995年相比，红树林面积减少了92%（图13-46）。新的设计遵循了自然的生态过程，将雨水蓄滞转化为洁净的淡水资源，勾连了原有的鱼塘、湿地、沟渠，创造了丰富的红树林生境，并利用指状相扣的红树林混交林岛来加快红树林修复，塑造出既美丽又生态的城市绿洲。

图13-46 三亚红树林生态公园
摄影：俞孔坚

短短三年内，一片混凝土防洪墙内的荒芜土地被成功地修复成一个郁郁葱葱的红树林公园，水鸟有了它们栖息的家园，市民拥有了一片红树林保护地、一个自然教育的场所和一处游憩休闲的公园。在这里，自然和人们和谐地共享着海潮与淡水的交融，向世人展现绿水青山就是金山银山的时代价值观。

（3）北海市滨海国家湿地公园（冯家江流域）：鱼塘蜕变，回归自然

在广西北海，冯家江是一条连通山海、链接新旧城区的城市绿廊。它曾是一条城市的“纳污河”，围塘养殖、污水直排直接造成了冯家江水环境的恶化，河流下游红树林严重衰退。2016年冯家江流域纳入北海滨海国家湿地公园范围，其生态修复行动也就此展开。

在这里，坑塘肌理作为一种文化记忆和符号被传承下来。原本的养殖塘退塘还林、还滩、还湿，成为了多样的生境。51%的虾塘变成了具有调蓄净化功能的海绵，提供调蓄净化、减缓洪涝、灌溉供水等服务。26%的虾塘被改造为咸淡水湿地及红树林滩地，提高了海岸抵抗台风能力，成为万千的鹭鸟的栖息家园。约12%的虾塘改造为人工强化净化湿地，为人们提供浊水见清的科普体验。11%的虾塘被保留成为养殖实验基地和果基鱼塘，传承农业智慧，衍生新思路与新技术。

如今，水清岸绿、鸥鹭翩跹的国家湿地公园成为了城市居民休闲游憩的好去处。夕阳西下，潮涨潮落，人们或悠然自得地漫步在的红林海岸的廊桥上，欣赏着由玉蕊、银叶树、黄槿等构成的复合红林生境，或在景观盒中看白鹭成群嬉戏，又或在湿地间的栈道上与缤纷的黄菖蒲、金鱼藻合影，人水和谐的场景成为北海这座城最美的风景画。

(4) 深圳湾公园：红林湿地，城市森林

深圳湾是距离深圳城市中心最近的海岸，长约为 13km，也是深圳城市发展的核心地带（图 13-47）。深圳湾公园与香港米埔自然保护区相望，共同聚焦海洋生态修复，创造了高密度城市中难得的绿色海湾。

图 13-47　深圳湾公园

摄影：视觉中国

深圳湾属于河口型城市内湾，兼具河口与海湾的双重特征，是咸淡水交汇的生物多样性混杂区域。通过恢复红树林，补种乡土植物群落，深圳湾的“海洋滩涂-红林湿地-城市森林”系统更加完善，为生物多样性和景观多样性创造了条件。深圳成为越冬候鸟最喜爱的中转驿站，丰富的底栖生物成了候鸟的“大食堂”，“黑脸琵鹭”便是其中最闪亮的明星。

从填海取直到拓海变曲，直曲变化之间形成了丰富的活动空间，蓝绿互相渗透交融，实现了城市与海洋的对话。涨潮之时，人们可览海景、眺香港；退潮之时，可逐级而下，赶海抓蟹，看鹭鸟觅食、滩涂鱼跳跃。滨海绿道串联起了健身运动、休闲娱乐等高品质的体验空间，积极地引导市民践行绿色环保的生活方式。海洋的魄力、自然的活力、城市的魅力，在此毫不吝啬地展现，深圳也将以最健康、最昂扬的姿态迎接生态文明新时代。

13.3.2　河流景观修复

(1) 台州永宁江生态廊道：内河湿地　水秀鱼丰

永宁江是台州市的母亲河，孕育了城市的山灵水秀和鱼米丰饶（图 13-48）。然而，近几十年来，人们并没有善待母亲河。高直生硬的防洪堤及水泥河道吞噬了 1/3 的滨江岸线，栖息地被破坏，水质污染严重，休闲价值被损毁。用生态设计的理念治愈母亲河刻不容缓。于是，裁弯取直工程被叫停，防洪堤顶路后退，为雨洪留出了更多的空间。硬质的江堤也被改造成结合地形的自然缓坡、卵石滩地和沙洲苇丛。内河湿地也为鱼、蛙、鸭子等乡土物种提供了栖息地，成为区域性的旱涝调节系统和防风浪自然屏障。松开钢筋水泥捆绑的河道为市民提供了富有特色休闲环境。水杉方阵诉说着乡土的平凡纪念。山水间、石之容、稻之孚、橘之方、渔之纲、道之羽、武之林、金之坊八个景观盒子创造了自然中的精神领地，让城市的历史被不经意地解说着、传咏着。

图 13-48 台州永宁江生态廊道
摄影：俞孔坚

无论在滨江的芒草丛中，还是内河湿地的栈桥之上，或是野草掩映的景观盒中，我们都可以看到男女老少怡然自得地享受着公园的美景和自然的服务。回归了自然之美的母亲河借着乡土的事与物，拉近了人与人的距离，润物细无声地讲述着关于自然和环境的新伦理。

（2）金华燕尾洲公园：与水为友，弹性绿洲

这是一处位于金华市义乌江和武义江汇合处约 75hm^2 的江心洲。金华受强烈的海洋季风气候影响，雨季旱季分明，常受洪水之扰（图 13-49）。人们应对洪水的传统办法是与洪水为敌，修筑高堤。虽然这样做看上去是打造了一个永无水患的公园，但也彻底割断了人与江、城与江、植物与江的联系。

建立一个与洪水相适应的水弹性城市公园的想法油然而生。城市中仅有的河漫滩生境被保留下来，并设计成了公共游憩空间，仿佛稠密城市里的绿色方舟。高坝堤岸变成了弹性梯田，种植以生命力旺盛的野草。一条似“板凳龙”般的步行桥连接两岸，好似“龙舞双溪”。步行桥日使用人数平均达 4 万人余次，让分隔两岸的城市在此重逢美好。在洪水袭之时，燕尾洲公园仍可保持两岸畅通，洪水退去后，绿洲重现，人们又可在此亲水嬉

图 13-49　金华燕尾洲公园

摄影：俞孔坚

戏。与水为友的景观重新连接了人与江、城与江、植物与江，展现着水涨水落的韧性之美。

(3) 海口美舍河与凤翔公园：去硬还生，水城融合

美舍河，意为“美丽的母亲河”。凤翔湿地公园则是海口的母亲河——美舍河畔最大的公园，面积为 78. 52hm^2（图 13-50）。这里曾是采石场，有很多低洼区域，建筑垃圾和污水让母亲河黯然失色。一张设计药方拯救了母亲河。通过“外援治病—截污优先；内源强身—清淤优先；生态固本—构建健康水生态系统；系统治理—全流域协同”，美舍河凤翔公园走出了一条河道综合治理的绿色发展之路。2017 年被水利部授予“国家水利风景区”称号。

从此，硬质的驳岸边界被打破，丰富的自然湿地生境得以修复和重建。一条水岸融合、绿意盎然的生态廊道跃然眼前。公园运行后每天可处理 3500t 的生活污水，出水水质可达城镇污水处理的一级 A 标准。台田、密林、果园、湿地岛链等大地景观更展示了凤翔公园的自然之美。人们在亲水栈道上散步，在椰林绿荫中骑行，在演绎舞台上欢唱。被破坏的母亲河重现碧波荡漾、鸟语花香。

(4) 迁安三里河生态廊道：生态绿道，自然修复

三里河位于迁安东部，绵延 13. 4km。作为城市的母亲河，它承载着迁安悠远的历史与寻常百姓的许多回忆（图 13-51）。历史上的三里河受滦河地下水补给，沿途泉水涌出，暑月清凉，严冬不冰。然而工业化的发展使得昔日的母亲河水位严重下降，河床干枯，河道成为排污沟，变成了广大市民心中的剧痛。生态海绵技术和设计模块的系统集成的理念被综合地运用到河道治理中。通过开源蓄水、去硬还生、截污净化等手法将河道进行系统

图 13-50　海口美舍河与凤翔公园鸟瞰
摄影：俞孔坚

性地生态修复，构建了一条贯穿城市、低维护的生态绿道。

图 13-51　迁安三里河生态廊道
摄影：俞孔坚

改造后的三里河水系让被禁锢的母亲河重新呼吸。曾经大树被保留下来，灰色硬岸变成了长满野花的生态绿岸，人们在水岸的栈道上遛弯、散步。岸上的“折纸座椅”变成了居民们最爱的游憩空间。老人在芦苇岸边奏乐高歌，孩子在水湾小溪里赤脚淌水。小时候家门口那条可以戏水捞鱼的小河重新走进了现代生活。

(5) 浦阳江生态廊道：五水共治，多彩绿廊

浙江省的“五水共治”是从金华浦阳县的浦阳江开始的。浦阳江是浦江县城的母亲河，但伴随着县城水晶产业的发展，母亲河的水质被工业污水严重污染，成为全省污染最严重的河流。

拯救母亲河的行动于2014年开始开展，与水为友的适应性设计策略改变了母亲河的命运。通过生态水净化和雨洪管理，河流实现了综合性地生态修复，黑臭水体成为过去时。改造后的浦阳江，污水不再直排，而是先被引入湿地斑块中得到充分的净化。同时拓宽的湿地大大加强了河道应对洪水的弹性。架空的滨水栈道悬浮在水岸边，减少了对河道行洪功能的阻碍，同时满足了两栖类生物的栖息和自由迁移。保留的枫杨林冠大荫浓，为河岸下的人们挡风遮阳，同时实现了景观的低投入与低维护。保留下来的水利灌溉设施，转变为宜人的游憩设施，让乡土的记忆得到了传承（图13-52）。

图13-52 浦阳江生态廊道

摄影：俞孔坚

现今的浦阳江两岸枫杨茂密、水杉挺拔，野花野草斑斓盛放，人们在五彩交织的江畔慢行道上漫步或骑行，开启了新时代的美好生活。母亲河成为了这座城市流动而缤纷的最美乐章。

(6) 上海杨浦滨江公共空间示范段：锈带成绿，还江于民

杨浦滨江公共空间示范段位于上海市杨浦区黄浦江北岸通北路至丹东路段，不仅实现了“还江于民”，更让城市百年工业文化历程得以鲜活呈现（图13-53）。

杨浦滨江被联合国教科文组织专家称为“世界仅存的最大滨江工业带”。然而如今这些高耗能、高污染、高耗水的工业已成为城市的“锈带”，使得人们“临江不见江”。有限介入、低冲击开发的策略被广泛地应用在生态修复和工业空间改造中。例如，将防汛墙隐藏于绿坡之下，其后的低洼积水区则改造成了雨水湿地，既可以调蓄降水也作为灌溉用水。原生的草本植物在杉树下伸展，人们可通过钢构廊桥穿梭其中，同享原生野趣与工业记忆。曾经的水电管道也被重新设计为路灯；钢栈桥联通码头，江水拍岸，铿锵作响；保留的锚栓阵列布局，可穿行休憩。人们可在“箱亭框景”拍摄滨江风景、可于花草绿树中

图 13-53 杨浦滨江野趣
资料来源：同济原作设计工作室

“枫池闲坐”，更可在英式水厂畔的液铝码头上一览江天、游目骋怀。

如今工业“锈带”已变成了城市“秀带”。百年工业博览带、“三道”（漫步道、慢跑道和骑行道）交织的活力带、原生景观体验带在此和谐共生，奏出了时而悠扬时而激昂的杨浦滨江进行曲。

13.3.3 城市湖泊与湿地景观修复

（1）六盘水明湖国家湿地公园：生态智慧，清渠如许

六盘水明湖湿地公园是贵州省第一个获得正式授牌的国家湿地公园。它位于六盘水水城河上游，占地 $90hm^2$，原址为大量废弃的鱼池和被垃圾淤塞的湿地及管理不善的山坡地（图 13-54）。要改变这里，关键的一步是让水慢下来，增加下渗、净化自身，滋育生命万物，为美好生活服务。雨洪管理系统被系统性地构建起来，城市的雨水蓄滞纳入到水城河水源之中。在此基础上，恢复生态河道、建立梯田式湿地、构建陂塘系统等一系列缓流策略，让水与土地、城市有了充分的接触机会，健康的生态系统在此被重建。

湿地公园建成后，雨洪得以滞蓄和利用，旱涝得以调节，水体得以净化，植被和动物得以繁衍，市民有了宝贵的公共空间。经过层级处理后水汇入中央调蓄湖中，水体清澈可供人嬉戏体验。恢复生机的河岸变成了受人喜爱的钓鱼区。多样的生境让动物们找到了自己的家园。乡野植物蓬生的小路更是成为了每个人欣赏季节变化和多彩景观的愉快之旅。“钢城飞虹”横跨水上，城市中繁忙的人们慢步期间，走进自然的怀抱。

（2）哈尔滨群力国家城市湿地公园：传统智慧，新城海绵

湿地是水源涵养、调节的自然生态系统，利用湿地营造城市海绵，调节城市雨洪，是一种生态水智慧。哈尔滨群力湿地公园正是这样一个生态水智慧典范。公园占地 $34hm^2$，位于哈尔滨群力新区，约占新区面积的 10%（图 13-55）。传统农业文明中的基塘技术被运用到设计中来，通过简单的挖填方工程，用 10% 的城市用地综合地解决了城市的内涝问

图 13-54　六盘水明湖国家湿地公园
摄影：俞孔坚

题，使一块退化了的自然湿地转变成城市雨洪公园，发挥了综合的生态系统服务功能。公园的建成也带来了周边土地价值的提升，实现了生态效益和经济效益双丰收。经过雨水利用和生态修复，群力湿地从一处退化的湿地，跃升为国家级城市湿地公园。

图 13-55　哈尔滨群力湿地公园
摄影：俞孔坚

人们站在湿地外围的高空栈道上眺望湿地，可见多彩的雨水坑塘和休憩场地如珍珠项链般环绕着湿地绿洲，茂盛的植物在乡土生境中繁衍，白桦亭亭玉立，苇草葱茏茂密。人们在此休闲、嬉戏、摘野菜、抓小虫，如同回到了记忆中的童年时光。

（3）宜昌运河公园：鱼塘再生，都市翡翠

运河公园位于宜昌市“城东生态新区”，北临宜昌运河。公园总占地 12hm^2，地处丘陵山地中的洼地，由 12 个废弃鱼塘组成（图 13-56）。在这里，单调的“农业废墟”并没有被遗弃，而是转化成“净化海绵”，鱼塘景观和场地记忆被保留下来。利用运河高差，河水被引入设计后的“净化鱼塘”，景观层层过滤，由原来的Ⅴ类水净化为清澈的湖水，最后重新流归运河。

图 13-56　宜昌运河公园
摄影：俞孔坚

幽塘、流瀑、鸣泉、潺溪，流动的水让公园生机盎然。净化水田中“萍水相逢”，陂塘畔的“出水芙蓉”，运河边的“水软草温”，广场上的“水石清华”更把水文化写进了风景里。乡土树木则让公园更添美景，塘堤上笔挺的水杉林，沿着运河大堤的乌桕林荫带，广场上浓密的枫香和朴树，林下葱郁的野草野花让公园四季各美其美。漂浮于坑塘之上的伞廊是公园的点睛之笔，不仅为市民遮风避雨，更捕获了人们的视线，生动了游憩体验，激活了城市空间。在这里，你可以亲眼看见浊水逐渐变清，这不仅是一种科普展示，也是海绵城市理念的注解，更是一种土地伦理的呈现。

（4）中山岐江公园：足下文化，野草之美

岐江公园位于广东省中山市区，园址原为粤中造船厂旧址，总面积为 $11hm^2$，其中水面为 $3.6hm^2$（图 13-57）。水面与岐江河相联通，受海潮影响，日水位变化可达 1.1m。梯田式的种植模式完美地适应了水位的变化。3～4 道面土墙被修筑在最高和最低水位之间，墙体所围空间回填淤泥，形成一系列可淹没的水生和湿生种植台。临水挑空的步行增加了亲水性，随着水位的不同而出现高低错落的变化，人行其上恰如漂游于水面或植物丛中。水生—沼生—湿生—中生的乡土植物群落在此蓬勃生长，让远离自然、久居城市的人们，欣赏到自然野趣之美。

船厂的工业遗存经过设计改造如艺术品般融入景观之中。烟囱与龙门吊成了地标式的景观廊架；水塔被改造成观景塔和灯塔，铁轨也摇身一变成为自然中的梯台秀场。这里成为了中山市最受欢迎的婚纱摄影基地之一，每年超过 5000 对新人在这里拍照留念，记录着岐江公园独有的足下文化与野草之美。

（5）苏州真山公园：变废为宝，韧性花园

苏州真山公园面积为 $43hm^2$，地处高新区通安镇，距苏州市中心 10km。这里分布着大

图 13-57　中山岐江公园
摄影：俞孔坚

小两座真山及大量荒地，在设计之初，因开山挖石产生的采石坑经雨水径流形成面积较大的水域，近些年逐步被生活垃圾填埋，导致场地污染严重（图 13-58）。

“海绵公园”和“生产性的低维护景观”两大策略被运用到场地生态修复和公园建设中。公园的核心是一条带状、具有水净化功能的人工湿地系统，它将吸纳来自场地及周边地块的雨水并进行景观循环利用。除此之外，场地内原有的田肌理与风貌的保留以及生产性的景观的应用，让市民在公园中体验田园风光，延续土地生产的记忆。在这里，垃圾场摇身一变，成了一个看得见青山，望得见碧水，记得住乡愁的城市公园。水，成为了重建健康生态系统的活化剂。

（6）南滇池国家湿地公园：高原河口，滇池滤芯

云南昆明晋宁的南滇池国家湿地公园，总面积约为 5400 亩，位于滇池最南端（图 13-59）。距今约 1200 万年前，云南大地的不等量上升与南北向的断裂，加之刺桐关山地的抬升，阻碍了古盘龙江南流，从而形成了古滇池。

20 世纪 60 年代以来，由于滇池流域的快速城镇化，滇池多次暴发大面积污染，湿地生态环境恶化，令人触目惊心。2007 年滇池流域整治工作拉开序幕，南滇池湿地公园建设是其中的核心工程。

南滇池湿地是东大河流入滇池的河口，是遏制滇池水环境恶化的关键所在。作为昆明市最大的河口湿地，这里形成了完整的“河–沟–塘–湖”高原河口湿地生态系统。湿地公园连通了多条外部水源，通过滩涂湖滨湿地，净化昆阳水质净化厂尾水和东大河河水，库塘容积约为 40 万 m^3，主要污染物去除率可达到 30% 以上。这里呈现了典型的高原湿地景

图 13-58 苏州真山公园
摄影：俞孔坚

图 13-59 南滇池国家湿地公园
摄影：视觉中国

色，清透的蓝天倒映于湖水中，湛蓝的湖水又投照在天空里，天高云淡、水天一色。自然滩涂上草长莺飞，芦苇荡摇曳风中，海菜花盛开水上。公园不仅对改善滇池水环境具有重要意义，更是野生动物、生物多样性、栖息地改善和营建的杰出示范。

(7) 张掖国家湿地公园：戈壁水乡，塞上江南

张掖，古称甘州，素有“塞上江南”“金张掖”之美誉。在这里，祁连山水源涵养区、黑河绿洲、荒漠戈壁三大生态系统交错衔接，形成了多样而独特的自然生态。张掖国家湿地公园，处于黑河中游祁连山洪积扇前缘和黑河古河道及泛滥平原的潜水溢出地带。黑河、地下水以及万余口天然泉眼等丰富的水源，让这里成为了戈壁绿洲。公园内湿地面积为 2.6 万亩，位于甘州区北郊，自古即有“甘州城北水云乡”之称，是城市的“加湿器”和后花园（图 13-60）。

图 13-60　张掖国家湿地公园

摄影：视觉中国

公园的核心区域是禁止进入的保育区，这里是湿地的基因库，是天鹅、黑鹳等生灵自由栖息的天堂。市民与游客可在外围的生态游览区科普观鸟、漂流探险、康养度假，体验“半城塔影、半城芦苇”的城市湿地美景。走在曲折迂回的栈道上，远眺的祁连山连绵不绝，气势恢宏，近观湖水清澈，恬淡祥和。在这里，沼泽湿地、湖泊湿地、河流湿地和人工湿地交错而生，沙枣胡杨苍劲、芦苇芦竹苍茫，黑河森林掩映着村落，恰似塞上江南。

“得水而兴、废水而衰”，水网之于大地，如同血脉之于人体。水网之美是人与自然共同描摹的时光画卷。泱泱国土，十大流域水网，与千百种地貌间变换形态，造就万千生境，成就多样文明与水文化。不论是自然造就水网之美，或是人工雕琢水景之美，抑或是借自然之力，以最小干预为手法修复水景之美，都传承着人与水共存共荣的伦理。“看得见山，望得见水，记得住乡愁”是人民对美好生活的向往，和对美好山水的寄托。因此，美丽水网造就美丽中国，承载美好生活。

第 14 章
水网与历史文化

我国的自然和人工水网纵横交错，历史文化底蕴丰厚，水网是支撑历史文化发展的命脉，见证了我国历史兴衰更迭、社会发展，镶嵌在水网中的历史治水名人、经典诗词、成语俗语、传说故事和民间歌谣犹如一颗颗璀璨的珍珠，谱写着颂扬水网的华章和赞歌，耐人寻味，流芳百世。

14.1　历史治水名人

在中国历史长河中，治水名人层出不穷。他们拥有丰富的水利知识，尊重自然，拥有造福百姓的高尚品格，在国家水网建设、重大规划和决策方面发挥着巨大的作用。每一位历史治水名人都在治水过程中立下丰功伟绩，他们的治水思想、代表性工程、代表性规划、代表性著作、代表性立法、代表性事迹等不胜枚举。

14.1.1　先秦时期

先秦（旧石器时期~公元前221年）是指秦朝建立之前的历史时代，经历夏、商、西周、春秋、战国等阶段。先秦时期涌现出诸多治水大家，治水鼻祖大禹开启了疏导治理江河的先河，楚国令尹孙叔敖在安徽寿县建成我国第一个蓄水灌溉工程芍陂，西门豹任邺令期间修建北方第一个自流引水灌溉工程引漳十二渠，蜀郡太守李冰主持兴建第一个无坝引水工程都江堰，战国时期韩国人郑国为秦国主持兴建陕西郑国渠。这些工程至今都还在持续利用，为我国的灌溉事业发挥着厥功至伟的作用。

（1）大禹：疏导治水先导者

相传大禹生于公元前2000多年，姓姒，名文命，又称大禹、帝禹。大禹治水一直被视为中华文明的起源，为夏王朝的开创奠定了基础。大禹治水体现了中华民族不畏艰险、艰苦奋斗、公而忘私、创新求实的精神。几千年来，大禹治水一直是中华文明的重要精神图腾之一，在世界范围有广泛影响。

相传，大禹所在的年代发生了全国规模的特大洪水。《尚书·尧典》载：“汤汤洪水方割，荡荡怀山襄陵，浩浩滔天，下民其咨。”滔天的洪水使百姓苦不堪言，于是帝尧先令鲧（禹之父）治理洪水，鲧采用“壅防百川，堕高堙庳”的方法，历时九年未能成功。大禹子承父业，受命承担治理水患重任，总结吸取鲧治水的经验教训，因势利导、改堵为疏，历时十三载治水成功。禹在治水的同时，还将天下划分为九州、整理山川名录，并根据不同地区的风俗物产制定了贡赋制度。《尚书·禹贡》载：“禹别九州，随山浚川，任土作贡”，这也是对古代中国最早的地理认知。

（2）孙叔敖：蓄灌工程始建者

孙叔敖（约公元前 630～593 年），芈姓，蔿氏，名敖，字孙叔，今河南淮滨县期思镇人，曾任楚国令尹。孙叔敖的一生为国为民、鞠躬尽瘁，科学治水、勇于创新，毛泽东曾称其为了不起的水利专家。

公元前 605 年，孙叔敖主持修建了期思—雩娄灌区，后世称之为“百里不求天灌区”；公元前 597 年，主持修建了我国最早的蓄水灌溉工程——芍陂（图 14-1），使今寿县一带成为楚国的粮仓，清代学者顾祖禹称芍陂为“淮南田赋之本”。《孙叔敖庙碑记》中对他评价：“宣导川谷，陂障源泉，灌溉沃泽，堤防湖浦，以为池沼。钟天地之美，收九泽之利。”

图 14-1　芍陂
摄影：刘建刚

（3）西门豹：多沙河流始引灌

西门豹（生卒年不详），姓西门，名豹，战国时期魏国人，著名的水利家和政治家。西门豹治水秉持科学态度，充分考虑漳河多泥沙的特性，遵循河流规律并加以引导利用。

西门豹任邺（今河北省临漳县）令期间，临漳一带田园荒芜、人烟稀少，决定引漳河水灌溉，发展农业。西门豹在工程修建前破除迷信，惩凶除恶，随后查勘地形，科学规划，组织开凿十二条渠道，兴建大名鼎鼎的“引漳十二渠”（图 14-2），引漳河水淤灌改良农田，增加粮食产量，对区域社会经济发展影响深远。据《史记·河渠书》记载：“西门豹引漳水溉邺，以富魏之河内”。

（4）李冰：无坝引水兴天府

李冰（生卒年不详），约公元前 256～公元前 251 年任蜀郡太守，战国时期著名的水

图 14-2　引漳十二渠遗址
摄影：刘建刚

利家。李冰修建都江堰充分体现了尊重自然、因势利导、因地制宜的治水理念，通过工程合理布局，以最小的工程量成功解决了分水、引水、泄洪、排沙等一系列技术难题，体现了人与自然和谐共生的传统治水哲学，都江堰也因此成为世界上最伟大的水利工程和生态水利工程的典范（图 14-3）。

图 14-3　都江堰渠首航拍图
资料来源：都江堰管理局

据《史记·河渠书》载："蜀守冰凿离碓，辟沫水之害，穿二江成都之中"，使成都平原变为"水旱从人""沃野千里"的天府之国。据《华阳国志·蜀志》载，李冰除兴建都江堰水利工程外，还在今宜宾、乐山境内开凿滩险，疏通航道，又修建文井江、白木江、洛水、绵水等灌溉和航运工程，为四川地区的水利发展做出了开创性的贡献。

（5）郑国：韩人献计成秦渠

郑国，生卒年代不详，战国时期韩国人。著名的水利专家，任韩国水工。公元前 246 年，郑国受命入秦游说，建议秦国修建大型水利工程，试图疲惫秦人、勿使伐韩。秦王采纳其议，并命其主持开凿，耗时十年工程完工。郑国渠自云阳西的仲山引泾水向东开渠与北山平行，东注入洛水，绵延三百余里。《史记 · 河渠书》如是评价："渠就，关中为沃野，无凶年。秦以富强，卒并诸侯，因命曰郑国渠"。郑国渠在修建的过程中，渠线选址科学，采用"横绝"技术解决人工灌渠和天然河道相交问题，引泾水淤灌，改良两岸盐碱地，体现了当时我国水利工程修建的最高技术水平（图 14-4，图 14-5）。

图 14-4　郑国渠引水口遗址

摄影：刘建刚

图 14-5　郑国渠现状

摄影：刘建刚

14.1.2 两汉时期

两汉时期（公元前202~220年）分为西汉和东汉两个时期，是继秦朝之后的大一统王朝。这个时期涌现出了召信臣、王景和马臻等多位治水先贤。

（1）召信臣：长藤结瓜兴南阳

召信臣，字翁卿，生卒年代不详，安徽寿县人，西汉时期著名水利专家。历任郎官、谷阳长、上蔡长、零陵太守、谏议大夫、南阳太守、少府等官职。召信臣致力于为百姓福祉，求真务实，亲自查勘，亲自规划；大胆创新，发展新的水利工程模式，为当时南阳地区的经济繁荣做出了突出贡献。

召信臣任南阳太守期间（公元前48年~公元前33年），大力发展农业和兴修水利。他亲自勘察水源，开沟渠、筑堤坝，修建水利工程数十处，创建了“长藤结瓜”式的水利工程体系，尤其以“六门堨［又称六门陂，召信臣于建昭五年（公元前34年）主持修建的，位于穰县（今河南邓州）之西，壅遏湍水，设三水门引水灌溉。元始五年（公元5年），又扩建三石门，合为六门，故称六门堨］”和“钳卢陂（在今河南邓州东南，累石为堤，旁开六石门以调节水势，溉田达三万顷①）”两大水利工程最为著名。同时他还首创灌溉管理制度，作“均水约束”，刻石立于田畔，以防纷争。《汉书·召信臣传》评价道：“信臣为人勤力有方略，好为民兴利，务在富之。躬耕劝农，出入阡陌，止舍离乡亭，稀有安居时。”

（2）王景：治黄安澜八百年

王景（约30~85年），字仲通，山东即墨县人，东汉时期著名的水利专家，历任河堤谒者、徐州刺史、庐江太守等。王景治河享誉极高，素有“王景治河、千载无恙”之说。

自公元11年黄河第二次大改道后，泛滥数十年。公元69年，汉明帝同意了王景提出的方案，发兵卒数十万，由王景主持治河。王景系统修建了荥阳至千乘入海口长达千余里的黄河两岸大堤，并将汴渠和黄河分离。王景治河之后，黄河相对安澜近八百年。后任庐江太守期间，王景还修复芍陂、发展农业。

（3）马臻：会稽山下兴鉴湖

马臻（88~141年），字叔荐，陕西兴平人，东汉时期著名水利专家。马臻在浙东平原上兴建的鉴湖水利工程，效益巨大，泽被后世。

马臻任会稽（今浙江省绍兴市）太守期间，详考农田水利，科学谋划，于公元140年主持兴建了鉴湖工程，由西起浦阳江，东至曹娥江长达127里②的湖堤拦蓄南侧会稽山麓发源的众多河溪之水，形成周围约310里的鉴湖水库，又辅以斗门、闸、涵、堰等工程设施，使鉴湖水利工程具有防洪、灌溉、航运和城市供水等综合效益。鉴湖的修建是绍兴平原水利发展史上的里程碑。《越中杂识》评价道：“（绍兴）向为潮汐往来之区，马太守筑坝筑塘之后，始成乐土。”

---

① 顷为市制面积单位，1顷≈66667m^2。

② 1里=500m。

14.1.3　隋唐时期

隋唐时期（581 ~ 907 年），为隋朝（581 ~ 618 年）和唐朝（618 ~ 907 年）两个朝代的合称，也是中国历史上强盛的时期之一。这个时期最著名的治水圣先贤是姜师度。

姜师度（约 653 ~ 723 年），河北魏县人，历任丹棱尉、龙岗令、易州刺史、沧州刺史、同州刺史等。姜师度每到一地都注重兴修水利，为官一地、治水一方，有力推动水利事业发展。

《旧唐书》载："师度勤于为政，又有巧思，颇知沟洫之利"。705 年，姜师度在蓟州沿海开平虏渠运粮；707 年，在贝州经城县开张甲河排水，随后又在沧州清池县引浮水开渠分别注入毛氏河和漳河；714 年，在华州华阴县开敷水渠排水；716 年，在郑县修建利俗、罗文两灌渠并筑堤防洪；719 年，在朝邑、河西二县修渠引洛水和黄河水灌通灵陂，灌田二千顷。

唐代《卫先生墓铭》中："开元中大水，姜师度奉诏凿无咸河以溉盐田，划室庐，渍丘墓甚多。既至卫先生墓前，发其地，得一石，刻字为铭，盖先生之词也。师度异其事，命工人迁其河，远先生之墓数十步。"歌颂姜师度凿无咸河以溉盐田等治水事迹。

14.1.4　宋朝

宋朝（960 ~ 1279 年）分北宋和南宋两个阶段。这一时期的治水名人有范仲淹、王安石和苏轼等，其中王安石和苏轼享有"唐宋散文八大家"之美称。

（1）范仲淹：沿海修塘治太湖

范仲淹（989 ~ 1052 年），字希文，江苏苏州人，北宋时期杰出的思想家、政治家、文学家，文武兼备，文官官至参知政事，武官官至枢密副使。范仲淹在治水实践中勇于担当，脚踏实地，真抓实干，其治水精神境界里蕴藏着"先天下之忧而忧，后天下之乐而乐"的深刻内涵。

北宋天圣元年（1023 年），范仲淹任泰州西溪盐官，倡议修建捍海塘，以抵御潮水。工程几经波折终于天圣六年（1028 年）春竣工。捍海塘的修建使得民获定居，农事课盐，两受其益，后世称之为"范公堤"。景佑元年（1034 年），范仲淹任苏州知州，上任伊始，便开始着手治理太湖，他提出以"疏导"为主的治水主张。主持疏浚了"福山、黄泗、许浦、下张"等港浦，并于要害处设置闸门。旱时引江水灌田，涝时排泄洪水。范仲淹经过长期治水实践，总结出针对圩区水利的"修围、浚河、置闸并重"的治水理念。

（2）王安石：勇于变法付实践

王安石（1021 ~ 1086 年），字介甫，号半山，江西抚州临川人。官至宰相，北宋时期杰出的思想家、政治家、改革家。王安石心系水利，推行变法，颁布《农田水利约束》。

王安石每到一地为官期间总是先从治水做起。北宋庆历七年（1047 年），王安石任鄞县知县期间，"起堤堰，决陂塘，为水陆之利"。北宋熙宁二年（1069 年），王安石在全国范围内颁布新法，其中《农田水利约束》是我国第一部比较完整的农田水利法。

《农田水利约束》的颁布和实施，大大调动了全国人民兴修水利的积极性，形成了“四方争言农田水利，古陂废堰，悉务兴复”的喜人景象。在王安石变法期间，全国兴修水利达一万零七百九十三处，受益农田逾三十六万三千多项，成为中国历史上少见的水利建设高潮。

(3) 苏轼：苏公筑堤治西湖

苏轼（1037～1101年），字子瞻，号东坡居士，四川眉山市人，北宋时期著名文学家、政治家。苏轼把水利事业与国家的兴衰联系在一起。在长期的治水实践中，实事求是、因地制宜，坚持科学治水，为当时水利建设事业做出了重要贡献。

1077年，黄河决澶州曹村，洪水包围徐州城，时任徐州知州的苏轼领导军民抵御洪水，增筑城墙、修建黄河木岸工程。公元1089年，苏轼任杭州太守期间主持修缮六井，解决杭州居民用水问题；同时率领军民大力疏浚西湖，并将挖出来的葑根、淤泥，筑成一条贯穿西湖的长堤，后人称之为“苏堤”。苏轼在不同任上主持或参与的水利工程不胜枚举，除积极参与治水实践之外，还撰写水利著述《熙宁防河录》《禹之所以通水之法》《钱塘六井记》等。

14.1.5 元朝

元朝（1271～1368年），是中国历史上首次由少数民族建立的大一统王朝。该时期最著名的治水专家是郭守敬。

郭守敬（1231～1316年），字若思，河北邢台人，元代杰出的科学家，尤擅长水利和天文历算。郭守敬注重实地勘察，水利成就斐然。

郭守敬一生治理河渠沟堰几百处，以修复宁夏引黄灌区和规划沟通京杭大运河著称。1264年，郭守敬赴宁夏，修复了唐徕渠、汉延渠及其他十条干渠、68条支渠，溉田9万余顷，使宁夏平原成为名副其实的“塞外江南”。1271年，郭守敬升任都水监，掌管全国水利建设。为实现京杭运河贯通，他进行系统勘测、科学规划，先后主持建成会通河、通惠河，南自宁波、北至大都的元明清大运河至此基本成形。

14.1.6 明朝

明朝（1368～1644年）时期，治水成就突出的有宋礼、潘季驯和万恭。

(1) 宋礼：南旺分水技无双

宋礼（1361～1422年），字大本，河南洛宁县人。明朝著名水利官员，历任礼部右侍郎、工部尚书。

宋礼自幼聪颖悟知，好学有志，精于河渠水利之学。明永乐九年（1411年），宋礼奉命疏浚会通河，由于会通河缺乏水源，宋礼深入察看沿途水系、地形，访问群众。采纳汶上老人白英的建议，以会通河最高点南旺作为分水点，引汶济运，解决了水源不足的问题。宋礼治运工程主要有疏浚会通河，建戴村坝，开挖小汶河，引汶水及山泉水济运，建南旺运河分水枢纽等项工程。宋礼治运成功，保证了明代漕运的畅通。据《明史》载：

“元开会通河，其功未竣，宋康惠踵而行之，开河建闸，南北以通，厥功茂哉”。

(2) 潘季驯：束水攻沙广流传

潘季驯（1521～1595 年），字时良，号印川，浙江湖州人，明代著名水利学家，历任工部尚书、总理河道都御史等职。潘季驯束水攻沙，对后世治黄具有重要影响。

潘季驯在嘉靖、万历年间曾四次出任总理河道都御史，负责治理黄河、运河长达十余年。总理河道期间，他一改明代前期“下游分流杀势，多开支河”治河方略，重点针对黄河多沙特点，提出了“束水攻沙”“蓄清刷黄”的理论，并相应规划了一套包括缕堤、遥堤、格堤等在内的黄河防洪工程体系，以及“四防二守”的防汛抢险的修守制度，以期达到“以水治水”“以水治沙”，综合解决黄、淮、运问题，这也成为清代奉行的治河方略，一定程度上也发挥了显著功效。潘季驯还著有《两河管见》《河防一览》等水利著作。

(3) 万恭：治水筌蹄影响大

万恭（1515～1591 年），字肃卿，别号两溪，江西南昌县人，明朝时期著名水利专家。历任光禄寺少卿、大理寺少卿、右佥都御史总理河道等职。

明隆庆以来黄河连年决口，洪水横流，运道受阻。隆庆六年（1572 年），万恭被任命为右佥都御史总理河道，全权负责治水事宜。万恭采取“束水攻沙”的治河思想，主持修筑了徐州至宿迁小河口黄河两岸堤防等工程。除治河实践外，万恭一生还完成了许多治水专著。其中《治水筌蹄》一书，总结了治河经验，影响很大。他的著作还有《万少司马漕河奏议》《勘报淮、河、海口疏》《酌议河漕合一事宜疏》等。

14.1.7 清朝

清朝（1636～1912 年），是中国历史上最后一个封建王朝，该时期涌现出来的治水名人包括靳辅、朱轼和林则徐等。

(1) 靳辅：治河方略永留芳

靳辅（1633～1692 年），字紫垣，辽宁辽阳人，清朝时期著名水利专家。历任内阁中书、兵部郎中、河道总督。陈潢（1638～1689 年），字天一，号省斋，浙江嘉兴人，为靳辅的幕僚。靳辅、陈璜二人配合得当、互为表里，合作治河十余年，明显减轻了明末以来上百年的河患问题，使得河道通畅、漕运大通。

清康熙初年，黄河、淮河多处决口，水灾严重，漕运受阻。康熙十六年（1677 年）任靳辅为河道总督，全面主持治水。靳辅采纳其幕友陈潢的计划，将“黄、淮、运”作为一个整体，统筹规划，以“束水攻沙”为治河理论，在总结前人治河经验的基础上，创制了治河、导淮、保运的模式。具体做法有，疏浚黄、淮河道，使得水流畅通；修筑高家堰大堤，以“蓄清刷黄”；开挖宿迁至淮安的中运河，使黄、运分流，避免黄河漕运 180 里之险。著有《治河方略》一书，为后世治河的重要参考。

（2）朱轼：妙用木柜治海塘

朱轼（1665～1736年），字若瞻，号可亭，江西府高安县人。历任刑部主事、浙江巡抚、左都御史、吏部尚书等职。朱轼为官期间“清吏治，正风俗”，办理政事勤勉，治水功绩显著。

朱轼为官期间，对江浙海塘和畿辅水利营田建设都做出了重要贡献。清康熙五十六年（1717年）朱轼出任浙江巡抚，时逢海宁、上虞一带多海患，海潮给人民造成了灾难。朱轼经过实地考察，反复研究，决定修建钱塘江海塘，自北岸海宁老盐仓至南岸上虞夏盖上，全长三千多丈，同时在施工技术上采用“木柜法”，即松木为柜，实巨石，作为地基，以求坚固。雍正三年（1725年）海河大水，朱轼在治水的同时，着重兴办水利营田。通过兴办水利营田，分散用水，从而达到治水目的。此次畿辅水利营田对开发海河流域水利起到了很大推动作用。

（3）林则徐：戍边不忘兴坎儿井

林则徐（1785～1850年），字元抚，晚号俟村老人，福建侯官县人，清代著名的政治家、思想家和治水人物。林则徐治水注重深入实际，因地制宜，科学施策，为水利事业发展做出了突出贡献。

林则徐为官40年，足迹遍布13个省，从北方的海河到南方的珠江，从东南的太湖流域到西北的伊犁河，都留下了他治水的印记。1820年，林则徐出任杭嘉湖兵备道，上任之初便认识到海塘工程乃保障滨海地区生产生活之关键，着手加固海塘，还特别要求“新塘采石，必择坚厚”；1837年，在湖广总督任上，着重维修长江中游荆江段和汉水下游堤防。1841年，林则徐被谪戍伊犁，又领导水利屯田，在惠远城水利建设中负责最艰巨的渠首工程建设，在托克逊大力推广坎儿井（图14-6）。

图14-6 坎儿井

摄影：刘建刚

14.1.8　近现代

近现代指 1912 年至今，这一时期成就比较突出的当属李仪祉，是中国水利从传统走向现代过渡阶段的关键人物之一。

李仪祉（1882 ~ 1938 年），名协，字仪祉，陕西省蒲城县人，我国近代著名水利学家和水利教育家，历任南京河海工程专门学校教授、陕西水利局局长、华北委员会委员长、黄河水利委员会委员长等职。李仪祉被誉为“中国近现代水利奠基人”。

李仪祉在德国留学期间，目睹欧洲各国水利之发达，对我国当时水利的颓废十分愤慨，立志振兴水利事业、服务国家发展。民国四年（1915 年）学成回国之初，李仪祉先任河海工专教授，专注培养水利人才。民国十一年（1922 年）李仪祉任陕西省水利局局长，先后提出建设关中八惠工程计划。民国二十一年（1932 年）泾惠渠建成，当年灌溉农田 50 万亩，郑国渠焕发新生，八惠其他工程此后也陆续实施。李仪祉长期致力于黄河治理研究，他主张治理黄河要上中下游并重，防洪、航运、灌溉和水电兼顾，把我国治理黄河的理论和方略向前推进了一大步，对水利科技发展也做出突出贡献。

14.2　经典诗词

纵观历朝历代，文人墨客对于水网的赞美诗词歌赋举不胜举，其中尤以唐代诗人李白以及南宋诗人朱熹关于水的诗词居多，伟大领袖毛泽东也有不少脍炙人口的作品。在这些传世佳作中，不乏对河流水系赞美的诗词，抑或是借物抒情的诗词，犹如陈年佳酿，历久弥香、甘之如饴。

14.2.1　自然水网

我国的自然水网庞大，大江大川如长江、黄河、淮河、珠江、松花江等，以及太湖、洞庭湖、西湖等都是名人墨客抒情写意的焦点。

14.2.1.1　江河

江河，以前特指长江和黄河，现在更多的是对河流的统称。历代的文人墨客，不仅对大江大河进行浓墨重彩的描绘，对其他的河流也不乏溢美之词，对于这次大川名水，到处都有他们的足迹，每到一处，都会留下流传至今、耳熟能详的古诗词，不必身临其境，也能令人心旷神怡，心向往之。

（1）大江大河

古有五岳四渎之说，《尔雅 · 释水》载：“江、河、淮、济为四渎，四渎者发源注海也。”按《水经注》：“自河入济，自济入淮，自淮达江，水径周通。”故有四渎之名。四渎分别是长江、淮河、黄河和济水。长江、淮河、黄河世人皆知，唯有济水知道的人甚少。济水，又称渡河、泗水，发源于河南省济源市王屋山，其故道本过黄河而南，东流至山东，下游为黄河所并，与黄河一齐入海，目前仅有河北发源处还存在。

Ⅰ. 长江

《长江二首》

唐·杜甫

其一

众水会涪万，瞿塘争一门。

朝宗人共挹，盗贼尔谁尊。

孤石隐如马，高萝垂饮猿。

归心异波浪，何事即飞翻。

其二

浩浩终不息，乃知东极临。

众流归海意，万国奉君心。

色借潇湘阔，声驱滟滪深。

未辞添雾雨，接上遇衣襟。

赏析：《长江二首》是唐代宗永泰元年（765 年）杜甫离开成都草堂时创作的作品，是一首典型的现实主义题材诗词。这首诗虽然是借景抒情，但把长江我国第一大河的基本特征展现出来了。如其一中的“众水会涪万，瞿塘争一门”，“会”和“争”字形象生动、恰如其分地描述了长江支流众多的特点，支流在涪州、万州汇合入江，长江奔腾冲入瞿塘峡口；其二中的“浩浩终不息，乃知东极临。众流归海意”，描述了长江水资源丰富、跨度之长、水势壮悍和众流归海的特征和气势。这几句描述长江特点的诗，使读者对长江江流浩荡、百川归海的气势一览无余，展现长江的雄浑和壮阔之自然美。整首诗，通过对长江的描述，表达了作者忧国忧民、渴望国家统一的情怀。杜甫在其《登高》中的“无边落木萧萧下，不尽长江滚滚来”也对长江的气势描绘得十分到位。南宋诗人苏轼在其《念奴娇·赤壁怀古》一词中的“大江东去，浪淘尽，千古风流人物”，也将长江东流归海的特点展现出来。

《早发白帝城》

唐·李白

朝辞白帝彩云间，千里江陵一日还。

两岸猿声啼不尽，轻舟已过万重山。

赏析：《早发白帝城》是唐代诗人李白创作的一首七言绝句，诗中描述了长江的自然风光，结合当时的创作背景，寓情于景，字里行间都透露出李白赦免后极度愉悦、欢快的心情，让世人在赞美自然风光的同时，享受着行云流水、浑然天成的感受。明杨慎曾盛赞此诗“惊风雨而泣鬼神矣!”

《惠崇春江晓景二首》

北宋·苏轼

其一

竹外桃花三两枝，春江水暖鸭先知。

蒌蒿满地芦芽短，正是河豚欲上时。

赏析：《惠崇春江晓景二首》是苏轼留给我们的一首耳熟能详的描写长江初春的古诗，这首诗是为惠崇的《春江晓景》画作题写的。“春江水暖鸭先知”是整首诗的点睛之笔。视觉由远及近，江面上春水荡漾，灵动的鸭子在江水中愉快玩耍。“鸭先知”与首句中的桃花“三两枝”相呼应，表明当时正处于早春时节，春江水还略带些寒意。“鸭知水暖”画面感极强，苏轼具有丰富的生活阅历，通过设身处地地体会，将这一场景跃然纸上，江中自由嬉戏的鸭子最先感受到春水温度的回升，用触觉印象“暖”补充画中春水潋滟的视觉印象。

Ⅱ. 黄河

《使至塞上》

唐 · 王维

单车欲问边，属国过居延。
征蓬出汉塞，归雁入胡天。
大漠孤烟直，长河落日圆。
萧关逢候骑，都护在燕然。

赏析：《使至塞上》是王维一首描写盛唐时丝绸之路的脍炙人口的边塞诗，诗中名句“大漠孤烟直，长河落日圆”尤为人称赏。这是一幅流传至今、影响多代文人墨客的传世之作，“直”和“圆”生动形象地给读者呈现出西北沙漠的苍凉和荒芜，黄河傍晚时分的宁静，落日映射水中的倒影，使读者不约而同地感受到了作者的孤寂和落寞。

《登鹳雀楼》

唐 · 王之涣

白日依山尽，黄河入海流。
欲穷千里目，更上一层楼。

赏析：《登鹳雀楼》是唐代诗人王之涣创作的一首五言绝句。作者登上鹳雀楼，登高望远，将黄河的磅礴气势和壮丽景象尽收眼底，在感受大自然美景震撼的同时也寓哲理于景，将做人的道理蕴含在这首诗里，告诫世人不要鼠目寸光，应该心胸开阔，要抱有积极探索和无限进取的追求，只有这样才能达到精神的更高境界。鹳雀楼也因此诗而名扬天下。这是歌颂黄河传颂度最高的诗之一。

《渡黄河诗》

南梁 · 范云

河流迅且浊，汤汤不可陵。
桧楫难为榜，松舟才自胜。
空庭偃旧木，荒畴馀故塍。
不睹人行迹，但见狐兔兴。
寄言河上老，此水何当澄。

赏析：《渡黄河诗》是南朝诗人范云 492 年（永明十年）出使北魏途中渡黄河时创作的一首五言古诗。“河流迅且浊”点出了磅礴气势和基本的特征，即黄河流速较大，由于途径黄土高原，携带大量的泥沙。“汤汤不可陵”描绘出了黄河气势宏大，河面宽广，不易渡船。

Ⅲ. 淮河

《渡淮》

唐・白居易

淮水东南阔，无风渡亦难。

孤烟生乍直，远树望多圆。

春浪棹声急，夕阳帆影残。

清流宜映月，今夜重吟看。

赏析：《渡淮》是唐代诗人白居易创作的一首描绘淮河春末夏初时节日落长江的古诗。“淮水东南阔，无风渡亦难”中，点出淮河东西较宽、比较壮阔的基本特征，没有风的时候，想要渡河颇为困难。“孤烟生乍直，远树望多圆”与王维《使至塞上》的名句“大漠孤烟直，长河落日圆”有异曲同工之妙。“清流宜映月，今夜重吟看”中，勾画出作者夜泊水边，赏月观水的心情，点出了淮河的水环境状况良好，读者不难感受到作者此刻心情上佳，并没有急于渡淮，而是在岸边欣赏美景。

《淮河舟中晓起看雪二首》

南宋・杨万里

其一

三日颠风刮地来，不成一雪肯空回。

何曾半点漏春信，只怪千花连夜开。

顷刻装严银世界，中间遍满玉楼台。

琼船撑入玻瓈国，琪树瑶林不用栽。

其二

梅花脑子撒成云，明月珠胎屑作尘。

爱水舞来飞就影，怯风斜去却回身。

真成一腊逢三白，并把三冬博一春。

开放船窗尽渠入，天差滕六访诗人。

赏析：《淮河舟中晓起看雪二首》描绘的是南宋诗人杨万里在淮河上泛舟欣赏雪景的场景，杨万里诗歌大多描写自然景物，且以此见长，语言浅近易懂，清新脱俗，幽默风趣，是“诚斋体”的代表作。“爱水舞来飞就影，怯风斜去却回身”真实展示了早晨淮河上银雪飞舞，与梅花、明月、舟浑然一体、相映成辉。

《过淮河》

元・萨都剌

淮水清，河水黄，出山偶尔同异乡。

排空卷雪势莫当，随风逐浪庸何伤。

东流入海殊不恶，万里同行有清浊。

赏析：《过淮河》又名《过淮河有感》，是元代诗人萨都剌创作的一首杂言古诗。这首诗将黄淮交汇处淮河水清、黄河水浊的特点充分表现出来，根据史料记载，黄河在1194～1855年多次发生以淮河的河道作入海口一事，俗称“黄河夺淮”，由于黄河多次改道侵占淮河水道，使得淮河流域的水系发生很大的变迁。

Ⅳ. 珠江

《雨后珠江登望》

明・黄佐

珠江烟水碧濛濛，锦石琪花不易逢。
三岛楼台开日月，二仪风雨动鱼龙。
浮云荏苒团秋扇，野树依微乱晚峰。
越女未知摇落早，轻舟何处采芙蓉。

赏析：明代黄佐的这首《雨后珠江登望》，使“珠江”的名称始见于史，标题直抒胸臆。诗人通过细腻的笔触刻画出了雨后在珠江上登高远眺，虽然水面是平静的，但作者感受到的却是烟雾朦胧的感觉，纵使楼台、鱼龙、浮云、野树等景致再有美味、再有韵味，作者的内心透着一股淡淡的忧伤，体现了作者的家国情怀。

《珠江春泛作》

清・屈大均

珠江烟波接海长，春潮微带落霞光。
黄鱼日作三江雨，白露天留一片霜。
洲爱琵琶风外语，沙怜茉莉月中香。
斑枝况复红无数，一棹依依此夕阳。

赏析：这首诗是明末清初“岭南三大家”之一的屈大均所作的一首写景诗，作者将珠江水烟波浩渺、蜿蜒流长、与海相接的基本形态，以及三江（西江、北江、东江）汇流的基本特征描绘得简单明了，“烟波”“春潮”“落霞”“黄鱼”“白露”“斑枝”以及“江雨”“霜”“夕阳”等多要素汇聚一起，勾勒出了一副春季傍晚潮水上涨时分，霞光与江水交相辉映的壮丽场面，琵琶洲传来的欢歌笑语、茉莉沙飘来的香气、木棉花绽放的生动形象画面，让小船也产生了依依不舍的情绪，整首诗的画面感极强，令人仿佛身临其境，沉浸在珠江春季美丽的夜景中，如痴如醉。

Ⅴ. 松花江

《泛松花江》

清・爱新觉罗 玄烨

源分长白波流迅，支合乌江水势雄。
木落霜空天气肃，旌麾过处映飞虹。

赏析：《泛松花江》是清代康熙皇帝玄烨所作的一首七言绝句。两江在三岔河汇合后称松花江，东流到同江注入黑龙江。诗中不仅有水源的描述，还有对秋季胜景的无线赞美和喜爱，作者欢喜、愉快的心情溢于言表、跃然纸上。

(2) 其他河流

Ⅰ. 钱塘江

《诉衷情・送述古迓元素》

北宋・苏轼

钱塘风景古来奇。
太守例能诗。

先驱负弩何在，心已誓江西。

花尽后，叶飞时。

雨凄凄。

若为情绪，更问新官，向旧官啼。

赏析：《诉衷情·送述古迓元素》是宋代词人苏轼创作的一首词，赞赏钱塘江风光，钱塘江自古以来就是我国乃至世界上独特的海潮景观，有“天下第一潮”之美誉。本词虽然对钱塘江风光和美景大加赞赏和感叹，但是作者无心赏景，借助萧瑟的秋景，深切刻画了词人的心理变化，虽言简意赅，但意味深长，高度概括和烘托了词人对于辞旧迎新的愤懑和不满。

Ⅱ. 新安江（建德江）

《宿建德江》

唐·孟浩然

移舟泊烟渚，日暮客愁新。

野旷天低树，江清月近人。

赏析：《宿建德江》是诗人孟浩然于唐玄宗开元年间（713～741年）旅居吴越、派遣仕途失意时所创作的一首著名的、写景五言绝句，是孟浩然的代表作之一。诗中的建德江是新安江过建德西部的一段河流，新安江是钱塘江的北源，也是其正源。作者通过景色描述，触景生情、借景咏怀，作者在深秋的傍晚，乘船夜泊新安江畔，“旷”和“清”把人和物之间的关系描写得逼真、恰到好处。全诗语言简洁，将新安江的空旷以及周边环境的静谧描写浑然天成、独具特色。

Ⅲ. 泗水

《春日》

南宋·朱熹

胜日寻芳泗水滨，无边光景一时新。

等闲识得东风面，万紫千红总是春。

赏析：《春日》是南宋诗人朱熹创作的一首描述泗水初春时节风景的诗，泗水今名泗河，淮河流域沂沭泗水系——南四湖支流，是山东省中部较大河流。本诗描述作者来到泗水河畔，欣赏到美景，由“寻”到“识”，表达了作者由浅及深、步步深化的意境，结合时代背景，朱熹创作此诗的时候，泗水已被金国占领，作者不曾亲临其境，通过这首诗，诗人更多的是表达在乱世中追求孔子之道的美好愿望。全诗寓理于景，构思巧妙清奇。

Ⅳ. 其他

在歌颂大江大河的诗中，有不少作品是不局限于某一条具体河流的，如白居易的《忆江南》和《暮江吟》，韦庄的《浣溪沙》等等。

《忆江南》

唐·白居易

江南好，风景旧曾谙。

日出江花红胜火，春来江水绿如蓝。

能不忆江南？

赏析：《忆江南》是唐代诗人白居易笔下流传度极高的一首词，这首诗是白居易卸任后回洛阳十余年怀念江南生活的三首词之一，这里的江，按照白居易的履历来看，应该是长江或者钱塘江，也可能泛指江南一带的江河。作者虽然离开很久了，但是回忆起江南的风景，仍然历历在目、刻骨铭心，整首词言简意赅，字字珠玑，令人过目不忘，如临其境。"日出江花红胜火，春来江水绿如蓝"既烘托了白居易对江南春色的无限怀念与赞美，又营造出一种意蕴悠长的境地。

《暮江吟》

唐・白居易

一道残阳铺水中，半江瑟瑟半江红。

可怜九月初三夜，露似真珠月似弓。

赏析：《暮江吟》是唐代诗人白居易于长庆二年（822 年）左右在赴杭州任刺史的途中创作的一首七言绝句。这里的江有两种解读，一指长江，一指钱塘江，结合当时作者所处时代，两者皆有可能，无论是长江还是钱塘江，都不影响对本诗的赏析。这是一首绝佳的写景七言绝句。故事发生在夕阳西下和新月初上的时间段，全诗语言清新流畅、比喻巧妙，营造出一派静谧安逸的秋日之境，表达了诗人自然风光的无限热爱。

《浣溪沙》

唐・韦庄

绿树藏莺莺正啼，柳丝斜拂白铜鞮，弄珠江上草萋萋。

日暮饮归何处客，绣鞍骢马一声嘶，满身兰麝醉如泥。

赏析：《浣溪沙》是晚唐诗人、词人，花间派代表韦庄写的一首词，"弄珠江上草萋萋"的"江"泛指江河。此事寓情于景，情景交融，前三句主要是对江河风景的描述和赞美，后三句更多的是表达作者驻足江边，在日落时分借酒消愁的离情别绪。

14.2.1.2　湖泊

我国湖泊众多，举不胜举，四大淡水湖太湖、鄱阳湖、洪泽湖和洞庭湖，以及其他知名景观湖泊都是历朝历代皇亲贵族、文人墨客必经之处，所到之处无不留下诗词歌赋散文等佳作。

（1）*太湖*

《太湖秋夕》

唐・王昌龄

水宿烟雨寒，洞庭霜落微。

月明移舟去，夜静魂梦归。

暗觉海风度，萧萧闻雁飞。

赏析：《太湖秋夕》唐朝诗人王昌龄为我们描绘了一幅静谧的太湖秋夕图。寒冷的深秋，诗人住在太湖岸边的小船上，安静地欣赏着太湖的夜景。诗人有一种似睡非睡、似梦非梦、动静结合的感觉，影影绰绰地感到海风吹拂面，还有远处大雁南飞的声音。

《泛太湖书事寄微之》

唐・白居易

烟渚云帆处处通，飘然舟似入虚空。
玉杯浅酌巡初匝，金管徐吹曲未终。
黄夹缬林寒有叶，碧琉璃水净无风。
避旗飞鹭翩翻白，惊鼓跳鱼拨剌红。
涧雪压多松偃蹇，岩泉滴久石玲珑。
书为故事留湖上，吟作新诗寄浙东。
军府威容从道盛，江山气色定知同。
报君一事君应羡，五宿澄波皓月中。

赏析：《泛太湖书事寄微之》是唐代诗人白居易与友人泛舟太湖，听着悠扬的音乐，喝着佳酿美酒，欣赏着太湖的宜人的秋景。举目四望，两岸黄叶，一潭澄碧，白鹭翻飞，红鱼起跃，雪压青松，泉滴翠石。良辰美景、赏心悦目。

(2) 鄱阳湖

《泛鄱阳湖》

唐・韦庄

四顾无边鸟不飞，大波惊隔楚山微。
纷纷雨外灵均过，瑟瑟云中帝子归。
迸鲤似梭投远浪，小舟如叶傍斜晖。
鸱夷去后何人到，爱者虽多见者稀。

赏析：这是晚唐诗人韦庄由于黄巢起义被迫流落越中、婺州等地，于景福元年（892年）秋天泛舟鄱阳湖上所作的一首诗，韦庄曾任五代时前蜀宰相，韦庄与温庭筠为“花间派”代表作家，并称“温韦”。此诗寓情于景，通过描绘泛舟鄱阳湖的风景直抒胸臆，表达自己的心情。诗人由远及近，从大到小，既描绘了鄱阳湖的壮阔，也描绘了飞鸟、迸鲤、小舟等细节，表达了雨、晴两种不同的心境，作者通过细腻的笔触，灵动、传神，让人身临其境，心领神会作者彼时的心境，委婉地借范蠡泛舟江湖、辞官归隐的典故，既表达了对国家的忠诚，又阐述了自己意欲隐退的想法。

《舟次西径》

南宋・杨万里

夜来徐汊伴鸥眠，西径晨炊小泊船。
芦荻渐多人渐少，鄱阳湖尾水如天。

赏析：《舟次西径》记录的是诗人杨万里夜晚突然萌生了乘船由鄱阳湖的雅兴，醉人的鄱阳湖美景让他流连忘返，将船停在湖的西边名为徐汊的地方，伴着鸥鸟的飞翔，愉快地进入梦乡。这首诗只有寥寥四句七言绝句，诗人采用动静结合的创作手法，将鄱阳湖的美景灵动地呈现在读者面前，“汊”字将鄱阳湖水分分支较多的特点勾勒得十分到位。

（3）洪泽湖

《至洪泽》

南宋・杨万里

今宵合过山阳驿，泊船问来是洪泽。
都梁到此只一程，却费一宵兼两日。
政缘夜来到渎头，打头风起浪不休。
舟人相贺已入港，不怕淮河更风浪。
老夫摇手且低声，惊心犹恐淮神听。
急呼津吏催开闸，津吏叉手不敢答。
早潮已落水入淮，晚潮未来闸不开。
细问晚潮何时来，更待玉虫缀金钗。

赏析：这是南宋诗人杨万里乘船过洪泽湖创作的一七律诗，历史上由于黄河夺泗、夺淮的缘故，增加了漕船由运河进入淮（黄）河的难度和风险。这一状况在此诗中也得到了体现，船到了洪泽湖的时候，闸门不是随时启闭的，需要根据早晚潮的变化规律，有专属官员来管理和调度的，要求比较严格。

《过洪泽湖》

陈毅

扁舟飞跃趁晴空，斜抹湖天夕照红。
夜渡浅沙惊宿鸟，晓行柳岸雪花骢。

赏析：这首诗是陈毅将军于 1943 年 5 月与新四军黄克诚部会合途中经洪泽湖创作的，陈毅将军趁着天气晴好的傍晚出发，便于掩护，不易被敌人发现，作者行色匆匆，急于与战友汇合，再美的风景也无心浏览。这首诗似描述战事却不见战事，作者没有直抒胸臆，而是将笔墨重点在洪泽湖的景色描绘上，让我们在领略祖国大好风光的同时，又能深刻地感受到战事的紧迫。

（4）洞庭湖

《望洞庭》

唐・刘禹锡

湖光秋月两相和，潭面无风镜未磨。
遥望洞庭山水翠，白银盘里一青螺。

赏析：这是唐代诗人刘禹锡笔下一首描绘洞庭湖秋夜月景的古诗。秋季时分，洞庭湖湖面宁静平和，皓月当空，月光映射在宁静的湖面，相映成辉。寥寥几字，诗人却用细腻的笔触，向读者全方位呈现了一幅精美绝伦、美不胜收的洞庭湖水墨山水画。整首诗，作者通过勾勒洞庭湖的秀丽景色，由衷地向我们传递他对洞庭湖毫不吝啬的欣赏和热爱，引人入胜，令人神往。

《望洞庭湖赠张丞相》

唐・孟浩然

八月湖水平，涵虚混太清。
气蒸云梦泽，波撼岳阳城。

欲济无舟楫，端居耻圣明。
坐观垂钓者，徒有羡鱼情。

赏析：《望洞庭湖赠张丞相》是唐代诗人孟浩然的一首投赠给张九龄的诗。这首诗前四句向我们描写洞庭湖壮观、秀丽的美景和磅礴的气势。如文字所述，八月洞庭湖湖水盛涨，浑然一体、朦朦胧胧，云梦泽被水汽笼罩着，汹涌的波涛好像随时都能把岳阳城掀翻。这首诗表面是描写洞庭湖的秋季美景，后四句实则是孟浩然希望得到张九龄的引荐，能够实现自己的政治抱负。整首诗虽然是一首投赠诗，但作者表达得含蓄、深刻，既盛赞了洞庭湖的美，又达到了自己想要从政的目的。

（5）西湖

《西湖晚归回望孤山寺赠诸客》

唐·白居易

柳湖松岛莲花寺，晚动归桡出道场。
卢橘子低山雨重，栟榈叶战水风凉。
烟波澹荡摇空碧，楼殿参差倚夕阳。
到岸请君回首望，蓬莱宫在海中央。

赏析：《西湖晚归回望孤山寺赠诸客》这首诗是白居易于长庆二年（822 年）秋至四年夏所作，白居易时任杭州任刺史，闲暇时间他喜欢到寺里听听高僧讲经，故而创作这首诗，这首诗让我们感同身受，此刻白居易先生化身导游，让我们紧紧跟随白导的游踪，仿佛置身于柳湖、松岛、莲花寺、孤山寺、蓬莱阁等西湖美景（图 14-7），以及体会到卢橘（枇杷）、栟榈（棕榈）果香四溢等场景，“重”“凉”以及“碧”三个字，勾勒出灵动的

图 14-7　西湖
摄影：祝卫东

画面，不仅有赏心悦目、美不胜收、诗情画意的一面，也能入木三分地体会作者的感受和心情。这首诗短短八句，句句赞景，字字含情。

《饮湖上初晴后雨二首》

北宋・苏轼

其二

水光潋滟晴方好，山色空蒙雨亦奇。

欲把西湖比西子，淡妆浓抹总相宜。

赏析：这首诗，诗人苏轼采用拟人的手法来赞美晴、雨两种不同气象条件下的西湖美景。西湖在阳光照耀下，水波荡漾，美艳动人；下雨时分，远处的山笼罩在烟雨之中，是另一番景象。“潋滟”和“空蒙”两个词，很形象、很生动、很传神，把久负盛名的西路的特色表现得淋漓尽致。以西施比喻西湖，不仅赋予西湖之美以生命，而且新奇别致，情味隽永，完美地烘托出西湖的本质姣好、天生丽质和娇美神韵。

《晓出净慈寺送林子方》

南宋・杨万里

毕竟西湖六月中，风光不与四时同。

接天莲叶无穷碧，映日荷花别样红。

赏析：《晓出净慈寺送林子方》是南宋诗人杨万里著名的一首诗，表面是在净慈寺送别林子方，实则是盛赞西湖六月的独特美景。简短的语言、简单的赞美细化荷花，却将西湖六月的大美形象、生动、活泼的展现在我们面前。在作者眼里，西湖六月的风景是最美的，那层层叠叠的荷叶在湖面上全面铺开，远处与蓝天连成一片，远眺是一望无际的碧绿，那风姿绰约的荷花，在阳光的映衬下，熠熠生辉、光彩夺目。

（6）大明湖

《大明湖》

北宋・曾巩

湖面平随苇岸长，碧天垂影入清光。

一川风露荷花晓，六月蓬瀛燕坐凉。

沧海桴浮成旷荡，明河槎上更微茫。

何须辛苦求天外，自有仙乡在水乡。

赏析：这是一首典型的前景后情的七言律诗，作者北宋诗人曾巩，栩栩如生地将夏季大明湖的美艳动人呈现在世人面前。作者通过细腻的笔触，勾勒出平静的湖面、垂柳倒影、绿树成荫、微风习习、荷花竞艳、鱼翔浅底的生动画面，沿湖多亭台楼阁、祠堂庙宇，水榭长廊等古建筑。整个画面动静皆宜，相得益彰，凸显安逸，参差有致。

《游大明湖》

清・孔继瑛

大明湖景似苏堤，也向熏风策杖藜。

历下亭环流水曲，会波楼绕远山齐。

香飘花浦莲初放，歌入芦洲舫又迷。

一抹烟云催夕照，回看月挂柳梢西。

赏析：这是首《游大明湖》清代诗人孔继瑛描写大明湖初夏景致的写景诗。作者透过细腻的文字，流转的言辞，将大明湖与太湖的苏堤相媲美，大美风光生动活泼、跃然纸上，在诗人笔下，微风轻拂，湖心中历下亭曲水流觞，湖北岸会波楼（今汇波楼）恍若高耸与山平齐，盛开的荷花与花香和歌声相伴，夕阳西下，月挂柳树枝头，令人迷恋不已。

14.2.1.3 溪流、泉水、瀑布

涓涓溪流、潺潺泉水、绵绵瀑布，都是自然水网的一分子，不积小流，无以成江海，是对溪流、瀑布等自然水网组成部分最好的写照。

（1）瀑布

《望庐山瀑布》

唐·李白

日照香炉生紫烟，遥看瀑布挂前川。

飞流直下三千尺，疑是银河落九天。

赏析：这是李白隐居庐山时写的一首风景诗，这首诗堪称瀑布描写的典范。庐山美景享誉世界，而其瀑布之美首当其冲，李白形象生动地把庐山瀑布雄伟、壮观、奇特、秀丽的景色呈现世人面前，表达了李白对大好河山的无限热爱和赞美之情。

（2）池塘

《小池》

南宋·杨万里

泉眼无声惜细流，树阴照水爱晴柔。

小荷才露尖尖角，早有蜻蜓立上头。

赏析：《小池》是关于池塘风景描写最为经典的一首诗词，处于南宋著名诗人杨万里之手，作者通过一处泉眼、一道涓涓溪流、一片树阴、一池荷花、一只蜻蜓，看似平淡无奇的自然风景，但经过作者的笔工雕琢，却栩栩如生地勾勒出初夏荷花初绽的荷塘美景，呈现一派万物祥和、人与自然和谐相处的场景，表现作者深厚的洞察力以及以小见大的创作功底。

（3）溪水

《清溪行》

唐·李白

清溪清我心，水色异诸水。

借问新安江，见底何如此。

人行明镜中，鸟度屏风里。

向晚猩猩啼，空悲远游子。

赏析：这是一首情景交融的抒情诗，是天宝十二年（公元753年）秋后李白游池州（今安徽贵池）时所作。池州是皖南风景胜地，景点大多集中在清溪和秋浦沿岸。清溪源出石台县，仿佛一条玉带，蜿蜒曲折，流经贵池城，与秋浦河汇合，出池口汇入长江。李白游清溪作有许多有关清溪的诗篇。这首《清溪行》主要描写清溪水色的清澈，寄寓诗人喜清厌浊的情怀。

《夏日六言·溪涨清风拂面》

北宋·陆游

溪涨清风拂面，月落繁星满天。

数只船横浦口，一声笛起山前。

赏析：《夏日六言·溪涨清风拂面》是北宋诗人陆游向我们展示夏日雨后溪水盛涨的场景。溪水一般是出露较浅的自然水体，多处于河流上游，多为河流的源头。这首诗一句一景，虚实结合、静中有动，勾勒出雨后一派清新、寡淡、恬静、安逸、悠然的山村乡野图，也是陆游一首纯写景的代表作。

（4）泉水

《奉同尤延之提举庐山杂咏十四篇·其十二·温汤》

南宋·朱熹

连山西南来，中断还崛起。

干霄几千仞，据地三百里。

飞峰上灵秀，众壑下清美。

逮兹势力穷，犹能出奇伟。

谁燃丹黄燄，爨此玉池水。

客来争解带，万劫付一洗。

当年谢康乐，弦绝今久矣。

水碧复流温，相思五湖里。

赏析：南宋诗人朱熹的《温汤》，是众多关于温泉描写的诗中，将温泉特点概括得非常到位的一首。温泉是泉水的一种，一般是因地质构造而从地下自然涌出的，温度一般高于地表水体，且大多数温泉中含有对人体有益的多种微量元素，从古至今，成为皇亲贵族、老百姓养生的好去处。朱熹把温泉的发育特点以及受宾客欢迎的情况描述得具体、到位。

14.2.2　人工水网

我国历史人工水网数量之巨大、类型之丰富、分布之广泛，举世闻名、灿若星河，诸如大运河、坎儿井、都江堰、芍陂、木兰陂等人工水网工程举不胜举，都是我国劳动人民智慧的结晶。

14.2.2.1　中国大运河

《题瓜洲新河饯族叔舍人贲》

唐·李白

齐公凿新河，万古流不绝。

丰功利生人，天地同朽灭。

两桥对双阁，芳树有行列。

爱此如甘棠，谁云敢攀折。

吴关倚此固，天险自兹设。
海水落斗门，湖平见沙汭。
我行送季父，弭棹徒流悦。
杨花满江来，疑是龙山雪。
惜此林下兴，怆为山阳别。
瞻望清路尘，归来空寂灭。

赏析：这首诗的前四句是诗人李白赞美瓜洲运河的诗句。瓜洲运河，又名伊娄河、新河，全长约为12.5km，是由润州（今镇江）刺史齐浣所开，从瓜洲可直通扬州市区，省去了水陆转运环节和迂道之苦，还可极大程度地降低交通运输成本，其功绩将世代泽被后人，为万世所敬仰。

《汴河怀古二首》

唐・皮日休

其一

万艘龙舸绿丝间，载到扬州尽不还。
应是天教开汴水，一千余里地无山。

其二

尽道隋亡为此河，至今千里赖通波。
若无水殿龙舟事，共禹论功不较多。

赏析：这里所说的汴河，即我们所说的大运河体系中的通济渠，是由隋炀帝主持挖掘建造的，隋炀帝调动了大量的人力、物力和财力，加速了隋朝的灭亡速度。这首诗是对隋炀帝兴建大运河比较公正的一次评价，抛开工程最初建设的目的不谈，就大运河工程本身而言，纵观历史长河，隋炀帝是有一定正面评价的。

《河北冰泮放舟归江南奉寄杨南宫》

明・揭轨

晓来铜雀东风起，春风凌乱漳河水。
郎官惊起解归舟，一日风帆可千里。
侵晨鼓舵发临清，薄暮乘流下济宁。
南宫先生先我去，花时想达瓜洲步。
寻君何处典春衫，杏花烟雨大江南。

赏析：这是明代诗人揭轨创作的关于运河的诗，作者从河北南运河出发，坐船到瓜洲（今江苏省扬州市），大运河沿程的高差和水源状况是不同的，比如河北出发，借助漳河水源和风力，可以一日舟行千里，途径临清和济宁，目标是去瓜洲看春节大好风景，毕竟“烟花三月下扬州”还是令人向往的。河北到山东济宁南旺枢纽段，水流是由南向北的，而南旺到扬州段，水流是由北向南的，可见大运河在那个时代的技术还是相当了不起的，在没有石化动力的年代，主要靠水源和人力解决了地形高差的问题。

《堤上偶成》

清・爱新觉罗 弘历

运河转漕达都京，策马春风堤上行。

九里岗临禦黄坝，曾无长策祇心惊。

赏析：这是清朝乾隆皇帝在运河大堤上偶发感慨而作的一首抒情诗。乾隆准备从江南经运河到北京，策马扬鞭，在运河大堤上奔跑，到达九里岗，这个地方离禦黄坝险工很近，曾经心惊胆战地忧虑如何能把这里治理好。禦黄坝，顾名思义，抵御黄河的大坝，黄河曾经多次夺取淮河河道，通过禦黄坝的建设，可以降低漕船过险工段的风险。

14.2.2.2　水利工程与遗产

中国特有的地理位置和自然环境决定了水利是中华民族生存、发展的必然选择。水利与中华文明同时起源，并贯穿于其整个发展进程中。五千年的水利建设，创造了大量具有重大科学价值的古代水利工程，充分体现了中华民族治水先辈们的伟大智慧和创新精神，有的至今仍在发挥防洪、除涝、灌溉、供水、水环境改善等综合利用功能。据初步调查，全国在用古代水利工程与水利遗产约一千余处。

(1)　芍陂

宋代诗人王安石、陈舜俞以及清代诗人孙星衍都有赞美芍陂的诗词。三首诗描述了芍陂修建、重修，以及建成后灌区内农田沃野千里、泽被后世的繁荣景象，表达了对建设者的缅怀和对其功绩的颂扬。

《安丰张令修芍陂》

宋・王安石

桐乡振廪得周旋，芍水修陂道路传。

日想僝功追往事，心知为政似当年。

鲂鱼鲅鲅归城市，粳稻纷纷载酒船。

楚相祠堂仍好在，胜游思为子留篇。

《和王介甫寄安丰知县修芍陂》

宋・陈舜俞

雩娄陂水旧风烟，可喜斯民得继传。

万顷稻粱追汉日，五门疏凿似齐年。

才高欲献营田策，公暇还来泛酒船。

称与淮南诗好事，耕歌渔唱已相连。

《五亩园落成口占十二首　其一　小芍陂》

清・孙星衍

芍陂浩千顷，一壑不嫌小。

我无泽及民，灌园以终老。

(2)　都江堰

明代诗人杨慎、晚清诗人丁宝桢和清末民初诗人骆成骧都留下了赞美都江堰的诗篇。这几首诗都是颂扬李冰父子在岷江中游利用山体开凿离堆、鱼嘴、宝瓶口，筑飞沙堰，在成都平原形成自流灌溉的水网体系，惠泽后世 2200 余年，造就了举世闻名的都江堰。北宋诗人陆游的《十二月十一日视筑堤》则描述了工程建成后，由于河道淤积和冲刷的原因，需要岁修，竹笼杩槎就会被用来加固鱼嘴。

《十二月十一日视筑堤》

北宋·陆游

江水来自蛮夷中，五月六月声摩空。
巨鱼穹龟牙须雄，欲取阛市为龙宫。
横堤百丈卧霁虹，始谁筑此东平公。
今年乐哉适岁丰，吏不相倚勇赴功。
西山大竹织万笼，船舸载石来亡穷。
横陈屹立相叠重，置力尤在水庙东。
我登高原相其冲，一盾可受百箭攻。
蜿蜿其长高隆隆，截如长城限羌戎。
安得椽笔记始终，插江石崖坚可砻。

《春三月四日仰山余尹招游疏江亭观新修都江堰》

明·杨慎

疏江亭上眺芳春，千古离堆迹未陈。
矗矗楼台笼蜃气，嵤嵤原隰接龙鳞。
井居需养非秦政，则堰淘滩是禹神。
为喜灌坛河润远，恩波德水又更新。

《自灌县勘都江堰还成都道中书所见》

晚清·丁宝桢

去日谷栖田，来时草履屋。
岁功已告成，农事应休沐。
侵晨度陌阡，翻犁听叱犊。
偶问田间人，胡为日驰逐。
答言霜降逾，播谷兼种菽。
天时不可留，人工应求速。
逸居虽足思，妻子安所畜。
吾侪终岁劳，有秋便云福。
我闻语未终，私心如转轴。
力穑如此勤，犹恐缺饘粥。
念彼城市民，坐饱太仓粟。
彼虽前生缘，酖毒已暗伏。
试看转瞬间，饥饿满沟渎。

《观都江堰》

清末民国初·骆成骧

岷江万里如龙走，满腹长江一开口。
雪沫千年吐不乾，云绵四壁嘘仍厚。
东夹玉垒西青城，天府中开一掌平。
谁酾二渠恣灌泻，不忧雨潦宁忧晴。

老龙怒断禹王锁，驰突东西无不可。
化龙老守斗龙还，风雨不惊江帖妥。
更截石骨起离堆，分江入沱江倒回。
荷锸决渠自云雨，蜀中鸡犬皆春台。
我访青城过玉垒，登高一览嗟恢诡。
不知身世成古今，欲遣文章化山水。
就中高士吴与王，苦吟幽怨神明乡。
鬼哭天泣终不解，岷山颠倒盘苍苍。
夏王秦守功相继，百世风云走奇气。
生无一滴沾万人，昂藏八尺愧天地。

（3）木兰陂

木兰陂，是建于东南沿海的著名拒（御）咸蓄淡灌溉工程，位于福建省莆田市城厢区、木兰溪下游感潮河段。工程始建于北宋治平元年（1064），建成于宋元丰六年（1083），经历三次修建，建成后持续使用至今，且依然保持历史时期工程建筑的位置和基本形态。渠首工程是坝闸结合蓄水工程，至今仍发挥着引水、蓄水、灌溉、防洪、挡潮等综合功能（图 14-8）。2014 年木兰陂以其独特的工程建筑入选第一批世界灌溉工程遗产。

图 14-8　木兰陂拦河坝
摄影：刘建刚

宋代诗人龚茂良和明代诗人郑善夫以木兰陂为题作诗。《木兰陂》描述的是木兰陂在春季涨潮的时候发挥拒咸蓄淡的作用，将海水挡在大坝之外，保障淡水与海水分离。《木兰陂谒李长者祠》是作者对木兰陂建设者的缅怀，木兰陂建成后大家更多记住的是建成者李宏，对前面建设失败的钱四娘等人，少有人纪念。

《木兰陂》

宋・龚茂良

木兰春涨与江通，日日江潮送晓风。

此水还应接鄞水，为谁流下海门东。

《木兰陂谒李长者祠》

明・郑善夫

木兰山下谁作陂，将军滩头功已亏。

沧海未销钱女恨，路人惟诵李侯碑。

秋深极浦生寒水，神至灵风满素旗。

江汉汤汤吾力薄，祠前立马意应迟。

（4）井

水井，是开采地下水的工程构筑物，分为机械和人工两种提水方式，而井的方向可以是竖向的，可以是斜向的，也可以是不同方向组合的，竖向居多，可满足生活、生产和生态多种用途，也可以作为储藏物品的场所等。水井的水温，较地表水体而言，一般具有夏凉冬热的特点。范云的《咏井诗》、韩愈的《题张十一旅舍三咏　井》和王安石的《龙泉寺石井二首　其一》都是描述的一般水井，都是作为生活饮用水源来使用的，其出水量的多寡，受制于地下水的禀赋条件。而杜甫描写的《盐井》，其目的是为汲取含盐质的地下水来制作食盐，杜甫在这首诗里把通过盐井制盐的过程的描绘得较为生动具体。

《咏井诗》

南梁・范云

乃鉴长林时，有浚广庭前。

即源已为浪，因方自成圆。

兼冬积温水，叠暑泌寒泉。

不甘未应竭，既涸断来翾。

《盐井》

唐・杜甫

卤中草木白，青者官盐烟。

官作既有程，煮盐烟在川。

汲井岁榾榾，出车日连连。

自公斗三百，转致斛六千。

君子慎止足，小人苦喧阗。

我何良叹嗟，物理固自然。

《题张十一旅舍三咏・井》

唐・韩愈

贾谊宅中今始见，葛洪山下昔曾窥。

寒泉百尺空看影，正是行人渴死时。

《龙泉寺石井二首　其一》

北宋·王安石

人传湫水未尝枯，满底苍苔乱发粗。

四海旱多霖雨少，此中端有卧龙无。

（5）渠道

渠道是农田灌溉重要的一环，一般是人工开凿或者借助自然河道对岸体硬化加固，渠道有干渠、支渠、斗渠和农渠之分。南宋诗人朱熹的《观书有感》相当准确地描述了渠的基本特征，渠道里的水哪里会比较清澈呢？只有越靠近源头水才会越清，因为到渠道的末端，由于携带了沙土，水体难免会变得浑浊。

《观书有感》

南宋·朱熹

半亩方塘一鉴开，天光云影共徘徊。

问渠那得清如许？为有源头活水来。

14.2.3　治水名人

治水先贤的诗词歌赋不在少数。此处仅枚举早期极为影响力较大的治水专家作为楷模典范。

14.2.3.1　大禹

古时黄河流域洪水泛滥，人民流离失所，水患给人民带来了无边的灾难。大禹从其父鲧治水的失败中汲取教训，改变了“堵”的办法，对洪水进行疏导。大禹为了治理洪水，长年在外与民众一起奋战，置个人利益于不顾，“三过家门而不入”传为佳话。大禹治水13年，耗尽心血与体力，终于完成了治水的大业。古诗词与大禹相关的有近300首，这里选择两首典型诗词。

《公无渡河》

唐·李白

黄河西来决昆仑，咆哮万里触龙门。

波滔天，尧咨嗟，大禹理百川，儿啼不窥家。

杀湍烟洪水，九州始蚕麻。

其害乃去，茫然风沙。

被发之叟狂而痴，清晨临流欲奚为。

旁人不惜妻止之，公无渡河苦渡之。

虎可搏，河难凭，公果溺死流海湄。

有长鲸白齿若雪山，公乎公乎挂罥于其间，箜篌所悲竟不还。

赏析：李白在越地（今绍兴一带）曾经写过多首歌颂我国开启疏导治水先河的鼻祖大禹的诗词，以《公无渡河》最为典型。在这首诗里，不仅歌颂了大禹治理大江大河的事迹，也颂扬了他三过家门而不入的治水典故，此典故引自于《尚书·虞书·大禹谟》中“启禹子也，禹治水过门不入，闻启泣声，不暇子名之，以大治度水土之功故。”

《登少陵原望秦中诸川太原王至德妙（用）有水术因用感叹》

唐·吕温

少陵最高处，旷望极秋空。
君山喷清源，脉散秦川中。
荷锸自成雨，由来非鬼工。
如何盛明代，委弃伤豳风。
泾灞徒络绎，漆沮虚会同。
东流滔滔去，沃野飞秋蓬。
大禹平水土，吾人得其宗。
发机回地势，运思与天通。
早欲献奇策，丰财叙西戎。
岂知年三十，未识大明宫。
卷尔出岫云，追吾入冥鸿。
无为学惊俗，狂醉哭途穷。

赏析：唐吕温的经典诗句“大禹平水土，吾人得其宗”，这里引用了“平水土”的典故，该典故见诸《尚书·虞书·舜典》：帝曰：“俞！咨禹，汝平水土，惟时懋哉！”后杜甫在其《可叹》诗中同样引用了这一典故，原诗为“用为羲和天为成，用平水土地为厚。”，这一典故主要是歌颂大禹治理水土、江河安澜、百姓安居乐业的功绩。

14.2.3.2 孙叔敖

孙叔敖是春秋战国时期楚国人，他一生为官清廉不贪腐，在安徽寿县兴建第一个蓄水灌溉工程芍陂，他的功绩见诸《孙叔敖祠》和《咏古　其十二》两首诗中，曾被毛泽东称为“了不起的水利专家”。

明代李攀龙的《咏古　其十二》以及清代黄景仁的《孙叔敖祠》都是歌颂楚相孙叔敖的功绩的。一个是，孙叔敖为官清廉，一身正气；一个是他建成了我国最早的蓄水工程芍陂，造福一方百姓，功德无量。孙叔敖践行治国先治水，治水以兴邦的治国方略，也是出国由小变大、由弱变强的根基。

《咏古　其十二》

明·李攀龙

贪吏常苦富，廉吏常苦贫。
不见孙叔敖，其子行负薪。
五霸相代兴，主烈难为臣。
令名有遗封，馀财喜没人。
寝丘虽言恶，千载功无湮。

《孙叔敖祠》

清·黄景仁

三时巫觋舞婆娑，四壁碑题罩薜萝。
循吏传开名领袖，寝丘封古庙嵯峨。

生前遇合樊姬笑，死后悲欢优孟歌。
惜问贪廉何计得，芍陂千顷自澄波。

14.2.3.3　潘季驯

明朝总理河道都御史潘季驯的最主要成就就是束水攻沙，这一伟大治水方略，保障了四渎安澜数百年。

《闻道　其三》

清・全祖望

先汉王延世，前明潘季驯。
庙廷方侧席，海宇岂无人。
四渎何当合，长淮未可湮。
天心怜赤子，早为降庚辰。

赏析：清代诗人全祖望在其《闻道　其三》诗中，寥寥数字，就将明朝总理河道都御史潘季驯的治水功绩之一呈在世人面前，解决了四渎即长江、黄河、淮海、运河交汇的问题。潘季驯洞悉四渎特性以及地理特征，通过综合治理，“两河归正，沙刷水深，海口大辟”，使黄、淮、运河和长江保持了多年的稳定。

14.2.4　以水言志

以水言志，是古代诗人最喜闻乐见的创作方式。他们或以水喻人，将水的属性与人的品德联系在一起，并且从水中感悟出许多人生哲理；或者通过描述水表达对亲人的思念；或者通过描述水表达自己漂泊不定，动荡不安的心境；或者通过描述水表达爱情，波澜起伏象征复杂曲折，深广象征深沉，波涛汹涌象征起伏不定；或者寓情于景，表达郁郁不得志、无法实现远大抱负的心情。

14.2.4.1　壮怀激烈，胸怀大志

“有志者，事竟成”，先贤大多心怀鸿鹄之志、志存高远，或树立远大人生理想抱负；或精忠报国，不惜抛头颅、洒热血，为国捐躯；或胸怀家国，雄才伟略，运筹帷幄。

《长歌行》

汉乐府

青青园中葵，朝露待日晞。
阳春布德泽，万物生光辉。
常恐秋节至，焜黄华叶衰。
百川东到海，何时复西归？
少壮不努力，老大徒伤悲。

赏析：这首汉乐府《长歌行》是比较典型的以水言志的诗词。前八句诗表述了自然界的基本发展规律，“百川东到海，何时复西归？”则阐述了水的自然属性，由于我国地势西高东低，大江大河东流汇入海洋是大势所趋；整首诗的最终目的是告诫世人，如果不努

力，等老了再后悔已经来不及，我们要在年轻的时候胸怀大志，为实现自己的理想抱负而奋斗终生。

《杂曲歌辞》（亦称《行路难三首》）

唐·李白

其一

金樽清酒斗十千，玉盘珍羞直万钱。

停杯投箸不能食，拔剑四顾心茫然。

欲渡黄河冰塞川，将登太行雪暗天。

闲来垂钓坐溪上，忽复乘舟梦日边。

行路难，行路难，多歧路，今安在？

长风破浪会有时，直挂云帆济沧海。

赏析：李白的这首《杂曲歌辞》其一，旨在告诉我们，无论前进的道路有多么的凶险，正如“欲渡黄河冰塞川”所述欲渡黄河但有凌汛；“长风破浪会有时，直挂云帆济沧海”，引领我们，只要有坚定的信念和必胜的决心，必然会有乘风破浪和扬帆起航的机遇。

《沁园春·雪》

近现代·毛泽东

北国风光，千里冰封，万里雪飘。

望长城内外，惟余莽莽；大河上下，顿失滔滔。

山舞银蛇，原驰蜡象，欲与天公试比高。

须晴日，看红装素裹，分外妖娆。

江山如此多娇，引无数英雄竞折腰。

惜秦皇汉武，略输文采；唐宗宋祖，稍逊风骚。

一代天骄，成吉思汗，只识弯弓射大雕。

俱往矣，数风流人物，还看今朝。

赏析：《沁园春·雪》是毛泽东1936年创作的一首词，是毛泽东创作的众多诗词中最为大气磅礴的一首，堪称旷世之作，被南社盟主柳亚子盛赞为千古绝唱。这里的江、河，不特指某一条大江大河，泛指国家的河川。整首词恢宏大气、意境深远、感情奔放、胸怀大志，颇有指点江山、挥斥方遒的气概和风范，将毛泽东革命领袖的气质一展无余，表达了他热爱祖国大好山河，为革命鞠躬尽瘁，勇于创造中国历史，充分展示了他的自信、决心、笃定、坚毅和远大理想与抱负。

《水调歌头·游泳》

近现代·毛泽东

才饮长沙水，又食武昌鱼。

万里长江横渡，极目楚天舒。

不管风吹浪打，胜似闲庭信步，今日得宽馀。

子在川上曰：逝者如斯夫！

风樯动，龟蛇静，起宏图。

一桥飞架南北，天堑变通途。

更立西江石壁，截断巫山云雨，高峡出平湖。
神女应无恙，当惊世界殊。

赏析：《水调歌头·游泳》是毛泽东在 1956 年巡视南方，畅游长江三次后创作的一首词，这首词语言流畅、引经据典、天南地北、海阔天空，运用革命现实主义和浪漫主义结合的创作手法，看似赞美大好河山，抒发了征服长江的快感，实则强烈地表达了毛泽东对壮丽山河的赞美和自豪感，对建设好中国充满信心，以及一展宏图的决心，和对未来充满美好憧憬。作者在游泳之际见长江逝水，联想到《论语·子罕》篇中孔子的语录，把中流搏击风浪与社会发展普遍规律相联系。词中既有对时光飞逝的无限感慨，又有对峥嵘岁月的无限怀念；既有对历史的深情追溯，又有对自然规律的认真探究；既有对生命的感悟，又有对人生哲理的思考；既有感情的憧憬，又有争分夺秒、只争朝夕、催人奋进的前进号角。

14.2.4.2　怀才不遇，才华不施

明·冯梦龙在《喻世明言》写道：“眼见别人才学万倍不如他的，一个个出身显通，享用爵禄偏则自家怀才不遇。”充分表达了怀才不遇、郁郁不得志的心情。究其原因，或世态炎凉、家道中落；或自恃清高、不愿与世人同流合污，或贬或辞；或志存高远，空中楼阁，难以施展雄才伟略。

《宣州谢朓楼饯别校叔书云》

唐·李白

弃我去者，昨日之日不可留；
乱我心者，今日之日多烦忧。
长风万里送秋雁，对此可以酣高楼。
蓬莱文章建安骨，中间小谢又清发。
俱怀逸兴壮思飞，欲上青天览明月。
抽刀断水水更流，举杯浇愁愁更愁。
人生在世不称意，明朝散发弄扁舟。

赏析：这首诗虽然表面是描述分离的不舍，实际上字里行间更多地透露出自己怀才不遇的牢骚、愤懑、不满和感伤。此诗是李白在公元 742 年（天宝元年）怀着远大的政治抱负到长安任职翰林院，两年后因被谗毁而离开，内心十分愤慨的重又开始了漫游生活。753 年（天宝十二年）的秋天，李白来到宣州，为饯别族叔李云而写成此诗。本诗重在抒怀，表达自己难以实现自己理想抱负，意欲隐退田园的心境，整首诗蕴含着悲伤、犹豫、徘徊，“抽刀断水水更流，举杯浇愁愁更愁。”这两句把李白自己大起大落，反应剧烈的心理变化过程刻画得入木三分，充分体现李白抒情诗的艺术个性。

《念奴娇·赤壁怀古》

宋·苏轼

大江东去，浪淘尽，千古风流人物。
故垒西边，人道是，三国周郎赤壁。
乱石穿空，惊涛拍岸，卷起千堆雪。

江山如画，一时多少豪杰。

遥想公瑾当年，小乔初嫁了，雄姿英发。

羽扇纶巾，谈笑间，樯橹灰飞烟灭。

故国神游，多情应笑我，早生华发。

人生如梦，一尊还酹江月。

赏析：这是苏轼于神宗元丰五年（1082）年创作的词，正值其被贬居黄州，是宋词中流传最广、影响最大的作品之一。这首词读起来让人朗朗上口、画面感极强，颇有代入感，让读者身临其境，感受江河的波涛汹涌、浩浩荡荡，感受江山如画、雄伟奇特，感受历史人物栩栩如生的形象，于不经意间唤起读者跟随作者一同无限感慨和沉思。这首词更多是表达了作者官场不得志的心情。

《将进酒·君不见》

唐·李白

君不见，黄河之水天上来，奔流到海不复回。

君不见，高堂明镜悲白发，朝如青丝暮成雪。

人生得意须尽欢，莫使金樽空对月。

天生我材必有用，千金散尽还复来。

烹羊宰牛且为乐，会须一饮三百杯。

岑夫子，丹丘生，将进酒，杯莫停。

与君歌一曲，请君为我倾耳听。

钟鼓馔玉不足贵，但愿长醉不愿醒。

古来圣贤皆寂寞，惟有饮者留其名。

陈王昔时宴平乐，斗酒十千恣欢谑。

主人何为言少钱，径须沽取对君酌。

五花马，千金裘，呼儿将出换美酒，与尔同销万古愁。

赏析：《将进酒》是诗人李白当时和友人岑勋在嵩山另一老友元丹丘的颍阳山居作客，彼时李白正值仕途遇挫之际，借酒酣畅淋漓地作诗抒情。在这首诗里，李白“借题发挥”，借酒消愁，感叹人生易老，抒发了自己怀才不遇的心情，但又展现了其桀骜不驯、愤世嫉俗、争强好胜的性格。这首诗里，句句都是流传至今的名言，前六句诗，气势轩昂、热情奔放、情绪饱满、极富感染力，此诗可谓是抒情诗中的经典。

菩萨蛮·黄鹤楼

近现代·毛泽东

茫茫九派流中国，沉沉一线穿南北。

烟雨莽苍苍，龟蛇锁大江。

黄鹤知何去？剩有游人处。

把酒酹滔滔，心潮逐浪高！

赏析：《菩萨蛮·黄鹤楼》是毛泽东在一九二七年春创作的一首词，寓情于景，作者仅用“九派流中国”“一线穿南北”“龟蛇锁大江”等妙巧的对称，犹如围棋高手的布局显得严密而大度，同时也显示了对祖国的山川谙熟于胸。词中虽依托长江畔的黄鹤楼有感而作，但又不局限于此，由此及彼，深刻生动地表达了对大江大河贯穿中国的赞美、感慨和挚爱之意。

14.2.4.3 魂牵梦绕，离愁别绪

离愁别绪，既有国破山河在，亡国哀愁多，正如李煜的《虞美人·春花秋月何时了》；又有睹物思人，思念故土，思念故人，如贺知章的《回乡偶书》、王之涣的《凉州词》和张若虚的《春江花月夜》；还有惜别挚友、把酒诉离愁，正如李白为孟浩然和汪伦两位友人所创作的《黄鹤楼送孟浩然之广陵》和《赠汪伦》，以及苏轼的《水调歌头·明月几时有》等。

《虞美人·春花秋月何时了》

五代·李煜

春花秋月何时了？往事知多少。小楼昨夜又东风，故国不堪回首月明中。

雕栏玉砌应犹在，只是朱颜改。问君能有几多愁？恰似一江春水向东流。

赏析：《虞美人》是李煜的代表作。这首诗充分表达了诗人无心欣赏春花秋月的美景，难以承受亡国之痛，“问君能有几多愁？恰似一江春水向东流”这一名句，点出诗人的哀愁就像滔滔不绝的江水东流，将其忧国忧民的哀愁刻画得淋漓尽致。

《回乡偶书　其二》

唐·贺知章

离别家乡岁月多，近来人事半销磨。

唯有门前镜湖水，春风不改旧时波。

赏析：唐代诗人贺知章的《回乡偶书》，一般人更熟悉的其一，“少小离家老大回，乡音无改鬓毛衰。儿童相见不相识，笑问客从何处来。”。我们这里赏析的其二，这首诗是贺知章在唐玄宗天宝三载（744 年），辞官告老还乡时有感而发创作的，已离开家乡五十多载，充分表达了对故乡的思念之情，其落叶归根的无限感慨和喜悦之情溢于言表。

《凉州词》

唐·王之涣

黄河远上白云间，

一片孤城万仞山。

羌笛何须怨杨柳，

春风不度玉门关。

赏析：唐代诗人王之涣这首《凉州词》以黄河为依托，寓情于景，在描述黄河壮观、边城辽阔的同时，字里行间又蕴含着戍边士兵对故乡浓烈的思念之情。整首诗用语委婉精确，表达思想感情恰到好处，写得苍凉慷慨，悲而不失其壮，虽极力渲染戍卒不得还乡的怨情，但丝毫没有半点颓丧消沉的情调，充分表现出诗人的豁达广阔胸怀。

《春江花月夜》

唐·张若虚

春江潮水连海平，海上明月共潮生。

滟滟随波千万里，何处春江无月明！

江流宛转绕芳甸，月照花林皆似霰；
空里流霜不觉飞，汀上白沙看不见。
江天一色无纤尘，皎皎空中孤月轮。
江畔何人初见月？江月何年初照人？
人生代代无穷已，江月年年望相似。
不知江月待何人，但见长江送流水。
白云一片去悠悠，青枫浦上不胜愁。
谁家今夜扁舟子？何处相思明月楼？
可怜楼上月裴回，应照离人妆镜台。
玉户帘中卷不去，捣衣砧上拂还来。
此时相望不相闻，愿逐月华流照君。
鸿雁长飞光不度，鱼龙潜跃水成文。
昨夜闲潭梦落花，可怜春半不还家。
江水流春去欲尽，江潭落月复西斜。
斜月沉沉藏海雾，碣石潇湘无限路。
不知乘月几人归，落月摇情满江树。

赏析：唐代诗人张若虚的《春江花月夜》被闻一多先生誉为“诗中的诗，顶峰上的顶峰”，标题就已极具画面感，春、江、花、月、夜，这里的江是泛指，全诗勾勒出一幅幽静深远、静谧安逸的春江月夜图，诗情画意，颇有一番“良辰美景奈何天”的意境。借以江边月夜美景，诗人更多的是抒发了思念爱人的真挚动人的离愁别绪和怅然若失的人生感慨。

《黄鹤楼送孟浩然之广陵》

唐·李白

故人西辞黄鹤楼，烟花三月下扬州。
孤帆远影碧空尽，唯见长江天际流。

赏析：《黄鹤楼送孟浩然之广陵》是李白在黄鹤楼送别孟浩然的一首送别诗。这首诗通过对风景的描述和勾勒，借景抒情，表达了对好友依依不舍的心情。诗中最后两句“孤帆远影碧空尽，唯见长江天际流”，李白站在江边目送孟浩然乘舟远去，目之所至，是不见边际的长江水，他将自己丰富的内心活动蕴含在长江的自然风景中，通过长江的宽广来烘托朋友逐渐消失的身影，将送别时难舍难分的心境刻画得极为传神、淋漓尽致、入木三分。

《赠汪伦》

唐·李白

李白乘舟将欲行，忽闻岸上踏歌声。
桃花潭水深千尺，不及汪伦送我情。

赏析：《赠汪伦》是李白比较脍炙人口的一首诗，是与友人依依惜别的送别诗的典型代表作。李白喜欢喝酒，在桃花潭短短数日即与汪伦以酒会友，成为至交，相逢总是美好且又短暂的，在即将离别之际，李白以潭水的深、澈比喻自己和汪伦之间深厚的友情，真情流露，表达了深深的不舍。桃花潭，一个名不见经传的地方，经李白笔下，变成了一处游览胜地。

《水调歌头·明月几时有》

宋·苏轼

丙辰中秋，欢饮达旦，大醉，作此篇，兼怀子由。

明月几时有？把酒问青天。不知天上宫阙，今夕是何年。我欲乘风归去，又恐琼楼玉宇，高处不胜寒。起舞弄清影，何似在人间。

转朱阁，低绮户，照无眠。不应有恨，何事长向别时圆？人有悲欢离合，月有阴晴圆缺，此事古难全。但愿人长久，千里共婵娟。

赏析：这首词是中秋望月怀人之作，表达了对胞弟苏辙的无限思念。丙辰，是北宋神宗熙宁九年（公元 1076 年），当时苏轼在密州（今山东诸城）做太守，中秋之夜他一边赏月一边饮酒，直到天亮，于是做了这首《水调歌头》。诗人运用形象描绘手法，勾勒出一种皓月当空、亲人千里、孤高旷远的境界氛围。

14.3　成语俗语

正如《老子》：“上善若水，水善利万物而不争”所言，水在展现其自然属性的同时，由于发挥作用和功能的不同，被赋予了社会属性，二者有机融合，相辅相成。

14.3.1　自然属性

水作为自然界的一种物质，具有其独特的自然属性，可大可小，可长可短、可急可缓可清可浊、可柔可刚、可载可覆，善用其优点则可造福无量无边，反之则必后患无穷。

上善若水，水善利万物而不争

释义：上善若水，既是成语，又是俗语。“上善若水，水善利万物而不争”语出老子《道德经》，老子在自然界万事万物中最赞美水，认为水德是近于道的。它没有固定的形体，随着外界的变化而变化。上善若水，水善利万物而不争，意在告诉我们至高的善像水一样，水善于滋润、帮助万物但又不与万物相争。

水到渠成

释义：水到渠成，出自最早出自宋代苏轼的《答秦太虚书》：“度囊中尚可支一岁有余，至时别作经画，水到渠成，不须顾虑，以此胸中都无一事。”指的是水流到哪儿，哪里的沟渠自然会形成；一般用来比喻如果条件成熟事情就会自然而然做成事情，达成目标。

水滴石穿

释义：出自宋代罗大经的《鹤林玉露一钱斩吏》：“乖崖援笔判曰：‘一日一钱；千日

千钱；绳锯木断；水滴石穿。'”水滴石穿，又作滴水穿石，水不停地滴，石头也能被滴穿。比喻只要有恒心和毅力，通过坚持不懈的努力，事情必将成功。

水木清华

释义：水木清华也作“水石清华”。源出晋谢混的《游西池》：“景晨鸣禽集，水木湛清华。”指园林景色清朗、幽静、秀丽、华美，池水清澈，花木繁盛。

流水不腐，户枢不蠹

释义：出自战国时期吕不韦的《吕氏春秋·尽数》：“流水不腐，户枢不蝼，动也。”意指流动的水不会发臭，经常转动的门轴不会腐烂。比喻经常运动的东西不易受侵蚀。

滴水不漏

释义：源自明代冯梦龙的《东周列国志》：“公孙官率领军士；拘获车仗人等；真个是滴水不漏。”滴水不漏，表面意思是一滴水也不外漏实则形容说话、办事非常严谨、周密、细致、得体，没有任何漏洞，无懈可击。也形容钱财全部抓在手里，轻易不肯出手。

积水成渊

释义：出自《荀子·劝学》：“积土成山，风雨兴焉；积水成渊，蛟龙生焉。”比喻事业的成功是由点滴的成绩积累而来的。

黄河水清

释义：出自三国时期魏国李康的《运命论》：“夫黄河清而圣人生。”黄河水清，意指黄河之水常年混浊，如果变得清澈会被视为祥瑞的征兆，也比喻罕见的、难得的事情。

镜花水月

释义：源自明代胡应麟的《诗薮》：“譬则镜花水月；体格声调；水与镜也；兴象风神；月与花也。必水澄镜朗；然后花月宛然。”镜花水月。表面描述镜里的花，水里的月，灵活而不可捉摸的意境，后多用来比喻虚幻的景象。

智者乐水，仁者乐山

释义：出自《论语·雍也篇》，子曰：“知者乐水，仁者乐山；知者动，仁者静；知者乐，仁者寿。”智者乐水，仁者乐山有不同的释义，一种说法为智慧的人喜爱水，仁义的人喜爱山；另一种说法是智者之乐，就像流水一样，阅尽世间万物、悠然、淡泊，仁者之乐，就像大山一样，岿然矗立、崇高、安宁。

水可载舟，亦可覆舟

释义：见于《后汉书·皇甫规传》注引《孔子家语》：“孔子曰：'夫君者舟也，人者水也。水可载舟，亦可覆舟。君以此思危，则可知也。'”一般用来比喻在平时要想到可能发生的困难和危险。

河清海晏

释义：出自唐代顾况的《八月五日歌》："率土普天无不乐，河清海晏穷寥廓。"河清海晏，亦做海晏河清。表面描述黄河水清了，大海没有浪了，多用来比喻天下太平。

不废江河

释义：出自唐代杜甫的《戏为六绝句》之二："王杨卢骆当时体，轻薄为文哂未休。尔曹身与名俱灭，不废江河万古流。"后多用来赞扬作家或其著作流传不朽。

江海不逆小流

释义：出自汉代刘向的《说苑·尊贤》："太山不辞壤石，江海不逆小流。"江海的浩瀚，是能容纳细流的缘故，多用来比喻人只有气度大才能堪当大任成大事。

长江后浪推前浪

释义：出自宋代刘斧的《青琐高议》："我闻古人之诗曰：'长江后浪推前浪，浮事新人换旧人。'"比喻新出现的有一定积淀积累的人、事、物等推动旧的人、事、物等的在某方面的发展等情况，也可指有一定资历的新人新事胜过旧人旧事。

九江八河

释义：出自《四游记·灵耀分龙会为明辅》："却说次日众真君聚朝奏玉帝曰：'当年五月二十五日，起分龙会，会集九江八河、五湖四海各宫龙王赴会迎雨。'"九江八河泛指所有的江河。

三江七泽

释义：出自唐代李白的《当涂赵炎少府粉图山水歌》："洞庭潇湘意渺绵，三江七泽情洄沿。"三江七泽多泛指江河湖泽。

三江五湖

释义：源自《尸子》卷下："取玉甚难，越三江五湖，至昆仑之山，千人往，百人反；百人往，十人反。"三江五湖泛指江河湖泊，与"三江七泽"异曲同工。

陂湖禀量

释义：出自南朝宋范晔的《后汉书·黄宪传》："叔度汪汪若千顷陂，澄之不清，淆之不浊，不可量也。"陂湖禀量多用来形容人的度量宽广恢宏。

湖光山色

释义：出自宋代吴自牧的《梦粱录》："杭城湖光山色之美；钟为人物；所以清奇杰

特；为天下冠。”湖光山色，包含湖的风光和山的景色，有水有山，湖与山相映衬出的秀丽景色。

海纳百川

释义：出自晋代袁宏的《三国名臣序赞》：“形器不存，方寸海纳。”李周翰注：“方寸之心，如海之纳百川也，言其包含广也。”海纳百川，说的是大海可以容得下成百上千条江河之水，比喻包容的东西非常广泛，且数量众多。

不积小流，无以成江海

释义：出自荀子《劝学》：“故不积跬步，无以至千里；不积小流，无以成江海。”积少成多之意，要想最终汇流成大江大河，必须不断地汇集数量众多的水流。比喻我们做事情要想成功，需要脚踏实地，不断积累，才能走向成功。

14.3.2 社会及功能属性

水在推动社会发展的过程中发挥着举足轻重的功能和作用。从水的社会和功能属性的角度来看，更多地集中在防洪方面。

(1) 防洪安澜

洪水是危及城防、河流和人民生命财产安全的自然灾害之一。防洪方可保证城池牢固，方可保障河流宣泄流畅，方可维护居所无冲毁淹没之虞，防洪的成语和俗语多用其表面的含义隐喻为人处世的道理。

防民之口，甚于防川

释义：出自《国语·周语上》：“防民之口，甚于防川，川壅而溃，伤人必多，民亦如之。是故为川者，决之使导；为民者，宣之使言。”防民之口，甚于防川，意思是说阻止人民进行批评的危害，比堵塞河川引起的水患还要严重，指不让人民说话，必有大害。

川壅而溃

释义：出自《国语·周语上》：“防民之口，甚于防川。川壅而溃，伤人必多，民亦如之。是故为川者，决之使导；为民者，宣之使言。”川壅而溃的意思是，堤岸崩坏。堵塞河流，会招致决口之害。比喻做事情应该因势利导，否则会产生不良的后果。

水来土掩

释义：出自明代兰陵笑笑生的《金瓶梅词话》第48回，西门庆道：“常言‘兵来将挡，水来土掩’，事到其间，道在人为。”水来土掩，表面含义是洪水发生的时候，可以用土作堰，抵挡洪水侵袭，现在更多的指根据具体情况，随机应变，采取灵活的、有针对性地应对办法和措施。

以一篑障江河

释义：出自《汉书·何武等传赞》："何武、王嘉，区区以一篑障江河，用没其身。"以一篑障江河，表面意思是使用一筐土去堵塞浩荡大江大河的泛滥，现多用来比喻力量比较微薄，难以影响大局。

千里之堤，溃于蚁穴

释义：出自《韩非子·喻老》："千丈之堤，以蝼蚁之穴溃；百尺之室，以突隙之烟焚。"千里之堤，溃于蚁穴，表面意思是说非常长的地方，因为一个个弱小的蚂蚁的吞噬，如果不采取补救措施的话，终将导致千里长堤的溃决。现多用来比喻不起眼的小事可能会酿成大祸，造成严重的后果。

水落归槽

释义：出自清代李宝嘉的《中国现在记》第十回："转眼就是腊月，水落归槽，河工也就合龙。"水落归槽表面意思是说四溢的洪水流入了河槽，比喻采取措施得当，惦记着的事情有了着落。

(2) 抗旱韧性

干旱致灾是比较频发的一种自然灾害，采取科学、有效、及时的预防及补救措施，才能保障人畜饮水安全和农作物减少损失。

旱涝保收

释义：出自近现代作家浩然的《艳阳天》第97章："有了扬水站，起码有一半地水浇了，就是说，往后要有一半地旱涝保收。"旱涝保收，指的是农田的灌溉和排水情况如果良好，那么无论发生旱灾或者涝灾，农田的粮食都能获得良好的收成。

旱苗得雨

释义：出自《孟子·梁惠王上》："七八月之间旱，则苗槁矣。天油然作云，沛然下雨，则苗浡然兴之矣。"意指即将枯死的禾苗得到好雨及时浇灌，避免枯死，现多用来比喻在危难中得到援助。

(3) 水资源禀赋

对于北方地区，尤其是极度缺水的地方，水资源弥足珍贵，需要增强水资源的保护意识，提高水资源的利用效率。

饮水思源

释义：出自南北朝时期庾信的《征调曲》："落其实者思其树；饮其流者怀其源。"喝水时想到了水源，告诫世人不要忘本。

春雨贵如油

释义：出自宋代《景德传灯录》卷一道："春雨一滴滑如油。"明代解缙的《春雨》

诗曰："春雨贵如油，下得满街流，跌倒解学士，笑坏一群牛。"春雨贵如油，表面是说春天的雨水较少，对农作物而言非常珍贵，现在这个俗语也多用来比喻非常贵重的资源，不局限于水资源。

（4）灌溉惠民

灌溉是农业之基，灌溉的方式、方法一直在探索中前行。抱瓮出灌、抱瓮灌园、五丈灌韭都是比较陈旧，保守的灌溉方式，需要敢于创新，发明和创造出更节约、更高效的灌溉方式。

抱瓮出灌

释义：出自《庄子·天地》："凿隧而入井，抱瓮而出灌。"抱瓮出灌，抱着水瓮进行灌溉，比喻费力多而收效少，缺少科学的方式、方法。

抱瓮灌园

释义：出自《庄子集释》卷五下〈外篇·天地〉："凿隧而入井，抱瓮而出灌，搰搰然用力甚多而见功寡。"抱瓮灌园，意思是比喻安于拙陋的淳朴生活。与"抱瓮出灌"基本同义，泛指没有用对方式方法，不会取得想要的效果。

五丈灌韭

释义：出处汉代刘向的《说苑·反质》："卫有五丈夫，俱负缶而入进灌韭，终日一区。"五丈灌韭，主要用来讽刺那些思想保守，守着老一套，拒绝接受先进经验的人。

（5）管理科学

科学、合理的管理制度是保障其古代水利工程能够运行数千年的关键。

井然有序

释义：出自清代王夫之的《夕堂永日绪论外编》第二十六卷："如尤公瑛《寡人之于国也》章文，以制产、重农、救荒分三事……井然有序。"以水利工程的形制整齐，比喻做事情条理清晰、次序分明、管理严格。

（6）教化育人

通过水的灌溉等功能的发挥，能够起到对世人的警醒作用，使后世受益。

醍醐灌顶

释义：出自唐代顾况的《行路难》诗："岂知灌顶有醍醐，能使清凉头不热。"醍醐灌顶，佛教指灌输智慧，使人彻底"醒悟"，比喻听取精辟高明的意见，受到很大启发。

沾溉后人

释义：出自《新唐书·杜甫传赞》："他人不足，甫乃厌余，残膏剩馥，沾溉后人多矣"。沾溉指沾润灌溉，引申为造福后人，使后人受益。

14.4　民间歌谣

民间歌谣是民间文学艺术中最生动、最活跃、最突出，且最具传承性、创新力和感染力的民间艺术形式之一，其形式、题材不拘一格。民间歌谣历史悠久，《诗经》《乐府诗集》等都有记载。民间歌谣是人类最早的艺术形式，是劳动人民在长期的劳作中形成的精神寄托和智慧结晶，是后人进行艺术加工和创造的根基。相较于诗词，民间歌谣使用更简练的、更淳朴、更生活化的语言对劳作场景、自然风光、水利工程进行全方位展示。民间歌谣使用的语言，或幽默、或诙谐、或直抒胸臆、或针砭时弊，形式多样，色彩鲜明，生动活泼。诸如在我国的水网体系中，存在着丰富多彩的民间歌谣，本节仅整理了少量描述自然水网风景和人工水网成就、歌颂劳动者劳作场景、凝练治水经验、记叙水神崇拜祭祀等场景的民间诗歌，凡此种种。

14.4.1　自然水网

历史悠久的大江大河、湖泊、溪流上，到处都流淌着热情洋溢的赞歌，自然水网在劳动人民心里占据极其重要的地位。

八百里洞庭都是歌

唱山歌，对山歌，
你歌冇得我歌多，去年挑歌岳阳楼上卖，
断了扁担翻了箩，八百里洞庭都是歌。

赏析：《八百里洞庭都是歌》收录于《中国民间歌谣经典》①。这首民歌短小精悍，寥寥数言，赞美了洞庭湖广阔，对洞庭湖的热爱之情刻画得入木三分、准确到位，向世人宣扬赞美洞庭湖的歌数量众多，对洞庭湖引以为傲。

松花湖渔谣

七月上，八月下，鱼的洄游规律要记下。
浅水滩，是鱼道，青鳞子、红尾来回跑，网下此地准没冒。
深水湾，多水草，草根鱼群把食找。
陡砬根儿，水温好，鲤子鳊花成群跳，打鱼的时节别误了。

赏析：《松花湖鱼谣》收录于《中国民间歌谣经典》，这是一首典型的总结松花湖打鱼经验的民间歌谣。每年七月份的时候，都是鱼往上游的时节，而八月份都是鱼往下游的时节，掌握了这两个月的洄游规律，就能把握打鱼的最佳时机。鱼道一般在浅水滩，在这里下网可以捕获青鳞子、红尾鱼；深水区，水草较多，草根可做诱饵捕鱼；较陡的土块堆底部，水温合适，鲤子和鳊花喜欢在这里。

① 孙正国．中国民间歌谣经典．武汉：华中师范大学出版社，2014.

有一眼喷涌的甘泉

黄河像透明的蓝绫子，孔雀似翠绿的锦缎，
你的情是河里清澈的流水，我的意是金鱼在水中游玩，
仙鹤的歌声中我俩结成情侣。
美好的良辰虽不能一天里来到，只要一想起情人你啊，
我心底就像有一眼喷涌的甘泉。
你像那云中的金龙，我像那谷底的银潭，
艳丽的晚霞是相会的彩帐，皎洁的月色是团圆的银毡，
繁星的庆贺中我俩结成姻缘。
万水千山虽不能一夜跨越，只要一想起情人你哟，
我心里相会的日子就像在明天。

赏析：《有一眼喷涌的甘泉》收录于《中国民间歌谣经典》。这是一首典型的情歌，是爱情的进行时，假借赞美黄河之名，把情人比作喷涌的甘泉。故事发生在黄河畔，在情人的眼里，黄河、孔雀、流水、金鱼、仙鹤、金龙、银潭、晚霞、月色、繁星、山水等，一切都是美好的样子，浓情蜜意，极尽赞美之词。

清水滋润万人心

空中大雁一群群，轻轻落在湟水滨，
湟水灌溉千万顷，清水滋润万人心。

赏析：《清水滋润万人心》收录于《中国民间歌谣经典》。这是一首描写生活场景的民间歌谣。湟水是黄河上游重要支流，位于青海东部，发源于青海省海晏县境内的包呼图山。这首歌谣通过灵动简洁的语言，生动地勾勒描绘出湟水流域的自然风景及农田灌溉场景，表达了创作者甜美愉悦的心情，看着千万顷的庄稼得到了充足的灌溉补水，仿佛看到了丰收的希望。

一条线

一条线，万民编，一头管湖妖，一头卡江魔，千万别断线。

赏析：这是鄂州地区流传较广的一首描写劳动场景的民间歌谣。这里的“一条线”指的是九十里长港，长港的建设是多代人共同劳动的智慧结晶，它掌控着内湖与外江的命脉，承担着调控水位的功用，如果内湖与外江相连，必然会造成严重的水患。短短21字，将长港的历史脉络、建设、作用等情况概括得一目了然、清清楚楚。

水袋

鄂城一水袋，千年脾气怪，饿又饿不得，饱又不自在，若撑便为害。

赏析：这是鄂州地区流传较广的描述自然水网的民间歌谣。水袋在鄂州地区一般指的是梁子湖或樊湖水系，涵盖武昌、大冶、黄石、咸宁、黄州等地。水袋有千年的历史，水少了湖泊或者河流干涸，会对生产、生活、生态造成影响；水多为患，又会产生洪灾和涝灾等自然灾害。怪、饿、饱、撑四个字巧妙地运用把水袋的“怪”刻画得入木三分，喻含深意，把梁子湖或樊湖水系水系特点和发挥的作用概得精准到位。

14.4.2 人工水网

劳动者在开发、建设和改造自然水网的时候，形成了错综复杂、四通八达、功能强大的人工水网脉络体系，运河、都江堰、芍陂、木兰陂等朵朵水利工程的奇葩绽放和点缀在多姿多彩的水网之上。

(1) 运河

大运河是以前运输漕粮、军队以及皇帝南下考察的行经路线，在持续发挥这些功能的过程中，涌现出了吟唱隋炀帝去扬州巡查、描述运河畔居民生活等场景的民间歌谣。

隋炀皇帝下扬州

一轮明月照九州，隋炀皇帝下扬州。
文官劝，武官留，劝死昏王不回头。
男子拉纤朝前走，女子拉纤背朝后；
昏王割去红绳索，男的伏在女身头，
昏王拍手哈哈笑，八大朝臣都害羞。
一心扬州琼花看，万里江山一旦丢。

赏析：《隋炀皇帝下扬州》收录于《中国民间歌谣经典》，记录了隋炀帝下扬州的民间传说。这首歌谣表达了黎民百姓对隋炀帝的不满，隋炀帝不顾文武百官的劝告，置朝中大事于不顾，执意八月下扬州看琼花，劳民伤财，长此以往，大好江山早晚会丢掉的。

运河五道湾

俺家住在运河边，运河共有五道湾。
一道湾里栽樱桃，千棵万棵连成片。
樱桃好吃树难栽，装上大船下江南。
二道湾里荷花红，片片莲叶撑绿伞。
长在污泥白灵灵，藕儿断了丝相连。
三道湾里鱼儿肥，下了渔网拿钓竿。
风里雨里捕鱼忙，鱼满舱来笑满船。
四道湾里水流急，拿鳖还得下深潭。
千里运河浪打浪，长篙戳破水中天。
五道湾里住渔夫，大船小船肩靠肩。
五湖四海来聚会，天下船家心相连。

赏析：《运河五道湾》收录于《中国民间歌谣经典》。是一首描写运河岸边百姓生活劳动场景的民间歌谣。这首民间歌谣向世人展示了全盛时期的运河，以及居住在运河畔百姓的生活状态，五道湾，每道湾都合理布局，或种樱桃，或种荷花，或垂钓，或捉鳖，或捕鱼，百姓从事着不同的劳作，百姓安居乐业，乐在其中。

(2) 水利工程

水利工程类型有很多，水渠数量众多，颇为常见，虽然普通，但却发挥着重要的引灌作用。

水渠好似一条龙

水渠好似一条龙，高山平川到处行，
爬到平川禾苗绿，游到高山花果红。

赏析：《水渠好似一条龙》收录于《中国民间歌谣经典》。水渠是灌区的基本构件，是农业生产赖以生存的主动脉。这里采用拟物的描写手法，把水渠比作游龙，可以爬到高山，也可以行走于平原，渠道遍布于丘陵和平原，并且对山区的种植结构也描述得准确到位，水渠保障平原区的庄稼生长，同时保障丘陵区果树丰产。字里行间透露着对渠道灌溉功能的溢美之词。

14.4.3 颂扬劳动场景

描述劳动场景是民间歌谣中最喜闻乐见的形式，如歌颂和描述兴修水利、纤夫拉纤、船工劳作、车水灌溉等劳动场景。这些歌谣表达了劳动人民苦中作乐、艰苦奋斗的精神，以及对美好生活的憧憬和向往。

（1）兴修水利

兴修水利（一）

学大寨，
要大干，
天大旱，
人大干，
要想山河变，
就要靠大干。

兴修水利（二）

抢晴天，战阴天，
和风细雨是好天，
要把夜晚当白天，
一天要顶四五天。

赏析：《兴修水利（一）》和《兴修水利（二）》是从《黄陂民间歌谣》中选取的两首。第一首是借着农业学大寨的干劲，趁着天气大旱，抓紧时间兴建水利工程，加强抗旱应急能力建设。第二首讲述的是兴修水利工程要争分夺秒，无论晴天、阴天，无论风雨，无论白天黑夜，提高劳作效率，做一天堪比四五天的工作量，表达了建设大型水利设施的决心和毅力。

（2）纤夫拉纤

纤夫，是古代老百姓生存谋生的一种职业和手段，专门以纤绳帮人拉船为生，船上多以盐、粮生活物资为主。

纤夫曲

打头的，弓着腰；打二的，汗砸脚；
打三的，撅着腚；打四的，带着病；
打五的，空肝肠；打六的，背太阳……

赏析：《纤夫曲》收录于《中国民间歌谣经典》。这首民间歌谣用极具生活化的语言，简练地、生动地、深刻地勾勒出了拉船的纤夫每个位置分工不同、动作各异，拉纤的苦，谋生的不易，尽在不言中。

盐河边上纤夫苦

春装淮盐下扬州，千里盐河纤夫愁，
一根长弹系腰间，好像缰绳马头扣。
弓腰顶风汗如雨，春风干人裂石头，
脸里如炭形似鬼，舌焦唇裂人儿瘦。
饿了啃稖团，渴了捧水流。
三月未见油和菜，敢想鱼和肉？
夏装淮盐下扬州，炎炎烈日照当头，
腰间长弹长盐硝，破裤遮羞汗湿透。
地烫我脚蚊叮背，河边芦根戳我肉，
伏夏热难受！浑身晒成黑滩虎，
父母见了认不得，妻小见了眼发怵。
人不饿死莫背纤，盐河边上纤夫苦。

赏析：《盐河边上纤夫苦》收录于《中国民间歌谣经典》。这首民间歌谣一字一句、真真实实地哭诉着盐河边上纤夫谋生的辛苦，环境恶劣、条件艰苦，饱受日晒和蚊虫叮咬，吃不饱喝不足，汗流浃背，深深触动读者心弦，如身处其中，感同身受，谋生不易。

(3) *船工劳作*

这里所说的船工，指的是船夫，也就是驾驶小型木船或者简易的木排、竹排联结起来的小船的人。由于河道地形、水流状态、天气状况等情况复杂，其工作不可谓不艰辛。

船工号子

一道川来呼呀嗨，一道山来呼呀嗨，
山连山来，川连川呀，好风光那么呼嗨。
我们船工呼呀嗨，钢筋铁骨呼呀嗨，
不怕浪涛和险滩呀，永向前那么呼嗨。
这一趟那么呼呀嗨，拉得好来呼呀嗨，
船头好像劈风刀呀，斩断龙王的腰嗨。
别看我船儿小呼呀嗨，装的全是宝呀嗨，
支援国家大建设呀，工农离不了呀嗨。

赏析：这首《船工号子》收录于《中国民间歌谣经典》。这首民间歌谣大致创作于20世纪五六十年代，船工们不畏浪大滩险，没有时间欣赏沿岸美景，凭借精湛的行驶技术，披荆斩棘，掌舵前行，干劲十足，信心百倍，用实际行动全力支援国家建设。

马厂减河船夫号子

领：咱们的大船装得多哟。
和：嘿哟，嘿哟。
领：龙王爷养活咱吃喝哟。

和：嘿哟，嘿哟。
领：要发大财你跳油锅哟。
和：嘿哟，嘿哟。
领：别搂着老婆不离窝儿哟。
和：嘿哟，嘿哟。

赏析：《马厂减河船夫号子》收录于《中国民间歌谣经典》。减河是一种利用天然或人工河道进行分洪的工程措施，马厂减河是运河上的一条人工河道，在天津市境内。这首民间歌谣以船夫号子的形式展示船夫淳朴的生活思想，告诉世人最为基本的为人处世之道，要想生活好，需要保持积极向上的乐观心态和脚踏实地的工作态度。

（4）放排

放排，是运竹子、木材的一种方法，运用河流的流动规律，把它们扎成排筏通过水路运达目的地。

放排苦

砍大树，搭木排，顺着浑江放下来。
拐过曲曲八道弯，绕过弯弯十八拐。
为求生，不求财，何怕随时碰江崖？
宁肯激流冲千里，处处可把尸骨埋。

赏析：《放排苦》是东北地区的一首民间歌谣，把整个放排的流程交代得清晰、详细。浑江，汉代称盐滩水，又名沸水，清时称浑江，亦名混江，位于吉林省东南部和辽宁省东北部。砍倒木材，捆绑起来，通过河流运输到下游，运输的过程比较凶险，凸显放排百姓谋生不易。

（5）车水灌溉农田

车水歌一般边劳动边颂唱，是在灌溉农田活动中最喜闻乐见和最具传播度的民间歌谣。车水，多见于南方地区，以人力或者牲畜牵引水车，将河水汲水上岸，经沟渠引灌到田间。

车水歌

咚咚呛，咚咚呛，脚踏车拐膀捆杠。
踏一脚来龙绞水，唱起歌来笑龙王。
龙王发水淹死人，我车水来能保秧。
手敲锣鼓咚咚响，五谷丰登粮满仓。

赏析：这首《车水歌》收录于《中国民间歌谣经典》，每句最后一字押韵，这是一首典型的将车水的辛苦变成诙谐幽默的民谣，描述湖北荆州一带农民车水灌溉的场景。农民敲着锣鼓，踩着水车灌溉秧田，期待庄稼丰产。

车水歌

车水忙，车水忙，手车短，脚车长。
一阵凉风清又爽，打起呵嗬水花响。
车半塘，留半塘，留给媳妇洗衣裳。

赏析：这是一首湖北鄂州地区的民间歌谣，反映了农夫车水劳动的场面，虽然简短，但画面感极强，热闹的劳动场景跃然纸上。整首民歌既简洁明快，又风趣幽默。

14.4.4 凝练治水经验

古代水利工程在建设和管理过程中，孕育了丰富的治水经验，反映都江堰治水经验的歌谣《治水三字经》《笼工小唱》《河工歌》等，传承至今。

治水三字经

深淘滩，低作堰，六字旨，千秋鉴；
挖河沙，堆堤岸，砌鱼嘴，安羊圈；
立湃阙，凿漏罐，笼编密，石装健；
分四六，平潦旱，水画符，铁椿见；
岁勤修，预防患，遵旧制，勿擅变。

赏析：《治水三字经》文字简练，朗朗上口，是清代凝练出的，歌颂都江堰地区在千余年来治理和管理的实践经验总结和行为准则，有着深厚的文化内涵，堪称生态水利工程的历史典范。《治水三字经》对河滩的深度、堰坝的高度都有明确的要求，对挖河沙、堤岸、鱼嘴、羊圈、湃阙、漏罐、竹笼等都有一定的规范，通过四六分水可以治理水旱灾害，通过岁修，防患于未然。

笼工小唱

竹笼要想编得好，横四顺三谨记牢。
四十多圈莫要少，稀了漏石装不饱。
蔑条要用丈二三，周围上下紧紧编。
中空尺七长三丈，粗细大小配匀称。
棰竹乃是加张性，大石才易装得紧。

赏析：《笼工小唱》的内容是都江堰编制竹笼的规范，对编制竹笼方法，使用物料的尺寸都有明确的规定和要求。竹笼是都江堰从古至今持续采用的岁修工具，选用生长两年以上的慈竹为原材料，编织成长笼，装上不同尺寸的卵石，进行护堰和作堰。将不同级配的卵石组合成一个有空隙、能渗水的整体，竹笼之间又易于互相连接、重叠为壅坝，既能减小水流的冲击，又能形成整体直压水底，加固河堤基础，使江水不至于淘空河堤基础而溃堤。

河工歌

先开一条湾，不挖自然倒。
并成豆窝方，吃了一方又一方。
一次挖到底，节工又赚米。

赏析：这是都江堰盛行的一首河工劳作的民间歌谣，描述工人在开挖河道时候的劳动场景和经验总结。工人在长期的劳作过程中，及时总结，提高劳动效率，同时也增加了收入。

14.4.5 水神崇拜

水神崇拜是一种民间信仰，水神大多都是在治理河患、防御洪水、应对干旱等灾害事件时产生的重要精神寄托，表达人民对风调雨顺美好生活的向往和憧憬，后人为了祭奠这些精神图腾筑祠建庙，对他们歌功颂德，如大禹庙、龙王庙等都是水神崇拜的重要场所。

过河求安词

哦！我要渡过大江到对岸。

水深流急心情紧张，汹涌的波涛多么可怕，

翻滚的漩涡令人心寒。我求天神叭英叭捧，

请求天上的众神，请求我父辈祖辈的灵魂，

请求水下的龙王保我平安，保佑我渡过大江，

保送我到达对岸，天神啊！

送我到对岸去吧！

赏析：《过河求安词》是一首比较典型的水神崇拜的民间歌谣，标题直抒胸臆，表达平安过河的真实心愿。先民面对水深浪大风疾的河面，想要过河，难度极大，由于技术和认知水平有限，为了生计不得不过祈求天神、祖先和龙王的庇佑。

祭龙潭

赫赫洋洋，水出龙潭；杀猪宰鸡，祭献龙王。

甲乙丙丁，风调雨顺；子丑寅卯，龙凤呈祥。

年年岁岁，平平安安；水出龙潭，赫赫洋洋。

赏析：《祭龙潭》是云南富源古敢乡水族祭祀双龙潭的民间歌谣。双龙潭是水族每年农历三月第一个蛇场天祭龙的地方，祭祀时在树下的石板上用猪鸡等供奉龙王，选当地一位德高望重的长者，用水族语言祈求风调雨顺、五谷丰登、六畜兴旺，平和安康。

第15章
水网与经济发展

15.1 水网是国民经济赖以发展的基础

当前我国正逐步构建完善“四横三纵”国家水网格局，以建成国家南北大通道，推进全国资源均衡配置，保护北方地区生态环境，促进经济社会高质量发展。在历史上，随着生产能力的提升，用水格局发生转变，人们由逐水而居转变为对水体深度开发，形成了灌溉水网、航运水网、供水水网等人工水网体系，为经济社会发展提供了重要的基础支撑作用。

15.1.1 水网变迁直接影响中原王朝的兴衰

文明的演进与自然环境所提供的先决条件息息相关，但当人类发展到对自然界的利用和改造阶段之后，主观能动性对文明发展起着日益重大的作用，文明的发展也是在自然和人类的互动中向前推进（中国国土资源经济编辑部，2013；科学大观园编辑部，2010；张娜等，2012）。在中国历史发展进程中，不乏因治水、兴水推进王朝的建立和国家的统一案例，也存在因水患和旱灾导致王朝覆灭的实证。

15.1.1.1 水利工程奠定了秦王朝统一的基础

古代经济社会以农业为主，水利是农业的命脉，治国必治水。经济社会的发展和统一战争的进行对秦国水利工程的兴建提出更高的要求，都江堰、郑国渠和灵渠的兴建正是这一要求的体现（李红有，2005）。都江堰、郑国渠和灵渠并称秦国三大水利工程。都江堰是战国时期秦国蜀郡太守李冰主持修建的大型灌溉工程，采用的是我国应用最多的无坝引水方式，秉承“因地制宜，乘势利导”的治水理念。都江堰充分利用地势地貌、水流等自然特点，变害为利，它惠及下游川西平原40多个县，1万多平方千米，1000万多亩田地因其旱涝保收，四川从此沃野千里，都江堰水利工程发挥的作用毋庸置疑（王明远，2016）。东晋常璩在《华阳国志》中描述“水旱从人，不知饥馑，时无荒年，天下谓之天府也”（常璩，2010）。郑国渠是以泾水为水源，灌溉渭水北面农田的水利工程，建成之后，关中干旱的平原成为沃野良田，奠定了秦国富强的物质基础，在郑国渠完工的那一年，秦国发动了统一全国的历史进程。郑国渠的作用不仅在于它发挥灌溉效益的100余年，还在于首开了引泾灌溉的先河，对后世引泾灌溉有着深远的影响。灵渠缘于秦始皇开拓岭南，沟通着湘江和漓江，连接着长江和珠江，打通了南水北上通道，是古代海上丝绸之路的纽带（贲黄文，2022）。鱼孟威的《桂州重修灵渠记》中记载“所用导三江，贯五岭，济师徒，引馈运，推俎豆以化猿饮，演坟典以移鴂舌。蕃禹贡，荡尧化也，则所系实大矣”①。秦国在短短36年相继兴建了都江堰、郑国渠和灵渠三大水利工程，为实现一统天下的愿望创造了坚实基础和有利条件。

15.1.1.2 黄河洪涝灾害导致元朝分崩离析

元代的九十多年间，《史记》记载的黄河决溢就有四十几年，河患严重前所未见。黄河决溢改道严重，下游多股分流，向南决口较多，淮河水系受到扰乱，导致水灾泛滥，淹毁两岸大片农田屋舍，百姓流离失所。元统元年大雨，饥民达40万人；第二年，江浙被灾，饥民达59万人；至元三年，江浙又灾，饥民达40万人；至正四年，黄河连决三次，饥民遍野，黄河两岸百姓民不聊生。元朝后期，土地集中，大部分蒙古贵族把从农民那里夺来的土地再以苛刻的条件租给农民（陈光和朱诚，2003），剥削苛重，朝廷腐败严重，官员贪污专横，欺压百姓，用于赈灾的钱粮，各级官员都会克扣一部分，真正到百姓手里的寥寥无几。元朝政府派15万人去修筑黄河，并派兵沿黄河镇压，当时的治黄工地“死者枕藉于道，哀苦声闻于天”，就是在黄河工地服役的百姓揭竿而起，爆发了红巾军起义，向官僚地主发起猛烈进攻，除了农民为主的红巾军外，还有浙东台州人方国珍聚众掠夺漕运，从而拉起一支反元队伍，天下一片大乱。元朝灭亡的根本原因是统治者的残酷和腐朽的统治，但黄河的泛滥也是导致元朝灭亡的重要原因。

15.1.1.3 连年旱灾是明王朝灭亡的重要原因

明代在我国历史长河中是一个灾害多发的时期，自然灾害频繁。竺可桢（1972）在《中国近五千年来气候变迁的初步研究》中描述：“除晋和南北朝，雨量之特别少者为明代，当时旱灾之总数为各世纪之冠”。陈高傭等（1986）《中国历代天灾人祸表》统计：明代发生旱灾的次数为434次。如此频发的旱灾，大量的灾民因灾而饥，因饥而逃，形成了无数的流民。久旱致瘟疫，明代发生的瘟疫次数仅次于清朝，古代经济社会以农业为主，人口的大量死亡导致劳动力锐减，对经济社会造成严重破坏。旱蝗相因，《农政全书》有云：“凶饥之因有三：曰水，曰旱，曰蝗。地有高卑，雨泽有偏被，水旱为灾，尚多幸免之处。惟旱极而蝗，数千里间草木皆尽，或牛马毛幡帜皆尽，其害尤惨，过于水旱者也”②。蝗灾波及范围之大，破坏力之强，造成农业大规模减产甚至绝产，给社会生产生活带来极大的破坏，百姓没有粮食，便以草根树皮充饥，“蝗，饥，骼无余胔”。明朝中期以来政治逐渐走向腐败，官员中饱私囊，明后期自然灾害多且危害严重，在灾害面前，明政府非但不尽力赈灾，反而加重赋税，逼迫百姓陷入绝境，灾害将灾民推向起义军的行列，翻天覆地的农民起义在陕西爆发了。明王朝不仅要花费巨大的代价去镇压农民起义，

---

① 参见《兴安县志》，广西人民出版社2002年版。

② 参见徐光启撰，石汉生校注《农政全书校注》，上海古籍出版社1979版。

还要防御东北后金的进攻。天灾频发，粮食歉收，饥荒加剧，饥殍遍野，赋税繁重，内忧外患，社会动荡，明王朝在灾害的严重打击下走向灭亡。

15.1.2　水网直接支撑了国民经济发展

随着人类社会对水资源调控能力的提升，水资源逐步由主要通过自然水网运移转变为通过自然-人工水网输配。灌溉排水水网成为保障农业生产和粮食安全的基本条件，城市集中供水体系和农村分散供水体系成为经济社会高标准用水的根本保障，跨流域、跨区域水网工程成为解决区域性水资源丰枯差异的重要路径，水网成为联系水与经济社会的纽带。中华人民共和国成立后，在水利建设投资拉动下，水网对国民经济供水保障能力日益增强，成为经济社会快速发展的重要引擎。

15.1.2.1　大运河促进了中国东部地区贸易的繁荣

大运河是中国东部平原上的伟大工程，为世界上最长的运河，也是世界上规模最大的运河。大运河始建于公元前 486 年，包括隋唐大运河、京杭大运河和浙东大运河三部分，全长为 2700km，地跨北京、天津、河北、山东、河南、安徽、江苏、浙江 8 个省（直辖市），纵贯华北平原，通达海河、黄河、淮河、长江、钱塘江五大水系，是中国古代南北交通的大动脉，促进了沿岸城市的迅速发展，至 2020 年大运河历史延续已 2500 余年（张兵，2021）。唐朝自安史之乱后，藩镇林立、军阀割据，正是由于大运河的联系，起到了“半天下之财赋，悉由此路而进”的巨大作用，使得中国南方的钱粮财赋通过运河运至王朝政治中心，对唐王朝得以延续发挥了一定作用。

15.1.2.2　水利工程是我国经济社会发展的基本保障

中华人民共和国成立后，充分认识到水对国民经济的支撑和促进作用。1949 ~ 2019 年，我国水利建设投资完成额总体呈增长趋势，由 0.92 亿元增长至 6712 亿元，累计完成投资 61 139 亿元。1990 年以前全国水利建设投资增长速度较缓，年投资规模在 50 亿元以内，但社会劳动投入规模巨大，构建起我国水利工程的基础；1990 ~ 2008 水利建设投资增速逐渐加大，到 2008 年水利建设投资首次突破 1000 亿元；2009 年之后水利建设投资快速增长，年均增幅达到了 500 亿元。在水利建设投资拉动下，水库库容显著提升，1973 ~ 2019 年，水库库容由 3650 亿 m^3 增长至 8983 亿 m^3，1973 ~ 1995 年年均增长率为 1%；1995 ~ 2019 年年均增长率为 3%。水利建设投资和水库保障了供水能力和供水量的提升，全国供水量从 1949 年的 1030 亿 m^3 增加至 2019 年的 6021 亿 m^3，共增加 4991 亿 m^3，支撑了我国经济社会的稳定增长。从供水量分阶段增长率来看，20 世纪 50 年代为 7.1%，六七十年代为 3% ~ 5%，1980 ~ 2019 年为 1%，其中 1998 ~ 2003 年供水量呈小幅减少趋势。全国水库库容、供水量与水利建设投资完成额呈正相关关系，详见图 15-1。

15.1.2.3　水资源供给直接支撑了经济社会的发展

水是支撑经济社会发展的基本要素，是推进经济社会发展的基本保障，经济社会发展

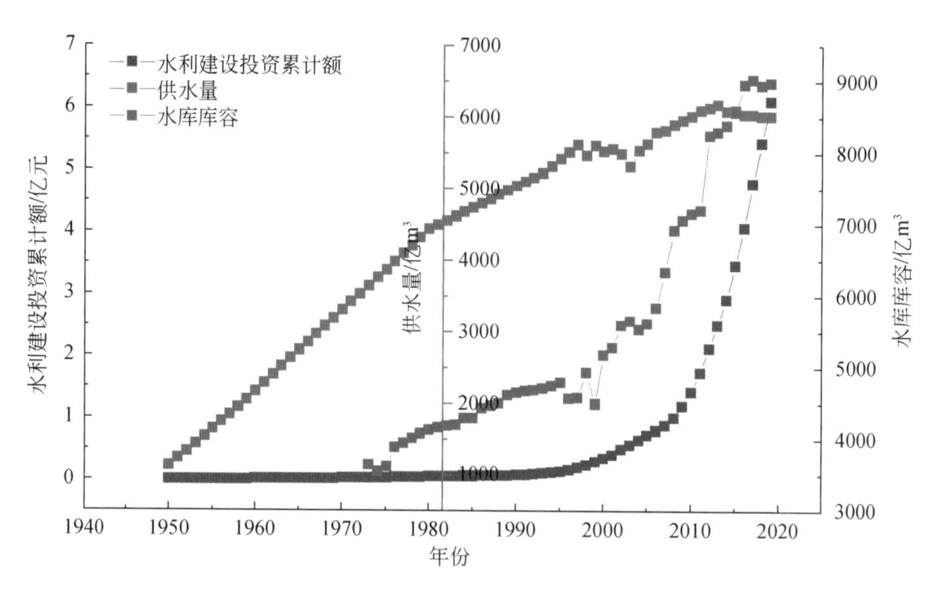

图 15-1 中华人民共和国成立后水利投资与供水量、水库库容的关系

与水资源供给息息相关。1949~2019 年全国人口呈线性增长趋势，由 5.4 亿人增长至 14 亿人，年均增长约 1200 万人。城镇化率也呈现稳定增长趋势，总体经历了四个阶段：第一阶段是 1949~1960 年，由 10.6% 增长到 19.3%，年均增长 0.8 个百分点；第二阶段是 1961~1976 年在国家政策影响下，城镇化率略有下降，到 1976 年下降到 17.5% 左右；第三阶段是 1977~1995 年，1976 年之后城镇化率进入稳定增长阶段，到 1995 年达到了 29%，年均增长 0.6 个百分点；第四阶段是 1996 年以来，1995 年后，城镇化率进入快速增长阶段，到 2019 年达到 61%，年均增幅达 1.3 个百分点。GDP 整体变化呈增长趋势，由 1949 年的 1308 亿元（2019 年可比价，下同）增长到 2019 年的 99 万亿元，年均增长率为 9.9%。经济社会的发展直接拉动了用水量的增长，总用水量与人口、GDP、城镇化率均呈正相关关系，尤其是经济社会用水量与人口保持高度正相关关系，总用水量则由 1949 年的 1030 亿 m^3 增长到 2013 年的 6183 亿 m^3，之后在最严格水资源管理和节水型社会建设双重作用下，总用水量略有下降，到 2019 年下降到 6021 亿 m^3。详见图 15-2。

生活用水量和人口呈显著正相关关系，1949~2019 年人口由 5.4 亿人增长至 14 亿人，生活用水量随人口增加总体呈持续增长态势，由 6 亿 m^3 增长至 872 亿 m^3，年均增长率为 7.5%。详见图 15-3。

水是农业生产的基本要素，随着灌溉面积的增加，农业用水量呈增长趋势，从 1949 年的 1000 亿 m^3 到 2019 年的 3682 亿 m^3。1949~1980 年灌溉面积快速增长，由 2.4 亿亩增加到 7.3 亿亩，农田灌溉需水量也由 1000 亿 m^3 增加到 3699 亿 m^3；1980~2000 年灌溉面积进入小幅增长阶段，20 年增加了 1 亿亩，对应农田灌溉需水量也由 3699 亿 m^3 微增到 3784 亿 m^3；2000 年之后，在大中型灌区续建配套改造和高标准农田建设推动下，灌溉面积又进入快速增长期，由 8.3 亿亩增加到 11.3 亿亩，同期由于农业渠系输配节水、田间高效节水灌溉以及农艺节水的大力推进，农业用水量呈总体下降趋势，由峰值的

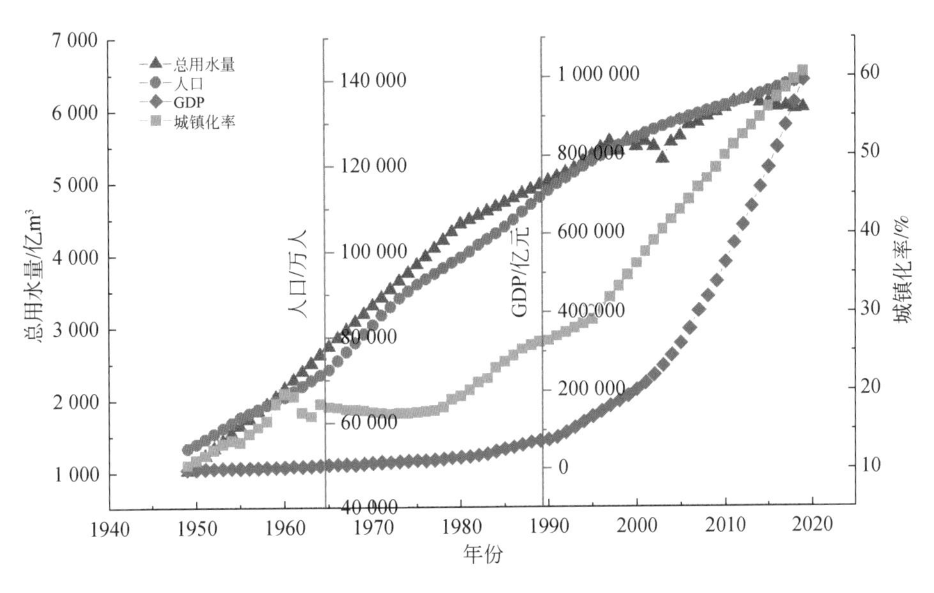

图 15-2　总用水量与人口、GDP、城镇化率的关系

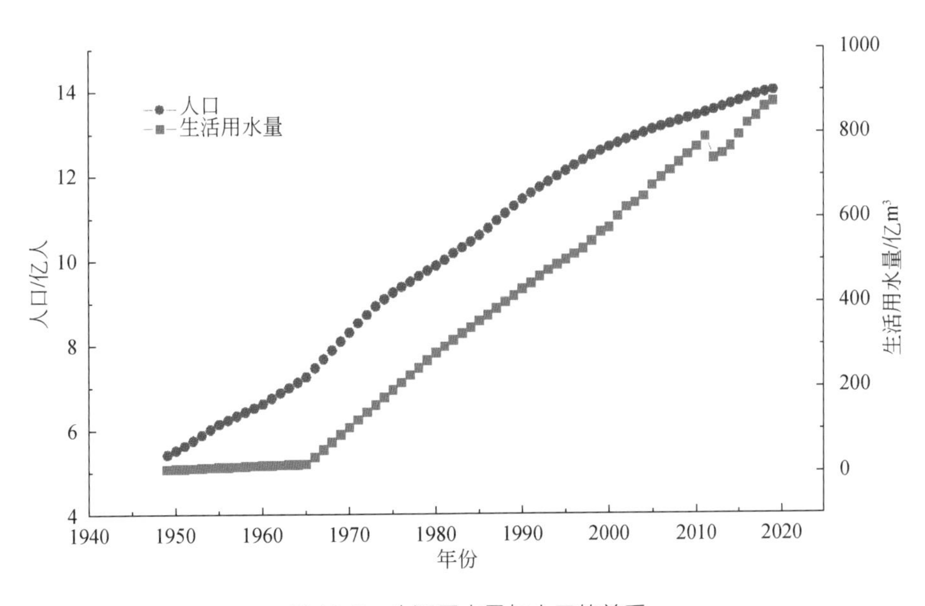

图 15-3　生活用水量与人口的关系

3920 亿 m^3 下降到 3699 亿 m^3。农田灌溉面积和灌溉用水量的增长推动了粮食产量的持续增长，由中华人民共和国成立时的 1.1 亿 t 增长到 2019 年的 6.6 亿 t。总体来看，农业用水量与灌溉面积、粮食产量呈正相关关系，详见图 15-4。

工业增长与用水量变化总体呈两个阶段。1949 ~ 2000 年工业用水量与工业增加值呈现正相关性，其原因是 2000 年以前工业节水力度相对较小，工业用水作为生产的基本要素，用水量随工业规模正向增加；2001 ~ 2019 年工业用水量与工业增加值呈现负相关性，主要

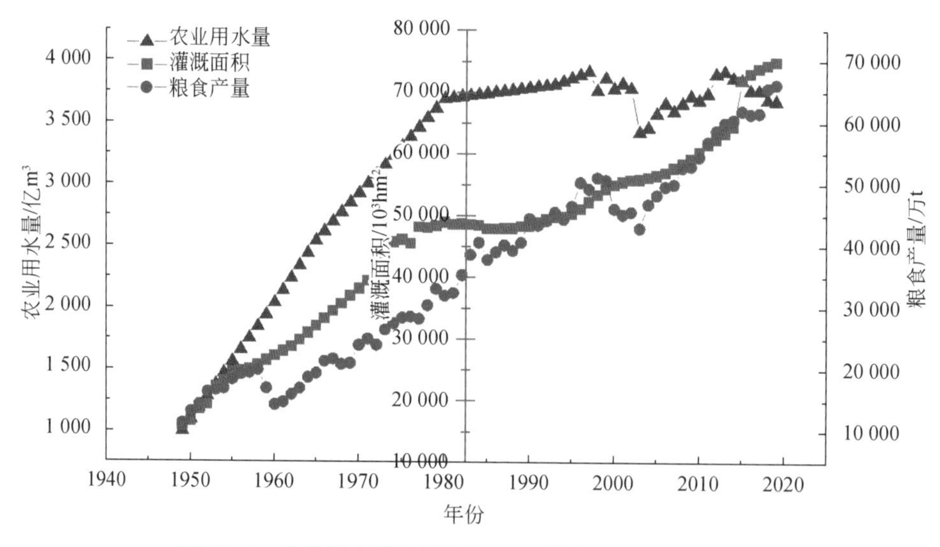

图 15-4 农业用水量与灌溉面积、粮食产量变化的关系

原因是在节水型社会建设以及环保要求下，工业生产的节水力度日益增强，同时工业产业结构也进入深化调整期，逐步调整产业结构、改进与更新传统工业技术，使得工业用水量随着工业增加值的增长而下降。详见图 15-5。

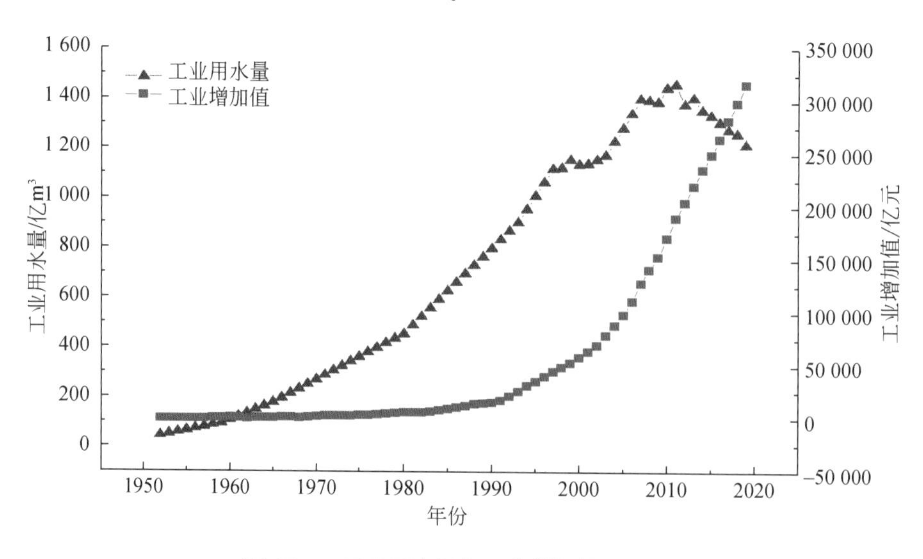

图 15-5 工业用水量与工业增加值的关系

15.2 水资源及其社会关联性

水是资源环境系统的基本构成，在光热驱动下形成自然水循环系统；在经济社会开发利用下，以基本要素形式进入到经济社会系统，参与到居民生活、企业生产各个环节过程

中，形成社会水循环系统，构建起自然–社会二元水循环系统。社会水循环过程包含取、供、用、耗、排多个环节和过程，并伴生了经济投入和税费补贴，形成与经济社会特有的关联关系。

15.2.1　水与经济社会关联关系

水是支撑经济社会发展的基本要素，在生产、生活过程中无时无刻需要水的保障。图 15-6 以简单的形式描述了经济社会、水资源系统及两者之间的相互关系。图中两个独立的椭圆形框代表区域内经济社会和陆地水资源系统。区域内的陆地水资源系统包括区域内的所有水资源（地表水、地下水、土壤水）以及各种水体之间的自然流动；区域内的经济社会包括用于生产和消费的取水以及进行水资源储存、处理、分配和排放的基础设施。

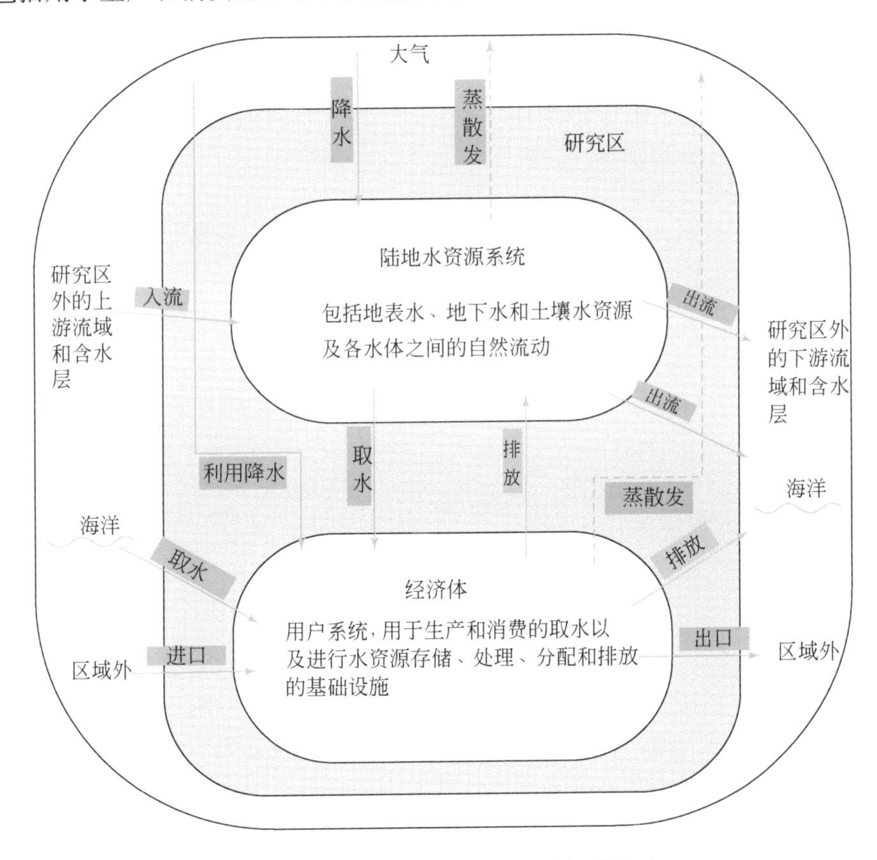

图 15-6　水在经济社会与环境之间的流动

在某一区域范围内（国家、行政区或者流域），陆地水资源系统和经济社会可以与其他区域的水资源系统和经济社会进行水量交换。这种交换可以通过水的进出口（经济社会之间水的交换），也可以通过上游区域的水流入到下游区域（陆地水资源系统之间水的交换）来实现。

经济社会对水的使用方式有两种，一种是河道外用水，另一种是河道内用水。前者指以生产和消费为目的从区域内的水体或海洋中取水，包括雨水利用等；后者指水上娱乐、航运、渔业等其他用途用水。在一个给定的区域内提供给经济社会的水源包括：区域内的水资源量、雨水收集或利用量、海水直接利用量或海水淡化量，以及区域外入境水量或进口的水量。每一经济单位可直接从环境中取水，或者从其他经济单位获取水。经过使用后，水被直接排放到环境（进入水体和海洋），或提供给其他经济单位再利用（如再生水），或输送到污水处理厂和出口等。此外，在输水和用水过程中，水会通过渗漏、蒸腾蒸发或产品吸附被消耗掉，大多数产业活动的消耗量是蒸发量，而农业的消耗量则主要是蒸腾蒸发。

从以上描述可以看出，研究水资源系统和经济社会之间的联系，实质上就是要研究水的自然循环和水的社会循环的相互关系。从资源环境角度看，水的社会循环只是水的自然循环的一个内部子循环系统，只是影响水的自然循环的因素之一；但如果从经济角度考虑，把水作为支持经济社会系的资源环境投入看待，尤其是立足于当前经济活动的规模和方式对水资源的影响程度来考虑问题，即以水的社会循环为中心，将水的自然循环作为实现水的社会循环的外在前提条件看待：一方面自然存在的水及其循环保证了经济社会系对水的利用——利用规模和利用方式，另一方面，当经济社会系对水的利用达到一定规模之后，就构成了影响水的自然循环的力量，还可能是带有根本性的因素——不仅影响水量还影响水质，即水的社会循环干扰了原有水的自然循环，并可能造成水环境的整体恶化，使水对经济社会系的保障作用受到损害，不能实现充分有效的水资源供给。因此，水资源核算应立足经济社会系，系统反映经济社会系对水资源的提取利用和废水排放，反映水资源量及水的自然循环对保障经济社会正常运行所发挥的重要作用，反映经济社会系利用水资源、排放废水对水资源环境所产生的影响。

15.2.2 水资源的产业关联

社会经济的运行与水资源的开发利用是相辅相成的关系，社会经济的运行必不可少地伴随着水资源的开发利用，包括水资源开发、净化、供应、排放、污水处理、再生利用，以及大尺度的水生态保护、水环境治理、水资源管理等产业，反映了水资源对社会经济促进作用；同时在实现水资源开发利用以及保护的过程中，也伴随着大量经济活动，包括产品与服务的投入和使用活动、收入和支出活动、投资和资金筹集活动，同时还积累了大量与水资源利用有关的经济资产，这体现了经济活动对水资源的反作用，以促进水资源综合利用和可持续利用。

水资源的使用过程可分为取水、供给、使用、排放、处理五个环节，目前我国水使用过程中涉及的部门包括水务/水利管理部门、自来水供应部门、用水部门、污水处理部门等四个主体，水务/水利管理部门、自来水供应部门和污水处理部门是专门从事涉水管理、供应及提供污水处理服务的产业部门，农业生产部门、其他生产部门和居民生活属于用水的部门或活动。水在各部门的运移过程如图 15-7 所示。

水务管理部门总体负责涉水活动管理，包括水利工程建设、运行及管理，防洪管理，水资源管理，水污染治理，水资源费征收等工作，同时也向农业生产部门和自来水供应部

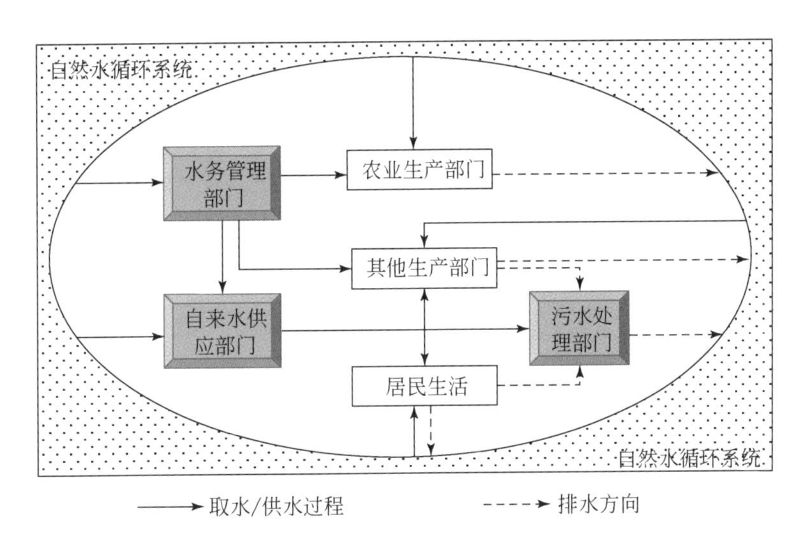

图 15-7 水使用中的运移过程

门从水利工程的取水活动中收取服务费用；自来水供应部门专门从事自来水的生产供应活动，取水来源有两个途径，一是从水利工程中取水，二是从环境中直接取水，经过处理后出售给用水部门使用；农业生产部门的用水主要来源于环境中的天然水，与自来水供应部门类似，取水来源也是从水利工程取水或从环境直接取水，使用后的回归水直接排放到环境中；居民生活和其他生产部门的取水来源主要是从自来水供应部门购买，也有部分直接从环境取用，产生的废污水直接排放到环境中或排放到污水处理部门；污水处理部门专门负责废污水的处理工作，主要收集城市废污水，经过处理达标后，排放到环境中。

伴随着水的供给和使用过程，水管理部门、水生产供应部门和污水处理部门等涉水部门之间以及涉水部门与国民经济其他部门之间发生了直接或间接的经济联系。

15.2.2.1 水资源供给和使用

社会经济活动伴随着资源和产品的消耗与使用，水是重要的生产资料，在国民经济运行的任一环节都离不开水，与其他资源一起作为生产要素参与到国民经济生产过程中，实现国民经济总量的持续增长，稳定的水供给是保障国民经济稳定发展的重要基础。

水供给与使用混合账户直观地建立起水资源与社会经济活动的关联关系，把水作为资源或产品纳入国民经济核算中，建立起国民经济活动中价值量与水资源实物量的关系，反映了国民经济部门经济量的产出与使用状况，以及伴生的水资源供给、使用及排放处理过程，提供了一个详细的反映水资源与国民经济活动整体状况的数据库，详见表 15-1。

15.2.2.2 涉水活动产出和使用

水资源的供给使用过程是以产品与服务的形式出现的。供水部门、污水处理部门和涉水管理部门作为产业部门参与到国民经济的生产过程中，为了实现这些活动，涉水部门要针对供水、污水处理及管理等活动投入必要的财力和物力，达到一定标准后向其他部门供应或排放到环境中；水经过涉水部门的生产和处理实现了价值的增值，以商品或服务的形式供给用水部门，以此获得收入；此外，有些部门直接从环境中取水，这些活动也伴随着经济投入，一般包含在主产品活动成本中。分析涉水活动的投入产出过程可以了解相关部门的经济活动状况，从涉水行业内部看，反映了行业的成本和收益状况；从整个国民经济看，反映了整个国民经济涉水活动的总产出和总使用状况。

表 15-1 水供给及使用的混合核算账户

<table>
<tr><th rowspan="3">项目</th><th colspan="4">产业分类</th><th colspan="4">最终消费</th><th rowspan="3">资本形成总额</th><th rowspan="3">核算区外</th><th rowspan="3">合计</th></tr>
<tr><th rowspan="2">农林牧渔业</th><th rowspan="2">……</th><th colspan="2">水的生产和供应业</th><th colspan="3">住户</th><th rowspan="2">政府</th></tr>
<tr><th>自来水生产与供应业</th><th>污水处理及再生利用</th><th>城镇住户</th><th>农村住户</th><th>合计</th></tr>
<tr><td>1. 总产出与总供给/亿元</td><td></td><td></td><td></td><td></td><td></td><td></td><td></td><td></td><td></td><td></td><td></td></tr>
<tr><td>1. a 自来水生产及供应</td><td></td><td></td><td></td><td></td><td></td><td></td><td></td><td></td><td></td><td></td><td></td></tr>
<tr><td>1. b 原水供应与服务</td><td></td><td></td><td></td><td></td><td></td><td></td><td></td><td></td><td></td><td></td><td></td></tr>
<tr><td>1. c 污水处理及再生水利用</td><td></td><td></td><td></td><td></td><td></td><td></td><td></td><td></td><td></td><td></td><td></td></tr>
<tr><td>1. d 涉水咨询与服务</td><td></td><td></td><td></td><td></td><td></td><td></td><td></td><td></td><td></td><td></td><td></td></tr>
<tr><td>2. 中间消耗及使用/亿元</td><td></td><td></td><td></td><td></td><td></td><td></td><td></td><td></td><td></td><td></td><td></td></tr>
<tr><td>2. a 自来水生产及供应</td><td></td><td></td><td></td><td></td><td></td><td></td><td></td><td></td><td></td><td></td><td></td></tr>
<tr><td>2. b 原水供应与服务</td><td></td><td></td><td></td><td></td><td></td><td></td><td></td><td></td><td></td><td></td><td></td></tr>
<tr><td>2. c 污水处理及再生水利用</td><td></td><td></td><td></td><td></td><td></td><td></td><td></td><td></td><td></td><td></td><td></td></tr>
<tr><td>2. d 涉水咨询与服务</td><td></td><td></td><td></td><td></td><td></td><td></td><td></td><td></td><td></td><td></td><td></td></tr>
<tr><td>3. 总增加值（1–2）</td><td></td><td></td><td></td><td></td><td></td><td></td><td></td><td></td><td></td><td></td><td></td></tr>
</table>

图 15-8 是自来水供应部门生产过程中的支出和收入结构，从其他部门购买生产要素构成了部门的中间投入，生产过程中需向国家缴纳各类税金，向劳动者支付报酬，对固定资产提取折旧，并获得利润。从部门内部财务分析，中间投入、税金、劳动者报酬是部门的总支出，加上固定资产折旧构成了总生产成本，企业利润则属于盈利；从国民经济核算分析，生产成本加上利润形成该部门的总产出，而税金、劳动者报酬、固定资产折旧和企业利润之和则是国民经济核算中的增加值。

涉水行业生产账户将涉水行业生产过程从国民经济核算中分离出来，详细反映行业的产出状况，以此评价涉水行业对国民经济的贡献；同时通过账户统计的支出状况，可以核算全行业的成本构成、行业盈利能力以及总体纳税情况，为评价涉水行业的生产经营状况提供基础（表 15-2）。

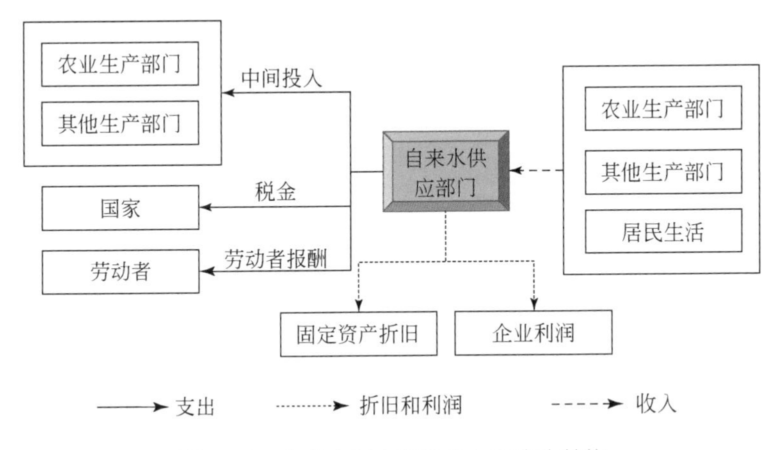

图 15-8　自来水供应部门投入和产出结构

表 15-2　涉水活动生产核算账户

类别名称	总产出	中间消耗	增加值				
			小计	劳动者报酬	生产税净额	固定资产折旧	营业盈余
供水业							
自来水的生产和供应							
污水处理及其再生利用							
其他水的处理、利用与分配							
原水供应							
水利管理服务							

15.2.2.3　涉水活动资金使用

国民经济围绕水资源开发利用和保护活动投入资金，以各种名义在各个环节发生的资金来源及使用去向，反映国民经济为进行水资源开发利用保护所支付的总经济价值，反映企业、政府、住户各部门之间形成的支出结构和利益关系。资金的来源和去向对分析水资源开发利用目的，了解政府、企业和住户对涉水活动的贡献具有重要的作用，有助于制定相关投资方向和融资政策。

资金账户核算整个经济围绕水资源开发利用和保护，以各种名义在各个环节发生的资金来源及使用去向，反映国民经济为进行水资源开发利用保护所支付的总经济价值，反映企业、政府、住户各部门之间形成的支出结构和利益关系，详见表 15-3。

表 15-3 涉水活动资金核算账户

支出去向	生产者		最终消费者		合计
	A. 涉水活动部门	B. 其他生产者	C. 住户	D. 政府	(B+C+D)
1. 涉水活动经常性支出					
2. 涉水活动资本性支出					
3. 购买产品水的支出					
4. 国内支出合计（=1+2+3）					
5. 涉水活动固定资产形成					

15.2.2.4 涉水活动资产形成

在水资源生产、供给、使用、排放、处理等涉水过程以及用水部门自用水活动中形成了大量的固定资产，分析涉水活动资产形成状况，可掌握为了供水、用水、排水和污水处理等活动而积累的社会财富，客观评价涉水行业的资产积累状况和投资构成状况。

水利资产账户记录当期以水为目的的固定资产投资及期末积累起来的固定资产总量，反映围绕水资源开发利用保护的财富积累状况，见表 15-4。该账户列向为部门分类，按照工程类型划分；行向为统计指标，包括固定资产原值、固定资产净值和当年固定资产形成。

表 15-4 水利资产核算账户

资产种类	固定资产原值	固定资产净值	当年固定资产形成
一、水利资产设施			
枢纽设施			
防洪设施			
灌溉设施			
供水和排水设施			
水资源保护及生态设施			
二、水利管理设施			

15.2.2.5 涉水税费与补贴

国家在水资源管理活动中起着重要的作用，既是水资源产权所有者，又是涉水活动的管理者。首先，国家通过价格杠杆调节水资源的分配，制定税费和补贴政策调控水资源的使用和配置，涉水部门以及用户从环境取水需要向国家缴纳水资源费；其次，由于有些涉水活动具有公益性特点，国家直接投资支持水利事业发展，这些活动反映了政府管理在涉水活动中的作用，供用水过程中税费转移过程见图 15-9。

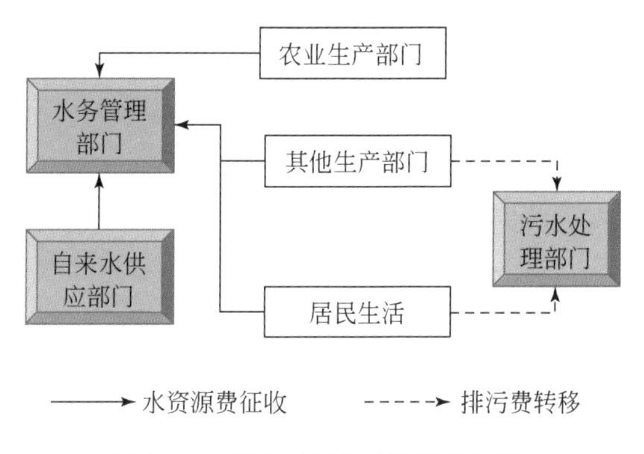

图 15-9　供用水过程税费转移过程

污水处理过程是供用水过程的终端环节，其目的是将生产、生活等污水经过处理达到一定的标准并排放到环境中，以保护水环境和水生态系统，实现水资源的可持续利用过程。污水处理活动较为特殊，其产品或服务一般没有特定的用户，处理后的再生水不能完全以商品的形式出售给其他经济部门，大部分直接排放到环境中，因此污水处理部门生产过程中的投入无法完全通过再生水销售获得补偿，当前的做法是在供水过程中收取排污费来补偿污水处理部门的生产成本。随着社会经济的发展，用水量及污水排放量日益增加，对水环境系统造成了严重的破坏，有些流域和地区已经是“有河皆枯、有水皆污”的状况。为了保护和恢复水环境系统的稳定，促进水资源可持续利用，必须大力推进污水设施的建设，在用水末端将废污水处理到一定的标准，实现达标排放。进行污水处理活动的投入产出分析对制定合理的污水处理设施建设规划、筹集污水处理活动的经费来源、制定合理的排污费收费标准具有重要的指导作用。

分析用涉水活动过程中的税费转移过程，有助于分析国家在水资源管理和水环境保护中所起的作用，有助于在水资源管理中制定科学、合理的政策，税费与补贴账户详细记录了供用水过程中发生的税费与补贴转移过程，描述了税费的来源以及转移去向，见表 15-5。

表 15-5　税费与补贴核算账户

部门分类		供用水活动		污水处理活动	
		水资源费	用水/节水补贴	排污费	治污补贴
产业部门	第一产业				
	第二产业				
	第三产业				
	小计				
住户部门					
合计					

15.3 水网对国民经济驱动作用

水资源与经济社会具有紧密的关联性，水网是水资源开发利用的载体，水资源开发利用过程必然带动水网的建设和完善，直接决定了水资源、水网对国民经济发展的重要驱动作用，主要体现在两方面，包括资源驱动和投资驱动，资源驱动主要体现为要素投入对国民经济发展的支撑作用，投资驱动则体现为涉水投资对国民经济发展的拉动作用。

15.3.1 水要素供给对国民经济的驱动作用

资源驱动体现的是水资源作为资源要素对经济社会发展的贡献。一是绿水驱动，没有水就没有以水为依托的绿洲和水系生态系统，没有水就没有人类，没有水也就没有经济，水资源直接决定了区域的水资源配置格局，从而影响到区域经济社会和生态格局；二是蓝水驱动，水是国民经济发展的基础资源，作为要素直接参与了国民经济生产全过程，直接支撑了国民经济增长；三是虚拟水驱动，经济社会生活和生产过程除直接使用实体水之外，同时还通过投入和使用其他商品间接消费了虚拟水，尤其是在水资源短缺地区，虚拟水对经济社会发展的贡献尤为重要。

15.3.1.1 绿水驱动

受我国地形、区位以及季风影响，我国降水呈现明显的地域特征，东南沿海地区降水量多，西北内陆降水量少，由东南沿海地区的超过 1800mm，一直递减到西北地区年降水量不足 25mm，按照南北划分，南方降水约占全国总量的 80%，北方只占 20%。对应降水特征，我国从东南沿海到西北内陆划分为湿润区、半湿润区、半干旱半湿润区、干旱区。降水和气候特征又直接决定了区域的生态格局，总体分为亚热带常绿阔叶林区、暖温带落叶阔叶林区、温带针阔叶混交林区、寒温带针叶林区、温带草原区、青藏高原高寒植被区、温带荒漠区。同时降水和气候特征也决定了经济社会布局，20 世纪 30 年代由我国地理学家胡焕庸提出了中国地理分界线，即黑河—腾冲地理分界线，一般称为胡焕庸线，根据 2000 年统计数据，胡焕庸线东南侧以占全国 43.18% 的陆地面积，承载了全国 93.77% 的人口和 95.70% 的 GDP，这个范围也正好和我国 400mm 以上降水区域的绝大部分重合，这正说明了水资源条件对国民经济发展的重要性。

15.3.1.2 蓝水驱动

水资源供给是推动经济社会发展的原动力，经济社会发展必然带动用水量的增长，其中经济发展对水资源的需求包括经济规模增长正向驱动和生产效率水平提升逆向驱动。

1）经济社会规模。在一定生产水平下，人口增长和经济生产规模的扩大，必然促进生活用水和生产用水的增长。如果不考虑技术进步带来的生产用水效率提升以及消费结构变化等对用水总量的影响，人口数量和经济规模与用水总量之间几乎呈现线性相关关系。

2）生产水平。当区域经济处于较低水平时，增速相对较快，用水量随着经济规模的快速增长而增加；伴随着产业结构的优化和生产效率的提高，用水效率也相应提高，就会降低等量经济规模下的用水需求。经济社会规模正向驱动在生产水平较低阶段表现明显，随着生产水平的提升，用水正向驱动力逐渐减弱，当规模增加带来的需水增量小于效率提高带来的需水减量时，就会出现区域用水极值点，然后用水量将呈现稳定或减少的趋势。

经济社会用水需求遵循一定的规律，并不存在无限扩张的用水需求过程，根据水资源约束程度的不同，用水增长曲线可分为 3 种类型：自然增长型、发展约束型和严重胁迫型（赵勇等，2021）。

1）自然增长型（曲线 AID′EH）。当区域水资源足够丰沛，经济社会用水不会受到水资源承载能力（W_1）约束，则其用水量处于自然增长状态，仅与经济社会发展特性相关，用水量发展过程曲线近似于库兹涅茨倒 U 形，如图 15-10 曲线 AID′EH 所示，E 点为用水量自然峰值 W_E。美国总体属于自然驱动型，人均水资源量 1.38 万 m^3，1980 年达到用水峰值 6164 亿 m^3，同期人均年用水量 2680m^3，是现状中国人均用水量的 6.2 倍，尽管峰值以后人口和经济规模持续增长，但用水总量却呈现明显的负增长。

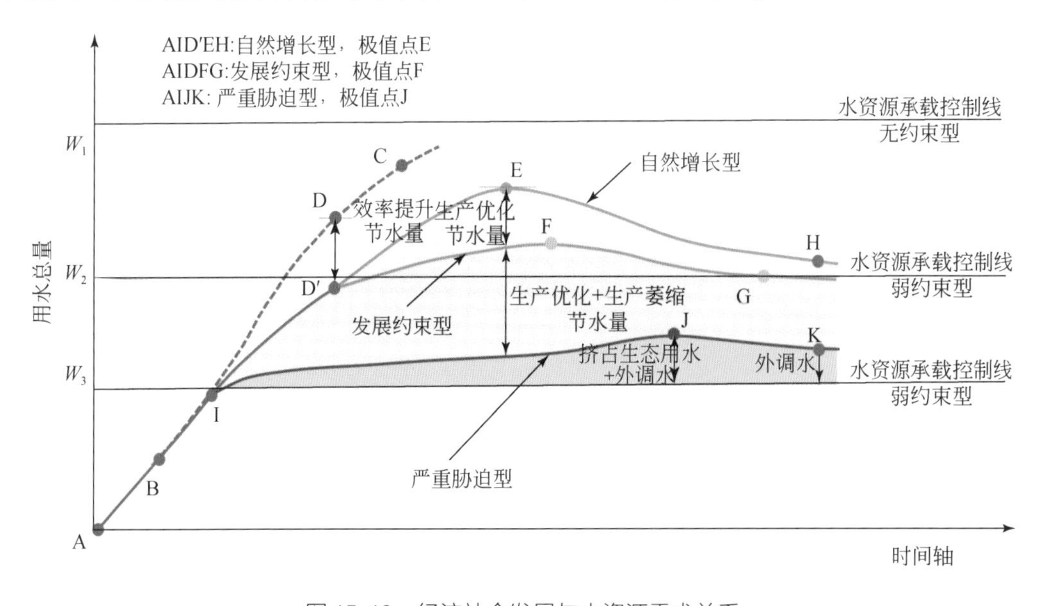

图 15-10　经济社会发展与水资源需求关系

2）发展约束型（曲线 AIDFG）。当用水总量自然发展峰值（W_E）与水资源承载能力（W_2）较为接近时，即使用水量未达到自然发展峰值 W_E，为了维持生态系统健康，不得不采取用水适应性调控措施，通过优化生产、提升效率降低用水需求。此时，用水总量将会受到一定程度的约束，偏离自然发展路径，在靠近政府调控目标线（W_2）的区域发展，即曲线 AIDFG，F 点为实际发展峰值 W_F。日本是这种类型的代表，年降水量约 1700mm，但由于人口众多，人均水资源量不足世界平均水平的 1/2。20 世纪 60 年代城市用水急剧增长，生态保护压力逐渐增大，开始大力推行节约用水和再生水利用，用水效率大幅提升，1992 年用水总量达到峰值，峰值人均用水量为 720m^{3}左右，约为美国峰值时的 1/4。

3）严重胁迫型（曲线 AIJK）。当区域水资源极其短缺，用水总量自然发展峰值（W_E）远高于水资源承载能力（W_3），尽管经济社会仍处于较低发展阶段，其用水也会受到严重胁迫，不得不进行严格调控，用水量将严重偏离自然发展轨迹。在这种情景下，不仅要优化生产、提升效率，可能还要放弃发展规模，控制人口和产业总量。在实际发展过程中，为了更大限度地支撑经济社会发展，这些区域往往通过挤占河湖生态用水、超量开采地下水，或通过区域外调水的方式提高水资源承载能力，来维持一定程度上的发展用水需求。在这些综合因素影响下，区域用水量发展如图 15-10 中曲线 AIJK 所示，呈现缓慢增长甚至是波动发展。曲线与水资源承载控制线的距离，取决于政府的调控策略及其实施强度，但长远必须回归到区域水资源承载能力以下。北京是这种类型的代表，人均水资源不足 200m^3，由于经济社会的快速发展和人口规模的迅速扩大，用水量急剧增加，1992 年用水总量达到 46.4 亿 m^3，远超过区域水资源承载能力，开始压缩农业种植面积、搬迁高耗水工业企业、提高用水效率，实现了连续 10 年的用水量下降，2002 年降到 34.6 亿 m^3。但随着城市人口进一步增加，又开始出现了持续稳定的刚性增长过程，不得不依靠外调水提升区域承载能力，支撑经济社会发展。

15.3.1.3 虚拟水驱动

虚拟水的概念是 1993 年英国学者 Tony Allan 提出的，用来计算食品和消费品在生产和销售过程中的用水量。随着区域产业分工聚集以及贸易流通量的快速增长，虚拟水已经成为支撑缺水地区经济发展的重要驱动因素，基本呈现虚拟水输入区向消费区聚集、虚拟水输出区向生产区聚集的态势。2017 年，中国净流入量最多的三个地区分别是北京、广东和上海，其中北京市虚拟水净输入量最高，达到了 89.6 亿 m^3，是北京市在严重水短缺约束下保持经济增长的重要驱动力；虚拟水净流出量最大的三个地区分别是黑龙江、广西和河北，其中黑龙江和广西是重要的农产品输出区，河北是钢铁和农产品输出区（图 15-11）。河北是华北地下水压采的主要区域，在区内地下水超采以及生态严重受损的情势下，仍然输出了大量水资源，应逐步调整产业结构，降低虚拟水输出量。

15.3.2 水网建设对国民经济的驱动作用

投资驱动体现的是水资源开发利用和保护过程中需要资金投入，投资又是拉动国民经济发展的三驾马车之一。投资拉动体现在两方面：一是在水资源开发利用过程中，需要建设防洪工程、农田水利工程、水力发电工程、航道和港口工程、供水和排水工程、环境水利工程、海涂围垦工程等，是我国固定资产投资的重要组成，直接驱动国民经济增长；二是为了实现水资源开发利用，形成了专门从事水资源管理、水生产供应、污水处理及再生利用等的产业，直接参与到国民经济产业链条中，直接产生经济效益。

投资、消费和出口是促进国民经济增长的三大驱动力，为了刺激经济发展，我国多次

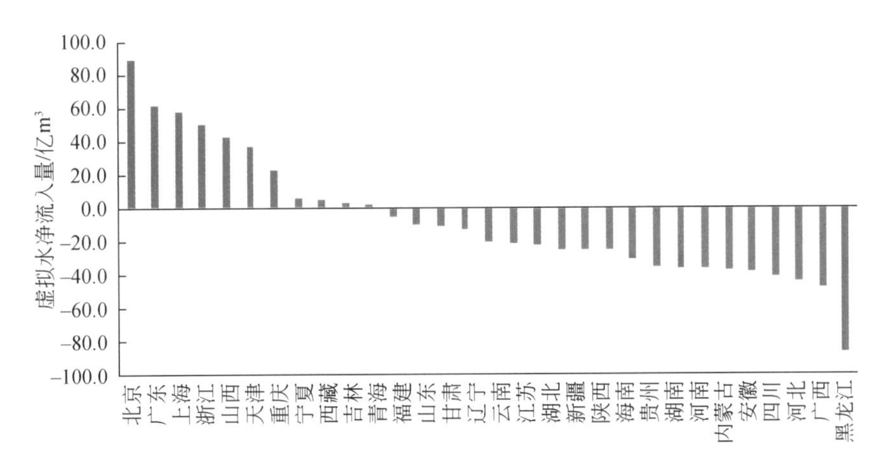

图 15-11 2017 年中国各省（自治区、直辖市）市虚拟水净流入量

注：数据暂不含港澳台地区

实施以基础设施投资拉动经济发展的政策。2014 年，国务院提出 2020 年前建设 172 项重大水利工程的实施计划；2020 年国务院常务会议，部署了至 2022 年 150 项重大水利工程建设安排，主要包括防洪减灾、水资源优化配置、灌溉节水和供水、水生态保护修复、智慧水利等五大类，总投资 1.29 万亿元。水利工程建设投资成为推进国民经济发展的重要动力，新时期国家把水利基础设施建设摆在九大类基础设施建设的首位，可见水利基础建设的拉动作用。

我国水土资源匹配性较差，胡焕庸线以西地区土地资源发展潜力巨大，但水资源短缺，水网工程建设可有效促进水土资源平衡，是功在当代、利在千秋的战略性配置工程。水网工程是系统性工程，除骨干水网工程外，同时要配套建设水污染防治工程、次级输配水设施、灌区农田水利设施、自来水给排水管网设施等，对国民经济具有较强的拉动作用。

水利建设投资对经济的影响分为直接驱动和间接驱动。在投入产出分析中，由于水利建设资金的投入，水利行业经过生产所创造的产业增加值即为直接驱动，另外，由于水利建设的完成需要其他产业部门提供原材料、辅助材料、能源以及各种服务等中间投入，拉动中间投入部门进行扩大投资，创造增加值从而产生间接影响。因此，当进行投资时，由于产业部门间的关联关系，不仅会增加水利行业部门的增加值，也会在各部门中引起连锁反应，促进 GDP 的增加，从而整体上起到拉动经济增长的效果。

评估投资对国民经济的拉动作用，可构建以一般均衡模型（CGE）为基础的政策模拟模型，开展水资源对国民经济发展驱动的定量评估，包括水要素供给对国民经济的拉动作用，水产业发展对国民经济的驱动作用，水环境保护产业对国民经济的贡献等。模型结构详见图 15-12。根据中国宏观经济研究院的研究成果，重大水利工程每投资 1000 亿元可以带动 GDP 增长 0.15 个百分点，水利投资与 GDP 关系大约为 1∶1.193，即水利工程每投入 1 元，可带来 1.193 元的 GDP 增量。

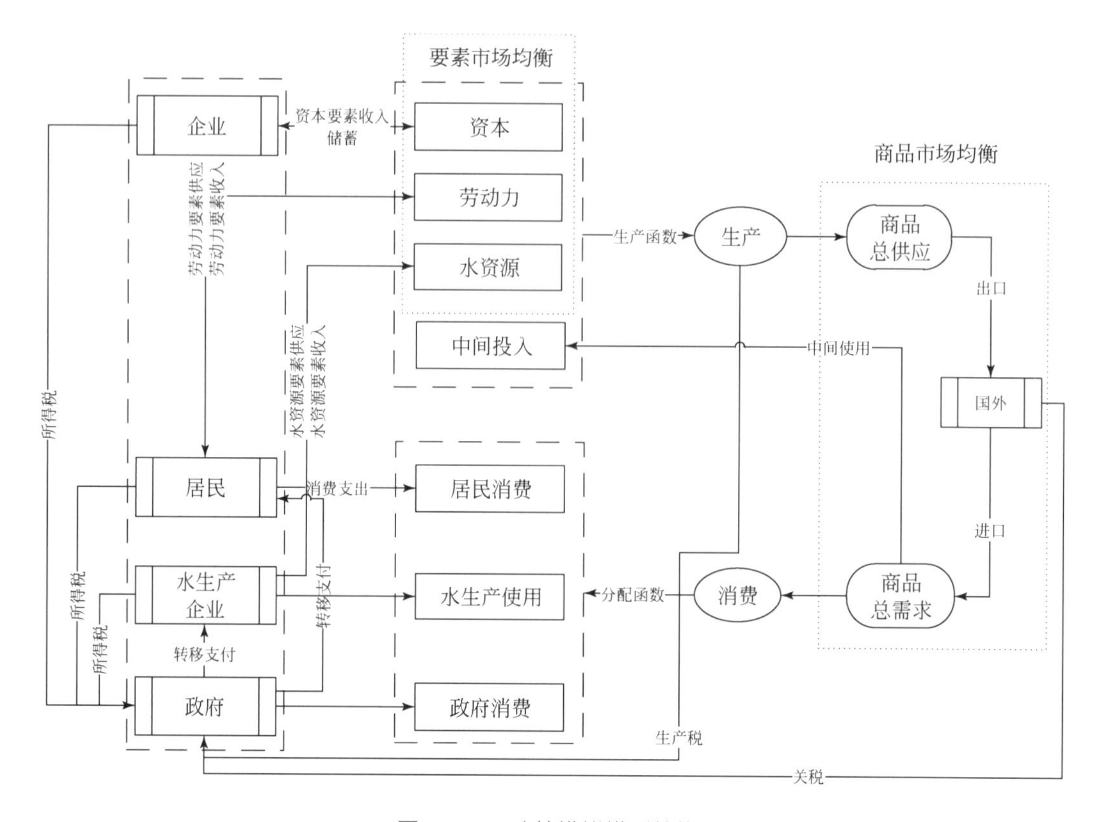

图 15-12 政策模拟模型结构

15.4 水的经济价值属性

在市场经济体系下，使用价值和交换价值构建起商品价值的基础，使用价值是价值客观性的体现，是商品的自然属性；而交换价值则反映了价值的主观性，是商品价值的表现形式。在供需活动中，以商品价值为基础，在供求关系条件下形成了价格体系。水是经济社会活动中的基本要素，随着水资源稀缺性日益突出，水的经济价值属性得到了广泛的关注。

15.4.1 水的经济特性

支撑经济社会发展的基本要素，包括劳动力、资本、土地、矿产、能源、水等。水是一种重要的物质，是地球生物赖以生存不可或缺的物质，在保障人类生命延续、促进社会稳定发展、维持生态稳定等方面具有重要意义。水要素与其他要素的根本区别：水具有不可替代性、可更新性、生态环境功能。在很长一段时间，由于水的稀缺性没有明显显现出来，水的经济性一直没有引起人们的重视。

随着社会经济的发展，水资源短缺、水环境污染、水生态退化等问题日益加剧，国家逐渐加强了水资源管理力度，促进节约用水、提高水资源的高效利用、建设节水型社会已成为目前社会发展的主题之一，国家也通过完善立法工作、推行总量控制和定额管理等政策来推动节水工作的开展实施，同时国家也通过价格杠杆来促进水资源的节约利用，水的经济特性逐步得到了人们的认可。从经济学角度分析，水的经济特性可以从三方面来分析，分别是使用价值、稀缺性以及产权所有者。

15. 4. 1. 1　使用价值

物品的使用价值是指物品能满足人们某种需求的效用。水在国计民生和经济社会发展中占有极其重要的地位，既是国民经济的主要物质基础和来源，直接和间接产生社会财富；也是重要的生活资料，满足基本生活需求。水是生活必需品，无论是保障人类的日常饮食需求，还是维持清洁、健康的生活环境，水都是必不可少的物质；水是农业的命脉，没有水就没有作物的生长，就没有农业的发展；水是工业的血液，以原材料、溶解剂、冷却剂等形式参与到工业生产的每一个环节，同时工业用水的多少在一定程度上也反映了工业的结构、生产水平和用水管理状况。经济社会越发展，城市化水平越高，对水资源的依赖性越强，水是经济社会可持续发展的重要的物质基础。同时水又是生态环境系统最活跃的控制因子，具有调节气候、美化环境、稀释降解污染等多种功能。由此可见，水无疑具有使用价值。

15. 4. 1. 2　稀缺性

稀缺性在经济学中特指相对于人类欲望的无限性而言的，理论上来说，稀缺性可以分成两类：经济稀缺性和物质稀缺性，正因为资源存在稀缺性，才需要经济学研究如何最有效地配置资源，使人类的福利达到最大程度。随着人类社会的发展，人类的生产生活空间日渐扩大，人们对水的要求也越来越多，要满足人类饮用、农业灌溉、航运等各种用途，水的天然时空供给和人类的需求之间的矛盾也逐渐体现出来。中国的水资源短缺形势更为严峻，人均占有量只相当于世界人均水平的 1/4，水资源短缺已经成为制约社会经济发展的瓶颈。根据西方经济学的观点，资源的稀缺性会在使用者之间产生竞争，正是因为水资源的稀缺性才使得水资源逐渐成为利益相关者关注的焦点，成为资源配置的重要元素。

15. 4. 1. 3　产权所有者

产权就是财产权利，伊萨克森将社会中盛行的产权制度描述为“界定每个人在稀缺资源利用方面的地位的一组经济与社会关系”。从资源配置的角度来看，产权主要是四种权利：所有权、使用权、收益权和转让权。产权的初始界定就是通过法律明确这些权利，避免外部性问题出现，如《中华人民共和国水法》第三条明确规定，水资源属于国家所有。因此国家作为水资源的产权所有者，与需求者构成了水资源交换的买卖双方，实现水资源价值转移的过程。而水法中对于转让权的规定，则有利于提高经济效率，实现全局的水资源优化配置。

15.4.2 水资源价值属性

15.4.2.1 价值内涵

价值评估具有明显的时代特性，对价值的认识都是基于某一社会发展阶段的需求形成的，要评价事物或物品的价值必须要确定评价主体、评价对象以及所关注的目标。在商品经济形成和完善过程中形成的价值理论是随着社会结构及社会关系的变化从不同的角度和不同的评价主体对价值内涵展开的理论探讨，地租论、劳动价值论、效用价值论、外部性理论各个主体从不同的角度来评价物品的价值属性。地租论起源于对土地价值的认识，评价土地给所有者带来的合理回报，强调的是土地的产权收益——产权价值，这种评价方法可以拓展到对其他具有产权主体、可供租让的物品的评价；劳动价值论从生产的角度解释物品的交换价值，为进入流通市场的商品给出了统一的公度标准，强调劳动投入的回报，这反映了物品的劳动价值；效用价值论是从物品满足人类欲望的能力或者人对物品效用的主观感受来解释价值及其形成过程的经济理论，反映的是物品对使用者需求的满足程度，一切具有某种特定属性和功能的物品都具有价值，体现了物品的经济价值；外部性理论是评价主体从事某一项活动对其他利益相关方造成的影响，站在管理者的角度评价产品或资源的使用对其他使用者带来的负面影响，研究中将这种负面影响定义为补偿价值。

产权价值、劳动价值、补偿价值和经济价值是商品价值的不同方面，流通领域中，商品价值通过价格来反映。价格是供给方与需求方之间博弈的结果，市场过程综合生产成本、稀缺性、消费者的支付意愿、支付能力等因素来平衡商品价格，使价格围绕市场价值上下波动，达到动态平衡。均衡价值论从经济学的角度对上述过程进行解释，在商品交换过程中，商品的需求价格和供给价格相一致时的平衡点，此时的价格就是均衡价格，体现了各类价值属性的均衡。物品具有多重价值属性如图 15-13 所示。

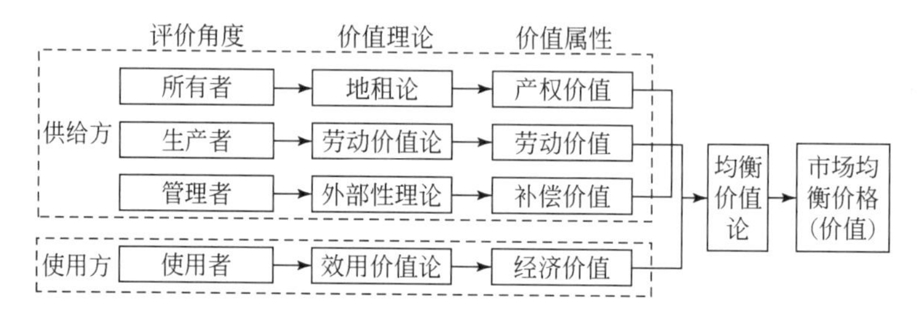

图 15-13 商品价值属性

15.4.2.2 水资源价值

评价水资源价值必须站在特定的社会历史阶段，基于不同的评价主体来分析水资源价值，由于水资源具有多方面的产权及使用主体，因此其价值属性也必然体现在多个方面。水资源价值是水的固有特征，具有多重属性，在自然系统循环及经济社会系统使用过程中，水在其初始分配、综合开发、合理利用、有效保护的各个环节，基于各类主体体现出不同的价值属性，即水的产权价值、劳动价值、经济价值和补偿价值，在商品经济中水资源价值通过价格体现（图 15-14）。

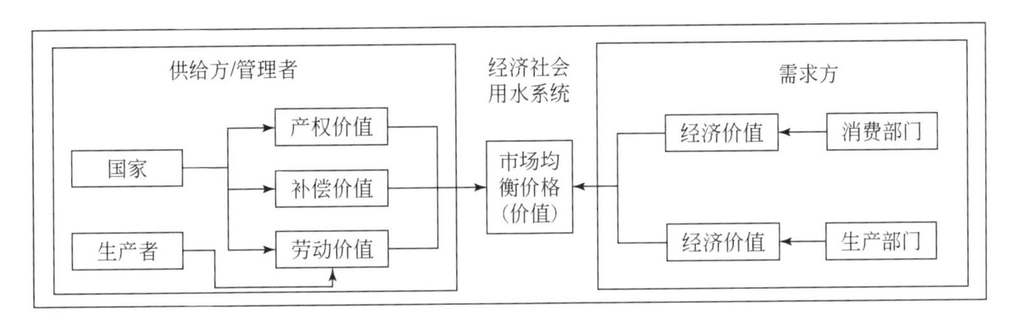

图 15-14　水资源价值属性构成

15.4.2.3　水经济价值

在 20 世纪 70 年代就有针对资源和环境问题开展的探索研究，受市场经济定位和影响，西方学者对资源价值的主流研究集中在经济价值评估方面，如美国著名环境经济学家 Myrick Freeman 将环境与资源价值定义为资源–环境所提供的服务的经济价值；Robert A Young 开展水资源价值研究的核心内容是水的经济价值。为了应对国民账户体系对资源环境核算的不足，联合国将《环经核算体系中心框架》作为国际统计标准在全世界推广，其子账户《水资源环境经济核算体系》是以水为主体的核算框架，其中设置了水资源估价内容，也是针对水的经济价值进行核算，并将经济价值分为使用价值和非使用价值，详见表 15-6。

表 15-6　水的经济价值类别

价值属性		内涵
使用价值	直接使用价值	消耗性的水资源直接使用，如农业投入、制造业和家庭用水，以及非消耗性的直接用水，如水力发电、游憩、航海和文化活动
	间接使用价值	水提供的间接环境服务，如废物同化处置、栖息地和生物多样性保护以及水文功能
	期权价值	保持今后直接或间接用水这一期权所具有的价值
非使用价值	遗赠价值	自然留给后代的价值
	存在价值	水和水生态系统的内在价值，包括生物多样性。例如，因了解未开发河流的存在而由人们所赋予的价值，即便从来没有见过这类河流

资料来源：联合国水资源环境经济核算（SEEAW）

综上所述，初步确定水资源价值包括产权价值、劳动价值、补偿价值和经济价值，其中经济价值可进行进一步细分（图 15-15）。

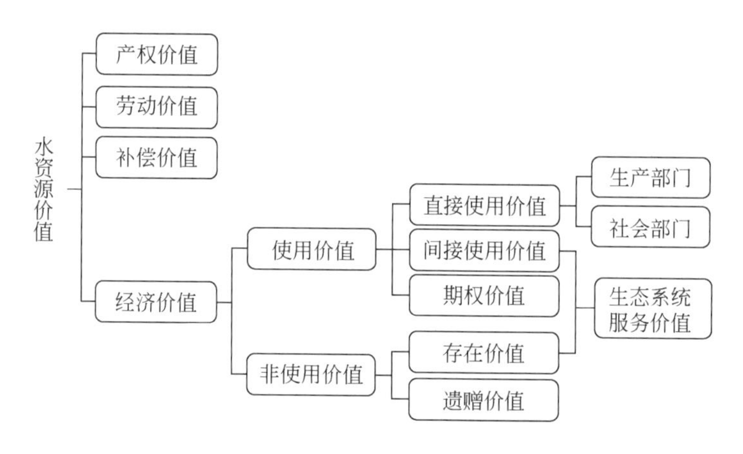

图 15-15 水资源价值构成

15.4.3 水价构成

自中华人民共和国成立以来，我国水价改革总体上经历了公益性无偿用水、政策性低价供水、按供水成本核算收费、商品供水价格管理几个阶段。进入 21 世纪，我国开始全面深化水价改革，水价改革进程明显加速，主要集中在生活、农业和工商业几方面。2015 年国家发改委、住建部印发《关于加快建立完善城镇居民用水阶梯价格制度的指导意见》，开始在全国范围内推进落实城镇居民生活阶梯水价制度，在最严格水资源管理考核推动下，目前地级以上城市已经基本实现分水量阶梯收费。2017 年国家发改委发布《关于扎实推进农业水价综合改革的通知》，以期通过典型试点示范，使农业水价逐步达到运行维护成本或提高至完全成本水平，同时结合精细化定额管理，探索建立农业精准补贴和节水奖励机制。2017 年国家发改委、住建部印发《关于加快建立健全城镇非居民用水超定额累进加价制度的指导意见》，以期在全国范围内进一步深化工商业水价改革，目前正在逐步落实过程中。

在社会主义市场经济条件下，结合我国水价改革实践，在财务视角下水的全成本核算包括 7 大部分，分别是资源成本、工程成本、生态成本、环境成本、机会成本、利润和税金，其中利润和税金一般体现在工程成本中。

资源成本体现的是水资源稀缺成本。水资源所有者为保护和管理水资源，实现永续利用，向用水户征收的税费，通过水资源费或水资源税征收，主要包含水资源保护费、水资源补偿费、水资源级差租金、水资源垄断租金等四部分。从用水户角度来看，资源成本是用户为获得水资源使用权以租赁形式支付的租金。

工程成本体现的是水资源生产供应部门生产经营成本补偿和收益。表现为水生产供应部门提供商品水和供水服务获得的合理回报。收取工程成本的产品和服务包括水利工程供水、自来水供应、再生水供应以及淡化海水供应等，构成主要包括固定资产折旧费、运行维护费、管理经营费、利润和税金等。

生态成本体现的是水资源开发利用过程中的生态退化补偿。在水资源开发利用过程中导致生态水量减少，当生态水量减少到一定程度时，将影响水生态系统服务功能，国家和地方政府需要采取措施降低生态影响，生态成本是对生态退化的补偿或恢复投入，可包含在资源成本中。

环境成本体现的是水资源开发利用过程中的环境损害补偿。用水排放的污染物将影响水环境系统，导致水质等级降低，基于污染者担责和污染者付费原则，对污水排放者征收污水处理费，实现外部性影响内部化。环境水价按成本计价，构成同工程水价。

机会成本体现为水资源开发利用导致的其他利用效益损失。水资源具有多种用途，同时水资源具有稀缺性和排他性，为了满足某一用途必然要导致其他用途的水量减少。尤其是对于调水工程而言，调出水量的同时意味着调水区将丧失调出部分水量的用水收益，机会成本是对水源区的合理经济补偿。

参考文献

贲黄文. 2022. 千年灵渠，世遗瑰宝. 文史春秋，(5)：1.

蔡尚途，周训华. 2014. 推进珠江水生态文明建设的若干思考. 人民珠江，35 (2)：7-9.

常璩. 2010. 华阳国志. 济南：齐鲁书社.

陈高傭，等. 1986. 中国历代天灾人祸表. 上海：上海书店.

陈光，朱诚. 2003. 自然灾害对人们行为的影响：中国历史上农民战争与中国自然灾害的关系. 灾害学，(4)：90-95.

陈宏毅. 2020. 兴安灵渠--世界古代水利建筑明珠. 地球，(11)：46-51.

陈汝国. 1982. 文明古城楼兰毁灭的历史教训. 新疆环境保护，(3)：10-13.

科学大观园编辑部. 2010. 人类古代文明消亡的自然环境因素. 科学大观园，(17)：70-72.

李红有. 2005. 秦国统一天下过程中水利工程建设及其作用探析. 水利发展研究，(4)：57-60.

王明远. 2016. 都江堰水利工程：流淌千年，膏润万顷. 农村. 农业. 农民（A 版），(8)：58-59.

张兵. 2021. 大运河：千年水道，百年复兴. 民生周刊，(16)：24-26.

张娜，刘玉生，蔺以光. 2012. 水，文明的生死命门. 人与自然，(4)：68-81.

赵勇，李海红，刘寒青，等. 2021. 增长的规律：中国用水极值预测. 水利学报，52 (2)：129-141.

中国国土资源经济编辑部. 2013. 水与人类文明. 中国国土资源经济，26 (8)：9.

竺可桢. 2004. 中国近五千年来气候变迁的初步研究. 考古学报，(2)：168-189.

第 16 章
水网与气候变化

16.1 气候变化驱动水网演变

气候变化及其引起的环境因素变化对入河径流、泥沙等影响显著，控制着河流的堆积、下切过程，从而直接影响了水网的演变。世间万物的影响，往往是相互的。由于河流的侵蚀–搬运和堆积过程在地质–气候的相互作用中起着重要的媒介作用，是联系地球内部和外部相互作用与反馈的重要纽带，因此水网也是陆地和海洋水循环、能量循环与物质循环的主要通道，是自然界最广泛、活跃的一种地形塑造因子。

16.1.1 古气候条件下水网的孕育与演变

在地质历史时期，地球的气候是在不断变化的，温暖与寒冷的交替出现是几亿年气候史上最基本的特点。我国古气候的演变，不仅受到全球气候变化的制约和控制，同时也受到新构造运动的影响。青藏高原的抬升不仅造就了我国西高东低的三级阶梯地势格局，还促进了季风气候的形成。在此背景下，我国主要江河湖泊逐渐开始发育和演化。

16.1.1.1 古气候特征概述

中国的古季风气候形成于新近纪上新世，自第四纪以来，整体呈现以干冷与温暖交替变化为主的降温和变干趋势，这种气候波动不仅是周期性的，而且是以不同时间尺度组成的多周期旋回。在整个第四纪时期内，这种冷暖交替的旋回从距今 240 万年左右到距今 80 万年以来共出现过 6 次。距今 80 万年以来到现代，古气候的总趋势是以冷为主，其间发生了 3 次大的冷暖交替变化（张宗祜，1991）。其中，在第四纪更新世发生了一系列冰川期和间冰川期气候回旋，是全球气候和环境变化的一个重要时期，故本节重点阐述更新世时期我国的古气候特征。

早更新世时期，我国东部地区的气候可能有四次较大幅度的波动。西部高原在寒冷阶段存在着两次冰期，东部地区与之相应的是处于寒冷期。希夏邦马冰期时温度有着约 13℃ 的降低。华北地区的山地森林线在这一时期下降 800 ~ 1000m，温度下降 4 ~ 7℃，部分地区存在着多年冻土或泥流堆积。在第二次冷期期间，华北地区的林线表现出下降趋势，导致山地阴暗针叶林下移到盆地或平原上。作为夹在二次冰期之间气候，间冰期气候一般反映与今相近或者温暖。植物群落的演替揭示了间冰期气候的小幅度变化，这种变化具体表现为开始时冷湿，中间转暖湿，后期变干燥的特点。帕里间冰期的气候相比现今更加温暖，比现今温度高7～11℃，这一时期大片阔叶林或针阔混交林曾大片出现在青海盆地等西北地区。南方元谋盆地气温较现今高约8℃，曾生长有喜热的热带泪杉和檀香等森林植物。元谋组形成时的植物总貌相比三门系形成时要更加温暖湿润，这一现象表明，相比南方地区，北方地区受到极地寒冷气流南侵的影响更为显著，进而导致早更新世时期南北方气候开始了明显分异作用。

中更新世时期，目前已揭示的两次较大幅度的气候波动包括一次冰期和一次间冰期。在中更新世早期阶段，聂聂雄拉冰期冰川作用曾发生在西部高原和高山地区，当时的温度比现今低约10℃，冰川曾达到喜马拉雅山、天山、昆仑山等山麓地带。冰期期间，在冰川外围地区普遍存在冰缘现象。大面积黄土形成于北部地区冰期寒冷气候。中更新世温暖时期气候不亚于新近纪某些时期，当时红色风化壳及沉积物出现在很北的地方，亚热带在东部地区达到40°N。黄土区温度比现今高8℃，发育着森林型古土壤。在青藏高原区，亚热带越过了喜马拉雅山。这一阶段相当于我国的加布拉间冰期，气温比现今高8～12℃，最高达15～18℃。

晚更新世时期，我国东西部气候差异加剧，与中更新世相比，各地气候环境已有明显的变化。已有研究表明，这一时期存在三次冷暖波动。珠穆朗玛冰期温度比现今低5～7℃，这一时期，我国西部喜马拉雅山、昆仑山、天山、贡嘎山、玉龙山等地的气候雪线普遍下降500～1000m。由于海平面下降，我国东部地区的陆架大面积出露地面，导致大陆空气干燥度大为增加，从而出现了干燥草原和冻原气候环境，成为马兰黄土形成的主要阶段。岛状多年冻土的南界也在这一时期达到了目前的38°N附近，其温度比现今低12～16℃。红土北界从40°N退到大约28°N以南地区。长江中下游地区温度下降6～8℃。东北及华北的一般山地和平原在这一寒冷阶段都处于冰缘环境下，并且出现大量雪蚀地貌和化石冰缘形态。海平面在温暖阶段上升，这一时期热带海岸的珊瑚礁和海滩岩向北迁移，沿海和琉球岛弧一带温度比现今高约6℃。

总体来看，我国更新世气候波动存在如下特点。

1）冷暖交替的多旋回性。考虑到全球性气候波动的大背景，区域性气候冷暖与干湿的波动在我国各地是十分明显的。在西部表现为冰期与间冰期的交替，在东部表现为冰缘期与间冰缘期的变化（刘嘉麒等，2001）。

2）水热条件分布的不均衡性。在第四纪时期，西藏高原的升起对我国的水热分布以及冰川类型和气候雪线的分布起到了关键作用。由于降水量集中在高原边缘的迎风坡，导致高原边缘降水量多，高原内部降水量少，高原隆起产生的热力作用，使我国东部地区形成了一个相对独立的气候单元，海陆热力性质差异表现得极为明显，夏季高原气流上升，气压降低，加速了陆上低压的形成，使得海洋吹向陆地的夏季风势力增强。冬季陆上高压势力增强，促使气流由陆地吹向海洋，这一现象始于新近纪末期，在第四纪时期逐渐加剧。

3）冰期气候的时空差异性。我国的西部高原上具有较好的冰期气候环境，东部地区则为冰缘环境。西部的间冰期相当于东部的间冰缘期；西部的冰期正好相当于东部的冰缘期。相比于西部冰期，东部地区进入冰缘期的时间比西部进入冰期的时间稍晚；反之，东部退出冰缘期的时间相比西部退出冰期的时间可能要早些。

4）气候环境变化的多极性。我国各地水分的分布自新近纪末期开始存在不均衡性，但总体仍具有一定的一致性。我国南北气候从第四纪早期开始分异，中更新世时期南北气候分异加剧（郭旭东，1984），晚更新世以来，气候环境变化出现多极性，并类似于今。

16.1.1.2 水网的孕育与演变过程

新近纪时期，大小不等的古湖泊或湖沼广泛分布在中国的大陆上。直到第四纪早更新世初期，这些湖沼仍一直延续。我国华北、东北、黄土高原、青藏高原、西南、西北等地都存在第四纪早期的湖沼相沉积。例如，第四纪早期华北大平原的主要古地理景观由大范围湖盆及注入湖盆内的短程内流水系组成。早更新世时期的湖相沉积分布在黄土高原厚层黄土堆积的下部，这种现象不仅可见于汾渭盆地之内，也可见于黄土高原的北部黄土堆积之下。早更新世的湖泊也广泛分布于西北、西南的一些大型构造盆地或坳陷地区。例如，在银川盆地、柴达木盆地、元谋盆地等内流水系盆地，由于内流水系的作用，沉积了不同厚度的湖积及冲积-湖积物。这一时期，我国的水系基本上都是内流型水流和洼地、湖泊相连，且流程较短。当时，我国最大的两条河流长江和黄河还均未形成，那时它们仅仅是不相连贯并且注入不同湖盆的短程河流。

随着青藏高原的不断上升，自上新世末以来形成的古地理面貌发生了改变（葛肖虹等，2014），广泛分布的湖沼在早更新世晚期逐渐萎缩并趋于消亡。随着气候逐渐趋于干冷，湖泊水分和营养条件不断恶化，大范围的湖泊面积不断萎缩。西北地区的湖盆均为封闭型，大部分消亡于早更新世晚期。同时期消亡的还有西南的湖泊。中更新世时期，柴达木湖盆萎缩消亡，同时，西藏高原上的多数湖泊也逐渐消亡。华北大平原内，存在于早更新世初期的湖沼消亡于早更新世末期，取而代之的是巨大的黄河三角洲堆积。随着湖泊趋向消亡，河流逐渐开始发育活跃，并在中更新世时期达到最活跃程度。消亡的湖沼盆地被河流切开，并相互连接起来，汇成了大型外流入海的水系，如长江、黄河等。相比于过去内流型水系的短流程、多分隔，外流型水系具有流程长、具有深切河谷等特点。晚更新世时期，各大水系发育更为完整，逐渐形成了现代的水系规模（张宗祜，1991）。这一时期，还形成了向北冰洋外流的水系，即额尔齐斯河。然而，在我国南方，尽管有些湖泊萎缩变小，但仍然遗留下来直到今日，如洞庭湖等。此外，这一时期还形成了今日的鄱阳湖、洪泽湖等地表湖泊。

16.1.2 现代气候条件下水网格局的形成

我国现代气候特征以季风气候为主，主要的季风环流包括亚北极寒冷的冬季风（西北季风）、热带-亚热带太平洋夏季风（东南季风）以及跨赤道的印度洋夏季风（西南季风），此外还受北半球西风带的影响。这种气候格局改变了我国自然地带的分布规律和区域分异规律，决定了由东南向西北逐渐干旱的自然景观，并伴随着地质构造运动，逐渐形成如今的现代水网格局。

16.1.2.1 现代气候特征概述

伴随更新世古气候时期的结束，中国进入了全新世现代气候时期。全新世开始于约10.5ka BP①，在9~8ka BP时期内为降温期，在8~3ka BP时期内为温暖期，这段温暖期通常被称为全新世大暖期。到3ka BP左右，温度开始下降，到近代才有所上升。然而，我国地形复杂，处在东亚季风控制范围内，其时空变率十分复杂，导致我国的全新世气候环境演变也存在明显的空间差异（黄润等，2005），我国东部、西部、北部和南部在大暖期、中世纪暖期和小冰期等不同时期的强度和起止时间方面均存在着明显不同。

（1）东部

在早全新世到中全新世过渡阶段，气候波动频繁，气温有所下降，这一时期大约始于7.2ka BP；约在6.6ka BP，气候趋于暖湿。有研究表明，我国上海地区在7.0ka BP或6.4~5.6ka BP时期气候温暖；在5.6~5.2ka BP时期，气候则趋于凉干，温度比现今低1.5℃左右；在5.2~3.8ka BP时期，气候开始时温暖湿润，在中期呈凉干趋势，晚期时则又转暖。

（2）西部

对古里雅冰芯、敦德冰芯的研究结果表明，我国西部隋唐温暖期的气候没有发生明显的变化。相比东部，西部进入小冰期的时间较晚，历时也更短。

（3）南部

珠江三角洲地区在全新世并未发生大幅度的气候变化，自7.5ka BP始，该地区已属南亚热带海洋性季风气候，期间存在几次气候波动；在5~4.5ka BP时期，气候逐渐变凉；在4.5~3.4ka BP时期，气候又转为炎热；自3ka BP以来，仅存在小的波动；公元1488~1893年进入小冰期，这一时期又可以进一步划为3个冷期和2个暖期。总体来看，在9.0~6.0ka BP时期，气候较为温暖湿润；6.0ka BP以后温度开始降低；约在3.2ka BP左右，气候环境发生了剧烈变化。

（4）北部

在9.1~7.4ka BP时期，以内蒙古地区为代表的北方地区气候较为干冷；在7.4~5.0ka BP时期，气候激烈波动，前期温暖而干燥，后期则较为湿润；在4.1~1.35ka BP时期，气候趋向于干旱（徐海，2005）。总体来看，7.4~4.1ka BP时期为温暖期，其中5.0~4.1ka BP为最适期。

16.1.2.2 各大流域水网格局的形成

（1）长江流域

长江流域古地理地貌和现代地貌在全新世时期基本一致。长江流域在末次冰期气候逐渐回暖，处于最适宜气候期。全新世早期，在气候转暖的条件下，全球性海平面大幅度抬升，海水沿着长江古河谷迅速上溯，并在公元前7000~6000年达到了镇江扬州附近，形成一个喇叭形大海湾，苏北岸线位于扬州、江都、泰州蜀岗阶地的前缘，苏南岸线在江

① ka为千年，BP为距今年数，以1950年为基准。

阴、常熟、太仓一线，海湾水深达20～30m。此后，现代长江三角洲开始发育（曹光杰等，2006）。

在中全新世时期，江汉平原上的古湖泊群北连汉江南接长江，称为古云梦泽，由于长江和汉江的泥沙淤积以及汉江三角洲的扩展，其逐渐退化消亡。与此同时，古洞庭湖随着古云梦泽消亡和长江的南移而逐渐扩大，直到1825年，洞庭湖达到全盛时期，可谓“周极八百里”。清末以后，由于松滋口、太平口、藕池口及调弦口的四口分流加速了泥沙淤积，再加之人工围垦，使得洞庭湖逐渐萎缩。鄱阳湖是由长江迁移而形成的河成湖，在晚更新世末期，其几乎趋于消亡，中全新世时期又重新成湖，在宋元时期达到了鼎盛（张丹，2011）。太湖也基本形成于中全新世时期，随后经历多次水陆交替，日趋缩小。在现代，人类活动逐渐成为主导长江流域地理环境演化的因素，长江流域的自然演化过程被以三峡为骨干工程的梯级水利枢纽所约束，其自然水动力地貌进程逐渐被打破。

（2）黄河流域

黄河在距今10000～3000年的早、中全新世时期上下贯通，古湖盆大部分都干涸、消亡，黄土高原发育迅猛，出现了“千沟万壑”，古黄河水系在这一时期迅速发展，河水泥沙伴随着土壤侵蚀的加剧而迅速增加。这一时期，古渤海曾发生两次西侵，其中，中全新世入侵范围最大，西部边界大约达到现今运河处。

黄河下游河道历经多次变迁，其范围北至海河，南达江淮。据历史文献记载，黄河下游发生过1500余次决口泛滥，20多次较大的改道（黄河水利委员会黄河志总编辑室，1998）。在上中游平原河段，黄河河道也曾有过较大的变迁。1850年以前，内蒙古河套河段磴口以下，黄河主要分为南北两支，北支走阴山脚下称为乌加河，为黄河主流，南支即今黄河。1850年，西山嘴以北乌加河下游淤塞断流约15km，于是南支逐渐成为主流，而北支随后成为后套灌区的退水渠。然而，相比于整个黄河的发育，这些河段的演变并未产生太大影响。

（3）淮河流域

古淮河干流位于洪泽湖以西，其地理位置与今淮河相似，然而，古代并没有洪泽湖。经盱眙后，淮河干流折向东北，经淮阴向东流，在今涟水县云梯关处入海。古淮河流域的上百个湖泊大多散布在干、支流的沿岸，汴、泗两河之间和江淮尾间。相比如今，古淮河流域并没有如此大的流域面积。淮河在春秋战国前与长江、黄河并不相通，位于今中牟、开封、兰考、菏泽、郓城至梁山一带，有一条东流入海的济水，而苏北滨海一带还是海滩。自北宋后，济水受到黄泛影响，最终逐渐淤废，豫东北和鲁西南水系逐渐被纳入到淮河流域。黄河南泛携带的大量泥沙不断淤积，对豫东、鲁西南、皖北、苏北的古淮河河道和湖泊造成了巨大的破坏。淮河和沂、沭、泗河的排水出路受到了阻碍，最终在江苏省盱眙和淮阴之间的低洼地带逐渐形成了洪泽湖；在鲁西南沿泗的湖洼地处，泗水逐渐形成了南四湖；在苏北，沂、沭水逐渐形成了骆马湖。此外，为数众多的湖泊和洼地也在黄泛期间被淹没淤平（水利部淮河水利委员会《淮河志》编纂委员会，2000）。1855年，黄河在河南省铜瓦厢决口，改道从山东大清河入海，结束了661年的黄河夺淮历史。淮河流域被废黄河分成了淮河水系和沂沭泗水系，但两者存在不可分割的地缘关系，京杭大运河又将这两个水系串联在一起，新中国治淮又将这两个水系纳为一个整体。

（4）海河流域

早全新世时期，海河流域气候经历了从寒冷干燥到寒冷稍湿再到温和稍湿的变化过程。海平面在这一时期已回升至20m左右的高度，除了沿海河古河床洼地有海水入侵外，整个渤海还未形成。在海平面回升和侵蚀基准面抬高的影响下，山区河流的侵蚀切割作用逐渐减弱；平原河流处于粗颗粒物质堆积的后期，形成了赋存大量浅层淡水的沙质河道带。与今日相比，山区地貌已基本相同，河谷内仍为低河漫滩且被河床占据，而高河漫滩尚未形成。平原地区地形高差较大，沙质的河道高地与黏壤质的河间低地相比，差距可达3～8m。

中全新世时期，海河流域有着温暖湿润的气候，与今相比，年均温度高2～3℃，年降水量多200mm左右，海平面在这一时期已经上升到最大高度，北京湾曾一度出现，渤海逐渐形成，许多曲流，牛轭湖和分流汊道出现在平原地区（海河志编纂委员会，1997）。早全新世时期的沙质高地河道逐渐被掩埋在地下而成为埋藏古河道。随着海平面的上升，地下水位逐渐抬高，大量的湖泊、洼淀和沼泽出现在海河平原，大量的淤泥质和草炭夹杂在细粒物质沉积中，平原地区此时在地貌上处于被加积填平的时期，地形高差最小，约为1～3m。

晚全新世时期，海河流域温度降低，降水减少，气候趋于温凉，与现代的暖温带半湿润气候较为一致。这一时期，高、低河漫滩和现代河床出现在了山区河谷中，在山前洪积、冲积扇的前缘，平原地区又堆积了冲积扇。由于冲积扇的掩埋和河道高地的分割，湖沼洼地逐步缩小、解体和干涸，遗留的洼地变成了游移变幻的洼地。

（5）珠江流域

珠江水系约形成于中更新世时期。历史记载以来，珠江中、下游的河道比较稳定，由于受到人类活动等因素的影响，下游三角洲河道不断发生变化。秦代之前，西江出三榕峡、北江出飞来峡、东江出田螺峡以后，有多条古河道和由这些古河道分出的众多汊道，大约在今黄埔、广州、佛山、西樵、九江一线，是珠江三角洲的滨海线（谌洁，2008）。进入宋代以后，大批中原人口南迁，大规模筑堤防洪，固定河槽，围垦造地并且发展农耕，古河道逐渐淤塞，大量的汊道被截断。明清时期，西、北、东江三江下游河道逐渐演变成了今日的形状。

距今17000～6000年前，在珠江三角洲地区，海平面上升，大陆架平原逐渐被海水淹没，海水伸入内地形成珠江口古海湾，溯源堆积方式形成的河流冲积物将原来深切的河谷系统逐渐淤积。距今约6000年前，世界海面上升到最高位置，随着溯源堆积过程的结束，古三角洲基本形成，道滘—黄埔—市桥—陈村—顺德—江门—沙富一线是珠江口古海湾的最北界线。思贤滘以下的珠江三角洲到新石器时期已具雏形。距今约4000年前，番禺、顺德及江门一线是西北江三角洲的海岸线，左岸的峡口和右岸的石滩附近是东江三角洲的海岸线。泷水、江门、桂洲、沙湾、中堂至道滘一带在10世纪是珠江三角洲的海岸线。在14世纪，鲤鱼涌、古井、上横、西安、港口、百花、下河、乌猪、横档及黄阁以南一线是西、北江三角洲海岸线；漳澎、麻涌一线是东江三角洲的海岸线。在17世纪，西、北江三角洲已与五桂山、黄杨山、牛牯岭一带连成陆地，麻涌、大步、道滘一线是东江三角洲的边缘（水利部珠江水利委员会《珠江志》编纂委员会，1991）。20世纪，珠江三角洲地区发展形成了具有八大出海口门的基本形势。

(6) 松花江流域

在早更新世早期至中期，松花江中上游（肇源—依兰河段）和下游（佳木斯—同江河段）并未连通，以佳依分水岭作为分界线，松花江中上游水流的方向来自于依兰方向，自东向西汇入松嫩古大湖，松花江下游则向东注入三江平原。早更新世晚期，由于地质构造运动，佳依分水岭不断被抬升，同时松嫩平原和三江平原不断下降，佳依分水岭和松嫩平原以及三江平原的高差增大，使得河流纵比降不断增加，进而导致佳依分水岭两侧河流溯源侵蚀加剧（魏振宇等，2020）。在距今约 0.94Ma 时期，佳依分水岭被两侧的河流切穿，松花江中上游被下游袭夺，水流方向发生反转，自西向东经佳依峡谷流入三江平原，松花江中上游与下游河段得以贯通。随着松辽分水岭隆起等原因，松嫩古大湖逐渐消亡，迫使松花江吉林段等河流迁移改道汇入松花江，0.46Ma 以后现代松花江水系逐渐建立。

(7) 辽河流域

下辽河平原的地质构造控制着隆起、拗陷、沉积范围及沉积厚度，对水网的演变产生重要影响。下辽河平原第三系为巨厚的河湖相沉积，下第三系沉积厚度达 5000m 左右。新近纪平原整体下沉，形成了以砂砾层为主的沉积，北部厚约 300m，南部厚达 1000m。第四纪以来，平原继续下沉，以河流相堆积为主，两侧有洪积相，沿海附近有海相夹层，厚度自北而南加大，最大厚度 400m 以上。下辽河平原的构造呈多字型，由西向东依次为西部斜坡带、盘山拗陷、西佛山隆起、大民屯拗陷，田庄台拗陷和东部斜坡带（杨秉赓等，1983）。

早更新世时期，古东辽河流向在中下游逐渐由西北折向西南，古西辽河则流入长岭湖。在中更新世早期，东、西辽河被下辽河袭夺，继而向东流。晚更新世时期，下辽河平原被沙砾和黄土状物质所堆积，基本形成河网水系格局。自全新世以来，受新构造运动的影响，在松辽平原的中央凹陷和开鲁断线区发生过多次改道。教来河仅在 1907 ~ 1949 年就发生过六七次重大改道。

(8) 东南诸河

在早更新世早期，古钱塘江由嘉兴和嘉善之间北流入古长江。早更新世中期开始折向东北，由嘉兴—金山及上海川沙入古长江。早更新世晚期气候逐渐变暖，钱塘江古河道由斜桥经嘉兴东、枫径、闵行入古长江支流。早更新世末期气候逐渐变冷，古钱塘江开始收缩，并成带状分布于斜桥—王店一线（丁晓勇，2008）。

在中更新世时期，气候开始趋于温暖，古钱塘江发育形成了数个心滩，将河道一分为二，南支从马桥—海盐屿城—平湖，于金山入杭州湾，北支从马牧港_ 斜桥_ 嘉兴，后与古长江支流交汇于奉贤一带。

晚更新世中期的气候较为温暖，一度发生海退，晚期又发生大规模海进，末期伴随着海平面的下降，海岸线延伸至距今 600km 以外。

全新世以来，多次的海进和海退对钱塘江两岸的地貌发育产生了较大影响，冰期海平面下降，河流向外延伸，在陆架上形成河道；海面上升，河口退缩，河道被淤积掩埋在海底下面（陈杰，2020）。

(9) 西南诸河

澜沧江源头的形成与青藏高原隆升密切相关。青藏高原自3.4Ma BP开始整体抬升，直至1.7Ma BP形成长江、黄河及澜沧江“三江源”的高原现代格局。随着高原阶段性抬升，河流溯源下切和侵蚀阶地逐渐形成。利用热年代方法对澜沧江河谷地段不同高程的样品的测定表明，澜沧江上、中、下段河谷均在1700MaBP左右发生了大幅度的快速下切，进而导致了澜沧江的出现。

雅鲁藏布江流域地质构造及岩性的较大差异和下垫面条件在水平和垂直方向的梯度变化，对河流地貌的形成和发育有着重要影响（余国安等，2012）。喜马拉雅山脉的连续抬升，使其北侧的河流坡降不断缓慢增加，水能逐渐增大，进而发生基岩河床侵蚀下切。然而，喜马拉雅山脉的抬升在空间上并不均匀，抬升慢的河段积蓄了上游的泥沙，抬升快的河段则变为侵蚀下切的基岩河床，致使雅鲁藏布江中游河段形成数百米厚的沉积层。在构造抬升和湿润气候的双重作用下，雅鲁藏布江大峡谷持续河床下切，使得边坡逐渐陡峭，河床演变剧烈，经常诱发滑坡崩塌，由此可见，新构造运动影响了下游峡谷地貌的演变。

(10) 西北内陆河

西北干旱区的山地在中更新世显著上升，山地冰川普遍发育，山麓地带形成较厚的砾石层。昆仑山东段和天山北坡冰碛物分布在山麓倾斜平原地带，间冰期时大量的冰融水流入盆地，使湖泊范围扩大。然而，这一时期盆地内的荒漠气候更为发展，由于沙漠和戈壁的不断扩张，湖泊也在间冰期的中后期迅速萎缩，塔里木盆地边缘的河湖平原明显缩小。柴达木盆地收缩成为狭长的湖泊。晚更新世时期，塔克拉玛干沙漠扩大到整个塔里木盆地，柴达木盆地的湖泊基本消失，取而代之的是面积很小的盐湖，进入新的成盐时期，干盐湖周围出现干旱荒漠景观（Williams，1997）。

全新世时期气候较晚更新世更加湿润，湖泊逐渐扩大、地表径流增加，罗布泊、艾比湖、居延海等全新世都存在一个高湖面时期，这一时期绿洲迅速发育，与此相对应的则是沙漠开始退化。毛乌素沙漠在这一时期成为固定的沙地，而且普遍发育形成零星的小湖，历史上曾经是水草丰美的肥沃土地，而今又逐渐演化为干旱区。

16.1.3　未来气候变化对水网的影响

全球气候变化是当今世界面临的最严峻、深远的挑战之一。未来以全球变暖为主要特征的气候变化将加速全球水循环过程，影响区域水资源时空分布，增加洪涝等极端天气事件发生的频率与强度，并可能导致河道流态改变、河岸冲刷及崩塌、冲积平原改造等水网景观的变化。

16.1.3.1　未来气候预估

全球气候模式是理解和预测气候及其变化的基础，是支撑气候相关决策的重要工具。为更好地回答气候变化领域面临的重大科学问题，世界气候研究计划（WCRP）发起了国际耦合模式比较计划（CMIP）。目前，该计划已进行到第六阶段，全球共有33家机构的112个气候模式版本注册参加，其中，我国有10余个气候模式参与其中（周天军等，

2019）。这些全球气候模式的模拟结果将直接支撑未来全球气候变化研究及政府间气候变化专门委员会（IPCC）第六次评估报告（CMIP6）的撰写。

在气温方面，CMIP6 的最新研究结果显示，在 SSP2-4.5、SSP3-7.0、SSP5-8.5 三种共享社会经济路径情景下，我国未来极端最高气温、极端最低气温均呈显著的上升趋势，其升温幅度随辐射强迫的增加而逐渐增加，到 2100 年，极端最高气温和最低气温较历史时期（1979～2014 年）分别升高了 3.3～6.3℃和 5～9℃（向竣文等，2021）。在 SSP1-2.6 情景下，极端最高气温和最低气温变化不显著。从空间分布来看，与历史时期平均值相比，未来时期极端最高气温和最低气温均有所升高（除西藏南部外）。其中，极端最高气温在我国北方升温较高，极端最低气温则是在东北与华北升温较高。

在降水方面，四种共享社会经济路径情景下，我国 2021～2100 年平均年降水量均呈增加趋势，其增加幅度随辐射强迫的增加而逐渐增加。其中 SSP1-2.6 情景下增加幅度最慢，为 6.8mm/10a；SSP5-8.5 情景下增加幅度最快，为 31.7mm/10a。到 2100 年，4 种情景下全国平均降水量将分别达到 645mm、676mm、750mm 和 783mm，较历史时期分别增加 18%、24%、37% 和 43%（向竣文等，2021）。从空间分布来看，除云南部分地区外，与历史时期平均值相比，未来时期年平均降水均有所增加，其中，长江中下游、黄河下游、淮河流域、华南、西藏南部等地增加较多。

16.1.3.2 气候变化对水网发育与演化的影响

河流与湖泊是水网自然景观的重要组成，其形成、发育与其所处的气候有着密切关系。气候变化将影响河湖沉积物补给盆地的性质、流域构造的稳定性，甚至通过影响海平面位置变化对河湖演变产生影响。

（1）基准面的变化

未来气候变化会影响海平面的升降，而海平面的升降则会导致外流河基准面的变化。若海平面下降，由于河流的侵蚀作用会明显加强，导致许多处于出露的大陆架地区的部位会因为遭受强烈的下切作用而形成大峡谷。同时，海平面的下降对于大多数内陆流域盆地也会逐渐产生影响。沿河床各点在侵蚀基准面下降的情况下，相对基准面升高，从而导致河床下切，这种情况是十分常见的，同时也并非一成不变的。在下切过程中，老河床底相对于下切形成的新河道不断抬升，从而形成了河流阶地。

若海平面上升，则会出现与上述相反的过程。位于大陆架上的峡谷被海水重新淹没，最下游的河床也被海水占据。对于很多原先高出较低基准面的地区而言，又重新接近基准面，导致河流搬运沉积物的能力有所减弱（Williams，1997）。因此，海平面上升将有可能导致河口地区逐渐被沉积物充填。

（2）流域水量平衡及侵蚀过程

受全球气候变化影响，降水和温度等气象要素的时空分布将会产生变化，进而导致流域的水量平衡及能量平衡过程也发生变化。降水的年内分配变化将直接影响植被的长势，温度的变化也将改变地表植被生长状况，进而影响土壤侵蚀过程，进一步导致受冲刷进入河流的沉积物类型与数量发生变化（莫兴国等，2004）。

当气候突然开始变冷时，河道的形态和功能也会发生相应的变化。在河流携带大量较粗沉积物的情况下，河床可能会演变得宽而浅，同时河道弯曲程度也会逐渐变小。曾经在冰期时，原本的曲状河流往往携带细粉砂及黏土物质，其可能会向类似于辫状河流的形态发展演变；然而在间冰期则朝相反的方向发展演变。对于水资源年内差异较大的河流而言，在一定情况下，风力有可能将暴露于河床底部的沉积物吹扬到近河道地区形成沙丘。

（3）流域冲积过程

流域中较为裸露的坡地上土壤及风化物质在冰期早期将被冲刷而遭受侵蚀，从而带入附近的河道。当河流携带能力小于沉积物负荷时，沉积物将加积在下游河道中，并且导致河床不断垫高（邵文伟，2015）。位于流域下游的河道，因为多余物质的堆积，冲积物可能会达到很大的厚度。但是，当位于流域坡地的风化物质全部被冲刷以后，从上游裸露的地区汇集起来的沉积物负荷较小的水流则会通过冲刷或者下切作用，对加积在下游河道中的沉积物进行侵蚀。因此，会出现老的加积河床的残留物在新切出的河道旁边形成阶地这一现象。

16.2　韧性水网建设与应对气候变化

近20年来，随着我国经济社会快速发展，水的供需格局不断发生变化，特别是全球气候变化影响加剧，导致新老水问题交织，特别是水资源短缺、水生态损害、水环境污染等问题日趋严重。如何在新时期的水网建设中破解气候变化下的水资源、水灾害、水生态、水环境问题，提升国家水网应对气候变化风险的能力，是新阶段我国发展面临的重大战略问题。

传统的气候变化应对措施往往缺乏对气候、对环境的动态适应能力。在这种背景下，韧性水网——一种适应气候变化风险的新型策略应运而生。通过推行绿色基础设施理念，构建系统完备、功能协同，集约高效、绿色智能，调控有序、安全可靠的韧性水网，可以充分发挥水网应对气候变化的重要作用，对我国应对气候变化战略具有重大意义。

16.2.1　水网在应对气候变化中的角色和作用

经过长期的气候地质演变，我国逐渐形成以长江、黄河、淮河、海河、珠江、松花江、辽河、东南诸河、西南诸河、西北诸河等十大流域分区为核心的自然水系格局。在这十个主要分区之下，又可依据水系形态分为80个二级分区，而这80个二级子流域下又可分为214个三级分区。历史上，这些自然水系维系了人类的繁衍生息，孕育了光辉灿烂的中华文明。然而，不同水系分区之间往往缺乏内部的互联互通，调节水量和适应环境变化的能力有限，当面临近年来气候变化导致的极端洪水、干旱等灾害时，水网的功能逐渐丧失，甚至威胁人们的生命财产安全。作为提高气候变化背景下自然水网适应性的新途径，“韧性水网”依托自然水网骨架而建，在人类主动适应气候变化的过程中扮演着越来越重要的角色。

16.2.1.1　水网面临的气候变化风险

在全球变暖的大背景下，我国部分地区极端气候事件增多，加之经济社会的发展，导致水文趋势变异性加大。其中，北方地区旱情加重，水生态环境恶化，南方地区极端洪涝灾害增多，严重制约了社会经济的可持续发展。未来气候变化背景下，部分流域极端气候、水文事件频率和强度可能进一步增加，从而加剧我国的水旱灾害风险（陆咏晴等，2018）。

研究表明，气候变化情景下东北地区（松花江流域和辽河流域）的水网风险以水量短缺为主，水资源的过度开发利用等高强度的人类活动是导致区域水网风险的主要因素。华北地区（海河流域）水网风险极高，该区域本身水生态脆弱性较高，在气候变化和人类活动双重影响下，呈现出水量、水质、水生态相互交织，系统整体恶化的态势。华中地区（长江流域中下游和淮河流域部分地区）水网风险整体不高，跨流域调水和河湖关系演变可能带来潜在的风险。东南地区（太湖流域、东南诸河流域和珠江流域部分地区）水网风险水平一般，且以水污染为主。西南地区（长江流域和珠江流域上游）水网风险较低，由于水资源开发利用程度不高，影响水网风险的因素较少。西北地区（黄河流域上游和西北诸河流域）水网风险极高，该区域自然环境较脆弱，受气候变化和人类活动双重影响，呈现以水量严重短缺、水生态退化为主，多种问题相互交织的态势（田英等，2018）。

气候变化与经济社会发展的双重影响，可能改变我国未来水资源的空间配置状态，加剧水资源供给压力和脆弱性，将直接关系到水资源稀缺地区的可持续发展。因此，需要结合我国水网建设自身特点，因地制宜地制定我国水网应对气候变化的适应性对策和措施。

16.2.1.2 适应气候变化的新途径——韧性水网

气候变化对我国水网产生的影响是系统性和综合性的，需要更为综合全面的解决方案。适应则是水网应对气候变化影响的基本策略，适应路径的实现既要求对已显现气候变化问题采取响应性适应，也要求针对未来气候变化情境下的风险和负面影响采取预防性适应。而传统的适应对策缺乏与自然环境的联系以及对气候、环境的动态适应能力。韧性水网正是立足于我国水网的特征和面临的风险提出的新型适应策略。

韧性水网的内涵是指水网在应对干扰时，能够维持或迅速恢复其必要功能并适应变化，以及对制约现有或未来适应力的系统进行变革的能力（Botter et al.，2013）。韧性水网建设可以降低区域水网风险程度、脆弱程度，提升水网的适应、恢复能力，从而更好地应对未来不可预见的风险。我国现阶段韧性水网建设的重点任务包括以下 6 个方面。

（1）在节水基础上积极实施跨流域调水

我国人多水少，水资源时空分布与生产力布局不相匹配，尤以北方地区为甚。对于严重缺水且水资源已过度开发的流域而言（如海河流域等），应在充分节水的前提下，通过科学规划并建设跨流域及流域内引调水工程，利用跨流域跨区域骨干输水通道开辟新水源，可以促进流域整体和水资源空间均衡配置，有效缓解流域水资源供需矛盾，提高水网适应气候变化的能力（夏军等，2014）。

（2）补齐水利基础设施建设的短板

与发达国家相比，我国水利基础设施调蓄能力仍然不足。立足于流域整体和水资源空间均衡配置，有针对性地补齐水利基础设施短板，加强水库、蓄滞洪区等具有调蓄能力的工程建设，强化河堤、大中小微水利设施协调配套，开展病险水利工程的除险加固，可以完善现有水利基础设施网络，提升气候变化背景下水资源优化配置和水旱灾害防御能力。

(3) 提高供水安全保障能力

供水安全是生命安全的基础与保障。通过建设供水工程，一方面可以满足居民生活、工业生产及农业灌溉等对水量、水质和水压的要求，提升区域水资源供给能力，给人民群众更多、更实在的幸福感、安全感；另一方面可以延展自然水网，提高局地水资源利用效率和利用水平，增强水网适应气候变化的能力（盛东方等，2021；张梦然等，2020）。

(4) 推进海绵城市等基于自然的解决方案

基于自然的解决方案通过保护、可持续管理和修复自然或人工生态系统，提高水网对气候变化的适应能力。例如，海绵城市是一个典型的面向城市雨洪管理的基于自然的解决方案，即要求城市在适应气候变化和应对自然灾害方面具有良好的弹性。海绵城市遵循顺应自然、与自然和谐共处的低影响发展模式，有利于保障城市水生态安全，推动我国城镇化建设传统观念的转变和城市群的可持续发展。

(5) 发挥水网的气候减震调节作用

由于水具有比大气和陆地更大的比热容，这些物理特性决定了水网是地球系统能量、水、碳循环的关键一环，是天气和气候系统的重要调节器和减震器（Pörtner et al.，2019；IPCC，2021）。水体一方面可以吸收大量因温室气体效应产生的额外能量；另一方面可以调节昼夜温差和冬夏温差，即白天吸热晚上散热，夏季吸热冬季散热。此外，水网的流动还可以调节局地气候系统的丰枯不同步性，互济余缺。由此可见，水网在地球气候系统的自然变化中发挥着重要作用。充分利用水网缓变的特性，发挥水网作为气候减震器的功能，可以调节全球气候状况，减缓全球气候变暖的趋势。

(6) 发挥水网预报预警在碳中和战略中的作用

加强气象水文预报预警能力，提高灾害事前防御水平，是提高水网韧性的重要支撑。通过进一步突破极端水旱灾害短中长期预报的技术，实现水网基础设施的科学调度和水网水量、水质、水力发电量的高效调控，一方面可以减少旱涝灾害损失，提高水资源利用水平；另一方面可以增强能源安全保障能力，促进我国能源结构优化转型，为碳达峰及碳中和战略的顺利实施作出更大贡献。

16.2.2　韧性水网建设实践

为了提高自然水网对气候及环境变化的适应能力，我国在各大流域广泛开展了韧性水网的建设，积累了大量的实践经验，并取得了巨大的社会经济效益。通过建设跨流域及流域内引调水工程，提高了国家水网的互联互通水平，有效遏制了气候变化背景下区域间水资源分布不均匀程度加剧的趋势；通过建设水库塘坝等蓄水工程，实现了国家水网的动态调蓄，一定程度上减轻了气候变化背景下极端事件增加的程度；通过建设城市及农村供水工程，充分延展了国家水网并提高了水资源配置能力；通过规划海绵城市等基于自然的解决方案，从人适应水的角度最大程度提高了国家水网适应气候变化的能力。

16.2.2.1　水网的联通

引调水工程是指将水从水资源相对丰富的地区引流、调剂、补充到水资源相对匮乏的地区所修建的包括渠道、渡槽、倒虹吸、泵站、闸门和（或）涵洞等在内的一系列水利工程。通过修建引调水工程，可以实现自然水网互联互通，提高不同地区之间调节、置换水资源的能力，是增强水网韧性的有效途径。在面对气候变化造成的水量减少、水资源分布不均匀程度加剧、水质恶化等问题时，利用跨流域及流域间的引调水工程，可以有效缓解流域水资源供需矛盾，提高水资源利用水平，减轻气候变化风险，保障区域社会经济协调发展。

据统计，目前世界上已有40多个国家和地区建成了350余项调水工程，年调水规模超过了5000亿m^3，约为长江年径流量的1/2。在国内，据不完全统计，1949～2019年我国已建、在建、拟建不同规模的调水工程共计400余项，其中已建成工程约占一半、在建工程占30%、拟建工程占20%。调水工程设计引水流量总计10 000m^3/s左右，设计年引水量总计约为1700亿m^3。其中，已建工程设计引水流量总计约6400m^3/s，设计年引水量总计约800亿m^3；在建工程设计引水流量总计约为1800m^3/s，设计年引水量总计约为450亿m^3；拟建工程设计引水流量总计约为1600m^3/s，设计年引水量总计约为500亿m^3（韩占峰等，2020）。

近年来，随着我国经济社会发展进一步提速，加之气候变化的深刻影响，我国陆续规划和实施了一批以综合利用为主、兼顾生态环境修复的大型跨流域调水工程，如南水北调、引汉济渭、引江济淮、珠江压咸补淡、牛栏江—滇池补水等工程，以期不断满足经济社会可持续发展的水资源需求。以南水北调中线工程为例，近年来气候变化导致华北地区水资源衰减加剧，在强化节水条件下，华北地区国民经济水资源供需缺口仍然较大，供需矛盾极为尖锐。南水北调中线工程从汉江流域调水入华北平原，供水范围覆盖海河流域的广大地区，可利用汉江流域较为丰富的水资源，最大限度地缓解华北地区的国民经济缺水问题。截至2020年，南水北调中线一期工程已通水运行6年，累计向京津冀豫四省（直辖市）供水超过300亿m^3，为沿线受水区地下水水位由降转升、黄淮海平原地区河湖水量显著增加、河湖水质明显提升、受水区生态环境明显改善等提供了重要、可靠的水源保证，并在支撑区域经济社会可持续发展的同时，在应对气候变化等方面发挥了十分重要的作用（高媛媛等，2018）。

16.2.2.2 水网的调蓄

蓄水工程可以实现自然水网的动态调蓄，有序调节洪水和干旱程度，是提高水网韧性的有力工具。在面对气候变化造成的洪涝干旱灾害频率增加等问题时，利用蓄水工程，可以有效提升水资源优化配置和水旱灾害防治水平，减轻气候变化潜在风险，保障流域水安全和社会经济平稳发展。水网建设中最常见的蓄水工程主要包括水库、塘坝等。其中，水库是指在山沟或河流的狭口处建造拦河坝形成的人工湖泊，通常按库容大小划分，分为小型、中型、大型等；塘坝是在山区或丘陵地区修筑的一种小型蓄水工程，用来集聚附近的雨水、泉水以灌溉农田。

水库可以在一定范围内调节水资源的时空分布，减轻洪涝干旱灾害的程度，为灌溉、发电、防洪、航运等多种社会经济活动提供保障，是人类科学、主动、合理地开发利用和调蓄水资源的一类重要工程。中华人民共和国成立以来，针对水利基础设施不足、水旱灾害泛滥等问题，党和国家高度重视江河治理，大力推进水利水电事业和水利工程建设，把水库建设放在恢复和发展国民经济的重要地位，使得水库建设得到了迅猛地发展，其大体可分为以下5个阶段（沈崇刚，1999）。

第1阶段（1950～1957年）：水库建设初期。从治淮起步，根治海河，开始治黄，比较著名的水库在北京有永定河的官厅水库，淮河北支流有白沙水库、薄山水库、南湾水库，淮河南支流有佛子岭水库、梅山水库，响洪甸水库和磨子潭水库等。1955年黄河流域开发规划完成，首批开工的包括三门峡水库等。

第2阶段（1958～1966年）：水库建设在全国全面展开，进入高速发展时期。其中，因各地积极投入，中小型水库建设数量猛增，比较著名的大型工程包括黄河刘家峡水库、新丰江水库、新安江水电站（图16-1）、云峰水库、流溪河水电站等。1963年8月海河发生特大洪水，许多水库工程经历了严峻考验。

图16-1　新安江水电站

资料来源：浙江省水利厅，2020年7月

第3阶段（1967～1980年）：水库建设速度降低，但进一步重视工程质量，技术上得到明显提高。这一阶段兴建的水库有龙羊峡水库、乌江渡水库、白山水库、石头河水库、碧口水库等，最大的长江葛洲水库电站也在此时完成，装机2720MW（图16-2）。

第4阶段（1981～1999年）：在改革开放、国民经济高速发展阶段，水库建设速度显著回升，水库建设的技术得到了巩固和有效发展。一些达到世界先进水平的工程陆续开工，完成了一大批高坝水库和大型水电站，包括安康水库（坝高120m）、紧水滩水库（坝高102m）、东江水库（坝高155m）、东风水库（坝高168m）等。举世瞩目的三峡巨型水电站（坝高175m，装机容量为18 200MW），坝高最高的二滩水库（坝高240m，装机容量为3300MW）和小浪底水利枢纽（坝高155m，装机容量为1800MW）等陆续开工建设。除这些大型工程外，还有一大批中小型水电和大型抽水蓄能电站竣工，不仅改善了电网的构成，也使一些河流的防洪、灌溉、供水、航运有了明显的改善。

第5阶段（2000～2020年）：进入新千年，中国水库建设从单一的经济效益评估转向包含生态环境在内的综合效益评估，注重考察经济建设与人口、资源、环境之间的关系，

图 16-2 葛洲坝水电站
资料来源：中国葛洲坝集团有限公司

大力开展生态友好的水库建设以及管理方面的研究。这一阶段，水库建设相对集中于西南地区水能资源丰富地区，规划建成 13 个梯级水电基地，共计 366 个水库，对我国实现水电流域梯级滚动开发，实行资源优化配置，带动西部经济发展都起到了极大的促进作用。

第一次全国水利普查公报显示，截至 2011 年，我国共有水库 98 002 座，总库容为 9323.12 亿 m^3，约占我国多年平均水资源量的三分之一。其中，大型水库 756 座，总库容为 7499.85 亿 m^3；中型水库共 3938 座，总库容达 1119.76 亿 m^3；小型水库共 93 308 座，总库容 703.51 亿 m^3。数十年来，这些水库在防洪、发电、航运、灌溉、供水等方面发挥了巨大的综合效益，为全国各地水资源的高效开发利用以及区域社会经济的协调发展提供了重要支撑。

研究表明，近年来长江流域极端气候事件和极端洪水事件呈增加趋势（Ye，2014；Liu et al.，2005）。在这一背景下，水库在减轻气候变化影响方面发挥了突出作用，极大地减轻了洪旱灾害的严重程度，发挥了巨大的社会、经济、生态效益。例如，2020 年夏季，我国长江流域降水较往年偏多，出现了历时长、范围广的强降雨。面对强降雨形成的长江系列洪水，长江水库群经联合调度发挥了重要的防洪减灾效益，减轻了上下游洪水遭遇的程度，实现了数百亿元的防洪减灾效益。

16.2.2.3 水网的展布

供水工程通过管网、渠道等将水资源由线至面输送至千家万户，可以充分延展自然水网，提高区域水资源利用水平，是提高水网韧性的重要途径。在面对气候变化造成的水资源短缺等问题时，利用供水工程，可以实现当地水资源的合理配置和高效输送，减轻气候变化对水资源的潜在风险，保障各类用水户的水资源供给。

供水工程通过汲取天然的地表水或地下水，经过一定的处理，使之符合工业生产用水和居民生活饮用水的水质标准，并用经济合理的输配方法输送到各种用户，可以用于供给城市和居民区、工业企业、铁路运输、农业、建筑工地以及军事上的用水，并须保证上述用户对水量、水质和水压的要求，同时要担负用水地区的消防任务。供水工程在工农业的建设与发展上，在提高人民物质文化生活上，在卫生和安全的防护上都占有重要地位（梁宁慧等，2020；汪亮，2020）。

16.2.2.4　水网的吐纳

在面对气候变化造成的水灾害事件频发、水环境污染、水资源短缺、水生态恶化等问题时，时至今日国内外仍有不少通过构建“灰色”基础设施来治水的案例，这种“水适应人”的治水思路长远来看却可能使问题日益严重，并产生新的问题。水网灰色基础设施建设可以导致植被破坏、水土流失、不透水面增加，河湖水体破碎化，地表水与地下水连通中断，极大改变了径流汇流等水文条件，总体趋势呈现汇流加速、洪峰值高（吴丹洁等，2016）。因此，基于自然（或绿色基础设施）的水问题解决方案应运而生。

利用绿色基础设施或灰色基础设施与绿色基础设施相结合的理念，可以最大程度发挥自然生态系统适应环境变化和应对自然灾害等方面具有的“韧性”，从“人适应水”的角度减轻气候变化风险，降低极端事件损失，维持水生态功能。海绵城市（又称低影响开发雨水系统）便是基于绿色基础设施的新一代城市雨洪管理概念，它以自然积存、自然渗透、自然净化为特征，即能够像海绵一样，下雨时吸水、蓄水、渗水、净水，需要时将蓄存的水释放并加以利用（仇保兴，2015）。其内涵是现代城市应该具有像海绵一样吸纳、净化和利用雨水的功能，以及应对气候变化的防灾减灾能力和维持生态功能的能力。

海绵城市建设是对传统城市建设模式、排水方式进行深刻反思的重要成果，是城市生态文明不可或缺的组成部分。其中，厦门是率先开展海绵城市建设试点实践的城市之一。作为一座“一岛一带双核多中心”的组团式海湾城市，厦门在早期城市建设过程中，流域人为干扰严重，填塘平沟、裁弯取直、天然水道屡遭破坏，渗、蓄、净能力降低，造成水生动植物生存条件差，环境容量有限，环境承载力不足，生态系统脆弱（俞孔坚等，2015）。改革开放以来，城市初期雨水和部分合流污水沿地面径流和排水系统进入湾区，常常造成近岸水体污染；暴雨与高潮遭遇容易产生洪涝灾害。因此，厦门的湾区既是城市景观的亮点，也是城市水问题集中凸显的地方，这严重制约了城市品质的进一步提升。

建设海绵城市是解决厦门水资源、水安全、水环境、水生态面临的问题的有效途径（图16-3）。根据《美丽厦门共同缔造——厦门市海绵城市建设试点城市实施方案》，厦门将马銮湾片区选作“海绵城市”建设试点区域。马銮湾试点区包含了建成区、建设区、水域整治区和溪流治理区。“方案”中规划项目包括新建、改造小区绿色屋顶、可渗透路面及自然地面；建设下凹式绿地和植草沟，保护、恢复和改造城市建成区内河湖水域、湿地，来增强城市蓄水能力；以及建设沿岸生态护坡等，涵盖“渗、滞、蓄、净、用、排”六大方面的工程内容。“渗”工程主要包括建设或改造建筑小区绿色屋顶、可渗透路面及自然地面等，主要目的是从源头减少径流，净化初雨污染。“滞”工程主要包括建设下凹式绿地、植草沟等，主要目的是延缓径流峰值出现时间。“蓄”工程主要包括保护、恢复

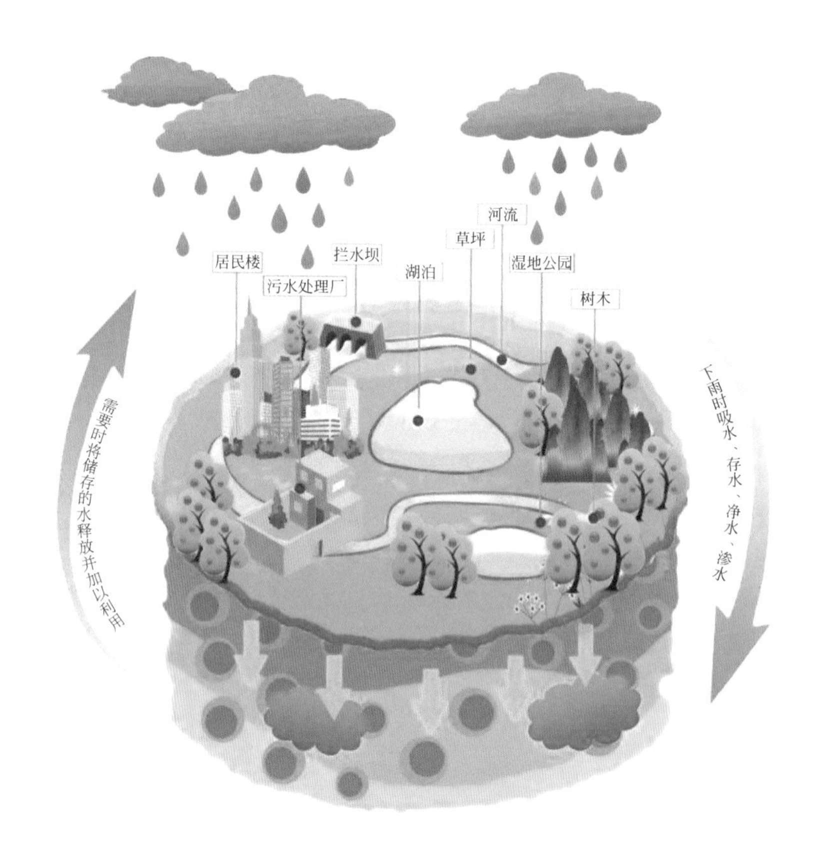

图 16-3 海绵城市示意图

资料来源：宁波市人民政府

和改造城市建成区内河湖水域、湿地并加以利用，因地制宜建设雨水收集调蓄设施等，主要目的是降低径流峰值流量，为雨水利用创造条件。“净”工程主要包括建设污水处理设施及管网、综合整治河道、建设沿岸生态缓坡及开展海湾清淤，主要目的是减少面源污染，改善城市水环。“用”工程为建设污水再生利用设施及部分片区调蓄水池，主要目的是缓解水资源短缺、节水减排。“排”工程主要包括村庄雨污分流管网改造、低洼积水点的排水设施提标改造等，主要目的是使城市竖向与人工机械设施相结合、排水防涝设施与天然水系河道相结合以及地面排水与地下雨水管渠相结合。

16.2.3 韧性水网建设中存在的问题

由于水网历史建设进程较快、管理体制不够完善、理念相对滞后等原因，我国在应对气候变化和韧性水网建设方面还存在一些问题，这些问题是未来水网建设中着力化解和弥补的任务和重点。

(1) 缺乏对人居环境的考虑

韧性水网建设可能会改变下垫面条件、水循环过程以及水资源分布等，并对陆气水热通量产生扰动作用（苏布达等，2020），从而改变人类生存的自然地理环境和局地气候条件（例如蓄水工程修建可能会导致附近降水、气温变化），影响人居环境的舒适程度，也会影响到人类的生产生活方式、行为模式、居住形态等。因此，未来韧性水网的建设与运行应更多从人居环境方面加以考量，更好地发挥韧性水网在应对气候变化方面的重要作用（Bates et al.，2008；Solomon et al.，2007）。

（2）部分工程设计标准较低

由于部分地区水情、雨情、工情、灾情等监测采集站点的建设相对滞后，水文资料缺乏，加之资金投入有限、建设时间较早等因素，现行部分水网基础设施建设标准往往较低（高峰等，2018a）。受气候变化影响，我国一些地区极端降水、洪涝事件发生概率增加，如果发生大洪水，防洪工程、蓄水工程及蓄滞洪区压力将增大，甚至可能对区域内人民群众的生命安全和财产安全构成威胁。因此，未来韧性水网的建设与运行应严格按照国家和行业标准，在满足经济、民生、环境等要求的同时预留一定安全空间，提高气候变化背景下韧性水网的可靠性。

（3）生态保护理念相对滞后

韧性水网建设中，部分地区为获取更多利润、满足区域用水需求，存在无序开发建设中小水利工程的现象，可能会引起河道断流以及当地水生态系统的破坏。同时，气候变化背景下，我国部分地区干旱事件可能增加，枯期径流可能减少，导致部分中小水电工程发电进一步挤占生态用水，水资源矛盾进一步凸显，水资源脆弱性总体加重，这将加大对生态环境的挑战（陈惠陆，2015）。因此，未来韧性水网建设应尊重自然、顺应自然，进一步提高生态保护理念。

（4）低碳技术应用不足

目前，在韧性水网的建设和运行过程中低碳技术和低碳设备的应用还有待进一步推广，其建设运行多伴随着较大的能源消耗和碳排放（余娇，2020）。据研究，城市水网碳排放约占城市总碳排放的12%，并且随着经济和人口的增长，人类对水资源的开发利用强度也随之增加，造成了城市水网碳排放不断增长（朱永霞，2017）。为实现中国碳减排目标和碳减排承诺，应探索低碳和生态友好的水利建设和管理技术，使水网基础设施服务于生态系统的健康维持与恢复，实现与自然和谐相处。

16.3 新气候目标下水网建设路径

2021年8月9日，政府间气候变化专门委员会（IPCC）正式发布了IPCC第六次评估报告第一工作组报告《气候变化2021：自然科学基础》。报告指出在下一个20年，全球平均温度的升高预计会在1850～1900年水平上到达或超过1.5℃。

面对“气候变化”这一人类面临的全球性问题，中国作为世界上最大的发展中国家，从《京都议定书》到《哥本哈根协议》，再到《巴黎协定》，中国一直以实际行动践行构建人类命运共同体的理念。2020年9月召开的第75届联合国大会一般性辩论上，习近平主席再次提出了“碳达峰”和“碳中和”的国家新气候目标。“双碳”目标将融入我国经济社会发展以及生态环境保护的方方面面。新时期、新气候目标下我国的水网建设应继续探索低碳绿色路径，进一步推进应对气候变化与水网建设的协同增效。

16.3.1 新气候目标的提出及其对水网的要求

作为应对气候变化的国际行动的一部分，我国提出的碳达峰和碳中和目标。一方面，它体现了我们主动承担应对气候变化的国际责任、推动构建人类命运共同体的责任担当；另一方面，碳中和政策的实施作为历史上规模空前的有序适应气候变化的行动，将对我国的社会经济发展产生深远影响，同时也对我国水网建设提出了更高的要求和挑战。

16.3.1.1 新时代背景下的国家新气候目标

(1) 中国参与全球气候变化治理历程

1997 年拟定的《〈联合国气候变化公约〉京都议定书》(下称《议定书》) 是全球第一份有法律约束力的气候文件，于2005 年生效。中国政府在1998 年5 月签署并于2002 年8 月核准了该《议定书》。《议定书》根据“共同但有区别的责任”原则，对发展中国家并没有强制减排温室气体的义务，但是中国政府早已认识到环境问题的重要性，并采取了一系列有利于减缓温室气体排放的政策措施（李俊峰等，2021)。中国的主动作为为缓解和适应气候变化做出了应有的贡献。

2009 年12 月，哥本哈根气候大会上通过的《哥本哈根协议》再次阐明了全人类共同应对气候变化的目标，成为全球气候合作的坚实基础和新的起点（桑德琳·马龙-杜波依斯和凡妮莎·理查德，2012)。中国提出了2020 年在2005 年基础上单位 GDP 碳排放强度下降40% ~45%的减缓行动目标，积极回应了国际社会的期待，展现了中国努力减排的诚意。2012 年召开的中国共产党第十八次全国代表大会，也将生态文明建设纳入中国特色社会主义事业的总体布局，绿色发展理念得以在中国经济社会发展中全面贯彻，中国由此采取了更为严格的碳减排政策，为全球应对气候变化做出示范引领和重要贡献。

2015 年12 月，巴黎气候大会上通过的《巴黎协定》再次让人们看到携手应对全球气候变化问题的曙光。这份在全球具有法律约束力的气候协议，为2020 后全球应对气候变化行动作出安排（田云等，2021)。中国在提交的国家自主贡献文件中提出，中国二氧化碳排放将于2030 年左右达到峰值并争取尽早达峰，到2030 年单位国内生产总值二氧化碳排放比2005 年下降60% ~65%。为此，中国在“十三五”期间全面开展减排攻坚战，并确定了生态环境领域约束性指标。经过一系列努力，中国碳排放量增速延续了2005 年之后的下降趋势，截至2019 年底，中国碳强度较2005 年已下降了48.1%，非化石能源占一次能源消费比重达15.3%，提前完成了我国承诺的2020 年减排目标（王璐，2021)。

(2) 碳达峰和碳中和目标愿景

中国是全球环境治理的坚定支持者，也是落实《巴黎协定》的积极践行者。在2020 年9 月召开的第75 届联合国大会一般性辩论上，习近平主席再次向国际社会作出庄严承诺：中国将提高国家自主贡献力度，采取更加有力的政策和措施，二氧化碳排放力争于2030 年前达到峰值，努力争取2060 年前实现碳中和。其中，碳达峰是指我国承诺2030 年前二氧化碳的排放不再增长，达到峰值之后逐步降低；碳中和是在一定时间内直接或间接产生的温室气体排放总量，通过植树造林、节能减排等形式，抵消自身产生的二氧化碳排放量，实现二氧化碳“零排放”（余碧莹等，2021）。

与发达国家相比中国当前仍处于工业化和城镇化进程中，实现“碳达峰、碳中和”目标是一项非常艰巨的任务，需要比发达国家付出更大的努力。在此背景下，中国提出“碳达峰、碳中和”新气候目标，既顺应了绿色低碳发展国际潮流，为全面有效落实《巴黎协定》注入了强大动力，不仅彰显了中国推动构建人类命运共同体的责任担当，也为各国携手应对全球性挑战贡献了中国智慧，提供了中国方案。

(3) 新气候目标下的中国行动

目前“十三五”已圆满收官，“十四五”新征程正启航（陈迎，2021）。从现在开始到 2030 年前力争实现碳达峰已不足 10 年；从碳达峰到碳中和的时间也只有 30 年左右。中国二氧化碳减排速度和力度都要比发达国家大得多。

由此可见，实现碳达峰、碳中和是一场广泛而深刻的经济社会系统性变革，要把碳达峰、碳中和纳入社会主义现代化强国建设的总体目标和发展战略中，做好中长期战略谋划，拿出抓铁有痕的劲头，如期实现 2030 年前碳达峰、2060 年前碳中和的目标愿景（王利宁等，2021）。中国正在制定行动方案并已开始采取具体措施，确保实现既定目标。中国将提出单位 GDP 二氧化碳排放降低目标，作为约束性指标纳入“十四五”规划纲要，分解到地方加以落实，并强化监督考核。同时，研究制定 2030 年前碳达峰行动方案，明确地方和重点行业的达峰目标和路线图，适时开展 2060 年前碳中和战略研究，明确碳中和目标的实现路径、重点领域、关键技术和制度安排。

16.3.1.2　新气候目标下我国水网建设的要求与挑战

与此前我国提出的 2030 年二氧化碳排放减排目标相比，新气候目标要求更高、影响更深远，且首次提出碳中和愿景。新气候目标下我国水网建设应把“人水和谐”作为首要原则，既要满足人类的基本需求，也要满足水生态系统的根本要求。因此，科学把握其发展趋势，积极应对绿色低碳水网建设的挑战，对于新气候目标下我国水网建设的低碳路径选择具有重要意义。

2021 年水利部部长李国英在《人民日报》发表文章指出，水资源是经济社会发展的基础性、先导性、控制性要素，水的承载空间决定了经济社会的发展空间。在新时代，应该从忧患意识把握新发展理念，水资源关系人民生命安全，关系粮食安全、经济安全、社会安全、生态安全、国家安全。要统筹发展与安全，树牢底线思维，增强风险意识，摸清水资源取、供、输、用、排等各环节的风险底数，有针对性地固底板、补短板、锻长板。新时代、新发展理念、新气候目标背景下，应进一步加快国家水网建设，按照确有需要、生态安全、可以持续的原则，加快构建系统完备、功能协同，集约高效、绿色智能，调控有序、安全可靠的国家水网，全面增强我国水资源统筹调配能力、供水保障能力、战略储备能力（李国英，2021）。

16.3.2　水网建设运行过程中的碳足迹

碳足迹概念在国际上已被广泛应用，主要有两种定义：第一种是指由于某种活动（或某种产品生命周期内累积的）直接或者间接的 CO_2 排放量或温室气体转化的 CO_2 等价物排放量；第二种定义是指吸收化石燃料燃烧排放的 CO_2 所需要的生产性土地面积。前者指的是碳排放量，后者是指碳排放的占地面积。因此，水网建设运行中引起的碳排放的集合可以用来表示该过程的碳足迹，进而描述该过程对碳排放结构、强度和总量等产生的影响。由于水网建设和运行中显著的碳足迹过程，大部分水网工程均具备“碳源”特征。

16.3.2.1 我国水网建设的碳足迹特征

自中华人民共和国成立以来，我国水利事业得到蓬勃发展，在水利建设、管理、科学研究、先进技术应用等方面，均已接近或达到国际先进水平。我国的水网建设也经历了由局部网络到国家大水网、由单一功能向综合功能、由传统到智慧、由资源到生态的发展阶段。水网建设不同阶段差异化的主导目标和治水思路也导致了不同的能源利用方式和相应的碳足迹特征。

（1）工程水网阶段的碳足迹特征

以工程建设为主导的我国水网建设初期具有显著的高碳排特征。工程水网阶段我国注重水网中的工程建设，各大流域涌现出大量水库、堤防、大坝等水网工程。当一片区域作为水库开始蓄水时，这片区域原有的有机材料覆盖在水体之下，水底微生物便开始消化有机物质，最终产生甲烷气泡。加之，还有不断向水库中涌进的淡水河水中沉积的有机物质，因此，水库成为了这一时期重要的碳源。

此外，工程水网阶段由于重视工程数量和倾向于较为单一的经济发展，高消耗、高投入、低产出的粗放型发展模式导致了大量的碳排放输出，破坏了自然界固有的生态平衡，加速了气候变化的进程，给人类赖以生存的自然环境带来了威胁，阻碍经济社会的进一步发展（吴丹等，2015）。

（2）资源水网阶段的碳足迹特征

随后的资源水网建设阶段，我国开始强调水资源的基础属性和自然资源属性，逐渐重视水资源的保护，并且提出人与自然和谐发展的理念。这是面对我国日益严峻的水资源短缺、生态环境恶化、洪涝灾害频发等问题的必然选择，也是我国水网建设的科学发展之路，这一阶段随着水网规划的科学性加强，碳排放得到了一定的控制，但是由于水利设施薄弱依然是国家基础设施的明显短板，总体来看，碳排放量仍旧较高。

（3）生态水网和智慧水网阶段的碳足迹特征

随着人水和谐、可持续发展以及低碳建设理念的不断深入，生态水网和智慧水网建设得以快速发展，拉开了新时代水网建设的帷幕。“生态水网”建设阶段，我国坚持“绿水青山就是金山银山”的发展理念，推进山水林田湖草沙综合治理，同时打响了污染防治攻坚战，水土保持生态建设提质增效，山川大地实现了由“黄”到“绿”的巨变，水网建设模式发生了质的改变（左其亭，2015）。在低碳理念的引领下，我国正逐步形成“工程引水、水库蓄水、地窖存水、智能节水、生态养水”的生态水网建设新模式，碳排放量得到了有效控制（图 16-4）。

与此同时，智慧水网建设也不断强化，供水、排水、节水、污水处理、防洪等水务环节正逐渐实现智慧化管理（陈甜等，2020），从而实现“水资源高效利用、水环境恢复、

图16-4 生态水网
资料来源：中华人民共和国水利部

水安全保障”等多功能、多模块的无缝联合高度融合（王建华等，2018）。智慧水网建设结合了通信技术与虚拟技术，实现了管理信息化、决策智能化，从而达到优化决策、精准调配、高效管理、自动控制、主动服务的目标，能够实时高效地监测碳排放量，并且有针对性地应对碳超标问题（胡传廉，2017）。

综上，可以看出我国的水网建设经历了由粗放式能源利用的高碳排放模式向注重生态和智慧的低碳排放模式的转变。随着人水和谐、低碳建设理念的加强，新气候目标下，我国水网将逐步转型为清洁式、严标准、高效益的低碳型水网。

16.3.2.2 水网建设对碳排放的影响

(1) 水网基础设施建设影响碳排放结构

水网工程作为国民经济重要的基础设施，其建设过程需要耗费大量的能源和材料，因此存在短期的高碳锁定效应。水网工程建设往往包括城镇、企业的复建，带来大量建筑物、交通道路等基础设施建设和维护，且水利专项资金中对高耗能设施的投资比例较高，从而增加对钢筋、水泥、砂石等高碳密度型原材料的需求。因此，水网工程建设会对建材、化工和冶金等产业造成直接影响，加大对固定资产、劳动力和产成品的需求。这些直接影响的产业通过上下游产业链的传导机制又会对相关产业产生二次、三次或多次的间接带动作用。

研究表明，钢铁、水泥等建材业能耗约占工业总能耗的21.7%，其产生的CO_2排放量占比达20%。由此可见，资源型产业能耗系数高，耗费的资源和能源成本比重大，产生碳排放量多。因此水网建设过程的这种高碳锁定效应，可以带动长期的能耗密集型产业发展，影响能源消费的碳排放结构。

(2) 推进产业升级转型影响碳排放强度

由于水网工程枢纽建设征地、河道开挖疏浚对沿线企业的生产经营产生影响，以绿色、环保、低碳理念引导征地拆迁安置，有利于实现产业升级转型，降低碳排放强度（袁孝杰等，2019）。

水网工程建设周期长、工程量大，会对土地、生产厂房、设备和正常经营产生不同程度的影响。结合我国切实推进节能减排的任务，拆迁安置过程中会严格把控高消耗、高污染、低效益产业，淘汰小印染、小建材、小水泥等落后产业。货币化安置后必须更新性能低、落后的技术设备，或向低耗能的新兴产业升级，从结构上实现产业的高效、低碳发展。水网工程建设中拆迁企业的再生产、再创业，推动着产业结构的优化升级，碳排放强度会随之降低（匡尚富等，2013）。

（3）推动城镇化发展影响碳排放总量

水网工程建设不可避免会对居民的生产生活造成一定的干扰，甚至需要对相关居民进行迁移安置（刘怡琳等，2018）。人口大规模转移一般采取集中安置的方式，人口规模集聚推动着城镇化发展进程，对碳排放的影响是双向的。

如三峡大坝的修建共涉及 25 个县市区的迁移安置工作，最终移民数量达 140 万人。政府投入了大量的人力、物力和资金，对集中安置点的住房、基础配套设施进行新（改）建，加快了原城镇规模的扩张和新城镇的建立。此外，城镇作为经济中心，提供了大量的就业机会和优质的教育资源，吸引了更多的人口。人口规模效应使投资与消费递增，进一步刺激城镇经济发展。一方面随着移民不断向城镇迁移，城镇化水平的提高也促进了低碳生产技术发展，改变了原本粗放型的生产方式，降低了碳排放量。据测算，重庆三峡移民安置区每年碳排量可减少 11.09 万 t。但另一方面，城镇各类社会经济活动集聚，加快了能源消耗，碳排放也会随之增加。

16.3.3 水网建设对碳中和的贡献

水网建设对碳中和目标的贡献主要是通过水网工程的碳汇功能来实现。所谓碳汇，就是从大气中吸收、存储、固定、清除温室气体、气溶胶或温室气体前体的任何过程、活动或机制，实现碳素从大气圈向生物圈的流动，同时向大气中释放氧气，有效地维持大气组分间的平衡。近年来，随着我国生态文明建设以及“人水和谐”理念的加强与普及，水网建设与运行中开始考虑生态因子，通过一系列对策措施，不断加强其碳汇功能，最大程度发挥水网的碳减排效益。

16.3.3.1 水网的碳汇功能及实现途径

水网的碳汇功能可以通过“增加碳汇与减少碳源”并行的双重途径来实现。不仅可以通过灌溉工程建设、水源工程建设、水系生态建设等措施，促进大气中碳的吸收固定，直接增加碳汇；还可以通过开发水能资源，大力发展水电，减少火电使用的比重，以此来减少碳源，从本质上实现其碳汇功能。

（1）灌溉工程的碳汇功能

中央指出要把农田水利作为农村基础设施建设的重点任务。加快灌溉工程的建设，不仅有利于扭转我国农业靠天吃饭的被动局面，实现农田旱涝保收，粮食稳定增产，确保国家粮食安全，同时也能带来巨大的低碳经济效益。

灌溉工程建设的主要内容包括灌区新建、续建配套建设，灌区节水改造建设等。灌溉工程重要碳汇功能的实现途径，是通过保障农田的有效灌溉，有力促进农业增产，增加农业耕种面积和植被面积，使包括农作物在内的单位面积农田内的生物量增加，并通过光合作用从大气中固定更多的 CO_2，从而增加碳汇（图16-5）。

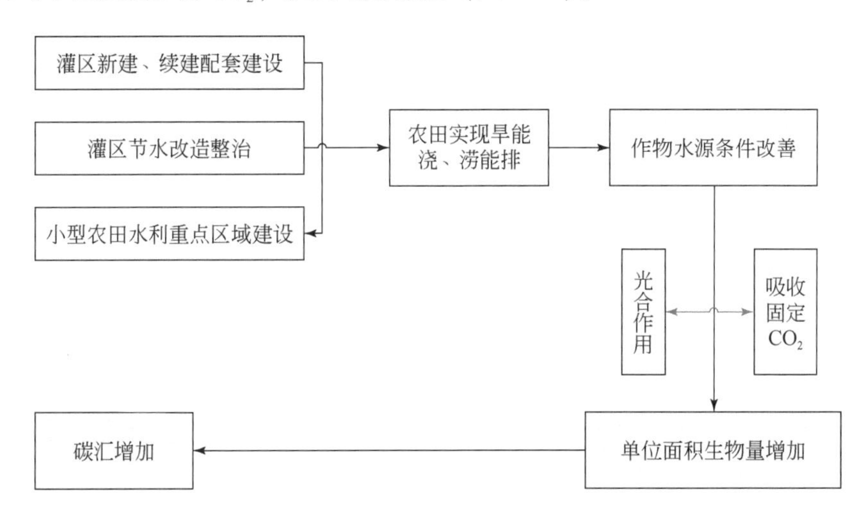

图16-5 灌溉工程碳汇功能及其实现途径

（2）水源工程的碳汇功能

人多水少、水资源时空分布不均是我国的基本国情水情。目前，工程性缺水成为制约我国粮食单产提高的瓶颈，应在水资源调控和雨洪资源利用方面深入挖掘水资源潜力。中央要求，要加快工程性缺水地区重点水源工程建设，完善优化水资源战略配置格局，坚持蓄引提与合理开采地下水相结合，在保护生态前提下，提高水资源调控水平、雨洪资源利用能力和供水保障能力。

水源工程建设的主要内容包括新建、改建部分水源工程，病险水库除险加固，病险水闸除险加固，农村小型河道拦蓄工程建设，“五小水利”工程建设等，在实现其经济社会目标的同时，也产生了巨大的低碳效益。通过水源工程建设，可以增加雨洪水资源的利用量，改善水资源时空分布不均的现状，为农田有效灌溉提供水源保证，提高单位面积农田内生物量产量，固定更多的 CO_2，从而增加碳汇（图16-6）。

（3）水系生态工程的碳汇功能

现阶段我国各水系的生态破坏情况仍较为严重，破坏强度高、影响范围广，不仅恶化了当地的生产生活条件和生态环境，也对国家经济社会的可持续发展产生严重阻碍。中央要求加强重要生态保护区、水源涵养区、江河源头区、湿地的保护；实施农村河道综合整治，大力开展生态清洁型小流域建设，搞好水土保持和水生态保护。

水系生态工程建设的主要内容包括小流域综合治理、淤地坝建设、坡耕地整治、造林绿化、生态修复等措施。其碳汇功能的实现主要包括以下途径（图16-7）。

1）通过小流域综合治理、水土保持、造林绿化、生态修复、湿地保护等措施，有效增加植被覆盖率。植被通过光合作用，固定大气中的 CO_2，充分发挥自身的自然储碳、固

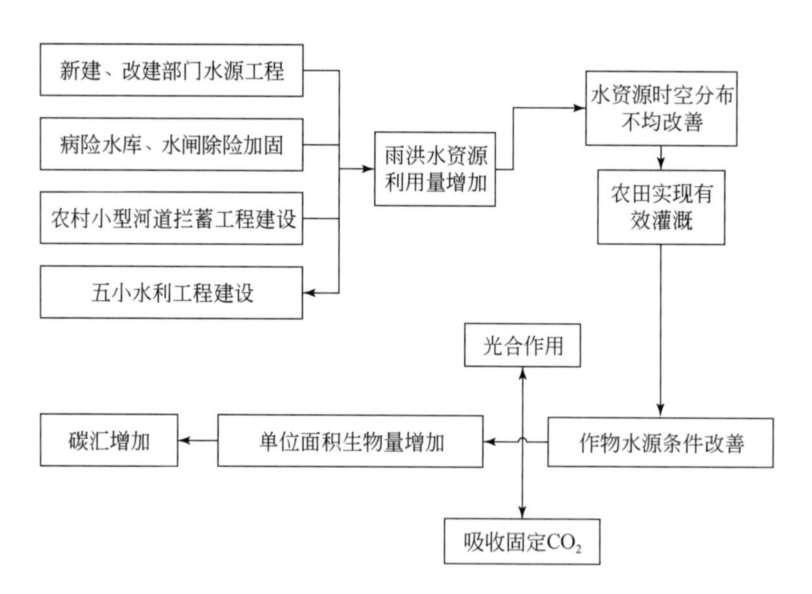

图 16-6　水源工程碳汇功能及其实现途径

碳功能，将无机质碳转化为有机质碳化物，从而增加了碳汇。

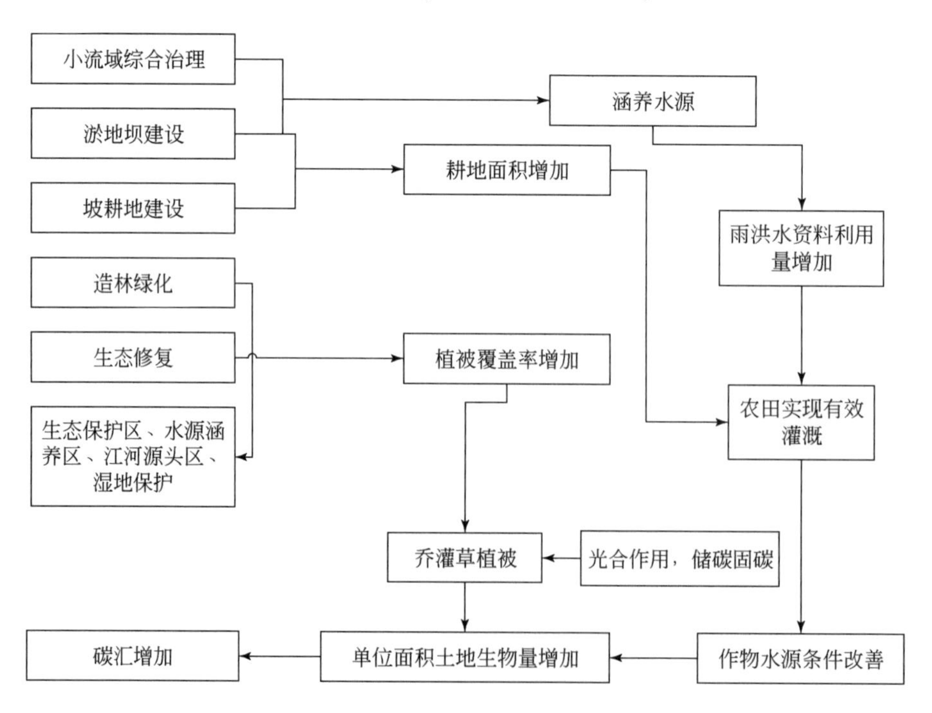

图 16-7　水系生态工程碳汇功能及其实现途径

2）通过小流域综合治理、淤地坝建设、坡耕地整治，以及湿地和水源涵养区的保护等措施，涵养了水源，增加了耕地面积，提高了粮食亩产量，农田内的总生物量产量增加，作物通过光合作用，从大气中固定 CO_2，从而增加了碳汇。

3）通过小流域综合治理、淤地坝建设、造林绿化等措施，减少了因水土流失、泥沙下泄对江、河、湖库的淤积，保障了水库、闸坝等水利设施调蓄功能、天然河道的泄洪能力和水能资源的利用能力，增加了雨洪水资源的利用量，进而提高了单位面积总生物量产量，从而固定更多的 CO_2，增加了碳汇。

（4）水能资源开发的碳汇功能

2020 年，我国一次能源消费总量中煤炭占比为 57%，煤炭消耗量和 CO_2 年排放量均居世界首位。水电是世界公认的低碳、清洁、可再生的绿色能源，并且具有技术成熟、调度灵活、安全可靠的优势。因此，优先和大力开发包括农村水电在内的水能资源是我国实现"碳中和"目标的必然选择。水电在温室气体减排以及气候变化应对方面发挥着无可替代的重要作用。

水能资源开发主要包括水库水能资源开发、河道闸坝水电开发、农村小水电开发、小水电代燃料工程等。水能资源的开发利用，有效减少了煤炭等高碳能源发电的需求量，进而减少了 CO_2 的排放量。水电开发通过能源替代途径极大地减少了碳源，从本质上实现了其碳汇功能（图 16-8）。

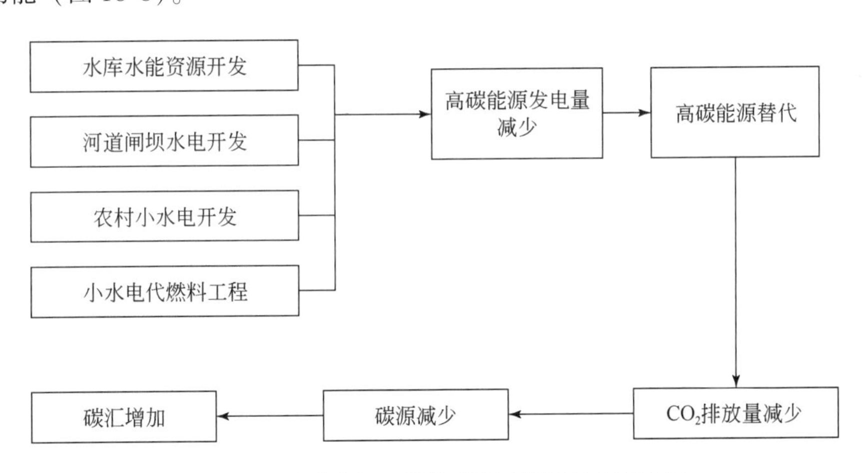

图 16-8　水能资源开发的碳汇功能及其实现途径

16.3.3.2　水网建设的碳减排贡献

（1）水路运输助力低碳交通运输

交通运输业不但是经济布局中重要的基础支撑产业，而且与工业、电力部门共同构成了我国能源消耗碳排放的主要来源。在提供客货运输的生产性服务时，各类交通运输方式必然消耗大量的能源，对生态环境产生负面影响。相对于其他运输方式的高成本、高能耗，水路运输被认为是低成本、低耗能、低排放的生态运输方式。

水网建设可以通过相应的水利工程增加水网的蓄水调洪能力，有利于改善丰枯季节的通行条件，有利于发展内河水运。因此，水网建设能促进水路运输行业的发展，减轻其他运输方式的货运负担，转变现有的交通运输模式，建立节能低碳的交通运输体系。近年来，水路运输对柴油和燃料油的消耗逐渐下降，清洁能源的使用更进一步降低了碳排放量。

（2）清洁水电助力绿色发展

与火电相比，水电等无碳能源消费的比重每增加5%，碳排放量将减少6%左右。水电属于低碳、清洁、可再生的绿色能源，水电的清洁属性可代替化石能源燃烧，优化能源消费结构，具有显著的减排效益。

水电工程尤其是大型水电工程的建设，可以利用水库的调蓄作用，最大限度地利用水能在枯水期发电，减少对火力发电的依赖。2018年，我国常规水电规模达到3.22亿kW左右，其中大水电约2.4亿kW，小水电约0.8亿kW。此外，抽水蓄能电站达2999万kW。抽水蓄能电站的运行，能有效增强城市用电高峰的调控能力，缓解城市供电紧缺的局面，减少电网的煤炭消耗量，有利于缓解电力行业面临的CO_2、SO_2等污染气体的排放限制压力，促进地区经济绿色发展。

（3）水景观助力低碳生活

我国水网建设一直以来都非常重视水的节约、保护、涵养和再生，对水体采取有效的防腐防污处理措施，注重水域环境改善；并以水景观工程建设构建宜人的滨水环境与河流景观，提升民众的低碳生活意识，推进实施节能减排。

在城市水景观建设中，充分考虑城市居民的需求和城市整体景观的和谐度，建设“人水共融”的亲水平台和水景观系统，有助于调节局地气候，有利于带动水域景观的休闲娱乐，为居民营造绿色低碳的生活方式。此外，以生态水利为建设理念，进一步提升水环境，整合水域自然资源，以生态水域景观的营造，引导民众践行低碳环保的生活理念（图16-9）。

图16-9　水景观工程建设

资料来源：独山县百泉湖旅游区

（4）人工湿地助力减排增汇

人工湿地系统我国水网建设的重要组成，是天然湿地系统和生化污水处理厂的复合体，广泛用于改善地表水质的生态修复和各类污水处理（Sovik et al.，2006）。人工湿地采用的有效污水处理策略来达到净化水质的效果，其造价和维护成本通常比化学和物理过程工艺低，可有效减少污水处理的能耗（图 16-10）。研究表明，与人工湿地相比，污水处理厂处理污水能耗的排放是人工湿地的 27 倍（Campbell et al.，1999）。人工湿地的植被通过光合作用吸收大气中的 CO_2 形成有机物，同时释放氧气，从而达到固碳的目的。由于气候变化和人类活动导致天然湿地在逐渐退化、消失，利用低能耗的人工湿地进行污水处理将会显著增加水网的减排增汇效益（宗鑫等，2021）。

图 16-10　人工湿地

（5）水资源配置助力气候目标的实现

陆地生态系统是地球上重要的碳库，既可能是碳汇，也可能是碳源。在极端干旱、高温和火灾等影响下，生态系统的稳定性遭到破坏，容易造成植被死亡、水土流失、土壤荒漠化等，生态系统的碳汇功能下降，甚至成为碳源。

通过水资源配置可以维持陆地生物的多样性和生态系统的稳定性，从而增加生态系统碳汇来抵消人类活动造成的 CO_2 排放；可以提高水资源与社会、经济、生态、环境等要素的匹配程度，促进经济社会健康可持续发展，助力我国早日实现碳达峰与碳中和目标。

16.3.4　我国水网建设的低碳路径选择

探索一条适合我国国情的低碳水网路径是“双碳”目标下我国水网建设的迫切需求，也是实现对传统水利技术与管理低碳性升级和改造、全面贯彻低碳发展战略的必然选择。我国的低碳水网路径应从实际出发，以可持续发展为前提、以开发与保护相平衡为宗旨，从水网的规划、设计、建设和管理全过程实现真正意义上的低碳，为我国“双碳”目标的实现做出积极的行业贡献。

16.3.4.1 低碳水网建设的理念

我国水网建设的根本目标是“兴水之利、除水之害”。水网与低碳之间存在两方面的深层次关联。在兴水之利方面，我国水网的功能主要是提供洁净和适量的生活用水，提供生产用水。水资源与其他自然资源一样有着共同的属性。虽然可再生，但总量有限，且地域和季节分布不均。因此，需要努力节约、细心保护、合理开发水资源。也就是说在人类生产和生活过程中，要实现低的水资源消耗、低的水污染和低的污水排放。除此之外，水能与太阳能、核能、风能等可再生能源一样是清洁能源，水网还具有水能利用的功能，在环境影响最小和可接受的条件下，应大力发展水能，以减少不可再生能源的消耗。

在除水之害方面，为了在最大程度上减轻洪、涝、旱等灾害，需要建设和运行大量相关的水网工程。无论是工程建设，还是工程运行，都要消耗大量的自然资源和能源，产生一定的排放和污染，给环境造成一定的影响甚至破坏。因此，在工程建设和运行过程中要实现低资源能源消耗和低污染（黄海田等，2011）。

因此，低碳水网建设的本质即在满足人们生活生产和水环境对水的基本需求前提下，提高用水效率，减少污水排放；在满足工程功能和安全的基础上，减少水网建设的能源和资源消耗；在科学管理的条件下，延长水网工程的寿命，提高工程的运行效率。

16.3.4.2 低碳水网建设的相关技术

我国现代水网具有显著“自然+人工”二元化结构，包括自然的江河湖泊水网和人工配、供、排、回等用网。前者包括自然水系以及自然水系中建设的水库、闸门、泵站和堤防等；后者包括以人工修建的输排水网络、泵站、闸门、城市供水厂、污水处理厂和用水器具等（周颖等，2010）。

为实现我国“碳达峰”目标和“碳中和”景愿，应探索和应用低碳和生态友好的水利建设及管理技术，使水网建设服务于生态系统的健康维持与恢复，实现人与自然和谐相处。

（1）水网工程建设低碳技术

以“低碳护岸”“低碳堤防”“低碳大坝”等为代表的低碳工程技术近些年已逐渐进入大家的视线，也已被越来越多地运用到我国水网工程的建设和运行中。

所谓“低碳护岸”是以不用或少用混凝土、浆砌石和钢材等建筑材料，改用植物、砂石和有机化合物等生态材料的一种新型护岸建设技术（李清宇等，2010）。既具备同样的抗冲功能，又具备生态功能和效益，近几年在我国各地大量应用。

“低碳堤防”也是以“就地取材”为指导原则的绿色堤防修建技术，例如用土石材料筑建宽矮大堤，具备防御功能的同时，与城市主干路、住宅和公共建筑等功能充分融合，以实现低碳发展目的（张梅霞，2020）。

“低碳大坝”是以减少生命周期能耗、节省施工成本、加快建设速度、简化施工工艺、保证施工质量为主旨的低碳筑坝技术（高峰等，2018b）。目前由于坝址选取的限制和筑坝技术的发展，我国混凝土大坝的数量与日俱增，但也因为其高碳特征引起了越来越多的质疑，同时也对大坝综合性能和施工工艺提出了更高的要求。在我国当前的水网建设中，低碳大坝技术已实现了广泛推广和应用，发挥了积极的生态效益和经济效益。

(2) 水网生态环保技术

河流生态走廊技术即以恢复和维持河道健康为目标，改变传统的治河方式，纠正填埋河道、盖板封河、裁弯取直、水泥护砌等传统技术和做法，让河道恢复自然状态。河流的生态走廊技术已被广泛运用于我国水网建设中，其生态走廊和生态护岸、宜弯则弯、宜宽则宽、人水相亲，水生生物多样性日益丰富，标志我国已进入崭新的低碳治河阶段（曹晨华，2018；张士萍，2018）。

清洁生态小流域技术是我国社会经济发展对水网建设的更高要求，生态清洁型小流域对实现人与自然和谐共生具有重要的意义（图16-11）。清洁生态小流域技术需要在规划设计阶段进行碳排放量的核算，提倡大量减少人类足迹，实施污水及垃圾处理；提倡软式护坡，减少水泥用量；以生态理念开展河库滨带治理，实施湿地恢复（李翔等，2021；朱刚等，2010）。

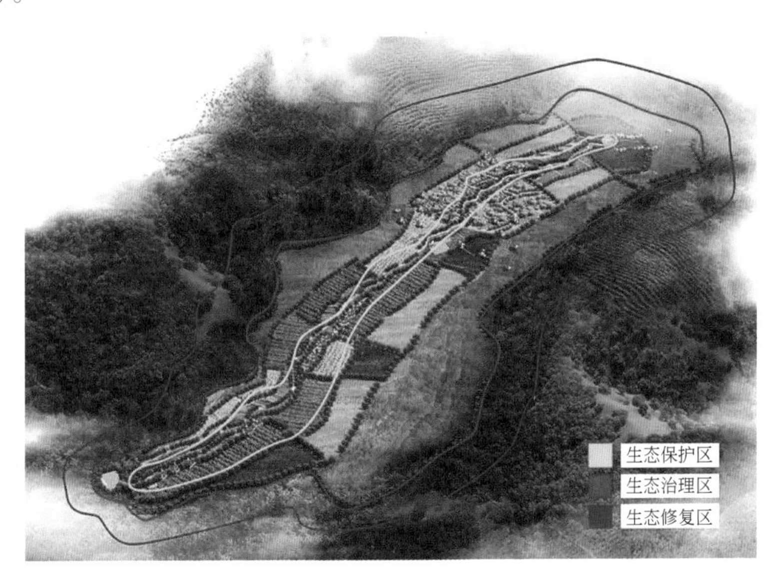

图16-11 清洁生态小流域技术“三条红线”

(3) 节水技术

节水灌溉技术（图16-12）。农业是我国第一用水大户，用水浪费加剧了水资源的紧缺，农业灌溉用水量必然会越来越受到限制。节约农业用水量、有效提高农业灌溉用水的利用效率，广泛地研究和应用节水灌溉技术是水网低碳建设的重要组成部分。管道输水、沟灌、喷灌、滴灌、微灌、渗灌、渠道防渗、改稻为旱等都属于节水灌溉技术的范畴（朱晨东，2010）。

节水器具的应用和推广。跑、冒、滴、漏是节水的重要影响因素，推广应用节水器具是实现低碳水网的良好措施。从水足迹的量化角度来看，节水器具的应用涉及到人均用水量大小的衡量，是全社会节约用水的关键。通过节水器具的应用，不仅要减少“直接耗水”，还要自觉减少“虚拟水”和“隐形用水”（王浩等，2021）。通过减少水网建设和运

图 16-12 节水灌溉技术

行过程中的水足迹，有效降低对应的碳足迹排放。

（4）雨水、再生水回用技术

水是可再生资源，源水的一次使用排放是对水资源的巨大浪费。将原来需要新水源供给的地方改用再生水和回水，也是循环经济和低碳理念的充分体现。在我国水网建设的过程中，水重复利用的次数越多，就越接近低碳水网及节约型社会的目标。

当前我国城市化发展已造成越来越多的下垫面硬化，阻止雨水进入土壤，大量积水使城市排水、污水处理和回用系统不堪重负。在我国的人工回水用网建设中使用如屋顶雨水收集、透水路面、下凹式绿地等低碳技术，能够使原本白白流走的水得到充分利用（灌溉绿地、路面喷洒、卫生清洁），既有效节约了新水资源，也减少了二氧化碳的排放（杨春娣等，2019）。

（5）污水处理技术

污水处理厂是削减水中污染物最主要的环节，但在此过程中也产生了大量的碳排放。国际上，节能减排已是城镇污水处理系统的发展方向，而发展的核心是将成熟的节能技术和高效的机电设备在系统上进行集成，并且提高现有的运营管理水平。如美国重视高效机电设备的应用，加拿大重视全厂的优化运营，欧盟强调药剂投加的科学控制，日本通过新型曝气设备和新式污泥处理系统，减少了系统能耗和 N_2O 的排放（檀雅琴，2021）。

按照国际经验，采用高效的设备，对水厂运行过程进行优化控制，电耗可降低 20% ~ 50%，相当于减少碳排放 279 万 ~698 万 t/a。目前我国污水处理厂在运行过程中，既有由于运行调控的不合理以及管理不当所导致的能源浪费，也有各处理单元设备效率低下造成的碳排放量过高。对于中国污水处理厂的低碳运行有两个方面需要重视：一种是基于全生命周期的低碳排放量，主要面向污水处理过程中所用的构筑物、产品或服务；另一种是终端消耗的低碳排放量，需要关注处理电耗、药耗以及运营过程中的节能减排。

16.3.4.3 我国水网建设低碳路径探讨

低碳水网建设就是以节约和保护水资源为中心，以低碳水网工程建设和低碳水网管理为基础，以技术创新和制度创新为支撑，实现水资源的永续利用、水网工程的高效建设和高效运行，保持水利的可持续发展。其核心是节约、保护水资源和降低水网工程的能源资源消耗（李发鹏等，2020）。

结合我国水利工作的特点，低碳水网建设应有3个基本特征：①水资源的保护性利用。水资源是可再生性资源，水是人类与环境的基本要素。因此，低碳水网建设既要强调水资源的节约，又要同时提高用水效率，以减轻水资源利用效率低导致的水污染，减少水供应、水处理、污水处理所需的能源资源消耗。②水利工作的低碳性发展。水网工程建设与管理是我国水利建设的基础性工作和重要组成，是水利工作能源资源消耗的主要环节。水网工程建设与管理环节应全面贯彻低碳发展理念，实现对传统水利建设与管理模式的低碳性升级和改造。③低碳水网的行政推动。水利工作是公益性工作，大部分水网工程基本上都由公共财政投入，市场经济原则在水利领域的功效不够显著。因此，我国低碳水网建设仍主要依靠行政力量来推动。

本章节基于水网建设全过程的基本要素，从低碳水网规划、低碳水网设计、低碳水网建设和低碳水网管理4个方面探讨我国水网建设的低碳路径。

（1）低碳水网规划

我国水网建设的规划阶段是最能实现低碳目标的阶段。在水网工程的前期规划过程中，对选址、布置、结构、设备等方面进行了深入研究和优化调整，不仅能取得了节地、节能、节材的现实效果，还能取得提升工程的先进性、可靠性和经济性的长远效果。水网建设前期规划既是科学问题，也是管理问题。规划过程中的科学研究不充分将会导致规划水平和格局欠缺。规划制定后对规划的尊重不够又会影响规划的实施和效果。低碳水网规划就是要在尊重水的自然、社会、经济规律的基础上，以科学研究为基础，深入、细致、科学地开展规划工作，全过程、全方位体现低碳发展理念，确保规划的科学性、前瞻性、历史性。

（2）低碳水网设计

当前我国水利设计的创新动力尚待提高，体现低碳的新科学、新技术、新设备、新材料、新工艺应用较少，而水利自身原创的新科学和新技术则更少。较之日本、美国的同类工程，我国大部分水网工程仍存在占用土地资源、消耗能源材料较多的问题。低碳水网设计，就是要在设计全过程中自觉或强制性地贯彻低碳理念，严格执行国家的法律法规和强制性规定，加强节能、节地、节材的评估和审查。在保证结构安全和功能发挥的基础上，坚持“小体量、少占地、低耗材、低污染、少投资”的原则，切实把工程量、占地量、投资量、污染贡献量降下来。

（3）低碳水网建设

广义的低碳建筑要求建筑项目在全寿命周期内尽可能地节约资源（能、地、材），保护环境和降低温室气体、固体废弃物等的排放。新时期我国水网建设应当将低碳体现在4

个方面：①工程的标准和质量要满足新时代、新气候目标的要求，保证在工程设计范围内安全可靠地运行；②工程的功能效益能充分体现水安全、水资源、水环境的综合效益，促进水资源和水环境的可持续利用；③工程建设管理科学、有序、规范和效率；④运行管理实现信息化管理、智能化调度。

当前，我国大部分水网工程建设与现代化的进程和要求不适应。既表现在工程等级、标准、功能和实体质量上，也体现在理念、科技、创新、体制机制等核心能力上。低碳水网建设就是要广泛运用新科学与新技术，以先进的装备提升建设质量，高效、经济、低耗地进行建设。不仅建设过程是高效、低碳的，而且要为工程运行管理的高效、低碳奠定基础。

（4）低碳水网管理

从管理角度实现低碳水网建设，需要重点强调以下4个方面：①实行严格的水资源管理制度，提升各类用水的效率，节约水资源，减少污水排放；②加强河湖水域管理，切实保护水质和水生态环境；③加强工程的养护、维修和加固改造，有效延长工程寿命；④努力降低各类工程运行成本，特别是泵站的运行成本，降低能源的消耗。

低碳水网管理涉及社会经济的各个领域，需要协调的矛盾和调整的利益关系异常复杂，需要自上而下地重视与接受。实施低碳水网管理，要加强制度建设，并持之以恒地严格执行。要充分发挥科技在提高用水效率、保护水环境、提高工程运行效率、延长工程使用寿命等方面的支撑作用，用科技引领低碳水网管理。

参考文献

曹晨华. 2018. 牡丹江市江心岛生态防护规划设计. 水利科学与寒区工程, 1 (7): 43-45.

曹光杰, 王建, 屈贵贤. 2006. 全新世以来长江河口段河道的演变. 人民长江, 37 (2): 25-27, 36.

陈惠陆. 2015. 加快推进绿色生态水网建设. 环境, 10: 32-34.

陈杰. 2020. 宁波慈溪地区全新世沉积环境演化. 上海: 华东师范大学.

陈甜, 金科, 房振南. 2020. 水生态文明城市评价指标体系和方法研究——以江苏省邳州市为例. 人民长江, 51 (1): 47-52.

陈晓宏, 钟睿达. 2020. 气候变化对澜沧江下游梯级电站发电及生态调度的影响. 水科学进展, 31 (5): 754-764.

陈迎. 2021. 实化、量化、细化碳达峰和碳中和工作. 中国环境报, (3): 1.

谌洁. 2008. 珠江流域诸水系的形成与演变. 水利发展研究, 8 (4): 75-76.

丁晓勇. 2008. 钱塘江河道形成及古河道承压水性状研究. 杭州: 浙江大学.

高峰, 齐真, 王好芳, 等. 2018a. 基于现代水网建设的区域水资源多维调配. 科学技术与工程, 18 (13): 299-303.

高峰, 齐真, 王好芳, 等. 2018b. 现代水网建设的区域生态效应可变模糊评价. 南水北调与水利科技, 16 (3): 102-108.

高媛媛, 姚建文, 陈桂芳, 等. 2018. 我国调水工程的现状与展望. 中国水利, 4: 49-51.

葛肖虹, 刘俊来, 任收麦, 等. 2014. 青藏高原隆升对中国构造-地貌形成, 气候环境变迁与古人类迁徙的影响. 中国地质, 41 (3): 698-714.

郭旭东. 1984. 中国第四纪气候环境的初步研究. 冰川冻土, 6 (1): 49-60.

海河志编纂委员会．1997．海河志．北京：中国水利水电出版社．
韩占峰，周曰农，安静泊．2020．我国调水工程概况及管理趋势浅析．中国水利，21：5-7.
胡传廉．2017．基于互联网时代的“智慧水网”建设管理模式创新思考．水利信息化，(4)：1-5.
黄海田，闵毅梅．2011．将低碳经济理念引入水利行业的探讨．水利水电科技进展，31（3）：43-46.
黄河水利委员会黄河志总编辑室．1998．黄河志．郑州：河南人民出版社．
黄润，朱诚，郑朝贵．2005．安徽淮河流域全新世环境演变对新石器遗址分布的影响．地理学报，60（5）：742-750.
康育龙，程婻，梁勤欧．2019．杭州湾历史时期海岸线时空演变的特征．浙江师范大学学报（自然科学版），42（1）：88-95.
匡尚富，王建华．2013．建设国家智能水网工程提升我国水安全保障能力．中国水利，19：27-30.
李发鹏，伏金定，耿思敏．2020．甘肃省河湖水域岸线管理保护现状与对策．中国水利，(10)：33-35.
李国英．2021-3-23．深入贯彻新发展理念 推进水资源集约安全利用——写在2021年世界水日和中国水周到来之际．人民日报：1-2.
李俊峰，李广．2021．碳中和-中国发展转型的机遇与挑战．环境与可持续发展，(1)：50-57.
李清宇，黄耀志．2010．长三角城镇水网系统健康的调控方法与途径．现代城市研究，(9)：56-62.
李翔，孟鑫森，郝蕊芳，等．2021．北京市昌平区生态清洁小流域护坡技术工程示范与综合效益分析．环境科学学报，41（1）：29-38.
李志威，余国安，徐梦珍，等．2016．青藏高原河流演变研究进展．水科学进展，27（4）：617-628.
梁宁慧，兰菲，张绍炜，等．2020．特大山地城市供水安全保障必要性探讨．水利水电技术，51（增刊2）：230-235.
凌申．2001．古淮口岸线冲淤演变．海洋通报，20（5）：40-46.
刘大为．2019．辽河–大凌河三角洲四百年来的演化研究．北京：中国地质大学（北京）．
刘嘉麒，倪云燕，储国强．2001．第四纪的主要气候事件．第四纪研究，21（3）：239-248.
刘怡琳，刘永红．2018．低碳生态经济背景下水利建设的思考．绿色科技，(6)：249-250.
陆咏晴，严岩，丁丁，等．2018．我国极端干旱天气变化趋势及其对城市水资源压力的影响．生态学报，38（4）：1470-1477.
莫兴国，刘苏峡，林忠辉，等．2004．黄土高原无定河流域水量平衡变化与植被恢复的关系模拟．全国水土保持生态修复研讨会论文汇编，7：175-181.
仇保兴．2015．海绵城市（LID）的内涵、途径与展望．给水排水，51（3）：1-7.
桑德琳·马龙-杜波依斯，凡妮莎·理查德．2012．国际气候变化制度的未来蓝图——从《哥本哈根协议》到《坎昆协议》．上海大学学报（社会科学版），29（2）：1-14.
邵文伟．2015．黄河中上游主要沉积汇泥沙沉积过程、驱动机制与地貌响应．北京：中国科学院大学．
沈崇刚．1999．中国大坝建设现状及发展．中国电力，12：14-21.
盛东方，陈继平，周宇，等．2021．城市供水管网信息化管理体系的构建及应用．给水排水，57（1）：96-102.
水利部淮河水利委员会《淮河志》编纂委员会．2000．淮河志．北京：科学出版社．
水利部珠江水利委员会《珠江志》编纂委员会．1991．珠江志．广州：广东科技出版社．
苏布达，孙赫敏，李修仓，等．2020．气候变化背景下中国陆地水循环时空演变．大气科学学报，43（6）：1096-1105.
檀雅琴．2021．我国乡镇污水处理模式的探讨．净水技术，40（3）：88-91.
田英，赵钟楠，黄火键，等．2018．中国水资源风险状况与防控策略研究．中国水利，(5)：7-9，31.
田云，林子娟．2021．巴黎协定下中国碳排放权省域分配及减排潜力评估研究．自然资源学报，36（4）：

921-933.
汪亮. 2020. 关于推进农村饮水安全工程建设及建后运行管理的建议. 农业与技术, 40 (2): 69-70, 73.
王浩, 李海红, 赵勇, 等. 2021. 落实新发展理念 推进水资源高效利用. 中国水利, (6): 49-50.
王建华, 赵红莉, 冶运涛. 2018. 智能水网工程: 驱动中国水治理现代化的引擎. 水利学报, 49 (9): 1148-1156.
王利宁, 彭天铎, 向征艰, 等. 2021. 碳中和目标下中国能源转型路径分析. 国际石油经济, 29 (1): 2-8.
王璐. 2021. 打赢碳达峰碳中和绿色转型攻坚战. 经济参考报, (5): 1-2.
王萍, 王慧颖, 胡钢, 等. 2021. 雅鲁藏布江流域古堰塞湖群的发育及其地质意义初探. 地学前缘, 28 (2): 35-45.
魏振宇, 谢远云, 康春国, 等. 2020. 早更新世松花江水系反转——来自荒山岩芯Sr-Nd同位素特征指示. 沉积学报, 38 (6): 1192-1203.
魏志巧. 2019. 古居延泽全新世湖泊演化过程及其影响机制. 兰州: 兰州大学.
Williams M A J. 1997. 第四纪环境. 刘东生译. 北京: 科学出版社.
吴丹, 王士东, 马超. 2015. 我国水利发展历程演变及评价. 水利水电科技进展, 35 (6): 7-12.
吴丹洁, 詹圣泽, 李友华, 等. 2016. 中国特色海绵城市的新兴趋势与实践研究. 中国软科学, 1: 79-97.
吴文涛. 2019. 从永定河水系到北运河水系——南苑地区水脉的历史变迁. 北京史学, (1): 21-37.
夏军, 彭少明, 王超, 等. 2014. 气候变化对黄河水资源的影响及其适应性管理. 人民黄河, 36 (10): 1-4.
向竣文, 张利平, 邓瑶, 等. 2021. 基于CMIP6的中国主要地区极端气温/降水模拟能力评估及未来情景预估. 武汉大学学报(工学版), (1): 46-57.
徐海. 2001. 中国全新世气候变化研究进展. 地质地球化学, 29 (2): 9-16.
杨秉赓, 孙肇春, 吕金福. 1983. 松辽水系的变迁. 地理研究, 2 (1): 48-56.
杨春娣, 曹旭, 张璇, 等. 再生水回用景观水体的富营养化情况调查——以西安护城河为例. 科技创新与应用, (10): 57-58.
余碧莹, 赵光普, 安润颖, 等. 2021. 碳中和目标下中国碳排放路径研究. 北京理工大学学报(社会科学版), 23 (2): 17-24.
余国安, 王兆印, 刘乐, 等. 2012. 新构造运动影响下的雅鲁藏布江水系发育和河流地貌特征. 水科学进展, 23 (2): 163-169.
余娇. 2020. 基于“水—能—碳”关联的郑州市水系统碳排放研究. 郑州: 华北水利水电大学.
俞孔坚, 李迪华, 袁弘, 等. 2015. “海绵城市”理论与实践. 城市规划, 39 (6): 26-36.
袁孝杰, 陈梦南, 李师伟. 2019. 基于“智能水网”建设的新型城市排水系统. 网络与信息工程, (33): 88-89.
张丹. 2011. 长江口晚新生代沉积物中磁性矿物标型特征及其物源指示意义. 上海: 华东师范大学.
张梅霞. 2020. 水利规划设计可持续发展的途径. 工程设计, (14): 228-229.
张梦然, 张维蓉, 杨晴. 2020. 城市总体规划中水安全保障工作思路. 中国水利, 19: 56-59, 68.
张士萍. 2018. 城市河道低碳管理评价体系的构建及其评价方法研究. 环境与发展, (2): 31-32.
张宗祜. 1991. 中国第四纪地质发展史. 海洋地质与第四纪地质, 11 (2): 1-6.
郑洪波, 魏晓椿, 王平, 等. 2017. 长江的前世今生. 中国科学: 地球科学, 47 (4): 385-393.
周天军, 邹立维, 陈晓龙. 2019. 第六次国际耦合模式比较计划(CMIP6)评述. 气候变化研究进展, 15 (5): 445-456.
周颖, 李清宇. 2010. 苏南小城镇低碳水网系统的规划方法与政策探析. 水利经济, 28 (6): 33-39.
朱晨东. 2010. 低碳水利的含义与实践. 北京水务, (5): 1-3.

朱刚，高会军，曾光，等．2010. 西北内陆干旱区河流绿色走廊湿地景观格局变化及其生态效应研究——以车尔臣河下游为例．国土资源遥感，(86)：219-223.

朱永霞．2017. 社会水循环全过程能耗评价方法研究．北京：中国水利水电科学研究院．

宗鑫，杨浩．2021. 新型城镇化与城市低碳发展时空耦合关系及驱动力因素分析．生态经济，37（4）：80-87.

左其亭．2015. 中国水利发展阶段及未来“水利4.0”战略构想．水电能源科学，33（4）：1-5.

Bates B C，Kundzewicz Z W，Wu S，et al. 2008. Climate Change and Water. Technical Paper 6 of the Intergovernmental Panel on Climate Change. Geneva：IPCC Secretariat.

Botter G，Basso S，Rodriguez-Iturbe I，et al. 2013. Resilience of river flow regimes. PNAS，110（32）：12925-12930.

Campbell C S，Ogden M. 1999. Constructed Wetlands in the Sustainable Landscape. New York：John Wiley & Sons.

IPCC. 2021. Climate Change 2021：The Physical Science Basis. Cambridge：Cambridge University Press.

Liu B，Xu M，Henderson M，et al. 2005. Observed trends of precipitation amount，frequency，and intensity in China，1960—2000. Journal of Geophysical Research，110：D08103.

Pörtner H O，Roberts D C，Masson-Delmotte V，et al. 2019. Summary for policymakers. https：www. ipcc. ch/srccl/chapter/summary-for-policymakers.［2019-10-09］.

Solomon S，Qin D，et al. 2007. Climate Change 2007-The Physical Science Basis. Contribution of Working Group I to the Third Assessment Report of the IPCC. Cambridge：Cambridge University Press.

Sovik A K，Augustin J，Heikkinen K，et al. 2006. Emission of the greenhouse gases nitrous oxide and methane from constructed wetlands in Europe. Journal of Environmental Quality，35（6）：2360-2373.

Ye J S. 2014. Trend and variability of China's summer precipitation during 1955-2008. International Journal of Climatology，34（3）：559-566.

第 17 章
水网智慧化管理

17.1 我国水管理的沿革

17.1.1 水管理在国家治理体系中的作用

水资源是保障人类生存和社会经济发展、维持生态环境系统平衡最基本的物质，具有资源、环境、社会和经济等多重属性，是与粮食、石油资源并列的三大战略性资源之一，也是一个国家综合国力的有机组成部分（夏军和左其亭，2013）。20 世纪 70 年代以来，随着世界人口暴增，经济高速发展，全球用水量急剧增长，水污染日益严重。1997 年联合国发布的《世界水资源综合评估报告》指出，水问题将严重制约 21 世纪全球的经济和社会发展，并可能导致国家间的冲突。因此，能否实现水资源的有效和可持续利用一定程度上决定着世界各国在未来国际竞争中的地位（张利平等，2009）。中国的水问题历来严重，水多、水少、水脏、水浑与水生态退化并存，水灾害事件频繁发生，水问题已经成为我国实现可持续发展的重大障碍性因素（王浩等，2010）。

国家治理体系是在党领导下管理国家的制度体系，包括经济、政治、文化、社会、生态文明和党的建设等各领域体制机制、法律法规安排，也就是一整套紧密相连、相互协调的国家制度。一般认为，国家治理体系由政治治理、经济治理、文化治理、社会治理和生态治理五大体系构成，是实现社会和谐稳定、国家长治久安的重要制度保证（陶希东，2014）。

水管理是需要综合法学、生态学、社会学、管理学及经济学等多门学科知识，对某国家、区域或组织所拥有的水资源进行有效的计划、组织、领导和控制，以便达到人们兴水利、除水害目标的过程。其概念可以从广义和狭义两种角度来理解。狭义的水管理主要是对水本身进行的管理，包括对水资源的获取、利用、储存的管理，如发电、防洪、灌溉等；广义的水管理不仅仅是对水资源数量和质量的管理，更包括对与水资源相联系的各要素和关系的管理，是对水资源全方位和全过程的管理，除了水资源自身，还涉及社会效益、生态保护和国际关系等内容。其内涵包括满足人类生存和社会发展的开发利用层面以及消除人类生存和社会发展面临的水资源威胁层面（伍新木等，2015）。

水管理的过程，涉及法律法规，管理流程，水行政制度，水权，水资源保护、配置、调度等诸多细分领域，与社会进步、经济发展、生态保护等各个方面息息相关，涉及国家治理体系建设的方方面面，是调整社会关系，稳定社会心理，维护社会秩序，保持社会安定，促进社会进步的重要保障（许正中等，2020；《中国马克思主义与当代》编写组，2018）。历来治国安邦，都需要兴水利、除水害，对水资源的保护、开发、利用和控制直接影响和制约着我国社会和经济的发展（玉言谭，2011）。树立大社会观、大治理观，着力推进水管理系统化、科学化、智能化、法治化，增强水管理的整体性和协同性，将为国家治理体系建设打下坚实的基础。

17.1.2　我国水管理发展演变过程及特点

中国历来就重视水的管理。20 世纪 30 年代中华民国政府设立水利部，并成立了黄河水利委员会、扬子江水利委员会、导淮委员会和华北水利委员会。1949 年中华人民共和国刚成立，中央人民政府就设立了水利部，至今已 70 余年，同时设立黄河、长江、淮河、海河、珠江、松辽、太湖等 7 个流域管理机构，对全国的水资源进行管理（陈莹和刘昌明，2004）。根据中华人民共和国成立以来经济社会及水利事业发展的关键年份进行划分，水管理具有阶段性的特点（陈莹和刘昌明，2004；王建华等，2018；王建华和王浩，2009；甘泓等，2002；梁勇等，2003；张秀琴和王亚华，2015）。

（1）水利发展的安全奠基阶段（1949～1977 年）

这一阶段，以着力增强防洪、供水和粮食生产能力为核心目标，建设了大量水利工程，初步控制了常遇的洪水灾害，极大促进了农业生产的发展，为中国水利设施的建设奠定了基础，该阶段可以被认为是新中国水利发展的安全奠基阶段。当时重建设、轻管理，水利呈现粗放式发展。部门分割，同时，受地方主义、部门利益影响，水管理体制地方分割，地区、部门间有关水管理方面的矛盾突出，“多龙管水”局面长期存在。这一时期，水管理的模式主要包括供给管理和资源化管理。

供给管理模式缘于人们对水资源“自然赋予”的传统观念，水资源自然赋予观根源于水资源供给量相对于需求量是充裕的。自然赋予观突出了水的自然即生性，认为水资源没有价值，是自然无偿赐予人类使用，取之不尽，用之不竭，毋须支付任何代价的自然资源。人们的水观念决定其行为方式，无偿攫取甚至掠夺式开发水资源的用水习惯在自然赋予观的支配下得以衍生，进而顽固地存在于人们的大脑深处。这种水观念反映到生产上，必然表现为水资源的粗放经营和大量消耗；反映到生活上，必然表现为水资源的浪费和过度开采；反映到水管理上，必然表现为松散式管理——水资源消耗速度和紧张程度没有恰当的手段来衡量，一旦发生突出供需矛盾，就只能采用各种工程措施在可利用水资源中增加有效供水量，通过供给扩张达到供需平衡；反应到生态环境上，表现为大规模修建水利工程和过度开发水资源，导致了严重的生态环境问题，如咸水入侵、盐碱化和地面沉降等，而人们往往是在完成水资源的开发利用之后，再回过头来对受损的生态系统进行恢复和重建。显然，供给管理模式的采用依赖于特殊的条件，且它本身存在种种缺陷和不足。因此，当水资源危机出现时，人们开始重新审视水资源的管理模式，反思“自然赋予观”的正确性。

资源化管理产生于计划经济体制下，它只注重水资源的使用价值，而其收益权能被掩盖，价值量被忽视，处置权被限制。管理手段只有单一的行政手段，政府对全部的水资源进行直接管理和调配，而市场则被排除在外。资源化管理模式反映到生产上，由于缺少价格信号，水资源的开发、利用和配置的经济合理性缺乏依据，计划的盲目性在所难免，加之产权不清和缺乏流动性，水资源的优化配置和高效利用实际上难以实现；反映到生活上，由于缺乏监督和激励机制，人们节约和保护水资源的积极性难以调动，最终导致以高消耗、高投入带动经济增长的模式造成水资源浪费。随着我国市场化取向的经济体制改革的深入，人们逐渐认识到，以行政手段对水资源实行实物性管理的模式，虽然在特定的条件下发挥了作用，但在微观层面上，计划对资源的配置效率存在着明显不足。

（2）水利发展的提标升级阶段（1978～2000年）

这一阶段，以保障城乡供水安全和大江大河防洪安全为核心目标，加大了水资源开发利用程度，提高了城乡和工农业供水能力，实施了大规模的江河整治，建成了较为完善的防洪排涝工程体系。该阶段可以被认为是新中国水利发展的提标升级阶段，水管理的主要目标是经济效益最大化。从20世纪80年代开始，水资源过度开发利用带来了各种生态问题，无序增长的用水需求远远超出水资源承载力，造成了缺水；废污水排放量远远超过水环境容量，导致了水污染和过量取水引发的河湖生态退化和地下水超采；城市暴雨呈现增多趋强、下垫面变化和无序开发等多重因素带来了城市内涝等新老水问题。自此，水管理模式开始向需求管理和资产化管理转型。

水资源需求管理模式随着人们水资源经济物品观的确立而产生。需求管理着眼于水资源的长期需要，强调在水资源供给约束条件下，把供给方和需求方各种形式的水资源作为一个整体进行管理。其基本思路是：除供给方资源外，把需求方所减少的水资源消耗也视为可分配的资源，同时参与水管理，使开源和节水融为一体。运用市场机制和政府调控等手段，通过优化组合实现高效益低成本利用和配置水资源。供给管理属于粗放型管理，仅在人类发展早期对水资源需求量不大时或在水资源丰富地区较为适用，且由于忽视经济效益和对生态环境的影响，是一种不可持续的管理模式。而需求管理弥补了供给管理忽视经济效益和对生态环境影响的缺陷，更适用于水资源短缺的情况。

资产化管理是把水资源作为资产，从开发利用到生产再生产全过程，遵循自然规律和经济规律，进行投入产出管理。它有三个特征：确保所有者权益、自我积累和产权的可流动性。水资源资产化管理的目的是有偿使用水资源，通过投入产出管理，确保所有者权益不受损害，增加水资源产权的可交易性，促进水资源价值补偿和价值实现。水资源的资产化管理是市场经济发展的内在要求，通过采用符合市场经济规则的有效手段，形成强有力的约束机制和激励机制，提高水资源的利用效率并最终实现最优配置。同时，水资源资产化管理模式不仅是管理观念和管理方式的改变，对于深化我国整个资源管理体制改革，转变经济增长方式，都具有重要意义。

（3）水利发展的资源生态阶段（2001年以来）

进入21世纪，水资源可持续利用的理念得到高度重视和广泛普及，治水思路也开始从传统的工程水利向资源水利和生态水利进行转变。这一时期的主要特征是既重视水资源合理开发与高效利用，又强化水生态与水环境保护，水利发展开始进入资源生态阶段。

2001 年，我国启动了第一个全国节水型社会建设试点工作。2011 年，中央明确提出要实行最严格水资源管理制度，在以“三条红线”作为控制目标的条件约束下，全国用水效率不断提升，用水总量增长速率明显下降，水环境恶化趋势得到遏制，但国家水安全保障形势依然严峻。2014 年，习近平总书记提出了“节水优先、空间均衡、系统治理、两手发力”的 16 字治水方针，确立了水资源、水生态、水环境和水灾害统筹治理的新思路，为我国新时代水利事业的发展提供了全新理念和努力方向，标志着中国水利开始迈入新的发展时期。中国共产党的十九大报告明确提出，“坚持人与自然和谐共生。建设生态文明是中华民族永续发展的千年大计。必须树立和践行绿水青山就是金山银山的理念，坚持节约资源和保护环境的基本国策，像对待生命一样对待生态环境，统筹山水林田湖草系统治理，实行最严格的生态环境保护制度，形成绿色发展方式和生活方式，坚定走生产发展、生活富裕、生态良好的文明发展道路，建设美丽中国，为人民创造良好生产生活环境，为全球生态安全作出贡献”。2018 年，我国确立了习近平生态文明思想，为生态文明和生态环境的建设提供了根本遵循和行动指南。从国家发展的指导思想和战略可以看出，生态化、系统化、科学化成为新时代水管理的标识，为完善水治理体系和治理能力现代化提出了新靶向。水管理模式有了新发展——集成化管理和适应性管理。

集成化管理是指在水资源系统各因素之间、利益团体之间存在矛盾和冲突的现实状况下，采用法律、经济、行政、技术、信息传播、启发教育等多种形式的手段，通过对各利益集团之间的协调，以及对各个子系统之间相互作用关系进行综合考量，从利益团体的职能以及各子系统自身功能两个方面出发，把子系统的关键要素有机组织起来，在此基础上进行决策，并控制系统运行以达到决策目标的过程。集成化管理模式从水环境、水资源与各用水单元以及相关利益集团间的关系出发，对各种关系做出相应的管理控制，最终提高系统的效能。它的优点表现在：第一，实现水资源的最优利用和保护；第二，更好地平衡各个水管理者之间及其用水者之间的利益，减少和消除冲突；第三，革除“陈规陋习”，实现水管理的制度创新和技术创新，提高管理效益和效率，最终实现水资源的可持续开发和利用。

适应性管理最初称作“适应性环境评估与管理”，是基于学习决策的一种资源管理框架，通过实施可操作性的水资源管理计划，从中获得新知，进而用来不断改进管理政策，推进管理实践的系统化。水资源管理具有变化性、不确定性和复杂性，适应性管理在水资源管理方面是一种潜在的创新式管理，可以明确承认存在不确定性，并且通过改进和测试多种管理方案得出较好的管理结果。水资源适应性管理是解决目前环境变化背景下水资源管理的重要手段，需要系统考虑具有环境、技术、经济、机构和文化特征的集水和供水体系。由于水资源管理的复杂性和不确定性，会使管理的最优化模式可能出现非唯一性。因此，有学者提出环境变化条件下的水资源适应性管理，在不确定性因素分析的基础上，针对目前和未来可能的环境变化对水资源做出趋利避害的主动性调整。其关键在于有效利用环境变化预估结果，协调和优化发展战略，使其得到有效实施和提升。目的在于通过适应性调整，评估并缓和环境变化对水资源产生的不确定影响，降低环境变化对人类和生态系统产生的危害程度，筛选有效的水资源适应性策略和途径，减缓水资源应对环境变化的脆弱性，提高人类的适应和应对能力。

(4) 现行水管理问题

现行的水管理存在分行业分部门的问题，一般根据工程所在地域、影响范围、类型等进行划分，从服务对象来看相对割裂，包括城市给排水管理、灌区水管理、江河水系管理、跨流域调水工程管理、梯级水库群系统管理等。

城市给排水管理作为城市管理的重要内容之一，一般由城建部门主管。其中，给水系统常由水源、输水管渠、水厂和配水管网组成，从水源取水后，经输水管渠送入水厂进行水质处理，处理过的水加压后通过配水管网送至用户。排水系统是把利用过的水顺畅地排出城市，是处理和排除城市污水和雨水的工程设施系统，通常由排水管网和污水处理厂组成。

灌区水管理承担维护工程、引蓄水源、调配水量、及时灌溉、增加农业效益等任务。灌区水管理包括工程管理、用水管理、组织管理、经营管理和环境管理等各个方面。灌区水管理需要根据区域作物布局及每年灌溉面积增减实际情况，及时调整年度用水计划，不断健全完善灌区灌溉管理制度和灌区供水规划，建立健全防汛抗旱服务组织，强化值班制度，水情巡查制度及指令执行操作规程等，加强闸站一线管理人员管理，强化纪律和责任意识，保证灌溉工程正常运行，为灌区充分发挥工程效益提供有力保障。

按照我国实行的流域管理与区域管理相结合的水管理体制，江河水系主要是由流域委员会进行管理，我国现行管理体制详见图 17-1。我国共有 7 个流域管理机构，从机构设置来看，流域管理机构是水利部的派出机构，是中央直属的事业单位，在《水法》、《防洪法》和《水污染防治法》等法律文件以及水利部的授权下，对各流域水资源进行统一监督管理。流域委员会的职能包括建立完善的数据收集和处理系统、制定流域用水和环境保护措施、制定水规划和开发政策与战略、建立系统的监督和报告系统、监测流域功能和流域内的用水等。

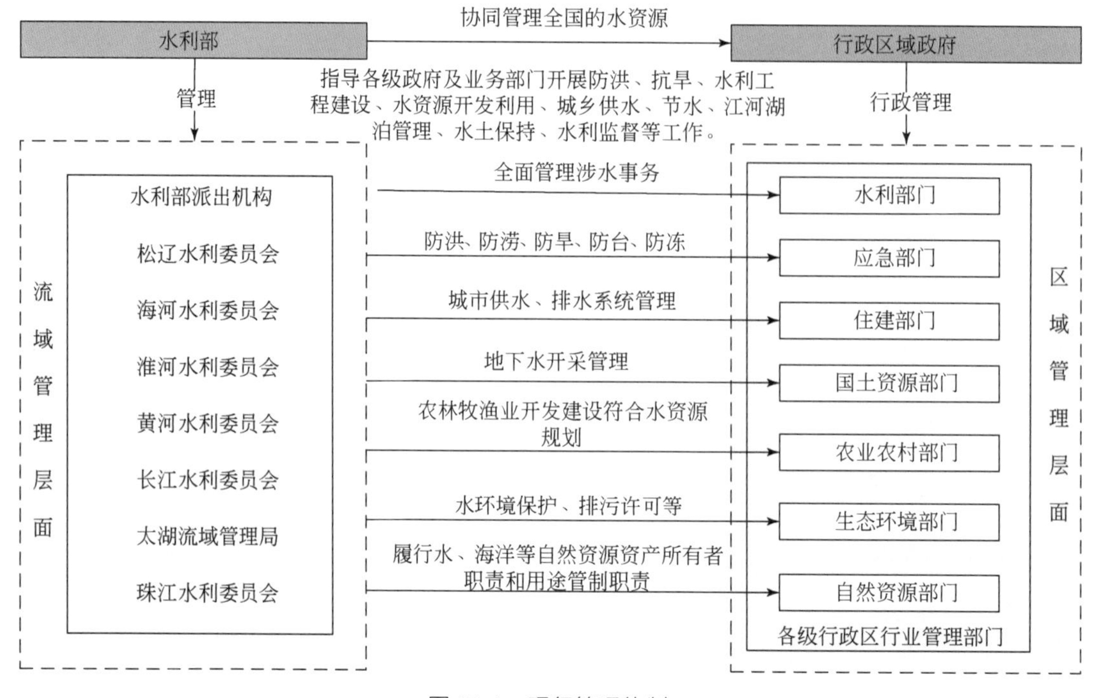

图 17-1 现行管理体制

我国不同地区和年代修建的跨流域调水工程具有多种管理模式，管理水平的差别较大，且为多级管理。一般原则为跨流域调水工程在一个行政区中，通过此区域水行政主管部门创建机构实现统一管理。调水工程跨两个或两个以上的行政区时，则利用上级水行政主管部门创建机构管理，或者委托一个主要受益地区创建机构管理。

我国的梯级水库群往往不是由一个单位全面管理，而是分散由多个企业分别管理，再通过联合调度实现系统化统一管理。水库群联合调度是指对流域内一群相互间具有水文、水力、水利联系的水库以及相关工程设施进行统一的协调调度，使流域内水利效益最大化。水库群的联合调度通常采取系统工程的处理方式，采取系统工程的理论与方法，开展水库群优化调度。在实践中，根据不同的调度目标，可分为防洪联合调度、兴利联合调度、生态联合调度、应急联合调度等。

17.1.3　适应国家水网的水管理发展态势

在长期的管理实践中，我国已经逐步建立和完善了水资源综合管理的法律法规体系，《水污染防治法》《水土保持法》《水法》《防洪法》等相继颁布实施，开创了我国依法开发、利用、保护和管理水资源的新局面（万育生等，2005）；实施取水许可制度、水资源有偿使用制度和供水定额管理制度，推进了水资源权属管理和需水管理；节水事业稳步发展，节水管理初显成效，积极推进了节水设施改造，明确划定了地下水禁采、限采范围，积极探索了地下水压采模式，大力推行了再生水资源化利用，爱护水、节约水已然成为全社会的良好风尚；流域水资源统一管理取得突破性进展，开展了全国、流域和区域的水资源综合规划编制工作；重视生态用水，加强了水资源的调度配置；水务一体化管理体制改革取得新进展，延续多年的“多头管水”体制，如今已开始向“一头管水”体制转变；水权与水市场的实践探索取得进展，充分发挥了政府与市场在解决水问题上的协同作用，确保人们依照政府规则和市场规律办事；水利工程管理体制和运行机制改革加快；信息化建设和水利国际合作加速，提高了水资源管理的技术水平；重科学，讲民主，专家和公众参与，以人为本，把人民群众最关心、关系最密切、最现实的水利问题放在首位，保障民生、服务民生、改善民生的水利发展新格局已然形成。

20世纪70年代计算机、遥测遥感技术和通信技术迅速发展之后，集成化管理和适应性管理等新时代的管理模式开始在水利部门逐渐得以实际运用，为实现水资源管理的系统化、科学化、智能化提供了可能。在集成化管理和适应性管理理论指导下，以协调可持续发展为目的，复合流域、社会、经济、生态系统的水管理工作，可以通过采集时空连续的多源异构、分布广泛、动态增长的，具有体量巨大、数据类别和格式复杂多样、新旧数据结合、价值高、交互性强、效能型高等特征的水利大数据集合，获取数据间的关系、规律和特征，提炼出对人类有意义的信息（蒋云钟等，2019）。为在防洪、抗旱、水工程安全运行、水利工程建设、水资源开发利用、城乡供水、节水、江河湖泊管理、水土流失防治、水利监督等水管理工作方面做出正确决策提供决定性的依据（蔡阳，2018）。

着眼未来，由自然河湖水系网络和水利基础设施网络构成的水网将作为水循环系统的物理载体，构成所有水管理行为的客观基础。智慧地球、物联网、大数据、云计算、人工智能等相关理念和诸多信息技术将纷纷应用于水领域，基于智慧流域和智能水网的概念，成为水信息、水利工程等学科发展的聚焦领域，同时也将成为现代水管理实践的理论基础与技术支撑（王建华等，2018）。

17.2 现代信息技术赋能国家水网管理

17.2.1 现代信息技术

目前，新一轮信息化浪潮正席卷全球，云计算、物联网、大数据、移动互联网、人工智能等新一代智能技术日臻成熟，与经济社会深度融合，深刻改变着生产生活方式、改变着政府社会管理和公共服务的方式。习近平总书记在党的十九大报告中强调，把“智慧社会”作为建设创新型国家的重要内容，智慧社会开放、共享、多元互动、协同治理的特质将深刻改变人们的生产生活方式和社会治理模式，也将促进水管理体系的变革和发展。作为智慧社会的重要基础设施网络，水网工程也应以互连、协同和智能化为创新方向，利用发展模式创新来突破瓶颈，加速水治理体系与治理能力的现代化进程（王建华等，2018）。

历史经验表明，科技革命总是能够深刻改变世界发展格局（习近平，2016）。物联网、云计算、大数据和人工智能等新一代信息技术给人类智力带来的革命，正如同18世纪的蒸汽技术和19世纪的电气技术对人类体力的颠覆性拓展，将推动人类社会的根本性变革。其中，物联网解决的是感知真实的物理世界；云计算解决的是提供强大的能力去承载这个数据；大数据解决的是对海量的数据进行挖掘和分析，把数据变成信息；人工智能解决的是对数据进行学习和理解，把数据变成知识和智慧（刘鹏，2018）。这些特征恰好应和了新时代水管理发展的需求，适时地突破了当代水管理技术的瓶颈。

水网既是水资源赋存和流动的物理载体，又是各类治水活动的基本对象，与交通网、能源网和通信网并列为影响现代社会人类生活的四大基础设施网络。在现代社会四大基础性网络中，通信网已发展到实现“万物互联”的5G（第五代移动通信技术）时代；能源网中的国家电网早在2009年就提出全面建设智能电网，已经发展到升级阶段——走向更高层次的深度智能；交通运输部于2017年年初出台了《推进智慧交通发展行动计划（2017—2020年）》。唯有水网保持着较为传统的基础设施建设和管理模式。作为有效支撑区域发展、全面服务国家战略的综合基础设施体系，水网系统完善与否、运行效率高低和功能发挥好坏，直接关系到国计民生和社会发展大局。当前，与交通、电力、通信等其他基础设施网络系统相比，水网最显著的差距在于智能化水平不高，主要表现在物理水网建设规划的系统性与科学性亟待提高、水信息的碎片化和孤岛效应问题突出、水利设施调度与管理的自动化和智慧化程度不高等（王建华等，2018）。

因此，亟须顺应时代潮流，落实中央精神，发挥后发优势，大力推进水网的智慧化升级，实现传统水利向现代水利的跃迁，构建生态与智能理念技术深度融合的资源管理和生态环境保护新模式，推动水治理现代化的实施。

17.2.2　赋能路径

我国智能水网是以“四横三纵”的国家水网为骨架，各等级江河湖库连通互济的区域水系为基础（水物理网），将现代先进的传感测量技术、通信技术、信息技术、计算机技术和控制技术（水信息网）与调度组织管理（水调度网）高度集成而形成的新型水利现代化建设的综合性载体（尚毅梓等，2015）。

水网智慧化管理是在此基础上对水网和水事件进行“实时感知、水信互联、过程跟踪、智能处理”的过程，即基于监测水循环状态和取用水过程的实时在线的前端传感器，实现“实时感知”；基于 Web（全球广域网）技术的水信息实时采集传输，保障“水信互联”；基于拉格朗日描述的水信息表达，“过程跟踪”各种水的赋存形式（如大气水、河湖水、土壤水、地下水、植被水、工程蓄存水、工业用水、农业用水、城市用水等）；基于水利模型、决策理论与拓扑优化的云计算功能，“智能处理”各类水事事件（王忠静等，2013）。

鉴于水网智慧化管理的需求，确定水网智慧化管理的关键技术体系，由天空地立体监测体系打造“眼”，算力、数据和算法打造“脑”，自动化控制系统打造“手”，以及连接“眼”“脑”“手”使其协同互动的物联网打造“脉”。“眼”“脑”“手”“脉”共同组成的复杂巨系统，能极大支撑水网体系的高效安全管理，进而保障国家水安全，促进水生态文明社会建设。

17.2.3　关键技术

“眼”——天空地立体水利感知网。需要围绕水利十大业务，利用传感、定位、视频、遥感等技术，实现感知范围全域覆盖[①]。监测范围包括江河湖泊水系、水利工程设施、水利管理活动等；监测内容包括水文、水资源、水环境、水生态、水土流失、工程安全、洪涝干旱灾害、水利管理活动、水行政执法等；监测手段包括雨量站、水位站等传统监测设备，以及卫星、雷达、无人机、视频、遥控船、机器人等其他监测手段。综合应用 NB-IoT（窄带物联网）、5G、小微波、LTE（长期演进技术，一种网络制式）等新一代物联通信技术，提升水智慧化管理“实时感知”和“过程跟踪”的能力，图 17-2 为天空地立体水利感知网的应用示例。

“脑”——算力、数据和算法[①]。需要通过三方面能力建设构建水网智慧化管理的大脑：一是算力，运用云端按需扩展的大规模联机计算能力，提供云服务，提高水利大数据实时处理分析能力；二是数据，通过建立统一数据标准，汇集多源数据，开展数据治理，构建数据资源池，提升数据价值，统一数据服务，快速、灵活地适配前端业务调整与业务升级；三是算法，研究深度挖掘、机器学习、知识图谱等技术，构建水利模型和算法共享平台，提升水网智慧化管理预测预报、工程调度和辅助决策等“智能处理”的算法能力，

---

① “十四五”智慧水利建设规划（水信息〔2021〕323 号）。

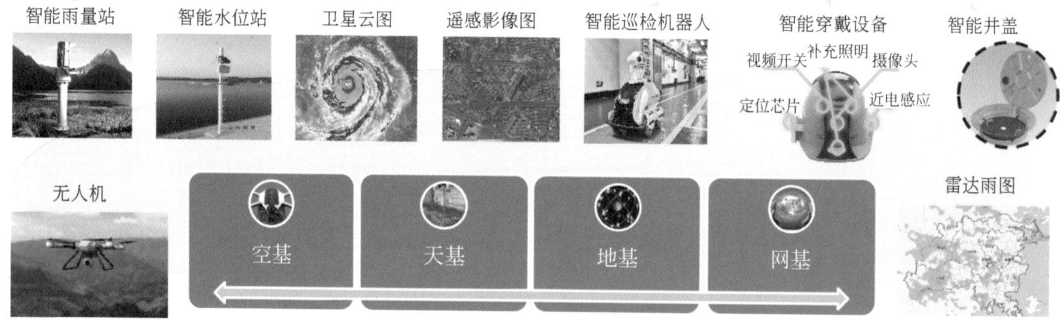

图 17-2 “眼”——天空地立体水利感知网示例

图 17-3为水利模型应用示例。

图 17-3 “脑”——水利模型应用示例

“手”——自动化控制系统。水网智慧化管理的调度工作涉及的工程数量大、范围广、位置偏僻、实时性要求高。自动化控制系统能够提高效率、保证安全、节约人力，实现在无人看管的情况下对水利工程工况进行实时管控。不仅能提高工作效率，也保证了人员和工程的安全。自动化控制系统通常主要包括工程现场系统、中心调度系统和通信系统，通过各部分的相互协作，实现对工程的现状监控与实时调度。以闸门为例，工程现场系统主要包括作为监控对象的闸门，作为执行机构的闸门控制器，作为测控设备及电动机动力来源的供电系统和与中心调度系统通信、进行数据采集、控制命令下达、数据存储、数据显示、故障自诊断、计算以及开关量输入、输出等功能的远程测控终端等；中心调度系统主要包括服务器、交换机、自动化控制软件和用户等；两部分由实现远程测控终端与中心调度系统远程通信和与闸门控制器就地通信的通信系统联通，从而实现对工程的自动化控制。实现库、湖、池、河、闸、泵、阀等水工程群的实时联动控制和综合调度，可提升水网智慧化管理“智能处理”的执行能力，图 17-4 为自动化控制系统示例。

图 17-4　“手”——自动化控制系统示例

资料来源：福州市城区水系科学调度系统温泉公园控制系统

“脉”——泛在水利物联网。物联网是一个基于互联网、传统电信网等的信息承载体，它让所有能够被独立寻址的普通物理对象形成互联互通的网络。围绕水利系统各环节，通过各种信息传感器、射频识别技术、全球定位系统、红外感应器、激光扫描器等装置与技术，实时感知任何需要监控、连接、互动的物体或过程，采集其声、光、热、电、力学、化学、生物、位置等各种需要的信息。通过各类可能的网络接入，实现物与物、物与人的泛在连接，实现对物品和过程的智能化感知、识别和管理，构建能够提供实时、准确、综合、连续多样水网数据和信息的感知网络，将为水网智慧化管理的“水信互联”过程提供有力支撑，图 17-5 为泛在水利物联网功能示例。

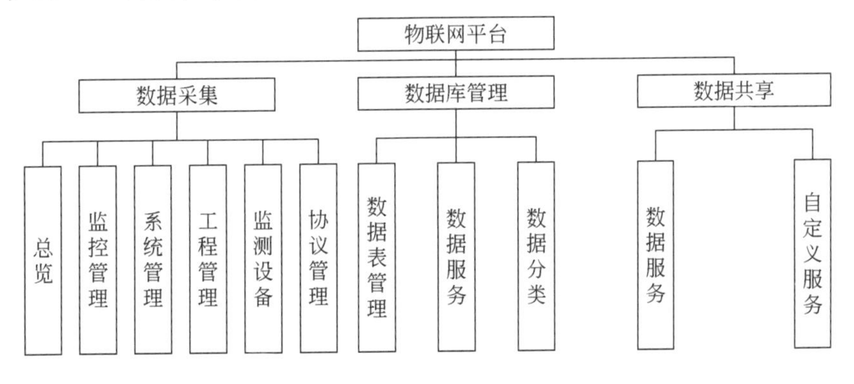

图 17-5　“脉”——泛在水利物联网功能示例

17.3 国家水网智慧化管理发展布局与探索

17.3.1 水网智慧化基本概念

遵循二元水循环的理念，从二元的视角研究国家水网的智慧化管理，可以看到前文所说的水网是水物理网，是水网智慧化管理系统的基础，是“躯干”，由自然河湖水系、水调控工程以及取-供-用-排水设施组成，传输和存储的是水流。除了基础的水物理网这一承载的主体，还包括“自然生态系统”和“社会经济系统”这两个被承载的客体，与之对应的就是体现“二元水循环”资源属性、经济属性、环境属性、生态属性和社会属性的水信息网、水管理网。水信息网，即对水物理网中各类要素信息进行采集、传输、处理和服务的数字网络系统，是水网智慧化管理系统的“神经”，其中传输和存储的是信息流。水管理网，即面向目标的决策指令形成、传达、执行的组织网络体系，是水网智慧化管理系统的“大脑”，其中传输和存储的是业务流。完整的水网智慧化管理是对“三网合一”复合系统的智慧化管理。

水网智慧化管理是水事管理者借助水信息网感知和传输体系的支撑，快速、高效、准确地获取关于自然江河、渠系、管道、地下水和水工程的实时数据，通过水信息网决策支持系统的强大数据挖掘和模拟分析能力形成决策支持信息；通过水管理网在水信息网的决策支持和高速计算能力的辅助下形成调度管理指令并发布；水物理网一方面接收水管理网的指令，通过水利工程硬件运行实现水流调度，另一方面又将当前状态通过水信息网反馈给水管理网，以辅助下一周期调度决策形成的循环往复过程。需要建设雨情、水情、工情等智能化监测体系，以增强对潜在水安全风险的预测感知能力，从而在预警环节保障水安全；建设智能化二元水循环模拟和水网工程运行仿真系统，以提高水资源调度决策的系统性和针对性，从而在决策环节保障水安全。建设远程化、自动化、智能化的水利工程运行调控系统，以支撑精细化水资源管理和调控模式，从而在执行环节保障水安全（王建华等，2019）。水网智慧化管理的三大组成要件网络特征解析详见表17-1。

表17-1 水网智慧化管理的三大组成要件网络特征解析

类型	单元	内容
水物理网	通道	自然河湖水系、人工输配水渠系、管网
	节点	河流水系汊点、水利枢纽、输配水节点
	流	水流
	规则	水动力学规律
水信息网	通道	有线传输通道、无线传输通道
	节点	信息采集点、信息汇聚交换点、管理控制平台
	流	信息流
	规则	数据标准、网络协议、传输协议

续表

类型	单元	内容
水管理网	通道	纵向调度管理体制、横向调度管理体制
	节点	不同层次管理单元与组织机构
	流	业务流
	规则	调度规程、工程运行管理制度

资料来源：王建华等，2018

定义水网智慧化管理的内涵后，还要明确实施水网智慧化管理的前提是建设完善智能水网。智能水网建设的内容主要包括三大部分：由各类水流传输和调控基础设施组成的水物理网建设、符合智能化技术趋势的水信息网建设、以科学制订调度指令为核心的水管理网建设。“三网合一”是智能水网高效运作和效益发挥的关键。以水物理网建设统合水利基础设施建设和江河湖泊整治工作，以水信息网建设统合水信息监控和数字化决策支持系统建设，以水管理网建设统合水管理决策体系建设，并通过三网间的信息指令的交互和传输，实现智能水网的整体功能。其中水物理网建设包括自然河流水系整治、蓄引提水工程建设、供排水设施体系建设，基本可以涵盖水利基础设施建设的内容，而智能化要求在工程建设中既要考虑宏观系统结构与布局的科学性，也要注重单体设计与建设的合理性，体现了现代水利基础设施体系规划与建设的时代要求。水信息网建设涵盖了“自然-社会”二元水循环及其调控信息的采集、传输、处理的整体建设内容，智能化则对于信息采集的可靠性和有效性、现代信息技术的应用等具有相应的要求，形成了现代水利信息化的基本构架。水管理网建设则包括水管理决策能力，涉水事务管理体制改革和制度、机构队伍及其能力等的建设，与现代水利决策与管理体系改革的架构有较好的吻合（王建华等，2018；尚毅梓等，2015；王建华等，2019；国家智能水网工程框架设计研究项目组，2013）。

17.3.2　发展目标与总体架构

国家水网智慧化管理以全面满足人民美好生活的水需求为总目标，具体目标包括：水网系统全域通达，直饮水覆盖全体居民，产业供水量质达标，标准内水旱灾害安全防控，超标准水旱灾害妥善应对，河湖生态系统健康，水体环境质量全面达标，地下水可持续利用，人居水空间环境优美，水产业绿色健康发展，公众水信息需求得到满足。以精准预报、科学决策、有效控制为导向，重点突破多尺度水网信息预测预报、复杂水网系统智能调度、闸/泵/水电站群安全高效控制、市场环境下水经济调节等关键技术，为科学高效水管理网建设及水利行业强监管提供科技支撑。

水网智慧化管理要实现“像管电一样管水”。电力资源基础设施同水资源基础设施一样，都是重要的保障性社会公共基础设施。中国针对电力资源的管理理念先进、发展迅速，在顺应技术和行业发展趋势的情况下已基本实现了电力资源的统一智能化高端管理。智能电网技术是将先进的传感量测技术、信息通信技术、分析决策技术、自动控制技术和能源电力技术相结合，并与电网基础设施高度集成形成的新型现代化电网结构，其特点呈现出信息化、数字化、自动化和互动化。电力资源和水资源同属国家能源，在建设、利用和管理模式上均存在相似特性。因此，可借鉴中国电力管理的先进理念并应用于水资源的管理过程中。例如，在水源侧实现以水文站点为基础的水资源基础设施网络互联，形成采集、整合水资源基础数据的分布式数联网结构。实现对水源、水质、水量的实时监控和实时调度，通过构建全国性的一体化水资源网络，构建覆盖全国的水资源监控平台、输送平台和交易平台。从水源侧实行分布式源头把控，对水资源体系进行标准化管理和均衡化调度。大力推动自动化水文监测系统的建设和布局，通过区块链技术搭建分布式“水资源数联网”，保障水资源大数据在网络中“安全可靠、公开透明、共享兼容、畅通无阻”的流通。利用水资源分布广泛、无处不在、无处不用的特点进一步形成与其他资源结合，可全面支持社会民生、经济发展、资源利用、防灾预警等多种功能的泛在式、流动式全国整体资源网络。在用户方面，可以借鉴国家电网“全覆盖、全采集、全费控”资源信息采集系统建设方案，形成信息采集实时到户的“智能水表”，进一步与电、气等其他资源结合共同实现同步结算和实时调度。同时针对用户资源耗费数据进行长期监测与积累，构建用户资源消耗的行为分析和趋势模型，为深入推进资源网络互动化、资源高效利用和清洁能源替代推广等提供数据分析基础和科学决策实例。

根据水网智慧化管理的总体构想，面向国家水安全保障及水治理现代化现实需求和时代要求，水网智慧化管理将以云端、边缘端、终端三端协同技术为基础，以“数据中心”、“模型中心”和“决策中心”构成的大脑为核心，以“服务中心”构成的业务应用为重点，形成水网智慧化管理的总体框架（许正中等，2020）。

（1）水网智慧化管理的三端协同技术架构

云端：云端是一个大规模的服务器集群空间，可按需灵活部署，动态可扩展能力强，在广域网或局域网内通过分布式网络存储技术将硬件、软件、网络等资源统一起来，实现大体量的高效数据计算、储存、处理和分析，通常完成大型复杂数值计算任务。

边缘端：边缘端部署在各业务部门，是按各部门业务需求原则构建的小型个性化计算中心，可以分担云端计算与存储负载、降低网络时延并减少云端服务使用成本。

终端：部署在数据采集现场、移动设备和分级分部门的用户，具有简单的基础数据处理能力，支持不同级别数据的直接获取并通过网络传输。

三端协同：在云端部署“模型中心”，可实现水网全链条决策支持。边缘端按需部署在不同的业务部门，一方面获取终端上传的数据，通过分布式云计算节点，进行错误数据自动识别、缺失数据插补，实现该业务部门负责区域内的原始数据融合集成，形成满足云计算需求的边缘端水资源大数据库；另一方面接收云端产生的数据，完成风险预警、调度决策分析等局部简单模型的数据后处理分析，借助数据中心作为中间件，进行云端及边缘端之间任务沟通协调，实现云边协同计算，满足预测预警、科学调度、精准控制等个性化分类管理需求，从而达到局部精准。终端布设各式各类的传感器、移动设备和分级分部门的用户，结合物联网技术，进行气象、水利、生态、环境、国土、农业、经济等多源异构数据采集和边缘服务发布，实现水资源、水灾害、水生态/水环境、水工程、水监督、水公共服务、水行政等信息的立体感知、全面获取与定向输出。“云边终”三端协同工作模式如图 17-6 所示（张万顺和王浩，2021）。

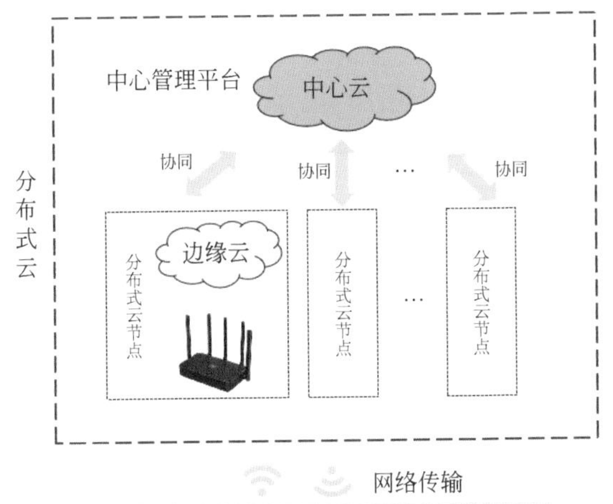

图 17-6　“云边终”三端协同工作模式示例

资料来源：广西壮族自治区信息中心

(2) 水网智慧化管理的“四中心”建设方向①

数据中心：面向水利十大业务以及综合决策，按照“安全、实用”总要求，充分利用水利信息化基础设施，运用云计算、大数据、人工智能等新一代信息技术，提升水利大数据汇集、治理、管理和服务能力，建设横向全面覆盖各水利业务领域和综合决策，纵向贯穿水利部、流域管理机构、省、市、县等各级水利数据资源统一汇集、统一治理、统一存储、统一融合分析和统一服务的水利大数据云平台，实现水利十大业务数据的统一汇集和整合治理，基本形成由源数据、基础数据和主题数据组成以及分析挖掘数据能力的数据资源池。逐步构建“水利大脑”，支撑河湖监管、供用水与节水监管、水旱灾害预警、水利建设市场监管和水利工程安全监管以及水利遥感和水利舆情等典型智能化水利业务应用，全面服务于水利综合决策和公共服务。

模型中心：按照微服务的架构，将共性应用资产下沉，重点聚焦于水利业务共性剥离和微服务构建，按照“数据标准化、功能模块化、平台生态化”思路，建设智慧使能平台和应用支撑平台，为上层水利业务应用统一提供公共基础服务支撑，支持前台快速开展业务创新，充分考虑兼容性、适应性和成长性，加强动态调整与跟进，避免不同水利业务应用之间的重复建设。主要包括智慧使能平台（含水利模型库、学习算法库、机器认知库、知识图谱库等）和应用支撑平台（含基础组件、水利网格化管理平台、水利一张图等）。

决策中心：围绕政府监管、江河调度、工程运行、水利政务等综合管理管控需要，横

① “十四五”智慧水利建设规划（水信息）〔2021〕323 号）。

向打通水资源、水灾害、水生态/水环境、水工程、水监督、水公共服务、水行政等水利业务智能应用，利用多源融合、纵横联动、共享服务的水利大数据，运用水利大脑的学习算法库、机器认知库、知识图谱、水利模型库等提供的智能管控支撑能力，通过多业务联动的大数据分析与计算，构建综合决策管控类智能应用。主要包括政府监管综合智能决策管控、江河调度综合智能决策管控、工程运行综合智能决策管控、水利政务综合智能决策管控等。

服务中心：围绕政务服务全国“一网通办”，整合公众服务事项，融合业务应用，建设互联网+水利政务服务平台。建立精准化政务需求交互模式，建立用户行为感知系统、智能问答系统，创新优化智能自动化服务应用。运用移动互联、虚拟/增强现实、互联网+、用户行为大数据分析等技术，创新构建个性化水信息服务、动态水指数服务、数字水体验服务、水智能问答服务、一站式水政务服务，全面提升社会各界的感水知水能力、节水护水人文素养、管水治水服务水平。主要包括水利政务服务、水利公共服务品牌、水体验服务、宣传服务等。

“四中心”任务分配：数据中心进行数据的自动收集、抽取、清洗、转换与传输，实现对静态基底数据和动态过程数据的分类处理、模型运算数据的存储管理，为模型中心的计算分析和服务中心的服务发布提供数据支撑。模型中心依据决策中心指令，按需调用成套的模型条件节点与应用节点，完成评价、预测、调度、控制等模型的计算，为决策分析提供结果支撑。决策中心管理平台运行流程，通过分配系统资源和监控系统运行来促进各中心协同合作、处理系统故障，快速有序地实现平台自动化和智慧化业务处理。服务中心负责发布和推送水资源、水灾害、水生态/水环境、水工程、水监督等业务的监测、预报、预警、调度等服务信息，通过用户指令向决策中心发出访问请求，以满足不同客户对决策的信息形式响应、可视化反馈与业务操作等人机交互需求。水网智慧化管理的“四中心”之间协同工作模式示例如图 17-7 所示。

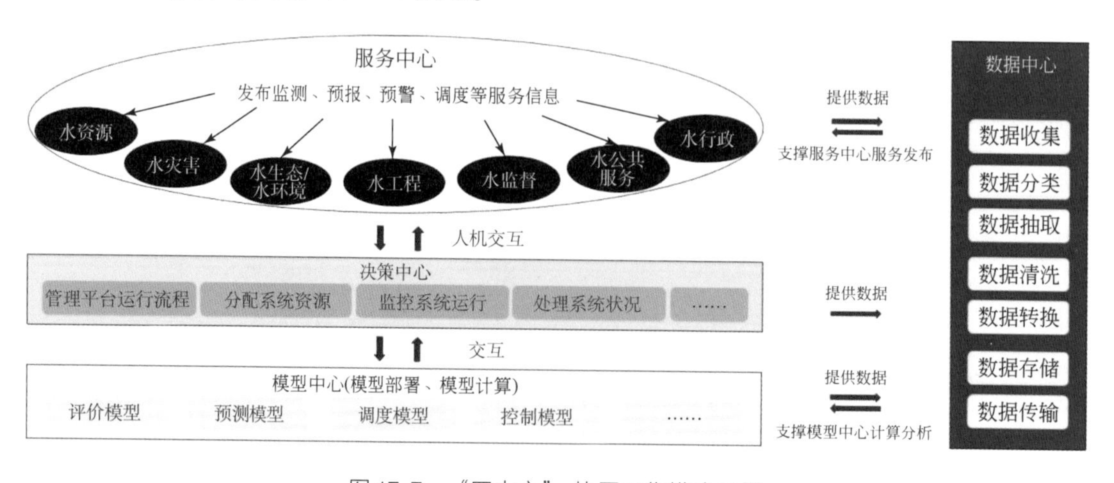

图 17-7 “四中心”协同工作模式示例

（3）水网智慧化管理的“三端”与“四中心”之间任务协同

整合数据-模型-决策-服务四个中心的软硬件资源，布置于云端-边缘端-终端的三层云架构中，将大体量多学科融合的数据模型和决策中心的宏观决策功能布设在云端，短历时重要数据模型和服务中心的边缘决策功能布设在边缘端，数据的原始采集与服务中心的最终服务发布在终端完成。边缘端作为云端与终端之间的媒介进行局部个性化的数据、模型与服务集总，通过选择性的消息传递、分发来减轻网络和云端的传输、计算负载，以简单的模型计算承担起数据集成预处理、数据结果后处理及业务服务定制的角色。基于“三端”与“四中心”之间任务协同模式，应用水利模型耦合集成技术以及信息化平台的自我学习和修正技术，实现水网的智慧感知、模拟、决策、控制、存储和网络资源统一调配及个性化功能服务发布。

基于“三端”与“四中心”云平台系统架构，实现支撑水网评价、预测、调配、控制等功能的海量数据融合集成、“空-地-水”一体化复杂模型体系布设及其高性能并行计算，融合“云边终”协同的工作模式，实现流域水体高效智慧化管理。以水文预报功能为例：云端布置高效的多模型并行算法，进行顶层核心模拟计算，得到流域全局全时段的流量与水位模拟结果；边缘端布置个性化的预报技术满足分类管理需求，结合云端传输的基础模拟结果，根据小范围的应用区域设置不同的预报模式与预警等级，同时承担相关水文水动力数据集成与信息通信的职责；终端结合物联网技术完成底层的水文水动力监控数据实时采集、上传和最终预报信息的推送和发布（张万顺和王浩，2021）。

17.3.3　风险全链条过程控制

地球上各水体间以水循环为纽带相互联系，使水圈成为一个动态的系统（陈家琦等，2002）。自然状况下，天然水循环具有“大气-坡面-地下-河道”自然水循环结构。在人类活动参与下，又形成了由“取水-输水-用水-排水-回归”5个环节构成的社会水循环结构（尚毅梓等，2015；王浩和贾仰文，2016；秦大庸等，2014）。人类所面临的各类水问题不管其表现形式如何，均可以归结为水循环演变与调控的失衡。又因为人类活动对于水循环系统的作用机制和由此产生的水资源演变机理错综复杂，致使各个环节都可能造成各种各样的水问题（王浩等，2010）。因此，及时有效地预判、发现并且处理这些可能造成水风险的问题就变得十分重要。

风险指可能发生的危险。风险的概念源于金融、财险业，在水利领域风险的概念与其也是一致的，它所体现的是在水的运动发展过程中带来的不安全因素而引发的对人们造成损失的危险。风险是客观存在的，它伴随着人类社会的整个发展过程，而风险管理则是人类社会生产力发展到一定阶段的产物，“居安思危”、“防患未然”都是原始风险管理思想的体现（刘钧，2018）。

风险管理是研究风险发生规律和风险控制技术的一门新兴管理科学，是各管理单位通过风险识别、风险衡量、风险评估、风险管理决策等方式，对风险实时有效控制和妥善处理损失的过程。风险管理的基本目标是以最小的经济成本获得最大的安全保障效益，即以最少的费用支出最大限度地分散、转移、消除风险，以达到保障人们经济利益和社会稳定的基本目的。这又可以分为以下三种情形：第一，损失发生前的风险管理目标——避免或减少风险事故发生的机会；第二，损失发生中的风险管理目标——控制风险事故的扩大和蔓延，尽可能减少损失；第三，损失发生后的风险管理目标——努力使损失的标的恢复到损失前的状态，其核心就是降低损失。风险管理的过程是决策过程，包括以下几个基本环节：①风险识别；②风险估测；③风险管理方式选择；④风险管理决策实施；⑤风险管理效果评价（阎春宁，2002）。

水循环失衡所造成各种水问题的防治过程实质上也是水资源、水灾害、水生态/水环境、水工程等的风险管理过程。水网智慧化管理能够通过对自然水循环“大气-坡面-地下-河道”全过程和社会水循环“取水-输水-用水-排水-回归”全过程的风险跟踪管理，达到超前预判、超前防控、超前处置、过程控制的水管理新高度。水风险管理流程如图17-8所示。

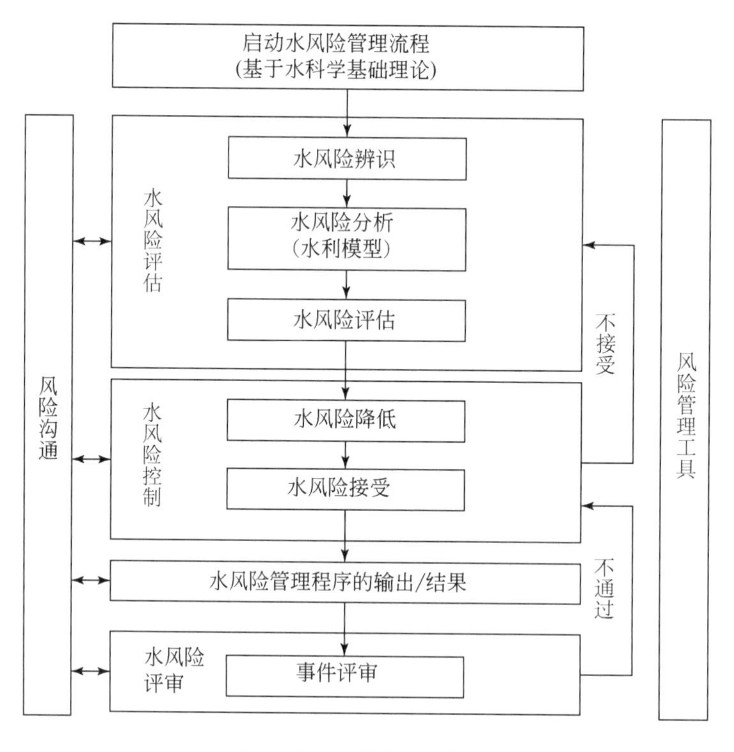

图17-8　水风险管理流程

水科学基础理论是进行水风险全过程智慧化管理的基础，是长期以来人们对水风险发生规律的认知总和。

水风险辨识是确定水系统中可能的潜在风险并定义其特征的过程，包括识别风险源、影响区域、风险事件以及其致险因素和潜在后果，目的是要形成一份全面的风险因素清单。水风险辨识是水风险管理的基础环节，如果风险不能在此阶段辨识出来，风险管理就必然存在漏洞，因此使具备适当知识的人员尽可能广泛地参与到风险识别过程中，采用适当的风险辨识工具和技术以保证风险辨识的全面性，对整个水风险管理过程来说至关重要。

水风险分析是针对识别出的风险致因和来源，考虑现存控制措施的有效性，对产生后果的可能性和严重性做出定性、定量或半定量的分析，依据现实确定的风险准则，通过各利益相关方的沟通协商，确定对风险后果及其可能性的恰当表述，为水风险评估、确定是否需要采取水风险处理措施以及采取何种措施提供输入。

水风险评估是针对辨识出的每一种危险，评估它演变为事故的后果，即严重程度和发生概率，确定它对人员、设备、设施、公众乃至环境的影响，并将确定的风险程度与风险准则进行比较，确定风险处理的需求，为做出有关风险是否需要处理及处理措施实施优先性的决策提供依据。

水风险评价是风险辨识、风险分析和风险评估等环节的总称。水风险处理是依据水风险评价的结果通过沟通协商充分考虑各利益相关方的价值观和观点，最终确定风险处理方案，包括提供或改进风险控制措施以及处理每个风险的优先顺序。由于风险处理本身也会引入新的风险，因此，风险处理包含着一个循环过程：评价采取风险控制措施后的残留风险水平是否可接受，如果不可接受则要制定新的风险处理计划，直到风险达到组织可接受的水平。

监测和评审是对风险管理过程进行的常规检查或监督，目的是确保控制措施的有效性，获得进一步改进风险评价的信息，从事件统计数据的变化趋势总结风险管理过程的经验教训，及时发现组织内外部状况变化和由此产生的新风险，并依据风险准则的变化及时调整风险处理方案，确保风险管理过程的动态循环（刘钧，2008；阎春宁，2002；任乃俊，2015；陈进，2012）。

17.3.4　管理群决策模式

严格意义上来讲，水网智慧化管理的每一项决策都是由多个人（或群体）完成的，而管理所做的决策也会影响到一群人，甚至所有人。水网智慧化管理应转变为群决策模式，即由群进行决策，需要尽可能保证科学，以保证群体的利益最大化。群决策是现代决策理论与方法研究的一个重要分支，它以管理学、数学、经济学、社会学、行为学、心理学以及信息科学等众多学科为基础，逐步形成一套理论体系与研究方法，在现代政治、管理、工程、军事和科技等重大决策问题中起到了越来越重要的作用。群决策的概念于 20 世纪 70 年代被提出，但是至今尚未形成统一的定义，这是因为群决策内部的复杂性、学科的交叉性，学者们基于不同的研究视角形成了各种各样的研究模式。一般认为，群决策就是集结群体决策者的个体差异性偏好以形成群体一致性偏好，借以对备选方案集进行排序，从中选择决策群体最偏好的方案。群决策的理论基础主要有社会选择理论、群体效用理论、行为决策理论、谈判决策理论、证据理论、（累积）前景理论等。在此基础上，多目标（属性）群决策、模糊群决策、灰色群决策、风险型群决策、语言型群决策、动态群决策、复杂大群体决策等一系列群决策方法不断涌现（朱佳俊和郑建国，2009；徐晓林和李卫东，2008）。

在现代信息技术的推动下，基于信息技术的水网智慧化管理群决策模式能够通过充分应用信息技术，支撑决策者判断、机理（知识）驱动决策、数据驱动决策三者互相学习、互相监督、互相校验，从而保证决策的可靠度、精度和可信度，进而实现水管理过程的智能化和自动化。

水网智慧化管理群决策模式的要素主要包括决策群体结构、决策目标集、方案集、参数空间、后果集、决策准则集、知识库、信息系统。决策群体结构主要由决策者、机理（知识）驱动决策、数据驱动决策构成。决策目标集用来表示决策者所希望达到的、努力的方向集。方案集用来表示决策者可能采用的所有行动的集合。参数空间用来表示决策问题本身所有可能的自然状态。后果集用来表示决策问题的各种可能的后果。决策准则集用来表示决策过程中必须遵循的原则。知识库用来表示与决策问题相关专业知识和技能的集合。信息系统是决策过程中各个环节所用到的应用软件、数据库、决策支持系统、专家系统的统称（徐晓林和李卫东，2008）。

17.3.5 服务导向式管理探索

17.3.5.1 水灾害

水灾害是指因暴雨、台风、山洪、地震以及其他原因引起的洪水泛滥、风暴潮、灾害性海浪、积水、涝渍、水生环境恶化等威胁人民生活和生命财产安全，对人类社会和经济发展造成损失或产生不良影响的灾害。水灾害智慧化管理则是指以现代信息技术为手段，建立政策法规、监测预报预警、水利工程应用、水工程联合调度、抢险技术支撑、社会管理和公众参与等各项举措有机结合的高效科学的水灾害综合防御体系，对水灾害风险进行实时有效控制并妥善处理损失，以提高流域、区域水灾害防御能力，保障人民生命财产安全的过程①。

（1）钱塘江流域防洪减灾数字化平台（防洪）

钱塘江流域防洪减灾数字化平台（以下简称流域平台），按照水利部“水利工程补短板、水利行业强监管”工作总基调以及浙江省委省政府防范化解重大风险决策部署要求，由浙江省水利厅负责牵头建设，列入 2019 年浙江省政府防范化解重大风险数字化转型的重大项目。项目批复总投资 3000 万元，分两年实施，2019 年完成 6 大防洪核心模块建设，实现最小系统上线运行；2020 年建成完整的防洪减灾数字化平台（含数字大屏、移动端及 PC 端应用）。

流域平台通过数字规划、治理进展、规划服务、水雨情监测、洪潮预报、防汛形势研判、预警发布、联合调度、抢险支持、水域监控等十大核心应用，实现流域防洪减灾业务全过程履职数字化。

系统上线运行以来，开通账号近 1.2 万个，公共主页访问量大于 1000 次/月；实现流域内 8 市 43 县业务纵向贯通，共有超 2 万人登录平台开展工作。水雨情监测数据实现每小时更新，汛期动态实现未来 3 天洪水预报，洪水预警预报制作时间缩短到 2 小时以内，预见期增长到 72 小时以上，为指挥决策和现场专家提供了强有力的技术支撑。同时，通过浙政钉、微信公众号、网站等，为 2.4 万人次公众提供了钱塘江强涌潮全河段的涌潮滚

① 水利部关于印发水利业务需求分析报告的通知（水信息〔2019〕219 号）。

动预报信息查询服务，为沿江防潮部门提供了防潮公共安全管理支撑。

(2) 上海城市排水防汛预警决策支持系统（排涝）

上海地处长江流域和太湖流域下游，易遭受上游洪水、台风暴雨、高潮位等多重自然灾害侵袭，且城区地势低平、经济高度发达、地下空间开发力度大，一旦遭遇特大暴雨等灾害性天气，地区内涝积水将对城市的基础设施安全与公众生活造成极大威胁。自 2014 年以来，上海市依托城市空间和排水管网地理信息系统数据，构建了二维排水管网水力模型。同时，进一步整合气象、管网系统运行调度和积水监测等数据资料，以实时预警预报模型为引擎构建了城市内涝预警与雨水径流综合管控平台。该平台通过对徐家汇地区约 $31km^2$ 下垫面用地类型的精确解析，实现了对暴雨产汇流过程的精确模拟，再借助排水管网模型和实时预警预报模型可推演各类超标准暴雨工况下二维城市地表雨洪灾害的范围和程度，可根据气象预报或正在发生的降雨雨情，提前给出积水预报、灾害预警和减灾辅助决策措施等。实现了通过暴雨时内涝积水提前预报预警、抢险方案提前布置来维护城市安全。

项目覆盖了上海徐家汇中心区域 9 个排水系统，涉及 10 座防汛泵站。平台搭建后，经受了近些年汛期的考验，能够实现日常自动运行，累计自动运行次数超过 20 万次。管控平台实现了建设范围内重点区域的暴雨积水实时预警预报，为相关部门提前做好内涝风险防范及排水设施的减灾调度提供了技术支撑。

(3) 区域旱情综合监测评估（抗旱）

旱情综合监测评估需要回答“哪里旱，有多旱，旱多久”等问题。以“监测-分析-预警-应用”为主线，依托多源数据融合技术、基于网格的分布式旱情评估技术、多指标旱情综合评估技术，进行实时旱情监测、分析及研判，提供旱情综合监测评估“一张图”。相关项目的建设和应用显著提升了各级抗旱管理部门的旱情监测预警能力，同时为耕作管理、灌溉管理、节水调水、旱灾保险等提供了支撑作用。

1)“湖南省抗旱一张图”项目建设了服务于湖南省、市、县三级抗旱业务的管理平台。自 2016 年建成投入使用至今，每周生成旱情简报，持续为抗旱业务工作提供技术支撑，并在多次抗旱应对决策中发挥了重要作用。

2)“安徽省旱情监测预警综合平台”项目通过两期工程建设，已在安徽省水利厅云服务平台上部署，服务于日常抗旱管理工作。在 2019 年长江中下游大旱的过程中，累计生成并发布旱情综合分析 44 期，滚动分析全省旱情发展态势，组织抗旱会商 10 次，发布旱情预警 6 期，在抗旱减灾过程中发挥了重要的作用（图 17-9）。

3)“河南旱情监测预警系统建设”项目为河南省多对象旱情实时监测提供了科学技术支撑，且已在全省防旱抗旱、应急决策等业务中得到了广泛应用。

4)“陕西旱情监测预警综合平台建设”项目有效提升了陕西省旱情监测预警能力，针对陕西特点采取了旱情监测评估的模型定制开发，提高了冬麦区及大中型灌区旱情监测的准确性，为陕西省抗旱减灾工作提供了重要的支撑。

5)“云南省抗旱业务应用系统”为云南省省级及地市级抗旱综合监测提供了科学依据及相应技术支撑，应用效果得到了云南省水利厅的充分肯定。

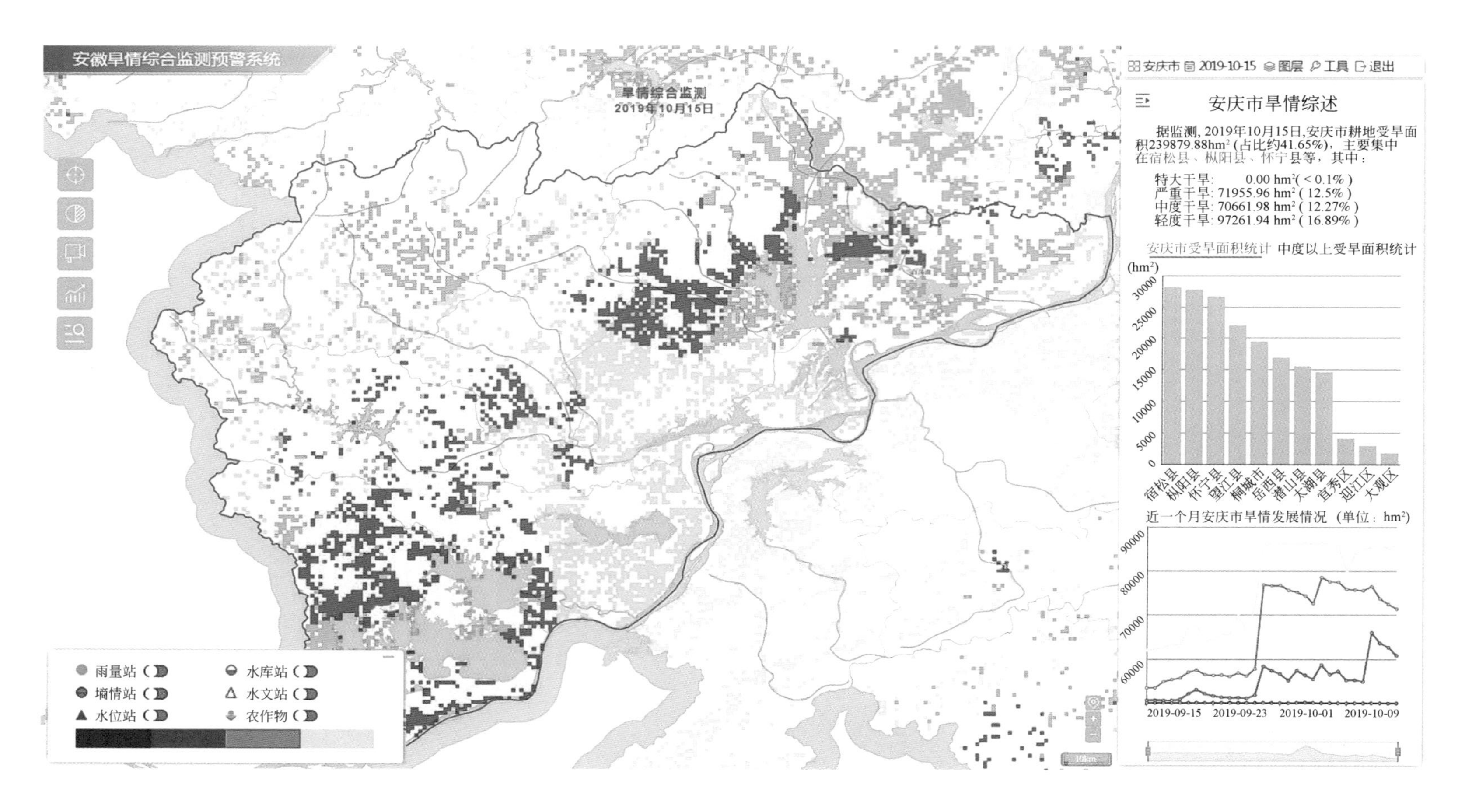

图17-9 安徽省旱情监测预警综合平台发布安庆市2019年10月旱情综合监测结果

资料来源：水利部防洪抗旱减灾工程技术研究中心网站

6）“北京市旱情分析”项目自 2015 年至 2019 年，每年滚动实施，利用基于下垫面条件的旱情综合监测评估技术完成了逐年的旱情分析评估工作，为北京市抗旱减灾工作提供了重要的支撑作用①。

（4）福州市城区水系科学调度系统（防洪、排涝、水环境整治综合应用）

2017 年，福州市整合住建、水利、城管等相关涉水部门，将城市建成区所有涉水业务归为一个部门管理，组建福州市城区水系联排联调中心，以“把水引进来、把水留下来、让水多起来、让水动起来、让水清起来”为目标开展福州城区水系治理工作。为最大程度发挥整治工程措施的效益，进一步提高和巩固水系治理成效，实现“智慧排涝”“智慧水系”，提升城市治理水平，实现水系的长效管理，采用“信息化、自动化、智慧化”三大策略，运用大数据、物联网、云计算等技术手段，建设福州市城区水系科学调度系统。系统建设按照“监测体系打造‘眼’、数据分析打造‘脑’、自动化控制系统打造‘手’”的建设思路，总体分为监测预警、预测预报、调度决策、指挥控制四大功能模块，从基于“眼”的现状情势监测预警，到基于“脑”的未来情势预测预报以及实时的调度决策，再到基于“手”的人员、车辆和工程的实时指挥控制，打造城区水系科学调度系统（图 17-10 ~ 图 17-12）。

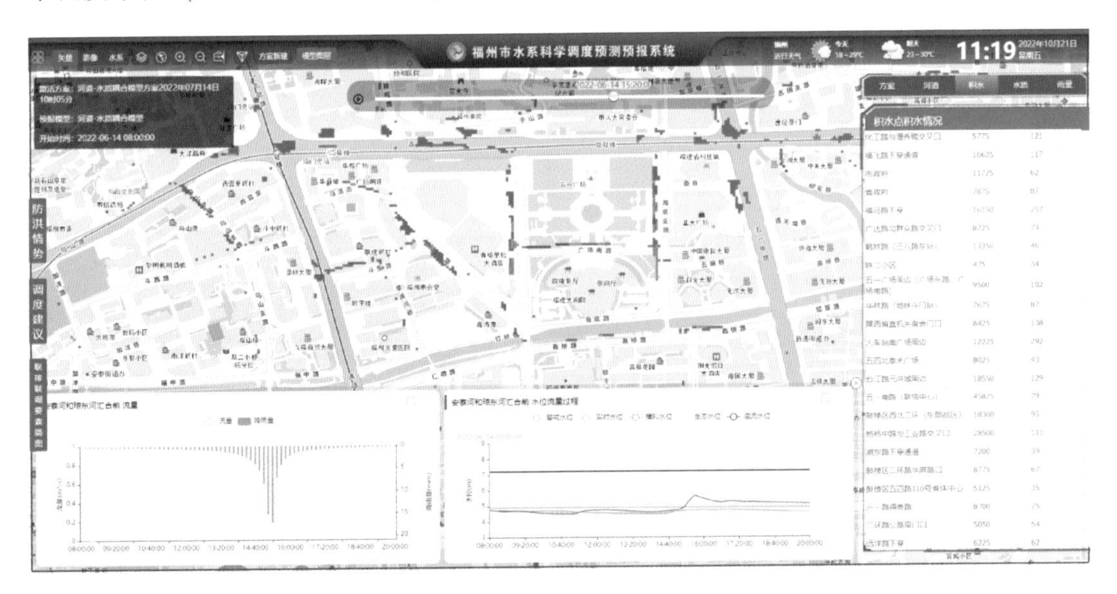

图 17-10 福州市城区水系科学调度系统（预测预报系统）

系统自 2019 年 6 月正式上线运行至今，为福州市提供 7×24 小时的服务，支撑了Ⅳ级以上防暴雨预案的科学调度 200 多次。在福州水系治理工程措施的基础上，依托福州市城区水系科学调度系统，城区的排水防涝应急处置效率提高了 50%，库湖河调蓄效益提高了 30% 以上。在 44 条黑臭水体全部消除的基础上，内河的水位比原来提高 1.2 ~ 1.8m，内

① 参见《智慧水利优秀应用案例和典型解决方案推荐目录（2020 年）》。

河流速保持0.2m/s以上，极大改善了城市河道生态环境质量。经历2017年“纳沙”“海棠”双台风（累计雨量达277mm）和2018年“玛莉亚”台风（24小时雨量196mm），城区没有出现明显内涝。作为全国第一个城市级水系统实时调度系统，被“学习强国”等媒体多次报道，接待全国各地技术调研100多次/年。2020年，国家发改委点赞福州市水系综合治理工作成效，联排联调机制为全国贡献出可复制、可推广的典型经验，影响力不断扩大。2021年，《国务院办公厅关于加强城市内涝治理的实施意见》（国办发〔2021〕11号）文件强调，提升城市排水防涝工作管理水平需“实行洪涝‘联排联调’”。

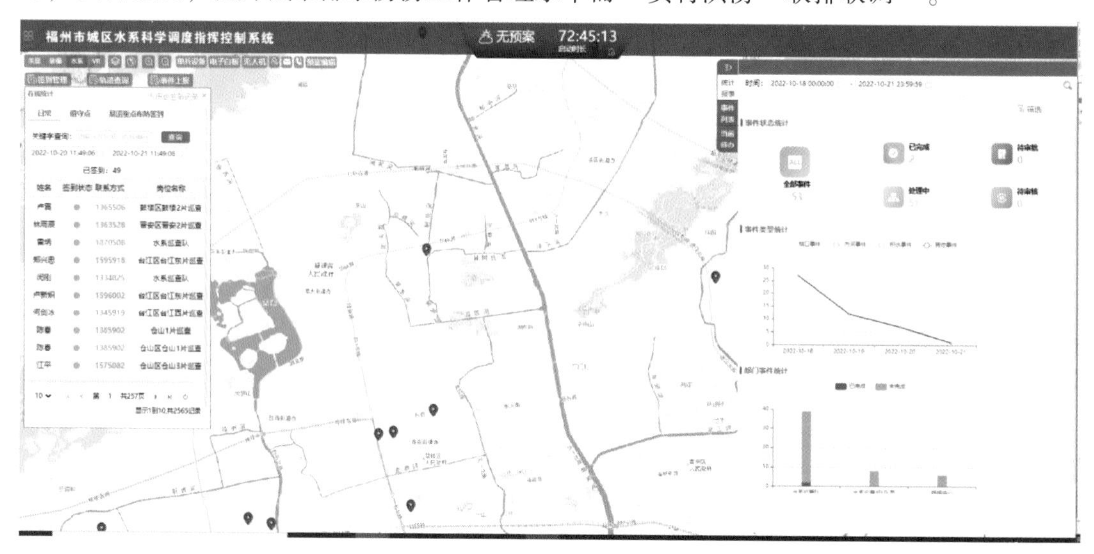

图17-11　福州市城区水系科学调度系统（指挥控制系统）

（5）自然灾害应急避险智慧解决方案（人群避险）

应急避险是应对极端洪水的重要非工程措施，但当前避洪手段存在三大“卡脖子”技术问题：一是防洪风险动态预判存在薄弱环节，基于假定情景的传统防洪预案对变化环境导致的水情、工情及灾情的不确定性问题适应性不足，无法满足应急避险的实时动态风险预判与快速响应反馈要求；二是风险人群识别与通知响应短板突出，新形势下避险人群信息难以实时有效获取与全过程动态跟踪，受灾人群的精准性、避险预警的时效性难以保证；三是受灾人群高效安置能力亟须提升，海量的人员流动、交通转移、接收安置等源汇动态信息给转移安置方案的多目标协调工作带来极大挑战。

为解决上述技术难题，“基于人群属性的应急避险智慧解决方案”紧紧围绕洪水风险算得准、算得快，风险人群找得到、可追踪、转移快、安置好的目标。通过引入互联网和手机通信位置服务（location-based service，LBS）大数据等技术，建设防洪应急避险系统，对风险人群精准识别、快速预警、及时响应与实时跟踪，对安置容量动态辨识、转移路径实时优化，实现了应急避险转移安置精准到人、转移效果全过程评估、避险要素智慧管理。相比传统基于户籍的人员转移方式，人群避险预警响应的精准性、转移安置的时效性均得到大幅提高。

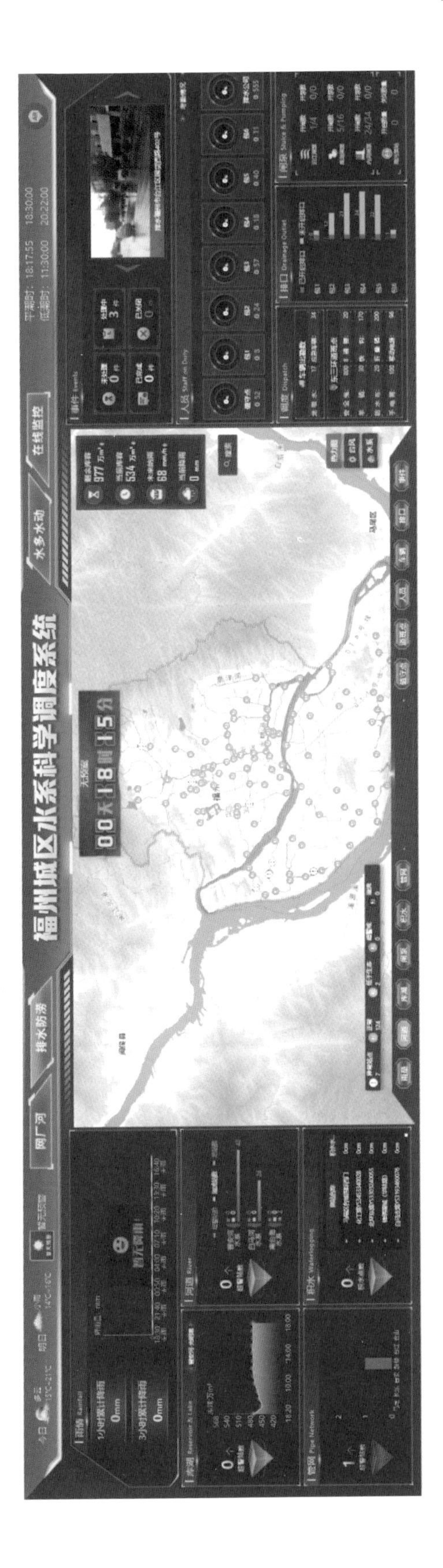

图17-12　福州城区水系科学调度系统(大屏)(中国水科院水资源所承建项目)

该方案已成功应用于2018年金沙江白格堰塞湖应急处置项目。创新性采用基于位置服务信息技术的人群热力图，在白格堰塞湖应急处置中直观快速地获取了堰塞湖溃决洪水影响区域的人口特征及动态分布信息，为堰塞湖风险评估和人群应急转移提供了有力的信息支撑①。

17.3.5.2 水资源

水资源智慧化管理涉及水资源的开发利用、城乡供水、节约用水等水利业务。在水资源开发利用环节，需要以信息完整的水资源采集体系为基础，动态掌握水资源及其开发利用状况，通过建立各环节业务协同、高效安全、实用可靠的智慧化管理业务应用体系、科学智能的调度决策体系，形成水资源开发利用精细化、动态化、科学化管理的技术支撑，助力水资源开发利用在统筹生活、生产和生态用水，制定并实施水资源综合规划和水量分配方案，强化水资源统一调度，严格流域、区域取用水总量控制，保障重要江河断面生态流量，监督考核评估水资源开发利用状况方面的科学性，以水资源可持续利用支撑经济社会可持续健康发展。在城乡供水环节，需要整合共享水源保护、取水水量、水质监测、卫生监督、工程运行管理、规划计划与建设管理等数据，补充完善农村饮水安全工程建设管理和监测信息，开发水源地水量水质分析与安全预警、农村供水安全预警等模型，构建城乡供水安全监控系统，增强分析评价和预警预测能力，为城乡供水安全监管提供支撑。在节水环节，需要通过建立节水信息化管理平台，建设节水目标任务评估考核、节水监督管理、节水信息公开、节水统计查询相关业务应用，提升节水信息获取能力，有效支撑政府及部门履行统筹监督的职能②。

（1）国家水资源监控能力建设项目（水源水量水质监测）

国家水资源监控能力建设项目按照水利部、财政部明确的“三年基本建成，五年基本完善”的总体部署，分两期实施。一期项目（2012～2014年）于2012年始开展建设，2016年7月通过水利部组织的终验；二期项目（2016～2018年）于2016年始开展建设，2020年9月通过水利部组织的终验。一期项目和二期项目累计投资33.89亿元。

经过两期项目建设，全国共有1.9万个取用水户计4.3万个点实现在线监测，项目实现了对全国河道外取水许可量82%和实际用水量55%的重点取用水户在线监测，且对列入《全国重要江河湖泊水功能区划（2011—2030年）》考核名录的4493个重要江河湖泊水功能区监测覆盖率超过95%；实现了对630个全国重要地表饮用水水源地水质在线监测全覆盖，对大江大河省界断面水质常规监测全覆盖，并对列入全国省际河流省界水资源监测断面名录的501个省界水量断面进行了水量信息监测。

建成水资源监控管理三级信息平台，建立了成熟稳定的监测数据采集、传输、存储与统计展示体系，实现了信息的互联互通和水资源主要管理业务的在线处理等，覆盖了80%以上的水利部、流域、省、地、县五级水资源管理业务，系统运行稳定。

经过历时近八年的建设，国家水资源监控能力建设两期项目建设任务基本完成，建设

---

① 参见《智慧水利优秀应用案例和典型解决方案推荐目录（2020年）》。

② 水利部关于印发水利业务需求分析报告的通知（水信息〔2019〕219号）。

目标基本实现，在我国首次建成了取用水、水功能区、大江大河省界断面三大监控体系和水利部、流域、省（自治区、直辖市）三级水资源管理信息平台，基本建立国家水资源管理系统。项目的实施在填补我国水资源监控手段缺乏短板、改善水资源管理基础设施薄弱状况、提高水资源管理信息化水平等方面发挥了重要作用，为水资源“强监管”提供了重要支撑手段。

（2）安徽省水资源取用水智能化监管平台（取用水监测）

本案例依托安徽省国家水资源监控能力项目，针对水资源取用水监管薄弱环节开展了系列研究，实现了取用水在线监测、自动预警和智能化监管，为加强水资源管理提供了有力支撑。安徽省水资源监测系统经过近 8 年运行，在线监测点数量、监测数据质量和运行稳定性等多项技术指标在全国位于前列。持续加强了水资源管理系统的升级完善，积极推进了水资源管理业务应用的智能化，全面提升了水资源管理智慧化水平，达到了项目预期效果。

项目服务对象为安徽省水利厅、市县级水行政主管部门以及取用水户。平台提供用水量监测与报表生成、行业用水效率分析、水资源费在线收缴、用水总量控制预警、取水许可信息管理等服务。便于取用水户在线申报相关取水材料（取水许可、计划和总结），提升用水效率，降低用水成本；也便于水行政主管部门实时掌握取水户用水情况和取排水口情况，提升了工作效率和管理水平（图 17-13）。

案例的实施，进一步提升了安徽省水资源管理现代化水平，为加强安徽全省水资源管理、落实水资源管理“三条红线”提供了有力支撑①。

（3）广东省东江水资源水量水质监控系统项目（水源水量水质监测）

广东省东江流域多年平均年水资源总量为 331.1 亿 m^3，其中地表水资源量为 326.6 亿 m^3，是香港、广州（东部）、深圳、东莞、惠州、河源等市的重要水源。随着经济社会高速发

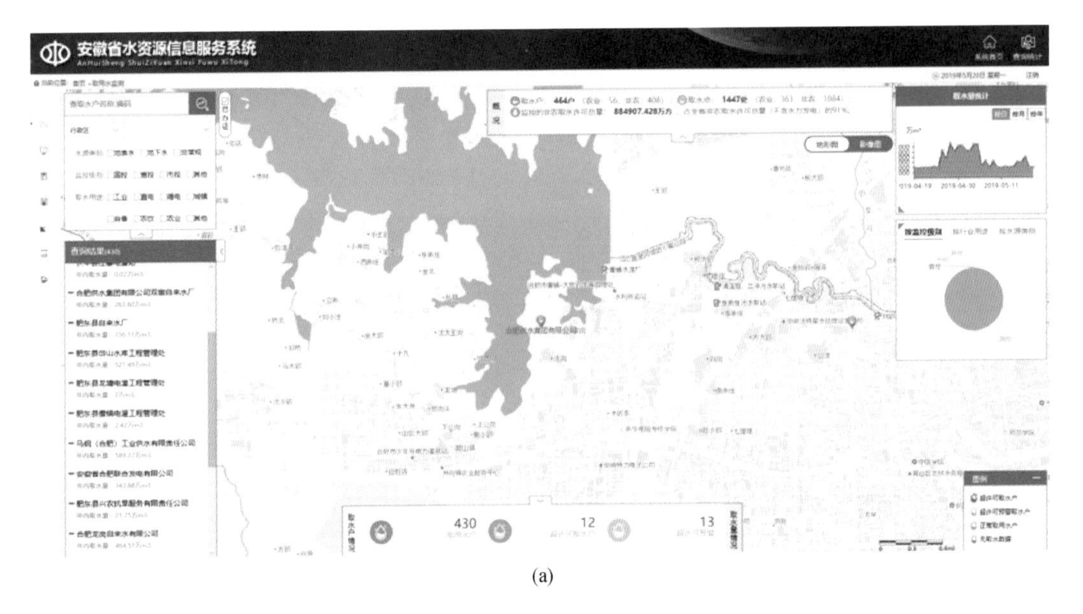

(a)

① 参见《智慧水利优秀应用案例和典型解决方案推荐目录（2020 年）》。

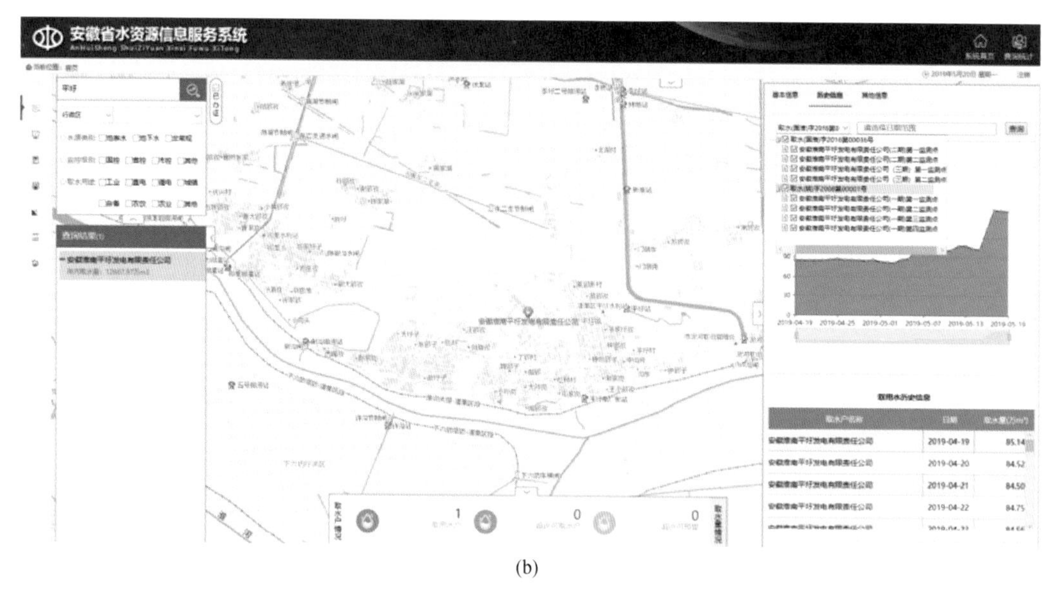

(b)

图 17-13 安徽省水资源取用水智能化监管平台

资料来源：安徽省水利厅

展和人口快速增长，流域受水区用水量迅速增加、水资源供需矛盾日益加剧、水环境及河流生态受到的威胁日益突出。为加强东江流域水资源统一管理，广东省政府于 2008 年颁布实施《广东省东江流域水资源分配方案》（下称《东江分水方案》），明确了东江水资源分配“蓄丰补枯”的原则，同时明确由广东省东江流域管理局（以下简称“东江局”）对东江流域水资源实施统一管理和调度，开创了在南方丰水地区进行流域水量分配的先河。

东江局大力推进广东省东江水资源水量水质监控系统（以下简称“监控系统”）建设。监控系统是广东首个对水资源进行实时水量水质双监控的项目，同时被水利部列为水资源分配和调度工作的试点项目，被广东省政府列为实施《粤港合作框架协议》和《珠三角地区改革发展规划纲要》的重点项目（图 17-14 和图 17-15）。

项目实现了水资源水量水质的双监控。根据《东江分水方案》提出的重要控制断面流量、水质控制目标，对三大控制性水库、11 个河道控制断面、19 个重要取水口、12 个干流梯级电站和 10 个支流汇入口共 55 个监控对象的水量、水质、工程运行工况及视频信息进行了实时监控。2014 年 5 月，监控系统全面建成并投入使用。监控系统在水资源管理保护、水量调度等方面发挥了重要作用，实现了水量调度情势的准确分析和调度计划的科学编制，水量水质实时双监控和三大水库联合优化调度，使得东江流域水资源管控能力大幅提高。2018 年东江局根据新的业务职能，进一步深化监控系统应用，完善升级了水资源管理、防汛管理和概化图功能，增加了河湖管理、水事巡查、应急事件管理功能，补齐了无移动应用和移动门户的短板，为东江水资源科学高效管理和调度提供了有力的技术支撑①。

① 参见《智慧水利优秀应用案例和典型解决方案推荐目录（2020 年）》。

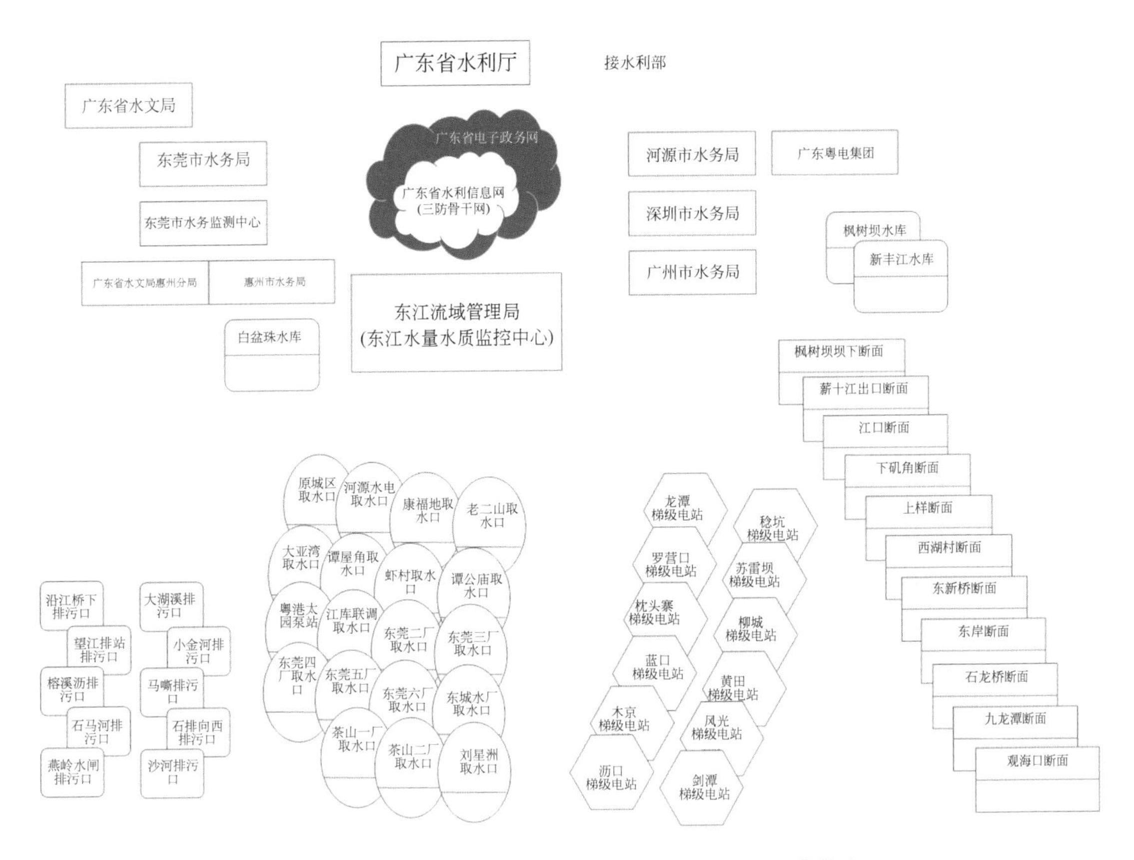

图 17-14　广东省东江流域水资源水量水质监控系统构成

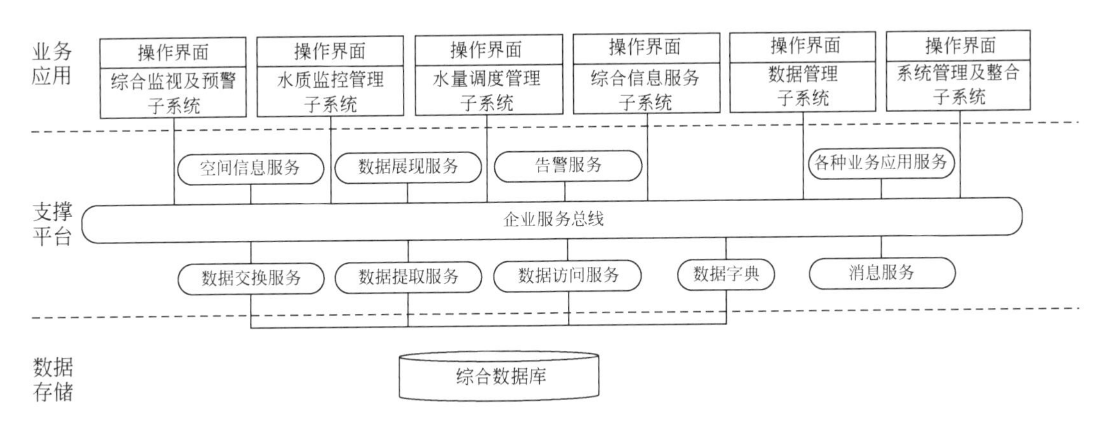

图 17-15　广东省东江流域水资源水量水质监控系统软件体系架构

17.3.5.3　水工程

水工程指在江河、湖泊和地下水源上开发、利用、控制、调配和保护水资源的各类工程，是人类取用水资源、保护水环境、防御水灾害、保障水生态等各种工作的基本工具和有效手段。水工程的智慧化管理包括水工程建设和水工程安全运行等方面。水工程建设方面，需要以建立、完善建设项目管理模块和政府监管系统为基础，建设水利工程建设项目管理系统，借助大数据、物联网、建筑信息模型等技术手段，实现对水利工程建设业务流程关键节点的监管，实现对质量、进度等关键工作的监控，实现对水利工程建设各类信息的统计分析，以保障水利工程保质保量地建成完工。水工程安全运行方面，需建成水库、水闸、堤防、农村水电站等水利工程运行管理的信息采集平台管理体系，全面掌握工程安全运行状况，研发工程运行安全评估预警模型；构建水利工程运行全过程监管的业务系统，增强水利关键信息基础设施运行调度网络安全保障能力，为水利工程安全运行、突发事件应急处置、水利工程运行管理体制改革提供支撑①。

（1）水利工程建设精细化智能管控关键技术与应用案例（水工程建设）

水利工程中大坝填筑与工程灌浆等关键的施工过程与施工工序过程管理模式落后，容易造成工程施工质量问题。因此，采用云计算、物联网、大数据等一系列最新信息技术，加强水利工程建设运行的监控和管理，提高工程建设效益，保障工程建设质量，实现水利工程建设协同化、智能化及精细化的管理迫在眉睫。河南省出山店水库工程施工质量监控云平台系统是这方面的良好示范。

出山店水库工程为混凝土坝和黏土心墙沙壳坝相结合的混合坝，具有坝基复杂、坝型复杂、防渗难度大、坝体轴线长等特点，即存在施工作业交叉多、坝基处理难度大、隐蔽工程施工质量难以保证等突出的工程问题。2015 年进场以来，通过研发水利工程建设精细化智能管控云平台、基于填筑施工机械无人驾驶的大坝施工精细化智能填筑与控制系统和“布-钻-灌-检”的灌浆施工全过程智能化监控系统，并应用于坝基处理、防渗墙及帷幕施工、大坝填筑及出山店水库工程建设全生命周期施工过程，实现了全过程精细化智能管控（图 17-16 ~ 图 17-20）。

（2）调水工程调度运行管理系统（水工程调度运行）

为提高软件平台对调水业务的支撑作用，中国水利水电科学研究院联合各大调水工程管理单位，致力打造复制推广、可持续升级的调水工程调度运行管理系统。在工业信息化基础上，融合现代信息技术、计算机技术、自动控制技术和人工智能技术，通过透彻感知、科学决策和高效管理，为最终实现调水工程的无人值班、少人值守、智慧调度奠定基础。

该系统框架以 GIS 一张图为基础，整合前端感知设备监测信息、系统共享信息等，集成感知、预测、决策、评价等专业调度模型，覆盖年、月、旬、日、实时等不同时间尺度调度业务，串联输水系统、调度区间、具体工程、现地设备等调度对象，协调总调中心（总公司）、分调中心（分公司）、现地管理处等各级调度机构，以期实现无纸化办公和自动化调度。系统的具体功能模块通常包括调度一张图、日常调度管理、调度方案编制、实时调度管理、调度统计评价、应急响应管理等。因不同调水工程的差异化需求，调度运行管理系统在不同工程中的界面风格、模块组成、支撑模型略有差异。目前，本系统建设方案已在南水北调中东线工程、胶东调水工程、密云水库调蓄工程等多项调水工程中得到推广应用。

---

① 水利部关于印发水利业务需求分析报告的通知（水信息〔2019〕219 号）。

图 17-16　出山店水库施工现场（一）

资料来源：河南省人民政府

图 17-17　出山店水库施工现场（二）

资料来源：河南省人民政府

图 17-18 基于 BIM+GIS 的土石坝填筑智能精细化监控系统

图 17-19 基于 BIM+GIS 技术的填筑施工工序动态监控

图 17-20 基于无人驾驶的大坝填筑智能碾压施工机械

1）南水北调中线日常调度管理系统（图 17-21）。该系统于 2017 年 5 月进入专网试运行，2018 年 3 月正式投入使用。系统包含水情数据、调度指令、值班考勤等 10 个功能模块，覆盖了调水业务的全部流程。通过该系统，中线工程的调度管理基本上实现了无纸化和自动化，调度人员的工作强度降低 60% 以上，调度指令流转过程可控制在 10 分钟以内。同时，通过权限设置，面向不同的用户开放不同的功能，实现了中线工程 1 个总调中心、5 个分调中心和 47 个现地管理处三级调度机构的分级管理。依托研发的串联闸群输水系统联动控制模型，大幅提升了闸群控制指令的可靠性，减少闸门调控次数 20% 以上。

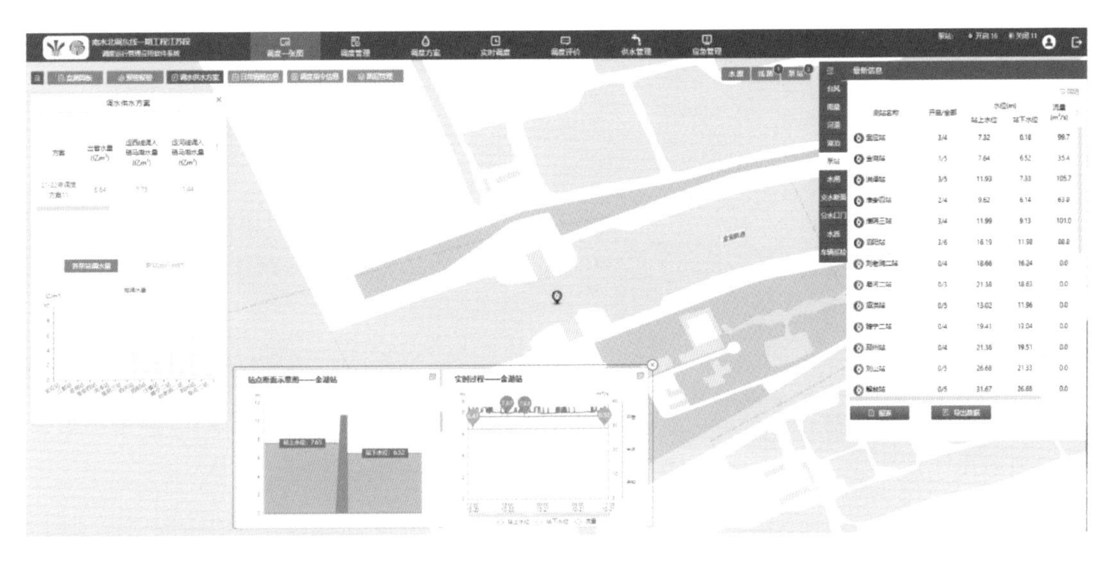

图 17-21　南水北调东线江苏段调度运行管理应用软件系统（调度一张图）

2）南水北调东线第一期工程江苏段调度运行管理应用软件系统（图 17-22）。该系统于 2020 年 8 月开工建设，2021 年 5 月通过分部工程验收，并转入试运行阶段。该系统涉及来水预测、江水北调需水预测、江河湖站联合优化调度、泵站水量实时优化调度、站内经济运行、不同时间尺度调度方案评价六个模型，并包含调度一张图、日常调度管理、调度方案编制、实时水量调度、调度统计评价、供水经营管理、应急响应管理七个子系统。在系统应用方面，可实现调水水源及输水线路的优选，且优化方案相比历史方案可减少调水量 1 亿 m^3 左右，能够满足调水要求且提前完成调水任务；通过优化调度模型生成闸泵调控方案，指导现地设备操作，降低调度成本 11% 以上，并为后期集控中心的统一调控奠定了基础。

3）胶东调水水量调度管理系统（图 17-23 ~ 图 17-24）。该系统是胶东调水工程自动化调度系统的重要组成部分，部署于业务内网，于 2018 年底开始建设，2019 年 7 月进入试运行阶段。该系统覆盖了从源头到水厂、从水量到水质、从常规到应急的调水业务流程，涉及计划调度、实时调度、日常调度、应急调度、水质保护和调度评价等模块。其中，调度一张图可以友好直观地展示 3 个水源地、6 个供水区、13 座泵站、175 个关键断面的水情、工情和调度信息。计划调度模块可以自动生成年月旬不同时间尺度下的优化调度方案，相比原方案供水保证率平均提高 5% 以上，并且将年调度方案的制定时间由 15 天

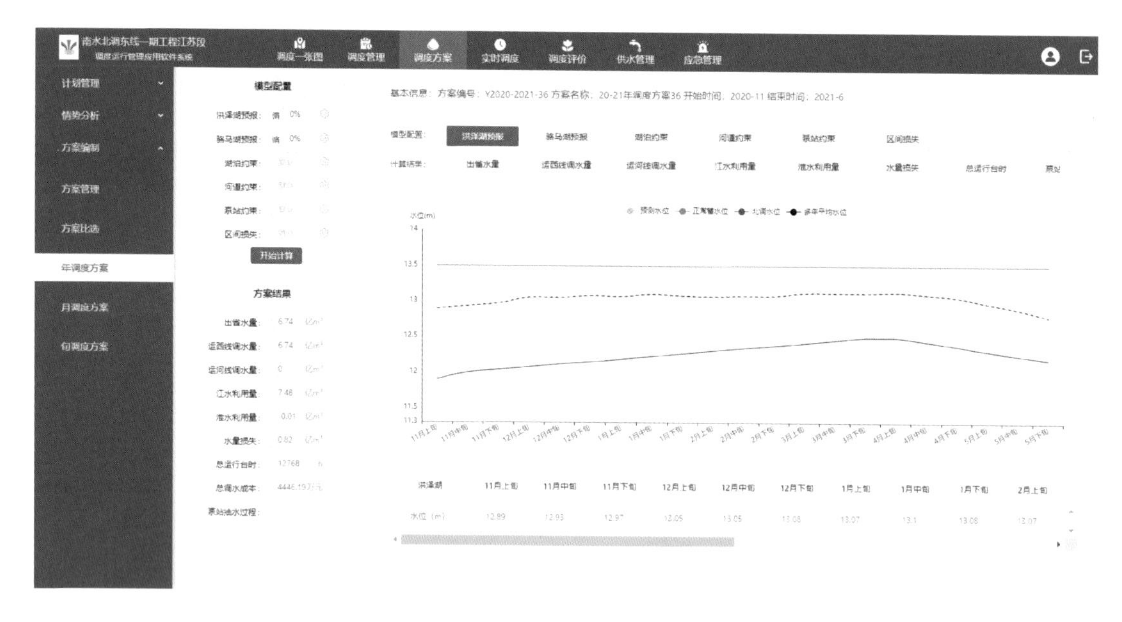

图 17-22 南水北调东线江苏段调度运行管理应用软件系统（调度方案）

缩短到 1 小时以内。应急调度模块能够在 1 分钟以内自动生成应急调控方案，并下发到各管理站，相比原方案平均减少弃水 5% 以上。

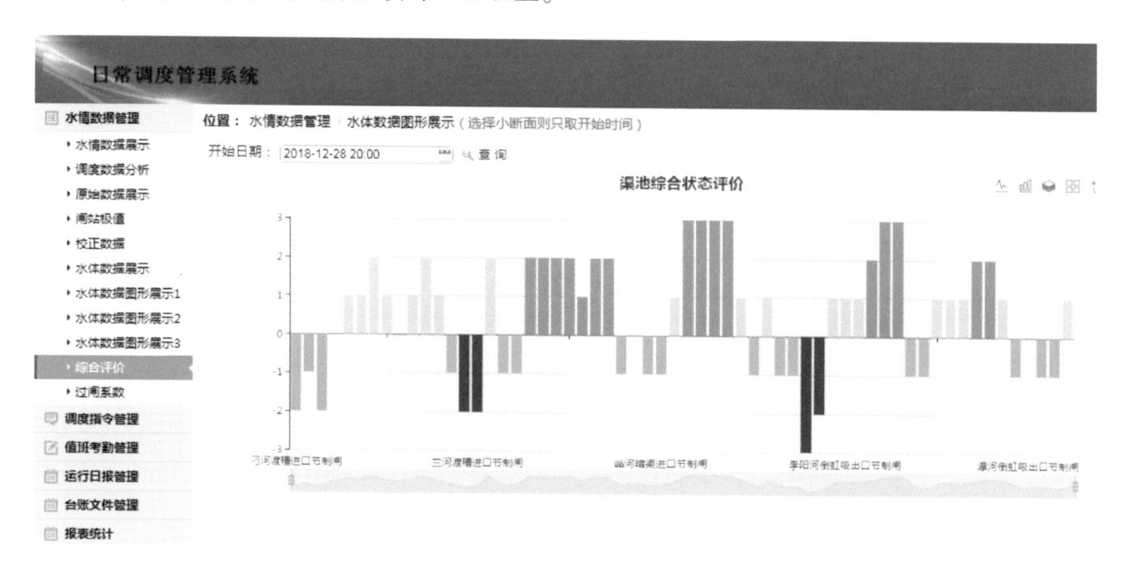

图 17-23 南水北调中线日常调度管理系统（渠池状态评价功能）

（3）大渡河梯级水电站智慧调度运行决策支持系统（水电资源管理）

大渡河流域是我国最重要水电基地之一，年发电能力约占全国水电的十分之一。大渡河流域重大工程多、水情气象复杂、坝型及机组类型多样且要联调联运，梯级电站群持续安全高效运行面临许多重大技术挑战。为支撑大渡河梯级水电站的智慧运行与管理，研发

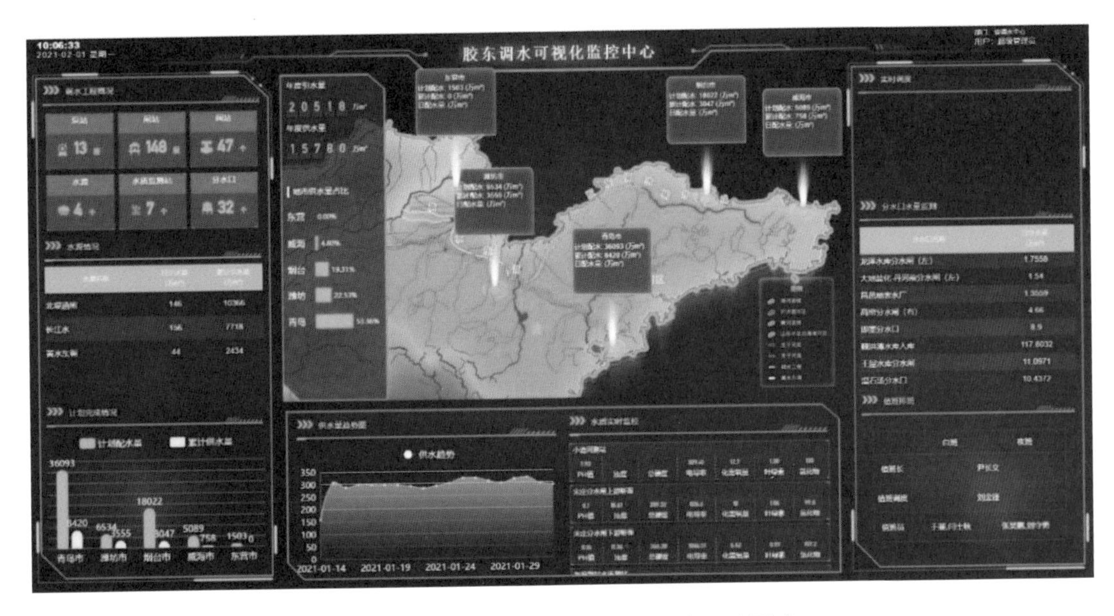

图 17-24 胶东调水水量调度系统（一张图）

了大渡河梯级水电站智慧调度运行决策支持系统。该系统基于“精准预测、智慧调度、实时控制”的技术思路，在预测方面研发了基于大数据流域水情预报模型的水文预报模块，可实现预见期 3 天的纳什系数大于 0.8，预报相对误差小于 10%，预报准确率超过 90%。在调度方面，研发了防洪、发电多尺度嵌套的智慧调度模块，可实现在多模式、多目标下对梯级电站水位和发电量的智能调控。通过该模块的实际运用，在保证汛末蓄满要求的前提下，优先满足水位要求可增加 19.7% 的发电量，优先满足发电要求可增加 16.5% 的蓄能值；面临千年一遇洪水时，在满足下游各水库不进入防洪预警流量的前提下，削峰率可达 38%。在实时控制方面，基于提出的电站机组与闸门安全经济运行实时控制技术，研发了电站实时发电与泄洪联合控制模块。通过该模块的生产应用，在电网允许的负荷调整余量范围内，可将电站年闸门动作次数减少约 60%。

在大渡河梯级水电站“调度大脑”建设中，提出了数据与机理双驱动的水利模型研究范式。在模拟方面，针对山区河道地形测量不准、糙率取值困难而导致水动力模拟精度低的难题，首次提出了河道地形、模型参数与状态实时同化技术，通过数据驱动方法率定机理模型的参数和状态，以增强机理模型的效果。同时，针对水力学模型由于计算耗时长难以满足秒级的实时调度生产要求的技术瓶颈，运用精准的水力学模型分析得到的河道水力响应特性，构建了基于人工智能的水位过程精确模拟与预测模型，以机理分析结论增强数据分析模型的效果。在预报方面，创新性地把相似分析思维模式和数据分析模型结合起来，形成了基于大数据挖掘技术的流域水情预报模型，构建了一种全新的数据与机理模型耦合方式。在调度决策层面，系统归纳了水资源调度的五大属性及防洪（排涝）、供水、发电、生态、水环境、航运、泥沙等 7 种不同类型目标与各目标细化后的具体调度指标，将传统的单目标调度发展为多目标协同调度，并针对水库群多目标优化面临的高维优化问题的“维数灾”问题，在系统解析各子问题结构化、半结构化、非结构化等特性的基础上，研发了“变量降维-空间降维-模型降维”三层降维方法，有效提升计算效率 500 倍以上，实现了水库群多目标优化问题求解效率与效益的双提升。最终，形成了一套“模拟-预测-调度一体化贯通”的梯级调度模型库（图 17-25～图 17-27）。

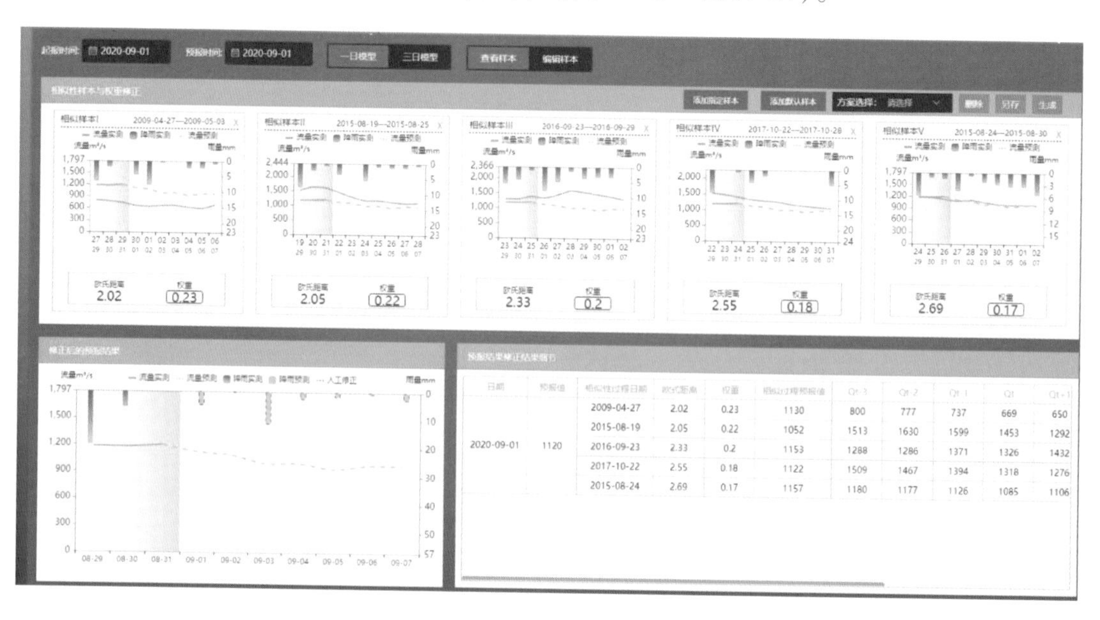

		2009-04-27	2.02	0.23	1130	800	777	737	669	650
2020-09-01	1120	2015-08-19	2.05	0.22	1052	1513	1630	1599	1453	1292
		2016-09-23	2.33	0.2	1153	1288	1286	1371	1326	1432
		2017-10-22	2.55	0.18	1122	1509	1467	1394	1318	1276
		2015-08-24	2.69	0.17	1157	1180	1177	1126	1085	1106

图 17-25　大渡河梯级水电站智慧调度运行决策支持系统（水文预报模块）

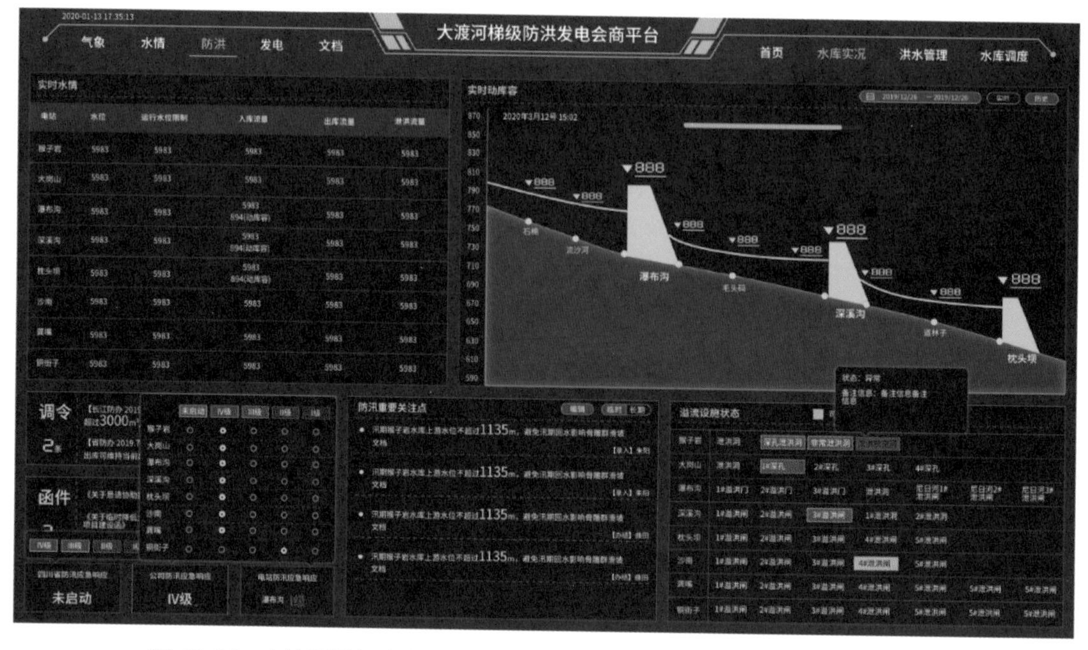

图 17-26　大渡河梯级水电站智慧调度运行决策支持系统（智慧调度模块）

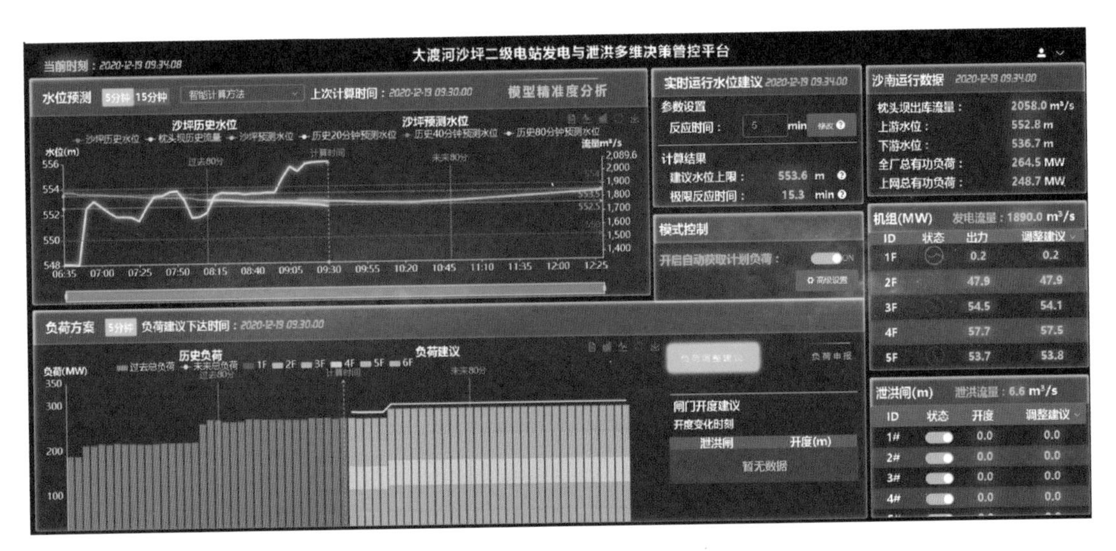

图 17-27　大渡河梯级水电站智慧调度运行决策支持系统（实时控制模块）

（4）小型土石坝安全监测预警系统（水工程安全管控）

小型土石坝安全监测预警系统是以“物联网+水利工程安全监测”为指导，基于态势感知理念的大坝安全监测系统。其利用高精度微芯系列传感，实现对大坝多参量的实时主动监测，利用安全度分析模型，实时分析大坝工程安全状态及演变趋势，对可能出现的工况进行预测，并将监测成果以手机 APP 或短信方式实时推送至相关人员，为大坝安全运行提供及时准确的预警手段。本方案目前已在黑龙江省、辽宁省、北京市等多地得到应用。

1）诺敏河阁山水库。水库位于黑龙江省绥化市绥棱县境内，阁山水库工程大坝安全自动监测系统项目 2017 年签订合同，总投资 316.2 万元，目前处于建设阶段。

2）辽宁省大连市水务局下属金龙寺水库。水库位于辽宁省甘井子区营城子街道金龙寺沟村，水库控制流域面积 4.78km^2，主河道长度 4.39km，河道平均比降 25.24‰，总库容 83.57 万 m^3。大坝影响下游人口 3307 人，影响下游耕地 2732 亩，影响下游大连至旅顺段铁路和旅顺北路段公路。水库枢纽工程主要由均质土坝和溢洪道组成。坝顶为沥青油路，高程 86.72m，坝长 180.00m，宽 4.00m，最大坝高 24.00m。项目采用 6 台监测设备，可监测坝体空间形变、坝体振动、倾斜及亚健康触发事件。在大坝上安装了一杆式采集测站，用于数据的采集与传输，以及库水位及雨量监测。

3）北京市白河堡水库大坝安全监测项目。项目位于北京市延庆区，白河堡水库位于距市区 110km 的香营乡白河堡村，水库由大坝、溢洪道、导流排沙泄洪洞、输水洞等建筑物组成。通过项目建设，实现了对大坝形变、相对形变、震动、浸润线、库水位、雨量及现场照片等信息的实时监测。通过建设自动健康诊断系统，实现了对大坝安全状况的实时健康诊断，在判断其亚健康状态时会提前进行预警，为大坝安全和下游生命财产安全提供了保障。

17.3.5.4 水生态与水土保持

水生态与水土保持管理主要涉及水土流失业务。水土流失业务主要包括水土保持监测管理、水土流失综合治理、生产建设活动监督管理3项业务工作。水生态与水土保持的智慧化主要是基于遥感影像、野外调查信息和监测点定量观测数据和共享数据，获取土壤侵蚀量、水土流失防治措施、生产建设项目防治情况等信息，掌握水土流失治理项目实施进展情况和治理情况，以及水土流失状况、变化和治理成效，发现生产建设活动对水土流失造成的影响和违法违规问题。通常包括应用水土流失预测预报模型定量掌握水土流失状况、用人工智能等新技术开展生产建设项目网格化管理、构建智能规划设计模型，改进监督检查工作模式等①。

贵州省水利厅通过贵州省生产建设项目水土保持“天地一体化”监管及应用项目，实现了对监管信息和数据的快速感知，支撑起精细化监管和定量取证的需求。贵州省岩溶地貌分布广泛，地势复杂，生产建设活动扰动破坏地表极易造成水土流失。2011～2017年期间贵州全省批复水土保持方案的生产建设项目达9714个，扰动破坏地表面积近54.27km^2，弃土弃渣13.29亿m^3。由于水土保持监管力量薄弱、监管手段落后，生产建设项目“未批先建、未验先投”等违法现象普遍存在，严重威胁着“两江”（长江、珠江）生态安全。

2017年以来贵州省水利厅对贵州省全域17.6万km^{2}的所有生产建设项目实施了两次全覆盖监管，发现违法违规项目9000余个，落实1000余个废弃或无主项目的水土流失防治责任，4000余个项目完成限期整改，共节省监管经费8355万元，促进建设单位投入水土保持资金约50亿元，缴纳补偿费约8亿元。两年间有效监管项目3.6万余次，是“十二五”期间监管总数的2.1倍，责令清理整顿千余个违法弃渣场，降低了水土流失生态风险，水土保持方案申报率、验收率较上一年度提升近一倍，全面落实了“水利行业强监管”②。

17.3.5.5 水监督

水利监督主要包括水利行业监督检查、水利安全生产监管、水利工程质量监督、水利行业稽查等4项工作。水监督的智慧化管理需要充分运用遥感、大数据、人工智能等新技术，结合水利基础数据和江河湖泊、水资源、水工程、资金和政务等业务数据，研发水利行业风险评估预测模型，构建水利综合监管平台，对水利监督检查、水利工程安全生产监管和质量监督、水利项目稽查等业务工作中问题发现上报、筛选分类、情况核实、整改反馈、跟踪复查、责任追究、统计分析、预测决策等环节进行全流程支撑，提升综合监管水平和处置效率，推进水利监督体系现代化③。

（1）广东互联网+水政执法监督指挥体系建设服务项目（水政执法监管）

广东互联网+水政执法监督指挥体系建设服务项目，按照水利部智慧水利和广东“数

① 水利部关于印发水利业务需求分析报告的通知（水信息〔2019〕219号）。

② 参见《智慧水利优秀应用案例和典型解决方案推荐目录（2020年）》。

③ 水利部关于印发水利业务需求分析报告的通知（水信息〔2019〕219号）。

字政府”的总体要求，围绕“全面感知、高速互联、充分共享、智能应用、周到服务”的广东省“互联网+现代水利”顶层设计要求，通过综合运用现代信息技术，建设了覆盖全业务及全流程的省、市、区（县）三级水政执法综合业务管理应用和监察指挥调度监控中心，实现了涉水违法案件发现、跟踪、报警的自动化，水行政执法的定时、定点、可视化，案件处理的规范、标准、程序及精细化，为全省各级水政监察部门领导及执法人员的决策、指挥、调度和日常业务处理提供了支持。

通过水、陆、空立体化感知手段（包括卫星遥感、无人机、智能视频监控设备、GPS定位、采砂船在线监控设备、自适应执法仪等），对监管区域内所有水事活动（涉河建设、水资源管理、水土保持、河道采砂、水利工程保护等）实施全方位、全天候监控。实时智能识别疑似违法行为、自动启动取证流程、实时自动报警、自动跟进警情处置过程，并为案件办理提供智能化解决方案。用信息化手段替代过去主要依托人力开展的执法巡查、案件办理等工作量巨大的水政监察业务，实现水政监察业务全覆盖，大量节省了人力资源、降低了基层水政执法人员的劳动强度并大幅度提高了执法效能、办案质量。

利用专利设备“自适应执法仪”及其综合应用系统，实现了案件处理的规范化、标准化、程序化、精细化。在系统中建立了法律法规信息库，制定了标准案例及案例库，设定了标准办案模式，预设了办案流程，固化了自由裁量权，从而使执法人员在案件办理过程的各个环节均可以得到自动流程导引、自动文书生成及取证支持、自适应提供法律适用及处罚自由裁量基准，确保每个案件的处理主体适格、事实清晰、证据充分、法律适用、程序正当、裁量合理。

通过指挥中心统一对全省重点河道实时违法行为监测、巡查管理和数据统计分析等信息资源进行统筹和整合，为省、市、区县的水政监察部门领导和决策人员提供一体化、可视化的综合信息支持。

通过公共信息服务应用建设，积极推进水政监察信息主动公开，及时传播广东省水政监察最新执法动态，充分发动和鼓励群众积极参与水政监察工作，拓展了水政执法相关问题的咨询、查询以及投诉渠道。通过互联网+应用 APP 建设，在日常执法、应急指挥调度以及领导决策方面提供了移动办公服务，使相关人员可随时随地掌握全省水政各方面的工作情况，遇紧急突发事件，领导可及时在 APP 上查看当前各方面情况，进行视频会商并下达相关指令，极大地提升了工作效率。

（2）广东智慧河长（河长制监管）

“广东智慧河长”运用互联网思维，按照云上部署、统一平台、共享服务的理念，打造了集公众服务、河长服务、监督管理等功能于一体的互联网+河长制信息工作平台，初步实现广东省五级河长巡河和社会公众监督治水的智慧管理全覆盖。借助企业微信的即时通信、通知公告和消息推送打造高效沟通、扁平化管理、协同运作的河长制组织体系，构建了掌上治水圈，促进了各级河长科学高效履职，积极拓宽了社会监督渠道。自上线使用以来，不仅实现了跨部门数据共享与分工合作，还大大提升了河流管理保护工作的效率，成为推动广东省掌上治水常态化的一件“利器”（图 17-28 ~ 图 17-29）。

系统移动端于 2018 年 3 月上线，PC 端于 2018 年 5 月上线，微信小程序于 2018 年 12 月上线，“粤省事”公共服务“河长信箱”于 2019 年 8 月上线，大屏端于 2019 年 9 月上

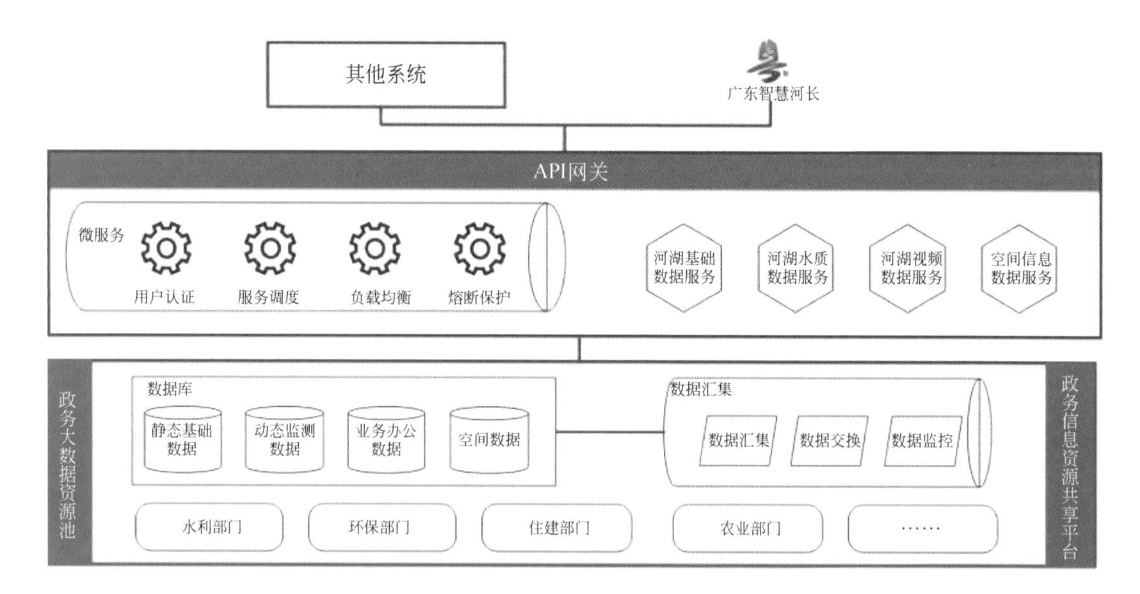

图 17-28 广东智慧河长管理信息系统微服务架构

资料来源：广东省水利厅网站

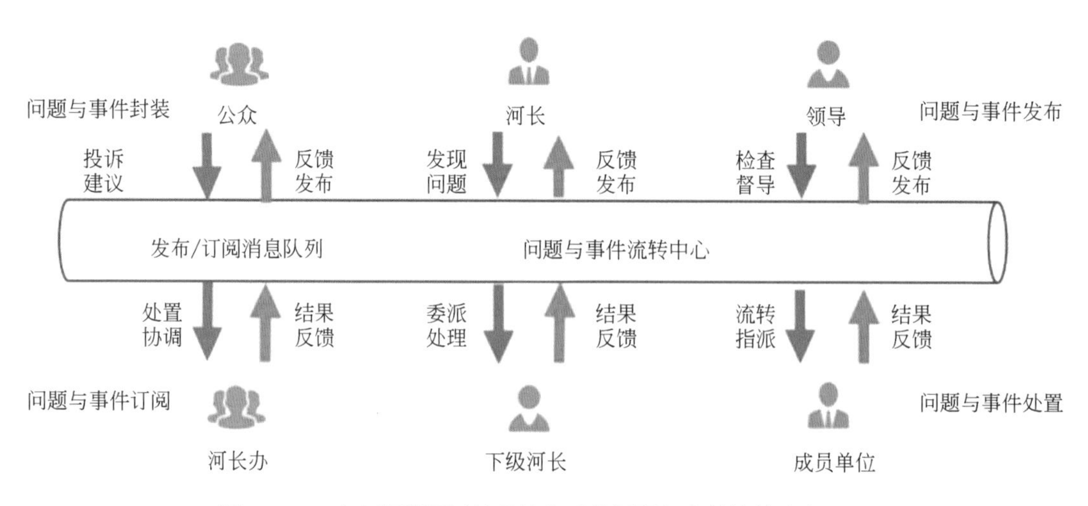

图 17-29 广东智慧河长管理信息系统问题与事件流转中心原理

资料来源：广东省水利厅网站

线。截至2020年2月，平台已有7.6万名用户加入，建立起3.9万个部门，覆盖全省9.6万条河段；平台上线使用人数5.4万，长期日活跃用户4000多人，线上巡河累计87万人次，巡河发现问题74658条，已办结73520条，办结率为98.48%；接收公众投诉建议问题5100条，已办结4960条，办结率为97.25%；公众号首条文章阅读量均值达到8500，公众投诉建议问题5100条，已办结4960条，办结率为97.25%；广东万里碧道LOGO征集大赛单篇推文阅读量突破10万；社会关注度持续上升，掌上治水趋于社会化、常态化。

(3) 四川省智慧水利“一张图”基础信息与共享服务平台（水监管信息采集应用）

本案例依托河长制基本需求，在四川省地方电力局（四川省河湖保护局）的牵头组织下，整合测绘局、环保厅、自然资源厅、农业农村厅及省水利厅相关处局（水文局、水利院、水科院）等相关厅局资源优势，在全省 21 个市州 183 个县级水利部门的支持下，共同打造了四川省智慧水利“一张图”基础信息平台与共享服务平台。方案瞄准了智慧水利“一张图”刚需，并结合了当前最紧迫的河长制工作实际，开展了典型示范应用。首先应用在了四川省“河长制”一张图基础信息平台建设项目，建立了四川省的河湖基础信息数据库，统一了水利数据基础，打破了行业壁垒，编制了相关标准规范，实现了部门间的信息资源共建共享，很好地支持了“河湖管理”“一河一策”“岸线划界”“河长巡河”“防洪防汛”等工作，取得了良好的社会经济效益。

项目于 2017 年 7 月至今在四川省省域范围内的河湖管理工作中得到全方位应用，共分两个阶段：第一阶段围绕河湖基础信息建设，统一数据基础，支撑各级河长制应用，第二阶段围绕各类专题信息的实时更新、多维分析与动态服务，全面支撑智慧水务服务应用。现已汇聚 40 余类数据资源，构建了全省河湖基础地理信息数据库。开创性地划定了河流里程桩、流域面；统筹了河湖管理、巡河、督察等 10 余项业务。结合四川省水利工作编制了大型灌区布局图、水利规划图、水利工程图、河长制基本信息图等 10 余类工作用图。搭建了河长制基础信息平台，服务于“一河一策”、岸线保护等重点工作。面向水利、长委、住建、林草、发改、审计等单位提供信息服务，为 195 个县级和 4633 个乡镇级水利政务部门提供信息浏览、更新核查等应用，支撑了 30 个市县级河长制信息化平台建设。建立了上下统一的技术标准和数据基础，建立了共享机制，真正实现了四川全省一盘棋①。

17. 3. 5. 6　水行政

水行政是指国家依法对水和水事关系所进行的行政管理。水行政智慧化管理是针对水资源开发与利用、水土保持、水环境监测、水利工程建设等业务涉及公共服务需求的部分，建立协同办公平台、民生服务平台、政务服务网络门户、个人/法人政务服务中心、效能监督系统、知识库管理系统、绩效考核系统等。通过建设多元化的服务渠道，丰富水利公共服务产品、提升民众参与度、满足公共服务需求，更好地为公众服务②。

(1) 全国水利一张图（国家）

水利工作涉及的河流湖泊、水利设施等管理对象都具有明显空间特征，水旱灾害防御、水资源管理、河湖管理、工程管理、水土保持等水利业务对地图应用的需求迫切，各类水利信息系统也都是围绕电子地图展开建设和应用，地图服务在各项水利工作中的应用日益广泛，但分建专用的建设模式带来了“技术标准缺乏、设施利用低效、数据共享困难、业务应用割据、信息更新滞后和安全体系薄弱”等一系列问题。为此，经过科学论证和整体规划，以第一次全国水利普查实施为契机，从 2009 年开始启动建设，通过以统一

---

① 参见《智慧水利优秀应用案例和典型方案推荐目录（2020 年）》。
② 水利部关于印发水利业务需求分析报告的通知（水信息〔2019〕219 号）。

地图服务为依托开展水利业务应用，促进水利信息化资源全面整合，推动水利信息共享和业务应用协同，建成了在多个重大水利信息化工程建设中广泛应用的全国水利一张图。于2015年在全国水利信息化工作会议上正式发布，推广到全国各级水利部门，有力促进了信息技术与水利业务的深度融合。其后，针对2015版在应用中存在的数据内容单一、个性化服务能力不足、信息更新不及时、地图表达效果欠佳等问题，项目建设人员通过持续丰富数据、强化功能、深化应用、优化可视化形式，升级完成了全国水利一张图（2019版），水利部于2019年12月正式发布，进一步推动了水利信息资源整合共享、水利业务协同和智能应用。

全国水利一张图在国家防汛抗旱指挥系统工程、国家水资源监控能力建设、全国河长制管理信息系统、国家地下水监测工程、水利部水信息基础平台等多个重要水利信息化工程中得到全面应用，为水利部、7个流域管理机构和29个省级水利部门提供了直接服务。成果改变了传统水利“采集方式单一、主要依靠外业、地图与业务分离”的工作局面，推动了“天空地采集一体化、内业为主外业为辅、地图与表格融合”工作模式的发展；降低了水利业务的地理信息建设成本，减少了数据和系统的运行维护开销，有效提高了地理信息资源的综合利用率，经济效益显著；规范了水利行业地理信息的建设与应用，提升了水利信息资源共享应用水平，促进了横向跨业务和纵向跨层级的水利业务应用协同，提高了水利业务管理效能，提升了涉水突发事件的应急处置能力，全面增强了水利信息化支撑服务能力（图17-30）。

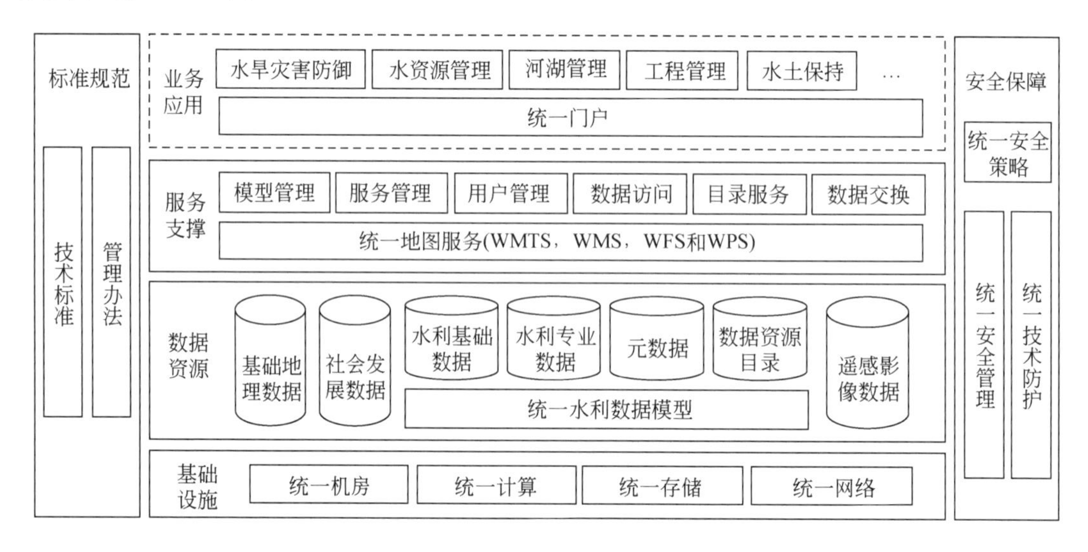

图17-30 全国水利一张图系统总体架构

资料来源：蔡阳等，2020

（2）水利部政务服务平台（部委）

为了深入贯彻《关于加快推进全国一体化在线政务服务平台建设的指导意见》（国发〔2018〕27号文），落实国家关于“互联网+政务服务”、政务信息系统整合共享、一体化在线政务服务平台要求的重要举措。水利部将原水利部网上行政审批服务大厅升级为“水利部政务服务平台”。

水利部政务服务平台为社会公众提供“一网通办”的一站式政务服务窗口，同时与全国一体化在线政务服务平台联通，实现与国家政务数据资源的信息共享利用。

水利部政务服务平台运行于互联网，承载各类面向自然人和法人的政务服务申请，主要包括行政许可类、公共服务类和查询服务类等有关模块，大大提高了水利行政管理效能(图 17-31)。

图 17-31　水利部政务服务平台

(3) 北京市水务局政务软件一体化服务云平台（省市）

近年来，北京市水务局积极推进信息化建设，紧扣水务业务工作需求，在水务信息化基础设施、业务应用系统、保障环境等方面取得快速发展。

北京市水务局政务软件一体化服务云平台，改变以往局部分散建设，统一应用的方式，将北京市水务体系涉及区县、下属事业单位及要管理的水对象当成一个整体来看待，全面考虑协同办公的需求，把之前以部门和条块为中心的孤岛式建设转化为以信息共享互联互通为核心的协同式政务建设模式，在底层架构与应用层面打破组织边界，使得政府部门在沟通、信息、流程等方面，实现跨层级、跨地域、跨部门、跨系统、跨业务的协同管理和服务。政务办公从局机关延伸到所有局属单位，实现公文在系统内的无缝流转，完成局机关、局属单位、局机关与局属单位之间公文流转的 3 个闭环；业务范围涵盖北京市水务局局机关、48 个局属单位和 17 个区水务局，其中北京市密云水库管理处、北京市北运河管理处、北京市水科学技术研究院等 15 个局属单位进行了深度应用，覆盖到了每个科室及基层站点人员；业务内容包括局收文、局发文、便函、议题申报、内部签报、会议通知、请假备案等 12 类流程、23 个模块。政务办公流程系统后台采用可视化流程定制方式，可实现公文流程高效、规范化运转。

在水行政审批系统建设中，北京市水务局依托现有资源，整合各大应用系统，积极开展数据资源供需对接，推进“互联网+政务服务”，加快实施“互联网+监管”，努力“让数据多跑腿，让群众得实惠”。实现了涵盖市水务局与区水务局两级的公众、企业的网上申请、接件、受理、办理、审核、审定、制作行政文书、告知、监管、信用等多业务、全流程的管理，并且与水利部证照系统、国家互联网监管、北京市信用中心的进行了对接，实现全流程的“一网通办”。形成了行政审批、行政监管、政务公开、数据开放、便民服务、互动交流等功能于一体，市区统一架构、两级联动的水行政审批全流程管理模式，促进了政务服务信息化、便利化、精准化和智能化水平的提升（图 17-32）。

图 17-32　北京市水务局政务服务平台

北京市水务局政务软件一体化服务云平台上线应用至今，局机关年度文件处理量约50000 条，服务范围涵盖北京市水务局局中心，局属单位，各区县水务局，平均公文办理时长比原来缩短了 56%，充分提高了公文办理工作效率。全市及 17 个区级水务局和群众服务窗口，实现了市区两级网上政务服务一站式汇聚，并且办理时间压缩 55%，大大方便了办事群众。

（4）金水智慧水务业务服务平台方案（区县）

江苏省宿迁市宿城区水务基础设施及水务综合保障能力相对薄弱，同时由于涉水部门较多，水务资源数据不能及时互通共享，水务资源不能实现高效配置。为解决这些问题，宿城区于 2018 年 7 月 23 日正式开工建设智慧水务项目。工程依托于宿城新区西南片区水环境综合治理项目及镇村生活污水治理 PPP 项目建设，总投资 9400 万元。项目以数字化、智能化、智慧化的“智慧水务”理念为引导，建设“一中心、一平台、一张图、一张网、一个库”的智慧水务“云管理平台”。智慧水务“云管理平台”，实现了对宿城区水务数据的前期统计和后期现场收集，将污水处理厂（站）、管网、水资源、河道水质及防汛预警等海量数据进行及时分析处理，集中存储应用，覆盖宿城全区 840km^2 地域的全部涉水业务领域；将全区供水系统、污水处理系统、地下综合管线管理系统、河长制系统、河道水质监测系统、防汛防旱系统、水资源管理系统、水务工程管理系统、运营管理系统等九大功能体系在四维时空平台统一呈现，形成一个完整的宿城区水务决策支持与应用服务系统，并对各类关键数据进行实时监视和智能分析，提供分类、分级预警，以更加精细和动态的方式为涉水部门统一调度、联合指挥提供支撑，以降低自然灾害带来的影响。

项目（一期）建成后，促进了宿城区水务资源的高效配置，推动了城乡水务高效管理，并率先在全市实现安全水务、生态水务、民生水务的建设目标。伴随着电子政务的实施，宿城区水务政务工作日趋透明，政府形象得到改善，增强了公众对政府的信任感①。

参考文献

蔡阳，谢文君 . 2015. 全国水利一张图建设与应用 . 水利信息化，（1）：1-5.

蔡阳 . 2018. 智慧水利建设现状分析与发展思考 . 水利信息化，（4）：1-6.

陈家琦，王浩，杨小柳 . 2002. 水资源学 . 北京：科学出版社 .

陈进 . 2012. 大型水利工程的风险管理问题 . 长江科学院院报，29（12）：15-19.

陈天顺 . 2013. 景电工程支渠闸门闭环自动化控制系统建设 . 人民黄河，35（5）：74-75.

陈莹，刘昌明 . 2004. 大江大河流域水资源管理问题讨论 . 长江流域资源与环境，13（3）：6.

冯鐕钊 . 2013. 东江流域水资源水量水质监控系统建设实务 . 水利信息化，（6）：63-68.

甘泓，王浩，罗尧增，等 . 2002. 水资源需求管理——水利现代化的重要内容 . 中国水利，（10）：66-68.

国家智能水网工程框架设计研究项目组 . 2013. 水利现代化建设的综合性载体——智能水网 . 水利发展研究，13（3）：1-5，24.

蒋云钟，冶运涛，赵红莉 . 2019. 智慧水利大数据内涵特征、基础架构和标准体系研究 . 水利信息化，（4）：6-19.

梁勇，成升魁，闵庆文 . 2003. 水资源管理模式的变迁与比较研究 . 水土保持研究，（4）：35-37，108.

刘钧 . 2008. 风险管理概论 . 北京：清华大学出版社 .

① 参见《智慧水利优秀应用案例和典型方案推荐目录（2020 年）》。

刘鹏 . 2018. 物联网、云计算、大数据、人工智能到底是什么关系？有什么用？终于有人说清楚了. http://www. cstor. cn/textdetail_12510. html[2022-11-5].
秦大庸，陆垂裕，刘家宏，等 . 2014. 流域“自然-社会”二元水循环理论框架 . 科学通报，59（Z1）：419-427.
任乃俊 . 2015. 基于过程控制的安全风险管控理论与实践研究 . 北京：中国矿业大学（北京）.
尚毅梓，王建华，陈康宁，等 . 2015. 智能水网工程概念辨析及建设思路 . 南水北调与水利科技，13（3）：534-537.
陶希东 . 2014. 国家治理体系应包括五大基本内容 . 理论参考，（2）：19-20.
万育生，张继群，姜广斌 . 2005. 我国水资源管理制度的研究 . 中国水利，（7）：16-20.
王浩，贾仰文 . 2016. 变化中的流域“自然-社会”二元水循环理论与研究方法 . 水利学报，47（10）：1219-1226.
王浩，严登华，贾仰文，等 . 2010. 现代水文水资源学科体系及研究前沿和热点问题 . 水科学进展，21（4）：479-489.
王建华，王浩 . 2009. 从供水管理向需水管理转变及其对策初探 . 水利发展研究，9（8）：5.
王建华，赵红莉，冶运涛 . 2018. 智能水网工程：驱动中国水治理现代化的引擎 . 水利学报，49（9）：1148-1157.
王建华，赵红莉，冶运涛 . 2019. 城市智能水网系统解析与关键支撑技术 . 水利水电技术，50（8）：37-44.
王忠静，王光谦，王建华，等 . 2013. 基于水联网及智慧水利提高水资源效能 . 水利水电技术，44（1）：1-6.
伍新木，任俊霖，孙博文，等 . 2015. 基于文献分析工具的国内水资源管理研究论文的可视化综述 . 长江流域资源与环境，24（3）：489-497.
习近平 . 2013. 切实把思想统一到党的十八届三中全会精神上来 . http://www. gov. cn/ldhd/2013-12/31/content_2557965. htm. [2022-10-31].
习近平 . 2016-6-1. 为建设世界科技强国而奋斗 . 人民日报，第 2 版 .
夏军，左其亭 . 2013. 我国水资源学术交流十年总结与展望 . 自然资源学报，28（9）：1488-1497.
徐晓林，李卫东 . 2008. 基于信息技术的政府群决策模式研究 . 江西社会科学，（10）：192-197.
许正中，李连云，刘蔚 . 2020. 构建水资源数联网 创新国家水治理体系 . 行政管理改革，（9）：68-77.
阎春宁 . 2002. 风险管理学 . 上海：上海大学出版社 .
玉言潭 . 2011. 强化新形势下水利的战略定位——二论贯彻落实中央一号文件精神 . 水利发展研究，（2）：17-18. .
张利平，夏军，胡志芳 . 2009. 中国水资源状况与水资源安全问题分析 . 长江流域资源与环境，18（2）：116-120.
张万顺，王浩 . 2021. 流域水环境水生态智慧化管理云平台及应用 . 水利学报，52（2）：142-149.
张秀琴，王亚华 . 2015. 中国水资源管理适应气候变化的研究综述 . 长江流域资源与环境，24（12）：2061-2068.
《中国马克思主义与当代》编写组 . 2018. 中国马克思主义与当代 . 北京：高等教育出版社 .
朱佳俊，郑建国 . 2009. 群决策理论、方法及其应用研究的综述与展望 . 管理学报，6（8）：1131-1136.

第 18 章
未 来 水 网

未来国家水网将尽可能遵循自然规律，控制社会水循环与自然水循环的交互规模，加大社会水循环的循环路径，通过现代化手段精细化保障河湖用水、精准化满足各行业发展用水的需求，因此系统生态化、供水多元化、配置精细化、输送管道化、管理智慧化，将是未来水网发展的趋势。国家水网整体架构的科学设计、可持续理念的管理、“云大物移智”链技术等，都将支撑和促进未来水网的建设与发展。

18.1　未来水网的发展趋势

18.1.1　系统生态化

1）构建生态河道水网。人工参与改善的河道，全部采取近自然的设计、材料、施工及运行方式。首先，尽可能维持和保护河流原始形态、保留深潭与浅滩的分布，形成对各种既存生物有利的多样性的流速带；其次，河道的护岸材料与结构应具有隐性，提高透水性，兼顾安全与景观需求；再次，河道护坡主要是生态护坡，采用土壤生物工程技术以及复合式生物稳定技术搭建河道湖泊，形成多层次生态防护，兼顾生态功能和景观功能。

2）满足湖泊湿地用水。将湖泊湿地及生态系统纳入国家水网体系。湖泊作为水网的枢纽，能够起到调蓄流量，水资源载体以及生态动植物栖息地等作用。未来国家水网，要能够及时对湖泊湿地进行补水，保证湖泊湿地的耗水量；根据气候变化、水位情况等信息对湖泊湿地及植被进行实时供水，保障自然生态的健康可持续的发展。

3）减少干旱洪涝灾害。基于未来国家水网体系，通过拦水、蓄水，削峰补枯，充分利用洪水资源，通过调水、配水、输水，实现水资源的空间调配。国家水网建设，从时空上缓解我国水资源分布不均的情势，有效应对水旱灾害风险、更高标准筑牢国家安全屏障。

18.1.2　供水多元化

“开源节流”是缓解水资源紧缺状况的有效手段，除采取各种节水措施引导需求的良性增长外，应进一步提高水资源的相对承载力，因此，供水水源多源是未来国家水网建设的重要趋势。

将当地地表水、地下水、再生水、跨流域调水，雨洪水、海水、苦咸水、虚拟水等多水源为国家水网的终端供水，使国家水网相互协调发展，各种网络、各层级互相呼应、互为补充，集中和分布式相结合，不断探索开发新水源，实现我国水网工程供水水源的多元化。

污水资源化。再生水被公认为“城市第二水源”，作为既可以缓解水资源供需矛盾又可以改善水生态环境质量的重要举措，历来受到各国的高度重视。污水回用逐渐显示出其开源节流与减轻水污染的双重功能，充分体现了“小量化、无害化、资源化”的可持续发展原则。据统计，近十年来，我国城市污水年排放逐年增加。2010 年仅为 378.70 亿 m^3，2018 年为 500 亿 m^3，2019 年增至 554.65 亿 m^3，2020 年突破了 600 亿 m^3。县城的年污水排放量大约占城市污水排放量的 1/5。但从再生利用量来看，2020 年仅为 108.9 亿 m^3，回用率尚不足 20%，污水资源化利用潜力巨大。

海水、苦咸水淡化。海水淡化是指将海水里面的溶解性矿物质盐分、有机物、细菌和病毒以及固体分离出来从而获得淡水的过程。从能量转换角度来讲，海水淡化是将其他能源（如热能、机械能、电能等）转化为盐水分离能的过程。全球水资源总量中近 97. 5%的水为海水等咸水资源，且数据显示世界上超过 70% 的人口居住在距海边 70km 的范围内，因此 20 世纪后半叶以来，海水淡化被认为是最实用的能持续提供淡水来源的方法。相比另外两种常用淡水取用方式——地下取水和远程调水，海水淡化能耗低，原水资源丰富，目前被世界各国认为是最可行和最经济的淡水取用方式。目前海水淡化主要方法有多级闪蒸、多效蒸馏、压汽蒸馏、冷冻法和增湿除湿等方法；利用膜（半透膜或离子交换膜等）进行盐水分离且不涉及相变的则归类为膜方法，主要包括反渗透和电渗析等方法；此外，物理方法中还包括溶剂萃取法。而化学方法主要包括水合物法和离子交换法。未来海水、咸水淡化技术如果能进一步降低成本，提高转化效率，未来将会成为一项重要的获取水资源的途径。

土壤水资源化。土壤水资源概念首先于 1974 年由苏联学者李沃维奇提出，但是目前为止对于土壤水资源的利用还是被动状态。土壤水在很大程度上可以说是将地表水和地上水联系起来的枢纽，是二者进行转化的中间工具。降水形成并着陆后，一部分被植物截留，最终经过蒸发作用回归大气，其余部分和地面接触后，向土壤中进行渗透。其中，有一些降水向江、海、湖、泊进行汇集，有一些经土壤贮存，或者进行深层渗漏进入到地下水中。土壤留存的水体可以被植物直接吸收利用，或者经过蒸发回归大气。当土壤层保水能力相对较强时，土壤水饱和后形成壤中流。土壤水是一种非饱和水体，不断进行蒸发，不断由降雨或其他形式加以补充，同时也不断为植物所吸收，因此相对来说较为活跃。然而，土壤水只能被植物直接利用，目前还难以进行人工开采、利用和调度。未来如果能够聚集、调度土壤水，则土壤水将会成为人类最直接、最便捷的水。

云水资源化。面对日益紧张的淡水资源，为了解决淡水供应问题，人类提出了跨区域调水和海水淡化等方法。但是无论从远处调水，还是淡化海水，成本都比较高，难以广泛使用，尤其是在水资源极为匮乏的干旱地区。通过研究表明，大气中水蒸气含量约有 13 000万亿 L，相当于地球上 10% 的淡水资源。如果能够有效利用，将会为解决水资源紧缺问题提供有效的解决方案。然而收集蒸气中的水分，同时需要空气中有较大湿度以及提供较大的能量，在相对干燥的空气（相对湿度20%或更低）下及低能量下从空气中获取水资源迄今为止仍在研究。目前比较有希望的是在2017年加州大学伯克利分校（UCB）和麻省理工学院（MIT）的一支合作团队测试了一种技术，不需要接入电网就能制造清洁的饮用水。他们希望使用一些物质吸收大气层中的水分，研究人员最终选用金属有机骨架材料（mental-organic framework，MOF）设计了一种多孔晶体，只需要利用太阳能而无需电力就可以高效率地将空气中的湿气转变为水。在未来科技的不断发展之下，以及材料的不断革新下，有望实现将空气中的水直接资源化，实现科幻中的“变水魔法”。

虚拟水利用。虚拟水是指生产商品和服务所需要的水资源数量，目前相关的研究已经很多，虽然并非实际的水资源，但是虚拟水确实是不容忽视的水资源形式。对于国内，通过虚拟水交易可以从水资源丰富的地方购买虚拟水以补充当地的水资源短缺问题。而对于国家之间虚拟水资源贸易，贫水国家可通过贸易的方式从富水国家购买水密集型农产品（粮食）来获得本地区水和粮食的安全，从而实现节约本地水资源，获得国外水资源；即虚拟水的存在将国内的水资源以不通过国家水网的方式进行输送，而从国际角度看，虚拟水将我国国家水网建设从国内无形中遍及到全球。使用好虚拟水，进一步研究虚拟水理论，将会极大缓解我国水资源的用水压力，成为我国未来重要的水资源形式之一。

18.1.3　配置精细化

一方面由于人居聚落（城市和乡镇）逐渐增强，功能不断分化且集中，另一方面由于不同水源的多样化，不同水源的使用方式存在差异，精细化是国家水网终端用水工程建设的重要发展趋势。在我国水网建设中，构建自来水、再生水、雨水等分质供给管网，在建筑物内的水实现分质梯级利用，从而实现水资源的高效利用。

1）冲厕用劣质水。我国冲厕用水量巨大，仅城市居民用于冲洗厕所用水量约占总用水量的三分之一。然而对于厕所冲水用水，并不需要较好的水源，目前我国城市水网格局，还难以将较差水质的水源使用到厕所冲厕上。而在未来，通过收集不同的水源，基于城市管道化的水网，能够实现将满足一定水质的水源不需要额外处理输送到居民家中或公厕中起到冲厕作用，从而不仅能节约优质水源，同时还能节约经济成本，实现水资源的高效利用。

2）灌溉用再生水。农田灌溉用水对于水质有一定要求，而居民冲厕后的污水（粪水或者黄水）经过简单的处理之后，即可输送到农田中，这部分水不仅不会污染其他污水，导致处理成本增加，同时还能变废为宝成为农田丰富的天然肥料，实现一举多得。未来农田灌溉只需种植作物，之后通过智能化农业灌溉设施，实现对农作物的智能灌溉、施肥，极大解放人力物力财力，减少人工肥料施肥，实现用水生态化。

3）工业用循环水。对于部分企业，可采用分级用水结构，通过水质的精准控制和高效处理，实现水在企业内部不同单元之间串联使用、梯级利用、重复利用，实现水资源利用效率最大化。对于工业园区内不同企业之间，可以通过供水管网，采用水质分级标准，对标不同用水要求的企业，从对水质要求较高的企业开始供水，该企业用过的水，经过简单处理，通过供水管网输送到下一个对水质要求相对较低的企业，以此类推，逐级供水，一直到最后水质难以满足要求再对水质进行处理，处理后再回用，从而实现不同企业之间的联机供水、集成优化，实现串联用水、分质用水、一水多用和梯级利用。

18.1.4 输水管道化

管道化输配水有助于提高输水效率，实现精准送达，输水方式由渠道化向管道化发展是必然趋势。

1）城市管网整体提升。城市供排水管网是城市管网的重要组成部分，目前在城市供用排水体系主要由给水网络、排水网络、雨水管网、中水系统工程、污水处理系统等部分组成，未来城市供排水管网将要进行整体提升。一方面，要实现公共供水管网实现分区计量与管控，应用现代化智能压力控制与漏损检测技术，提供供水品质，降低爆管、渗漏发生概率。另一方面，未来城市供水管网还将对集蓄雨水、再生水等各类型非常规水源实现管道式供水和精细化管控。

2）农田输水管道化。未来农田全面覆盖管道水网进行农业灌溉，可以实现农作物精准化供水，对于不同的农作物，根据每天实时的气候情况进行作物灌溉，实现水资源的充分利用，保证所有作物水分利用效率最高，并实现农作物产量最大。未来农业用水将会以“滴”为单位对作物进行灌溉，实现农业高效用水。

18.1.5 管理智慧化

智慧化水网是充分运用云计算、物联网、大数据、移动互联、人工智能等新一代信息技术，强化水利业务与信息技术深度融合，深化业务流程优化和工作模式创新，构建覆盖全国江河水系、水利工程设施体系、水利管理运行体系的基础大平台，建立水利部、流域管理机构和省级水行政主管部门三级物理分布、逻辑统一、服务跨层级跨领域水利业务应用的水利大数据，建立涵盖洪水、干旱、水利工程安全运行、水利工程建设、水资源开发利用、城乡供水、节水、江河湖泊、水土流失和水利监督等十方面水利业务的应用大系统，建立多层级、一体化、主动感知、自动防御的网络大安全，促进水利网信提档升级，为国家水治理体系和治理能力现代化提供有力支撑与强力驱动。

1）具有天空地一体化水网感知网。对江河湖泊水系、水利工程设施的监测范围和水利管理活动的动态感知。

具有多层级感知数据汇集平台及级联、多级应用的水利视频集控体系，具备遥感接收处理服务平台，实现监测数据、视频数据、遥感影像等资源的汇集与服务。应用无人机、遥控船、机器人、高清视频等新型监测手段及卫星、雷达等遥感监测手段，以及新一代物联通信技术，形成强大的复杂条件下感知能力。

2）具有全面互联高速可靠水网信息网。实现各级水行政主管部门、各级各类水利企事业单位网络高速互联互通。具有集水工程调度、水资源管理、水行政监管功能于一体的水利综合会商调度中心，高清视频会议云平台和终端系统，实现各级视频会议全覆盖。具有完善的现代化技术装备。

3）具有水网智慧大脑。采用主中心、各级云平台的模式，为水利行业提供标准统一、稳定可靠、绿色集约的计算和存储基础设施，提高水利大数据实时处理和分析能力。具有完备的水利数据资源，整合水利行业数据，融合相关行业和社会数据，通过多元化采集、主体化汇集构建全域化原始数据，开展存量和增量数据资源汇集和治理，形成标准规范数据资源，发挥数据价值。具有完善水利模型库，建有学习算法库、机器认知库、知识图谱库，完善的基础组件，以及水利网格化管理平台。

18.2 未来水网建设

18.2.1 水的循环利用与水网建设

自然水循环与社会水循环通量是此消彼长的过程。为了降低社会水循环对自然水循环的扰动，社会水循环系统要通过逐步延长水循环路径、加大重复通量等强化系统内部之间的关联，实现节约集约式发展。

未来各行业先进节水技术的推广应用，废水深度处理与回用技术及关键设备材料的研发、分级分质供水智能化调配系统的建设，加之城市管网的精细化发展，将实现废污水的深度处理与精准回用，使水多次循环利用于各个场景当中。社会水循环系统网络极其发达，水处理技术极其先进，最大程度降低新水资源的取用，降低社会水循环系统对自然水循环系统的干扰。

18.2.2 水的深度处理与水网建设

未来清洁健康、无二次污染的低成本处理新技术可实现污水的近自然排放，最大限度地将人类社会水循环顺应自然健康的水循环模式。人类取用并排放后的清洁“污水”经过河道的水体自净功能，在“条条江河归大海”之前便可使水质恢复如初，保护大自然的水质健康。同时，彻底消除以能消能的“污染转嫁”式污水处理技术，在污水处理的各个工艺流程中耗能量降到最低，水净的同时实现能量自给自足的“碳中和状态”。

18.2.3 农业革命与水网建设

一方面，随着国家水网工程建设，国家水网联通与监控一体化发展，实现多户协调，使引水、供水、排水更加开放，打破了过去一个流域、一座水库、一条河道、一个灌区的单一治水方式，在节水的前提下有效保障农业发展的实时用水需求。另一方面，未来农业革命将全面改变土地分散式经营模式下形成的分散用水模式，土地集中经营有利于精准灌溉技术、水肥气热盐光药智一体化调控技术的大规模应用，无土立体栽培等技术的发展从根本上降低农业灌溉用水需求，也将影响着未来水网的发展。

18.2.4 能源革命与水网建设

我国正在推进的能源革命，将建设一批多能互补的清洁能源基地，提高电力系统互补互济和智能调节能力，提升清洁能源消纳和存储能力。国家水网是实现清洁能源跨越式发展的基础，可充分发挥水能的清洁优势，减轻能源资源约束和生态环境压力。在枯季，也是风电和光伏发电多的季节，可通过水能的快速启停功能保障风电和光伏的优先送出；在雨季，是风电和光伏的发电少的季节，水电可充分利用汛期来水多发或满发。通过风光水多能互补运行的优化调度方式，可将波动频繁发电曲线改善为近乎直线的平稳输出，保障电网的安全稳定运行，使优质清洁能源发挥最大效用。因此，能源革命，将给未来水网布局带来新的发展格局。

18.2.5 水运革命与水网建设

内河航运是交通运输体系和水资源综合利用的重要组成部分，在促进流域经济发展、优化产业布局、服务对外开放、节能减排等方面发挥了重要作用。随着国家水网的建设，我国内河航运也将迎来巨大的发展契机，推动内河航运高质量发展，服务国家战略实施，助力交通强国建设，引领航运革命。而内河通航需求也会加快水网建设及其布局的优化。

未来依托国家水网建设，将实现长江干线、西江干线、淮河干线、黑龙江干线等黄金水道高质量发展，强化东西向跨区域水运大通道；京杭运河黄河以北段复航工程以及平陆运河等运河沟通工程，形成京杭运河、江淮干线、浙赣粤通道、汉湘桂通道，从而打通南北向跨流域水运大通道，形成横贯东西、连接南北、通达海港的国家高等级航道；形成适应长三角一体化和粤港澳大湾区发展的长三角、珠三角国家高等级航道网，对接沿海主要港口，完善内部联络，构筑水网地区河海联运通道；沟通黑龙江、澜沧江、鸭绿江、图们江、额尔古纳河、乌苏里江、红河、怒江、北仑河等过境国际河流与内河航运，实现“河上丝绸之路”，扩大对外贸易。此外，通过人工开挖运河或隧道，还可实现珠江-长江-淮河-黄河-海河五大流域连通，形成“水水相连、处处可通”的内河航运新局面。

索　　引

X

Y

Z